岭南建筑研究·保护·设计

设计篇

程建军 著

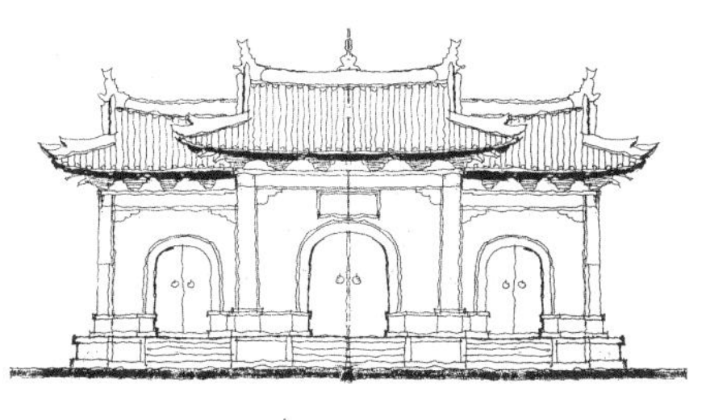

中国建筑工业出版社

序

岭南地处东亚大陆最南端，属亚热带气候，其背靠五岭，面朝大海，空间相对独立。中原汉人南下之前为古越人之地，历代商贸发达，文化交流活跃。历史上土著越人、不同时期南下的汉人、海外贸易商人等众多族群，共同形成了渔猎文明、稻作文明、商贸文明等多元共存、特色鲜明的岭南地域文化。

岭南地区由于其特殊的地理气候环境和历史文化边缘区位，在此背景下，岭南古建筑成为岭南地域文化的重要载体和表现形式，一直在中国古代建筑文化分区中占有重要地位。在建筑领域也自然形成了地域特征明显的岭南建筑文化区。

岭南建筑文化区内，历史文化资源十分丰富，仅广东省境内就包括广州、潮州、佛山、梅州、中山、惠州、肇庆、雷州8处国家级历史文化名城，作为不可移动的文化遗产古建筑在本地区有大量保存，它们是岭南古建筑研究的基本对象。随着历史上中原移民南迁的进程，中原先进文化不断地输入岭南地区，该区建筑也于宋元之际，以其域内不同民系为依托，形成了以粤中广府、粤东福佬、粤东北客家，以及粤西南雷州四个建筑支系，这种中原地区建筑南迁的“在地化”和岭南土著建筑吸收外来建筑的“涵化”过程中的取舍，融合出新成就了岭南建筑的特色。岭南的古代建筑类型丰富，形式多彩：岭南民居、岭南园林、岭南寺庙、祠堂书院等特色各具，结构构架、装饰装修纷彩异呈。

通过对岭南传统建筑的研究，了解其演变的过程和发展脉络，挖掘岭南建筑文化特色和精神内涵，对岭南建筑和岭南文化的保护、传承意义深远。具体来说，其一，可以对研究中国古代建筑史乃至东亚建筑的历史与发展进行深化、完善和补充，在空间上阐释南方地区或亚热带地区以木构为主的建筑技术的体现形式与内涵；在时间上可追溯中原建筑沉淀于此的古制，以及各历史阶段的建筑文化的交融，作为历史信息和演化的相互佐证，借此可以深化中国建筑史中的区域研究与体系研究。其二，在中国古代建筑之多元、广阔、多样的背景下，在时间空间上构建岭南建筑的特点，有益于本地域现代建筑的发展借鉴。其三，对岭南建筑传统保存的系统性、完整性的研究，包括有形的建筑、无形的技艺及其他营造传统文化的系统研究，对于保护传承岭南文化，保护和利用岭南建筑文化遗产将具有重要的学术和实践意义。

在研究和设计领域，我们有必要厘清自身建筑历史积淀的能立足世界建筑之林的本质与内涵。欧洲文艺复兴运动，强调人道，即人文主义；中国则一直强调“仁”道，即“仁”本主义。中国的古建筑常以天、地、人和谐相处的系统观念进行规划布局和设计，中国的建筑围绕“仁”，是为人的建筑。仁的目的是“和”，是天道（天象、气候、阳光等）、地道（地貌、地质、自然景观等）、人道（社会、人性、行为、人文环境等）的协和，建筑应该是上述三者的均衡。建筑的本质是有品质的空间，有品质的空间是能够“养心、养目、养身、养生”的富有生气的空间，给人赏心悦目、优雅舒适的空间体验。中国传统建筑本质上是“仁本建筑”，这也是中国建筑所追求的目的。“仁本”的建筑之道理念，体现于天地人诸要素融合的“之间”状态，环境与实体、功能与形式、技术与艺术、材料与结构、传统与现代、个性与群性、理论与实践，“之间”既是一种设计哲学，也是一种设计方法。“仁本”就是笔者的建筑立场，“之间”就是笔者的设计理念。

本书由上下两部组成，第一部为研究篇，据作者研究的主要内容和兴趣领域分为：建筑史研究、建筑保护与修缮研究、岭南地域建筑研究、建筑教育与防灾研究4个专题。研究内容也不限于岭南，亦关注中国建筑历史的一般性讨论。第二部为设计篇，据建筑门类分为：传统建筑设计、文物建筑修缮设计、景观建筑设计、现代建筑设计和规划建筑设计5个专题。是20世纪90年代初至2020年近40年间作者在建筑历史与理论研究领域和设计领域的代表作。其按照编年史的顺序编排，反映了作者在建筑历史研究和设计领域的成长过程，以及作者研究、设计并重，相得益彰的特点。本书对岭南传统建筑的研究、保护、修缮和传承设计进行了系统的联系与解读，基本展现了作者的学术追求、学术观点和设计理念。

本书出版之际恰逢本人主持的“华南理工大学建筑文化遗产保护设计研究所”成立20周年，该所别号“三才图绘”，是受明代王圻、王思义所辑类书《三才图会》所启发。当时我对“三才图绘”的阐释是：“三才者，天地人也。燮理天地人，建筑之宗也；图绘者，设计意匠也。营意匠舍之梓匠也；三才图绘，天地人和谐之营造，吾辈之志也。”旨在为保护历史建筑，拓展中国建筑文化特色研究，探索与实践中国建筑之道方面做些事情。

程建军

2022年8月

1 传统建筑设计

2 文物建筑修缮设计

目录

3 景观建筑设计

4 现代建筑设计

5 规划建筑设计

后记

1 传统建筑设计

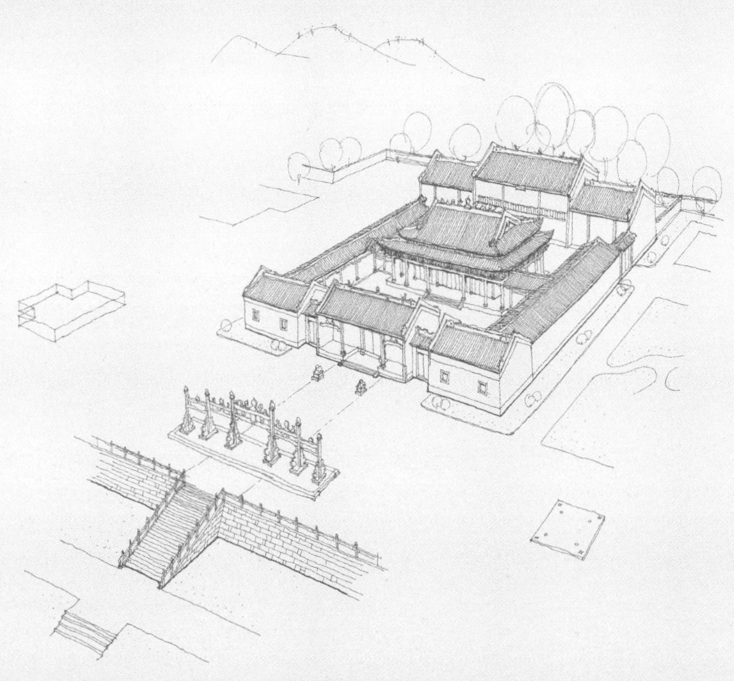

1.1 春睡画院

草堂春睡足　窗外日迟迟

建设地点： 广州越秀区
设计时间： 1991
建成时间： 1992
占地面积： $1760m^2$
建筑面积： $475m^2$

1991年受广州市文化局邀请，本人承担了春睡画院的修复设计。春睡画院位于广州市越秀区象岗山南麓朱紫街87号，是岭南画派创始人之一高剑父先生聚徒讲学之所。其址原为晚清浙江旅穗人士停厝龙义庄，是一座依山麓而筑的三进老屋。1930年高剑父购得修葺后取名“春睡画院”（诸葛亮“草堂春睡足，窗外日迟迟”）。高剑父提倡革新中国画，反映现实，师法自然，吸取日本的西洋绘画技法，开创了风格独特的岭南画派。1933年画院全盛时，从学者达120多人，为“新国画运动”培养了关山月、黎雄才、方人定、司徒奇等一大批艺术大师，推动了中国书画艺术的发展，堪称岭南画派的“摇篮”，素有广东画坛的“黄埔军校”之称。1989年，高氏家属将“春睡画院”旧址房产无偿捐献给广州市人民政府。1991年由广州美术馆负责复原“春睡画院”，作为高剑父纪念馆。

经现场勘察，由于年久失修和战争损毁，现状屋架、墙体结构及地基存在严重问题，本人提出了根据历史资料和现状实测，基本按原状做复原重建设计的思路，并根据现有用地条件和展示使用功能将平面格局和建筑形式做了适当调整。记得当时我请了蔡维民老师做了个精致的模型，高剑父家人专程从美国回来参加了落成典礼。

该组建筑为庭院式，坐北向南，前后三进（后进在抗日战争时期遭炸弹炸毁），临街建筑向左右拓展。中轴线由入口门厅、大厅和后厅组成，大厅前为庭院，左右东西廊围合。中轴线建筑均为三开间，门厅两次间分别为校务室和教导处，大厅原为国画室，设计将原三间分隔的空间打通为一整体空间以便于陈列展览，后厅为西画室。庭院左侧为高剑父画室，开月亮门与廊子连通。其南为高剑父卧室，内置楼阁。门厅西侧按原貌复原了五间学生宿舍。

建筑均为双坡硬山顶，屋面用灰色辘筒瓦，山面做灰带，下部做踢脚线，形成上下呼应的效果。室内梁架采用简单的瓜柱抬梁构架，大厅前廊和东西廊均做轩廊顶，配合隔扇门，形成优雅的灰空间。建筑的门窗均重新设计，以简洁的万字纹分划成格子，简洁大方。入口门厅圆形门罩参照收集到的唯一一张老照片进行了复原，成为春睡画院重要的记忆空间。重建后的春睡画院成为一组布局紧凑有机的建筑组群，深棕色的梁架，红色的门窗，白色的墙面和灰色的瓦面，色调明快，加上建筑简练的形体和组合，创造出文人庭院的空间气质。可惜其寿命仅十几年便因建设方在原址新建大楼而拆除中止，仅在楼顶仿做了高剑父纪念馆的主要空间。

东廊

旧址格局示意图	建筑模型
总平面	

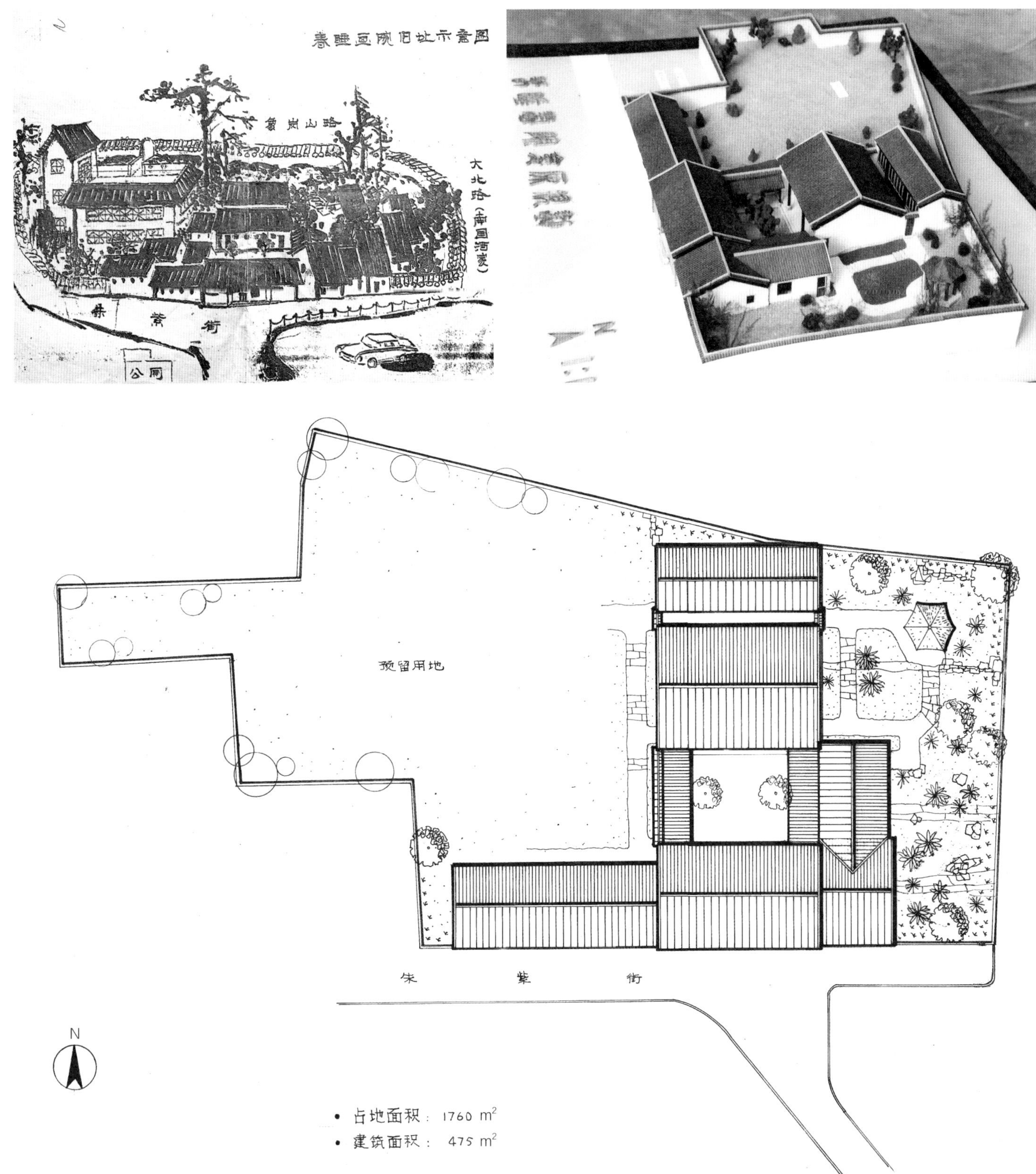

• 占地面积：1760 m^2
• 建筑面积：475 m^2

设计说明

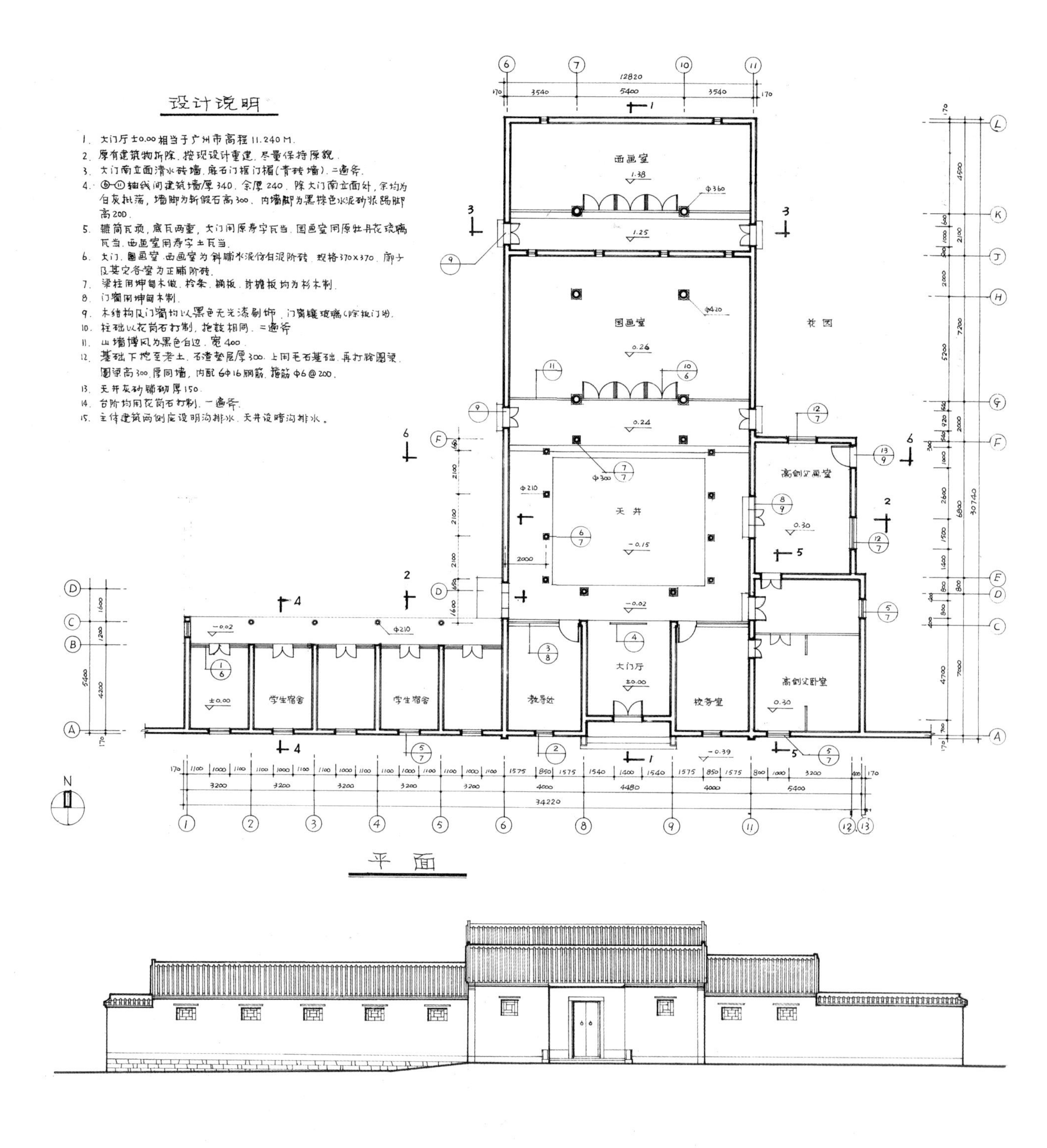

1. 大门厅±0.00相当于广州市高程11.240M.
2. 原有建筑物拆除，按现设计重建，尽量保持原貌.
3. 大门南立面清水砖墙，麻石门框门楣(青砖墙)，二遍斧.
4. ⑥-⑪轴线间建筑墙厚340，余厚240，除大门南立面外，余均为白灰批荡，墙脚为斩假石高300，内墙脚为黑棕色水泥砂浆踢脚高200.
5. 辘筒瓦顶，底瓦两重，大门用原寿字瓦当，国画室用原牡丹花琉璃瓦当，西画室用寿字土瓦当.
6. 大门，国画室，西画室为斜铺水泥仿白泥阶砖，规格370×370，廊子及其它各室为正铺阶砖.
7. 梁柱用坤甸木做，桁条，桷板，封檐板均为杉木制.
8. 门窗用坤甸木制.
9. 木结构及门窗均以黑色无光漆刷饰，门窗镶玻璃(除趟门外).
10. 柱础以花岗石打制，抱鼓相同，二遍斧
11. 山墙博风为黑色白边，宽400.
12. 基础下挖至老土，石渣垫层厚300，上用毛石基础，再打砼圈梁，圈梁高300，厚同墙，内配6Φ16钢筋，箍筋Φ6@200.
13. 天井灰砂铺砌厚150.
14. 台阶均用花岗石打制，一遍斧.
15. 主体建筑两侧应设明沟排水，天井设暗沟排水。

平面

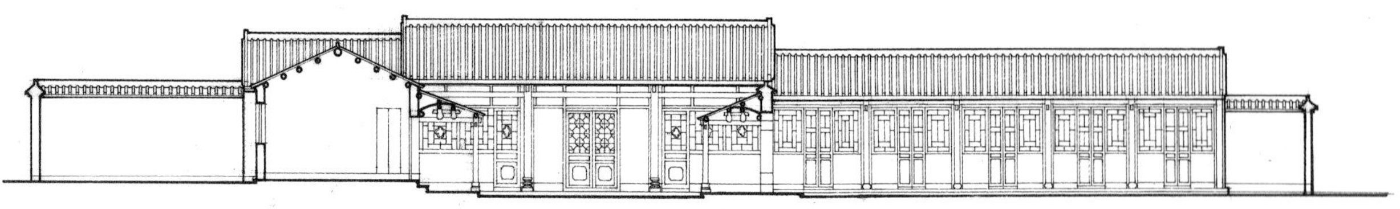

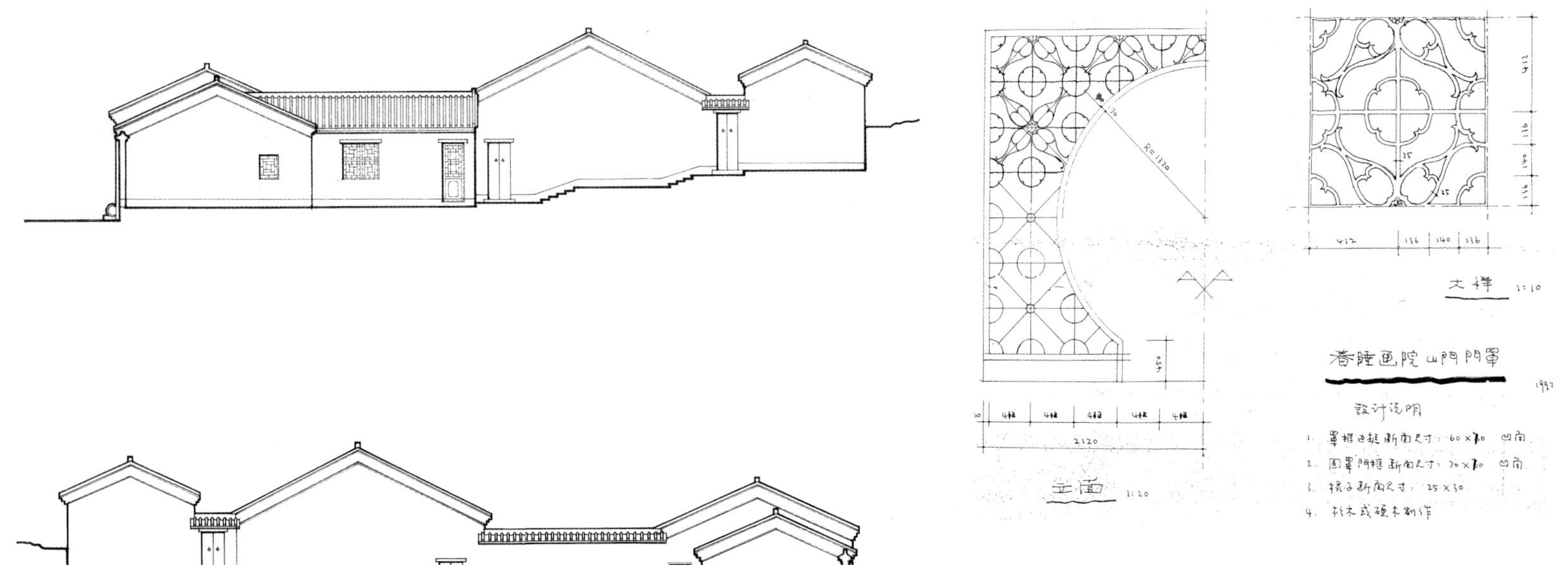

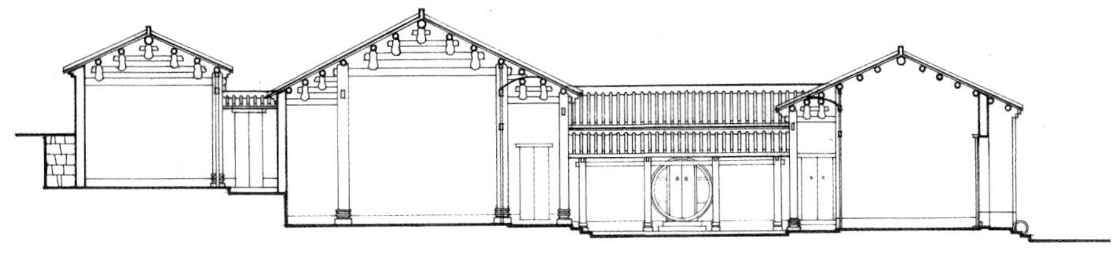

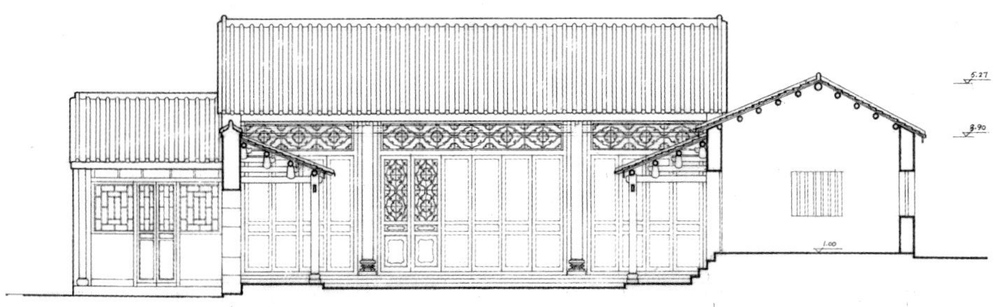

首层平面	西立面	山门门罩大样
	东立面	
正立面	1-1剖面	
2-2剖面	6-6剖面	

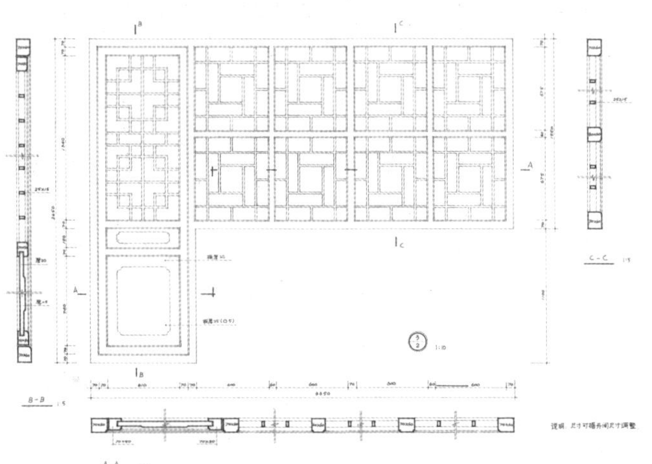

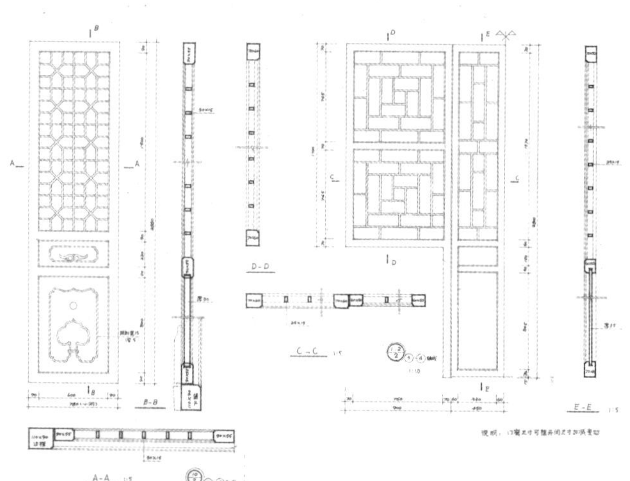

落成仪式

高剑父纪念馆落成仪式

<table>
<tr><td colspan="3">庭院鸟瞰</td><td rowspan="3">国画室</td></tr>
<tr><td colspan="3">门窗大样</td></tr>
<tr><td>庭院</td><td>门罩</td><td>黎雄才、关山月、康新民、作者（从左至右）</td></tr>
</table>

1.2 广州光孝寺卧佛殿

建设地点： 广州
设计时间： 1991
建成时间： 1992
建筑面积： 143m²

设计背景

光孝寺坐落于广州光孝路北端，是广州市历史最悠久、占地面积最大的佛教禅宗寺庙。该寺最初是西汉南越王赵佗之孙赵建德的府邸。三国时期吴国骑都尉虞翻因忠谏而触怒吴王孙权被贬广州，遂在此处修建住宅并讲学，虞死后家人将其住宅捐施佛门改成庙宇，取名“制止寺”。到了东晋，印度名僧昙摩耶舍来穗传播佛教，在此修建了一座五间的大雄宝殿，改寺名为“王苑朝廷寺”，又叫“王园寺”。初唐时改名为“法性寺”。南宋初年又改名为“报恩广孝寺”，之后又将“广”字改为“光”字，遂定名“报恩广孝禅寺”，简称“光孝寺”。是全国重点文物保护单位。主要建筑有山门、天王殿、大雄宝殿、六祖殿、瘗发塔等。大殿为东晋隆安五年（401年）昙摩耶舍始建，历代均有重修。现存大雄宝殿为清顺治十六年（1659年）重建，重檐歇山顶，为岭南最雄伟巍峨之殿堂。伽蓝殿为明弘治七年（1494年）重建。六祖殿为清康熙三十一年（1692年）重建。南朝时达摩开凿的洗钵泉，唐朝的瘗发塔、石经幢，南汉的千佛铁塔等都是珍贵的历史文物。清代以后光孝寺规模逐渐缩小，中华人民共和国成立后被多方占用，“文革”期间又遭破坏。

光孝寺于20世纪80年代末恢复为宗教活动场所，遂开始修缮和重建工作。修复一期工程包括复原钟鼓楼、回廊和重建山门、卧佛殿等。

设计理念

据《光孝寺志》所载旧志全图和新志全图看，在大雄宝殿东西两侧对称布置着伽蓝殿和五祖殿，形制和风格相同，新建卧佛殿即原寺庙五祖殿位置。建筑形制和构架形式均仿现存的伽蓝殿，为三开间11.87m、进深三间12.06m的方形平面，通进深略大于通面阔，高9.1m。屋顶形式为单檐歇山顶，脊饰采用鳌鱼、将军等造型。木构架、构件及门窗均采用坤甸木，地栿、柱础、台阶等选用花岗岩，室内地面采用白泥大阶砖，以期耐久坚固且适应岭南潮湿气候。

现存伽蓝殿构架变形严重和修缮后期有叠加构件，设计要考虑其变形量和甄别后加构件，解决原结构和构造的不足之处，以及选取标准构件做设计参考，还要考虑到其多年的沉降量，所以新建卧佛殿设计高度比现存伽蓝殿略高。这是作者设计的第一座殿堂式古典建筑，各构件榫卯及交接咬合均要设计合理清晰，绘出各种构件大样多达200余个。

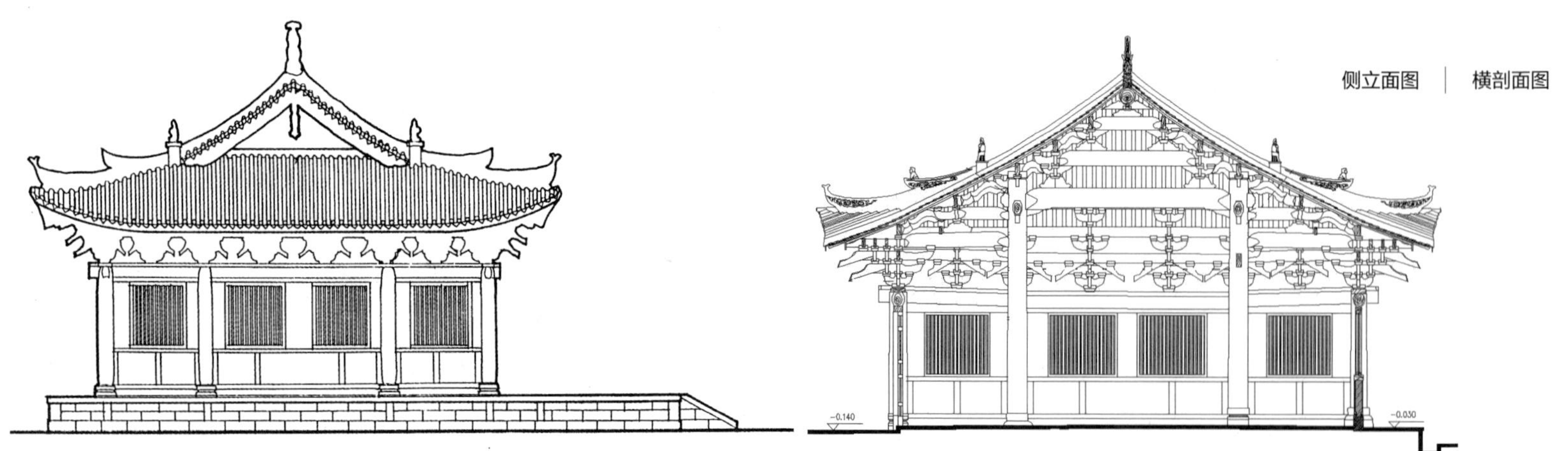

侧立面图 | 横剖面图

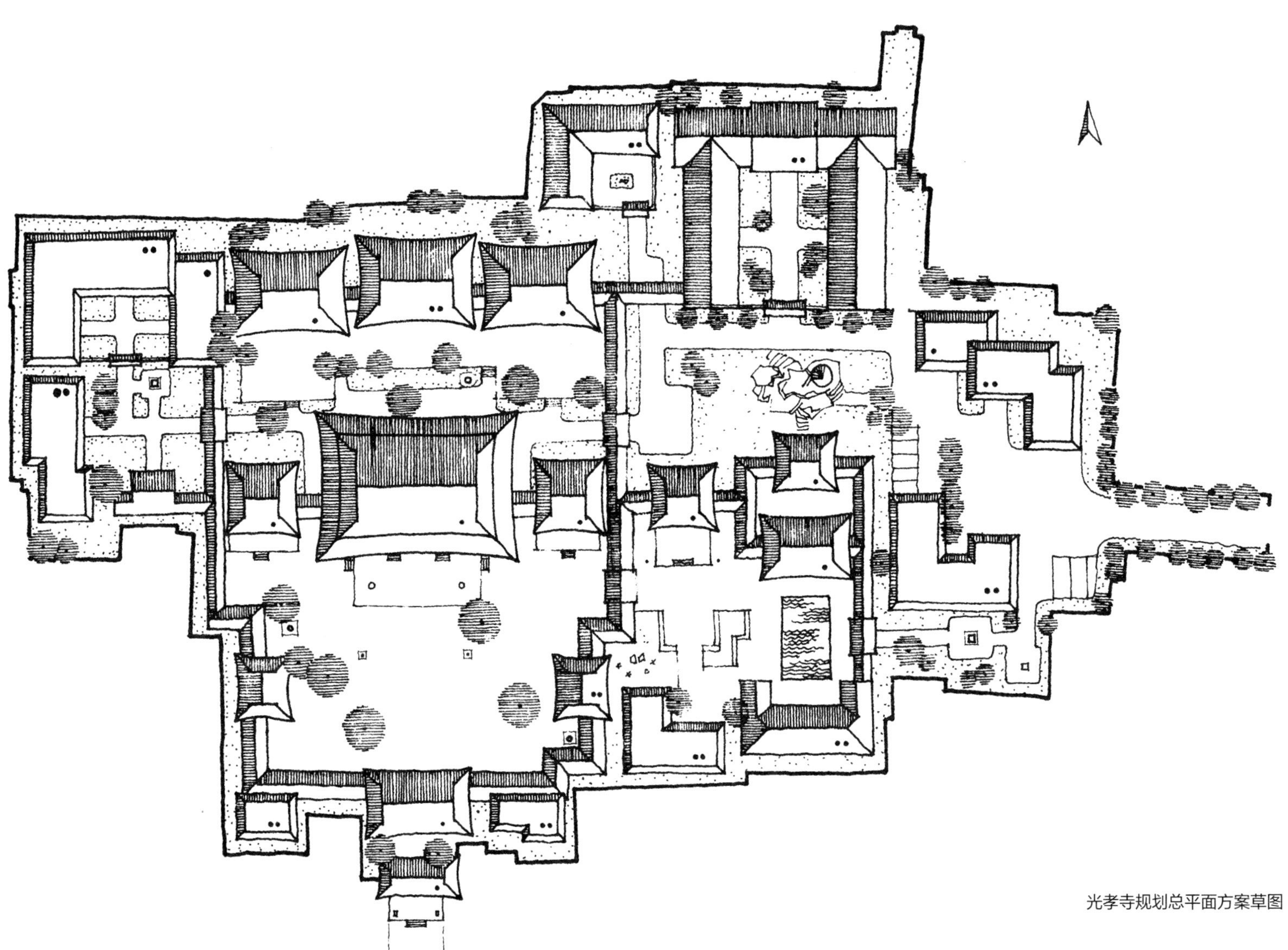

光孝寺规划总平面方案草图

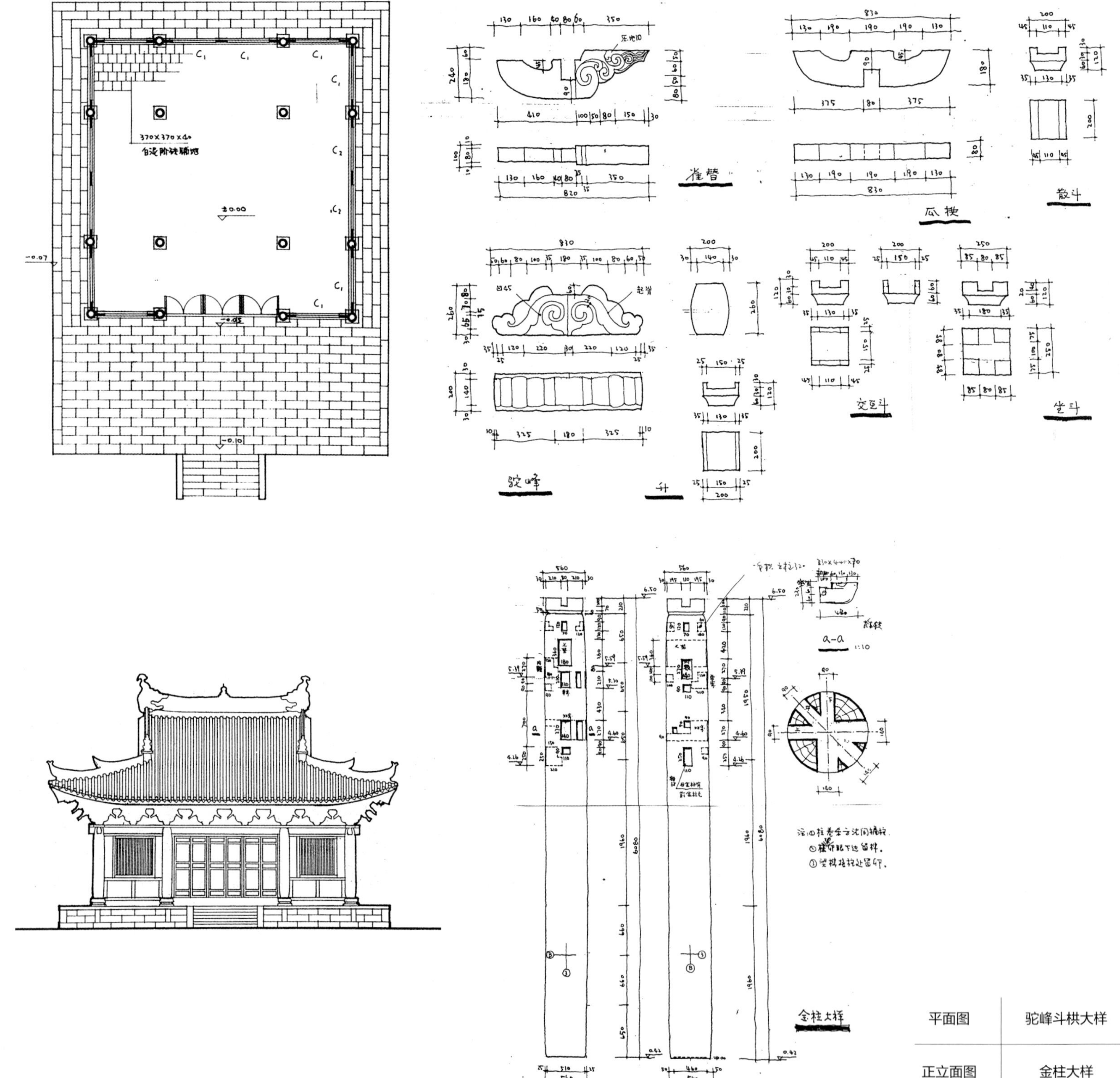

平面图	驼峰斗栱大样
正立面图	金柱大样

木构梁架施工图

斗栱安装图

上梁施工图

卧佛殿完工图

1.3 广州光孝寺山门

建设地点： 广州
设计时间： 1991
建成时间： 1992
建筑面积： 98.8m^2

设计背景

光孝寺于20世纪80年代末恢复为宗教活动场所，遂开始修缮和重建工作。修复一期工程包括复原钟鼓楼、回廊和重建山门、卧佛殿等。历史上山门早已不存，借此机会，寺方决定重建山门。

设计理念

据《光孝寺志》卷二.十五记载："大门，一座三门，后为拜亭。宋住持僧子超建。"天顺五年，住持僧道遂修饰三门，庄严金刚像。清代大门已毁为街道，改旗舍。山门即三门，是入佛道之三解脱门，犹如明灯，指引众生。所以重建山门依然按照三开间设置，但考虑到用地局促和使用方便，只心间开版门，次间置直棂窗，寓三门之意。

在建筑形制上，平面采用三开两进分心槽的形式，三开间12.6m，进深两间7.2m，正脊高8.7m，单檐歇山顶。空间以中柱和墙体分为前后内外对称的空间，前次间布置金刚力士，形制如辽代蓟县独乐寺山门，是寺观建筑等级较高的山门形式。内外开敞的灰空间可更好地与城市环境融为一体。梁架与斗栱形式则参照寺内古建筑形式风格，用材尺度等级考虑到主次关系比大雄宝殿、六祖殿为小。屋顶形式为单檐歇山顶，与原有建筑和制式相协调。脊饰采用鳌鱼、将军等造型，突出岭南及本寺建筑装饰特色。考虑到等级关系，瓦面采用了传统辘筒瓦的方式。木构架、木构件、门窗均采用坤甸木，耐久坚固且适应岭南潮湿气候。地栿、柱础、台阶、地面等选用花岗岩。三门两侧分别布置售票房和侧门、管理门卫房，以方便游客和日常管理。

光孝寺山门

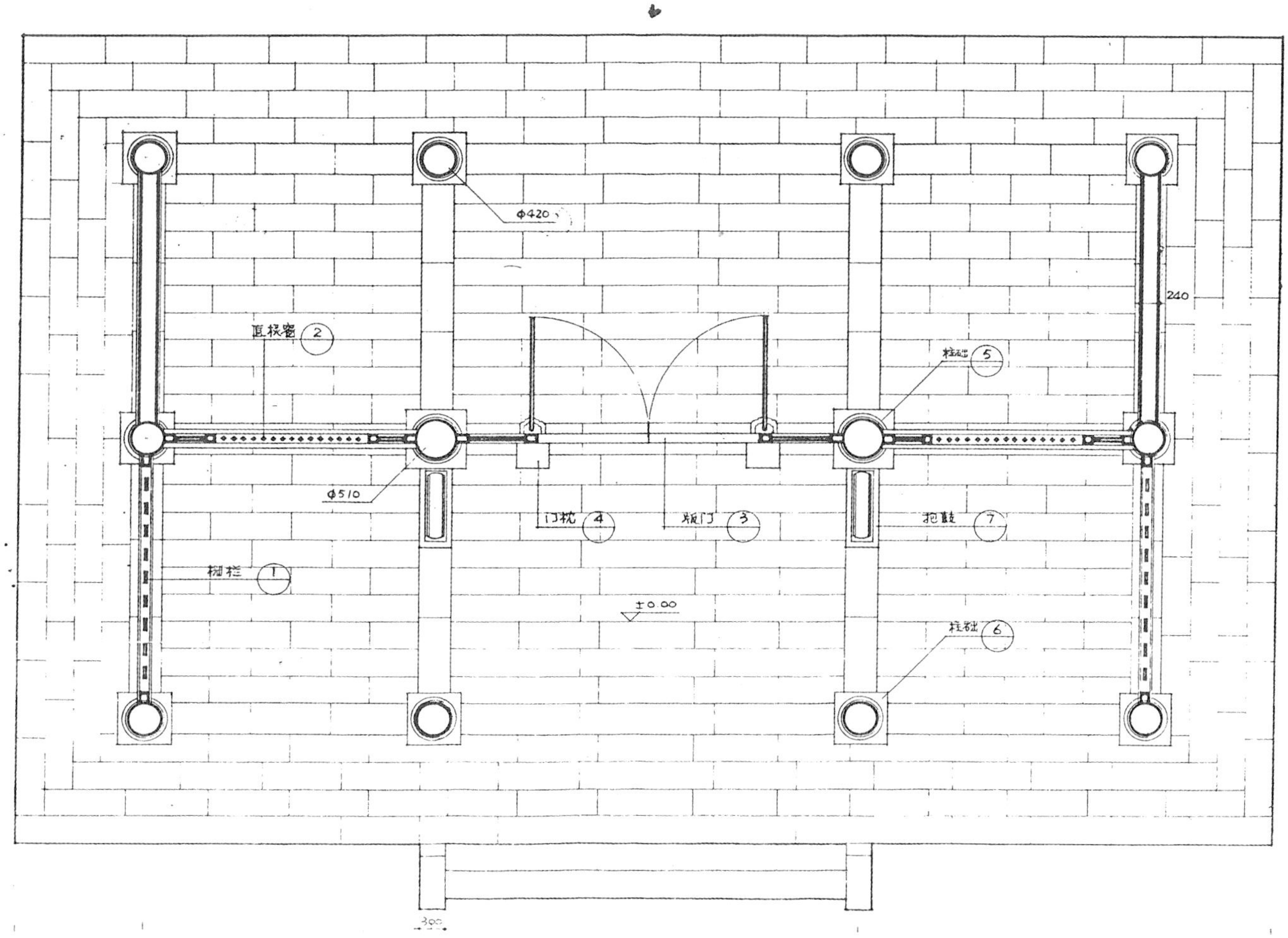

平面设计图

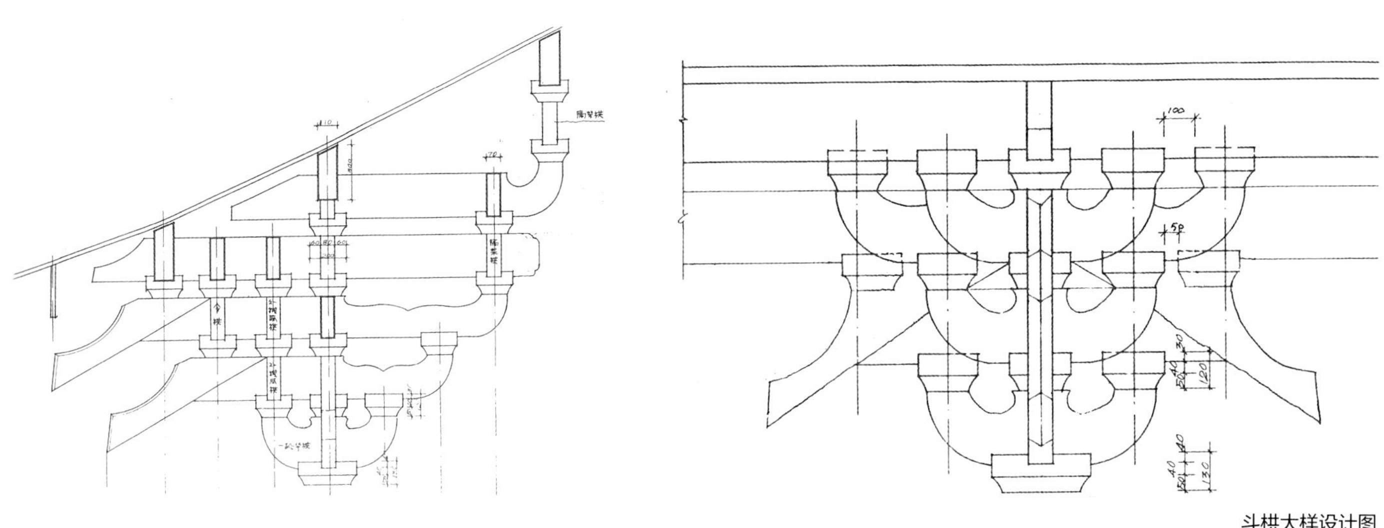

斗栱大样设计图

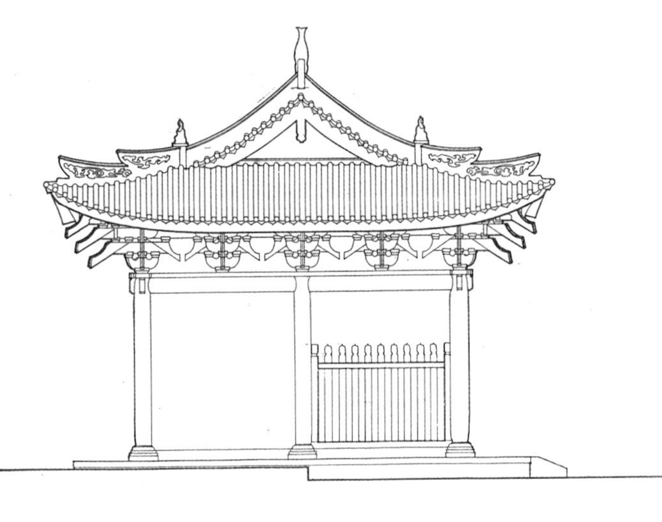

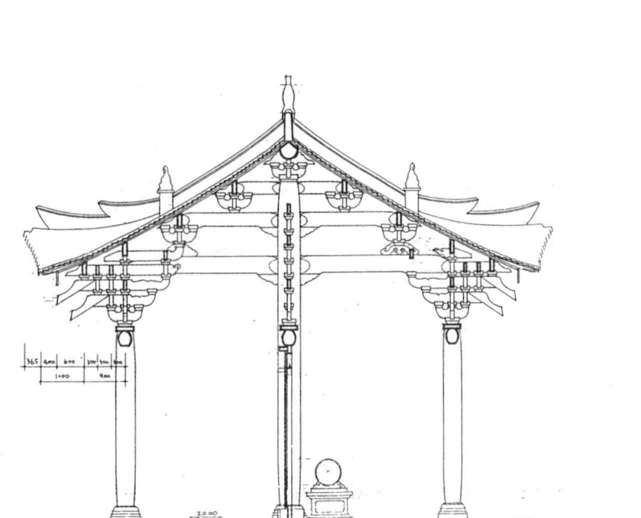

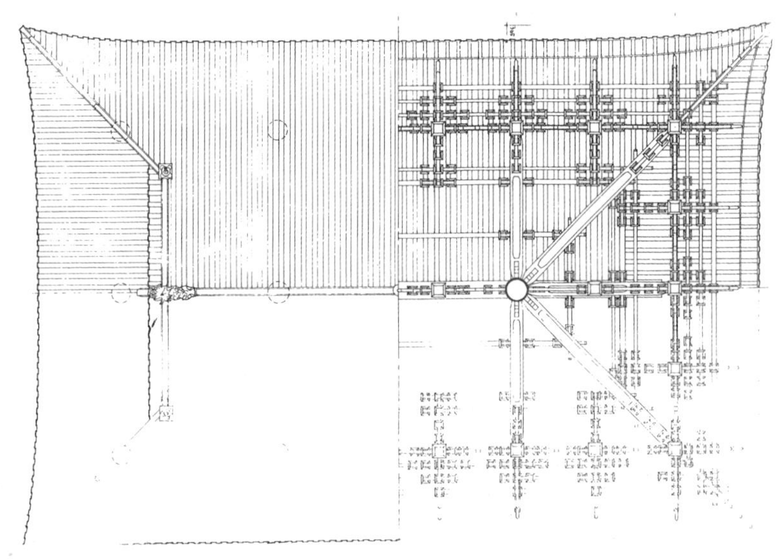

正立面图

侧立面图

横剖面图

屋顶俯视、梁架仰视图

木构架施工图

光孝寺山门完工图

光孝寺山门完工图

新成大和尚（右四），李兰芳（右五），明生大和尚（右六）

光孝寺山门完工图

1.4 广州六榕寺藏经阁

建设地点：广州
设计时间：1992
建成时间：1993
建筑面积：291m^2

设计背景

六榕寺位于广州市的六榕路，始建于梁大同三年（537年），后北宋初毁于火灾，宋端拱二年（989年）重建，改名为净慧寺。寺中宝塔巍峨，树木葱茏，文物荟萃。后苏东坡来寺游览，见寺内有老榕六株，欣然题书“六榕”二字，后人遂称为“六榕寺”。寺内宋代千佛塔，俗称“花塔”，塔为八角形楼阁式砖塔，高57m。

寺庙格局以塔为中心点，塔东为山门殿、藏经阁。塔西大雄宝殿，供奉清康熙二年（1663年）以黄铜精铸的三尊大佛像。塔南有六祖堂，补榕亭、观音殿、斋堂、功德堂等。20世纪90年代为修缮复原六榕寺格局配置，设计新建藏经阁。

设计理念

由于六榕寺格局多年变迁，寺庙有东西和南北两条轴线关系，新建藏经阁选址于东轴线山门殿和花塔之间北侧，既可以方便僧人使用，又利于观瞻，同时其坐北向南加强了寺庙的大格局，以其高大的体量屏蔽了附近的现代住宅楼。

建筑形式平面为面阔五开间15.5m，通进深三间9.9m，高12.7m，三面回廊形式，采用二层楼阁建筑形式，斗栱用材参照花塔形制，抬梁式木构架，选用菠萝格硬木制作，水平楞栏杆，歇山绿琉璃屋顶，定制琉璃脊饰。一楼为会客接待功能，二楼为藏经修行功能。楼阁为岭南宋代建筑风格，造型简洁古朴。由于用地紧张，进深尺度小，设计上空间灵活变通，平面形式虽为回廊周匝式，但为了扩大室内空间又考虑艺术观瞻，将后廊空间纳入室内空间使用，成为三面回廊二层楼阁式建筑。为避免功能交叉，于一层后部设侧门，便于直上二楼。同时为不影响一楼使用空间，楼梯由一侧自后而前登楼。

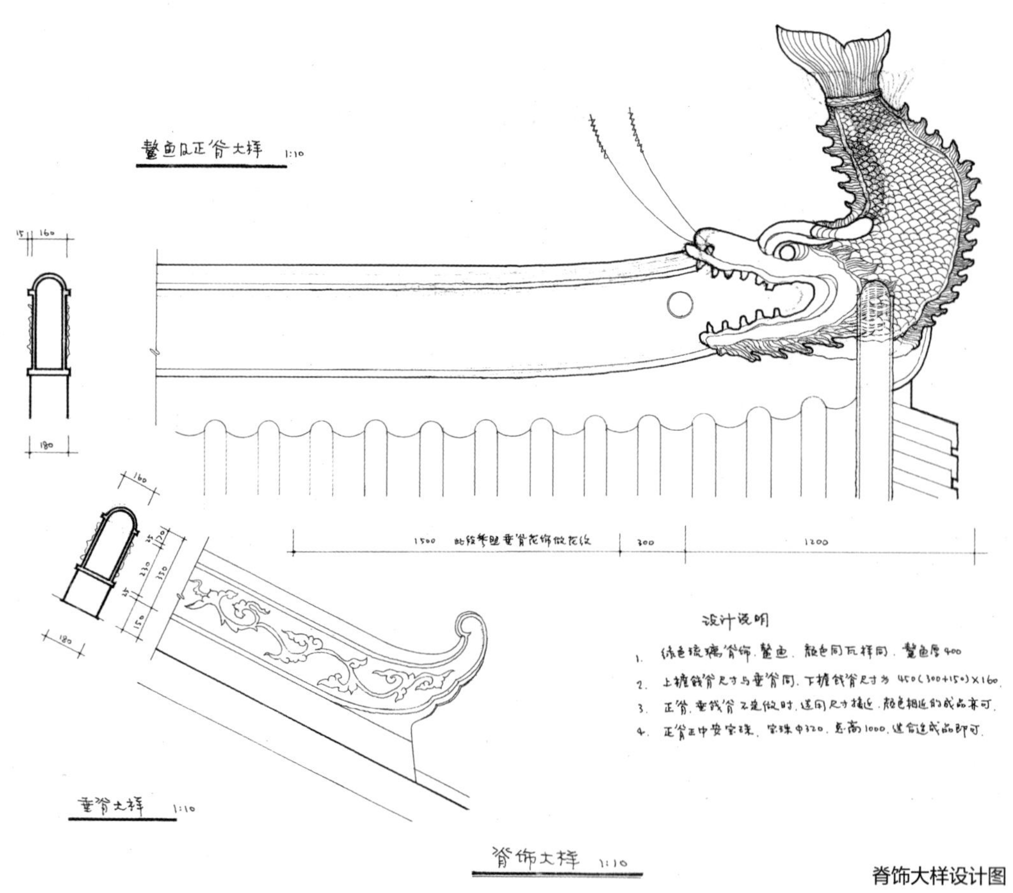

脊饰大样设计图

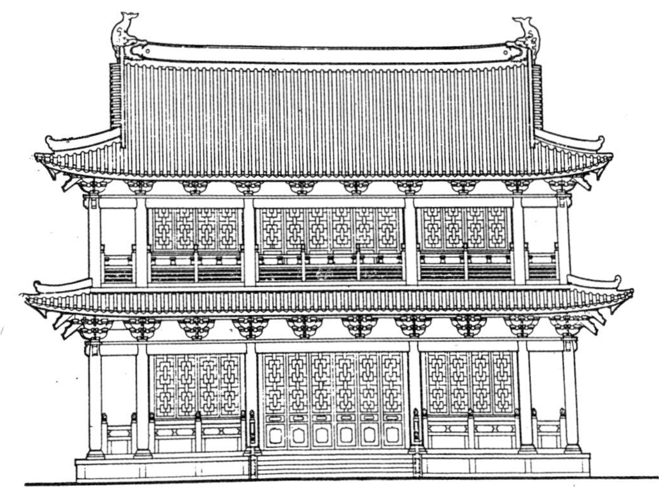

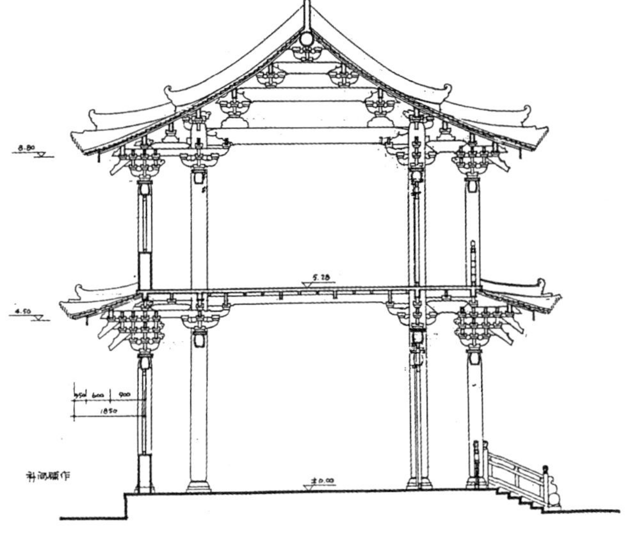

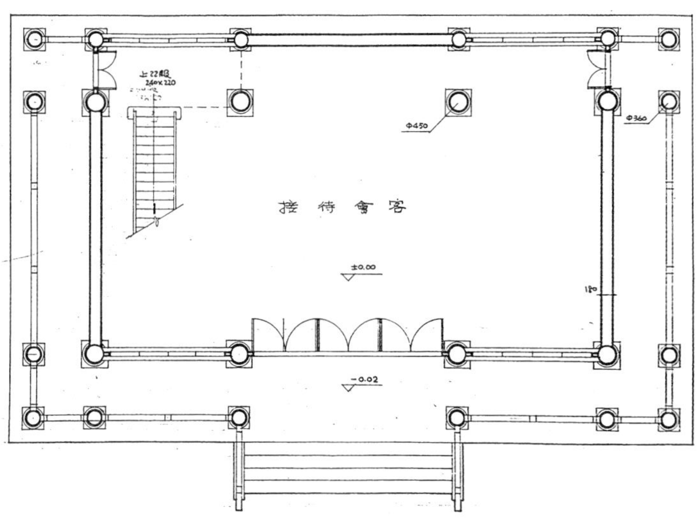

正立面图

侧立面图

横剖面图

首层平面图

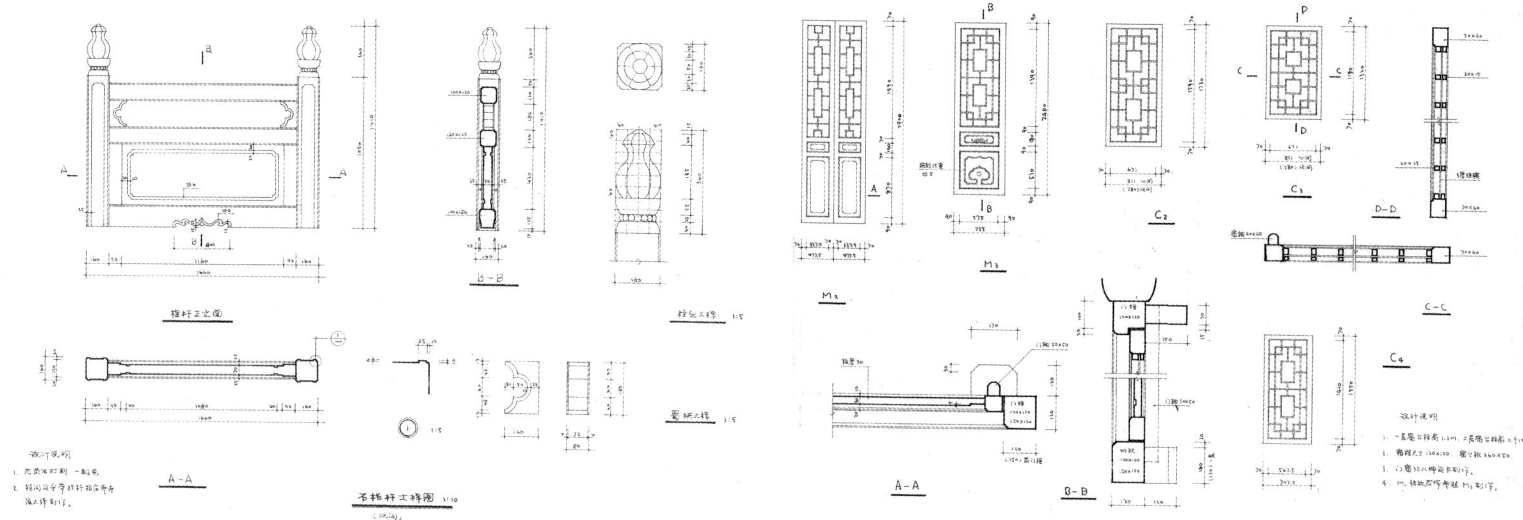

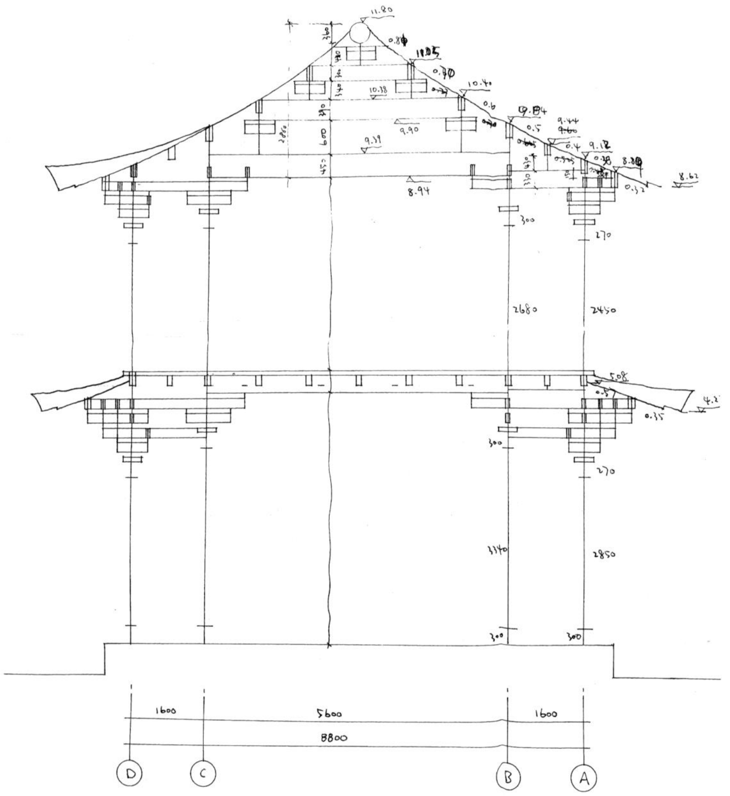

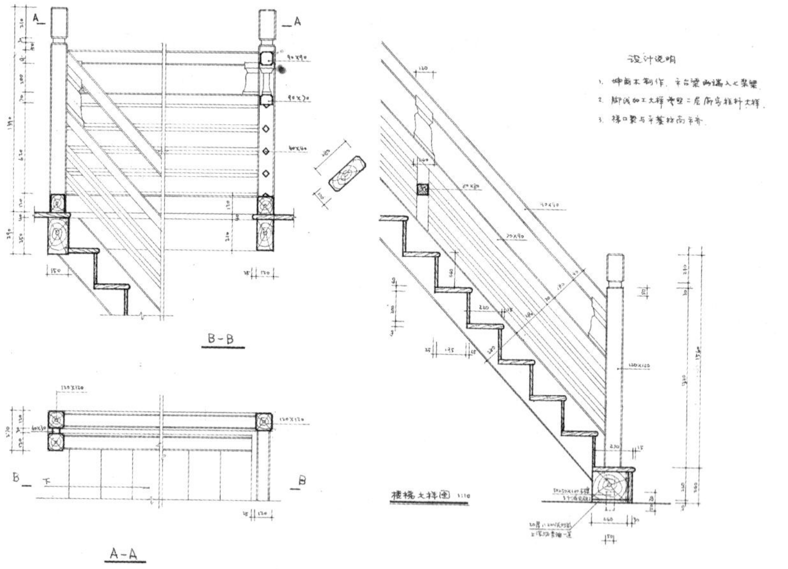

1600 5600 1600

8800

D C B A

B-B

A-A

石栏杆大样图	门窗大样图
侧样图	楼梯大样图

首层大木构架施工图

藏经阁奠基洒净仪式图

二层大木构架施工图

木构件加工图	木构架安装图
设计施工人员图	斗栱安装图

六榕寺藏经阁完工图

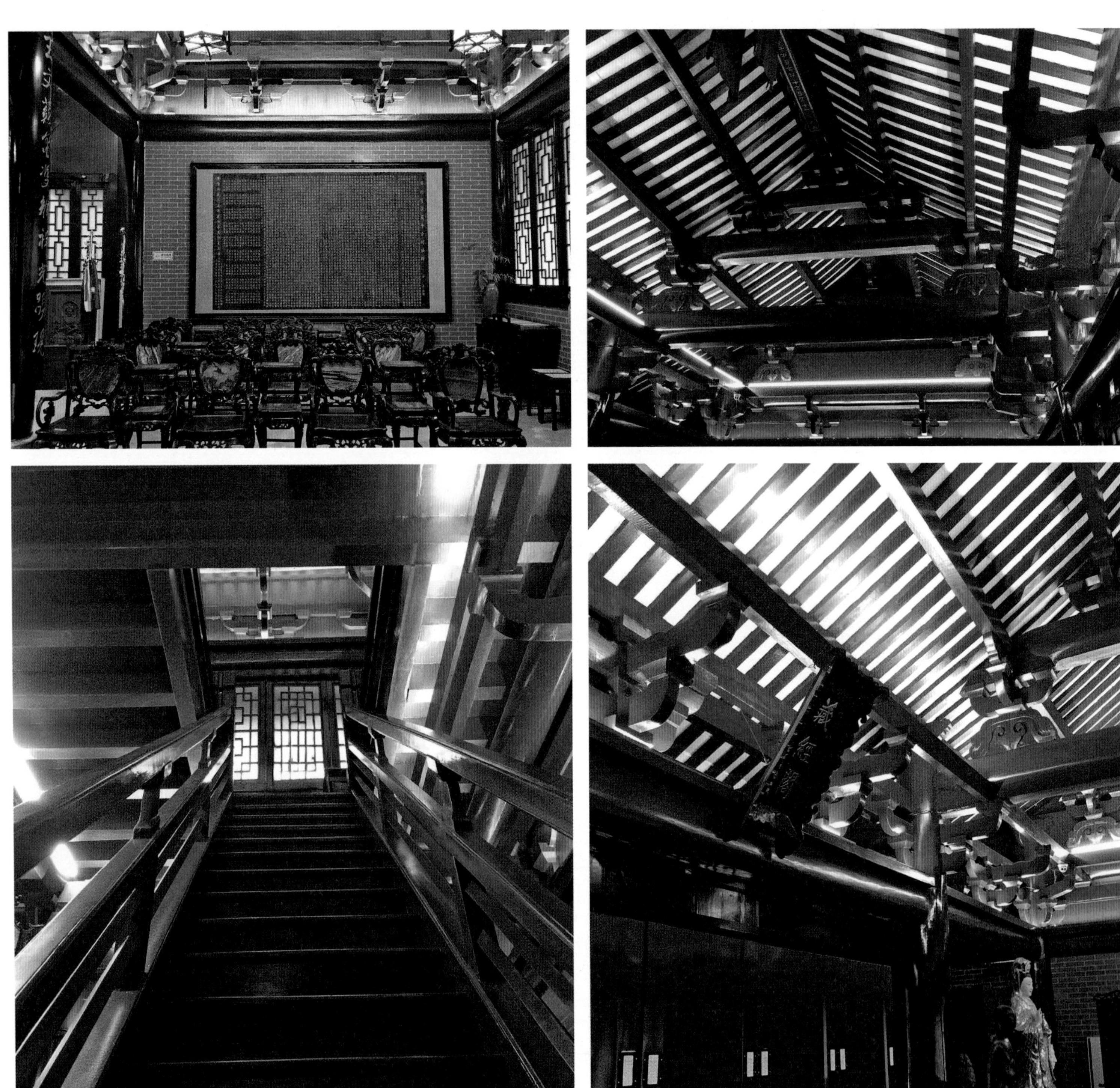

六榕寺藏经阁室内完工图

1.5 汕尾遮浪东洲普善寺

危难相扶 善莫大焉

建设地点：广东省汕尾市红海湾东洲
设计时间：1996
建成时间：1998
建筑面积：1860m^2

1996年一个偶然的机会，本人承担了汕尾遮浪镇东洲善堂（又称普善寺）的设计。善堂是粤东潮汕地区的民间信仰庙宇，内供奉主神为宋大峰祖师。该堂主要功能之一是以民间组织的方式行相关善事，同时为当地民众祈福请愿，即对困难民众行实际物资与精神层面的帮助。

据载宋大峰为闽地人，俗姓林，名灵噩，字通叟。宋宝元二年（1039年）诞于豪门，幼性聪颖，才思敏捷，勤研诗文。至长金榜题名，位列进士。为官几年，因目睹朝政腐败，遂弃官削发皈依佛门，法号大峰。公周游四方，博览广采，终为一代高僧。后于“后灵豁”（潮阳灵泉寺）客居，研制良药，施舍于民间，又于练江上建“和平桥”（今桥仍存），以便百姓通衢交往。公之大德，深得当地乡民崇敬，身后百姓立庙祭祀。后民间纷纷组织善堂会，以弘扬大峰祖师的功德，义务为当地群众排忧解难，有施茶、殓尸、修桥、铺路等善举，延至今潮汕已有二百余善社共举善事。

建筑选址于缓坡之处，前低后高，坐西向东，面朝大海。本设计理念从粤东传统建筑格局与艺术中汲取灵感和空间组织规律。总体规划为三路四进，厅厝结合，总平面布局形制类似潮汕地区大型民居的“驷马拖车”，与梅州客家地区的堂横屋也有些类似，是由粤东地区传统大型住宅演绎出的庙堂格局。第一期工程是中路的主体部分，包括山门、二门、拜亭、大殿和东西厢房。其中二门、拜亭、大殿作为核心建筑部分，三个不同功能的建筑空间与构架连为一体，共用了石柱108根，拜亭左右两侧设龙虎井庭院，为本地区典型的连厦式庭院空间形制。

潮汕为沿海地区，台风常袭，湿热多雨，故多采用石柱木构架的石木混合结构。花岗石柱、杉木梁架、樟木雕刻、油漆彩画、琉璃瓦面、嵌瓷脊饰等，充满地域特色的建筑装饰工艺，尤其是心间楹柱采用花岗岩瓜楞和浑圆梭柱，别有特色。当然本设计的许多细节和顺利完成很大成分上是众施工师傅的功劳。

在潮汕地区做设计的体验是一个字：难。由于本地域传统文化非常浓厚，可以说人人皆建筑大师，优秀的传统匠师遍布各区县，广东省在近年评选了两届广东省传统建筑匠师共19位，该地区就占据一半之多。因此本设计可谓慎之又慎，多向当地匠师请教学习，也尝试运用了传统工匠的精妙设计语言和表达方法，可以说收获颇丰。施工过程中见识到工人在安装石梁柱构件的智慧与技能，明白了一个道理——智慧在民间。同时民俗文化可谓丰富多彩。

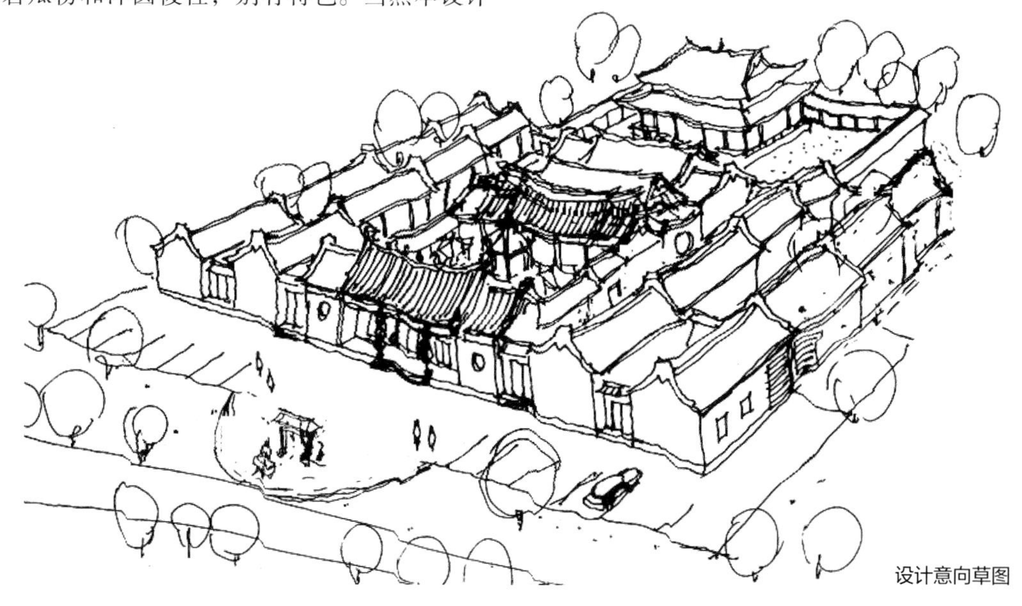

设计意向草图

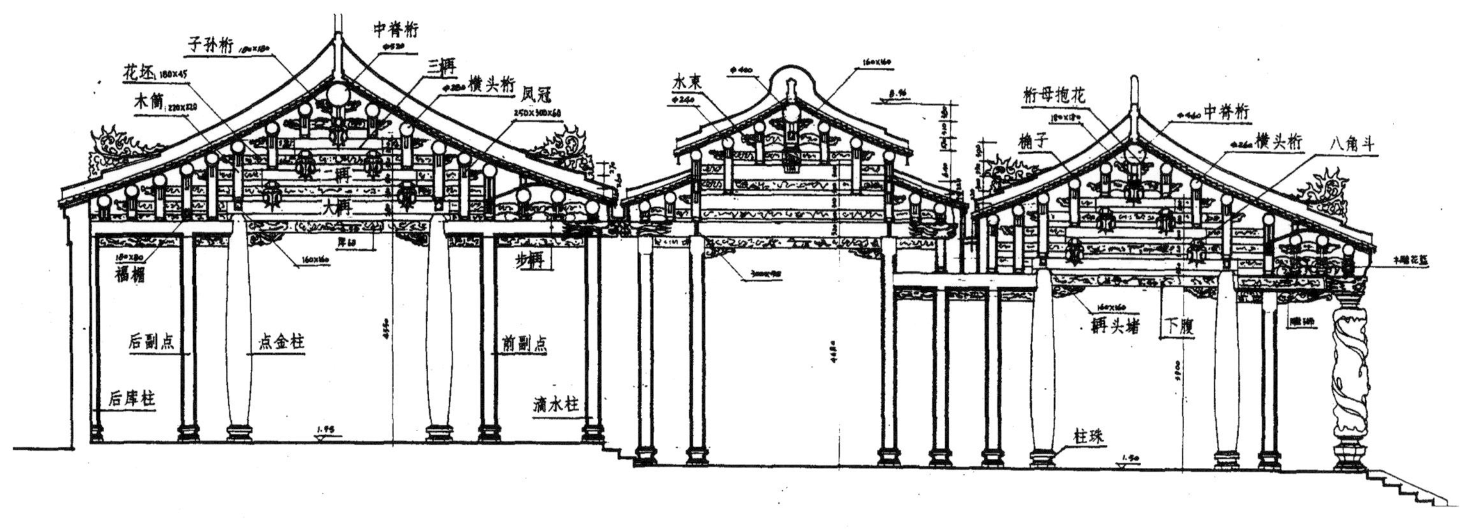

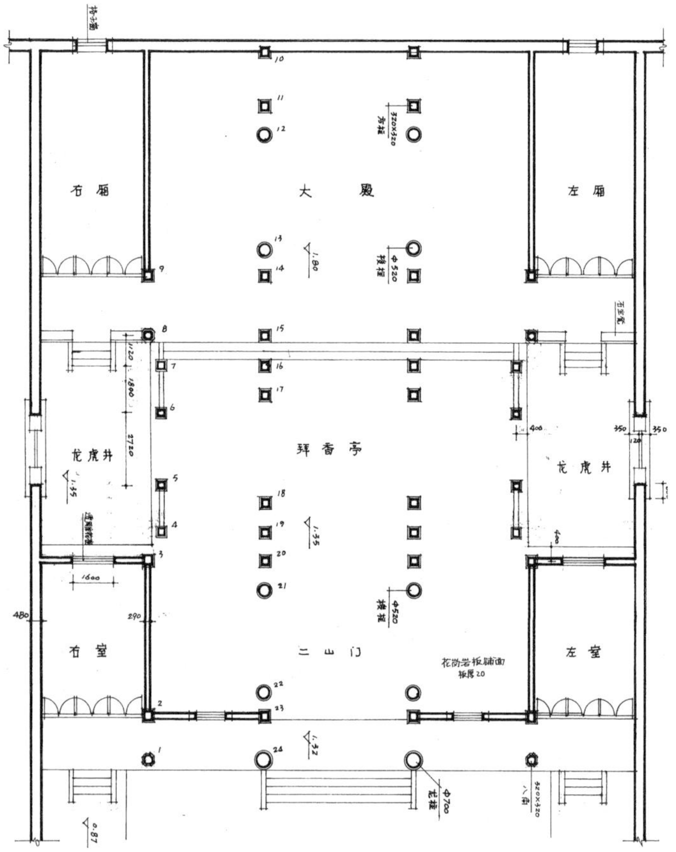

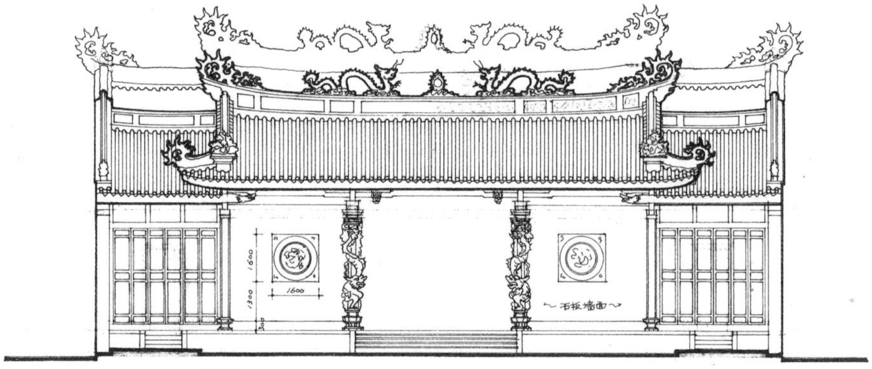

心间剖面图

主座平面

正立面图

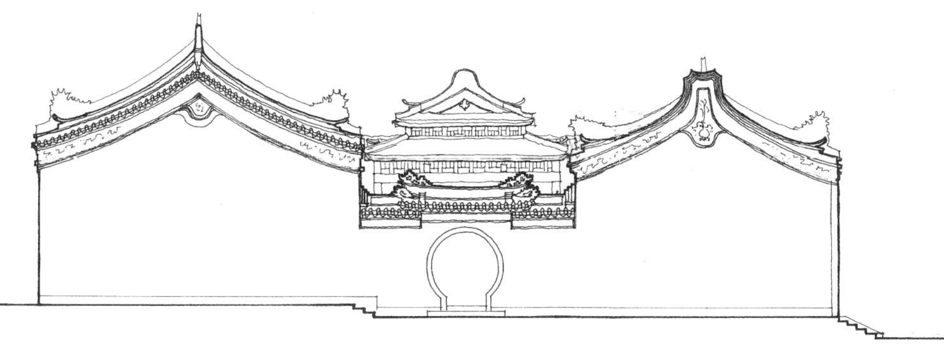

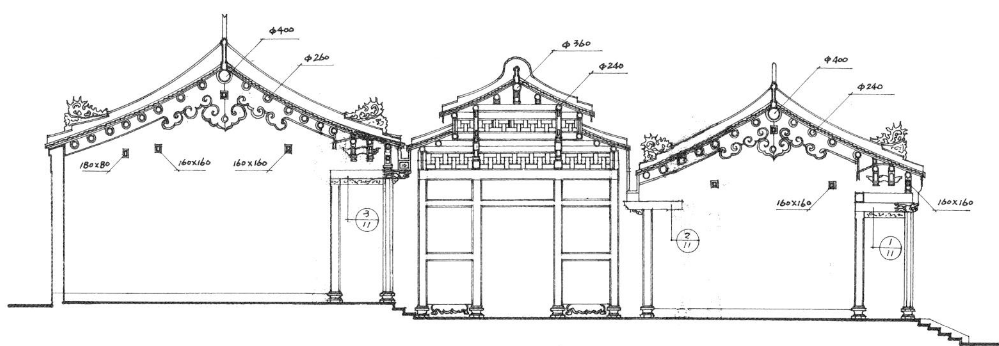

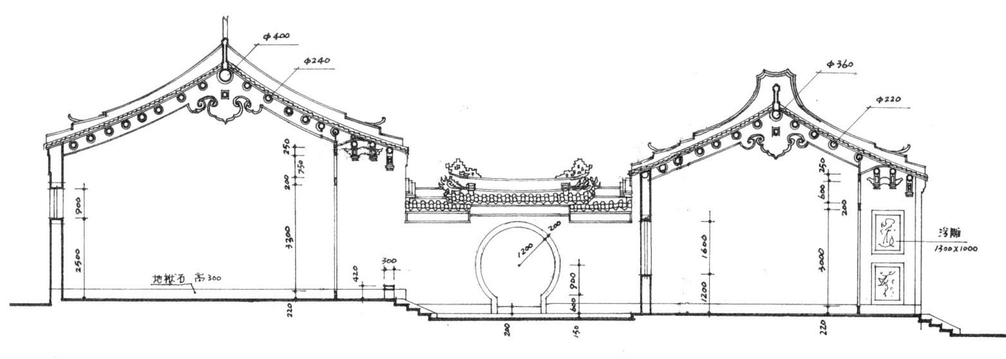

侧立面图
次间剖面图
梢间剖面图
山门施工图

构件大样设计图

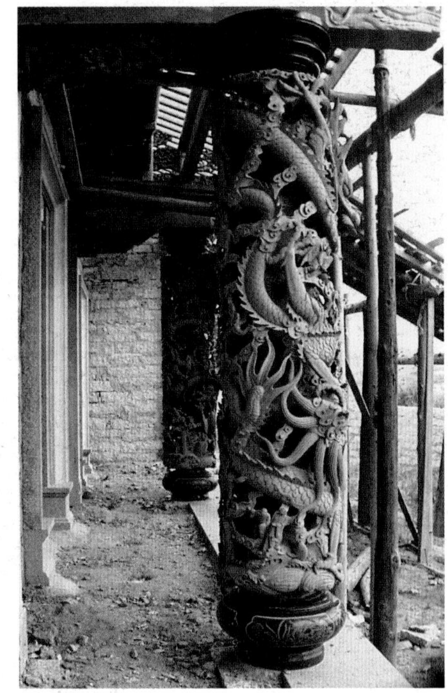

龙柱施工图

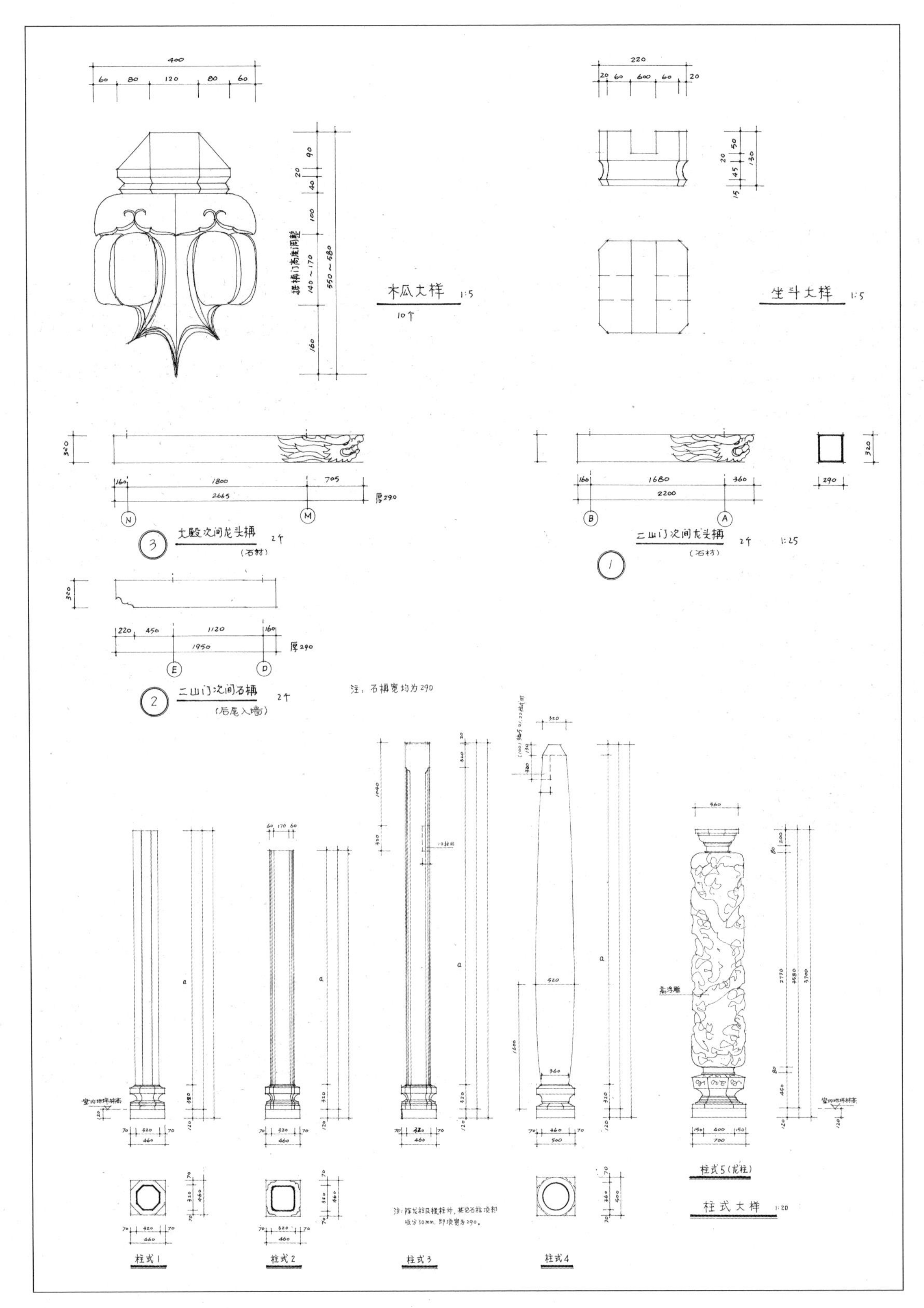

组群完工图

左庭完工图

主座完工图

主座室内细节图

主座装饰细节完工图

1.6 潮阳灵泉寺

建设地点：广东潮阳区和平
设计时间：2000
建成时间：2003
建筑面积：1860m^2
设计团队主要成员：刘定涛 陈 楚 邱 丽 潘建非

设计背景

和平灵泉古寺位于广东省汕头市潮阳区，坐西北向东南，背依宝空山。僧寂见明天启四年（1624年）始创，同年潮阳知县王三重奏大峰功德，熹宗朱由校敕赐为灵泉护国禅寺。灵泉古寺历史人文丰富，前有“灵泉古井”，《潮阳县志》记寺“下有甘泉恒澄澈不竭”，曾救南宋君臣。灵泉古寺历经兴废，光绪年间编修的《潮阳县志》记：时寺“遗有田园三十三亩为寺香灯”。1943年古寺遭日军拆毁，抗战胜利后，1946年南华寺虚云长老之高足宽鉴和尚率徒释宏务复兴，倡行农禅并重。中华人民共和国成立后释宏务住持古寺，与乡民一道分田入社，务农奉佛，与里人情笃。“文革”期间释宏务被遣送回乡，至1980年经乡人恳请才率徒释惟聪重返古寺。1992年被批准列入潮阳县文物保护单位。现存寺庙为参照民居“四点金”的合院式建筑，规模较小，为扩大宗教场所，决定保留原庙并在一侧新建寺庙。

设计理念

原建筑是源于地方民居的规制，新伽蓝配置将提高建筑的规模与等级，按照一般禅宗寺庙的基本配置布局，中轴线依山就势，自前至后分别为牌坊、山门殿、大雄宝殿和法堂藏经阁，两翼为钟鼓楼、配殿、斋堂、方丈和僧舍等。大雄宝殿五开三进，副阶周匝，重檐歇山顶，高11.6m，殿内采用典型的潮汕地区木瓜抬梁的“五脏内”构架形式。整体布局形制上严谨神圣，功能上合理适用。

建筑风格以突出殿堂建筑风格与地方建筑色彩。采用传统石木结构及构架方式，为节省造价和耐久性，放弃地方上繁复的嵌瓷装饰做法，屋面采用黄琉璃瓦和简洁的琉璃脊饰。简洁的色彩和高低错落的形态与原古寺相得益彰，艺术上予人以愉悦之感受。

灵泉寺

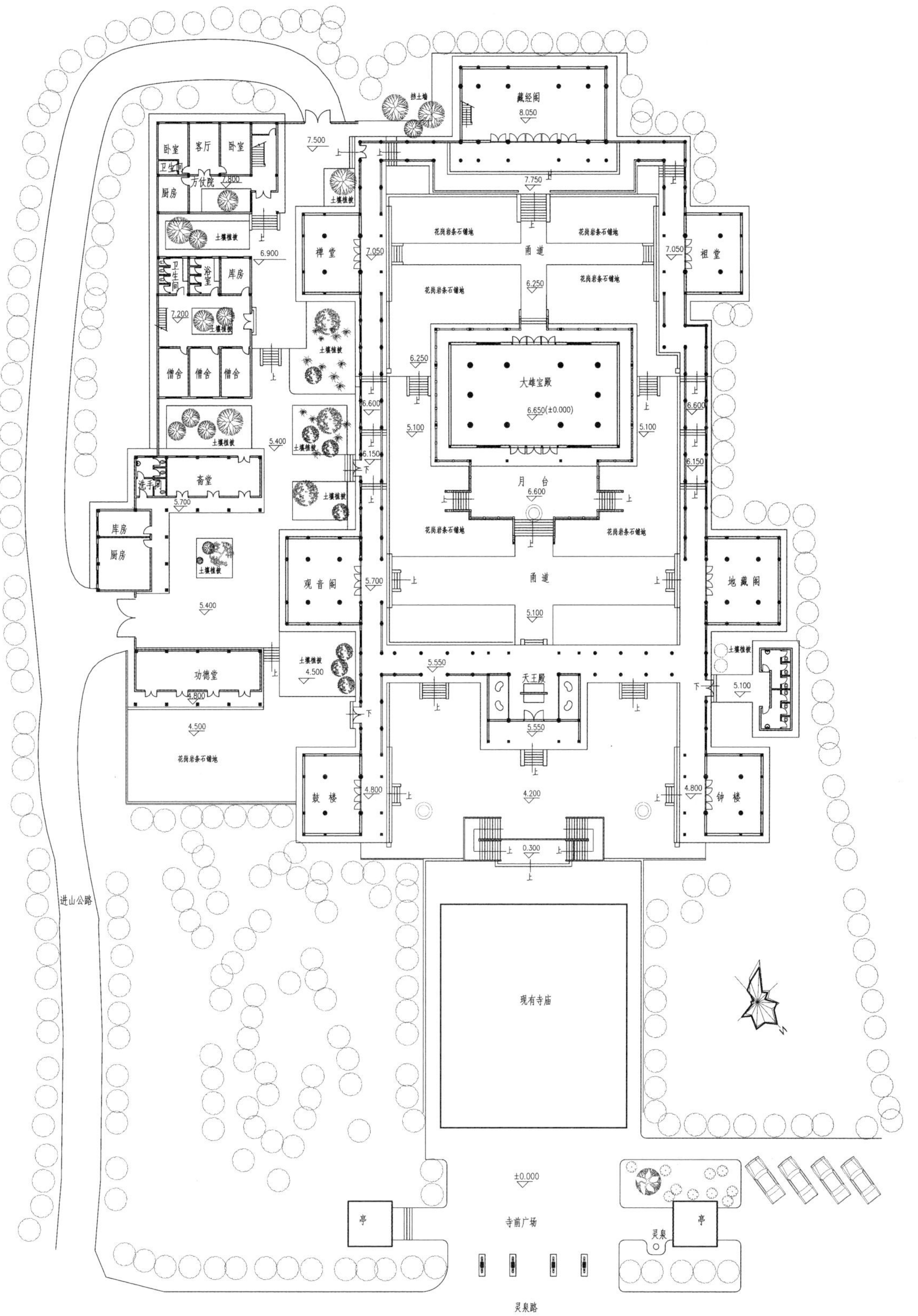
藏经阁
大雄宝殿
月台
禅堂
祖堂
观音阁
地藏阁
天王殿
鼓楼
钟楼
甬道
方丈院
卧室
客厅
厨房
库房
浴室
僧舍
斋堂
洗手间
功德堂
现有寺庙
寺前广场
亭
灵泉
进山公路
灵泉路
花岗岩条石铺地
土壤植被

灵泉寺总平面图

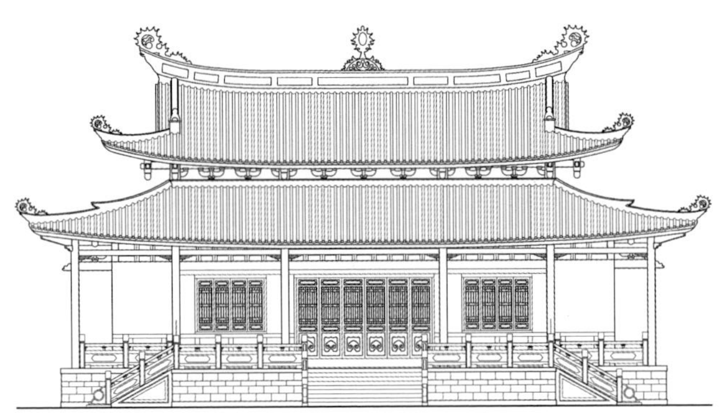

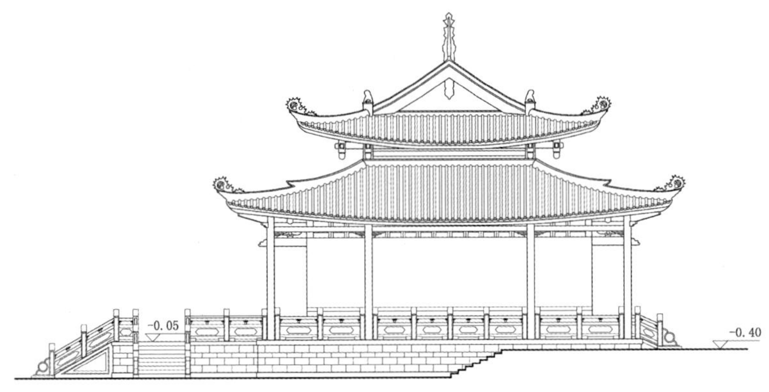

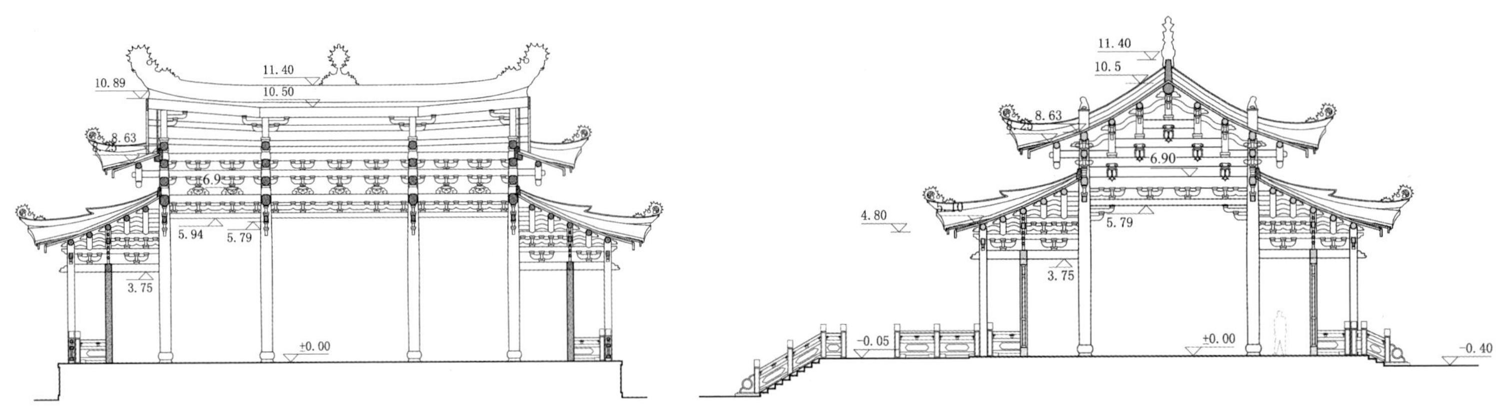

大雄宝殿

正立面图

侧立面图

纵剖面图

横剖面图

石牌坊完工图

庭院完工图

山门完工图

石牌坊完工图　钟鼓楼完工图

大木构架施工图 | 构件加工图

天王殿完工图

大雄宝殿木构架施工图

释惟聪大和尚（左四）作者（左五）

大雄宝殿木构架施工图

大雄宝殿完工图

1.7 肇庆白沙龙母庙

建设地点：广东省肇庆市
设计时间：2000
建成时间：2004
建筑面积：3118m²
设计团队主要成员：程晓宁 石 拓 刘小敏 杜宇健 林 进 陈 昱

设计背景

肇庆白沙龙母庙是西江水神龙母的行宫，坐落在肇庆西江北岸白沙滩，始建于南宋咸淳年间（1265—1274年），清咸丰十年（1860年）扩建，光绪三十三年（1907年）重修。该庙兴盛于清末，由于紧靠西江，景色优美，“白沙夜月”成为肇庆八景之一。在西江流域，龙母被奉为西江水神，龙母故事从秦朝起便流传民间，清光绪八年（1882年）敕封白沙龙母“广荫”，并在庙宇广场兴建“广荫”石牌坊。

民国三十五年（1946年）前后，白沙龙母庙作为广东省第三监狱，中华人民共和国成立后设为看守所，此后又做过学校、工厂等，庙宇遭到严重破坏。重建前已面目全非，仅存“广荫”牌坊、龙母亭和后殿。1984年肇庆市政府公布为市（县）级文物保护单位。

设计理念

尊重历史环境和场所精神，保护和修缮原有广荫牌坊和龙母亭，因防洪江堤提高，阻断了庙宇与江面的联系和对岸山峦的对景关系，重建庙宇抬高了地面标高，将原牌坊和亭予以抬升，后殿因属危房则拆除按原貌重建。白沙龙母庙规划符合肇庆市城市总体规划要求，协调了周边道路交通、水利、景观绿化等关系。

重建后的龙母庙建筑群由中东西三路建筑和西苑四组建筑组成，坐北朝南，面临西江，整个建筑群通过入口、跨院、前广场、青云巷等连接为错落有致的古色古香的建筑群体。中路建筑包括牌坊、山门、大殿、后殿、东西廊，此为原龙母庙祭祀瞻仰的主体；东路建筑，包括山门、中堂和后堂等为展示龙母功德所在；西路建筑包括山门（游人主入口）、东西廊、戏台（按文献记载重建）等；西苑为龙母书院。整体建筑主次分明，殿堂高敞，采用传统的砖、木、石结构与材料，建筑形式、构架方式和石雕、木雕、陶塑、砖雕、灰雕、壁画等装修、装饰工艺保持岭南传统建筑特色。同时按现代建筑规范满足消防、避雷、水电管网、照明、通信等配套设施要求。

总体鸟瞰图

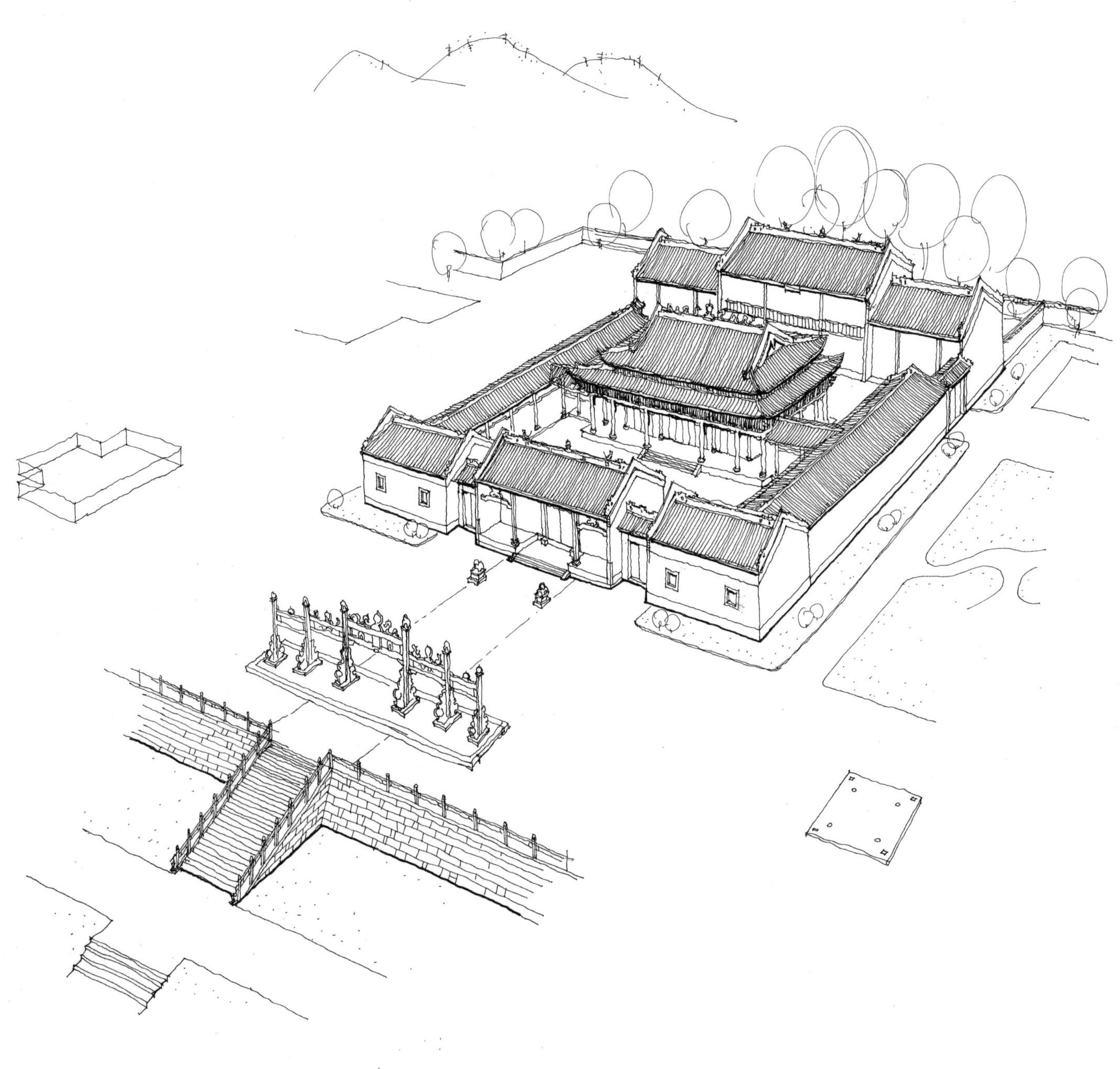

中路效果手绘图

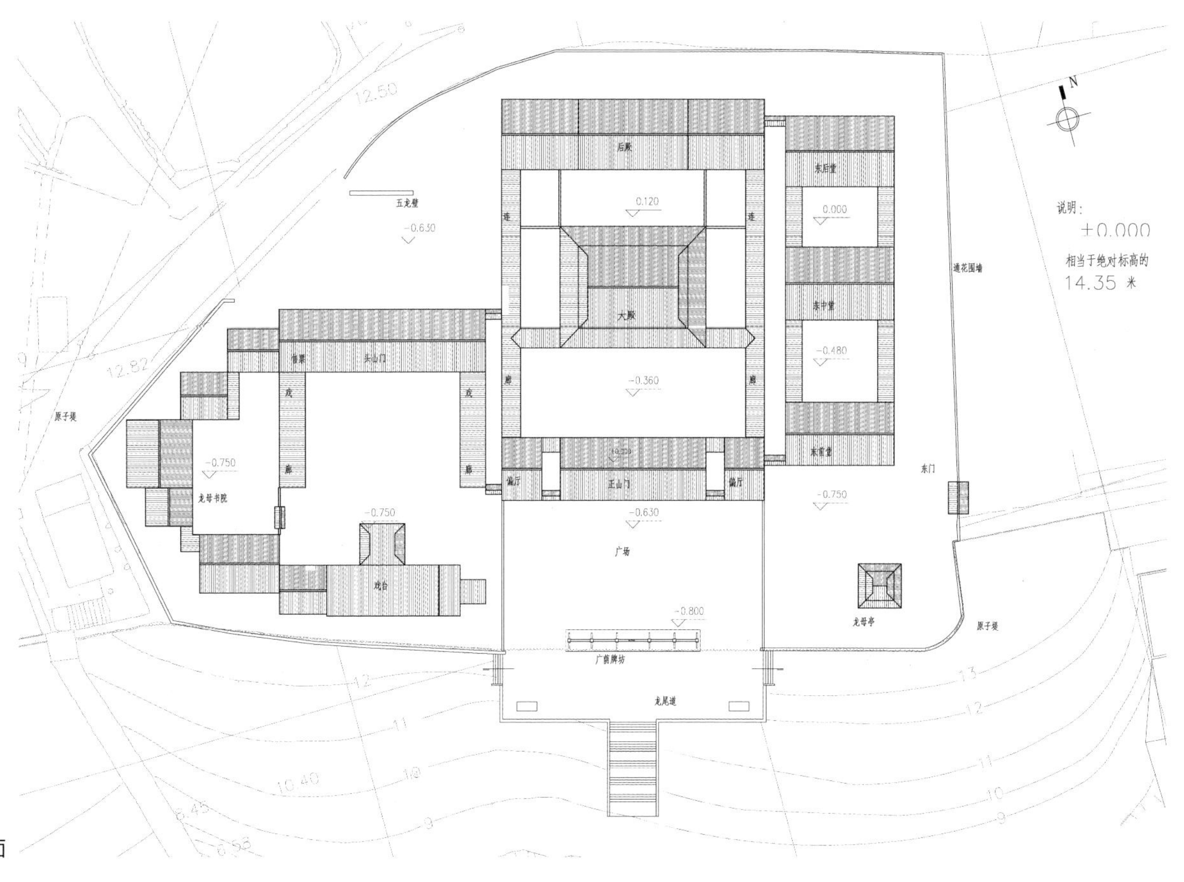

龙母庙总平面

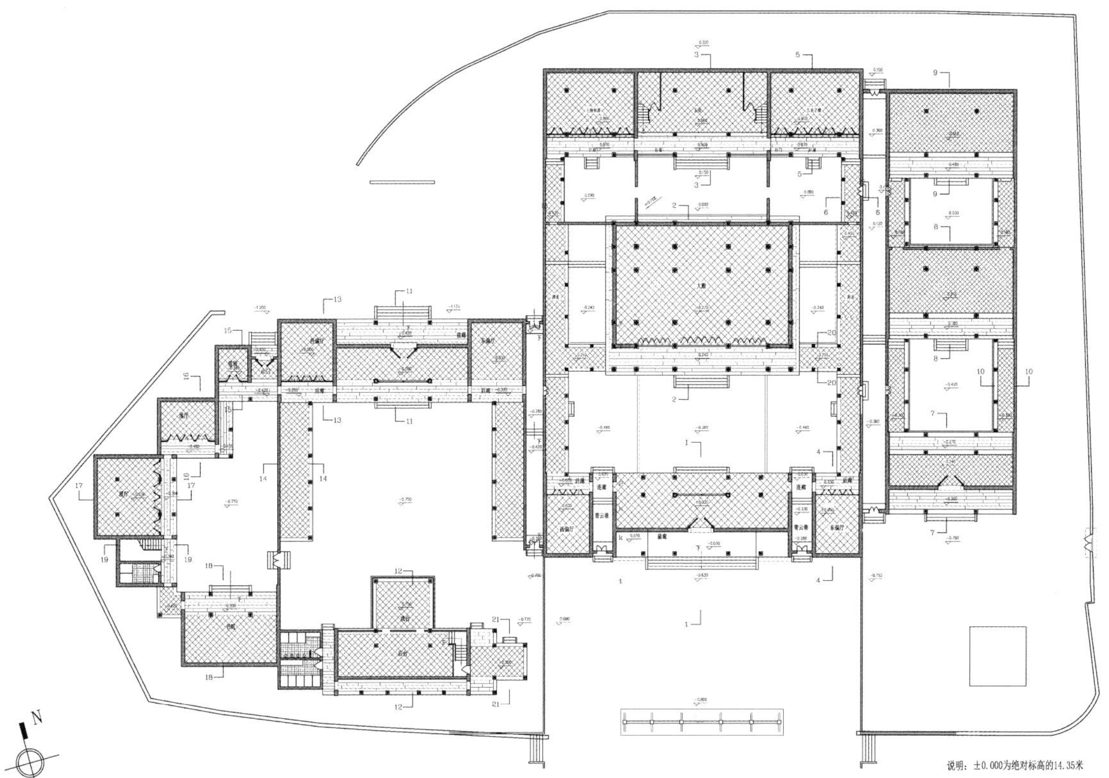

龙母庙首层总平面

修复前老照片

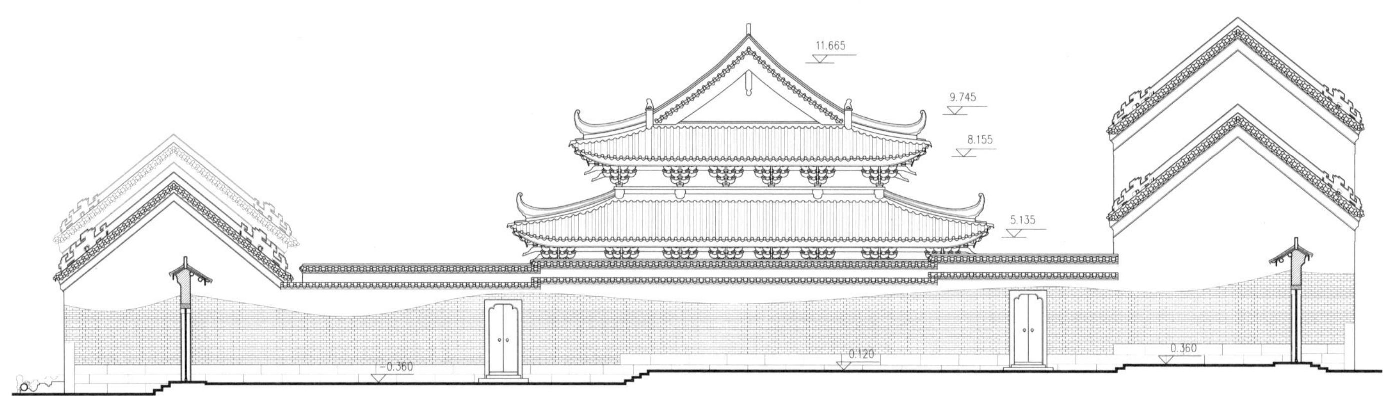

龙母庙中路总侧立面图

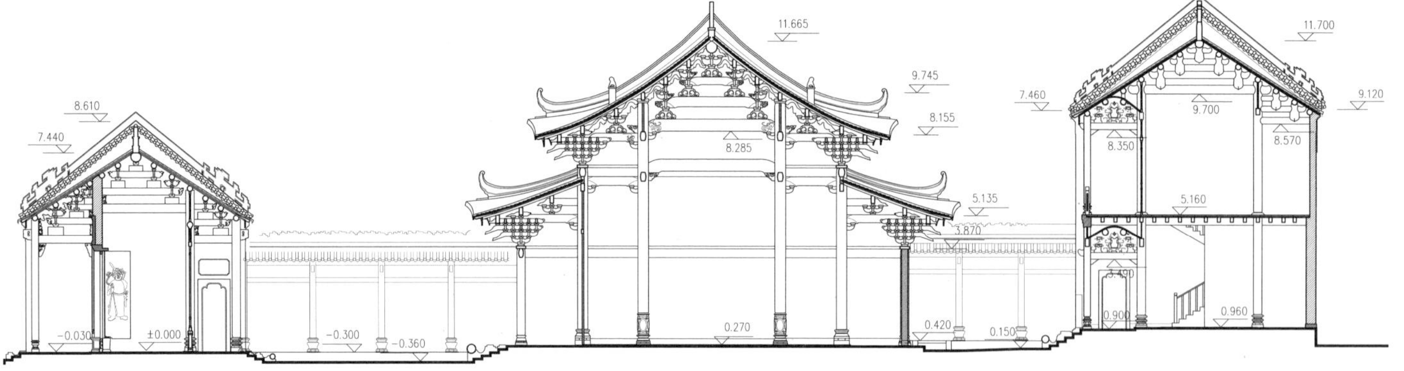

龙母庙中路总剖面图

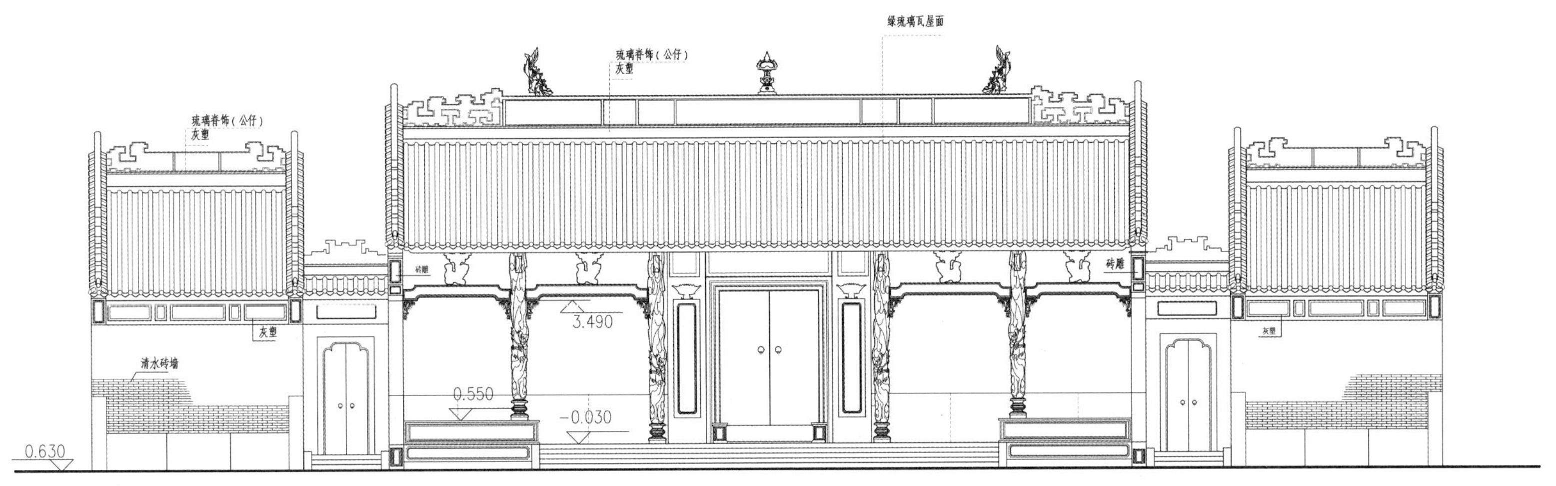

中路山门立面图

中路山门剖面图

中路后殿立面图

中路后殿剖面图

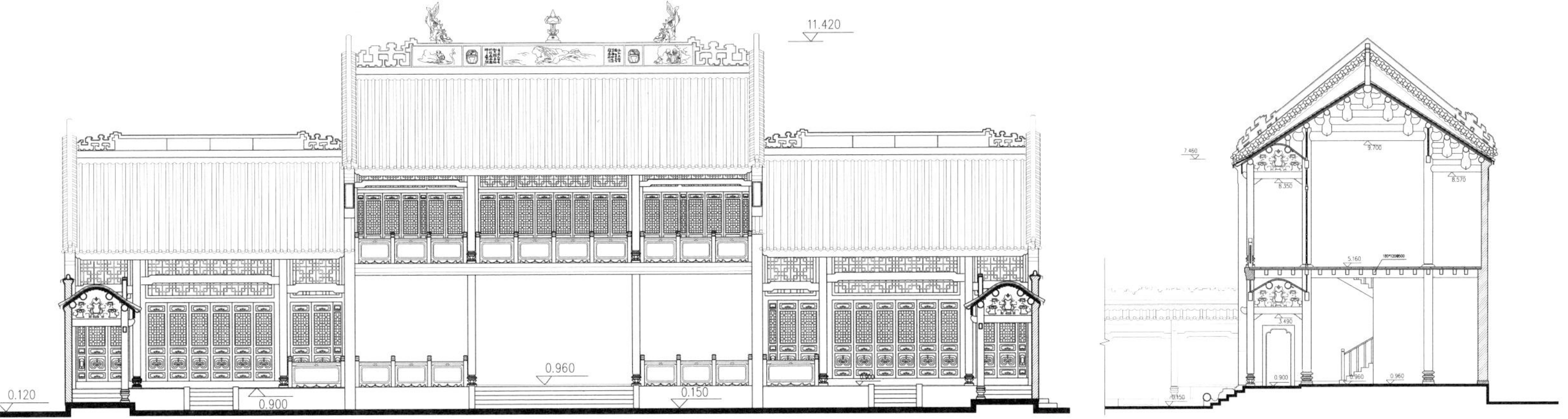

大雄宝殿施工图

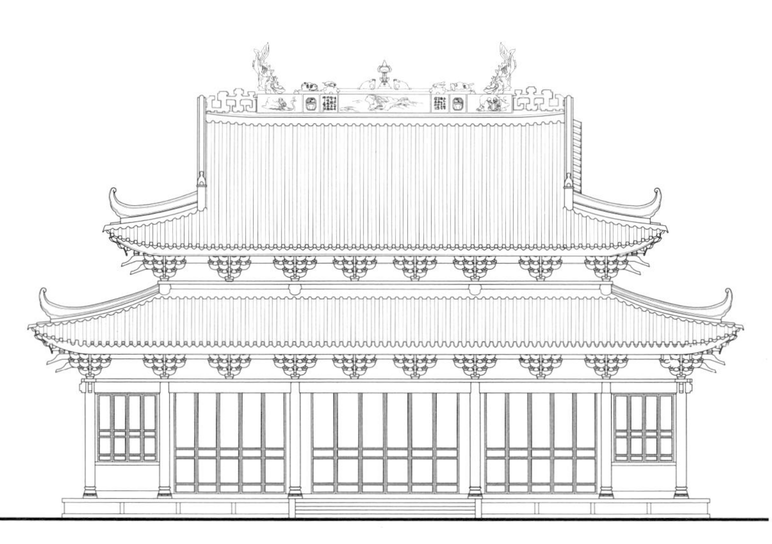

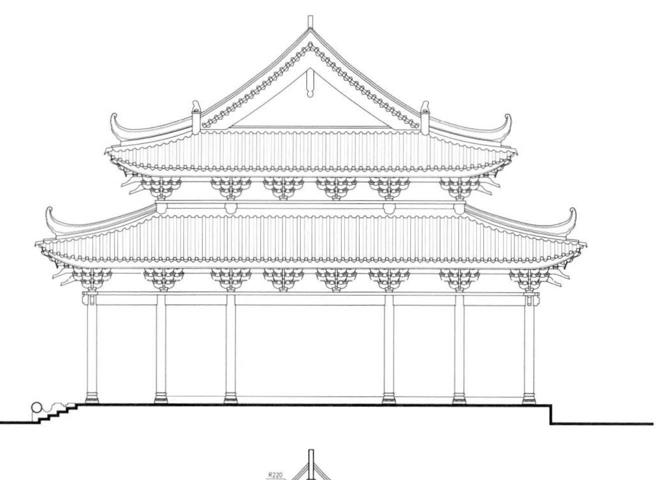

大殿正立面图 | 大殿侧立面图
大殿剖立面图

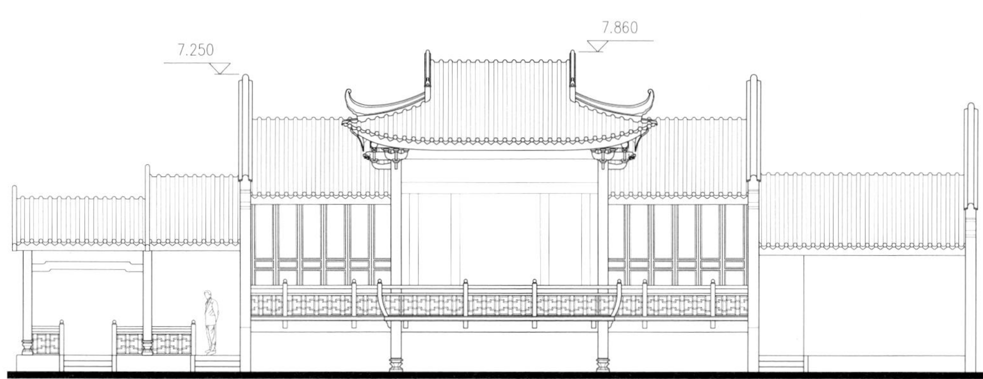

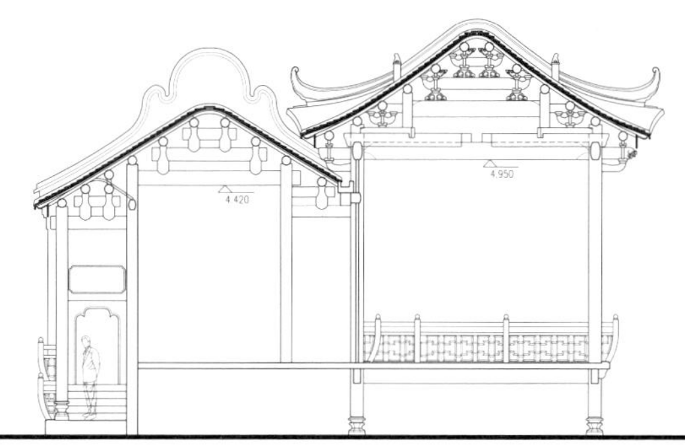

戏台正立面图
戏台侧立面图 | 戏台剖面图

大雄宝殿施工图

石牌坊完工图

山门完工图

大雄宝殿、山门完工图

1.8 花都华严寺

建设地点：广州花都区
设计时间：2003
建成时间：2005
建筑面积：12000m^2
设计团队主要成员：邱 丽 石 拓 姜 磊 魏朝斌

设计背景

花都华严寺坐落于花都著名的风景区芙蓉嶂，寺庙环境优美，左环芙蓉大道，右拥芙蓉古镇，背依华藏山，南眺花都城。脉接芙蓉山，地势如莲瓣。华严寺原名观音寺，始建于清宣统元年（1908年），历史上信众云集，香火鼎盛，几经兴废。明末清初对中国佛教文化颇有影响的番禺海云寺和丹霞山别传寺开法第一祖，岭南海云诗派、海云书派创始人，著名高僧天然和尚的故乡就在这里。

设计理念

重建的华严寺是一组三路三进十二庭院的大型佛教建筑组群，仿唐建筑风格，寺庙总进深为123.6m，总宽度为106.5m。整体建筑拾级而上，层层叠落，前后分为三级平台，依山就势。由六殿、八堂、十六楼和十二庭院组成一组气势磅礴的佛寺庙宇。沿中轴线布置牌坊、放生池、山门、天王殿、大雄宝殿、法堂、藏经阁，在后山顶部，置有七层华严塔一座，成为这一区域的景观地标。在中轴线的两侧，布置有多座楼阁殿堂，与中轴线的主体建筑共同围合成了寺庙的主体空间。这些配殿左侧有钟楼、客堂、观音殿、伽蓝殿、延生堂、正命楼等；右侧有鼓楼、海云堂、地藏殿、祖师殿、往生堂、正依楼等。法堂及平台之下，为一容纳500人集会的大讲堂，可容众多善男信女研修禅道。该寺规划既秉承了佛教制度，又融合了许多现代功能，成为适应当代佛教修行的伽蓝胜地。

主体建筑大雄宝殿面宽7间29.87m，进深6间24.86m，建筑面积745m^2。大殿总高21.5m，外观为重檐歇山顶，面覆亚光琉璃瓦，高大的鎏金鸱吻在阳光下熠熠生辉。大殿采用传统石柱木构架体系，瓦当设计用莲花纹饰面，滴水则用曲纹唇型。殿内自地面至天花藻井高达11m，金柱间的大月梁跨度达9m之远，殿内空间宽宏，妙像庄严，大殿下檐使用双杪双下昂七铺作斗栱，上檐使用单杪双下昂七铺作斗栱，斗栱雄大，承托近4m远的出檐，配合凹曲面的屋顶和翼角生起，整个殿堂似大鹏展翅般雄踞在山麓上。其设计严谨、工艺精致、造型庄严、古朴典雅。

华严寺大雄宝殿完工图

鸟瞰效果图

总立面效果图

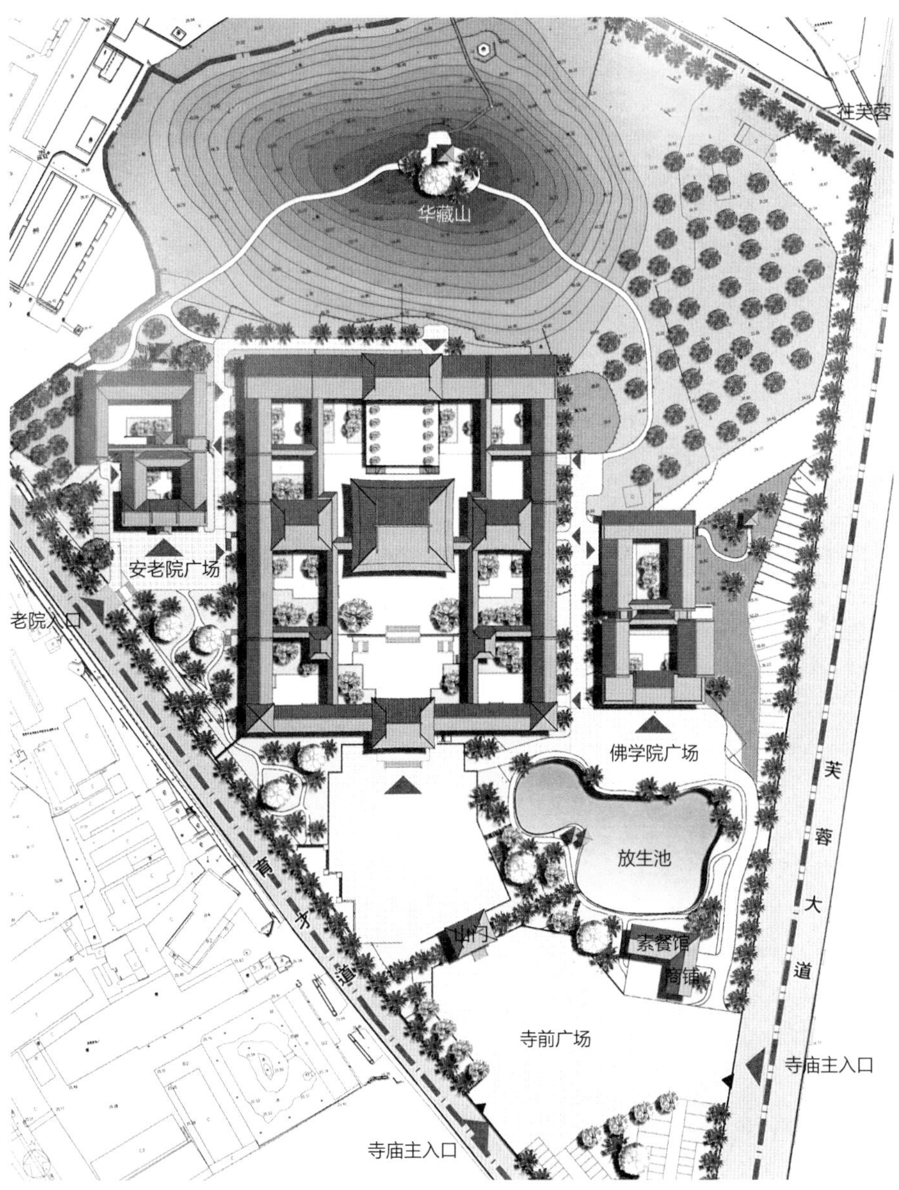

总平面图

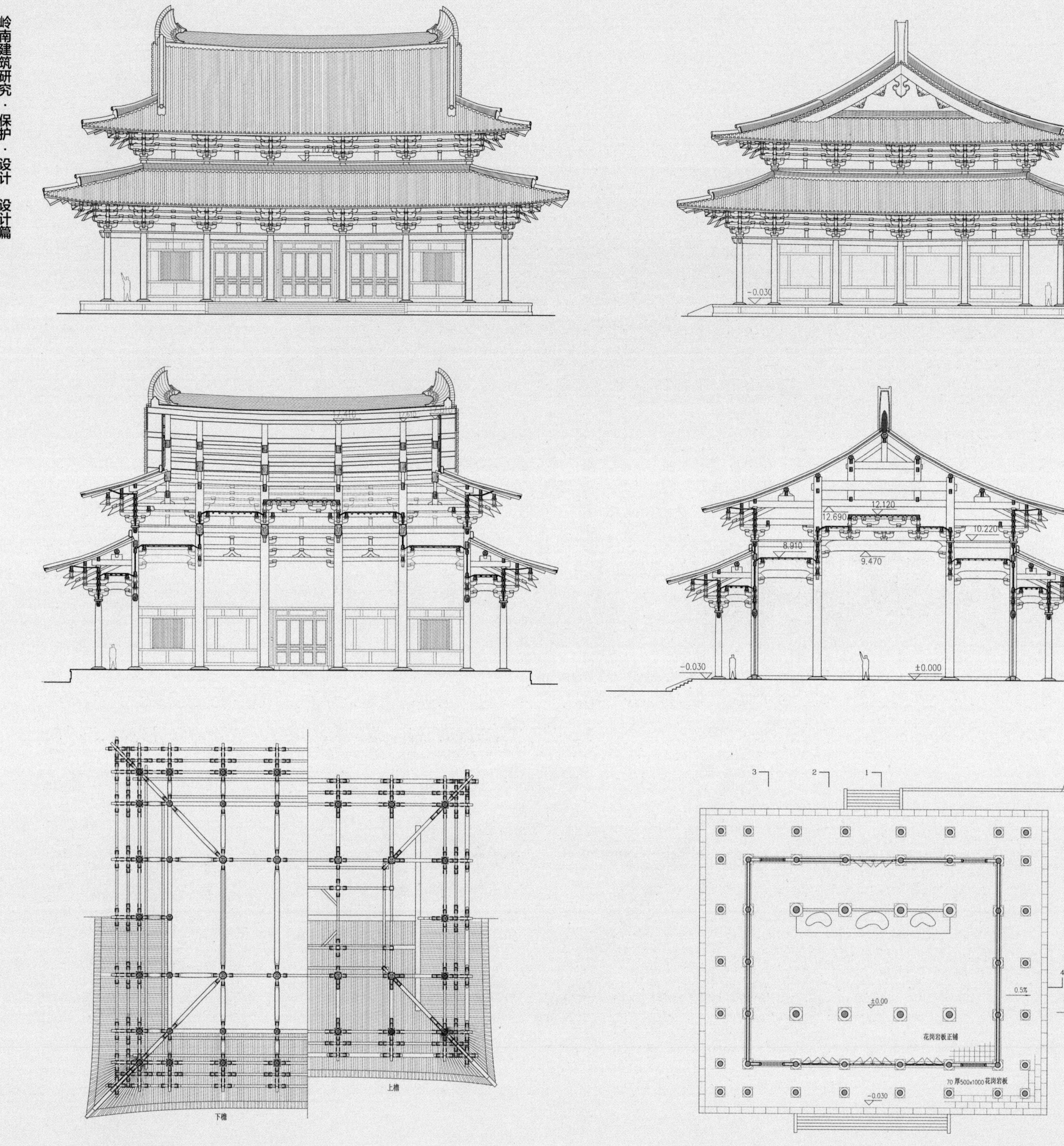
-0.030
12.120
12.690
10.220
8.910
9.470
-0.030
±0.000
下檐
上檐
±0.00
0.5%
花岗岩板正铺
70厚500x1000花岗岩板
-0.030

大雄宝殿设计图

大雄宝殿施工图

大雄宝殿施工图

成茂刚、释印觉方丈、作者（从左至右）

大雄宝殿完工图

大雄宝殿完工图

大雄宝殿完工图

1.9 惠东青龙潭塔

建设地点：广东省惠东县
设计时间：2006
建成时间：2008
建筑高度：42.8m
设计团队主要成员：王　平　黄震岳

设计背景

青龙潭塔又称文昌阁塔，坐西向东，始建于清代嘉庆年间，临惠东县西枝河交汇转弯的小山岗而建，视野开阔，为惠东的风水塔，原为平面六角形的砖木结构楼阁式风水塔，5层楼高27m左右，毁于20世纪50年代，重修前仅存塔基遗址，2004年遗址列为县级文物保护单位，2006年县政府决定重建该塔，再现历史文化风貌。

设计特色

重建塔为清代中期岭南楼阁式风水塔的风格，正方形基座，六边形平面，首层边长5.7m，层高6.0m，塔身共7层，总高42.8m。墙体采用传统青砖砌筑，钢筋混凝土楼板结构。塔身逐层收分，无平座栏杆，多层砖叠涩出檐，塔顶置三元葫芦状塔刹，比例清秀。塔身各面窗式形状不一暗合五行相生的寓意，登塔远眺，西枝河两岸风光尽收眼底。

为尊重历史文物，新建塔将原塔遗址包入首层塔内，保护并展示在地面钢化玻璃板下。又考虑到城市建筑的发展和不远处新建西枝河大桥的规模体量，设计适当加大了塔的平面尺度和高度。新文昌阁塔将古塔遗址保存于塔内，既保护和展示了历史遗存，又传承了风水塔的文脉。

青龙潭塔效果图

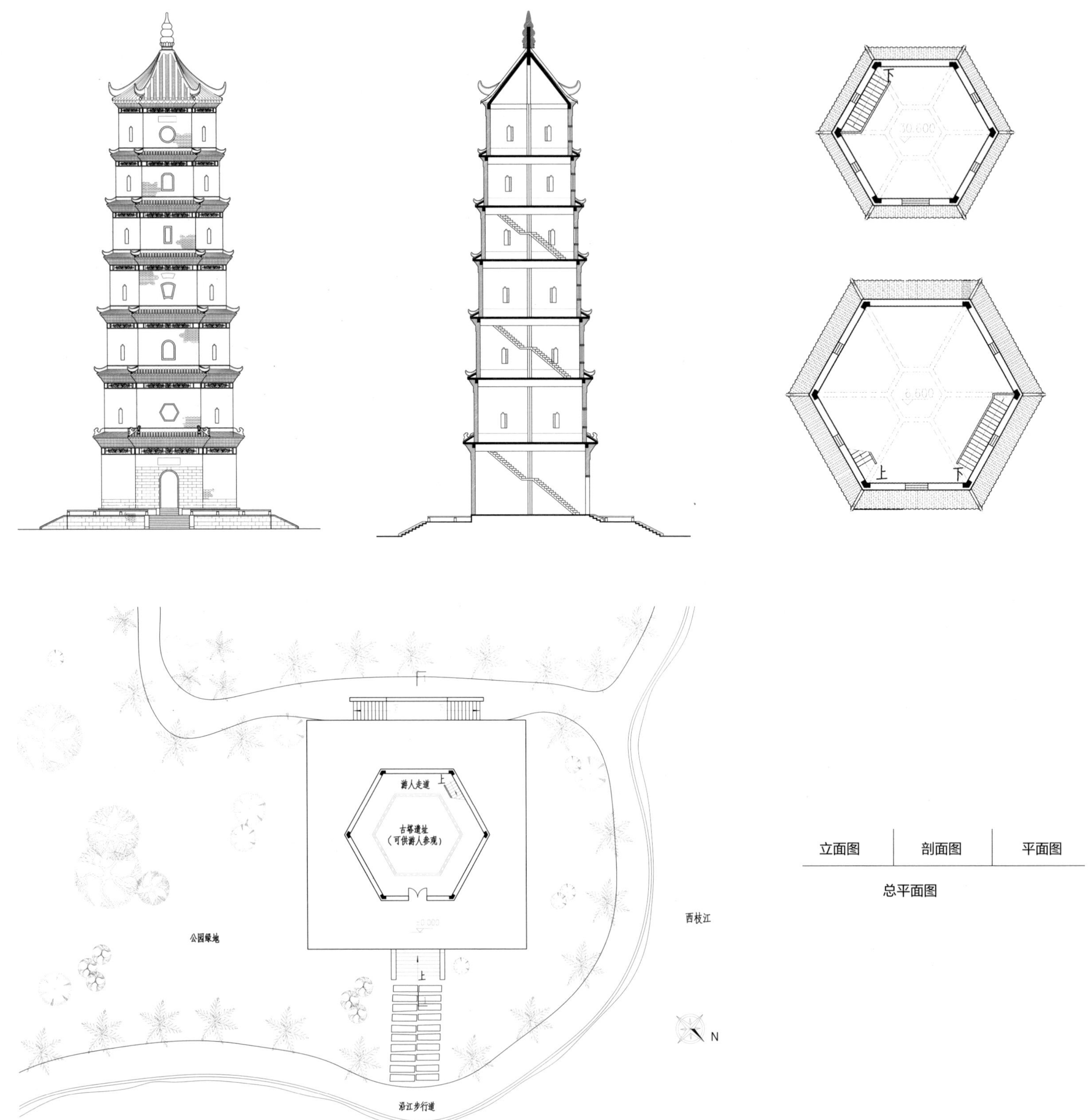

立面图 剖面图 平面图

总平面图

青龙潭塔完工图

塔檐叠涩	塔顶结构	葫芦窗
	原塔基保护展示	月亮窗
塔门入口		

青龙潭塔完工图

1.10 中山白衣古寺

建设地点： 广东省中山市石岐区
设计时间： 2006
建成时间： 2016
建筑面积： 11900m^2
设计团队主要成员： 陈志军 石 拓 王 平 施雨君 程 胜 黄震岳 武 群 黄彩云 刘 佳 汪 洋 林颖佳

设计背景

白衣古寺又名白衣庵、观音寺、紫竹禅林，位于中山市石岐区莲员东路。明崇祯十三年（1640年）兴义禅师始建，寺庙坐落在一个小山岗上。经清嘉庆癸酉（1813年）、宣统年间重修，白衣古寺规模不断扩大，设有“白衣古寺”石牌坊、“禅关”石牌坊、山门、西林庵、十王殿、大院、正殿（紫竹禅林）、祖堂、祈园等建筑物。1958年被石岐陶瓷厂租用，把山门、大院、殿堂、祈园等逐渐拆建为车间、仓库、饭堂、宿舍等。修复重建前，仅保留白衣古寺三间二进硬山顶建筑院落一座。1990年白衣古寺被中山市人民政府公布为市级文物保护单位。2002年开始修缮古建筑并决定扩大用地规模和建筑规模，以满足宗教场所的使用。

规划设计理念

以保护与发展相互协调的视角规划和设计，既发挥文物传承的作用，又发挥宗教文化在共创和谐社会中的作用。在布局上保护现存寺庙部分，新规划与建设项目与原寺庙保持一定控制距离，新规划建筑延续古寺轴线，在材料和色彩上与原寺庙保持协调。

根据用地和寺庙功能需求，布局分为左中右三路，中路轴线偏后为原有寺庙部分，前面布置山门天王殿、大雄宝殿、后有观音塔等，轴线两侧布置配殿、钟鼓楼等，形成中路的主庭院，并通过地形高差，将建筑依次置于三个不同标高的平台上，形成依山就势、高低错落、主次分明的空间艺术效果。右路规划为念佛堂、往生堂、僧舍、方丈等；左路规划为斋堂、药师殿、居士寮等。远期还考虑规划建设藏经阁和多功能中心。为了和庙前莲塘路衔接，山门天王殿向后退缩做了八字形外部空间处理。

新建建筑采用了唐宋建筑风格，但在色彩、材料、具体构造特征以及脊饰等方面则借鉴了岭南地方建筑做法，采用传统石木砖瓦材料和木构架方式，如菠萝格木、灰色陶瓦，花岗石材等，木构件表面采用清漆油饰，展现出自然纹理。建筑整体达到了大方质朴、疏朗协调的建筑造型和空间艺术效果。

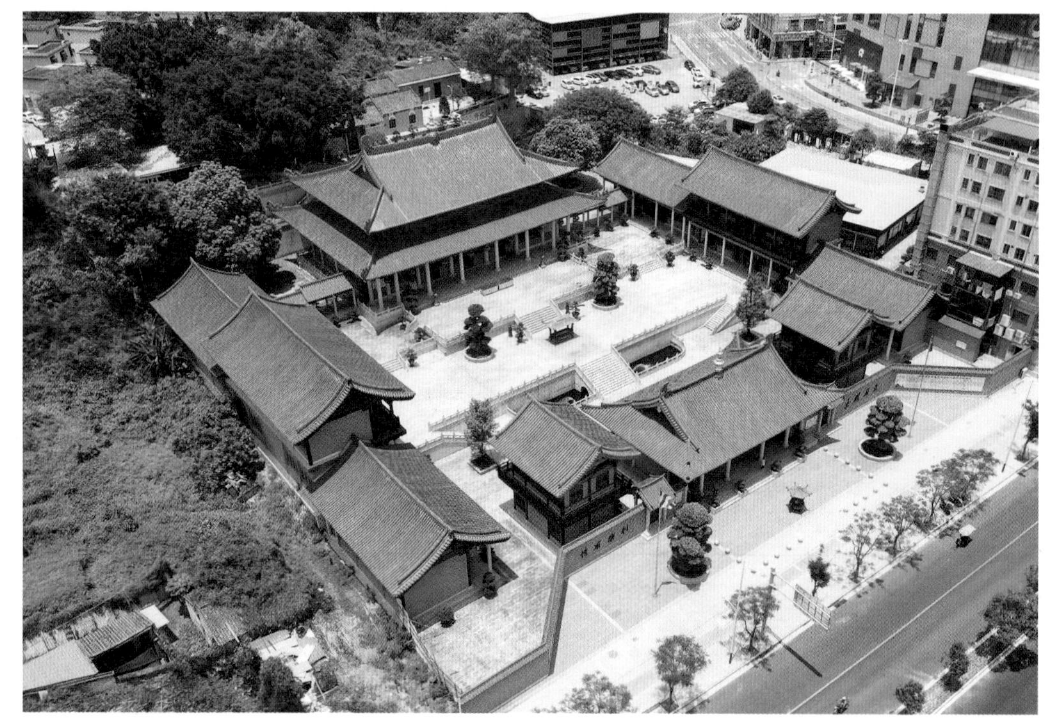

白衣古寺完工航拍图

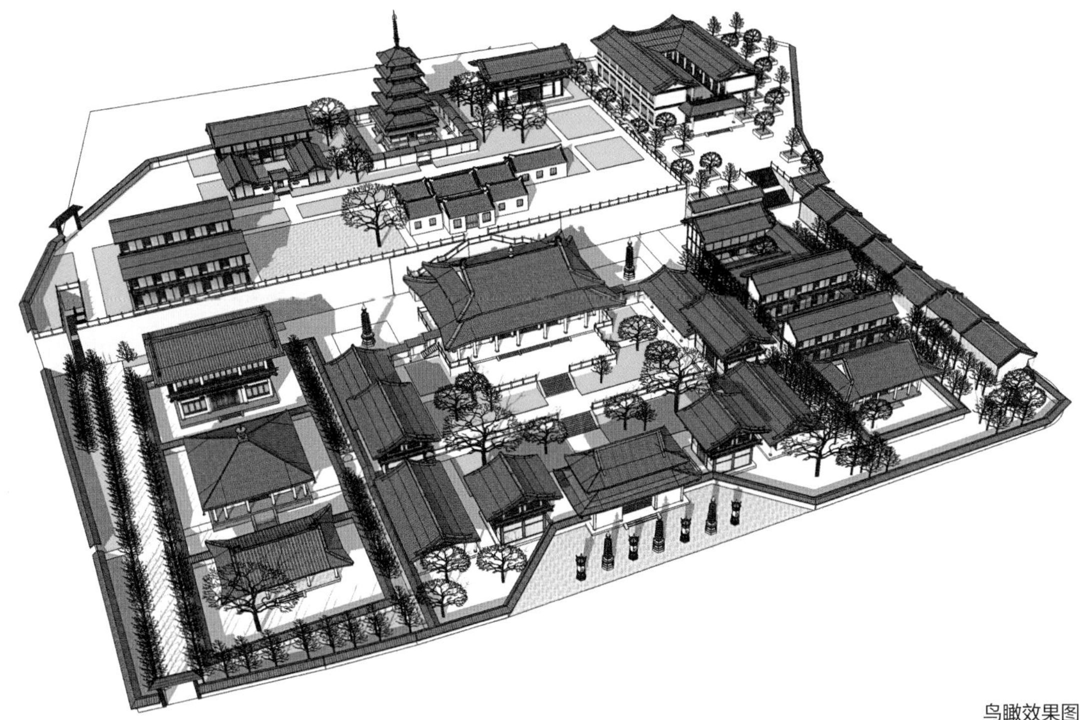

鸟瞰效果图

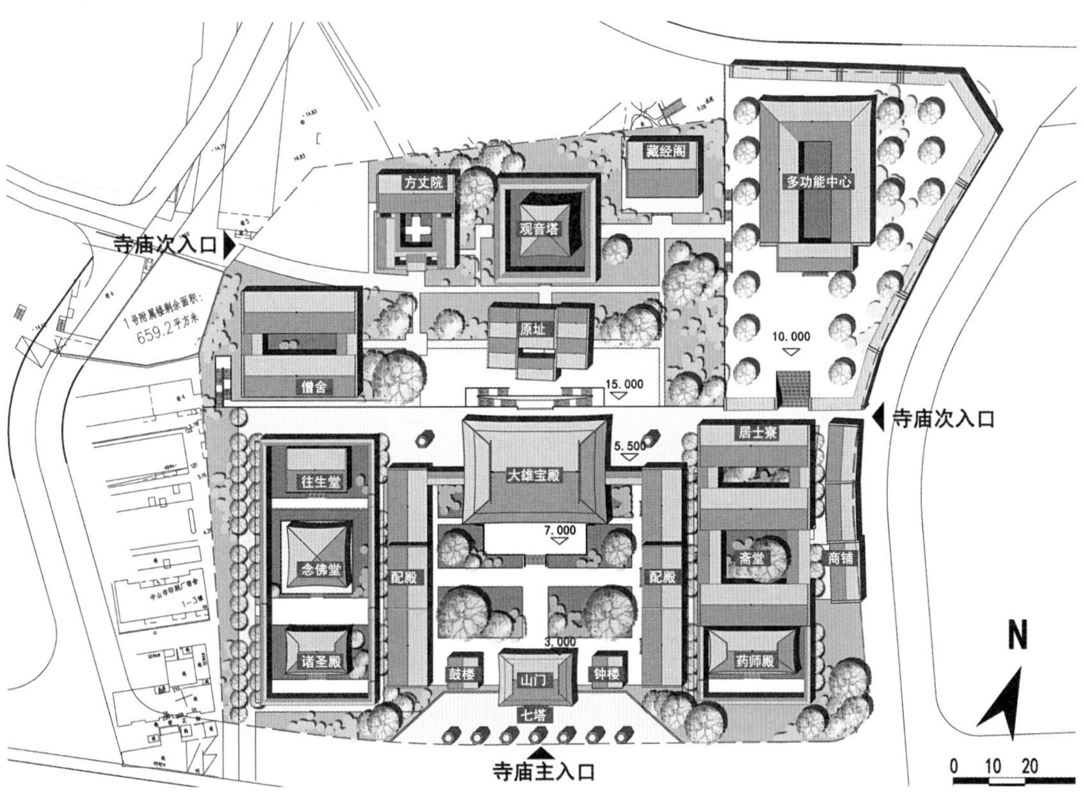

藏经阁
方丈院
观音塔
多功能中心
寺庙次入口
1号附属楼剩余面积：659.2平方米
僧舍
原址
10.000
15.000
寺庙次入口
居士寮
5.500
大雄宝殿
往生堂
7.000
念佛堂
配殿
配殿
斋堂
商铺
3.000
诸圣殿
鼓楼
山门
钟楼
药师殿
七塔
N
0 10 20
寺庙主入口

总平面图

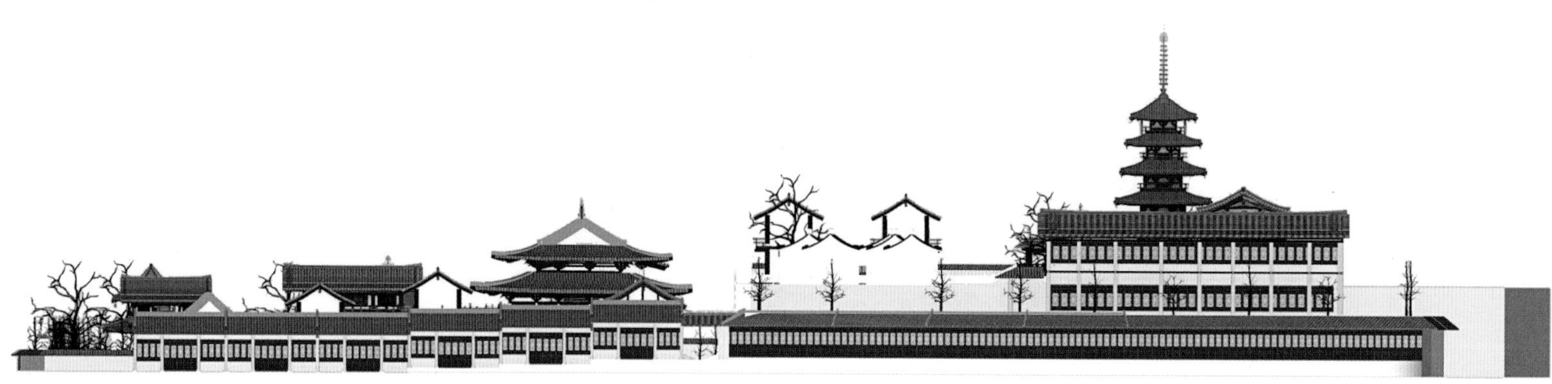

东立面设计图

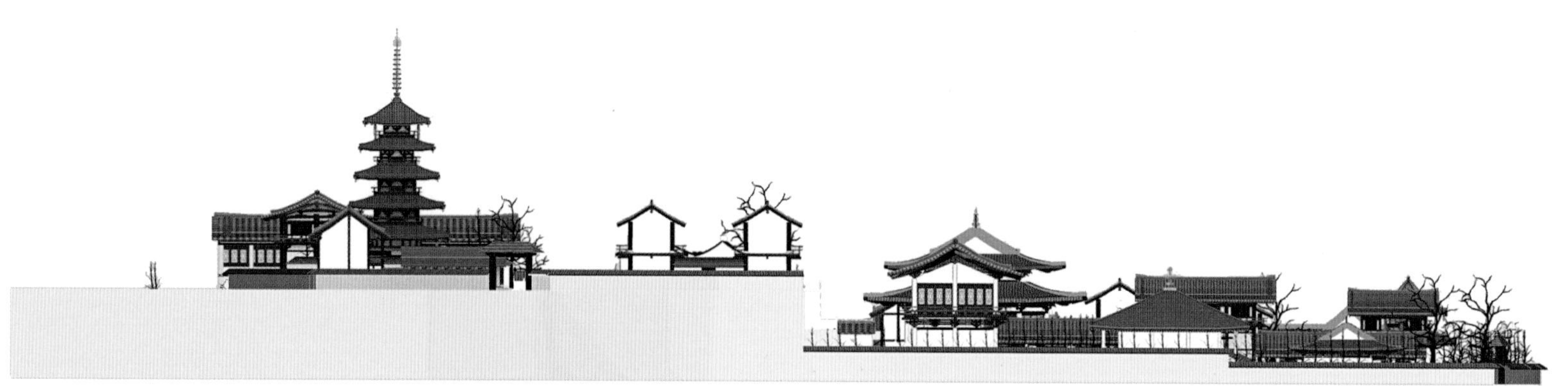

西立面设计图

南立面设计图

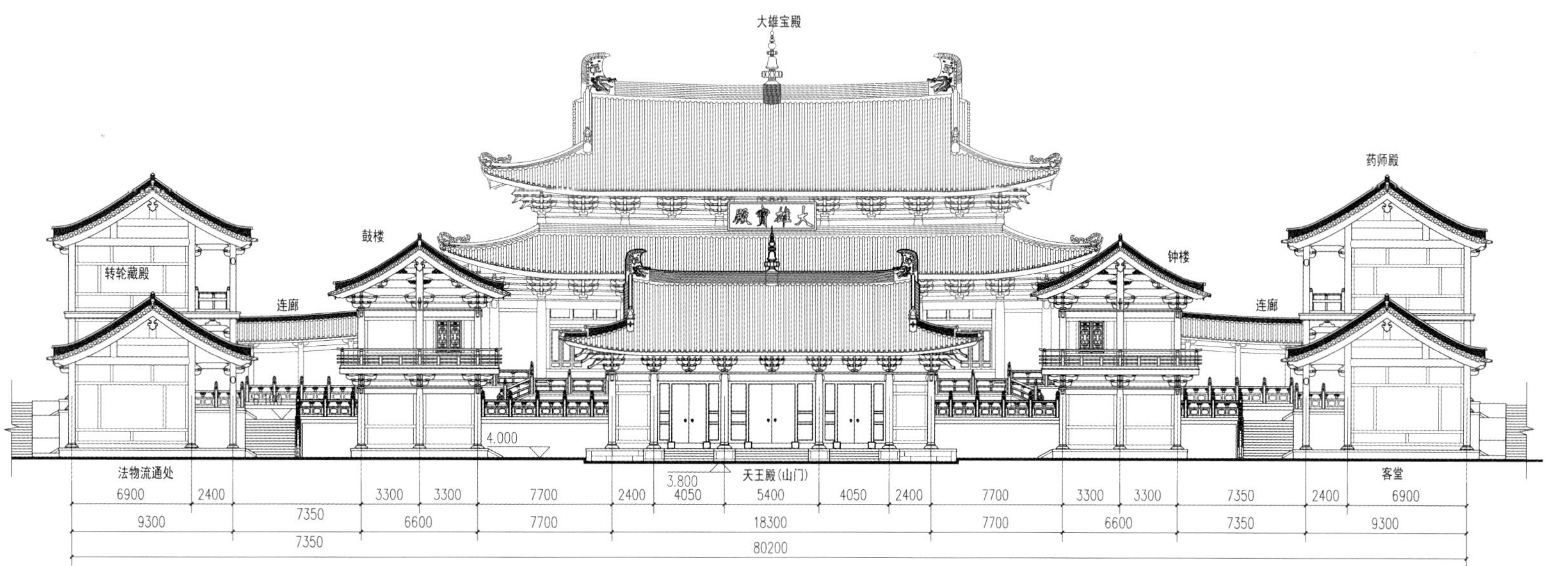

一期总立面图

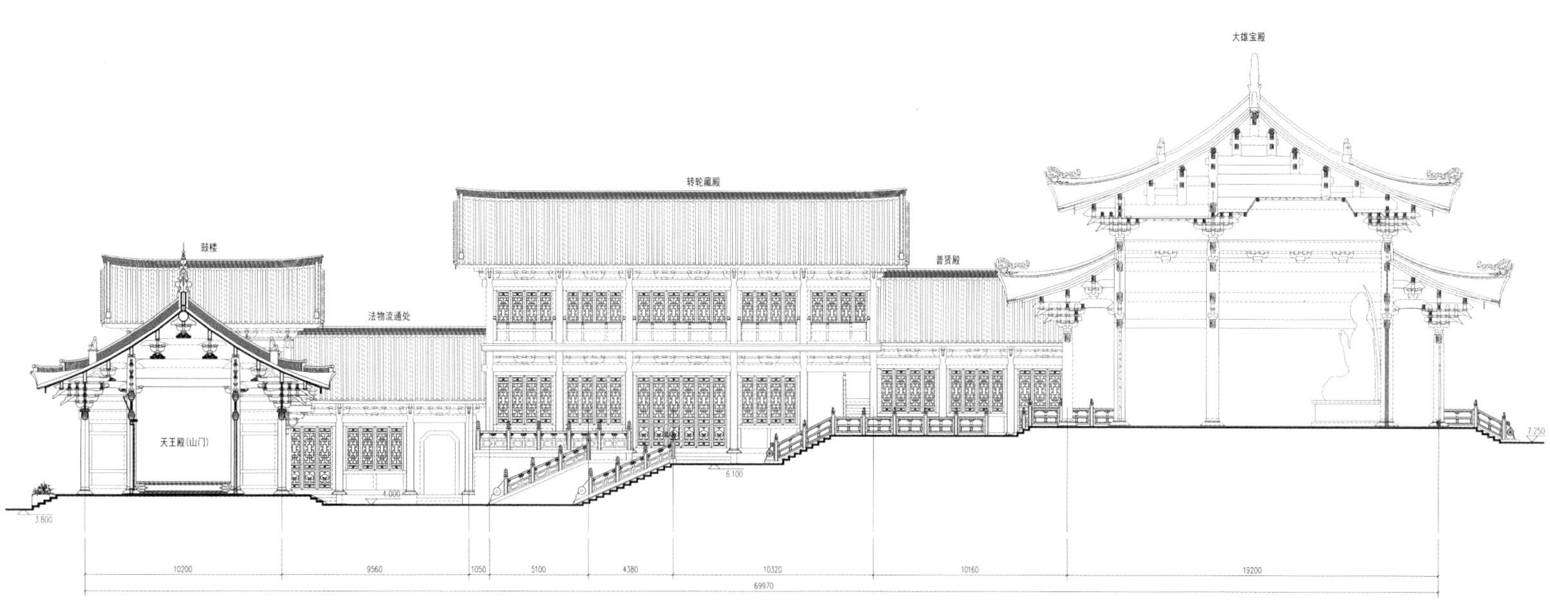

一期中轴线剖面图

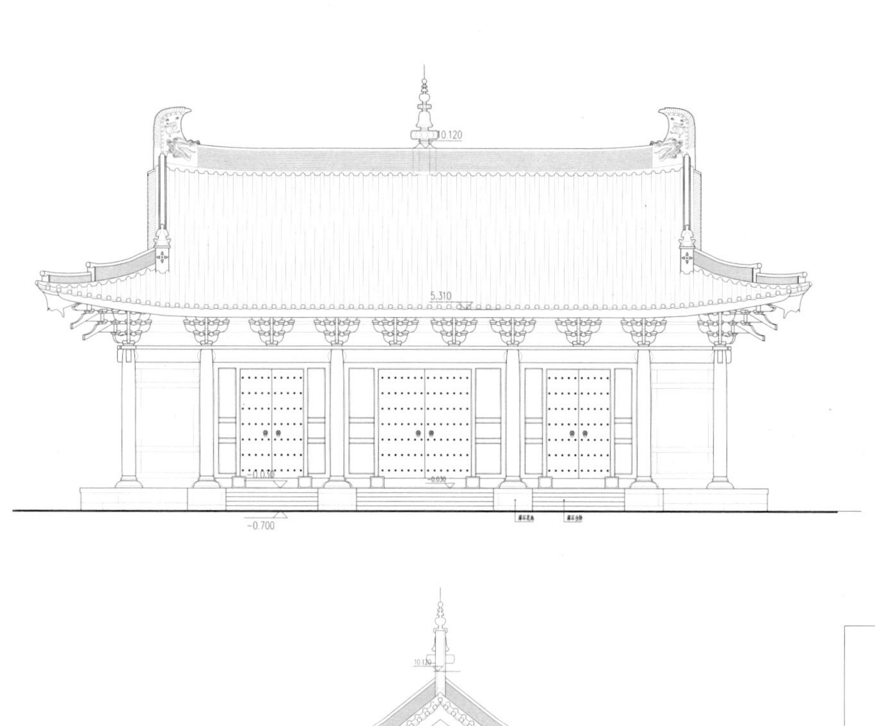
10.120
5.310
-0.700

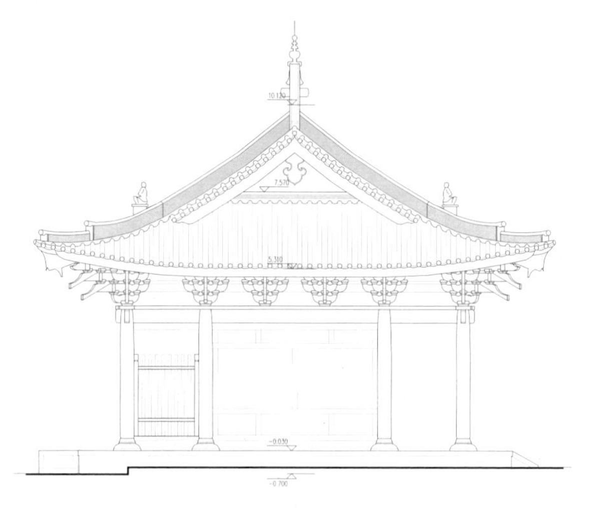
10.120
5.310
-0.030
-0.700

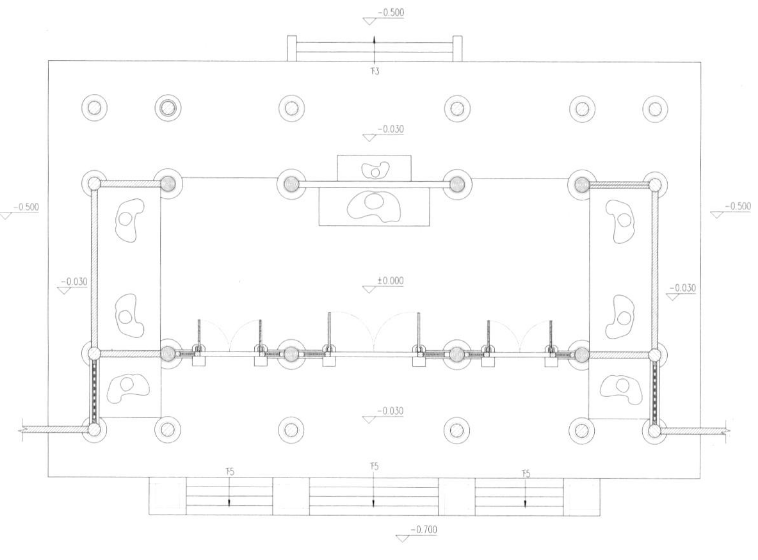
-0.500
-0.030
±0.000
-0.500
-0.030
-0.030
-0.030
-0.700

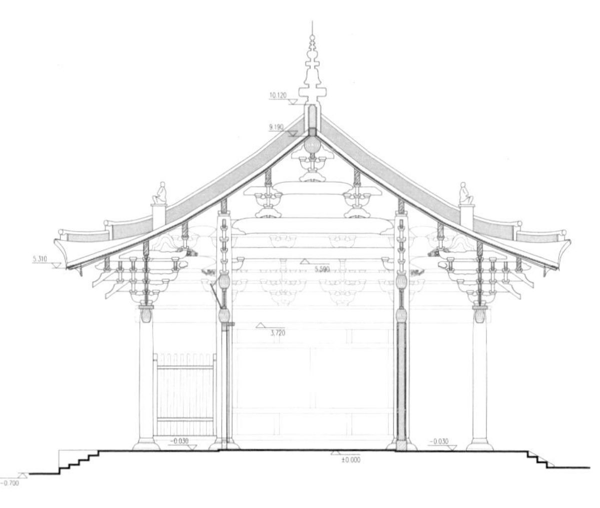
10.120
9.190
5.310
3.720
-0.030
±0.000
-0.030
-0.700

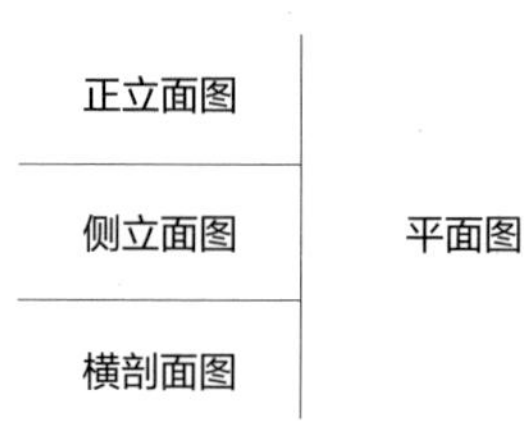
正立面图
侧立面图
横剖面图
平面图

山门施工图

山门完工图

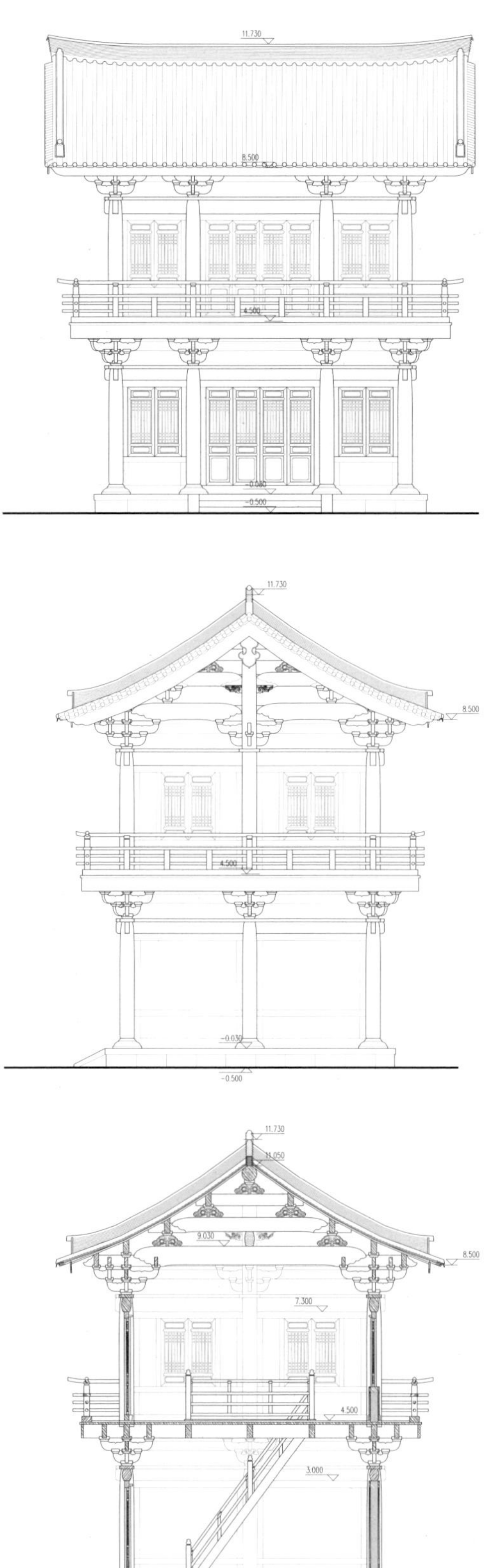

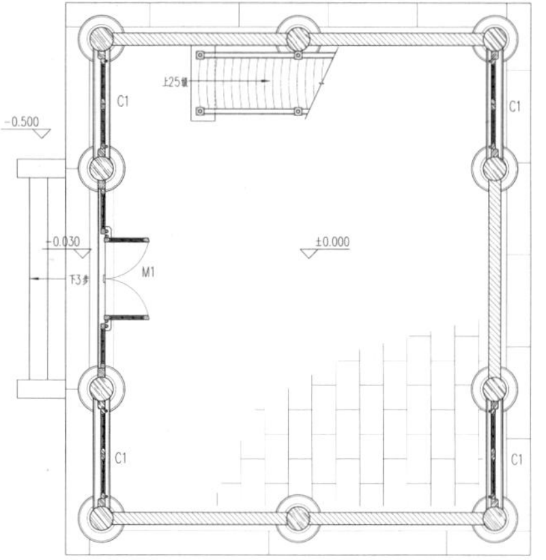

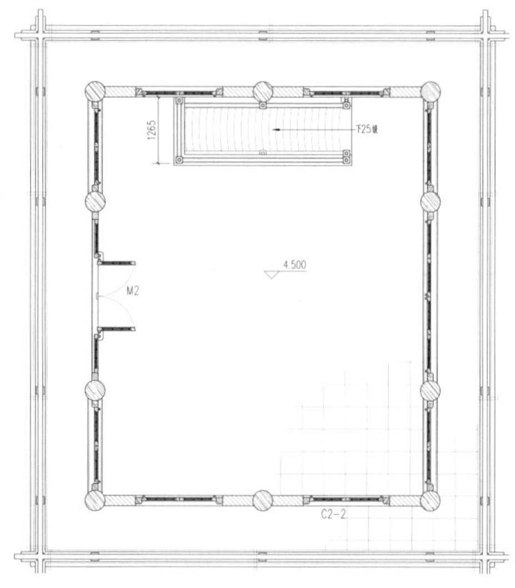

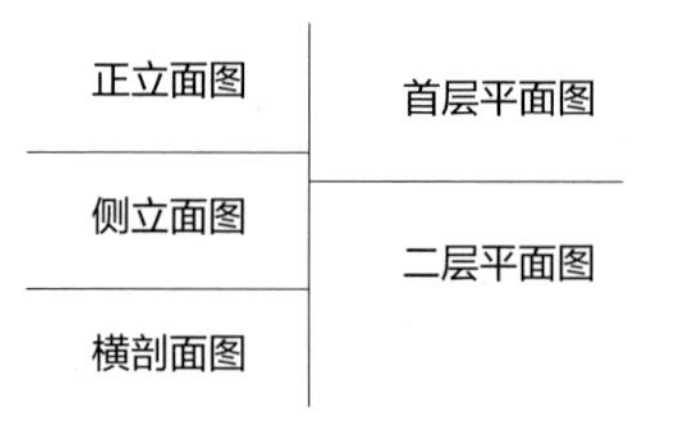

正立面图	首层平面图
侧立面图	二层平面图
横剖面图	

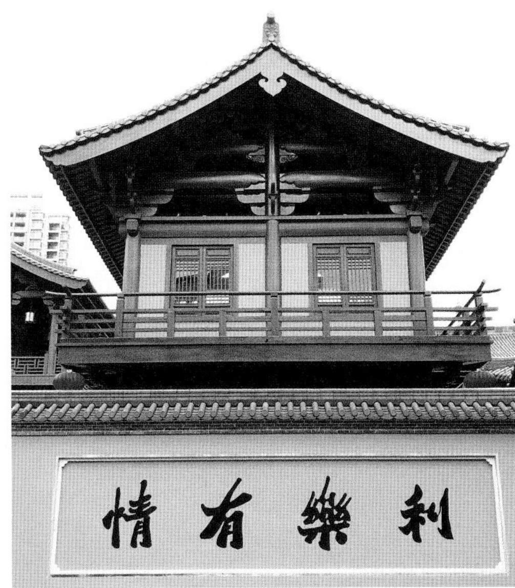

钟鼓楼完工图

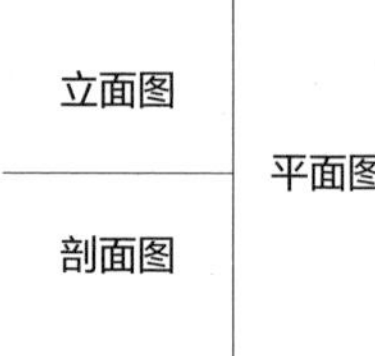

立面图

剖面图

平面图

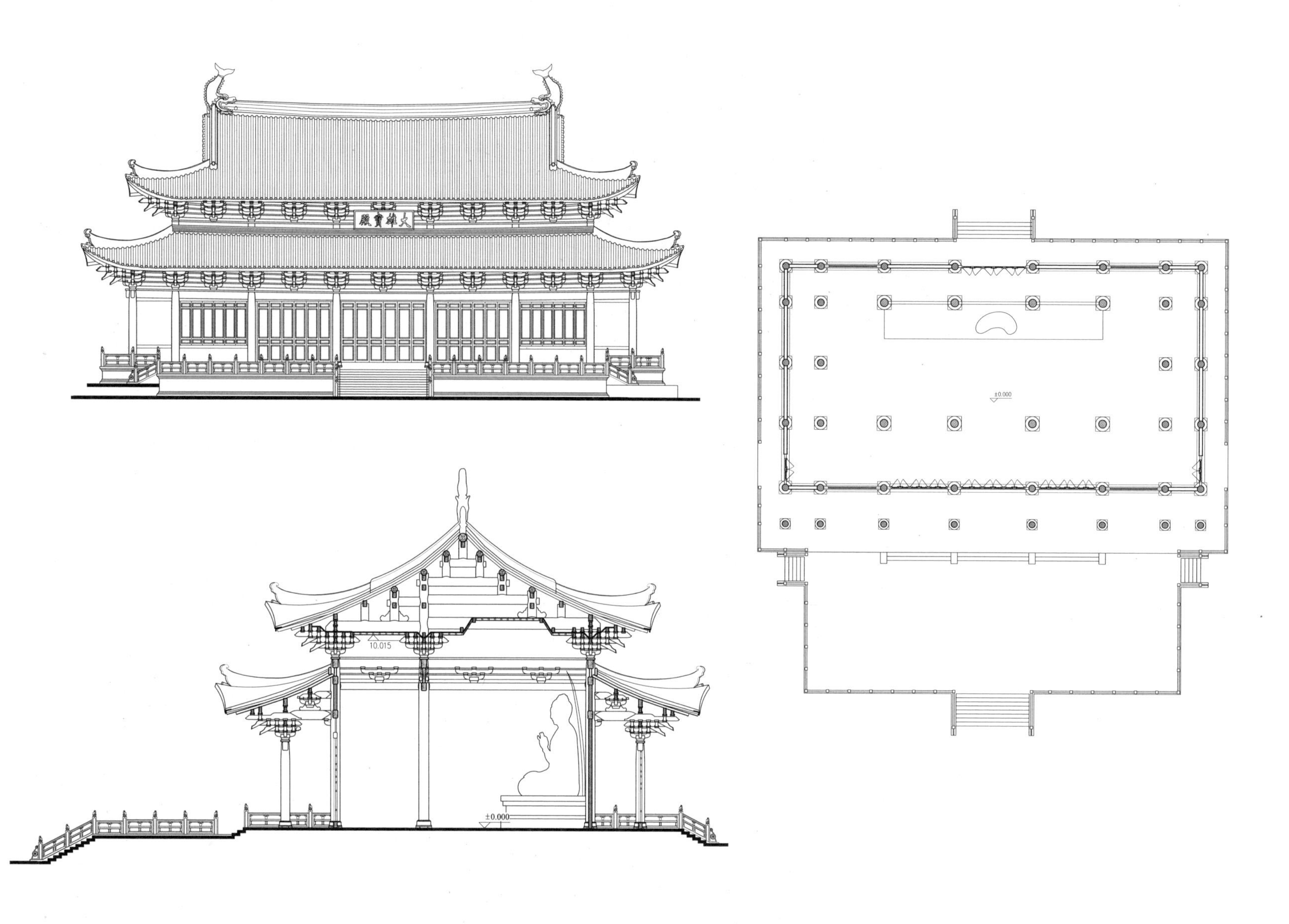

大雄宝殿施工、完工图

配殿施工图

配殿完工图

白衣古寺完工图

白衣古寺落成典礼

1.11 韶关通天塔

建设地点：广东省韶关市
设计时间：2010
建成时间：2013
设计团队主要成员：程　胜　黄震岳　刘　佳　黄彩云

设计背景

通天塔位于韶关市地处北江上游浈江、武江合流处的洲心岛中心位置，塔始建于明代嘉靖二十五年（1546年），洲心岛恰在城市三江六岸的中心处，面积约2000m^2。

清末塔毁于战乱，仅存塔基。2008年韶关市文化局对古塔遗址进行了发掘，塔基为红砂岩条石砌筑，塔基为八角形，边长4m，直径10m。同时发掘出土若干异形砖块等塔身构件。据相关史料和发掘出土遗址和构件资料，推测该塔为八角七层明代风格楼阁式砖塔，高约30m。

设计理念

新塔保持原有位置及朝向，将古塔遗址置于首层平台并可展示。塔为八角九层楼阁式，通高44.2m。考虑到江岸两侧已建起高层建筑，新塔体量必须较原塔要大，但又受限于洲岛面积有限，设计难点在高度、体量上的推敲。塔身采用大出挑的层层腰檐及平座形式的楼阁式塔造型，构件与色彩方面用红色柱梁斗栱、黄琉璃瓦蓝剪边瓦面、白石栏杆、铜葫芦塔刹，细部构件样式则参照粤北地方建筑手法。考虑到历年北江洪水的隐患，塔采用现代钢筋混凝土框架结构。

建成后的通天塔比例清秀，色彩明快，恰似文笔耸立江中，重塑了“中流砥柱”的历史文化寓意与景观。其与韶阳楼相互观望，塔楼映辉，为市区增添了一处新的景观地标，而环境整治升级后的洲心岛也将成为市民缅怀历史、休闲娱乐、陶冶情操的场所。

通天塔效果图

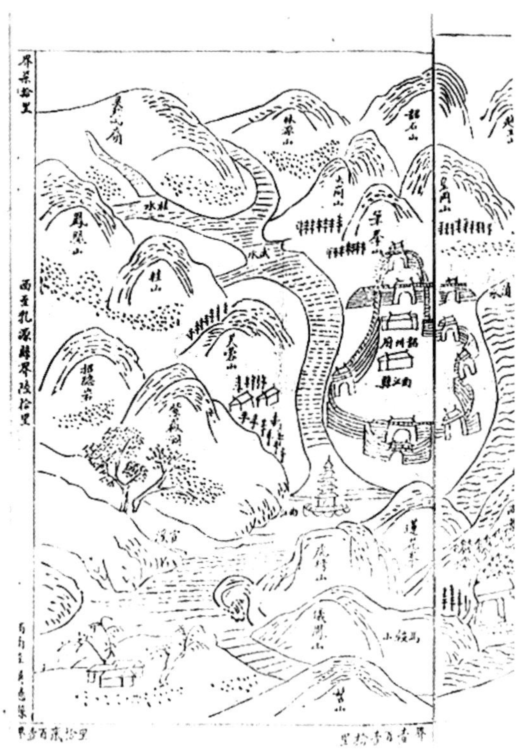

《韶州府志》通天塔

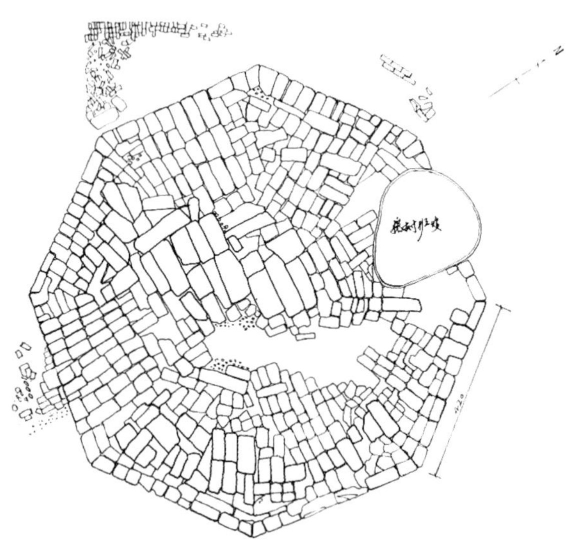
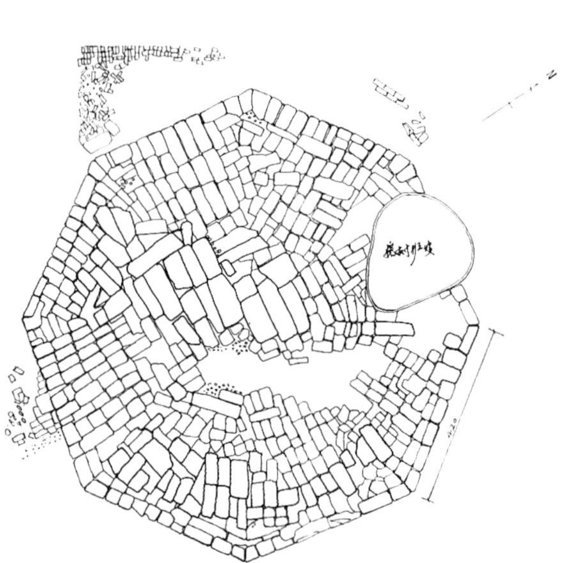

原塔遗址平面

立面方案图

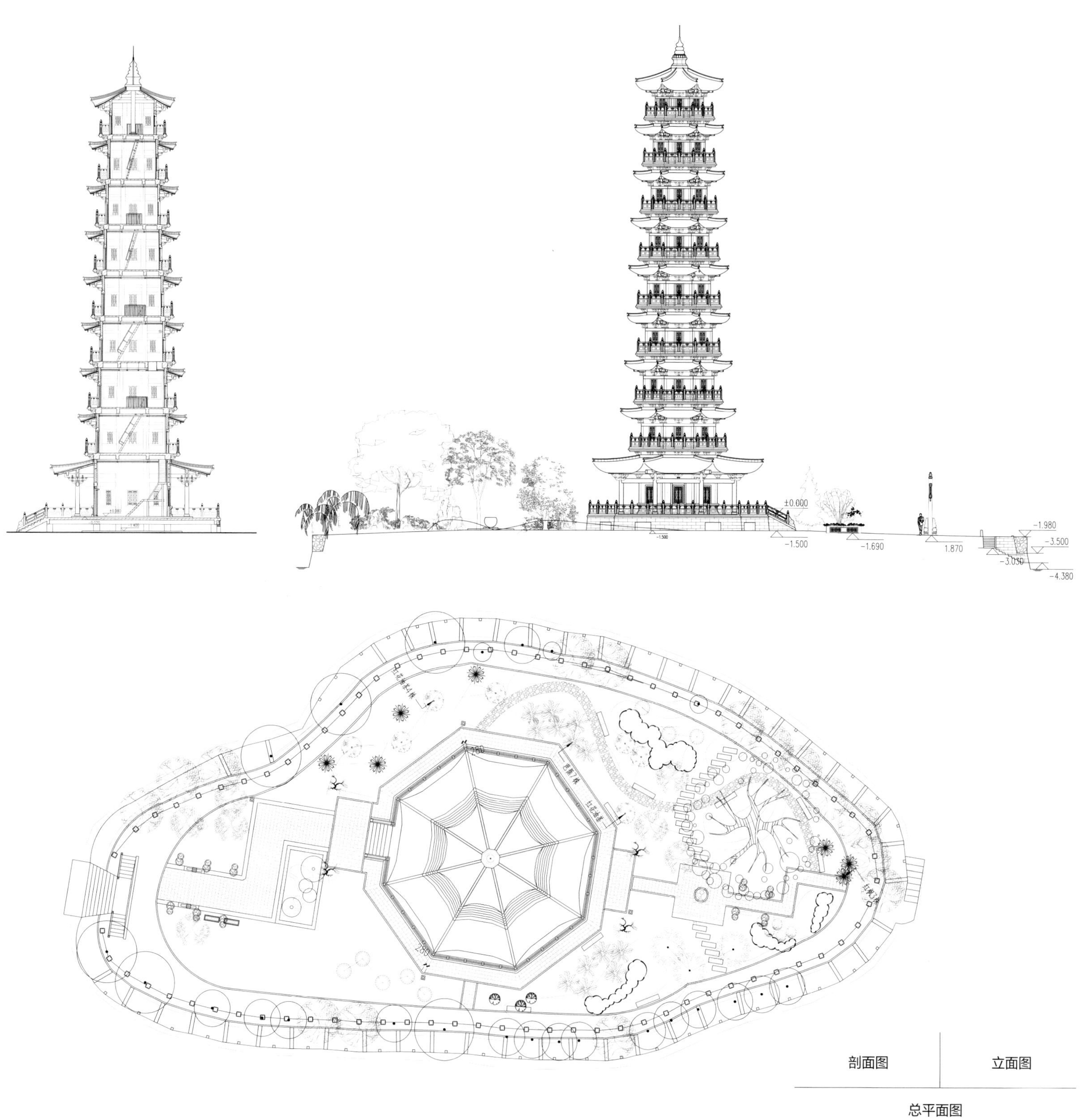

剖面图　立面图

总平面图

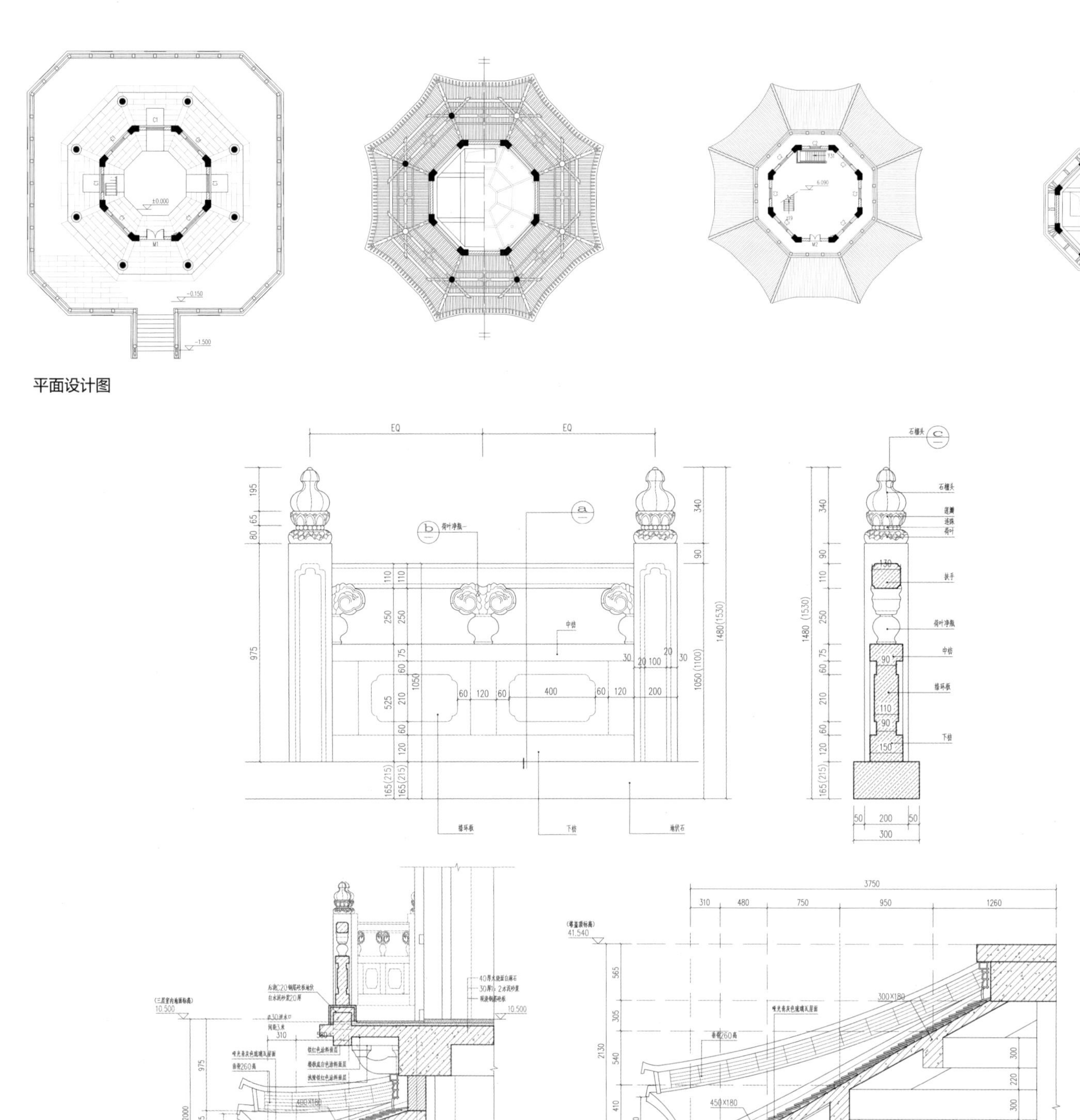

平面设计图

构造大样设计图

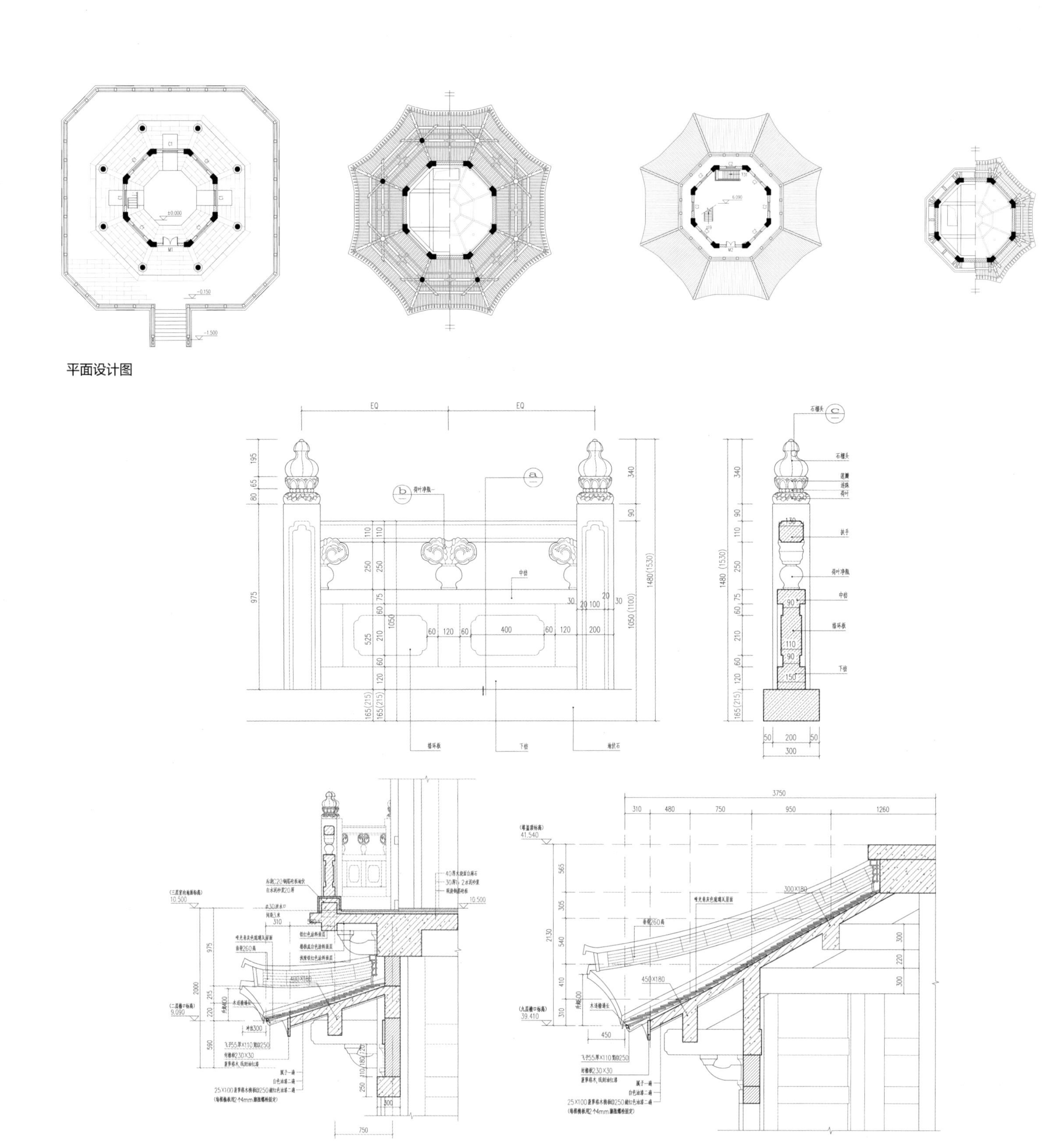

通天塔鸟瞰图

通天塔完工图

通天塔完工图

1.12 怀集崇圣会馆

建设地点：广东怀集
设计时间：2011
建成时间：2014
建筑面积：370m^2
设计团队主要成员：李敏峰

设计背景

怀集崇圣会馆坐落于怀集县甘洒镇钱村，又名“崇圣学堂”“孔子书院”，始建于明代弘治二年（1489），是怀集历史上三大圣庙之一。历史上钱村是连接怀集甘洒镇与坳仔镇，也是连接怀集与广宁两县的交通枢纽。旧馆被毁于20世纪60年代“文革”时期，仅存遗址。2012年在县委县政府、甘洒镇政府、钱村村民以及社会贤达的鼎力支持和热心赞助下，投入430多万元进行重建，并于2014年落成投入使用，并成为怀集传统文化教育基地和廉政文化教育基地。

崇圣会馆

设计理念

崇圣会馆基本按原貌重建，依山面田，视野开阔。保持原建筑遗址轴线，坐北向南，整体格局为两堂两横，围绕中心庭院向心布局。建筑为青砖石柱木构架，硬山顶黛瓦屋面，造型简洁，岭南明清传统建筑风格。由叶选平先生题“崇圣会馆”门额。

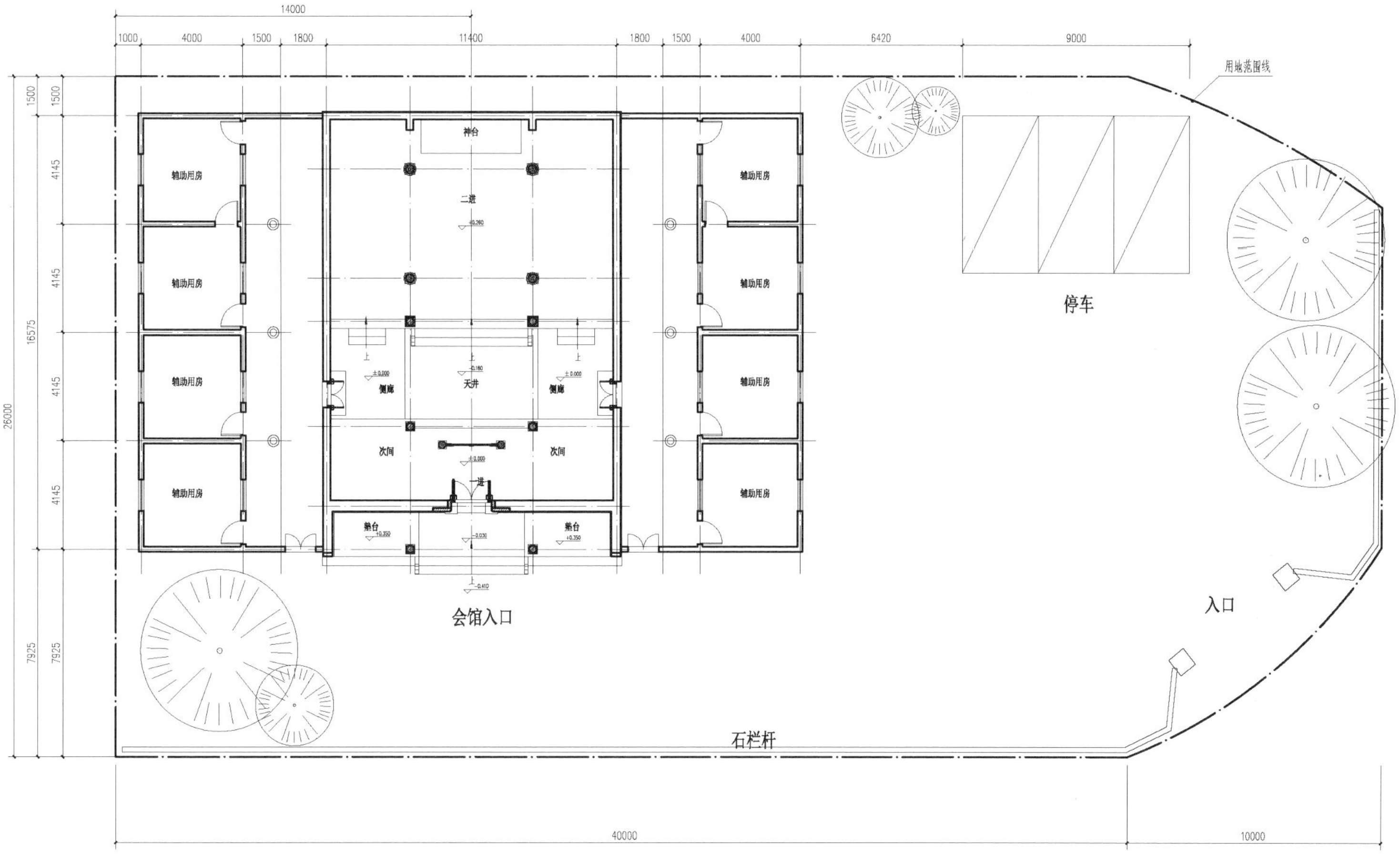

神台
二进
天井
侧廊
次间
一进
塾台
辅助用房
停车
用地范围线
会馆入口
入口
石栏杆

总平面图

效果图

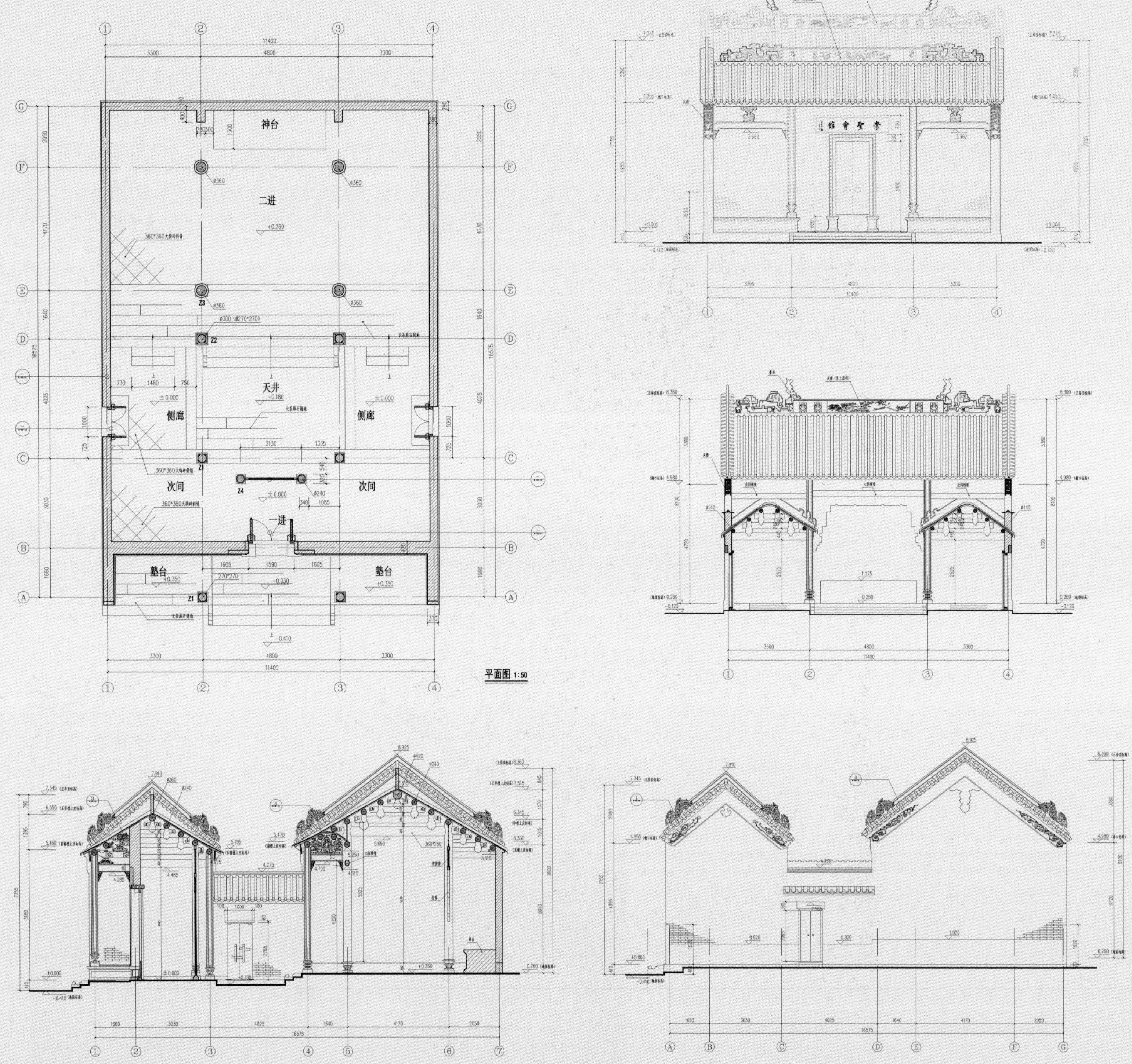

神台
二进
天井
侧廊
侧廊
次间
次间
一进
塾台
塾台
平面图 1:50
崇聖會館
11400
3300
4800
3300
16575

崇圣会馆设计图

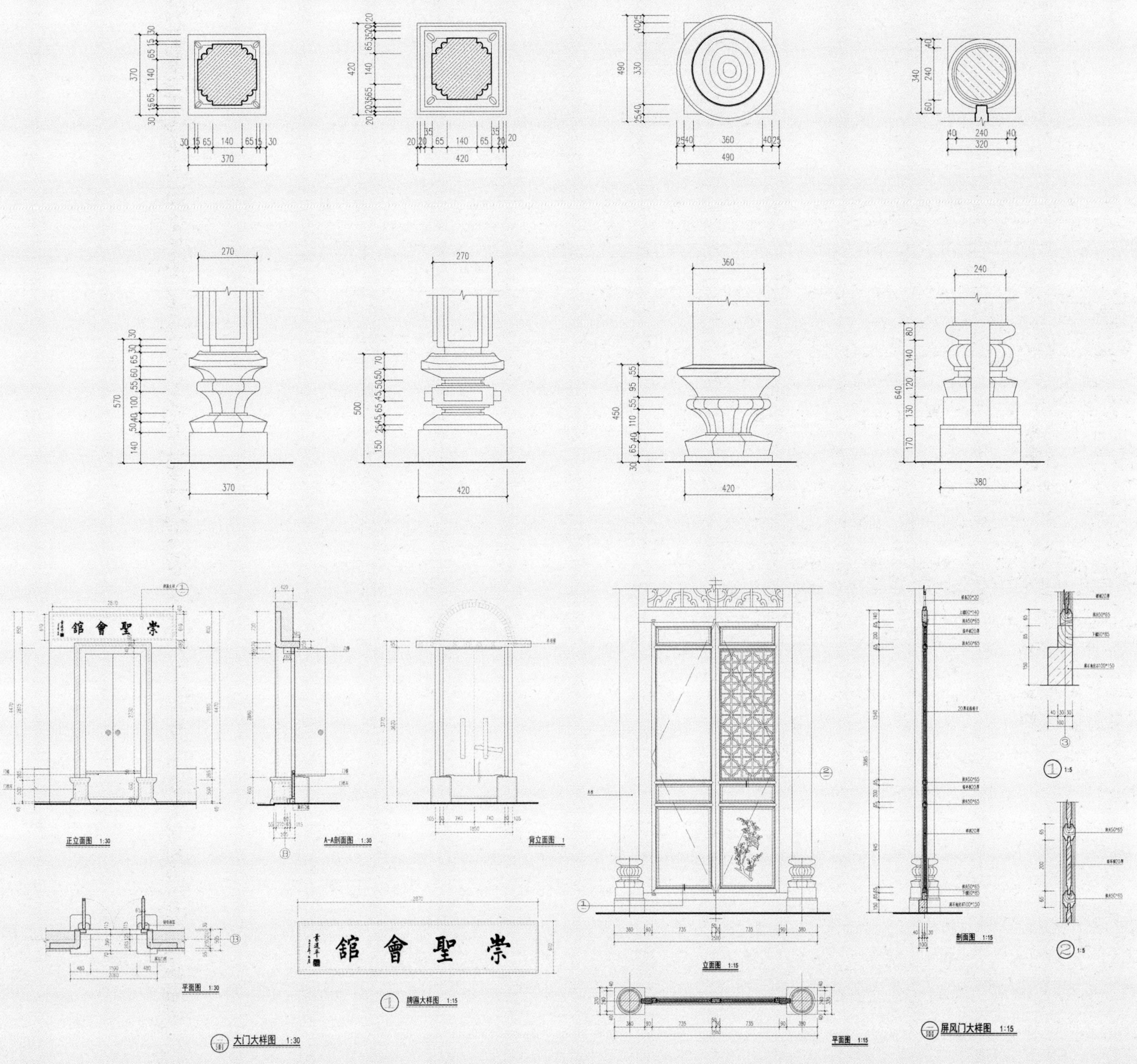
正立面图 1:30
A-A剖面图 1:30
背立面图
平面图 1:30
牌匾大样图 1:15
大门大样图 1:30
立面图 1:15
平面图 1:15
剖面图 1:15
屏风门大样图 1:15
崇聖會館

崇圣会馆完工图

1.13 乳源云门寺山门

涵盖乾坤 截断众流 随波逐浪

建设地点：广东乳源
设计时间：2009
建成时间：2011
建筑面积：132m²
设计团队主要成员：刘 溪

10年前的一个机遇，到访广东韶关乳源云门寺，茶禅因缘，主持明向大和尚委托我设计云门寺新山门。这个设计一波三折，最终落地建成。2009年设计，2011年建成，我的研究生刘溪跟我一起完成了本设计。

云门寺位于粤北乳源瑶族自治县云门山慈云峰下，923年由云门宗始祖六祖慧能九传弟子文偃禅师所建，是我国佛教禅宗五大支派之一云门宗的发祥地。寺内原主要建筑有山门、天王殿、大雄宝殿、法堂、钟楼、禅堂、斋堂、功德堂、延寿堂、佛学院等。整座建筑物庄严雅静，寺庙香火鼎盛，常住僧众约150人，日常上殿、过堂、坐香、出坡等佛事尊丛林制，如法如律，是“农禅并重”的禅宗道场。

禅宗六祖慧能圆寂后，嗣法弟子有湖南南岳怀让和江西青原行思两个法系。到唐末五代间，南岳一系形成沩仰和临济二宗，青原一系分出曹洞、云门、法眼三宗，合称禅宗五家，所谓“一花五叶”。云门宗的传承是：青原行思—道悟—崇信—宣鉴—义存—文偃。文偃来到韶州云门山，修复残破的光泰禅院，开创了自成一系的云门宗禅风。其说教方式独特，被称作“云门三句”。据《五灯会元》曰：“我有三句话，示汝诸人：一句涵盖乾坤，一句截断众流，一句随波逐浪。”悟此三句便可入道。

1943年近代名僧虚云从广东曹溪南华寺来到云门寺，见古寺年久失修，残破不堪，但文偃祖师肉身犹存，发愿重兴云门宗祖庭。在虚云大师的努力下，1943年至1951年，历时近10年，先后修建了殿堂楼阁，重塑雕塑佛菩萨圣像，并安禅传戒，演教弘宗，使梵宇重光，从1953年起，虚云大和尚的入室弟子佛源继任云门大觉寺方丈，实行农禅并重，以寺养寺。由于云门寺在“文革”期间遭到严重破坏，1984年，在政府的支持和海内外信徒的资助下，又再次对云门寺进行了大规模的重建工作。

这次新建山门，是为扩展寺庙入口空间和适应佛教文化旅游发展，将外山门前移至国道进寺道路的入口，并配套停车场和其他旅游服务设施，整治入口景观环境和道路，形成入寺的前导空间，提升宗教文化环境氛围。

一折：截断众流 接受设计委托时，当家和尚出示了两张图，以阐明寺方的设计意向：一张是请他人做的一个设计效果图，为五开间二层楼阁式，体型高大，仿唐风格；二是寺方自己设计一个江南明清风格的五开间重檐歇山顶的山门，体量比大雄宝殿大得多。

我看到图当即否定了其设计，一是现有的建筑体量都不大，山门天王殿和大雄宝殿都是虚云老和尚当年重建的，为岭南民国时期的寺庙建筑风格。出示的这两个设计风格和体量都与现有建筑和环境难以协调；二是这种追求宏伟壮观的思路似与云门宗“农禅并重”禅风大相径庭。寺方认为我说的有道理，让我按自己的思路做方案探讨。

二折：涵盖乾坤 新建山门距离主体建筑大约有一公里，入内则是大片的寺产稻田，空旷自然。综合历史、宗教、环境等因素考量，最初凭感觉我做了个比较低调，空间通透，民国风格的三开间的门楼式建筑方案，以协调各方面的关系，试图接近“农禅并重、心不附物”的云门禅风，我以为“涵盖乾坤”是内心的包容，所谓慈悲为怀，而未必是用形式来体现，空间再大岂能容下“乾坤”。但寺方认为太过简单，隆重不及。方案只好另启思路。

三折：随波逐浪 超尺度不适合，空灵的欠庄严。没有地域性不妥，脱离历史则无根。寺方又提出用石结构以期永久，那就水到渠成，“随波逐浪”吧。于是有了现在的“三解脱”的石券结构山门设计：建筑三开一进组合式屋顶，岭南风携唐韵。宽19.6m，深6.5m，高10.6m。采用横三段构图，主次分明，下部用花岗岩墙体和拱券结构，上部屋架采用红檀木构架，屋面铺设亚光灰瓦，灰白之间，色调明快，造型简练，庄严纯净。

效果图

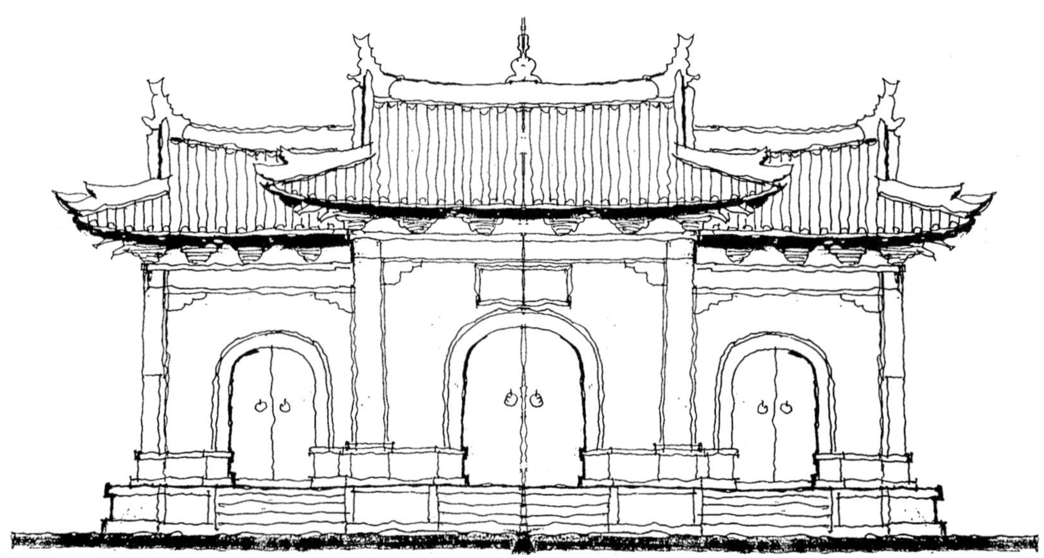

方案草图

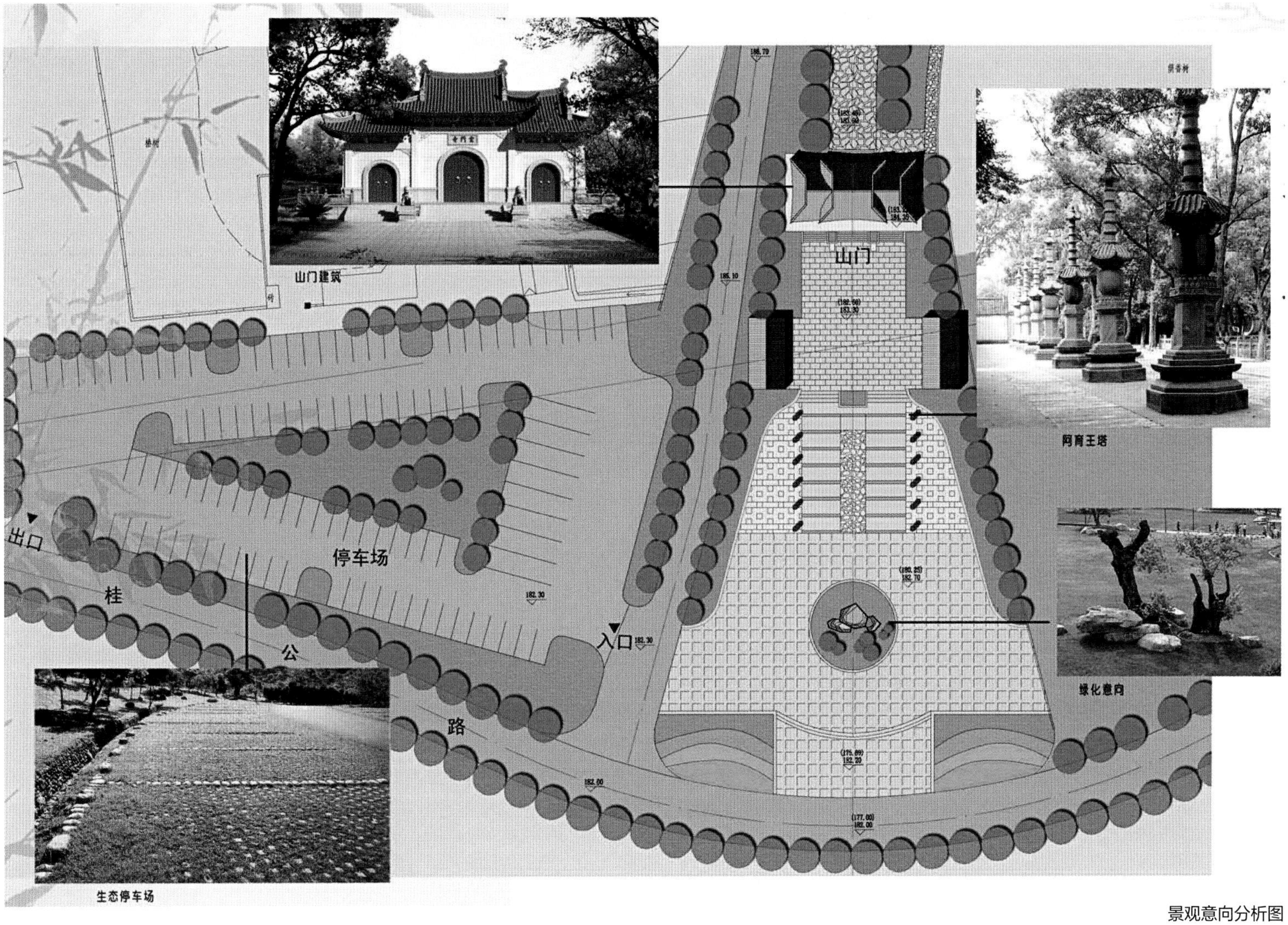

山门建筑

山门

阿育王塔

出口

停车场

入口

桂公路

绿化意向

生态停车场

景观意向分析图

立面效果图

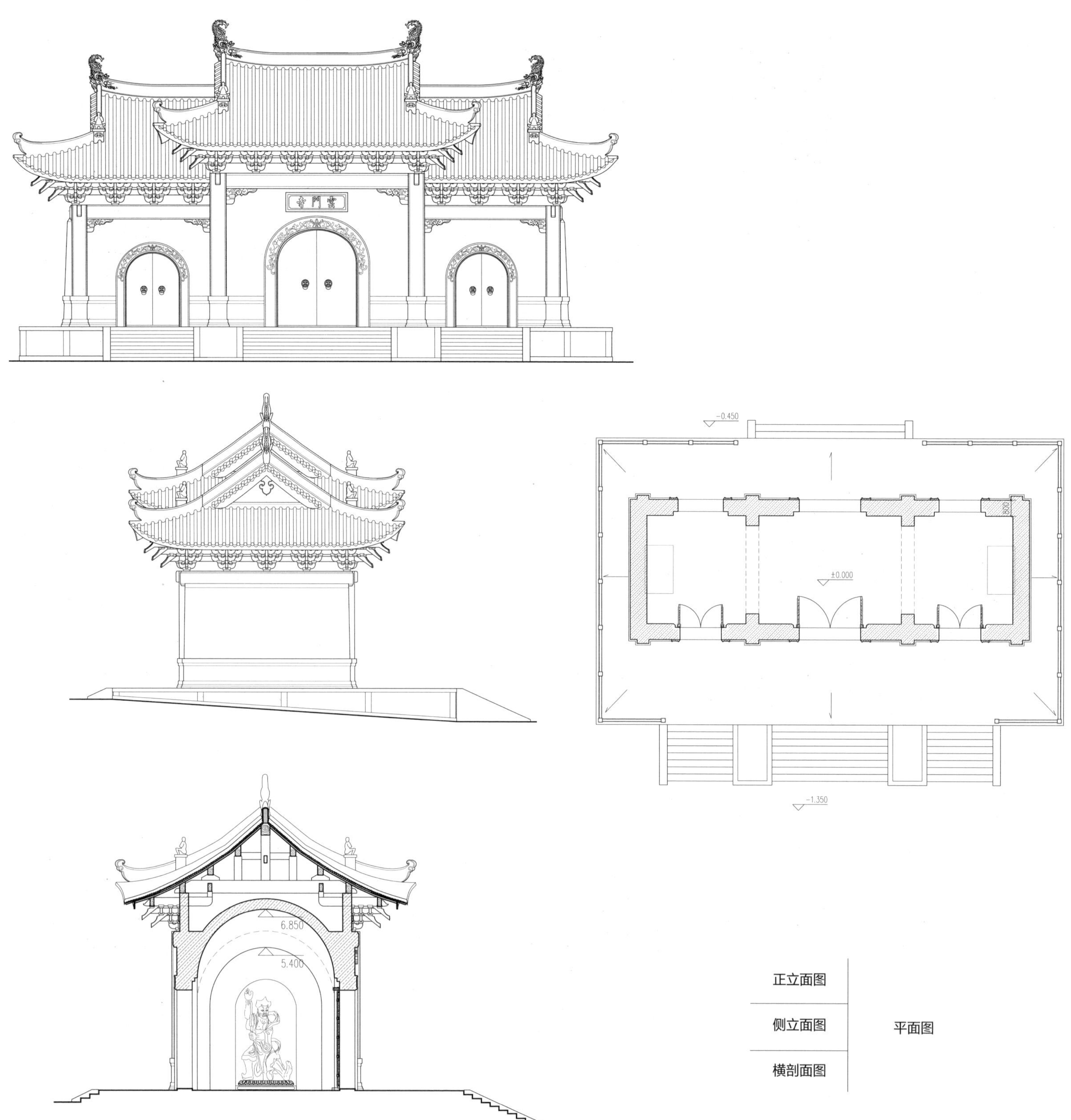

正立面图	平面图
侧立面图	
横剖面图	

山门施工图

山门完工图

释明向大和尚（左3），作者（右1）

完工图

山门完工图

1.14 江西信丰宝月禅寺

建设地点： 江西信丰县谷山
设计时间： 2012
建筑面积： 13000m^2
设计团队主要成员： 王 平 亓文飞 施雨君 程 胜 黄震岳 黄彩云 刘 佳 黄成峰

设计背景

宝月禅寺选址于江西信丰县城南面的谷山，此地丛峦叠翠，生态宜人。《南康志》载："晋朝太守叶率因避刘曜乱，奔南野谷山，后人在山上建庙祭祀。唐朝贞观年间又建佛寺，名宝月寺，广十余亩，殿宇崇阁，住僧上百人。寺旁长有翠云草，十分珍奇，'谷山积翠'成为信丰八景之一"。谷山拟建弘扬佛教文化的佛博园，重建宝月禅寺为其重要组成部分，重建设计前寺庙仅存三开间硬山顶佛堂一处。

设计理念

重建宝月禅寺充分尊重现有地形，利用旧址拓展，寺坐南向北，背依峰峦，来龙结穴，左辅右弼加持，前面视野开阔，朝案齐备，左右山溪相送汇聚寺前湖塘。本规划充分利用现有山体地形，将地形平整为三级平台，中轴线上建筑随地势逐级升高，形成恢弘的气势。中轴线上依次布置山门、天王殿、大雄宝殿、藏经阁，沿轴线两侧布置钟鼓楼、配殿等，轴线右侧布置方丈院和僧舍，轴线左侧布置斋堂。两侧护山分别建有梵钟阁和芷心亭。竖向设计、标高确定和视线分析均结合地形和寺庙功能，依山就势布置各建筑，整理水系，形成错落有致，融入环境的建筑组群。

本寺为禅宗佛寺，考据历史建筑取唐代建筑风格，建筑形式简洁，灰瓦白墙红色木构架，色彩纯净，创造典雅质朴的禅意建筑环境氛围为要。建筑的开间、柱径、柱高等尺度采用系统化、模数化设计，达到统一协调、主次分明的建筑效果，亦为提高设计和施工效率。建筑结构采用钢筋混凝土仿木结构。

宝月禅寺鸟瞰效果图

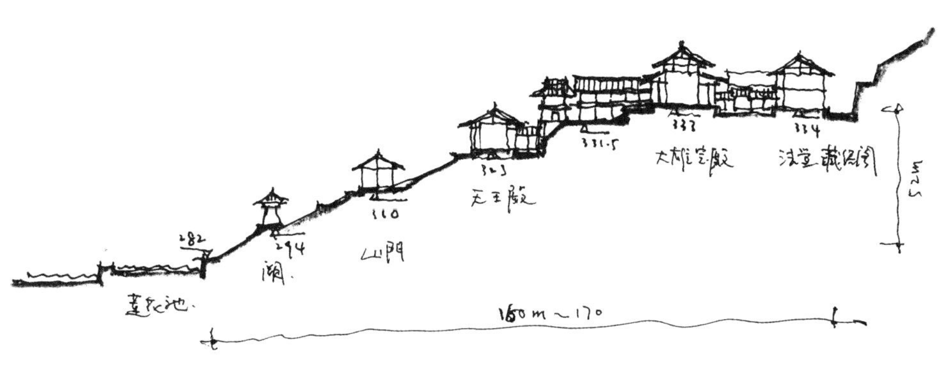

中轴线剖面设计草图

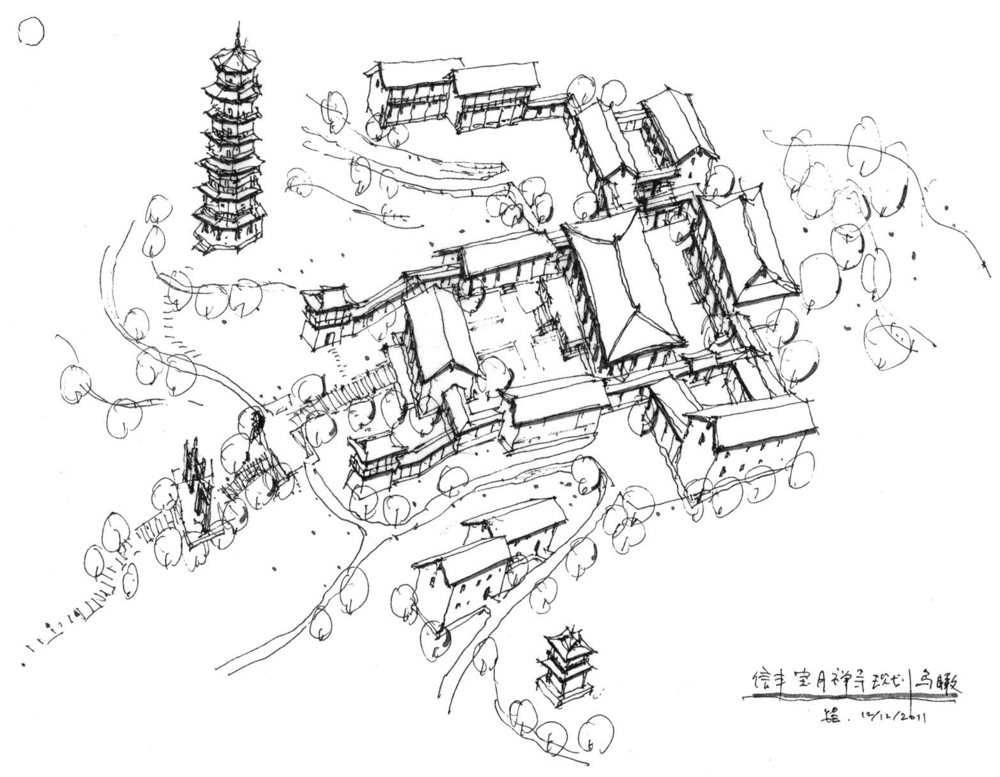

规划方案鸟瞰草图

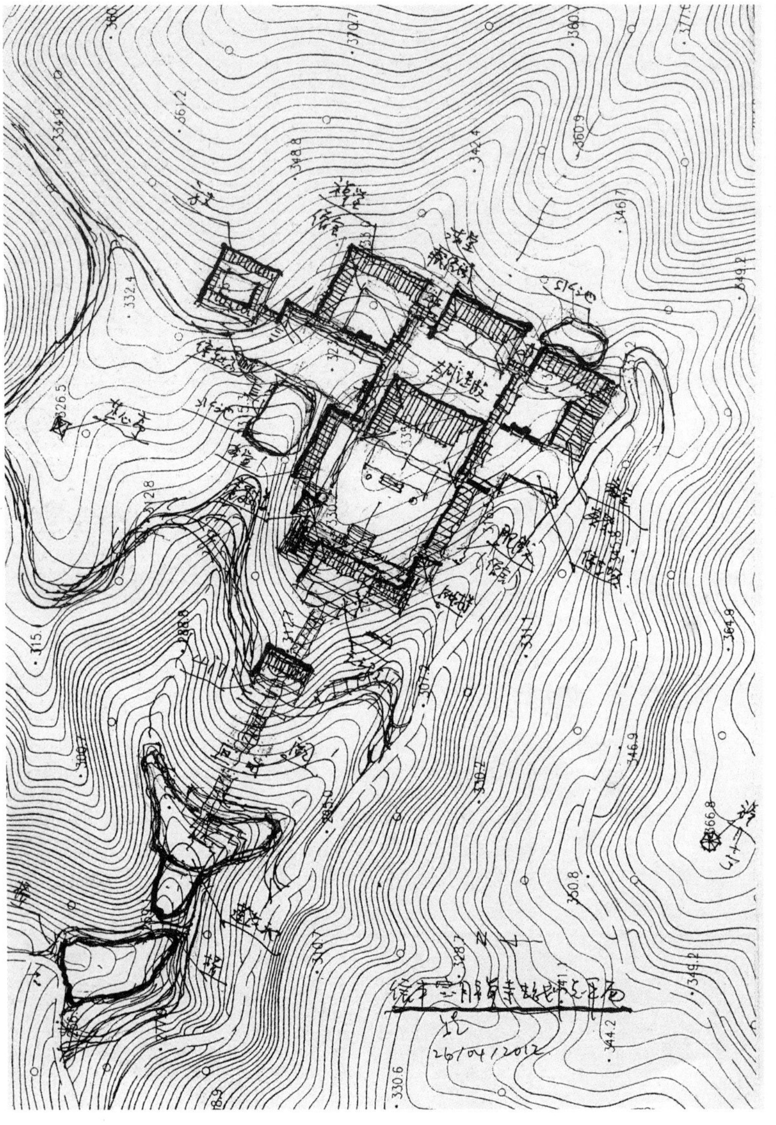

总平面草图

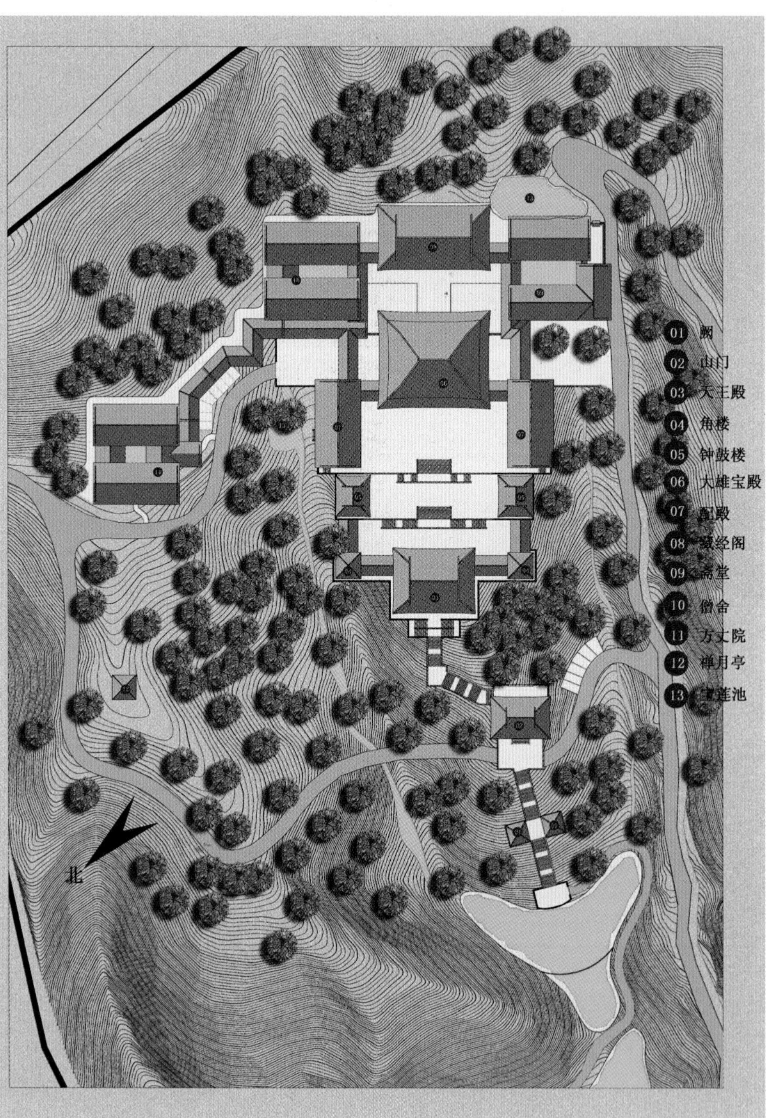
北
01 阙
02 山门
03 天王殿
04 角楼
05 钟鼓楼
06 大雄宝殿
07 配殿
08 藏经阁
09 斋堂
10 僧舍
11 方丈院
12 禅月亭
13 莲池

总平面

大雄宝殿效果图

配殿效果图

正立面图

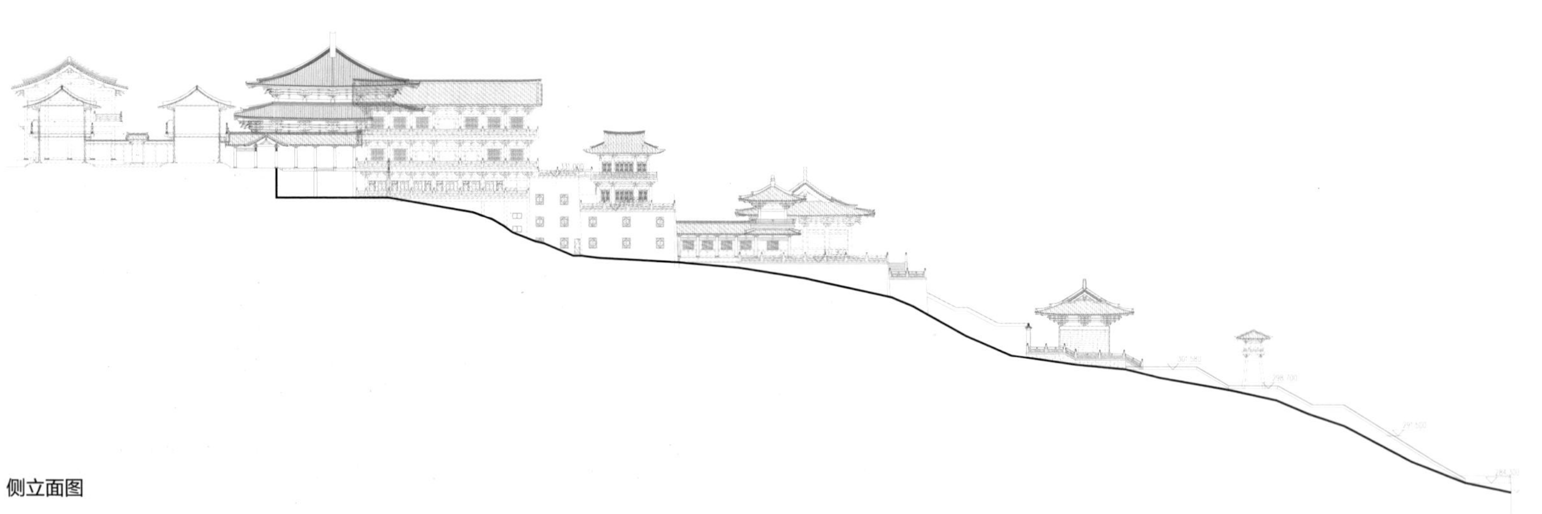

侧立面图

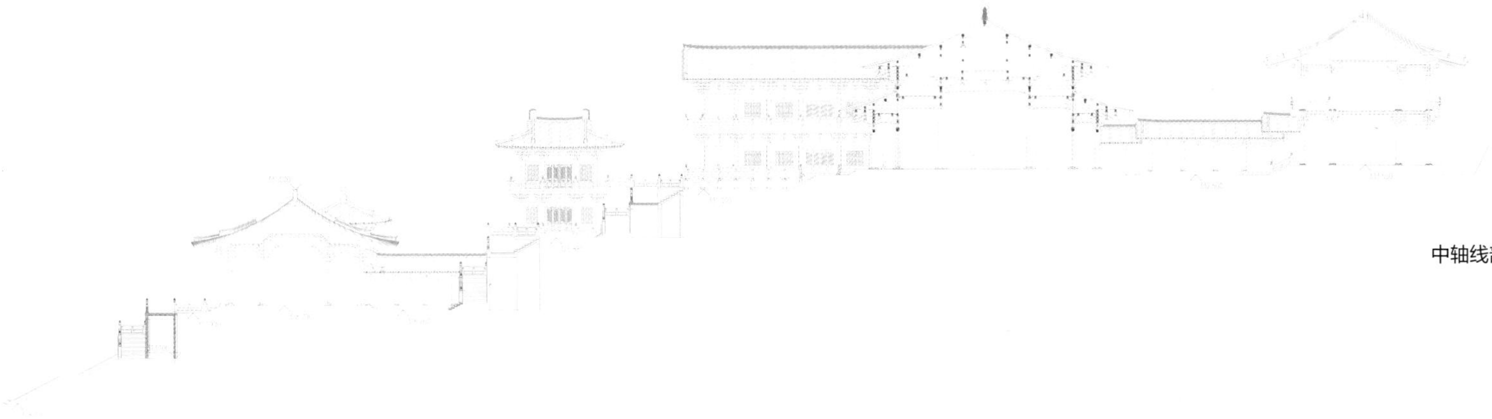

中轴线剖面图

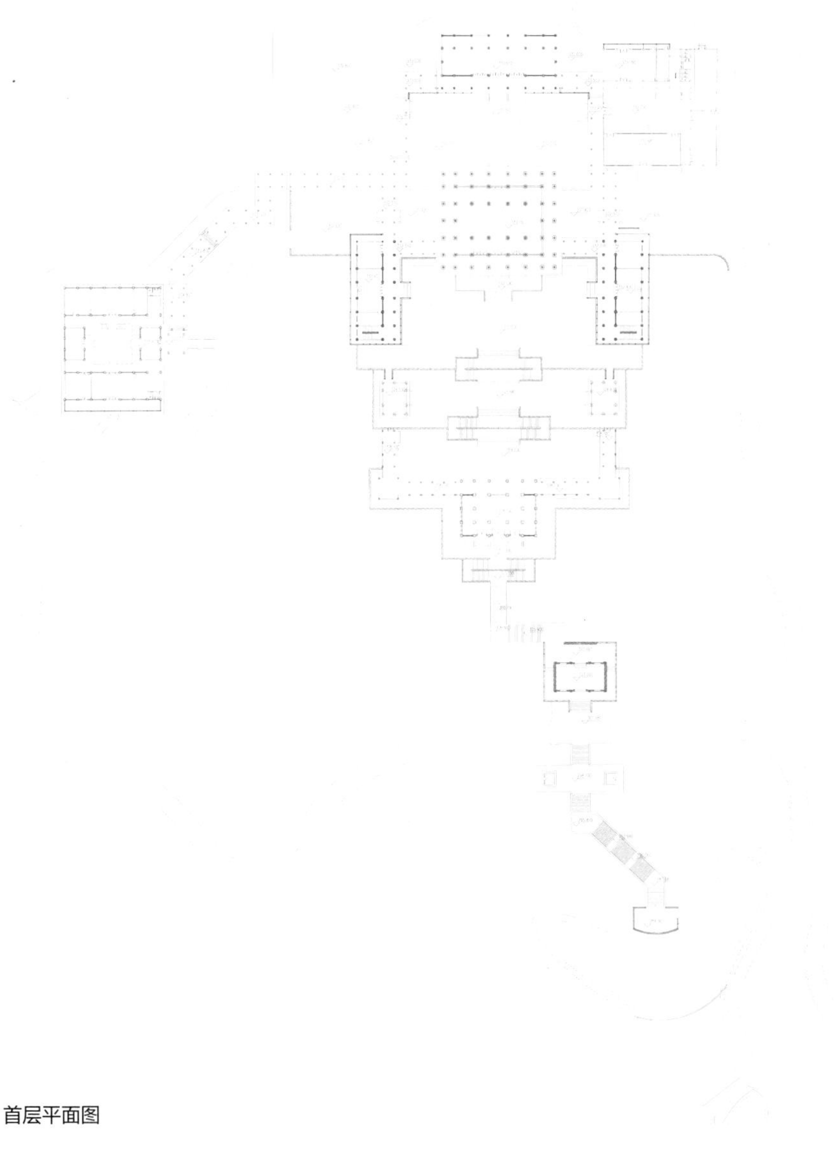

首层平面图

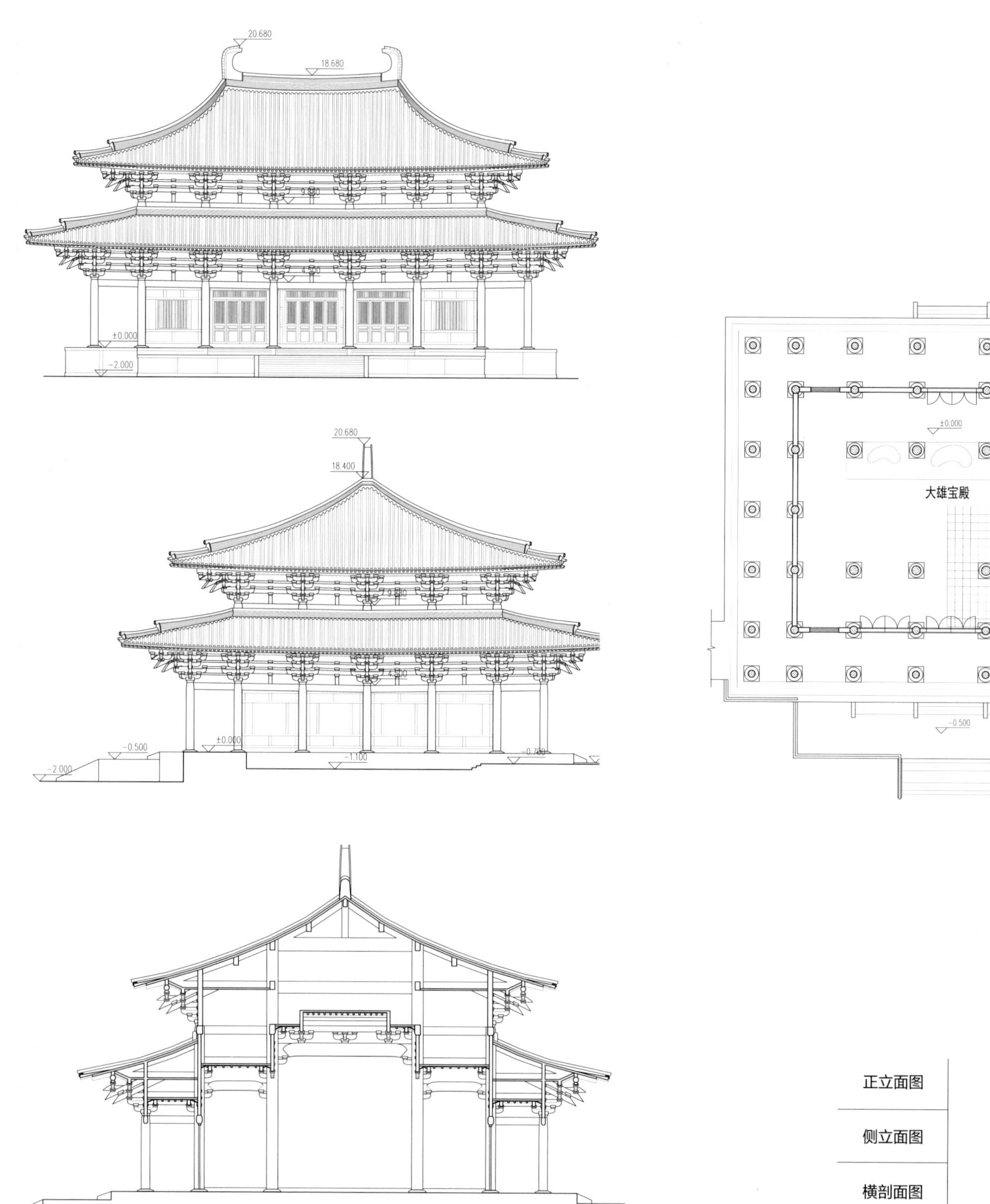

正立面图

侧立面图

横剖面图

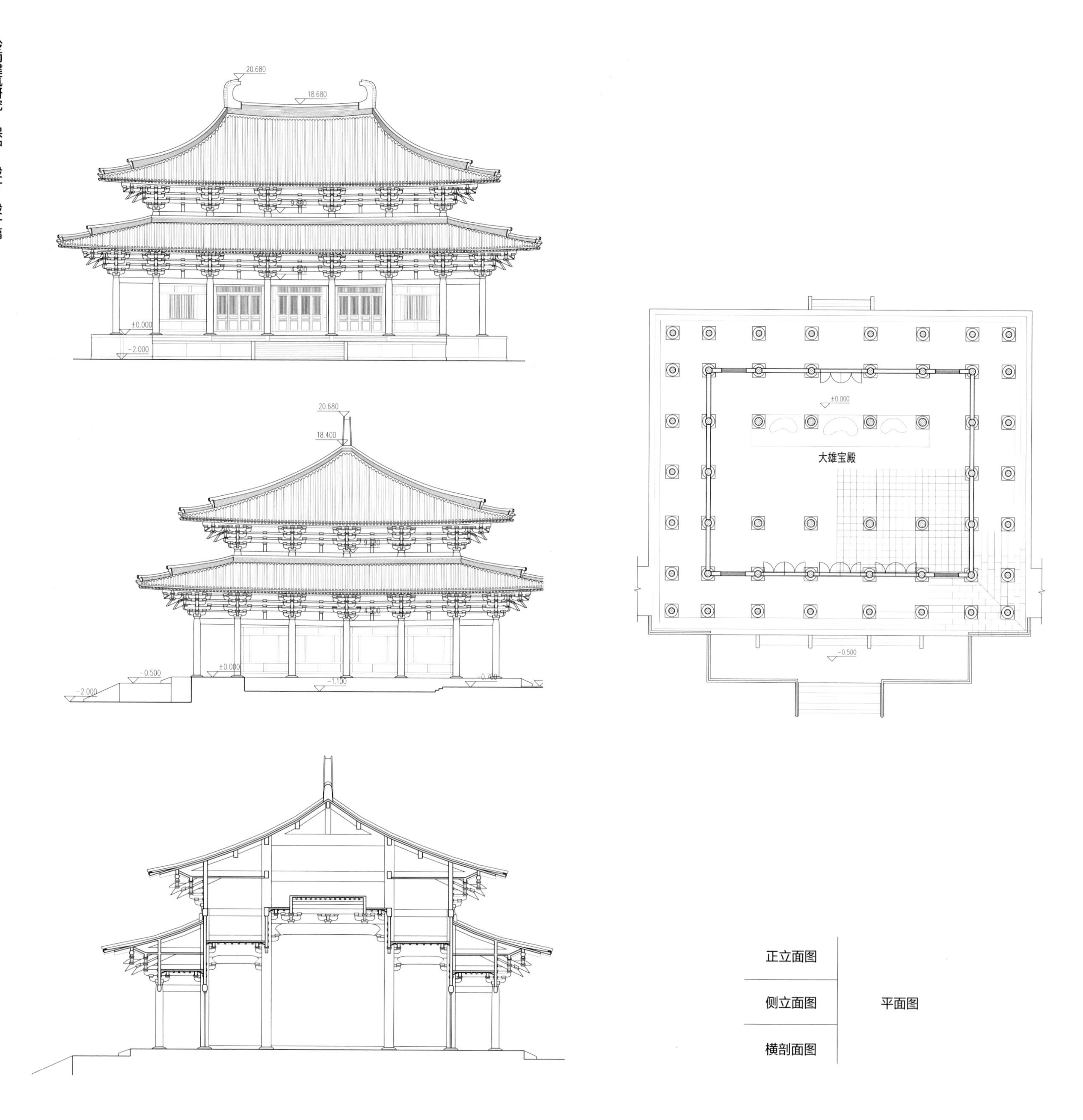

平面图

1.15 珠海金台寺万佛塔

建设地点：广东省珠海市斗门
设计时间：2012
设计团队主要成员：陈志军 石 拓 王 平 韩小雷 毕小芳 陈 丹
其他：中标实施

设计背景

金台寺原名金台精舍，位于珠海市斗门区境内，背靠海拔583m号称珠江门户第一峰的黄杨山，乃黄杨八景之一。南宋末年，诸忠臣护卫着祥兴帝赵昺在广东新会崖门海面摆开千艘战船抗击元兵失败，丞相陆秀夫背负年幼的祥兴帝投海殉国。大将张世杰率领余部突围，在南海遇上狂风舟覆而亡，其遗体漂流至黄杨山下，被村民安葬于黄杨山麓。遗臣承节侍郎赵时从、大理寺丞龚行卿、翰林学士邓光荐等人为避元兵追杀而筑茅草隐居于黄杨山第二峰腰，取名“金台精舍”。清乾隆壬辰年（1772年），光镜大师发起扩建金台寺，有《重建金台寺碑记》以志其详。20世纪90年代初，修复金台寺工程启动。因旧址已被水淹且交通不便，遂选新址于黄杨山南麓“将军卸甲”处，此地风景秀美，前眺崖门海口，后枕黄杨主峰，青龙山绵延于左，白虎山骑伏于右，前面一泓碧水环抱，对岸山头高岩突兀名“登仙石”。

重建后的金台寺由山门、中轴线的天王殿、大雄宝殿、藏经楼和左右两侧的钟鼓楼、配殿、斋堂、寮舍组成，建筑组群依山就势，高低错落，背山面水，风光秀丽。

为进一步弘扬佛教文化和传承历史文化，完善寺庙和黄杨山景区建设，拟新建万佛塔一座。新建万佛塔选址于寺庙右后山腰台地之上。万佛塔位于金台寺和待建的龙归寺之后，塔轴线与金台寺轴线平行，在视线上和寺庙形成对比，并可密切联系。

设计理念

文化底蕴 考察斗门县史与金台寺的历史，都可溯源至宋朝，而中国东南沿海的著名石塔也多以宋朝遗物为著。因而宋式石塔成为设计参考的来源。宋辽金元时期——南北文化海洋文化、交融。岭南文化的兼容性和创新性同样成为万佛塔设计的历史文化底蕴。

“不二”特性 基座采用佛教曼陀罗原型的总平面格局，塔身八角。立面塔造型以二级亚字形平台为基台，转八角回廊，上立九级八角形石塔。造型上可以看到早期的阿育王塔、西域的喇嘛塔、中土的楼阁式塔的设计元素，甚至玛雅文化的金字塔、柬埔寨的吴哥窟的蕴涵；古今融汇，中西贯通，兼容创新，以中土文化的根底终统帅全塔。创新的形式，将中国传统佛塔形式简化，融汇一些新的佛教建筑元素，创造中而新的佛塔建筑形式。形式上创新，但不离中国传统佛塔建筑之精神。

在文化内涵上将塔的形态、空间和使用内涵作为种子在死与生、冥想与愿望间徘徊，以期造就一个“不二”设计的“不二”塔。

体量分析 通过对环境和塔模型的建立，对塔的体量进行简单分析。多层塔出檐过于繁琐，整体效果较差。而在九层石塔中，选用了收分较为缓和的形体，使石塔看起来更加挺拔有力。比例瘦高类佛塔体量高耸，但使用面积较小，较难符合内部宗教空间使用。比例宏宽类佛塔端庄稳重，且内部有较大空间可供使用，设计总高度确定为80m。

材料结构 花岗岩石材为建筑主材，采用块石和钢筋混凝土柱梁结合石混结构承重，以图永固，又策安全。塔身墙体采用灰白色花岗岩承重，佛像栏杆塔刹等处采用汉白玉，两种材质的色彩可以形成对比。同时，石塔整体的色调也容易与环境相称。

细部艺术 塔身佛龛佛像雕刻四布，相较于中国传统佛塔而言，细部较为简化，如斗栱部分仅以枋头出挑示意，出檐简化为叠涩等。同时加入了许多非汉地佛塔的一些元素，在一二层平台设置阿育王塔和喇嘛塔，副阶部分采用了券廊空间，加强塔内外的空间融汇和光影效果，在栏杆柱头的位置设置五轮塔等。

室内设计 室内大理石精心装修，内部供养精致鎏金铜佛。地宫为佛教文化艺术之展陈，顶层更有镇塔之宝供香客游人顶礼拜膜。内置电梯方便香客游人登临。

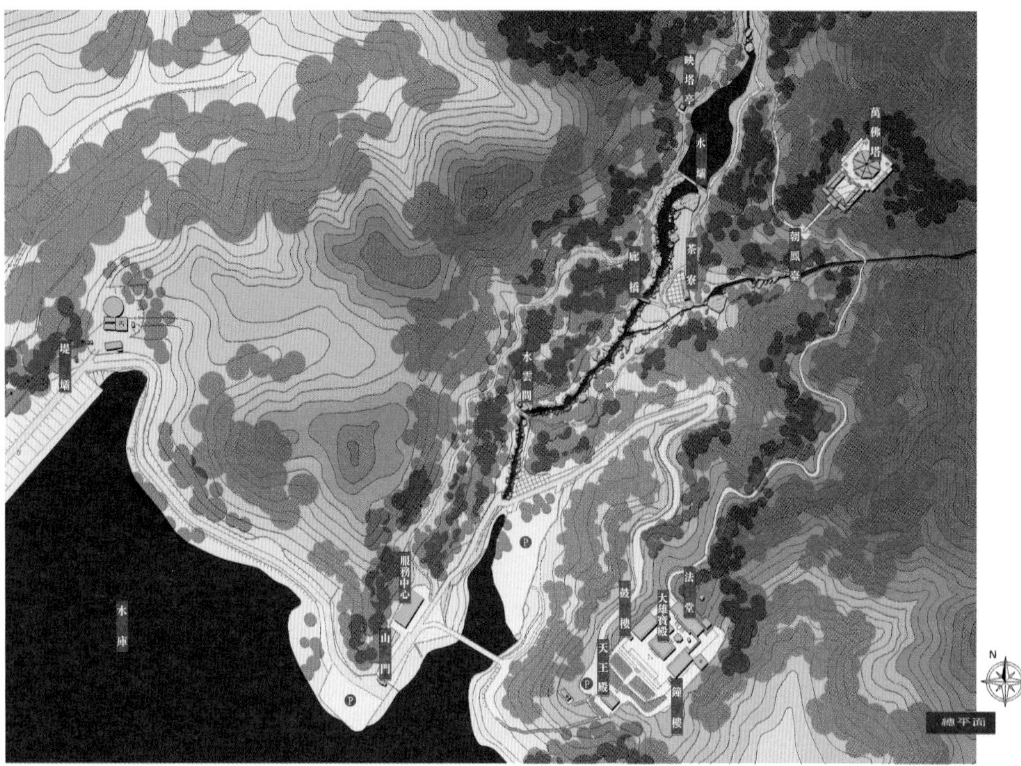

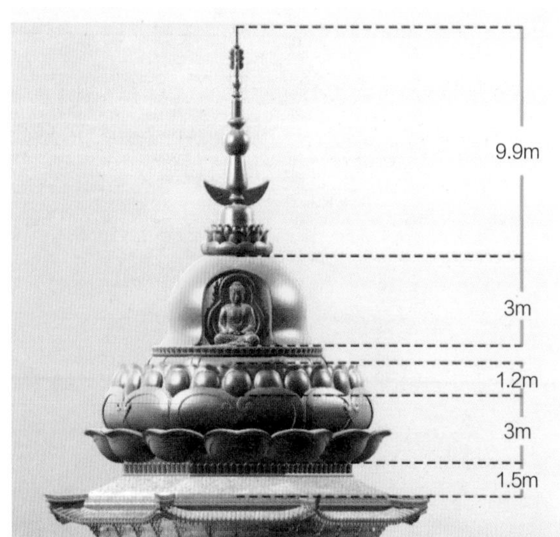

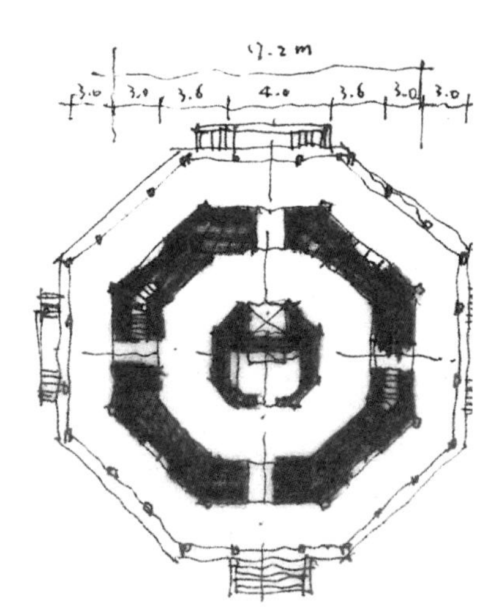

规划总平面	立面草图
塔刹效果图	平面草图

万佛塔透视效果图

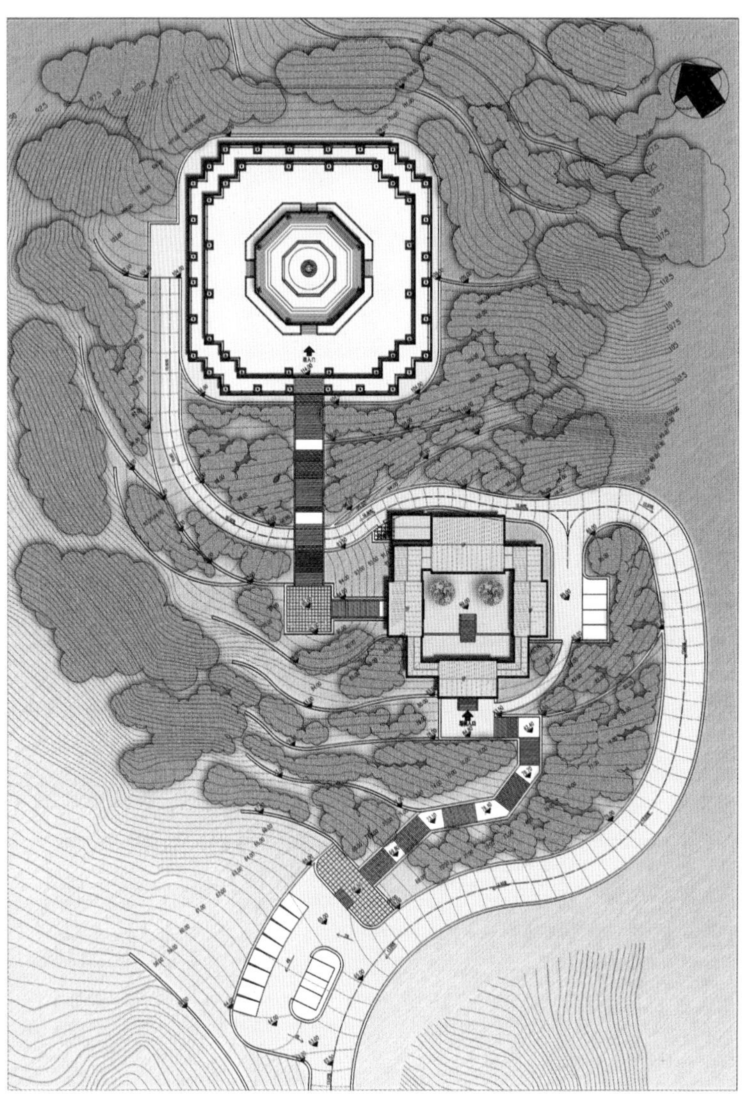

塔组群建筑总平面图

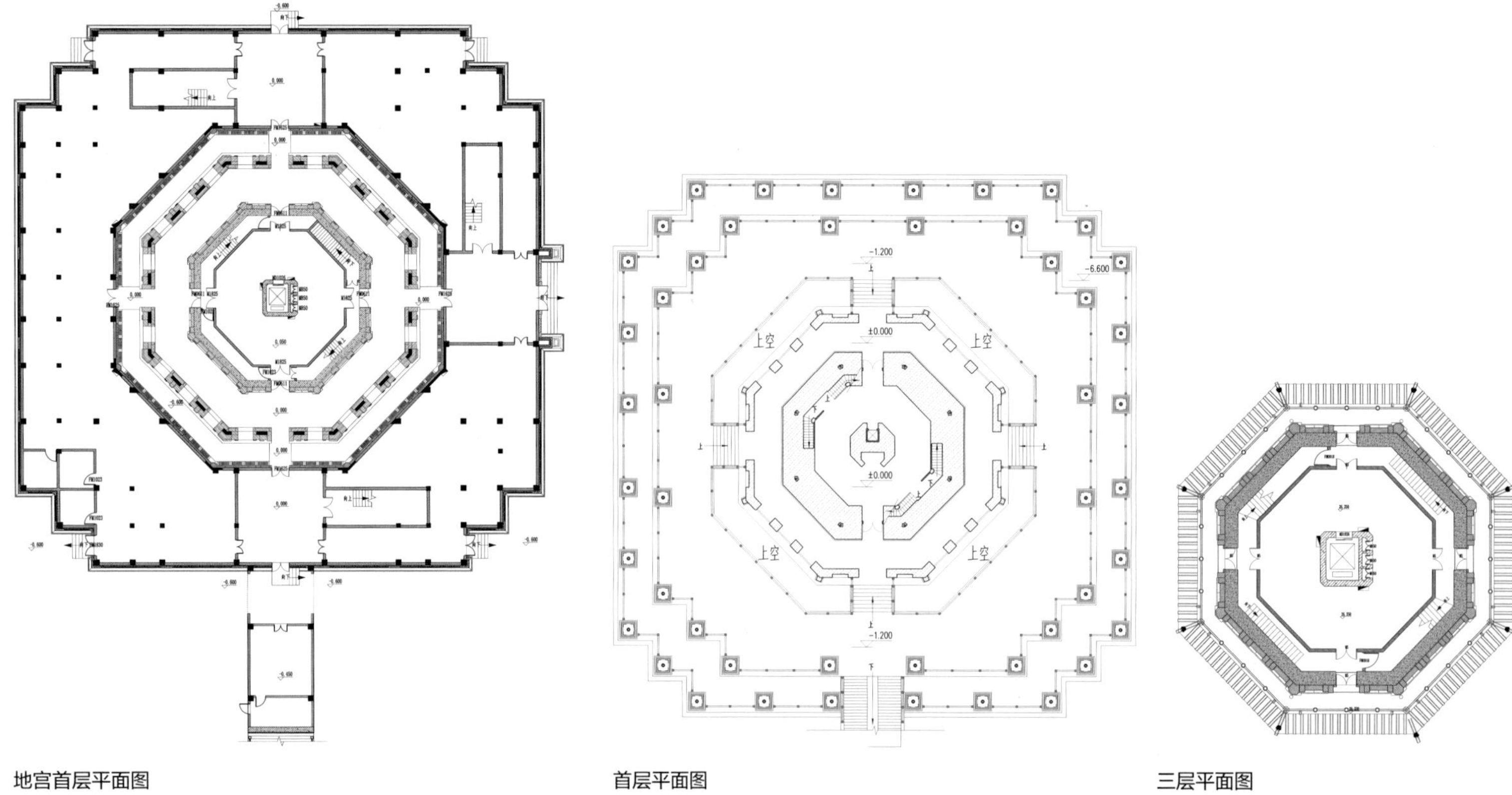

地宫首层平面图

首层平面图

三层平面图

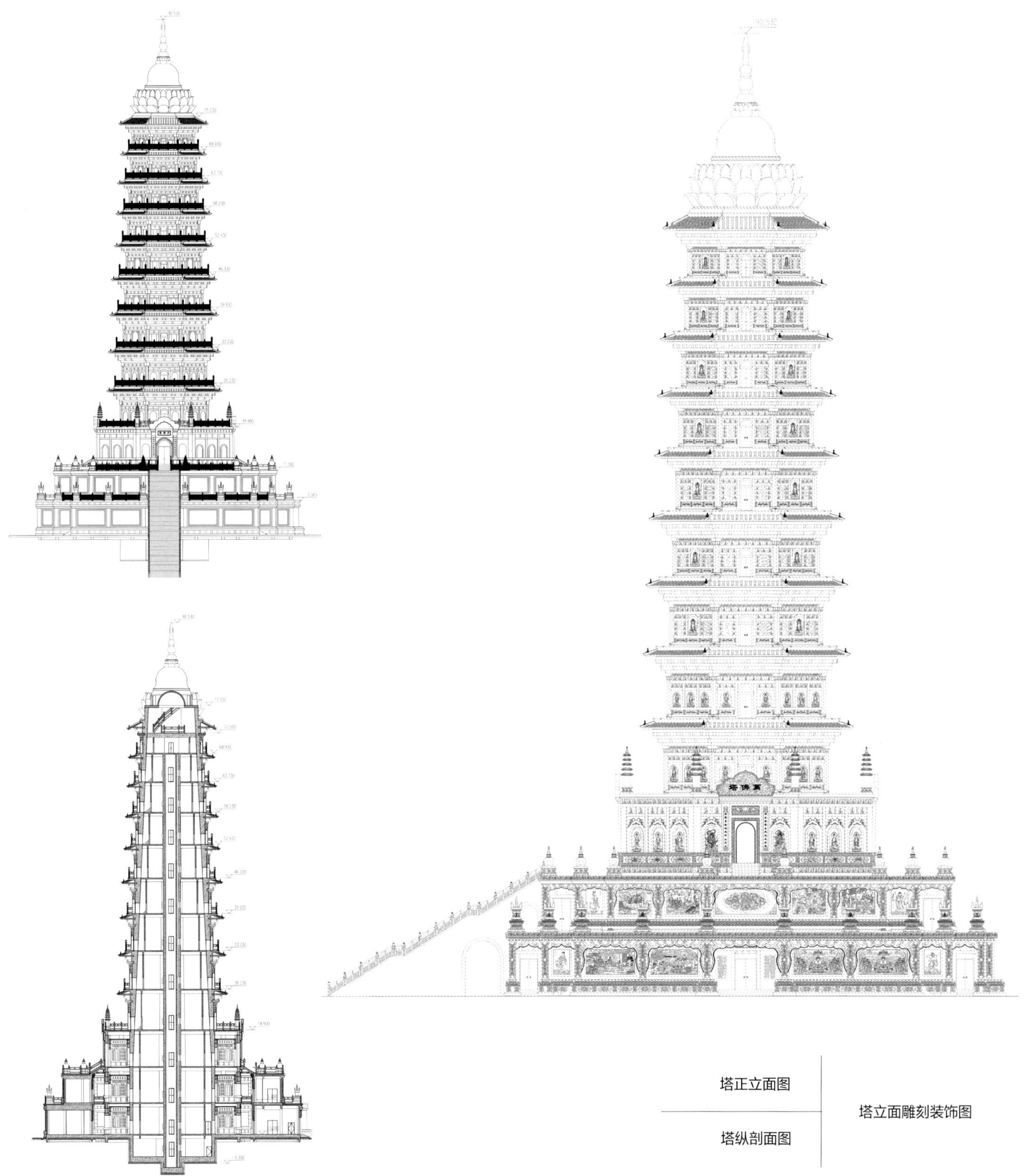

塔正立面图

塔纵剖面图

塔立面雕刻装饰图

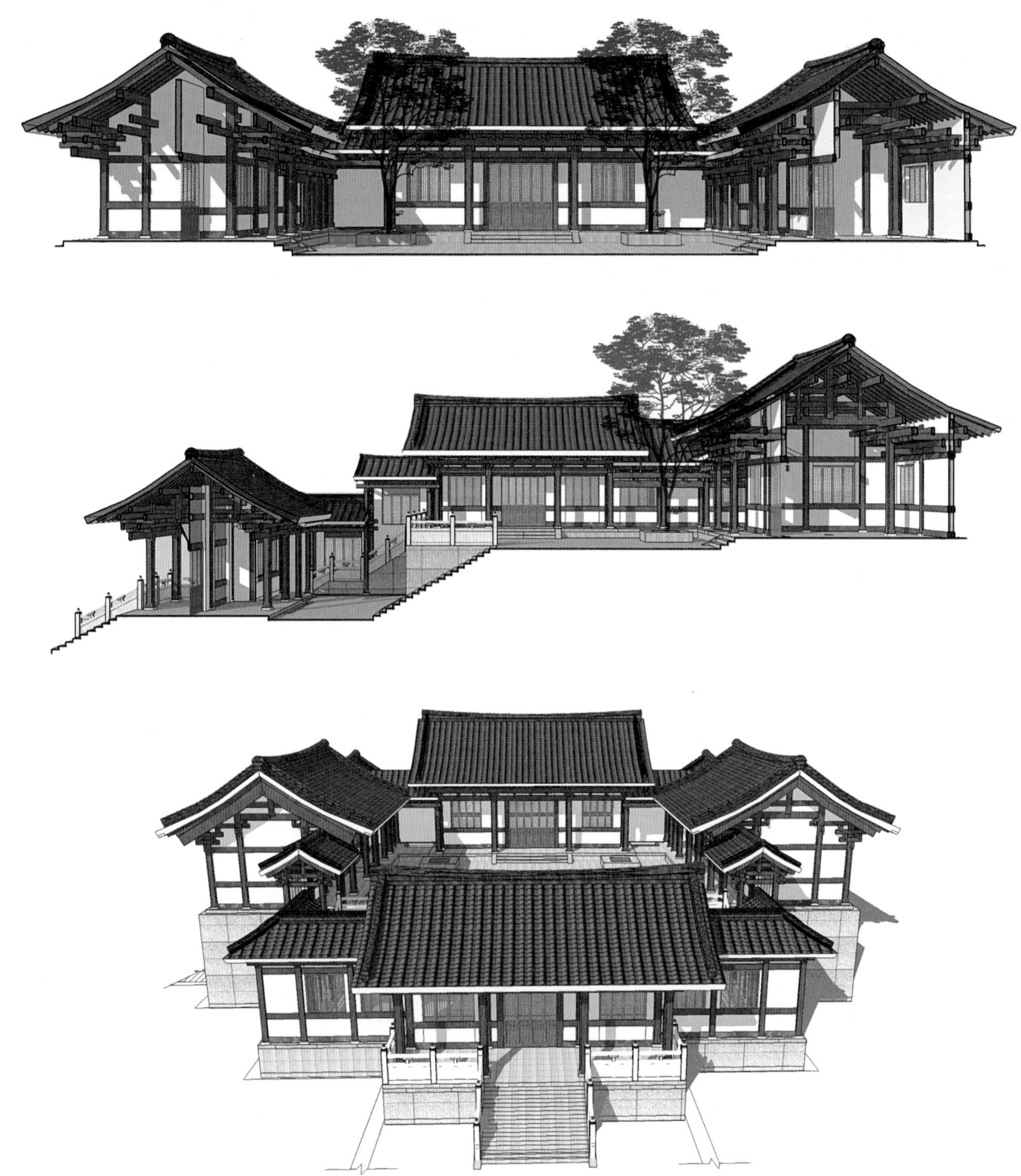

塔院效果图

万佛塔塔试装图

韩小雷（左5），释宏如大和尚（中），作者（右5）陈志军（右4），石拓（右3）

1.16 东莞长安莲花山莲花古寺

建设地点：广东东莞长安镇
设计时间：2012
建成时间：2014
建筑面积：3620m²
设计团队主要成员：王 平 武 群 施雨君 程 胜 黄震岳 黄彩云 刘 佳 宴 忠

设计背景

莲花古寺位于东莞大岭山脉莲花山正南山麓，莲花峰是休闲、养生、养性、健身的野生自然生态公园。自清嘉庆二十五年（1820）建莲花寺以来，香火绵延日兴，直至抗战前期，皆是地方文人、雅士访师幸会之处。抗战时期，莲花山寺成为广东人民抗日游击队第三大队大灵山根据地之一，后被日军战火摧毁，直至1983年，落实宗教政策后，善信聚缘发起重建，建成一两进殿堂神庙，以供地方信众朝拜。为提升长安镇的文化形象，更好地发挥长安书法主题公园对于整个长安镇的生态、景观、经济等各方面带动作用，使寺庙区优美的佛教文化景观为整个旅游风景区增色，扩大寺庙建设。

设计理念

传统文化、宗教文化与游憩文化与相结合，突出生态体系理念，将莲花古寺的文物古迹及历史传说文化景观特色融入公园景区的“青山绿水”。在此基础上重点解决公园与寺庙、建筑与环境、交通流线等的问题。

规划格局上依据历史记载文物古迹和山形地势进行莲花寺建筑群规划设计。规划方案采用传统寺庙一正两厢中国传统佛寺的布局。寺庙坐北朝南，依山为屏，面对长安城厢。寺庙平面建制采用中轴对称的格局，其主要建筑均布置在中间轴线上，统领两侧配殿和跨院。充分利用地形，结合寺庙功能，形成跌落式阶级布局。寺庙空间序列按轴线展开，空间对比，开合有序，每个空间自成一个院落空间，使人在游览的过程中体味到禅意。在公园道路与山门之间设置入口广场，依原有自然条件，设计山门、放生池等元素，作为游人、香客的前导空间，同时又作为寺庙与周边功能区的过渡空间。

莲花古寺鸟瞰图

莲花古寺鸟瞰效果图

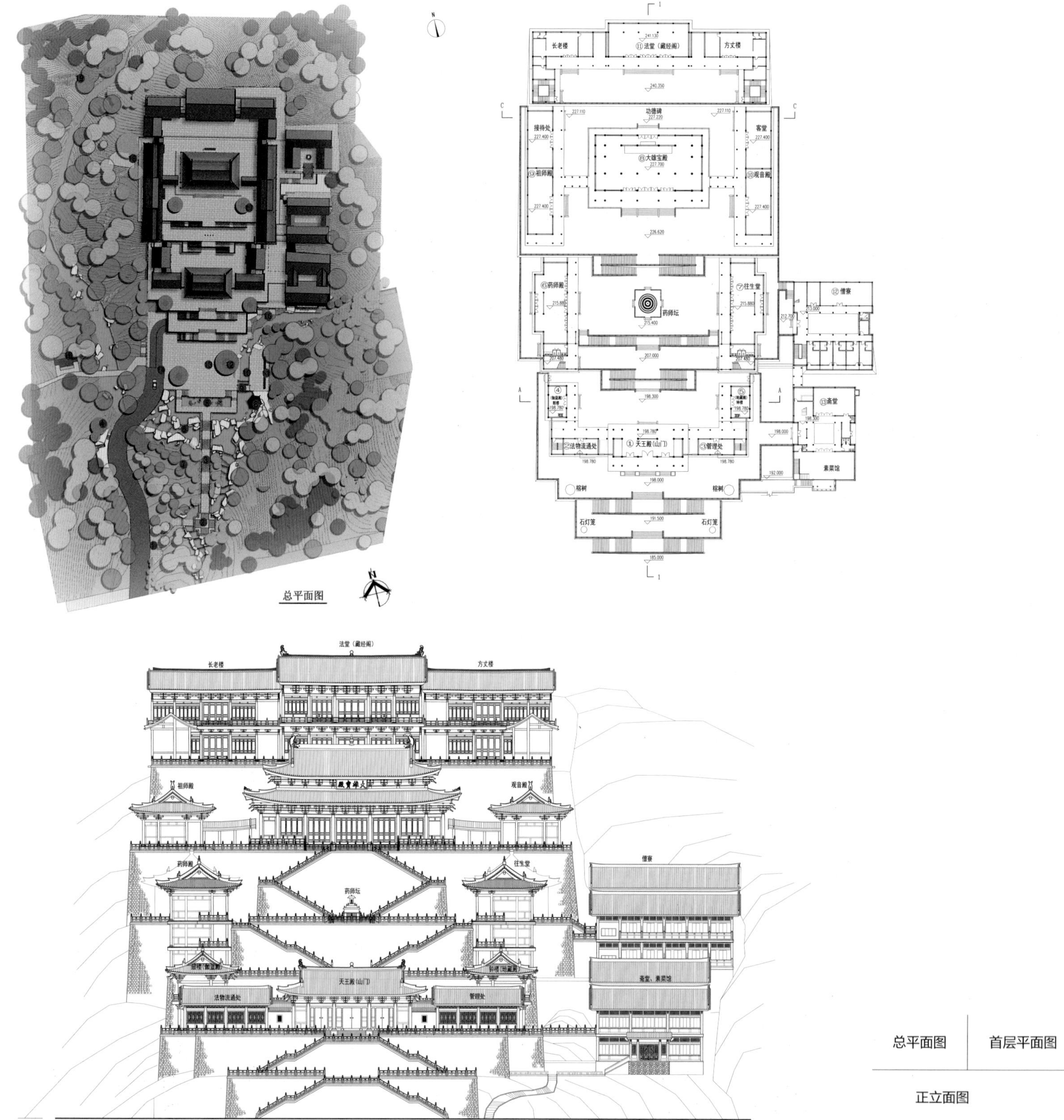

总平面图 | 首层平面图

正立面图

大雄宝殿效果图

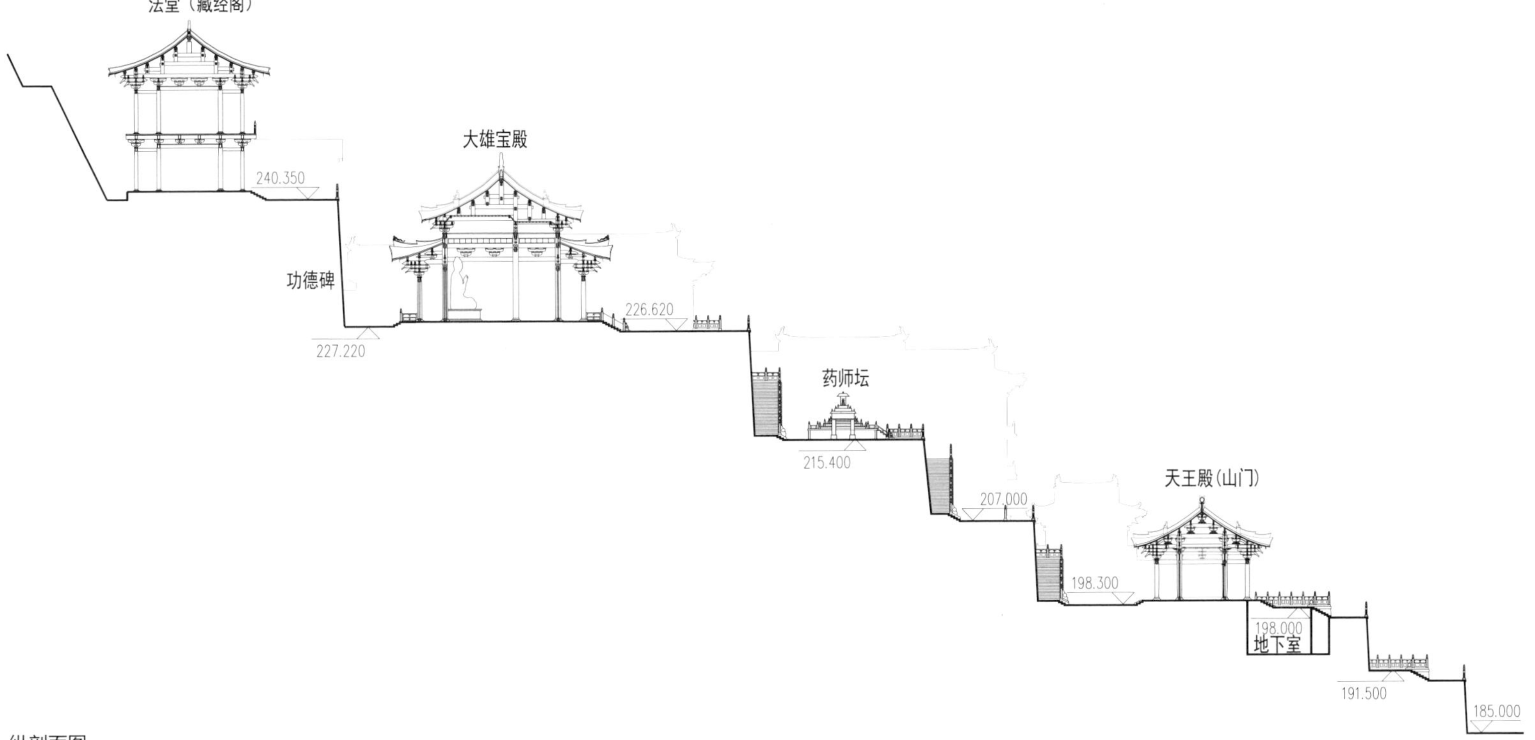

纵剖面图

莲花古寺完工图

莲花古寺完工图

2 文物建筑修缮设计

2.1 广州南海神庙

建设地点： 广州市黄埔区
设计时间： 1985–1990
建成时间： 1987–1992
建筑面积： 2010m²
占地面积： 30000m²
设计团队主要成员： 谢少明

设计背景

南海神庙又称波罗庙，坐落在广州黄埔区庙头村（古称扶胥镇），面临珠江入海口狮子洋，创建于隋开皇十四年（594年），是中国古代东南西北四大海神庙中唯一留存下来的建筑遗物，是古代国家祭祀海神的场所，也是我国古代对外贸易（广州是海上“丝绸之路”的始发地之一）的一处重要史迹。复修后的南海神庙由庙前码头、海不扬波牌坊、头门、仪门及东西复廊、中庭、东西廊庑、拜亭、大殿、后宫及关帝庙组成，占地30000m²，规模宏大。庙的西南侧章丘岗上建有浴日亭，“扶胥浴日”宋代即成为羊城八景。南海神庙有官方祭祀御碑和文人墨客留下的众多诗文碑碣，素有“南方碑林”之称。神庙的廊庑式庭院、头门的“一门四塾”形制和仪门复廊的建筑形制具有较高的建筑史研究价值。

后来南海神庙被改建为广州航海学校，庙内建了多处教学楼和宿舍，头门前后建围墙作为仓库，仪门复廊分隔为宿舍、东西庑拆毁改建为宿舍，大殿拆毁建为饭堂，后殿改为厨房使用，碑碣散乱丢弃，整组建筑和环境破败不堪。20世纪80年代，鉴于南海神庙的历史文化价值，市政府决定修复南海神庙，聘请龙庆忠教授为修建规划设计顾问，遂于1985年开始规划设计，前后分三期完成主体建筑和主要景点的修复和重建工程。

设计理念

修复设计依据历史文献与遗址考古资料、国家祭典海神庙规制和明清地方建筑风格，以《文物保护法》为指导原则，针对不同的遗存现状和价值评估，采取相应的修复、重建策略，用传统材料和砖木结构技术，逐步实施完善。对现存古建筑包括头门、仪门、复廊、后殿和洪武碑亭进行修复；设计新建或重建了大殿、礼亭、碑亭、侧门等，碑亭包括唐韩愈碑亭、宋开宝碑亭、清康熙“万里波澄”碑亭。复原重建的大殿面阔五间23m，进深三间16m，单檐歇山顶，高13m，梢木柱，坤甸木梁架，门扇利用拆旧祠堂构件。琉璃脊饰由菊城陶屋烧制。

海不扬波石牌坊

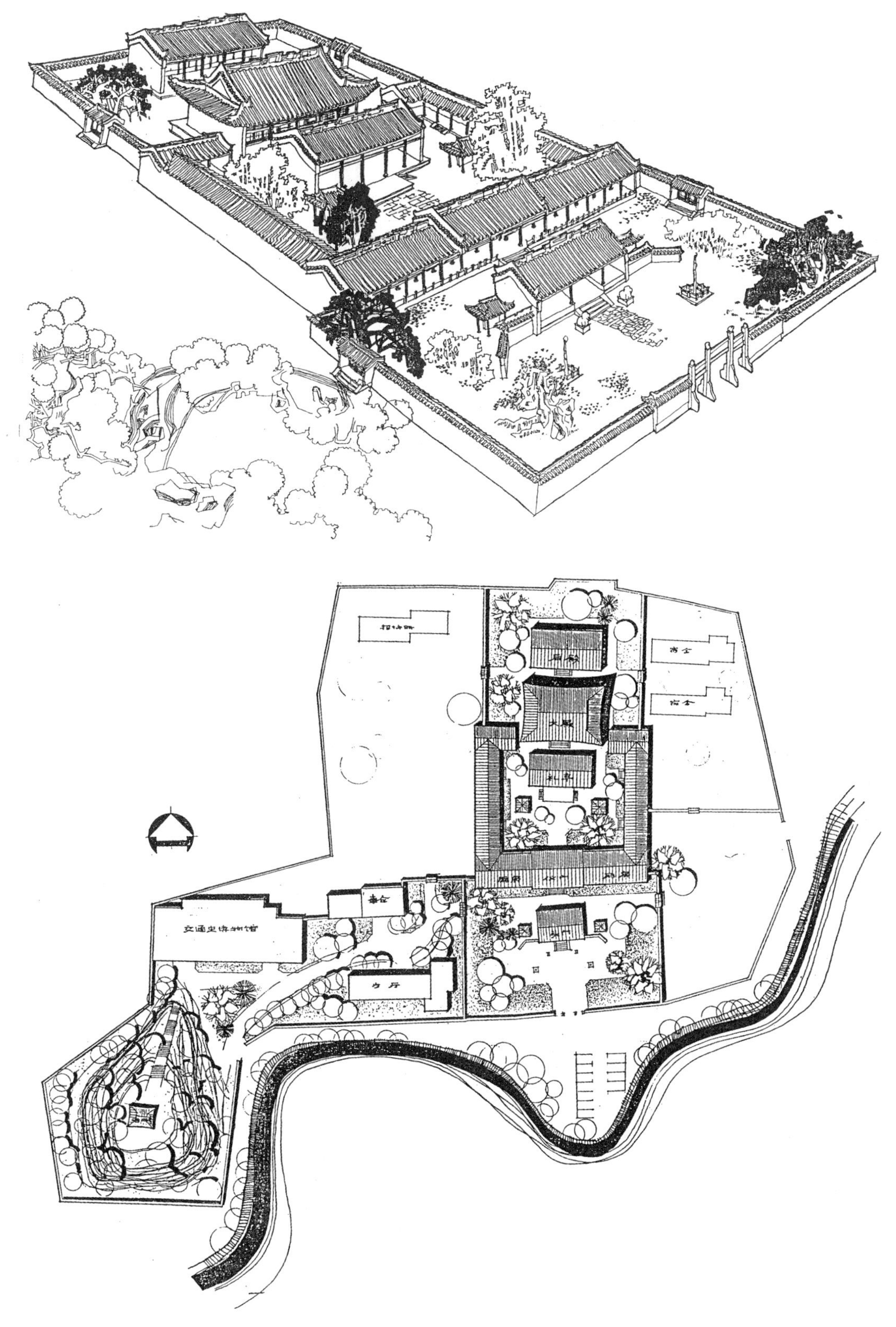

南海神庙复原鸟瞰图

南海神庙复原规划总平面

庭院修缮后

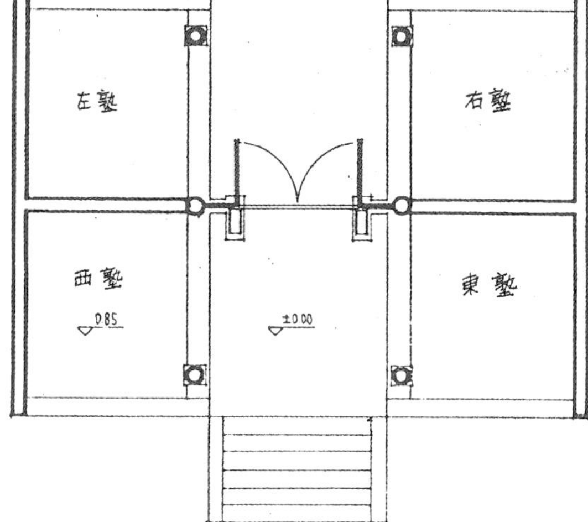

山门构架

山门平面图

山门修缮后

仪门复廊修缮后

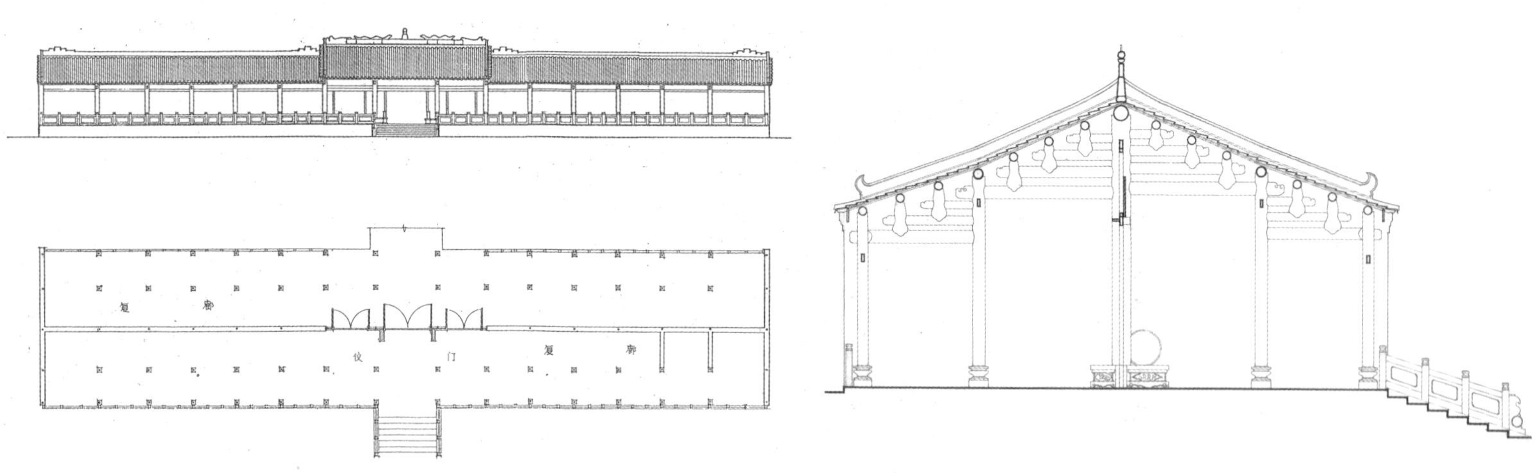

仪门复廊修缮设计图

仪门复廊修缮后

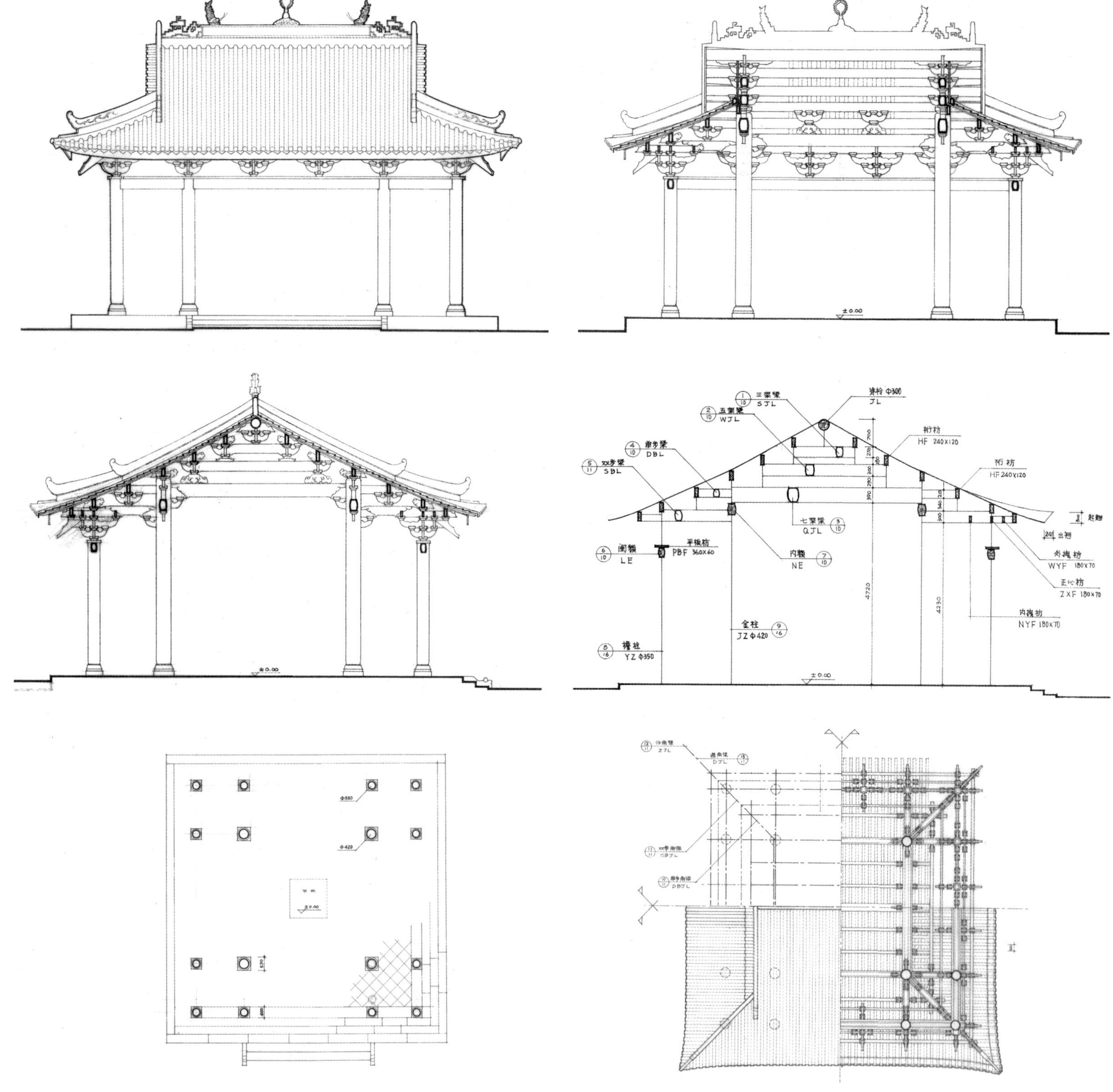

三架梁 SJL
脊桁 Φ300 JL
五架梁 WJL
桁枋 HF 240x120
单步梁 DBL
双步梁 SBL
桁枋 HF 240x120
起翘
七架梁 QJL
240 出翘
阑额 LE
平板枋 PBF 360x60
内额 NE
外拽枋 WYF 180x70
正心枋 ZXF 180x70
4720
4230
内拽枋 NYF 180x70
金柱 JZ Φ420
檐柱 YZ Φ350
±0.00

礼亭设计图

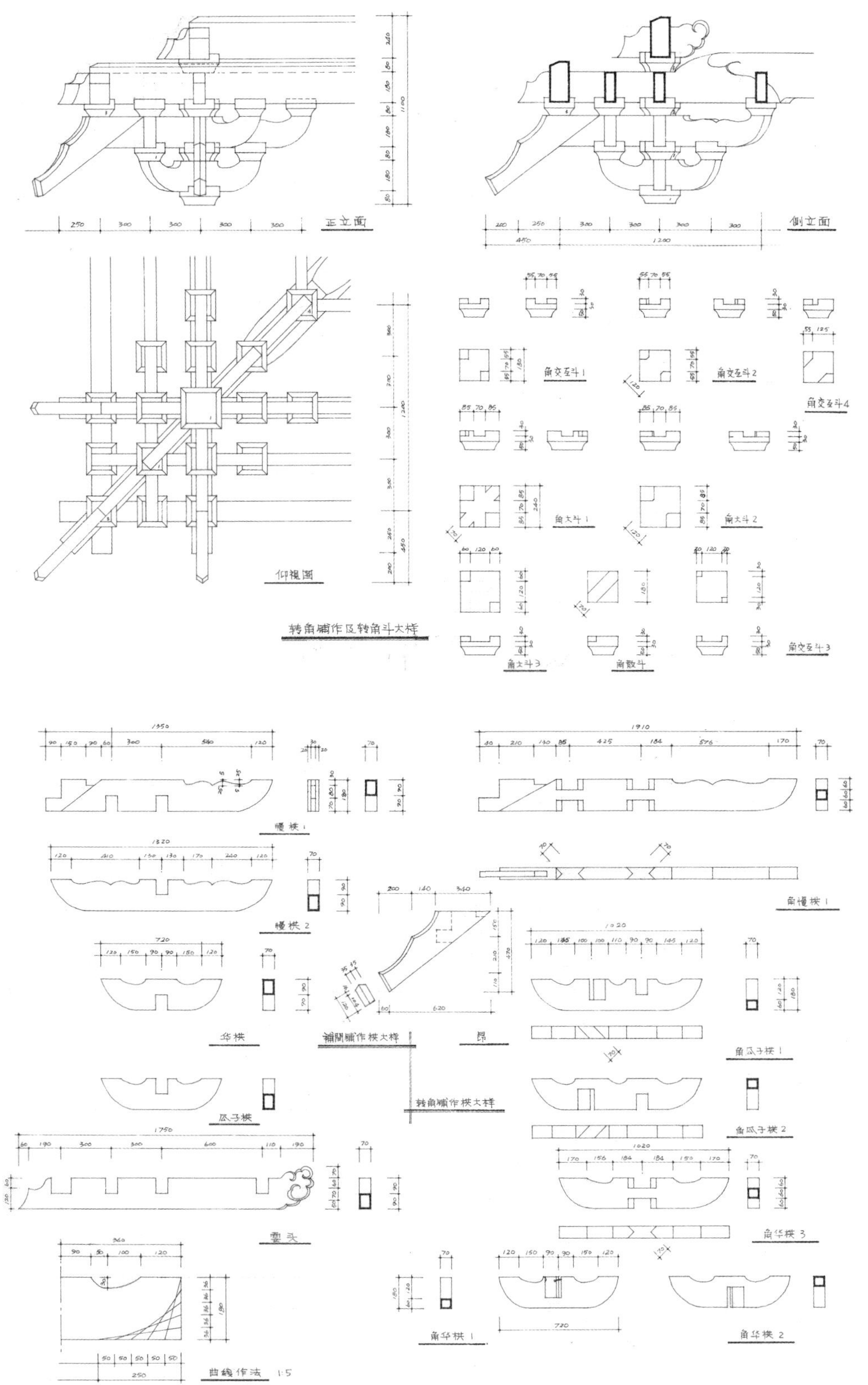
正立面
侧立面
仰视图
转角铺作及转角斗大样
角交互斗1
角交互斗2
角交互斗4
角大斗1
角大斗2
角大斗3
角散斗
角交互斗3
慢栱1
慢栱2
角慢栱1
华栱
补间铺作栱大样
昂
角瓜子栱1
瓜子栱
转角铺作栱大样
角瓜子栱2
耍头
角华栱3
角华栱1
角华栱2
曲线作法 1:5

礼亭斗栱构造大样图

礼亭完工图

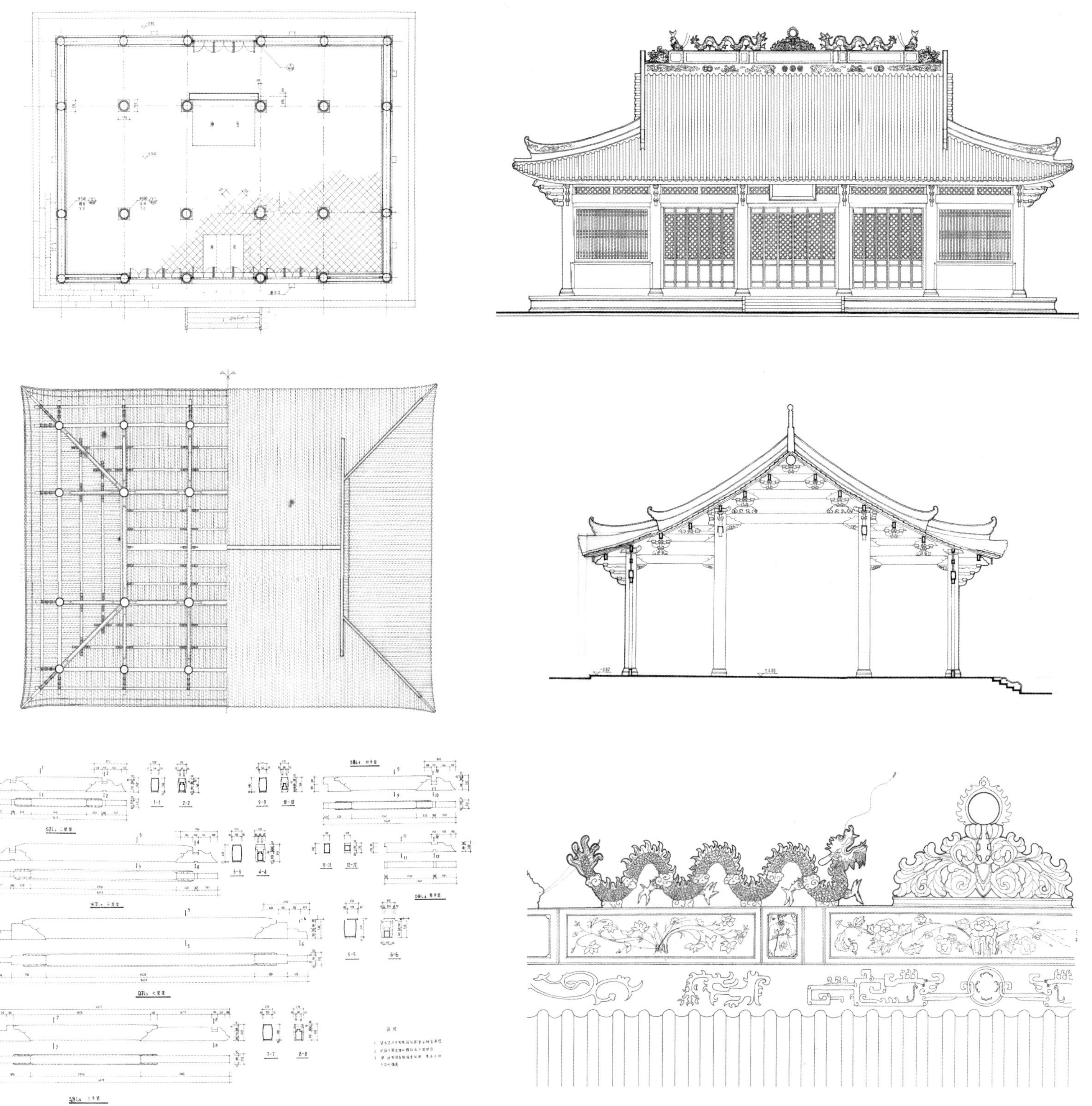

大殿设计图

大殿施工图

龙庆忠教授（左），作者

大殿完工图

2.2 肇庆龙母庙灵陵

建设地点： 广东德庆县悦城镇
设计时间： 1986
建成时间： 1987
占地面积： 498m²

设计背景

龙母祖庙坐落在在粤西德庆县悦城古镇西江北岸，后依金鸡岭，前临西江和悦城河两水交汇的“水口”。站在庙前巨大的牌坊下，前瞰大江，隔江左为黄旗山，右为青旗山，两山夹峙，一川东流，景致秀美，左右两山对峙，恰似左右华表捍庙。《孝通祖庙旧志》中记载：“龙母娘娘温氏，晋康郡程溪人也，生于楚怀王辛未（前290年）之五月八日”，因多行善事供奉为龙母神。历代皇帝对龙母均有封赐。汉高祖十二年（前195年）封之为程溪夫人，唐天祐二年（905年）封之为永安夫人，宋太宗熙宁十年（1077年）封为永济夫人，明太祖洪武九年（1376年）封为龙母崇福圣妃，清代又加封为护国通天惠济显德龙母娘娘等。历代庙宇不断扩大，现存庙宇是清光绪三十三年（1907年）重建的。全庙自前至后沿中轴线布置有石牌楼、山门、香亭、大殿、妆楼等，左右翼以廊庑将各主体建筑联系起来。主体左侧为龙母行宫公所（东浴堂）、孝通墓（龙母坟）、御碑亭以及花园等一组建筑，主体右侧则是程溪书院。这座以砖石木为结构的建筑物，风格脱俗超群，建筑布局和结构构造有许多独到之处，装饰中又融灰塑、陶塑、木雕、石雕与壁画于一体，具有浓郁的岭南特色。“文革”时龙母灵陵被毁，20世纪80年代中期设计复原。

设计理念

通过文献查阅、百姓访谈以及遗址勘探，明确了其平面格局和建筑形式，其轴线平行于龙母祖庙建筑轴线，自前而后为孝通墓坊门、灵陵牌坊和龙母坟，左右及后部由围墙围护。设计考虑到与左侧公园和御碑亭的视线关系，前半部分用石栏杆采用了半围合的处理手法，后部龙母坟则用台基提升地面标高，突出其重要地位，并以弧形的围墙围合以加强肃穆和仪式感。

龙母祖庙石牌坊

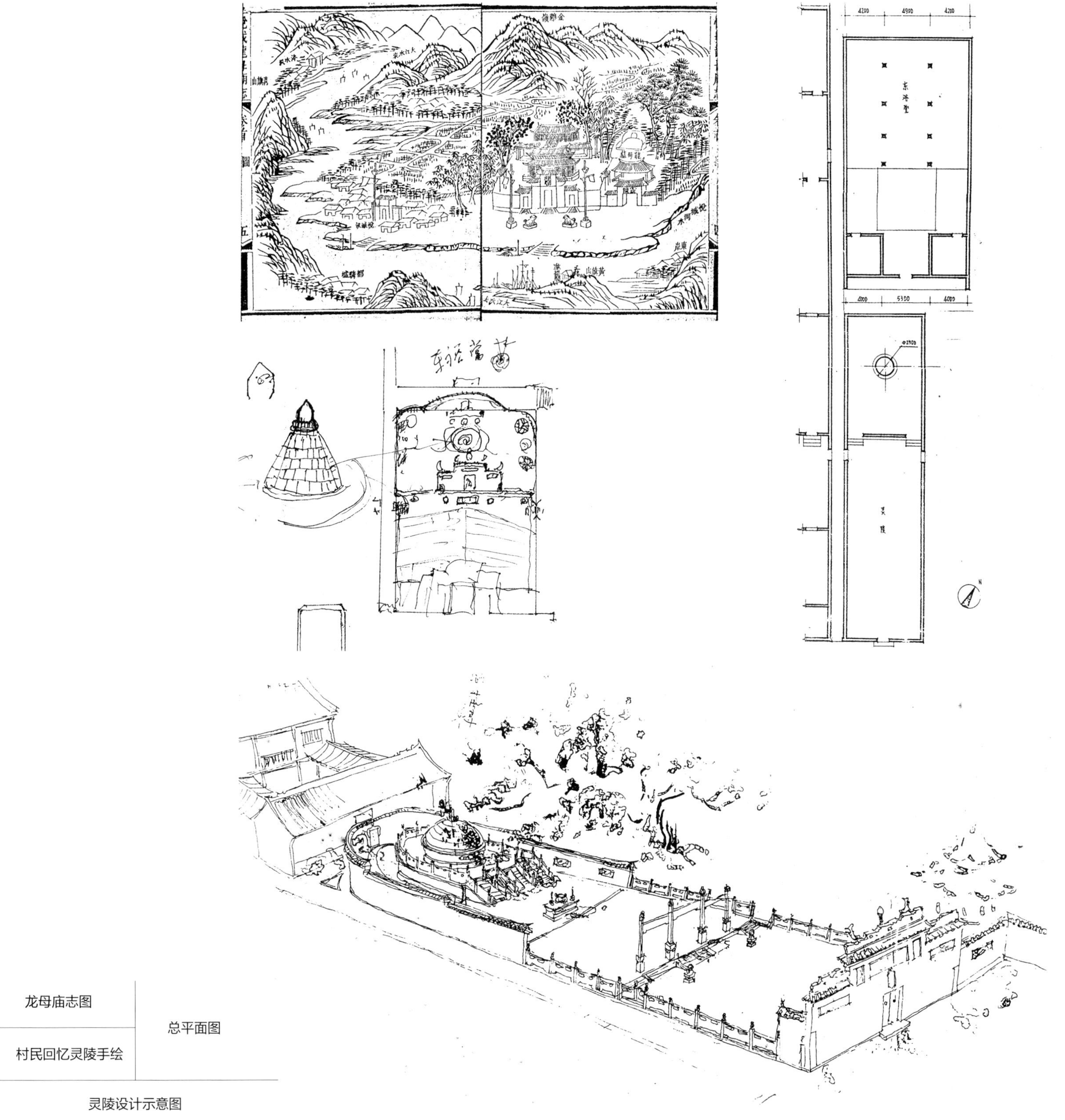

龙母庙志图

村民回忆灵陵手绘

总平面图

灵陵设计示意图

灵陵复原后

2.3 封开大梁宫

建设地点： 广东封开县扶学村
设计时间： 1990
建成时间： 1994
建筑面积： 229m^2
设计团队主要成员： 蔡　创　刘琼琳　谢　轩

设计背景

封开大梁宫位于封开县河儿口镇扶学村，始建于唐代大中年间（847—860），明成化十三年（1477）重建，清道光十四年（1834）重修。据记载，大梁宫是为纪念岭南第一状元莫宣卿金榜高中，由他的舅父兼老师梁明甫带头捐资建成的。大殿正檩下的柎檩枋上有“时大明成化十三年（1477年）岁次丁酉季冬十二月十二日乙卯吉日”字样，梁上刻有“梓人顺邑登洲区志良立”，可知现存建筑主持匠人为顺德人区志良。墙嵌清道光十四年“重建大梁宫碑记”和同治五年“题助大梁宫戏金碑”共5通。

大梁宫坐北向南，砖木结构，单檐布瓦歇山顶。面宽进深各五间，通面宽15.48m、通进深14.8m。屋面平缓，屋檐有升起，抬梁式木构架，采用月梁、叉手等早期做法。七架椽屋前后乳栿用五柱构架形式，各梁头节点置驼峰斗栱承托，柱础为覆莲式样。平面采用加柱造、瓜楞前乳栿、心间前檐柱出栱承挑檐檩等均为较特殊构造。大梁宫大殿为岭南地区年代较早、保存较好的梁架结构建筑，其平面柱网用加柱造，大殿心间面宽达6.97m，尺度之大较为罕见。1999年省人民政府和县人民政府筹款修缮大梁宫。2002年7月17日，公布为广东省文物保护单位。

设计理念

修缮前主要问题为：屋面破损，漏雨严重，乳栿脱榫、烂榫致部分梁架塌损，屋脊破损严重。修缮设计以恢复原貌为原则，针对以上问题制定修缮设计内容和技术措施。

大梁宫修缮后

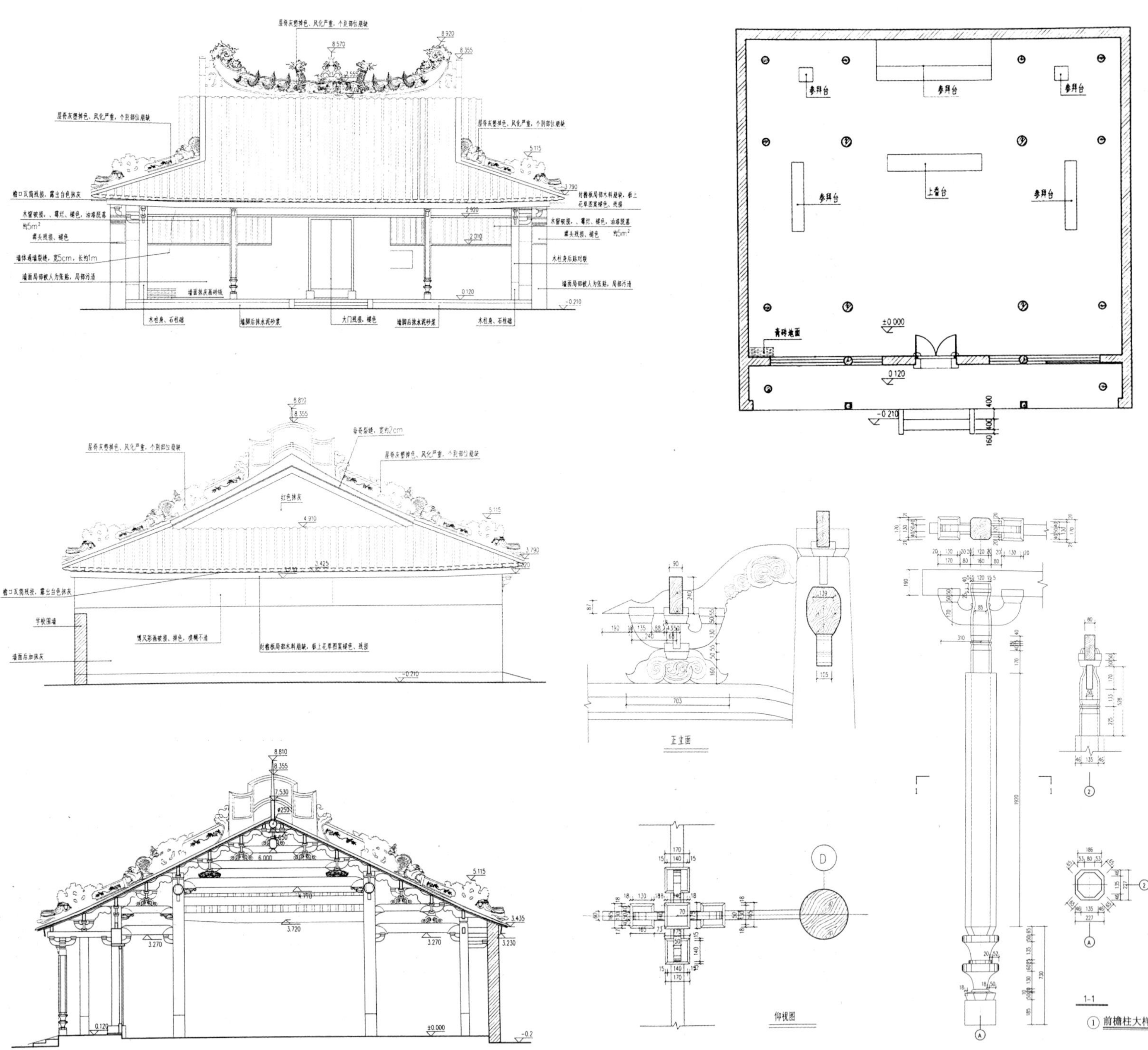

修缮设计图

修缮前

修缮后

2.4　怀集文昌阁塔及文昌书院

建设地点： 广东怀集县
设计时间： 1991
建成时间： 1992-1994
建筑面积： 文昌书院：240m²
文昌阁塔高： 25m

设计背景

怀集文昌书院位于县城东绥江北岸，始建于万历四十七年（1619），竣事于天启元年（1621），为知县谢君惠所建。由文昌书院和文昌阁塔组成，该塔为县城的风水塔，起着锁水口聚气，兴盛人才，镇厌洪水的作用。塔历经多次修缮，清顺治十四年（1657）知县许重华重修，清康熙三十年（1697）知县翁是龙改建，清同治四年（1865）又重修，清光绪二十六年（1900）雷击塔脊，两年后再次重修，民国十五年至十六年（1926—1927）进行过一次较大的修缮，书院部分20世纪50年代被拆废，文昌书院修缮复原前仅留孤塔一座。1991县人民政府拨款，各界人士慷慨捐资修缮文昌阁塔，1992—1994年修复怀集文昌书院。

书院坐东向西而建，前有书院，后有文塔。文昌塔为六角五层楼阁式砖塔，无平座栏杆。底层边长3.9m，顶层边长3.64m，塔高25m。塔门上方有“梯云”二字，每层窗口由下而上依次书“得禄”“桂籍”“参天”“文阁”等字。每层檐下绘有灰塑花纹图案，塔顶六角有琉璃卷草，塔刹为琉璃三元葫芦型。维修前塔身开裂严重，内部楼板全部缺失，塔刹破损，屋架残毁严重。文昌阁尽毁，仅存部分遗址。

设计理念

文昌阁塔：加固塔身，恢复楼板楼梯，修缮屋架屋面，重置塔刹。由于塔体开裂严重，在每层腰檐下隐蔽加混凝土圈梁一道以加固塔体；以当地产上好杉木复原楼板楼梯及屋面，重新按原型烧制并更换塔刹。

文昌书院：参照岭南清代风格的同类建筑，结合地形高差和塔朝向，复原砖木结构三间两进四合院式建筑一组，最终形成了塔阁一体的建筑特色。

文昌书院

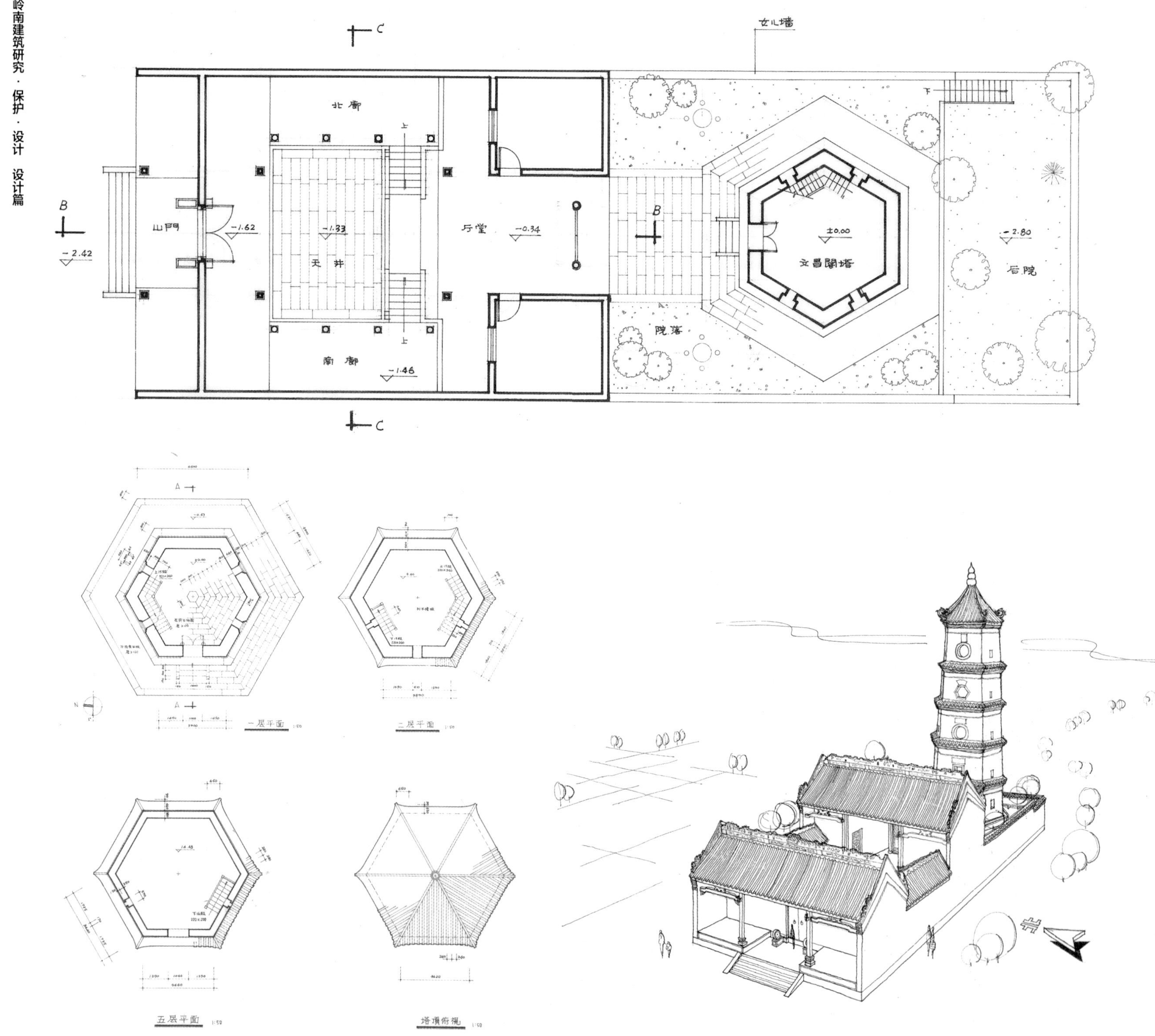
女儿墙
北廊
上
山门
-1.62
-1.33
天井
厅堂
-0.34
±0.00
文昌阁塔
-2.80
后院
-2.42
院落
南廊
-1.46
上
一层平面
二层平面
五层平面
塔顶俯视

文昌阁塔修缮设计图

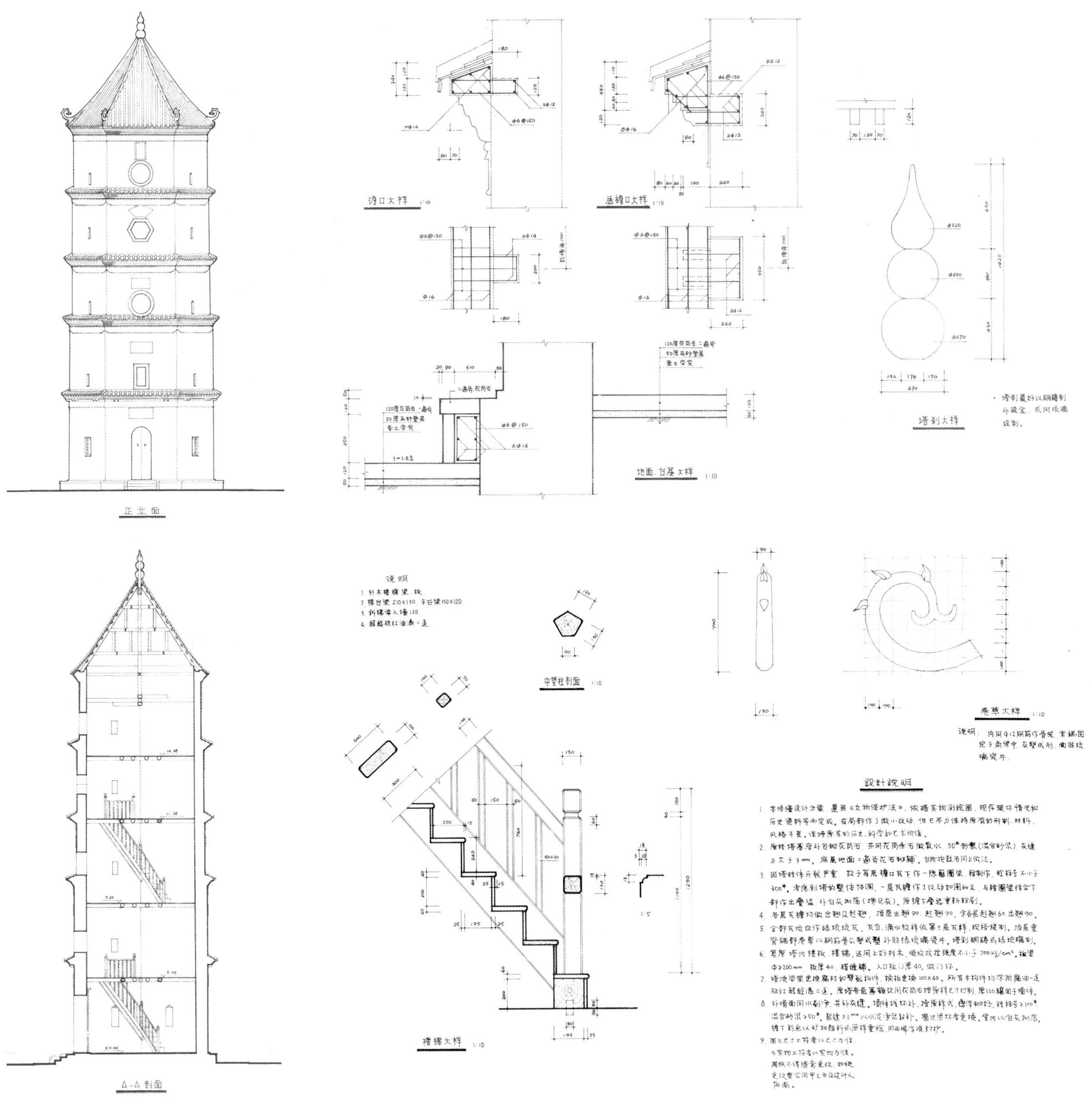
正立面
A-A 剖面
檐口大样 1:10
底檐口大样 1:10
塔刹大样
塔刹最好以铜铸制 外鎏金，或用琉璃烧制。
地面、台基大样 1:10
说明
1. 杉木楼梯梁、板。
2. 梯台梁 210×130，平台梁150×120。
3. 斜梯梁入墙120。
4. 醇酸朱红油漆二道。
中望柱剖面 1:10
楼梯大样 1:10
卷草大样 1:10
说明：内用Φ12钢筋作骨架，末端固定于角梁中，灰塑成形，面贴琉璃瓷片。
設計説明
1. 本修缮设计方案，遵照《文物保护法》，依据实物测绘图、现存破坏情况和历史资料等而完成。在局部作了微小改动，但已尽力保持原有的形制、材料、风格不变。保持原有的历史、科学和艺术价值。
2. 原砖塔基座外包砌花岗石，并用花岗条石做散水，50#砂浆（混合砂浆），灰缝不大于3mm。底层地面二遍斧花石砌铺，台阶抱鼓石同上做法。
3. 因塔砖体开裂严重，故于每层檐口瓦下作一隐藏圈梁，砼制作，砼标号不小于300#。考虑到塔的整体协调，一层瓦檐作了改动如图所示，与砼圈梁结合下部作出叠涩，外白灰批荡（掺贝灰）。原檐下叠涩重新粉刷。
4. 各层瓦檐均做出翘及起翘，顶层出翘90，起翘90，余各层起翘60，出翘90。
5. 全部瓦顶改作绿琉璃瓦，瓦当、滴水纹样依第三层瓦样，规格烧制。顶层垂脊端部卷草以钢筋骨灰塑成型，外贴绿琉璃瓷片。塔刹铜铸或绿琉璃制。
6. 复原塔内楼板、楼梯，选用上好杉木，顺纹抗拉强度不小于700kg/cm²。板梁Φ≥200mm，板厚40，错缝铺。入口板门厚40，做门环。
7. 塔顶梁架更换腐朽和劈裂构件，桷板更换100×40。所有木构件均涂防腐油一道，朱红醇酸漆二道。原塔各层匾额改用花岗石按原样尺寸打制，厚120镶固于墙体。
8. 外墙面用水刷净，并补灰缝。墙体残坏处，按原样式，色泽砌好，砖标号≥100#，混合砂浆≥50#。裂缝≥3mm以水泥净浆粘补。窗过梁坏者更换。室内以白灰批荡。檐下彩画以矿物颜料依原样重绘，用丙烯溶液封护。
9. 图与尺寸不符者以尺寸为准。与实物不符者以实物为准。图纸不得随意更改，如须更改要会同甲乙方及设计人协商。

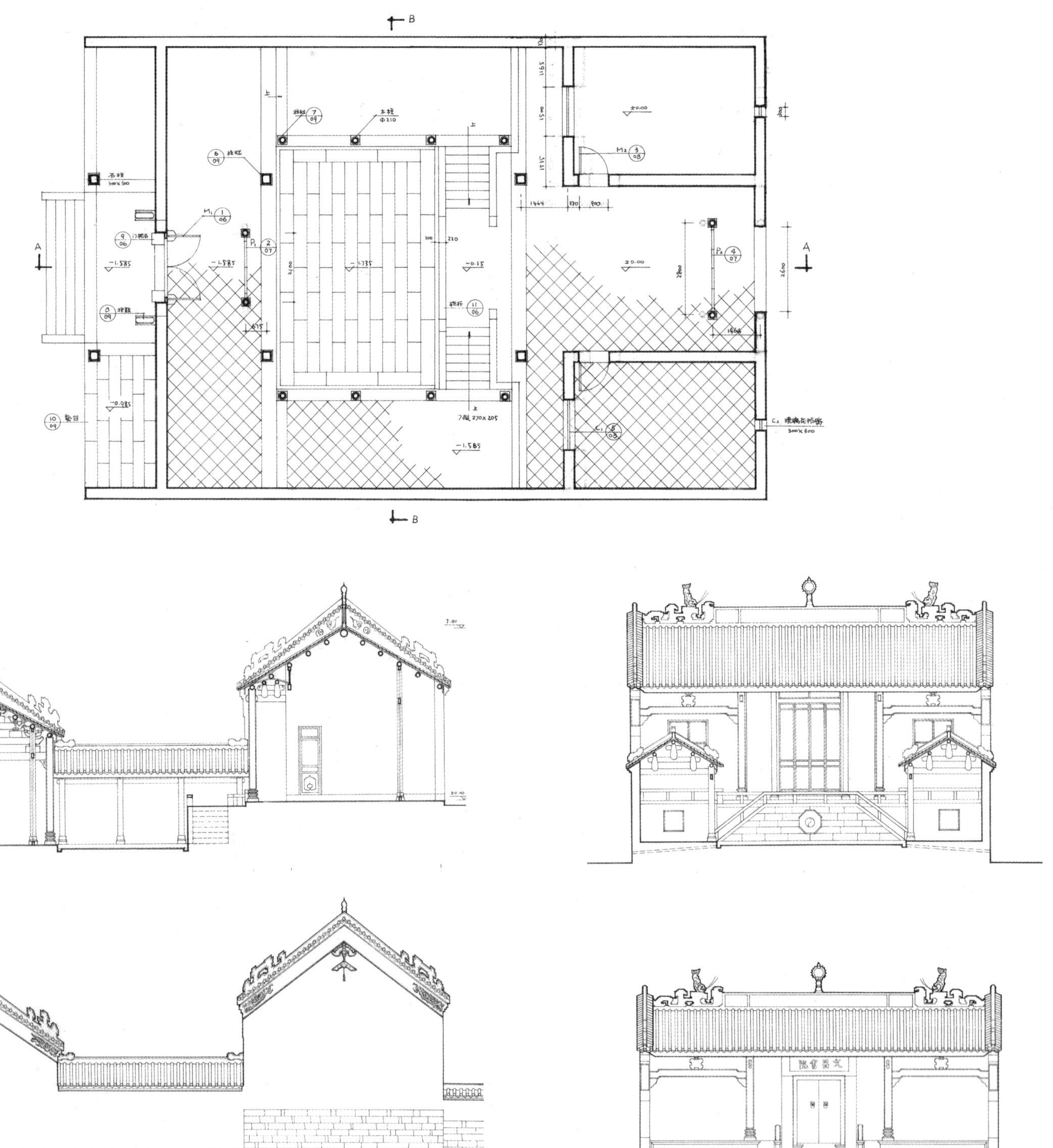

文昌书院复原设计图

修缮后

修缮复原后

文昌书院复原后

修缮复原后

2.5 广州琶洲塔

建设地点： 广州市天河区
设计时间： 1992
建成时间： 1993
建筑高度： 59m

设计背景

琶洲塔位于广东省广州市海珠区珠江边的琶洲（今新港东路），始建于明朝神宗万历二十五年（1597年），万历二十七年（1600年）落成，为八角九层楼阁式砖塔。传说当年珠江中常有金鳌浮出，所以原称海鳌塔，又因建塔的山岗为两山相连如琵琶，故称为琶洲塔。此处为珠江口，为壮形势，明光禄勋丞王学增倡建该塔，工匠龚坤主持工程。在琶洲未与珠江南岸相连时，岗顶的琶洲塔俨如中流砥柱，故“琶洲砥柱”被列为清代羊城八景之一。琶洲塔本来是作为风水塔而建立的，明代中期以后，又可作导航的标志，是广州海上丝绸之路的重要遗址，塔旁尚存《琶洲鼎建海鳌塔记》石碑。1989年公布为省级文物保护单位。

塔为八角形楼阁式砖塔。外观9层内分17层，高59m。塔首层直径12.7m，边长4.95m，壁厚3.97m，辟3门。第2层起，每层梯门相对错开，各面设有佛龛。塔基转角处置胡人形象的石刻托塔力士，憨态可掬。腰檐与平座形成各层水平分化，以菱角牙砖叠涩挑出平座，该塔层高和塔身收分有致，比例得当，稳重又不失秀丽，是明代楼阁式砖塔的范例。修缮前由于年久失修，塔体部分开裂，局部损毁，塔内楼板尽失，塔刹也荡然无存。

设计理念

维修前该塔塔体安全隐患较大，因此首先要保障文物本体安全。为加强全塔的结构安全，隔层绕塔平座塔身隐蔽用角钢环绕一周箍住塔身。各层檐口、平座也相应做了加固处理。其次恢复原貌，用坤甸木重做各层楼板，木楼板上铺大阶砖保护层。修复后的塔高59m，其中塔刹高8.16m，塔身转角均为红色倚柱，柱头施黑色额枋，平座上新设计简洁式样的坤甸木栏杆，其高度满足现代设计规范。墙身以麻刀灰浆批荡，原腰檐是有瓦面的，但该塔位于山岗顶，地处珠江口，台风时有来袭，瓦面容易受到破坏，所以本次维修没有复原瓦面，而是以抹灰代替。塔顶为八角攒尖顶，参考老照片和留存塔刹覆盆复原设计铸铁塔刹和铜制宝珠。刹杆为耐久计，使用钢管代替传统的木刹杆，刹杆柱底落在顶层木梁架上，施工时在塔腔内采用垂直顶技术升安装塔刹。

琶洲塔

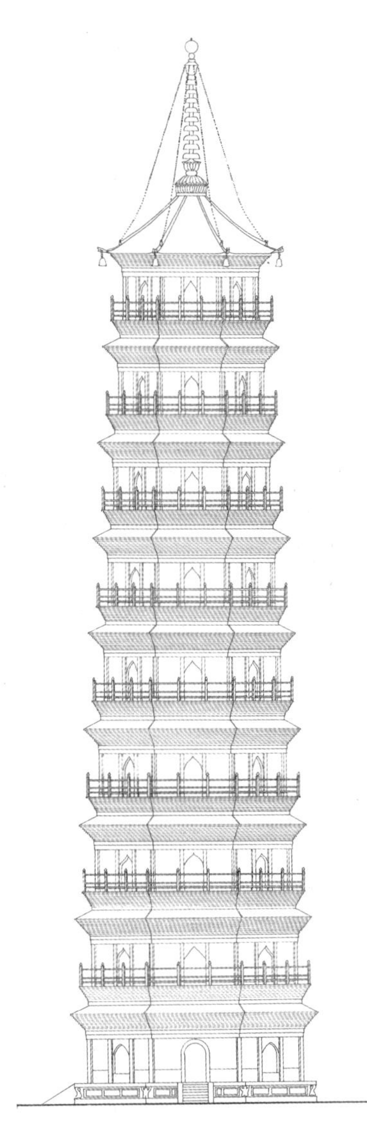

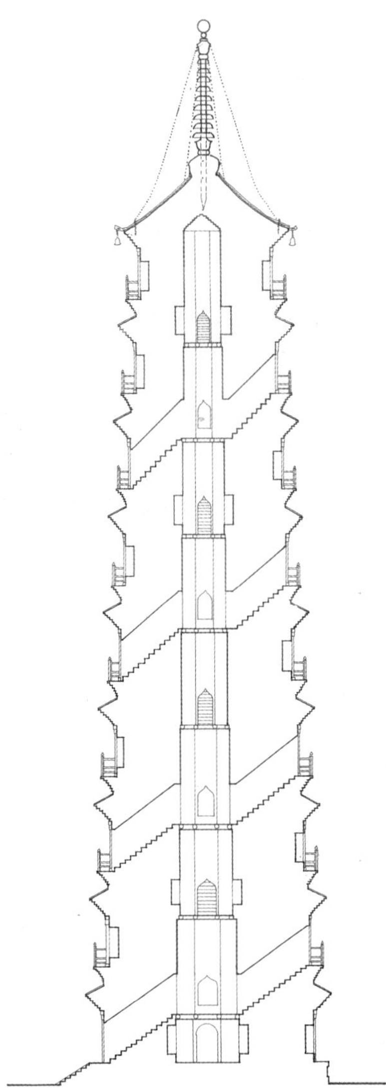

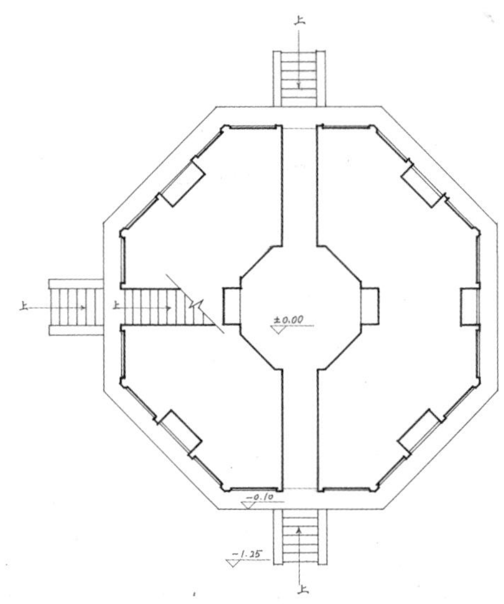

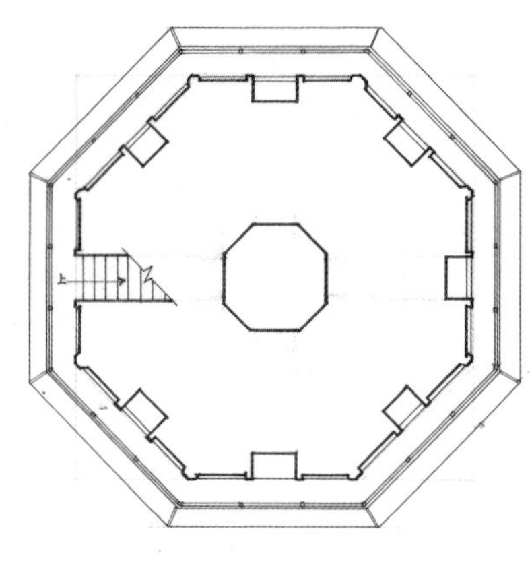

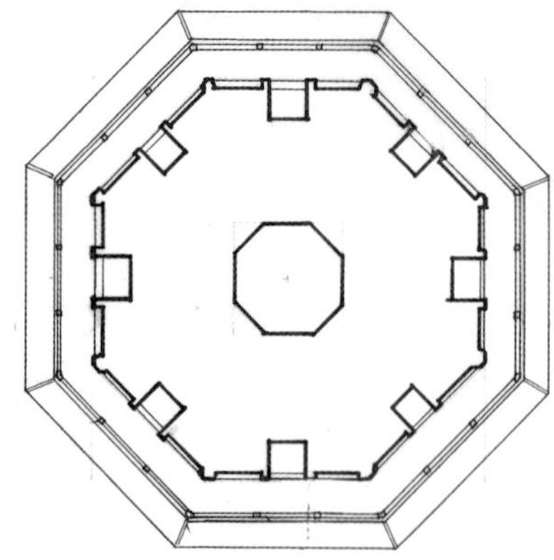

立面图

剖面图

首层平面

四层平面

五层平面

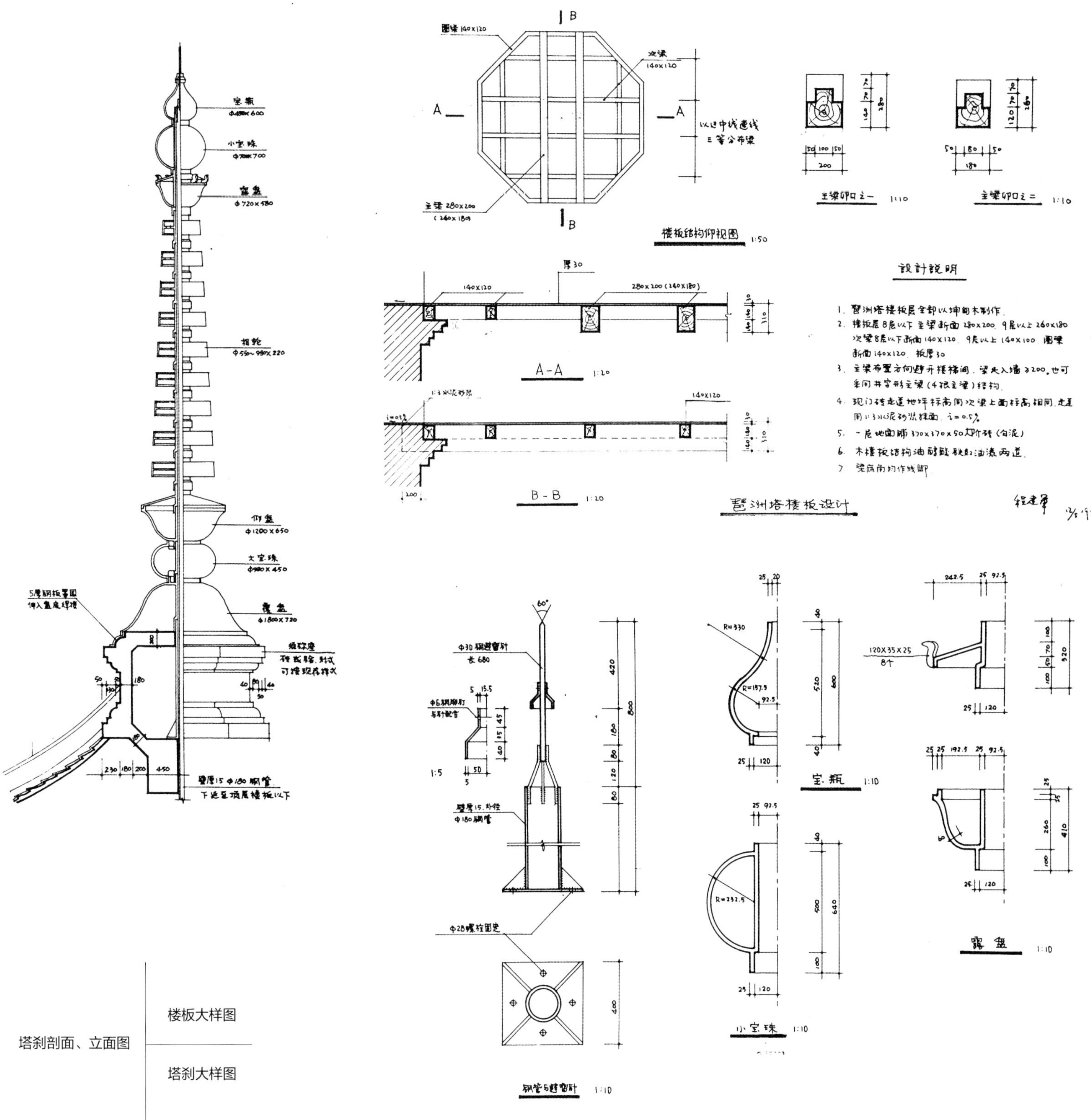

塔刹剖面、立面图

楼板大样图

塔刹大样图

施工图	塔刹图
老照片	塔刹安装图

琶洲塔修缮后

2.6 广州邓氏宗祠（邓世昌纪念馆）

建设地点： 广州市海珠区
设计时间： 1994
建成时间： 1995
建筑面积： 940m²

设计背景

广州邓氏宗祠位于海珠区宝岗路二龙街，始建于1834年，为纪念民族英雄邓世昌而建。邓世昌在中日甲午海战中英勇殉国后，其族人用清廷抚银，扩建为现今规模。邓氏宗祠坐北向南，是一座三路两进、东西两廊、前庭后院的古朴典雅的典型岭南式祠堂建筑。左右两路四角耳室均有阁楼、正门门额上书“邓氏宗祠”字样，两侧挂有“云台功首”“甲午名留”的楹联。

民国38年（1949年）秋，邓氏族人于祠堂内创办“世昌小学”。后曾改作妇产院。1957年开始，邓氏宗祠为广州市结核病防治二所使用。“文革”期间，祠内不少文物散失，附属建筑物受到不同程度破坏，部分附属用地亦被违章占用。1989年12月，邓氏宗祠被定为市级文物保护单位，2008年公布为省级文物保护单位。本次维修后已基本上恢复了原来的风貌，并利用为邓世昌纪念馆。馆内设有《邓世昌与甲午海战》史迹陈列和《中国舰艇百年沧桑》图片展，1999年，海珠博物馆依托邓世昌纪念馆成立并开馆。

设计理念

修复前主体建筑基本保持完好，但室内空间分化门窗隔扇缺失，地面、墙面、瓦面以及灰塑、砖雕、木隔扇有不同程度损坏。修复设计以恢复原貌为修复原则，保持现有建筑格局完整，用大阶砖重铺地面、检修瓦面，修补灰塑和脊饰。全面复原门窗隔扇等木装修，恢复建筑的原有室内空间格局。重建前庭入口门楼设计和花园设计，一并修复了邓氏宗祠一侧的邓氏祖居。保持了原单檐硬山碌筒瓦顶，砖木石传统结构，建筑空间高敞的岭南清末祠堂建筑风格。

邓氏宗祠

总平面图

主体平面	隔扇门大样

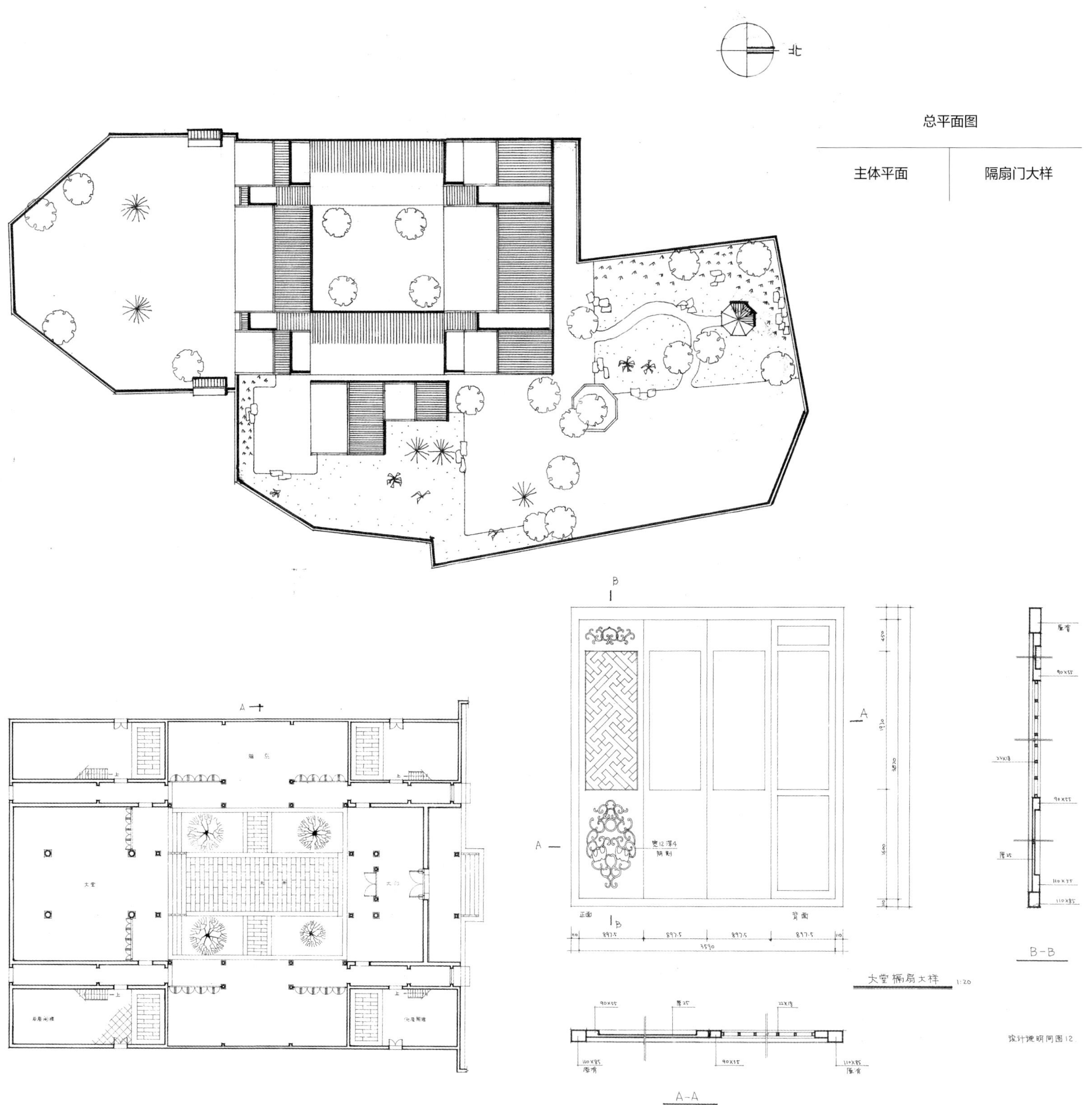

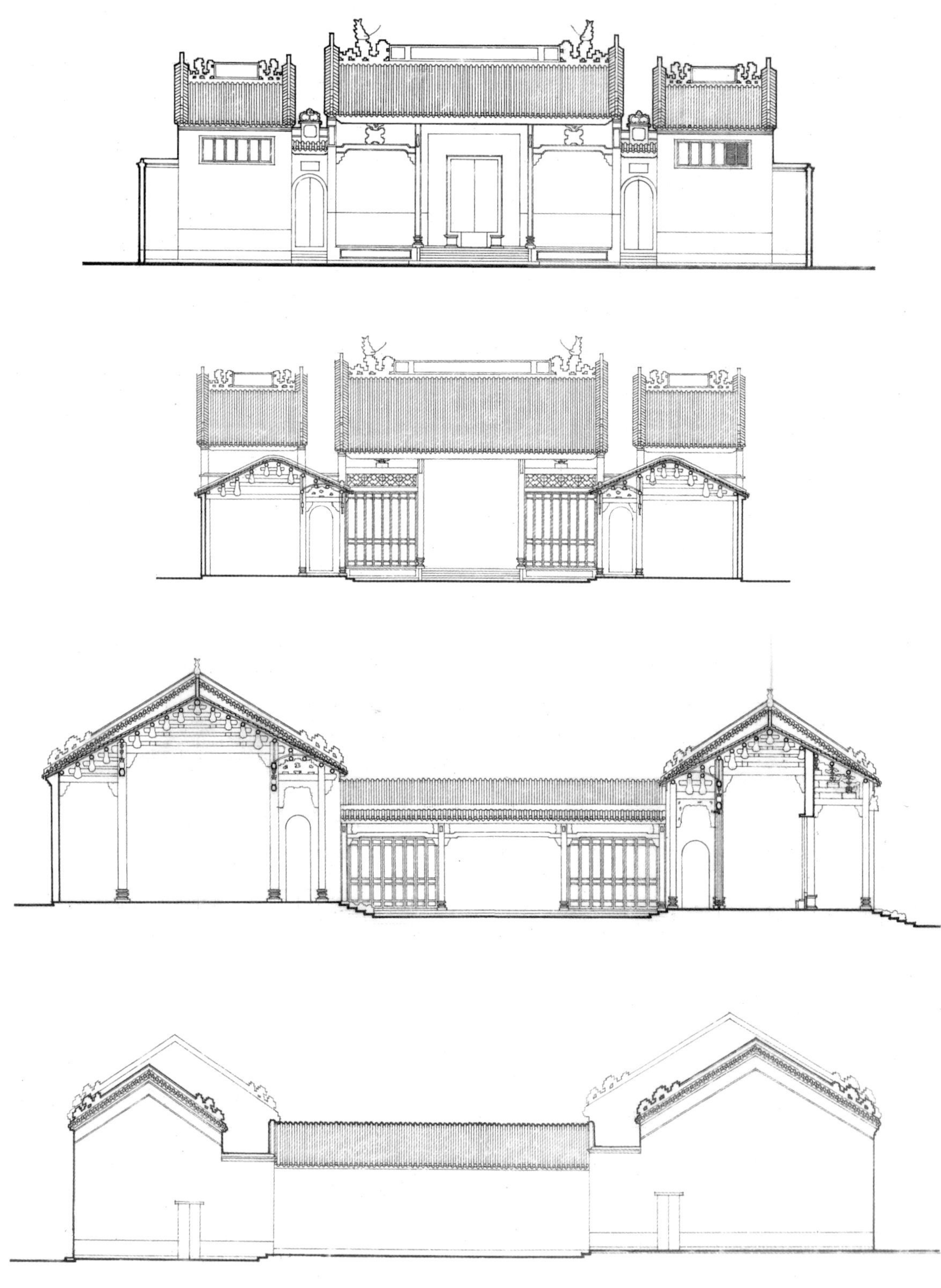

修缮设计图

修缮后

修缮后

2.7　广州仁威庙

建设地点： 广州市荔湾区
设计时间： 1994-1999
建成时间： 1994-2000
建筑面积： 1500m^2
设计团队主要成员： 程晓宁　刘小敏

设计背景

广州仁威庙坐落在西关龙津泮塘仁威庙前街，是一座供奉真武帝道教神庙，据道光《续修南海县志》载，仁威庙始建于宋皇佑四年（1052年），元、明、清多次重修，其中乾隆五十年（1785年）和同治六年（1867年）都进行过规模较大的重修。乾隆年间重修前只有中路和西序的前三进房舍，后两进建筑和东序是乾隆年间时增建的。现有主体格局和结构构架仍然是明末清初的遗存。仁威庙坐北向南，广3路，深5进，东侧还有一路偏房。主体建筑东西阔40m，南北深54～60m。占地2000m^2，沿中轴线建有头门、正殿、中殿、后殿、后楼，左右为东、西序。门外广场竖立着一对花岗石雕盘龙柱，成为道观的标志之一。庙内保存有碑记23块，是研究该庙不可多得的文献资料，现为省级文物保护单位。

中路头门面阔三间，进深三间9架，硬山搁檩，五岳山墙。梁枋、驼峰、雀替等雕刻工艺精湛。正殿面阔三间，进深三间9架用4柱，五岳山墙，构件雕刻精美，遍施金彩。屋顶脊饰陶艺亦属精品。东西两序及后进建筑工艺及装修装饰则次一等，但东序头门楞形瓜柱则别具风味。中华人民共和国成立后东西两路为工厂和学校占据，由于使用不当，通风不畅和年久失修等原因，建筑的墙体、梁架、屋顶遭到不同程度的破坏，尤为严重的是部分梁柱木构架朽空，许多梁头朽腐、脱榫，屋面漏水，西路后殿梁架和最后一进花楼已破坏殆尽。

设计理念

以修缮现存文物建筑本体和复原损毁部位为主要内容，依据资金投入和维修主次关系，将修缮工程分为三期进行。主要恢复原格局和建筑形制以及解决木构架、屋面、脊饰及木雕刻构件的修复问题，难点是如何解决艺术性木构件的保留与修缮的矛盾。1994年修缮仁威庙中路第一、二进，包括山门、中殿、两廊等，重塑北帝神像。1996年修缮仁威庙中路第三进，包括大殿、两廊，拓宽庙前广场等。并正式对外开放，于第三进办荔湾民俗风情展。2000年重修又对仁威庙东路、西路第一、二、三进，包括山门、中堂、后堂、两廊等进行了全面修缮。

仁威庙

总平面

正立面

侧立面

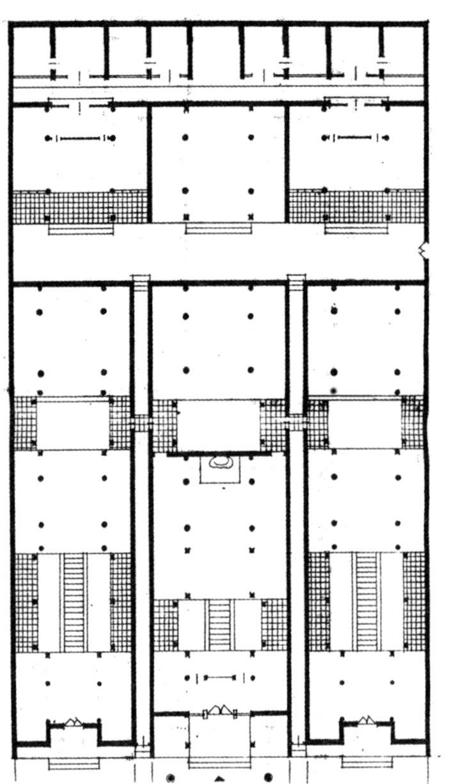

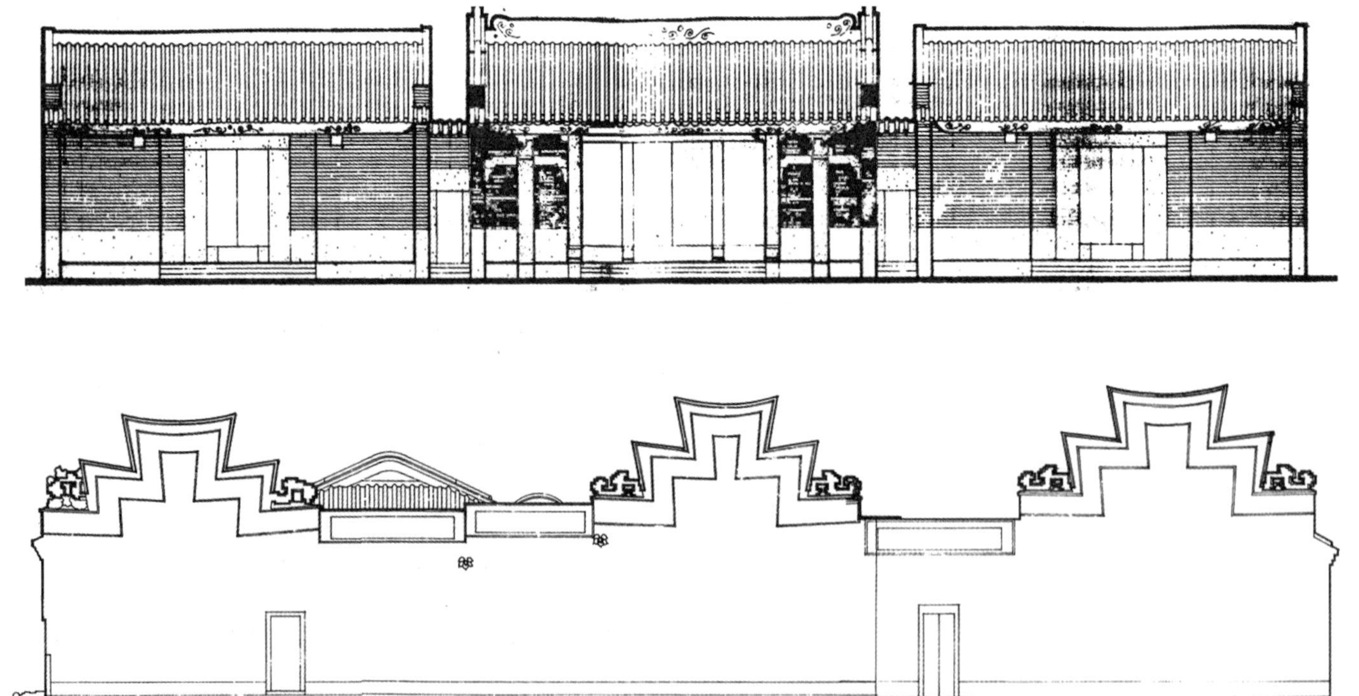

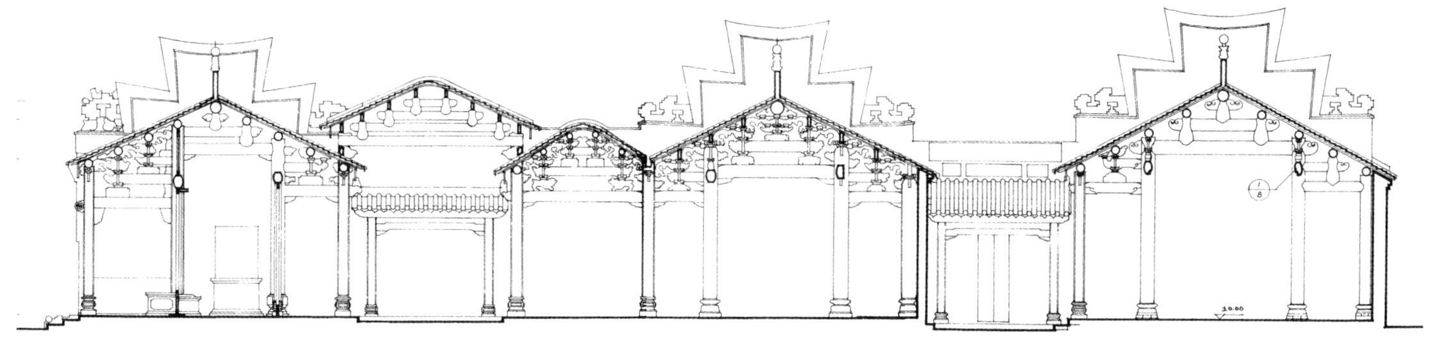

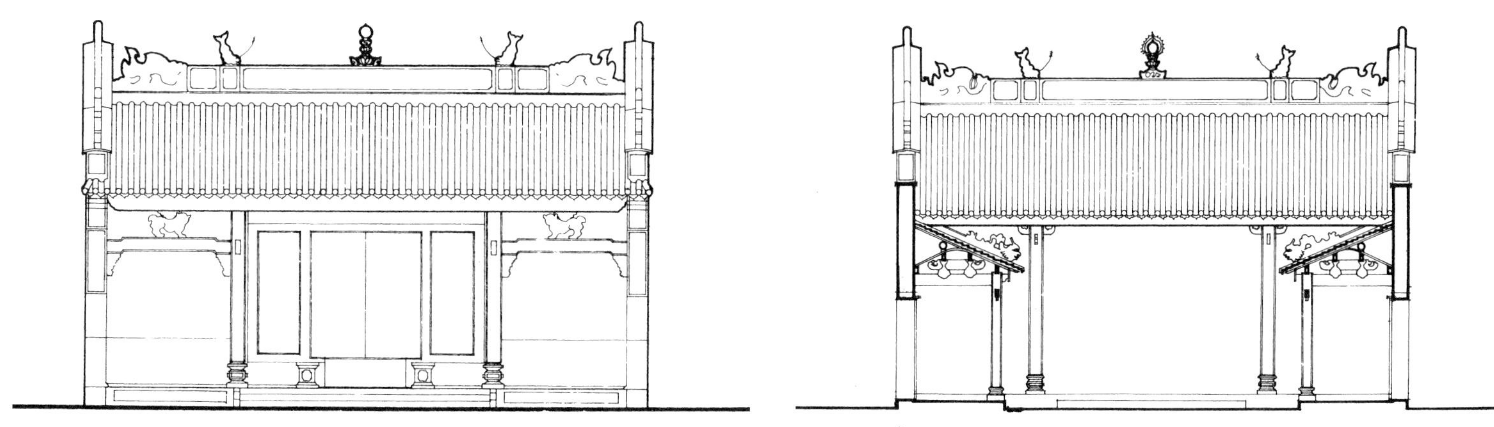

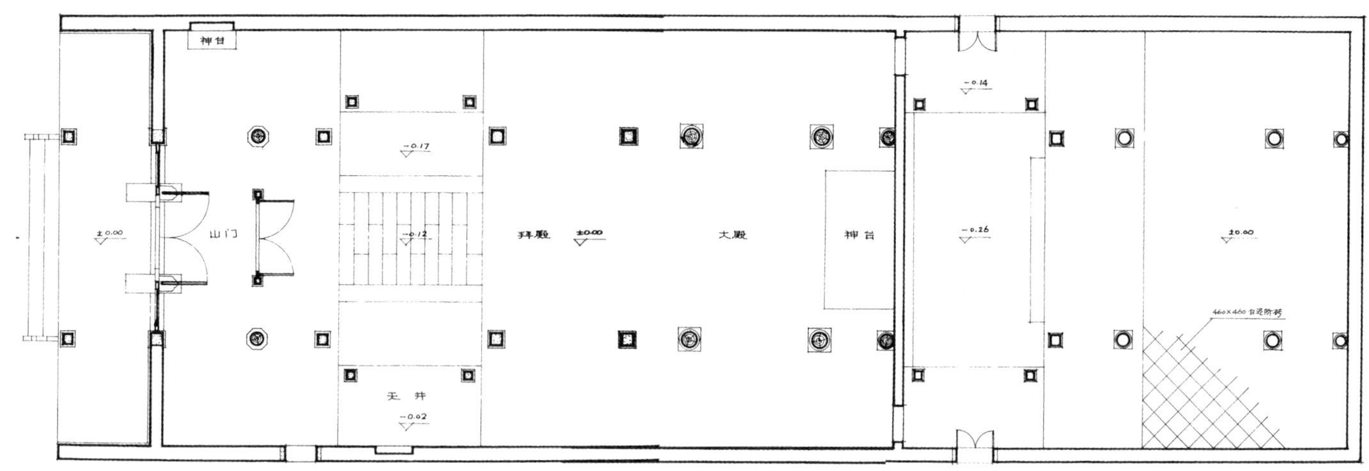

中路修缮设计图

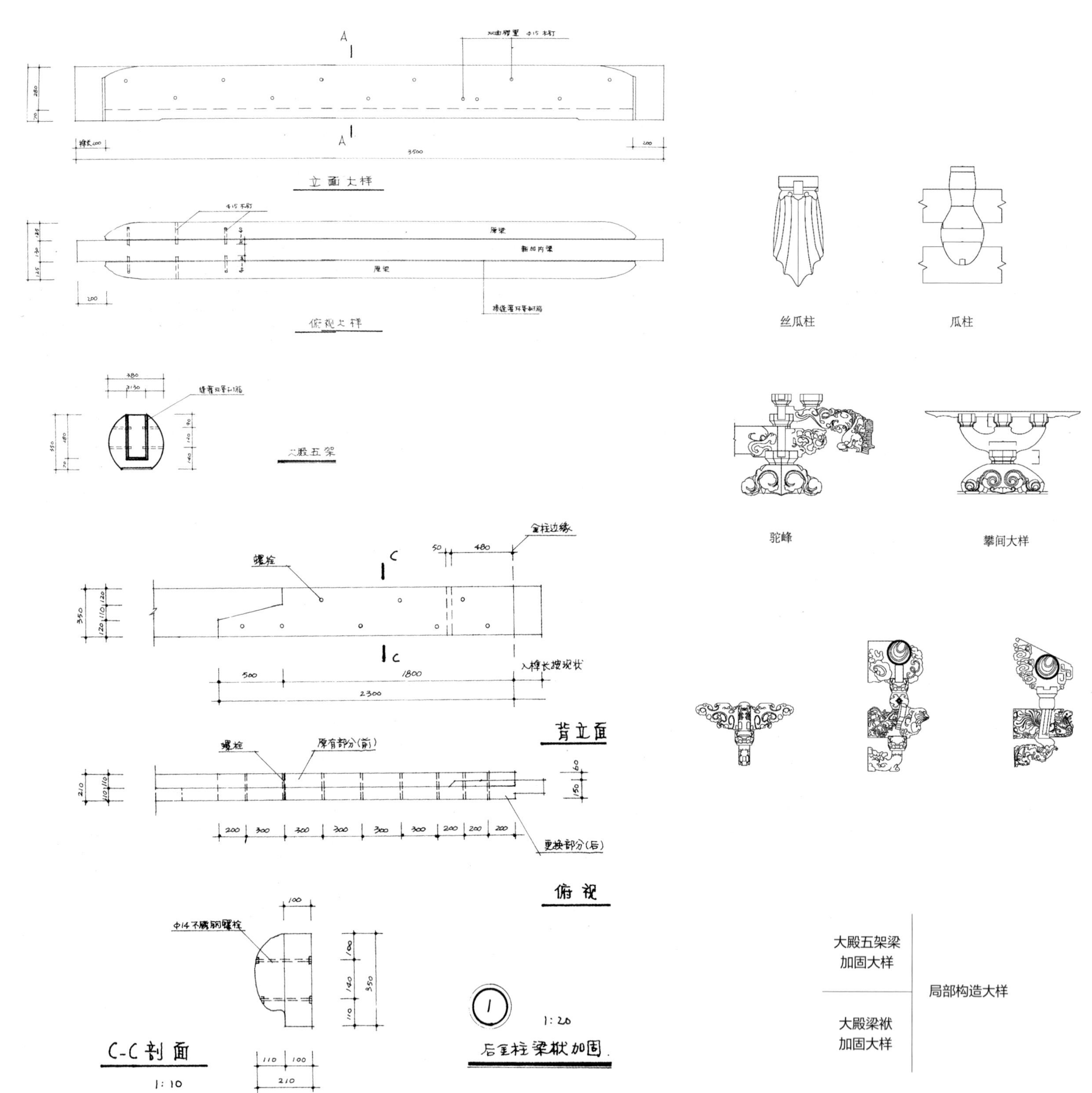

立面大样
3500
俯视大样
大殿五架
螺栓
金柱边缘
入榫长按现状
500
1800
2300
背立面
原有部分(前)
更换部分(后)
俯视
φ14不锈钢螺栓
C-C剖面
1:10
1:20
后金柱梁栿加固
丝瓜柱
瓜柱
驼峰
攀间大样
大殿五架梁加固大样
局部构造大样
大殿梁栿加固大样

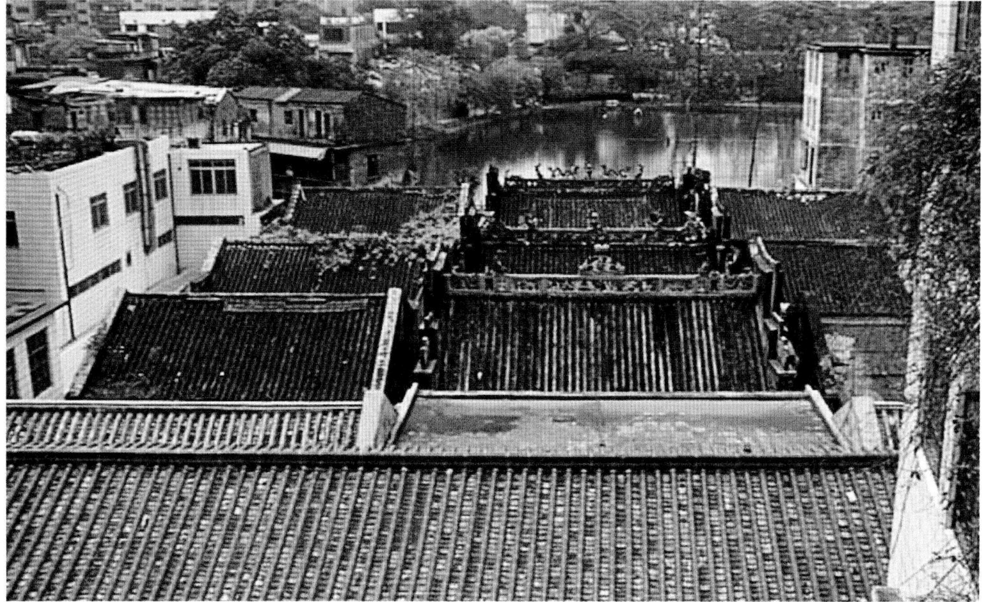

修缮前

修缮后

修缮后

2.8 广州刘氏家庙（刘永福故居）

建设地点：广州市天河区
设计时间：1994
完成时间：1995
建筑面积：955m^2

设计背景

刘氏家庙位于广州市天河区广州大道北路东侧沙河大街大洲地2号，为清末爱国将领刘永福于清光绪二十六年（1900年）主持建造，占地面积1170m^2。刘氏家庙是刘永福驻军沙河时居住的寓所，1888年动工，1900年建成。清光绪三十二年（1906年），越南维新会曾以刘氏家庙作为会址，开展驱逐法国侵略者，光复越南的革命活动。家庙建成后，刘永福从豪贤街刘公馆搬至此居住，并把先祖和父母的牌位，供奉在大堂明间，每日礼拜，以尽孝道。当时家庙右边还建有一间忠义祠，祀黑旗军阵亡袍泽，20世纪抗战期间被毁。家庙于民国37年（1948年）改作市75小学。20世纪50年代初期，改作沙河小学及其附设幼儿园、初中班。1963年后改作市五金交电仓库。1989年，市政府公布其为市文物保护单位。2004年6月，广州市文化局将刘氏家庙移交给天河区政府，并由天河区博物馆专职管理。2008年11月刘氏家庙公布为广东省文物保护单位。

设计理念

家庙建筑格局为颇有特色的合院形式，中路前后三间两进，左右为三间厢房，围合着中间的庭院。大门两侧为倒座，厅堂两侧有副厅，倒座和副厅开间均为两间。屋檐有蓝色琉璃瓦当和如意形滴水。人字形封火山墙，墀头有砖雕，封檐板雕花，花岗岩勒脚，青砖砌墙。厅堂后金柱上有镌刻在柱身的刘永福所撰楹联："策马从南越归来构数椽用妥先灵敢说声威留穗石，整旅入神京捍卫把两字偏贻同姓合存忠孝耀彭城"。上联叙述建庙奉祀黑旗军阵亡将士，使其英雄业绩永留史册，下联勉励众将士继续为保卫国家贡献力量。

修缮以恢复原貌为原则，修缮前主体建筑墙体和构架基本保持完好，但地面、墙面、瓦面以及灰塑、砖雕、木隔扇有不同程度损坏，尤其是划分室内空间的门窗隔扇基本毁坏殆尽。设计保持现有建筑格局完整，用大阶砖重铺地面、揭顶重铺瓦面，修补灰塑和脊饰。部分复原门窗隔扇等木装修，恢复建筑的原有室内空间格局。

刘氏家庙

正立面图

侧立面图

横剖面图

纵剖面图

平面图

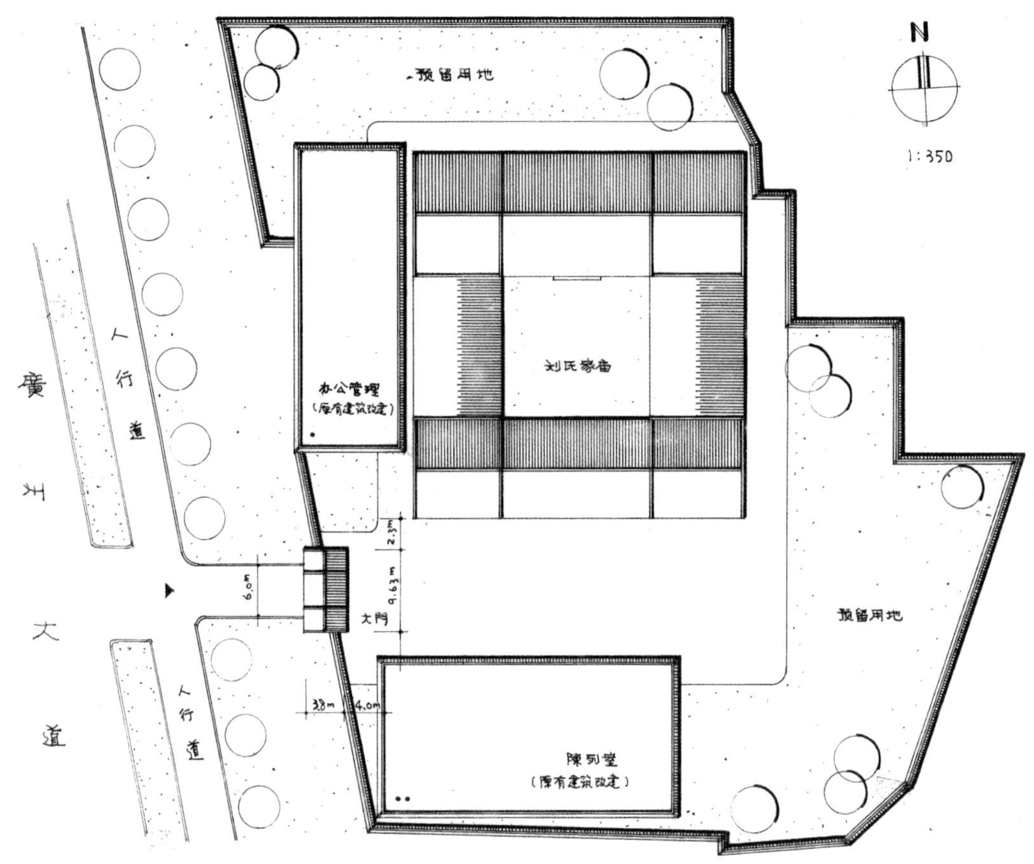

修缮设计总平面图

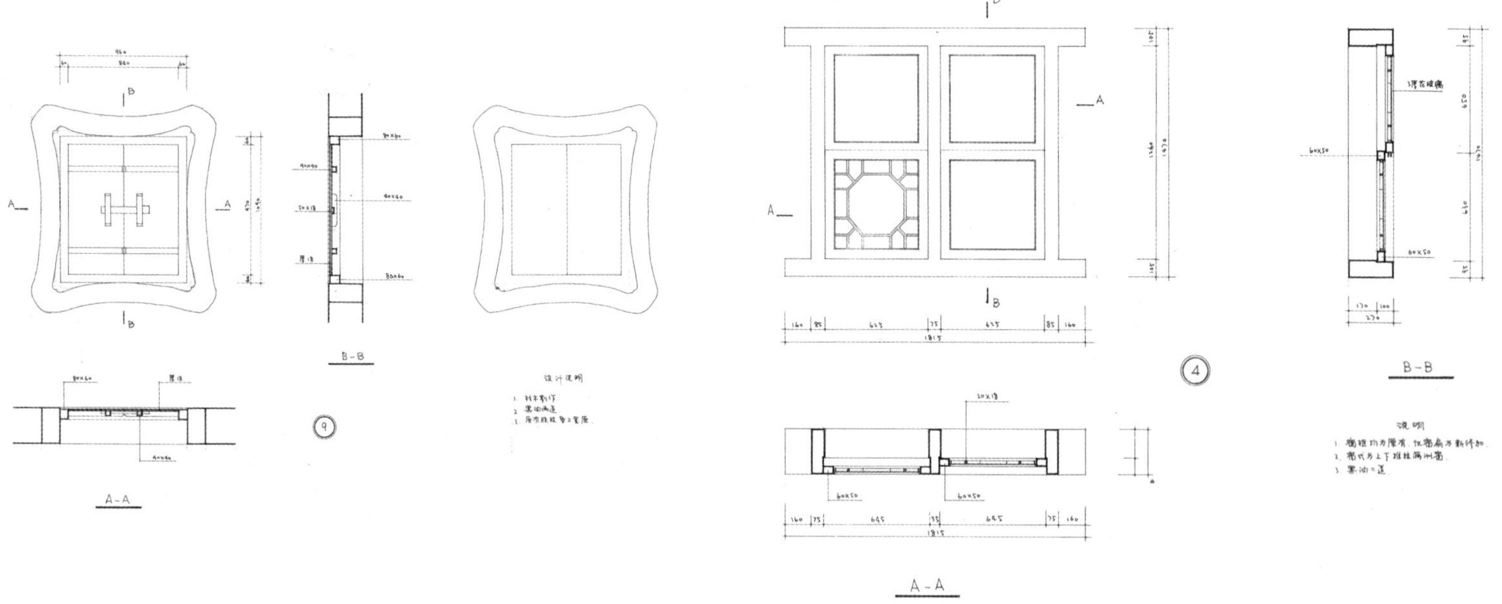

窗大样图

修缮前

修缮后

2.9 广州光孝寺大雄宝殿

建设地点：广州市越秀区

设计时间：2001

完成时间：2005

建筑面积：896m^2

设计团队主要成员：李哲扬 陈 楚 刘定涛 吴 琨 王航兵 石 拓 姜 磊 邱 丽 潘建非 黄文靖 张平乐 孔跃维

设计背景

2000年光孝寺修缮委员会展开对大雄宝殿、六祖殿和伽蓝殿三个主要殿堂的修缮工程，其所存在的修缮问题基本雷同，勘察、修缮设计与技术处理的方法也较类似，但也各有自身的特点。光孝寺大雄宝殿东晋隆安元年至五年（397—401年）始建，历经多次维修、扩建，清顺治十一年（1654年）东莞人蔡元正捐资万金，请平、靖两藩重建，改大殿为七间（原面阔五间）。1955年进行了部分落架大修，将殿身金柱等10条柱子和部分相应梁架由木质构架改为钢筋混凝土结构，并全面更换了瓦面，维修了脊饰与门窗，是一次落架修缮工程。

设计理念

勘察后认为三个建筑均有一定的结构安全隐患，尤其是柱子腐朽严重，梁架变形，梁架部分构件的脱榫、变形、开裂，椽桷朽腐严重，屋面变形和瓦件粉化导致屋面漏水等。此外，由于历史上的多次维修，用材种类和尺度情况混乱等。对此，根据具体情况分为复原部分、修缮部分、加固部分、调整部分四大修缮类别处理。在尽量保持原真性和最小干预的基础上，制定主要修缮措施如下（以大雄宝殿为例）：

1. 大殿殿身落架，更换钢筋混凝土梁柱为木质材料，保持结构材料的一致性；

2. 调整下檐变形的木构架、斗栱铺作层；

3. 更换腐朽严重已不复使用的构件，尤其是部分柱子、桷板；

4. 修补部分开裂损伤的构件，如梁枋、斗栱等；

5. 整体构架的加固调正；

6. 屋顶瓦面的揭起重铺，更换瓦件；

7. 对大殿望柱栏板石件保护与复原；

8. 门窗的修缮及更换；

9. 木构件防虫害处理。

聘 书

兹聘请程建军教授为我寺文物修复委员会总工程师

广州光孝寺

2003年七月一日

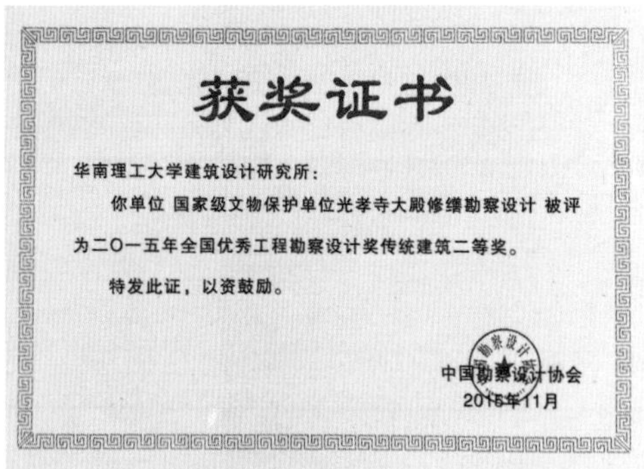

获奖证书

华南理工大学建筑设计研究所：

你单位 国家级文物保护单位光孝寺大殿修缮勘察设计 被评为二〇一五年全国优秀工程勘察设计奖传统建筑二等奖。

特发此证，以资鼓励。

中国勘察设计协会

2015年11月

获奖证书

程建军：

你参加设计的 国家级文物保护单位光孝寺大殿修缮勘察设计 在二〇一五年全国优秀工程勘察设计行业奖评选中获传统建筑二等奖。

特发此证，以资鼓励。

主要设计人：

1.程建军 2.何镜堂 3.李哲扬 4.石 拓 5.陈 楚 6.刘定涛 7.吴 琨

中国勘察设计协会

2015年11月

北廊
禅堂
东廊
展览馆
西塔殿
西入口
佛学研究中心
卫生间
经幢
藏经楼
方丈
祖师殿
六祖殿
瘗发塔
菩提树
西廊
大雄宝殿
卧佛殿
伽蓝殿
五观堂
鼓楼
钟楼
笔授轩
大悲幢
洗钵泉
天王殿
山门
僧舍
僧舍
停车场
杂物院
斋堂
假山
风幡堂
照壁
半亭
东门
佛教协会办公室
亭
碑廊
东塔殿
功德堂
法物流通
法事接洽
卫生间
客堂
南廊

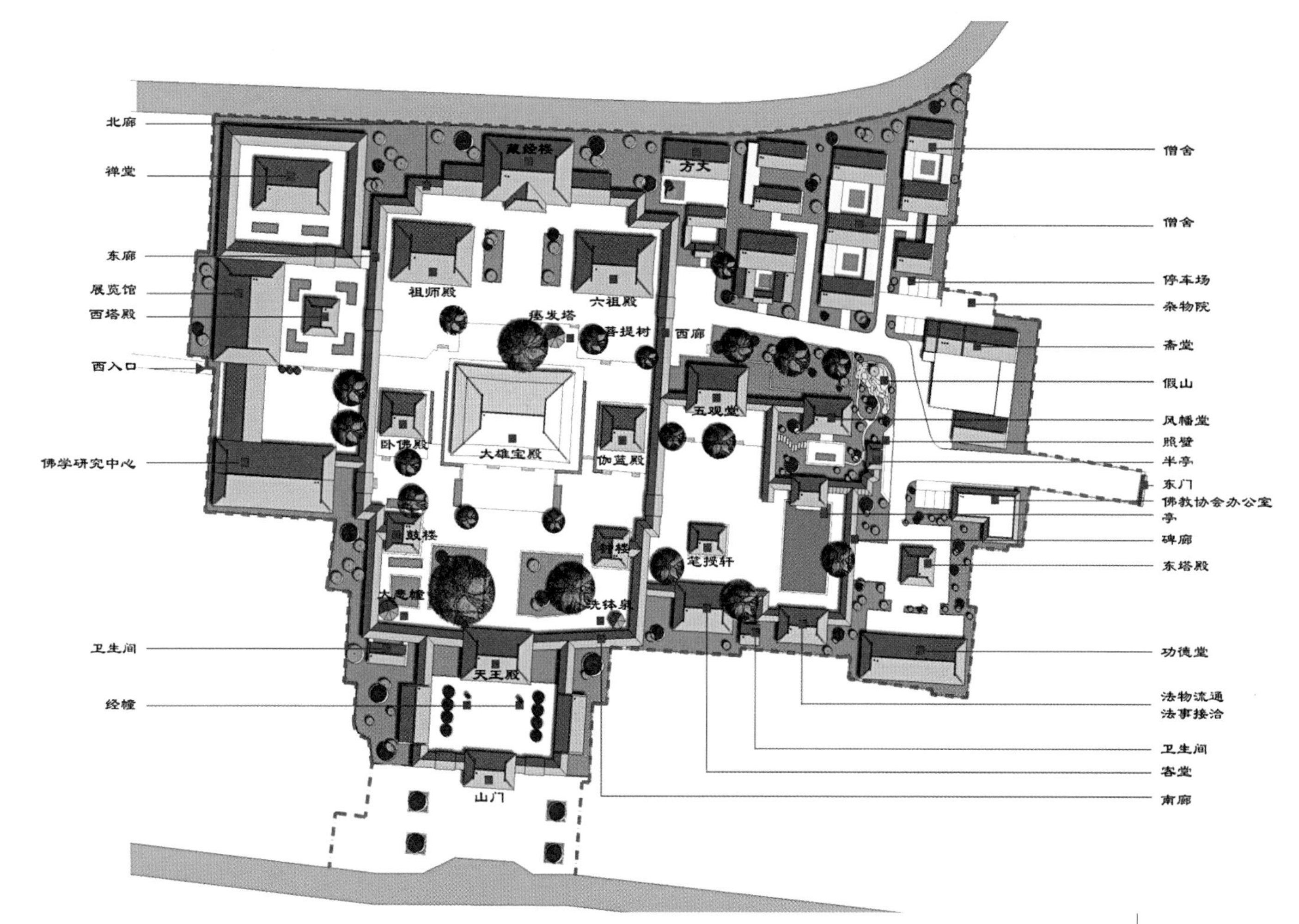

大雄宝殿（1860） 大雄宝殿（20世纪30年代）

保护规划方案（2006）

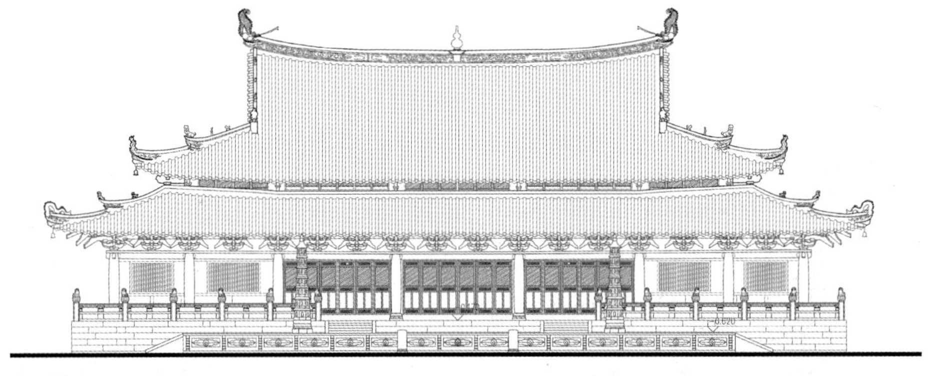

立面图

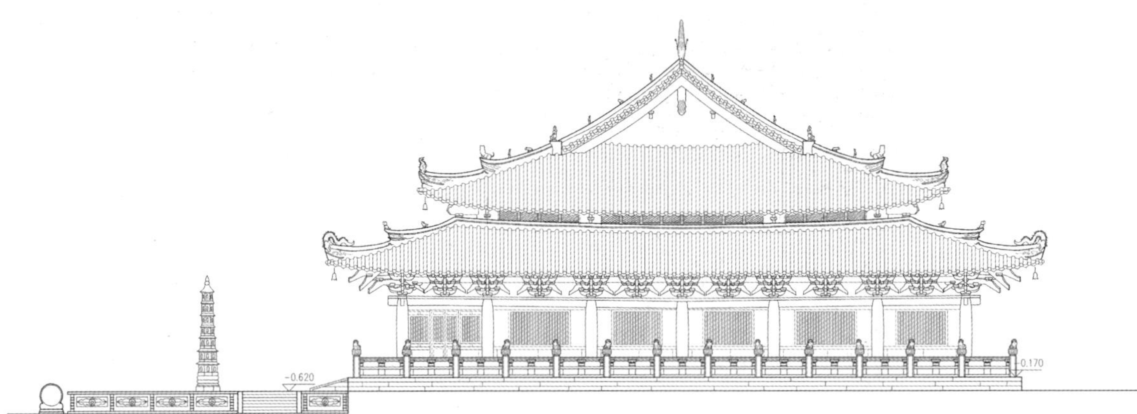
-0.620
0.170

侧立面图

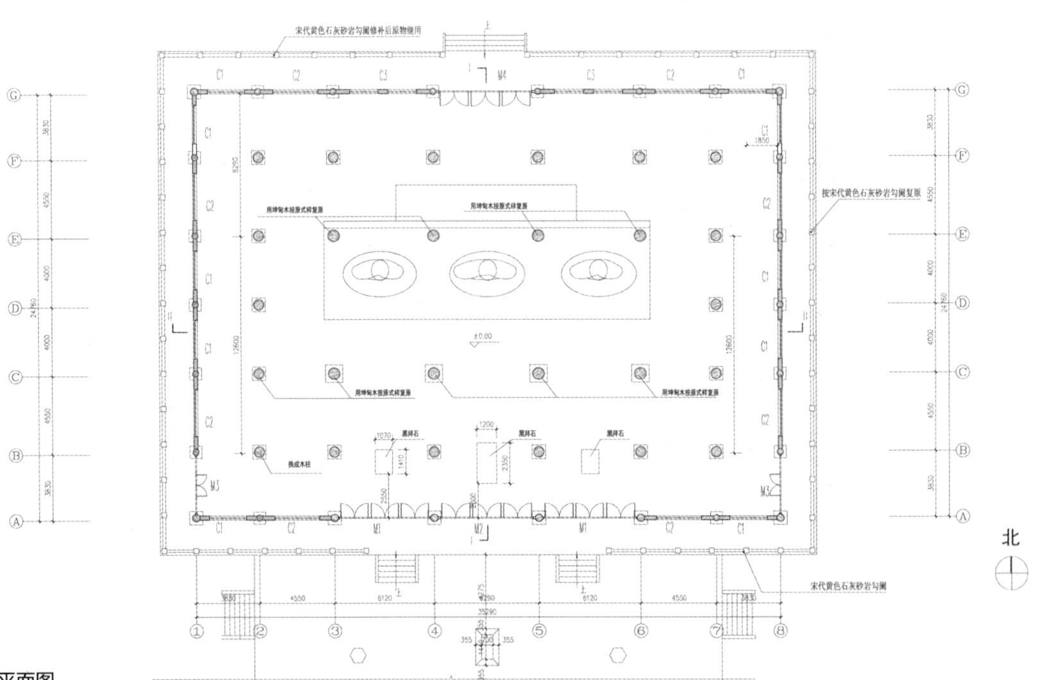
宋代黄色石灰砂岩勾阑修补后原物继用
按宋代黄色石灰砂岩勾阑复原
用坤甸木按原式样复原
用坤甸木按原式样复原
用坤甸木按原式样复原
用坤甸木按原式样复原
黑拜石
黑拜石
黑拜石
换成木柱
±0.00
宋代黄色石灰砂岩勾阑
北

平面图

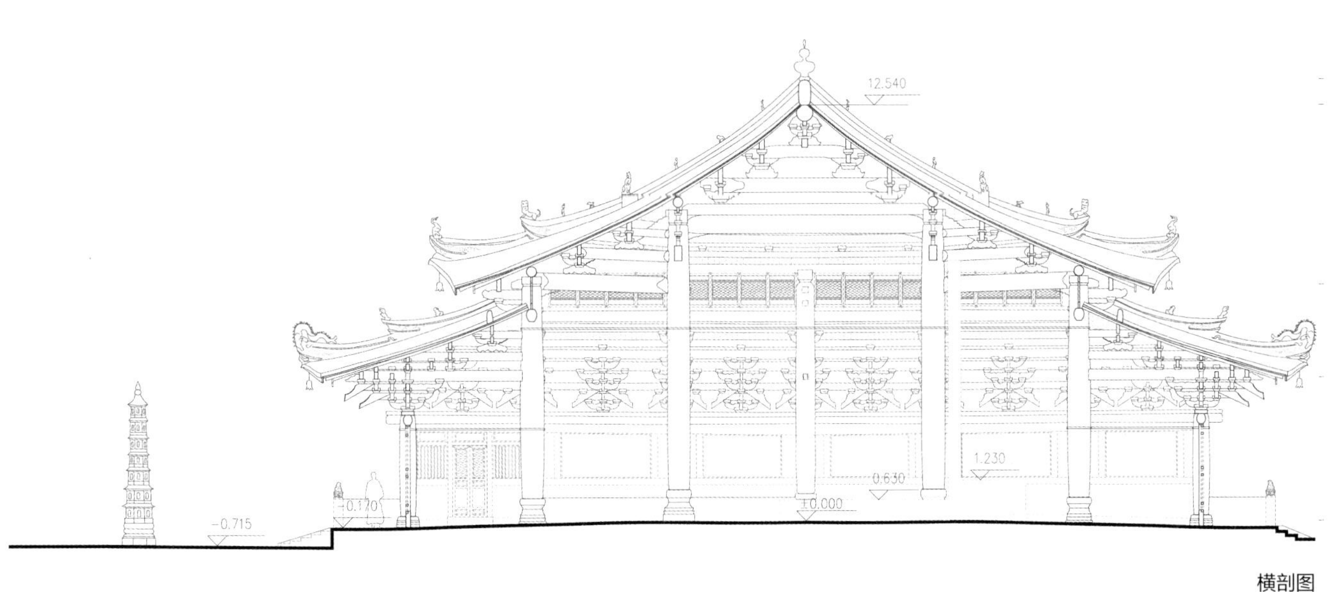

横剖图

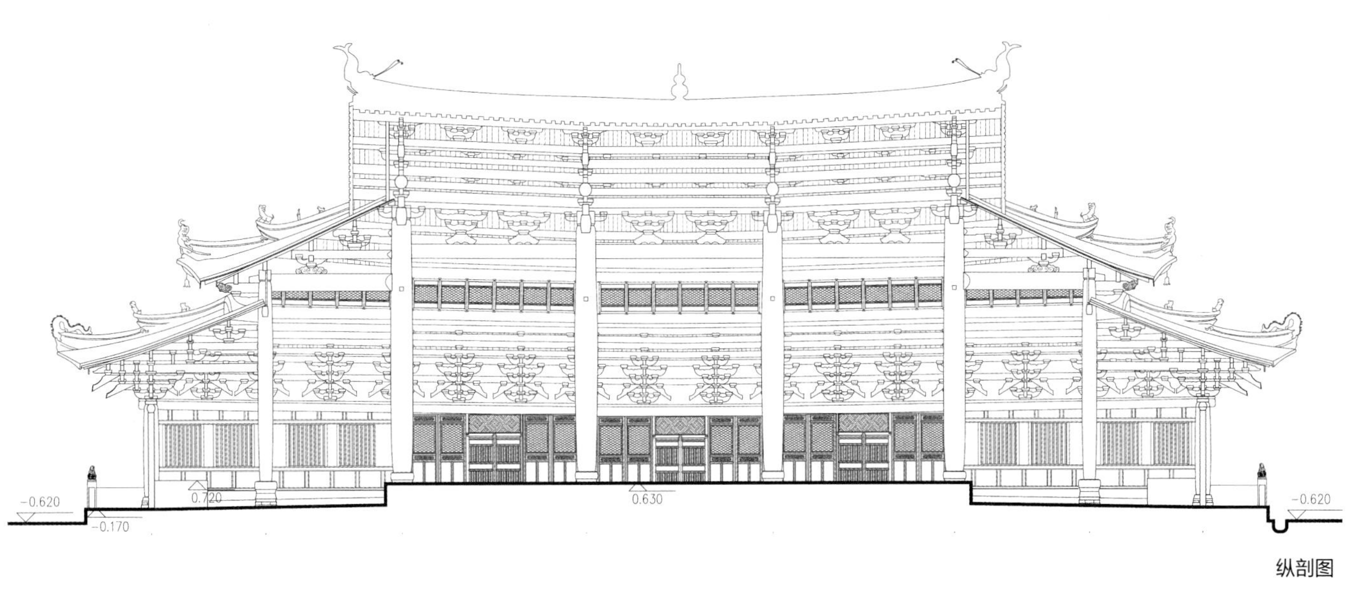

纵剖图

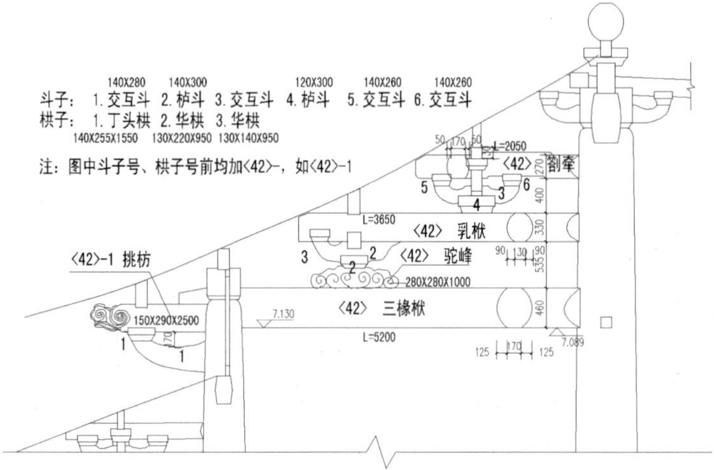
140X280 140X300 120X300 140X260 140X260
斗子：1.交互斗 2.栌斗 3.交互斗 4.栌斗 5.交互斗 6.交互斗
栱子：1.丁头栱 2.华栱 3.华栱
140X255X1550 130X220X950 130X140X950
注：图中斗子号、栱子号前均加〈42〉-，如〈42〉-1
〈42〉 劄牵
L=2050
L=3650
〈42〉 乳栿
〈42〉 驼峰
280X280X1000
〈42〉-1 挑枋
150X290X2500
〈42〉 三椽栿
L=5200
7.130
7.089

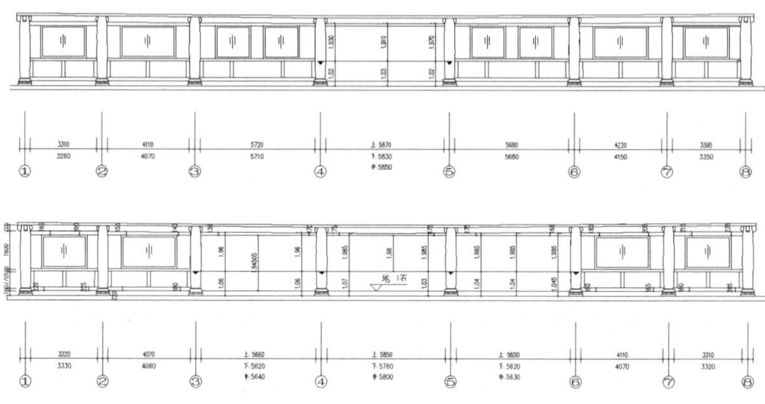

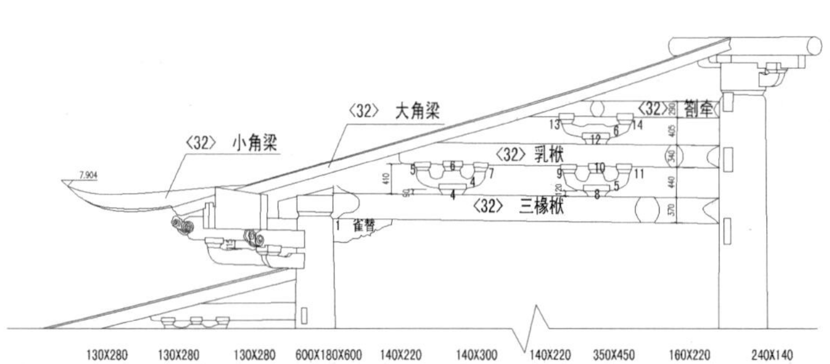
〈32〉 大角梁
〈32〉 小角梁
〈32〉 劄牵
〈32〉 乳栿
〈32〉 三椽栿
雀替
7.904
130X280 130X280 130X280 600X180X600 140X220 140X300 140X220 350X450 160X220 240X140
斗子：1.交互斗 2.交互斗 3.交互斗 4.栌斗 5.交互斗 6.齐心斗 7.交互斗 8.栌斗 9.交互斗 10.齐心斗
11.交互斗 12.栌斗斗 13.交互斗 14.交互斗
160X220
栱子：1.丁头栱 2.丁头栱 3.丁头栱 4.华栱 5.华栱 6.华栱
140X250X1450 135X255X1950 140X250X1450 240X115X1150 140X220X1100 140X220X105

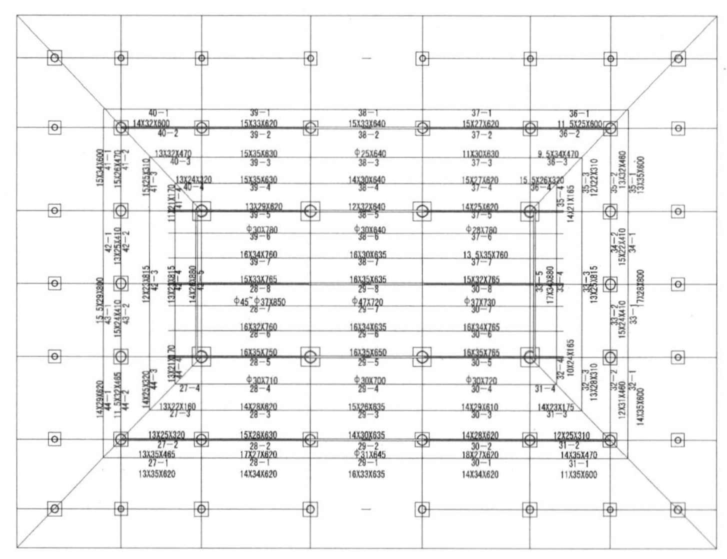

修缮设计图

修缮前

施工图

修缮后

修缮后

光孝禅寺

2.10 广东韶关南华寺大雄宝殿

建设地点： 韶关曲江马坝
设计时间： 2001
完成时间： 2005
建筑面积： 大雄宝殿985m^2
设计团队主要成员： 邱 丽 王 平 石 拓 杜 昕 李 佳 程 胜 黄震岳

设计背景

南华寺坐落在广东省韶关市曲江区曹溪中游河畔，原名宝林寺，始建于南朝梁武帝天监元年（502年）。寺庙背倚宝林山，面对北江支流曹溪河。唐高宗龙朔元年（661年）重修，仪凤二年（677年）六祖惠能法师来寺弘法，顿悟禅法三十七载，声名远扬，弟子遍布天下，有《六祖法宝坛经》流传于世。陆续发展了临济宗、曹洞宗、云门宗、沩仰宗、法眼宗五宗，因此南华禅寺享有“祖庭”之称，成为佛教禅宗的主要道场，素有“东粤第一宝刹”之誉。宋开宝年间（968—976年）南汉残兵兴乱，寺庙大半化为灰烬。宋太祖有制复兴，敕赐名曰“南华禅寺”，沿称至今。太平兴国元年（976年）宋太宗遣郎中李颂等到南华禅寺重建寺宇，复建灵照塔。元末，寺三遭兵劫，残屋颓垣，祖庭衰落。明永乐年间（1403—1424年），寺宇稍得修葺。明万历二十八年（1600年），憨山德清和尚来山治理，大力中兴八年，寺庙逐步改观。清顺治四年（1647年）实行禅师主修大雄宝殿。清康熙七年（1668年），平南王尚可喜礼请雪槱禅师主持南华禅寺法席，鼎新漕溪寺宇，使禅宗明刹焕然一新。民国二十二年（1933年）国民党广东西北区绥靖委员李汉魂聘请福建福州鼓山涌泉寺虚云和尚来寺主持，经过10多年的募化修建，并将原来的合院式建筑格局改为整体建筑依山势坐北向南呈阶梯状中轴线布局。“文革”期间，寺庙遭到一定损坏，20世纪80年代后得以陆续修缮。全寺现状分为前、中、后三部分，前部由山门、曹溪门、宝林门等组成；中部由大雄宝殿、天王殿、藏经阁、钟鼓楼、伽蓝殿、祖师殿等组成；后部为灵照塔、六祖殿、方丈室等。整体布局主次分明，布局合理，总建筑面积近15000m^2，规模宏大。

大雄宝殿始建于元成宗大德十年（1306年），明正德年间（1506—1521年）寺僧清洁、圆通重修，清康熙六年（1667年）平南王重新兴建，民国七年（1918年）李根源重修，现存建筑为民国二十五年（1936年）虚云和尚按旧殿规模移址重建。大殿平面双槽副阶周匝，面阔七间33.5m，进深五间27.2m，抬梁式木构架，重檐歇山顶。副阶斗栱规范精致，殿内四壁和观音壁后满塑名山大川和五百罗汉，形象逼真。充分显示了大殿的庄严和雕塑工匠的高超技艺。其中殿身金柱和十一架梁20世纪80年代改为钢筋混凝土结构。

大雄宝殿修缮前存在的主要问题是：梁架中结构的用料较小，构架力学性能不足，致使2/3梁栿出现开裂现象，有1/3梁栿通长开裂，檩条开裂并下弯变形，椽条下凹变形，屋面举折坡度设计不合理，整个屋面变形漏水严重；殿内观音壁砖墙局部开裂；大殿结构和殿内的佛像及500罗汉泥塑造存在安全性隐患；同时殿内的混凝土梁架构件破坏了大殿结构完整性和殿内空间，有碍观瞻。

设计理念

以保证安全性为前提、以复原建筑的完整性和原貌为目标，确定维修主要内容如下：大殿上部结构落架维修，使用优质木料更换上部梁架构件，适当加大木构件断面。调整屋架形式，增加屋面的举折坡度。保留殿内八棵钢筋混凝土金柱，更换钢筋混凝土十一架梁为工字钢包木梁形式，重檐部分木装修重新设计。

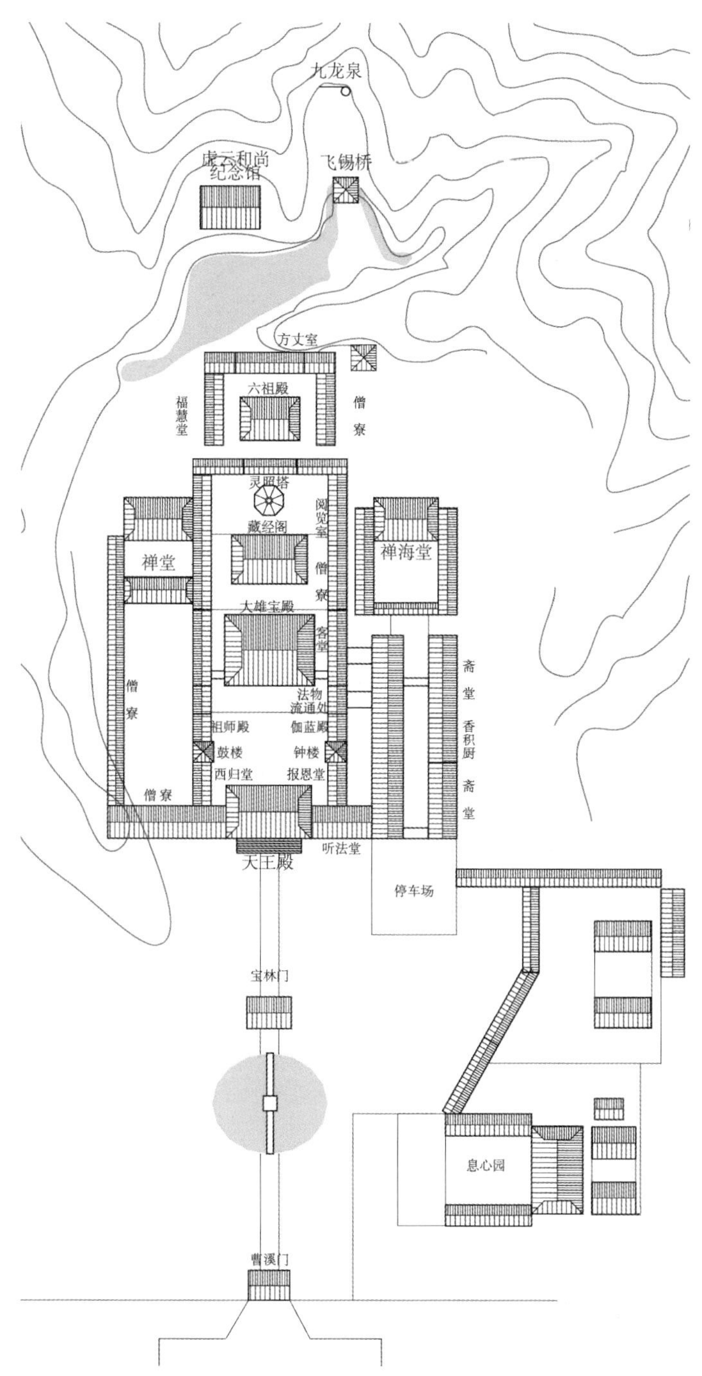
九龙泉
纪念馆
飞锡桥
方丈室
六祖殿
福慧堂
僧寮
灵照塔
阅览室
藏经阁
禅堂
禅海堂
僧寮
大雄宝殿
客堂
僧寮
斋堂
法物流通处
祖师殿
伽蓝殿
香积厨
鼓楼
钟楼
西归堂
报恩堂
斋堂
僧寮
听法堂
天王殿
停车场
宝林门
息心园
曹溪门

总平面

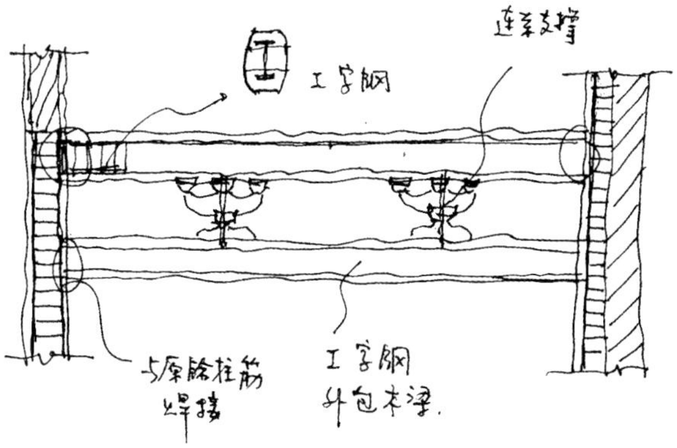

梁架加固示意图

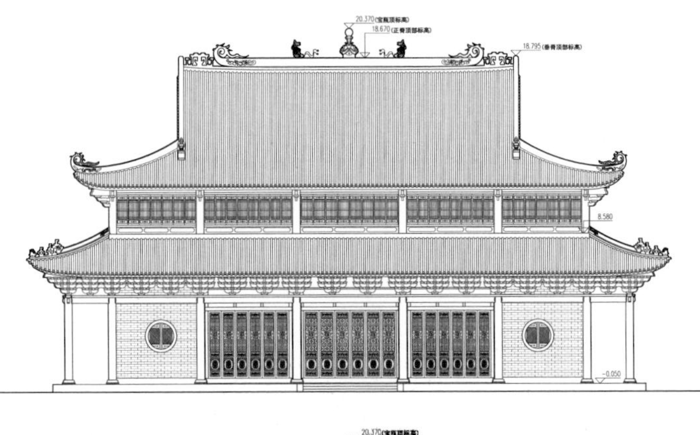

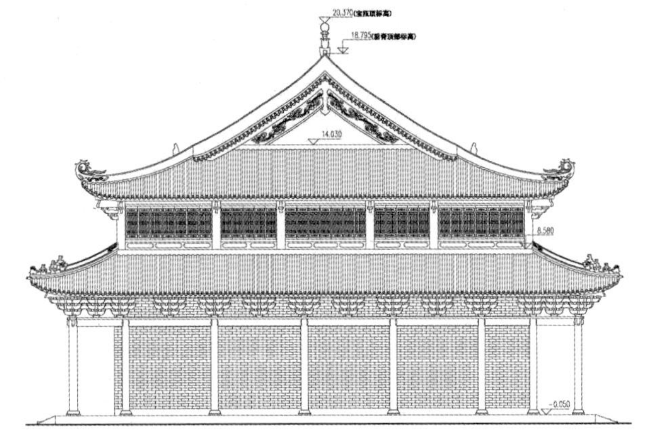

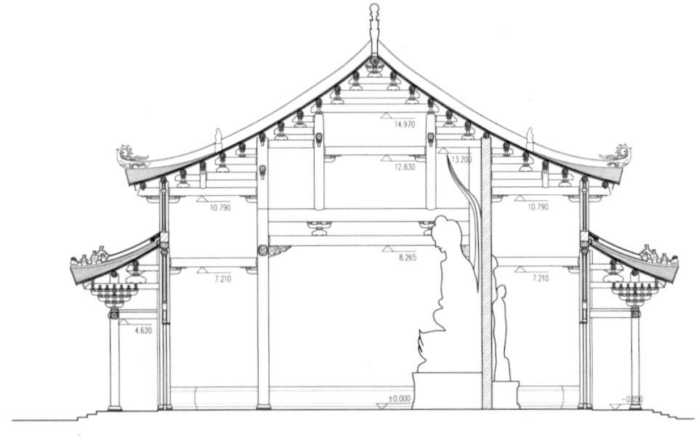

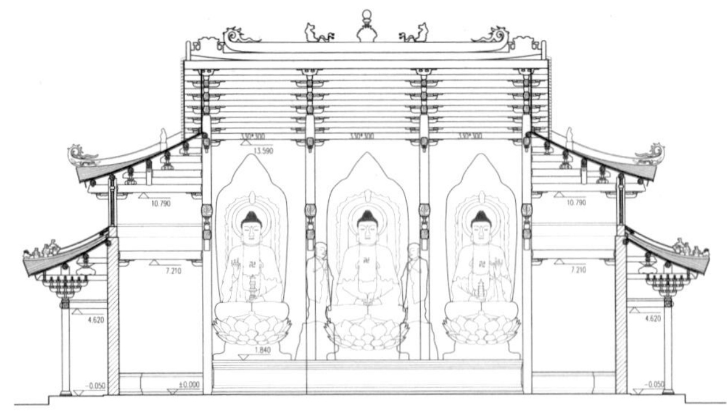

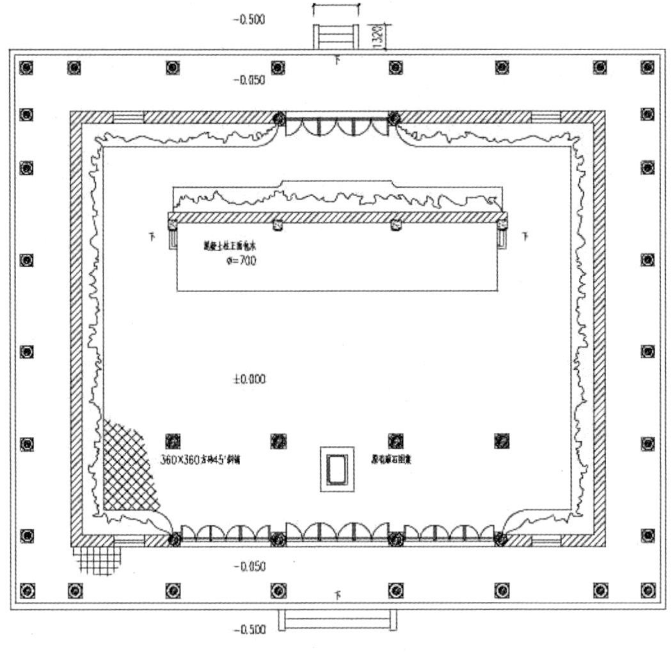

正立面图

侧立面图

横剖面图

纵剖面图

平面图

修缮前

修缮后

2.11 国立中山大学石牌校区日晷复原设计

建设地点： 广州市华南理工大学五山校区
设计时间： 2001
完成时间： 2001

在广东省文物保护单位国立中山大学石牌校区旧址建筑群中（现华南理工大学五山校区）有一处特别的文化遗产——日晷，它历经了85年的风雨仍端坐在校园中，成为一道别致的人文景观。

1924年，孙中山创立“国立广东大学”（后改名为中山大学）。10年后的11月11日，中大法学院建筑奠基（今华工12号楼）。当时，法学院师生倡议并捐资3350大洋建造日晷，因为日晷仪“其形端表正，籍示政治、法律、经济诸端之准则。使凡出入本院之人，日受感召，将来学成致用，亦能本其日之认识，深知所以自处，以大有造于社会、国家，意义至为深远”（《民国廿六年——国立中山大学现状》）。日晷由岭南近现代著名建筑师、时任广东省立勷勤大学建筑工程系（华南理工大学建筑系前身）教授胡德元设计，广州“吴翘记”建筑承包商承建，于1936年11月动工，次年建成。但在抗战中，日晷盘原物下落不明，仅存日晷台座（一说日晷台建成后，日晷盘并未完成安置，但未有旧照片及其他资料佐证）。

日晷台位于12号楼（原国立中山大学法学院）前广场上。这是一种平面日晷，也称太阳罗盘，盘面呈八角形。在水平晷盘上置一南北径向厚5cm的三角形铜铸晷针，其斜边向上朝南，其左右两侧晷盘上分别有若干时刻线，晷针边缘太阳阴影达到的时刻线，表示相应的地方真太阳时，即晷盘所刻“现太阳时，看晷中影”。由于立晷之处经度比北京偏西，约比北京标准时间晚27分钟，所以晷盘刻字“标准平时，加二十七分”。

日晷盘置于圆形的须弥座上，台座大致分上下两部分，由多种纹饰和色彩构成，其上部为仰覆莲图案造型，其面饰为水刷石，制作工艺精美。台座下部东南西北四正方位一象征端正不倚的天平图案，图案正中的天平立轴中由“中”字与下部“山”形构成，即可校正四正的方位，又寓意“中山”。为视隆重，晷座又以两层圆形坛台烘托，周以栏板围绕，四出阶级登临（俗称天坛），整个日晷及台座设计匠心独具。

2001年，学校决定重新复原铜质日晷，本人受学校委托主持设计。首先查找历史文献，很幸运地找到原设计图纸，但设计图纸仅有晷盘平面图和晷针大样图，并无构造大样和制作说明（这也是认为日晷并未制作完成的依据之一）；其次测量核对台座和图纸尺寸，重新绘制图纸，并请教建筑物理老师核对盘面太阳时刻度；再次请教华工铸造专业老师指导铜铸工艺问题，在铜板焊接和铜铸两个方案中确定了使用整体铜铸制作；最后联系番禺一家金属铸造厂完成作品。并同时将坛台修复完善。同年11月11日，在校庆49周年之际安装落成。

日晷坛

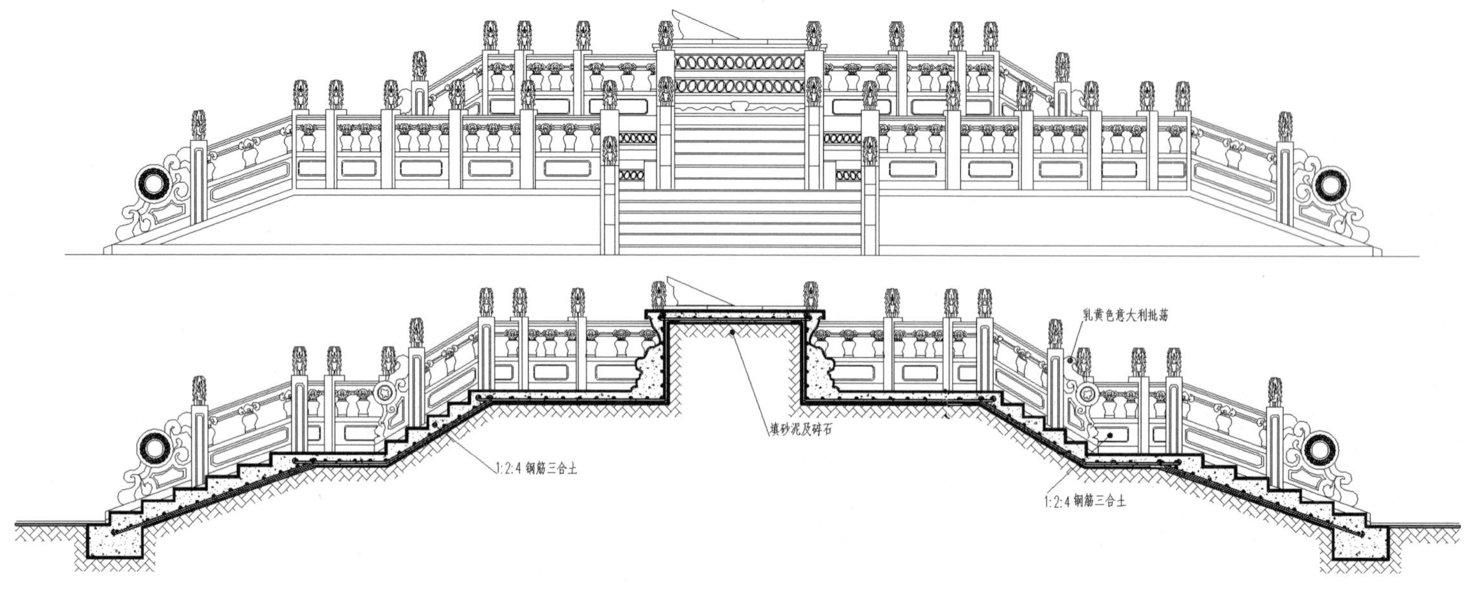

日晷坛修缮图

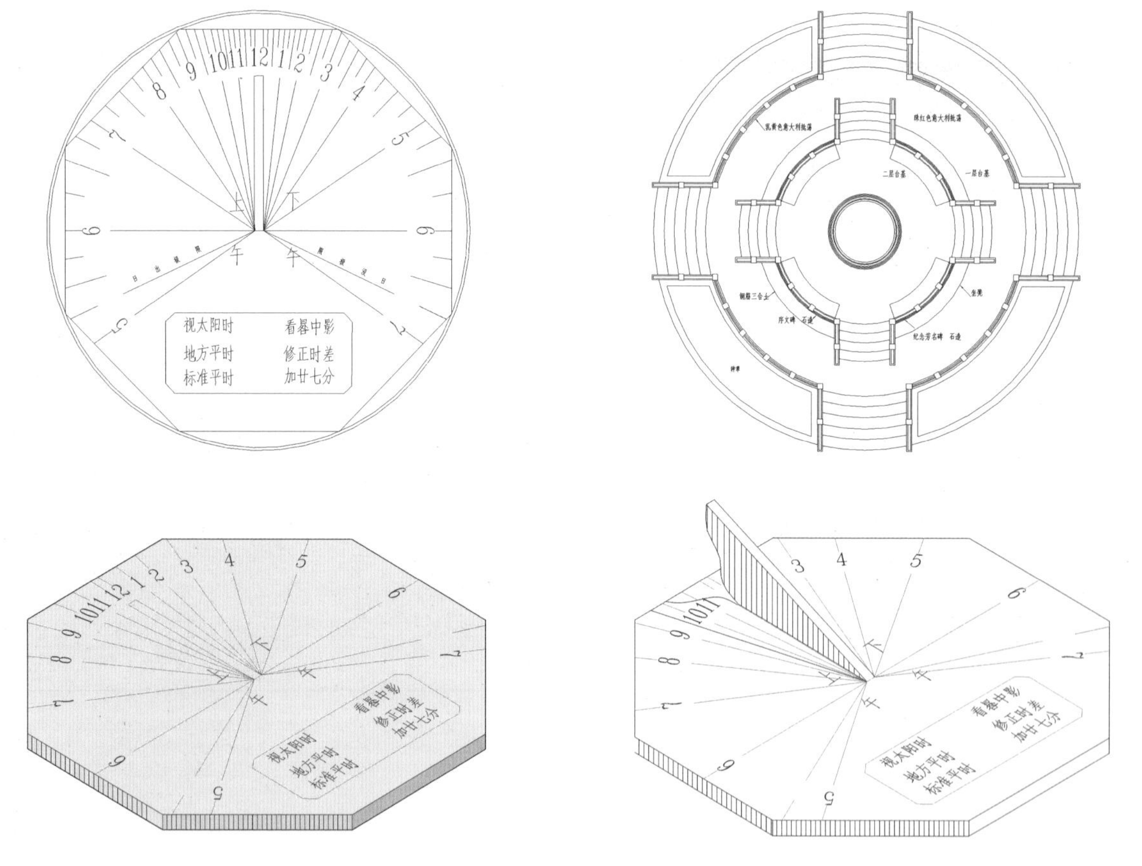

日晷盘复原图

修缮后

复原后

2.12　澳门郑家大屋

建设地点：澳门下环妈阁街

设计时间：2002

完成时间：2005

建筑面积：3000m²

设计团队主要成员：李哲扬　陈泽成　周海星　吴　琨　黄文靖　邱　丽　王航兵　马　宁　张平乐　潘建非　陈小瑾　姜　磊　何莉娟　石　拓　孔跃维　杨　彬　张国梁　刘　溪　夏　天

设计背景

郑家大屋位于澳门下环妈阁街龙头左巷十号，在澳葡时期又被称为文华大屋。是中国近代著名思想家郑观应在澳门的祖屋和故居，由其父郑启华大约筹建于清光绪七年（1881年），郑观应协助父亲兴建，这座清代末期的大府第是澳门地区目前尚存规模最大的中国传统大型民居建筑群。1894年郑观应在此完成《盛世危言》，提出“富强救国”的思想；1907年郑观应完成了《盛世危言后编》。孙中山在香港西医书院学习时，常与郑观应在此议论时政，相讨救国救民的路径。2005年列入澳门世界文化遗产名录。

郑氏大屋背山面水，选址讲究，景观优美，秉承了中国传统建筑的对环境的认知观念。原有的郑氏大屋建有九宅，规模宏大，为郑启华和其九子一女的住宅。现存有大门、二门、余庆堂和积善堂两座正屋、佛堂、三组附属用房和花园。建筑沿山体等高线顺妈阁街方向纵深达120m，整个布局因山就势，错落有致，主次分明。建筑功能合理，交通流线富有情趣，除了居住空间外，还有精神空间佛堂和修身养性的花园。建筑材料以青砖为主，墙基则由花岗石筑砌，为砖木结构的岭南传统民居风格。建筑外观基本是以中式大屋的形式出现，但室内的许多装饰要素如天花、窗扇等装修装饰则呈现出中西合璧的风格。郑家大屋在建筑思想上，将物质生活空间和精神修行空间与花园休闲空间融为一体，体现了中国传统建筑的养心、养身、养目的本色。20世纪50年代后郑家后人四散，大屋被分散出租，高峰期曾住了70多户人，共500多人，住客包括各色人等，管理混乱，大屋长期无法进行适当的维护及整修，又历经数次火灾，加以风吹雨淋，白蚁肆虐，修缮前房屋已经破败不堪。

修缮设计理念

澳门文化局于2001年7月接管该大屋，并开始推进按原貌进行维修工程工作。按“修旧如旧”的原则对大宅进行修复工作。修复工程遵循原有格局风貌，运用同类物料和工艺进行修复，尽可能保持建筑物的原真性和恢复建筑物昔日面貌的完整性，对木构架、墙体、屋面、地面以及室内的屏风隔扇、彩画灰塑等进行了精细的修缮。考虑到建筑空间利用的延续性，修缮后的大屋将作为郑观应纪念馆、国学馆以及文化展示功能使用，并于遗址部分上空建社区图书馆。

郑家大屋模型图

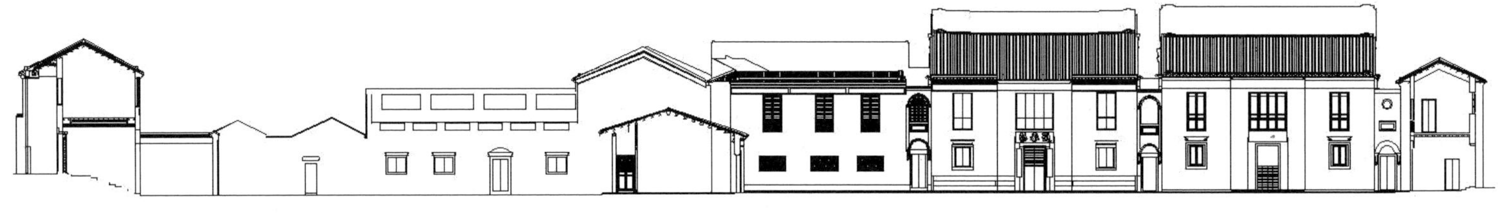

总立面图

总平面图

首层平面图

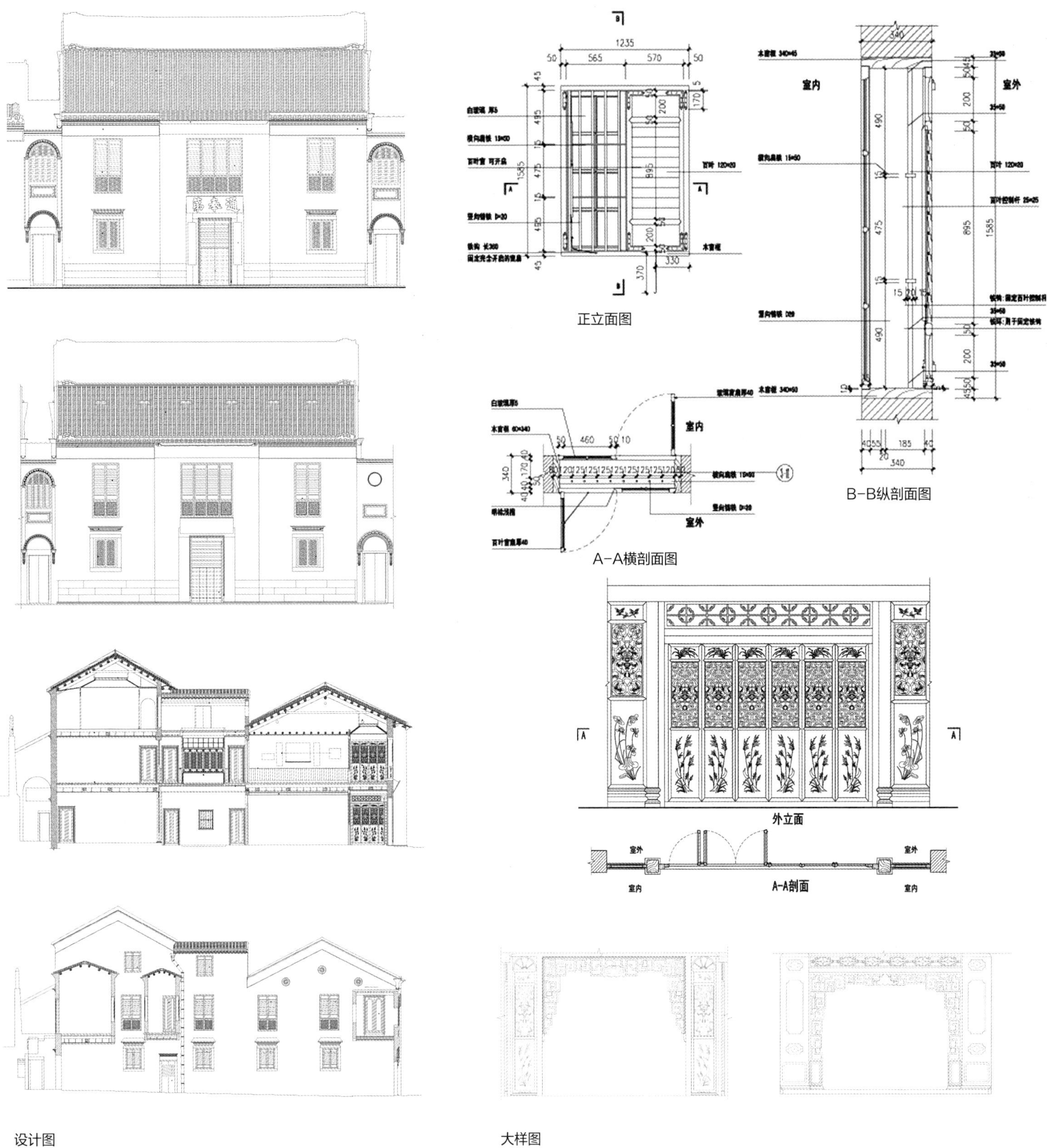

设计图

大样图

F遗址上拟建图书馆效果图

室内效果图

修缮前

修缮后

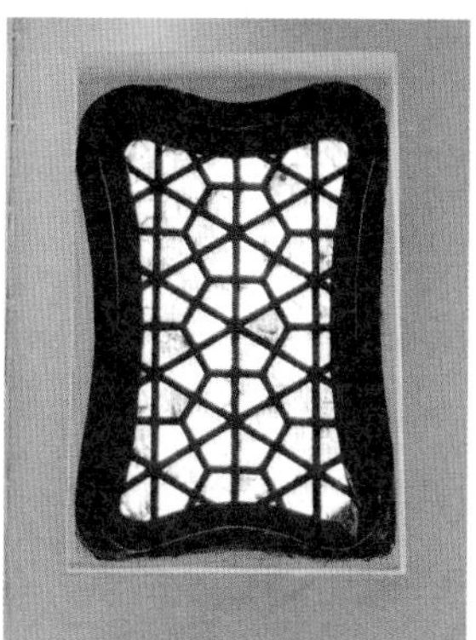

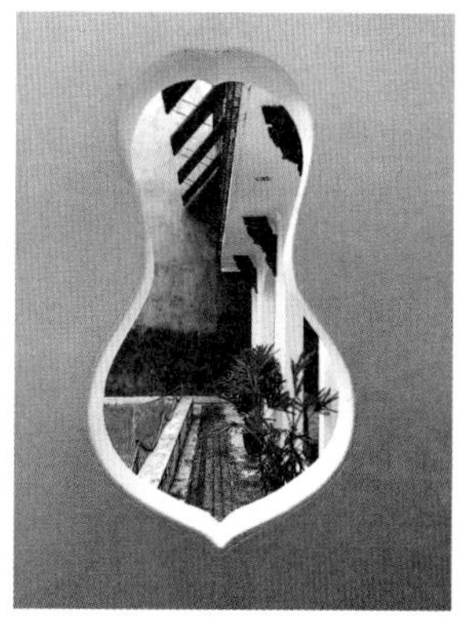

修缮后

2.13 东莞南社村资政第

建设地点： 东莞市南社村
设计时间： 2004
完成时间： 2005
建筑面积： 218m²
设计团队主要成员： 刘 溪 麦向优 王 浩 吴冠宇 袁华章 郑俊伟

设计背景

资政第位于东莞市南社村，建于清光绪六年（1880年），是光绪二年（1876年）丙子恩科会试第九十九名武进士、官礼部主事谢元俊的府第。坐落在地势较高的村东台地，建筑前有宽阔平台设多级石阶登临。建筑平面三间二进，空间高畅，前进为门厅，三开间凹门斗式大门。入门厅屏风后有连接后厅的高大轩廊，整个建筑呈“工”字形布局。后厅心间有雕刻精美的落地花罩，建筑封檐板的雕刻工艺精湛。前后厅次间门楣上的灰塑则吸收了西洋建筑装饰艺术风格，制作精细。2006年列入全国重点文物保护单位。维修前建筑墙体局部开裂，屋面漏水，木构件部分损毁，尤其是木雕构件朽腐严重。

设计理念

修复以恢复原貌为目标，保持现有建筑格局完整和结构安全，同时重铺大阶砖地面，屋面揭顶重铺瓦面，修缮更换不敷继用的构件，复原门窗隔扇等木装修，对建筑的精美木雕和灰塑作了针对性重点修复。

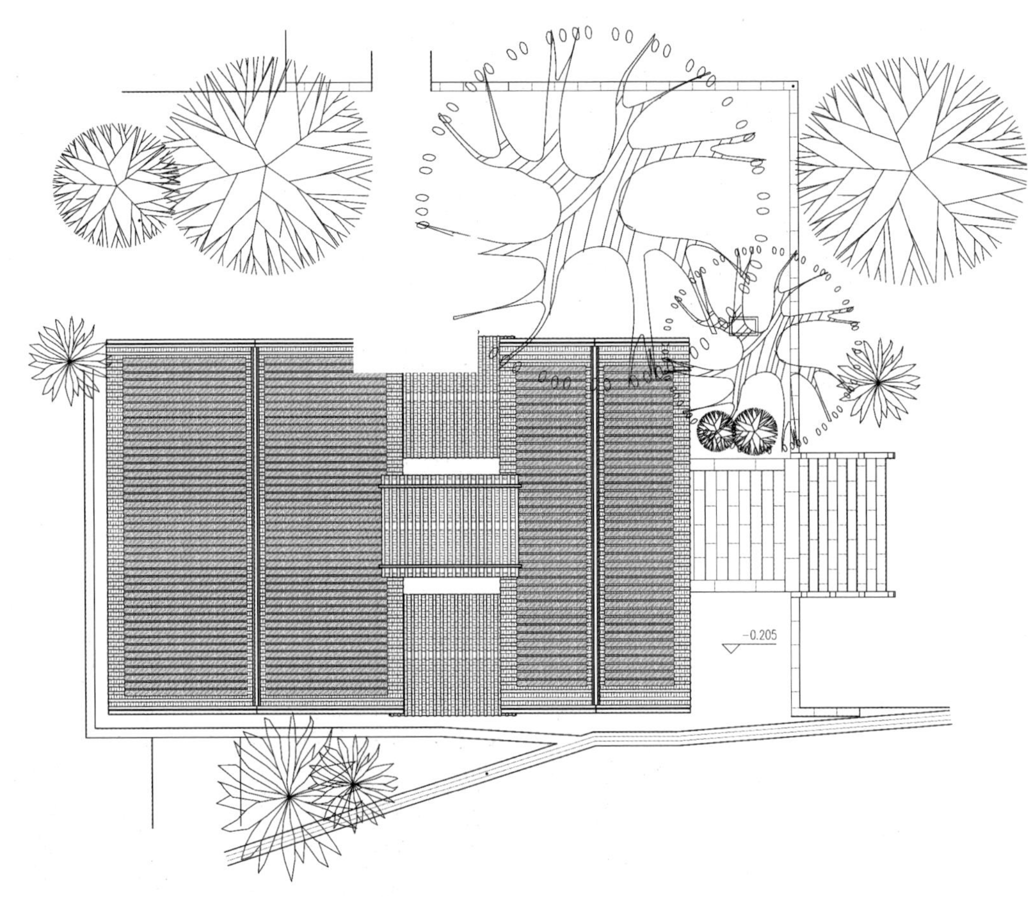

总平面图

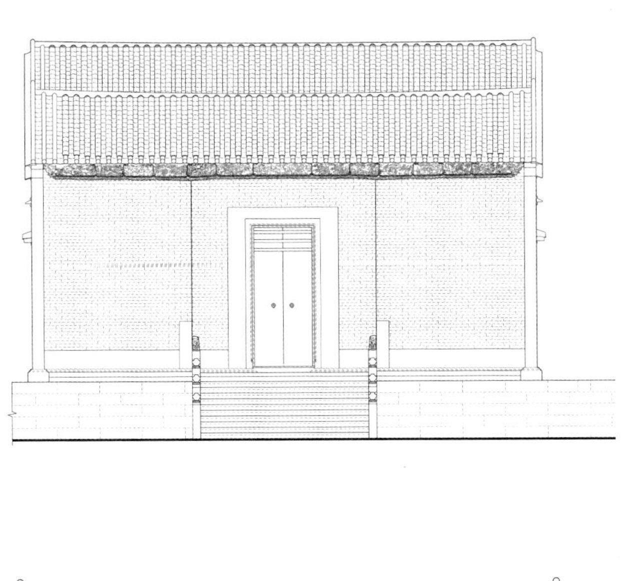

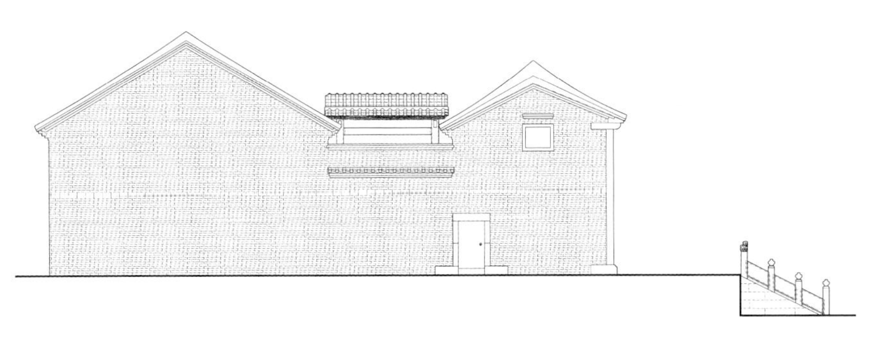

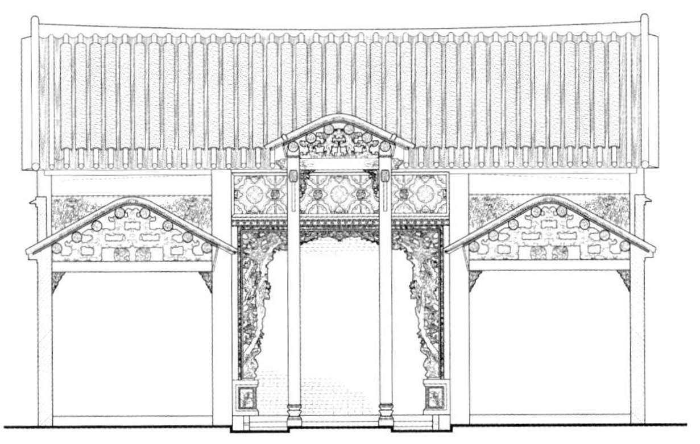

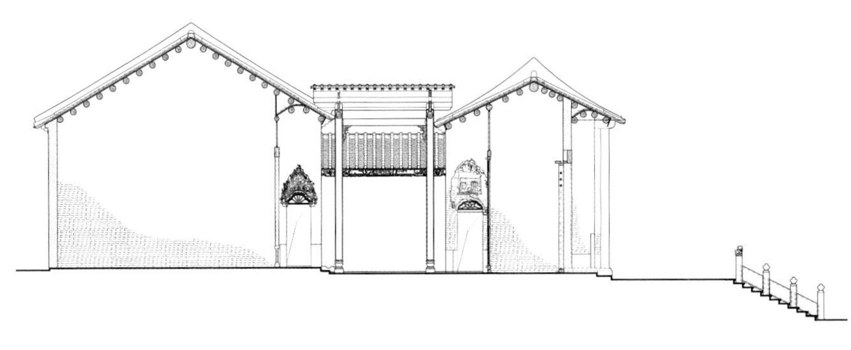

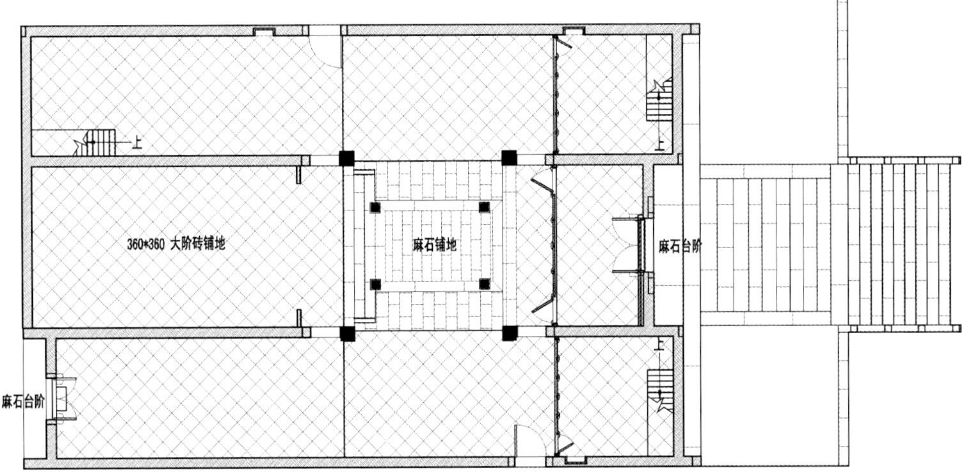

立面图	侧立面图
总剖面图	横剖面图

平面图

设计大样图

修缮前

修缮后

修缮后

2.14 韶关南雄三影塔

建设地点：韶关南雄市
设计时间：2006
建成时间：2008
建筑高度：50.2m
设计团队主要成员：程 胜 黄震岳 孙 立 刘 佳

设计背景

三影塔位于南雄市雄州镇永康路，建于宋大中祥符二年（1009年），因塔旁原建有一座延祥寺（已毁）故又称延祥寺塔。据《直隶南雄州志》记载："祥符二年乙酉异人建塔，其影有三，因立三影堂，其影阴晴俱见于壁间，二影倒悬，一影向上，见于厅堂则吉，见于房室中则凶"，因而称三影塔。明正统丙寅（1446年）重修，1982年重修时更换塔刹，修复各层檐口、平坐，1986年复原副阶。1988年1月列入全国重点文物保护单位。

塔坐北朝南偏东，为六角九层楼阁式砖塔，高50.2m。底层副阶（1986年重建）周匝，首层面宽4.39m，高7.4m，自下而上，尺寸层层递减，至第九层面宽2.86m，高2.4m。塔顶高2.58m，塔刹高8m，比例修长。整座塔身用规格不等的青砖平卧顺砌，黄泥浆粘接，空腹式塔心。塔身每层用青砖砌阑额、普拍枋、角柱，枋与柱头上施斗栱。以棱角砖和挑檐砖叠涩出檐，铁红色琉璃腰檐瓦面，平坐置栏杆环绕。塔刹由覆盆、宝瓶、七层相轮和铜铸宝珠组成，六条铁索固定。塔体外观九层，内十七层，夹层内壁各面设佛龛，外壁六面各设一壶门。原塔体在各层阑额上砖砌斗栱外批白灰砂浆，部分有彩绘图案。

修缮前主要问题是副阶斗栱及梁架外倾，屋面凹凸变形严重，檐口下滑，副阶角梁根部起翘，瓦脊断裂；其次是平座栏杆开裂、糟朽、油漆脱落；以及腰檐瓦面局部破裂、脱落等。

设计理念

保持其塔体的完整性和原真性，保持后期副阶形式的基本特征。副阶梁架、斗栱部分落架调整修缮，改善加强副阶结构与砖塔体的连接，减少椽子出檐长度，降低檐口部分屋面负荷；更换朽腐木构件；更换修补瓦面；外立面保存现状为主，加固松动砖构件；内立面对空鼓、残损的批灰墙面，重新批灰。新设计首层楼梯采用双跑楼梯，斗子蜀柱胡梯形式。

塔刹

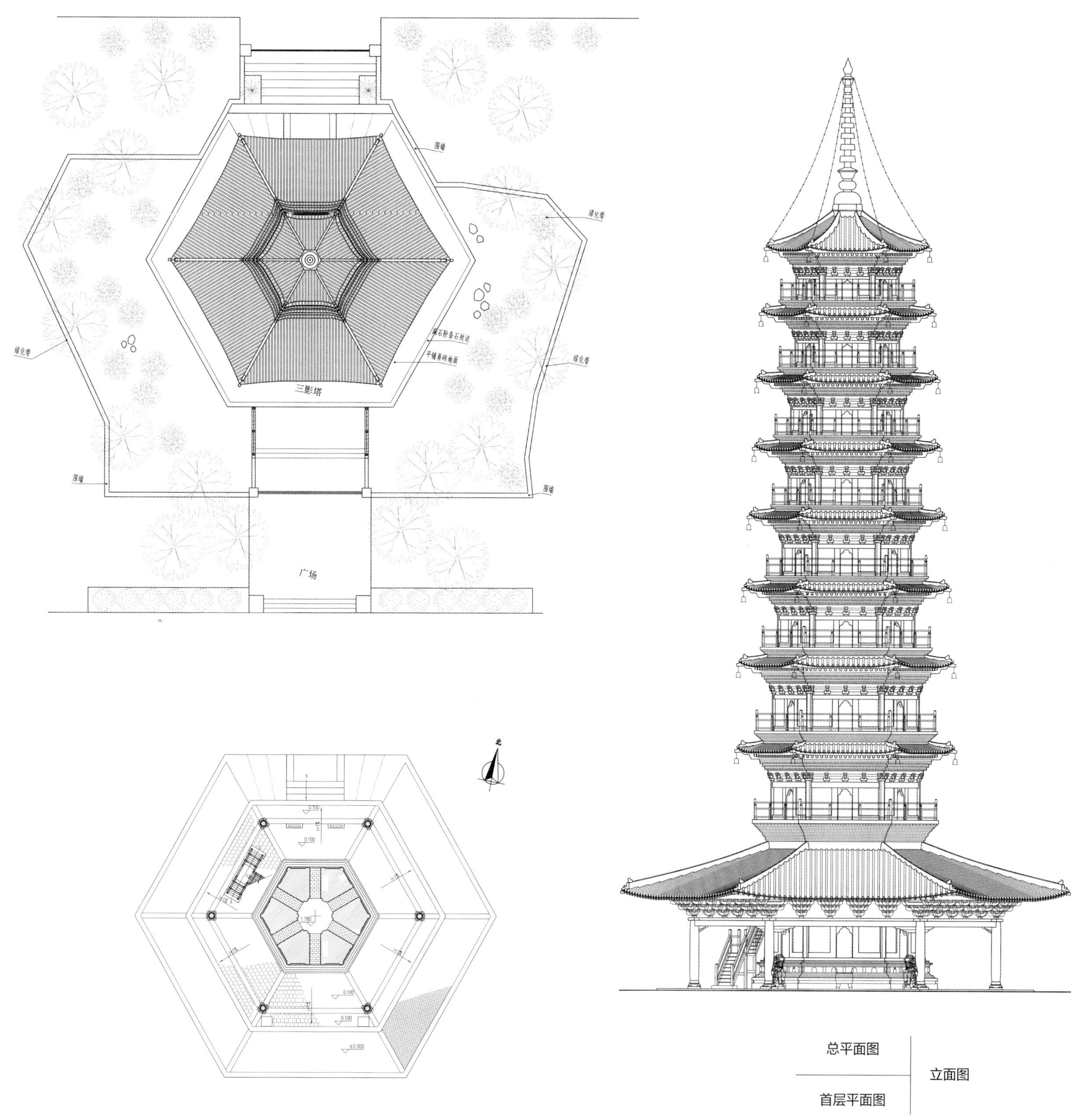

总平面图

首层平面图

立面图

42.240
35.720
28.375
24.630
20.835
16.620
11.960
7.180
3.900
1.780

剖面图

13.940
13.940
9.180
9.180

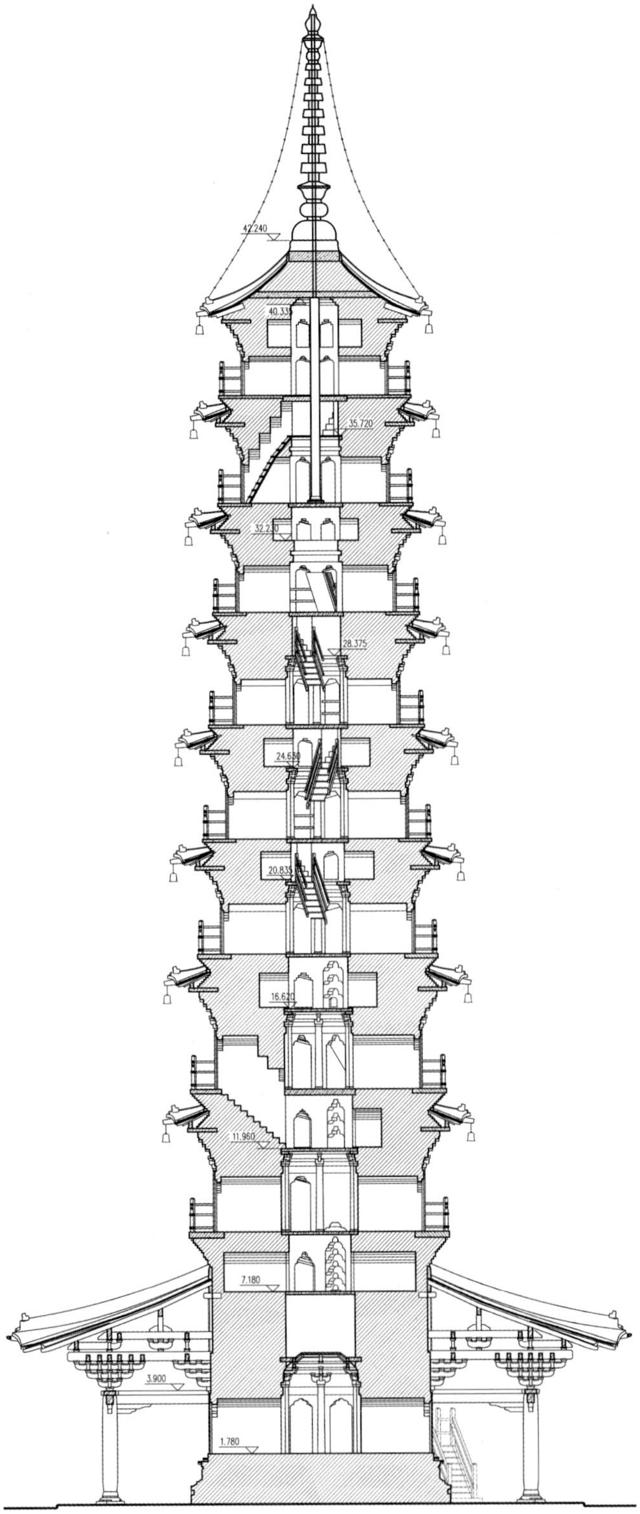

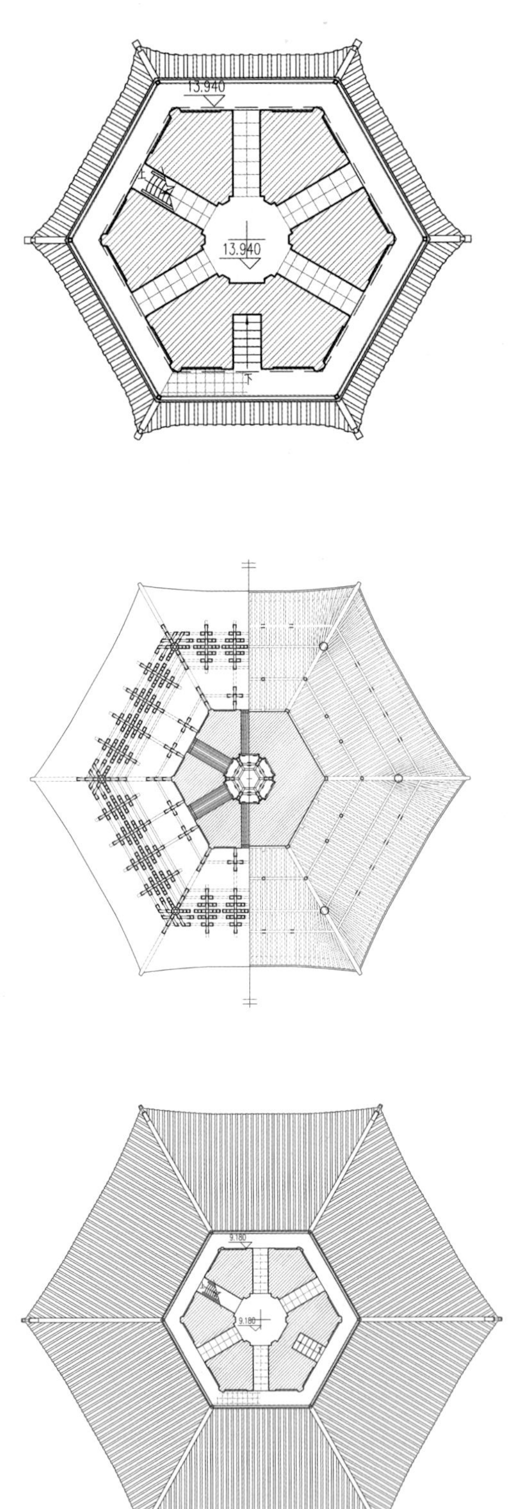

平面图

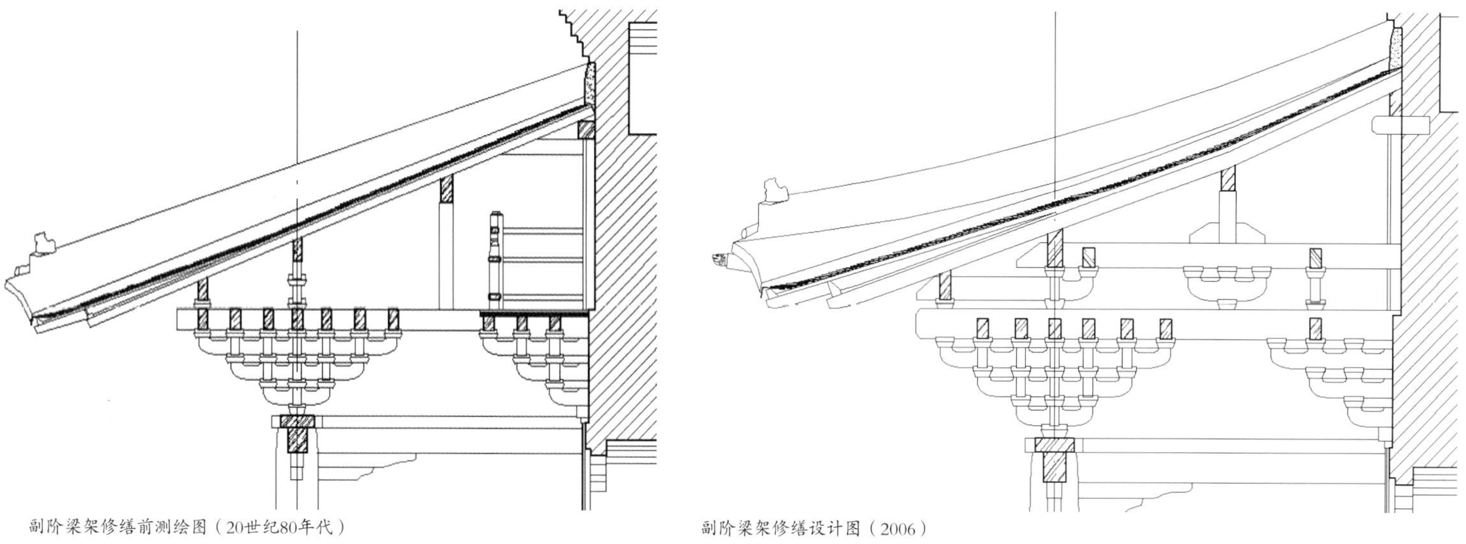

副阶梁架修缮前测绘图（20世纪80年代）

副阶梁架修缮设计图（2006）

修缮设计图

修缮后

修缮后

2.15 新会凌云塔

建设地点：江门市新会区茶坑村
设计时间：2007
完成时间：2008
建筑高度：35.3m
设计团队主要成员：赖传青 崔 俊 李 佳 杜 欣

设计背景

新会凌云塔俗名熊子塔（“熊”字下面是3点，读“泥”），位于江门市新会区茶坑凤山。建于明万历三十七年（1609年），为八角七层楼阁式砖塔，高35.3m，坐东南向西北。基座用红砂岩条石构筑，首层每边长4.14m，壁厚3.7m。塔身为青砖砌筑，无柱饰，每层设腰檐平座，上施3至6层菱角牙子砖和4至7层线砖相间叠涩出檐。顶层用青砖作八角攒尖结顶，铸铁刹柱，覆盆上为葫芦形塔刹。每当黄昏日落，人们登上熊子塔可遥望银洲湖上渔舟晚归，“熊塔归帆”是以前新会八景之一。凌云塔建成后屡经兴废，历尽沧桑。清代顺治十一年（1654年）毁于兵祸，雍正年间重修。1939年新会沦陷塔又遭日寇破坏不堪，中华人民共和国成立后又多次修缮。1979年列入市级文物保护单位。

该塔由于年久失修，风化严重，局部塔身开裂，最宽裂缝宽达4cm；塔身构造薄弱处出现了多处缺砖、塔体局部破碎；2～5层腰檐上部青砖大量缺失；塔顶批灰剥落，原装饰灰塑脱落严重，结构裸露；塔刹铸铁葫芦破损；各层门洞口栏杆为后期改制，个别门洞口栏杆缺失，与塔体连接不稳固，既不安全也与塔的整体风貌不协调；承托塔心柱的结构十字梁亦缺失。

设计理念

遵循不改变文物原状的修缮原则，针对所存在问题提出主要修缮方案内容如下：

对塔体外壁裂缝进行清理，用汽油喷灯或乙炔烧干净裂缝内树根，并洒除草剂防止植物再生，视情况间隔3～5皮砖用完整的砖替换断砖进行码砌，增强构造整体性。对塔体各洞口碎裂的砖进行清理，更换相同规格的古青砖码砌，增强塔整体拉结作用。恢复塔心柱十字梁结构，用格木制作梁枋。清理塔顶植物，重新批荡并做防水处理。塔刹重新归位，焊补破损部位和孔洞。

腰檐下部叠涩替换、补齐碎裂、缺失的砖；塔体外立面保留塔体预留搭脚手架孔洞，塔体内墙面均以10～12mm厚稻草灰加107胶找平，5mm厚贝灰抹面平整。并整治塔基周围环境。

凌云塔

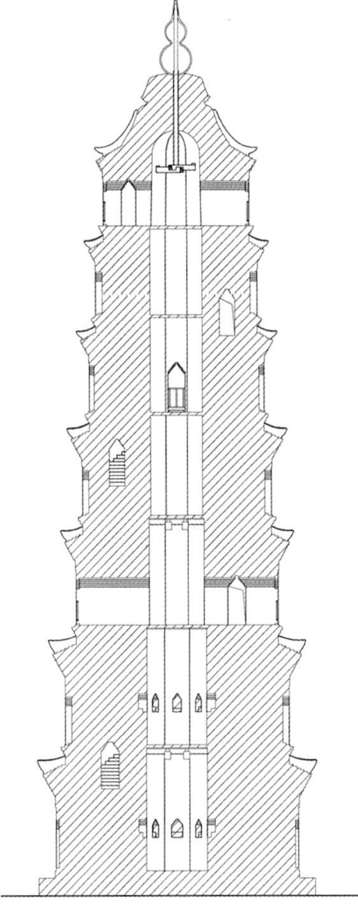

立面、剖面图

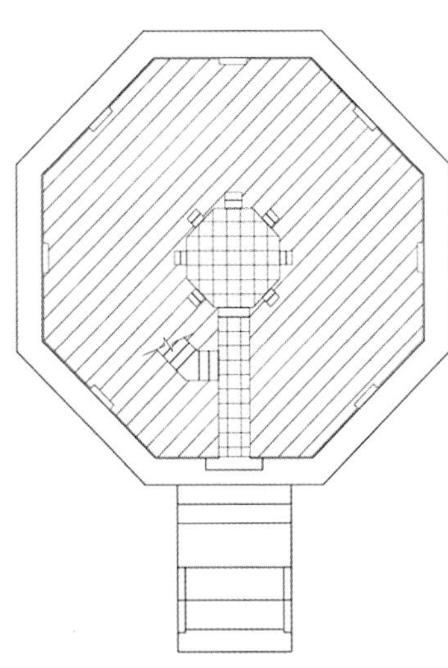
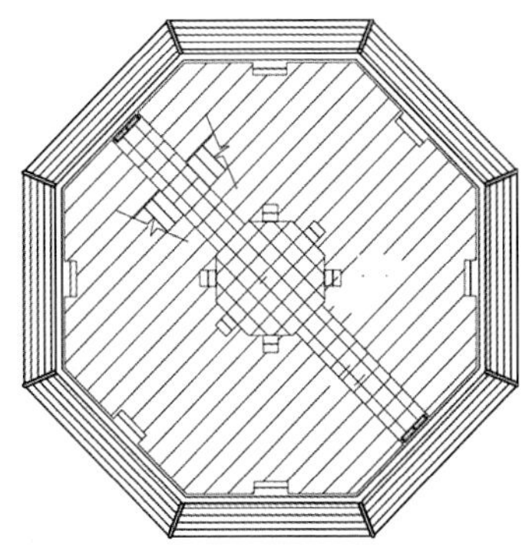
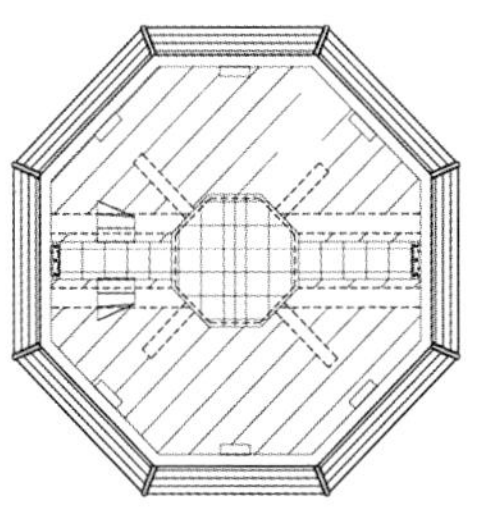

平面图

修缮前

施工图

修缮后

修缮后

2.16 揭阳文庙

建设地点：广东省揭阳市榕城区
设计时间：2009
完成时间：2011
建筑面积：5526m²
设计团队主要成员：李哲扬 林小峰 赵 欢 王 丹 程 胜 郑加文 郑 红 黄震岳 刘 溪 刘 娟 刘 佳 黄彩云 孙 立 范 彬 黄成峰

设计背景

揭阳学宫始建于南宋绍兴十年（1140年），后经元、明、清多次修建，现存文庙系清光绪二年（1876年）改建的。建筑组群有三路五进院落，左右对称格局，主要由中路主体建筑及东西两路附属建筑组成，规模宏大，形制完整。中路现存照壁（万仞宫墙）、棂星门、泮池、大成门、大成殿、崇圣祠，东西配金声、玉振门、名宦祠、乡贤祠、东西斋、东西庑等。东路建筑保存较完整，由前至后有忠孝祠、明伦堂、教谕署、大堂和内衙。西路现存文昌祠、文昌阁、节孝祠和享祠。该格局是在宋明风格上的继承和发展，形成了庙学相结合的建筑形制，总面积为5526m²，是国内现存较完整的文庙建筑群之一。中路平面布局中保存着早期建筑制度，具有较高的文物价值，建筑营造和艺术体现出浓郁的地方特点。大成殿宽深各五间，副阶周匝，重檐歇山顶，高11.9m，其构架和装修装饰较有特色。1957年列入省级文物保护单位，2013年列为国家重点文物保护单位。

设计理念

本修缮设计方案除了对中路主体建筑进行维护和两庑的复原修缮外，主要是针对学宫东西路建筑的复原与修缮。东路建筑保存基本完整，由前至后有忠孝祠、明伦堂、教谕署、大堂、内衙等，东路外侧原有奎文阁、东轩与射圃等（已毁）。西路有土地祠(已毁)、文昌祠、文昌阁、节孝祠、享祠。再西原有训导署、大堂等，民国时已辟为民居。西路建筑有部分改建，但基本格局仍在。修缮前的问题主要如：加建、改建破坏了原有的建筑格局及建筑构筑；构件（含石构件、木构件）的缺失、损坏；年久失修引起的屋顶渗漏，墙体开裂等问题。这些问题破坏了原有的建筑布局和建筑形制，并存在一定安全隐患，不当使用也导致对建筑本身的破坏。根据有关文物建筑保护修缮法规，在对学宫的勘察得到的各种资料和研究分析的基础上，对东西两路建筑的修缮与保护工程包括对建筑原有形制、构件受到破坏部分的进行恢复，同时解决年久失修，梁架倾斜，屋顶漏雨，山墙开裂等问题。此外，还对揭阳学宫排水系统及学宫中路棂星门前广场进行了修复，以达到恢复揭阳学宫完整格局和建筑风貌，保护和延续其历史文化价值的目的。

修缮鸟瞰效果图

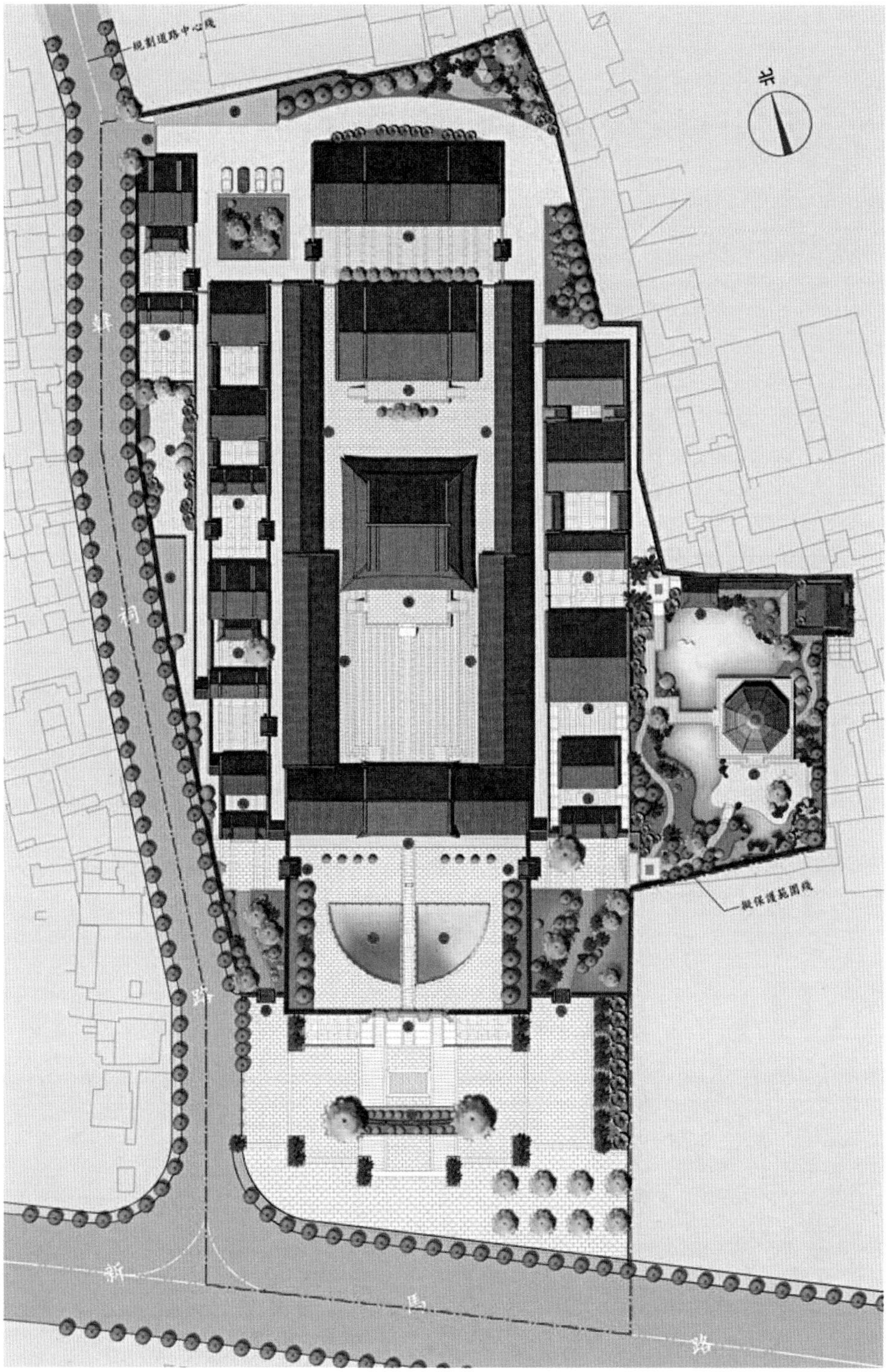

总平面图

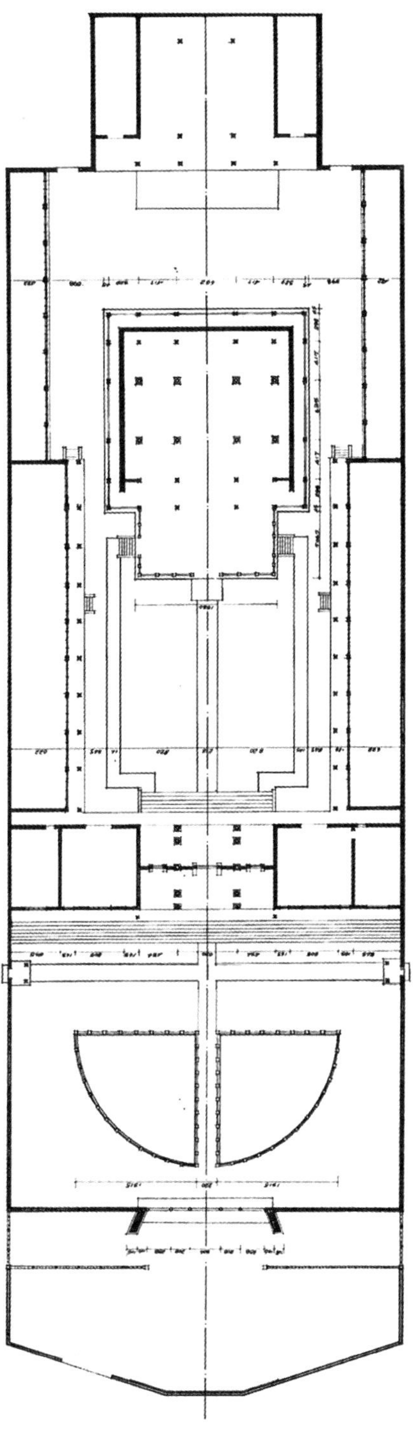

中路平面

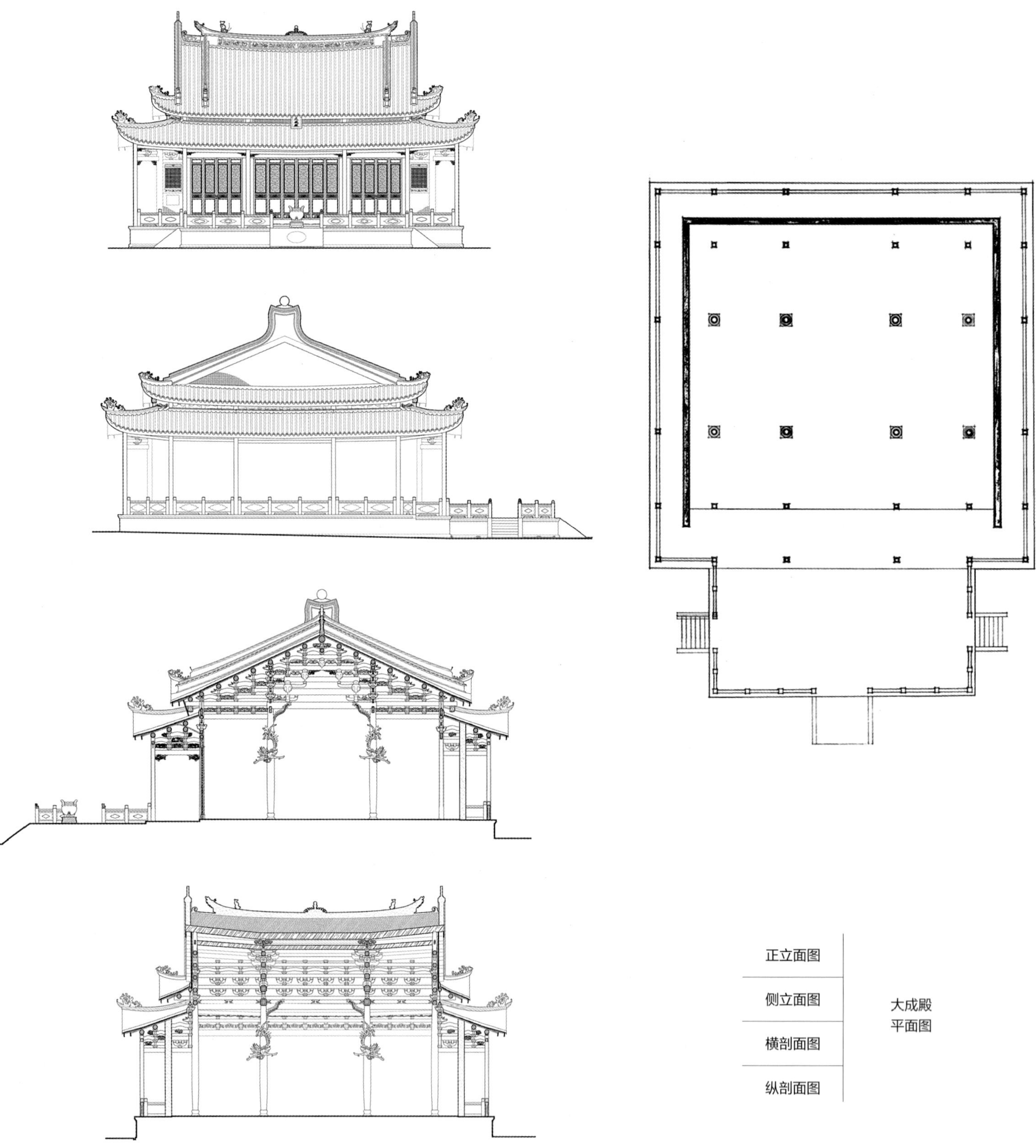
正立面图
侧立面图
横剖面图
纵剖面图
大成殿
平面图

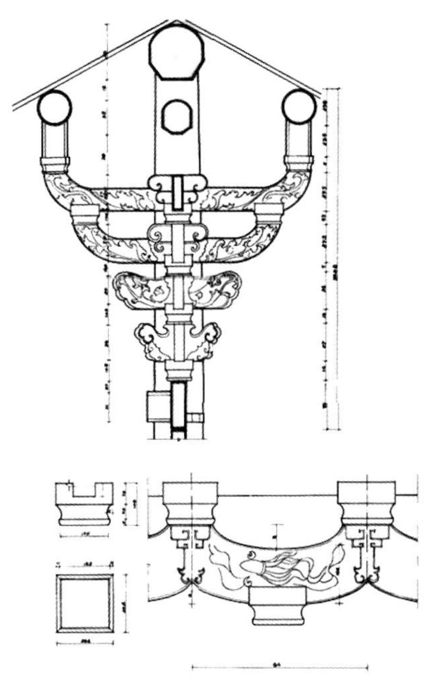

大成门斗栱测绘图（华南工学院1956）

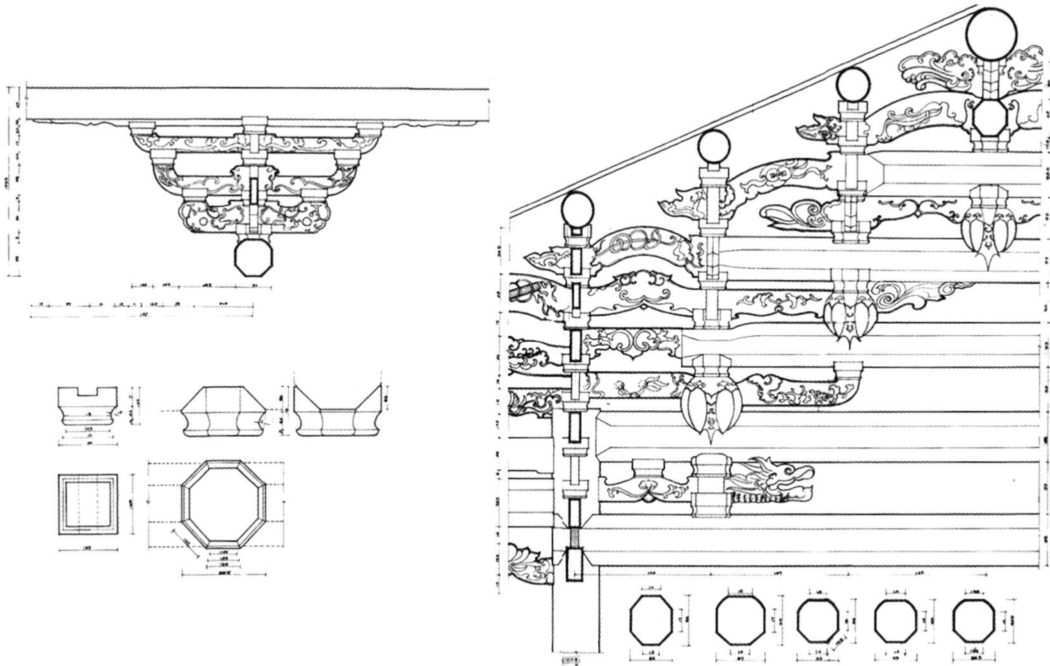

大成殿斗栱测绘图（华南工学院1956）

中路修缮前

东路修缮前

西路修缮前

修缮施工图

修缮施工图

修缮后鸟瞰图

中路修缮后

东路修缮后

西路修缮后

2.17 广州沙面原英国领事馆西副楼

建设地点： 广州市沙面
设计时间： 2010
完成时间： 2011
建筑面积： 1296m^2
设计团队主要成员： 陈志军 王 平 郑加文 程 胜 黄震岳 黄彩云 刘 佳 施雨君 武 群 谢始兴

设计背景

原英国领事馆西副楼位于广州市沙面南街46号院内，始建于1865年，为英国领事馆领事官邸。1915年“乙卯水灾”后于1923年重建。20世纪80年代原英国领事馆作为广东省外事办使用，对西副楼内部装修和空间隔断做了一定改变。2001年又对西副楼的内部装饰和家具做了调整。1996年沙面建筑群被定为全国重点文物保护单位，1997年国务院将沙面列为国家级文物保护区，原英国领事馆西副楼为沙面建筑群中的A类文物建筑。

建筑平面以东西向轴线呈南北对称式布局，面对珠江的南侧多加一外廊，为二层的折衷主义风格建筑。主入口处两侧采用了内凹弧面空间，通过入口前廊进入首层开敞的大厅，建筑功能空间在大厅两侧布置，后部为交通空间。首层为大厅、会客厅、书房及厨房等附属用房，二层主要是卧室。建筑采用混合结构，墙体主要以砖石结构为主，钢筋混凝土楼板，首层为工字钢梁，二层为混凝土梁及局部使用工字钢梁。建筑装饰丰富多样，外立面上主要为各层水刷石线脚及墙面分仓，带有线脚和花纹的阳台及窗框，以及典型西方建筑风格的拱券和柱式；建筑内部则有线脚丰富多样的天花和墙面，房间内用西式壁炉，以及木制线脚的玻璃门窗、百叶门窗以及不同位置的西式壁柜等设施。

设计理念

本着赋予建筑遗产的新用途要与遗产所具有的文化地位、社会影响力相称，通过利用使遗产与当代社会和人建立互相需要的、不可分割的联系的理念确定设计思路。本次修缮与利用包括对建筑进行保养维护，以及作为广东省外事活动的礼宾府活化利用。设计面临建筑的维护原状的保护修缮与合理利用满足现代功能需求的矛盾，在两者之间尽量找寻统一协调的策略与技术。在保护原状上恢复修缮了后期功能变迁带来的内部格局变动、空间分化以及使用中对建筑造成的破损；活化利用方面则在满足保护要求，强调建筑物的历史文化价值的前提下，尽量满足作为高层外事接待使用要求，如迎宾、会见、座谈等功能。通过认真研究原有功能空间和利用功能空间的契合点，发现在基本不改变原有空间的条件下，通过控制会见接待人员数量等可以满足新的功能要求。但个别次要内部空间如厨房、卫生间、二楼中厅为了满足新功能做了微小调整，使新的功能和原有空间的矛盾得到解决。对新增设备如空调、各种管线、网络尽量通过原有天花架空空间隐蔽处理，保持原有室内空间的纯净。而对灯具、家具、软装、摆设等进行了新的配置和设计，以满足现代新的使用功能。建筑形式和结构形式则保持原状不变。本设计获得2015年教育部优秀传统建筑设计三等奖。

原楼梯望柱施工放样

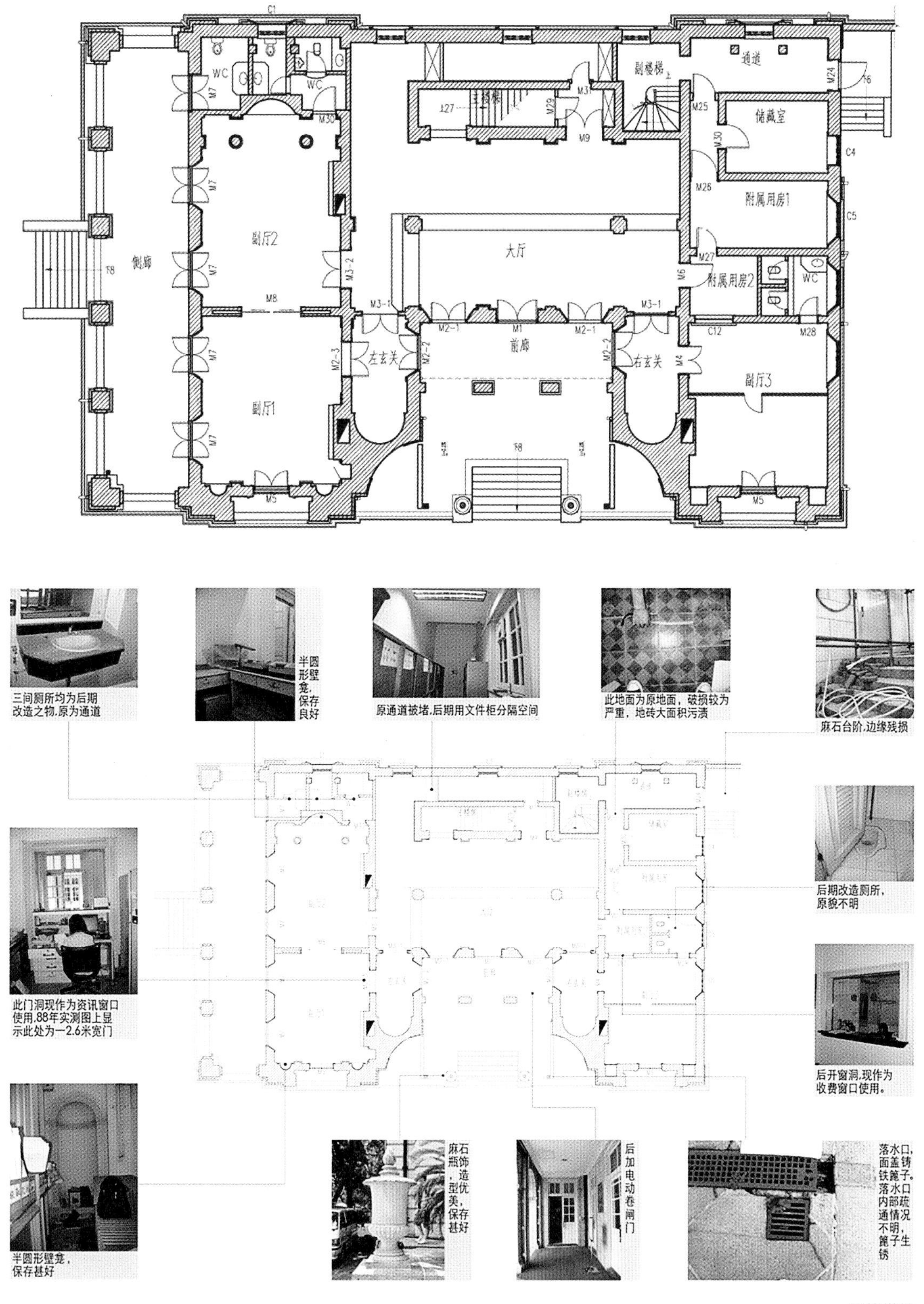

WC
副楼梯
通道
主楼梯
储藏室
附属用房1
附属用房2
侧廊
副厅2
副厅1
副厅3
大厅
前廊
左玄关
右玄关
三间厕所均为后期改造之物,原为通道
半圆形壁龛,保存良好
原通道被堵,后期用文件柜分隔空间
此地面为原地面,破损较为严重,地砖大面积污渍
麻石台阶,边缘残损
后期改造厕所,原貌不明
此门洞现作为资讯窗口使用,88年实测图上显示此处为一2.6米宽门
后开窗洞,现作为收费窗口使用。
半圆形壁龛,保存甚好
麻石瓶饰,造型优美,保存甚好
后加电动卷闸门
落水口,面盖铸铁篦子。落水口内部疏通情况不明,篦子生锈

一层修缮前

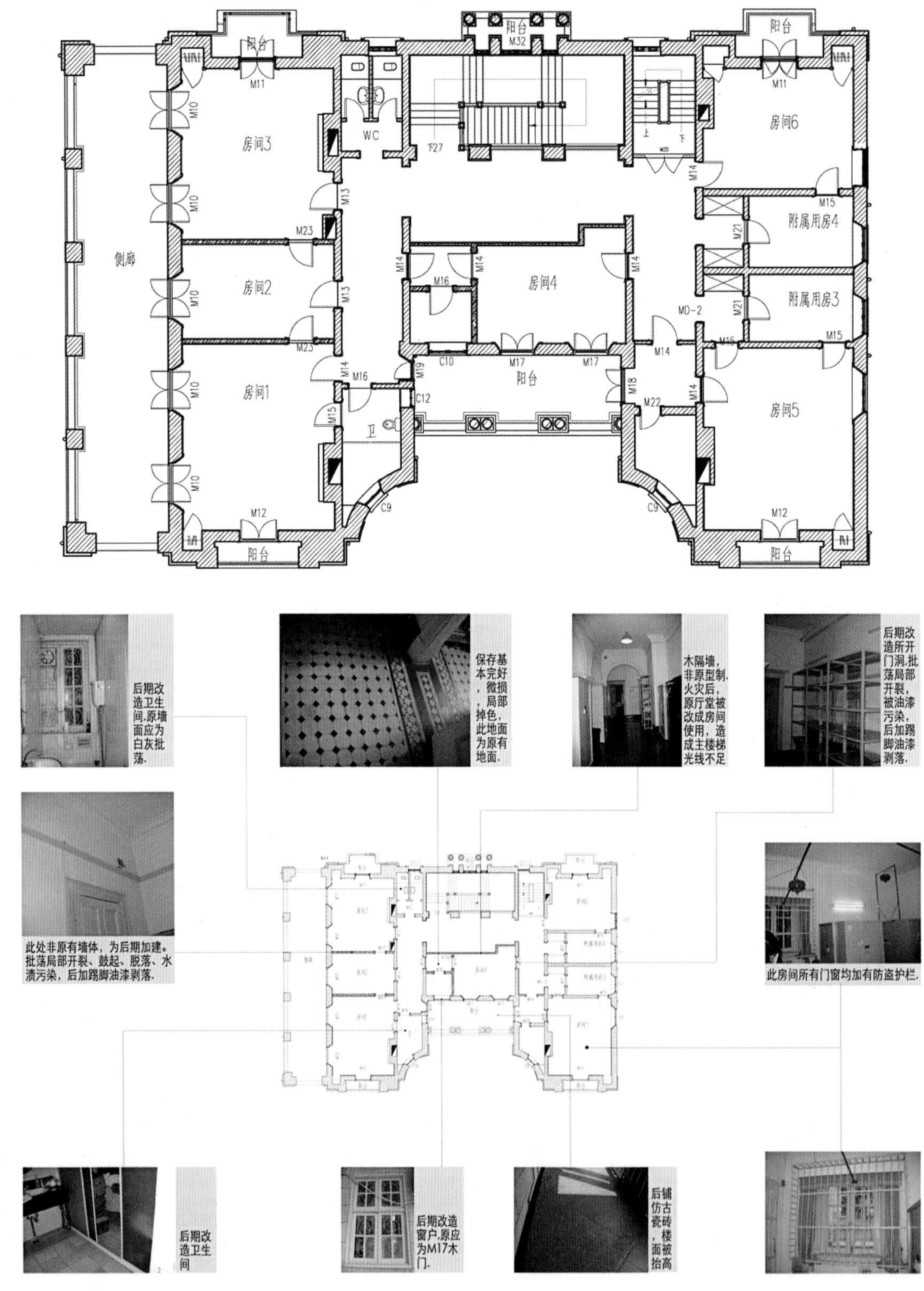
阳台
阳台
阳台
M32
房间3
房间2
房间1
房间4
房间5
房间6
侧廊
WC
卫
附属用房4
附属用房3
阳台
阳台
后期改造卫生间,原墙面应为白灰批荡.
保存基本完好，微损，局部掉色，此地面为原有地面.
木隔墙，非原型制.火灾后，原厅堂被改成房间使用，造成主楼梯光线不足
后期改造所开门洞,批荡局部开裂，被油漆污染，后加踢脚油漆剥落.
此处非原有墙体，为后期加建。批荡局部开裂、鼓起、脱落、水渍污染，后加踢脚油漆剥落。
此房间所有门窗均加有防盗护栏.
后期改造卫生间
后期改造窗户,原应为M17木门.
后铺仿古瓷砖，楼面被抬高

二层修缮前

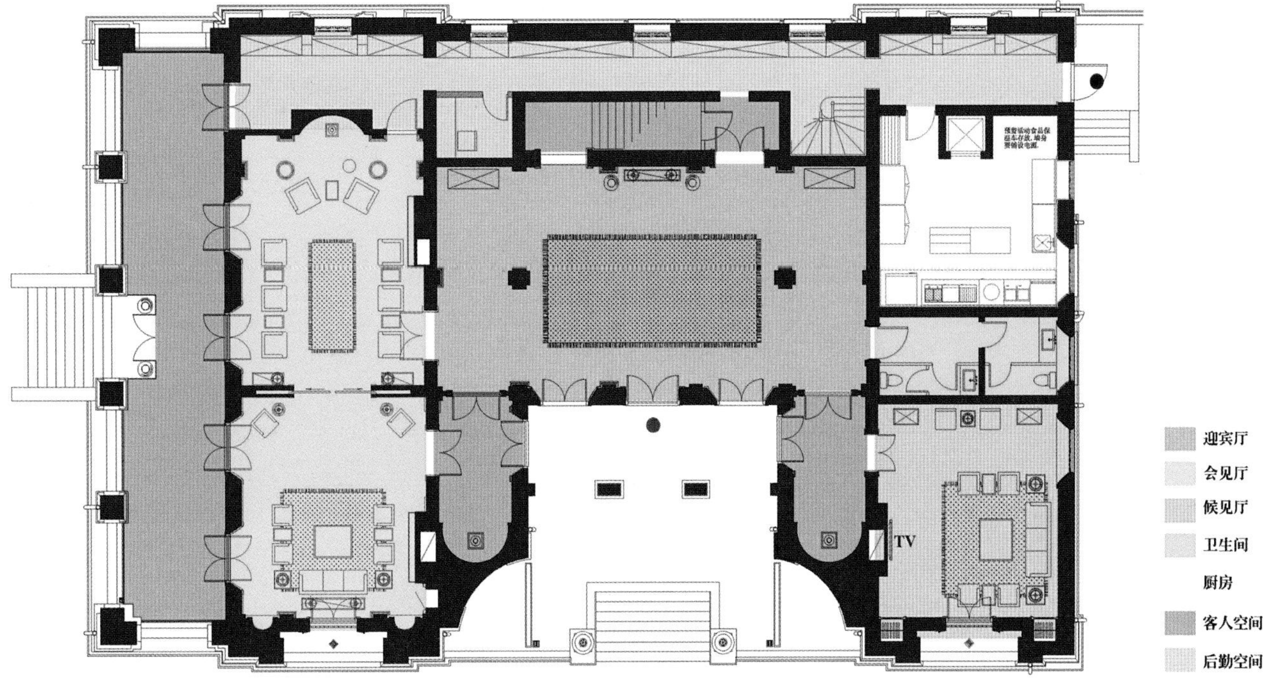

一层活化利用设计图

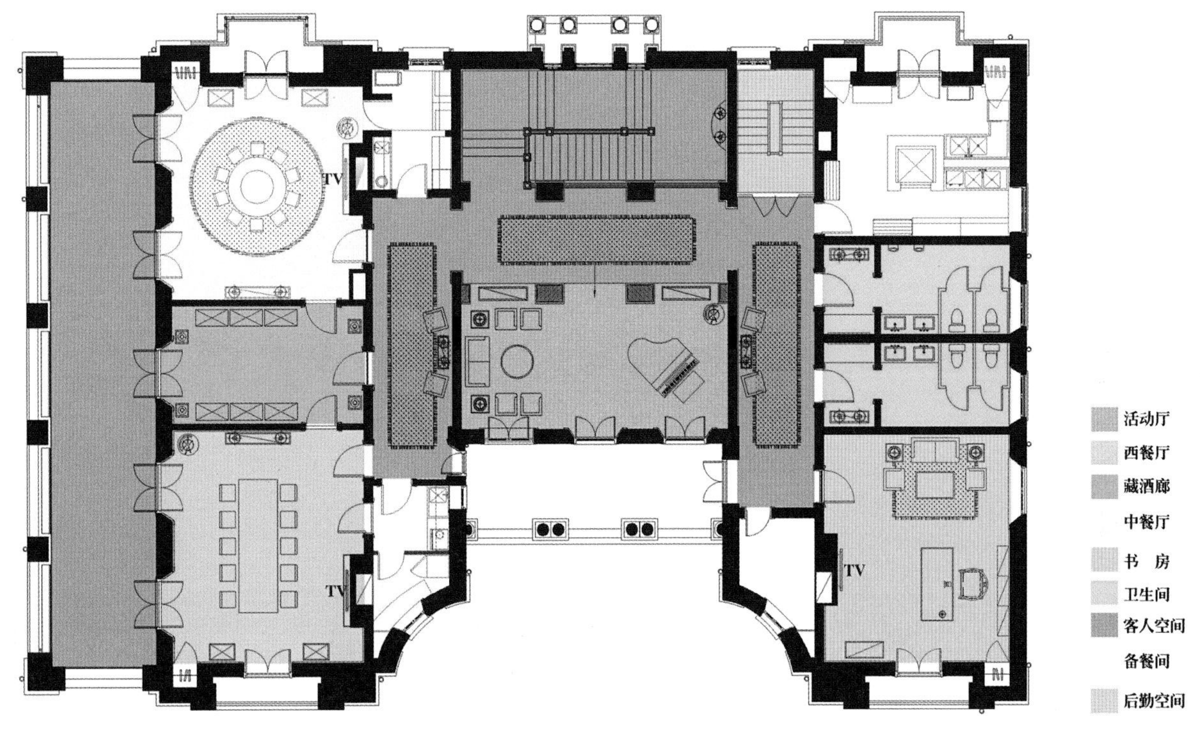

二层活化利用设计图

活化利用设计效果图

东立面图

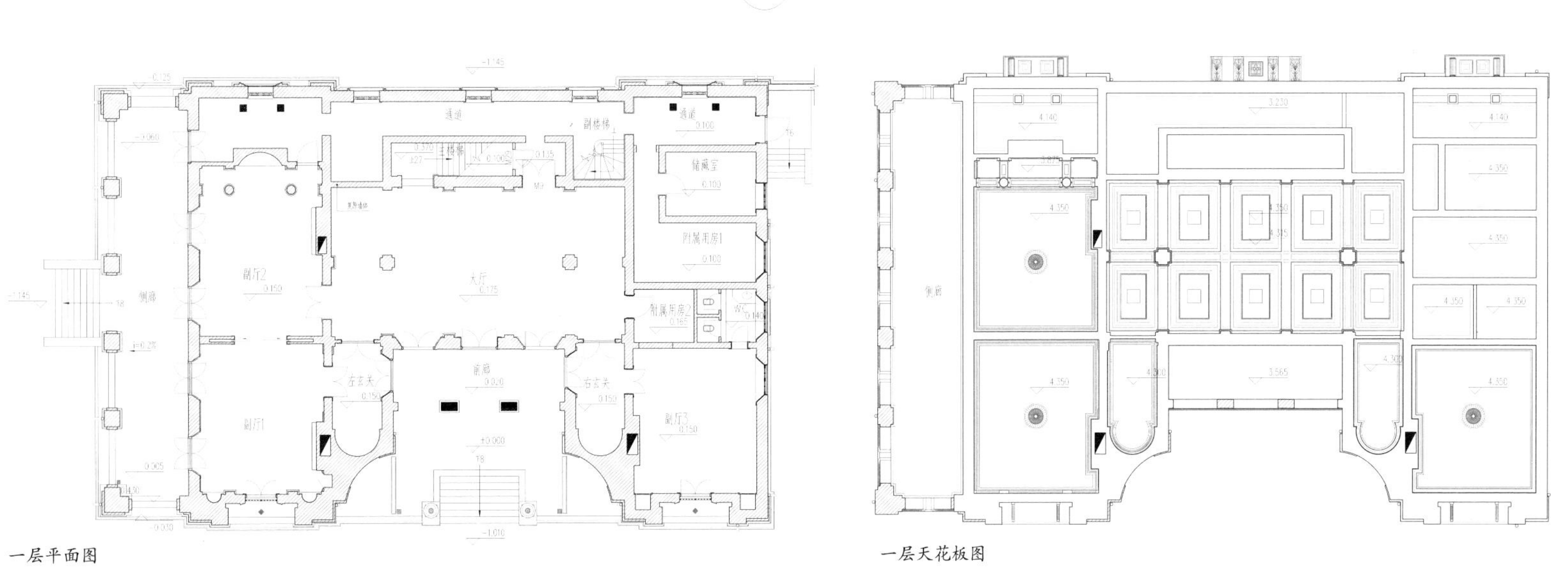

一层平面图

一层天花板图

保护活化利用设计图

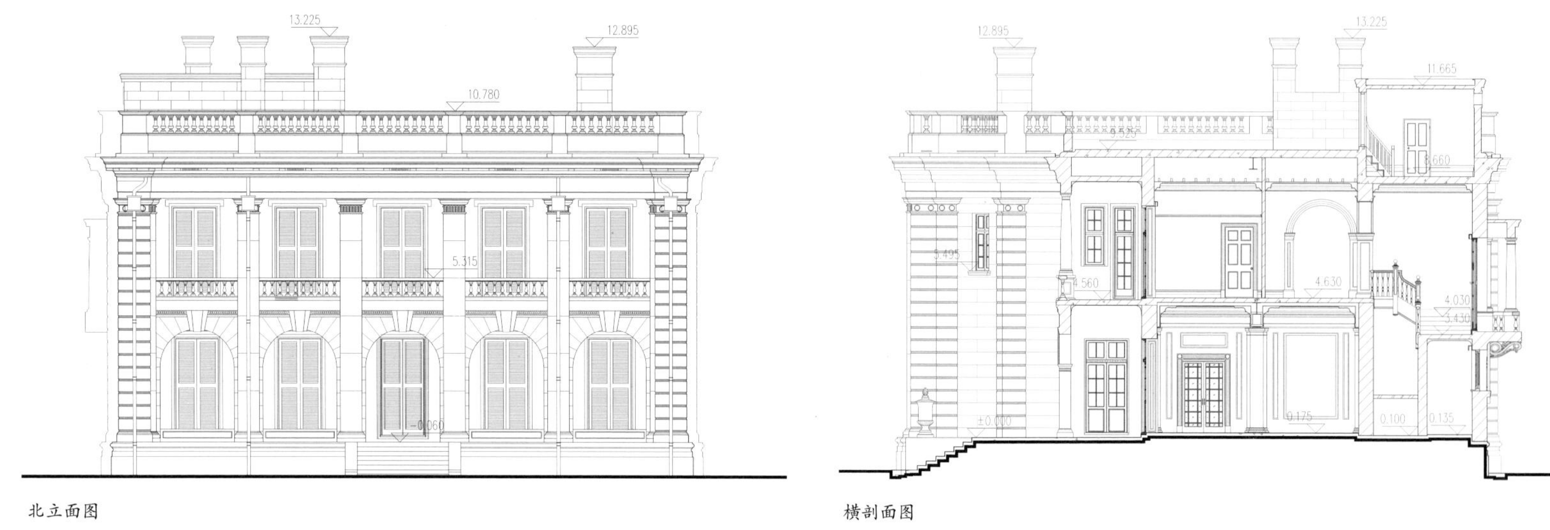

北立面图

横剖面图

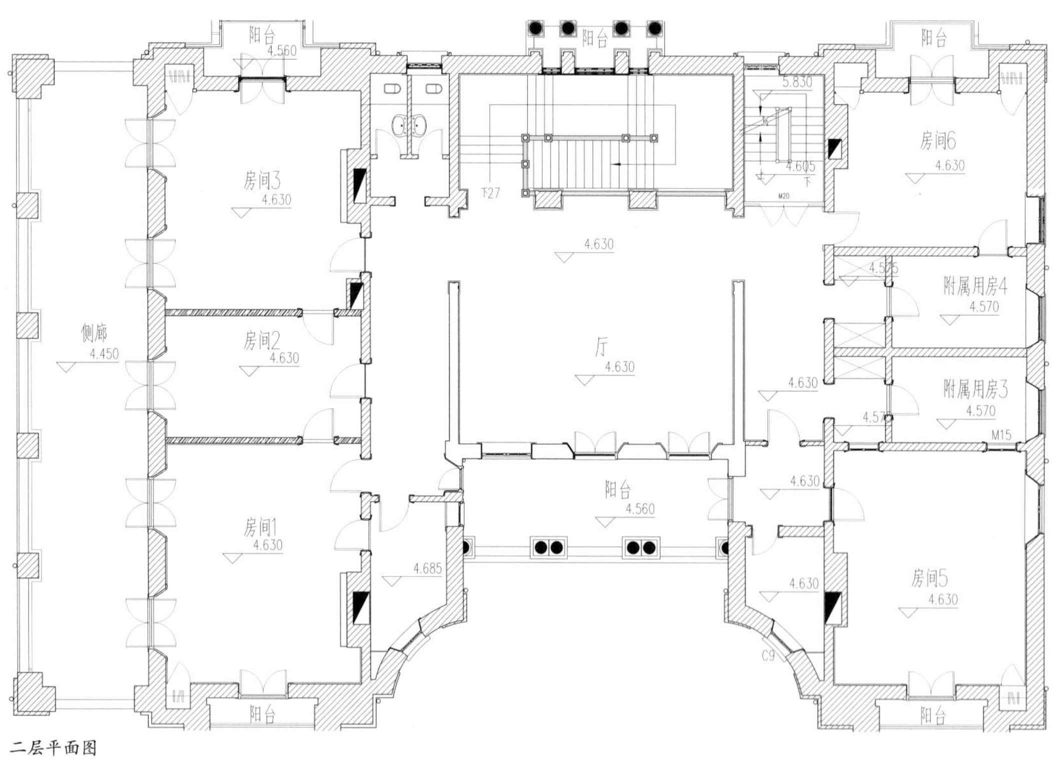

二层平面图

保护活化利用设计图

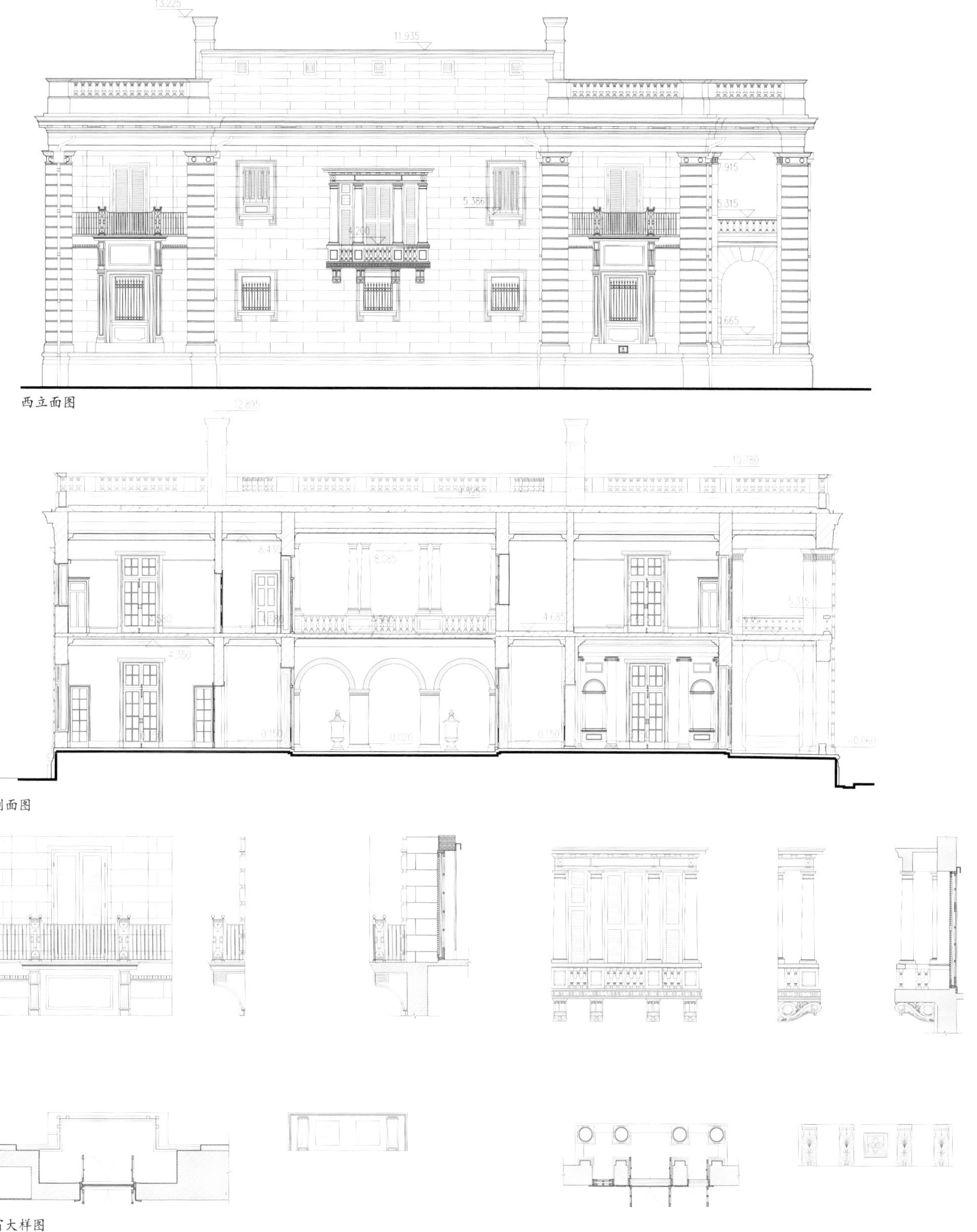

西立面图

纵剖面图

门窗大样图

保护活化利用设计图

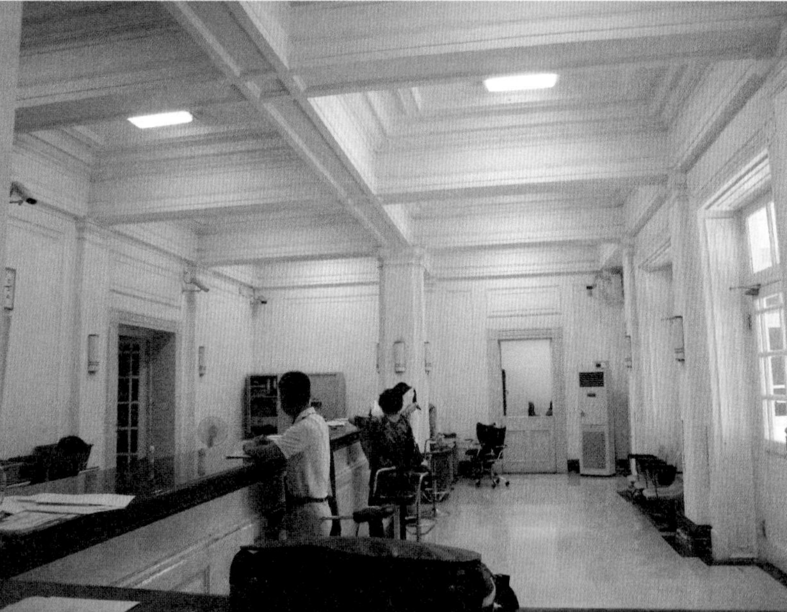

保护利用前

保护活化利用后

保护活化利用后

2.18　广州番禺石楼善世堂

建设地点： 广州市番禺区石楼镇
设计时间： 2012
完成时间： 2019
建筑面积： 1932m^2
主要合作者： 程　胜　黄震岳　罗广兴　范　彬　黄成峰

设计背景

善世堂（陈氏宗祠）位于番禺区石楼镇石一村，始建于明代正德年间（1506—1520年），重建于清康熙癸亥二十二年（1683年），蒇事于雍正癸卯元年（1723年），历时41年竣工。清乾隆三十四年（1769年）重修。该祠为奉祀石楼陈氏六世祖陈道明之宗祠，堂名为“善世堂”，据《石楼陈氏家谱》载，石楼陈氏原籍晋代秦州南安郡豲道县（今甘肃省陇西县）。始祖陈元德（即陈玄德）是东晋建国大将军，因刘裕篡位而弃官携眷南逃至广东番禺桂林乡宁仁里（今坑头村）定居。

善世堂坐北向南，主体建筑为三间四进格局，硬山屋顶，形制古朴。中路由头门、仪门、月台、大堂、后寝组成，进深95.25m，面宽18.31m，另有东、西鼓楼、青云巷和衬祠，规模较大。一进、二进、三进山墙为清水青砖墙，其中第三进后墙蚝壳墙。采用斗栱驼峰抬梁构架，空间高敞。建筑木雕、石雕、砖雕、灰塑工艺十分精细，为岭南明末清初的代表作。中堂“善世堂”贴金木牌匾，为明代抗倭名将戚继光所题书真迹。

中华人民共和国成立后，善世堂从1959年改成农业机械中学，后来，祠堂又先后被用作织布厂、服装厂、打绳织蓆厂等，文物建筑遭到一定破坏。于2002年7月公布为广州市文物保护单位，2019年5月公布为广东省文物保护单位。由于年久失修及台风等自然灾害，维修前祠堂建筑、结构均出现不同程度的问题。2011年，在陈俭文老先生等陈氏族内长辈贤人的倡导下，联合社会各界人士共同成立了石楼善世堂（陈氏宗祠）修缮委员会，全力推进古祠修缮工作。

设计理念

以保存原真性和完整性为指导思想，除修缮地面不均匀沉降、墙体开裂，屋面漏水、木构件糟朽及缺失等常见问题外，主要复原了在1971年被台风吹袭坍塌的仪门牌楼，并解决了东西廊的木梁大跨度结构问题。

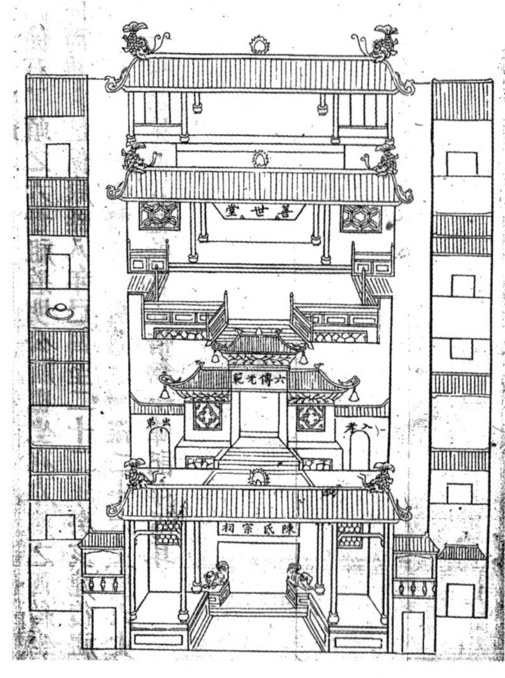

陈氏族谱中的清代善世堂图

善世堂鸟瞰效果图

仪门牌楼复原效果图

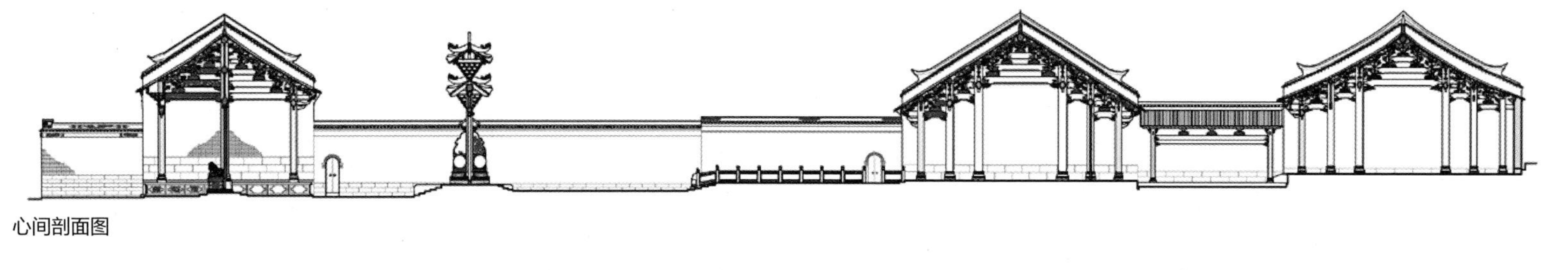

心间剖面图

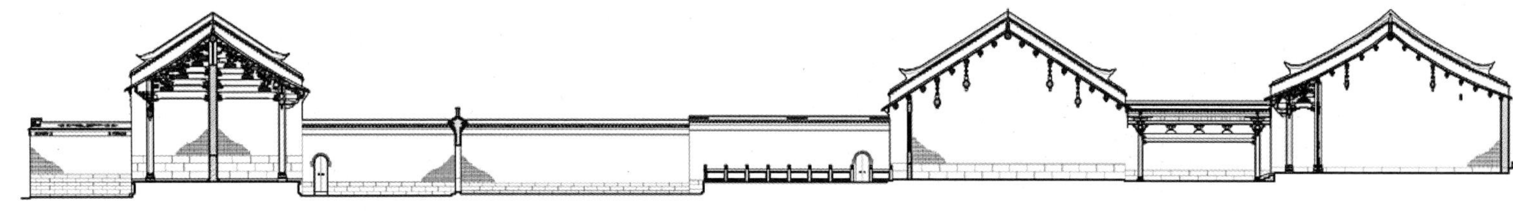

次间剖面图

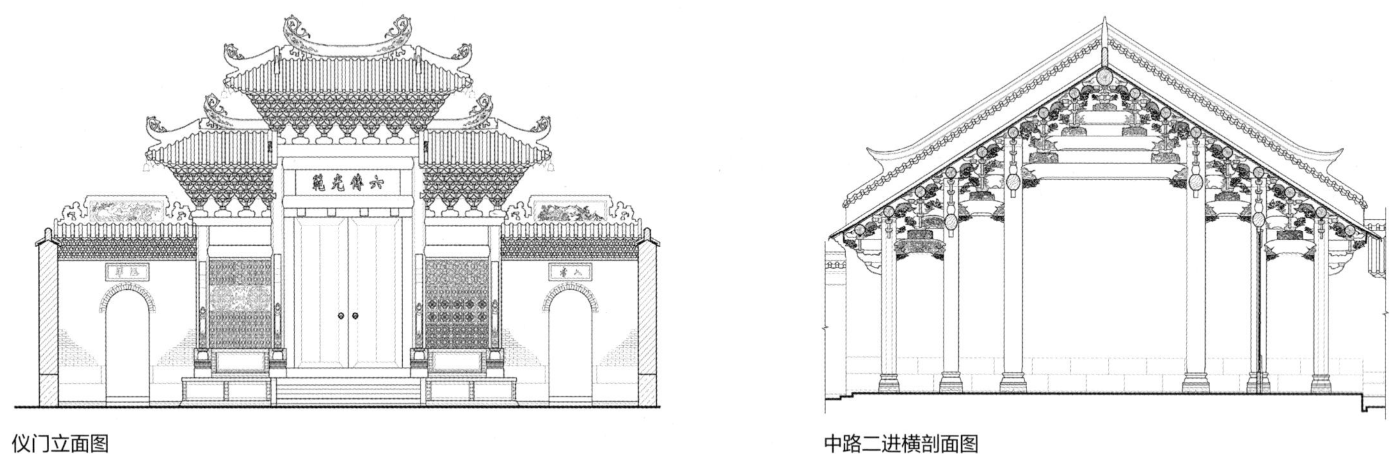

仪门立面图

中路二进横剖面图

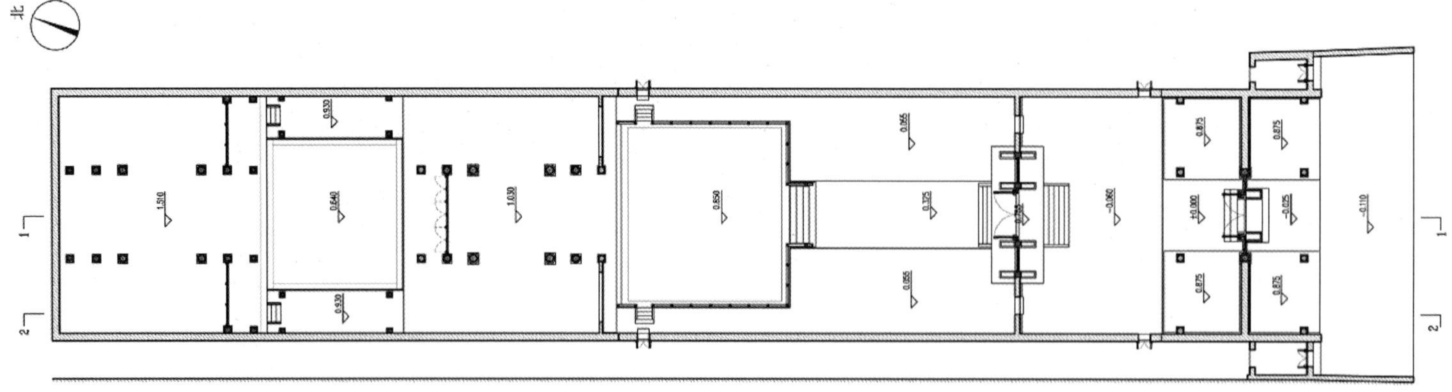

平面图

修缮前

修缮后

仪门牌楼重建后图

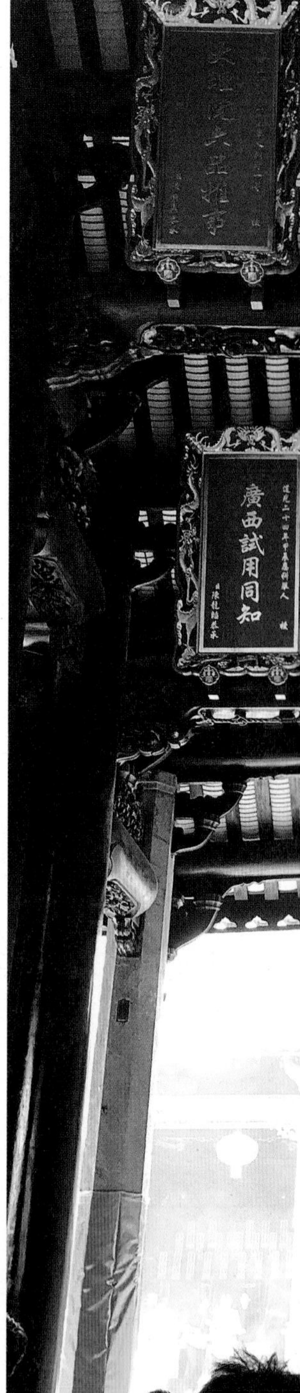

善世堂修缮后

弘楊祖澤
内閣中書
粵海名宗
翰林院待詔
文魁
敬祖睦族

源遠流長

2.19 国立中山大学石牌校区旧址

建设地点：广州天河华南理工大学五山校区

设计时间：2012

完成时间：2013

建筑面积：5号楼3531m²、7号楼2338m²、8号楼2512m²、旧体育馆2905m²

设计团队主要成员：程 胜 黄震岳 罗广兴 王 平 施雨君 李敏峰 范 彬 黄成峰 梁云峰

设计背景

华南理工大学5、7、9号楼及旧体育馆建筑为国立中山大学教学楼，坐落在广州市天河区五山，建于1933—1934年。国立中山大学前身为国立广东大学，系孙中山先生于1924年2月创办。孙中山先生为巩固革命政权，加速革命和科学文化建设人才培养，1924年初先后颁布大元帅令，着令创办陆军军官学校和国立广东大学。前者后来以“黄埔军校”闻名，后者则以“国立中山大学”名世。后来的国立广东大学，初由国立广东高等师范学校、广东法科大学、广东农业专门学校三校合并而成，设文、理、法、农4科，下设12个系、2个部，成为我国华南地区第一所由国人自己创办的多学科大学。孙中山先生逝世后，国民政府于1926年8月17日，正式宣布将“国立广东大学”改名为“国立中山大学”。至1929年4月，全校有文学、理学、法律、政治经济、医学、农学6个学科和生物学、地质学两个系，发展成为学科较齐全、规模较大的综合性大学。

为了适应学校的发展，1932年至1937年间，按照孙中山先生的遗愿在广州石牌建设了新校园。建校计划以六年为限，分三期进行，经费预算达2000万元。1933年3月至1934年9月，第一期工程提前完成，农、工、法三院率先迁入。1934年10月第二期工程开始后，资金筹集出现严重困难，时任校董会董事、执掌广东军政大权的陈济棠，下令广东军政人员捐薪一个月，并向银行借款60万元，使工程得以继续。至1935年10月第二期工程竣工，除医学院及附属医院外，大学本部、文理两学院及所属部门均迁入新校舍。由于建校经费再度短缺，第三期工程速度减缓。

石牌校园时期，学校的发展进入了鼎盛时期。1932—1938年间学校规模几经扩充，国立中山大学发展成为一所有8个学院（包括文、理、工、农、医、法、师、研究院）、31个系及多个附属单位的综合性大学。不仅成为当时国内名列前茅的国立大学，在国外也颇有影响。

新校园第三期工程尚未结束，抗日战争爆发。学校颠沛流离于广东罗定、云南澄江、广东坪石、东江、连县等地，期间校舍和资料设备损失严重。1945年回迁广州，即着手修复校舍、重新添置图书设备。于1946年初开始陆续恢复教学和科研工作。

1949年10月，广州市军管会接管国立中山大学。1950年1月成立国立中大校务委员会并正式开学复课。学校各项工作，按照第一次全国教育工作会议确定的方针和改革发展的方向稳步进行。

1952年全国高校院系调整，拆分原国立中山大学，将文理、工程、农学、医学等院系，与中南地区其他高校相关院系合并，组成多所新的高校，其中以文理为主的中山大学迁至广州康乐园即原岭南大学校址，中山医学院留在东山原址（后改名为中山医科大学，现已与中山大学合并），华南工学院（今华南理工大学）、华南农学院（今华南农业大学）等仍在石牌原校址（资料来源：《国立中山大学成立十周年新校落成纪念册》）。

华南理工大学5号楼、7号楼、8号楼、体育馆等建筑均建于20世纪30年代，为红砖墙绿琉璃瓦大屋顶形式和框架结构，功能上基本满足现代教学要求，通风采光好，形式上既有中国古代建筑特色，又融合了现代主义建筑元素，属于中国固有式风格，成为中国近代建筑的典范，2002年列入为广州市文物保护单位。

5号楼地处衡山，位于泰山路北面、校区中轴线的右侧，原为国立中山大学文学院，由岭南近现代著名建筑师郑校之设计，广州大来建筑公司承建，1934年10月动工，次年11月竣工，建筑面积为3531m²，投资约28.1万元大洋。5号楼主楼高3层，绿琉璃瓦歇山顶，两翼为平顶，出小挑檐，为框架结构。其前出的两层高门廊的4根大梭柱风格独具；该楼集中体现了20世纪30年代早期岭南建筑流派之现代风格，也是中外混合式风格建筑的杰出代表作之一。1952年10月华南工学院组建后，5号楼曾为华工外语、物理、电工等系科的教研室用房，2004年起，为华工政治与公共管理学院所在地。

7号楼位于庐山路之北端，由岭南近现代著名建筑师、建筑教育家林克明设计，广州合泰建筑公司承建，始建于1934年10月，竣工于次年11月，建筑面积为2338m^2，投资额约为24.7万元大洋。该楼原系国立中山大学理学院化学系教室，约在1936年转归该校工学院作化学工程教室。今为华工土木与交通学院之土木系用楼。该楼为框架结构，楼高2层，立面分为中间高两侧低的三段式，均为单檐庑殿绿琉璃瓦顶，首层作基座用花岗石砌筑，月台及石阶两侧施栏杆望柱头，均刻有云纹、松鹤图案，色调和谐、古雅，风貌庄严。室内装修也很讲究，柚木门、钢制窗，室内为红色水磨石和红色水泥砖地面。

8号楼位于湖滨路逸夫科学馆之北面，由岭南近现代著名建筑设计师杨锡宗设计，广州宏益建筑公司承建，1933年3月动工，次年9月竣工。建筑面积为2512m^2，投资约37.3万元大洋。8号楼为高两层内廊周匝的合院式建筑，原为国立中山大学电气机械工程教室，今为华工机械与汽车工程学院用楼，

旧体育馆（下文简称体育馆）位于华工北校区校园中轴线之东，本系中山大学石牌旧址体育运动用馆。由岭南近现代著名建筑师关以舟、余清江设计，广州德联建筑公司承建。1936年6月动工，1937年9月竣工，建筑面积为2905m^2。体育馆为大跨度公共建筑。全馆分为前后两部分，前部为框架结构的体育馆两层辅助用房，后部为钢桁架结构的单层大空间室内场地，地面铺设约900m^{2}柚木地板。该楼为的中西混合式建筑，既有西方古典建筑风韵，如西式平顶立面采用西方古典建筑常见的檐、墙、勒脚特色，但女儿墙、檐部采用中国传统式样的如意纹和回纹图案；在檐壁、门廊等处又添加了传统民族风格的线脚或浮雕、彩绘纹样等装饰构件，具有较高的艺术价值。1984年，体育馆大空间改为学生文化演出集会场所，入口做了局部改动。2001年，体育馆前部成为华南理工大学保卫处的办公场所。2005年，体育馆又经修缮，提高了屋顶防漏水能力，改善了通风降温条件与座椅的舒适度。

上述建筑具有较高的文物价值：在历史价值方面其见证了中国近代高等教育发展，是近代建筑教育建筑例证，为岭南建筑的代表作，更是中山大学、华南理工大学历史发展的见证，同时为民国名建筑师设计代表作。在科学价值方面，其是近代建筑功能与建筑技术代表，规划设计突出了与环境的协调。在艺术价值上，建筑造型丰富、比例得体、工艺精湛。同时建筑自建成以来一直作为教学设施使用，具有良好的教学空间和建筑的延续性。在这里走出了众多学子，其建筑满载着中大人、华工人的深厚情感。

设计理念

设计本着保护修缮设计与合理利用设计并举，对各建筑统筹规划和功能调整，做到合理使用。并对文物建筑周边环境、管网通盘考虑。本次修缮的华南理工大学5、7、9号楼及体育馆都是民国时期的国立中山大学石牌校区的校舍，由于是同时期建筑又一起作修缮计划，所以一并讨论。历经70年风雨，建筑已经破旧不堪，主要问题如下：

1. 建筑及结构问题

地基不均匀沉降、墙体开裂、钢筋混凝土构件开裂风化、屋面漏水、瓦件破损、建筑饰面部分损毁等。

2. 使用不当、功能欠缺

（1）使用单位复杂、功能不合理，如8号楼为三个学院使用，一楼多为实验室，有危险设备、化学试剂、大型设备对建筑基础、地面、建筑安全以及内部师生存在较大安全隐患。

（2）使用中后加设备、装修对建筑的风貌破坏较为严重。

3. 设备、管网混乱，安全隐患较大。

修缮设计主要具体措施：

（1）对外墙面进行清洗后按原样修复及对外墙做防渗漏（防水）处理；对室内所有墙面和天花面均铲除松动破损装饰面层，重新批灰并做高级室内涂料；对所有卫生间做精装修施工；对保留或恢复原地面，部分新做与原地面相协调地面铺装。

（2）重做屋面防水工程，视具体情况对整个或部分屋面琉璃瓦进行翻新处理，保留原檐口瓦当滴水构件及样式。

（3）保留或更换外立面门窗，确保外立面风格不变，新做部分玻璃窗采用喷氟碳漆的钢结构窗，保持原样式不变，选用节能玻璃。更换室内不敷使用门窗，保持原有样式与风格。

（4）天花、檐口及墙面彩绘清出，损毁部分按原样补绘；门口古式石台阶、走廊古式栏杆，楼梯栏杆及扶手损毁部分按原样翻新。

（5）现有水、电设备已严重老化，对室内水电工程按使用进行更新。完善网络、安保、防火等系统。现有分体机室外机外挂严重影响外立面，改装后装中央空调或变频空调系统。

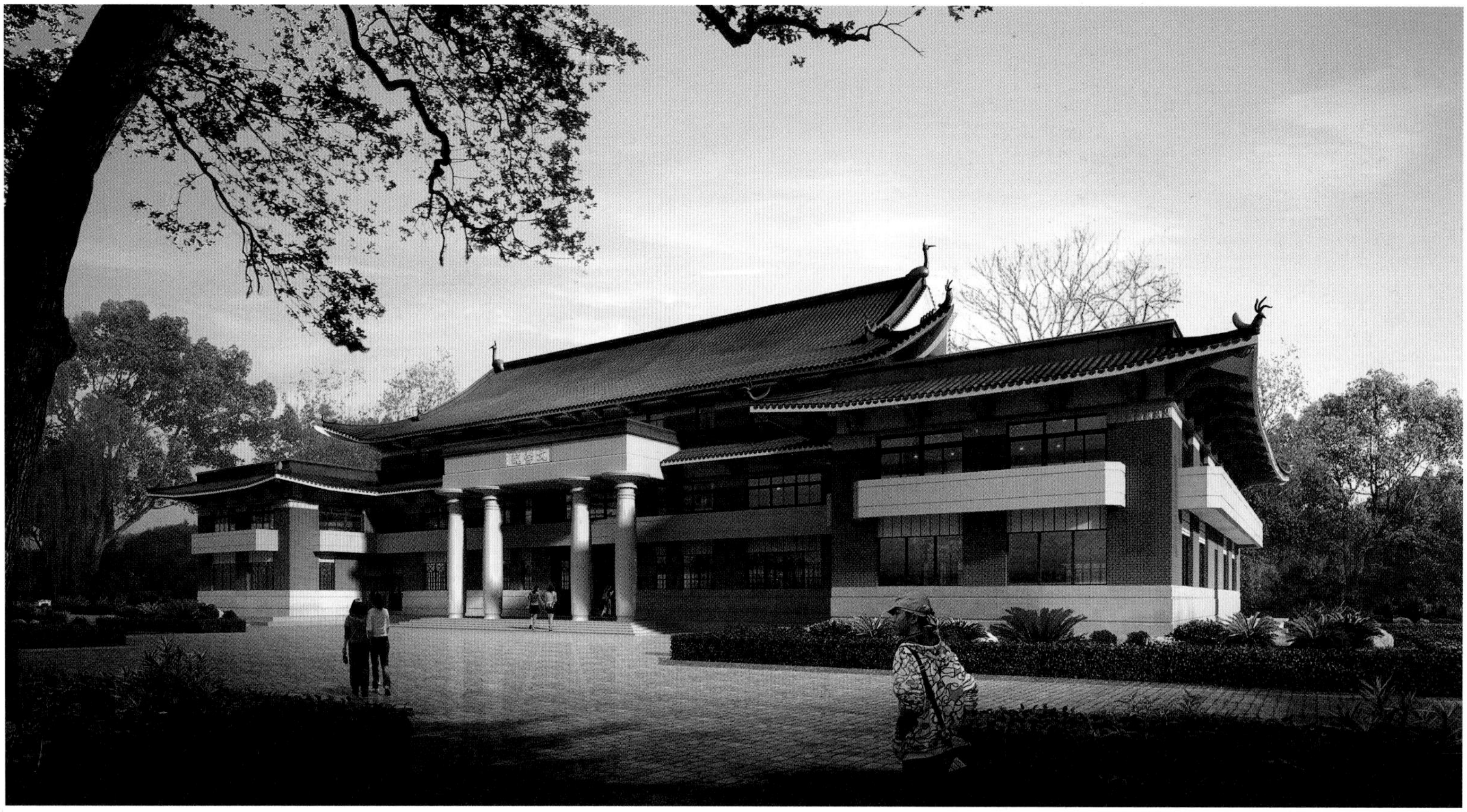

5号楼修缮设计效果图

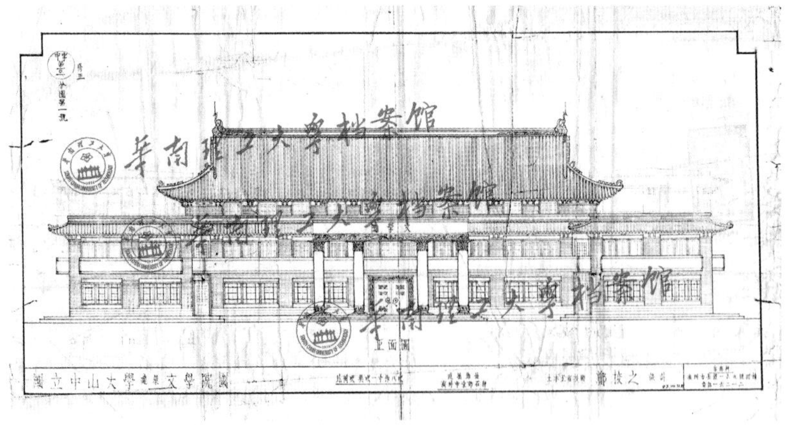

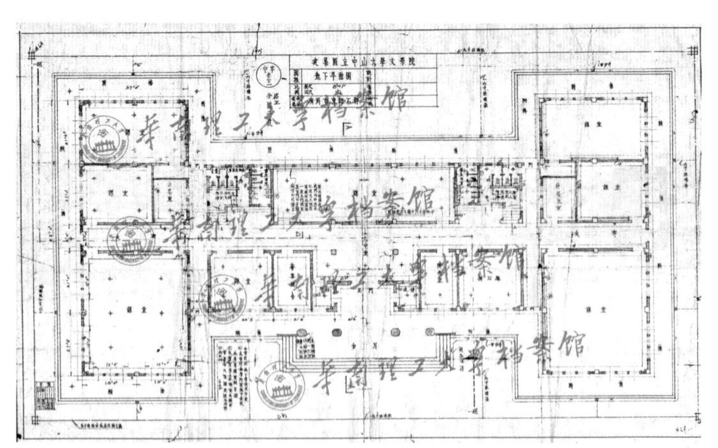

原设计图纸

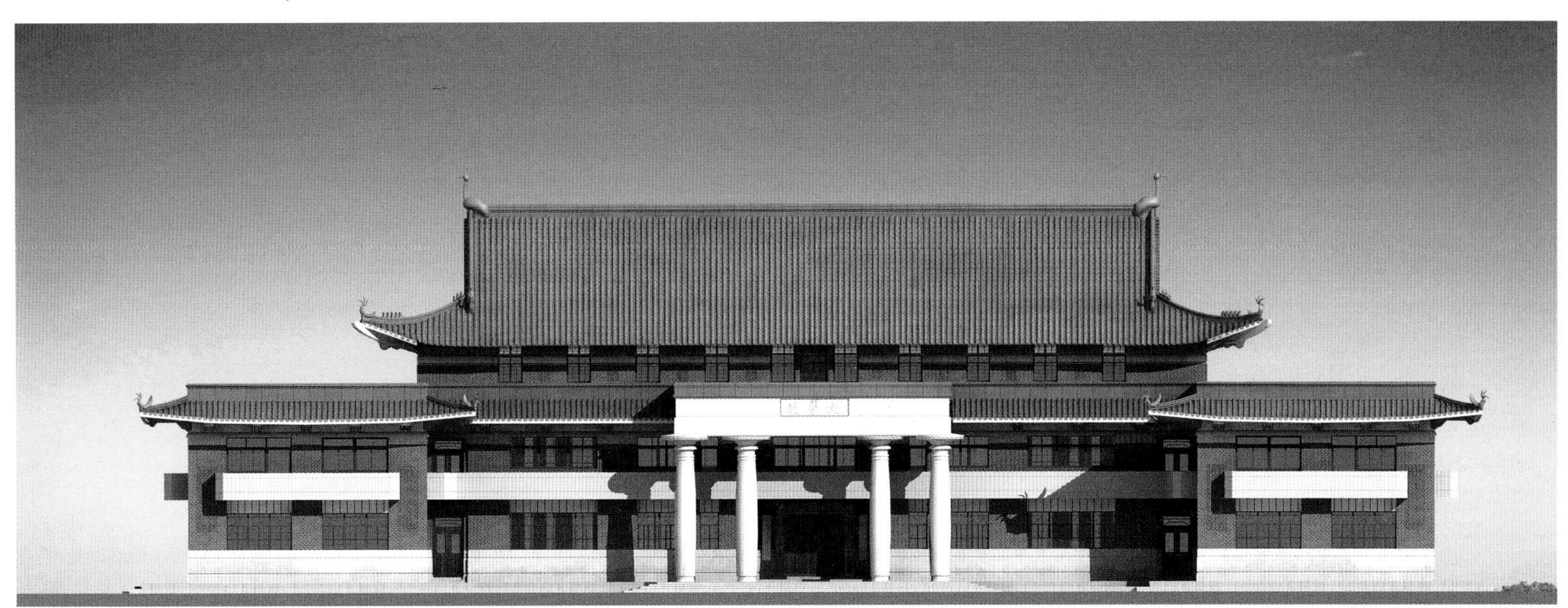

立面修缮效果图

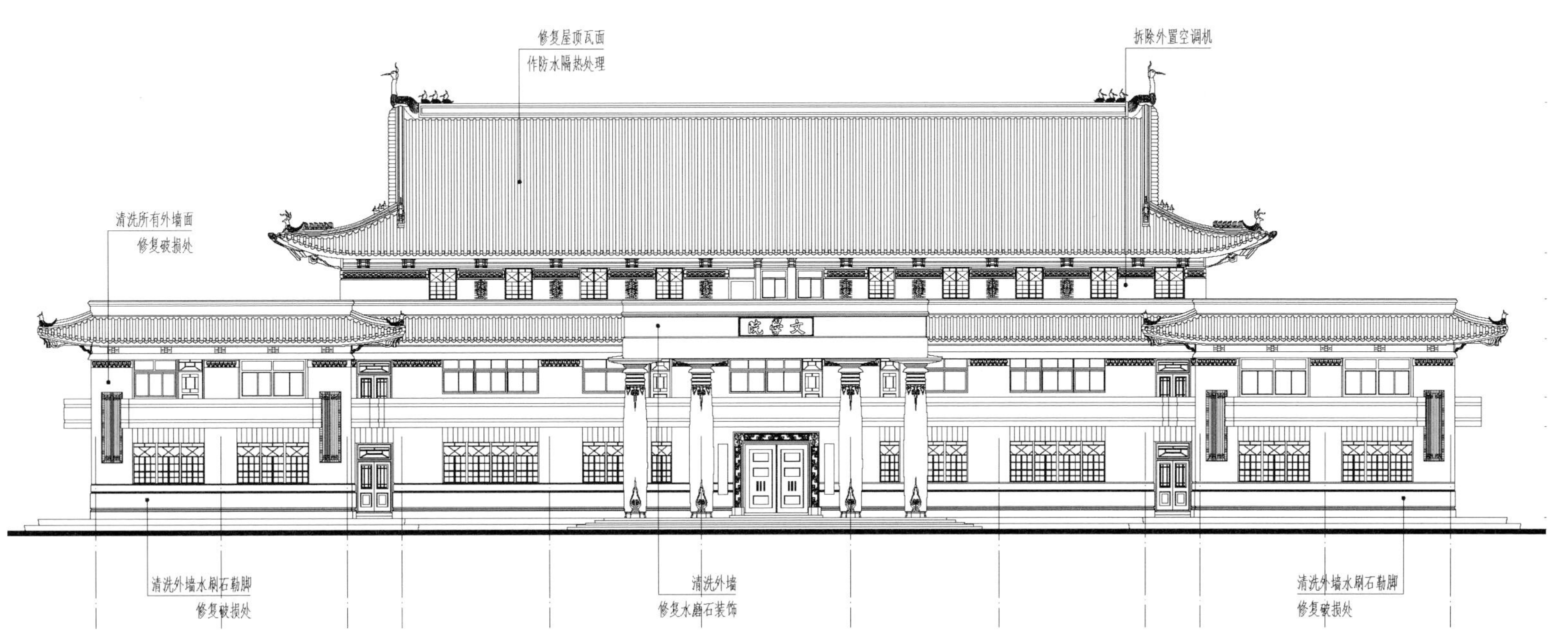

修缮立面图

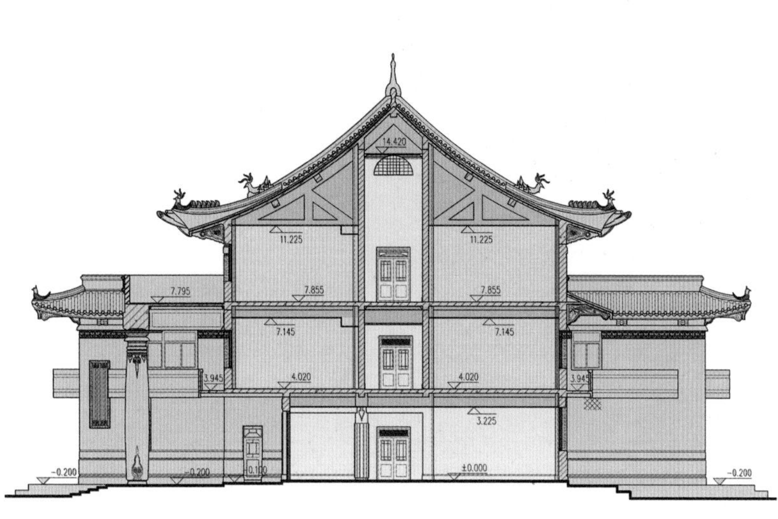

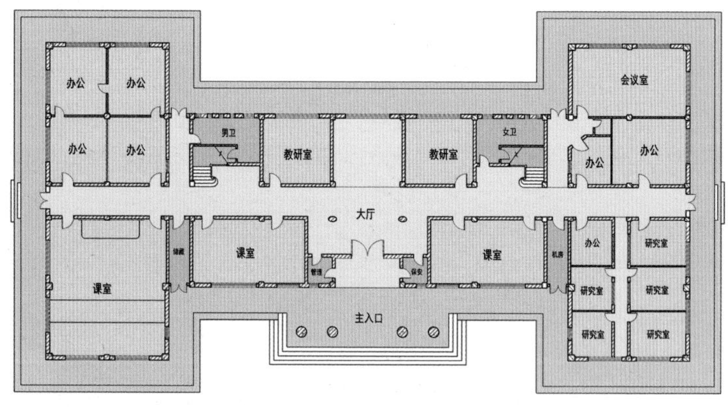

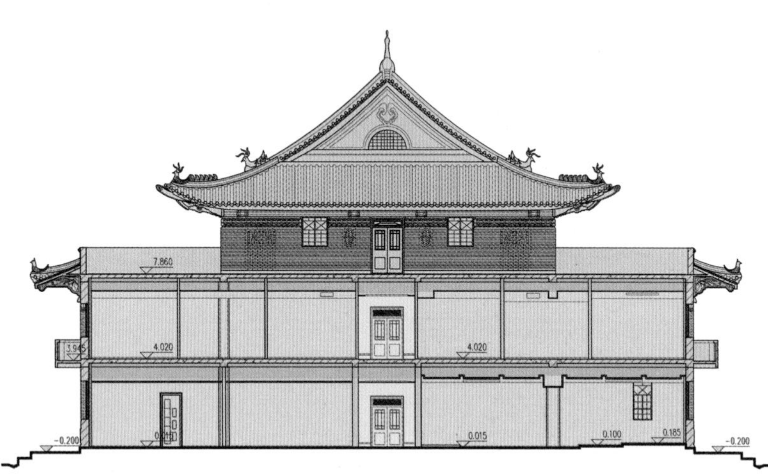

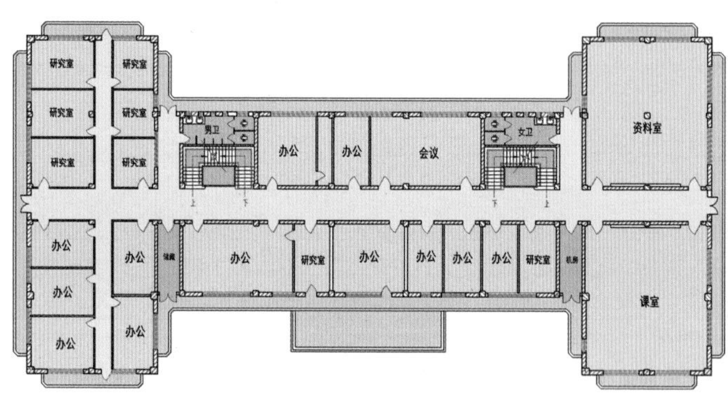

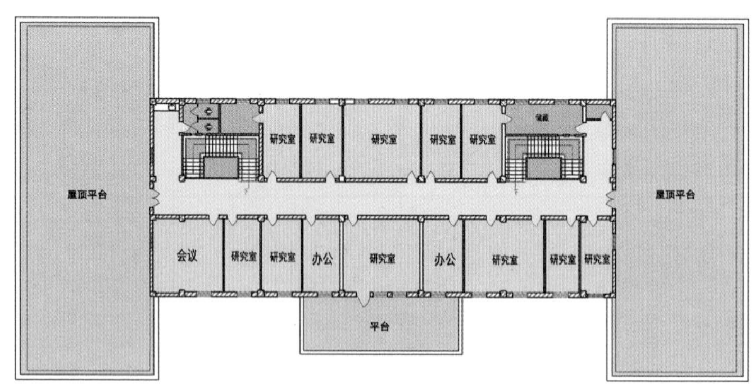

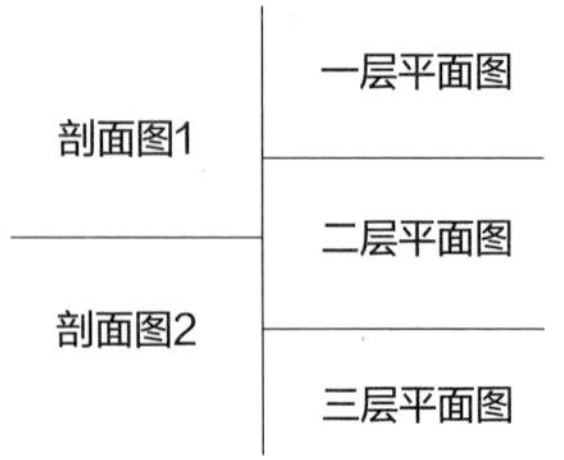

剖面图1 | 一层平面图

二层平面图

剖面图2 | 三层平面图

修缮施工图

5号楼修缮后

透视效果图

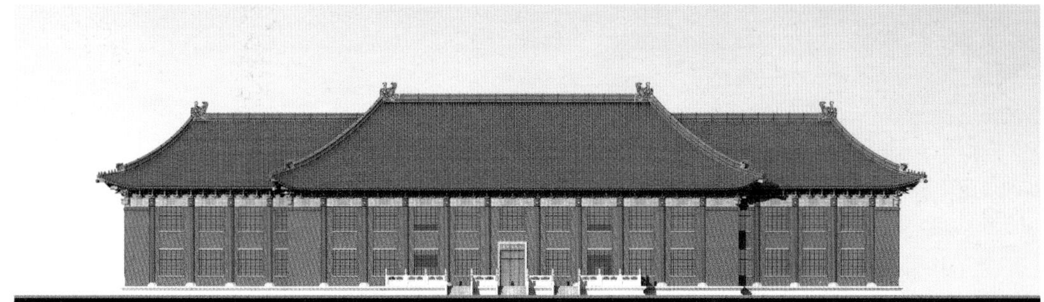

立面效果图

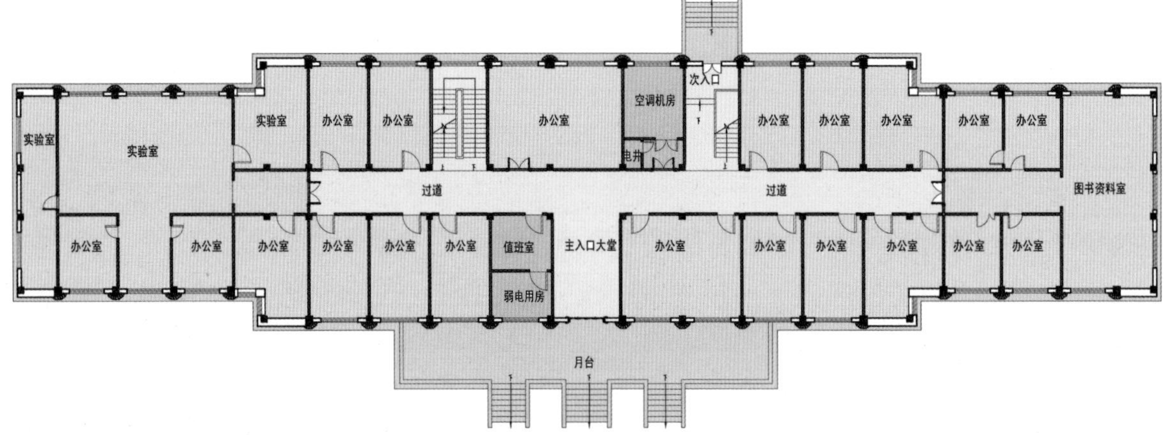

一层平面图

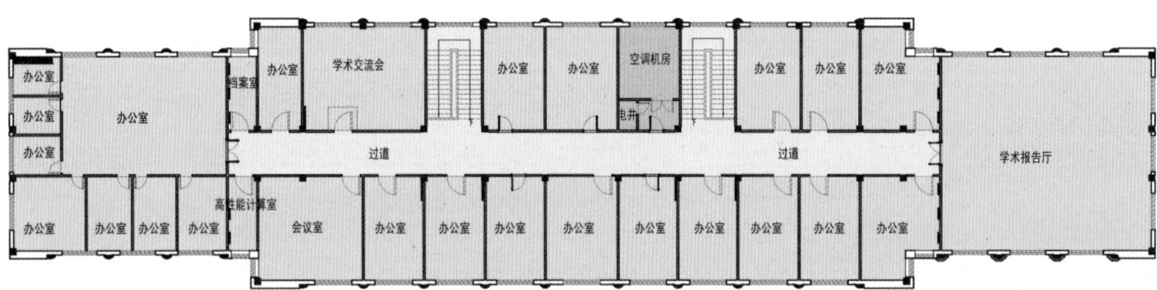

二层平面图

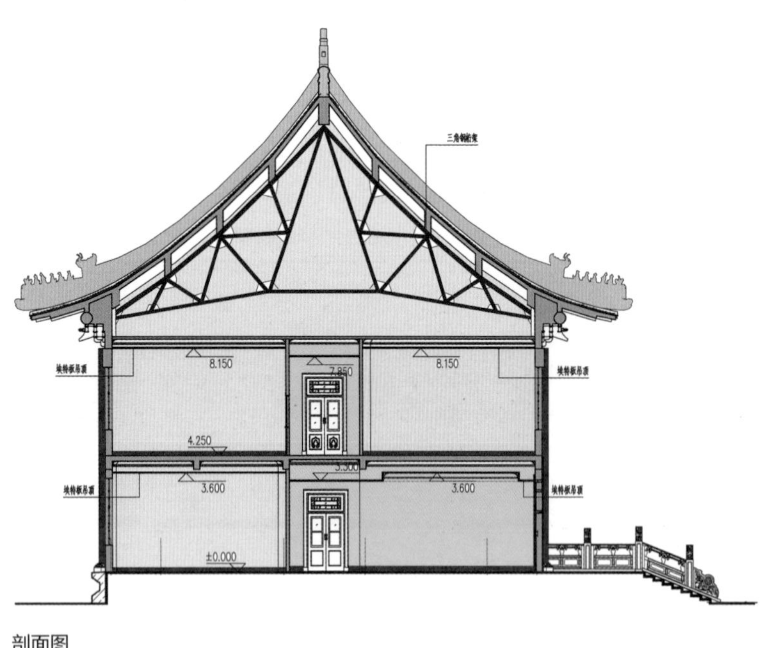

剖面图

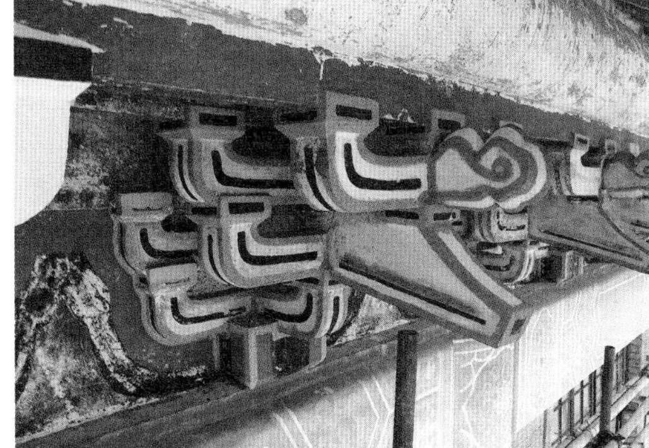

修缮施工图

7号楼修缮后

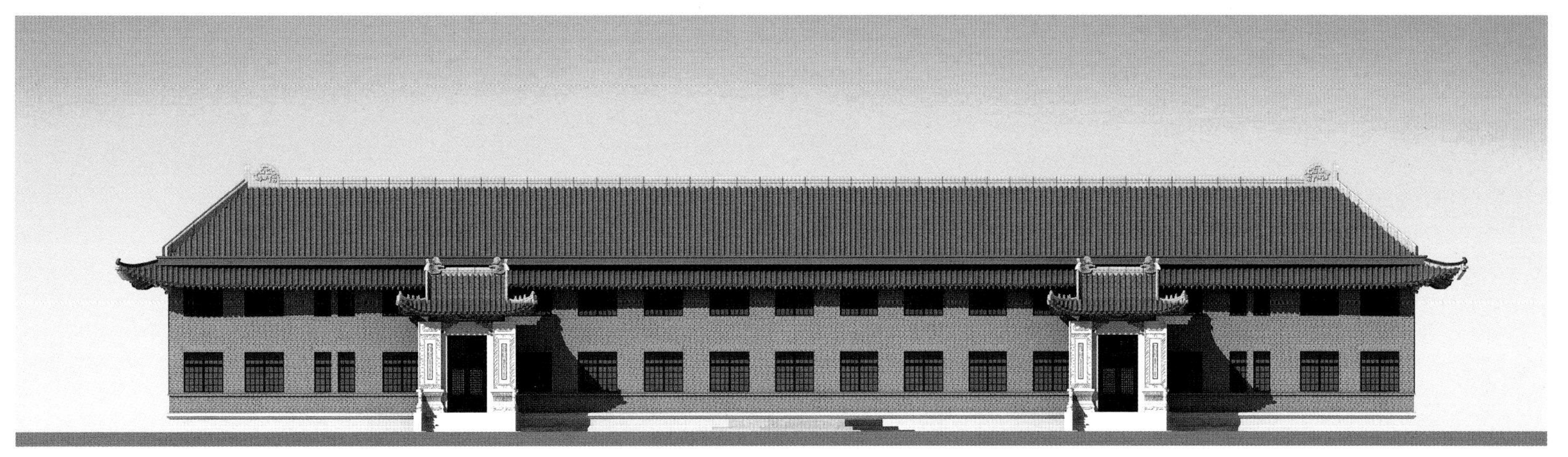

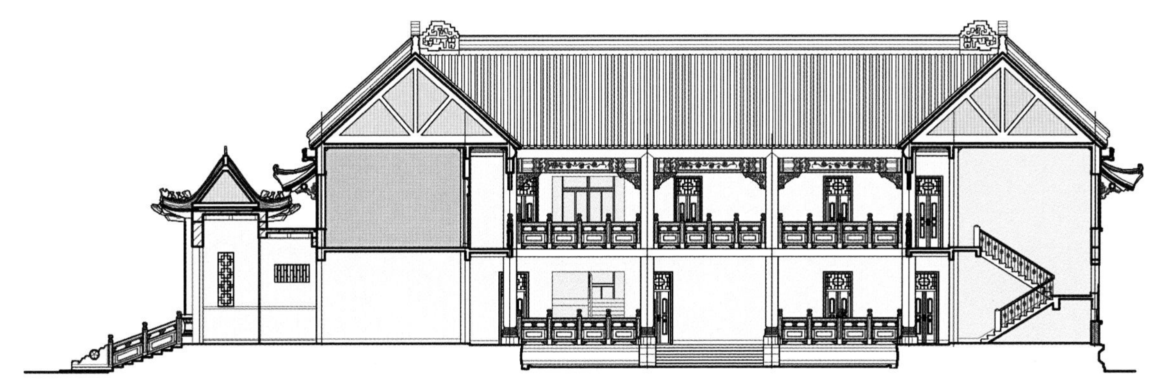

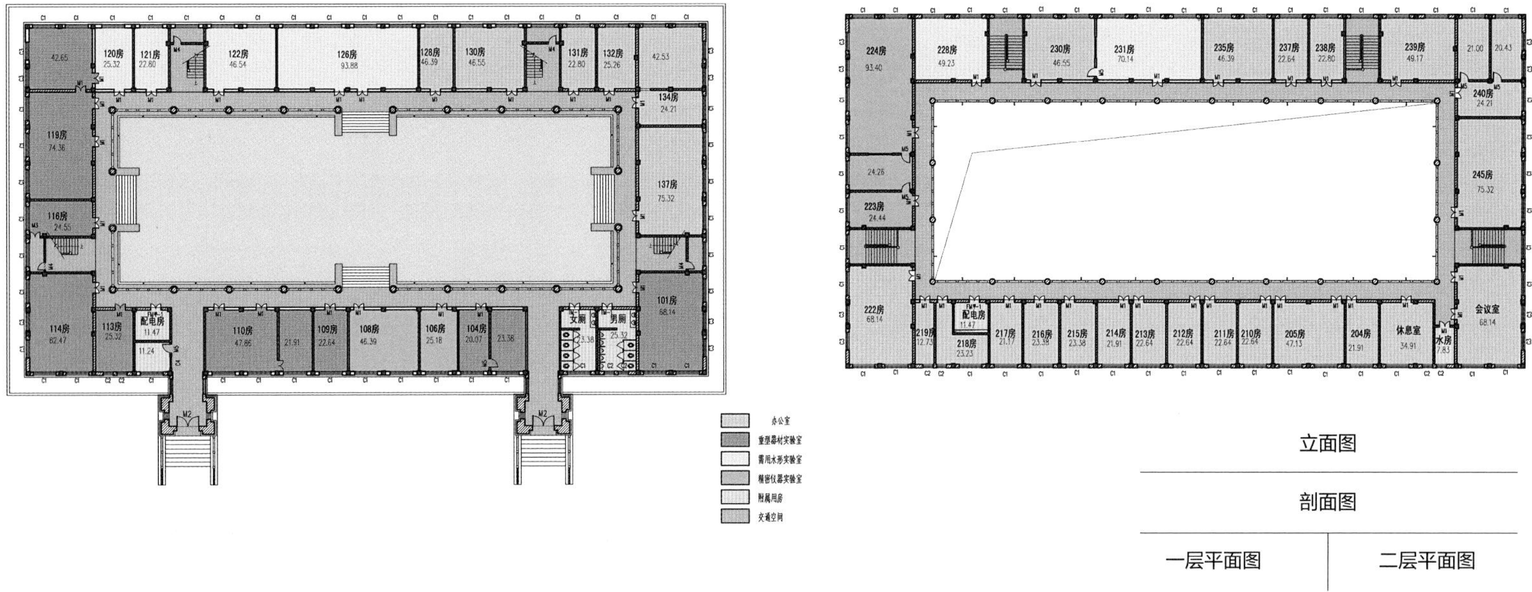

立面图

剖面图

一层平面图　二层平面图

8号楼修缮前

中国机械工程学会
失效分析工作委员会
华南理工大学失效分析网点
广东省电子封装材料与可靠性工程技术研究中心
8号楼
华南理工大学
材料科学与工程学院
金属材料科学与工程系

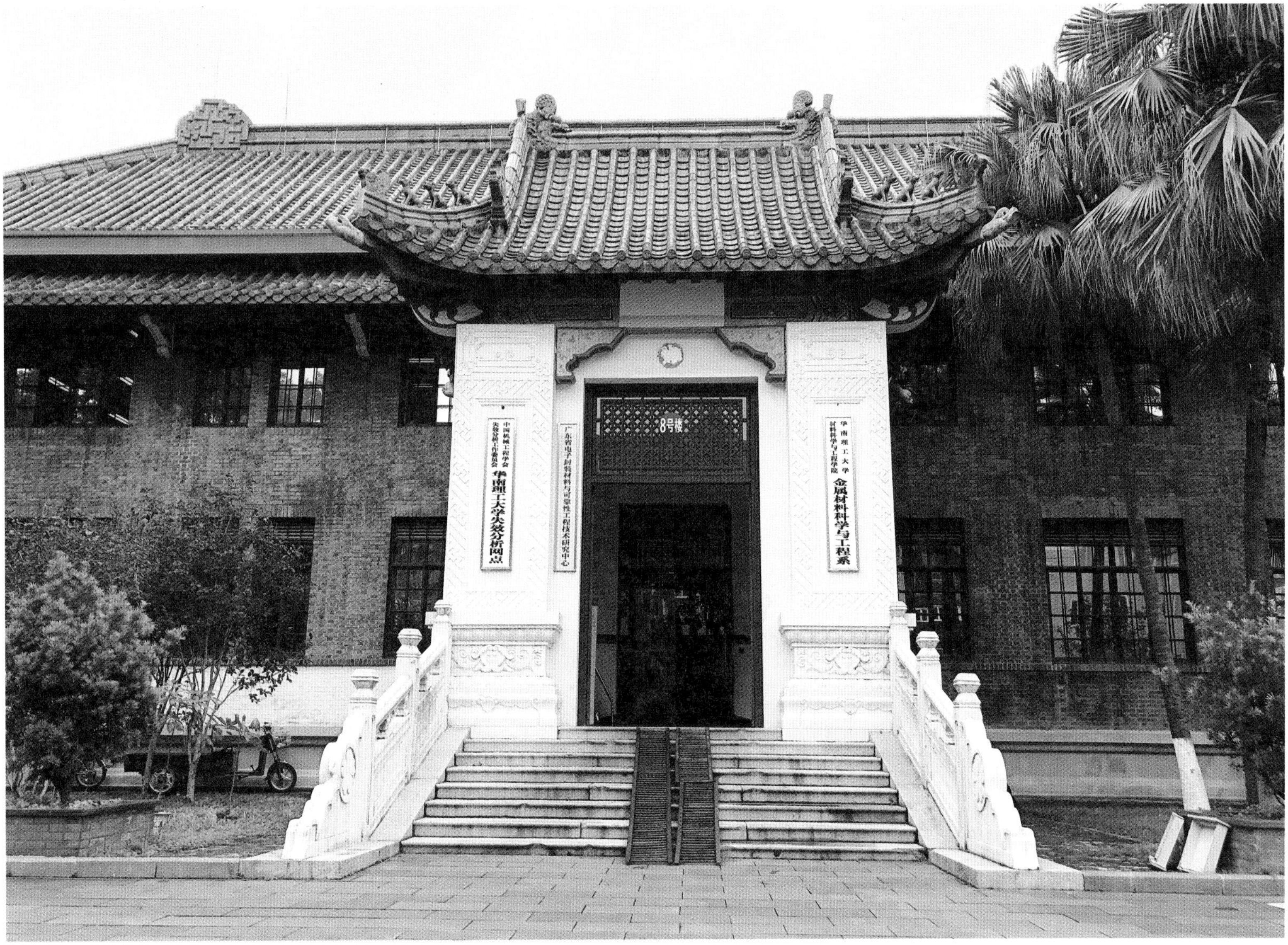

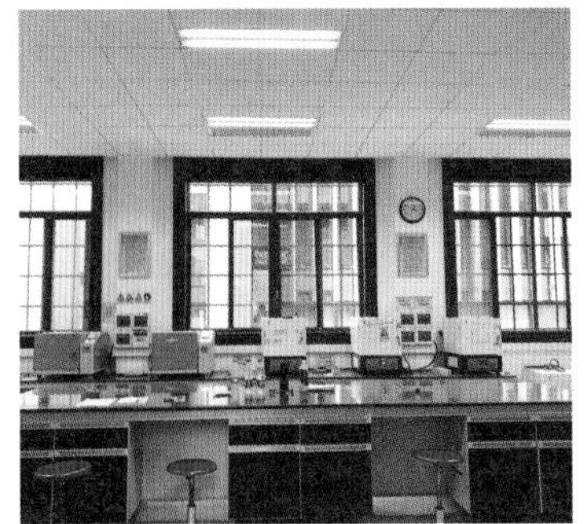

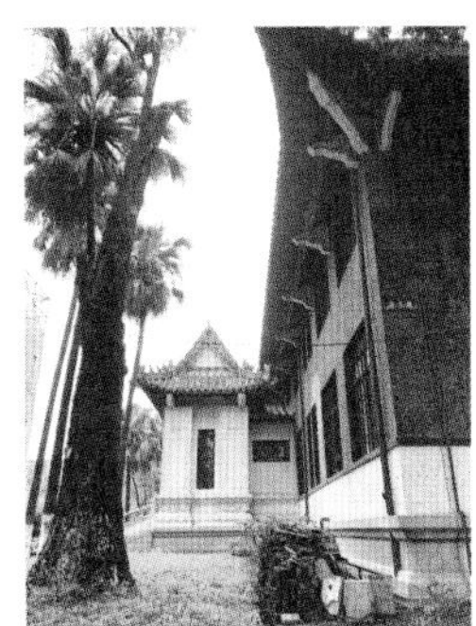

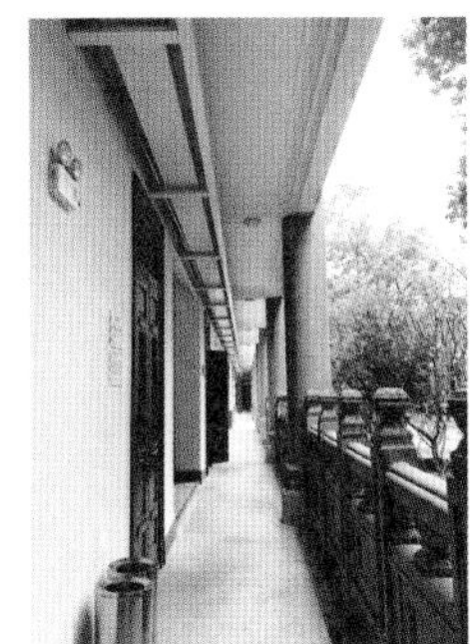

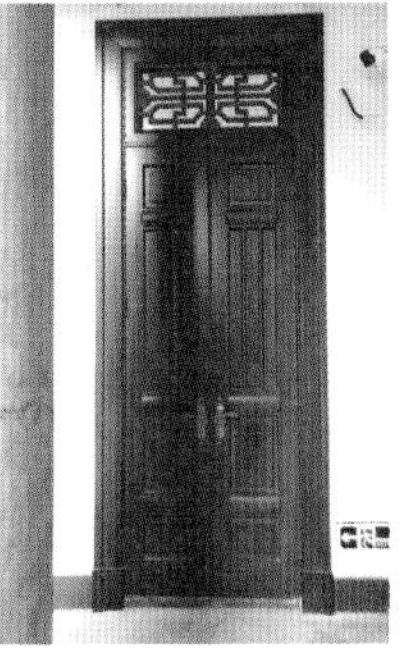

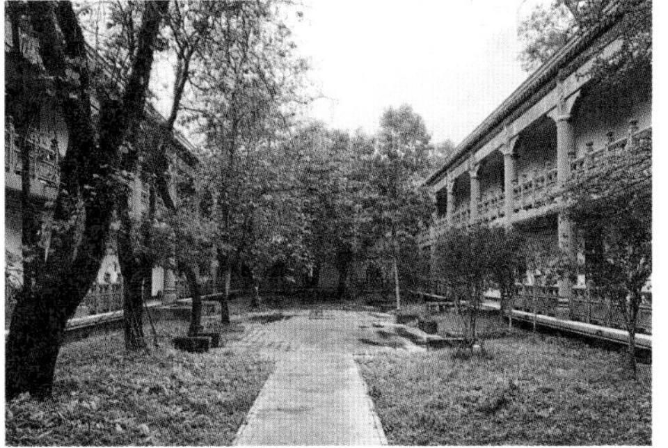

8号楼修缮后

体育馆透视效果图

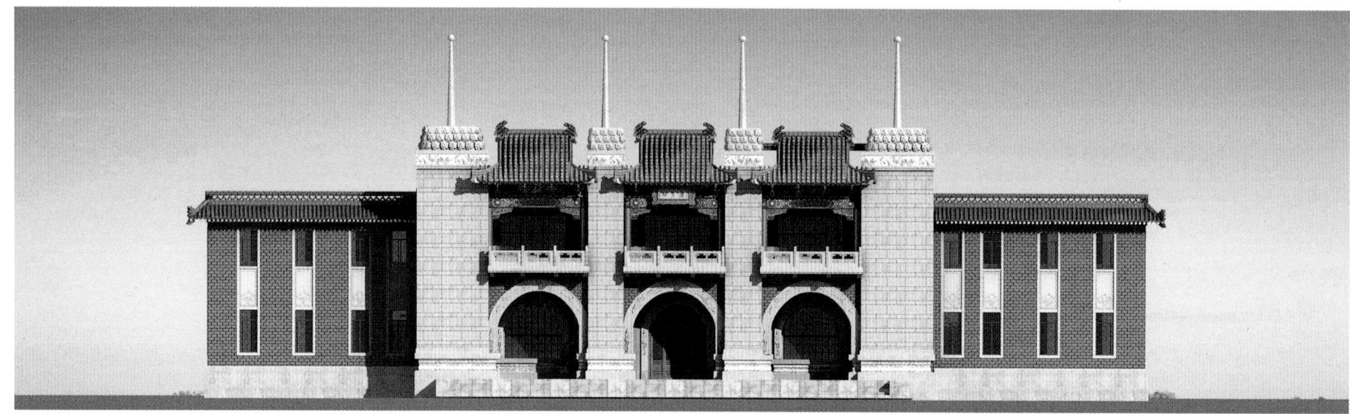
体育馆正立面效果图

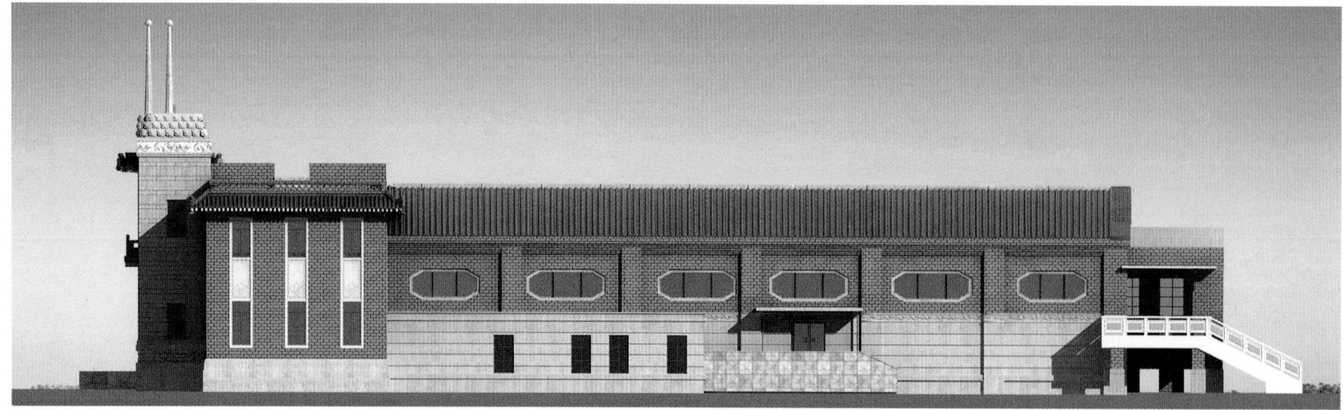
体育馆侧立面效果图

体育馆透视效果图

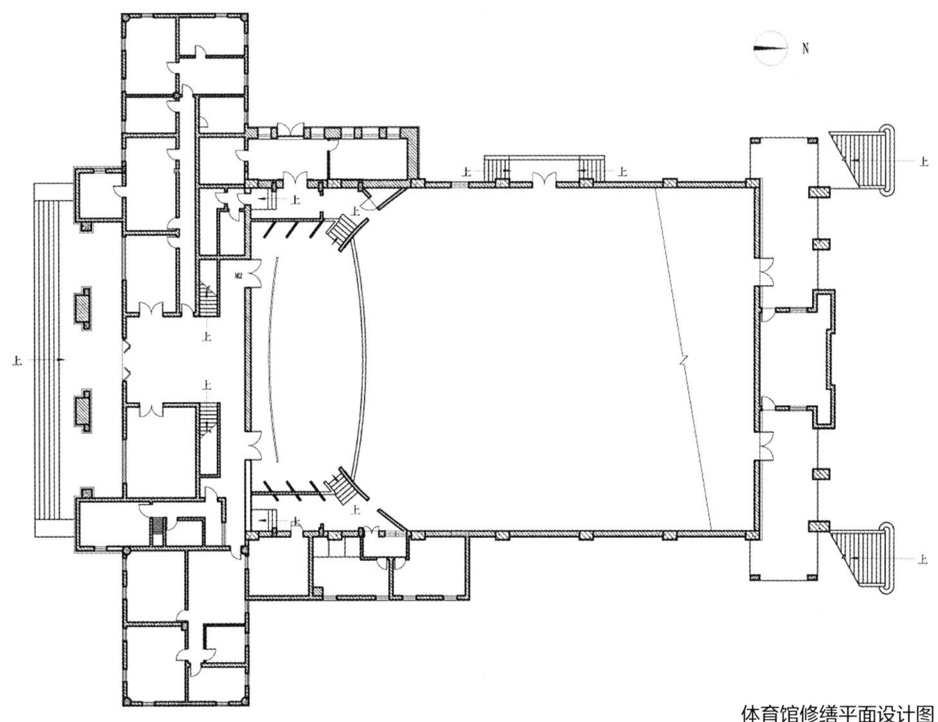

体育馆修缮平面设计图

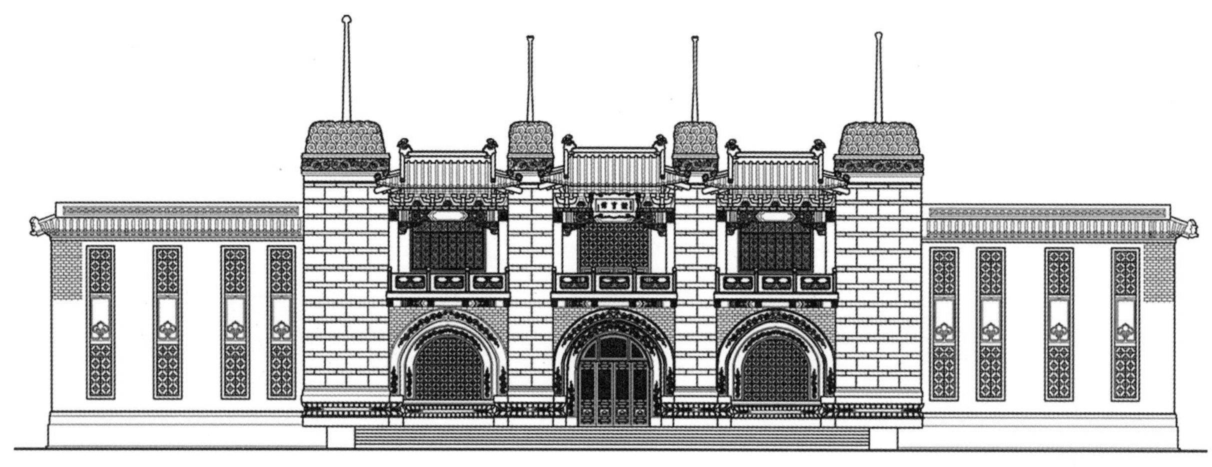

正立面图

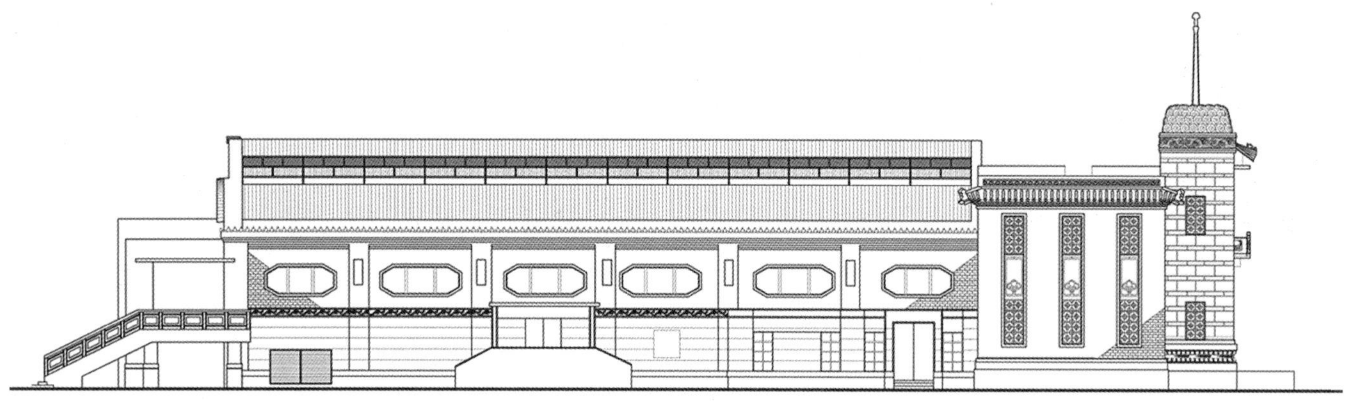

侧立面图

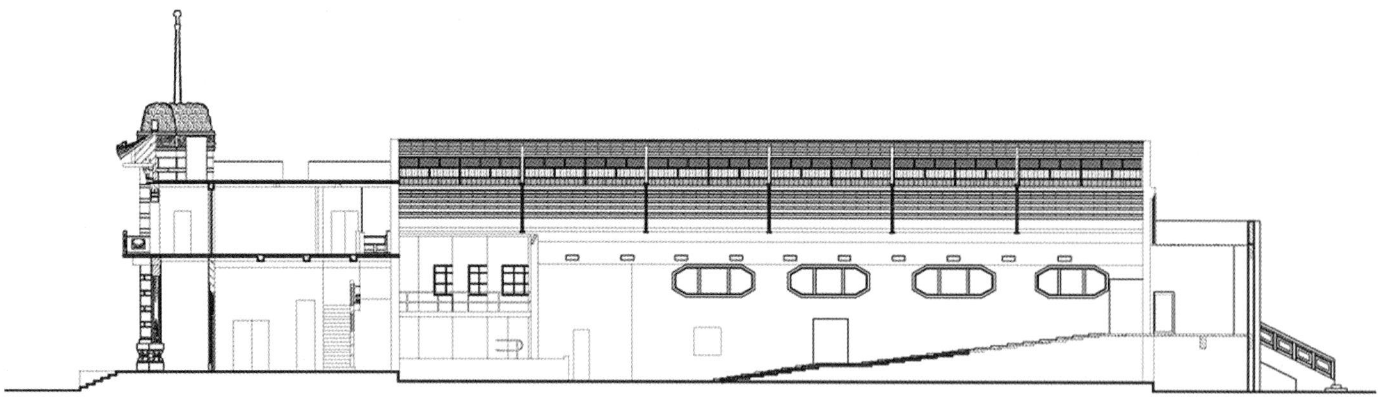

纵剖面图

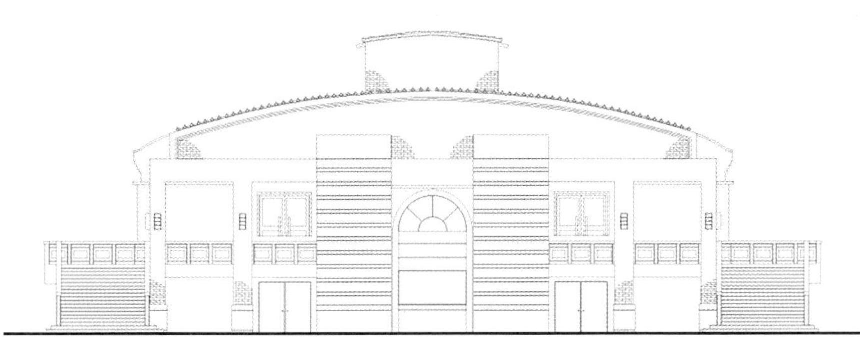

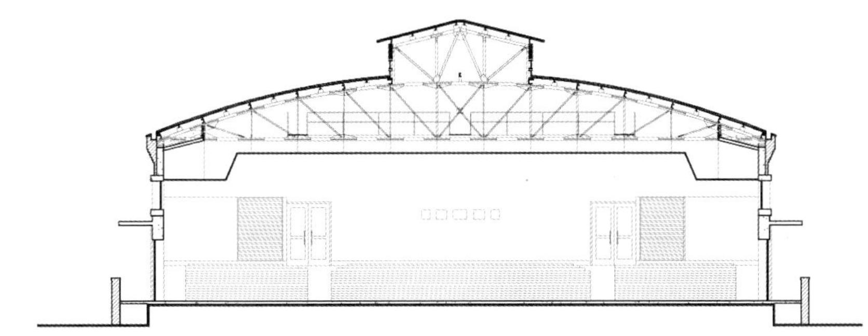

背立面图	门大样图
	水磨石额枋大样图
横剖面图	天花大样图

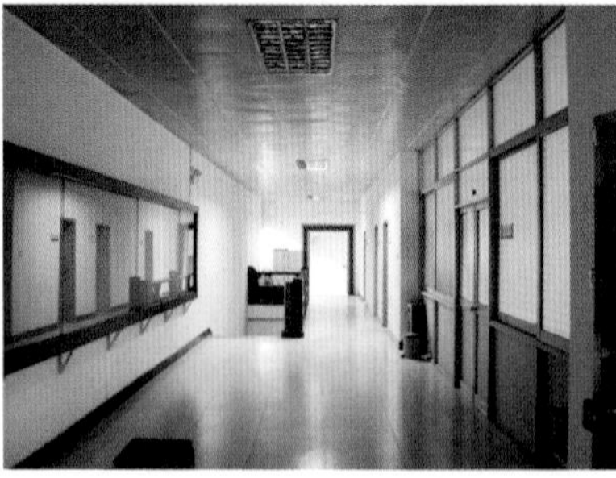

体育馆修缮前

体育馆修缮后

2.20 惠州东坡祠复原设计

建设地点： 广东省惠州市城区
设计时间： 2016
建成时间： 2018
建筑面积： 2000m²
主要合作者： 姜 磊 翁奕城 黄震岳 石 拓 劳楚静 程 胜 程 鑫 周晓林 陈 琳 刘丹枫 杨家强 陈思文 钟达伟 黄成峰 范 彬

设计背景

东坡祠位于惠州市白鹤峰东坡文化景区内白鹤峰上，景区由东坡祠、东坡纪念馆和东坡粮仓等组成，总用地面积约3.36万m²。

苏轼（1037—1101年），字子瞻，又字和仲，号“东坡居士”，世称“苏东坡”。北宋绍圣元年（1094年）苏东坡被贬惠州，于东江边白鹤峰上修建了住宅，用苏东坡自己的话说，白鹤峰“下有澄潭，可饮可濯，江山千里，供我遐瞩。”苏家弃屋北归后，“惠人以先生之眷眷此邦，即其居建祠祀焉。”于是东坡新居变成东坡故居和东坡祠。据不完全统计，自宋元符三年（1100年）苏家弃屋北归至清宣统二年（1910年）的810年间东坡祠多次修葺重建。抗战期间白鹤峰东坡祠遭日本侵略军多次轰炸毁坏，中华人民共和国成立后此处作为惠州市卫校使用。东坡祠重建前仅存东坡井和德有邻堂、思无邪斋、冰湍几块匾额，东坡井为省级文物保护单位。2012年惠州市政府提出打造东坡文化景区，弘扬东坡文化，恢复东坡祠，修复清代的建筑风貌。同时规划东坡纪念馆，再现岭南园林风情，修缮南面的东坡粮仓作为艺术展览空间，将东坡祠、纪念馆和东坡粮仓形成一个文化景区。

设计理念

根据考古发掘资料和文献记载进行建筑布局复原设计，复原德有邻堂、思无邪斋、故居、翟夫子舍、林婆卖酒处、硃池、墨沼等历史景点，最大限度地体现东坡文化。建筑风格根据景点价值采用不同历史时期的建筑风格，早期的东坡故居、翟夫子舍、林婆卖酒处相关建筑，采用始建时期的宋代风格，建筑朴素雅致，体现东坡文人品格；晚期的东坡祠中的德有邻堂、思无邪斋、门楼等相关建筑，采用历史记载信息较完整的清代岭南风格，建筑装饰装修相对大方精致。除了上述主要建筑外，恢复了历史上曾有的部分建筑，如三贤祠、娱江亭、迟苏阁、松风亭等，形成一组主次分明的历史文化信息丰富的人文景区。

在建筑布局上，主体建筑为中轴对称的合院式组合，体现其严肃、崇敬的祭祀性；次要建筑则考虑景观及空间的围合性。总体上以岭南园林和庭院组织空间序列，由登山的线性、德有邻堂组群的面性和其他建筑点性将园林化、庭院化地组合成一有机生态的景区。同时对发掘的历史建筑遗址部分、东坡井和古树进行保护与展示。该组群建筑使用砖木传统建筑材料，主体建筑采用了木构架、青砖墙、石檐柱、青瓦或辘筒瓦顶，菠萝格木梁架，樟木装修雕刻构件，建筑构造巧妙，色彩雅致。

苏东坡雕像

东坡鸟瞰效果图

庭院效果图　史料记载格局复原

庭院效果图

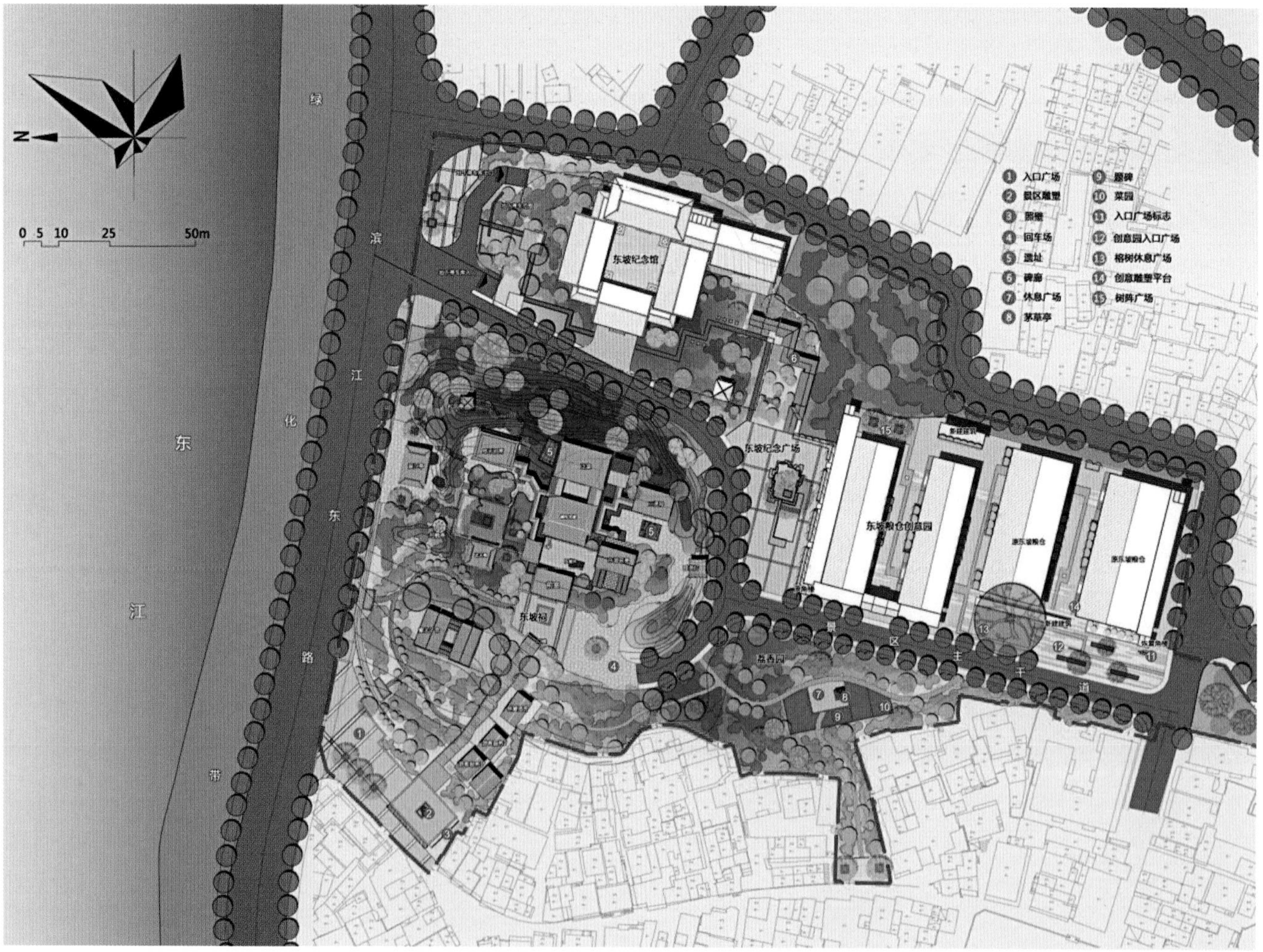

0 5 10 25 50m

1 入口广场
2 景区雕塑
3 照壁
4 回车场
5 遗址
6 碑廊
7 休息广场
8 茅草亭
9 题碑
10 菜园
11 入口广场标志
12 创意园入口广场
13 榕树休息广场
14 创意雕塑平台
15 树阵广场

景观设计总平面

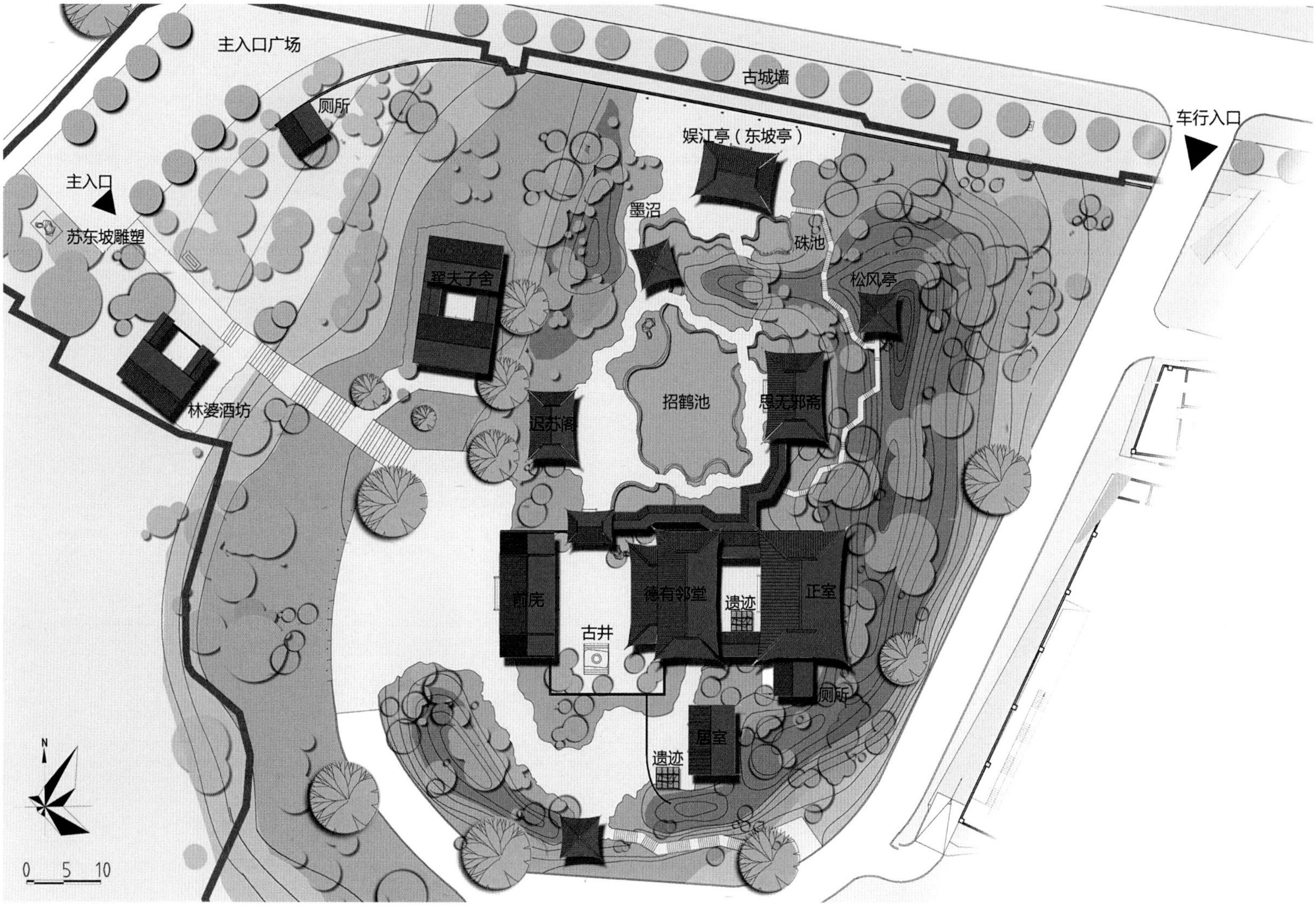

主入口广场
古城墙
厕所
车行入口
娱江亭（东坡亭）
主入口
墨沼
砵池
苏东坡雕塑
翟大子舍
松风亭
招鹤池
思无邪斋
林婆酒坊
迟苏阁
前庑
德有邻堂
遗迹
正室
古井
厕所
居室
遗迹
N
0 5 10

东坡祠总平面图

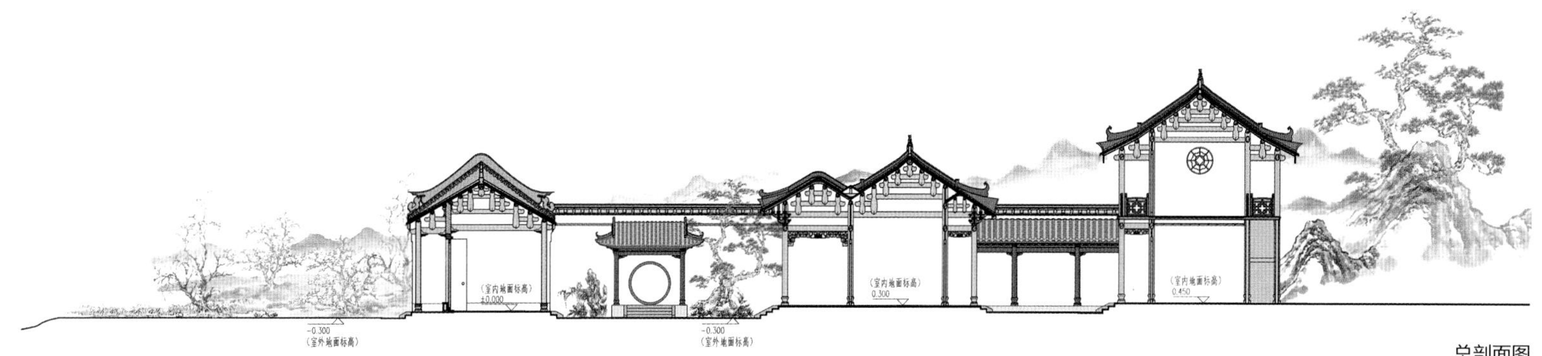

总剖面图

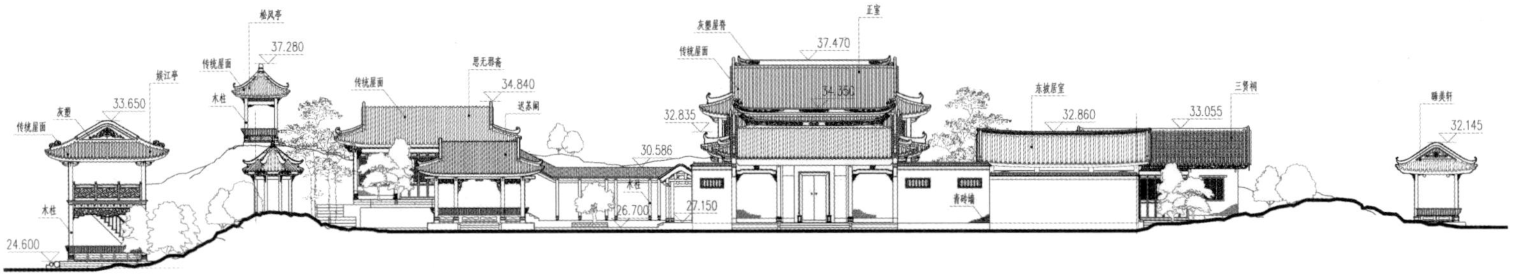

西立面图

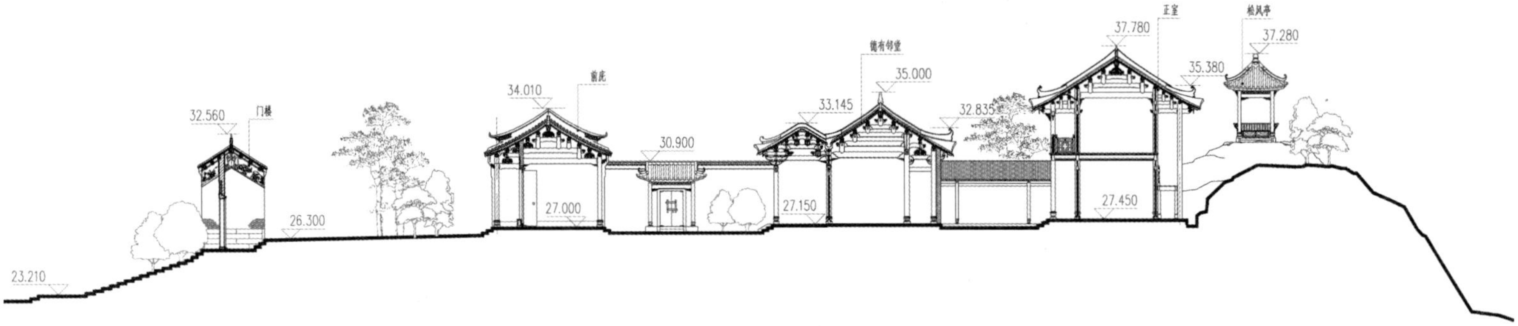

横剖面图

纵剖面图

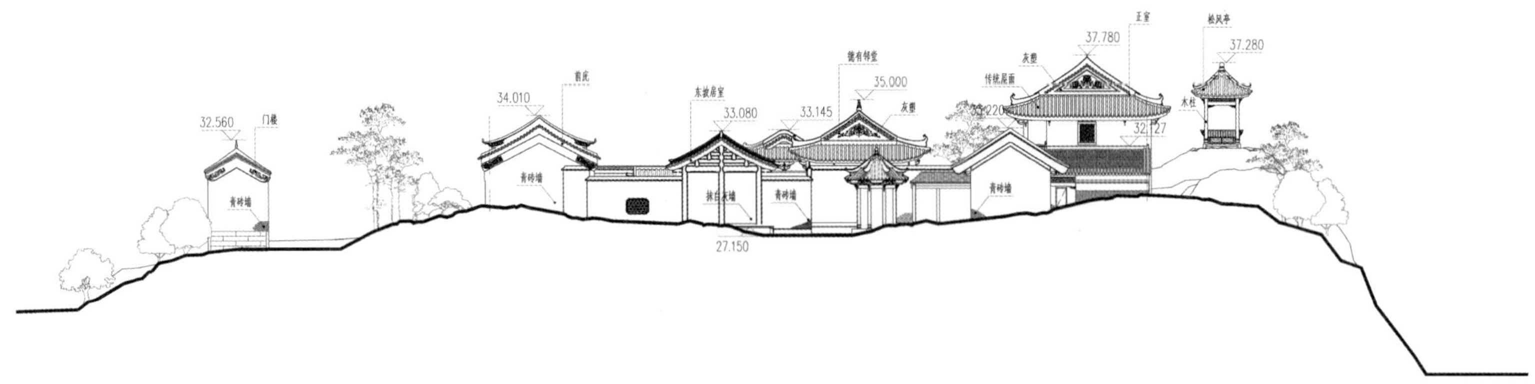

南立面图

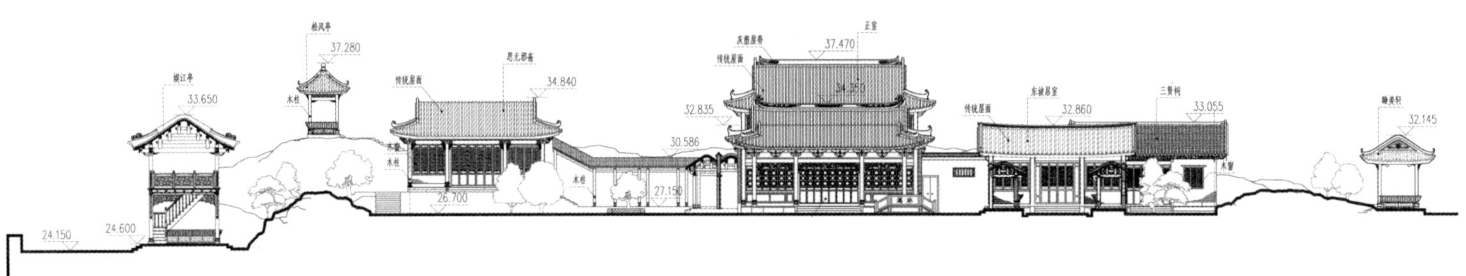

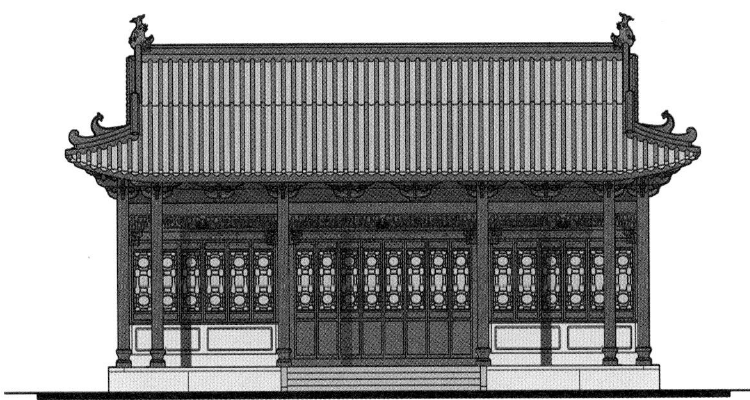

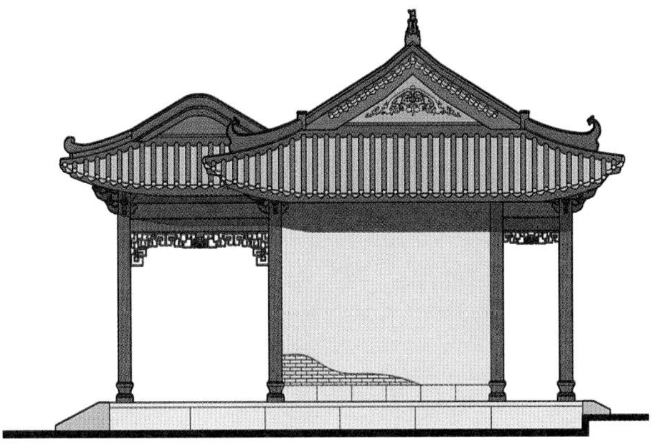

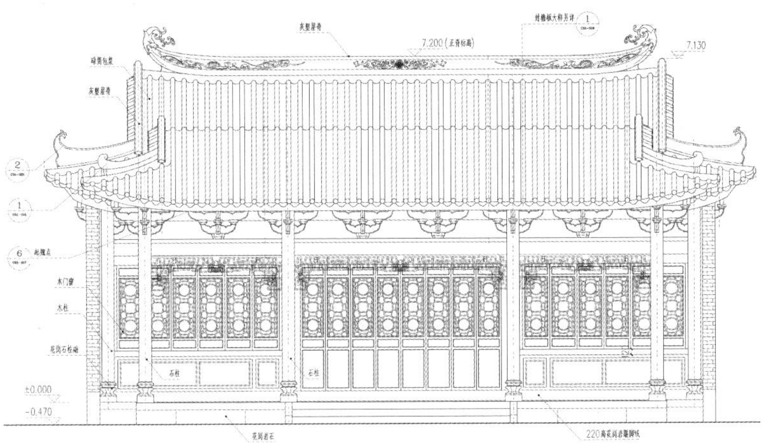

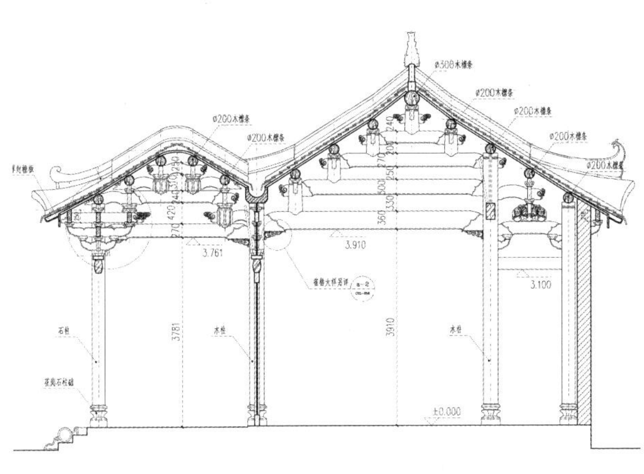

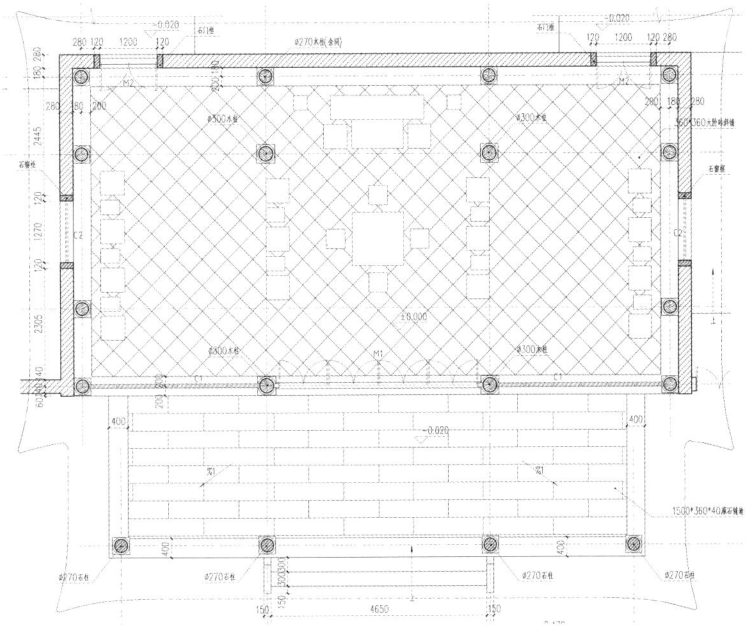

德有邻堂设计图

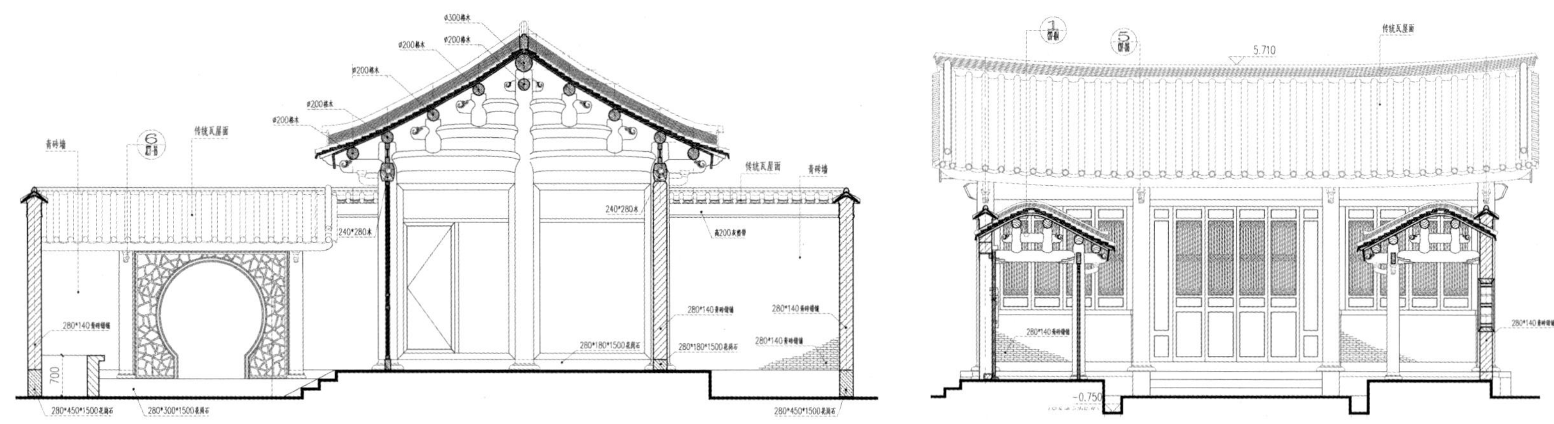

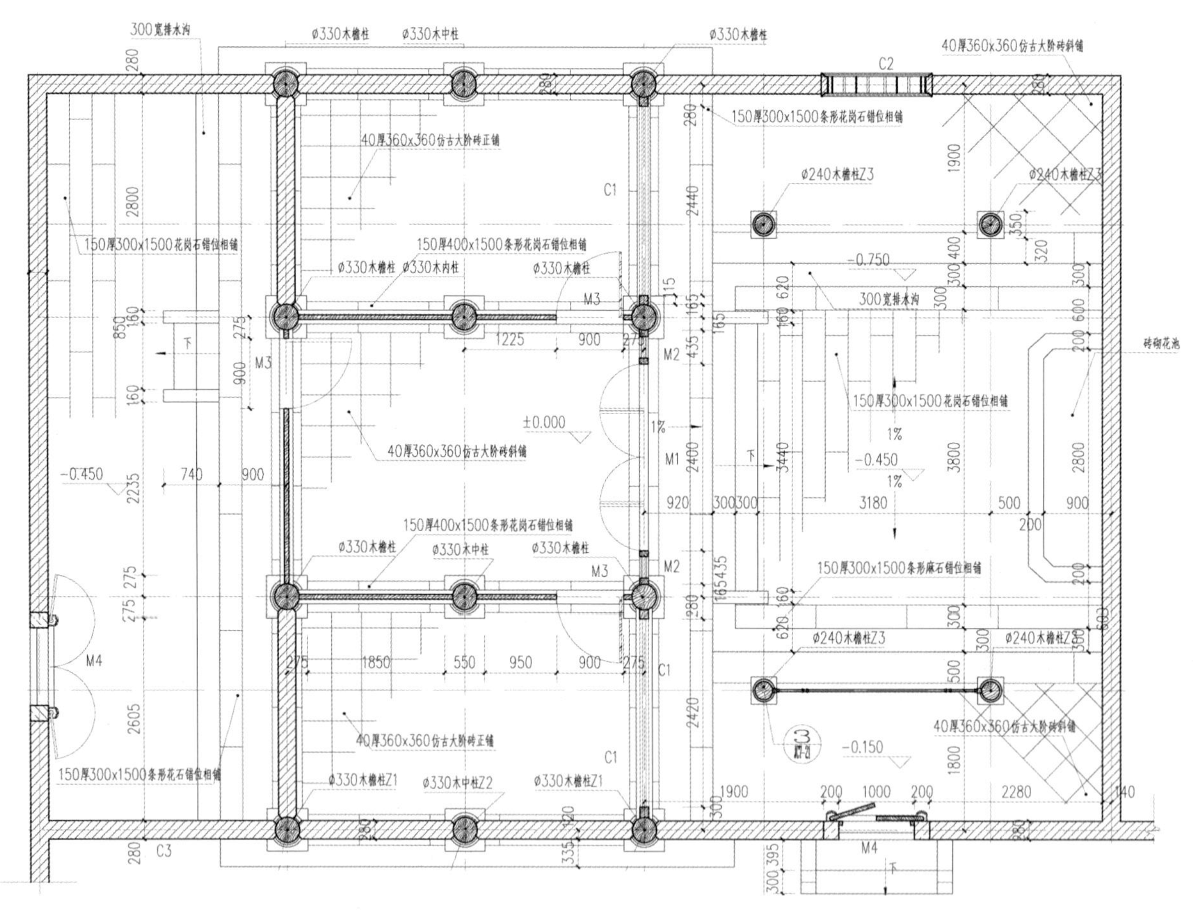
300宽排水沟
ø330木檐柱
ø330木中柱
ø330木檐柱
40厚360x360仿古大阶砖斜铺
C2
150厚300x1500条形花岗石错位相铺
40厚360x360仿古大阶砖正铺
ø240木檐柱Z3
ø240木檐柱Z3
C1
150厚300x1500花岗石错位相铺
150厚400x1500条形花岗石错位相铺
ø330木檐柱 ø330木内柱
ø330木檐柱
-0.750
300宽排水沟
M3
M3
M2
砖砌花池
±0.000
40厚360x360仿古大阶砖斜铺
150厚300x1500花岗石错位相铺
-0.450
M1
-0.450
150厚400x1500条形花岗石错位相铺
ø330木檐柱
ø330木中柱
ø330木檐柱
M3
M2
150厚300x1500条形麻石错位相铺
ø240木檐柱Z3
ø240木檐柱Z3
M4
C1
40厚360x360仿古大阶砖正铺
40厚360x360仿古大阶砖斜铺
-0.150
C1
150厚300x1500条形花石错位相铺
ø330木檐柱Z1
ø330木中柱Z2
ø330木檐柱Z1
C3
M4

东坡居室设计图

施工图

完工图

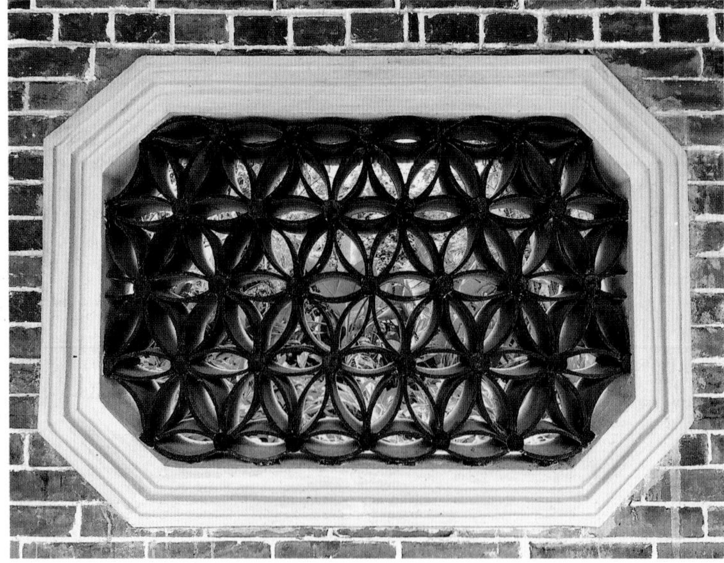

完工图

娱江亭
勤善
和谐

3 景观建筑设计

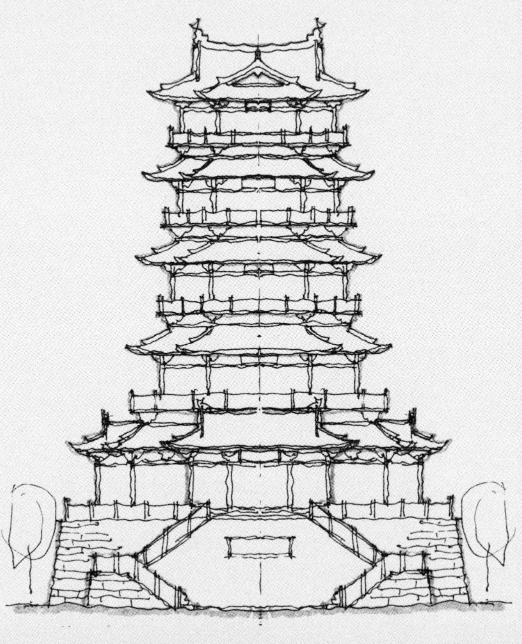

3.1 济南大明湖东门设计

海右此亭古 济南名士多

建设地点：山东济南大明湖公园
设计时间：1983
建成时间：1984
建筑面积：145m²

该东门是济南大明湖东侧入口大门，1983年设计，1984年建成。这是我大学毕业后的第一个设计作品，记得当时建筑和结构施工图共绘制了50多张图纸（这套图纸底图我一直保留着），得到200元的设计费和奖励，虽不算多（当时月薪不到50元）但已经很开心，当然开心主要还是因为本人能承担这样一个项目。现在回想起来当时也没觉有什么顾虑，大概初生牛犊不怕虎吧，现在给我一个类似的项目也未必敢接。读书时我学的是工民建专业，但喜欢建筑设计，大学期间会同热爱艺术的同学一起组织了一个美术学习小组，请美术老师给辅导学习素描、写生等，那时老师也不收辅导费，完全是付出。出于热爱，我的画法几何和制图课成绩较好，为以后的工程制图打下了良好的基础。设计这个项目时我在济南城建学校当老师，学校有个设计室，学校和市园林局都是市属单位，这个项目最终落到我的头上来。大学最后一年我开始喜欢上古建筑，开始读《营造法式》和学习古建筑的一些知识，因此对古建筑有一定认知。于是这个项目我便拳打建筑，脚踢结构包圆了。

泉城济南，因泉而名。黑虎泉的汹涌，珍珠泉的精致，趵突泉的澎湃，金线泉的迷幻……，济南泉水大小无数，名泉七十二，《老残游记》中“家家泉水，户户垂杨”所描绘的城市特色可谓淋漓尽致。大小泉水汇聚于地势较低的市旧城区北部，那便是大明湖了。大明湖景色秀丽，水色澄碧，与趵突泉、千佛山并称为济南三大名胜，“三面荷花四面柳，一城山色半城湖”，读书闲暇时同学结伴游荡于山湖之间。大明湖历史悠久，北魏著名地理学家郦道元所著《水经注·济水注》记载：“泺水北流为大明湖，西即大明寺，寺东、北两面则湖。”宋时曾巩诗曰：“问吾何处避炎蒸，十顷西湖照眼明。”湖中有岛，岛上有亭，这亭便是历下亭。唐天宝四年（745）夏，唐代诗人杜甫在历下亭参加名流组织的宴会上吟诗《陪李北海宴历下亭》，诗中有名句：“海右此亭古，济南名士多”，济南人常以此为自豪。济南的词人我最欣赏李清照和辛弃疾，“生当为人杰，死亦为鬼雄”，对李清照的这句词印象极为深刻，大学时我有一个笔记本，抄录了不少醒世警句，用以鞭策自己。后来我发现笔记本后面我父亲批了几个字：“做到就好”。哦。后来发现这人杰和鬼雄都不好做啊，言行合一不易。可惜这笔记本早已不知去向。

济南是这样一个城市，大明湖是这样一个湖，济南人是这样的人。这东门如何设计？

首先它定位是北方园林建筑风格，作为景区次要入口，既要庄重大气，又要有一定变化，富有灵气，把地域性格和建筑性格融合起来。所以在建筑空间和形体上把大门、售票、检票、值班管理、小卖部等主次互成、高低错落、虚实相间的组合起来形成一个整体。比如把入口主体建筑采用箓顶与歇山顶相结合的方式，两侧以悬山垂花的售票厅与四角攒尖亭相呼应，取得有机均衡的空间形态等。其次，想把传统建筑形式做些调整，在设计造型和构造上更加洗练，比如简化檐下出跳构造不用斗栱用挑梁，采用较小的屋角出翘和起翘，加大椽距，檐口平直坚挺等，简洁明快的概念也影响了我以后的设计。再次，控制建筑的规模（建筑面积仅145m²）、把握尺度和比例，做到“精在体宜”，传统建筑设计最重要的是尺度比例的得当。建筑构件采用小断面尺度，突出园林建筑的轻巧精致。

此外，环境设计上考虑园内外空间的衔接，通过开敞的入口前廊灰空间和突出的亭子，形成入口处欢迎环抱的空间，与城市空间衔接。入门后通过假山的设置，形成入园后由建筑到园林的空间过渡，内外立面不一予人以不同的体验。空间通透的入口和围墙上的长条形瓦片漏窗，使园内外空间相互渗透。建筑采用钢筋混凝土结构仿古建筑做法，以期耐久和减少管理维护。当然，设计也有缺憾，对人流和流线考虑不足，以至园方后来在对称位置加建一售票房。

设计后第二年（此时已到华南工学院读研究生）建成后回访，看到建筑梁枋满是彩绘，管理方告诉我请了最好的彩绘师傅配合这个建筑，我面带微笑口是心非的说“好”，心里老大不情愿，原设计是仅做油漆而不做彩画的，我想把建筑做得干净些、挺直些。但看到门匾又开心起来——“大明湖”三个大字是时任中国书协主席舒同的墨宝，可谓画龙点睛。

目前为止，东门建筑尚健在，文物可相互印证，否则有碑无传。而这第一个建筑设计的基本成功也鼓舞了我，从此一发尚可收拾。

完工图

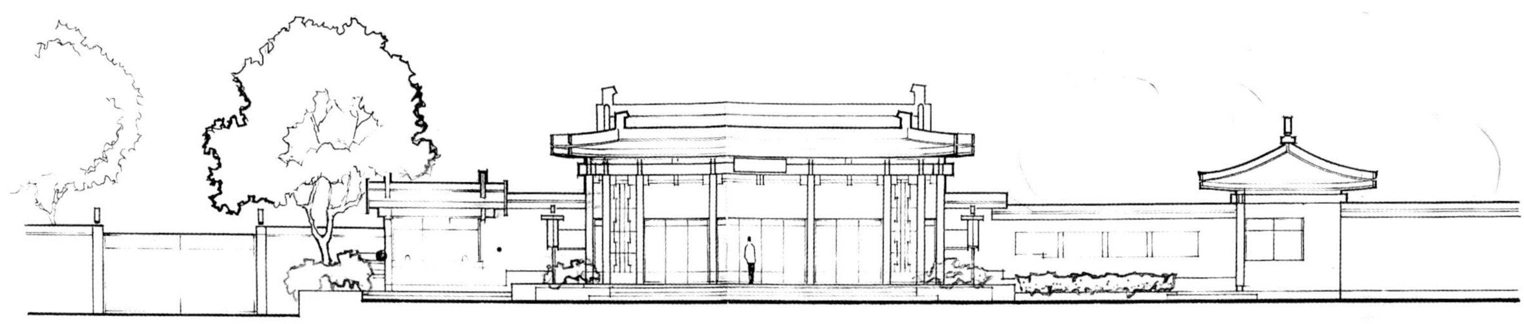

立面方案图

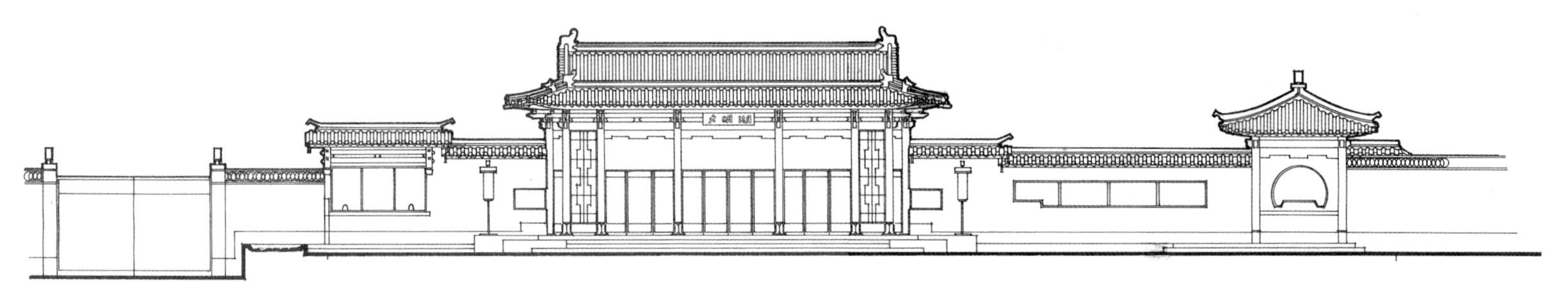

总立面图

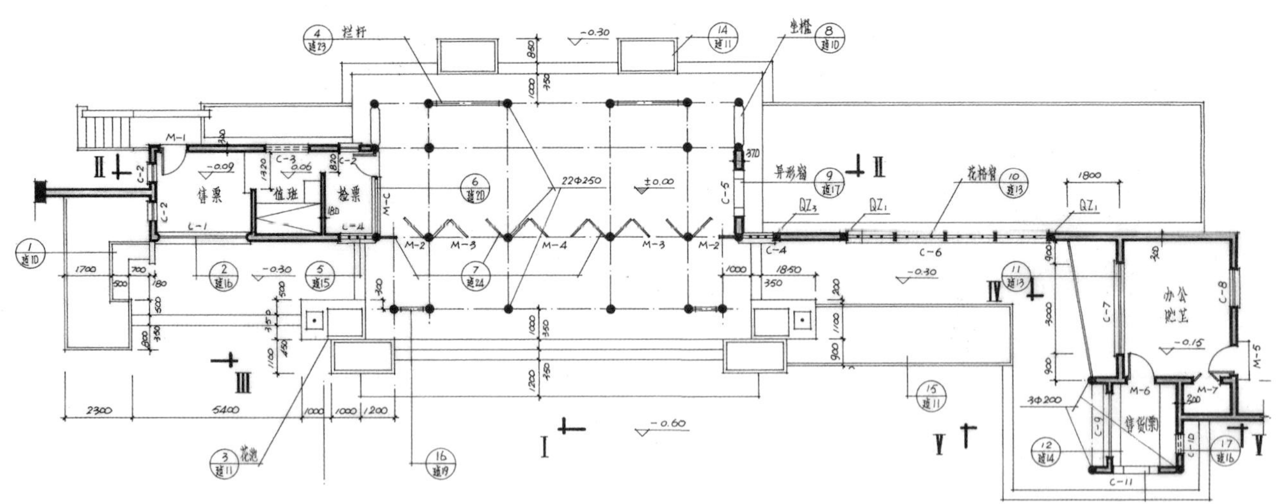

平面图

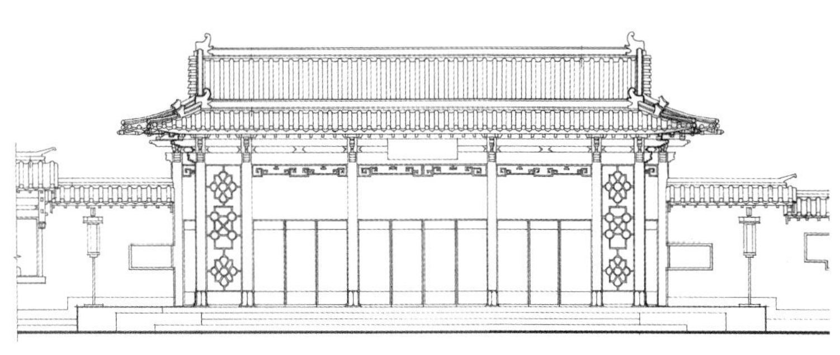

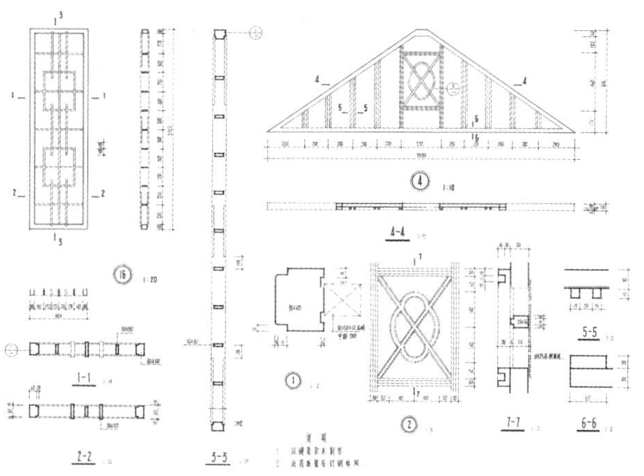

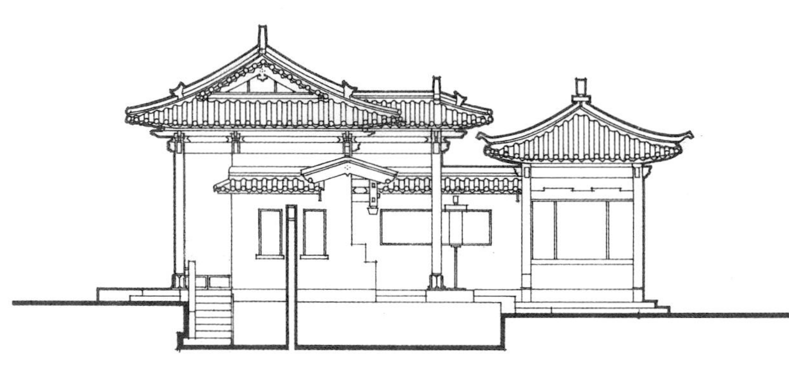

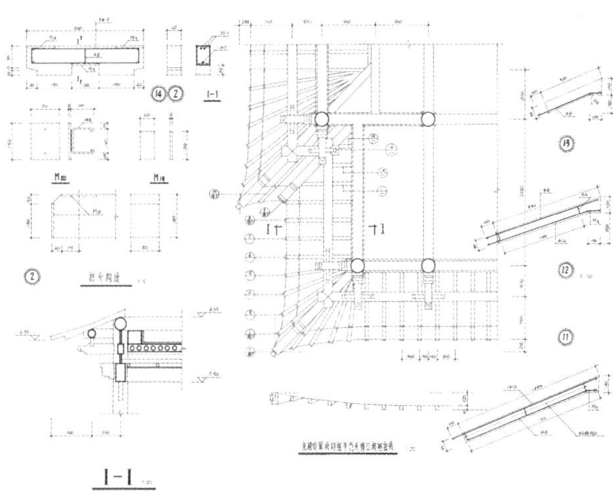

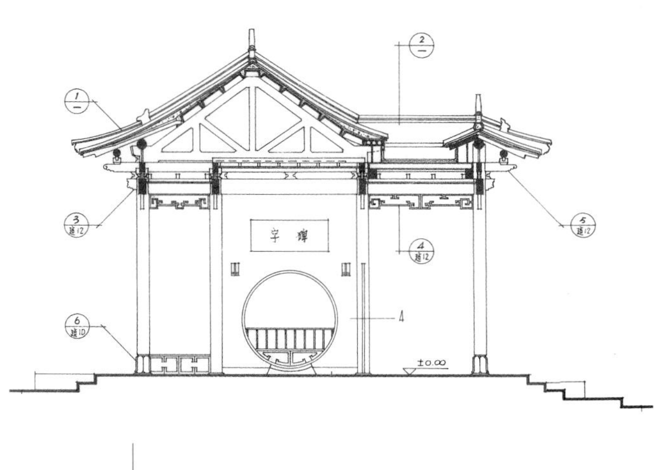

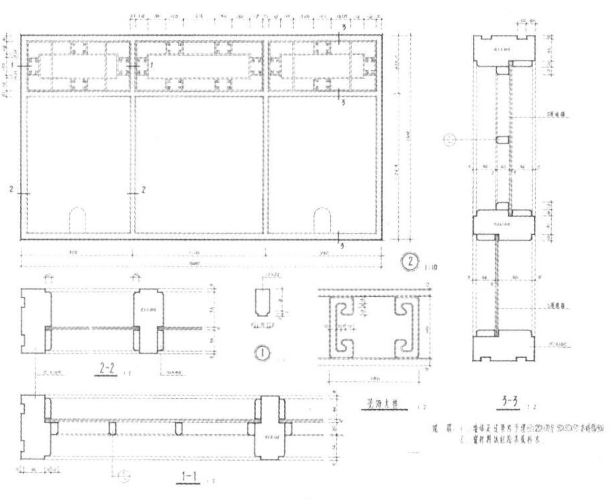

立面图

侧立面图

剖面图

大样图

完工图

3.2 山东蒙山龟蒙顶景观建筑设计

蒙山之巅　有朝来仪

建设地点： 山东省平邑县蒙山风景区
设计时间： 1999
建成时间： 2000
建筑面积： 460m^2
设计团队主要成员： 刘定涛　亓树生

设计背景

龟蒙顶景观建筑组群位于山东平邑县蒙山之巅。蒙山，古称东蒙、东山，雄峙于山东省平邑县及近邻县境内，总面积1257km^2，东西连绵49km，其群峰嵯峨，重峦叠翠，森林茂密，风光秀丽，以雄伟壮丽名著华夏，素有“九州之巨镇，巍然敦大观”之称，为国家森林公园，世界著名养生长寿旅游胜地。主峰龟蒙顶海拔1156m，因其状如神龟伏卧云端天际而得名，为山东第二高峰，与泰山遥遥相望，被誉为“岱宗之亚”。

这里是“东夷文化”的发祥地之一。传说炎黄祖先太昊帝居于此，周朝起，蒙山有国君祭祀。春秋时孔子“登东山而小鲁”。唐宋以来，蒙山一直为文人骚客、帝王将相所瞩目。唐代大诗人李白、杜甫、北宋文学家苏轼都曾仙游蒙山，并留下佳句；唐玄宗、康熙、乾隆皇帝都临拜蒙山，对蒙山颂扬备至。道教早期的重要人物春秋时期的老子、战国时期纵横家的鼻祖鬼谷子、汉朝史学家蔡邕等曾隐居此山。蒙山以道教最为兴盛，道佛共修。蒙山钟灵毓秀，孕育了诸如孔子弟子仲由、“算圣”刘洪、“智圣”诸葛亮、“书圣”王羲之、书法家颜真卿家族等贤圣人杰。在近代，这里是沂蒙山革命老区的象征。震惊中外的孟良崮战役，在蒙山脚下拉开了解放战争战略进攻的序幕。现为AAAAA级旅游景区，是观日出，眺四野，修身养性的好去处。

中华人民共和国成立后，龟蒙顶为军事营区，并建有通信、电视等高塔。部队迁移后，当地政府希望在山顶建一标志性建筑物或构筑物，作为蒙山地标以推动旅游事业。

设计理念

从地域自然与人文环境分析，其处中原东部的齐鲁大地，气候四季分明，人民淳朴，历史悠久，自古就是皇家、文人骚客和圣人佛道青睐之地。传说五帝之一的太昊就活动于此，宋代以后道家活动尤甚，山下建有祭山的蒙祠。所以设计在文化观念方面反映祖先的、生殖的观念和道家崇尚自然的观念。联系到场所特征则考虑到巨龟卧顶龟蒙顶的自然景观及蕴含的生殖、长寿的概念，而且蒙山敦厚的顽石景观遍布，就地取材，以石材石构来表现长久永固，借鉴当地出土汉代石阙，以汉代建筑风格展示历史文化之悠久。

为达到观景、休闲养生和感悟自然的建筑功能和场所精神，主要设计理念为：自然、祖先、繁衍。在精神层面体现自然、崇高、神圣；在人文层面追求神人一体的境界；

观鲁台

在物质层面达到灵境一体的效果。为此，组群建筑设计了三个要素：坛、庙、路径。坛为敬畏自然天地之场所，庙是尊祖孝道的空间，路径象征蛇，其匍匐在自然山体形成的龟背上，暗喻象征生殖神的玄武，表达生生不息之寓意，并通过路径将三者组成一有机整体空间序列。这三个建筑要素也正是对人类原始宗教中自然崇拜、祖先崇拜与生殖崇拜内涵的空间原型之观照。具体说来，表现自然崇拜的坛，以无形空间的坛台形式，强调人与自然的尊重与直接沟通，表达对太阳、自然的敬仰。面对东方观日出，以方正纯洁的坛与三面围合的廊形成横轴线来实现。而廊也是远眺山脚湖景和平邑县城的好地方，同时供游人遮阳避雨休憩之用。祖先崇拜之庙则以高台（瞻鲁台）之庙来表述，通过入口前的迎客松，转入阙门，进入组群建筑的纵轴线，迎面正对的是一个金字塔形的高台，通过路径的引导，坛台祈祷后前行，登向高台的阶梯，阶梯呈45度角度，将登台人的视线引向天空，登台后即面对简朴石构的玉皇殿中端坐玉皇帝像，祖先崇拜中儒家伦常的“孝”，对祖先的感恩戴德油然而生。登台眺望，四周风光尽收眼底，可谓“一览众山小”。

从入口的门阙、坛、庙以高出地面的曲折路径串联起来，这条路径即是蛇的象征，门阙是蛇的眼睛，路径两侧的龟即是癸水所在，整条蛇便匍匐缠绕在龟蒙顶的龟背上，象征着人类生命的生生不息。

在群体组合上，由于用地狭小，建筑体量不大，为了取得较好的空间体验效果，设计通过路径及景观元素，借鉴中国传统建筑组群的组合方式，将诸元素空间序列变化展开，自登龟蒙顶的牌坊开始，通过曲折不断升高的台阶前行，到入口前迎客松为前序空间，自此转折面向组群建筑的纵轴线方向。面对入口双阙，拾级而上，框景中的金字塔台映入眼帘，循步经前行，则坛台、游廊、神龟、至塔台顶玉皇殿而到达高潮。在不长的空间序列中感受着不同的自然景观的变化与人文主体的内涵。

在建筑形式上采用当地产石材作为主要建筑材料与结构方式，以汉代建筑风格地域建筑元素为参照，建筑单体造型简洁洗练，表现出蒙山本地域人文建筑风情和悠久的历史文化氛围。主体建筑瞻鲁台，则是由金字塔向上分级收敛的造型（塔内为展室和管理用房），获得向上、崇高、稳定的艺术效果，小巧而稳重的玉皇殿端立其上，成为整个组群建筑吐纳宇宙的收束焦点。最终使崇尚自然的道，普渡众生的佛，修养品格的儒融合一处，寓美于善中，达到养身、养目、养心、养生的仁本建筑境界。

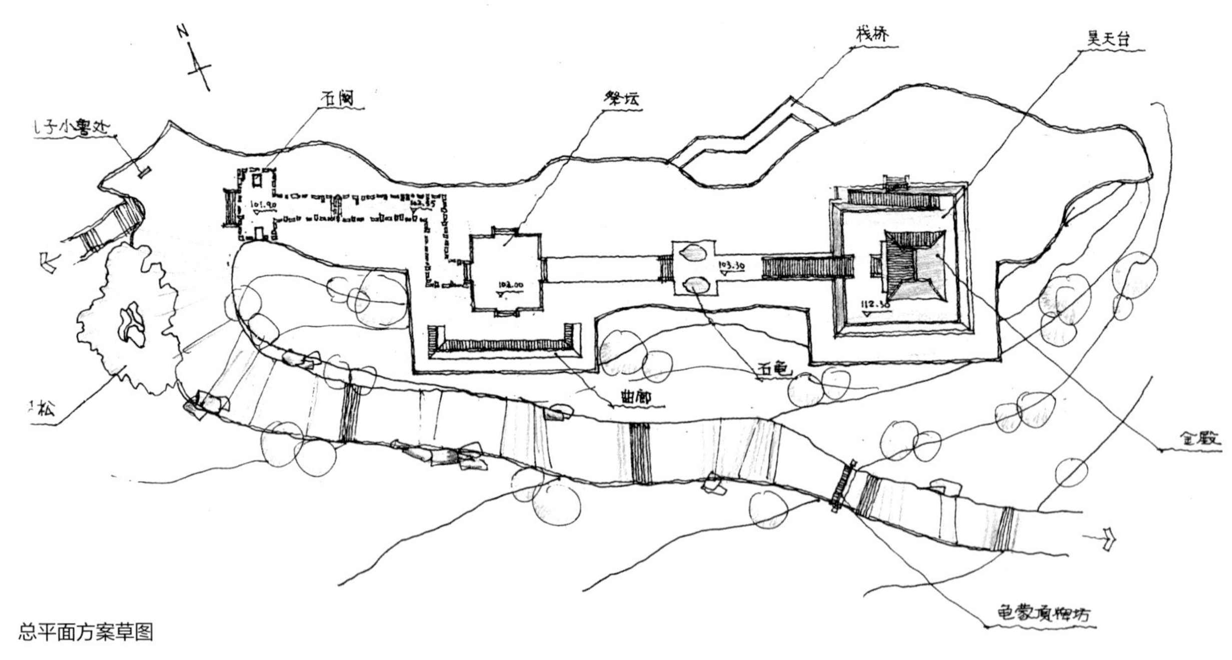

总平面方案草图

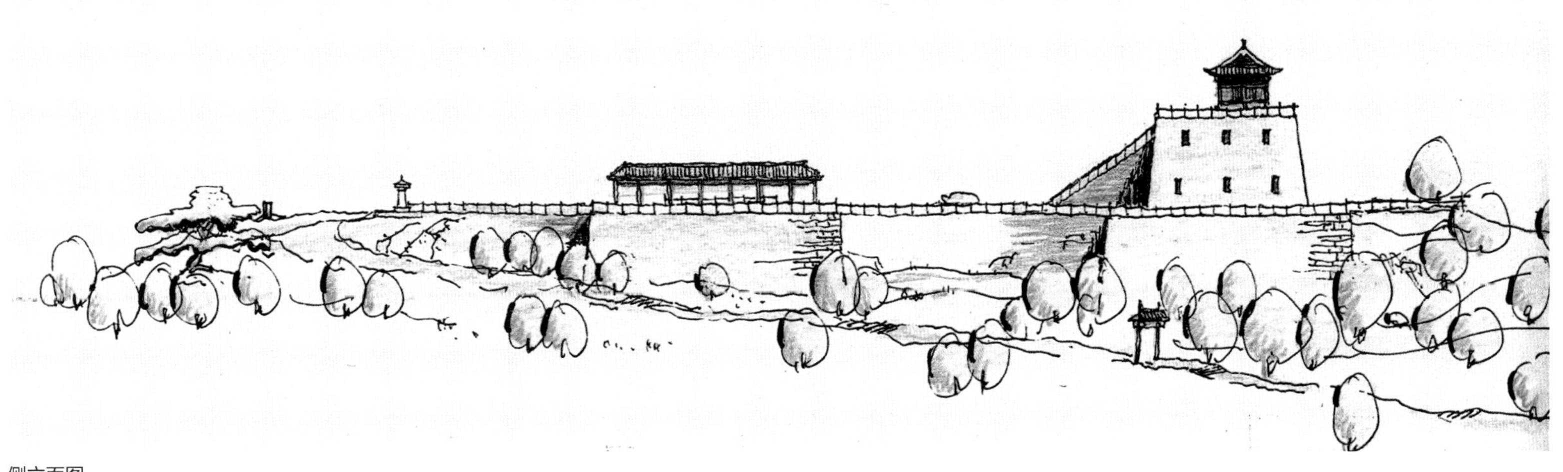

侧立面图

效果图

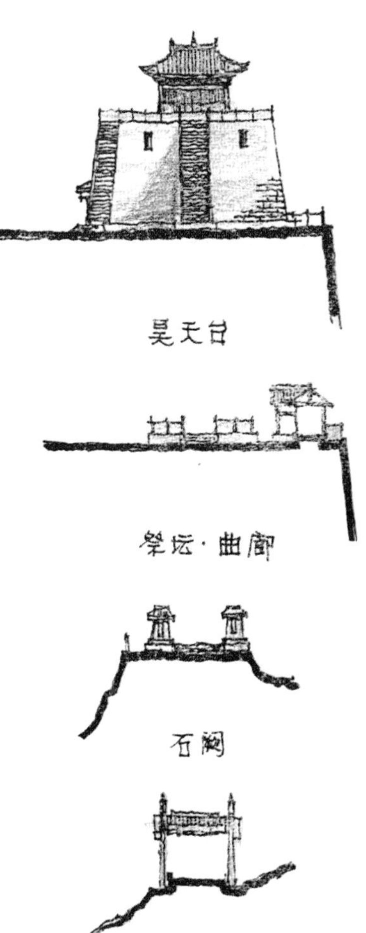

空间节点图

设计草图

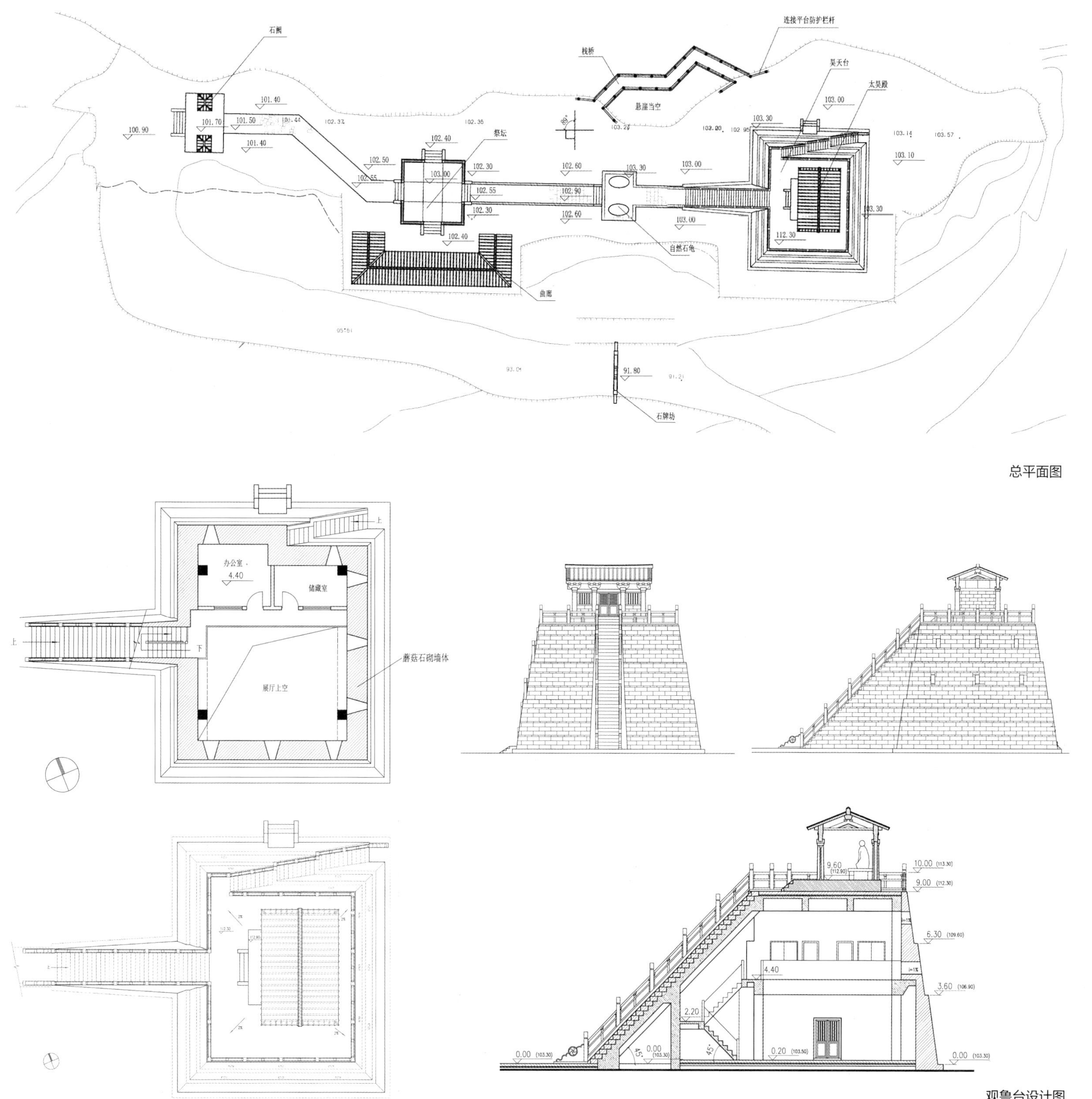

总平面图

观鲁台设计图

完工图

蒙頂奇觀

完工图

3.3 韶关森林公园韶阳楼设计

建设地点：广东韶关森林公园
设计时间：2006
建成时间：2008
建筑面积：2995m^2
建筑高度：42.8m
设计团队主要成员：程 胜 黄震岳 孙 立 黄彩云 刘 佳

设计背景

韶阳楼位于韶关市区韶关森林公园莲花山顶峰，该处地理环境极佳，峰峦叠翠，状如莲花，是韶关市区最近的地理制高点。从楼阁鸟瞰市区或从市区眺楼阁视角均极佳。该峰位于韶关市主城区区左下手，为韶关北江水口峰砂。据清《广东通志》记载，唐初韶城已建有“韶阳楼”，然未记始建具体年份。清《韶州府志》《曲江县志》亦有记载，指其“在南门外，临江，创始无考，元末废”。唐代诗人许浑有七言律《韶州韶阳楼夜宴》，佐证韶州唐时已有韶阳楼。从该诗的具体描写中，可知此楼在当时应是本地颇具规模的景观名楼。

设计理念

总平面顺山势成三级平台，平面形状为前方后圆，寓意天圆地方，天地交汇。以高大与宽阔平台来衬托，使楼阁更加稳重壮观，平台下可利用高差获得一定实用空间。楼阁本体平面以“亚”字形上转“十”字形平面构成，呼应莲花山之意，形成聚心又主次分明的造型，加之每层渐次收分的檐柱，以及层层出挑的平座栏杆和起翘灵动的翼角，从而使人获得庄重而不失丰富，大方而不乏灵气的感受。楼高五层42.8m（自最顶一级平台算），五层取金木水火土五行之意，为中国传统哲学构成世界精华元素之精蕴，寓意人们凭栏楼上，发思古之幽情，观今朝之昌盛，畅未来之美景。该楼采用唐宋中国古典建筑风格，吻合韶州唐宋之盛，整体体现岭南古建筑兼北方之雄浑和南方之秀丽之妙，细部则采用粤北古建筑典型的一些地方建筑特征，如朵状插拱、月梁、穿枋构件等，以突出地方建筑特色。为避免黄色琉璃瓦瓦面的单调感，屋脊和檐口作了蓝色琉璃瓦剪边处理，同时为了强调审美的现代感用了汉白玉石栏杆，突出其明快对比的色彩效果。建塔过程中发现峰顶有六角形古塔基一处，出土“拔地倚天”塔额一方，为保护其遗址修改楼阁设计，将塔基置于韶阳楼首层予以展示。

韶阳楼各楼层都设有一个文化主题，分别是“拔地倚天”“闻韶鸣凤”“禅钟悠扬”“风度千秋”“莲峰清韵”。这些文化主题的设置，以韶关最有代表性的历史事件、传说和文化名人为题材，以不同的材质和表现手法创作，使登楼观瞻的人能够了解韶关基本历史文化，既获得艺术的享受，又感受到韶关这座历史文化名城的魅力。

韶阳楼设计效果图

夜景效果图

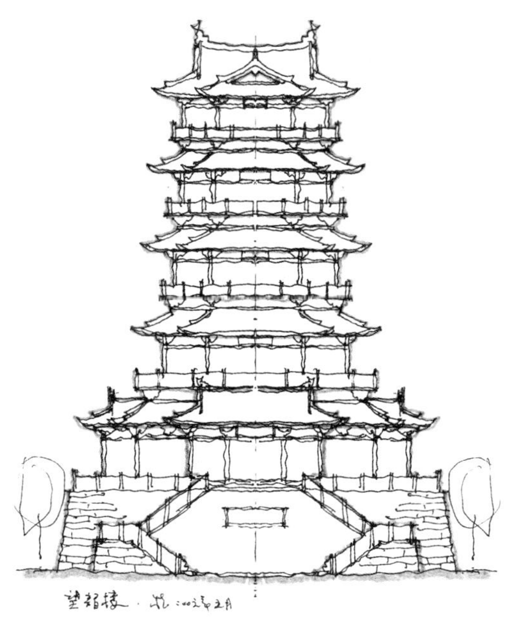

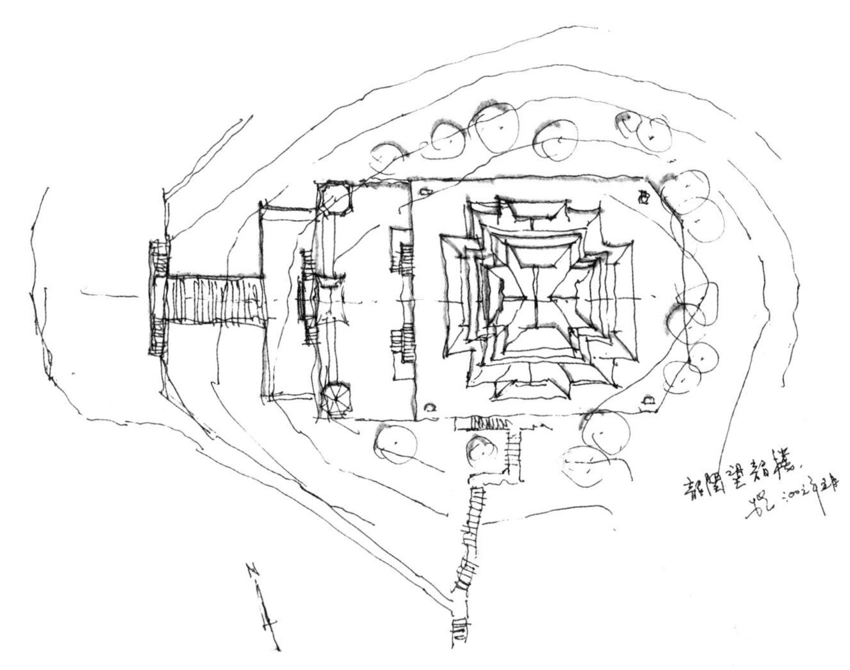

设计草图

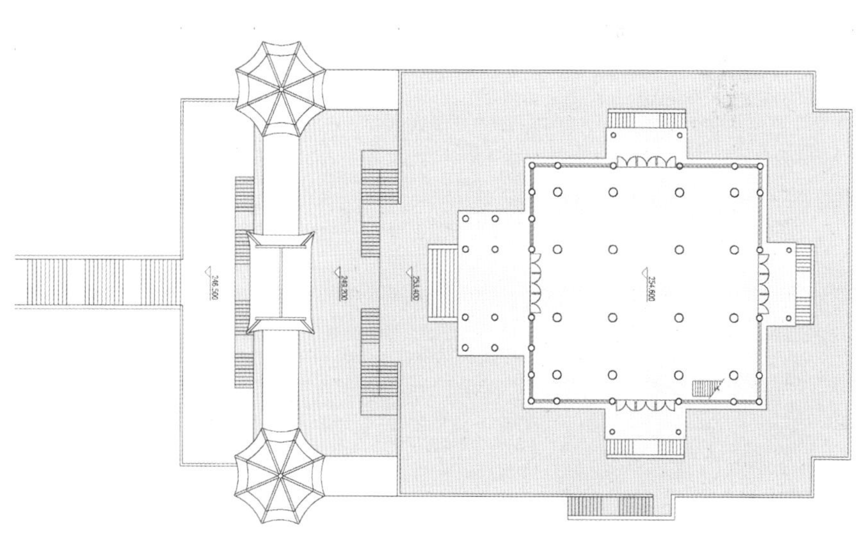

设计方案图

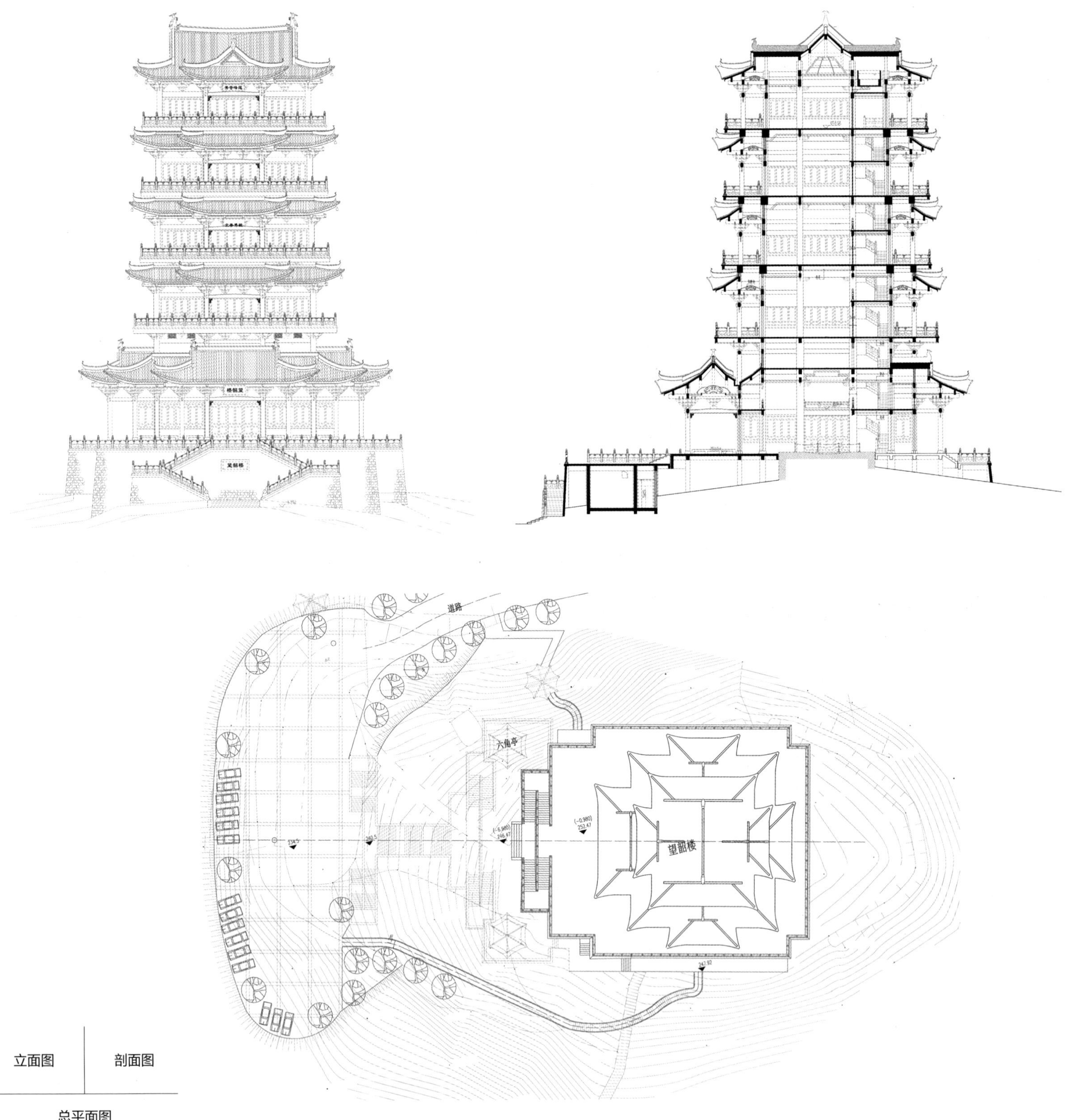

立面图　剖面图

总平面图

完工图

完工图

夜景图

3.4 顺德顺峰山公园中式园设计

建设地点： 广东顺德顺峰山公园
设计时间： 2006
建成时间： 2008
建筑面积： 12500m²
整个中式园用地面积： 180ha
设计团队主要成员： 吴 琨 石 拓 姜 磊 潘建非 郭 祥 王 平 黄震岳 程晓宁 程 胜 林小峰 孔跃维 赖传青 魏朝斌 郑加文 赵 欢 刘 娟 温墨缘

设计背景

顺峰山公园位于顺德新城区内西北部太平山麓。以其优美的自然山水环境，构成顺德地区内的一道园林景观。现有的自然景观主要有，南部的顺峰山、中部的青云湖和北部的青云山。顺峰山上有明代的砖造佛塔一座，毗连的青云山上青云塔一座，均为多层楼阁式，塔形清秀，与湖景互相映衬。在青云峰下，有清代孔庙一座，为顺德地区的一处重要的人文历史景观。因而，这里天然的自然环境和人文历史底蕴并存，离市区较近，交通便捷，是拓景造园的好地段。

根据顺德新城区规划，拟于顺峰山公园内建设具有地方传统文化格调的园区，为顺德人民和四方游人提供一个休闲游憩、修身养性、陶冶情操的场所。该园以自然环境为依托，以地方文化为背景，以地方建筑风格为基调，以岭南园林为主导，用园中园的造园手法，形成具有不同功能的丰富的园林空间和景观，并通过一定的轴线、功能、流线呼应联系将全园统一起来。中式园林总用地面积180ha，总建筑面积约30000m²。包括太平山、神步山、桂畔湖、青云湖等区域。是集旅游、休闲、娱乐为一体的现代化旅游景区，成为顺德“新十景”之一。

设计理念

以“山色水韵”生态环境为主题，充分考虑顺峰山自然山水的特点和深厚的人文历史底蕴，巧妙利用自然空间布局以及古塔、文庙等历史古迹，依据山势地貌形成了“青山、碧水、一寺、两湖、两塔”的自然与人文景观格局。设计充分体现顺峰山公园中式园的生态性、文化性、共享性，景区成为富有吸引力、参与性强的休闲游乐的公园。

在设计中注重以下三点：

（1）追求传统园林意境：巧于因借，精在体宜。

（2）体现岭南园林地方风格：园林建筑包围多重庭院，以园林建筑为主导，小尺度空间，合理组织游径，以景观体验和实用功能为上。

（3）立足现代功能：不仅具备传统园林的情趣，还要满足现代公共园林的现代功能，衔接外部空间。

比如小山丛桂就是这一组中式园林中入口处的一个园中园，本区基地略呈L状，地势平坦，呈缓坡状向湖面倾斜。设计中考虑利用假山与较高乔木进行遮挡基地西面住宅区，避免整个基地景观背景与传统园林不协调，从而在内部感受上模糊景区边界。由于基地空旷，设计中考虑在主体建筑见山楼前人工开挖园中湖，并以此为中心组织全园景观。

景区建筑物散点布置，以围合的长廊组织流线，地形整理成向心的起伏状，建筑形式多变，组合上高低起伏，相互对景，空间通透开敞，装修以细木雕工和套色玻璃门窗，突出岭南园林建筑特色。园林叠山多用姿态嶙峋的英石叠筑，院内植物花卉四季花团锦簇、绿茵葱郁。通过不同意境主题、多变的庭院空间等有机组织、将传统岭南园林意境、小巧、精致特色与现代园林的开放、共享等要素融合为一体。

涵碧亭

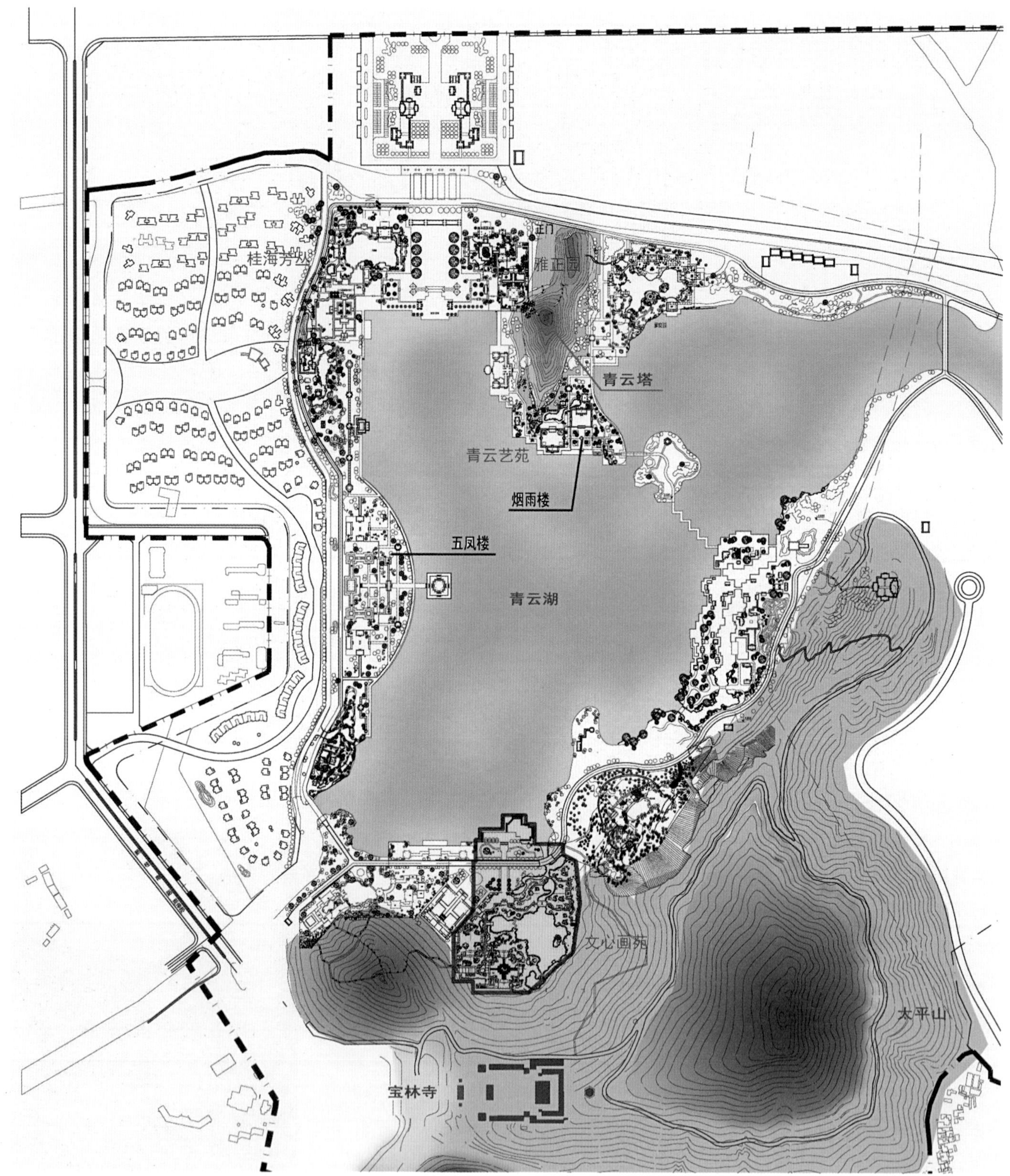

顺峰山公园中式园总平面

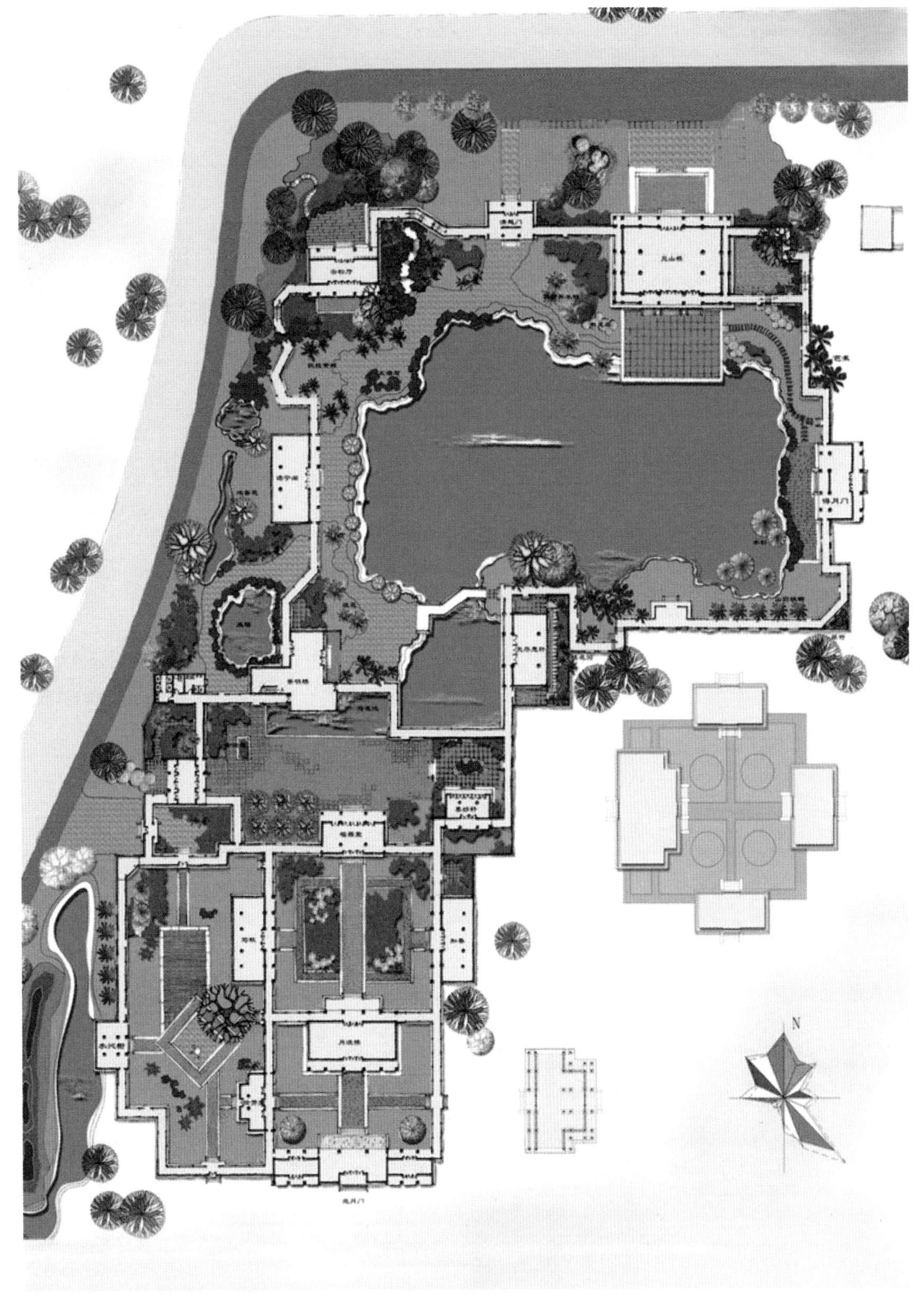

桂海芳丛总平面

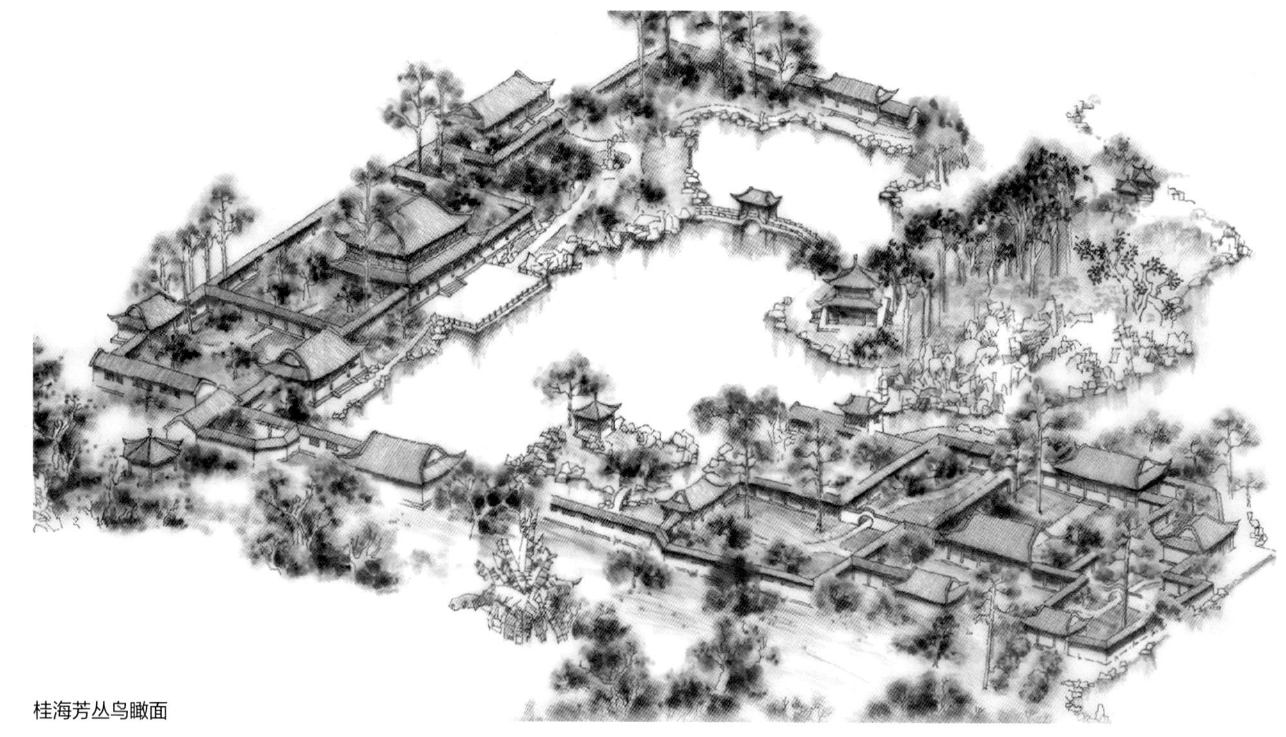

桂海芳丛鸟瞰面

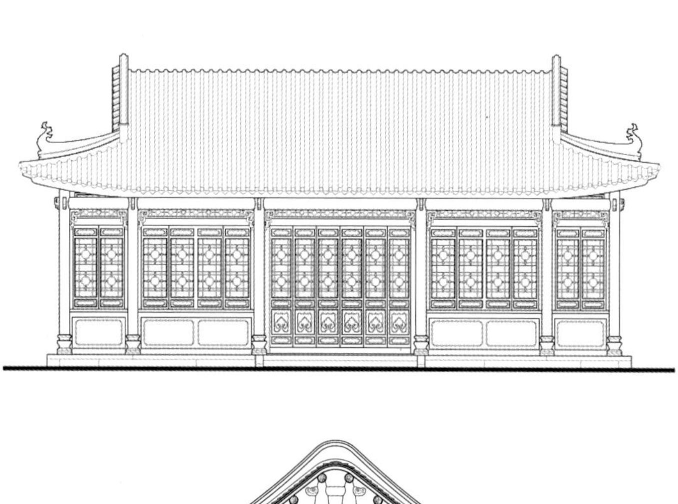

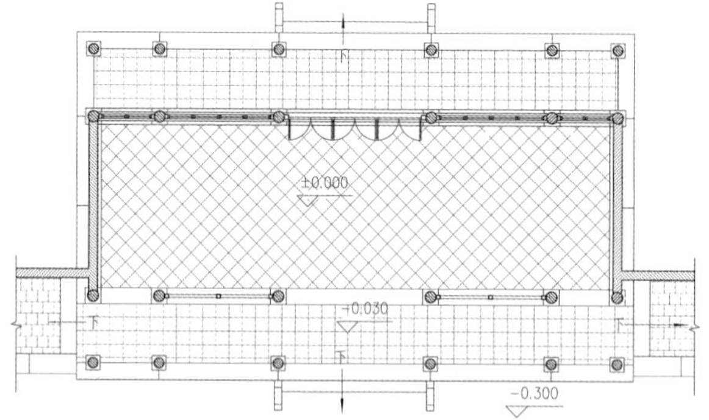

得月门设计图

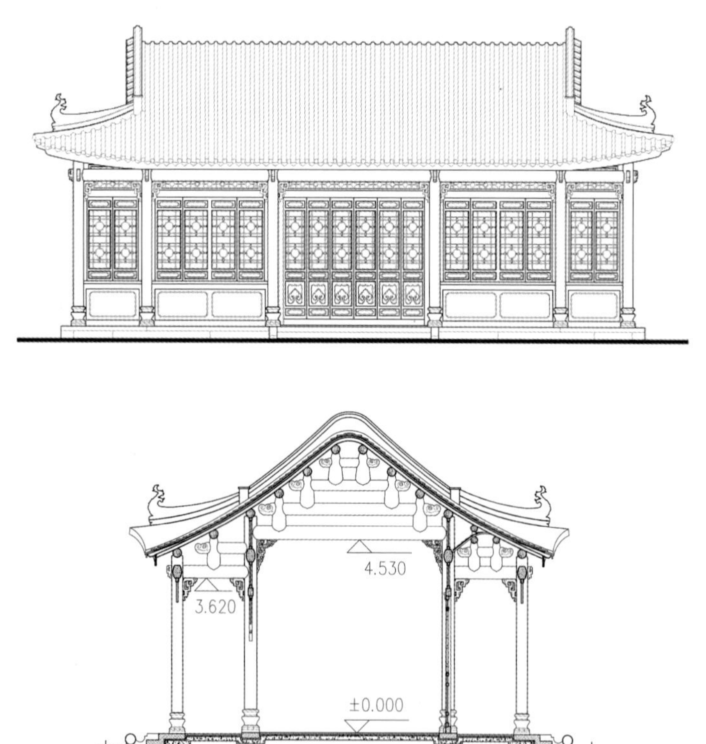

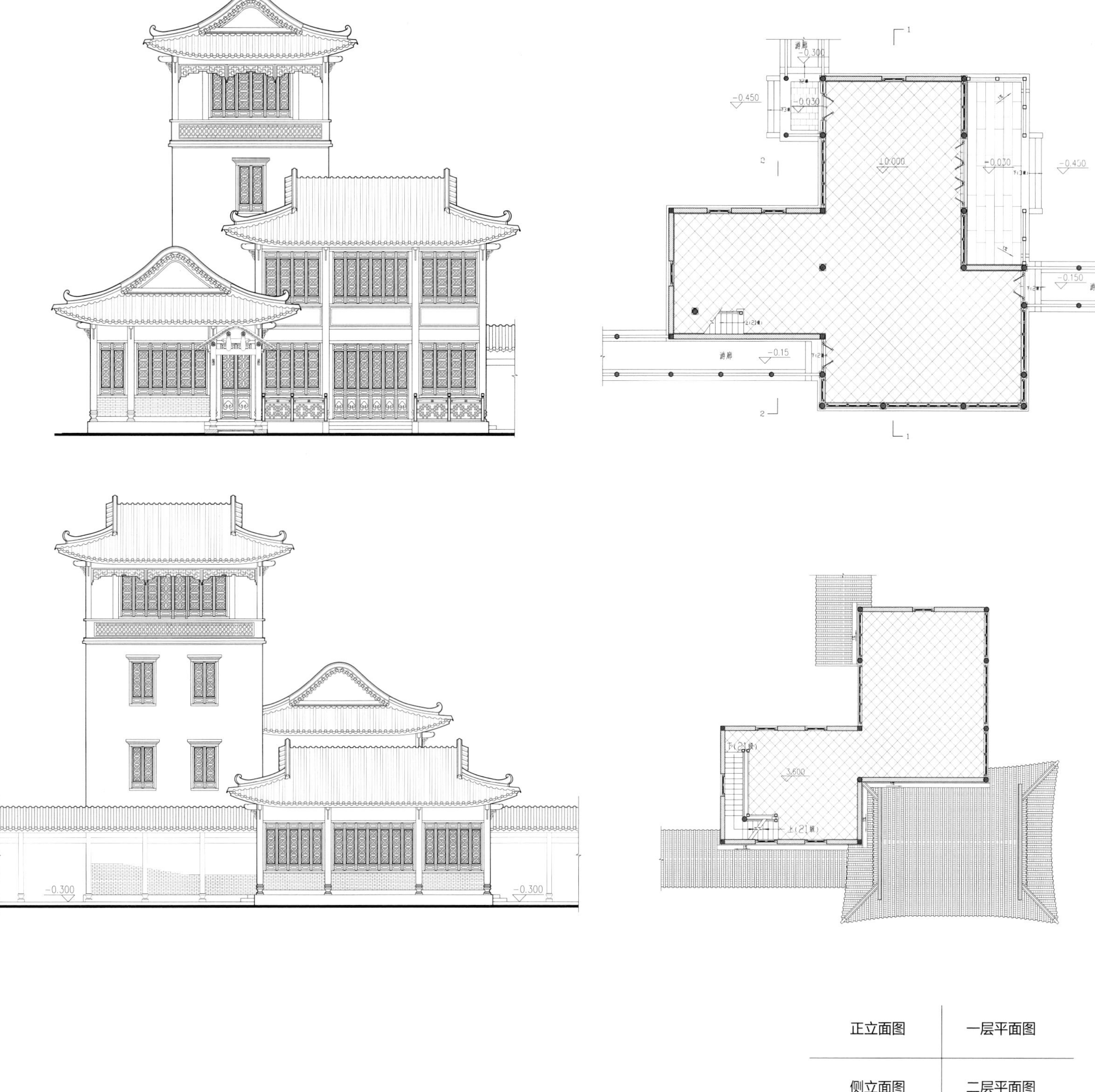

正立面图	一层平面图
侧立面图	二层平面图

桂海芳丛完工图

桂海芳叢
葉任平題
時年九十六

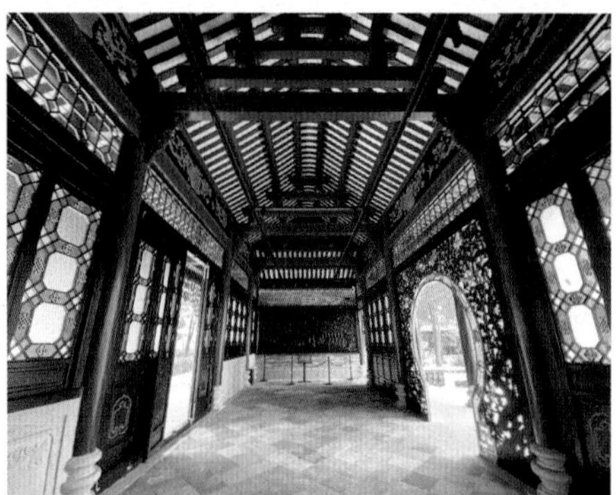

桂海芳丛完工图

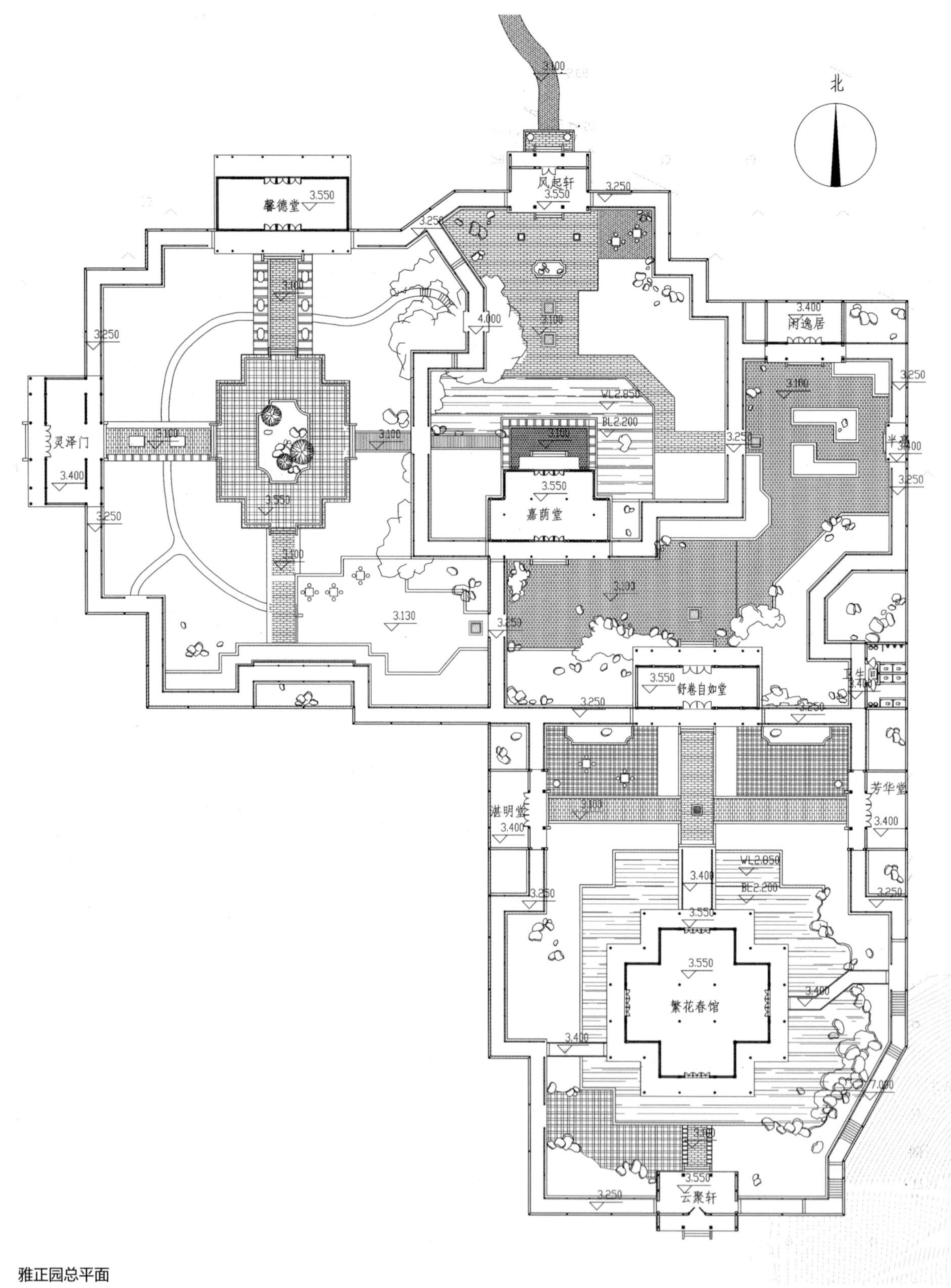

雅正园总平面

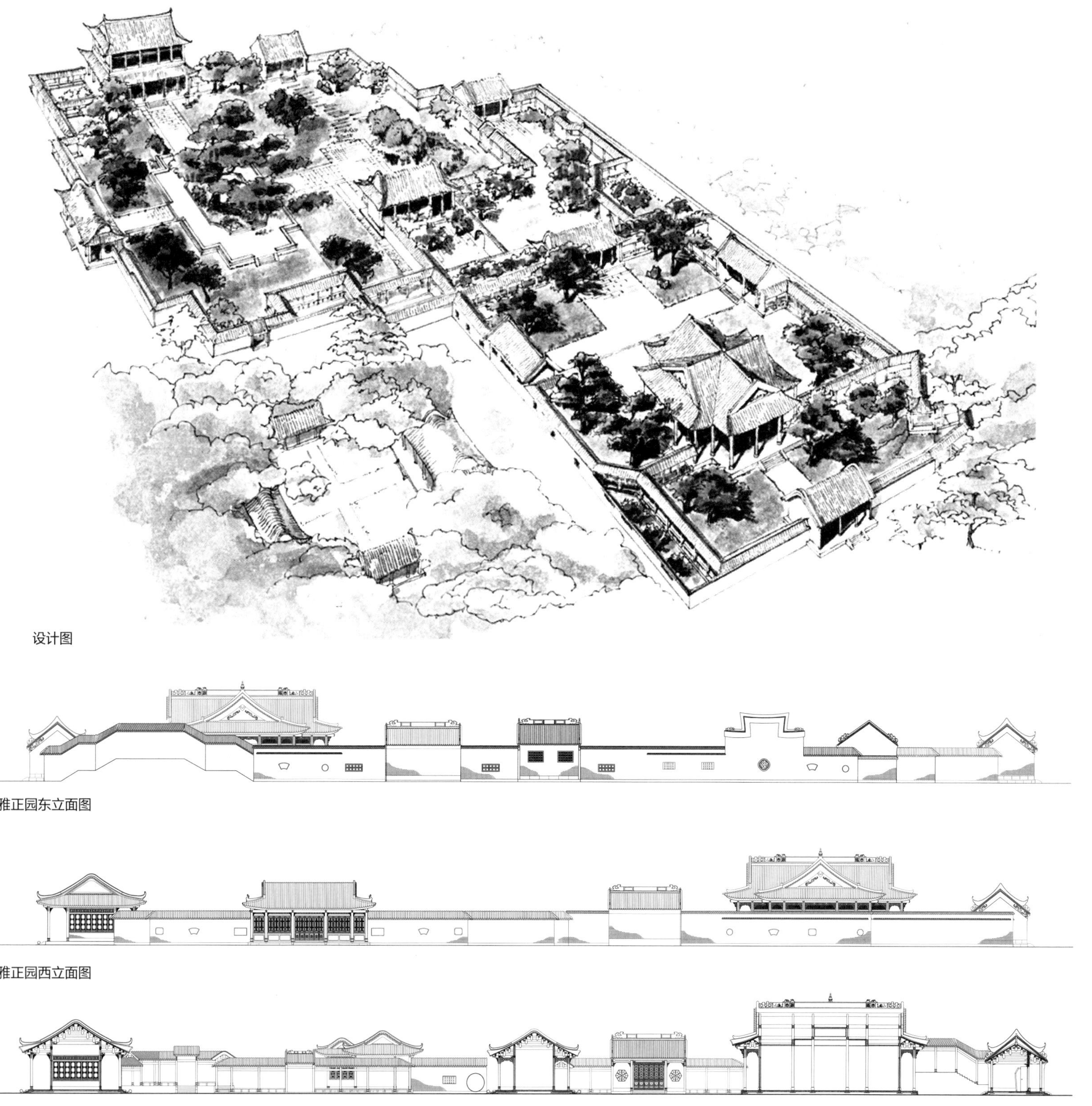

设计图

雅正园东立面图

雅正园西立面图

雅正园剖面图

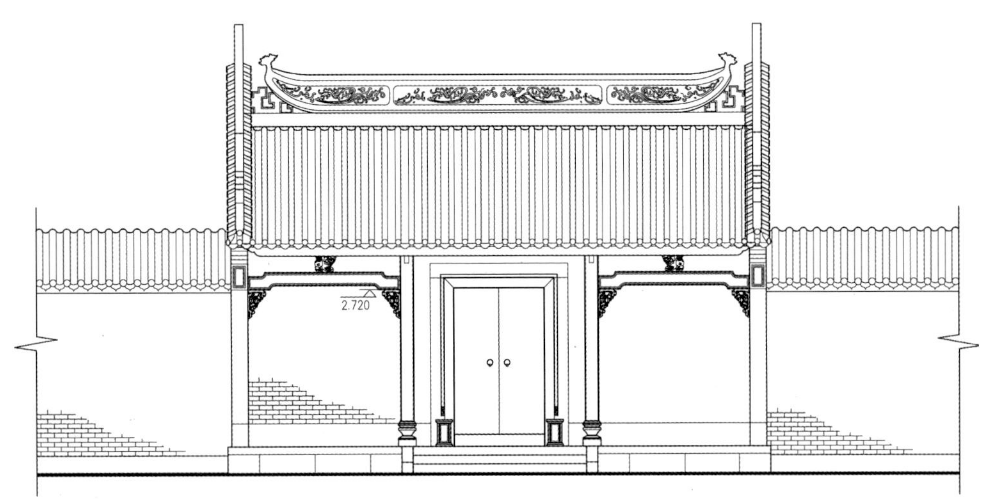

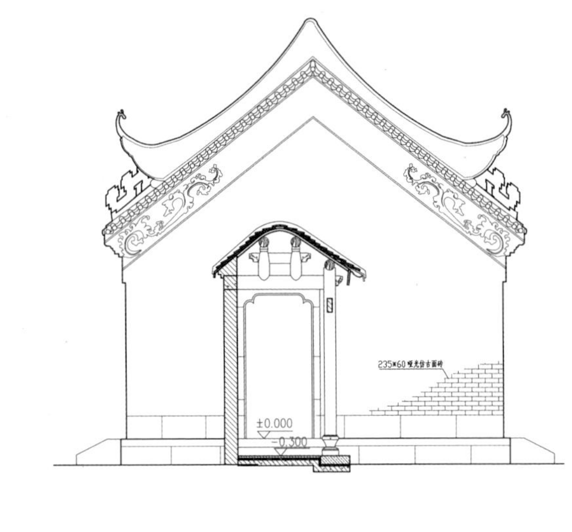

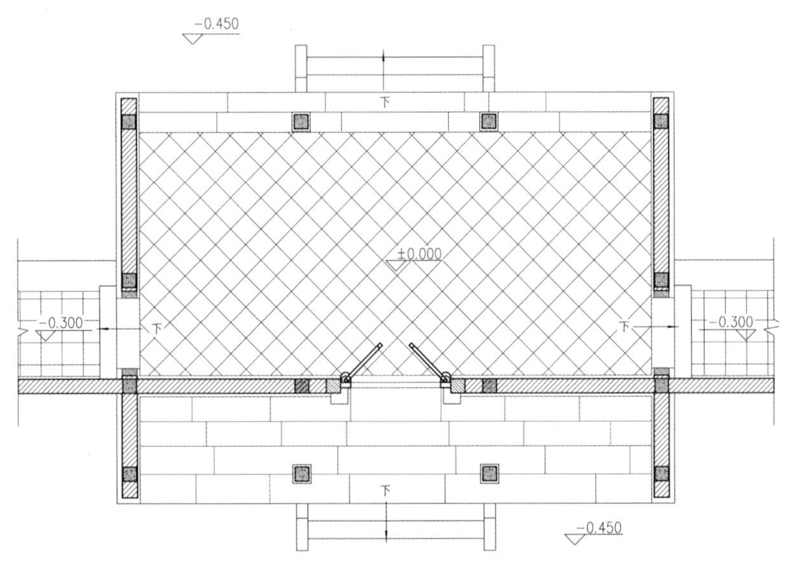

云聚轩正立面图

云聚轩侧立面图

云聚轩剖面图

平面图

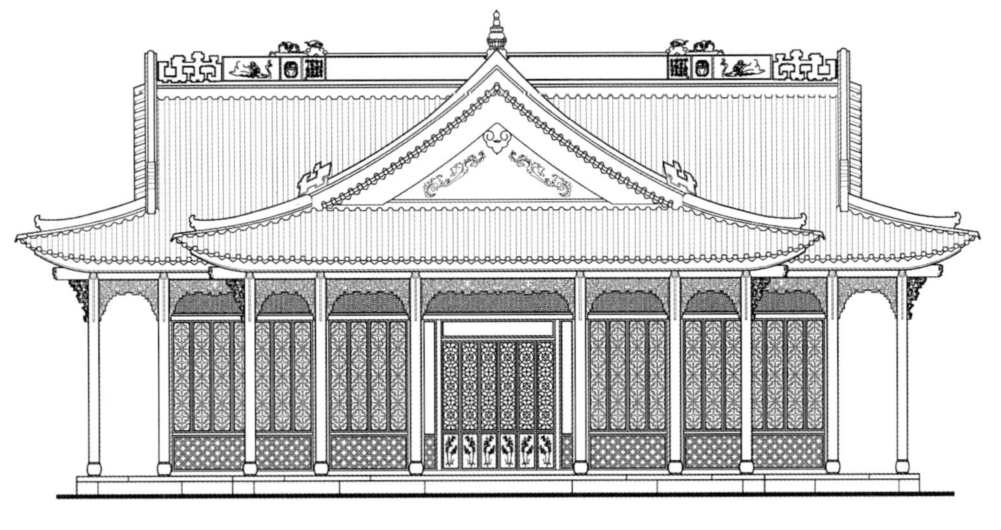

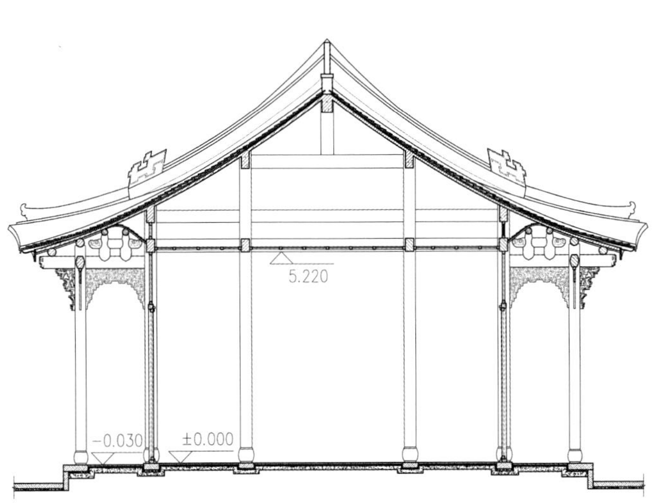

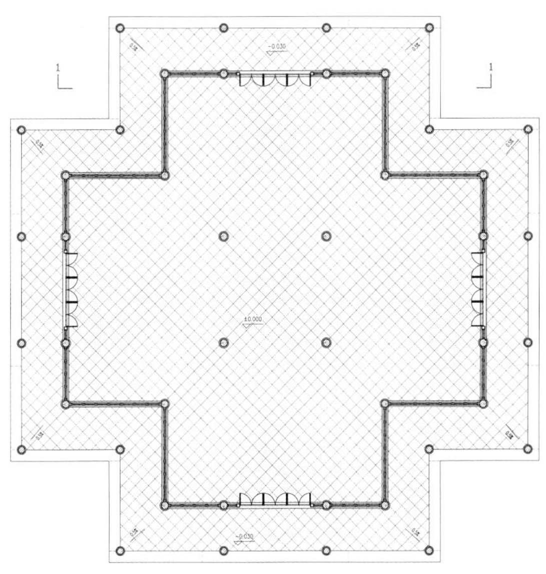

繁花春馆立面图

繁花春馆剖面图

平面图

雅正园完工图

雅正园完工图

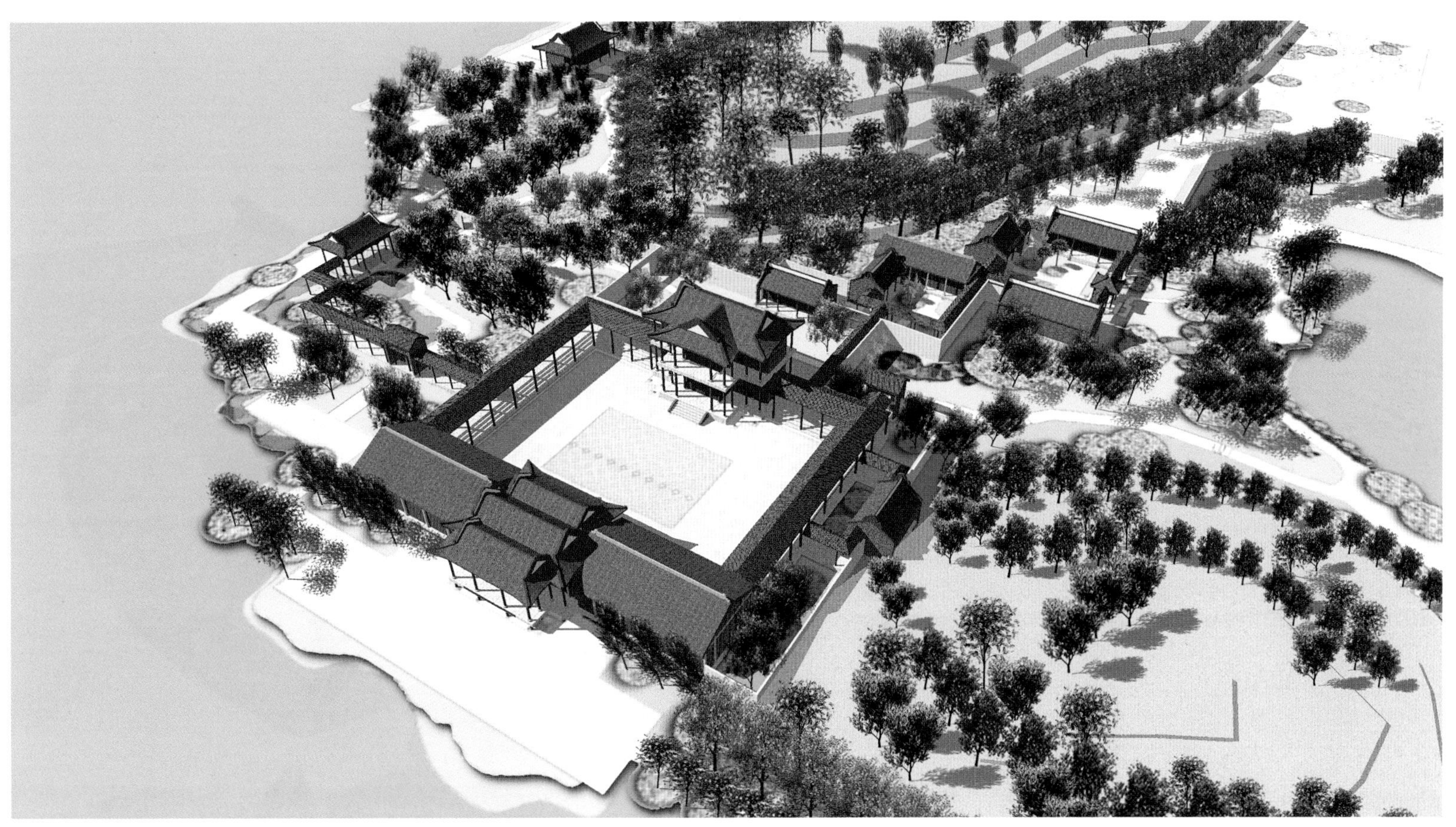

青云艺苑鸟瞰效果图

青云艺苑立面效果图

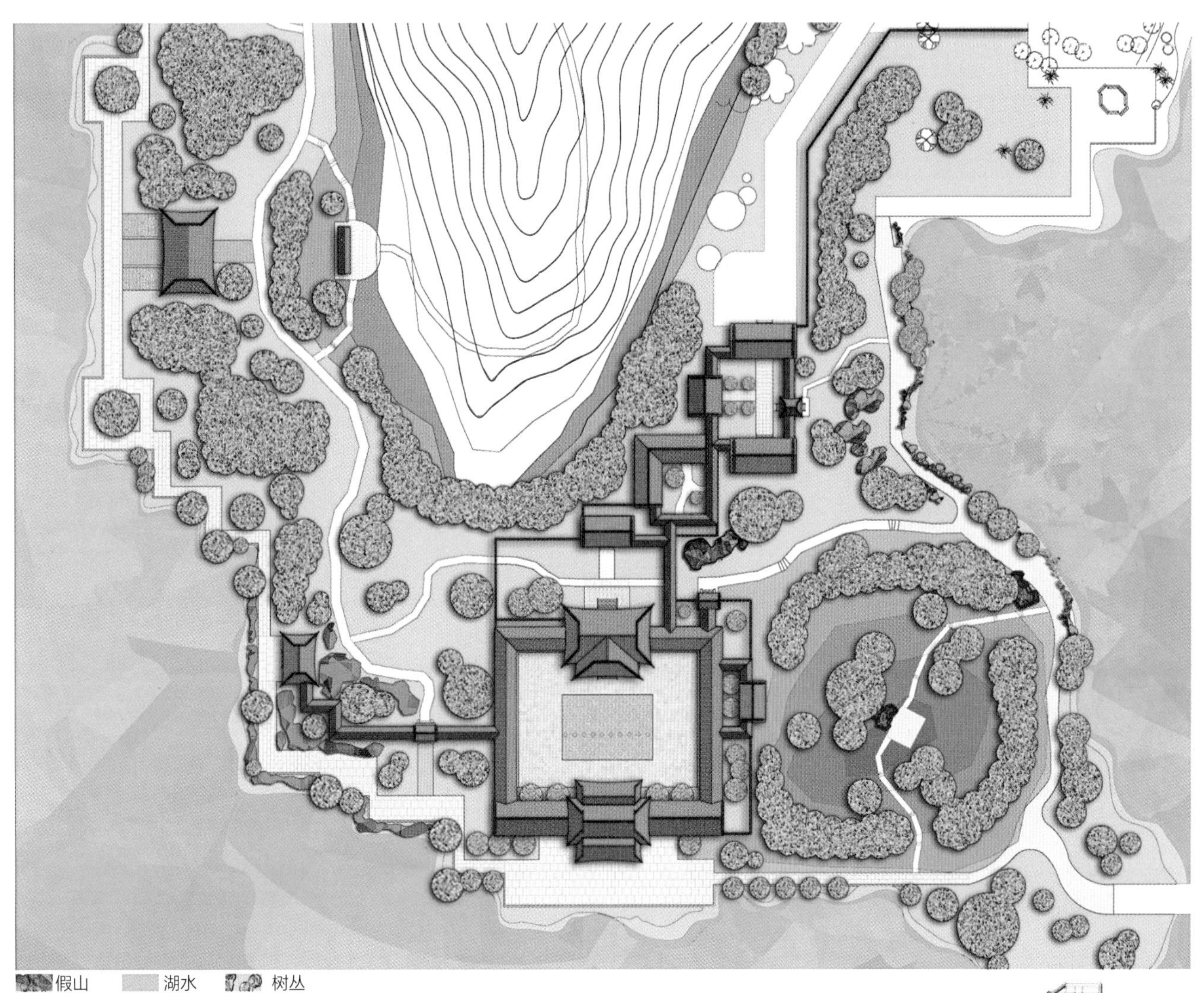

青云艺苑总平面图

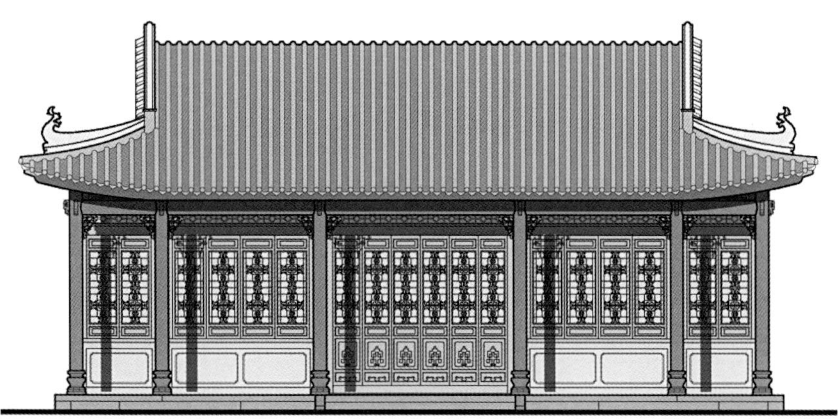

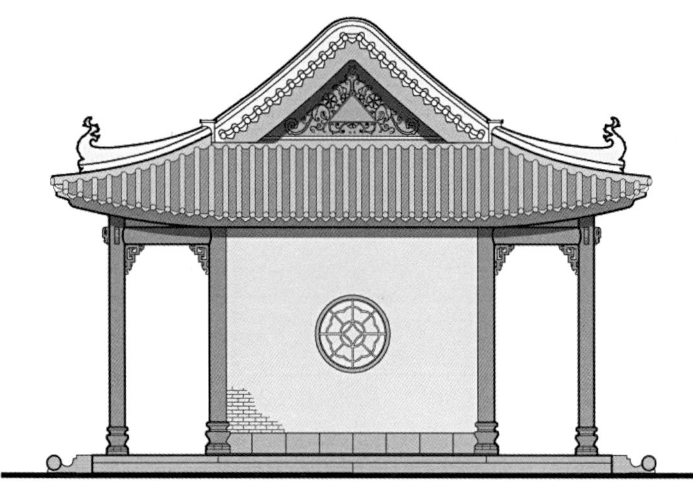

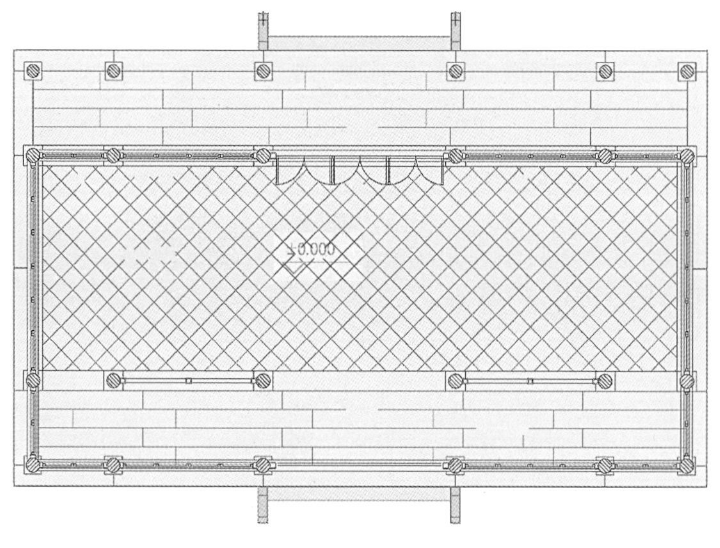

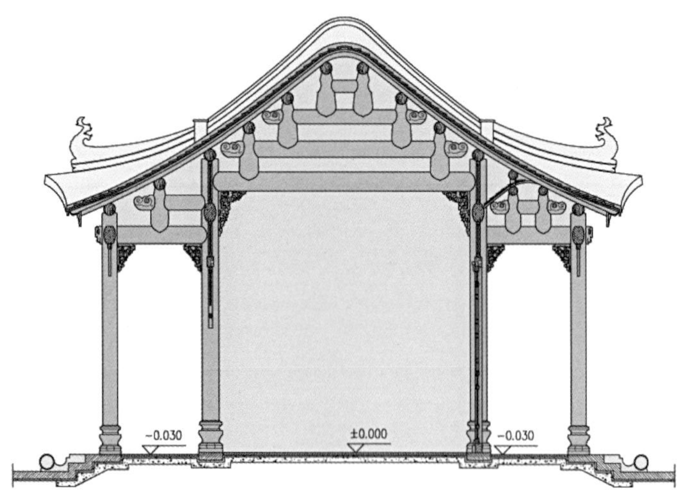

吟竹堂正立面图

吟竹堂侧立面图

吟竹堂剖面图

平面图

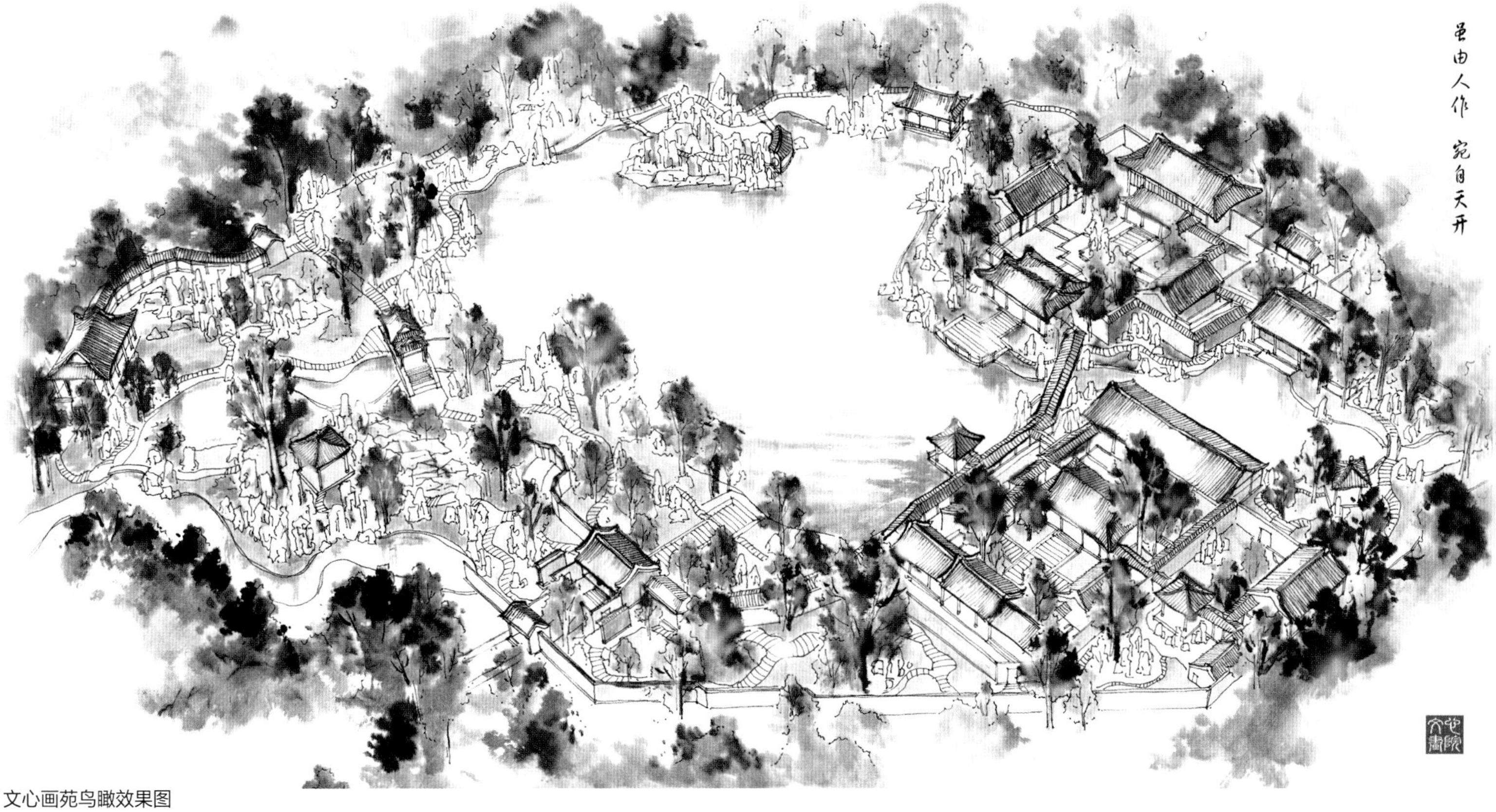

虽由人作 宛自天开

文心画苑鸟瞰效果图

文心画苑设计图

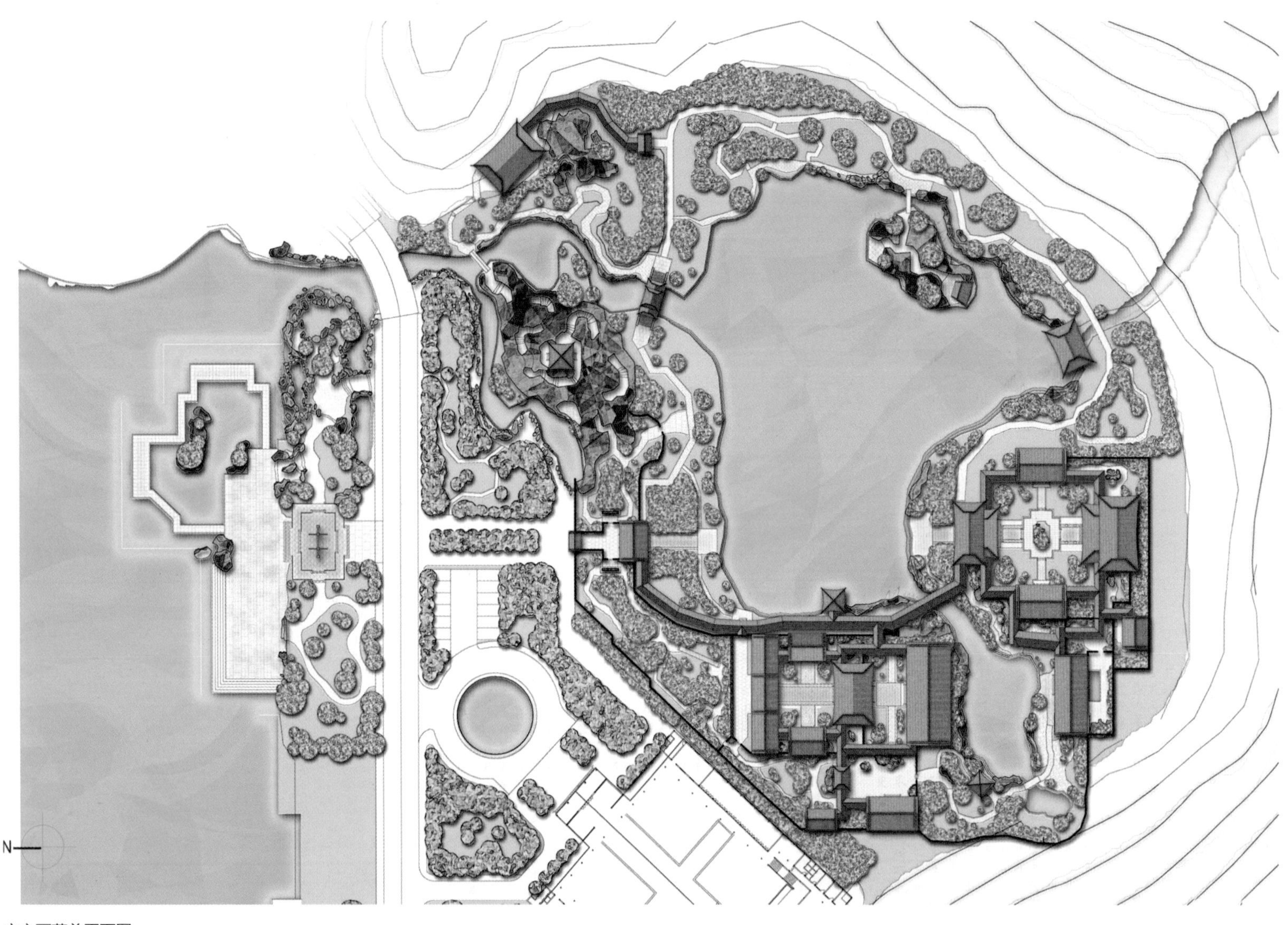

文心画苑总平面图

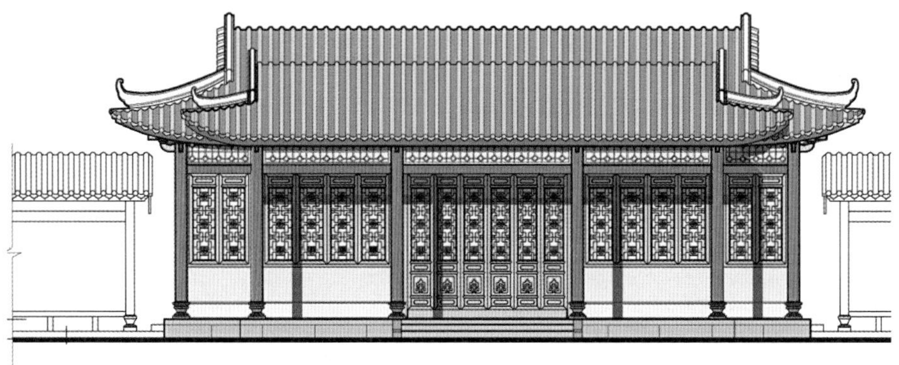

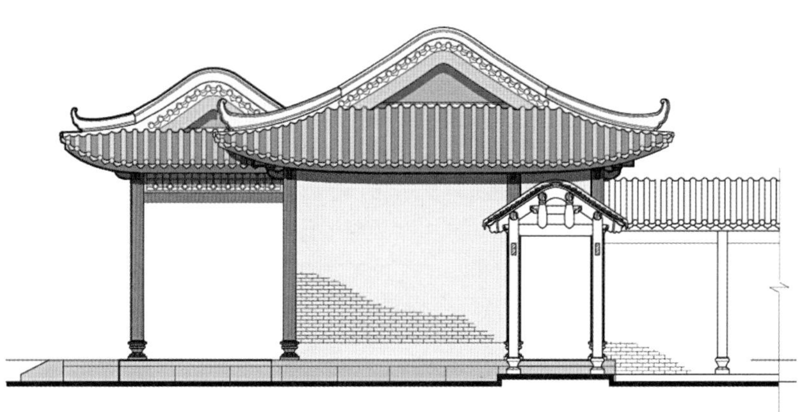

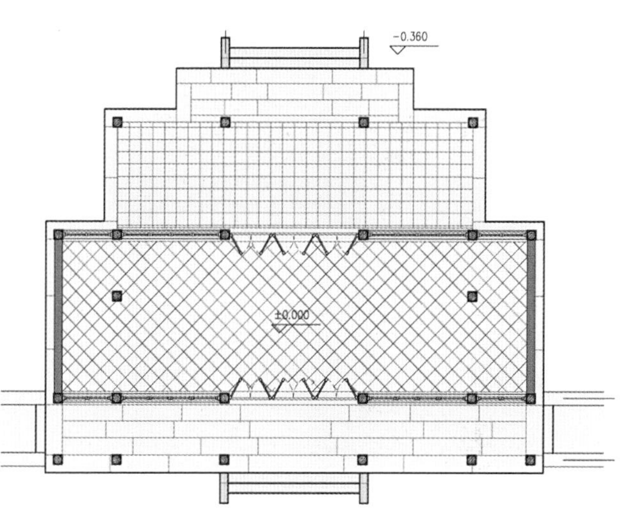

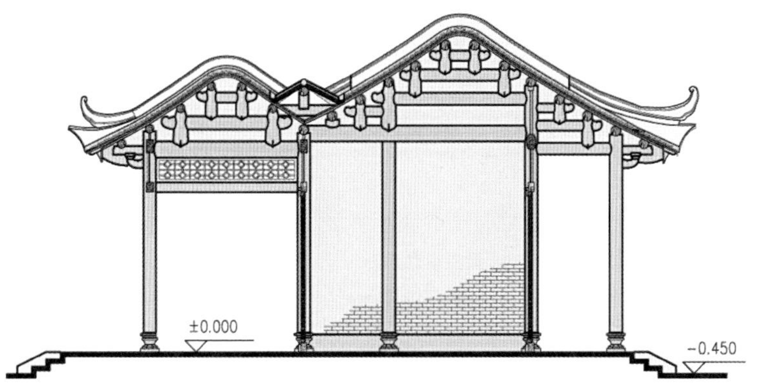

画峰室正立面图	平面图
画峰室侧立面图	
画峰室剖面图	

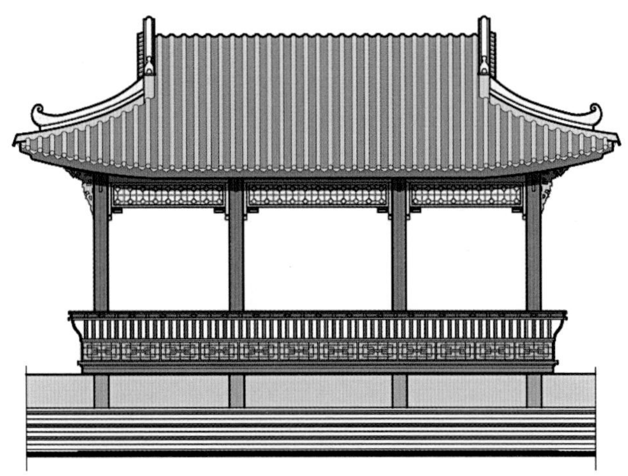

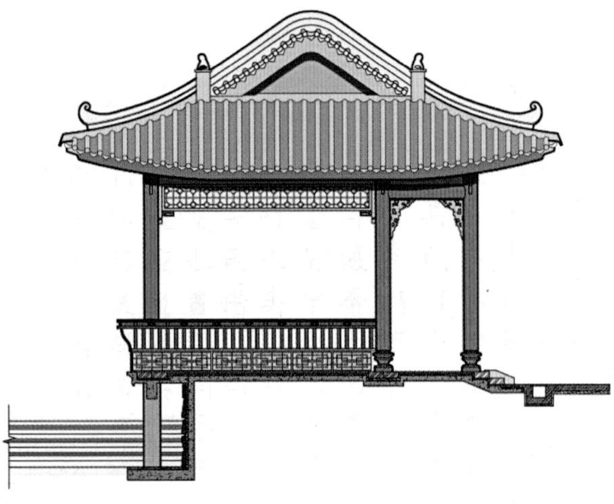

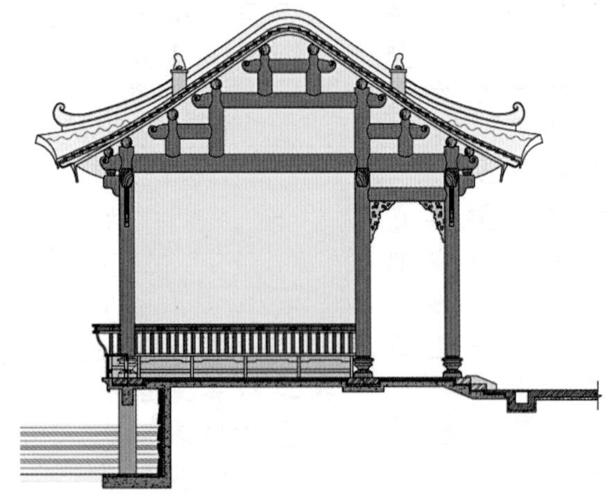

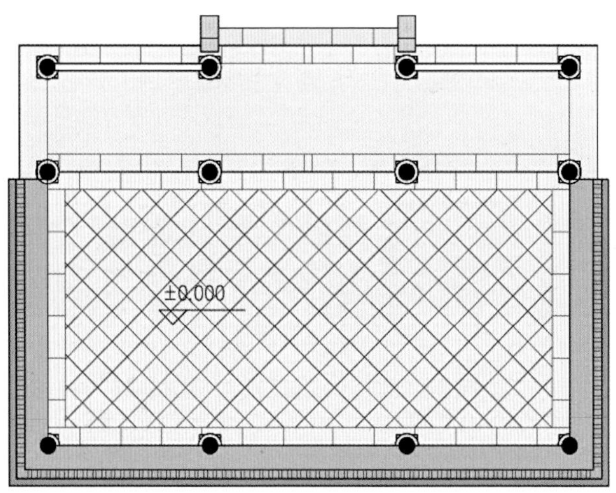

观月榭正立面图

观月榭侧立面图

观月榭剖面图

平面图

3.5 南海里水展旗楼

建设地点： 广东南海里水展旗峰生态公园
设计时间： 2014
建成时间： 2016
建筑面积： 2995m²
建筑高度： 42.8m
设计团队主要成员： 李哲扬 胡南江 程 胜 黄震岳 劳楚静 石 拓 刘 佳 黄彩云 谢始兴

设计背景

展旗楼坐落在里水展旗峰生态公园，是佛山南海市千灯湖南海中心区中心轴线北端的地标，建成于2016年。展旗楼的建设是基于传承南海岭南文化和现代城镇空间规划及公园化战略的要求。建成的展旗楼已成为南海里水乃至佛山市的新的景观地标，向游人展现南海的历史文化与现代社会风情，成为社会大众观景休憩、陶冶情操的景观场所。

设计理念

展旗楼设计原则与定位是在空间形态上突出楼阁建筑文化；于环境上则充分利用地形，融入自然和保护植被和山林景观生态特色；在文化层面体现南海水文化、武文化等地域文化；同时要满足规模合理、旅游观光、文化展示等基本功能，以及完善的配套设施与环境。

在设计理念上突出“生长、干栏、台阁”六个关键词，“生长”是利用地形近山巅的原人工平台，结合地形将楼阁平座左右错落拓展，概念性的修补原山体形态，予人以楼阁为山体的一部分之感觉，体现对自然的尊重；“干栏”是基于岭南早期的建筑形式或建筑原型，在建筑设计的结构和构造方式中摈弃斗栱、凹曲屋面的做法，采用断面较小的柱梁、穿枋的组合穿插，突出干栏建筑的韵味，传承地域建筑文化特色；“台阁”则是借鉴传统楼阁文化及楼阁原型形态、体量、比例、尺度等几个重要元素，结合现代功能和环境进行新的设计，不拘泥于传统楼阁的独立形制和营造法式，以营造自由开敞的平座层和伸展错落的建筑体量为手法，体现公共、开放、天人相融的关系。整体建筑既保持传统楼阁空间尺度及其与人之关系，又突出运用现代结构构造方式演绎干栏建筑之逻辑关系，以寻求“中而新，新而中”的突破。在色彩与构造细节上大胆采用大红色的柱梁枋，而在穿枋的端面涂以白色，即是对传统木构件防腐涂蛰灰的演绎，又是色彩对比、点缀与调和。

夜景效果图

展旗楼效果图

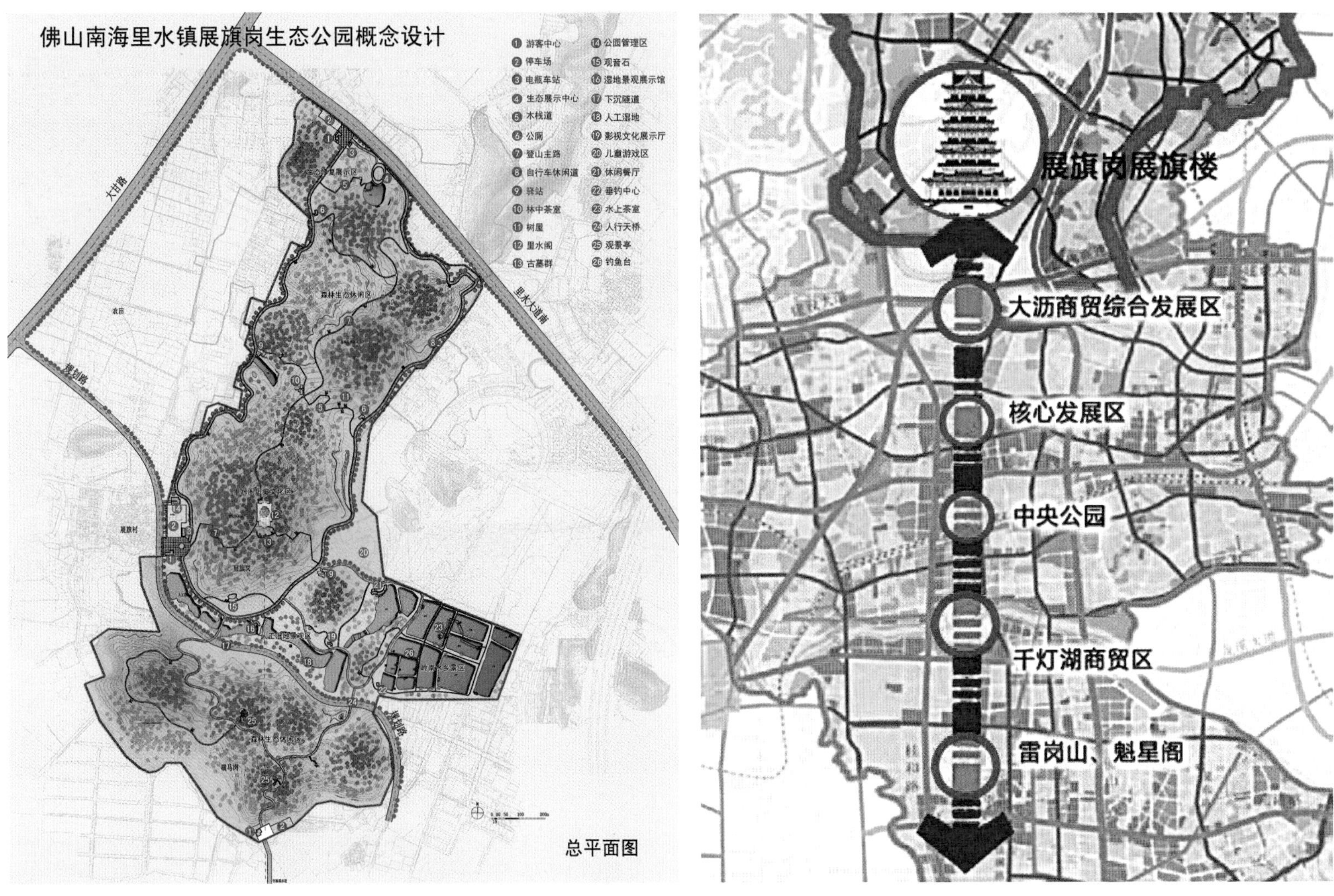

展旗岗公园规划总图

南海商贸空间轴线

总平面图

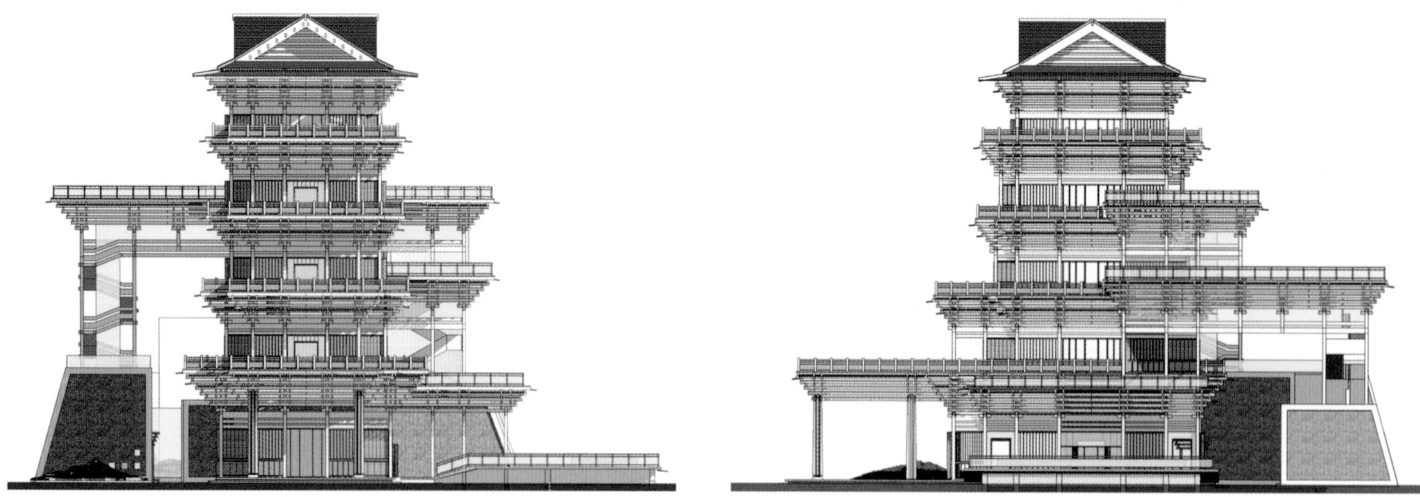

设计方案图

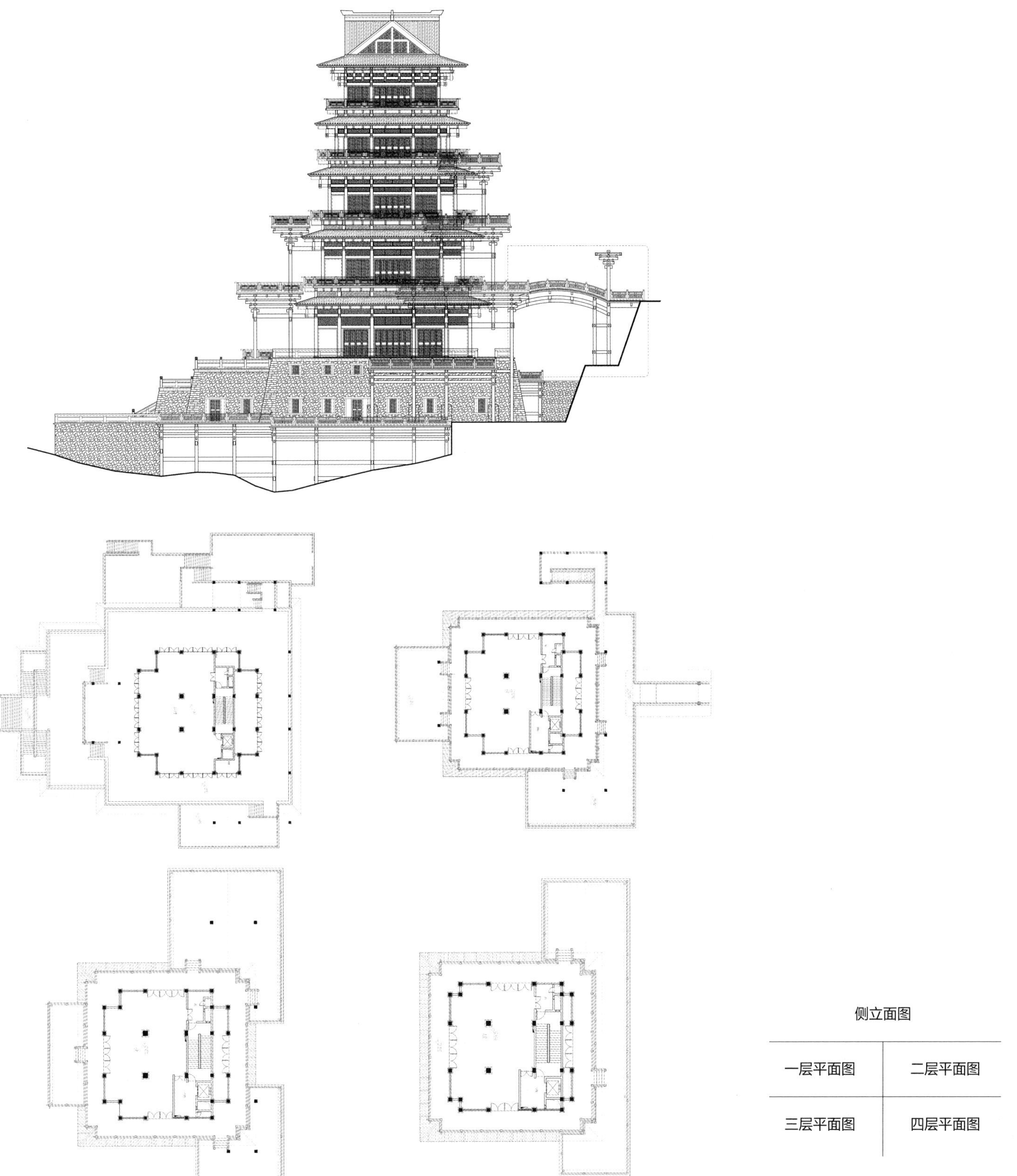

侧立面图	
一层平面图	二层平面图
三层平面图	四层平面图

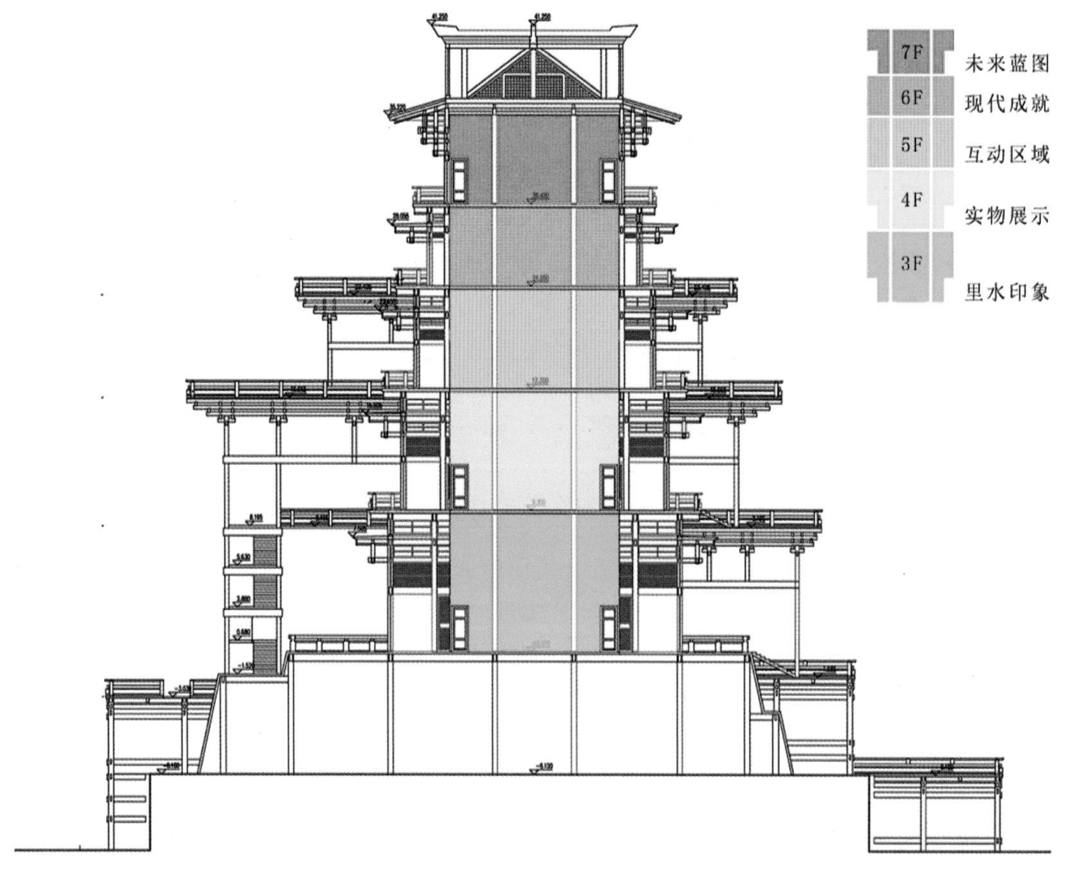

室内功能定位图

室内设计方案图

完工图

完工图

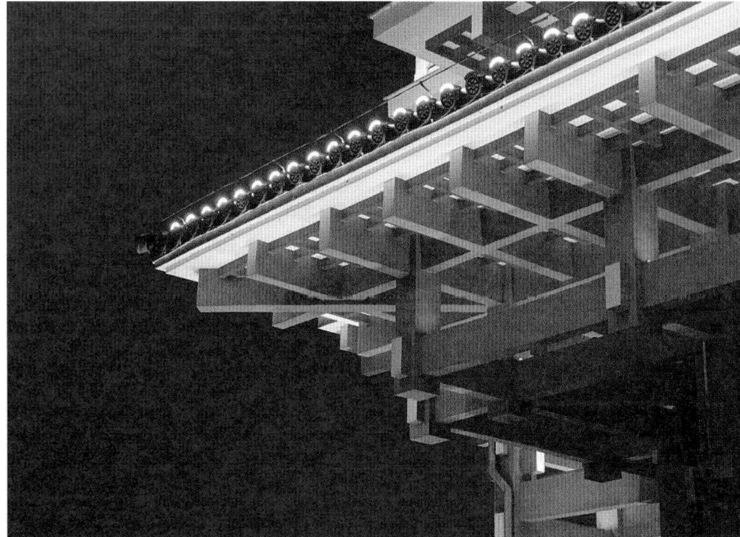

完工图

4 现代建筑设计

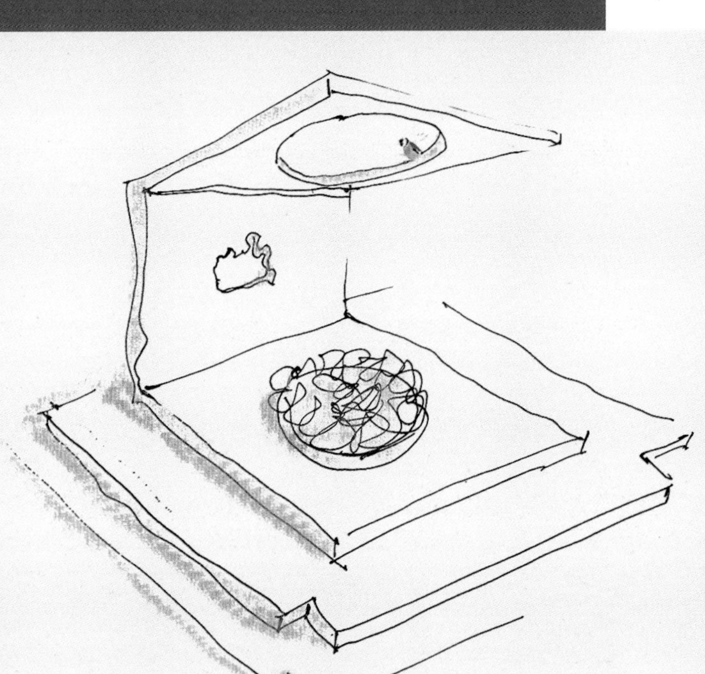

4.1 华南理工大学九一八路22号修缮改造利用设计

建设地点：广州华南理工大学
设计时间：2007
建成时间：2008
建筑面积：$200m^2$
设计团队主要成员：陈志军　孔跃维

设计背景

本建筑位于广州华南理工大学五山校区东住宅小区内，原是20世纪50年代所建的独栋住宅，20世纪90年代被闲置，2000年列入市级文物保护单位。该建筑坐北向南，地形后高前低，利用地形高差，主入口自北面直接进入建筑的二层，南东西三面环有庭院。原有建筑为错层式建筑，空间以中部的楼梯间划分为左右两个部分，左侧首层的起居室和二层的主卧室层高较高，与右侧的三层卧室的总高度相同，上部为缓坡屋顶。后部首层突出一间为厨房和卫生间。建筑面积为$110m^2$（改建后建筑面积$200m^2$）。由于开窗面积小和后面紧邻挡土墙，建筑室内空间狭小，采光通风条件较差，室内昏暗潮湿。

设计理念

1. 空间改造，满足功能

改造后建筑作为文化遗产保护设计研究所使用，设计注重建筑功能、空间的改良，以及建筑空间环境的塑造。新转换的功能空间有会议室、接待客厅、图书室等要结合现有建筑空间改良设计。

首先是改善交通流线，将经过北部厨房屋面的廊桥入口西移，直接与室内垂直交通的楼梯相衔接，室内房间入口也开向楼梯间，使得交通集中、便捷又互不干扰。

其次是内部主要空间的改造，原有起居室连通餐厅，其间以拱门划分，这部分空间拟作学术交流的会议室，所以将两者空间打通为空间较大的会议室，为了加强仪式感，在会议室北侧墙面涂为暗红色，置仿北魏石窟佛造像石刻于此，形成空间的焦点。并以结构加固的两侧的工字钢柱形成“龛”空间的效果，而利用造像背部的背光板顶部沿水平方向延伸至会议台的上空，简练又具寓意的莲花纹图案天花板，将原有两个空间合为一体。为打破空间的单调感，在前部墙角开了角窗，使空间赋予变化和灵动。

2. 适应气候，改良环境

为改善室内采光、通风条件，打开了楼梯屋面楼板，并竖起了造型小巧一个百叶通风、采光的塔楼，达到了很好的拔风散湿效果，其梯间的色彩和塔楼构架以及光线形成了室内别致空间景观。外部庭院地面则以“旱井”为中心的风车图形分化砖铺地，形成具有文化内涵的简洁户外活动场所。庭院前部两角分别以圆形的月门和方亭（拟建）形成外部空间边界限定与围合感。

3. 新旧融合，提升格调

为增加使用面积和建筑风格的创新，在厨房、卫生间的屋面以钢结构新建了两层通透的玻璃盒子建筑。新加建的部分完全是现代建筑的风格，镶嵌在老式建筑之上，新旧建筑的碰撞与融合，虚实新旧之间形成一种新颖的建筑造型及丰富的外部空间形态。

借鉴传统建筑组合的空间序列手法，在入口设有现代风格的门楼和简洁的廊桥，作为进入建筑内部的空间限定和标识。大门采用了抽象的广府趟栊门概念，挺拔的扶门柱又起着桥柱墩的作用，柱顶置一对鳌鱼，增加了门楼的喜庆感，也希冀人才辈出。门两侧的一副对联“文情若春水，弦詠寄天风”，则寄托着一代学人的情怀。

塔楼空间图

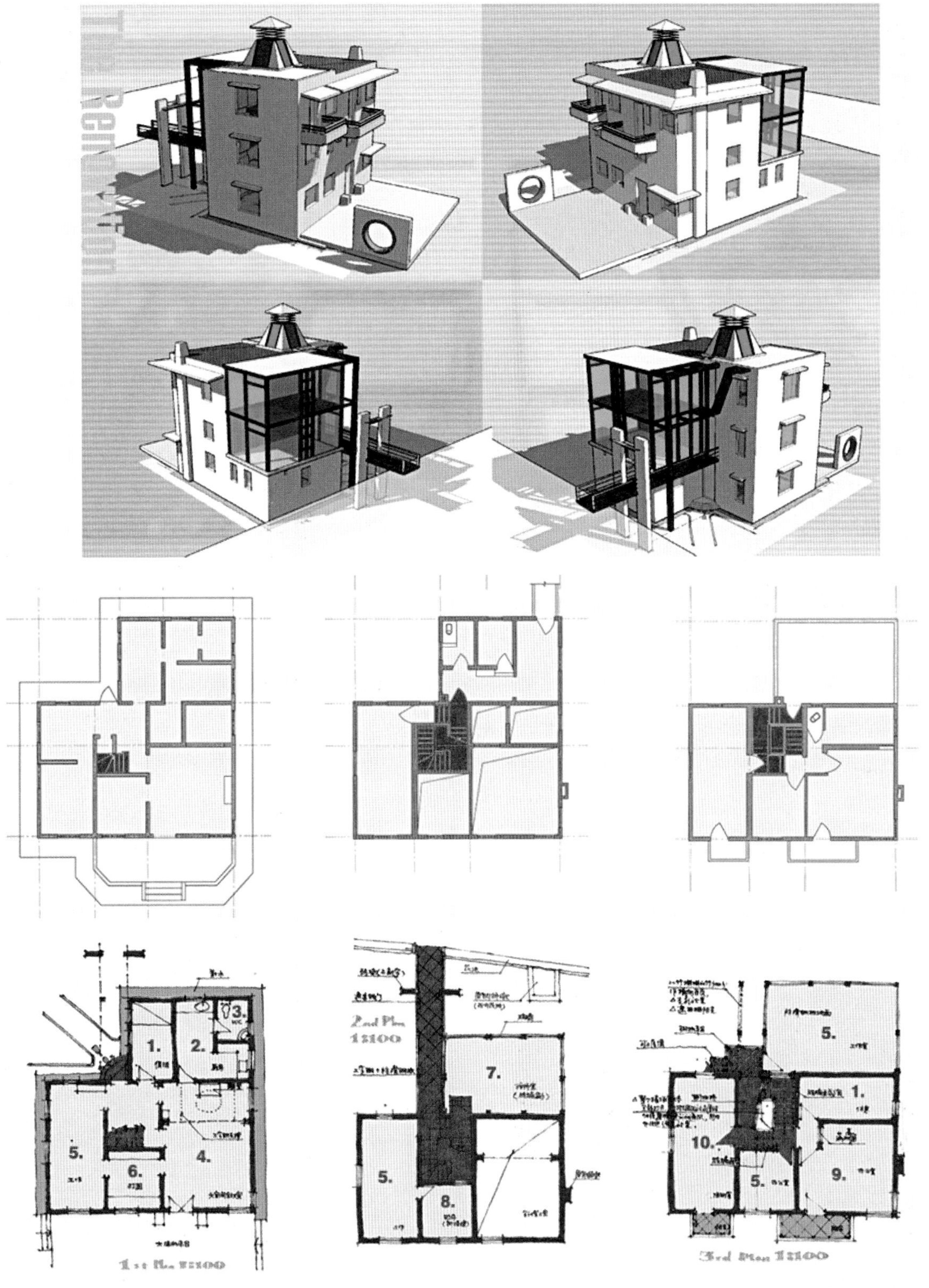

设计方案图

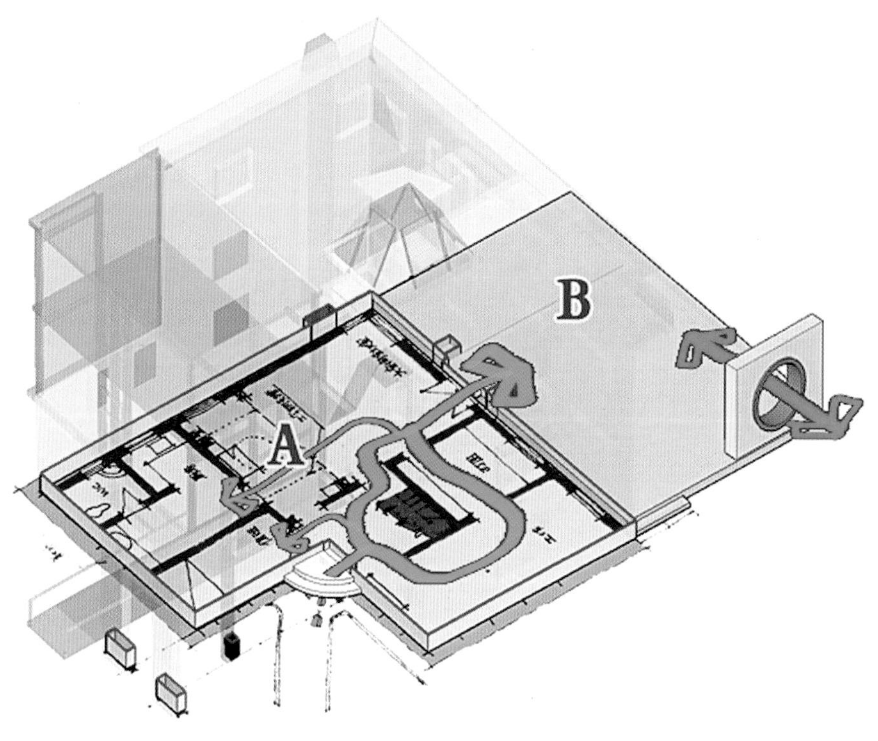

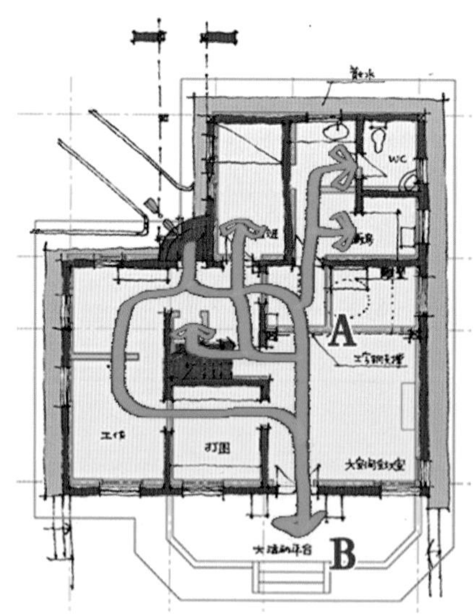

庭院原状 庭院改造后（一） 庭院改造后（二） 手绘鸟瞰	一层透视图	二层透视图	三层透视图
	一层平面图	二层平面图	三层平面图

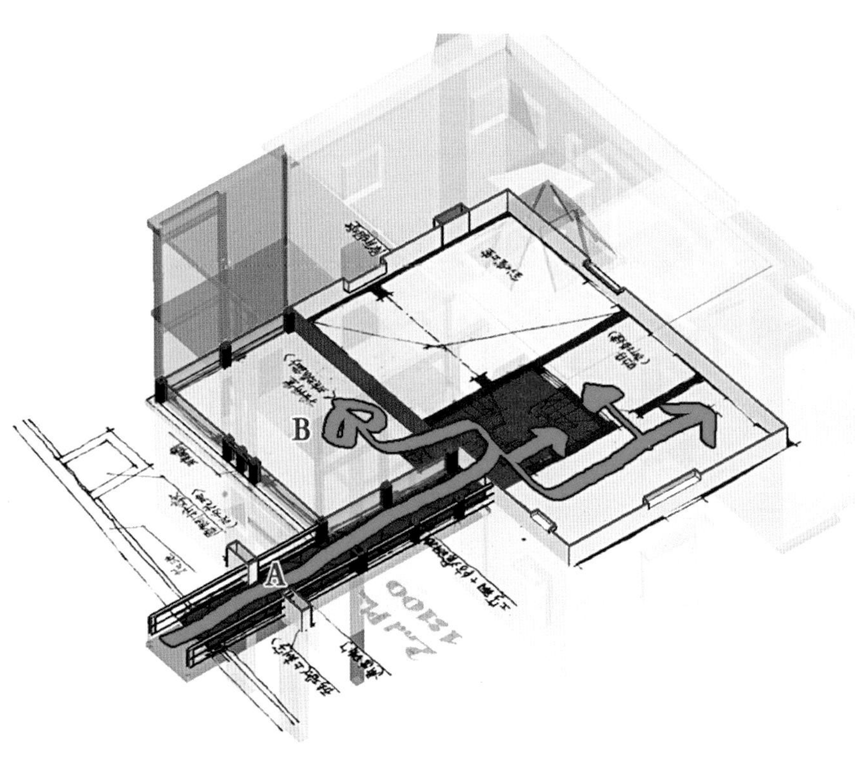
A
B

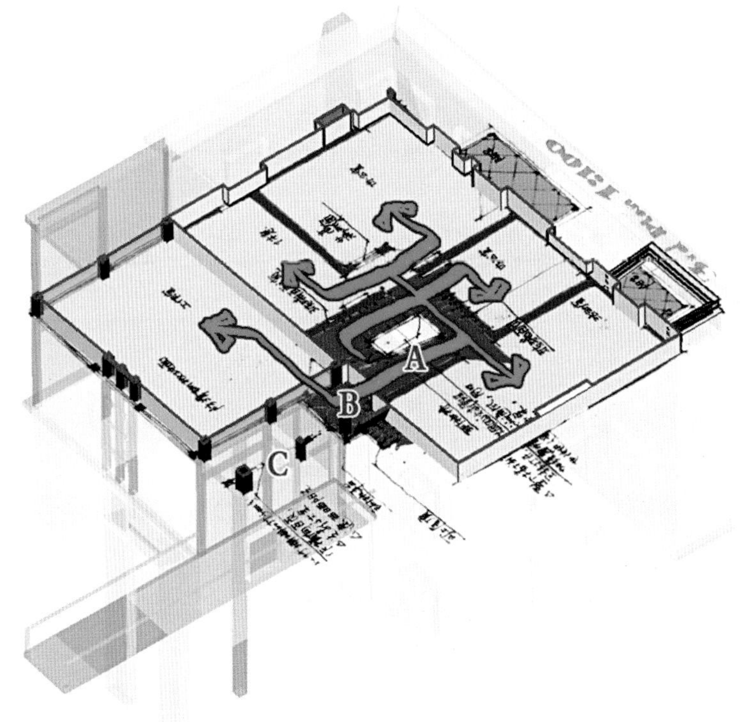
A
B
C

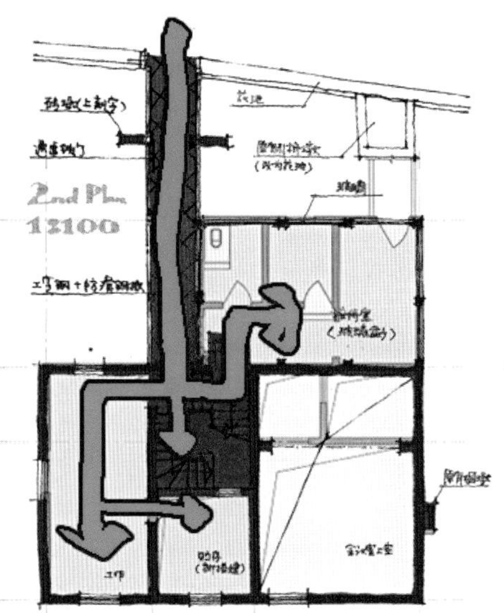
2nd Plan
1:100

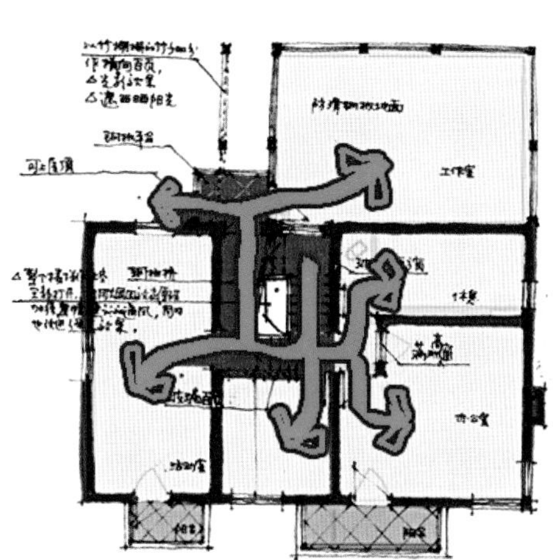
3rd Plan 1:100

完工图

4.2 南京茅山国际道教文化中心设计

建设地点： 南京句容茅山风景区
设计时间： 2011
建成时间： 2012
建筑面积： 42000m²
设计团队主要成员： 陈志军 罗 军 王 平

设计背景

茅山道教演艺中心坐落在句容市茅山风景区内。茅山是中国道教文化旅游胜地，道教宗教朝拜名山，茅山道教在中国道教发展史中具有举足轻重的地位。道教文化演艺中心位于茅山风景区二、三茅峰之间的西侧山谷，为上层次规划莲塘九曲中的重要组成部分，是茅山风景区担当茅山旅游产业转型和提升茅山道教文化影响力的重任，它是中国道教养生产业联动商品终端，是道文化、道教养生深度体验区，是中国道教学术、会议交流中心。

设计理念

1. 文化的融合创新

以文化为根基作为设计创作的灵魂，道教文化、地方传统文化和现代文化是本次设计的渊源所在。茅山道教开创儒、释、道三教合一，反映了文化创新与融合的理念。本设计力图以崭新的视角，在更广泛的可持续发展的城乡视野中，以理性的思考、科学的判断去寻找具有“原创”精神，塑造适应句容北亚热带季风气候，四季分明，气候温和，雨水充沛，日照充足特点，符合茅山景区建筑文化内涵的建筑艺术形象与环境品格。

2. 重视生态与人本理念

“道法自然”即尊重自然，“无为而为”即少主观，多客观。追求自然、生态的空间意境。尊重自然环境，最大限度地保持和利用自然生态条件，结合句容茅山的气候特点，在室内、室外以及灰空间处合理引入“生态概念”，提高建筑的品位和档次。注重建筑外部空间环境设计，通过别致且富于个性的建筑主体、广场、小品、绿化等的综合表现，营造令人耳目一新的建筑空间氛围。

道教的“长视久生”即重生、养生、身心并重，重视人本价值的理念。创造良好的人文环境——以“人”为主体，为“人”服务。深入把握宗教文化、现代景区旅游、文化建筑的使用功能，着力体现功能的合理性、设施的先进性和设计理念的超前性，为游客创造优质、独特的物质和精神环境。

3. 建筑风格定位

在体现建筑时代性中融入中国文化、宗教文化内涵。本项目建筑设计风格体现在：宗教性、生态性、文化性、现代性的文化建筑。建筑造型以现代风格为主，通过良渚文化的“玉琮”和“斗”这一特定特有的礼器、道教、建筑、容器所涵盖的建筑语言、符号及材料等，暗喻“五斗米”道教、建筑斗栱的斗，以及量器“斗”，体现茅山道教、传统建筑和句容地域的文化，试图融入“国粹”和“民族精神”。通过格局、形态、空间、色彩、质感的综合体现，使建筑空间造型富于文化感染力，且注入浓郁的环境特色和文化内涵，体现特定文化建筑的宗教属性、文化属性。

设计鸟瞰图

效果图

4. 主要技术措施

（1）先进实用的结构设计

本工程主体建筑演艺中心为大跨度、大空间，设计采用钢筋混凝土框筒结构体系，预应力钢筋混凝土结构、轻钢结构等先进、实用技术，创造美观、大方的建筑内部空间环境。

（2）灵活方便的空调系统

根据使用功能特性采用中央冷暖空调与VRV多联式空调系统并用的空调方案，既考虑到技术的先进性，又照顾到日常使用的灵活性与经济性。可惜的是因种种原因未能按原设计意图完成。

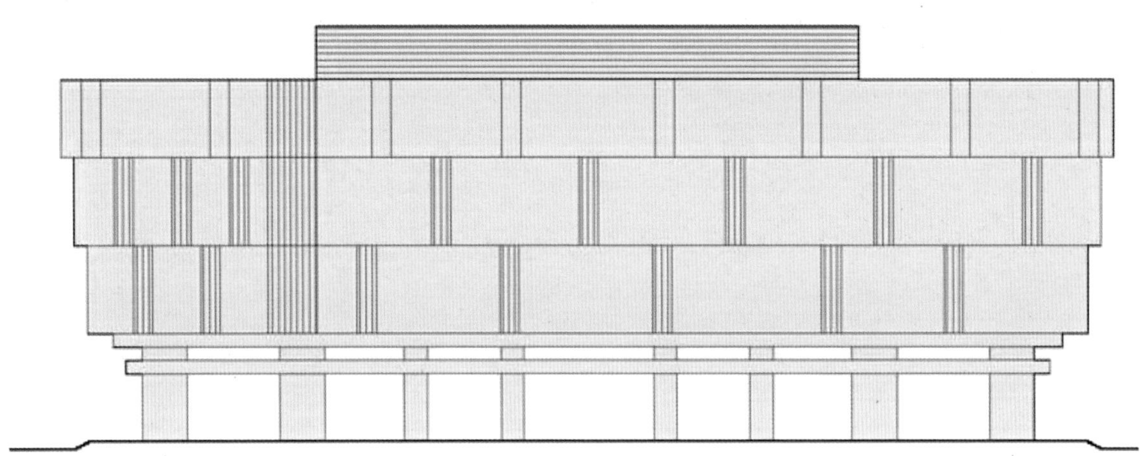

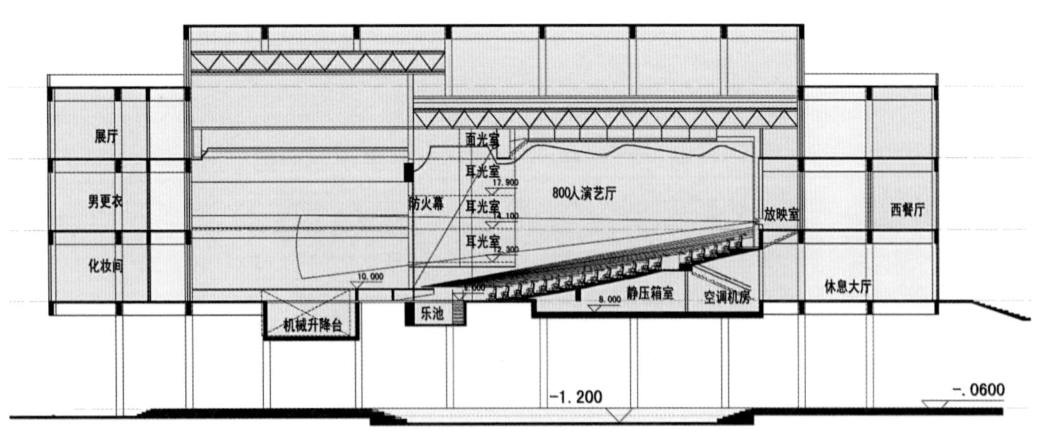

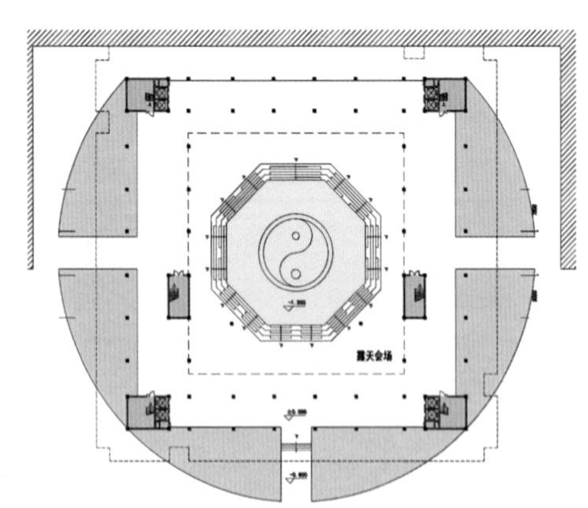

设计图

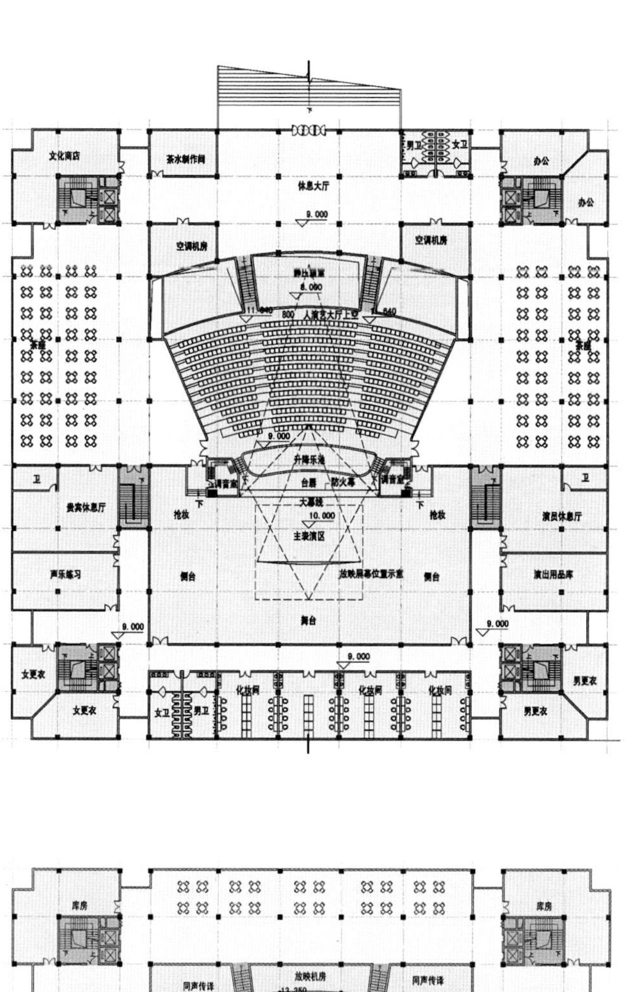

文化商店
茶水制作间
男卫 女卫
办公
办公
休息大厅
9.000
空调机房
空调机房
800 人演艺大厅上空
茶座
茶座
升降乐池
调音室
调音室
台唇
防火幕
大幕线
10.000
主表演区
卫
贵宾休息厅
抢妆
下
卫
演员休息厅
声乐练习
侧台
放映屏幕位置示意
侧台
演出用品库
舞台
9.000
9.000
9.000
女更衣
女更衣
空调机房
化妆间
化妆间
化妆间
男更衣
男更衣
女卫
男卫

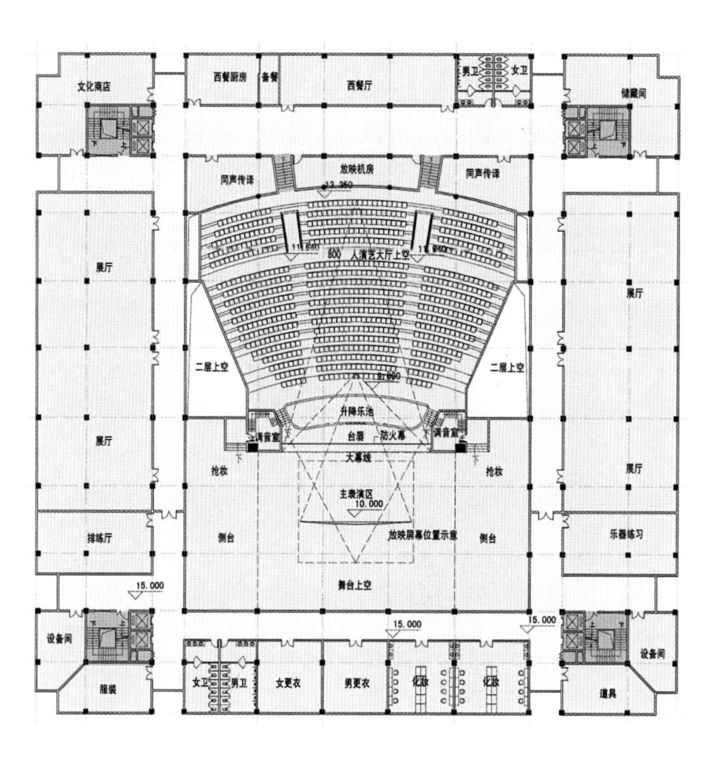

文化商店
西餐厨房
备餐
西餐厅
男卫 女卫
储藏间
同声传译
放映机房
同声传译
13.350
800 人演艺大厅上空
展厅
展厅
二层上空
二层上空
升降乐池
调音室
调音室
台唇
防火幕
大幕线
展厅
抢妆
抢妆
展厅
主表演区
10.000
排练厅
侧台
放映屏幕位置示意
侧台
乐器练习
舞台上空
15.000
15.000
15.000
设备间
服装
女卫
男卫
女更衣
男更衣
化妆
化妆
设备间
道具

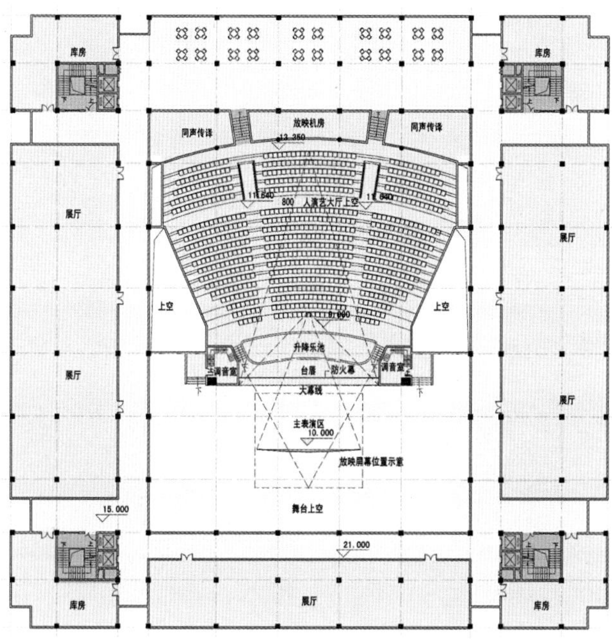

库房
库房
同声传译
放映机房
同声传译
13.350
800 人演艺大厅上空
展厅
展厅
上空
上空
升降乐池
调音室
调音室
台唇
防火幕
大幕线
展厅
展厅
主表演区
10.000
放映屏幕位置示意
15.000
舞台上空
21.000
展厅
库房
库房

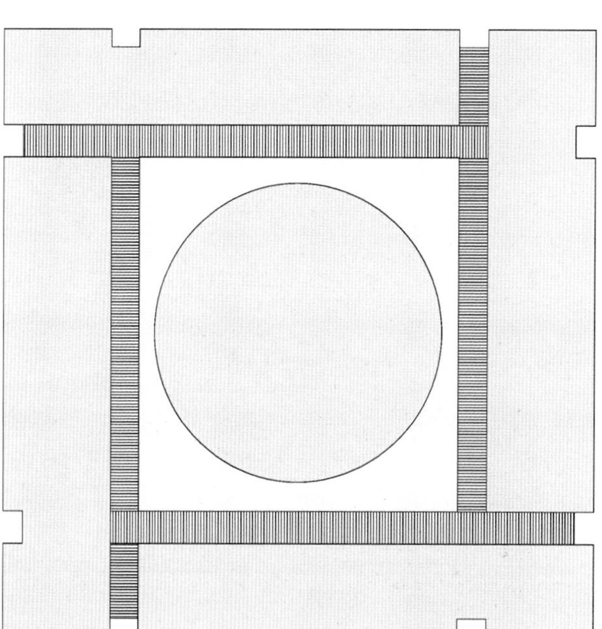

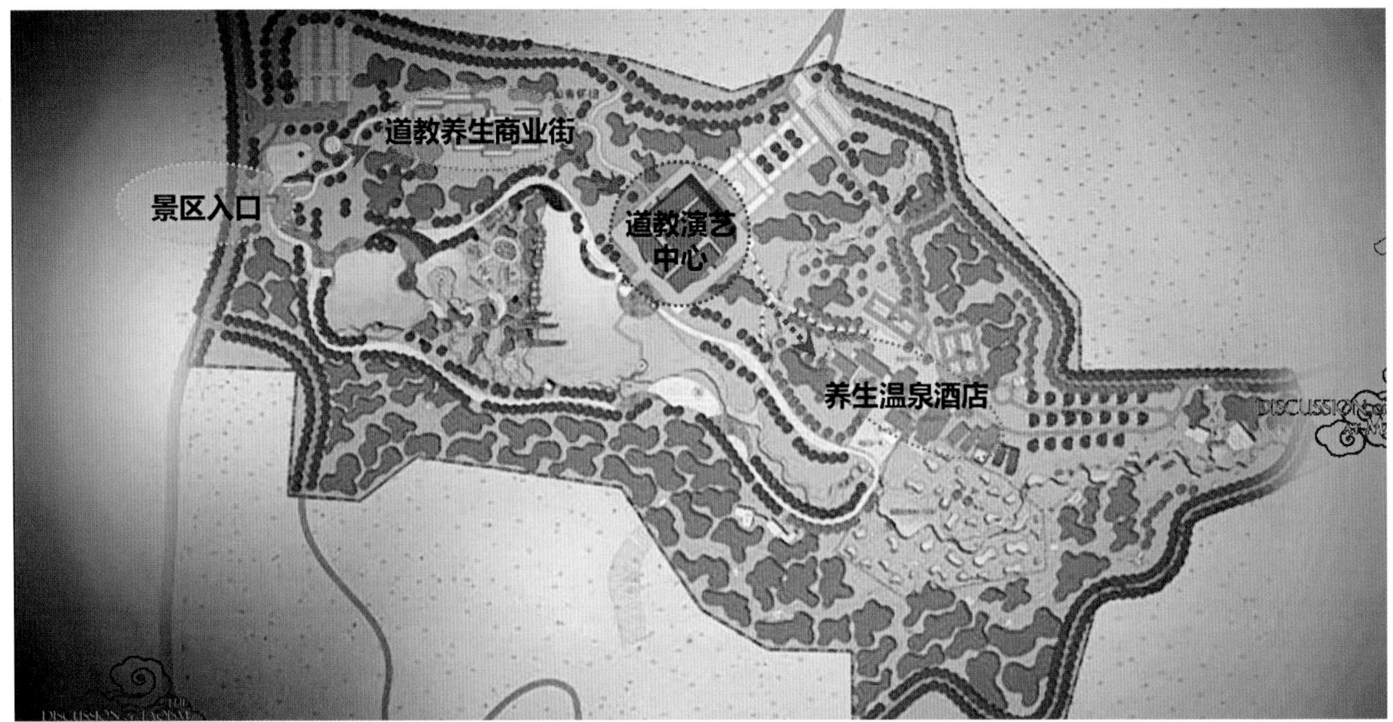

茅山莲塘九曲景区总平面

施工图

4.3 禅泉酒店大堂设计

建设地点：广东新兴县六祖镇
设计时间：2012
建成时间：2015
建筑面积：900m^2
设计团队主要成员：姜　磊

设计背景

禅泉酒店坐落在云浮新兴六祖故里，建于2015年。酒店整体规划设计由全国建筑勘察设计大师郭明卓先生主持的广州市建筑设计院设计团队完成，本人主要承担了酒店大堂的建筑木构架专项设计。该酒店为融中国古典文化、禅文化、红木文化等为一体的中国南部首家禅文化度假酒店。酒店以藏经阁、六祖广场、大堂、六祖堂、菩提阁为中轴线，建筑布局呈“回形”结构，大堂与主楼、裙楼成“品”字形六大庭院布局，木构建筑、仿明式红木家具，散发着古朴的清香，周边环境一步一景，都透露着宁静、安逸、平和的气质。竹、石、路、池、桥、廊、亭、阁、亲水平台、禅堂、禅道，处处饱含禅宗文化和中式园林艺术风格；带来“自然、古朴、宁静、闲寂”的禅修情境。

设计理念

“本于传统，成就现代”作为本设计的意念。禅泉酒店大堂建筑面宽七开间，进深七开间，为30m×30m方形平面，总高约19m，单檐十字脊歇山建筑形式，采用木构架结构体系。构架设计采用多层悬挑与叠合梁回应14m木构梁大跨度空间问题，简化构件造型与装饰，展示木构构架力学逻辑和材料自然之美，体现东方木构智慧与气韵。

工程技术要求木构架的装配连接方式主要为传统榫卯（结合暗铰）连接，榫卯要求结合紧密牢固，承重木柱子、梁、檩条应采用优质硬木（盘根豆），强度TC13以上。并按有关规范要求对所有木构件进行了严格防火、防虫、防腐、防潮处理。室内按消防规范做了喷淋消防系统，瓦面与屋面板之间做了现代防水层。

大堂效果图

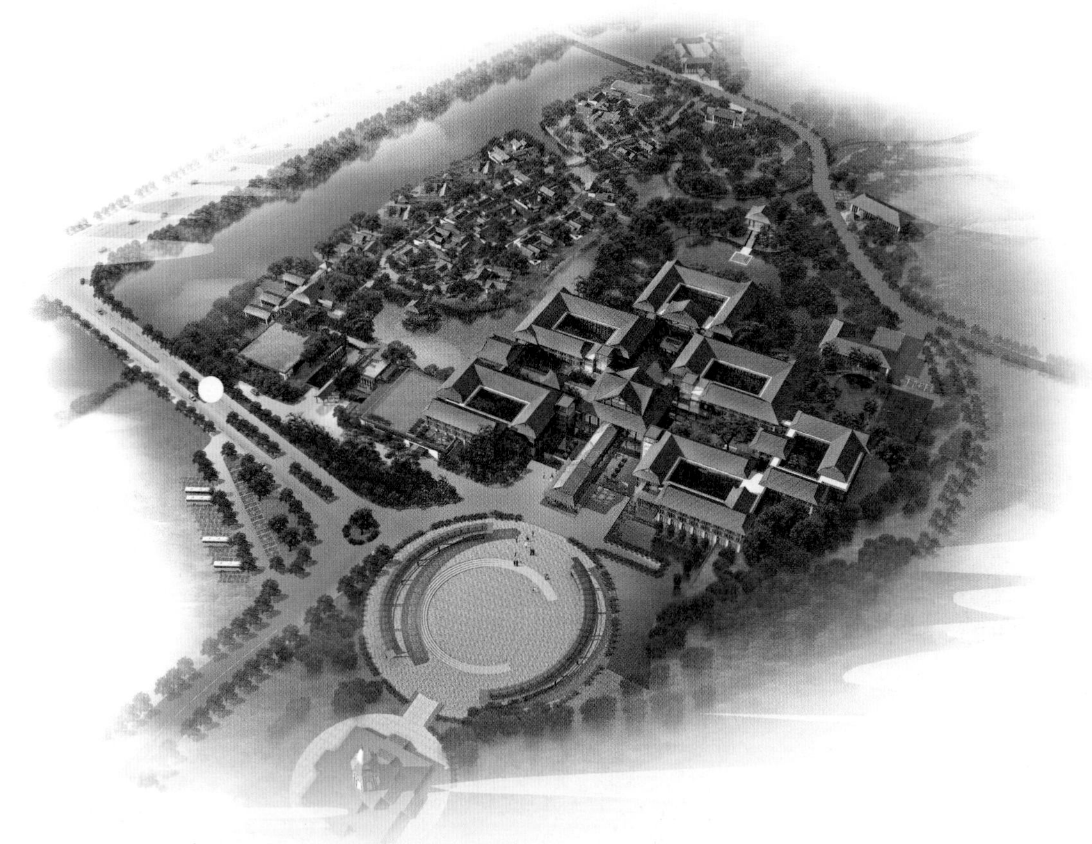

效果图

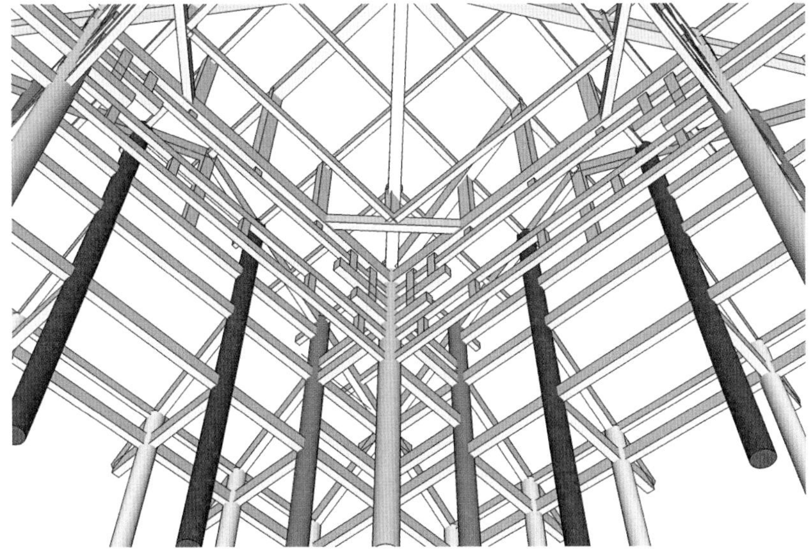

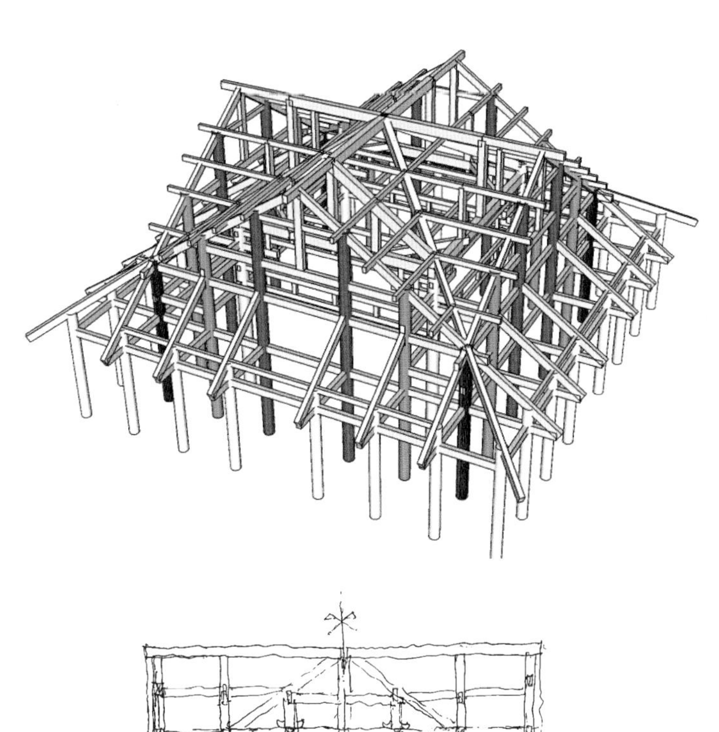

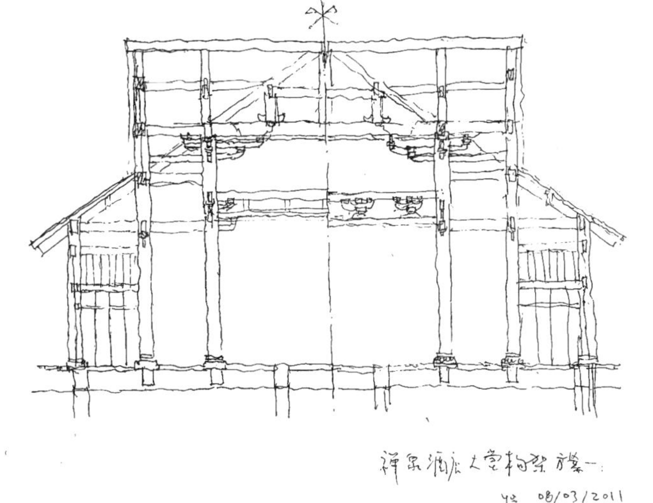

结构建模图

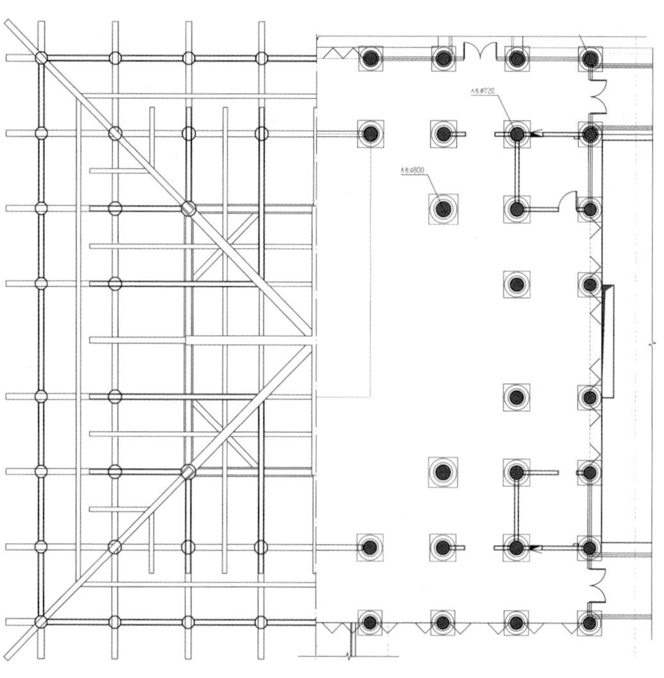

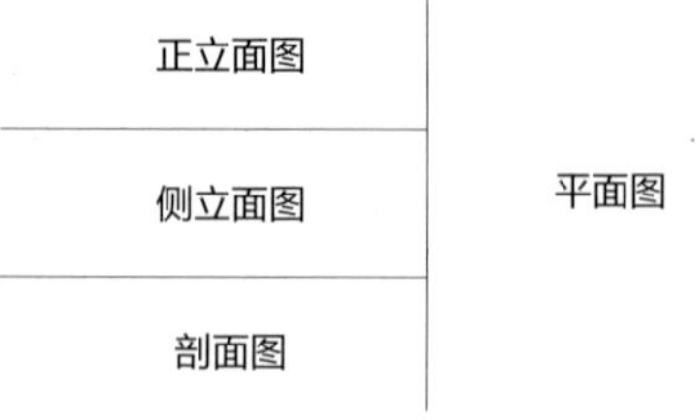

正立面图

侧立面图

剖面图

平面图

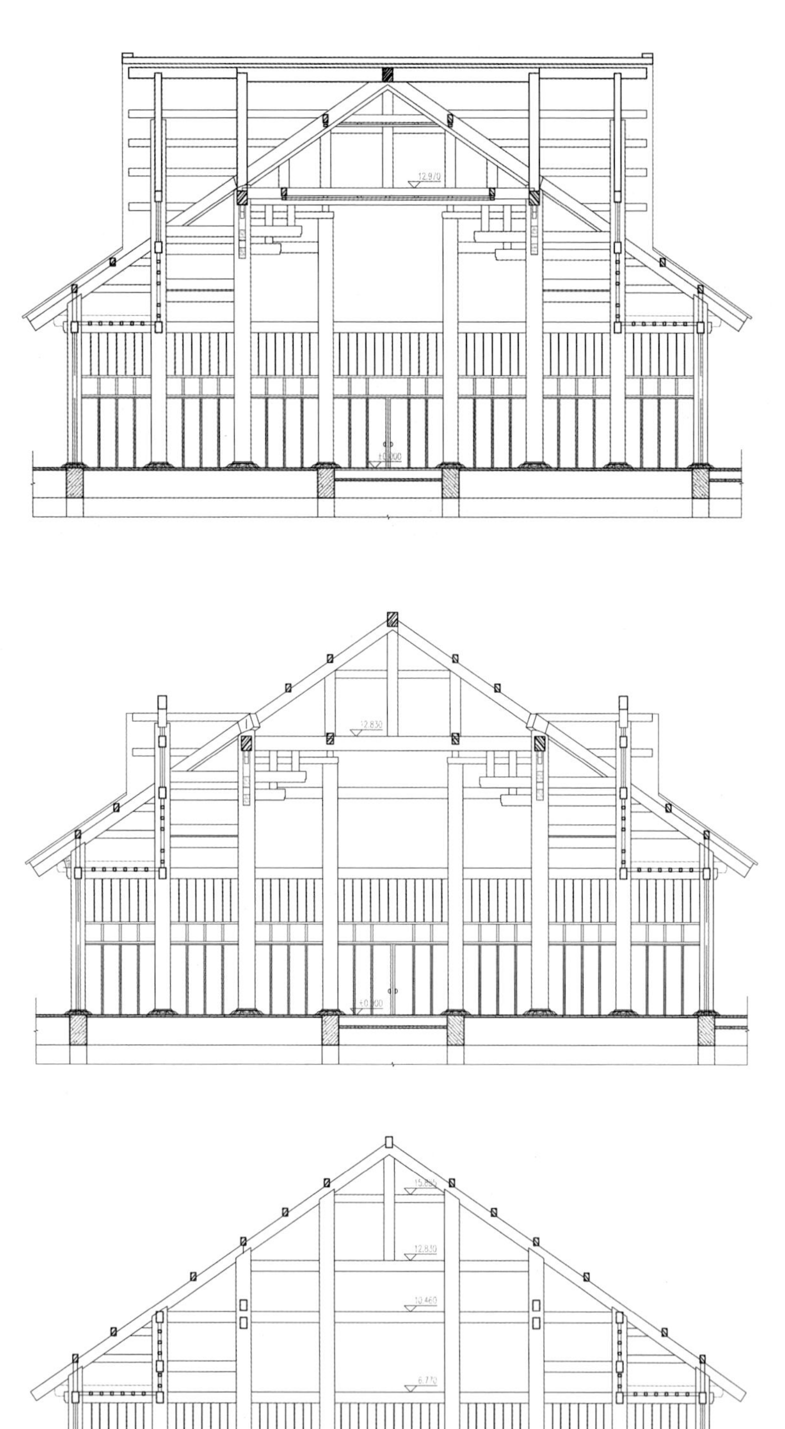

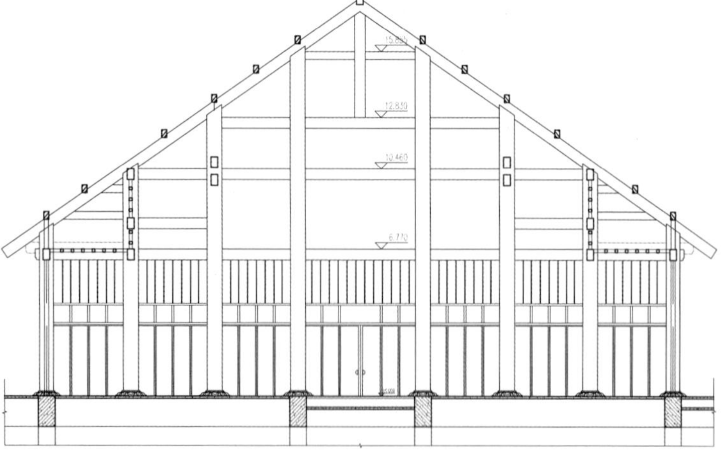

构件加工图

建筑模型图

施工图

完工图

完工图

4.4 潮州陈伟南文化馆

建设地点：潮州市
设计时间：2018
建成时间：2019
建筑面积：2800m²
设计团队主要成员：李子昂 陈楷彬 石 拓 范敏莉 何傲天 李雅倩 刘 聪

设计背景

陈伟南文化馆是以展示香港爱国实业家陈伟南先生爱国爱乡为主题，激励潮人文化精神的展示交流场所。文化馆功能由展厅、接待会客厅和管理办公室三部分组成：展厅有三个固定展厅、一个活动展厅和一个多功能厅。由于其选址于毗邻潮阳学宫和潮州府衙的潮州古城的中心，在潮州历史文化名城的核心保护区内，在形式风格和高度、体量方面都对设计提出了新的挑战。

设计理念

潮州传统建筑风格独特，建筑艺术底蕴深厚，对地域传统建筑文化的传承与创新是本方案设计过程中的核心出发点之一。依据功能要求和场所环境，设计考虑以下因素：一是要与古城环境协调融合，同时需满足古城保护规划核心区建筑檐口限高15m和省保海阳学宫保护规划建筑檐口限高9m的要求；二是从潮汕民居原型提取空间与形体组合的灵感；三是满足现代文化馆的展示功能要求，体现出时代感。由此确定了地域新中式的设计方向。

根据用地东西狭长和道路交通情况，建筑轴线为坐西向东，背靠金山，面对韩江和笔架山，主入口设于东侧。由前至后通过左右、前后、高低错落的三进庭院形成文化馆的建筑组群。一进采用传统风格的水庭廊院，由三开间的断箭口大门、礼亭、回廊及荷花池组成，作为入口的清净过度空间；二进为展示功能的二层建筑，上部采用抽象“下山虎”的三合院形式，中置庭院及采光水面天窗；三进为办公、接待区域，采取了较为紧凑的“四水归堂”合院组合方式。这样使三进建筑形成了三个有趣空间，完成空间丰富的多种庭院组合的建筑特色。

为避免水平构图的平淡，在南侧设计了拔高的塔楼，登楼可以欣赏古城的第五立面，远眺古城四周景色，亦为文笔之意。建筑内部流线顺畅，功能合理，空间丰富。建筑色彩以灰白为主色调，简洁明快。一进建筑采用传统石木等传统材料、构架和工艺，二、三进则采用现代材料与结构的新中式，传统与现代融合统一，相得益彰。在细节的处理上如屋面脊饰的厝头造型是从潮州民居建筑厝头原型中，抽取基本形态语言，不拘泥于五行厝头形式，做到“不二”演绎；又如将传统建筑山面的搏风带采用内凹的光带转换，通过光线与阴影来演绎传统建筑语汇，达到了较好的艺术效果。

塔楼

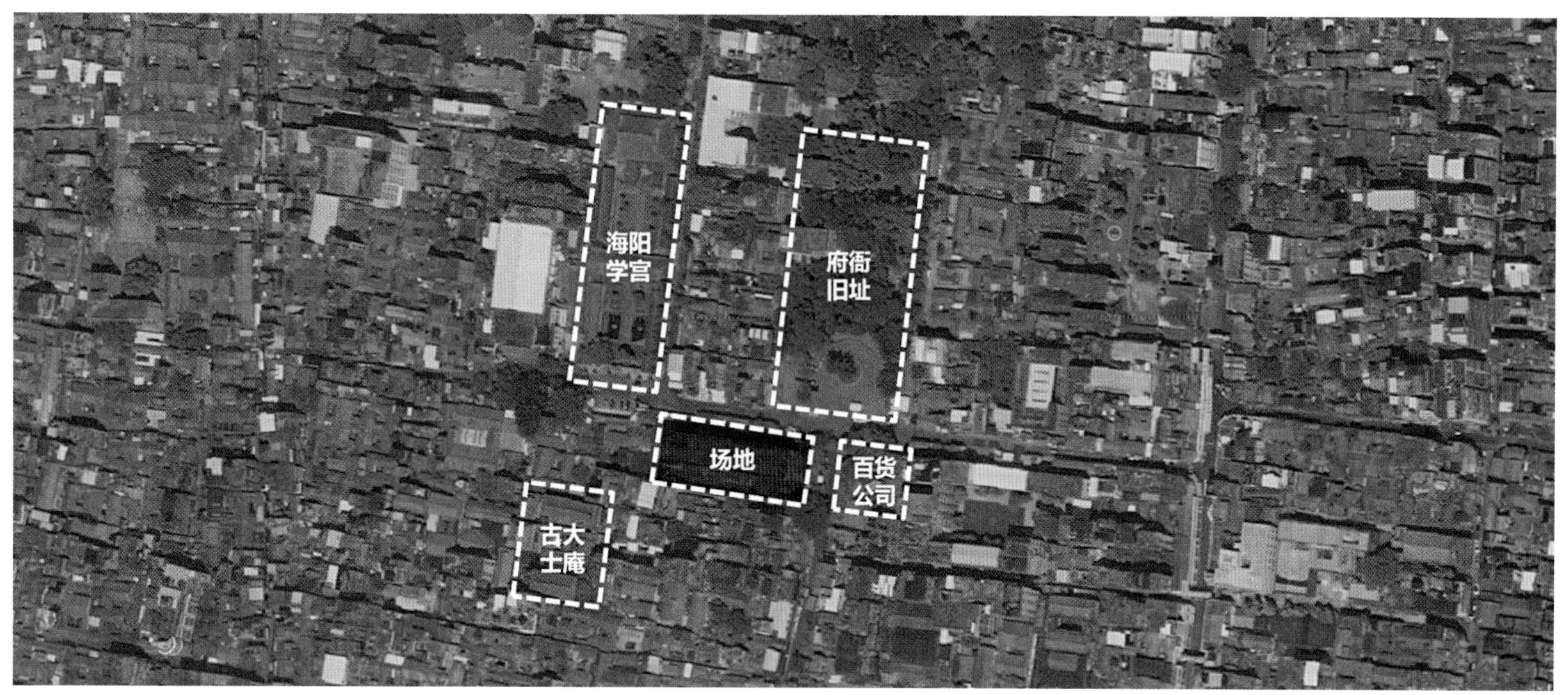

基地位置图

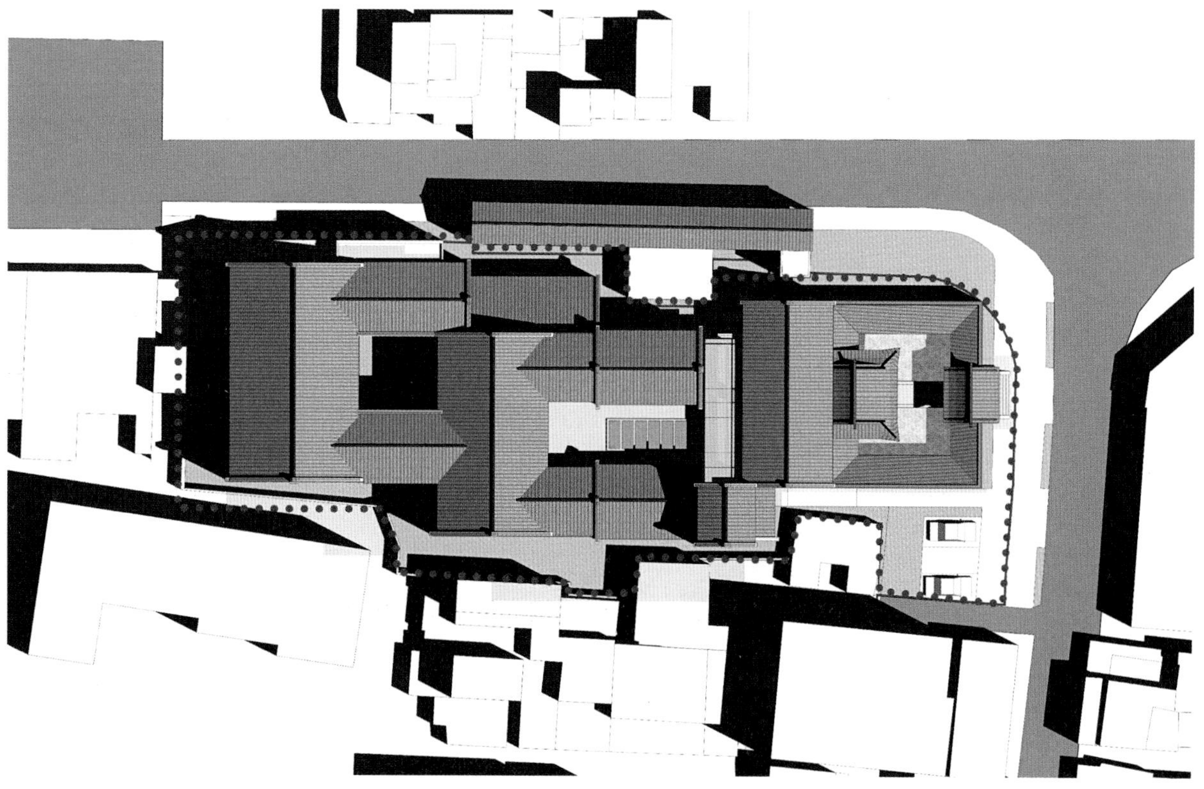

方案设计图

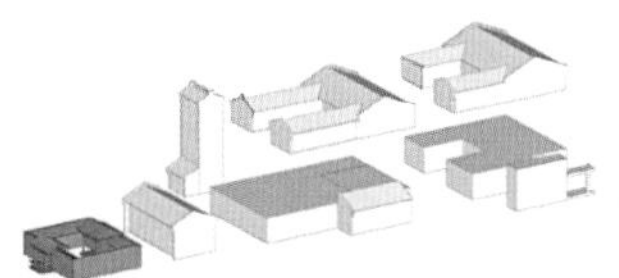

入口庭院

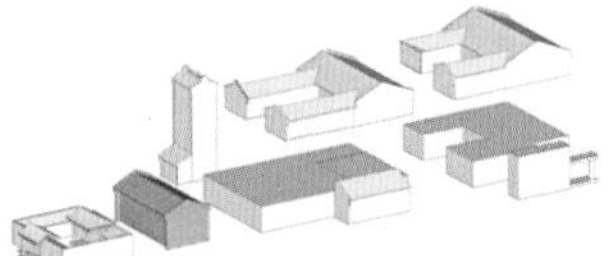

门厅

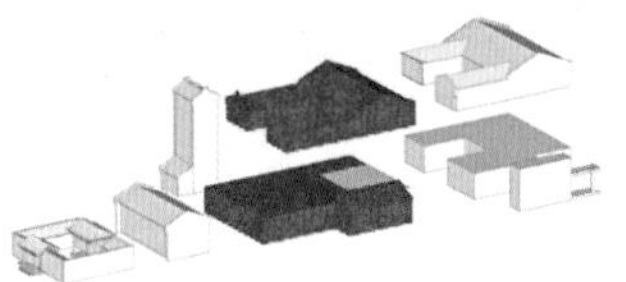

展厅及休息厅

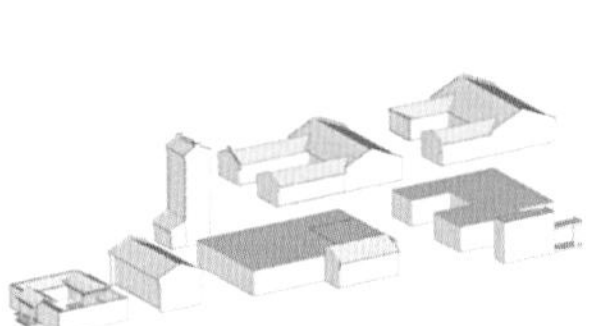

多功能厅

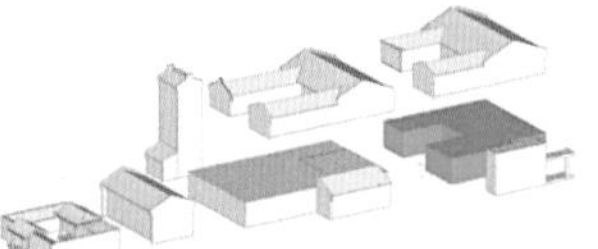

办公、后勤、仓储

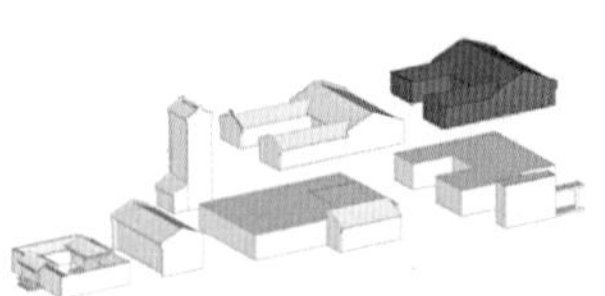

陈伟南先生休息室

流线功能图

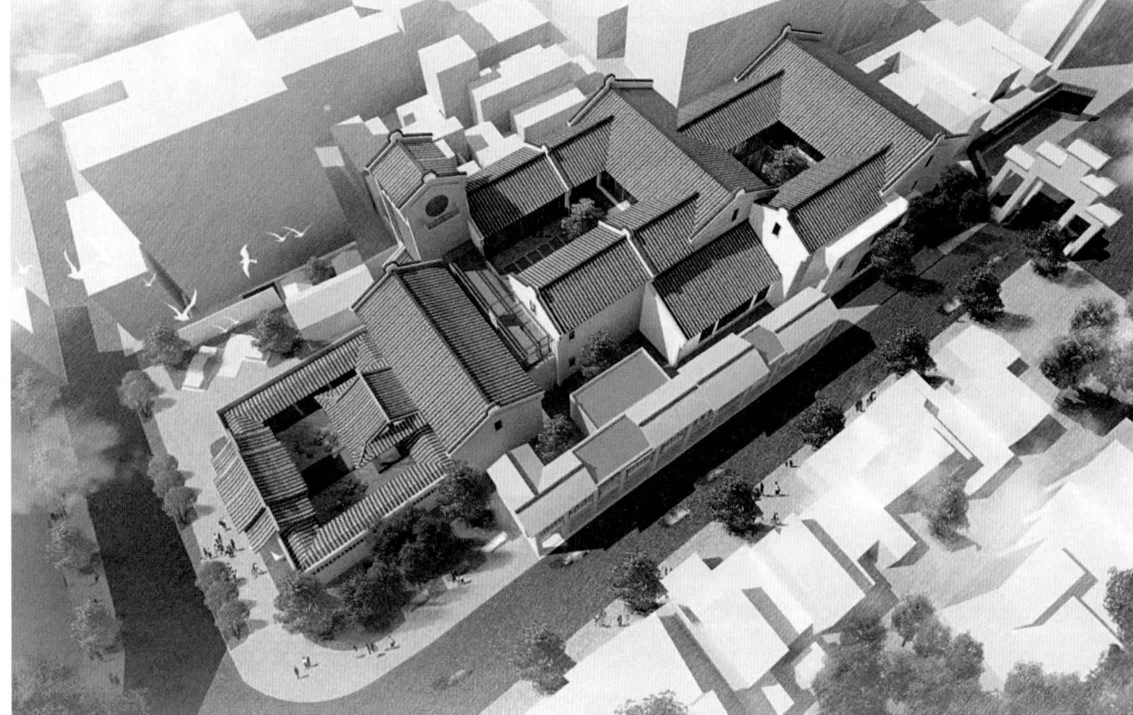

鸟瞰效果图

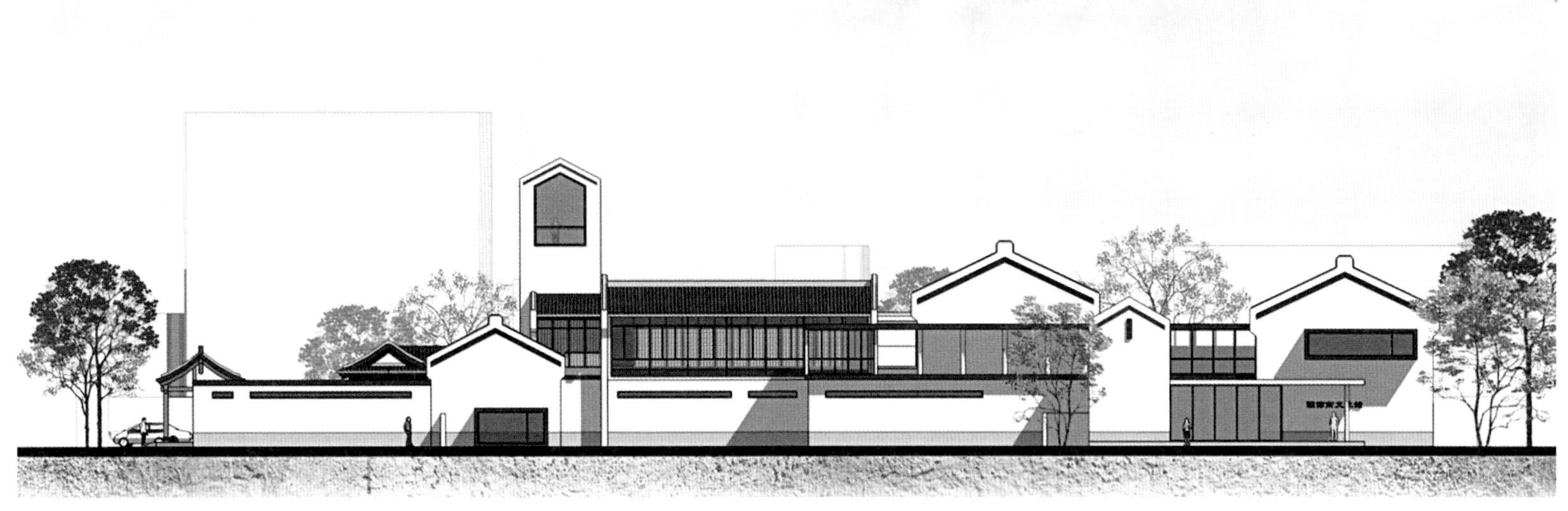

立面方案图

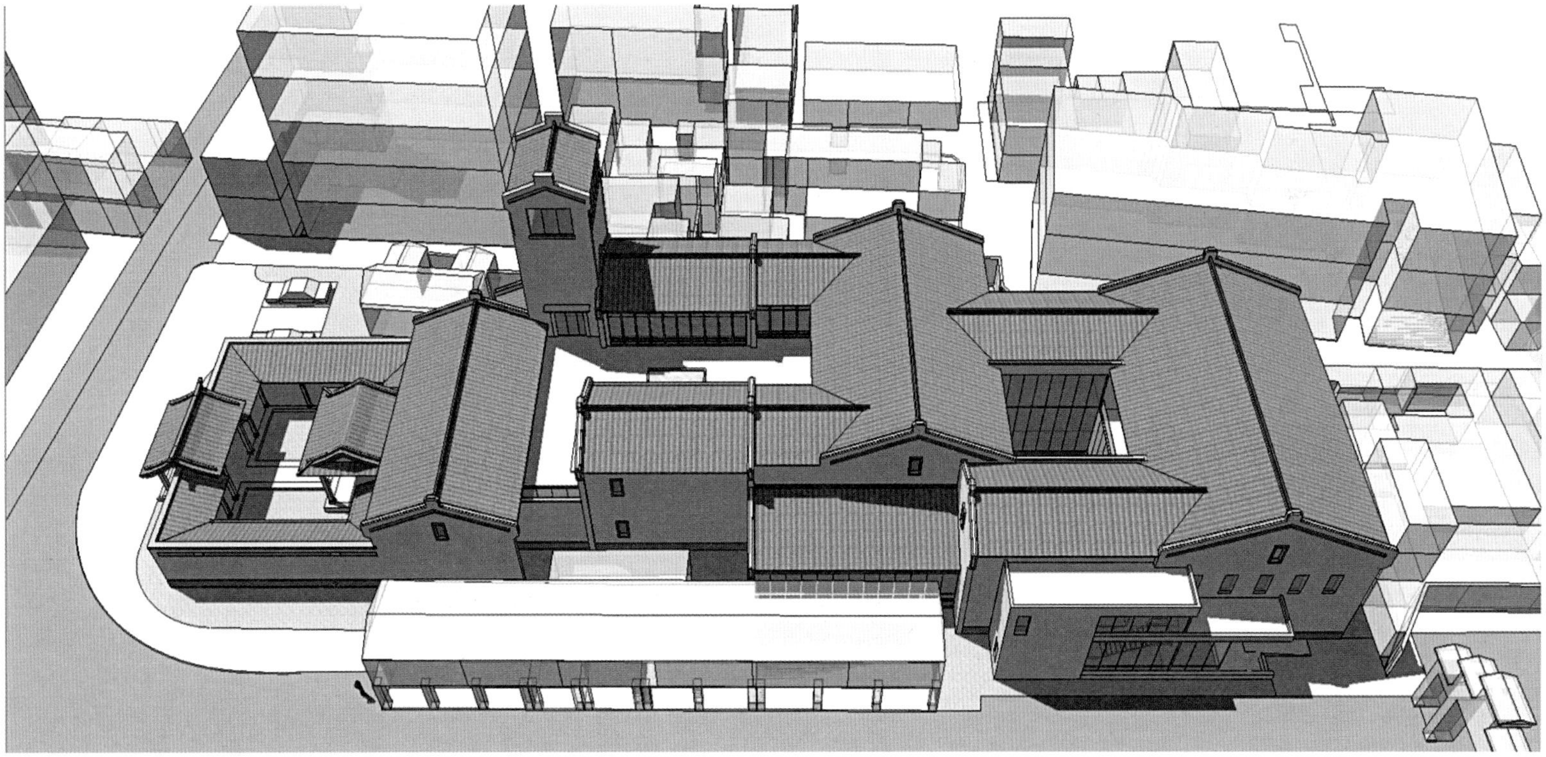

建模

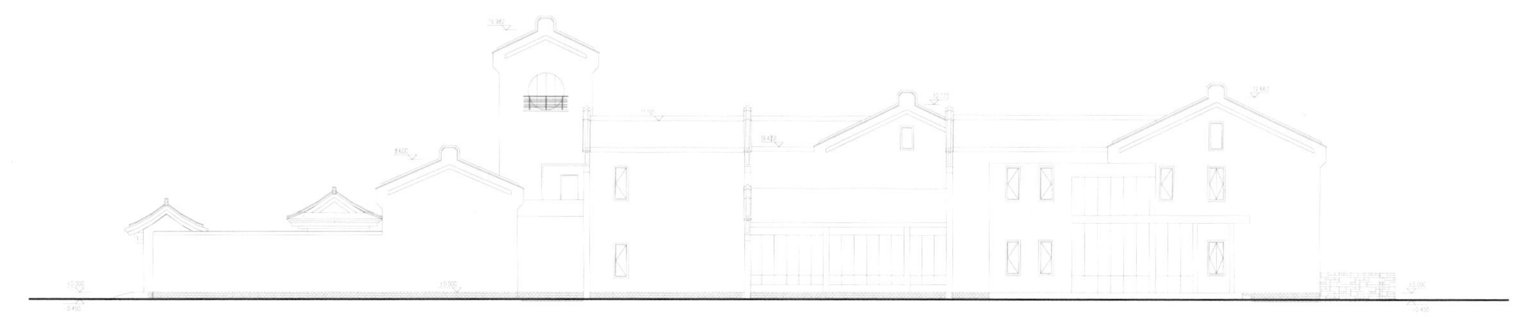

北立面图

横剖面图

山门、礼亭剖面图

礼亭侧立面图

山门立面图

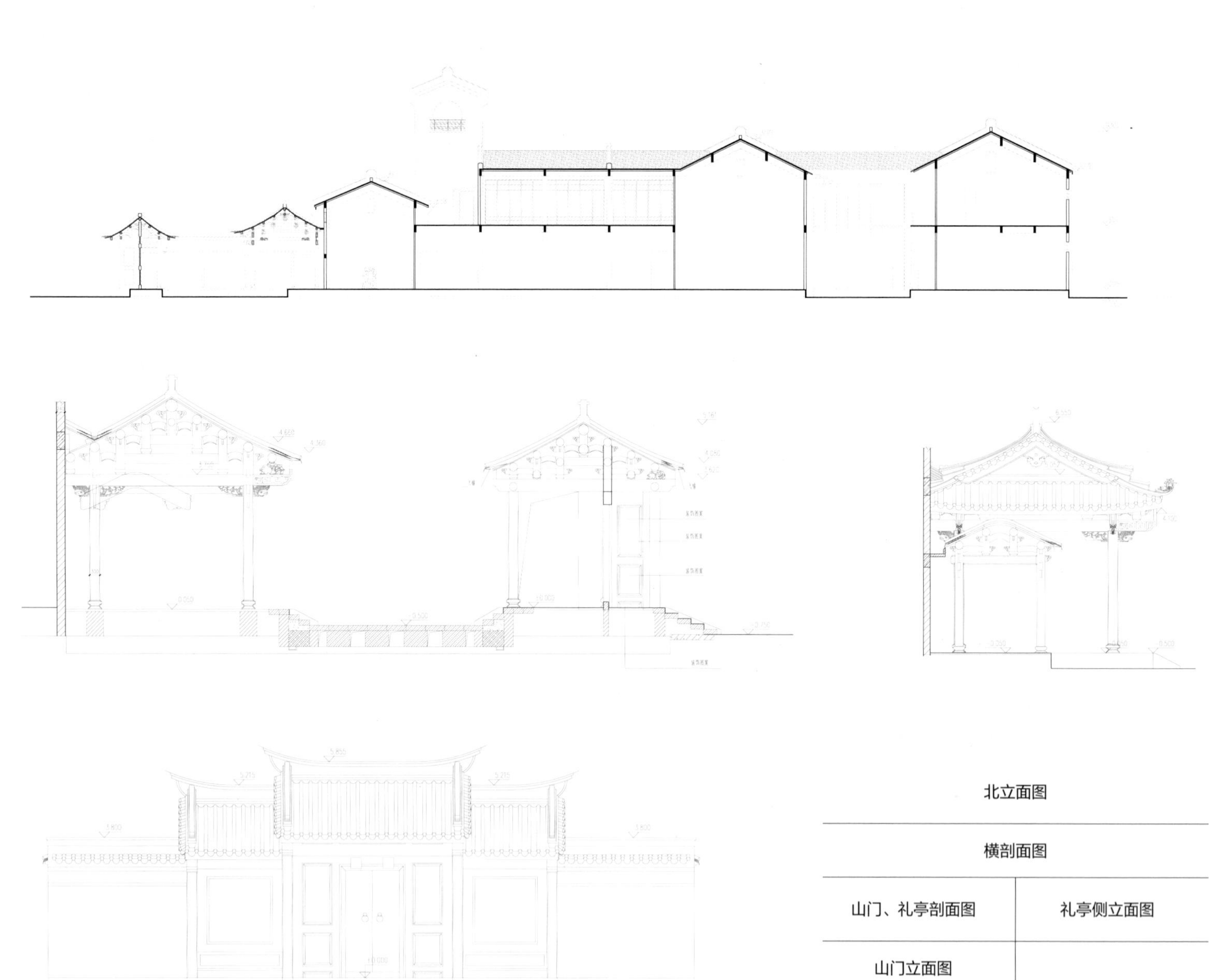

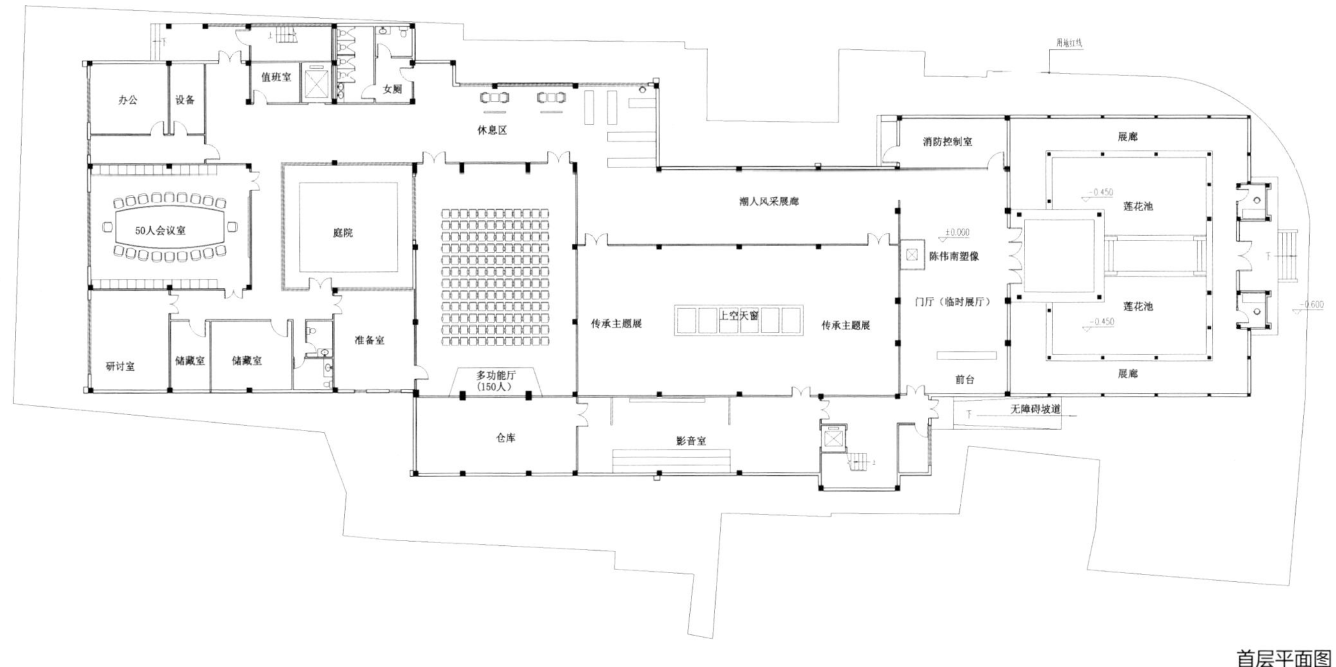
用地红线
办公
设备
值班室
女厕
休息区
消防控制室
展廊
50人会议室
庭院
潮人风采展廊
±0.000
-0.450
莲花池
陈伟南塑像
上空天窗
传承主题展
传承主题展
门厅（临时展厅）
-0.600
研讨室
储藏室
储藏室
准备室
多功能厅
（150人）
前台
展廊
无障碍坡道
仓库
影音室

首层平面图

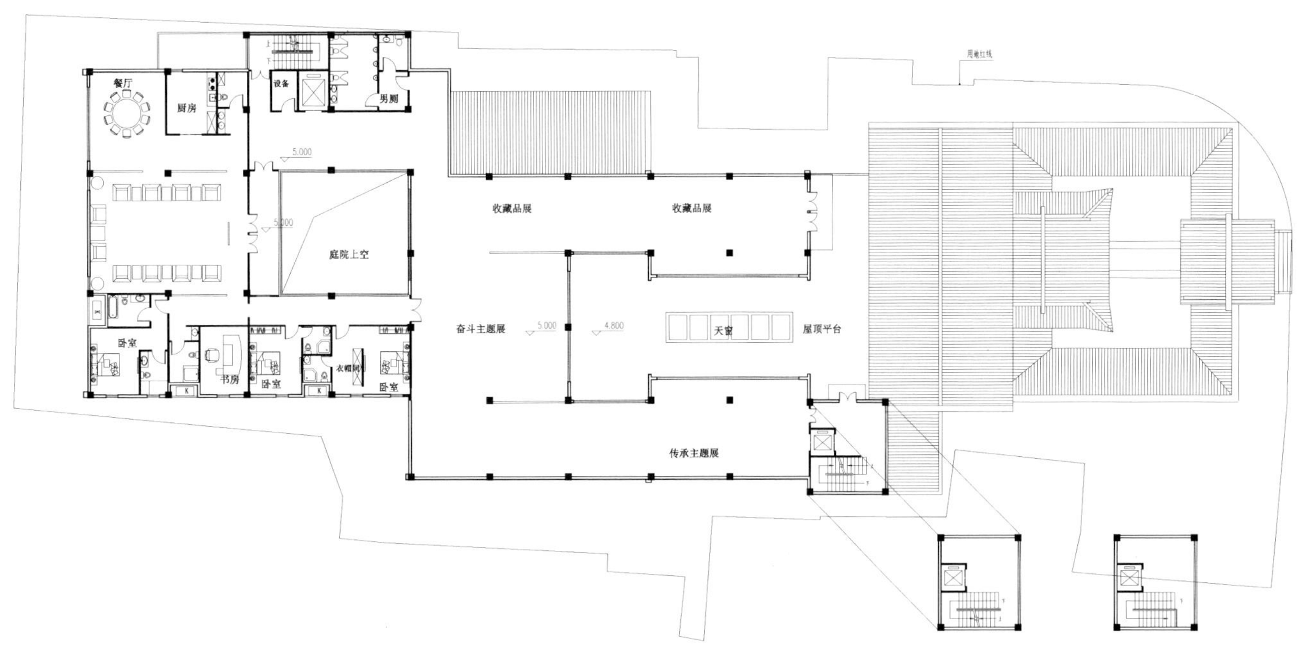
用地红线
餐厅
厨房
设备
男厕
5.000
收藏品展
收藏品展
庭院上空
奋斗主题展
5.000
4.800
天窗
屋顶平台
卧室
书房
卧室
衣帽间
卧室
传承主题展

二层平面图

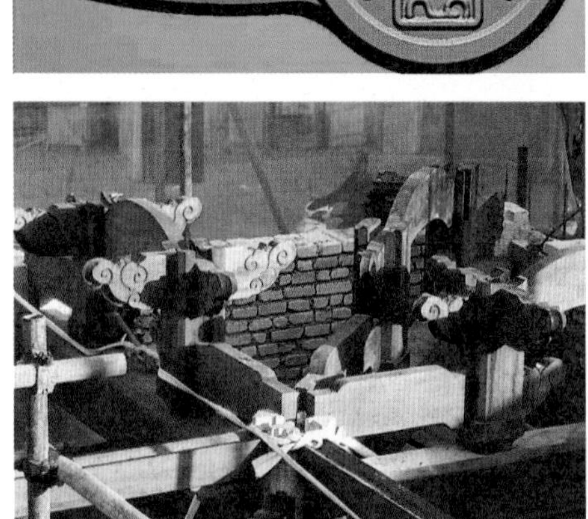

施工图

完工图（陈小铁摄）

完工图

陈伟南先生（右）与作者（左）

完工图（陈小铁摄）

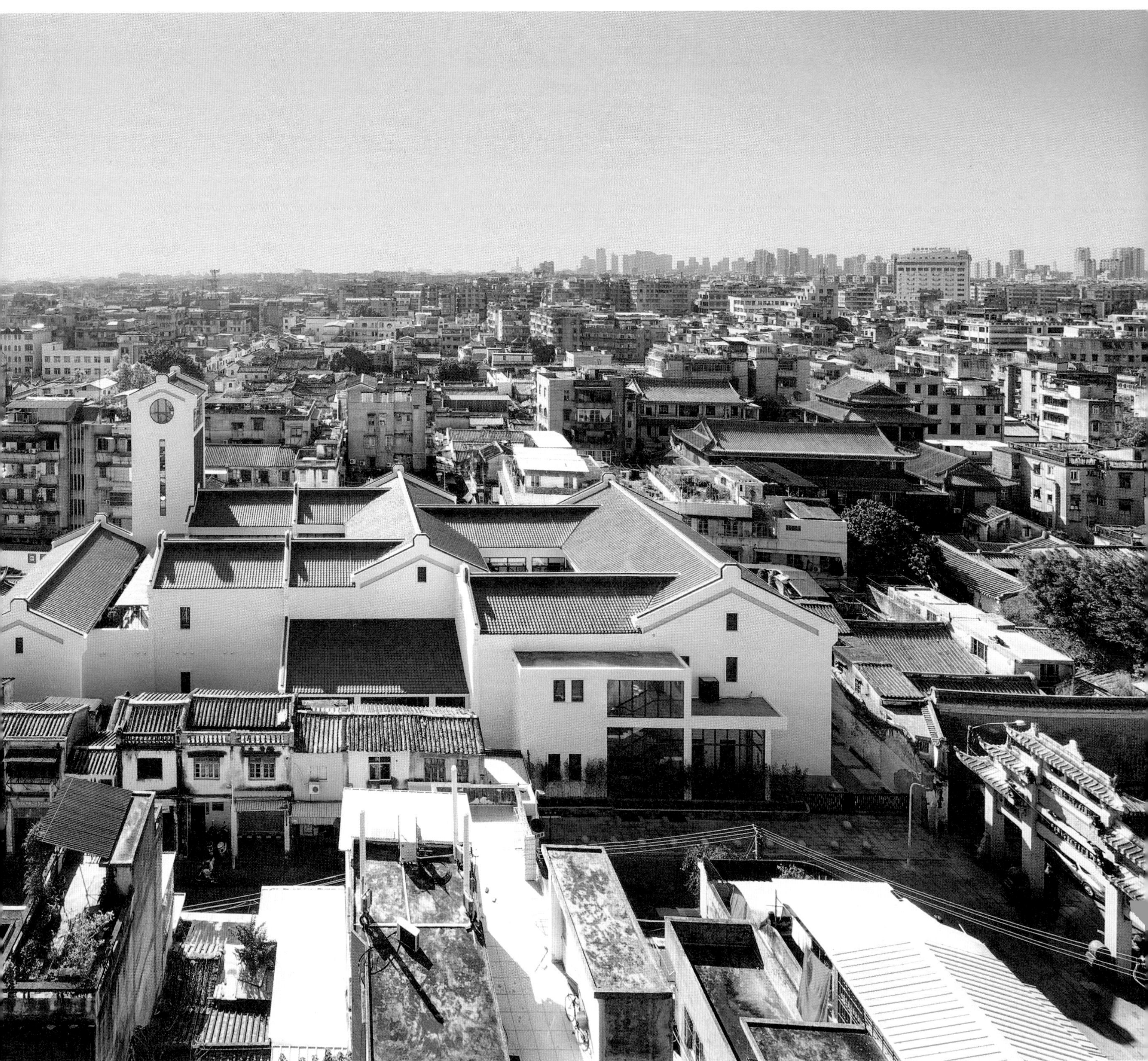

4.5 从化天人山水景区福地坛

建设地点：广州从化太平镇
设计时间：2020
建成时间：2021
占地面积：200m^2
设计团队主要成员：李子昂　黄震岳　潘建非

设计背景

“天人山水”景区依托从化太平镇大金峰山峦和沙溪水库优美的自然风光和古村落、古驿道等丰富的岭南人文资源，是“自然+文化+体育+康养+旅游”的综合性文旅项目，以景区创始人、总设计师莫道明先生提出“改变生活态度、提升生命价值、升华生活品质”为主旨，打造“食住行游娱购”为一体的综合性服务，成为最有爱的花园。

本项目为利用和尊重这方具有灵气的土地而设计的土地坛。中国是一个以农业立国的国家，土地历来就是人们赖以生息的本源，土地自然崇拜由来已久。土地崇拜与中国古代自然崇拜所祭“天、地、社、稷”中的社、稷之神有关。“社稷”就是江山，社稷兴隆则国家富强，康乐太平。古代把土地神和祭祀土地神的地方都叫“社”，按照民间的习俗，每到播种或收获的季节，农民们都要立社祭祀，祈求或酬报土地神。土地公（又称福德正神、社神等）是中国民间土地信仰之代表。其信仰寄托了中国劳动人民一种祛邪避灾、风调雨顺的祈福之愿。东晋以后土地祭祀世俗化了，由原来国家官方才能祭祀的地坛、社稷坛，转化为广大乡村均可设社稷坛祭祀土地公，有土斯有财，土地公也成了民间的财神与福神。南宋时又发展为“土地公+土地婆”的祭祀模式，民间祭祀场所也由原来露天的“坛”转化有为屋顶“庙”，形成社坛和土地庙共存的现象。

设计理念

福地坛选址于景区内一山脉半坡，来龙形势俱佳，左右砂手辅弼，前有溪水花海环绕，面对朝山秀峰。“天行健、地势坤”，本设计采用了“天圆地方、厚德载物”的观念，在形式上以二层偶数“亚”字平面作为坛的基座，以极简的横向“U”形成建筑主体，顶板设圆洞为天，底板置方台为地，阳光雨水通过圆天洒向地方，阴阳交融。空间上，将社坛发散的空间原型的“坛空间”与土地庙封闭的“庙空间”相结合，获得宜融于自然的开放的“厂（崖）空间”，亦坛亦庙。同时，在背板上镂空出土地公和土地婆的轮廓线，无相存念，无中生有。在景观上，前置平台以瞻仰，碎石铺地，毛石挡土，四周花草铺陈，绿树环绕。自然、现代、简洁、开放、包容，最终形成集传统坛庙、哲理空间、现代美学与自然环境于一体的有趣场所。

福地坛

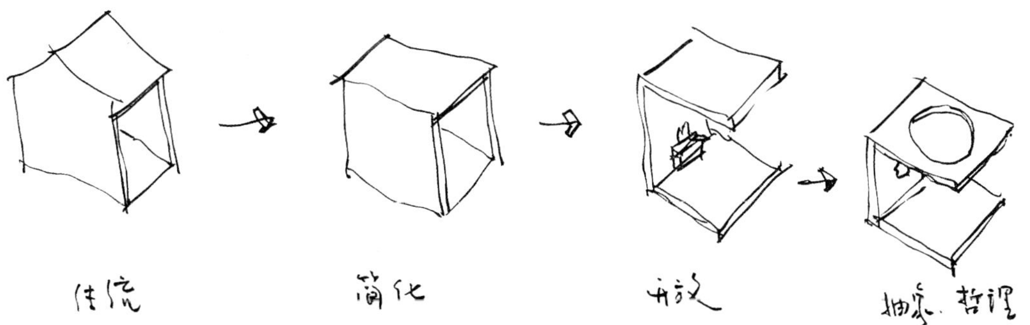

建筑空间形体推演

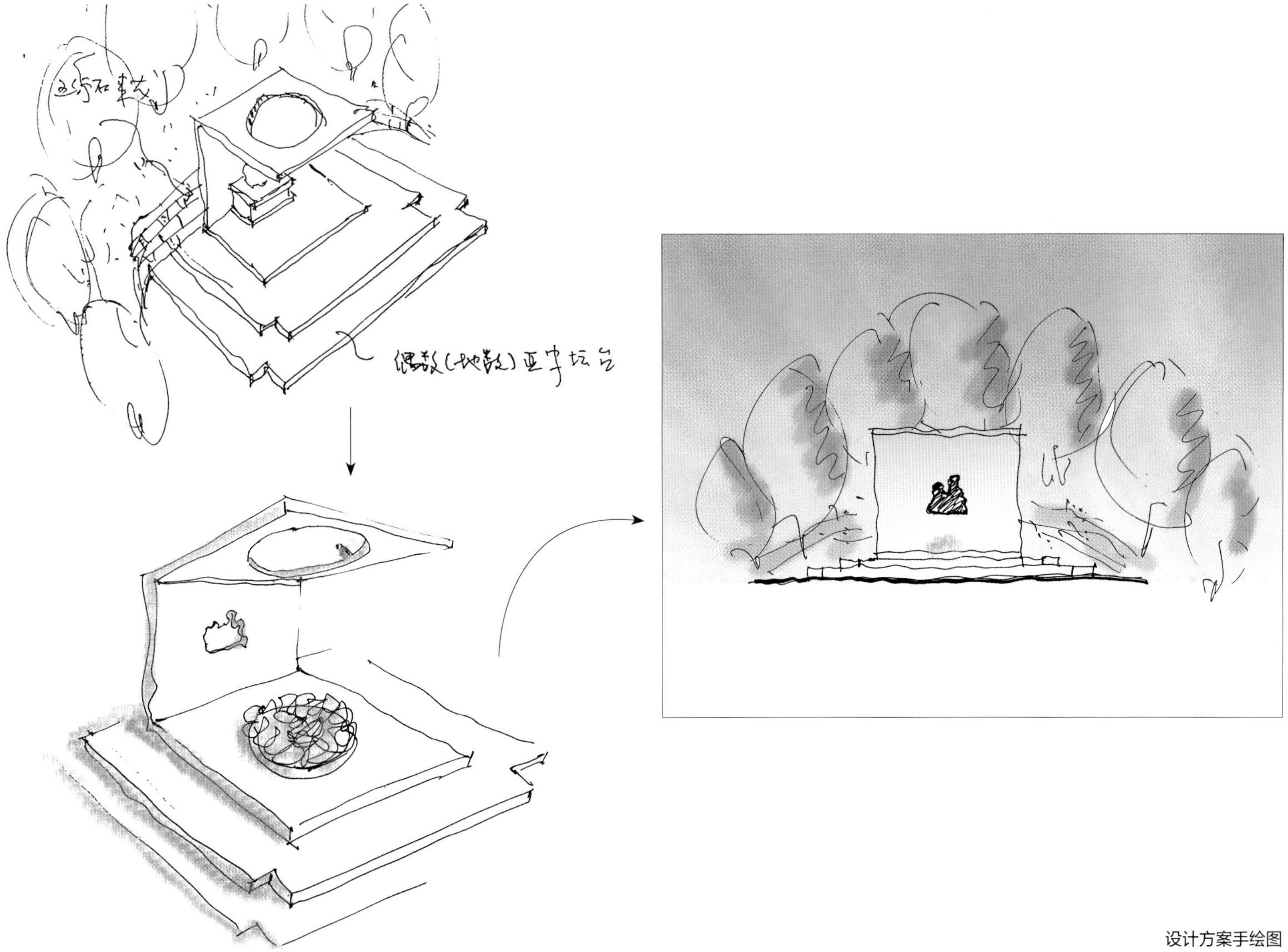

设计方案手绘图

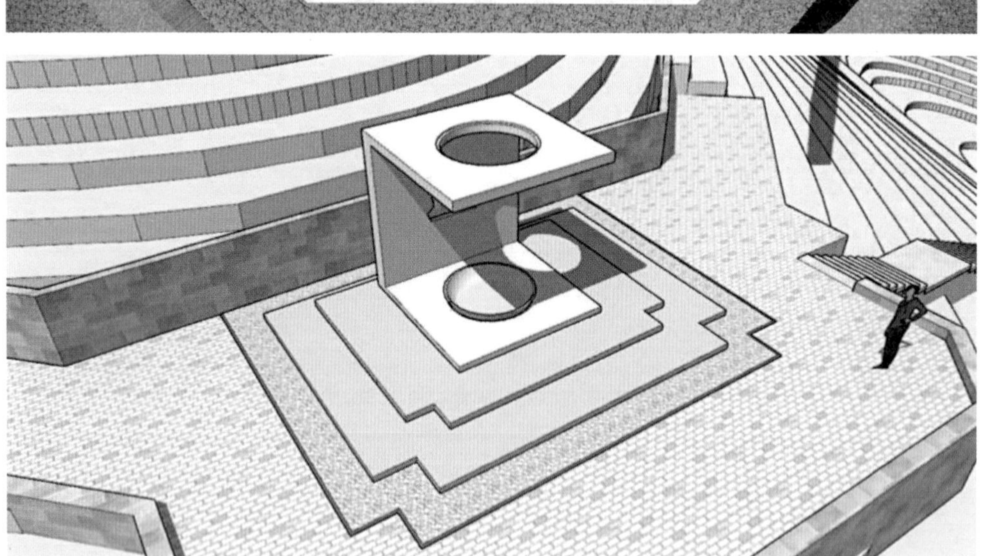

建筑效果图

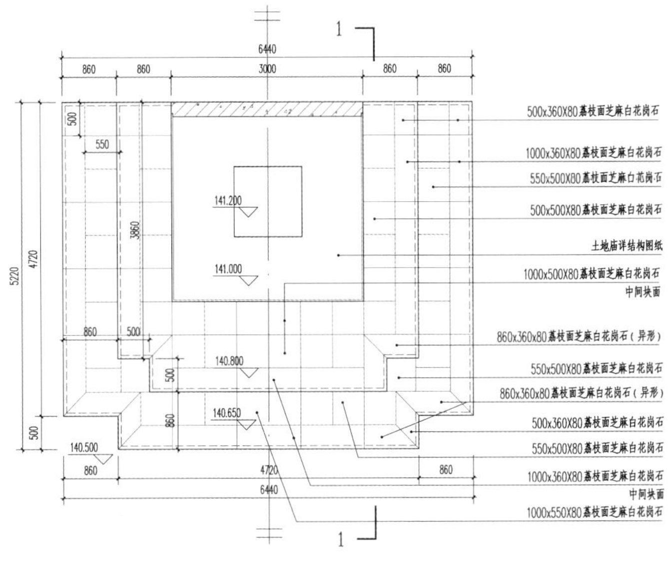

土地庙平面图 1:50

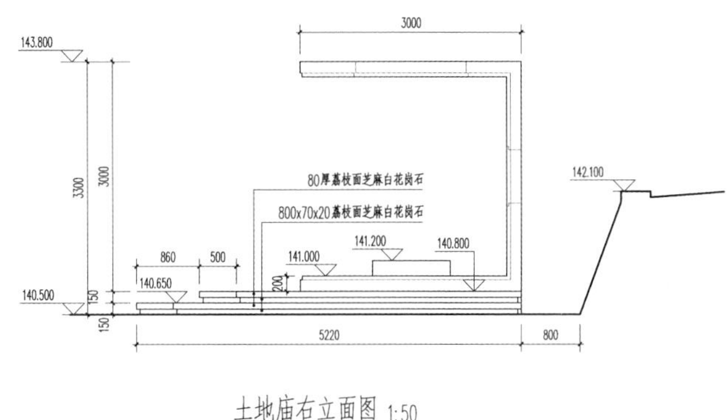

土地庙右立面图 1:50

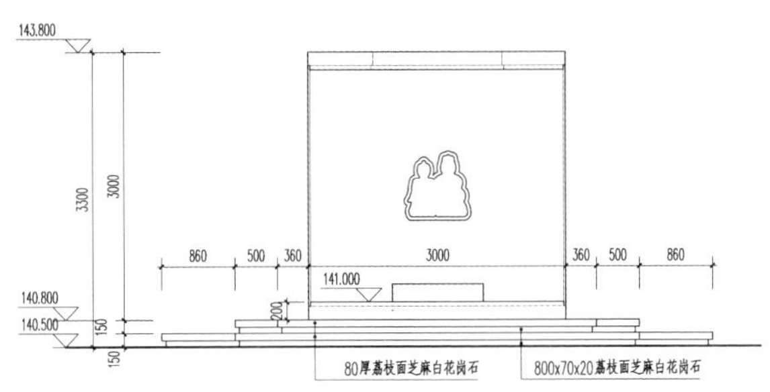

土地庙正立面图 1:50

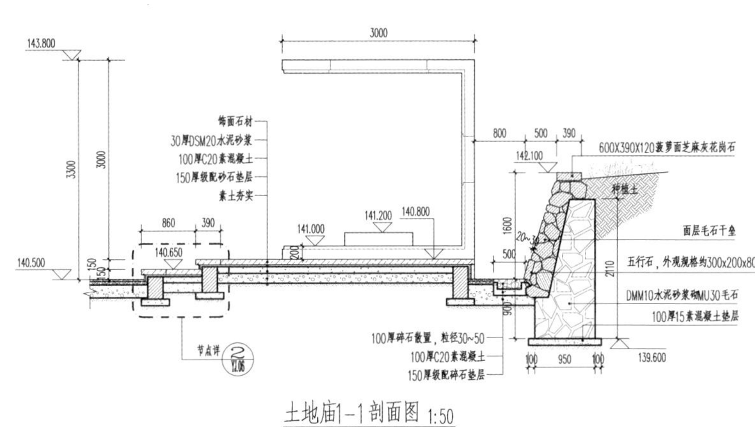

土地庙1-1剖面图 1:50

注：碎石排水沟两端接De75 PVC水管排向两侧绿地
五行石选用外形相似的自然山坑石，突出挡土墙20~30mm
干垒毛石单块最大尺寸200~400

施工设计图

完工图

地受之於天而經風雨負涵人生物河海峯谷逆來順受化汙垢而吐紅綠是為有容滋養萬物是為化育不分善惡美丑而柔近之是為柔善視萬物為芻狗是為平等故善耕者施之以肥保育水土順時而作報之以美好

今昊源力耕於此誠惶誠恐故持中道以弘土地之上德感土地之恩澤立壇銘記祈佑八方安寧歲月靜好福澤綿長

天人山水福地壇碑記

庚子冬莫道明

福地坛碑记

完工图

规划建筑设计

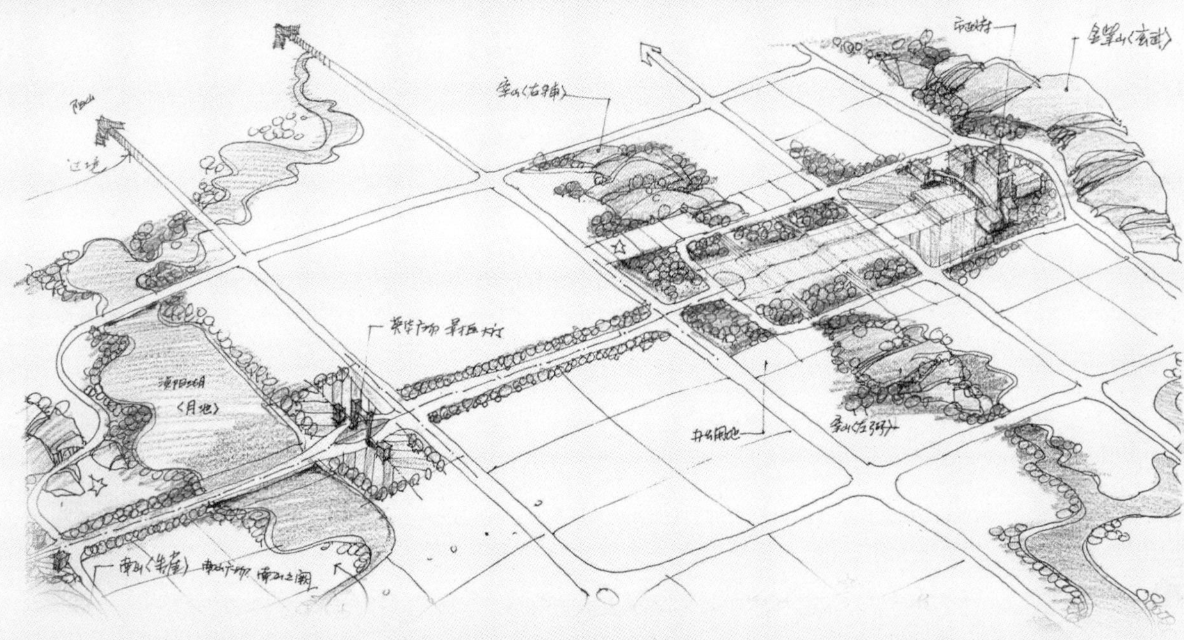

5.1 东莞塘尾村保护规划

项目地点：广东东莞石排镇

规划时间：2003

村围面积：39565m^2

规划面积：9ha

设计团队主要成员：邱 丽 黄文靖 石 拓 张平乐 姜 磊 孔跃维

规划背景

塘尾明清古村落位于东莞石排镇塘尾村，据族谱《陇西李氏家承》记载，宋末开山祖李栎蓭迁入立村，逐成为李氏家族聚落。全围总面积为39565m^2，塘尾明清古村落依自然山势缓坡而建，围前一大两小三口鱼塘，分别代表蟹壳与两只蟹钳，围面两口古井代表两只蟹眼，仿生喻意一只巨蟹守护后面的村落和前面的千亩良田。全围坐北朝南，里巷布局合理，安全防御设施齐全，由围墙、炮楼、里巷、祠堂、书室、民居、古井、池塘、古榕等组成聚族而居的农业村落文化景观，是国家级历史文化名村，其古建筑群为全国重点文物保护单位。本规划是以广东省东莞市石排镇塘尾古村围为对象编制的近期文化遗产保护专项规划。

规划理念

1. 保护规划原则

（1）真实性

立足于忠实历史文物的真实面貌，依据现状和现实问题提出对应的保护方案。

（2）整体性

塘尾古村围的一个重要特点就是整体村落现状保存地比较完好，本规划的研究对象划定为塘尾村整个古村围及其周边环境，把古村围作为一个整体综合考虑。

（3）可持续性

本规划定性为历史文物建筑及环境的保护规划，但这并不意味着机械地把历史文物封存下来，而应当把更长远的目光放在历史文化资源的可持续发展上。有效地利用历史文化资源，使之与人们的生活和活动发生关联，获取现实的生命力，这是更好地保护历史文物以及优化资源的一种方法。从这点意义上说，塘尾古村的保护规划长远应当与旅游等第三产业的发展联系起来，并与石排镇的上位城乡规划相协调。

（4）灵活性与参与性

历史文物建筑是与当地人的生活息息相关的，对历史文物建筑的保护规划也是植根于现实生活当中的。本规划的实施过程应当以当地村民为主体参与，规划人员及政府部门发挥指导和监督的作用，使规划的实施更为有效。本规划主要针对塘尾古村围的历史建筑保护问题，但是不能片面地只强调历史建筑的保护，而是要根据现实社会状况，特别是现实允许的条件以及当地居民的利益、意向，制订灵活的方案措施，使之具有可操作性。在规划实施过程中，适应具体情况的变化，适时做好调整，并定期修订规划。

2. 保护规划目标

（1）把塘尾整个古村围完整地保存下来，再现古村的历史风貌，是本规划的首要目标。

（2）除了保护建筑环境这些物质性的历史文物要素之外，本规划也把当地的习俗传统作为非物质性的历史文化要素予以保护的考虑，以期实现古建筑为历史文化载体的现实功能。

（3）本保护规划实施后，期望能对当地居民带来切实的收益，物质上能带动其他产业的发展，精神上能发挥文化凝聚力的作用。

（4）本规划长远来说应该与村镇发展规划、旅游规划相联系，以期有效地利用历史文化资源。

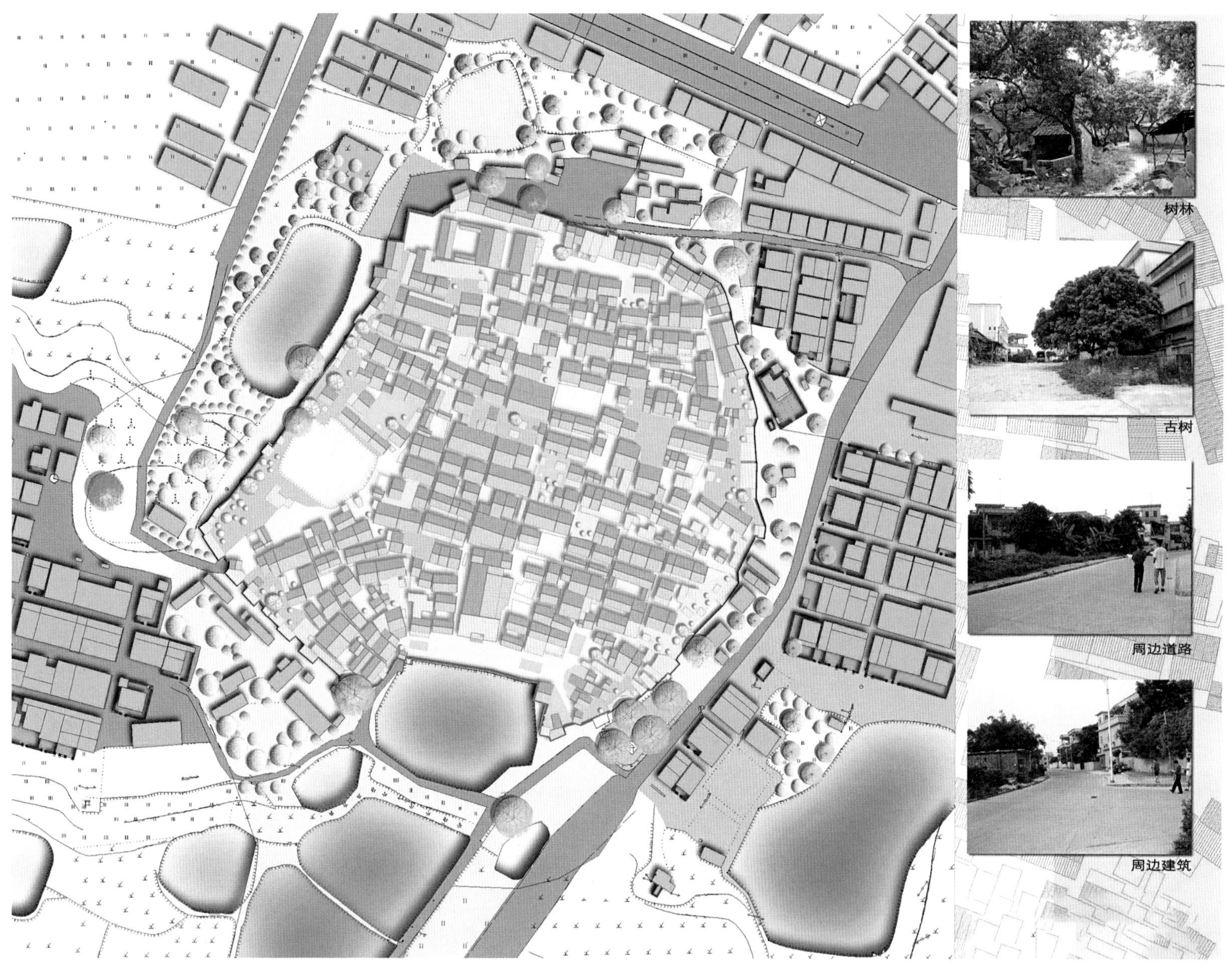

现状总平面图

原功能分析

使用现况

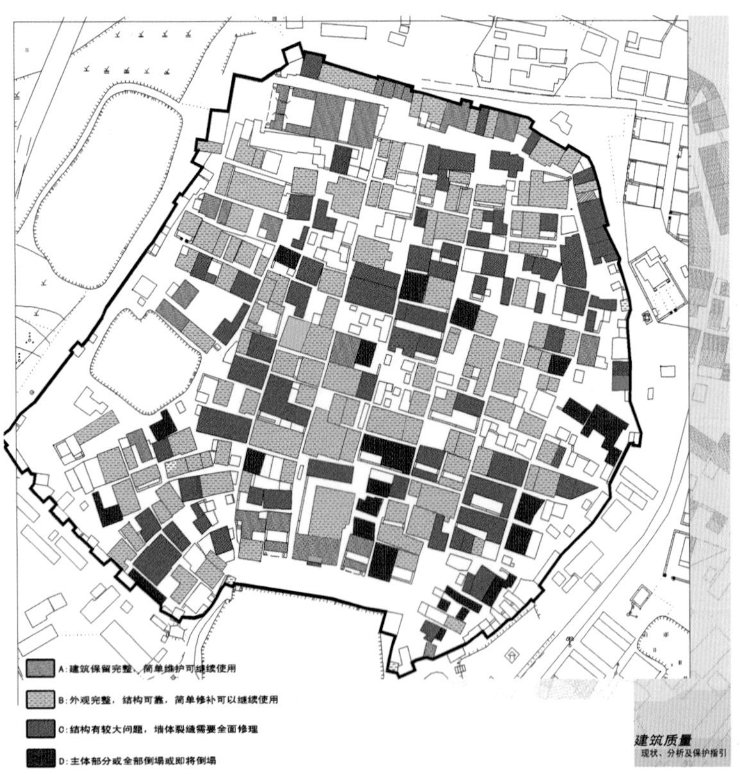

建筑质量

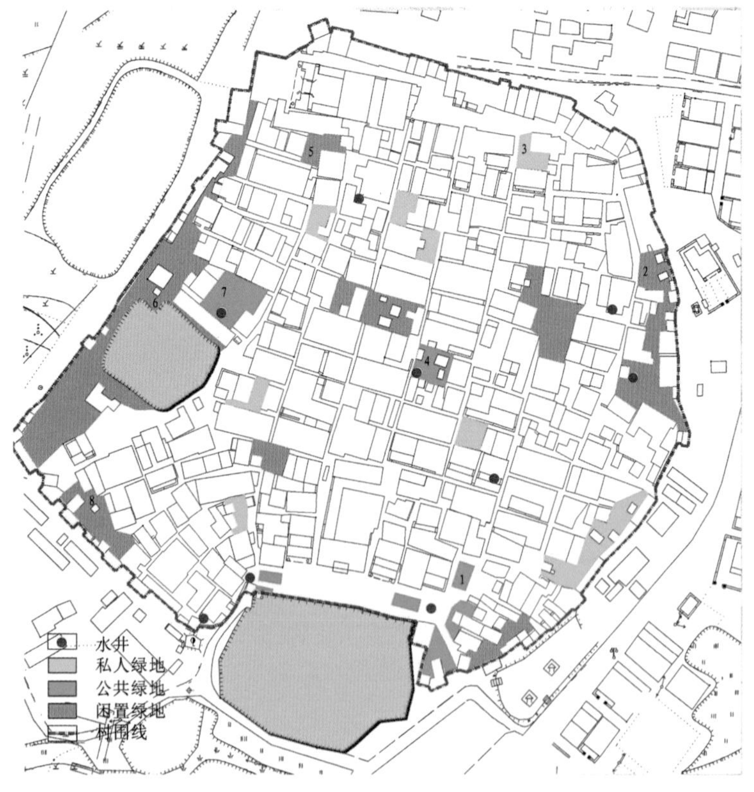

环境绿化

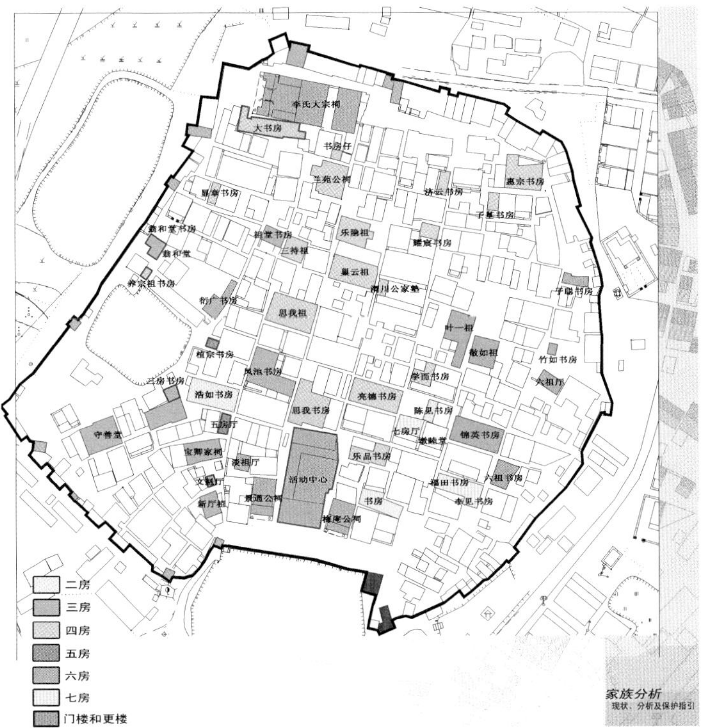

家族分析

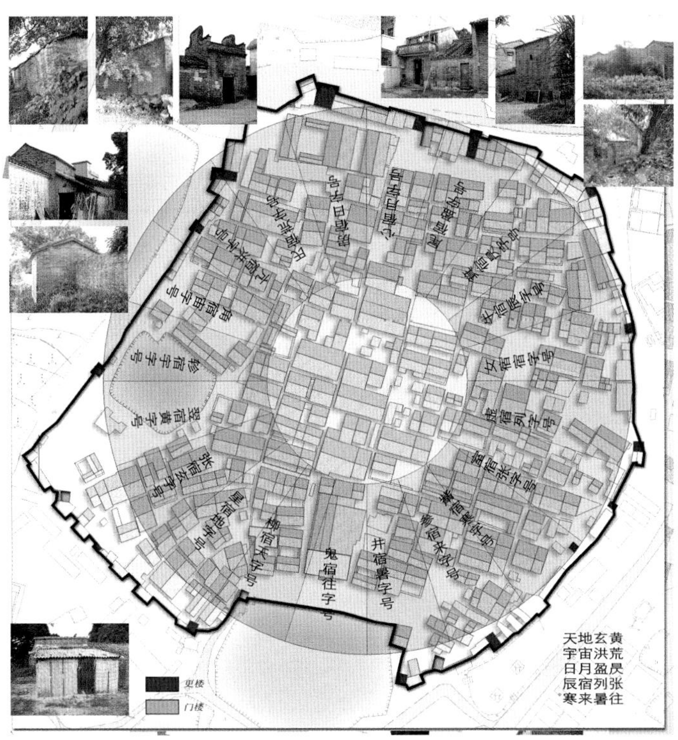

门楼、炮楼分布图

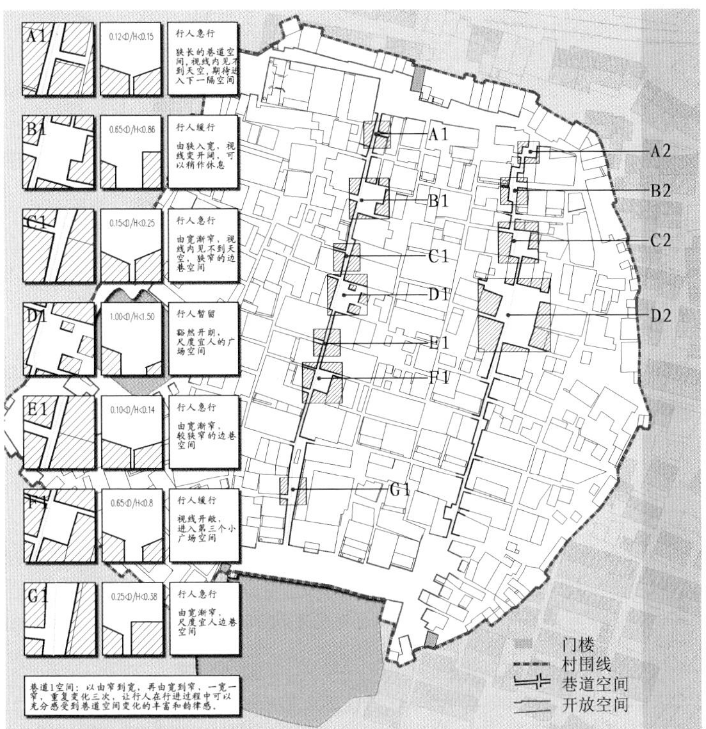

外部空间细部

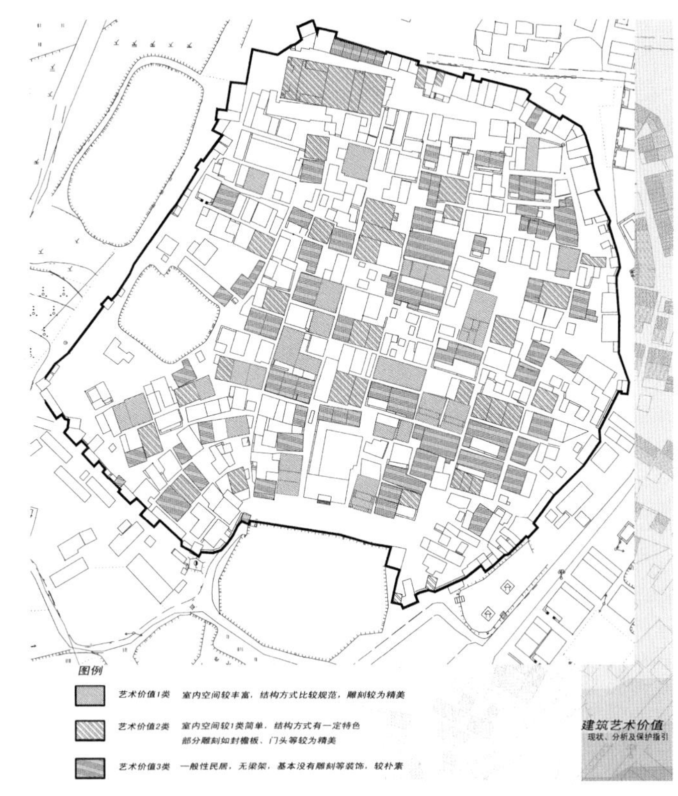

建筑艺术价值

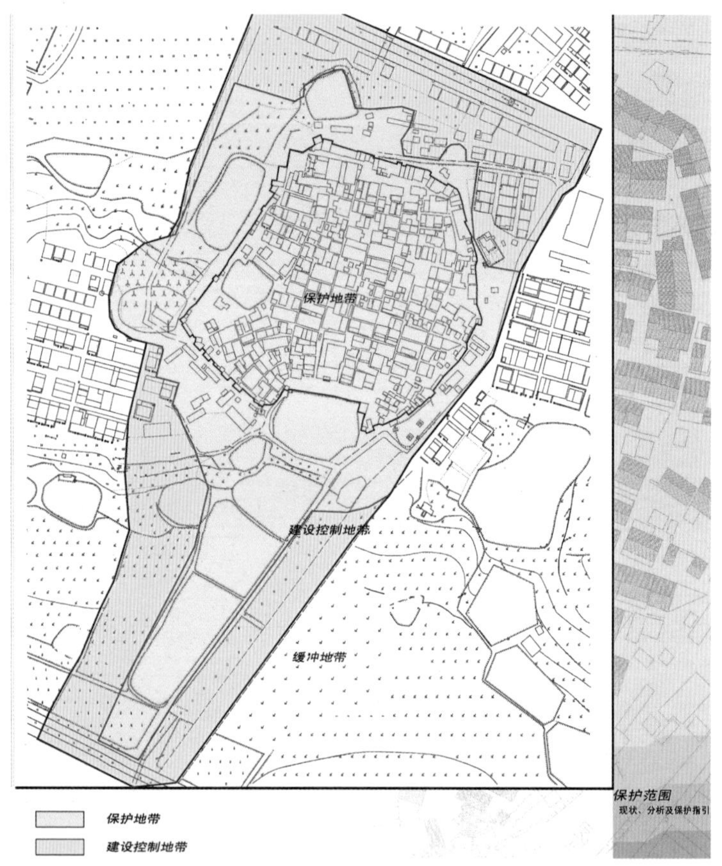

保护区划图

保护规划总平面

塘尾鸟瞰

门楼 | 巷门

李氏大宗祠	书斋	
民居	门官神	门匾石枕

5.2 英德市城市中轴线及重要空间节点规划

项目地点：广东英德市

规划时间：2004

设计团队主要成员：谢 纯 陈志军 邱 丽 刘明欣 周海星 石 拓 姜 磊 朱 峰 林传华 王志凯 汪 洋 林颖佳 孔跃维

规划背景

英德，又称英州，素有岭南古邑之称，是广东省历史文化名城、旅游重镇。位于南岭山脉东南部，广东省中北部，是沿北江连接省城广州和粤北、岭北的重要节点。英德历史悠久，汉高祖在英德之地设置浈阳、含洭二县，宋代设英州，历史上多有文人墨客到访，自然与人文景观并举。“城市发展，规划先行”，英德市委市政府在构思和实施建设英德、发展英德的战略中，始终将城市规划放在优先考虑和着重考虑的位置。1995年完成英德城区整体规划，2002年又完成了为英德城区近中期发展专项规划。如今，由英州大道、杨万里大道和浈阳路构成的“跨江联城”的一横两纵式路网格局已形成了城市初步构架，特别是浈阳大桥的建成通车，对于连接英城的一江两岸、打通英城的东出口，促进英城的经济和社会发展具有重大的现实意义和深渊的战略意义。

当前城市规划存在主要问题：

1. 缺乏规划理念的整体性，且流于一般的概念形式，未显英德的规划特色。原有规划提出的“以人为本”的理念在规划中略显空泛；“山水”特色未将城区作系统整体分析，没有从自然、社会、经济、文化等多方面进行综合通盘考虑。

2. 城市的功能分区定位不够准确，尚显单一而不全面。如工业区的选址与城市整体发展不相一致，经济区域与经济流向不相一致；道路规划考虑单一，没有体现道路规划在城市功能方面的集约性。

3. 城市规划缺乏前瞻性和地域特色。如：对于经济发展对整个城市格局的中长期影响在城市发展用地规划上的体现未能给予充分的考虑，以及其对城市配套设施规划建设提出的要求也没有得到应有的重视。

4. 城市重点区段规划未能充分考虑城市发展及其功能变化将带来的影响。如城市水系处理如何体现城市生活的亲水性，城市水系处理

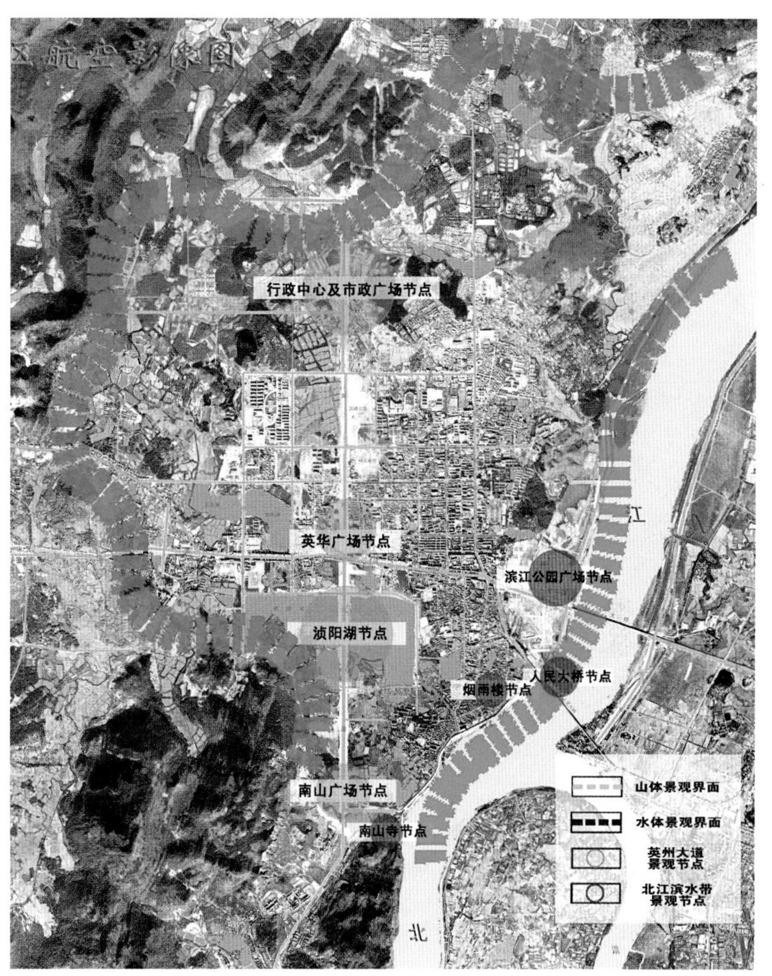

城市格局规划图

与城市道路规划的关联性，城市功能分区与城市经济流向的关系处理。

5. 原有规划对英德悠久深厚的历史文化内涵挖掘和认识不足，在如何提升英德城市品位和树立英德城市形象方面有待进一步完善。“英石城雕”的设立，“烟雨楼”的修复建议无疑具有重大意义。在规划思维上，切忌“见树不见林”的片面观；同时，城市形象建设和城市品位的提升不应仅仅停留在英石、山水等形下层面，而应以象征和隐喻的手法启发人们去思考、联想和回忆。

规划理念

本次规划包括城市整体格局与特色的确立、城市轴线规划设计、滨江景观带规划、旧城保护与利用和重要城市空间及景观节点规划设计。城市特色定位要立足于已有自然条件和历史文化传统，还要考虑到城市的可持续发展和未来前景，这是城市规划和城市建设的核心理念。关于英德城市特色定位，我们设想以“山水英德、文化英德、活力英德”来概括。针对这一定位，可拟定关于英德城区重点地区规划设计的若干重点，包括：

1. 前瞻性与功能分区布局
2. 集约性与滨江地段处理
3. 亲水性与广场道路规划
4. 标志性与城市节点设计
5. 景观性与旅游资源开发
6. 关联性与规划内容要素之间关系、整体布局与重点地段和节点处理的关系考虑
7. 文化性与城市历史文化内涵挖掘
8. 可操作性与规划、建设的相协调

总体分析

1. 城市环境格局分析

（1）刚柔双轴 情理交融

英德市城市格局有两大控制要素，即北江和英州大道，形成以英州大道为主干道的城市南北中轴线和以北江为流线型的两岸滨江带，刚柔相济，水陆兼备，圣俗互补，情理交融，成为未来城市发展的主导双轴。

（2）山环水绕 环境大局

英德城群山环抱，两江相会，环境优美，得天独厚。背靠大帐金子山，遥对秀丽南山，西山透迤相拥，北江倾情来抱。北江与浈阳湖形成水绕之势，动静相宜，更有浈江来朝，两江三水相汇，天启把关锁钥，四灵天然毓秀，可谓风水宝地。

2. 城市功能布局现状分析及调整建议

英德市以商业贸易、密集型产业、行政事业、文化教育、居住小区和体育休闲旅游为主要功能架构。英德市一江两岸，群山环抱，浈阳路和英州大道形成城市主要道路交通干道，市内道路框架格局基本确立。从城市大格局分析可知，以浈阳路为界形成南北两大区域：北区以规则式的城市网格布局，向北和西侧均有大量城市发展用地；南区则以浈阳湖和老城区、山体形成的自由格局，发展空间有一定局限性。同时，北江又将城区划分为东西两翼，江东依托铁路和银英公路，在工业、仓储业方面未来发展有较大空间，作为城市中远期开发区域。还有北江南岸，可在中远期作为商住、休闲旅游发展用地。鉴于此，建议城市近期向北及滨江地区发展，中远期向四周、江东和半岛发展。行政中心位于英州大道北端，浈阳大桥北江西岸作商贸中心区。在城区南部，浈阳湖即为整个城市提供调蓄水体的功能，又可作为供市民休闲游憩的中心公园，成为城区南部“绿心”；北江两岸将建设为集运动休闲、商务博览一身的开敞性滨水景观带；结合旧城改造，改造滨江及鹅公河片区的城区环境质量，提升周边地区的城市经济效益，并形成“绿道”使城市南部的“绿心”和滨水“绿带”紧密联系。在城区北部，保留一定面积的自然山体，并通过发展行政中心及市政广场绿地，将人工绿地与自然林地相联系，使城市功能与自然环境有机结合。整个城市形成东情西理，北国南园，两岸葱郁，山清水秀，宜人遂生的，有中国特色的、极具地方文化内涵的现代化山水城市。

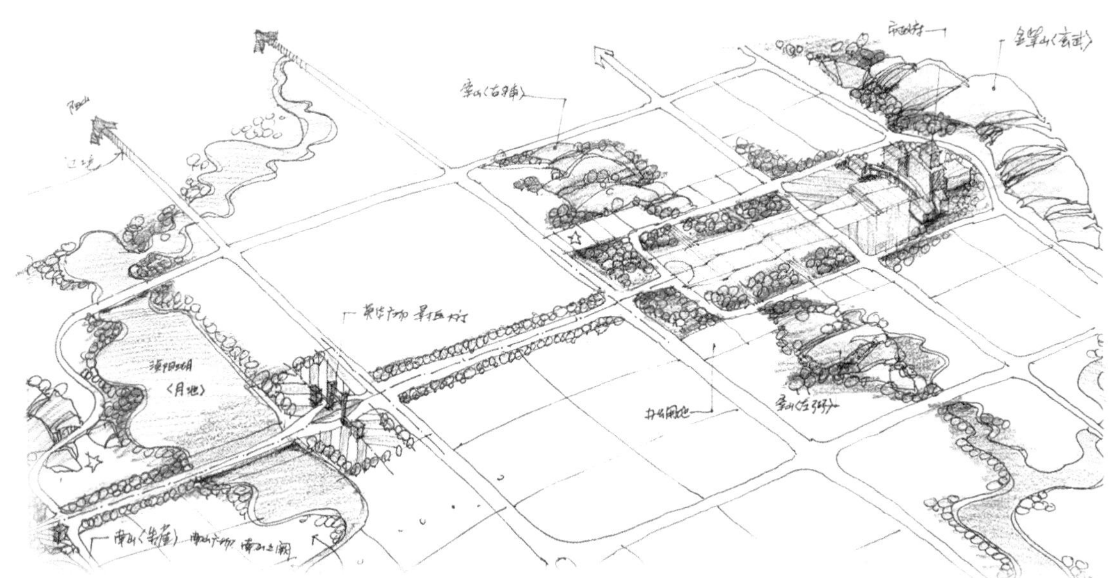

市民中心绿地广场规划草图

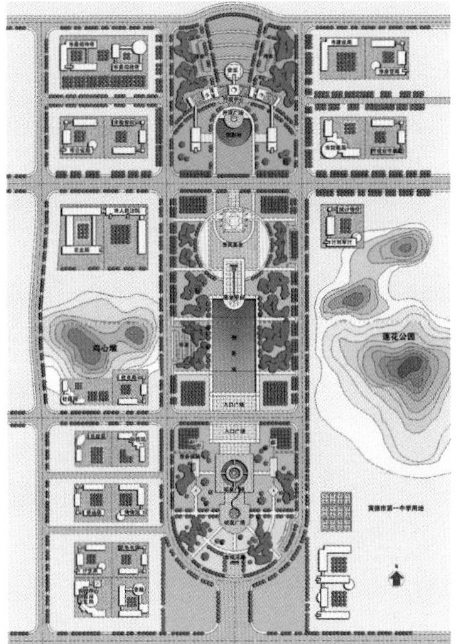

市民中心绿地广场规划意向图

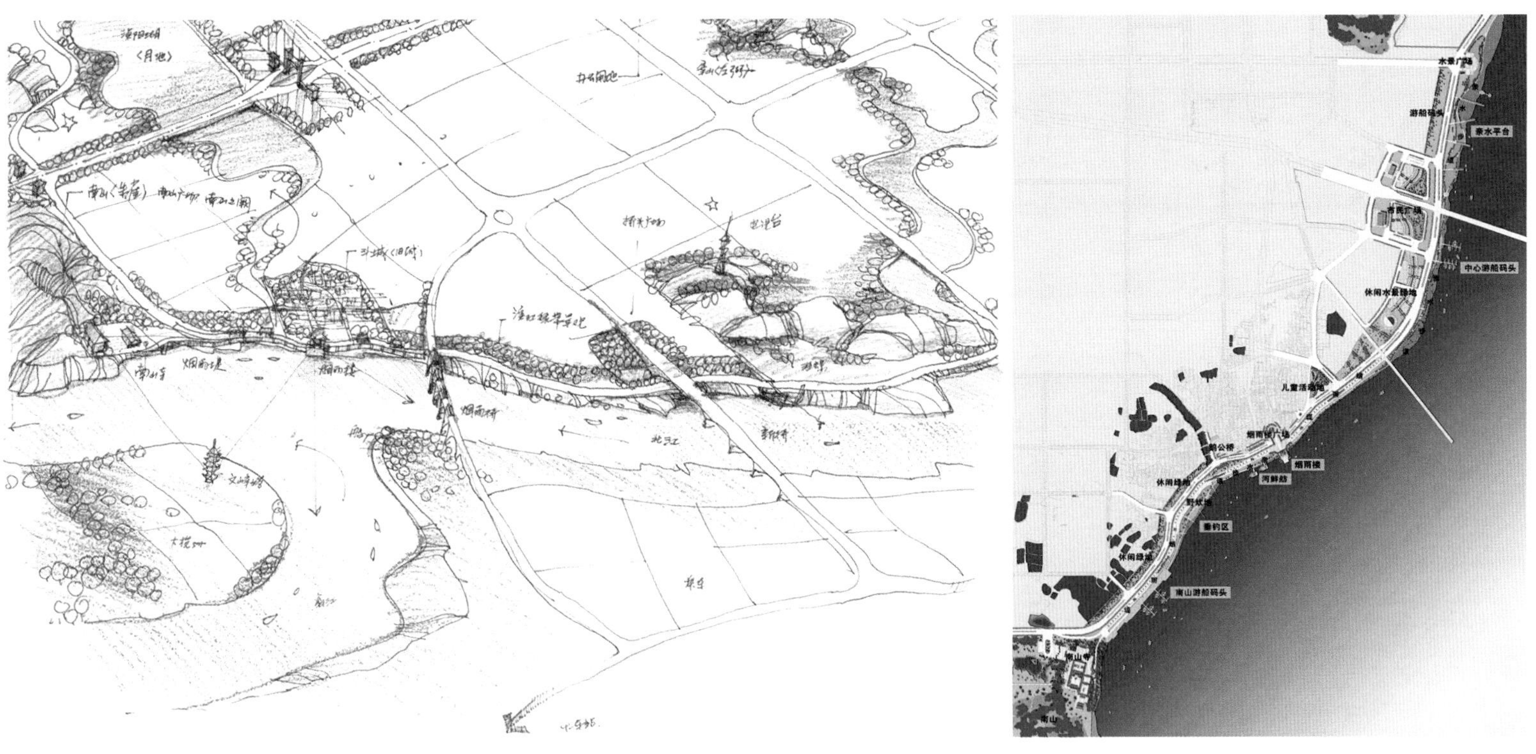

北江滨水景观带规划意向图

滨水区现状

滨水区立面景观

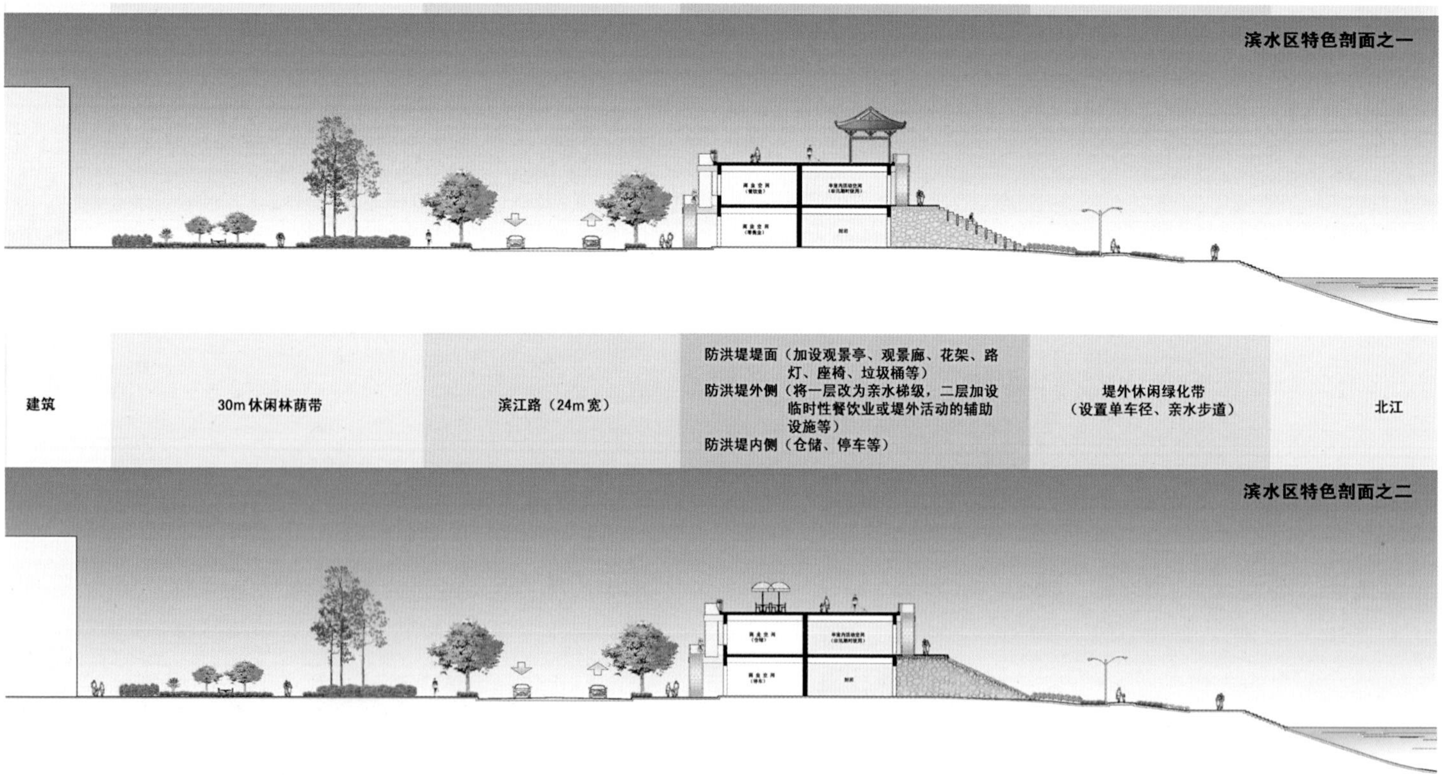

北江滨水景观带规划

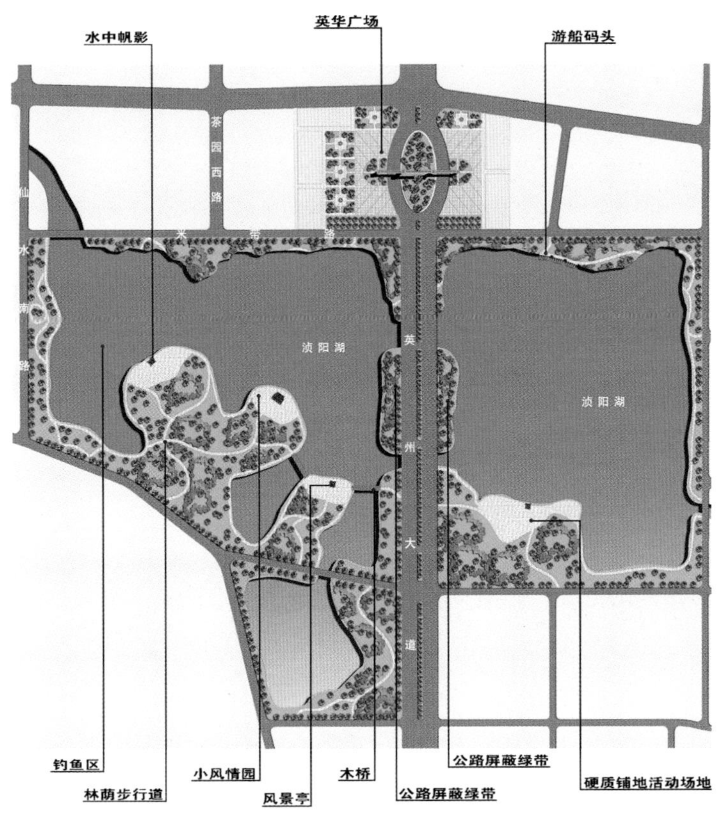

重要空间节点——英华广场及浈阳湖规划图

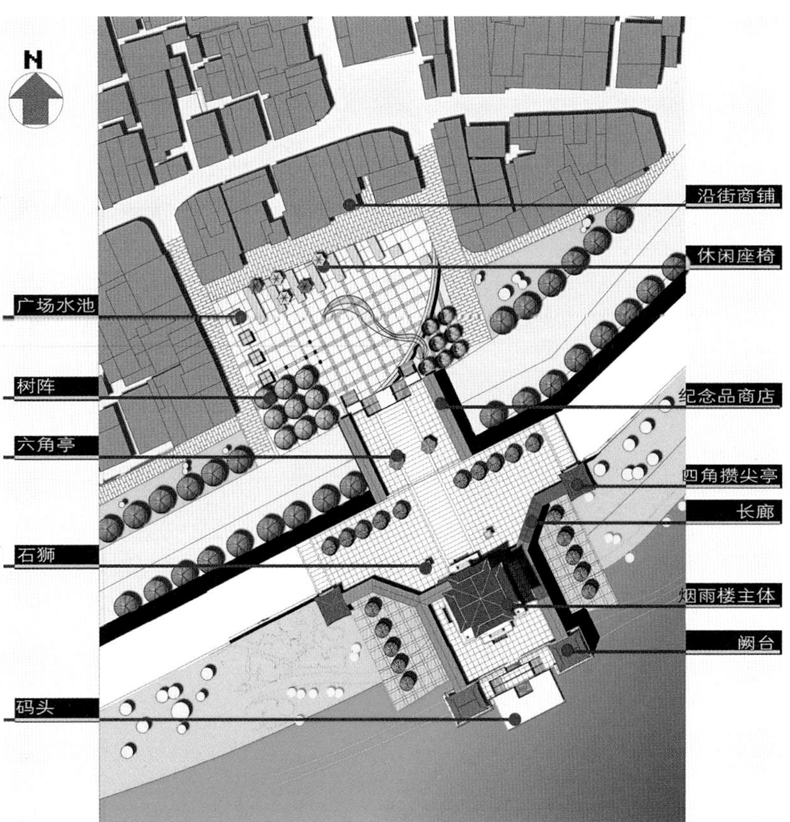

重要空间节点——滨江烟雨楼规划图

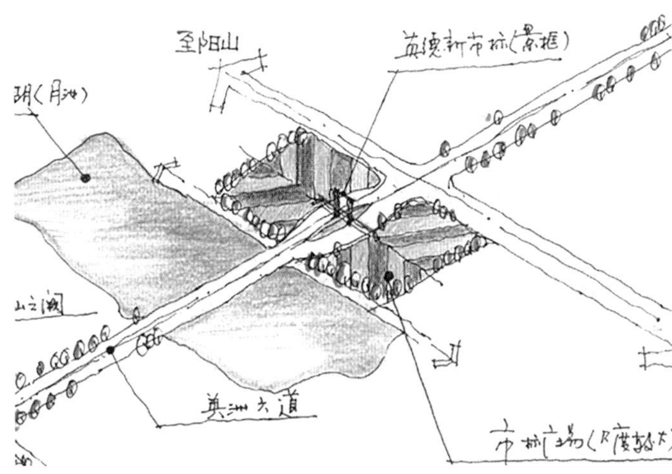

重要空间节点——英华广场及浈阳湖规划草图

重要空间节点——南山广场规划图

侧立面

纵剖面

重要空间节点——滨江烟雨楼规划图

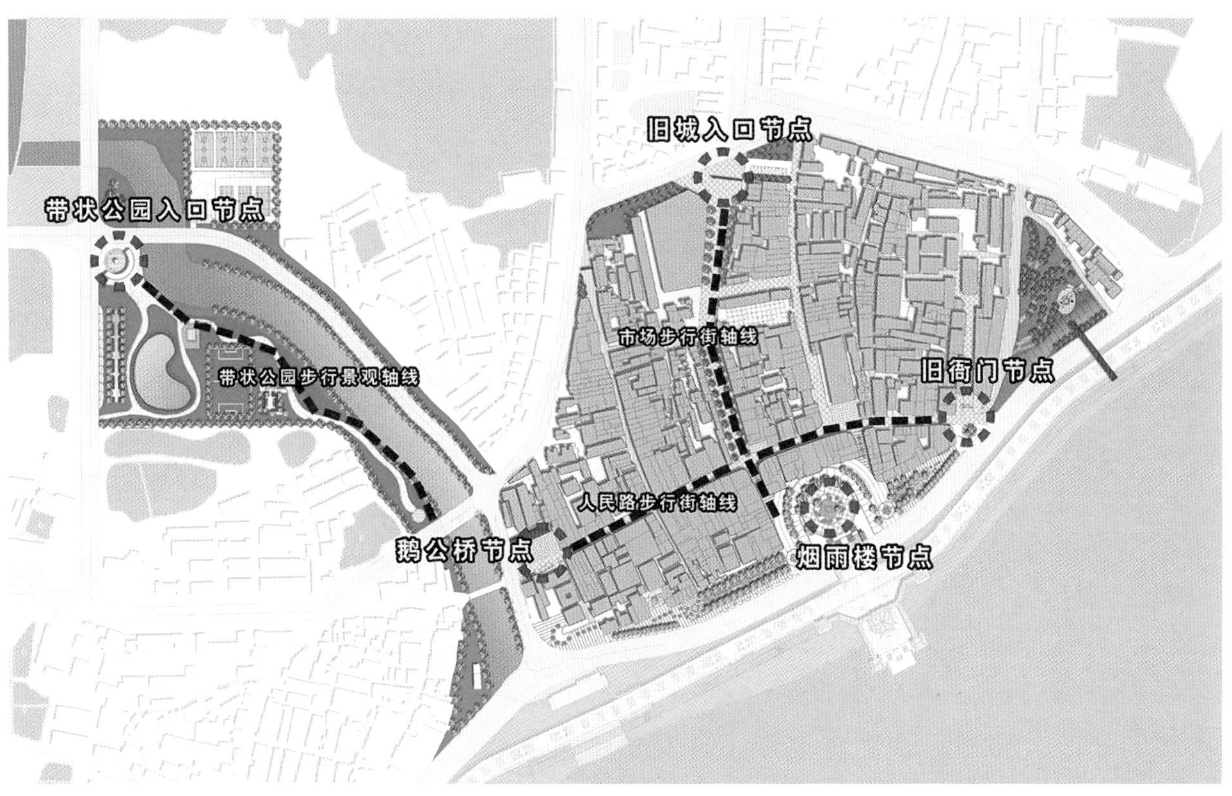
旧城入口节点
带状公园入口节点
市场步行街轴线
带状公园步行景观轴线
旧衙门节点
人民路步行街轴线
鹅公桥节点
烟雨楼节点

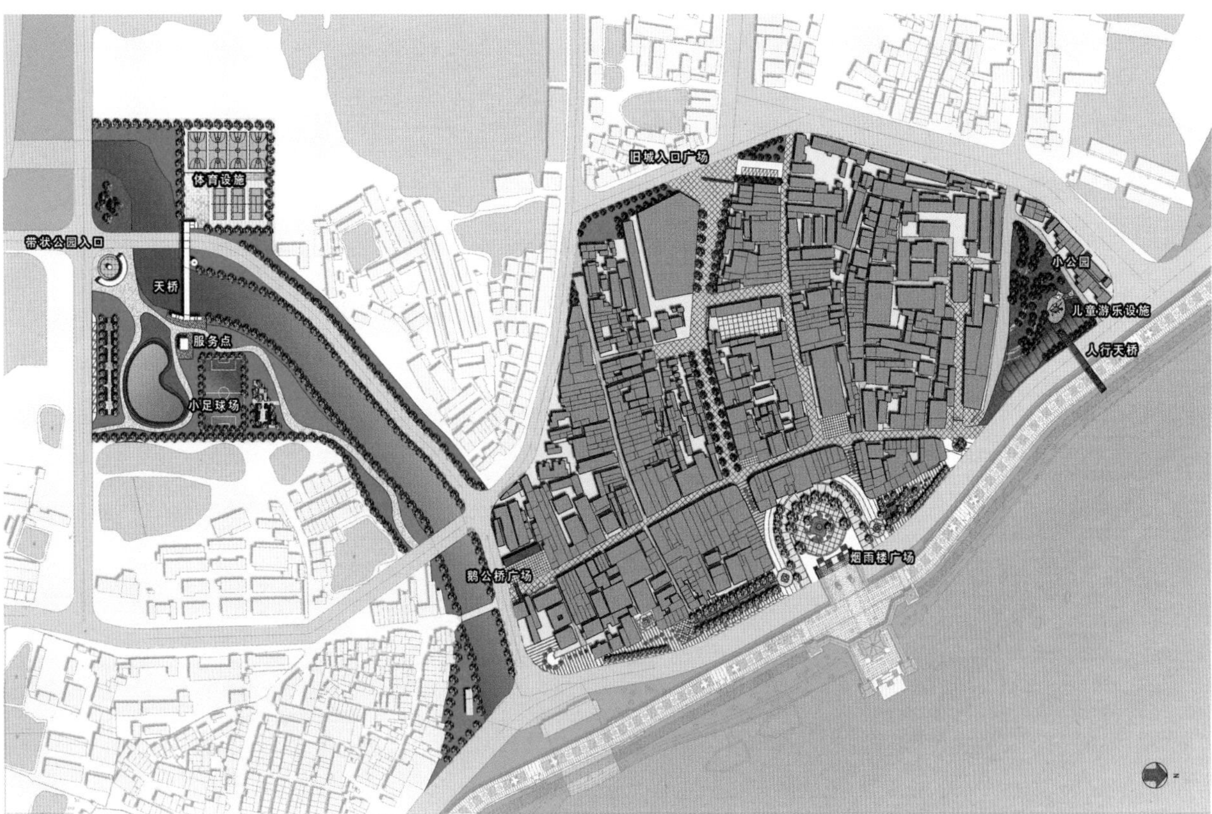
旧城入口广场
体育设施
带状公园入口
天桥
服务点
小足球场
小公园
儿童游乐设施
人行天桥
鹅公桥广场
烟雨楼广场

旧城改造规划图

5.3 山东建筑大学新校区规划

项目地点：山东济南临港科技开发区
设计时间：2007
建成时间：2009
总用地面积：133ha
建筑面积：266700m²
建筑密度：16.53% **容积率：**0.544 **绿化率：**45.8%
设计团队主要成员：李哲扬 郭 祥 吴 琨 周海星 王航兵 邱 丽 黄文靖

设计背景

山东建筑大学（原山东建筑工程学院）坐落在济南临港科技开发区。规划地块的南面和东面为绿化用地，北面为区域规划中心和住宅小区。南、东两侧紧邻60m宽城市干道经十路和泉港路，交通方便，位置显赫，中西部有植被良好的雪山镶嵌其中，成为该区的环境景观中心。新校区自然环境较好，地势起伏有致，西南高东北低，基本特征为一山一谷（西山东谷）。新校区规划用地133ha，在“十五”期间将建成在校生18000人，并最终达到25000人的以建筑类专业综合优势为主要特色的理、工、管、文、法的多科类高等院校，发展目标是“产、学、研”一体化的现代新型高校。

规划设计理念

“三泉润泽四季秀，一院山色半园湖。”三泉映雪，此一诗句正是本次方案的规划构思与立意的一个极好概括。这是通过对地形地貌、环境气候、学校未来发展方向、现实功能要求，以及地方历史文化特色等因素的仔细分析研究之后，自然而然产生的方案构思。规划结构分析“一轴三点”。我们根据用地内一山一谷的自然地形，并强化这一特点，以雪山为新校区规划景观背景和视线焦点，以自然谷地为基础改造形成一生态廊道，通道连接三个重要的开放空间节点，形成山水一体、生态原真和以人为本、高效实用、景色秀丽、格调高雅的新型高校校区。

规划总则是：教研互动：教学与研究互动，优化结构配置；高效运作：城市与大学互动，实现资源共享；生态实效：学习与生活互动，达到协调共生；园林诗意：自然环境与人工环境融汇。

规划鸟瞰图

0 50 100 200m

1、主入口前广场
2、校园主入口
3、日泉广场
4、行政中心
5、接待中心
6、产学研协调中心
7、公共教学楼
8、二级学院
9、图书馆
10、月泉广场（“泮池”）
11、实验、计算中心
12、学生活动中心
13、会堂
14、星泉广场
15、主体育场
16、游泳馆
17、风雨操场
18、体育馆
19、学生宿舍
20、学生食堂、生活服务
21、教工多层住宅
22、教工高层住宅
23、教工活动中心
24、校医院
25、后勤商业服务中心
26、锅炉房
27、配电房
28、科技创业园
29、生活福利设施
30、海右亭
31、半山缓跑径

泉港路

临港路

十经东路

雪山

雪山水厂

山东建筑工程学院新区规划总平面图

规划总平面图

规划构思图

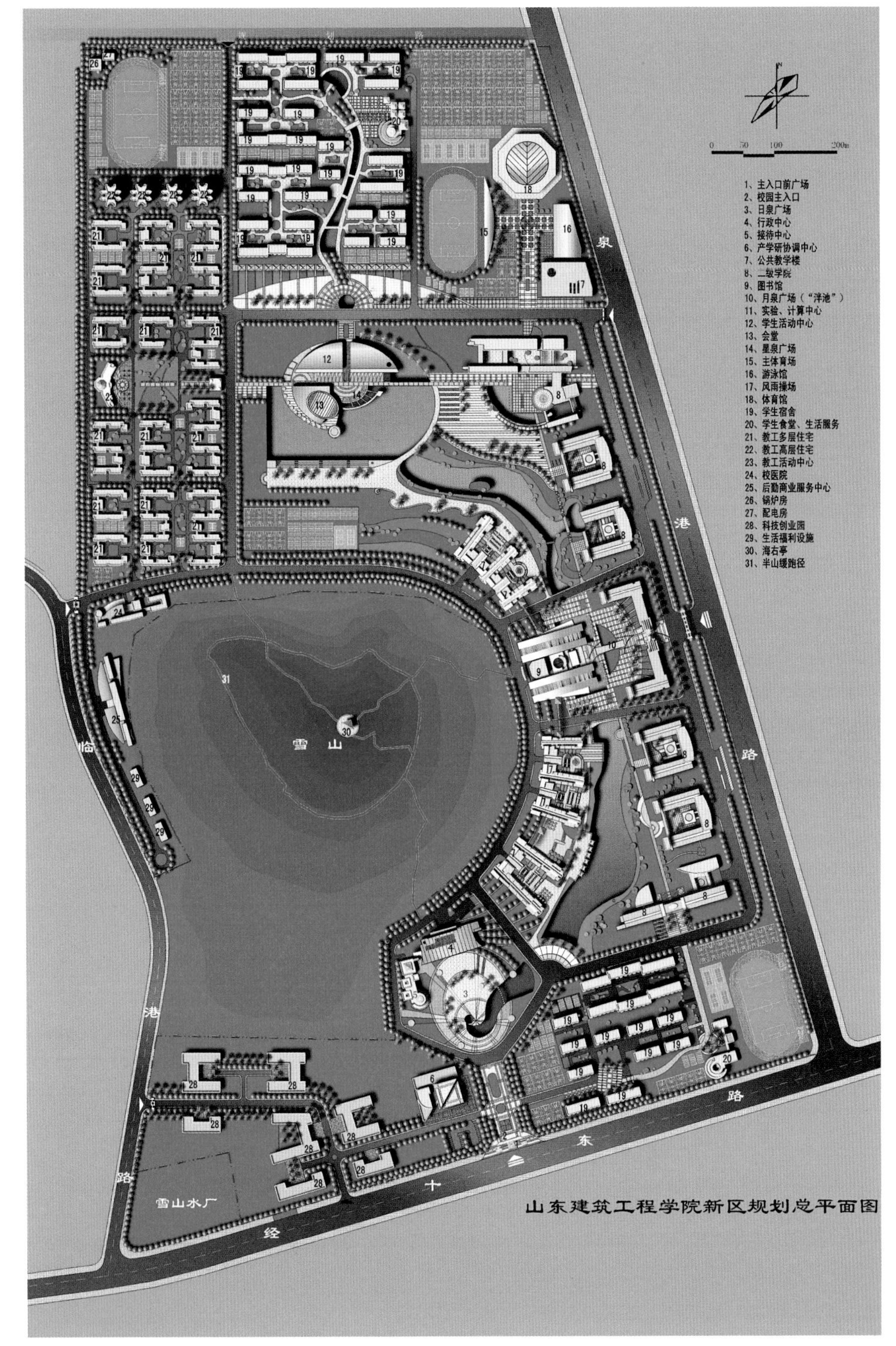

1号教学楼效果图

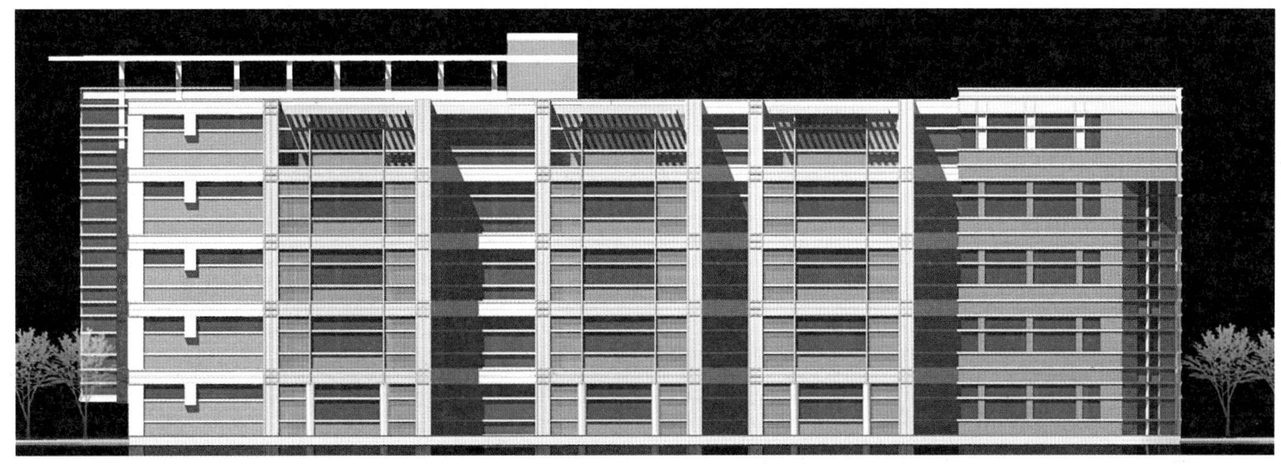

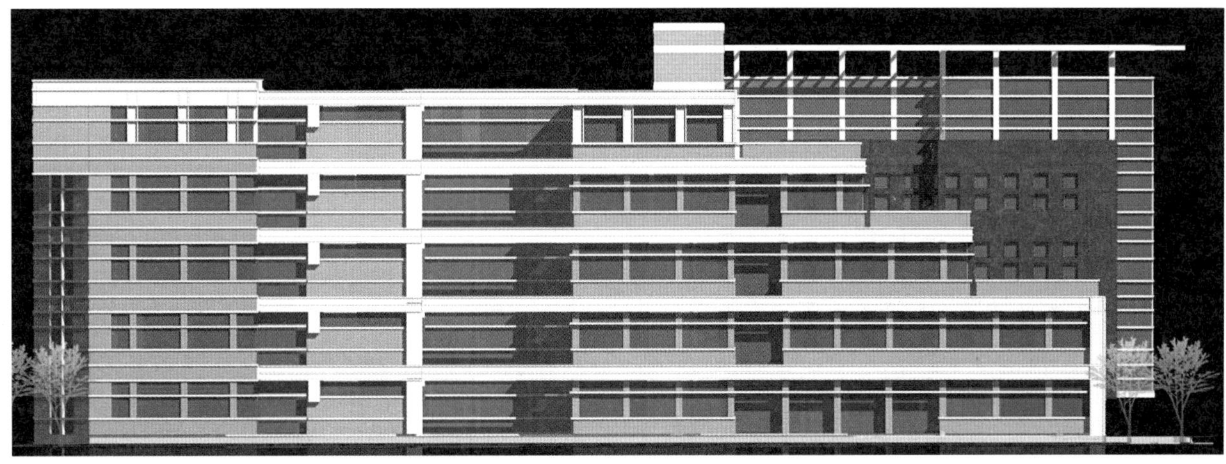

1号教学楼设计图

2号教学楼效果图

2号教学楼设计图

系馆效果图

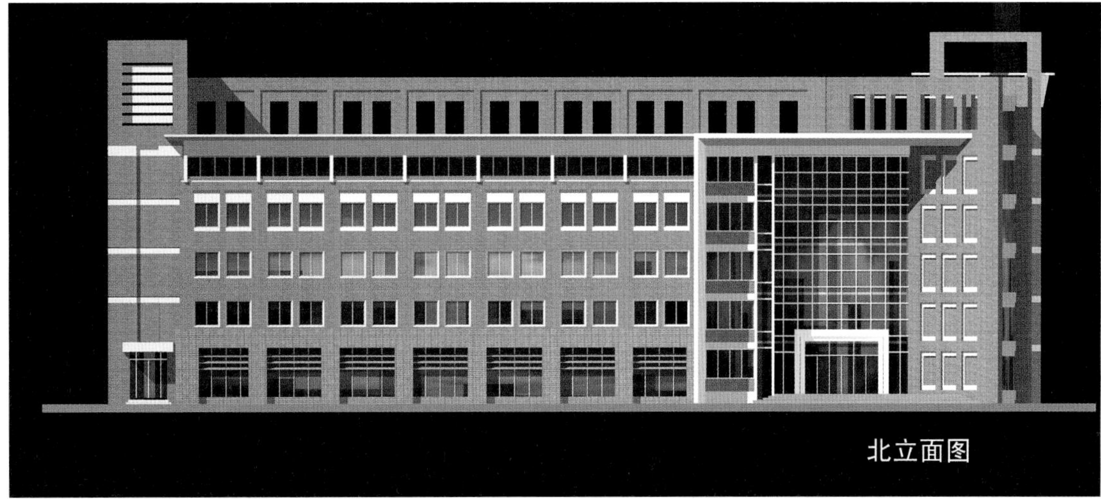

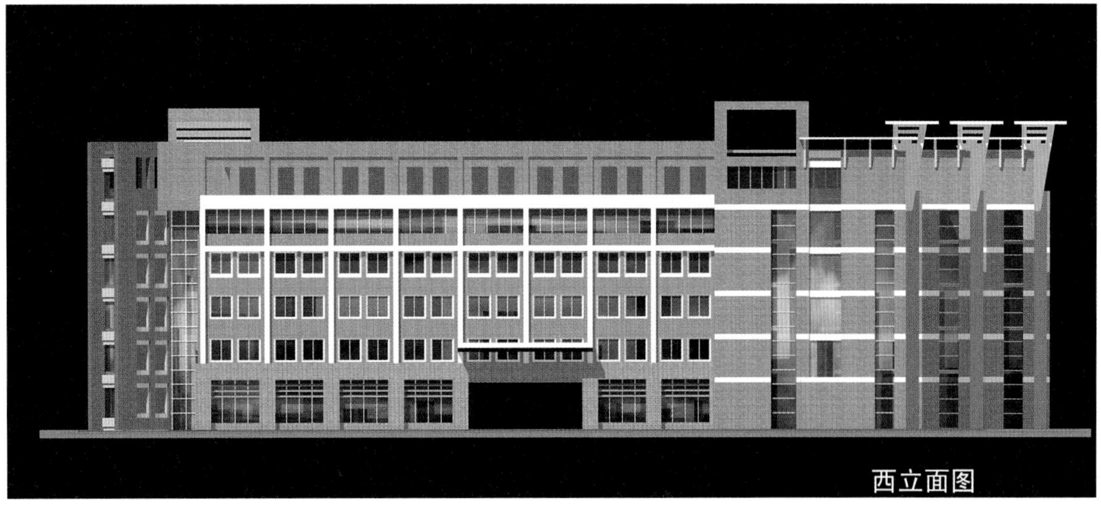

系馆立面图

行政办公楼效果图

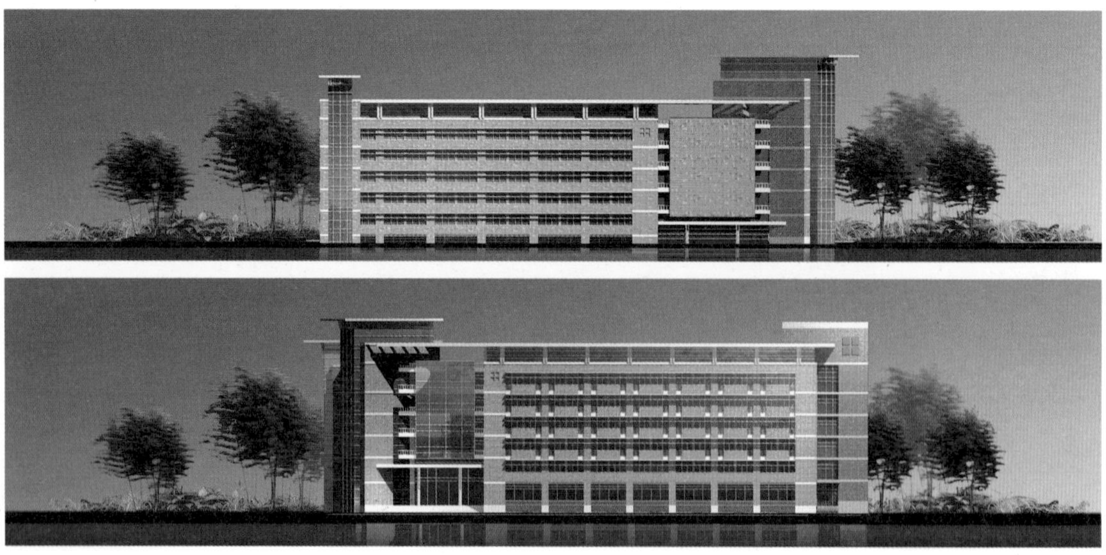

行政办公楼立面图

综合实验楼效果图

学生宿舍效果图

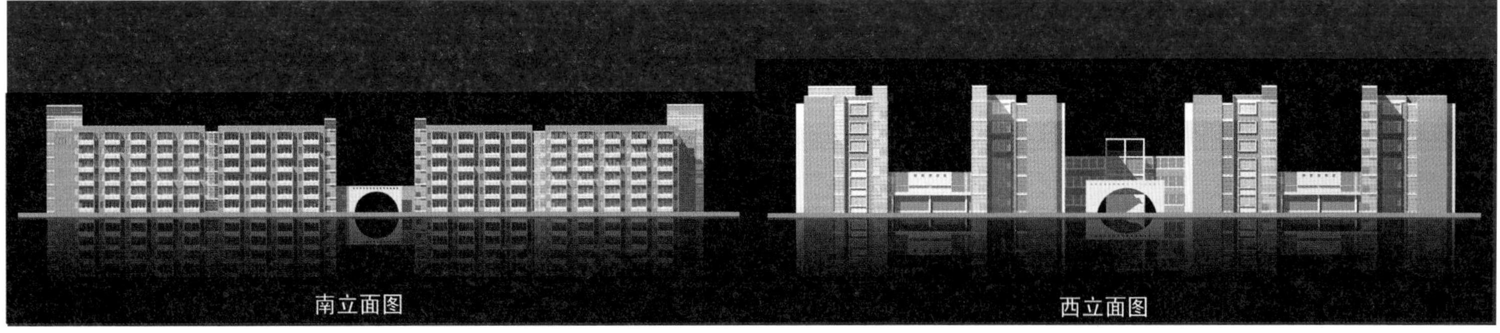

学生宿舍立面图

图书馆

教学楼

综合实验楼

行政楼

系馆

5.4 广东郁南大湾村保护规划

项目地点：广东肇庆市郁南县
规划时间：2014
保护范围面积：1.02ha
建设控制地带面积：3ha
设计团队主要成员：石 拓 李哲扬 亓文飞 周晓琳 陈 琳 陈 丹 刘丹枫 杨家强

规划背景

大湾古建筑群（五星村、前进村）位于广东省云浮市郁南县大湾镇，是展示岭南古代建筑艺术特色和南江流域建筑风格的精品。大湾镇目前保存完好的古建筑有37座，其中14座列入第四批广东省文物保护单位，2008年被列为第一批广东省历史文化名村。大湾古建筑群文物本体、周边保存完好的传统民居建筑，与所处的村落，丘陵，河流要素及南江流域相关的民俗文化，共同构成该处建筑文化遗产的完整内涵。

规划理念

1. 规划原则

（1）法治原则

依法保护文物，保护文物保护单位的真实性、完整性和延续性，以及五星村历史原真性和环境完整性，是规划设计遵循的基本原则。

（2）整体性原则

在妥善保护文物的前提下，突出各类与大湾古建筑群相联系历史信息和文化内涵，尽可能全面保护并展示、传承：

①重视大湾古建筑群的历史变革，挖掘大湾古建筑群在传统的宗教、文化、建筑、社会生活等方面的价值，充分发展其文化内涵与价值。

②重视大湾古建筑群在体现岭南历史文化名村文化多样性中的重要意义。

③重视大湾古建筑群对当代社会民俗活动的承载作用，充分认识其在传承民俗文化方面的价值。

（3）可操作性原则

在深入研究和评估大湾古建筑群的文物价值与保存现状的基础上，结合保护建筑周边地区的肌理格局、建设现状和当前大湾镇的发展现状，强调规划的可操作性。对建设控制地带的范围和控制要求进行合理调整。

（4）协调发展原则

深入挖掘大湾古建筑群对于云浮市城市特色的提升功能，强调其与云浮市总体发展规划的衔接。注重将大湾古建筑群文化和旅游价值同周边的文化旅游资源整合，使大湾古建筑群在得到充分保护的基础上发挥更大的社会和经济价值。

2. 规划目标

（1）真实完整地保护大湾镇五星村、前进村的古建筑群及其总体格局，包括历史环境与其所蕴含的历史信息，保证文物本体与村落的环境风貌相协调，严格控制村内的基本建设，充分展示其文化价值与历史内涵。

（2）在省级保护文物和县级保护文物的文物价值得到妥善保护的前提下，提出合理利用村落资源的方案。适当发展本地区的文化和旅游产业，积极改善村落的生态与经济环境。实现对大湾古建筑群历史遗产的有效保护和对历史文化资源的有效利用，体现其潜在的社会价值和经济价值，使保护工作和社会主义新农村以及城乡环境统筹工作和谐共进。

（3）加强对村落的保护管理措施，并成为以后的文物保护和历史村落城乡统筹和城乡一体化提供控制管理的法律依据和工作框架，以及可持续发展的发展新思路。推动郁南县及大湾镇的文化建设和社会经济综合发展。

现状平面图

文物建筑保护状况评估图

文物建筑真实性完整性评估图

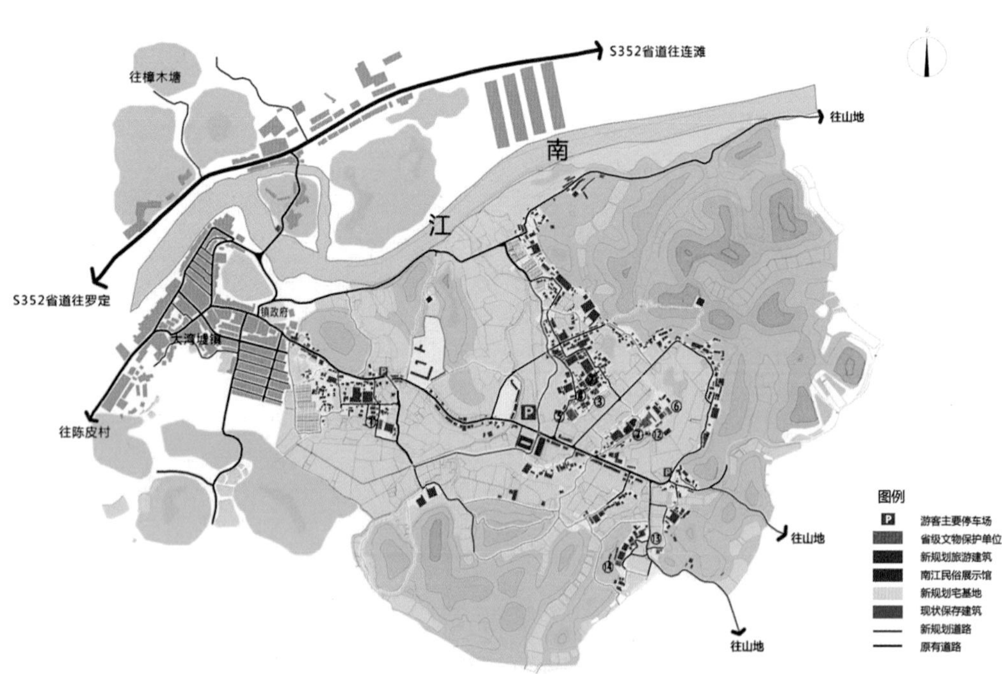

规划平面图

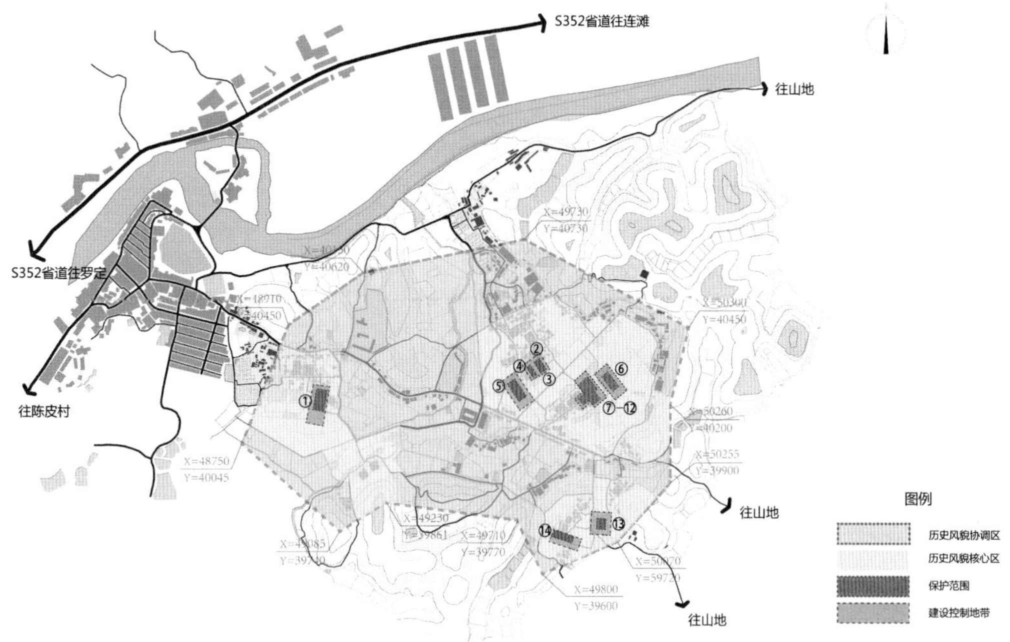

规划保护区划图

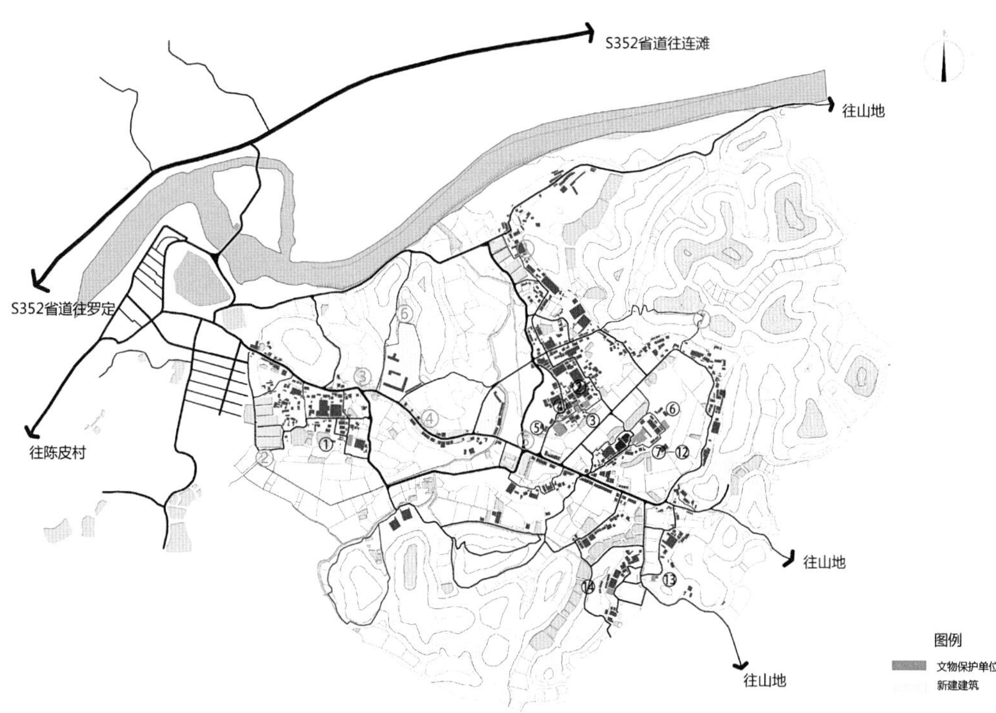

建议新建建筑图

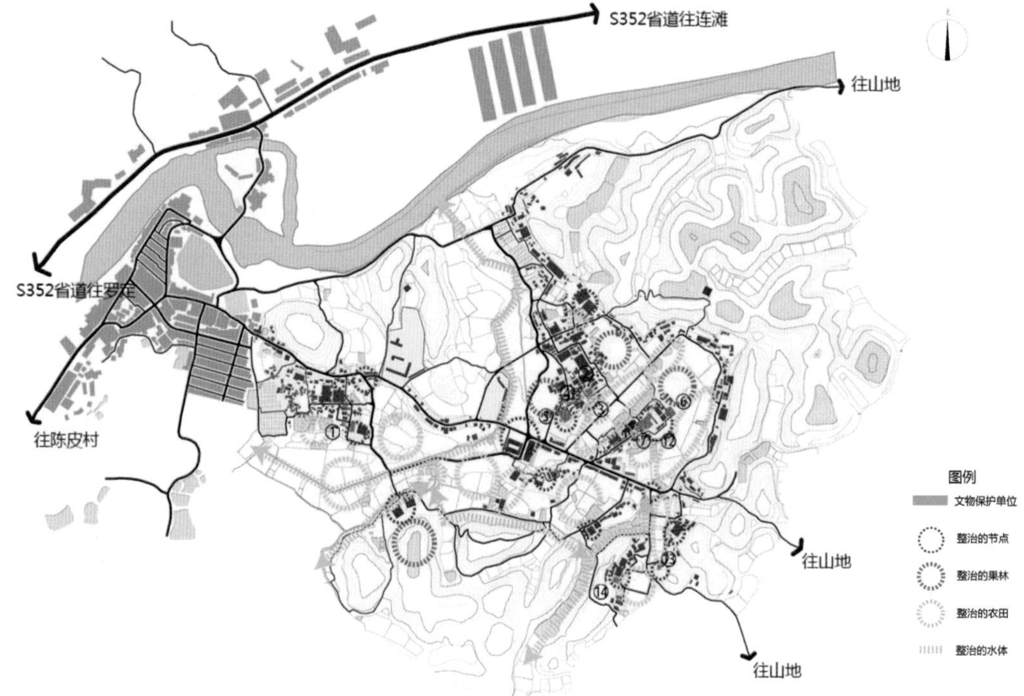

环境整治图

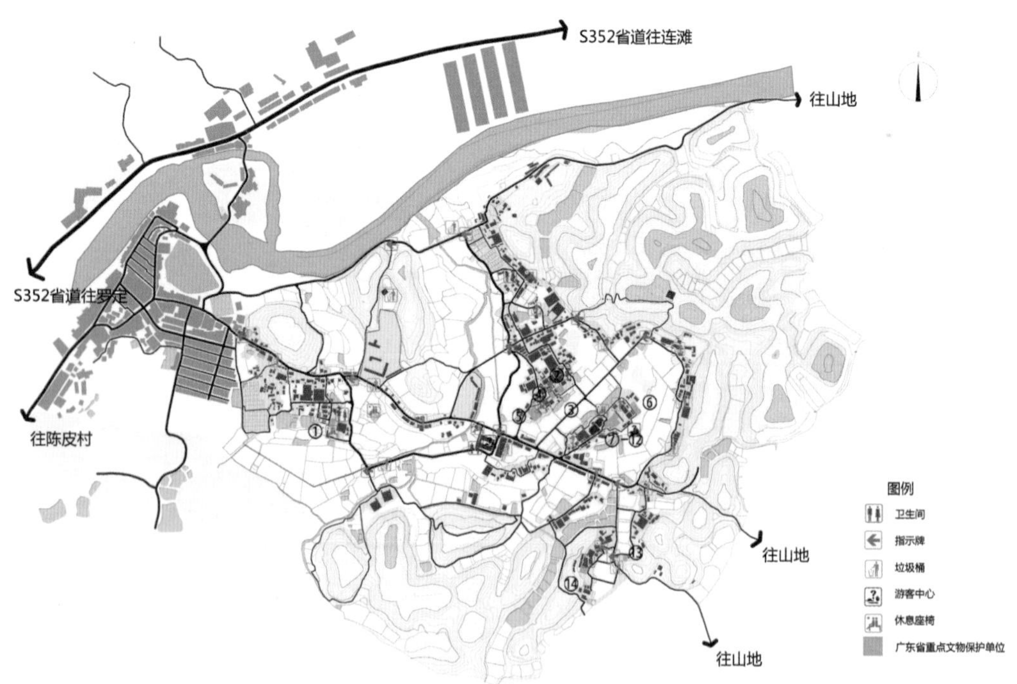

公共服务设施规划图

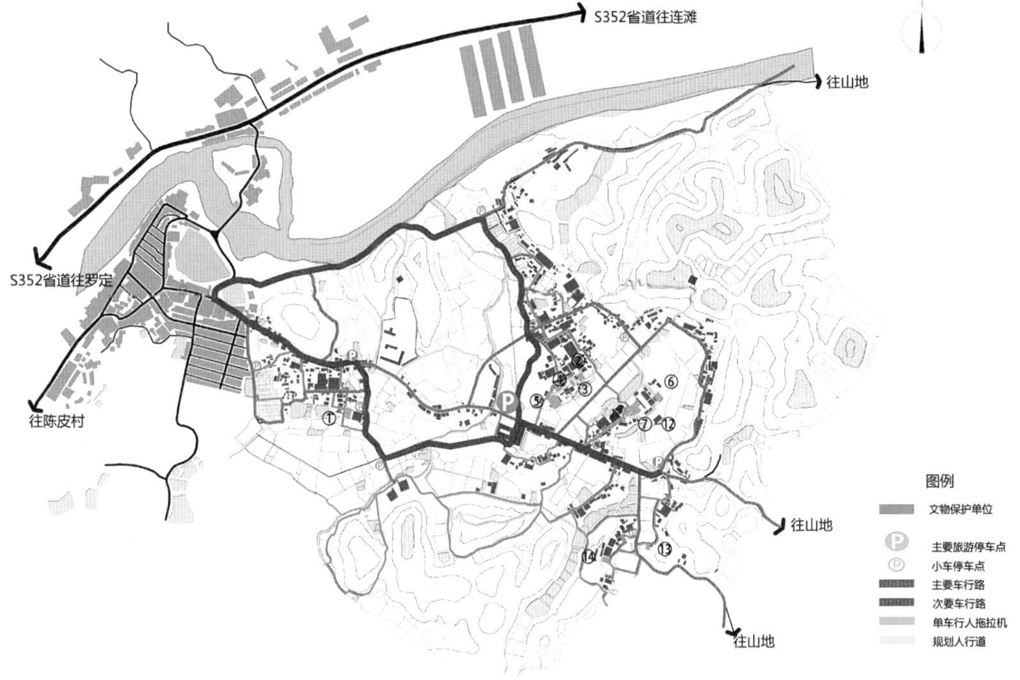
S352省道往连滩
往山地
S352省道往罗定
往陈皮村
往山地
往山地
图例
文物保护单位
主要旅游停车点
小车停车点
主要车行路
次要车行路
单车行人拖拉机
规划人行道

道路规划图

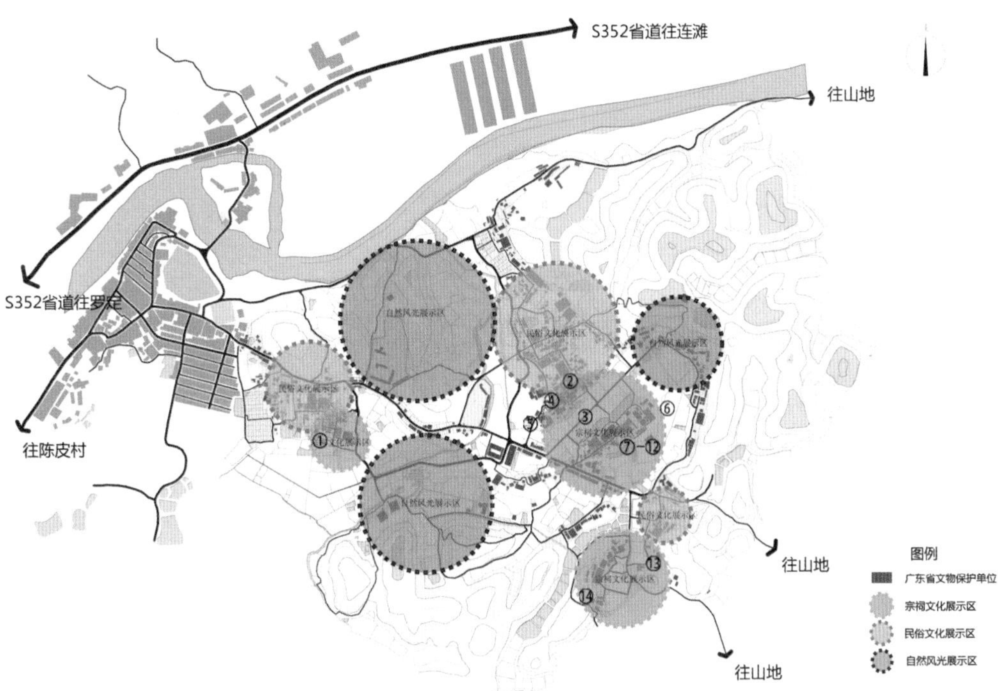
S352省道往连滩
往山地
S352省道往罗定
往陈皮村
往山地
往山地
图例
广东省文物保护单位
宗祠文化展示区
民俗文化展示区
自然风光展示区

展示分区图

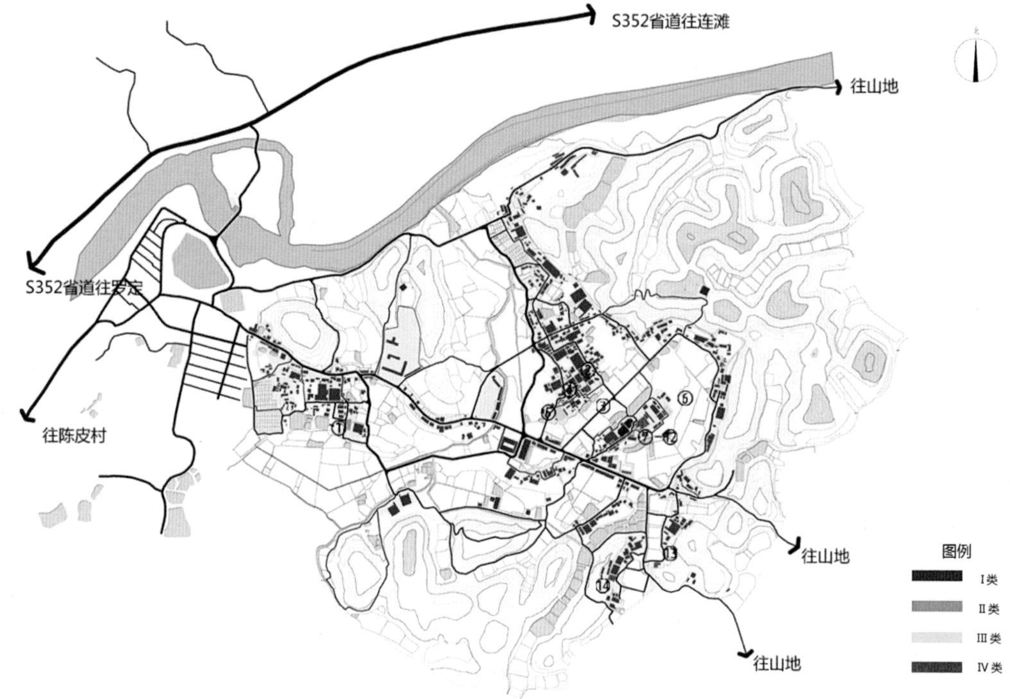

文物建筑保护措施图一

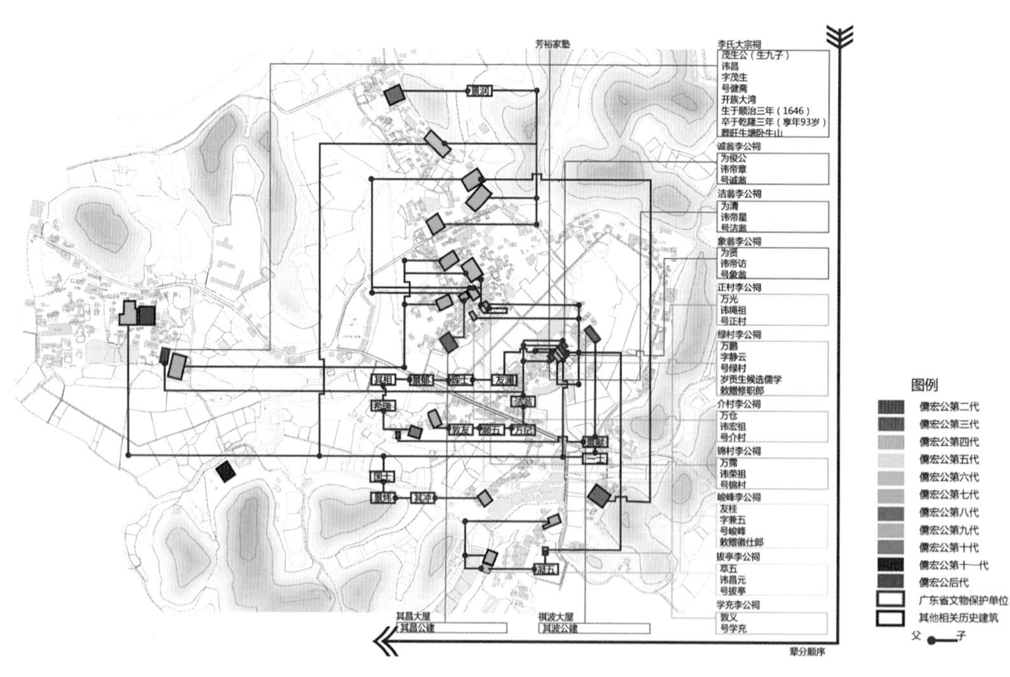

文物建筑保护措施图二

现状图

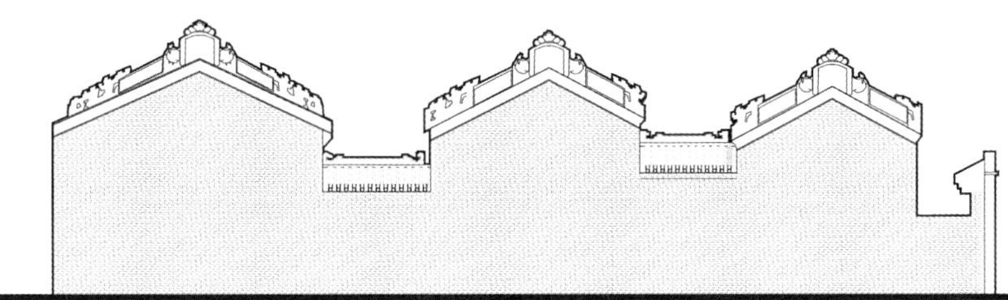

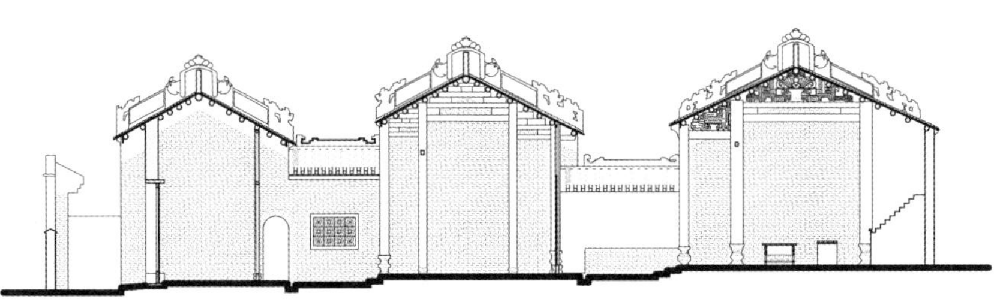

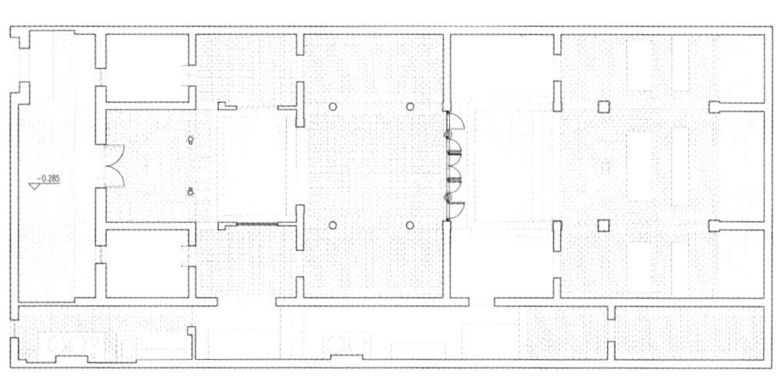

测绘图

现状图

5.5 广州南海神庙保护规划

项目地点：广州市黄埔区
规划时间：2015
保护范围面积：21.10ha
建设控制地带面积：95.24ha
设计团队主要成员：石　拓　王　平　施雨君　周晓琳　劳楚静　陈　琳　李子昂　陈思文　赵亚琪

规划背景

南海神庙又称波罗庙，坐落在广州黄埔区庙头村（古称扶胥镇），面临珠江入海口狮子洋，创建于隋开皇十四年（594年），是中国古代东南西北四大海神庙中唯一留存下来的建筑遗物，是古代官方祭祀海神的场所，也是我国古代对外贸易（广州是海上“丝绸之路”的始发地）的一处重要史迹。复修后的南海神庙由庙前码头、海不扬波牌坊、头门、仪门及东西复廊、中庭天阶、东西廊庑、拜亭、大殿、后宫及关帝庙组成，占地30000m^2，规模宏大。为全国重点文物保护单位。

规划理念

1. 规划原则

（1）依法保护

依照相关法律法规保护历史文物。保护南海神庙内各文物本体和神庙内附属文物、神庙周边的历史环境要素，以及相关的无形的历史文化遗产的真实性、完整性和延续性。

（2）突出历史文化特色和传承

在妥善保护文物的前提下，突出各类与南海神庙相联系历史信息和文化内涵，尽可能全面保护并展示，使之传承。重视南海神庙的历史变革，挖掘神庙在传统的宗教、文化、建筑、社会生活等方面的价值，充分发展其文化内涵与价值。重视南海神庙在海上丝绸之路文化中的重要意义。重视南海神庙对当代社会民俗活动的承载作用，充分认识其在传承民俗文化方面的价值。

（3）强调协调发展和可操作性

在深入研究和评估南海神庙的文物价值与保存现状的基础上，结合神庙周边地区的肌理格局、建设现状和当前广州与黄埔区的发展现状，强调规划的可操作性。对建设控制地带的范围和控制要求进行调整。深入挖掘南海神庙对于广州市城市特色的提升功能，强调其与广州市总体发展规范的衔接。注重将南海神庙的文化和旅游价值同周边的文化旅游资源整合，使南海神庙在得到充分保护的基础上发挥更大的社会和经济价值。

2. 规划重点

（1）加强文物本体的保护，划定合理保护区划，制定可行的保护措施；

（2）丰富文物本体的展示内容，深度挖掘文物本体保护范围内的历史内涵；

（3）加强环境与文物的协调性，整治建筑环境风貌，改善场地环境品质；

（4）充分考虑未来发展需求，调整建设控制地带范围高度控制指标；

（5）完善基础设施建设和公共设施建设。

3. 规划布局

本次规划将规划区划分为南海神庙主景区，南海神庙服务展示区，海丝文化展示区，民俗文化展示区，居民生活区以及预留发展用地。

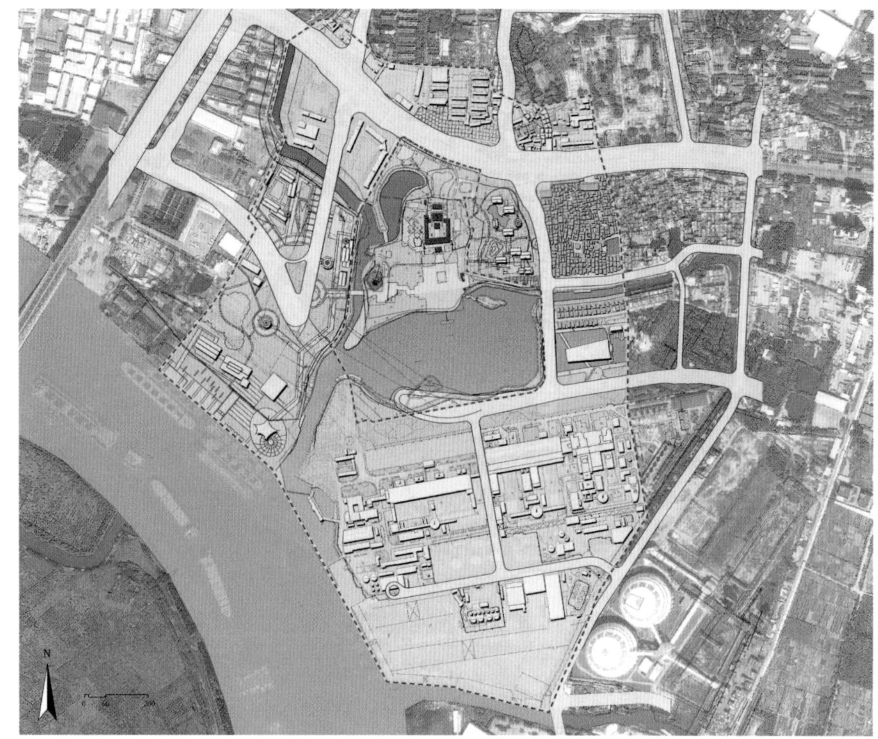

图例

保护范围

建设控制地带

保护规划总图——总平面

图例

保护范围

修缮

遗址保留

古树名木

规划图——保护措施图

环境规划图——建设控制地带建筑整治

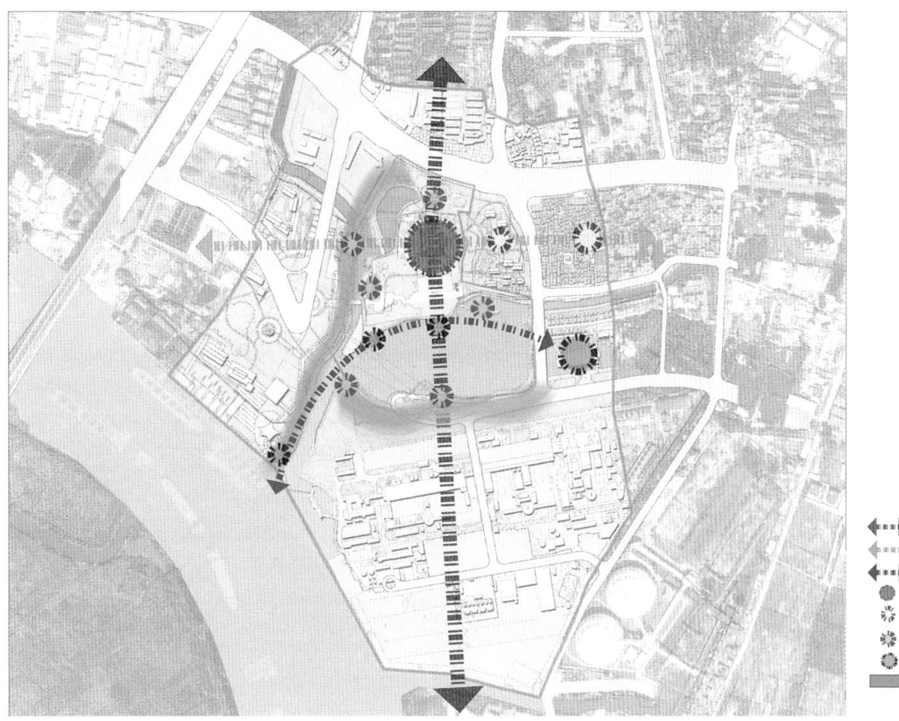

规划结构图

环境规划图——绿化景观

展示规划图

后记

本书几经努力终于付梓，我的大部分研究生参与了整理文稿、图片工作，其中许多人也是设计作品的参与者，在设计作品集中均一一列出，对他们的付出表示感谢。在本书的后期排版和出版事宜过程中得到罗军、周栋良、李子昂、石拓等同志的大力协助，中国建筑工业出版社的刘颖超编辑付出了许多心血，本人对此深表谢意。

这套书基本反映了我多年对中国建筑史研究和传统建筑设计事业的追求，一路走来，得到许多人的关爱、支持、帮助的场景历历在目，感激之情难以言表，借此机会用我2018年教师节写的一篇短文对他们表达深深的谢意。

2023年7月

今天是个特别的日子——教师节。做了30年教师的我，不免心中念念。回头看看自己走过的路，想着人生成长中对自己影响至深的几位老师，他们有的已经作古，在世的也已过耄耋之年至九十大寿。

我的高中是在曲阜一中读的，教我语文的孔繁金（笔名孔范今）老师，也是我的班主任，毕业于山东大学中文系，1973年我读高中时，他在曲阜一中任语文老师（后在山东大学中文系任教师、系主任，及文学院院长、教授、博士生导师）。时至“文革”后期，许多课程都不能正常开课，要去工厂和农村学习，即“学工”“学农”。此时也无课本教材，孔老师是个有理想和情怀的人，他说，既然没教材，我就教你们些古诗词吧。于是，课堂上竟有了朗朗的读诗声，曹操抒怀励志的“老骥伏枥，志在千里”，韩愈怀才不遇、苍凉悲壮的“一封朝奏九重天，夕贬潮阳路八千”等，现在自己还能默背几首。

青涩的我们经常到老师家里打扰，老师总是热情地与我们恳谈引导，晚了，教我们英语课的苑师母总是默默地给我们准备了晚餐，虽不丰盛，但很香甜。孔老师父辈般的关爱，对事业的情怀、追求和人生观深深地影响着我，是我人生的启蒙老师。及至高中毕业我们几个学生不忍和老师分离，也不知如何表达此时的心情，老师看穿了我们的心思，带着我们去了新华书店，用他那微薄的工资给我们每人买了一本汉语词典和一支钢笔，我们如获至宝，心满意足。后来那支钢笔被研究生同学借去弄丢了，我心情过了很久才释怀，不知由来的同学还以为我很小气。

高中毕业适逢知识青年上山下乡，接受贫下中农再教育。我在农村劳动了两年多，又在工厂做了一年工人，1978年我考上了大学。接到录取通知书我第一时间飞报老师，老师也十分高兴，我们班上就两名同学考上大学，孔老师连连说“我也放了颗卫星”，喜悦之情难于言表。

我考上的是山东建筑工程学院（现为山东建筑大学），读工业与民用建筑专业。早期学校师资匮乏，教学设施很不完善，记得早餐是玉米粥和馒头就咸菜，没有餐桌，大家围成圈蹲在地下吃。入学时我们班39位同学年龄大的30岁（老三届），年龄小的15岁（神童级别），我那年21岁，在班里排行第7。由于一半的同学都不是应届生，大家都十分珍惜学习的机会，学习热情高涨，常常挑灯夜读。

尽管师资匮乏，但还是遇到不少好老师，对教我建筑制图和带我毕业设计的蔡景彤老师和教我建筑施工课的孙济生老师记忆尤深。

蔡老师1956年华南工学院建筑系毕业，师从龙庆忠教授和夏昌世教授，偶然的机缘分配到山东建筑工程学院任老师，给当年该校建筑专业的创始人伍子昂（1908—1987）先生做助手（伍先生是中国第一代接受西方现代建筑教育的建筑师，中国建筑教育的先驱者之一，山东建筑教育的开创者和奠基人），后成为我校建筑专业的主干教师。在建筑制图课上，我们常常惊叹于蔡老师徒手绘图板书，一个圆圈、一个方形信手拈来，甚至比制图工具还精致、准确，我们学习写仿宋字的摹本就是蔡老师的手迹。老师把枯燥难懂的制图课上的生动易解，我的建筑空间概念就是这个时期逐渐建立起来的，认真、严谨、专业、风趣是蔡老师带给我的财富（我考研时蔡老师向龙庆忠教授推荐了我，这是30年后我们师生再聚时我才知道的）。

孙济生老师才思敏捷，语言妙趣横生，用他自己的话说就是“喜怒哀乐形见于色”。他的建筑施工课可谓丰富多彩。凭着他多年在建筑行业和工地的滚爬摸打，将最新和实际的施工技术知识倾囊相授。带我们去施工现场实习，必身先士卒的爬上跳下，理论联系实际的仔细的讲解与示范，后来我带学生去测绘实习，学生惊叹我在屋脊上健步如飞，他们哪里知道我有师承啊。

孙老师和蔼可亲，关爱学生，特别是对家庭困难而积极向上的同学给予精神甚至经济上的帮助，每当校友聚会念及于此，同学们都十分感慨。如今过耄耋之年的孙老师身体硬朗，思维一如当年，还经常给我微信发些建筑信息和资料，鞭策后学努力，这真是做学生的福气啊。敬业、务实、自信、爱心，我又得到一笔财富。

1984年我考取了华南工学院（现华南理工大学）的研究生，师从建筑教育家、建筑史学家龙庆忠教授（1903—1996）。那年龙先生80岁，但依然身体健康，思路清晰。我们当时都是去他家里上课，中外建筑史、建筑保护、建筑设计法、甚至古汉语等课，门上的课程表排得满满的。晚年，他把自己有限的生命都付于培养学术后人。

龙先生是建筑学术大家，学贯中西，他的研究涉猎面广泛而又深入，许多学术观点超前而深具学术价值。他提出了建筑道：道路、道理、道德。道路——走中国建筑自己的道路；道理——研究适宜中国人的建筑理论；道德——建筑人和建筑要具优良道德。他提出的以天地（自然）人（人类社会）关系为基础的建筑防灾法、建筑保护法和城市、建筑、园林规划设计法三位一体的建筑系统理论框架和教育体系高瞻远瞩、意义重大（其部分学术成果和教育思想参见《龙庆忠文集》）。我们在整理他遗稿时被深深震撼，有个参与整理文稿的学生给我讲“我被龙先生吓到了”，我也是。

治学严谨、正直人格和爱国情怀，是龙老师给我的又一笔巨大的财富。

人生路上，有许多可亲可敬的老师，他们影响着我人生的价值观。从老师那里获得的财富我也想分享给后来者。

空青书屋　广州

2018年9月10日

岭南建筑研究·保护·设计

研究篇

程建军 著

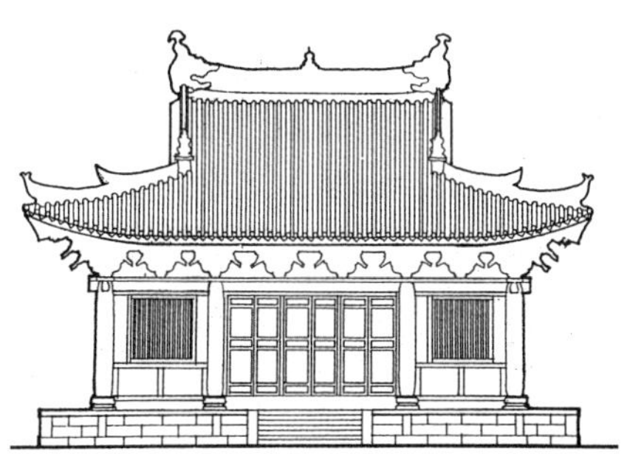

中国建筑工业出版社

图书在版编目（CIP）数据

岭南建筑研究·保护·设计. 研究篇 设计篇 / 程建军著. —北京：中国建筑工业出版社，2023.9
ISBN 978-7-112-29053-6

Ⅰ. ①岭… Ⅱ. ①程… Ⅲ. ①建筑文化—广东②建筑设计—研究—广东 Ⅳ. ①TU-092.965②TU2

中国国家版本馆CIP数据核字（2023）第160687号

责任编辑：刘颖超
责任校对：芦欣甜

岭南建筑研究·保护·设计
研究篇
设计篇
程建军 著
*
中国建筑工业出版社出版、发行（北京海淀三里河路9号）
各地新华书店、建筑书店经销
北京锋尚制版有限公司制版
天津图文方嘉印刷有限公司印刷
*
开本：787毫米×1092毫米 1/12 印张：55⅓ 字数：1373千字
2023年9月第一版 2023年9月第一次印刷
定价：**498.00**元（共2册）
ISBN 978-7-112-29053-6
（41706）

作者简介

程建军，华南理工大学教授，博士生导师，国务院首批有特殊贡献专家，享受国务院颁发的政府特殊津贴，国家注册文物保护工程责任设计师，国家文物局文物保护专家库专家，兼任亚热带建筑科学国家重点实验室建筑设计科学实验中心教授，香港大学建筑系历史建筑保护专业客座教授，中国建筑学会史学分会理事，广东省、广州市文物保护专家委员会委员，广东省环境艺术委员会委员，建筑专业杂志《华中建筑》《古建园林技术》编委。曾荣获1993年度国家教委科学技术进步三等奖、2005年度建设部规划设计二等奖、2007年开平碉楼申报文化遗产成功特别贡献奖、2015年教育部建筑保护二等奖、2016年建设部传统建筑设计一等奖。

在建筑历史与理论、建筑文化遗产保护工程、传统建筑设计和传统建筑环境研究设计领域具有较高的学术造诣。曾先后主持和参加了多项国家、省部级科研项目，先后出版了《广州光孝寺建筑研究与保护工程报告》《岭南古代大式殿堂建筑构架研究》《开平碉楼——中西合璧的侨乡文化景观》《三水胥江祖庙》《中国古代建筑与周易哲学》《营造意匠》《南海神庙》等专著，合著有《中国建筑艺术史》《中国传统建筑》，主编了《龙庆忠文集》《岭南历史建筑测绘图集》《古建遗韵——岭南古建筑老照片》等著述，发表学术论文60余篇。

序

岭南地处东亚大陆最南端，属亚热带气候，其背靠五岭，面朝大海，空间相对独立。中原汉人南下之前为古越人之地，历代商贸发达，文化交流活跃。历史上土著越人、不同时期南下的汉人、海外贸易商人等众多族群，共同形成了渔猎文明、稻作文明、商贸文明等多元共存、特色鲜明的岭南地域文化。

岭南地区由于其特殊的地理气候环境和历史文化边缘区位，在此背景下，岭南古建筑成为岭南地域文化的重要载体和表现形式，一直在中国古代建筑文化分区中占有重要地位。在建筑领域也自然形成了地域特征明显的岭南建筑文化区。

岭南建筑文化区内，历史文化资源十分丰富，仅广东省境内就包括广州、潮州、佛山、梅州、中山、惠州、肇庆、雷州8处国家级历史文化名城，作为不可移动的文化遗产古建筑在本地区有大量保存，它们是岭南古建筑研究的基本对象。随着历史上中原移民南迁的进程，中原先进文化不断地输入岭南地区，该区建筑也于宋元之际，以其域内不同民系为依托，形成了以粤中广府、粤东福佬、粤东北客家，以及粤西南雷州四个建筑支系，这种中原地区建筑南迁的“在地化”和岭南土著建筑吸收外来建筑的“涵化”过程中的取舍，融合出新成就了岭南建筑的特色。岭南的古代建筑类型丰富，形式多彩：岭南民居、岭南园林、岭南寺庙、祠堂书院等特色各具，结构构架、装饰装修纷彩异呈。

通过对岭南传统建筑的研究，了解其演变的过程和发展脉络，挖掘岭南建筑文化特色和精神内涵，对岭南建筑和岭南文化的保护、传承意义深远。具体来说，其一，可以对研究中国古代建筑史乃至东亚建筑的历史与发展进行深化、完善和补充，在空间上阐释南方地区或亚热带地区以木构为主的建筑技术的体现形式与内涵；在时间上可追溯中原建筑沉淀于此的古制，以及各历史阶段的建筑文化的交融，作为历史信息和演化的相互佐证，借此可以深化中国建筑史中的区域研究与体系研究。其二，在中国古代建筑之多元、广阔、多样的背景下，在时间空间上构建岭南建筑的特点，有益于地域现代建筑的发展借鉴。其三，对岭南建筑传统保存的系统性、完整性的研究，包括有形的建筑、无形的技艺及其他营造传统文化的系统研究，对于保护传承岭南文化，保护和利用岭南建筑文化遗产具有重要的学术和实践意义。

在研究和设计领域，我们有必要厘清自身建筑历史积淀的能立足世界建筑之林的本质与内涵。欧洲文艺复兴运动，强调人道，即人文主义；中国则一直强调“仁”道，即“仁”本主义。中国的古建筑常以天、地、人和谐相处的系统观念进行规划布局和设计，中国的建筑围绕“仁”，是为人的建筑。仁的目的是“和”，是天道（天象、气候、阳光等）、地道（地貌、地质、自然景观等）、人道（社会、人性、行为、人文环境等）的和谐，建筑应该是上述三者的均衡。建筑的本质是有品质的空间，有品质的空间是能够“养心、养目、养身、养生”的富有生气的空间，给人赏心悦目、优雅舒适的空间体验。中国传统建筑本质上是“仁本建筑”，这也是中国建筑所追求的目的。“仁本”的建筑之道理念，体现于天地人诸要素融合的“之间”状态，环境与实体、功能与形式、技术与艺术、材料与结构、传统与现代、个性与群性、理论与实践，“之间”既是一种设计哲学，也是一种设计方法。“仁本”就是笔者的建筑立场，“之间”就是笔者的设计理念。

本书由上下两部组成，第一部为研究篇，据作者研究的主要内容和兴趣领域分为：建筑史研究、建筑保护与修缮研究、岭南地域建筑研究、建筑教育与防灾研究4个专题。研究内容也不限于岭南，亦关注中国建筑历史的一般性讨论。第二部为设计篇，据建筑门类分为：传统建筑设计、文物建筑修缮设计、景观建筑设计、现代建筑设计和规划建筑设计5个专题。是20世纪90年代初至2020年近40年间作者在建筑历史与理论研究领域和设计领域的代表作。其按照编年史的顺序编排，反映了作者在建筑历史研究和设计领域的成长过程，以及作者研究、设计并重，相得益彰的特点。本书对岭南传统建筑的研究、保护、修缮和传承设计进行了系统的联系与解读，基本展现了作者的学术追求、学术观点和设计理念。

本书出版之际恰逢本人主持的“华南理工大学建筑文化遗产保护设计研究所”成立20周年，该所别号“三才图绘”，是受明代王圻、王思义所辑类书《三才图会》所启发。当时我对“三才图绘”的阐释是：“三才者，天地人也。燮理天地人，建筑之宗也；图绘者，设计意匠也。营意匠舍之梓匠也；三才图绘，天地人和谐之营造，吾辈之志也。”旨在为保护历史建筑，拓展中国建筑文化特色研究，探索与实践中国建筑之道方面做些事情。

2022年8月

目录

1 建筑史研究

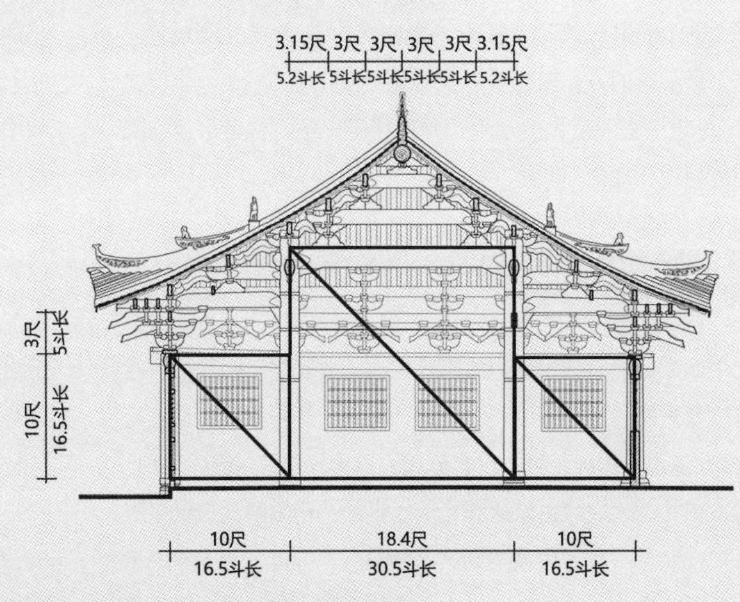
3.15尺 3尺 3尺 3尺 3尺 3.15尺
5.2斗长 5斗长 5斗长 5斗长 5斗长 5.2斗长
3尺
5斗长
10尺
16.5斗长
10尺 18.4尺 10尺
16.5斗长 30.5斗长 16.5斗长

中国古代城市规划之“择中”思想[1]

“择中”观念起源很早。山西临潼姜寨的仰韶文化村落遗址中，居住区的住房共分五组，均围绕中间的空地作环形布置（图1）。半坡村遗址居住区中座房屋是围绕着一所大房子而布局的。可见，村落中的大房子和中间的空地有着特殊的功用，具有尊高的地位。这说明，早在石器时代人们就有了“择中”的思想意识，并存在着一种“向心型”的建筑布局。

甲骨文“中”字作“[illegible]”“[illegible]”，前者像以旌旗测口（即日）之形，后者像以直立木柱（即表）测口之形。中之古义正是“日午”，故有中正、平直、不阿之义。“中央”的概念在商代已经很强烈。甲骨文有“中商”名词出现，据考证，“中商”即择中而建的商王城或位于中央的大邑。《逸周书·作雒》：“作大邑成周于上中。”周人也沿袭了商人在“中央”方位建王城的传统。“中国”称谓就来源于地理方位中央的概念，《诗·大雅·民劳》：“惠此中国，以绥四方。”《集解》：“刘熙曰：帝王所都为中，故曰中国。”在观念上，“中央”这个方位最尊，是一种最高权威的象征，“天子中而处”（《管子·度地篇》）。在城市规划布局上，以中央这个最显赫的方位表达“王者之尊”再合适不过了。自商周之际，“择中”思想一直为后世所继承，并贯穿于中国古代城市规划之中，成为一种规划设计理论（图2）。

一、择天下之中而立国

择天下之中而立国，是择中思想的宏观层次。要正名、明秩序，就要择中与方正，就需要“辨方正位”。所以，《周礼》开篇第一句话就是“惟王建国，辨方正位，体国经野，设官分职，以为民极。”正位，就是正天子之尊位，正礼制之次序，以达到礼治之目的；辨方则是为正位服务的。张衡《东京赋》：“辨方位而正则。”薛综注：“方位，谓四方中央之位也。”《周礼·地官·司徒》：“以土圭之法测土深，正日景，以求地中。日南则景短，多暑；日北则景长，多寒；日东则景夕，多风；日西则景朝，多阴。日至之景，尺有五寸，谓之地中，天地之所合也，四时之所交也，风雨之所会也，阴阳之所合也，然百物阜安，乃建王国焉，制其畿，方千里而封树之。”[2]又戴震云：“测土深以南北言，圣人南面而听天下，古者宫室皆南向，故南北为深，东西为广，按土深谓以日影之短长，测得其地南北远近也。”择地中（即天下之中）建王国的观念与中国的自然地理和人文地理因素有关。黄河中下游及关中一带是中国文明的发源地，我们的祖先自上古、中古期就活跃于此。其地处南温带，由此向北为中温带和北温带，向南则为亚热带和热带；而且中国东西时序差较大，所以习惯于该地气候与时序的人们到远离该地的东南西北四地居住生活，自然有不适之感。从“人居四地早晚图”（图3）可以看出，只有居住乙地（即地中）的人们才与人文地理上的昼夜子午天时相合。

从史料来看，最早用土圭测得夏至日影长都是1.5尺左右。《易纬通卦验》所载的是1.48尺，公元前25年左右的刘向采用1.58尺，而公元597年的袁充则采用1.45尺。郑玄曰：“土圭之长，尺有五寸，以夏至日，立八尺之表，其景适与土圭等，谓之地中，今颍川阳城地为然。”[3]诸文献中记载大多数测量的地点，是位于洛阳东南约60华里的古阳城。在洛阳，夏至日12时的太阳高度角为78°47′，按表高8尺、圭长5尺之比求得“地中”，此时的太阳高度角为79°11′。告成镇纬度较洛阳偏南，所以在该地测得的日影长，按其纬度来算，误差确实很小。洛阳、告成镇一带确为地中无疑。张衡《东京赋》：“土圭测景，不缩不盈，总风雨之所交，然后以建王城。”地中确定后，还要根据其具体环境“审曲面势”“相土尝水”，以最后确定营建王城的位置，这也就是古代城市选址中的“相地”了。

洛阳是我国六大古都之一。从东周起，先后有东周、东汉、曹魏、西晋、北魏、隋、唐、后梁、后唐九个朝代建都于此，故洛阳以“九朝名都”闻名天下。如再加上后晋石敬瑭曾建都洛阳一段时间，洛

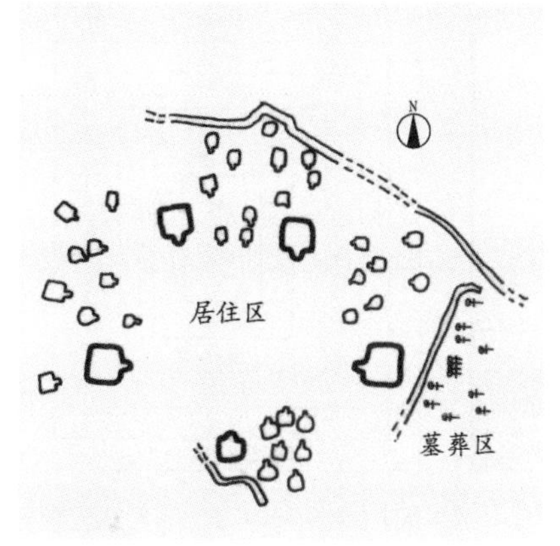

图1 陕西临潼姜寨村落遗址平面图

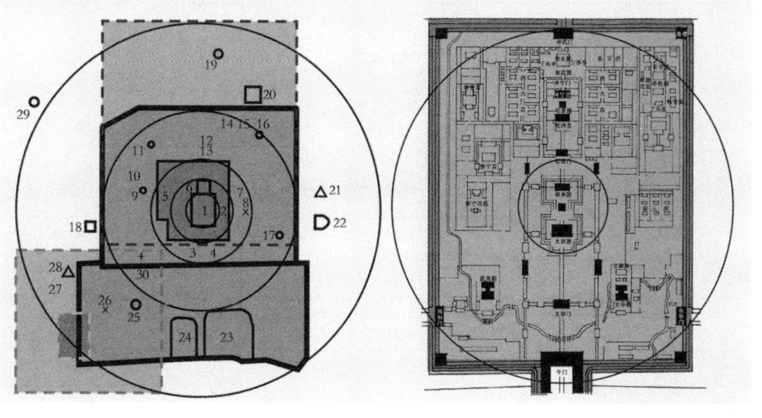

图2 明清北京城及紫禁城平面

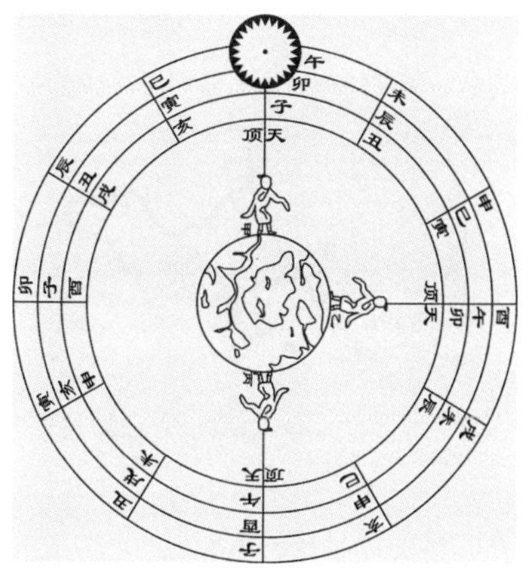

图3 人居四地早晚图

阳就是“十朝名都”了。总之，洛阳是中国历史上建都最多的地方之一。商人屡次迁移都城，中期以后定都于此地（河南中部黄河两岸地区），如已发掘的位于郑州的商城遗址、安阳小屯村殷墟遗址及堰师二里头商代宫殿遗址等，都证明了殷商后期曾活跃于此。从商人的整个迁移过程来看，笔者认为这与商人寻找地中、营建“中商”有密切关系（图4）。对甲骨文的研究证明，商人已有“五方”观念了。

周承殷制，沿袭了商人择中建王城的观念，精心经营了洛邑。《尚书·多士》王曰：“……今联作大邑于兹洛（洛邑），予惟四方罔攸宾，亦惟尔多士攸服奔走，臣我多逊。”《尚书·诏诰》也有“王来绍上帝，自服于土中……其自时中乂”的记载。可以看出，周人择中营王城是“以土中治天下”的思想为指导的。《尚书·洛诰》周公“卜涧水东。瀍水西，惟洛食”“又卜瀍水东，亦惟洛食”。即周召公来洛阳于洛水之滨卜兆大吉[4]，遂选择了涧水东、瀍水西，临近洛水一带建城。周成王亲临洛阳确定了建城方案。公元前770年，周平王将王城自陕西渭水流域的镐京迁来洛阳。

从洛阳的地理环境看，其位置也确是十分重要的：它不仅是“天下之中，四方入贡道里均”，为东南西北的水陆交通枢纽，而且地理形势十分险要。它西依秦岭，东望嵩岳，北有邙山屏障，南对龙门伊阙，洛水自东向西横贯全城（隋唐时），依山傍水，物产丰富，真不愧是一处好地方（图5）。所以，历史上还有若干朝代于洛阳营建东京、中京、西京、东都、西都等陪都。

《周礼·地官·司徒》：“凡建邦国，以土圭土其地，而制其域。诸公之地，封疆方百里，其食者半；诸侯之地，封疆方四百里，其食者三之一；诸伯之地，封疆方三百里，其食者三之一；诸子之地，封疆方二百里，其食者四之一；诸男之地，封疆方百里，其食者四之一。”今按上文中各爵位之疆域大小绘示意图（图6），图中表现了王者治理的国家中，在其疆域等级制度上以王畿为中心递级缩减的理想模式。它反映了统治者将礼制纳入经济、疆土范畴中，表述了王者“以礼治国”的思想。在《弼成五服图》中（图7），可以看到以帝都为中心的同心矩形中，由中心向外扩展的各带是：1.甸服，即王畿；2.侯服，即诸侯领地；3.绥服，即已绥靖的地区，亦即接受了中国文化、帝王权力的边境地区；4.要服，即与这个中心结成同盟的外族地区；5.荒服，即未开化的地区。它展示了古代社会政治、经济、文化以帝都为中心向外层层扩展的理想模式——帝都千里，每服向外延伸五百里。

择中建王城的目的在于便于治理天下，但王城位于地中则不一定就有利于达到这一目的。因为除了地理方位外，政治、经济、军事等要素都是建都治理天下所要考虑的主要内容。所以国都的选址亦就视具体情况而变了。显然，历史国都并不都建于地中洛阳一带。《管子·乘马今》：“凡立国都，非于大山之下，必于广川之上。高毋近旱而水用足，下毋近水而沟防省。因天材，就地利。故城郭不必中规矩，道路不必中准绳。”这种从实际情况出发、灵活的规划原则，不为封建礼制制度所束缚的城市规划思想，无疑是对择中思想的发展和补充。除此以外，设置陪都也是择中建都思想的新发展。并自秦汉始，形成了一种体制，也一直为后世继承下来。

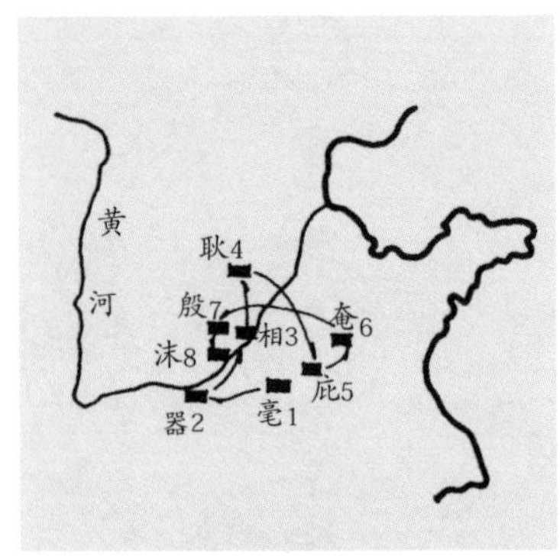

图4 商代历次迁移都城图

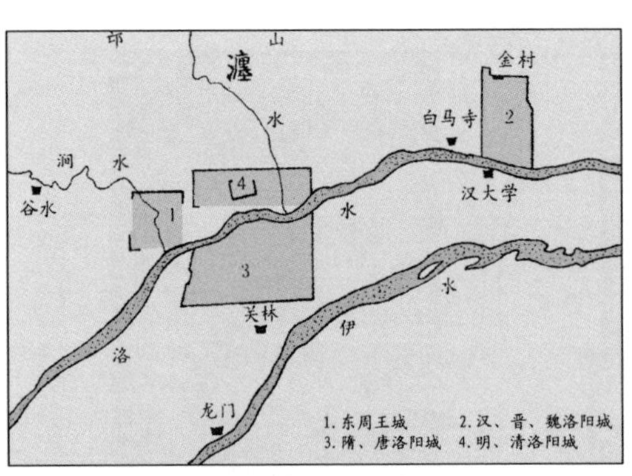

图5 洛阳城历代演变图

图6《周礼》爵位疆域示意图

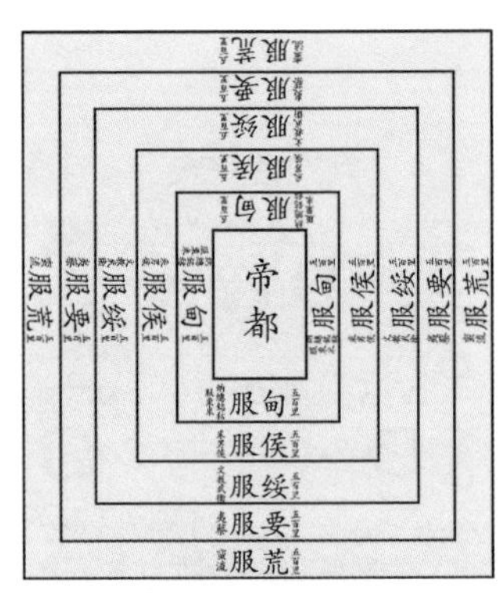

图7《书经图说·禹贡》弼成五服图

二、择国之中而立宫

择中思想不仅体现在“择天下之中而立国”，而且体现于城市本身的规划中。“择国之中而立宫”是择中思想的中观层次，是城市总体规划的指导思想，它广泛地指导和规定着城池的布局。其模式是先由外而内，从环境出发，选择所谓可建王城的“四灵”形胜之地（即相地）；其次是营城郭，《管子·度地篇》：“内为之城，城外为之郭”；再次是立宫室之基；而以后，便以这个确定的位置按礼制等级次序及功能向四周扩展，这又是一个由内而外的过程（图8~图10）。

《考工记·匠人》：“匠人营国，方九里，旁三门。国中九经九纬，经涂九轨。左祖右社，面朝后市。市朝一夫。”上述布局，显然是以王宫为中心规划的。在方九里的平面中，环绕王宫对称布置，南面为朝廷，北面为市肆，左边为祖庙，右边为社稷坛（图11、图12）。可见，王宫是王城的中心区，是王城的主体，其他各部分都处于从属的地位。在中国古代中小城镇的布局中，它们大多是以王府、衙署或钟鼓楼为中心布局的，也同样贯穿着择中思想，体现出方正端庄的特点，反映了封建等级制度的尊卑上下秩序（图13、图14）。

择国之中而立宫，不仅是指四面八方的中央，还包括中轴线，其中主要是南北中轴线。中国古代城市规划常常利用中轴线来充分表达择中思想。在王城的规划中，王宫的南北中轴线往往是城市的主轴线，各主要建筑物依次排列在这条中轴线上，借此突出政权的威严和尊高。通过主轴线的控制，把朝寝、庙社、官署、市场等各部分统一起来，使整个城市聚结成为一个有序、有机的整体。这种结构表现了礼制等级的严谨性和以礼治国、以秩序治国的规划有序性（图15、图16）。这种规划格局也影响到中国城市以外的其他建筑类型的规划设计（图17）。它还影响了日本（图18）、朝鲜等国的城市规划。除中轴线之外，还常利用朝向、建筑规模等级等措施加强礼制等级的秩序。

三、择宫之中而立庙

“择宫之中而立庙”是城市规划择中思想展现的微观层次，相当于今天的城市详细规划或小区规划。这里，庙是指主体建筑。将主要建筑立于宫中或组群建筑的中央或中轴线上，其他次要建筑按等级或功能围绕主体建筑布列，这就更进一步强化了王者之尊，强化了礼制秩序。不仅王宫，这种择中格局横贯于多类建筑布局中，如寺庙、市肆、闾里、民居、陵寝等莫不如是。这种择中手法还渗入单体建筑的设计之中。

古代明堂之制就是择中思想的典型写照。明堂是“明政教之堂”，是王者的一个政治中心。天子居明堂可以“明四目，达四听”（《书经》），以治四方。所以，明堂布局设计就尽量体现礼制秩序和法天地之道的意识。《后汉书·祭祀志》：“天称明，故曰明堂，上圆法天，下方法地，八窗法八风，四达法四时，九室法九州，十二坐法十二月……。”《礼记·月令》：“孟春，天子居青阳左个；仲春，居青阳太庙；季春，居青阳右个；孟夏，居明堂左个；仲夏，居明堂太庙；季

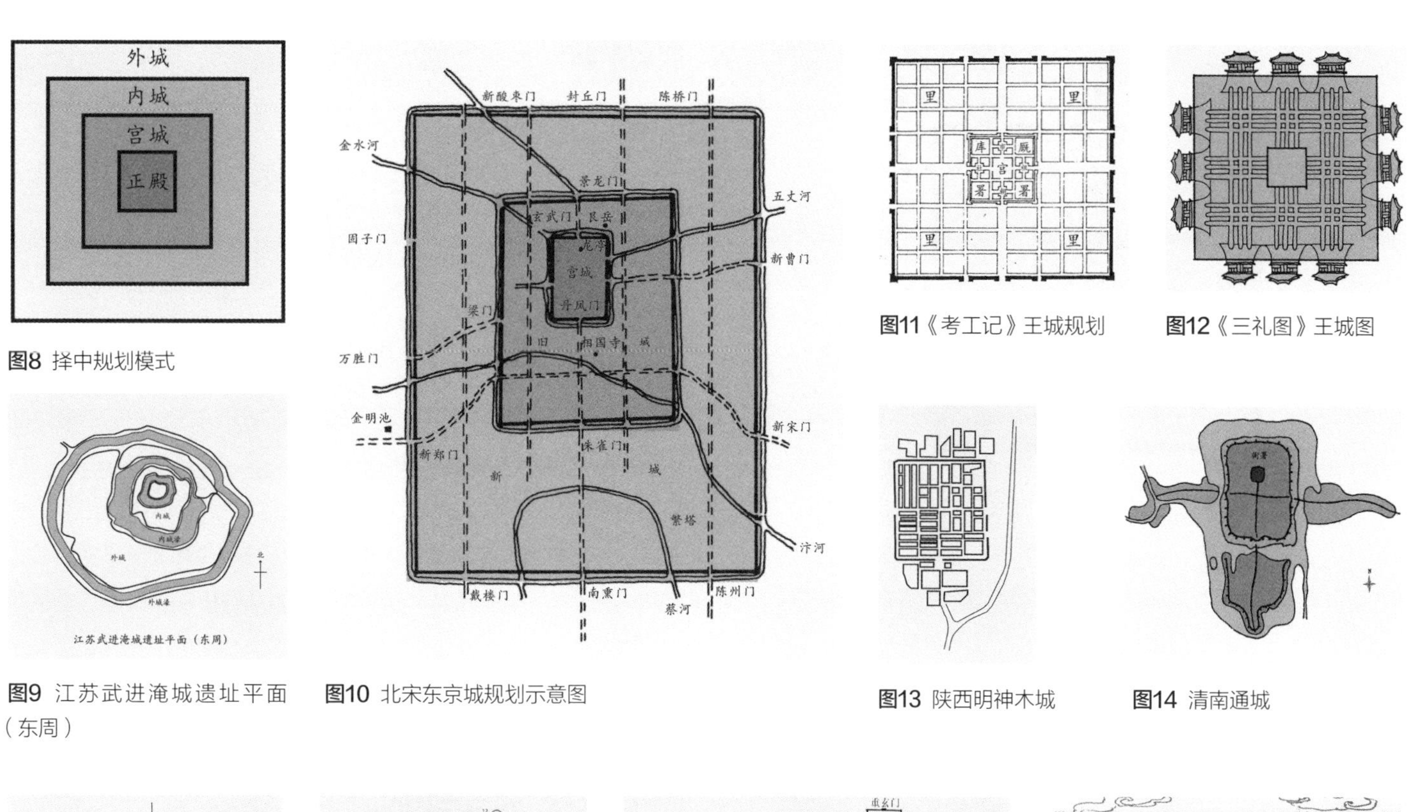

图8 择中规划模式

图9 江苏武进淹城遗址平面（东周）

图10 北宋东京城规划示意图

图11《考工记》王城规划

图12《三礼图》王城图

图13 陕西明神木城

图14 清南通城

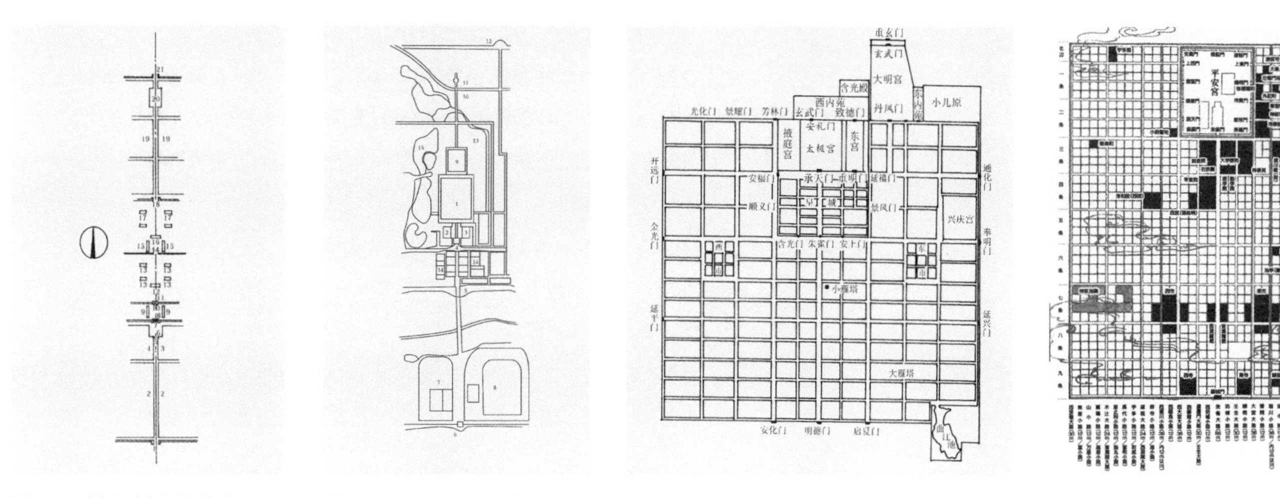

图15 王城规划主轴线布置示意图

图16 明北京城南北中轴线布置示意图

图17 唐长安城

图18 日本平安京图

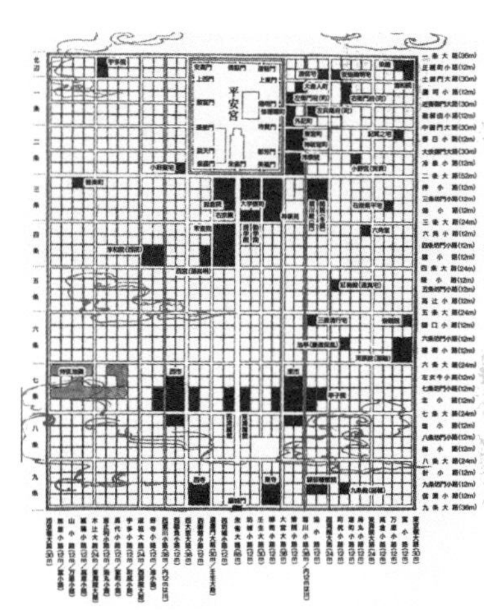

夏，居明堂右个；中央土，居太庙太室；孟秋，居总章左个；中秋，居总章太庙；季秋，居总章右个；孟冬，居玄堂左个；仲冬，居玄堂太庙；季冬，居玄堂右个。”这是个以太庙太室为核心的平面模式。明堂试图将礼制秩序、自然秩序与建筑秩序融为一体（图19）。已发掘的汉明堂建筑遗址资料证明，其物形制与文献记载的大体吻合。

总之，在择中思想指导下的城市规划结构及其设计经验，一直为后世所继承，成为中国城市规划的基本形制。强调礼治规划秩序，是择中思想的基本精神，从史料来看，早在商周奴隶制社会就已懂得这

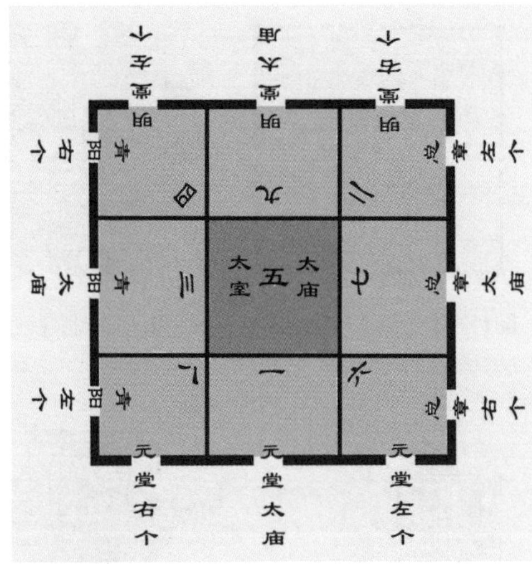

图19 明堂九宫

种秩序对于巩固国家统治的重要性了。因而，建筑的等级标准也就作为一种国家的基本制度之一制定出来。建筑的制度同时是一种政治制度，礼治秩序实际成了中国建筑体系独特的规划逻辑。诚然，历史上国外城市或组群建筑也不乏布局方正，以方位及中轴线体现等级观念的例子，但从来没有像中国的这样严谨，这样持久与广泛。

古代中国，在建筑构图和形式上都把礼制精神、礼治秩序作为最高的追求目的，这种追求不仅体现于城市规划之中，而且渗透到了中国古代建筑的各个角落。

注释

1 发表于《新建筑》1987年第4期，总17期。

2 景，即古影字；至，即夏至，此时表影短，便于测影；国，即王城。

3 阳城，即今河南登封市告成镇，今镇中周公祠内，仍存有两处古天文观测台，一处为观星台，另一处为测影台。

4 占卜，其中包括土圭测影，周公祠就是为纪念这次活动而立的。

图表来源

图1：中国建筑史[M]. 北京：中国建筑工业出版社，1982.

图2、图5、图6、图8～图10、图13、图14、图16、图17：作者自绘。

图3：据《古今图书集成》改绘。

图4：陈桥驿. 中国六大古都[M]. 北京：中国青年出版社，1982.

图7：《书经图说·禹贡》弼成五服图。

图11：王世仁. 王世仁建筑历史理论论文集[M]. 北京：中国建筑工业出版社，2001.

图12：《三礼图》。

图15：贺业矩. 考工记营国制度研究[M]. 北京：中国建筑工业出版社，1985.

图18：布野修司. 亚洲城市建筑史[M]. 北京：中国建筑工业出版社，2016.

图19：冯友兰. 中国哲学史新编（第三册）[M]. 北京：人民出版社，1985.

参考文献

[1] 张岱年. 中国哲学大纲[M]. 北京：中国社会科学出版社，1982.

[2] 中国建筑史[M]. 北京：中国建工业出版社，1982.

[3] 林尹. 周礼今注今译[M]. 北京：书目文献出版社，1985.

[4] 王范之. 吕氏春秋选注[M]. 北京：中华书局，1985.

[5] 张传玺. 杨济安. 中国古代史教学参考地图集[M]. 北京：北京大学出版社，1982.

[6] 贺业矩. 考工记营国制度研究[M]. 北京：中国建筑工业出版社，1985.

[7]（英）李约瑟. 中国科学技术史·天文卷（中译本）[M]. 北京：科学出版社，1978.

[8] 郑孝燮. 中国中小古城布局的历史风格[J]. 建筑学报，1985（12）.

[9] 李允鉌. 华夏意匠[M]. 香港：广角镜出版社，1984.

中国古代建筑的仿生技术[1]

一、入世的人生观与建筑的变易思想

在中西方古代建筑体系的对比研究中，人们会首先发现这样一个最简单的事实：无论西方还是东方，做建筑材料的木材和石材都是不难得到的，但有趣的是，以中国为中心的东南亚建筑体系是以木结构为主的体系；而以古希腊、古罗马为中心的西方建筑体系则是以石结构为主的体系。

研究中国古代建设史，这是需要面对的关键问题之一。为此，不少学者进行了大量的研究，取得了不少成果。有的认为木材取材容易，加工方便，节约材料和劳动力；有的则认为木结构施工时间短，可极短时期内完成较大规模的建筑工程，尽管其有易燃和耐久性较差的缺点，但仍被认为是较经济的方案而被采纳，这比石头建筑优越得多；还有的认为，中国建筑发展木结构体系的主要原因，就是在技术上突破了木结构不足以构成重大建筑物要求的局限，在设计思想上确认这种建筑结构形式是最合理和最完善的形式。[2]诚然，以上诸说不乏真知灼见，但是否还存在更能提示问题本质的思想意识方面和其他技术方面的原因呢？本书试图作进一步的探讨，不正之处，请读者同仁斧正。

众所周知，中国是一个土地辽阔而多自然灾害的国家。洪水、地震、大风、干旱等自然灾害经年不断地摧毁人们的家园，破坏了人们的安定生活。同时，古代中国又是一个以农业经济为主，以帝王为中心的中央集权的大一统封建国家。残酷的政治经济压迫，激起了一次又一次的大规模农民起义，加之统治阶级间的争权夺利，导致战争频繁，人们流离失所，无家可归。每当朝代更替，新统治者往往将前朝京城宫阙付之一炬。然而，“天子非壮丽无以重威”，继而又大兴土木，在极短的时间内建成大规模的宫殿楼阁建筑群体。劫后余生的建筑物寥若晨星，国内现存的数以万计的古代建筑中，唐宋以前的建筑可谓凤毛麟角，在政治经济发达地区更是屈指可数。

如此，自然界的变动，社会人事的变化，逐渐加深了人们思想中变易与应付变易的观念。中国文化经典著作《易经》就是一门关于变易的学问，“易”就是变化与应对的意思。也正是因为无穷的奥妙变化，所以两千多年来耗尽了多少学者的心血而未能穷究。世上的一切事物都在变化，建筑亦然。孔子说：“不知生，焉知死”[3]，古代中国人十分重视现实的人生，人们乐生恶死，不重来生，因此从来就没有把建筑看成永恒的东西，认为建筑如同蔽体的衣服一般是要更换待新的，而只有当人死了以后，才“长视久生”，把坟墓作为永恒的建筑来营造。所以，我们的祖先确定了适合自己生活观念的木结构建筑体系，并发展成熟了一套完整的易建易拆、盈缩有致的设计方法和结构方式。在中国，各种类型的建筑貌似雷同，正是因为其被生活化、世俗化、大众化和基因化的结果。中国建筑的结构与形式自汉唐以来少有变化，是因为其发展并完善了能适应变化的富有组合弹性的群体因子和空间围蔽随意的结构体系，而这恰恰又是古代中国人以不变应万变，易于复建的建筑入世观的终一结果。

日本和中国一衣带水，有着很深的文化渊源关系。受中国传统文化的影响，日本的传统建筑也是以木结构为主的建筑体系。和中国人一样，日本人同样不重视房屋的永久性，“在日本人的思想里，房屋是不知何时就要重建的东西。”[4]所以在日本一直存在神社定期建造新神殿的传统，如伊势神宫的“式年迁宫”，就是一种每隔20年重建一次神殿的传统。出云大社和热田神宫则是每隔40年重建一次。日本人认为，定期重建房屋能使房屋生命得以再生，形虽变而魂不散，重精神而轻形式。同时通过这种方式将传统工艺传承下来。这种观念和中国人的营造观念有相同之处，即把建筑融入一个变化的过程来对待，况且通过新的营建和修建还可以使建筑得到新生和改进过去的不足。

在西方，人们的宗教信仰是普及的，对宗教的信仰是狂热的，宗教信仰一统天下。与中国的帝王频繁更替大相径庭，西方的神就是救世主，太阳神是永恒的，耶稣基督是永生的。采用耐久性好的石材建造神庙、教堂，使永恒的神和永恒的建筑相统一委实是件美妙的事。因而西方历史上最豪华的建筑莫过于出世的神庙和教堂了，而中国历史上最壮丽的建筑仍不外是为人使用的入世的宫殿城阙。

人生是短暂的，神生是永恒的；人的面孔是慈祥的，神的面孔是冷漠的；木头是温暖的，石头是冰凉的。从这个意义上讲，东方建筑是人本的，西方建筑是神本的。或许这正是东方建筑“木头的历史”和西方建筑“石头的历史”大异其趣的意识形态方面的原因吧。

二、木结构建筑体系与地震之关系

中国是一个多地震的国家，华北、西北、东南、西南地区均为强地震分布带。在中国文明的策源地西北、华北等地，历史上曾发生过近百次的毁灭性大地震。中国自公元前14世纪的殷代始，皇家朝廷就设有太史官，令他们把地震及其他灾异记录下来备案。因为古人相信自然灾害与王朝的安危有关，所以在古代文献中留下了许多关于地震的宝贵资料。

让我们读一则康熙年间编印的山东《郯城县志》中的地震灾害记载：“康熙七年六月十七日（1668年7月25日）戌时地震，有声自西北来，一时楼房树木皆前俯后仰，从顶至地者连二、三次，遂一颤即倾，城楼堞口官舍民房并村落寺观，俱倒塌如平地。打死男妇子女八千七百有奇。地裂泉涌，上喷二、三丈高，遍地水流，移时又干竭。合邑震塌房屋约数十万间。地裂处或缝宽不可越，或深不敢视，其陷塌外皆如阶级，有层次。裂缝两岸皆有污泥细沙，其所陷深浅阔狭，形状难以备述，真为旷古奇灾。”

郯城附近的莒县、临沂灾情也十分严重，当时有四百余县的县志记载了轻重不同的破坏情况，其影响甚至远达长江以南。据有关部门推测，这次大地震的震中烈度达到12度，是世界上罕见的大灾难地震。

自秦始皇统一中国至东汉张衡时代（公元78—139年）的360年间，收录在《汉书》《史记》中的地震记载就有44条之多，平均不到十年就有一条地震记载。东汉时的地震相当频繁，张衡在世61年就经历了12次地震，地震的预报和测定成为社会的迫切需要，这促使他发明了世界上第一台地震仪——候风地动仪。相对来说，地震对建筑的破坏性比洪水和台风大得多，郯城大地震的毁灭性破坏是数十次大洪水都不能企及的。在频繁的地震破坏中，人们逐渐积累起对付其破坏的营造经验，尽管中国早在东汉以前就掌握了精湛的砖石结构技术，但地震灾害却减缓了其发展进程，并终使中国人选择了木结构的建筑体系。而汉代正是中国木结构建筑体系的成熟期。

木材是一种质轻、力学性能好的建筑材料。它具有一定的柔性，在外力的作用下比较容易形变，但在一定程度内又有恢复原状的能力。木架构中所有节点又普遍使用榫卯构造衔接，榫卯构造犹如动物的骨骼关节，能在一定范围内伸缩和扭转，具有一定的变形能力。再加上传统木构架都是采用均衡对称的柱网平面和梁架布置，配合檐柱的侧脚和生起做法，使其形成一个具有一定柔性（可变有限刚度）的整体框架结构体系。当地震袭来时，建筑便通过自身的形变，消化吸收地震作用对结构的破坏能量，从而在一定限度内保障了建筑物的安全性。

在1976年7月28日的唐山大地震中，许多钢筋混凝土结构和混合结构的现代建筑都倒塌了，但在烈度为8级的蓟县独乐寺内，辽代（公元984年）所建的高达20余米的观音阁与山门两座木构建筑却完整无损。在1975年2月4日的辽宁海域大地震中，一些水泥砂浆砌筑的混合结构建筑物多数震塌，但城内三学寺和关帝庙等木构架古建筑却基本保持完整。这些例子足以说明传统的木构架建筑结构的确具有良好的抗震性能。

当然，西方古希腊、古罗马也处于世界的强烈地震分布带，破坏性地震也频频发生。但与中国境内地震不同的是，该地震带地震时常伴随着火山的喷发。大量的火山灰遇到地中海经常带来的大量雨水，便凝结成像石头一样坚硬的材料。在这种自然现象启发下，古罗马人在公元前二世纪就发明和使用了天然混凝土。在公元前22年由古罗马建筑师维特鲁威所著的《建筑十书》中，就有专论火山灰做建筑材料的章节，其中便提到了意大利波利湾巴伊埃火山和维苏威火山的火山灰利用情况。现代水泥的发明和应用，正是始于意大利维苏威火山灰的利用。而在中国，直到清末才有水泥的生产，钢筋混凝土材料和结构的使用也不过是近代的事。

这样，西方人依靠着这种高强度的粘结材料，解决了大跨度拱券结构技术和高矗建筑结构技术问题，刚性的砖石结构和混凝土结构在一定程度上也成功地防御了地震的破坏，他们选择了以石结构为主的刚性建筑结构体系并不无道理。同时，它也反映出西方人强调人的独立性的世界观。这与中国人的顺应自然，“以柔克刚”的世界观相去甚远。对待同一种事物，东西方人却采取了截然不同的处理方法。

三、以柔克刚的哲学思想和仿生技术

相对于西方的砖石混凝土刚性结构的建筑体系而言，中国的木结构建筑体系的确可称为是一种柔性结构建筑体系，即便是西方人住宅所用的木构架，也是多由三角几何构成的几何不变的刚性框架结构（图1），可以说，柔性结构是中国人的一个创造。不仅如此，通过对诸多事物变化的长期观察思考和社会与工程实践经验的总结，中国的先哲们对“柔”的作用早已提高到哲学的高度来认识。

春秋战国时期，诸子百家争鸣，哲学思想、学术观点异常活跃，老子思想脱颖而出。老子继承和发展了春秋以前丰富的辩证法思想成就，开创了“尚柔、主静、贵无”的辩证哲学思想系统。

老子说：人之生也柔弱，其死也坚强。万物草木之生也柔脆，其死枯槁。故坚强者，死之徒；柔弱者，生之徒。是以兵强则灭，木强则折。坚强处下，柔弱处上。(《老子・七十六章》)

天下莫柔弱于水，而攻坚强者莫之能胜，其无以易之。弱之胜强，柔之胜刚，天下莫不知，莫能行。是以圣人云：受国之垢，是为社稷主，受国不祥，是为天下主。正言若反。(《老子・七十八章》)

这是说，当人活着的时候，身体充满柔性和活力，一旦死去才变得僵硬如石。水是天下万物中最柔弱的东西了，却又无坚不摧。一味强硬只有死路一条，采取温和对策才有生的希望，凡事采取刚硬的策略为下策，采取柔和的策略方为上策。只有心胸宽阔，忍辱负重的人，才算是真正的圣人君子。

尽管老子在这里把“柔弱胜刚强”的道理绝对化了，但这种“贵柔”的思想却是极富哲理意义的。它极大地丰富了我国古代辩证哲学的认识论宝库。从中国建筑史来看，战国时传统以木结构为主的建筑体系也基本形成了。至汉代时，木结构建筑体系则基本成熟，《老子》“贵柔”“以柔克刚”的辩证哲学思想已成为人们自觉地运用于建筑技术之中了。

战国以后，在中国木构架建筑上出现了一种特别的构件——斗栱。斗栱是由若干斗形的木块和弓形的短枋木相互交接组合而成的构件组，用在柱顶与额枋之上，起着承托屋顶梁架和出挑屋檐的作用。斗栱自身的发展经历了一个由简到繁的演变过程，由最初的“一斗二升”“一斗三升”形式，发展到宋代的“双抄三下昂八铺作斗栱”和清代的“重翘三重昂十一踩斗栱”的最高级形式（图2）。当地震发生时，屋顶梁架与柱额之间的若干组内外檐斗栱（尤其是唐宋殿堂建筑结构的斗栱），犹如组成了一个大阻尼的弹簧层那样起着变形消能的作用，从而极大地减小了建筑物的破坏程度（图3）。这便是建筑上《老子》的“柔”之用。

就木构架梁柱接点构造和文献记载，以及部分出土建筑模型等资料分析，斗栱最初显然是由柱头构造形式演化而来（图4），秦汉时由于地震的频繁发生，以及《老子》“贵柔”思想的盛行，斗栱发生了质的变化，从连接承托的构造意义转向了结构和缓震消能的意义。就汉代斗栱的造型及结构意义分析，它实质上脱胎于对人体造型及其机能的模仿，是建筑仿生的产物。

山东嘉祥汉代武氏祠画像石上，有几幅刻画着大力士以手和头承托屋顶的形象（图5）[5]，这是中国古代建筑中出现最早的人像柱之一，从其造型中我们不难看出它与汉代“一斗二升”“一斗三升”斗栱形式的渊源关系。在后世的佛塔基座或佛像须弥座的角部所看到的大力神造型，便是其演化形式了（图6）。虽然他们的造型已相差甚远，但以人体举持重物的含义却仍然相同。用手和头颅配合举持物品古来有之，至今世界上仍有不少民族保留着这种生活习惯。所不同的是，武氏祠的石刻内容加以夸张，力士举持的是一个房顶。

之后，人像柱在汉代便大量出现，如四川彭山汉崖墓的人像柱、四川柿子湾汉墓的人像束竹柱等（图7）。从中可以看出那由模仿人体而来，又稍具抽象造型的挺拔而健壮的躯干，以及富有弹性的臂膀和隆起的肌肉。他们以双手和头颅毫无畏惧地承受着屋顶的千钧重量。所有富有活动机能的关节，如手腕、脖颈、腰节、脚踝等都被着意刻画，甚至汉代人的服饰特征也历历在目——完全是活脱脱的人像柱。

人像柱的手、头成为汉魏时期斗栱的升和小斗；有力的胳臂成为曲栱；胸膛便成了栌斗；而手腕关节也就是斗下的皿板；脚和踝关节就相

图1 西方传统木构架形式

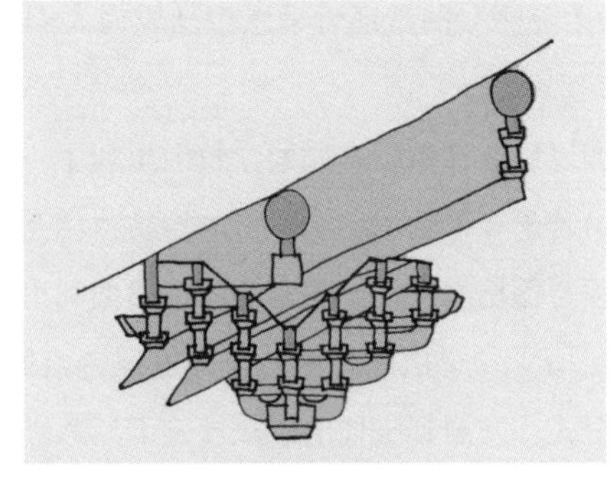

图2 宋代单抄重昂六铺作斗栱

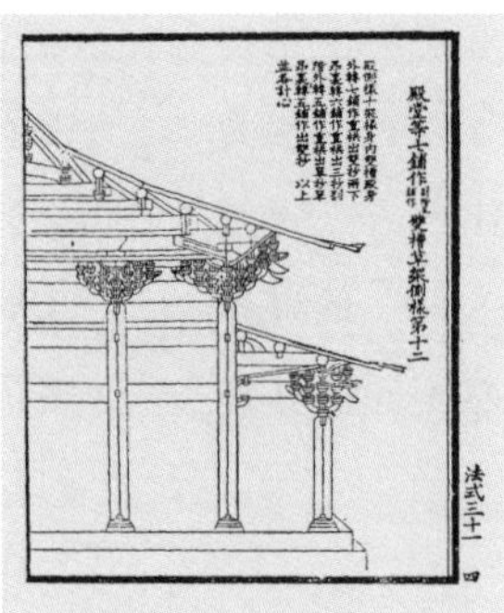

图3《营造法式》殿堂结构侧样

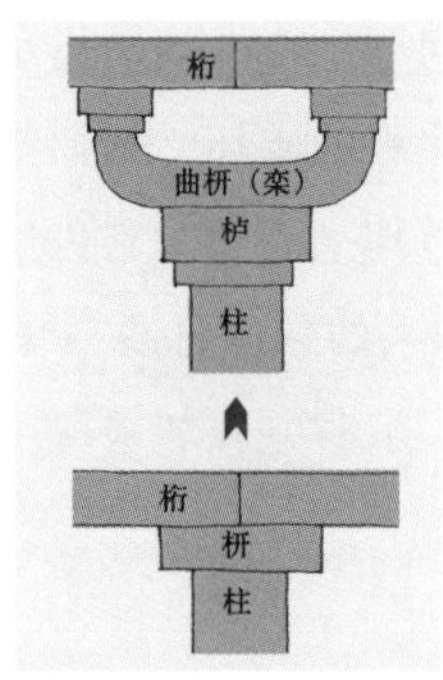

图4 柱头构造演化

图5 汉武氏祠人像柱石刻画像

当于柱櫍和柱础了。斗栱中的皿板和曲拱，唐代以后在中原地区的建筑中已经绝迹，但在岭南明清时期的建筑中，至今还能见到不少例子，实属宝贵（图8）。南北朝时期又出现了人字栱，有斗栱本身就模拟人体体形，但形式也更趋抽象（图9）。自此以后，斗栱基本上脱离了对人体形态的模仿，变得更适合力学的要求，也更具人体“活”“柔”的精蕴和结构意义了。

广东潮州开元寺天王殿，其构架基本保持了唐代始建原貌。与山西五台豆村佛光寺唐代大殿的抬梁构架不同，天王殿的构架则是由抬梁、穿斗、井干等结构形式有机结合而成，具有南方粤东系古建筑的构架特征。天王殿梁架构架的独特之处，在于使用了一种层层相叠的斗栱形式——铰打叠斗。明间金柱柱头之上便层叠着十二层铰打叠斗，最上一层坐斗直托枪条。叠斗与柱的断面相同呈瓜楞形，看似柱的延伸。叠斗间承穿枋和“凤冠”（用于铰接的短栱），梁架间叠斗通过穿枋相互拉结构成整体（图10）。与柱的作用相比，铰打叠斗不仅可以承托枪条，而且整组叠斗可以屈曲伸缩，当地震或台风袭来时，使建筑构架处于一种“以柔克刚”的状态，大大提高了建筑自身抗御自然灾害的能力。所以在地震和台风经常光顾的潮汕地区，天王殿千余年而不坠就不足为奇了。

再仔细审视这种铰打叠斗的结构构造形式和追索其内涵，神了——原来竟然是模仿人体脊柱的形式与机能而来（图11）！这是多么令人不可思议的创造性结构设计，时至今日，我们仍不能不为古代匠师的聪明才智所折服。你能体会到自身脊柱的作用，就不难理解叠斗的重要功能了。人们常用“脊梁”一词代表事物的中坚力量，这铰打叠斗可真谓名副其实的建筑脊梁了。然而，更令人惊讶的是这种构造做法甚至可以追溯到汉代。汉鲁王刘余所建灵光殿就可能有这种结构构造方式，《鲁灵光殿》曰：“层栌磥垝以岌峨，曲枅要绍而环句。”“曲枅”就是曲栱，“层栌”就是指这种层层相叠的斗栱构造形式。岭南古建筑多保留有中原地区唐宋以前的建筑特征，看来天王殿的叠斗与汉之层栌也有着承继的关系。古建筑学家龙庆忠教授也断定潮州开元寺天王殿的平面、立面和梁架结构均保留了不少汉魏时代的建筑特征。

老子思想认为“无”为万物之始，“有”为万物之母。“无”即道，“有”即德，“无中生有”，亦即万物得道以生，得德以成。“无为而无不为”“天下之至柔，驰骋天下之至坚。”（《老子》）看似柔弱、实则刚强的中国古代木构造建筑结构，把老子的“柔道”发挥得淋漓尽致。从斗栱到层栌，我们不难体会到古代匠师“尚柔”“遂生”的良苦用意。如果说这是中国古代建筑仿生学也毫不过分。

古希腊建筑也有人像柱，模仿女人体的柱子发展成了苗条秀美的“爱奥尼克”（Ironico）柱式；模仿男人体的柱子演化为粗壮有力的“多立克”（Dorico）柱式；介于两者之间的是“科林斯”（Corintio）柱式（图12、图13）。然而，西方建筑的人像柱以及后来的柱式，都在于追求人体健美的躯体形象和比例，中国建筑的人像柱却力争获得人体“活”的精髓；西方人追求建筑的真、形式的美；中国人追求建筑的良、内在的“善”。这便是古代东西方人哲学思想、思维方式相异的反映。

古希腊的三柱式后来发展成为古罗马的五柱式。柱子的底径成为建筑设计的模数依据，西方石结构建筑的尺度比例就是以柱范来权衡的。有趣的是，中国木结构建筑也是以柱高权衡尺度的。中国早期建筑的柱高约与一人同高，柱高与柱径之比约为1∶7，这与人身高和头高比约略相同，后来檐柱上承托的横梁仍有“额枋”“楣梁”，柱头有

图6 力士（左为广东德庆县三元塔须弥座，右为平遥双林寺佛像须弥座）

图7 四川汉墓人像柱

图8 岭南古建筑一斗三升斗栱

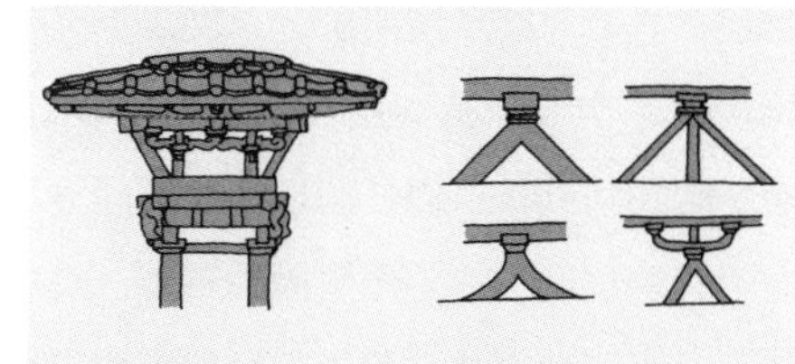

图9 汉阙斗栱及南北朝人字栱

图10 潮州开元寺天王殿梁架结构

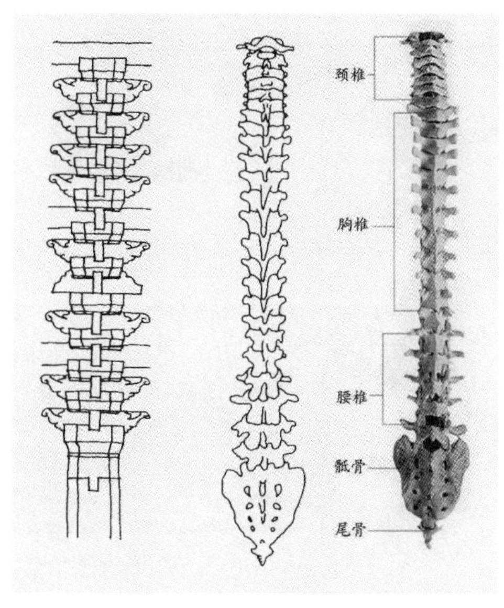

图11 铰打叠斗与人体脊柱比较

图12 雅典卫城伊瑞克柱

希腊多立克柱式　爱奥尼克柱式　科林斯柱式

图13 古希腊三柱式

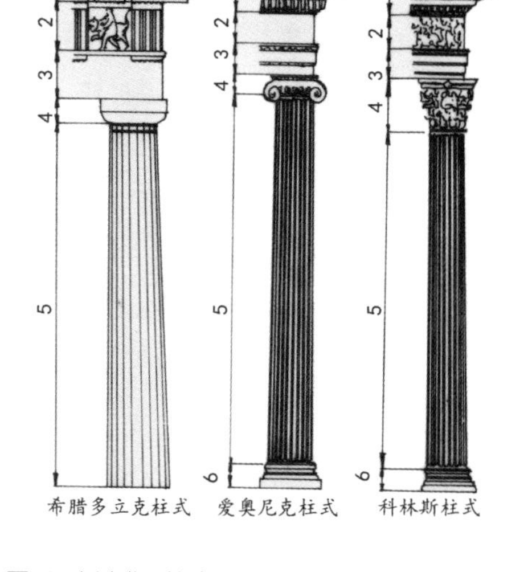

“栌斗”（头颅）等称呼为证，这也同时说明中国古代建筑人体柱是存在的。由人体柱柱头部位发展来的斗栱最终成为中国古代建筑设计的模数依据，这就是宋代的栱横断面“材”（相当于胳臂断面）[6]和清代的“斗口”（相当于手布尺的“咫”）模数制。对于无斗栱的小式建筑，则同西方建筑一样以檐柱柱径作为建筑尺度权衡的依据。从以生活为出发点，以人体尺度为建筑设计的依据方面看，东西方建筑体系又有相通之处。

四、刚柔之道与刚柔相济的结构技术

辩证法在我国的哲学史上有两大系统：一个是前面提到的《老子》开创的尚柔、主静、贵无的系统；另一个便是《易经》开创的尚刚、主动、贵有的系统。前者提倡“无为而无不为”的以柔弱胜刚强的思想，在中国哲学史上，道家的“柔”和儒家的“刚”（《易经》列五经之首，是儒家的主要经典之一）两者相互补充，并行不悖地指导着古代人们的思维方式和行为准则。在建筑空间设计上，其主要表现为实空间与虚空间的对比、转换和渗透；而在建筑结构的技术，其则体现在柔构与刚构的有机相融。

让我们分析两个实例来说明。山西应县佛宫寺释迦塔（应县木塔），建于辽清宁二年（1056年），是我国现存最古、最高的木构佛塔，也是我国古建筑中功能、技术和造型艺术取得完美统一的优秀范例。木塔平面八角，底径30米，全高67.31米。平面结构采用了传统的柱网形式，采用内外两层环柱的对称布置方式，塔身形成一个木结构的框架。全塔结构分九层，每层为各具梁柱、斗栱的完整构架。底层以上是平座暗层，再上为第二层明层，二层以上又是平座暗层，这样重复向上至顶层为止。全部结构逐层分别制作安装，每层柱脚均用地栿，柱头用阑额、普拍枋链接，内外两环柱头之间复用枋木斗栱相互联结，使其在横向上每一层结合成一个坚固的整体，具有较高的稳定性。使用双层近似筒式的平面和结构，等于把早期塔中心柱扩大为内柱环，不但扩大了空间，而且还大大增强了塔的结构刚度。上一层的柱脚以叉柱造和缠柱造两种不同的构造方式牢牢地联结在下层的柱头斗栱结构之中，使这种双层环形空间构架的结构形式，又在竖向上使整个塔身也具备良好的结构稳定性（图14）。

木塔结构最显著的特征应该说是其明层结构与暗层结构的不同。明层结构如同单层木构架一样，通过柱、斗栱、梁枋的连接形成一个柔性层，具有一定的变形能力。这种变形能力包括垂直方向的位移和水平方向的位移及扭转。暗层结构则在内柱之间和内外角柱之间加设不同方向的斜撑，使平座暗层形成了用斜撑和梁柱所组成的类似现代结构中空间桁架的一个刚构层。这样上下一刚一柔，刚柔并济、相互制约，相得益彰，有效地抵制了风力和地震波的惯性推力，在结构力学上取得了很高的成就（图15、图16）。因此，在近千年的漫长岁月中经受住了多次大风和强烈地震摇撼的考验，至今仍屹立在燕山盆地上，成为我国古建筑的瑰宝。

在东南沿海地区，地质构造不稳定，又属于海洋性季风气候，不仅地震时有发生，台风也常常袭来。在该地区我们常常看到这种传统结构形式，即中间的梁架采用柔性较大的抬梁式构架，山面的梁架则采用刚性较大的穿斗式构架。福建莆田元庙观东岳殿面阔三间，进深四间。心间两缝梁架便是采用了具有闽南建筑特色的抬梁式结构，既有一定的结构柔性，又获得了较大的建筑空间。在东西两端的两个山面梁架则是采用了刚性较好的穿斗式排架结构（图17~图19）。这样边刚中柔，外健内秀，既具备抵抗地震破坏的机能，又兼有防御台风袭击的铁骨。中国古代的这种刚柔并济的结构形式是独具一格的，充分体现了《易经》“一阴一阳之谓道”的辩证思想。

五、建筑的入世观与刚柔之道的启迪

综上，建筑结构的“柔道”与“刚柔之道”是中国人的发明创造，

图14 山西应县木塔

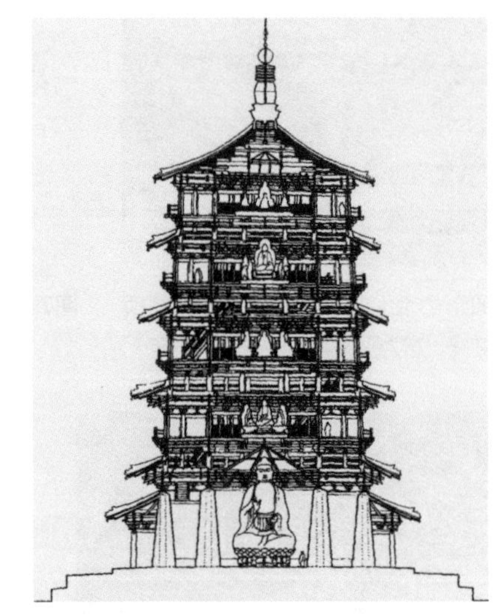

图15 应县木塔剖面图

图16 应县木塔暗层斜撑结构

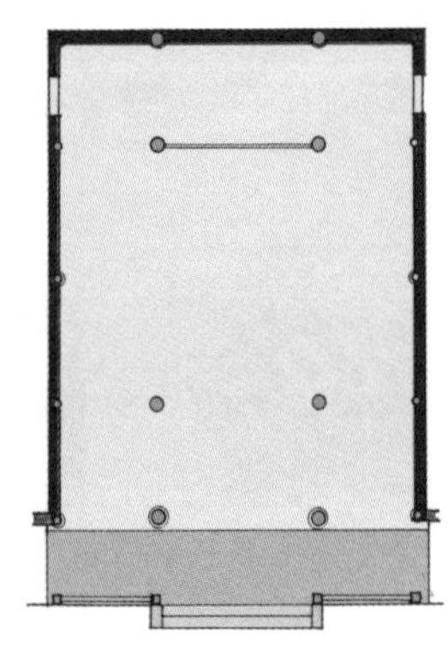

图17 元妙观东岳殿平面图

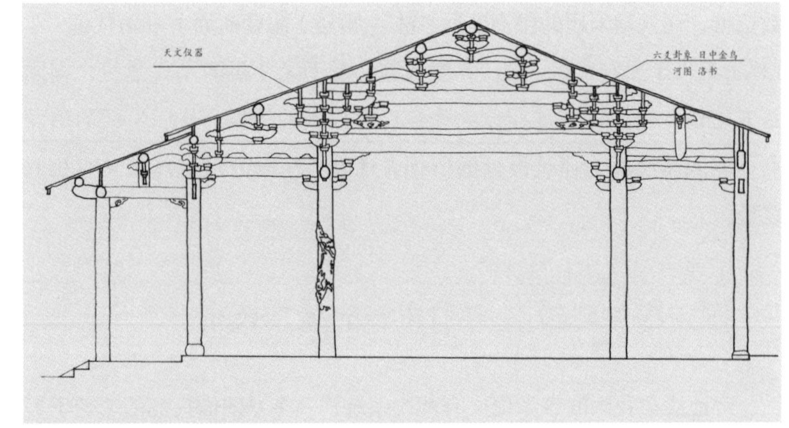

图18 东岳殿心间抬梁式梁架

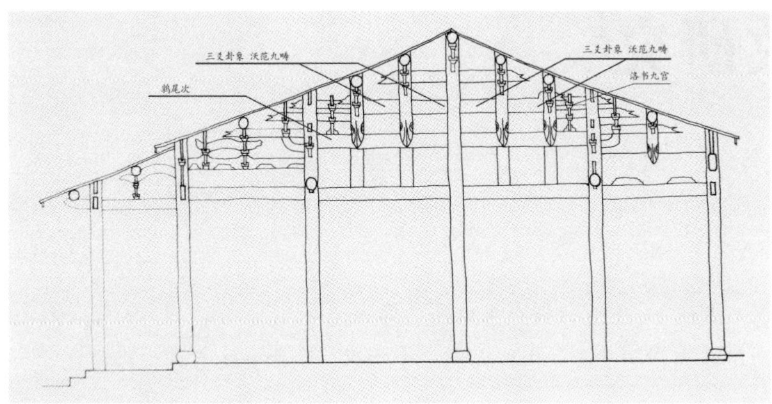

图19 东岳殿次间穿斗式梁架

是中国文化所使然。但遗憾的是，对古代建筑结构这种优势尚没有进行深入系统而科学的研究，当然就更谈不上继承和发扬光大了。自从西方的钢筋混凝土结构技术于近代传入我国以来，现代刚性建筑结构体系便占据了统治地位。但是，这种“以刚克刚”的结构在地震力面前并没有多大的优势，世界范围的大地震破坏结果已说明了这一点。如果把抗震标准制定得较高，则又会造成极大的浪费，是十分不经济的。鉴于刚性结构的弱点，现代结构设计理论和方法也不断进行改进，由最初结构静力学的弹性设计阶段发展到弹塑性设计阶段，并进一步向结构动力学的塑性分析方法迈进。这无疑比弹性设计提高了一大步，但传统的结构方法提示我们还可以从材料、构造形式和结构方式上广开思路，探索更好的结构形式。对于这一点，我们尚做得远远不够。

当今世界建筑创作的发展特点是多元价值观，它产生的文化背景就是新人文主义的产生。建筑已从抽象的观念“阳春白雪”，走向多姿多彩的“下里巴人”；从学院派的“冷面孔”走向建筑的“迪士尼”。建筑将再次走向大众化，建筑的永久性将受到严峻的挑战，“活”的建筑将会受到人们的喜爱，建筑变易思想将会是世界建筑创作的思潮之一，建筑的设计方法和结构方法也将改变。这是我们应当注意的。历史似乎喜欢和人类开玩笑，现代建筑的这种发展趋向，竟与中国传统建筑文化中的入世观和变易观相近，如果我们能深入探讨中国传统建筑的这些设计思想与方法，或许对目前的建筑发展大有裨益。

看来，对于传统建筑的扬弃，不仅要着眼于空间意境和艺术形式，考察建筑的哲学观和方法论，还要探讨建筑的结构、构造等诸多方面。相信只要我们认真、科学地分析研究，一定会从丰富的传统建筑遗产中挖掘出更多微妙的宝藏。因为，传统建筑毕竟是在这块土地上产生并总结了千百年的经验而发展成熟起来的。

注释

1 发表于《古建园林技术》1992年第4期，总37期。

2 李允鉌. 华夏意匠[M]. 香港：广角镜出版社. 1984.

3《论语・先进第十一》：季路问事鬼神。子曰：“未能事人，焉能事鬼?”敢问死。曰：“未知生，焉知死?”

4（日）樋口清之. 日本人的可能性（日本人与日本传统文化）[M]. 王彦良，陈俊杰，译. 天津：南开大学出版社，1989.

5 朱锡禄. 武氏祠汉画像石[M]. 济南：山东美术出版社，1998：武氏祠前石室第三石、右石室第九石：P20、P60.

6 龙庆忠教授认为“材”来自柱高，参见：龙庆忠. 材份的起源[J]. 华南工学院学报，1982，4.

图表来源

图1～图3、图11、图17～图19：作者自绘。

图4：宋《营造法式》。

图5、图6：李允鉌. 华夏意匠[M]. 香港：广角镜出版社，1984.

图7、图9、图14、图16：作者自摄。

图8、图10、图15：中国建筑史[M]. 北京：中国建筑工业出版社，1982.

图12、图13：同济大学建筑系. 外国建筑史图集[M]. 上海：同济大学出版社，1987.

参考文献

[1] 李允鉌. 华夏意匠[M]. 香港：广角镜出版社，1984.

[2]（日）樋口清之. 日本人的可能性（日本人与日本传统文化）[M]. 王彦良，陈俊杰，译. 天津：南开大学出版社，1989.

筵席：中国古代早期建筑模数研究[1]

一、古代的筵席

在垂足坐具逐渐推广开来的隋唐之前，人们流行着席地而坐的生活习惯。室内的隔湿防潮，主要是靠铺垫席子解决的。人们白天坐夜里卧，席子成为一种与人们生活和建筑空间尺度十分密切的家具。

席之大小必以人体而定，为了大量规模生产，席子本身有了规范的尺寸定制。与此相应，能放下几张席成为决定建筑平面大小的重要依据。甲骨文席字作，卧作，像人长跪于席，而宿字作，像人卧于室内席上状。其情形正如陶潜《移居》诗中所说："弊庐何必广，取足蔽床席。"[2]

《六韬》："桀纣之时，妇女坐以文绮之席。"[3]

《诗·大雅·行苇》："或肆之筵，或受之几。"[4]

《礼记·乐记》："铺筵席，陈尊俎，列笾豆。"[5]

文献记载席的使用在商周已经很普遍了。尽管席的耐久性较差，但出土的古代席的实物仍有多例，如江陵望山一、二号墓中曾出土了春秋后期朱黑漆饰的簟席，扬州七里甸汉墓也曾出土了蒲席，湖南长沙浏城桥出土了汉代竹席，其可证史实之一斑（图1）。

按《周礼·春官》的记载，周朝有五席、五几之名。五席是主要常用的五种席："莞、缫、次、蒲、熊"。[6]莞、缫皆属蒲席，莞细而缫粗。次是桃枝竹席，熊是熊毛之席。此外尚有兰席、桂席、篾席、苇席、花席、象牙席、秋水席、蒯席等十数种。不过从材料的种类分，不外草席、竹席、兽皮席和毛席四种。毛席是毛织品，类似今之地毡、地毯。

席的使用，古代有一定规范，《礼记·礼器》："天子之席五重，诸侯之席三重，大夫再重。"[7]敷席之法是，先在地上铺上一层筵，上面再铺席。筵是席的一种，是用蒲、苇竹等粗材编面，故筵字用"竹"字头。筵尺寸较大，长合周尺一丈六尺或一丈八尺。席尺寸较小，长合周尺八尺或九尺，一筵等于二席长。席地而坐俗称"坐席"，坐席讲究"席次"，主人或贵宾坐首席，称为"席首"。今之以"首席"表示地位尊高就源于此。古代人们家中宴客，为取物的方便，将饮食置于筵席间，或置于席上的矮足几案上（图2）。故后人称酒馔为筵席，后称"宴席"。

二、筵席与建筑模数

筵席的尺度作为建筑设计的模数，在古籍中有不少记载：

《周礼·考工记·匠人》："周人明堂，度九尺之筵，东西九筵，南北七筵，堂崇一筵。五室，凡室二筵。室中度以几，堂上度以筵，宫中度以寻，野度以步，涂度以轨。"[8]

《燕几图》校刊记："室中二筵，为地一丈八尺。"[9]

由此可知，周汉之际，筵席曾作为建筑设计的模数使用。周明堂以九尺之筵为度，东西面阔九筵长81尺，南北进深七筵合63尺，堂基高一筵为9尺。明堂所属五室，每室宽深各二筵为18尺（图2）。

从古籍记载中可知，筵长一丈八尺或一丈六尺，席长九尺或八尺。这里八尺席和一丈八尺筵可能是殷商和西周的尺度，后筵、席共

图1 汉代竹席（1971年湖南长沙浏城桥出土）

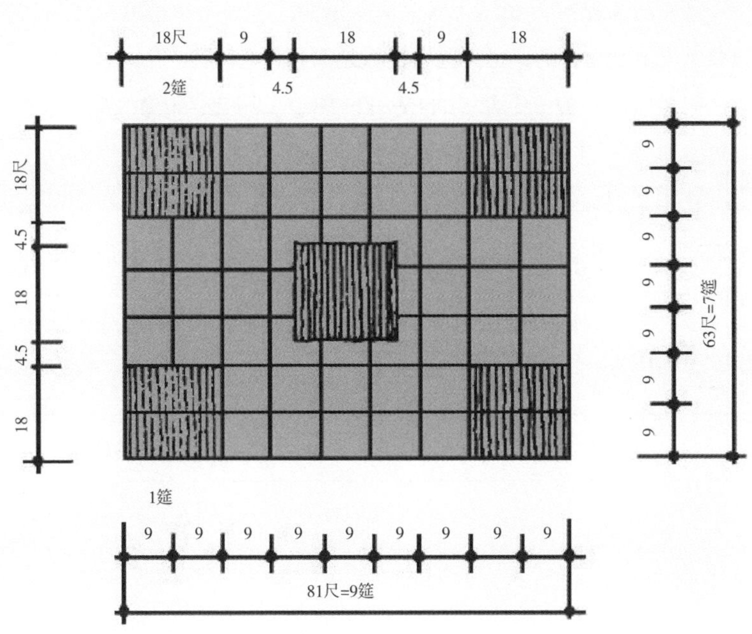

图2《考工记》周明堂平面分析

称。殷制数“以八为纪”，筵长一丈六尺，席长8尺；周制数“以九为堵”，筵长一丈八尺，席长九尺。

据考古资料可知：1周尺＝22.7厘米；1筵＝9×22.7厘米＝2.043米。

《礼记・曲礼》：“群居五人，则长者必异席。”[10]古时地敷横席，而容四人坐，席以四人为节，席长当有2米左右，其恰与正常人体的卧具所需长度吻合。

戴震《考工记图》：“马融以为几长三尺。”[11]

可知几长＝3尺 1筵＝3几

曾侯乙墓出土漆几长60.2厘米（**图3**），3×60.2厘米＝180.6厘米，约合一人高。

$\frac{60.2}{3}$厘米＝20.1厘米约合楚尺一尺长。

（一）商周建筑遗址分析

1. 河南偃师二里头宫殿遗址[12]

据发掘报告，一号宫殿通面阔30.4米，分8开间，每间面宽3.8米（8×3.8米＝30.4米），通进深11.4米，为3开间（3×3.8米＝11.4米），每间面宽亦为3.8米。

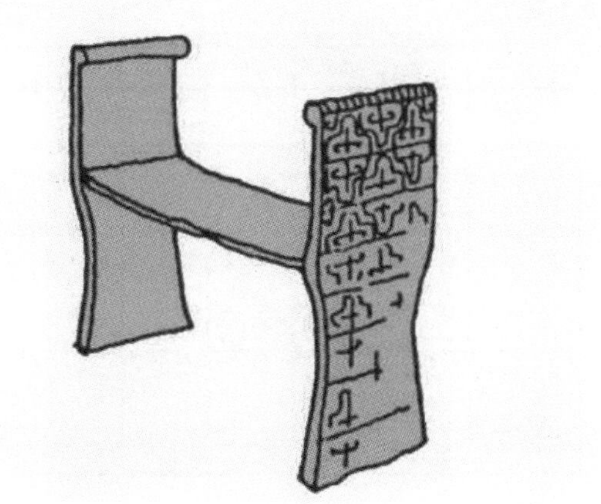

图3 曾侯乙墓漆几（1978年湖北陵县出土）

该平面面宽进深每间均为3.8米，似应遵循一定建筑模数而建。假定3.8米为二筵，以殷制1筵＝8尺计，1筵长为1.9米，约合一人高；1尺＝3.8米/2/8＝0.23.75厘米，与商木尺长大致吻合。所以，该遗址平面柱网设计为每间面宽为二筵，通面阔为16筵，通进深为6筵的建筑平面（**图4**）。

若以《考工记》：“殷人重屋，堂修七寻，堂崇三尺。”[13]计算则如下：

1寻＝8尺，进深7寻＝7×8尺＝56尺。1尺＝11.4米/56＝0.2035米＝20.35厘米

面阔则有：30.4米/0.2035（尺长）/8（1寻）＝19寻。该建筑平面阔深比为19/7寻。

在该处遗址中发掘的宫殿南面正对的大门开间（8开间）和两侧廊庑的开间尺度也是3.8米，这3.8米是其平面设计模数，由此推断商代时建筑模数已开始使用。

2. 陕西凤雏甲组西周建筑遗址[14]

据发掘报告，该建筑遗址中主堂通面阔为17.2米，6开间，每间宽2.87米，通进深6.1米，3开间，每间宽2.03米。

设进深为3筵，周制1筵为9尺，即进深为27尺。

$\frac{6.1米}{27}$＝0.226米约合周木尺一尺长。

$\frac{17.2}{0.226}$＝8.5（筵）通面阔则有约8.5筵（**图5**）。这似乎不合规矩，且面宽和进深不协调，或许该建筑并不是以筵席作为平面柱网设计依据的。

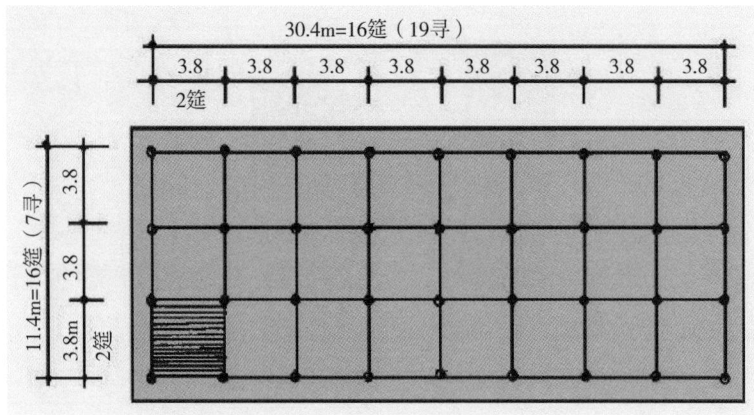

图4 偃师二里头宫殿平面分析

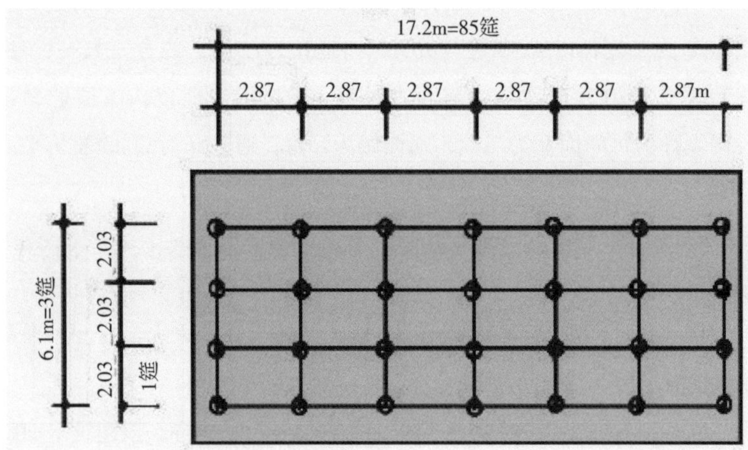

图5 凤雏甲组西周建筑遗址中堂平面分析

（二）汉唐宋建筑个例分析

据《后汉书》《隋书》《白虎通》《明堂论》等记载，东汉洛阳明堂格局如下：堂方144尺，堂径216尺，通天屋径9丈，太室方6丈。

我们将其按一筵9尺来分析其尺寸构成：

堂方144尺＝9×16＝16筵

堂径216尺＝9×24＝24筵

通天屋径9丈＝9×10＝10筵

太室方6丈＝（9×6）+6＝6筵2几

这是以筵为基本模数，以9筵为扩大模数的平面柱网。

据考古发掘报告和前人研究成果表明，东汉明堂遗址尺寸与文献记载基本上是吻合的，可见筵席模数是的确存在的。

宋徽宗政和五至七年（1115—1117年）以《考工记》“周人明堂”制度为蓝本，建造了一座规模较周明堂为大的宋明堂。笔者据《宋史·礼志》记载这所明堂各部分尺寸，分析其平面尺寸和筵席模数关系如**表1**[15]，分析结果表明，该明堂平面设计尺寸数据是符合筵席模数制的。

宋明堂各部尺寸与筵席模数关系　表1

名称	广（面阔）	修（进深）
太土室	4.5 丈＝9×5＝5 筵	3.6 丈＝9×4＝4 筵
木、火、金、水各室	3.6 丈＝9×4＝4 筵	3.15 丈＝9×3.5＝3.5 筵
明堂，玄堂太庙	4.5 丈＝9×5＝5 筵	3.6 丈＝9×4＝4 筵
明堂，玄堂左右个	3.6 丈＝9×4＝4 筵	3.6 丈＝9×4＝4 筵
青阳，总章太庙	3.6 丈＝9×4＝4 筵	3.6 丈＝9×4＝4 筵
青阳，总章左右个	3.15 丈＝9×3.5＝3.5 筵	3.6 丈＝9×4＝4 筵
四阿	3.6 丈＝9×4＝4 筵	3.6 丈＝9×4＝4 筵
总计	18.9 丈＝9×21＝21 筵	17.1 丈＝9×19＝19 筵
外基高	9 尺＝9×1＝1 筵	

从明堂的记载和遗址实测到商周建筑遗址尺寸分析，似乎存在着以基本开间为2筵的开间尺度。2筵即18尺（殷制2筵为16尺，周制2筵为18尺）。近代日本学者在以营造尺度复原为古代建筑尺度构面的研究中，总结出了日本以中国唐代建筑为基础的奈良时代建筑的平面尺度心间间广为18尺的构成原则，这18尺当为中国古代2筵的制度。经对中国唐代建筑遗址和现存唐代建筑平面开间尺度的分析，中国唐代建筑亦存在以筵为模数的旧制（**表2**）。这个模数制甚至影响到后世的建筑设计。

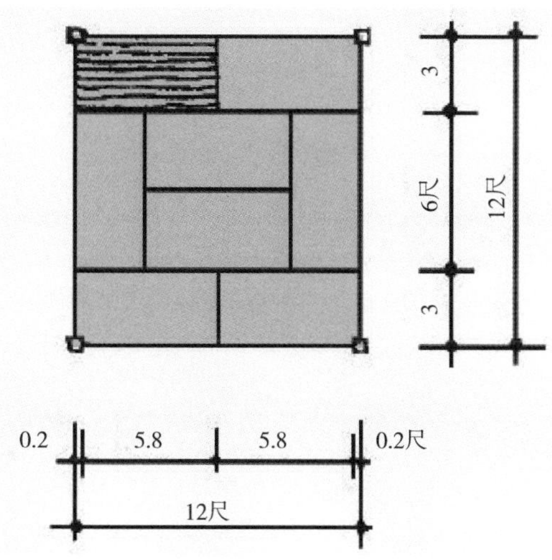

图6 八帖席田舍间平面分析

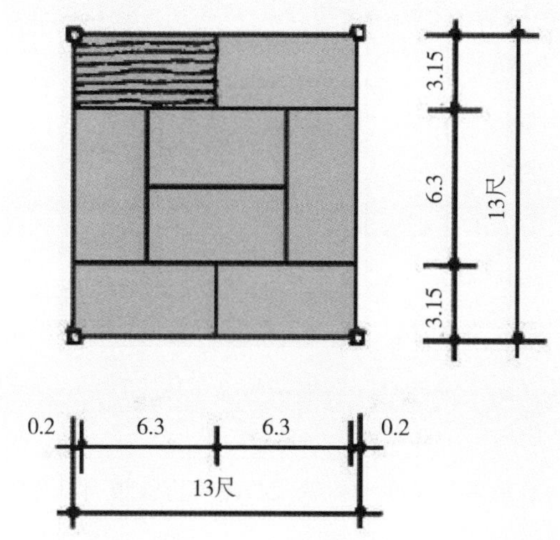

图7 八帖席京间平面分析

唐代建筑平面筵席模数举例　表2

建筑名称	通面阔（尺）	通进深（尺）	心间（尺）
大明宫含元殿	228 尺＝25 筵 1 儿	99 尺＝11 筵	18 尺＝2 筵
大明宫麟德殿	198 尺＝22 筵	63 尺＝7 筵	18 尺＝2 筵
南禅寺大殿	39 尺＝4 筵 1 儿	33 尺＝3 筵 2 儿	17 尺＝1 筵 2 儿 2 尺
佛光寺大殿	115 尺＝12 筵 2 儿 1 尺	60 尺＝6 筵 2 儿	17 尺＝1 筵 2 儿 2 尺
正定开元寺钟楼	27 尺＝93 筵	27 尺＝3 筵	12 尺＝1 筵 1 儿

宋《营造法式》中载，两架梁缝间的材子枋方“长一丈八尺至一丈六尺”。[16]18尺＝9×2，16尺＝8×2，为周、殷之遗制。又“壕寨制度”定平条中“凡定柱础取平，须更用真尺较之，其真尺长一丈八尺。”[17]这皆说明宋代建筑仍保持有当心间18尺（2筵）的古代规制。[18]

三、日本的“たたみ”与建筑设计

中国席地而坐的习惯和以筵席作为建筑平面的设计方法，在隋唐时（相当日本中世纪下半叶）传入日本。建筑“间”的概念也约略同时传入。席子在日本称为“たたみ”（榻榻米）。其在平安时代开始使用，起初仅用于设计柱子的间距，但不久就成了日本住宅建筑设计的统一标准，确定了日本建筑的结构、材料及空间的秩序。

日本的たたみ（地席）有两种尺寸，一种为6尺×3尺，另一种为6.3尺×3.15尺。长宽比例均为2∶1。房间的尺寸即按地席的数量来设计。席传至日本，因日本国土小，人体相对矮小，建筑规模和尺度也相应小。席的尺寸变化了，席长变短，宽度未变。席的长宽比由中国的3∶1变为2∶1。日本的6尺席已不同于中国早期的8尺和9尺席，席传到日本已地方化了。当然，在这个时期尺长的绝对值也加大了。在一般住宅建筑中，一席长便是一间，所以日本的房屋就用间的模数网络进行设计。

日本的间模数或地席模数设计法以地席的不同有两种。

（一）“田舍”法

江户时期流行于东京地区，以6尺网格确定柱中的距离（图6）。日本1营造尺长＝0.303米，1席长＝6×0.303米＝1.818米，其尺度与日本人体尺度相应。

（二）“京间”法

流行于京都大阪等地，以6.3尺网格确定柱中的距离。地席尺寸为6.30尺×3.15尺，保持连续排列（图7）。

今以八帖席的房，四寸角柱为例：

田舍间＝5.8尺×2.9尺，柱间距为2席长，达12尺＝2筵＝3.636米（12×0.303＝3.636）

京间＝6.3尺×3.15尺，柱间距为2席长，达13尺＝2筵＝3.939米（13×0.303＝3.939）

日本奈良时期的寺庙建筑尺度较住宅为大，心间最大尺寸为18尺＝3×6＝3筵，合5.454米。

日本的房间大小也是以多少地席数来计算的，如四帖房、六帖房、八帖房等。而且各个不同房间的顶棚高度是按下面的方法得出[19]：顶棚高（尺）＝地席数×0.03（3%）。

就是说席数越多，平面面积越大，建筑物就越高，建筑内空间就越大，这是非常符合建筑设计原理的。由此而知，地席数与建筑空间尺度存在着一定的比例关系。

四、结论

综上，可以总结出以下四点：

1. 筵席建筑模数曾流行于商周至东汉前后，并影响到唐宋时期。

2. 筵席建筑模数为：殷制1筵长＝8尺，周制1筵长＝9尺；半筵长＝4.5尺；1几长＝3尺。筵席宽3尺为1几长。

3. 筵席建筑模数的设计方法流传至日本后，影响到日本建筑模数的建构，并得到进一步发展成为以地席尺寸为基础的“间”单位的设计方法。成为日本传统建筑平面与空间秩序的主要设计方法。在日本，组群建筑的规划即是以“间”作为规划模数网络的。

4. 地席间的设计方法在日本发展到平面与建筑物高度发生了一定的比例规矩，即建筑顶棚高度（尺）＝地席数×3%，这和国内学者研究出《营造法式》的材广为柱高的3%（材广＝柱高×3%）的结果似有联系。如《营造法式》最高的朴柱高30尺，应为一等材的柱高。30尺×3%=0.9尺＝9寸，即为一等材广，而六等材柱高则=$\frac{0.6尺}{3\%}$=20尺，等等。[20]

总之，筵席模数是依据人体尺度订制的，作为一个时代的产物，其产生、发展和消亡的过程对后世建筑模数产生了深远的影响，即便是现代居住建筑的设计中，我们仍以床（筵席的后身卧具）的尺度作为主要设计度量的。筵席模数的探索对研究古代建筑的设计方法等具有一定的学术意义。

注释

1 发表于《华中建筑》1996年第3期，总第52期。

2 袁行霈撰.《陶渊明集笺注》卷第二[M]. 北京：中华书局，2011.

3 传世《六韬》中不见此句，最早见于《艺文类聚》所引，（唐）欧阳询撰，汪绍楹校.《艺文类聚》卷六十九[M]. 上海：上海古籍出版社，1982.

4 十三经注疏整理委员会整理.《毛诗正义》卷第十七（十三经注疏）[M]. 北京：北京大学出版社，2000.

5 十三经注疏整理委员会整理.《礼记正义》卷第三十八（十三经注疏）[M]. 北京：北京大学出版社，2000.

6 十三经注疏整理委员会整理.《周礼注疏》卷第二十（十三经注疏）[M]. 北京：北京大学出版社，2000.

7 十三经注疏整理委员会整理.《礼记正义》卷第二十三（十三经注疏）[M]. 北京：北京大学出版社，2000.

8 十三经注疏整理委员会整理.《周礼注疏》卷第四十一（十三经注疏）[M]. 北京：北京大学出版社，2000.

9 （宋）黄伯思，（明）戈汕. 重刊燕几图蝶几谱（附匡几图）[M]. 上海：上海科学技术出版社，1984.

10 十三经注疏整理委员会整理.《礼记正义》卷第一（十三经注疏）[M]. 北京：北京大学出版社，2000.

11（清）戴震.《考工记图》《皇清经解》卷五百六十三，第34页。

12 中国社会科学院考古研究所. 新中国的考古发现和研究（第5版）[M]. 北京：文物出版社，1984.

13 十三经注疏整理委员会整理.《周礼注疏》卷第四十一（十三经注疏）[M]. 北京：北京大学出版社，2000.

14 中国社会科学院考古研究所. 新中国的考古发现和研究（第5版）[M]. 北京：文物出版社，1984.

15 王世仁. 明堂形制初探//《中国文化研究集刊》（第4辑）[M]. 上海：复旦大学出版社，1987.

16 梁思成.〈营造法式〉注释. 梁思成全集（第七卷）[M]. 北京：中国建筑工业出版社，2001.

17 梁思成.〈营造法式〉注释. 梁思成全集（第七卷）[M]. 北京：中国建筑工业出版社，2001.

18 张十庆. 古代建筑的尺度构成探析[J]. 古建园林技术，总第 31-33期.

19（美）弗郎西斯. D. K. 建筑：形式・空间和秩序（第8版）[M]. 邹德侬，方千里，译. 北京：中国建筑工业出版社，1987.

20 龙庆忠. 中国建筑与中华民族（第10版）[M]. 广州：华南理工大学出版社，1990.

图表来源

图1：汉代竹席（1971年湖南长沙浏城桥出土）。

图2：作者临摹曾侯乙墓漆几（1978年随县出土）。

图3～图7：作者自绘。

表格：作者自制。

参考文献

[1] 十三经注疏整理委员会整理. 毛诗正义[M]. 北京：北京大学出版社，2000.

[2] 十三经注疏整理委员会整理. 周礼注疏[M]. 北京：北京大学出版社，2000.

[3] 十三经注疏整理委员会整理. 礼记正义[M]. 北京：北京大学出版社，2000.

[4]（唐）欧阳询撰，汪绍楹校. 艺文类聚[M]. 上海：上海古籍出版社，1982.

[5]（宋）黄伯思，（明）戈汕编. 重刊燕几图蝶几谱（附匡几图）[M]. 上海：上海科学技术出版社，1984.

[6]（清）戴震. 考工记图（皇清经解续编卷五百六十三）[M]. 上海：上海书店影印王先谦刻本，1988.

[7] 中国社会科学院考古研究所. 新中国的考古发现和研究（第5版）[M]. 北京：文物出版社. 1984.

[8] 梁思成.《营造法式》注释. 梁思成全集（第七卷）[M]. 北京：中国建筑工业出版社，2001.

[9] 龙庆忠. 中国建筑与中华民族（第10版）[M]. 广州：华南理工大学出版社，1990.

[10] 王世仁. 明堂形制初探.《中国文化研究集刊》第4辑[M]. 上海：复旦大学出版社，1987.

[11] 袁行霈撰. 陶渊明集笺注[M]. 北京：中华书局，2011.

[12]（美）弗郎西斯D. K. 建筑：形式・空间和秩序（第8版）[M]. 邹德依，方千里，译. 北京：中国建筑工业出版社，1987.

先秦坫、左右阶考[1]

一、坫

坫是先秦建筑中常设的放置物品的土台，其功能类似台几或桌子，后为其他家具所替代，“坫”便成了一个死字。先看文献记载。按古籍记载，坫至少有三种。

第一种坫是位于殿堂外四方隅角的土台，用以置物。《仪礼·士冠礼》：“爵弁、皮弁、缁布冠各一匴，执以待于西坫南。”郑玄注：“坫在堂角。古文匴作篹，坫作襜。”[2]《尔雅·释宫》：“垝，谓之坫。”郭璞注：“在堂隅。”[3]《仪礼·既夕礼》：“设棜于东堂下，南顺，齐于坫。”[4]棜是一种盛水的器皿。由此可知，坫在东西堂之隅。此种坫位于殿堂外的四角或前两角，有四坫制和两坫制，是主人迎客或举行某种仪式时放置有关礼仪物品之用。可称其为堂外坫。

第二种坫是堂内用的土台，钱玄先生认为也可能是木制。[5]此种坫设于堂上两楹之间，低者供诸侯相会饮酒时置放空杯，高者用以置放来会诸侯所馈赠的玉圭等物。《礼记·明堂位》：“反坫出尊，崇坫康圭。”郑玄注：“反坫，反爵之坫也。出尊，当尊南也。唯两君为好，既献，反爵於其上，礼，君尊于两楹之间。崇，高也。康，读为亢龙之亢。又为高坫，亢所受圭，奠于上焉。”[6]《论语·八佾第三》：“子曰‘管仲之器小哉！’或曰：‘管仲俭乎’？曰‘管氏有三归，官事不摄，焉得俭？‘然则管仲知礼乎’？曰：‘邦君树塞门，管氏亦树塞门。邦君为两君之好，有反坫，管氏亦有反坫，管仲知礼，孰不知礼’？”[7]可见先秦这种楹间反坫的设置是有等级之分的，不能随意设置。此为堂内坫。清代任启运所著《朝庙宫室考》中的“朝庙门堂寝室各名图”[8]，图中在堂的两楹之间就绘出了坫的位置，即是第二种用于堂内的坫（图1）。

第三种坫是室内放置食物的土台，《礼记·内则》：“大夫七十而有阁。天子之阁，左达五，右达五，公侯伯于房中五，大夫于阁三，士于坫一。”郑玄注：“阁，以板为之，庋食物也。达，夹室。”孔颖达正义：“士卑不得作阁，但于室中为土坫，庋食也。”[9]此为室内坫。由此可见，以上三种坫均为先秦礼制和置物功能需要的产物，分堂外、堂内和室内坫。按不同的需要放置不同的物品，表达不同的等级，有着不同的作用。

再查实物佐证。陕西凤翔马家庄一号建筑群遗址，是秦宗庙遗址[10]，发掘遗址门堂遗址中，发现堂四角有略为高起的土台，韩伟先生认为即坫[11]（图2）。因为岭南保存了许多古建筑的制度，在岭南某些古建筑中，还可发现有坫的实物。如潮州开元寺大雄宝殿的在月台平面上，于殿堂四角离台明四角，各立有4个上下收分的小石梭柱，这就是古籍里讲的堂外坫了。此坫为梭柱形，高73厘米，上径24厘米，下径36厘米，花岗石打制（图3、图4）。潮州宋许附马府中堂前，发现有两坫，均为梭柱形，一高85厘米，上下径32厘米，一高65厘米，上下径26厘米，中径30厘米。另笔者还于潮州古城区多处传统住宅门外发现有两坫的设置。此可证古之坫制的确存在，而所存之坫弥足珍贵，尤以潮州开元寺大雄宝殿四角的坫为甚。

二、左右阶

据文献记载，在先秦作为礼制，堂前设东西两阶，有客造访，主人必出大门迎客，然后分左右入堂。《礼记·曲礼上》：“凡与客入者，每门让与客。客至于寝门，则主人请入为席，然后出迎客，客固辞，主人肃客而入。主人入门而右，客入门而左，主人就东阶，客就西阶……主人与客让登，主人先登，客从之。拾级聚足，连步以上，上于东阶，则先右足，上于西阶，则先左足。”[12]《仪礼·士冠礼》：“主人玄端爵韠，立于阼阶下。”郑玄注：“阼，犹酢也。东阶，所以答酢宾客也。”[13]《仪礼·士昏礼》：“主人以宾升，西面，宾升西阶，当阿，东面致命。主人阼阶上，北面再拜。”[14]按上，主人由阼阶升，位于东序，东序亦即阼阶上。宾客由西阶升，位于西序，西序亦即西阶上。可见当时的东西

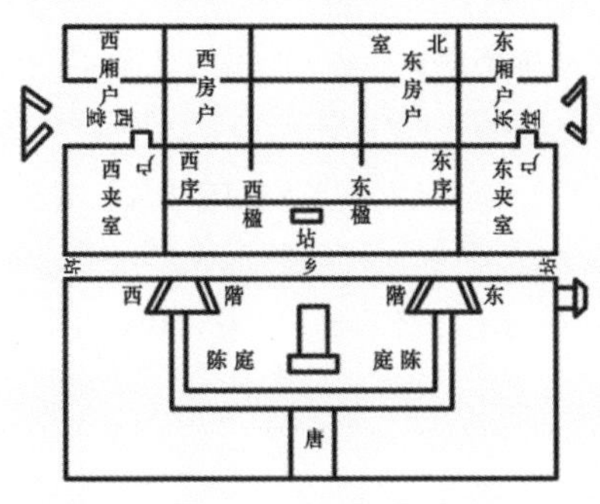

图1 任启运“朝庙门堂寝室各名图”

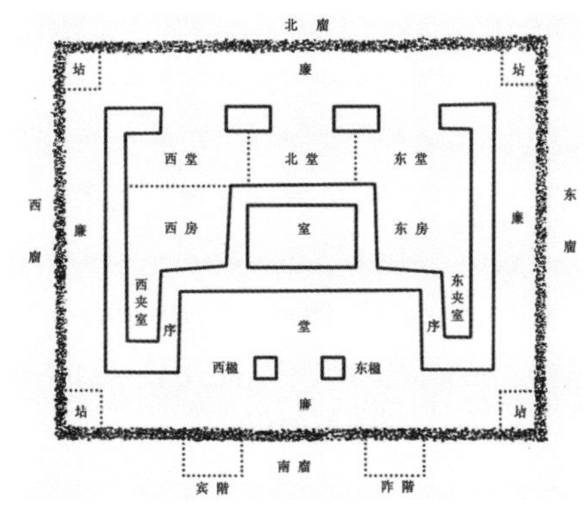

图2 陕西凤翔马家庄秦宗庙门堂遗址

图3 潮州开元寺大殿角隅的石坫

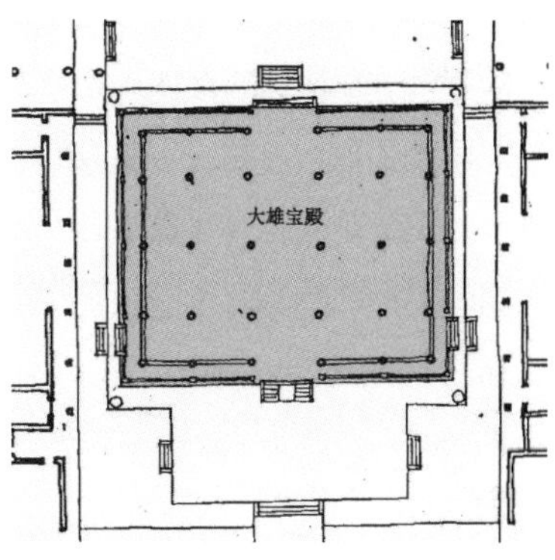

图4 潮州开元寺大殿平面（四隅置坫）

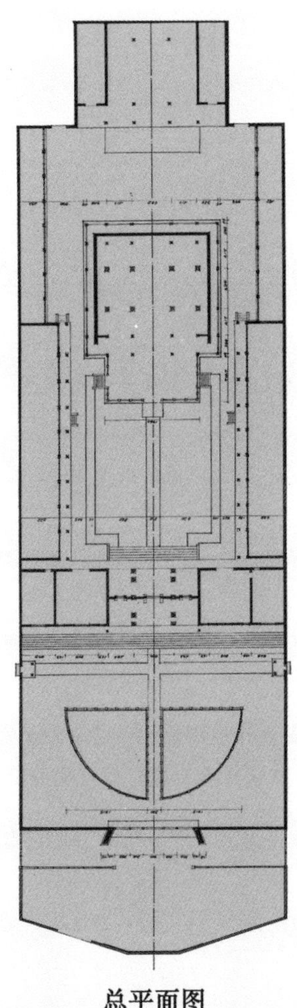

图5 揭阳文庙总平面（有左右堂、陈的设置）

图6 揭阳文庙大成殿前庭的左右堂、陈

图 7 反爵

阶的建筑制度完全是在礼制制度影响下产生的（图1）。

这左右阶的形式还与中庭的堂途有关联，即从大门到厅堂之间的道路组织方式与左右阶是密切相关的。《尔雅·释宫》：“庙中路谓之唐，堂途谓之陈。”[15]《释名·释宫室》：“陈，堂途也。言宾主相迎，陈列之处也。”[16]钱玄先生认为这里的堂、陈均指庭中之路。疑唐如庭左右行道，陈为庭中间大道，所以陈庶羞及牲畜之处。[17]按周礼，较大之建筑庭中有三路，中为陈，即堂涂，两侧为唐，唐分左右路，左右路连左右阶，以升堂。左阶之称阼阶、主阶、东阶，位堂东序之下，主人升降用。陈，陈列也，多用于陈列礼器供品、酒馔牺牲之物，多不用作升堂。从文献记载看来，较大规模和等级较高的建筑中庭，在先秦是有左右路和中路的，左右路用于人行交通的道路，而中路仅用于陈列展示，是不作交通道路使用的。

东西两阶的制度现在还有多处实物可证，如广州光孝寺大雄宝殿前月台及殿堂入口，均为左右阶制，月台前正中和大殿心间是没有台阶可以登临的，而光孝寺的前身即为南越王赵建德的故宅，可见其保持了古制。更为接近文献记载的是广东揭阳学宫，入大成门后中庭有堂涂三，中堂涂连接大成门及大成殿月台，但月台处正中台阶为一坡度陡峻的丹陛，不能上人，即为陈。左右阶即唐，则由中庭两侧延伸至月台两侧，由东西阶而上，此为先秦左右阶制最好的实物注脚（图5、图6）。

然左右阶制与堂隅坫制的关系是极其密切的。因主宾在经左右阶升堂之前要行礼，行礼时饮酒以示，酒后倒置虚爵于坫之上，所以有“反坫”一说。笔者还注意到爵的造型与设计，爵上口的立柱和爵尾形成三个支点，是的确可以倒立放置的，即“反爵”（图7），这也反证古代虚爵于坫是成立的。同时在汉代以前，室内坐向与后世不同，即流行东西坐向制，并以东向为尊，即坐西面东，这大概与人类早期的太阳崇拜有关。而且还流行与这一生活方式密切相关的偶数开间建筑形制。如河南偃师二里头商代宫殿建筑遗址、陕西凤雏村西周宫殿建筑遗址，甚至南北朝时期的北魏宫廷大殿还是用的偶数开间建筑遗制。这些均与东西阶制和坫制有密切的关联。

注释

1 发表于《古建园林技术》2002年第3期，总第76期.

2 十三经注疏整理委员会整理.《仪礼注疏》卷第二（十三经注疏）[M]. 北京：北京大学出版社，2000.

3 十三经注疏整理委员会整理.《尔雅注疏》卷第五（十三经注疏）[M]. 北京：北京大学出版社，2000.

4 十三经注疏整理委员会整理.《仪礼注疏》卷第四十一（十三经注疏）[M]. 北京：北京大学出版社，2000.

5 钱玄.《三礼名物通释》第三[M]. 南京：江苏古籍出版社，1987.

6 十三经注疏整理委员会整理.《礼记正义》卷第三十一（十三经注疏）[M]. 北京：北京大学出版社，2000.

7 十三经注疏整理委员会整理.《论语注疏》卷第三（十三经注疏）[M]. 北京：北京大学出版社，2000.

8 （清）任启运.《朝庙宫室考》《皇清经解续编》卷百三十六，第21页.

9 十三经注疏整理委员会整理.《礼记正义》卷第二十八（十三经注疏）[M]. 北京：北京大学出版社，2000.

10 韩伟，尚志儒，马振智，等. 凤翔马家庄一号建筑群遗址发掘简报[J]. 文物，1985，2：29.

11 韩伟. 马家庄秦宗庙建筑制度研究[J]. 文物，1985（2）：30-38.

12 十三经注疏整理委员会整理.《礼记正义》卷第二（十三经注疏）[M]. 北京：北京大学出版社，2000.

13 十三经注疏整理委员会整理.《仪礼注疏》卷第二（十三经注疏）[M]. 北京：北京大学出版社，2000.

14 十三经注疏整理委员会整理.《仪礼注疏》卷第四（十三经注疏）[M]. 北京：北京大学出版社，2000.

15 十三经注疏整理委员会整理.《尔雅注疏》卷第五（十三经注疏）[M]. 北京：北京大学出版社，2000.

16 王先谦撰集.《释名疏证补》卷第十七（万有文库）[M]. 上海：商务印书馆，1926.

17 钱玄.《三礼名物通释》第三[M]. 南京：江苏古籍出版社，1987.

图表来源

图1：文献[5]。

图2：文献[8]。

图3、图6、图7：作者自摄。

图4、图5：作者自绘。

参考文献

[1] 十三经注疏整理委员会整理. 仪礼注疏[M]. 北京：北京大学出版社，2000.

[2] 十三经注疏整理委员会整理. 礼记正义[M]. 北京：北京大学出版社，2000.

[3] 十三经注疏整理委员会整理. 尔雅注疏[M]. 北京：北京大学出版社，2000.

[4] 十三经注疏整理委员会整理. 论语注疏[M]. 北京：北京大学出版社，2000.

[5]（清）任启运. 朝庙宫室考（皇清经解续编 卷百三十六）[M].上海：上海书店影印王先谦刻本，1988.

[6]（清）王先谦撰集. 释名疏证补[M]. 王云五主编. 万有文库（第二集七百种）. 上海：商务印书馆，1926.

[7] 钱玄. 三礼名物通释[M]. 南京：江苏古籍出版社，1987.

[8] 韩伟，尚志儒，马振智，等. 凤翔马家庄一号建筑群遗址发掘简报[J]. 文物，1985，2.

[9] 韩伟. 马家庄秦宗庙建筑制度研究[J]. 文物，1985（2）.

试从秦汉城市规划与建筑制度分析“秦造船工场遗址”的性质[1]

一、概述

（一）引子

1974年，在广州市老城区中心地带中山四路原广州文化局所在地地下4米多深处，发掘出一处古代木构遗址，经局部发掘和研究，有关部门对此作出了鉴定：该处遗址为“秦汉造船工场遗址”。[2]新华社为此发表过报道，地方报刊也曾多次报道[3]，并被收录中国大百科全书，后与南越王墓、南越宫苑遗址并列为广州秦汉三大考古发现。这一发现在当时曾引起学术界和新闻界的轰动，而鉴定结论在当时的学术界即有争议，有专家认为其为建筑遗址。[4]随着同一地点1994年的南越国宫城御花苑和2000年南越国宫殿遗址的发掘[5]，该遗址的性质再次引起学术界的争议。所谓造船遗址的定论是有疑问的，结合秦汉时期的城市规划和宫殿制度等进行分析，该遗址为一处木构建筑遗址的可能性更大，其应是南越王宫城建筑遗址的一部分。

笔者认为，研究该遗址的性质，应该从更宏观的角度观察思考，作为建筑史学工作者，我们试图从城市规划和建筑制度的角度进行分析，这是因为伴随着中国文化的早熟，中国古代的城市规划学和建筑学也早有章法，同时，由于古代中国是一个以周礼和儒家文化为主导思想的礼制社会，在国家政体中早已把建筑作为礼的重要内容来经营，而且由于南越国的政体是仿秦汉制的，我们认为在了解秦汉时期的城市规划和建筑制度的基础上，从建筑学的角度分析探讨该遗址的性质是大有裨益的。

（二）现有发掘简况

现有该地段的发掘遗址面积约为12000平方米，即原市文化局大院、城隍庙西北部和儿童公园局部，基本分为三部分内容：一是宫苑部分；二是“船台”部分，这两部分发现于市文化局大院；三是宫殿部分，发现于儿童公园内；除此之外，还有发现于城隍庙西北部的大水池，其与宫苑水渠相通，似乎与宫殿和“船台”部分也有密切关系。同时在附近近些年的考古发掘中还发现了一些南越宫殿的建筑遗址，1988年9月在北京路以西的新大新公司大楼工地的地下室工程中，在距地表以下6～7米的地下，发现近百平方米的大型汉砖铺砖地面和“万岁”纹瓦当；在1997年广州市1号地铁线人民公园站的工程中，在中山五路原新华电影院位置地下，发现了成层的板瓦、筒瓦云纹与“万岁”瓦当等南越国宫殿建筑构件。[6]尽管这三部分由于种种原因均未发掘出全貌，但已有大概的端倪，在这三大部分均发现有南越国的宫殿建筑构件，如砖、瓦、木构件等，这似乎表明这一地段是规模庞大的宫殿区，占地面积约15万平方米[7]。大致由宫殿和园囿两部分组成（图1～图4）。

二、秦汉代的城市规划特点

（一）秦代的城市规划特色

从历史文献中我们已知周代已有类似城市规划的营国制度[8]，但在奴隶社会时期和封建社会前期以前该制度并没有严格推广应用开来。战国时期，由于诸侯割据，互争霸业，战争不断，掀起了一个中国的城市建设的高潮。从考古发掘出的战国的都城的形制来分析，如杨宽先生所指出，似乎存在着“西城东郭”的制度，如齐临淄、赵邯郸等，但也有东城西郭的例子，如燕下都、蜀郡城等，应当说郭城并置是当时常用的一种形制。就城市规划分区来看，主要有宫廷区（包括礼制建筑区），商业区，手工业区，居住区和卫戍区等。秦统一国家后，其都城规划较战国时期有了革新，革新之处正如贺业钜先生指出，其规划意识突出“新”“尊”“博”的特点。所谓“新”是既不同于旧营国制度的王城，又有别于封建割据的列国国都，是超越旧制的。所谓“尊”是在规划气质上体现大一统中央集权的尊严，所谓“博”是具有广阔的规划基础，足以表现大国的气势[9]。有一种类似现代城市区域规划的意识。

那么，秦咸阳的城市规划有哪些特点呢？笔者认为有以下五点：一

图1 万岁瓦当

图2 花纹铺地砖

图3 发掘出土木构遗址

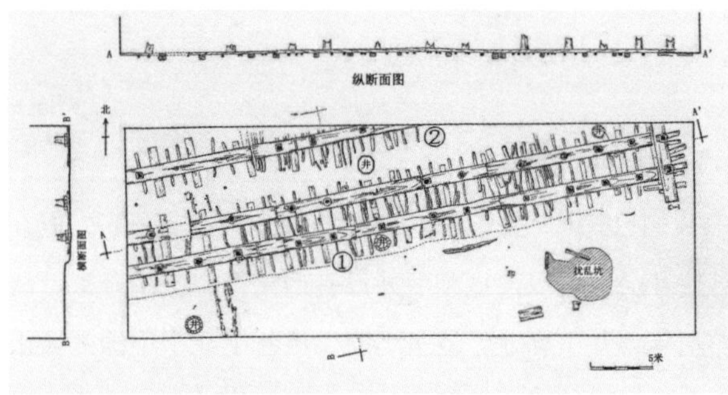

图4 发掘出土木构遗址平面

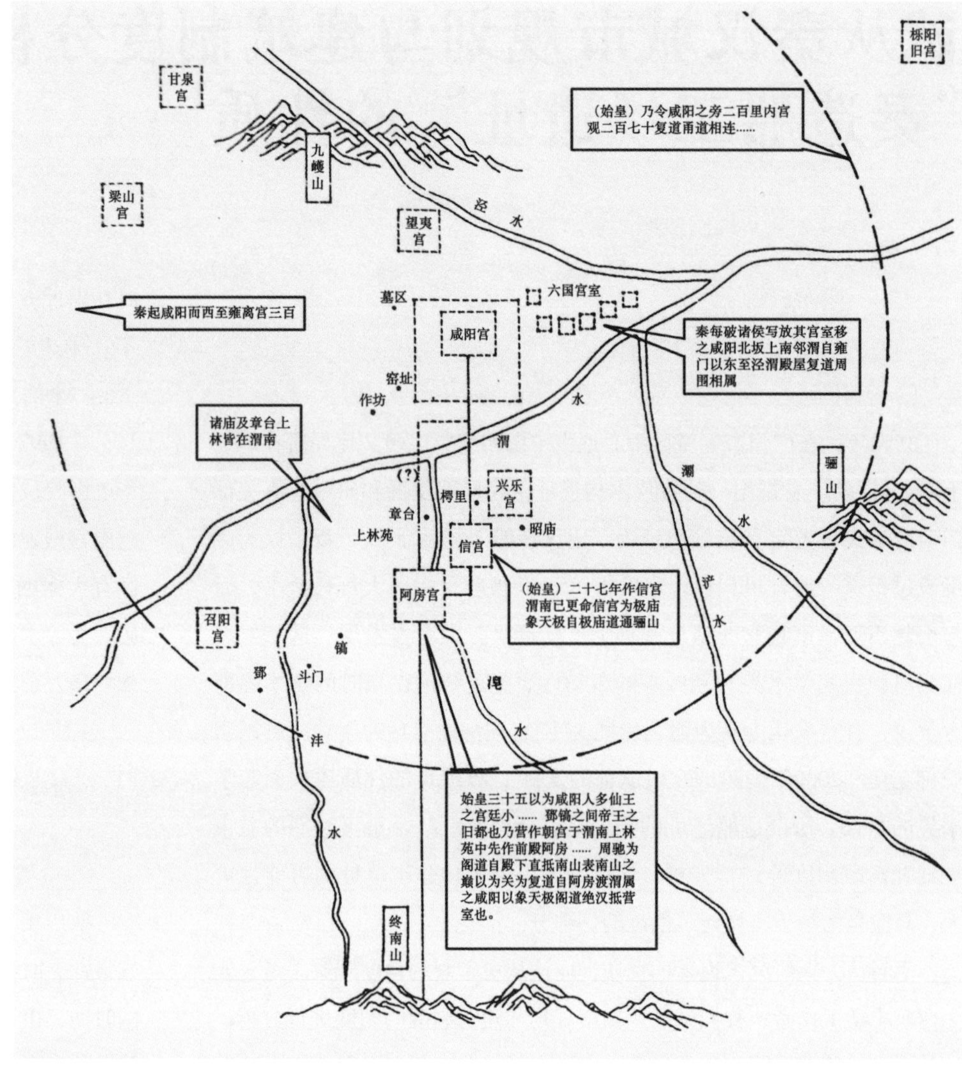

图5 秦咸阳城市规划示意图

是规划视野广阔，规划范围广阔，宫殿区甚至“覆压200余里”[10]；二是无城郭制度，没有明确围合的城墙，善于因天时、就地利以自然天堑作城隍；三是宫殿散置，数十座宫殿建筑散置广阔的地域内，虽然主要建筑之间和周围环境有些轴线关系，但却没有主要和明确的中轴线来统筹整个城市；四是园囿充盈其间，在宫殿之间的广阔空间内布置着许多园林，因为秦始皇笃信神仙之术，设置有兰池宫，池中置蓬莱、方丈、瀛洲三仙山，仿仙人于阁道上穿梭于诸宫殿之间，所以秦咸阳中有许多园林设施，如渭南的上林苑；五是“象天立宫”，按天象规划城市，《三辅黄图》说：“筑咸阳宫，因北陵营殿，端门四达，以则紫宫，象帝居，渭水贯都，以象天汉，横桥南渡，以法牵牛。”整个咸阳城在渭水的南北两岸布局，秦咸阳旧城在渭北成为新咸阳城的寝宫，后来宫殿格局南移后，此处成为秦咸阳的经济活动区；在旧咸阳城中轴线的渭水南侧，建信宫作为大朝，并以信宫为中心组织整个城市，其他则是离宫苑囿区（图5）。

（二）汉代城市规划特色

汉承秦制，汉代建国伊始，百废待兴，长安城是就原秦咸阳渭南部分建立起来的，在布局上借用了秦的一些宫殿及其格局，又有些创新，应该说汉长安城的规划实是秦咸阳的改造重建规划。同时秦朝的一些规划思想，特别是秦的城市区域宏观规划体制与概念，对汉长安规划影响尤为深刻。所以汉长安的规划以三辅地区即关中地区的区域规划为基础，以长安城为区域的规划中心，陵邑在渭水北岸一字展开，渭南则设有庞大的上林苑。汉长安城有两个概念，一个是大长安城，即包括陵邑、上林苑在内的城市；一个是小长安城，即我们所熟知的有城墙围合的“斗城”，实际上是大长安城的宫城。与秦咸阳的规划不同，长安城的宫殿建筑群相对较为集中。宫城的布局是先建长乐宫，后建未央宫及北宫、桂宫、明光宫等，以后又在城外西侧加建建章宫。长乐、未央为大朝，余则大部分为寝宫性质。大的格局依然如秦咸阳是南朝北寝的形制。宫城其东为闾里郭城，其南至西则为上林苑。其大城规划也是没有城墙的，而且同样是宫苑相结合的形式。

汉上林苑在原秦苑基础上扩建而成，《三辅黄图》称：“汉上林苑即秦之旧苑也，建元三年开，周袤三百里。”据《长安志》记载，上林苑有十二门，内分三十六苑，亦即三十六区园囿，内置十二宫，二十五观。这三十六区苑囿沿渭水南岸交错布列在长安城市群之间，形成这个区域的一个特区——皇家园囿区，著名的建章宫及昆明池都在上林苑中。这是中国古代山水城市的雏形，清代北京城西北郊的大型园林如圆明园、颐和园、清漪园的规划思想和格局想必就是从这里得到启示。由上，可见汉代以秦上林苑为基础，根据其时长安城市区域的发展趋势，进行了大规模的改造扩建，形成三十六区各具特色的苑囿，分布在渭水南岸绵延百里的范围内，使城市与苑囿两种不同的群体有机地统一起来，在规划结构上更充分发挥了互相补充的效果（**图6**）。

三、秦汉的宫殿制度与特色

（一）秦朝的宫殿制度与特色

同样，历史文献和考古资料业已证实先秦时期中国已有了较规范的宫殿建筑制度。《周礼》载：“天子诸侯皆三朝”，即外朝、治朝和燕朝，朝后有宫寝之设。作为周宫室之制，从文献记载分析，主要体现在以下四点：

1. 明堂
2. 宗庙
3. 朝堂

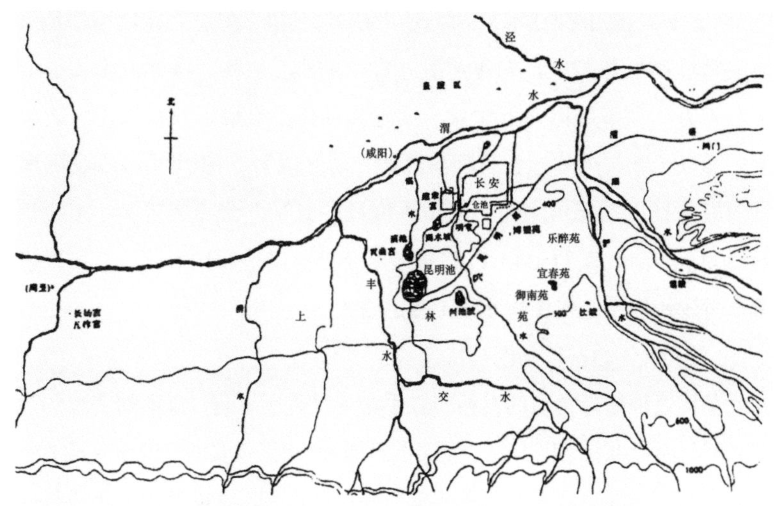

图6 西汉长安及其附近主要宫苑分布图

4. 宫寝

商周的宫殿遗址都有发现，如河南偃师二里头1号、2号商代宗庙或宫殿遗址，陕西岐山凤雏村西周宫殿遗址，以及山西凤翔马家庄秦国雍城宫殿遗址，其形制制度基本上反映出前堂后寝的布局，与《周礼》所载是吻合的。[11]

秦汉立国之初，参照古代政体和礼仪，制定了政治、经济和军事制度，明了礼仪制度。如政治制度中的政体机构，设有“三公”“九卿”制。其宫室制度参照周制而为，但有些变化。《史记》载：秦“每破诸侯，写放其宫室，作之咸阳北阪上，南临渭，自雍门以东，至泾渭，殿屋复道周阁相属。”秦始皇造了许多宫殿，为了避免与百姓接触及安全，保持行踪秘密，宫殿之间用“復道”（或作複道、复道）连通。“令咸阳之旁二百里内，宫观二百七十，复道甬道相连。”又说：“二十七年，作信宫渭南，已而更名信宫为极庙，象天极。自天极道通郦山，作甘泉前殿，筑甬道，自咸阳属之。”秦咸阳宫的规划大致是以信宫作为中心，由信宫开辟一条大道通郦山，建甘泉宫。继信宫和甘泉宫两组建筑之后，又在北陵咸阳北塬高爽的地方建北宫。秦宫便以信宫为大朝，咸阳旧宫为正寝和后宫，其他是嫔妃居住的离宫，而甘泉宫则是避暑的处所。秦的宫殿如上所述，有朝寝之设，但其三朝制度目前尚不十分清楚。而宫殿的散置布局，与《周礼》的宫殿制度有所不同，较周以来的制度更自由多变。再就是宫殿的规模大，《史记》载：

"三十五年（公元前212年），始皇以为咸阳人多，先王之宫廷小，乃营作朝宫渭南上林苑中，先作前殿阿房，东西五百步，南北五十丈，上可以坐万人，下可以建五丈旗。周驰为阁道，自殿下直抵南山。表南山之颠以为阙，为复道，自阿房渡渭，属之咸阳。"据考古发掘，阿房宫前殿遗址，东起巨家庄，西至古城村，夯筑土台绵延起伏，东西长约1300米，南北宽约500米，西北部至今仍高出地面10米以上，可以想象当时建筑规模之宏伟与建筑工程之浩大。

（二）汉代的宫殿制度与特色

秦代这种较为自由的宫殿布局手法为汉代所承袭，汉朝的宫殿的三朝制度与周礼也有不同，是"觅秦制跨周法"。汉长安的宫殿布局是不断发展的结果，汉初高祖七年丞相萧何在秦离宫兴乐宫的基础上建成长乐宫，同年筑未央宫。而后，汉武帝时（公元前140—公元前87年），在城内又陆续建造了北宫、桂宫、明光宫等，后因为"未央宫营造日广，以城中为小，乃于宫西跨城池，作飞阁，通建章宫，构辇道以上下。"（《三辅黄图》）在城外西面建造了禁苑性质的建章宫。汉高祖常住长乐宫，而自汉惠帝迄于平帝，均居于未央宫，故未央宫为汉朝之正宫。

汉长安的宫殿建筑，由于当时高台建筑盛行，殿、阁、楼、台、观、阙皆非常高大，加上宫殿遍布城内外，为了皇帝往来方便，在各宫、各殿之间常有辇道、复道、阁道相连。长乐和未央两宫之间，惠帝（公元前194—公元前188年）为了便于探望太后，造有连通两宫的復道。未央宫不但西面有復道通到建章宫，北面也有復道通到桂宫。桂宫又有"復道从宫中西上城，至建章神明台，蓬莱山"（《三辅黄图》引《关辅记》）。同时明光宫也和长乐宫有復道相通。长安城内的南部和中部布满了许多宫殿，而且这些宫殿之间都有復道作为架空的交通线而把他们连接在一起。如《史记·孝武本纪》载建章宫内"立神明台、井干楼，度五十余丈，辇道相属"。班固《西都赋》说："辇道经营，修除飞阁，自未央而连桂宫，北弥明光而旦长乐，陵蹬道而超西墉，棍（混）建章而连外属。"这种架空交通廊道的做法，可以说是汉朝宫殿建筑群的一大特色。

未央宫位于长安城的西南角上，是长安最早建成的宫殿之一，也是大朝和皇帝、后妃居住的地方，其性质相当于后来的宫城。其规模《三辅黄图》为周围二十八里，《关中记》为三十三里，据现存遗址实测周长为8560米。未央宫有内垣和外垣两重宫墙，内垣的四面设司马门，外垣因西南两面紧邻城墙，故只设东阙和北阙二门，北阙为正门。据《西京杂记》记载，未央宫有"台、殿四十三，其三十二在外，其十一在后。宫池十三，山六，池一、山一亦在后。宫门 凡九十五"。其总体布局由外宫、后宫和苑囿三部分组成。外宫靠东，包括外朝和内廷。外朝居北，主要建筑物为就龙首原高地而建成的前殿。内廷居南，有温室殿、天禄阁和一些必要的服务机构。后宫居西，以皇后居住的椒房为主体，另有供十四位昭仪、婕妤居住的建筑群。

苑囿在后宫的南半部，开凿沧池，用挖池的土方在池中堆筑渐台，高十长。由城外引来昆明池水，穿西城墙而注入沧池，再由沧池以石渠引导，分别穿过后宫和外宫，汇入长安城内之王渠，构成一个完整的水系。沿石渠建置皇家档案馆"石渠阁"、皇帝夏天居住的"清凉殿"，苑内还有观看野兽的"兽圈"和供皇帝行演耕礼的"弄田"。

建章宫建于武帝太初元年（公元前104年），位置在未央宫西长安城外，宫墙周长三十里，规模宏大，号称"千门万户"。据《三辅黄图》载，宫墙之内分为南、北两部分，南部为宫廷区，北部为苑囿区，粗具前宫后苑的格局。宫廷区内共有26座单体殿宇和6组殿宇建筑群。苑囿区内开凿大太液池，汗武帝也像秦始皇一样迷信神仙方术，并仿效始皇的做法，在太液池中堆筑"瀛洲、蓬莱、方长"三仙山。利用挖池的土方分别在池的西北面堆叠"凉风台"，台上建观；在池中筑"瀸台"，高20余米，以观象占卜。岸边种植雕胡、紫萚、绿节等植物，又多紫龟、绿龟。池边多平沙，沙洲上鹏、鸪等成群，池中荷花、菱茭盛开，舟泛池中（图7、图8）。

四、南越佗城的规划与宫殿布局

（一）佗城的规划特色

南越立国于公元前204年，其时为汉高祖刘邦三年，汉政权刚刚建立，其城市的经营受战国和秦国时期的影响较大。赵佗建国后，南越国的政治制度继承了中原秦制，并且"宫室百官之制同京师"，从历史文献及出土文物来看，南越国设立郡县、置监守、封侯王，朝中设丞相、内史、太侍、校尉等官职，基本上与秦汉中央朝廷一致。赵佗是战国大将，河北正定人氏，在出征岭南以前应该见过北方都城的规划和宫殿建筑的形象。他在建佗城时，定会参考秦朝城市规划和建筑制度。随着汉政权的巩固和发展，南越国的城市建设和宫殿设置不可避免地会受到汉朝的诸多影响。

南越国的都城较有确切证据的是秦汉说，据《淮南子》《史记》等文献记载和考古发掘资料，南越国番禺的都城在广州市中心一带，宫殿建筑遗址就在中山四路、中山五路、北京路市财政厅一带。广州的汉代考古证明，南越国时期的番禺城已具有一定规模，据文献记载赵佗扩建任嚣城后，其城“周南海郡，凡十里”。[12] 大致范围是约以中山四路为中心，东到仓边路，西至解放路，南至西湖路，北到越华路的广大范围内。目前这一带尚未发现汉代城墙的痕迹，也许赵佗城本无城墙，或以自然山川作险阻，如东面就临古代的水坑陵，以水体作城的屏障，或有可能以木桩栅栏做城寨。

古人选择都城的条件主要是利于国家政治经济的控制、军事的防御，便于经济和生活的组织。现木构遗址所处地段，即番山高地，地处文溪以西，其后背靠白云越秀，南有珠江前环，既利于城池的防御，宫殿的壮观，又利于防止洪潮侵袭和取水方便。由于其地理的优势，从文献资料、考古发掘和广州城的演变过程看，汉以后的广州府治中心一直都在这一带而未有变更。从汉初墓葬分布范围、考古发掘情况以及地形来看，南越国都城可能是东西长，南北狭的布局。宫殿区的东西两侧是生活居住区，郭城主要是在西面。史载南越王赵建德的故居在今光孝寺，后晋代虞翻家人舍宅为寺，今光孝寺大殿仍保留着先秦士大夫住宅的左右阶制度，其瓦当与板瓦尺寸巨大（36厘米×36厘米），与发掘的汉瓦尺度差不多。广州古水道从西北而来，西江、北两江到广州的航线均经官窑和石门而至，码头位置可能位于古代的兰湖一带（今荔湾湖、流花湖）。《广州记》称：“南越王佗即江浒构此以迎陆贾”，然后东趋入城。南越佗城的商业区有可能就在西门口一带。

（二）佗城宫殿布局推测

从布局具体情况来分析，以“船台”为坐标，宫殿建筑主要分布在西面和北面，苑囿部分在东南面，就发掘情况分析，笔者推测宫殿大概分为两个区，一是“东宫”区，是属于宫寝的性质，在今儿童公园一带，该区又可分为南北两个小区，北面是寝宫，南面是苑囿；二是“西宫”区，是属于大朝的性质，在中山五路新大新公司及原新华电影院（今地铁指挥中心）一带。即是说在东西狭长的地段内，靠东部的建筑多为宫寝苑囿部分，靠西部的建筑多为宫殿部分。在立国初期主要在东区发展，估计早期的朝廷和宫寝都在这里，这与历史记载大致是吻合的。西宫区可能是由于东区地域狭窄不敷使用后来加建的新宫区，南越国中后期的主要宫殿建筑可能在此。宫廷的入口正门即司马门似乎在西面或西北面，如汉长安未央宫之东阙与北阙。同时还由于赵佗筑朝汉台面北拜祭，苑囿在南面，所以北面似乎有主或次入口。宗庙、明堂部分可能在同样在北区。曾昭璇教授认为越城东南角应为番山，北为越王宫址。街道当为丁字形，宫前南通江岸上大道和东西向大道，即今中山路和北京路址。北京路和中山路的交叉点一带，都掘出4～5米的文化层，有些有木柱或木结构出土，都说明这一地点长期有建筑物存在。[13] 今大水池中部有高大建筑遗存，或许是南越王仿建章宫太液池的台阁而筑（图9）。

五、古代建筑设计规则与“船台”尺度分析

（一）古代建筑设计规则

从文献资料和国内发掘的一些古代建筑遗址来分析，早在商周时期的建筑就使用了建筑模数[14]，如《考工记》：周明堂度以筵，“东西九筵，南北七筵”。古人席地而坐，筵是一种地席，白天坐夜里卧，其长九尺宽三尺，1周尺为21厘米，即筵长宽为189厘米×63厘米，恰好是一个人体的尺度。建筑是为人服务的，就是说当时是以人体尺度及其使用空间尺度来作为建筑设计依据的。这种做法和生活风俗在深受中国文化影响的日本尚有保留，如日本的和风建筑的平面设计就是以地席（榻榻米）为模数的。河南偃师二里头的一号宫殿遗址大殿的开间柱距均为3.8米，殷商数“以八为纪”，推测是用16尺作为开间的模数。用整尺或半尺的尺度模数来设计建筑的开间、进深的平面尺度，这是中国建筑设计方法的传统，如唐代建筑主要建筑开间就用18尺（周制），如唐代的山西佛光寺大殿、唐长安大明宫建筑遗址的开间尺度莫不如是，是以古代的二筵作为开间的模数。到宋代李诫《营造法式》中又出现了以斗栱的栱断面为尺度的“材契”制度，材有八等，按建筑等级规模选用。至清代的《工程做法》制定了“斗口”模数制，有十一个等级，亦按建筑等级规模选定斗口的大小，以此来设计建筑的各部尺寸和确定建筑的等级和体量。同时，自古流传下来的用整尺和半尺的设计方法则一直在建筑领域中广泛使用，而材契和斗口与尺有着根本的关系，因为材契和斗口的大小是以具有一定规律的

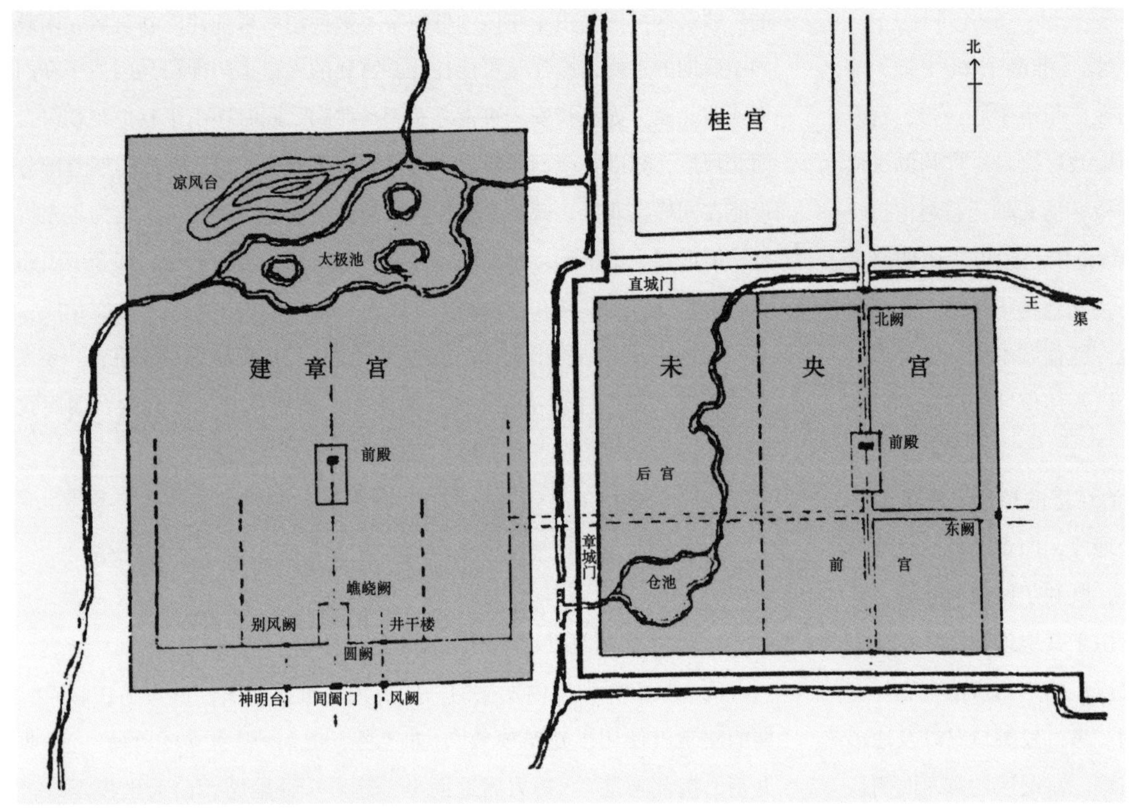

图7 未央宫、建章宫平面设想图（自周维权）

图8 汉建章宫（《关中胜迹图》）

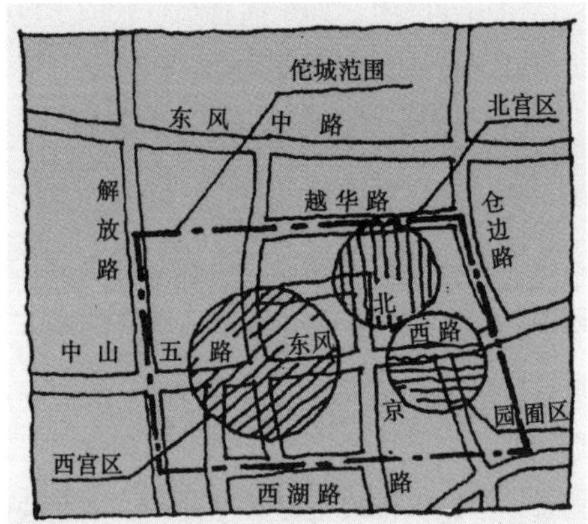

图9 南越佗城范围及宫殿布局示意

系列尺寸来标注的。这种“建筑尺度法”为我们研究古代建筑提供了一条行之有效的方法和途径。

兹考汉代的度量衡，从出土的近100支两汉尺的长度来看，两汉尺度基本沿用秦制，每尺在23厘米左右，后汉尺略长，每尺为23.5厘米。[15]汉文帝、景帝和武帝时期的尺长就在22.5～23.5厘米之间。南越国的用尺长为多少呢？由于赵佗立南越国后，亦效秦制，于岭南推行统一的度量衡，这方面为丰富的考古资料所证实。1976年在广西贵县罗泊湾1号汉墓中，出土有竹尺1件、木尺2件，其尺长为23厘米[16]。由此可知，南越的度量衡与中原汉制基本一致。就是说用在建筑设计上的尺度标准是一样的。

那么汉代建筑设计尺度如何？让我们先来分析建筑实例。经分析，我们发现南越王墓墓室的尺度也是有尺度模数关系的：南越王墓墓室的平面尺度是用23厘米（1尺）来设计的，这和南越国境内汉墓中出土的尺长是相吻合的（**表1**）。

南越王墓墓室的尺度分析[17]　表1

墓室	长		宽		高	
	（单位：米）	（单位：尺）	（单位：米）	（单位：尺）	（单位：米）	（单位：尺）
前室	3.10	13.5	1.84	8	2.14	9.5
东耳室	5.25	23	1.75	7.5	1.83	8
东侧室	6.95	30	1.61	7	2.24	10
主棺室	—	—	—	—	—	—

同样，汉长安明堂建筑遗址的尺度也是如此。汉长安未央宫第四号建筑遗址建筑的开间为7米，合30尺。

（二）“船台”木构遗址尺度分析

现今造船遗址出土的木构遗址中，木栿上的柱间距开间尺度也是符合这一建筑设计规则的。据考古发掘简报称，1号船台自东向西柱墩的间距依次为：

木构遗址（船台）柱距尺度数据分析　表2

次序	1	2	3	4	5	6	7	8	9	10	11	12	13	14
测量数值（单位：米）	1.6	1.8	1.9	2.36	3.2	1.9	2.77	2.68	1.86	3.2	2.12	2.06	—	—
实际尺度	7	7.8	8.3	10.3	13.9	8.3	12	11.7	8.1	13.9	9.21	9	—	—
规整度尺	7	8	8	10	14	8	12	12	8	14	9	9	—	—
推测尺度	7	8	8	10	14	8	12	12	8	14	9	9	8	7
材	8	9	9	11	15	9	13	13	9	15	10	9	—	—

注：材高9寸、宽6寸[18]

1.6米，1.8米，1.9米，2.36米，3.20米，1.9米，2.77米，2.68米，1.86米，3.2米，2.12米，2.06米

我们从出土的实物尺度分析如表2所示。

从尺度上分析，该木构遗址符合建筑设计尺度法，结合其他一些特征来看，其应是建筑下部结构的一部分。

六、木构遗址性质推测

（一）木构遗址为建筑遗址诸说

目前认为“船台”木构遗址是建筑遗址的有以下几种观点：

1. 龙庆忠教授认为是越王宫殿建筑的基础，木墩是柱子，“滑板”是地栿（1974年），后又认为是南越王朝汉台的下部基础结构（1990年）[19]；

2. 戴开元先生认为是古代建筑木构遗址（1982年）[20]；

3. 曾昭璇教授认为是越王宫殿的结构部分（1991年）[21]；

4. 吴壮达教授认为是干栏建筑的基础（？年）[22]；

5. 杨豪教授认为是建筑遗存（1997年）[23]；

6. 杨鸿勋先生认为是越王宫宫殿建筑遗址（2000年）[24]；

7. 邓其生教授认为是越王宫宫殿建筑遗址（2000年）[25]。

以上学者从不同角度旁征博引，论证该木构遗址为建筑遗址的可能性，为我们今天作进一步的研究打下了坚实的基础。笔者认同其为建筑遗存的结论，但是该木构究竟是什么性质的建筑遗存，学者则各有高论。有学者推测其为14开间，进深5间的殿堂建筑[26]，其结论本人不敢苟同，因为从1994年该地段的第二次发掘中，在距第一次发掘探坑的西面10余米的新探坑中，发现了第3号“船台”，而且三组“船台”还继续向西延伸。作为建筑的开间，可能并不止于14开间，而且最大开间仅为3.2米，作为殿堂来说尺度太小了。看来这是一组很长的木结构遗存，是单体宫殿的可能性不大（图10~图12）。

（二）木构遗址可能是复道建筑遗存

如果不是宫殿遗存，那么有可能是什么性质建筑遗址呢？笔者试作以下推测。

在距现址以西100多米的地方，即今新大新公司地下和地铁指挥中心地下，均发现有不止一处汉宫殿遗址，所以笔者推测所谓“船台”可能是连系宫殿之间的架空廊道或复道的下部结构，一如秦咸阳和汉长安宫殿间的架空复道。这可能是受到秦汉宫殿布局和复道相连形式以及神仙思想的影响，如南越王墓中有出土的炼仙药的原料与用具，这说明当时的神仙思想也会影响到宫苑的布局，至于出土的汉代的瓦当、印花纹大砖等形式更是与中原汉宫殿瓦当如出一辙。联系到秦汉宫殿的布局和苑林的形式，不难想象南越王宫殿的格局与其多有相似之处。复道与飞阁应是古代建筑的一种类型，这在《营造法式》中有记载和图示可查，在金代的大同华严寺中的经藏阁，北京清代的雍和宫后进建筑所架的飞阁以及唐代的敦煌壁画中都还可以看到这种结构的遗制，现在我们在少数民族的廊桥、园林中的虹桥还可以见到类似的实物（图13）。

这种干栏式的建筑结构形式在汉代建筑中是常用的一种形式。我们从战国至秦汉的一些铜器上的图案可以见到干栏式的建筑形式，同时汉代未央宫第四号建筑遗址和王莽九庙厅堂都是采用了干栏式的结构方式[27]（图14、图15）。做干栏架空式的形式，主要还是利于仿水浸和潮湿。也许在那时东西宫殿之间地势略低，时有潮水涌至或有来自白云山的溪水通过此处，所以使用了干栏架空的廊道联系东西区的宫殿。以适

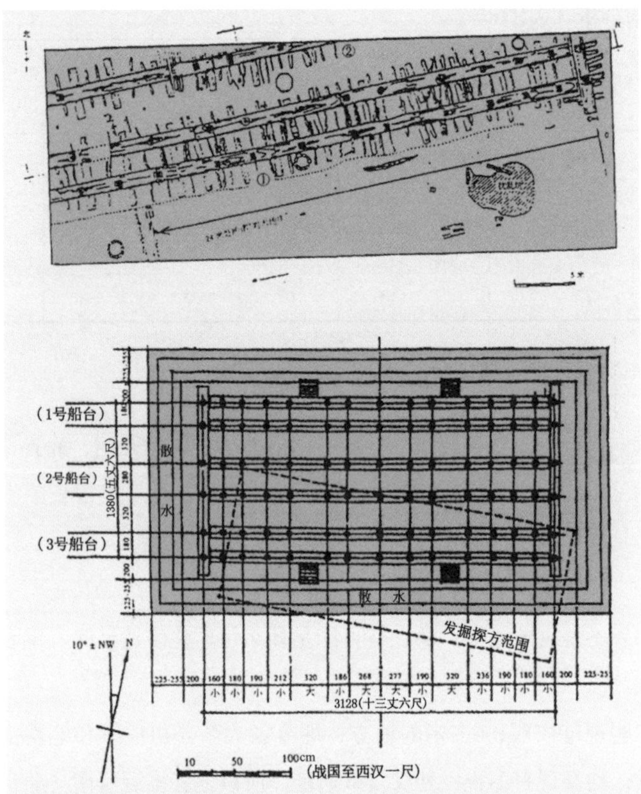

图10 戴开元复原建筑遗址

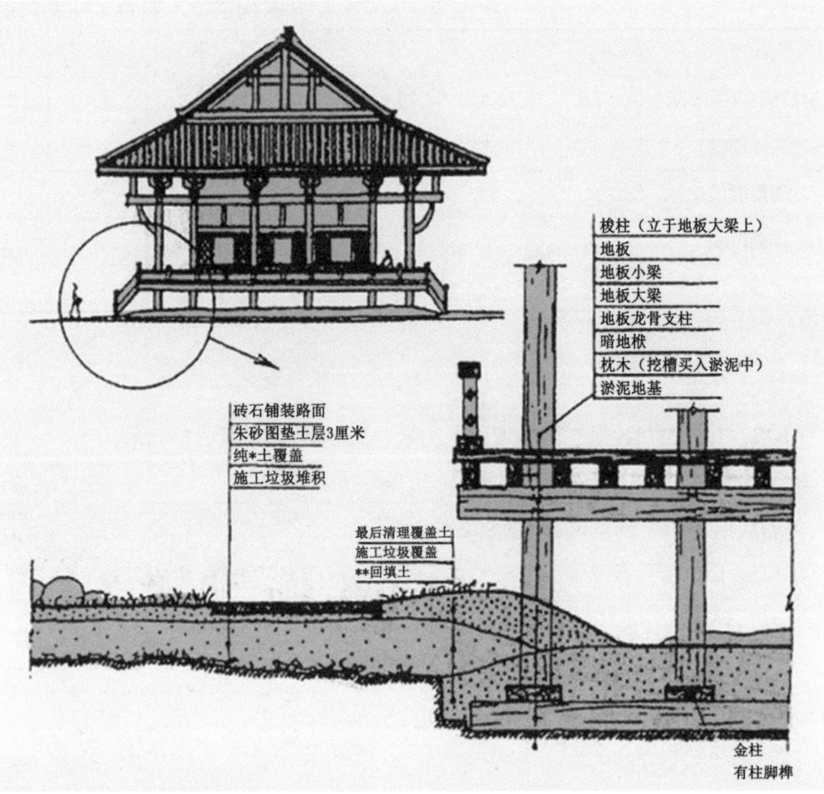

图11 杨鸿勋复原宫殿建筑

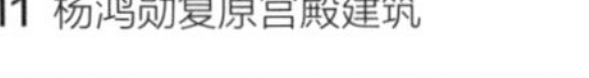

立面图

花砖走道　地栿(滑板)　栿(枕木)　①　后填黄土　②　剖面图　淤泥层　③　残柱

未发掘

30.85米

后廊（3号船台）

40×40方柱

中间（2号船台）

前廊（1号船台）

宫中花砖走道

平面图

复原依据：

平面——1. 现发掘的残柱、地栿、枕木、花砖走道等。
2. 汉代平面形制。
3. 考古发掘报告。
4. 现遗地形地貌。

立面——1. 平面柱位，1号船台的柱位投影。汉代建筑风格。
2. 广州汉代明器，干栏建筑。
3. 秦阿房宫描述，汉宫赋。
4. 沂南汉墓画像石。

剖面——1. 发掘报告与柱子留遗情况，现遗花砖走道与地形。
2. 汉广州明器与现有干栏建筑（广西、贵州、粤北）。
3. 陈明达先生对汉代木构分析资料，汉木构形制。

△高要汉干栏建筑遗址。

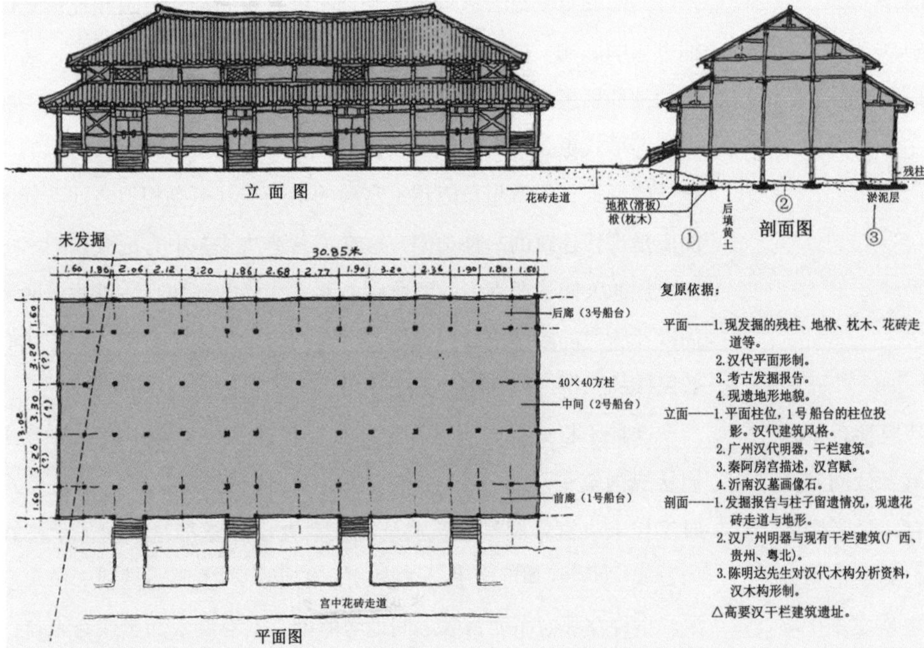

图12 邓其生复原宫殿建筑

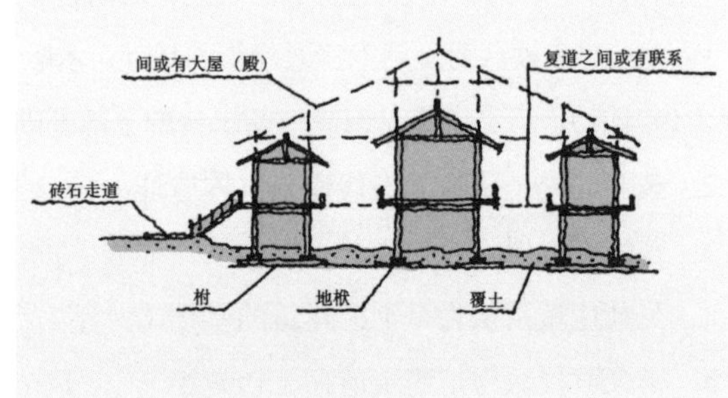

图13 木构遗址为复道复原示意

图14 镇江东周墓出土刻书纹铜盘上的建筑图像

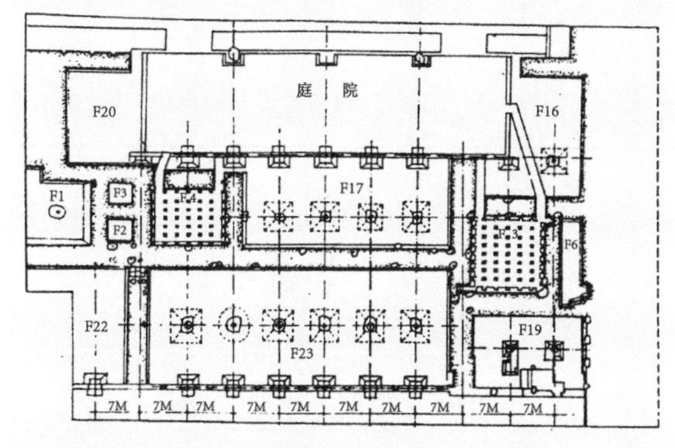

图15 汉长安未央宫四号建筑遗址复原图

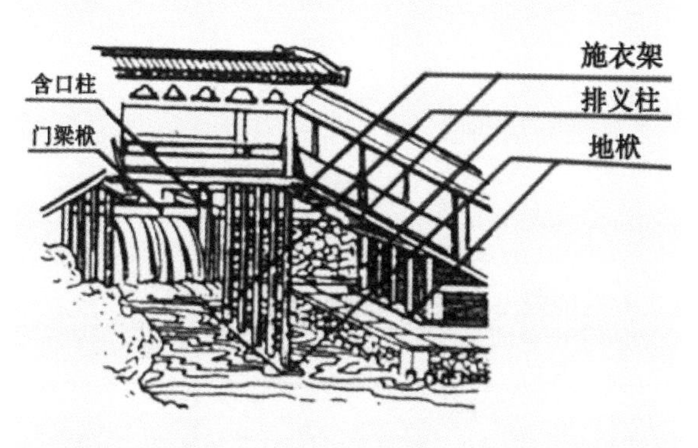

图16 宋李嵩《水殿招凉图》中木桥和地栿

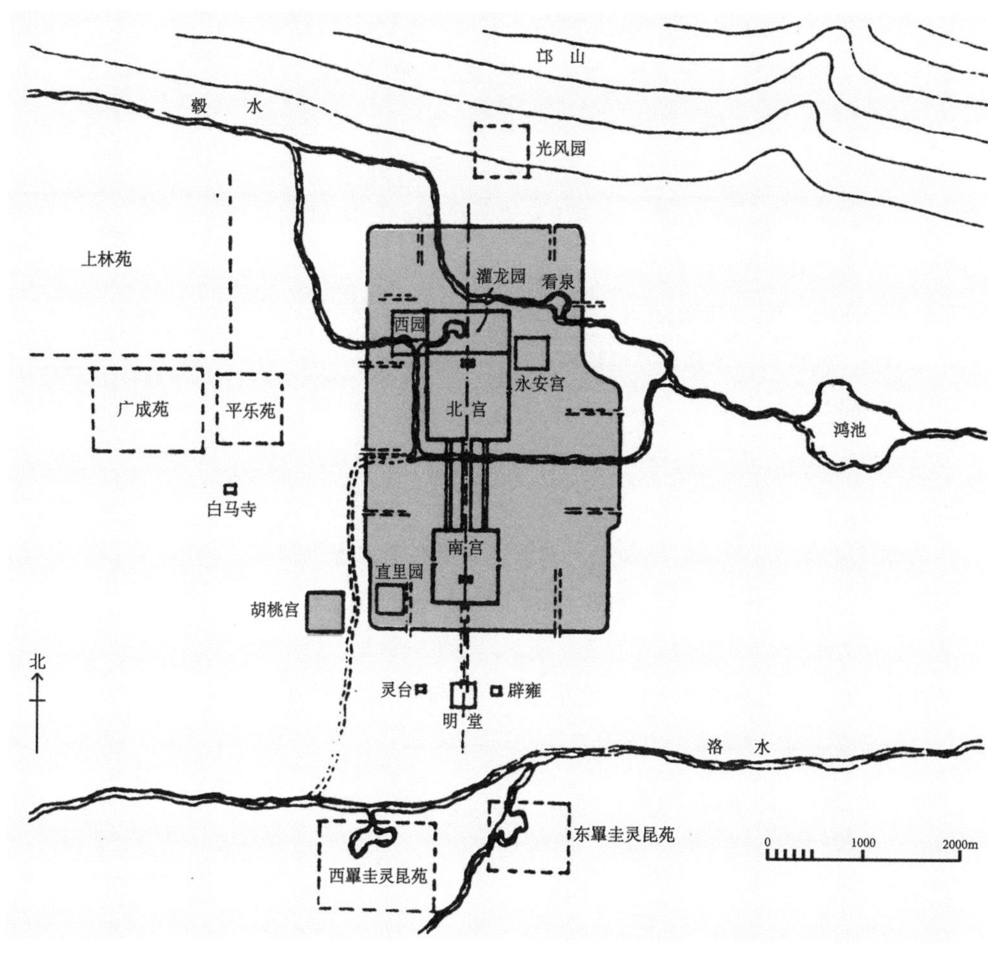

图17 东汉洛阳主要宫苑分布

应当时的气候和地形条件，同时干栏式的建筑形式也是古代南方地区普遍使用的方式。

正如龙庆忠教授所指出的，木构遗存的“木墩”应是干栏结构的柱子，“滑板”应是地栿。从结构力学的角度分析，作为地栿的使用，主要是用于地基较为软弱的地质情况下，以降低建筑基础的抗压强度，或用于水中构筑物的基础。在宋代李嵩的“水殿招凉图”中，就可以看到水中立柱下的木地栿的形式（图16）。

当然，这里也有问题，如果是架空的廊道，何以做三条呢？也许正是汉代“一道三涂”的古制，中路为皇道，两侧为从道，便于明等级和防卫。这种三道并列的复道在东汉的洛阳就使用过，《文选注》引《汉官典职》中记载：洛阳城内的南宫、北宫分别位于洛水的南、北面，两宫“相距七里，中央做大屋，复道三行。天子从中道，从官夹左右，十步一卫”。或许三条复道的中路是有屋盖的，而两侧是开敞的。或中间高，两侧低，在中间行走漫步间，北瞻白云松涛，南眺水天一色，成为一蔚为壮观的观景长廊（图17）。

我们说“船台”是建筑遗构的依据还有遗址旁边所发现的大型砖石走道，走道是平行于“船台”，而且与后来发现的大型石构水池的方位是一致的，所以我们认为这均是关系密切的组群建筑的一部分。

在古建筑中存在着柱础和柱子分离的结构形式，即柱子不做榫入柱础，尤其在南方地区这种形式更多，因为南方气候潮湿多雨，柱子入榫是极易腐烂的。再者由于是多列柱和柱头有横梁相互连接，形成一个整体结构，所以尽管柱子无榫，但结构整体是稳定的，况且2号“船台”柱子是有榫入地袱的，起着定位和稳定的中间作用，柱子入榫更是建筑柱子与柱础的一种交接办法，在北方建筑中常用此法。至于大型砖石走道比木构遗址高近1米，笔者认为其是由于地栿和柱脚要埋入地下而挖深基槽而形成的高差。

虽然做如此的推测，笔者仍有许多疑问之处：

如是复道，何以开间不规整？也许楼面上下的结构是分开的，即上下层柱子开间并不一一对应。

如是三组复道，何以三组柱距前后一一对应？这又表明其是一体的结构。

作为如此规模的基础，似乎上部荷载较大，似有高大建筑物存在，拟或复道上间有大屋？砖石走道即为大屋前之甬道，等等。

所以，笔者认为，以现有的发掘资料还不具备准确的复原该木构遗存的条件，也许待以后有机会扩大发掘面积，积累充分的资料时，才有可能较准确地判定该建筑遗存的性质。

七、出土瓦当等建筑构件的分析

在该地段的发掘中出土了许多建筑构件，这些是我们研究南越王宫殿建筑的宝贵资料，今就所公布和笔者现场所测得的建筑构件数据[28]，作统计分析。

（一）“万岁”纹瓦当

据统计现发现“万岁”纹瓦当尺寸有12种，说明应有至少12种以上的重要单体宫殿建筑（表3）。

木构遗址及附近地段出土“万岁”纹瓦当数据（厘米） 表3

瓦当	1	2	3	4	5	6	7	8	9	10	11	12
直径	18	17.7	17.5	17	16.8	16.7	16.5	16.4	16	15.8	15.5	13
长度	35.6											

（二）云纹瓦当

发现云纹瓦当4种，说明次要建筑至少有4种规格（表4）。

木构遗址及附近地段出土云纹瓦当数据（厘米） 表4

瓦当种类	1	2	3	4
直径	16.3	16.0	15.5	15.0

（三）筒瓦规格

出土筒瓦规格分析至少有6种以上建筑规格（表5）。

木构遗址及附近地段出土筒瓦数据（厘米） 表5

筒瓦种类	1	2	3	4	5	6
直径	24.0	20.0	18.0	16.5	16.5	15.5
长度	49.0	43.5	47.5	45.0	34.5 残	35.0
备注					带釉	

（四）砖规格

从各种不同类型的铺地砖规格来看，至少应有8种以上建筑规格（表6）。

木构遗址及附近地段出土地砖数据（厘米） 表6

砖种类	尺寸（长 × 宽）	花纹	砖铭文	备注
1	95 × 95	印花砖		
2	90 × 90	素面		
3	70 × 70	印花砖		
4	67 × 67	印花砖		
5	70.5 × 45			带釉
6	68 × 44	印花砖	公、气	
7	66 × 20.5			带榫
8	36.5 × 36.5	印花砖		
9	36 × 36	印花砖	左官奴兽	
10	34 × 34	印化砖		

不同等级的建筑选用不同规格尺度的瓦当，不同性质的建筑选用不同瓦当的纹样。从以上出土各种瓦当、筒瓦和铺地砖等建筑构件的尺度和类型统计，可以推知，南越国宫殿建筑组群至少有16中不同规格、等级和功能的单体建筑，可见这是一组规模宏大的建筑群体。遗址出土的

若干瓦当中，直径大者19厘米，小者15厘米，有“万岁”纹瓦当，有云纹瓦当，其与中原汉代瓦当纹样与尺度基本相同，唯云纹瓦当有箭镞符号者与中原有异，其与福建崇安汉宫殿遗址和广东澄海龟山汉代遗址出土的瓦当有相似之处，具有地方特色[29]。但是由于我们不能详细掌握瓦当等瓦砖的构件与遗址的一一对应关系，故难以对遗址与瓦件的关系作进一步深入的推论，甚为可惜。

八、余论

无论是宫廷还是民居，对统治者和庶民百姓来说，建筑工程都是一件大事，除却所费人力物力巨大之外，又涉及社会等级礼制风俗等诸多问题，所以先民早就发现和运用了系统工程方法来解决这一问题，如采用装配式的木构架体系和简明的设计方法等。中国建筑从城市规划到建筑群体，再到单体建筑及其建筑构件有着一套完整与系统的方法，以节省时间，节约投资。这套方法是一份宝贵的文化遗产。我们认为文物的概念不仅仅是局限于实物，还应包括优秀的思想方法等精神文化遗产。如能透彻并合理地运用这一道理，许多的建筑历史和历史建筑问题将会迎刃而解。

历史的经验告诉我们，不了解历史就是不尊重客观事实，就是不尊重科学。在现代城市的发展过程中，新陈代谢是不可避免的，在其发展变化过程中会有得有失。如果对建筑历史和历史建筑的规律和方法较为了解，就会预测出城市中在哪些地方大概有哪些重要的建筑遗存，它们与城市的结构和发展有什么样的关系，我们就会在未来的城市规划中较好地保护和发挥历史建筑遗产的价值，不至于留下过多的遗憾。也就是说，当我们在处理这类事物时，要有建筑的历史观。

注释

1 发表于：“广州秦代造船遗址”学术争鸣集[M]. 北京：中国建筑工业出版社. 2002.

2 广州文物管理处，中山大学考古专业75届工农兵学员. 广州秦汉造船工场遗址试掘[J]. 文物，1997，4.

3 新华社，广州首次发现规模巨大的秦汉造船工场遗址，人民日报，1977年2月27日，第四版。

4 龙庆忠. 中国古建筑上“材分”的起源[J]. 华南工学院学报，1980，6.

5 广州文化局. 广州秦汉考古三大发现[M]. 广州：广州出版社，1999.

6 广州文化局. 广州秦汉考古三大发现[M]. 广州：广州出版社，1999.

7 广州文化局. 广州秦汉考古三大发现[M]. 广州：广州出版社，1999.

8 引自：《考工记·匠人营国》。

9 贺业钜. 中国古代城市规划史[M]. 北京：中国建筑工业出版社，1996.

10（唐）杜牧. 阿房宫赋。

11 杨鸿勋. 建筑考古学论文集[M]. 北京：文物出版社，1987.

12 引自：《广州通志·政事志》。

13 曾昭璇. 广州历史地理[M]. 广州：广东人民出版社，1991.

14 程建军. 筵席：中国古代早期建筑模数研究[J]. 华中建筑，1996，3：83-85.

15 丘光明. 中国古代度量衡[M]. 北京：商务印书馆，1996.

16 张荣芳，黄淼章. 南越国史[M]. 广州：广东人民出版社，1995.

17 数据自：广州市文化局. 广州秦汉考古三大发现[M]. 广州：广州出版社，1999.

18 龙庆忠. 中国古建筑上“材分”的起源[J]. 华南工学院党报，1980（6）.

19 龙庆忠. 广州南越王台遗址研究[J]. 羊城古今，1990，6. 又据曾昭璇教授回忆说：在木构遗址发掘出后，龙庆忠教授即提出其是古建筑遗址。

20 戴开元.“广州秦汉造船工场遗址”说质疑[J]. 武汉理工大学学报（交通科学与工程版），1982，1.

21 曾昭璇. 广州历史地理[M]. 广州：广东人民出版社，1991.

22 曾昭璇. 广州历史地理[M]. 广州：广东人民出版社，1991.

23 杨豪. 广州“造船工场”实为建筑遗存[J]. 南方文物，1997，（3）.

24 杨鸿勋. 南越王宫殿辩[J]. 中国文物报，2000年4月26日33期，三版。

25 邓其生. 从建筑考古学看广州“造船遗址”[J]. 中国文物报，2000年8月30日，三版。

26 杨鸿勋. 积沙为洲屿，激水为波澜[J]. 中国文物报，2000，8：33.

27 傅熹年. 傅熹年建筑史论文集[M]. 北京：文物出版社，1998.

28 大多数数据自：广州市文化局. 广州秦汉考古三大发现[M]. 广州：广州出版社，1999.

29 福建省博物馆. 崇安汉城北岗一号建筑遗址[J]. 考古学报，1990，3；邱立诚. 澄海龟山汉代遗址[M]. 广州：广东人民出版社，1997.

图表来源

图1～图4：广州市文化局编. 广州秦汉考古三大发现[M]. 广州：广州出版社，1999.

图5：贺业钜. 中国古代城市规划史[M]. 北京：中国建筑工业出版社，1996：313.

图6、图7、图17：周维权. 中国古典园林史[M]. 北京：清华大学出版社，1990：27、32、35.

图8：（清）毕沅，关中胜迹图。

图9、图13：作者自绘。

图10：戴开元. "广州秦汉造船工场遗址"说质疑[J]. 武汉理工大学学报（交通科学与工程版），1982（1）.

图11：杨鸿勋. 南越王宫殿辩[J]. 中国文物报，2000（4）.

图12：邓其生. 从建筑考古学看广州"造船遗址"[J]. 中国文物报，2000（8）.

图14、图15、图16：傅熹年. 傅熹年建筑史论文集[M]. 北京：文物出版社，1998：87、93、216.

表格：作者自制。

参考文献

[1] 广州市文化局. 广州秦汉考古三大发现 [M]. 广州：广州出版社，1999.

[2] 张荣芳，黄淼章. 南越国史[M]. 广州：广东人民出版社，1995.

[3] 余天炽，等. 古南越国史 [M]. 南宁：广西人民出版社，1988.

[4] 贺业钜. 中国古代城市规划史[M]. 北京：中国建筑工业出版社，1996.

[5] 武伯纶. 西安历史述略[M]. 西安：陕西人民出版社，1984.

[6] 曾昭璇. 广州历史地理[M]. 广州：广东人民出版社，1991.

[7] 杨宽. 中国古代都城制度史研究[M]. 上海：上海古籍出版社，1993.

[8] 杨鸿勋. 南越王宫殿辩[N]. 中国文物报，2000年4月26日33期，三版.

[9] 龙庆忠. 广州南越王台遗址研究[J]. 羊城古今，1990，6.

[10] 周霞. 广州城市形态演进研究[D]. 广州：华南理工大学，1999.

[11] 赵立瀛. 中国宫殿建筑[M]. 北京：中国建筑工业出版社，1992.

[12] 周霞. 广州城市形态演进研究[D]. 广州：华南理工大学，1999.

[13] 周维权. 中国古典园林史[M]. 北京：清华大学出版社，1990.

[14] 戴开元. "广州秦汉造船工场遗址"说质疑[J]. 武汉理工大学学报（交通科学与工程版），1982（1）.

[15] 傅熹年. 傅熹年建筑史论文集. 北京：文物出版社，1998.

《鲁班经》评述[1]

《鲁班经》是流行于民间木工匠师的一本建筑著述，有多种版本。现在人们看到的是明代的《鲁班营造正式》、清代的《鲁班经》和民国的《绘图鲁班经》，在民间还有许多手抄本和其他版本。明代的《鲁班营造正式》曾载于明代焦弘《国史经籍志》里，简称《营造正式》。关于《鲁班经》的研究前人已有许多的成果，比如刘敦桢先生“明《鲁班营造正式》钞本校读记”，郭湖生教授的文章“鲁班经与鲁般营造正式”及其在1984年出版的《中国古代建筑技术史》中的“《鲁班经》评述”就有较为系统和深入的研究评述，还有Klaas Ruitenbeek的*Carpentry and Building in Late Imperial China—A Study of the Fifteenth-Century Carpenter's Manual Lu Ban Jing*等研究成果，这些成果对人们了解和认识《鲁班经》起到了重要作用，尤其是Klaas Ruitenbeek的研究成果令人侧目，其对《鲁班经》从建筑到家具，以及所载各种择日、魇镇禳解内容，作了较深入的系统研究。近年又有不少关于《鲁班经》的研究成果面世，提供了许多宝贵的资料。

一、《鲁班经》的版本与源流

从《鲁班经》中的主要内容看，其涉及建筑施工程序、仪式、建筑样式、图样，家具设计尺度与样式，以及有关建筑的文化风俗习惯等，可见该书为民间木工匠师关于民间房屋营造和家具制作的专门用书。其经历了自明代至民国的发展历程，有多种版本问世，书中内容也多有变化，但传承关系还是十分明确的，即晚期的《鲁班经》是由早期的《鲁班营造正式》逐步发展而来。也有传承《鲁班经》部分内容的相关经书如《鲁班造福经》《五车拔锦》《鲁班寸白集》流行民间。

兹将有关《鲁班经》演进历程整理如**表1**所示。

据刘敦桢和郭湖生先生研究，宁波天一阁范氏所藏明成化、弘治年

《鲁班经》演进历程　表1

书名	年代与版本	出版者或所藏地	特点
《鲁班营造正式》	约明中叶，天一阁刻本，六卷	宁波天一阁	约明成化、弘治年间，1465—1505 年
《鲁班经匠家镜》	明万历年间（1573—1602 年），明万历刻本，三卷	国家文物局 故宫博物院	
《鲁班经匠家镜》	明崇祯年间（1628—1644 年），翻明万历刻本，三卷	北京图书馆	1. 加入万历本散失的前二十一页篇幅； 2. 部分图形可能重绘，文字内容未更动； 3. 万历本增加算盘、手推车、踏水车、推车
《新镌京版工师雕斫正式鲁班经木经匠家镜》	同治刻本，三卷	中国科学院	简称《鲁班经匠家镜》
《工师雕斫正式鲁班经匠家镜》	清代刻本，三卷	南京工学院	
《新刻京版工师雕斫正式鲁班经匠家镜》	晚清刻本，三卷	北京大学	较崇祯本增加茶盘托盘棕式、牌扁式条目
《绘图鲁班经》	民国 27 年（1939 年）初版	上海鸿文书局	内容与《鲁班经匠家镜》明万历刻本相同，编排有异
《绘图鲁班经》	1995 年第八版	竹林印书局（中国台湾）	内容与《鲁班经匠家镜》明万历刻本相同，编排有异
《绘图鲁班木经匠家镜》	1999 年 10 月再版	育林出版社（中国台湾）	重编本，全书分为二部分

间《鲁班营造正式》钞本，在明焦弘《国史经籍志》亦曾收录，简称《营造正式》。全书有六卷，而宁波天一阁范氏的抄本只存三十六页，其中有插图二十幅，内容仅限于建筑，如一般房舍、楼阁、钟楼、宝塔、畜厩等大木作项目，并不包括家具、农具等，且插图多用立面图及侧面图样。在编排顺序上先论述定水平垂直的工具，再说明一般房舍的地盘样式及剖面梁架，然后是特殊类型的建筑和建筑细部，例如驼峰、垂鱼等。没有后来版本《鲁班经》中大量克择日课等魇胜禳解内容，比较实用。

对于《鲁班营造正式》成书于何时？目前并无定论，郭湖生先生认为，从其内容分析大致可推估成书最晚应于元末明初之际，其推论要点如下：

1）插图保留了许多宋元时期建筑手法，建筑插图绘制以平面和剖面来表示，与宋《营造法式》中的地盘分槽和建筑侧样图相仿，而后期的《鲁班经》则没有了地盘平面图，建筑格式也由侧面图改绘成为易于理解的透视图。此外，在断水平法中的定水平工具“地盘真尺”“水绳、水鸭子”与宋《营造法式》中的“真尺”“水平真尺”插图相仿。

2）插图中“垂鱼”“掩角”等图样，亦和宋《营造法式》的建筑装饰图样“雕云垂鱼”形式类似，与现存宋代建筑构件相似。“掩角”即建筑之“护角”，是用于保护建筑封檐板转角处的构件，同时具有一定的艺术效果。这种构件广泛使用于浙江、福建地区，至今该地区的传统建筑仍在广泛使用。

《鲁班营造正式》中“请设三界地主鲁般先师文”一文有：“……冒恳今为某路、某县、某乡、某里、某社，奉大道弟子某人……”等记载，若依中国历代行政区域等级划分名称来看，其中的路、县、乡、里、社为当时的地方级制名称，“路”为元代行政区域划分名称，然而这个部分在之后的《鲁班经匠家镜》中标题已改为“请设三界地主鲁班先师祝上梁文”，内文中在提及屋宅主人的户籍资料时改为：“……今据某省、某府、某县、某乡、某里、某社，奉道信管（士）……”其中已无“路”的称呼，改为省、府、县、乡、里、社等地方级制名称，因明代已采用省、府、县三级制行政区域划分。

《鲁班经匠家镜》为明代万历年间的增编刻本，较《鲁班营造正式》本增加民间常用的家具、日常器物与和建筑施工相关的择日、真言、镇符等内容，并改编重绘了插图，建筑的侧样改绘成透视方式，名称由“格”改为“式”，更便于人们理解。“匠家镜”意为匠家营造房屋和生活用家具的参考指南。全书分文字叙述和图样两大部分，并以图样来解释文字的内容，全书分为三卷，各卷内容如下：

卷一记载从“鲁班仙师源流”始，至伐木、架马、上梁等各种房屋建造法；

卷二记载建筑、畜栏、家具、日用器物，大至仓敖小到围棋盘的做法和尺寸，十分详尽；

卷三记载建造各类房屋的图式共七十二例。

明代崇祯年间所刻印的《鲁班经匠家镜》，书卷的书目、文字、插图、编排、版次皆与万历刻本大致相同，但也有些许变动，如其卷一比万历刻本多了推车式、踏水车、手水车式、算盘式等条目。其刻本质量较万历刻本为次。《绘图鲁班木经匠家镜》和《绘图鲁班经》为近代印行，其内容大致与《鲁班经匠家镜》相同（表2）。

从表中很明显地看出，明代的《鲁班营造正式》的内容主要是关于民间建筑的方法、技术方面的，但清代的《鲁班经匠家镜》的内容保留了大部分建筑的内容，建筑技术的内容略有减少，如地盘图、定盘真尺图、水鸭子图等，但却保留了断水平法。民国时期出版的《绘图鲁班经》的内容大致与《鲁班经匠家镜》相同，但在内容上作了增减，如减少了家具的内容，对图文作了重新编排。但三者的先后承继关系是非常明确的。

至于《鲁班经》的编著者，并无明确的资料可以证实。古籍资料中记载比较明确的是收藏于故宫博物院明代万历刻本《新镌京版工师雕正式鲁班经匠家镜》，书中署名“北京提督工部御匠司司正午荣汇编，局匠所把总章严集，南京御匠司司承周言校正”。但《元史·志·百官》《明史·志·职官》并无“御匠司”“局匠所”等营缮机构，也没有“司正”“把总”“司承”等官衔。由此推测《鲁班经》的编辑者可能是不了解当时官制的民间匠师（图1~图3）。

二、《鲁班经》关于建筑的主要内容

《鲁班经》涉及多种建筑类型，有宅舍、皇殿、王府、司天台、寺观庙宇、祠堂、营寨、凉亭水阁、钟楼、宝塔、门坊、仓敖、桥梁、畜栏等，而建筑构架方面又有三架屋、五架屋、七架屋、九架屋等常

《鲁班经》各版本主要内容异同　表2

主要章节内容	《鲁班营造正式》	《鲁班经匠家镜》	《绘图鲁班经》
请设三界鲁班先师文	●	●	●
鲁班先师流源		●	●
地盘图	●		
动土平基		●	●
定盘真尺图	●		
断水平法	●	●	
水鸭子图	●		
鲁班真尺	●	●	●
曲尺	●	●	
推白吉星	●	●	●
伐木择日	●	●	●
起工格式	●	●	●
定磉扇架		●	●
宅舍房屋格式	●	●	●
王府宫殿、司天台、祠堂、凉亭水阁、仓敖、桥梁		●	●
造门法与门式	●	●	●
悬鱼、掩角、驼峰格式	●	○部分内容相似	
楼阁图式	●	●	●
五音造羊栈格式	●	●	●
五音造牛栏法		●	●
各种家具格式		●	●
相宅秘诀		●	●

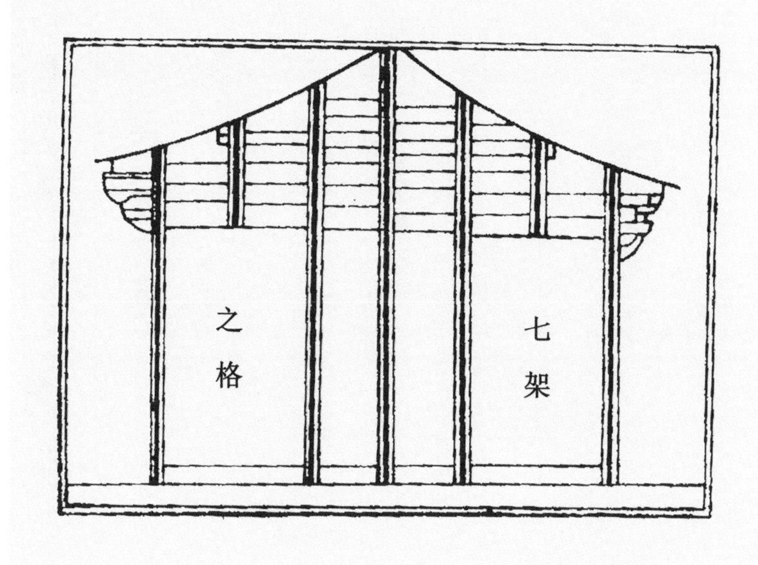

图1《鲁班营造正式》七架格

图2《鲁班经》五架式

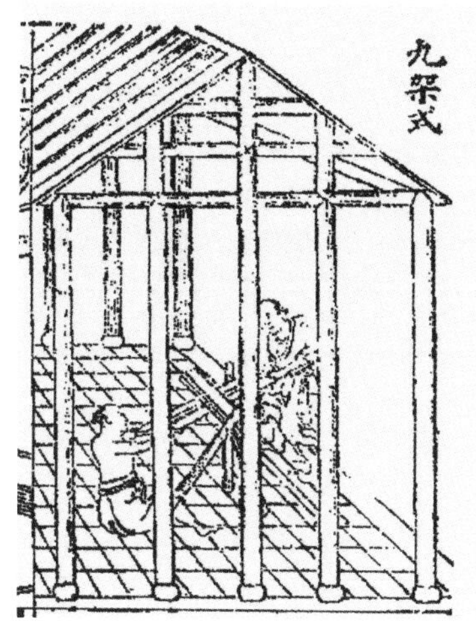

图3《绘图鲁班经》九架式

用的诸式，比较实用。建筑类型有形象图示，而建筑构架则有地盘的心间、次间各间尺度和进深尺度，侧样则有檐柱高、栋柱高和步架的宽度尺度，有了这些关键尺度，建筑构架和建筑空间就已经确定了，建房的基本条件已经满足。

今将《鲁班经》中所载宅舍的三架屋、五架屋、七架屋、九架屋尺度绘成平面和剖面示意图，我们发现建筑尺度之间有系统关系，如三架三间心间宽与步柱高相等，五架三间的次间与三架三间栋高尺度相同，五架三间心间宽度、七架三间次间宽度和九架步柱尺寸一样（图4，表3）。

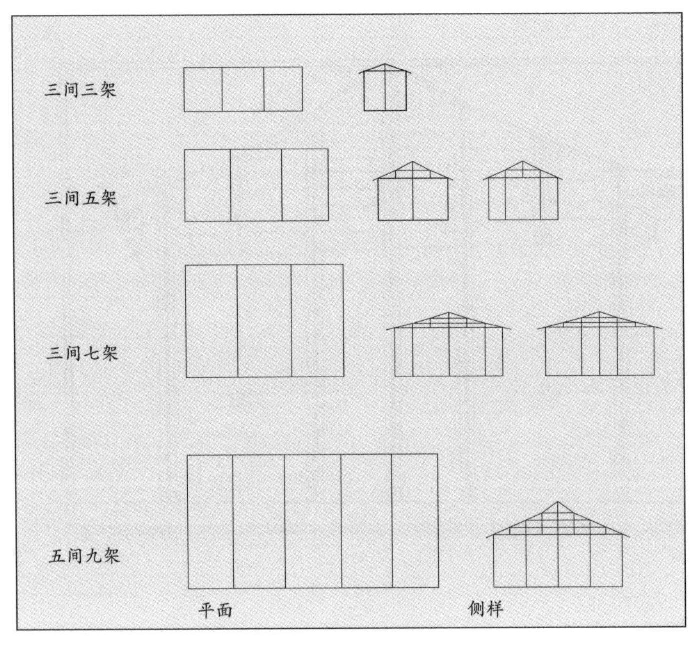

图4 建筑平面、剖面（据《鲁班经》所载屋舍尺度绘制）

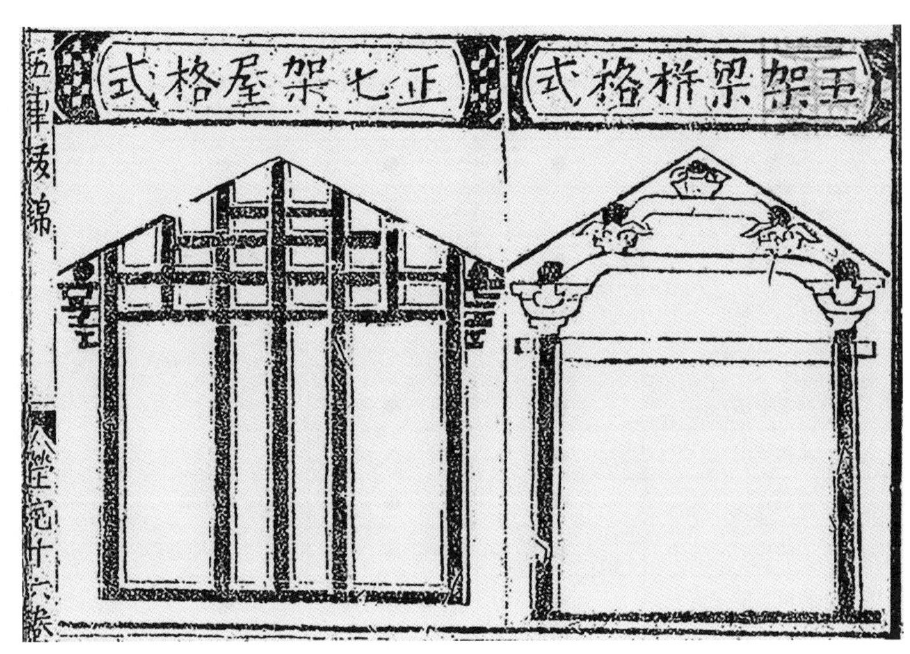

图5《五车拔锦》所载七架格式与五架格式

《鲁班经》中所载宅舍尺度　表3

宅舍规模	开间			柱、栋高			段深（步架）
	心间	次间	稍间	步柱（檐柱）	仲柱（内柱）	栋高	
三间三架	1.11	1.01		1.01		1.21	0.56
三间五架	1.36	1.21		1.08	1.28	1.51	0.46
三间七架	1.43	1.36		1.26		1.66	0.48
五间九架	1.48	1.36（推测）	1.2（推测）	1.36		2.20	0.43

这里有一个问题，在所看到的许多版本中，包括明天一阁本《鲁班营造正式》和清《鲁班经匠家镜》中建筑“正七架三间格”（三间七架）中栋高为一丈零六寸，这显然是一个错误，且被代代版本传抄，因为该格步柱高就有一丈二尺六寸，已高过栋高，这是不可能的，查《五车拔锦》中的有关内容，其栋高为一丈六尺六寸，计算其三架格式举高为1/5.6，五架格式举高为1/4.28，九架格式为1/4.09，而七架格式则为1/7.2，通过绘图复原，笔者认为栋高尺寸依然过低，举架高度不够，屋面坡度过缓。七架格举高当在1/4.12左右，推测栋高应为一丈九尺六寸。按郭湖生先生勘误七架格栋高为二丈零一尺计算，举高则为1/3.6，似乎举高不应高于1/4为准，即类似《营造法式》所谓厅堂举高以1/4为率。从《鲁班经》所流行的东南沿海地域来看，民居建筑屋顶坡度的确较为平缓，举高比大致在1/4～1/5。由此看出《鲁班经》在很大程度上有实践的指导作用，但也不乏将此作为经典神明的意义，作为一种规矩、习惯、制度或仪式承继下来（图5）。

三、关于《鲁班经》的几个问题

（一）流行的地域性

郭湖生先生在《中国建筑技术史》的“《鲁班经》评述”中说：“《鲁班经》的主要流布范围，大致为安徽、江苏、浙江、福建、广东一带。现存的《鲁班营造正式》和各种《鲁班经》的版本，多为这一地区所刊印（天一阁本为建阳麻沙版，万历本刻于杭州）。此区的明清民间木构建筑，以及木装修、家具保存了宋元时期的手法特点，这一现象的地域与《鲁班经》流布范围一致，不是偶然的。”其论断是正确的。笔者认为，对照该区域现存之明清建筑以及木制家具多与书中所记载相吻合，相对地与北方的建筑结构有明显的不同。比如建筑构架所表现的穿枋梁、插栱是东南沿海地区建筑常见构架形式，尤其是七架格和九架格所表现的梁枋上的坐斗和瓜柱收口方式，更是这一区域中浙江、福建闽南和广东粤东的建筑构造典型特征。《鲁班经》中十分强调鲁班尺的重要性及其运用，在明清至现代闽南与粤东的传统木工匠师中，于民间建筑施工中仍然把“鲁班尺”作为重要建筑尺度确定的依据。

（二）建筑知识的民间化、民俗化

《鲁班营造正式》与《鲁班经》中涉及的建筑与家具，基本上是民间常用的形式与规格，建造房舍的工序是正确而实际的，是贴近民间营造的著述。许多营造技艺以口诀的方式记录，便于匠师间的流传记忆。对民间的许多建筑习俗有大量的篇幅说明，如对于“鲁班尺”“寸白尺”的使用，以及行帮的规矩、制度与仪式等，是民间建筑营造整体过程与内容的真实写照，反映了民间建筑文化的诸多内涵。

（三）建筑与器具的规范化

《鲁班经》中记载了鲁班真尺、曲尺、定盘真尺、水平等建筑工具，有建筑地盘图（平面图）和侧样（剖面图），亦记录了当时常用建筑类型、名称和常用尺度，以及常用家具、农具的基本尺度和式样，包括三十多种生活家具，对其尺寸、名称、用料、榫卯、造型都做了详细的记述。这些均规范了民间建筑与器物的标准，反映了明清之际民间建筑营造、家具木工技术发展程度。

总之，《鲁班经》作为民间流传的建筑专著，其涉及的许多民间建筑、器物和建筑民俗，行会组织制度等恰是对官府颁布的《营造法式》《工部做法》的重要补充。除此之外，书中对各种家具、农具、仓储、畜栏等器具的记录也是一份宝贵的资料。可以说《鲁班经》在传统建筑环境、建筑类型、建筑室内陈设、建筑文化信仰、风俗等诸方面与其他古代建筑著述相比有着大的外延。它不仅是研究民间建筑传统和有关建筑民间风俗的重要史料，也是研究中国建筑史的重要著述，值得人们深入系统地研究。

注释

1 发表于：杨永生，王莉慧. 建筑百家谈古论今·图书编[M]. 北京：中国建筑工业出版社，2008.

图表来源

图1：文献[1]。

图2：文献[2]。

图3：文献[3]。

图4：据《鲁班经》所载屋舍尺度绘制。

图5：文献[8]。

表格：作者自制。

参考文献

[1]（明）《鲁班营造正式》. 天一阁藏本[M]. 上海：上海科学技术出版社，1988.

[2]（清）工师雕斫正式鲁班木经匠家镜（三卷）[M]. 刻本. 北京：国家图书馆藏本，1860（清咸丰十年）.

[3] 绘图鲁班经[M]. 上海：上海鸿文书局. 1938.

[4] 刘敦桢. 刘敦桢文集（二）[M]. 北京：中国建筑工业出版社，1984.

[5] 郭湖生. 鲁班经与鲁班营造正式[J].科技史文集第7辑，1981.

[6] 郭湖生.《鲁班经》评述. 原载于：中国古代建筑技术史[M]. 北京：科学出版社，1988.

[7] Ruitcnbeek, Klaas.Carpentry and Building in Late lmperial China: A study of the Fifteenth—Century Carpenter’s Manual Lu Ban Jing[M]. Leiden; New York: E. J. Btill, 1993.

[8]（明）徐三友.《新锲全补天下四民利用便观五车拔锦33卷》[M]. 刊本. 1597（明万历二十五年）.

[9] 程建军，孔尚朴. 风水与建筑[M]. 南昌：江西科学技术出版社，1991.

[10] 曹志明，翁雅昭，刘晏志. 鲁班经源流与文化意涵初探[C]. 2005年设计与文化学术研讨会论文，中国台北，2005：221-231.

材、斗、椽中距与标准材
——中国古建筑设计模数探讨[1]

引入

《营造法式》序曰："董役之官，才非兼技，不知以'材'而定分，乃或倍斗而取长。"梁思成先生《〈营造法式〉注释》解曰："主管工程的官，也不能兼通各工种。他们不知道用'材'作为度量建筑物比例、大小的尺度，以至有人用料的倍数确定构件长短的尺寸。"梁先生似乎否定了"倍斗取长"的说法。[2]

日本学者关口欣也研究日本中世禅宗样佛堂斗栱，提出京都东大寺钟楼（承元年间1207—1210年）是禅宗样斗栱寸法的典例，斗栱立面基准方格的构成模式是禅宗样斗栱核心构成规律。大森健二研究正福寺地藏堂再次论证了斗栱立面基准方格构成模式。[3]（图1）张十庆以日本奈良东大寺钟楼为例，研究注意到斗长A＝材广＝23.82厘米，柱间构成＝32A。并进一步列举日本圆觉寺佛殿古图（元龟四年1573年）、延历寺琉璃堂（室町末期）、京都玉凤院开山堂（14世纪）对斗长与开间尺度的关系作了论述，认为这些建筑是倍斗模数制的完善形态（图2）。肖旻对《营造法式》斗尺度的研究中提到："大斗尺度约是2倍材枋的用料，小斗尺度大约是1倍材枋的用料"，也注意到了大小斗的尺度和材尺度的关系。[4]林琳从《营造法式》栌斗D边长32份正好是小斗边长d的16份的倍数，即D＝2d，提出"倍斗而取长"是"以材而定分"的延伸，斗长是《法式》中一种隐性的辅助模度[5]（图3）。常青也认为"倍斗取长"是《法式》的一种基准模数方法。[6]但已有文献对"倍斗取长"仍欠缺进一步的论述，并且所举有关斗栱与建筑开间的实例大多为日本建筑，主要是日本中世纪禅宗样与和样建筑，对中国古建筑的相关研究仍鲜有涉及。

因此作者认为"倍斗取长"仍有深入讨论的价值，以此为线索可进一步追寻《营造法式》材份模数与建筑尺度的关系以及中国木构建筑标准材的问题。具体而言，本文拟探析以下问题：

（1）是否存在以斗长的倍数确定建筑与构件尺度的方法？

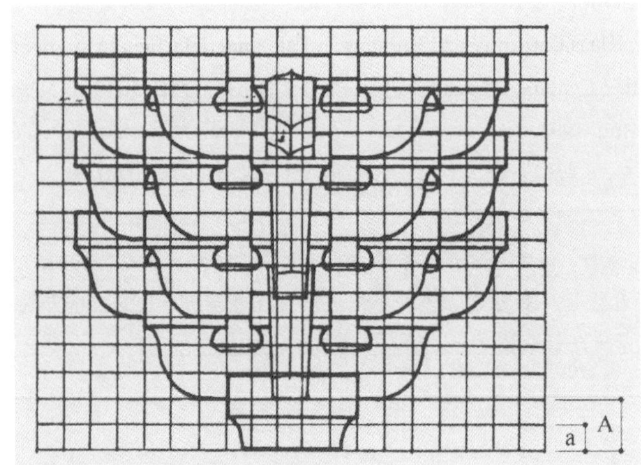

图1 禅宗样斗栱立面基准方格构成

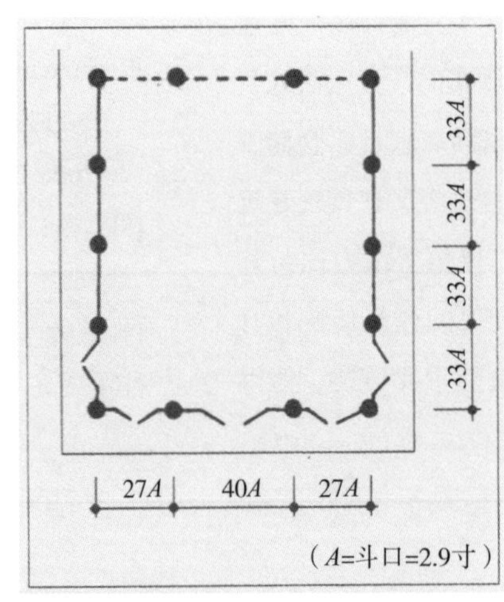

图2 日本京都玉凤院开山堂平面构成（14世纪）

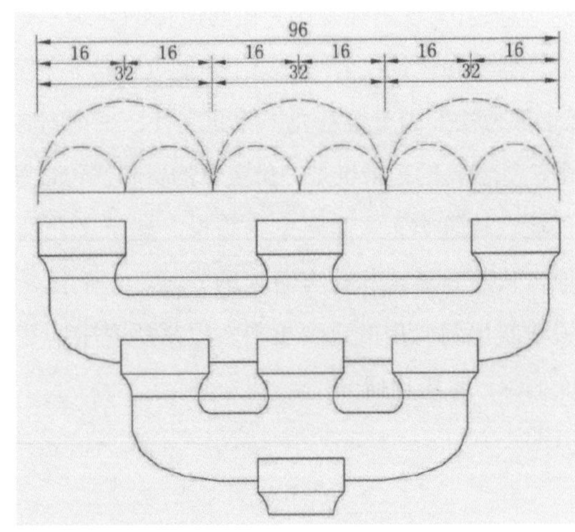

图3 慢栱与斗的模数构成

（2）若有，则斗长与建筑尺度存在什么关系？

（3）材与斗的尺度是什么关系？

（4）无斗栱的厅堂建筑或民式建筑如何确定建筑尺度？与材份、斗口有什么关系？

（5）材份制作为模数体系如何指导建筑的尺度设计？

（6）标准材的尺度及其应用。

一、材、斗

（一）法式文献的材、斗尺度分析

1.《营造法式》造料之制

《营造法式》大木作制度中“材有八等”，每等材广（高）15份、厚（宽）10份，造料之制也规定了斗栱铺作中栌斗和各小斗的份值比例[6]（图4）。

数值如下：

栌斗：32×32份，高20份。

小斗：交互斗18×16份；齐心斗16×16份；散斗16×14份 。三种小斗各有一边为16份，高均为10份。

单材：15×10份；足材：21×10份。

综上，材与斗数值存在以下明确关系：

栌斗长32份＝2×16份＝2×小斗长

栌斗高20份＝2×10份＝2×小斗高＝2×材厚

小斗高10份＝1材厚

2.《清式营造则例》斗栱模数

清工部《工程做法》设定了11斗口，不同等级的建筑选取不同的斗口，并以斗口为基数对建筑和构件尺度作了详细规定，成为一种定型的设计模数。梁思成先生以工部《工程做法》为基础，结合对北方传统工匠沿袭做法的广泛调查，著成《清式营造则例》，实现对清代官式建筑营造技术全面而细致的梳理。《清式营造则例》斗栱尺寸如下[7]（图5）：

坐斗：3×3×2斗口

小斗：十八斗：1.8×1.5×1斗口；三才升：1.3×1.5×1斗口。两种小斗各有一边为1.5斗口，高均为1斗口。

单材：1.4×1斗口；足材：2×1斗口，单材和足材材厚均为1斗口。

综上所述，材与斗数值存在与《营造法式》斗栱接近的关系：

坐斗长3斗口＝2×1.5斗口＝2×小斗长

坐斗高2斗口＝2×1斗口＝2×小斗高

小斗高1斗口＝1材厚

3.《营造法原》牌科（斗栱）模数

《营造法原》由姚承祖先生根据其祖姚灿庭所著《梓业遗书》与其毕生营造经验编撰而成。姚先生家族世袭营造业，20世纪50年代苏州许多住宅、寺庙、庭院都经他擘画修建。姚先生晚年担任鲁班会会长，巍然为当地匠师领袖。[8]刘敦桢先生在《营造法原》序中曰：“书中所述大木、小木、土石、水诸作，虽文辞质直，并杂以歌诀，然皆当地匠工用之做法。”书中斗栱以“五七”式为主[9]（图6）。

五七式斗栱分件尺度如下[10]：

大斗：7寸×7寸×5寸

升（小斗）：3.5寸×3.5寸×2.5寸

单材：3.5寸×2.5寸；足材：5寸×2.5寸

综上，斗栱分件数值亦存在类似关系：

大斗长7寸＝2×小斗长＝2×单材广

大斗高5寸＝2×小斗高＝足材广＝2材厚

小斗长3.5寸＝单材广

小斗高2.5寸＝材厚

综上所述，我们发现三本法式文献中斗栱数值皆满足：

大斗长（栌斗长）＝2×小斗长

大斗高 ＝2 ×小斗高＝2×材厚

小斗高 ＝材厚

此外，《营造法原》与《清式营造则例》共同满足：大斗长＝ 足材广，《营造法原》还满足：小斗长 ＝单材广。可以看出，斗与材在尺度上存在高度关联性。朱启钤先生在《营造法原》跋序中曾指出由于明清时期大量南方工匠被征营建南京、北京诸宫室，如陆祥、蒯祥、蔡信、杨青、雷氏家族等还官居要职，统领北方官式建筑的规划营造，促使南北营造技艺的糅合，故此《营造法原》与《清式营造则例》存在颇多相通之处。[11]

（二）斗、材模数建筑实例

1. 五台山佛光寺东大殿

佛光寺东大殿建于唐大中十一年（公元857年），是我国现存最为

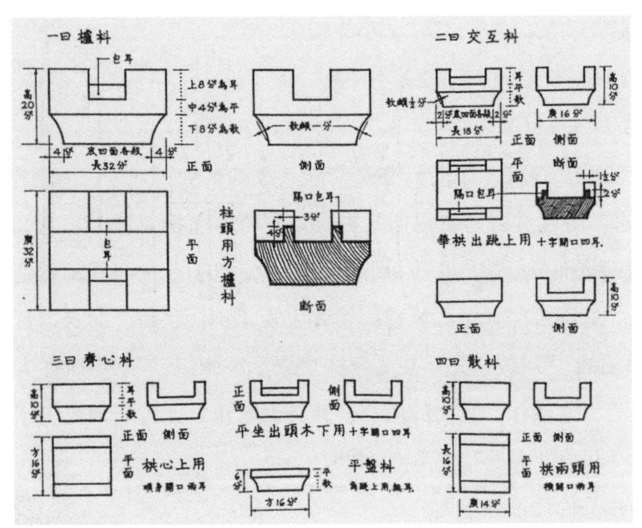

图4《营造法式》造料之制

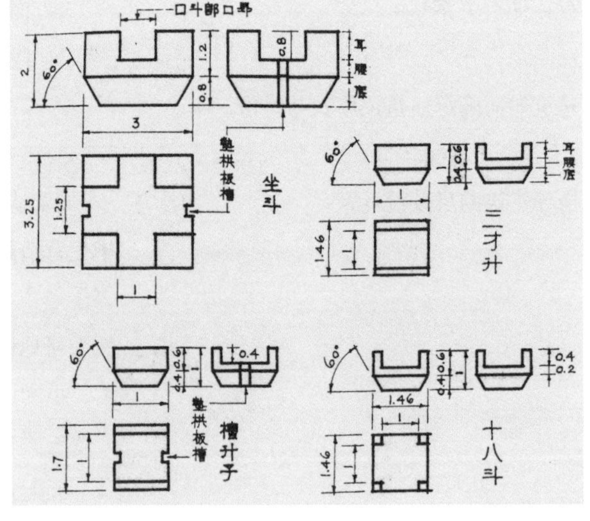

图5 清《营造则例》斗栱尺寸

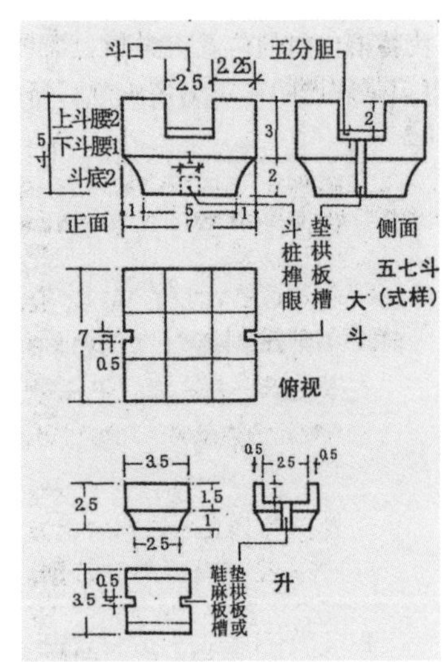

图6《营造法原》“五七”式斗栱

完整、规模最大的唐代木构建筑，也是研究我国唐代建筑形制、尺度等问题的“标准器”。大殿面阔七间，进深四间，单檐庑殿顶。佛光寺大殿斗栱测绘尺度如下[12]：

栌斗：63厘米×63厘米×43厘米；散斗：32厘米×32厘米×21厘米/22厘米

单材：31厘米×21厘米；足材：43厘米×21厘米

由上可得出材、斗数值关系：

栌斗长（63厘米）≈ 2×散斗长（32厘米）≈ 2×材广（31厘米）= 3×材厚（21厘米）

栌斗高（43厘米）=足材广（43厘米）≈ 2×材厚（21厘米）

散斗长（32厘米）≈单材广（31厘米）

2．福州华林寺大殿

据《三山志》记载福州华林寺大殿建于宋乾德二年（公元964年），据部分构件的碳14测定结论，大殿建造时间可能要提早到4—5世纪之间。大殿面阔三间、进深四间，为单檐歇山顶木构建筑，其斗栱尺度雄大，古风犹存。尺度如下[13]：

补间铺作大斗（栌斗）：46厘米×46厘米×24厘米

补间铺作小斗（散斗）：30厘米×30厘米×16厘米

单材：30厘米×16厘米；足材：45厘米×16厘米；斗口：16厘米

由上可得其材、斗数值关系：

大斗长（46厘米）≈ 足材广（45厘米）

小斗长（30厘米）= 单材广（30厘米）

小斗高（16厘米）= 材厚（16厘米）

由此可见，材与斗的数值具备高度的统一性。继而，笔者分别以营造尺、单材广（小斗宽）、材厚（斗口宽）为基数折算开间尺度。如**表1**所示，开间数值并非以单材广为基数，但营造尺与材厚在数值拟合程度上是一致的。若采用营造尺29.6厘米[14]，则心间为整数22尺，次间为15.75尺；若以材厚为基数，则次间为29尺，心间为40.75尺。可见福州华林寺大殿平面数值同时满足于营造尺与材厚模数，换言之，材厚与营造尺在设计尺度数值上存在统一性（**表1**）。

华林寺大殿开间与营造尺、材、斗尺度分析　表1

开间	次间	心间	次间
厘米	466	652	466
材广（小斗长）	15.5	21.7	15.5
营造尺（29.6 厘米）	15.75	22	15.75
材厚（斗口宽）	29	40.75	29

综上所述，三部法式文献和两个实例都存在以下规律：

①大斗尺度等于2倍小斗尺度，大斗用材与小斗用材成比例关系

②小斗长＝材广

③小斗高＝材厚

除此以外，斗和材之间还可能存在更多的关联，如《营造法原》的记载与福州华林寺大殿皆满足大斗长＝足材广；《营造法原》《清式营造则例》的记载与佛光寺东大殿皆满足大斗高＝2×材厚。可见斗与材的尺度具有系统化的倍数关系。

二、椽中距

椽中距，又称瓦坑（岭南地区）、椽豁（江南地区）、枝（日本），在潮汕地区对建筑椽中距的地方称谓为“瓦吉（吉，潮州话读pang）”，也是椽中距的意思，还因为开间尺度在符合椽中距倍数的基础上，要依据建筑尺度风俗的传统做法对开间尺度进行微调。

中国南方传统木构建筑屋面通常不做保温层，在桷板（椽条）上直接铺瓦或望砖，桷板自上而下对齐交接，与北方木构建筑屋面椽子错位交接不同，因此椽中距和建筑开间尺度自然存在一定的模数关系，椽中距成为不用斗栱的厅堂、小式民居建筑的基本建筑模数。此模数根据瓦和望砖的大小，并配合建筑等级和规模来选用[15]（图7）。

图7 岭南建筑屋面通长桷板构造

（一）《营造法原》开间与椽中距的关联

以《营造法原》“三开间深六界”平房式为例，其歌诀曰：“（一间）六椽一百零二根”，即每间102/6＝17根椽，计16个椽豁，书中记载每豁为8.125寸，地方营造尺1尺＝30厘米（图8）。从歌诀可以看出，“一开间深六界”对应了建筑的面阔与进深方向的尺度，进深方向以步架为单位，而面阔方面，椽条数是确定的，可知《营造法原》中确实存在以椽中矩为基数设计建筑开间尺度的做法[16]（表2）。

（歌诀）平房式一：一开间深界

一间二贴二脊柱，四步四廊四矮柱；

四条双步八条川，步枋二条廊用同；

脊金短机六个头，七根桁条四连机；

六椽一百零二根，眠檐勒望用四路。

《营造法原》平房式：“三开间深六界”

之椽豁、营造尺与开间关系　表2

	次间	心间	次间
椽豁	13	16	13
营造尺（30厘米）	10.4	13	10.4
公制尺寸（厘米）	312	390	312

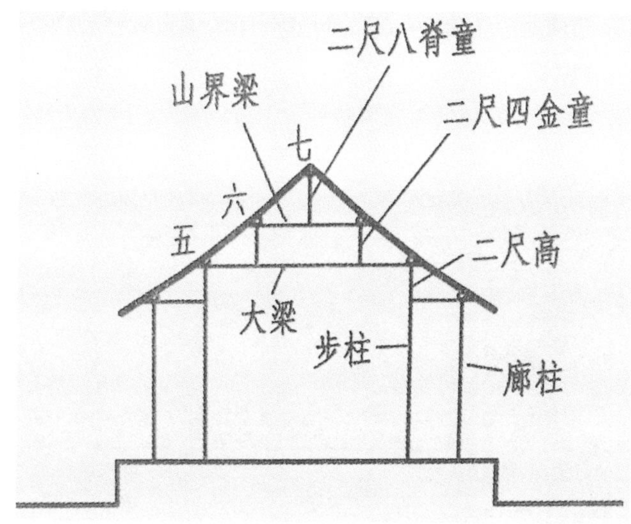

图8《营造法原》平房式：六界正贴图

（二）开间、椽中距与营造尺建筑实例

我们以岭南地区两个实例进一步探析建筑平面与椽中距的模数关系。

1. 广东潮阳“四点金”丈杆所记录民居开间尺度

出身于大木营建世家的广东潮阳肖智辉师傅曾提供一支清代建筑设计杖杆（图9），该杖杆1尺＝29.7厘米。在大木师傅绘制的这个杖杆上明确标有建筑平面开间的瓦吉（椽中距）数，曰：右房阔1丈，计10瓦吉。[17] 可知1瓦吉＝1尺，开间为瓦吉宽的整倍数（表3）。

潮阳某“四点金”民居丈杆　表3

	次间	心间	次间
开间（厘米）	297	505	297
瓦吉数	10	17	10
营造尺	1丈	1丈7尺	1丈

2. 广东潮阳现代传统民居

潮阳永兴里是近期（2019年）建成的大型潮汕民居，完全遵循传统建筑形制、材料、结构和工艺，由广东省传统建筑名匠胡少平师傅设计并主持施工。建筑中路是“五间过”样式的祠堂。胡师傅亦出身当地传统大木世家，深谙地方传统建筑设计工法。从胡先生手绘的该建筑设计图纸看，开间尺度同时用瓦吉数和营造尺标注，如心间宽“十九吉，1.76丈”、梢间宽“十吉，1丈”，可知开间确实按瓦吉倍数进行设计（表4，图10、图11）。

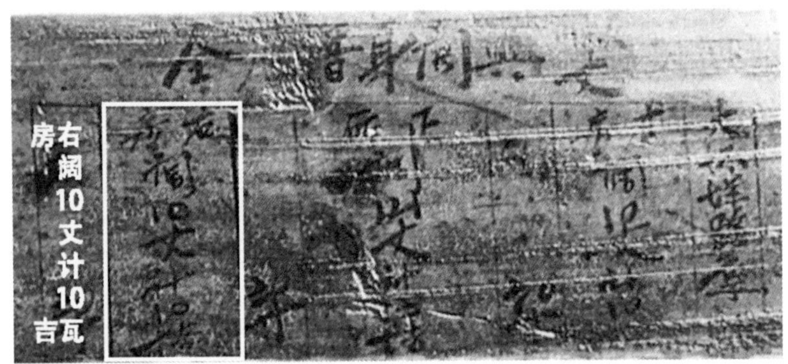

图9 广东潮阳“四点金”民居丈杆

同时，按照其1营造尺＝29.6厘米折算，心间、次间都不符合营造尺整数，由此折算出的瓦吉宽度也各不相同，且非整数。

广东潮阳永兴里大型民居中路建筑门堂开间尺度　表4

	心间	次间	梢间
设计瓦吉数	19	7	10
设计营造尺	17.6	6.7	10
营造尺折算为开间（厘米）	521	207.2	296
反推开间瓦吉宽（厘米）	27.41	28.33	29.6

三、材、斗、椽中矩与开间的关联

（一）日本古建筑枝割设计法

日本古建筑中与倍斗取长模数制相关的是“六枝挂”木割技术，也可简称为“枝割”。相关专用术语有枝、棰、小间、卷斗。枝是指椽中距，棰相当于椽；小间指椽间的净距；卷斗相当于《法式》的散斗。枝的尺度涉及建筑斗栱的制式和平面尺寸的大小，即枝是日本木构建筑的基本模数之一，枝的概念与技术记录于《匠明》中。

《匠明》是记述日本传统大木工法最重要的典籍，该书出版于桃山时代庆长十三年（1608年），又被称为建筑“秘书”。太田博太郎对该书评价说：“若想历史地分析研究日本建筑的设计，最好的出发点便是这本《匠明》。可以说《匠明》是研究建筑史、古建筑修理、和式建筑设计……无论哪方面都该必读的书”。[18]

在《匠明》中，建筑的平面是以枝宽为基本模数的。下面以最典型的“平三斗组”斗栱（一斗三升斗栱）为例讨论枝与斗栱的关系。斗栱组的总宽度为6棰，实际上为5枝或棰中距（椽中距）加1棰宽。卷斗宽等于1枝宽+1棰宽，棰宽a为柱径的1/5（图12）。《匠明》中最简单的“三间四面堂”心间宽为20枝，次间为16枝，进深方向同面宽。平面心间宽12尺，按此数据推算：1枝＝12尺/20枝＝0.6尺[19]（图13）。

由表5可见，由于材＝枝＝A＝0.92尺，六枝掛设计方法将倍斗与椽间距联系了起来，这也是大量使用补间斗栱的“禅宗样”向无补间铺作的“和样”过度的产物，即有斗栱的建筑使用材、倍斗模数制，而和样

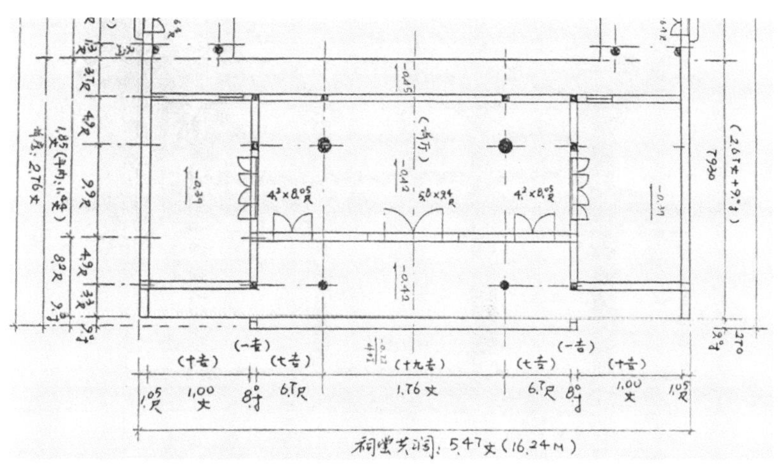

图10 潮阳永兴里中路头门设计图纸（胡少平）

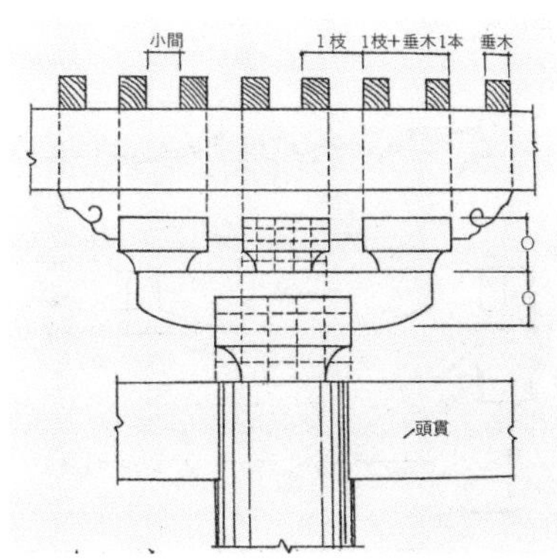

图12 六枝掛中枝、卷斗、棰

采用椽间距模数制。材广＝斗长＝枝，把材、斗转化为枝。张十庆也认为日本中世和样建筑技术的最大发展当属枝割技术的形成，即和样“六枝挂斗栱”。《匠明》载七重塔枝割，各层诸开间皆以“枝”为尺度模数，以1枝为单位逐层收分（**表5，图14**）。

和样建筑教王护国寺塔平面尺度分析（材=枝=A=0.92尺）[20]　表5

	次间	心间	次间
五层	8	8	8
四层	8	10	8
三层	9	10	9
二层	10	11	10
一层	11	12	11

图11 潮阳永兴里中路头门

那么中世纪之前（禅宗样之前）的建筑尺度又是如何呢？日本学者关野贞提出了“完数柱间制”，也称柱间寸法，即建筑开间以整尺倍数作为设计方法，并在开间尺度的基础上反推营造尺长。然而，竹岛卓一和沟口明对法隆寺金堂、平等院凤凰堂中堂等建筑的研究表明，建筑平面尺度不仅符合整尺设计方法，还与枝模数对应，即开间为棰中距的整倍数，同时开间还是标准材材广和材厚的整数倍（**表6，图15、图16**）。[21]清水重敦对法隆寺金堂的建筑木构架研究发现，其屋架水平方向与斜杆木料均由统一断面尺度的标准材（规格材）构成，这表明法隆寺金堂不仅使用了标准尺度，也使用了标准材[22]（**图17**）。而该标准材的截面尺寸为7.5寸×6寸（高丽尺）[23]，即枝＝标准材高＝0.75尺。

日本法隆寺金堂首层平面（奈良时期7—8世纪）[24]　表6

	心间	次间	梢间
营造尺（高丽尺）	9	9	6
枝数	12	12	8
枝宽（尺）	0.75	0.75	0.75
材广数	12	12	8
材厚数	15	15	10

可见法隆寺金堂开间尺寸既符合完数柱间制，也符合棰中距的整数倍和标准材高的整数倍。那么枝模数制何时开始使用？已有研究成果勾勒出从奈良时期唐样的完数柱间制、规格材的使用，到中世纪禅宗样的

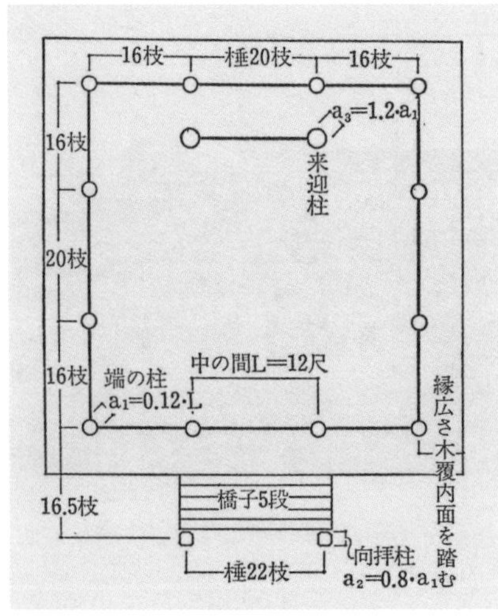

图13《匠明》三间四面堂平面

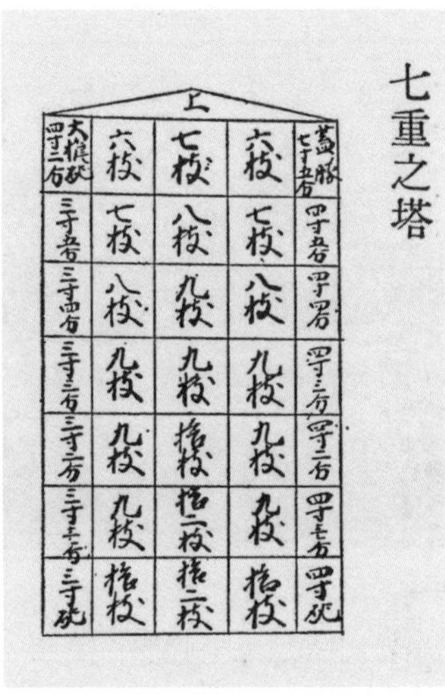

图14《匠明》载七重塔枝割

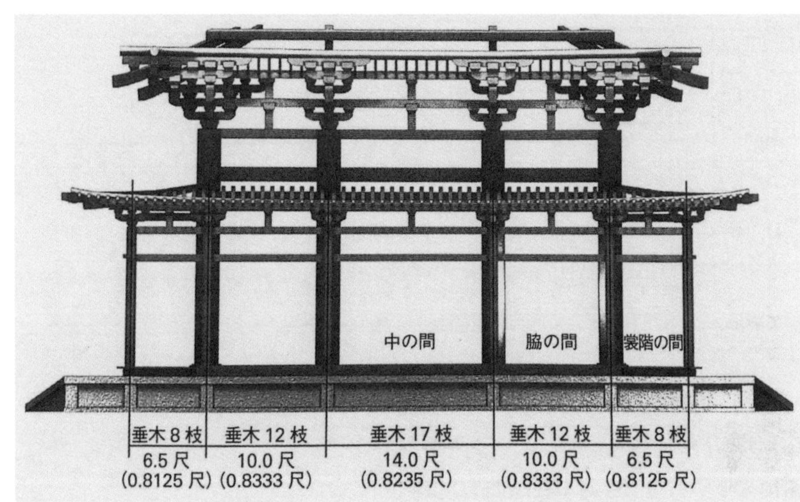

图15 日本平等院凤凰堂中堂（11世纪）

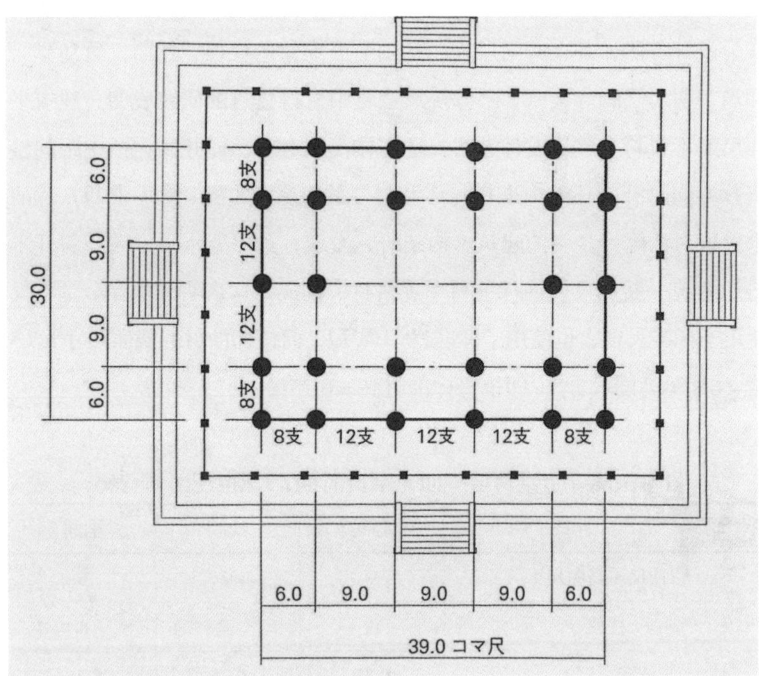

图16 日本法隆寺金堂首层平面尺度

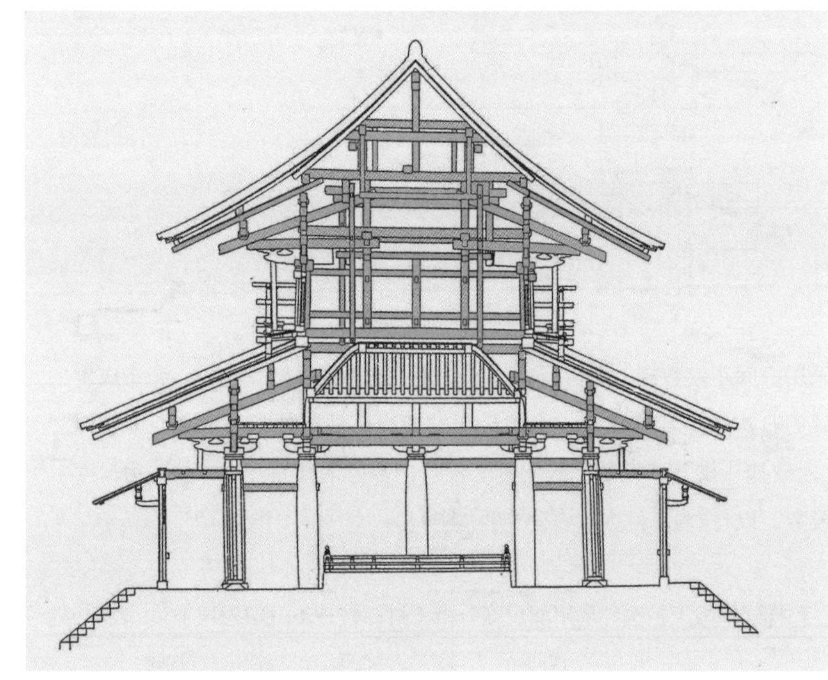

图17 日本法隆寺金堂木构架的标准材（图中填色者）

材、栱、斗与完数柱间制结合，发展到中世纪晚期的和样枝割设计技术的线索，但法隆寺金堂尺度也符合枝割模数的研究成果，表明枝割技术由来已久。因此可以猜想，除众所周知的建筑形式之外，日本枝割模数制亦可能与中国唐代建筑尺度设计和标准材技术存在某种联系。

（二）佛光寺大殿平面模数分析

佛光寺大殿作为我国唐代建筑形制、尺度等问题的“标准器”，不少学者都对该建筑的尺度进行了分析研究，如梁思成、傅熹年、张十庆、肖旻等，但所复原的营造尺却各异，亦未深入探讨用材与建筑尺度的密切关系。佛光寺大殿斗栱测绘尺度如下[25]：

栌斗：63厘米×63厘米×43厘米；

散斗：32厘米×32厘米×21/22厘米；

单材：31厘米×21厘米；足材：43厘米×21厘米；

由表7分析可知，佛光寺大殿复原营造尺长29.4厘米、29.6厘米、29.8厘米均存在误差，只有傅熹年先生复原的29.4厘米营造尺在尽间面阔数值上是整除，其余皆存在一定尾数。笔者按31.5厘米（栌斗长/2=材广=散斗长）为营造尺[26]，则全部开间数值皆能整除，心间、次间为16尺整，尽间为14尺整。

设大殿用尺=31.5 厘米，则复原设计模数尺寸如下：

栌斗长 = 2尺

栌斗长 = 2×散斗长 = 2×单材广

散斗长 = 1尺

足材广 = 2×材厚

单材广 = 1尺

材厚 = 散斗高 = 0.7尺

并且，笔者根据测绘图纸分析得知，佛光寺大殿：材广=栌斗长/2=散斗长=椽中距=1尺。佛光寺大殿大斗、小斗和材广均为营造尺整尺或倍数，这显然不是巧合，而是设计为之。开间尺度又为材广和材厚的整数倍，即材广或材厚（斗口）为开间构成基数。可见，在该建筑平面尺度的模数构成与日本法隆寺金堂十分雷同，皆以标准材为核心，实现材、斗、椽中距的贯通，并以此为平面尺度设计的基准（图18）。

佛光寺大殿平面尺度与材广、材厚、营造尺的关系（进深开间与面阔尽间同尺度，本表以开间为例） 表7

	心间	次间 / 梢间	尽间
面阔	504	504	441
营造尺=29.4厘米（傅熹年）	17（17.14）	17（17.14）	15（整除）
营造尺=29.6厘米（张十庆）	17（17.03）	17（17.03）	15（14.90）
营造尺=29.8厘米（清华大学）	17（16.91）	17（16.91）	15（14.80）
营造尺=31.5厘米（笔者）	16（整除）	16（整除）	14（整除）
椽中距数	16	16	14
材厚（21厘米）	24（整除）	24（整除）	21（整除）
材广（31.5厘米）	16（整除）	16（整除）	14（整除）

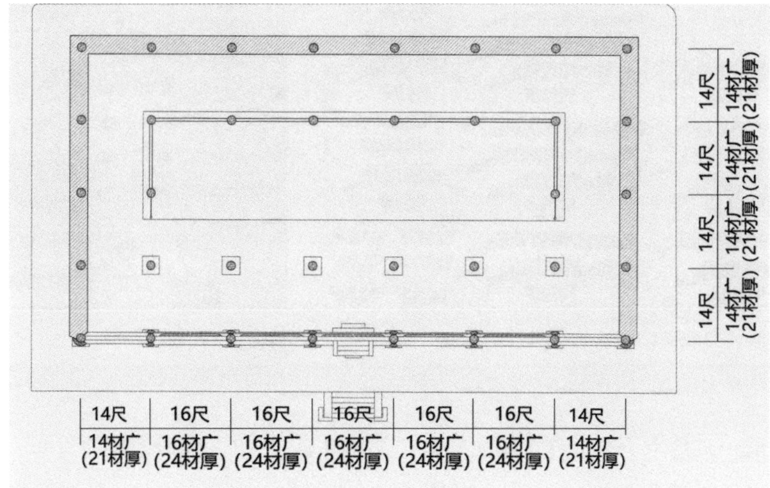

图18 佛光寺大殿平面复原设计尺度模数

四、材、斗模数与标准材模数

（一）材、斗尺度源于标准材

殿阁或大式建筑大量使用的栱和斗必须统一规格用材，即材应该是一种标准材，标准材作为基本模数与建筑尺度相吻合，达到建筑的标准化、系统化，才能省时省料和便于工程管理（图19、图20）。华南理工大学建筑历史与理论专业奠基人龙庆忠先生曾提出材广与柱高的关系，并尝试用《营造法式》一等材广的尺度分析了广州1975年发现的一处秦汉木构建筑遗址残存柱网的模数，继而讨论了唐代的标准材“材、章”。《类篇》：“木，一截也。唐式柴方三尺五寸曰橦”，又《说文》通训定声：“材，木挺也，从木材声，按材方三尺五寸为章”的记述，认为材、橦、柴、章、才均是用通字，都是指标准材，方是立方，材方三尺五寸是唐代断面为0.7尺×0.5尺、长10尺的一种标准用材，即：0.7尺×0.5尺×10尺=3.5立方尺。而《营造法式》的三等材7.5寸×5寸、四等材7.2寸×4.8寸都有可能是由唐代标准材方调整的结果。同样，我们发现《工部做法》中三等斗口的单材断面为7寸×5寸，《营造法原》斗栱中“五七”式大斗长高即是标准材7寸×5寸的断面。可见，标准材方的基本尺度唐、宋、明

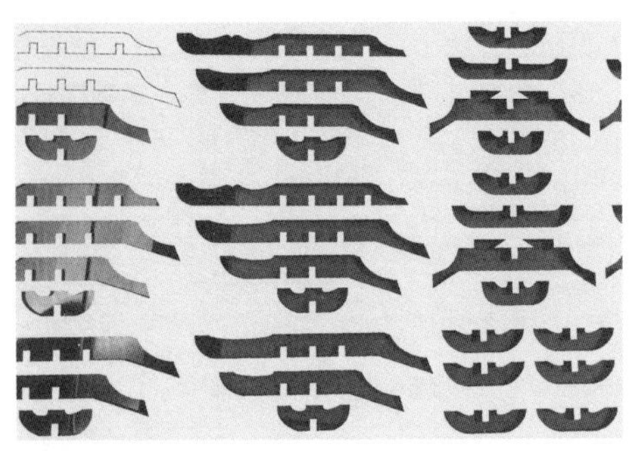

图19 栱用材

图20 斗用材

图21 标准斗尺度源于标准材断面尺度（倍斗取长）

清一直传承下来。这个断面即是“方五斜七”（$\sqrt{2}$）勾股定理的比率，也是材料力学中抗弯矩的较佳断面。由此推知，唐宋辽木构中所用的多层材枋叠加而成“井干壁”结构也正是使用标准材的结果。

《营造法式》中，栱断面＝材断面，标准材广＝标准斗（小斗）长，标准材厚＝标准斗（小斗）高。斗尺度源于材尺度，这个结论在《营造法式》《工程做法》《营造法原》及上述建筑实例中均有验证，因为栱和斗都是由标准材裁制出来的（**图21**）。

标准材有三个向度：高、宽、长，材高和宽即材的广和厚，材长即开间面宽（实际材长还应包括榫卯搭接长度）。故而唐代建筑平面心间、次间等为同等尺度，便是使用统一材长的结果。“倍斗取长”之“倍斗”是指材长（开间）是斗长的整数倍，“长”是标准材长。由**表8**可以看出，等级规格较高的建筑最大开间取值为18尺；上述日本建筑惯常的最大枝割数为24枝，亦等于18尺；《营造法式》中真尺长为18尺；粤东民间杖杆为18尺；足见18尺应为心间开间的标准模数，其来源则可能是中国早期的“筵席”模数制。《营造法式》在用功制度中记载：一等材长20尺为一功。这20尺估计为18尺开间的下料用材标准长度，多加的2尺即是标准开间材长加两端榫头的长度，木构件的下料必须考虑榫头的长度。由此可明确得出：建筑开间是以材广，即斗长的倍数确定的。当用材过大时，如佛光寺大殿，材广32厘米，材厚21厘米，则采用材厚为建筑平面尺度的基本模数。但归根结底，材、斗与开间面阔皆由标准材的尺度而定。即：

$K=C_h\times m$或$K=C_w\times m$

$D_L=C_h$；$D_h=C_w$

（K为开间面阔；C_h为材广；C_w为材厚；D_L为斗长；D_h为斗高；m为自然数）

（二）倍斗取长案例分析

广州光孝寺伽蓝殿为明弘治七年（1494年）因供奉伽蓝像而修建，距今已五百余年。面阔进深皆三间，殿身为十架椽屋前后乳栿用四柱，单檐歇山顶，内部梁架彻上露明，柱头与补间均施六铺作单杪双假昂斗栱，檐柱有生起与侧脚，风格古朴（**图22、图23**）。

该建筑大斗尺度为32厘米×32厘米×13厘米，小斗尺度（19～20厘米）×20厘米×13厘米，材尺度23厘米×8厘米。如**表9**所示，伽蓝殿平面尺寸也符合斗长倍数。并且，其空间与主要构件尺度有几个特别之处：

部分唐宋建筑开间尺度　表8

	开间数	心间	次间	次间	次间	梢间	尽间	营造尺
大明宫含元殿	11	18	18	18	18	18	16.5	29.4
大明宫麟德殿	11	18	18	18	18	18	18	29.4
隆兴寺摩尼殿	7	18	16	14			14	31.3
佛光寺大殿	7	17	17	17			15	29.6

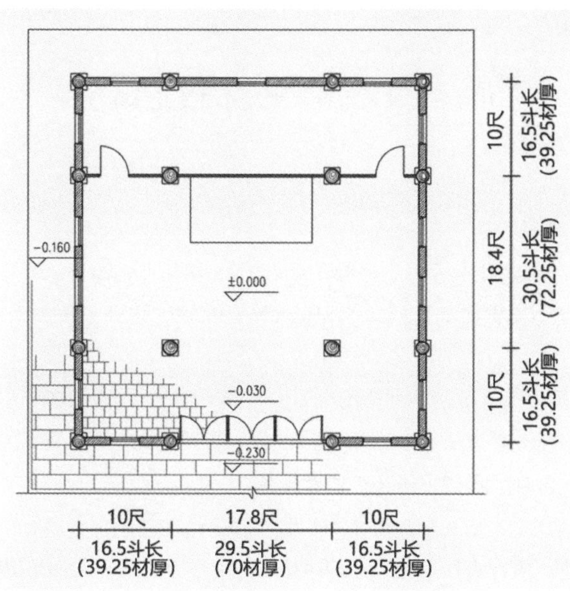

图22 广州光孝寺伽蓝殿平面尺度分析

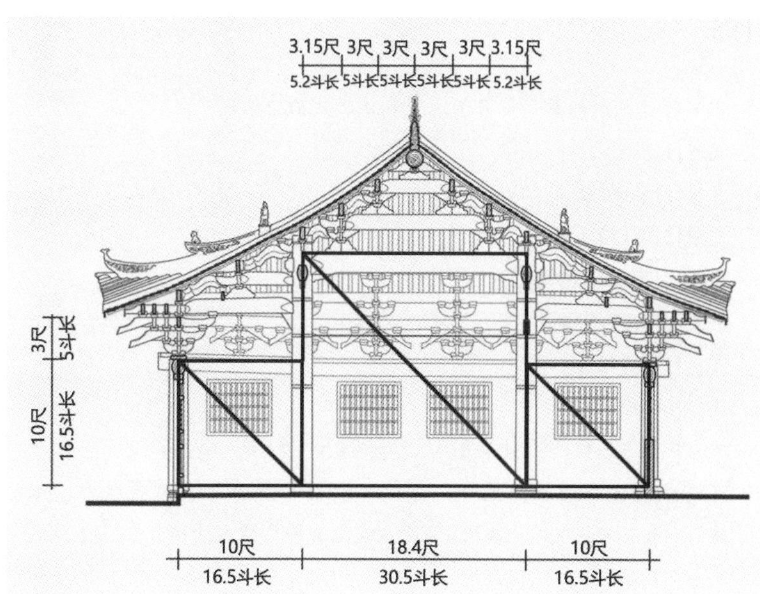

图23 光孝寺伽蓝殿横剖面竖向尺度分析

（1）四椽栿之上四个步架间距均为95厘米；

（2）面阔心间和进深心间尺寸之差为19厘米；

（3）柱头铺作出跳三跳总高为95厘米；

（4）檐平柱平均净高为304厘米。

不难发现它们都为19厘米的倍数：95/19＝5；19/19＝1；304/19＝16。这个19厘米即斗长尺度，即斗长作为建筑的一个基本模数构成，四椽栿之上四个步架间距均为5个斗长，进深心间比面阔心间大1个斗长，柱头铺作出跳三跳总高为5个斗长，檐柱平柱净高为16个斗长。间架与柱高均是建筑的重要尺度。由此可见，斗长不仅作为平面尺度模数，也作为建筑空间尺度的模数构成使用。至于材与建筑构件尺度的关系，《营造法式》中有着详细说明，这里不再赘述。

光孝寺伽蓝殿平面尺度分析　表9

开间尺度	面阔方向			进深方向		
	次间	心间	次间	次间	心间	次间
厘米	314	559	314	314	578	314
营造尺（31.4 厘米）	10	17.8	10	10	18.4	10
斗长（19 厘米）	16.5	29.5	16.5	16.5	30.5	16.5
材厚（8 厘米）	39.25	70	39.25	17	72.25	39.25

五、结论

“以材为祖”是古代木构建筑尺度设计与开料加工标准化、模块化、系统化的体现。标准材本质上是木构建筑的标准化方料，材包括广、厚、长（高、宽、长）三个向度的尺寸。具体而言，系统化设计体系如下：

（1）材厚＝ 小斗高；材广＝ 小斗长。斗模数与材模数有关联，斗长源自材广，斗高源自材厚。

（2）大斗尺度＝2×小斗尺度。

（3）材（斗）尺度是开间尺度的基准模数。

（4）营造尺、材、斗、椽中距模数是有机关联的，材广＝ 小斗长＝椽间距，且符合营造尺取值。

（5）以材为根本，斗与椽中距是殿阁式建筑（大式/官式）和厅堂建筑（小式/民式）设计模度的转换途径。

（6）“以材为祖”的八等材是建筑尺度的模块化系统，标准材的使用及材的模数化至迟唐代就已成熟。

限于资料和时间有限，材、斗、标准材与竖向建筑尺度和建筑主要构件的系统关系未及深入，留待进一步研究。

注释

1 作者程建军、陈丹，发表于《建筑遗产》2022年第三期。

2 文献[1]第4页。

3 文献[2]第151页。

4 文献[3]第172页。

5 文献[4]第182-187页。

6 文献[5]第35-40页。

7 文献[1]第242页。

8 文献[6]第98页。

9 文献[7]第379页。

10 一斗六升，常用三种规格，有“五七式”，另有以其八折取为“四六式”，再一种“双四六式”，为四六式之加倍，即八寸高，十二寸面方。

11 文献[7]第52页。

12 嗣洪武营南京，采木江西，大匠集于苏之木渎，董役诸臣，如陆祥、陆贤昆仲，隶籍苏之无锡。永乐北迁，征南匠营北京，蒯祥以匠工跻身卿贰，与蔡信、杨青等俱吴人，于是南式建筑远被幽燕，演为明清二代制度，迄今彩画作犹有苏画之名。

13 文献[8]第78页，文献[9]第81页。

14 王贵祥，刘畅．中国古代木构建筑比例与尺度研究[M]. 北京：中国建筑工业出版社，2011.

15 闽南与粤东潮汕地区常用木工营造尺为29.6厘米/29.7厘米。

16 南方木构建筑直接于桷板（椽条）上铺设瓦，瓦垄中矩即为椽中矩。北方木构建筑瓦垄中矩与椽中矩不必然相等。然南北方木构建筑瓦垄中距皆与瓦的尺寸密切相关，具有共同性。

17 文献[7]第17页。

18 文献[11]第288页。

19 文献[12]第4页。

20 文献[12]第179页。

21 文献[2]第149页。

22 文献[13]第72、121页。

23 文献[14]。

24 文献[13]第168页。

25 文献[13]第72页。

26 文献[8]第78、81页，文献[9]第78页。

图表来源

图1：张十庆．中日古代建筑大木技术的源流与变迁[M]. 天津：天津大学出版社，2004.

图2：张十庆．中日古代建筑大木技术的源流与变迁[M]. 天津：天津大学出版社，2004.

图3：林琳．也谈日本东大寺钟楼的模度制[J]. 建筑史，2015，2.

图4：梁思成.《营造法式》注释[M]. 北京：生活·读书·新知三联书店，2013.

图5：梁思成．清式营造则例[M]. 北京：清华大学出版社，2006.

图6：祝纪楠.《营造法原》诠释[M]. 北京：中国建筑工业出版社, 2012.

图7、图9～图11、图19、图20：作者自摄。

图8：祝纪楠.《营造法原》诠释[M]. 北京：中国建筑工业出版社，2012.

图12：鹑功．图解寺社建筑．各部构造编[M]. 东京：理工学社．1994.

图13：平内正信，平内吉政著；太田博太郎监修．匠明[M]. 东京：鹿岛出版．昭和五十二年：堂记集图1.

图14：平内正信，平内吉政著；太田博太郎监修．匠明[M]. 东京：鹿岛出版．昭和五十二年：135.

图15：沟口明则．法隆寺建筑的设计技术[M]. 东京：鹿岛出版会，2012.

图16：沟口明则．法隆寺建筑的设计技术[M]. 东京：鹿岛出版会，2012.

图17：鹑功．图解寺社建筑．各部构造编[M]. 东京：理工学社，1994.

图18、图21～图23：作者自绘。

表格：作者自绘。

参考文献

[1] 梁思成.《营造法式》注释[M]. 北京：生活·读书·新知三联书店，2013.

[2] 张十庆．中日古代建筑大木技术的源流与变迁[M]. 天津：天津大学出版社，2004.

[3] 肖旻．唐宋古建筑尺度规律研究[M]. 南京：东南大学出版社，2006.

[4] 林琳．也谈日本东大寺钟楼的模度制[J]. 建筑史，2015，2：182-187.

[5] 常青．想象与真实：重读《营造法式》的几点思考[J]. 建筑学报，2017，1：35-40.

[6] 梁思成．清式营造则例[M]. 北京：清华大学出版社，2006.

[7] 祝纪楠.《营造法原》诠释[M]. 北京：中国建筑工业出版社，2012.

[8] 清华大学建筑设计研究院．佛光寺东大殿建筑勘察研究报告[M]. 北京：文物出版社，2011.

[9] 张映莹、李彦主编．五台山佛光寺[M]. 北京：文物出版社，2010.

[10] 王贵祥，刘畅．中国古代木构建筑比例与尺度研究[M]. 北京：中国建筑工业出版社．2011.

[11] 李哲扬．潮州传统建筑大木构架体系研究[M]. 广州：华南理工大学出版社，2017.

[12]（日）平内正信，平内吉政著；太田博太郎监修．匠明[M]. 东京：鹿岛出版，昭和五十二年.

[13]（日）沟口明则．法隆寺建筑的设计技术[M]. 东京：鹿岛出版社，2012.

[14] 清水重敦．规格材的使用所见的法隆寺金堂的技术特质[C]. 福州：2019中国科技史学会建筑史专委会年会暨国际学术研讨会，2019，11，16-18.

[15] 日本建筑史基础资料集成．佛堂Ⅰ[M]. 京都：中央公论美术出版社，昭和五十六年.

[16] 龙庆忠文集编委会编写．龙庆忠文集[M]. 北京：中国建筑工业出版社，2010.

[17] 程建军．娗席：中国古代早期建筑模数研究[J]. 华中建筑，1996，3：1.

[18] 鹮功．图解寺社建筑．各部构造编[M]. 东京：理工学社，1994.

2 建筑保护与修缮研究

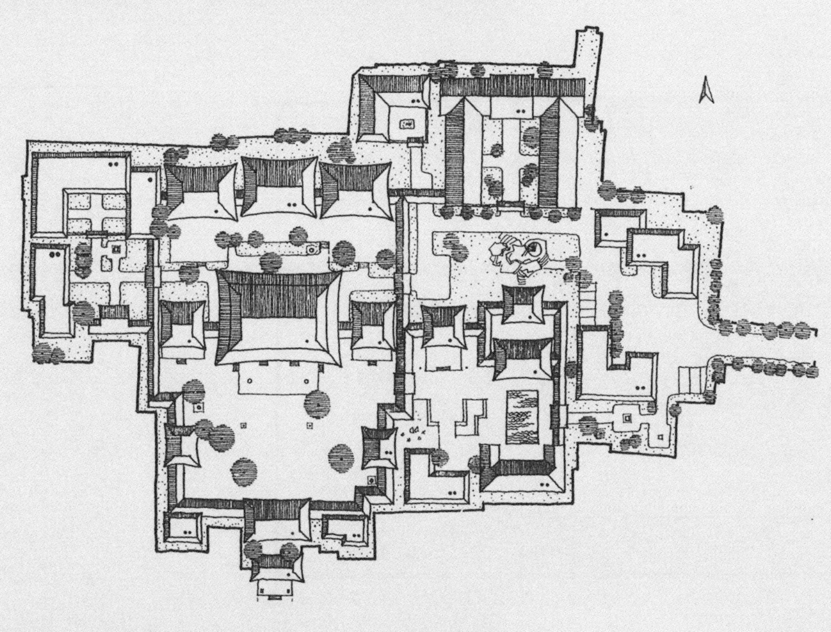

南海神庙大殿复原研究
——南北古建筑木构架技术异同初论[1]

一、南海神庙的历史与现状

南海神庙是我国古代四海神庙中规模最大、保存较完整的一个。位于广州东郊庙头村和黄埔港之间的珠江北岸上，距广州约25公里，这里正当珠江的入海口，西为珠江，南为狮子洋（图1）。

南海神祇为古之帝王封祀的五岳、五镇、四渎、四海神祇之一。史载南海神庙始立于隋开皇十四年（594年）[2]，至今已有近一千四百年的历史，珠江河湾淤塞，大海船难以进入广州，加之朝廷规定西人之番船不得入广州，只得停泊于黄木湾或狮子洋，所以出海远洋祭神场所的南海神庙东移至今地。

唐天宝十年正月（751年）封南海神为“广利王”，神庙建筑“循公侯之礼，明宫之制”[3]，有重门、环堵、斋庐、前殿、后殿、后廷狹庑等，建筑是属侯王之制。宋康定二年（1041年）又加号“洪圣”[4]，元世祖又加以“灵孚”之号等。[5]南海神祇屡次成为古之帝王加封的对象，反映了南海物产之丰富，贸易之发达。

明代我国对外主要贸易港口移往泉州、明州（今温州）等地，黄木湾头淤浅，南海神庙已成名胜之地，明洪武三年又封南海神，行春秋两祭。清代珠江涨沙变狭，海湾北部淤积成陆，海岸线遂南移，神庙远离江边，“扶胥浴日”一景虽还列入羊城八景，但已不列榜首，表明南海神庙在清代已逐渐衰落。

南海神庙坐北向南，原有院落五进，由南而北中轴线依次是“海不扬波”石牌坊、头门、仪门、礼亭、大殿、后殿及两侧的复廊、东西廊庑、斋庐、碑亭等，西南土丘还建有浴日亭（图2）。

现时神庙周围历史景观破坏严重，庙前淤出平地数百米，上建有黄埔电厂，庙后百余米即广深公路，东面毗邻庙头村，西侧庄稼果树一片。中华人民共和国成立后，神庙为广州市航海学校所用，原有古建筑改建为校舍，部分甚至拆毁，建筑遭到了不同程度的破坏。仪门复廊、两庑、头门被改建成宿舍仓库，后殿改建为厨房，主要建筑大

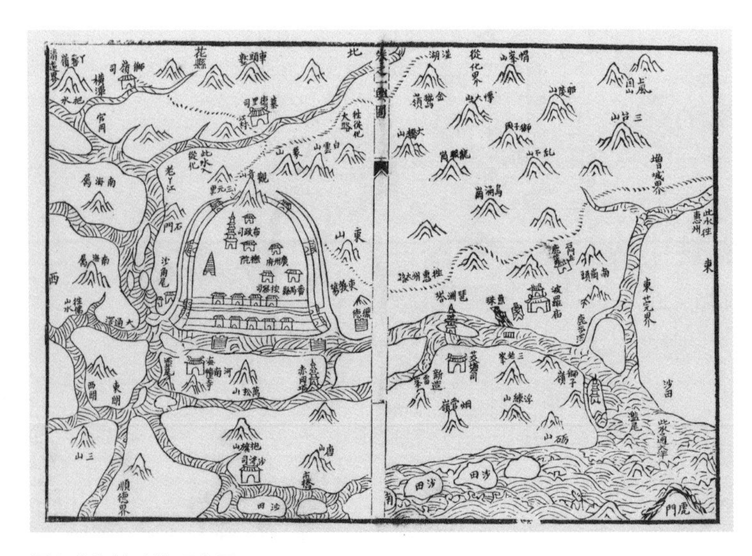

图1 南海神庙地理位置

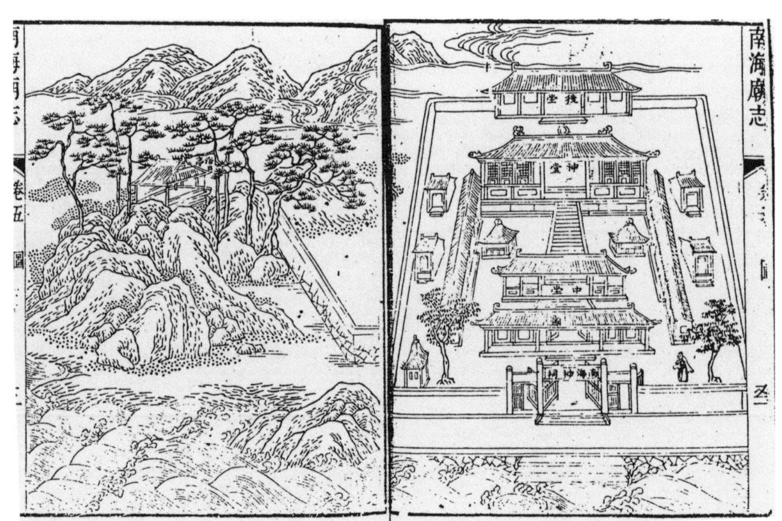

图2 明 郭裴《南海庙志》图

殿被拆毁，上建饭厅，现仅存台基。“文化大革命”时神庙古建筑及碑碣等文物进一步遭到破坏。但鉴于其具有较高的历史文化价值，广州市政府及文物管理部门于1984年决定修复南海神庙。在龙庆忠教授的指导下，笔者承担了神庙修复的主要设计工作，自1985年5月起陆续修复了头门、仪门复廊、牌坊、碑亭等，其中在对有较高文物价值的头门、复廊进行深入研究的基础上，恢复了可称为古建筑“活化石”的周门堂之制的头门，以及春秋干制产物的国内孤例复廊（图3、图4）。[6]

大殿是南海神庙中最重要的单体建筑，其修复成功与否关系整个神庙修建工程的成败，为使这项工作尽可能成功，除了对现有文献资料进行分析研究外，在发掘勘测原遗址的基础上，又勘察测绘了大量的岭南古建筑数据及构架构造做法，收集了建筑装饰特征资料，并进一步将其与北方官式及闽南体系古建筑作了比较研究，为大殿复原提供了可靠的依据。

二、修复原则及复原年代

国际保护文物建筑的《威尼斯宪章》说：“修复是一件高度专门化的技术。它的目的是完全保护和再现文物建筑的审美和历史价值”。

从神庙修复的整体性考虑，遵循《文物保护管理暂行条例》及《中华人民共和国文物保护法》中对修缮古建筑的“不改变文物原状”的原则，确定了“恢复原状”的定位，据庙志记载，明洪武和成化年间曾有两次大修，现存庙内建筑为明成化至清道光年间的遗存，大殿拆毁前的照片显示其主体构架为明代建筑风格，因此据现有的材料的充分程度，复原年代定为明初。

三、复原资料分析

（一）遗址现状分析

广州市航校进驻南海神庙后，大殿被拆毁而改建饭堂，新建饭堂基础将大殿殿基部分破坏，原殿方砖铺地被水泥地面覆盖。据1986年7月发掘探查，发现殿基西北角被拆毁，北部柱位不清，而南部未压建部分柱位仍清晰可见，并留有柱础三个。测量得知原殿基东西宽27.05米，南北深20.60米，基高0.80米，为花岗石须弥座形式。须弥座枭混线凹凸不大，束腰部分高达60厘米，占总高的75%，束腰素平，无壶门及束竹柱等划分，转角部位亦不用圭角，与头门、广州番禺学宫大殿殿基作法类似，是广州地区清代建筑的常用形式。

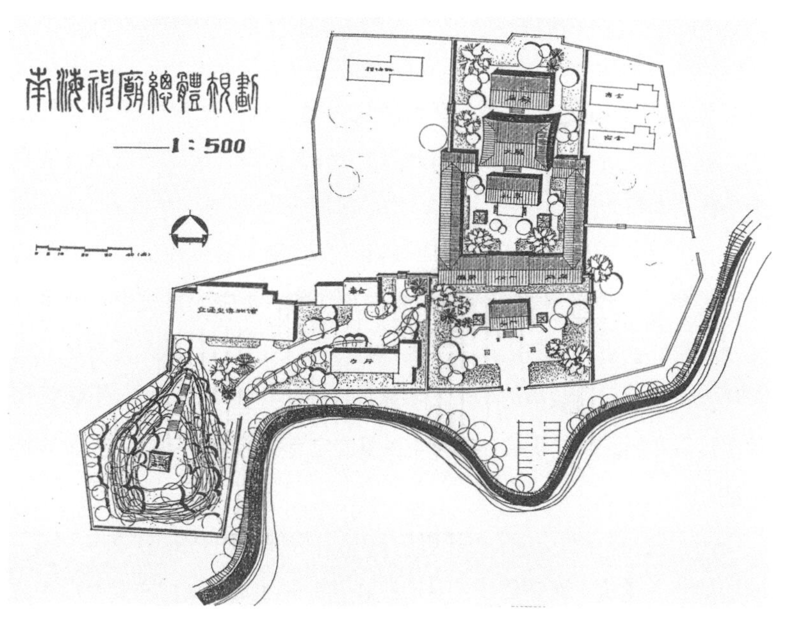

图3 南海神庙总体规划（1986年）

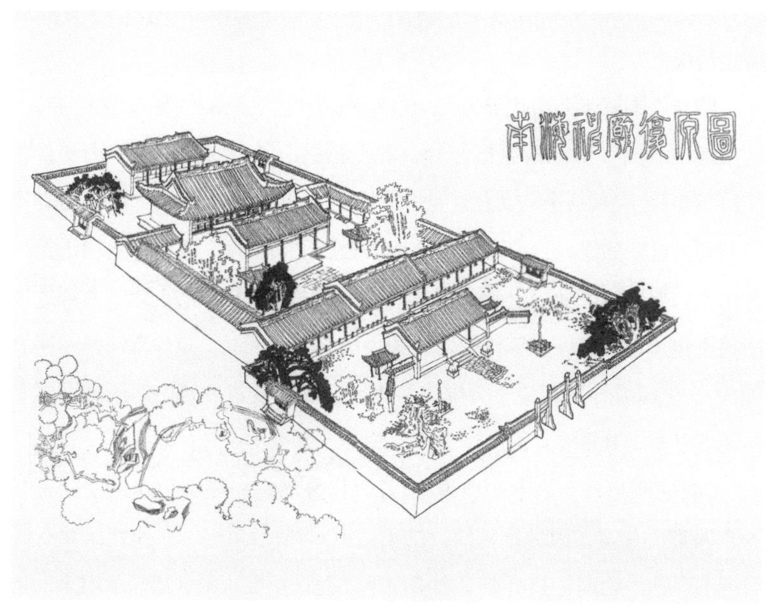

图4 南海神庙复原鸟瞰（1986年）

殿基遗址前檐柱位表明大殿面宽五间，心间宽525厘米，次间稍间均为445厘米；进深方向南稍间为445厘米，再北一间深730厘米，余不清楚。据大殿拆毁前之部分照片分析推定，大殿柱网面宽七间，进深五间，但就梁架构架构造形式分析，廊步以内为明初原构，廊步部分显然为清代修缮所添加，檐柱柱础为清代样式，平放于基座之上，没有埋入土中，所以现场勘测发掘并无发现柱础础位。由照片了解到角栿插入角柱，即与面宽和进深方向各呈45°，这说明稍间与进深面宽相等。如去掉清代后加之廊步，原构平面即为面阔五间，进深三间之柱网，与实测平面基本吻合。根据古建筑平面柱网对称布置的设计手法及现场实测数据分析，进深北稍间应与南稍间相同，也是445厘米。

心间南有石台阶，宽525厘米，与心间同宽，分五级上下，每一踏步踏面宽35厘米，踢面高14厘米。台阶两边不用垂带及拦板，而用抱鼓石，高78厘米，长150厘米，鼓形较小，造型呈横向展开式，此为广州清代建筑常用做法，其用材及加工方法同须弥座（图5）。

（二）梁架分析

《南海庙志》所载南海神庙图，为明代尚未建礼亭之建筑布局，大殿前有宽阔庭院，东西翼以廊庑，大门三间，前有木牌坊门，但后廷东西两侧已不存元代所建廊庑。《波罗外纪》所载南海神庙图为清代神庙情况，仪门复廊如今之制，礼亭紧邻大殿，而初建礼亭是明成化八年（1472年），所以《南海庙志》图中大殿应为明洪武二年（1369年）重修之情况。

殿身外围廊步系清代道光二十九年修缮所加，时间约与须弥座同时。其构造型制与大殿原构风格迥异，做工粗糙，属于后期扩建和挑檐加固性质（图6）。这是一个"文化层叠压"问题，即后期文化层压在前期文化层上面，这个概念来自考古地层学地层叠压关系规律，其同样适用于我国古代木构架建筑方面；由于采用木构架，我国历史较久的古建筑大都经过修缮重建，常常是许多年代的构件和手法混杂在一起，很少有纯粹始建原物，"文化层叠压"现象十分突出。因此，在修复古建筑中如何处理这个问题就显得十分重要。

《威尼斯宪章》第十一项说："各时代叠加在一座文物建筑上的正当的东西都要尊重，因为修复的目的不是追求风格的统一，一座建筑物有各时期叠压的东西时，只有在个别情况下才允许把被压的底层显示出来，条件是去掉的东西价值甚小，而显示出来的却有很大的历史、考古和审美价值，而且保存情况良好，还值得显示"。在我国的木构架建筑中，往往是始建物和重建物质量和价值较高，而修缮添加的部分质量则往往低劣，价值也较小。在修复实践中，经过严格考证，将风格相去甚远、分量很小、价值较低的后加文化层去掉，从而恢复到某个时代的原状，这是已被实践证明了的切实可行的一种维修方法。如南禅寺大殿的修复，就去掉了清代的栱券形门和窗，恢复了梁架叉手的斗栱蜀柱原状。[7]福州华林寺大殿的原构为宋代梁架，其保存完整，斗栱用材为全国之首，是南方留存最早的木构架建筑，具有重要的历史和科学价值，但清代修缮时在其周围添加了质量较低、风格相去甚远的外廊，而且外廊现状破败不堪。因此，有关部门在其重修设计中将清代外廊拆去，以完整地显示原构的光华。还有不少古建存在这种情况，是去是留要依具体情况而定，不能一概而论。鉴于南海神庙大殿后加外廊质量低劣和构架的不合理，且大殿又是复原重建，所以决定重建时不予恢复（殿基保存较完整而留用）。

去掉加廊步后，大殿构架形式显然为"十二架椽屋前后用四柱"，推测为明洪武二年之原构，它反映了广州地区宋末明初的木构架特征：

（1）梁架彻上露明造。岭南气候湿热，不施顶棚藻井，以利通风散湿，避免构件腐朽。这是岭南古建筑的通常做法，不同于同期的北方建筑。

（2）内柱高于檐柱，柱头作用栌斗直接承桁。这种内柱高于檐柱及柱子直接承托桁檩檩，应为南方穿斗或干栏建筑构架柱头直接承桁条的遗风。而柱头之栌斗为北方早期建筑构造特征之一，这是南北建筑交流中一个南传的构件，直到清代，粤江流域建筑体系还保其形式，成为该系建筑特征之一。有些栌斗是于柱头直接雕刻出而与柱身为一体的（图7）。

（3）脊栋下使用变形丁华抹颏栱。自平梁上蜀柱柱头栌斗中前后挑出的栱，叫作丁华抹颏栱。在北方和江浙一带宋元建筑中，该栱与叉手相交，栱头因而斜向砍去，上做榫头与叉手卯合，以承托脊栋。由于岭南古建屋面荷载小，不用叉手面仅用一组斗栱承托脊栋，所以该构件南传后变形，起着联系脊栋与斗栱及固定脊栋的作用（图8、图9），亦称梁枕。

（4）使用月梁，不使用托脚。这种梁构件使用月梁的形式不同于同期的北方建筑，而类似于《营造法式》中的厅堂用乳栿之梁架形式，显然是宋代遗风，这种月梁的形式使用还早，唐代佛光寺大殿就使用

图5 南海神庙大殿遗址现状

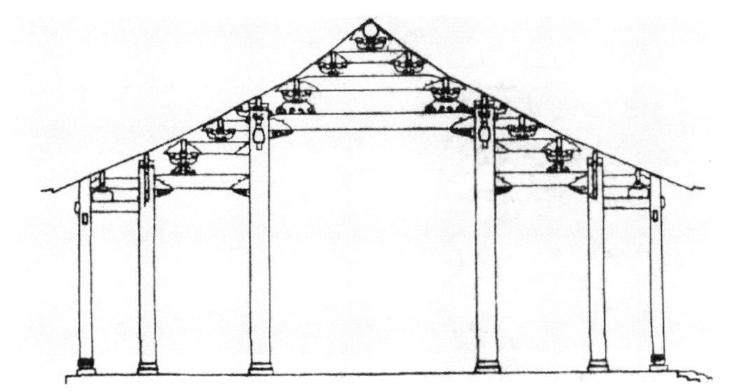

图6 大殿拆毁前复原清末构架形式

图7 广州五仙观大殿金柱柱头栌斗承桁

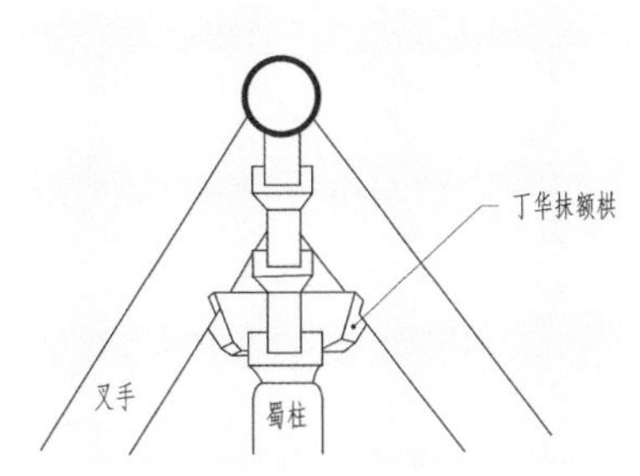

图8《营造法式》之丁华抹额栱

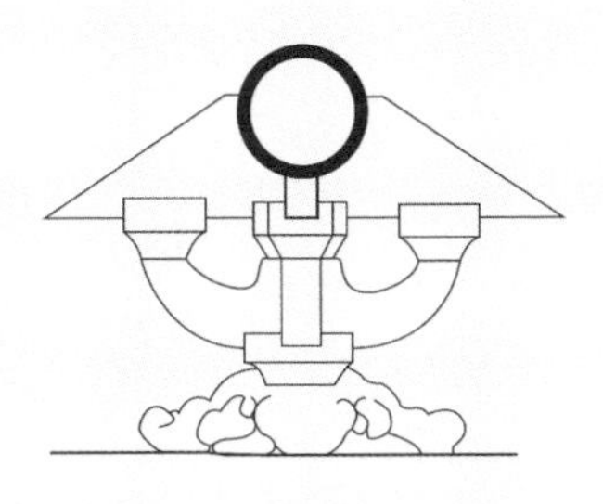

图9 五仙观大殿异形丁华抹额栱

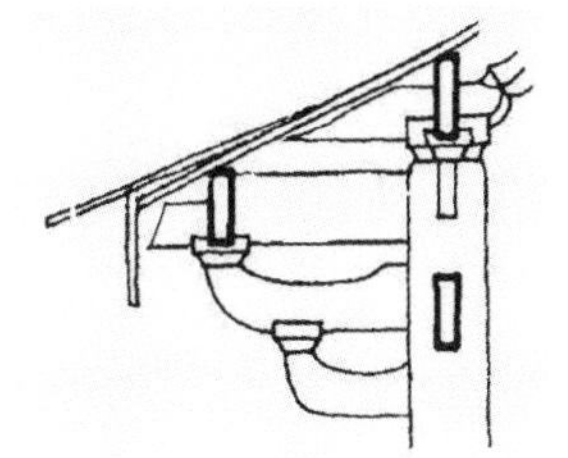

图10 五仙观中殿插拱

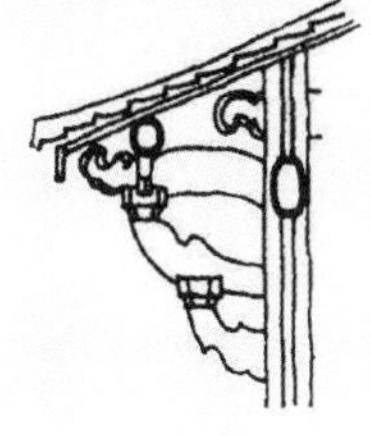

图11 泉州吴宅（清）

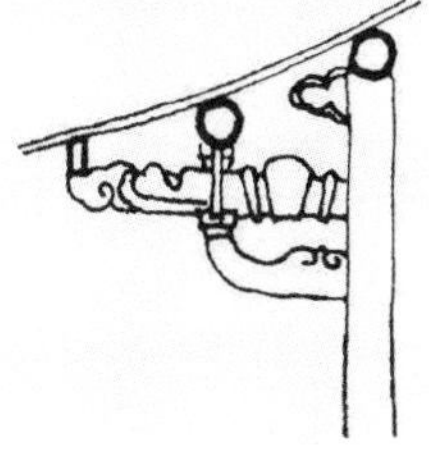

图12 潮州卓府（清）

月梁，汉《灵光殿赋》中也有用月梁的记述，宋代以后北方就少用月梁了。月梁入柱处一般用丁头栱承托，如肇庆梅庵大殿等，但也有用雀替者，神庙大殿即是后者。

（5）除脊栋外，承椽全部使用方桁条。此法不见于《营造法式》和北方同期做法。

（6）出檐使用插栱。这也是南方穿斗建筑所形成的一大构造特点，大殿虽基本为抬梁式构架，但出檐构造仍保持了穿斗构架的构造形式。乳栿穿檐柱而出，出柱部分成为悬臂梁支承挑檐枋，其下以多层插栱支架，而不以斗栱铺作出跳（图10~图12）。

（7）歇山收山大。收山自梁架两端第二缝梁架外侧始，宽达一稍间，这种不在丁栿上起山架，即不使用采步金梁架的构架方法是岭南古建筑构架的最显著的特征。这种形式显然产生于干栏、穿斗排架构架的构造形式，日本古建筑也有这种构造方式，产生的原因是相同的，这说明日本古建筑同我国东南沿海古建筑技术有密切的交流。立面上这种大收山的形式，产生了南方歇山顶建筑轻巧飘逸的形象（图13、图14）。

从以上分析，我们知道了大殿构架是中国木构架建筑体系南方子系中粤江流域体系的殿堂构架形式，它是由北方抬梁式构架与南方穿斗式建筑构架有机融合的产物（图15、图16）。

四、大殿复原设计

（一）平面

按明初原构平面复原后，平面柱网为面阔五间，进深三间，柱网平面尺寸如表1所示。

大殿平面尺寸（厘米、尺） 表1

	面阔				进深		
	心间	次间	稍间	总面阔	心间	次间	总进深
（单位：厘米）	525	445	445	2305	730	445	1620
（单位：唐小尺）	20	17	17	88	28	17	62

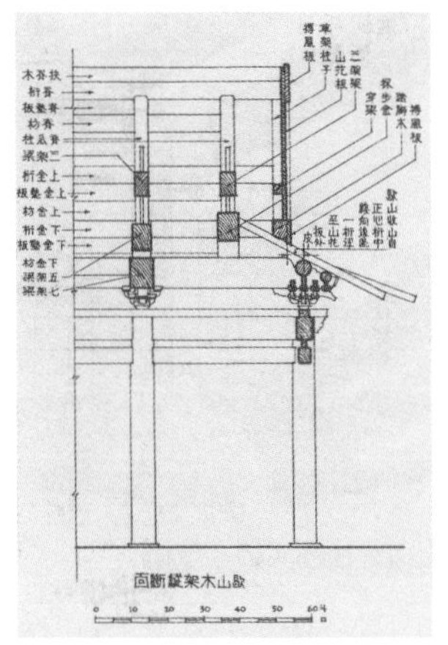

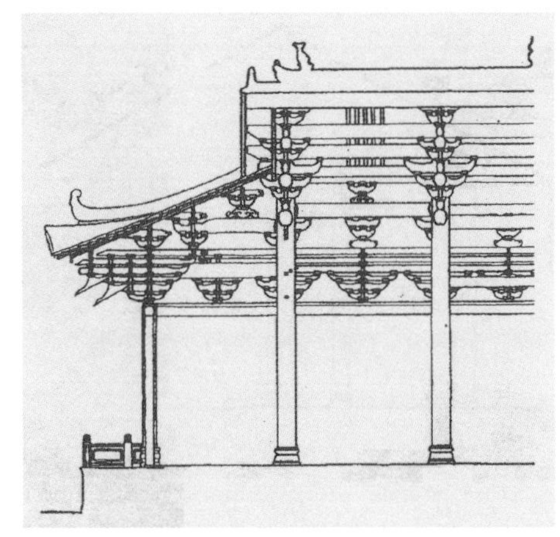

图13 清官式歇山构造

图14 广州府学大殿歇山收山——开间构造，不用采步金梁架

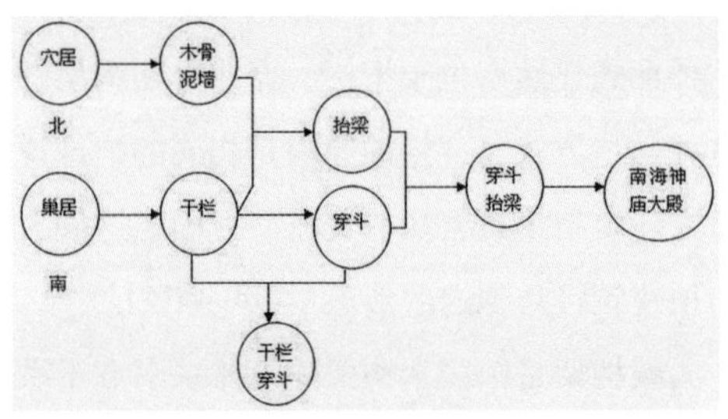

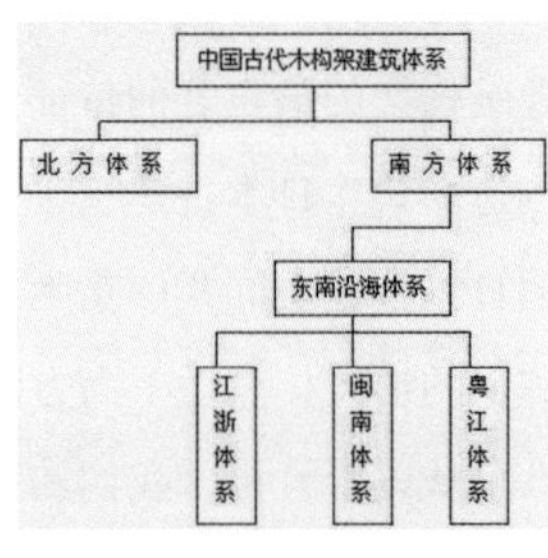

图15 中国木构架建筑的发生发展示意

图16 中国古代木构架建筑体系

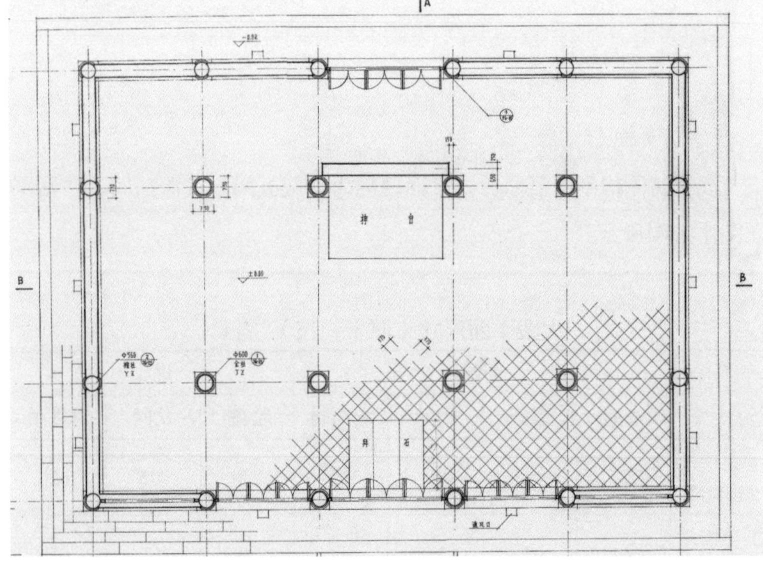

图17 南海神庙大殿复原平面

同时恢复心间后金柱处屏风墙及神台，铺砌拜石和45°角斜铺37厘米×37厘米规格方砖地面。台基东西两侧有自南而北升高的台阶痕迹，从发掘现场情况看，是为解决神庙前后庭院地面高差及交通所设置的，决定予以复原（**图17**）。

（二）柱、墙

实测檐柱础石顶面直径为58厘米，据图片中柱子安装方式，推定檐柱底径为56厘米，金柱底径为60厘米，下端为直柱，上端承栌斗处微有卷杀。柱子按柱高1/100比率收分。

南海神庙礼亭檐柱高510厘米，后殿檐柱高475厘米，大殿檐柱高不得低于前二者，参考广州地区部分古建筑檐柱高及柱子细长比（**表2**），取细长比1：10.4计算。

檐柱细长比及高度数据　表2

建筑名称	檐柱（厘米）		细长比	柱头构造
	直径	平柱高		
五仙观后观殿殿身	51	642	1/12.6	直接承檩
五仙观后殿副阶	43	374	1/8.7	直接承檩
佛山祖庙大殿	38	548	1/14.4（后）	直接承檩
五仙观中殿	31.5	405	1/12.9	直接承檩
广州府学大殿	56	468	1/8.4	斗栱承檩
五仙观钟楼殿身	61.4	650	1/10.6	直接承檩
五仙观钟楼副阶	45	352	1/7.8	直接承檩
南海神庙礼亭	52	510	1/9.8	直接承檩
南海神庙后殿	45	475	1/10.5	直接承檩
南海神庙仪门	19	420	1/22	直接承檩
南海神庙复廊	17.5	385	1/22	直接承檩
揭阳文庙大殿	25	522	1/20.1	直接承檩
《营造法式》			1/10	斗栱承檩
佛光寺大殿			1/9	斗栱承檩

南海神庙大殿檐柱高：56厘米×10.4＝582厘米。

因栌斗是刻于柱端与柱子一体的，故该尺寸包括栌斗高、但不包括柱础高度。因为是柱头直接承檐桁的构架方式，所以这里并不符合北方“柱高不越间之广”[8]之比例常制。

角柱不做生起，与檐柱同高。金柱高以举折定为795厘米。

前檐明、次间各做六扇格子门，门下柱础间设木门槛。两稍间做直棂窗，窗下槛墙砌清水砖墙。后檐心间设门同前檐心间，余砌清水砖墙，柱墙相遇处露柱础。墙体下设高28厘米石制地栿，予以复原。

（三）出檐构造

广州地区古建筑，出檐构造有三种形式，第一种是以北方相同的斗栱出跳方式；第二种是以插栱出跳（图18、图19）；第三种则是无栱或插栱出跳，即不使用挑檐桁，仅在檐桁上向外出椽。在闽南系古建中还有一种用吊筒即花蓝瓜柱出跳的方式（图20）。前二者殿堂式建筑多用，第三种厅堂式建筑多用。这里的殿堂和厅堂式的分类标准不同于北方者，鉴于建筑的构架方式，屋顶形式，使用性质及建筑等级因素，笔者认为有充分的依据将广州地区或粤江流域体系以下列标准分为殿堂式和厅堂式两类：

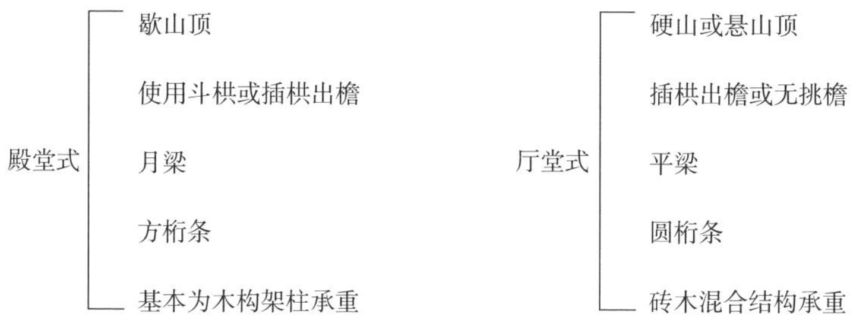

出檐构造不同于北方是南系建筑的一大特点，如是重檐建筑，在立面外观上两者差异则更是明显。

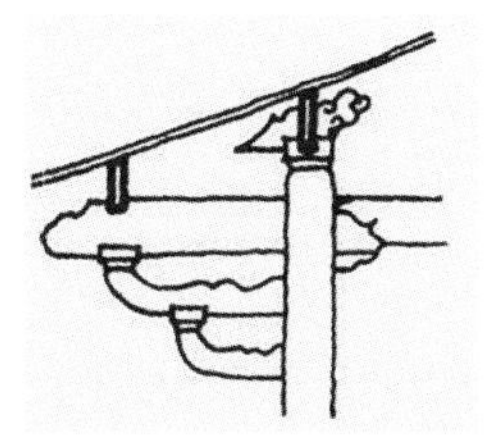

图18 广州海幢寺大殿（清）

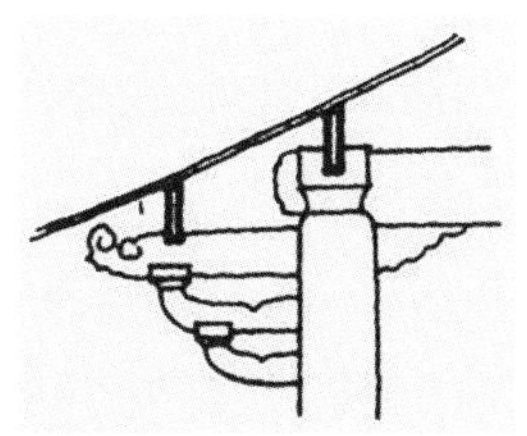

图19 广州光孝寺大殿上檐（南宋）

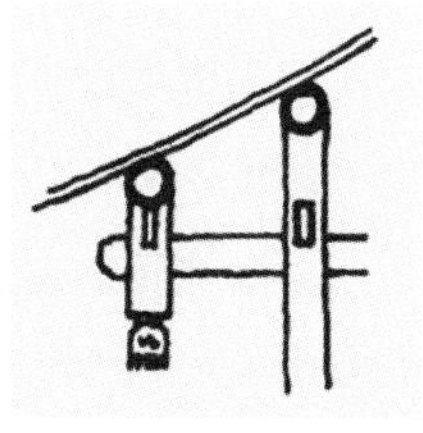

图20 福州涌泉寺吊筒出檐（清）

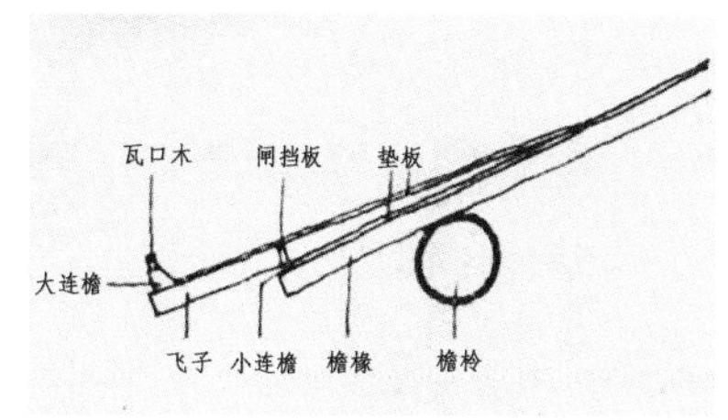

图21 北方官式建筑挑檐构造

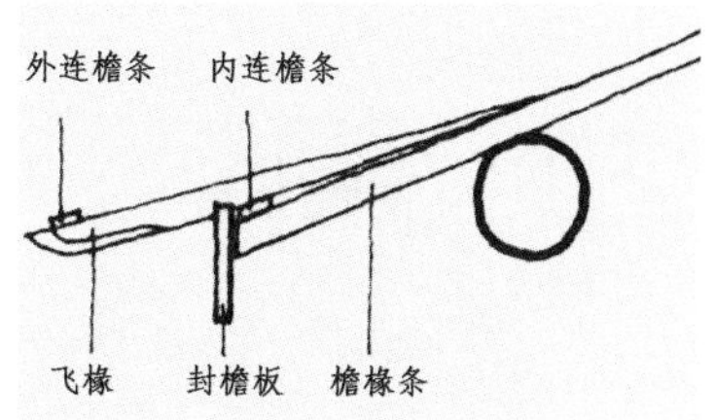

图22 岭南古建挑檐构造

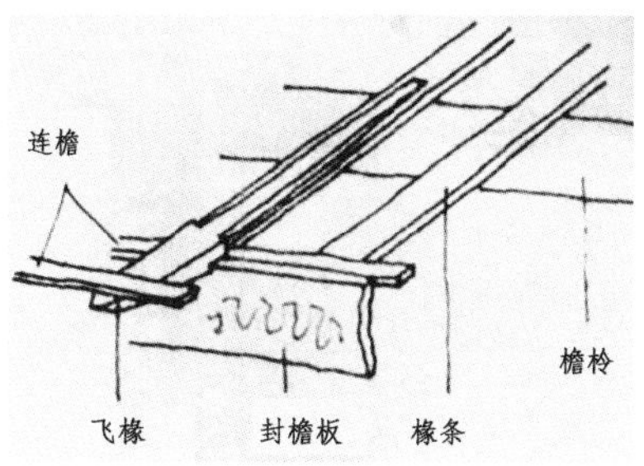

图23 岭南古建挑檐构造示意

该区檐口构造有重椽和单椽两种，一般情况下使用重椽构造，但闽南系多用单椽构造。由于不铺设望板，而以瓦直接铺在椽条上，使得檐口构造与北方相比有很大不同。北方檐口构造不施封檐板，而以大小连檐木、瓦口木、望板、椽子等构成，粤江流域地区则在檐椽头上钉封檐板，飞椽头及檐椽头上面钉连檐木条［常用断面为宽（3~4）厘米×1厘米］，不用瓦口木（图21~图23）。

南方地区冬季温差大，北方建筑屋面冬季保温要求高于南方，在构造上于椽上钉望板，望板上要苫背，然后再铺瓦，瓦不直接与椽子发生关系，即瓦的尺寸大小与椽档的距离大小无直接关系。由于屋面荷载大［可达（400~500）千克/平方米］，椽子断面面积也相应较大，常为圆形或方形断面（飞椽用方形），椽子与檩条交接常用上下椽子错开排列，以连接牢固。而南方屋面荷载较小（不大于100千克/平方米），瓦直接铺于椽条上，椽条断面因而也做成扁平的板条状（故北方椽子，南方称椽条，也称桷板，如图24、图25所示）。为使瓦面铺砌整齐利于排水，椽条往往是上下通长一条，这样瓦宽与椽档距就需要配合，结果，该区建筑的开间进深尺寸就与椽档距个数（瓦坑数）的多寡发生了密切的关系（图26、图27）。

经过长期的实践，这种配合形成了一定规律，其规律是以瓦坑坐

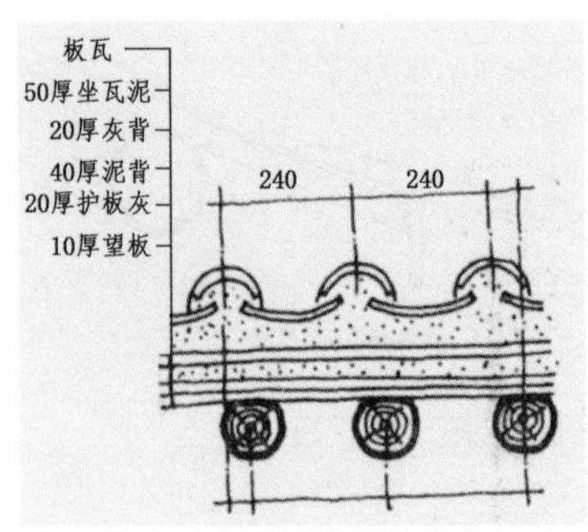

图24 北方屋面做法

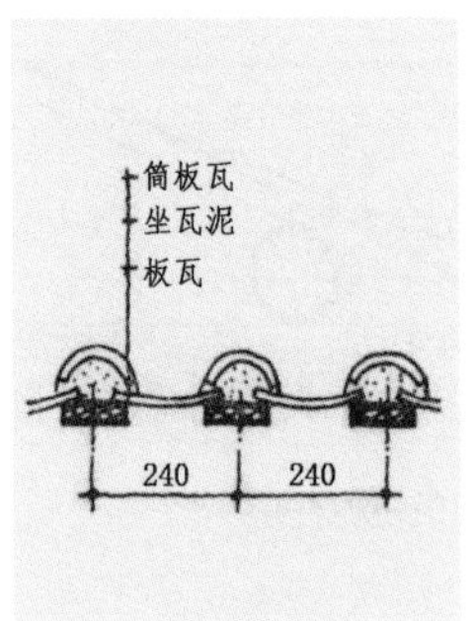

图25 南方屋面做法

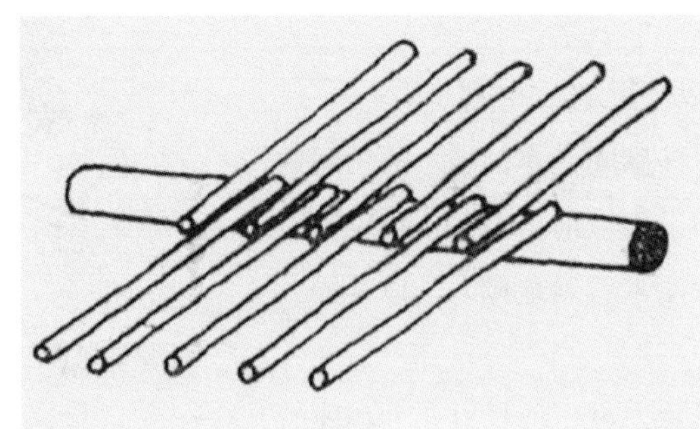

图26 北方椽子铺法

图27 南方椽子铺法

图28 岭南飞椽头（鸡胸椽）

图29 广州光孝寺加蓝的封檐板（殿堂式）

图30 广州陈家祠头门封檐板（厅堂式）

中，心间用单数，次间稍间用双数，这样即利于施工，又可以用瓦坑的多少规定房屋的大小规模，还在观念上使“光厅暗房”得到了奇偶阴阳之数理呼应。瓦坑数目常以两瓦递减其建筑规模，具体规模要视建筑的等级和地盘情况而定，而尺度则与地方瓦的大小有关，如广州地区瓦宽有24厘米、30厘米，潮州地区有27厘米、30厘米两种，这种大小瓦的情况在古建的修复中是应予以注意的（**表3**）。

瓦坑（椽距）常用数（个） 表3

面阔	心间	31	27	25	23	21	19	
	次间	20	18	16	14	12	10	
	稍间	18	16	14	12	10		
进深	心间	29	23	21	19	17		
	次间	16	14	12	10			

南海神庙大殿平面尺寸与这种规律是相吻合的（椽档距为30厘米，用大瓦）。

飞椽长度视具体情况从18～45厘米不等，一般情况下殿堂式用值较大，厅堂式用值较小。飞椽往往做雕刻成鸡胸状（**图28**），《国语·晋语》：“天子之室斫其椽而砻之，加密石焉，诸侯砻之，大夫斫之。”：[9] 这种雕椽之制应是周到战国时期斫椽刻桷之制的遗风，这也说明秦汉以前古建筑斫椽刻桷之制是可信的。

封檐板更是重点装饰部位，殿堂式建筑多为阴刻线条或少许镂空，下边沿则做成滴水状，与滴水瓦上下呼应，形成该地区特有的檐口韵律，图案造型简洁大气。厅堂式封檐板则多以人物故事，花鸟鱼虫图案做浅浮雕，与瓦当滴水一起形成建筑主面上一个装饰层次。闽南之封檐板多为素平式（**图29、图30**）。

南海神庙大殿檐高由檐柱高定为560厘米，据岭南地区及明代建筑的常用做法（**表4**），取檐高：总檐出=2.5，得总檐出560/2.5=224厘米，调整为227厘米，其中出跳125厘米，檐出69厘米，飞檐长36厘米。以三跳插栱出跳，插栱样式参考广州光孝寺大殿上檐及海幢寺大殿下檐等插栱构造样式。栱断面高宽比，岭南不似《营造法式》之1.5或清《工程做法则例》的1.4，而与其足材比例即高宽比为2大致相同（表5）。大殿取插栱断面尺寸高×宽＝18厘米×9厘米，其他斗栱断面也用此值。大殿封檐板取殿堂式。

檐出数据（厘米） 表4

建筑名称	檐出	飞子	檐出＋飞子	斗栱出跳	总檐出	檐高	檐高:檐出
广州五仙观后殿	38	46	84	100（插栱）	184	642	3.5
广州五仙观付阶	40	46	81	82（插栱）	163	374	2.3
五仙观钟楼屋身	40	35	75	105（插栱）	180	595	3.3
五仙观钟楼付阶	50	40	90	60（插栱）	150	370	2.5
五仙观钟楼中殿	34	30	75	87（插栱）	161	420	2.6
佛山祖庙大殿	55	30	85	168	253	484	1.9
广州学宫大成殿	40	40	80	180	260	638	2.5
莆田东岳殿	70	无	70	50（插栱）	120	350	3.0
潮州天王殿	95	无	95	90（插栱）	185	540	2.9
广州大佛寺大殿	85	70	155	120	275	680	2.5
三元宫大殿	60	20	80	110（插栱）	190	675	3.5
何家祠中堂	40	20	60	无	60	570	9.5
南海神庙仪门	38	24	62	无	62	420	6.8

栱断面数据（厘米） 表5

建筑名称	断面	高宽比
五仙观大殿	18×8	2.25
五仙观大殿	20×7	2.86
佛山祖庙大殿	20×11	1.82
广州府学大殿	22×10	2.20

（四）角部构造

角部构造起翘的飘逸形象为南系古建筑平添了不少色彩。粤江流域第古建筑角部构造不仅与北方建筑差异很大，且与江浙一带建筑也不同。北方官式建筑是仔角梁平放于老角梁上，仅端部呈折线状微翘，江浙地区则多为嫩戗式发戗，即仔角梁斜插入老角梁上，所以其起翘极大。而岭南地区则是仔角梁端部做成上翘的曲线状，俗称“鹰爪式”。亭榭等小型建筑物因起翘不大，老仔角梁合为一个构件，仅刻出老角梁头形状而已，所以该区角部起翘曲率大小介于北方官式与江浙建筑之间（图31~图36）。

岭南地区角椽排列有三种形式：第一种是与北方官式相同的撒网状，这种使用比较少，见于出檐较大的建筑中；第二种是檐椽为撒网状，飞椽做平行式排列；第三种是平行椽构造，这种檐口出挑翼角部分承载力较小，由于岭南建筑屋面荷载不大出檐较小而使用普遍。第二种则是在前后两者间的平衡。平行椽构造早见于南北朝的石刻建筑，唐代以后则少见于北方，而岭南还保留这种古制。这种构造方法并不仅是中原古制的遗风，而且也与该区的屋面构造有关。平行椽尾是钉在角梁上的，其悬挑力较小，很适合岭南不大的屋面荷载以及椽上铺瓦的构造方式（图37、图38）。

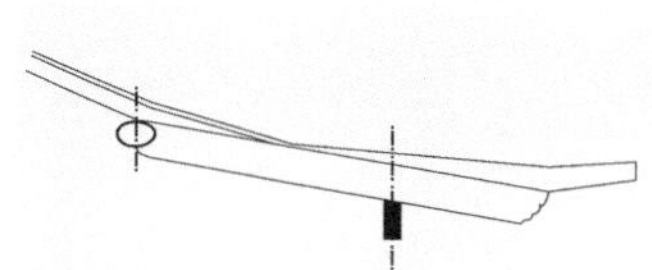

图31《营造法式》角梁构造

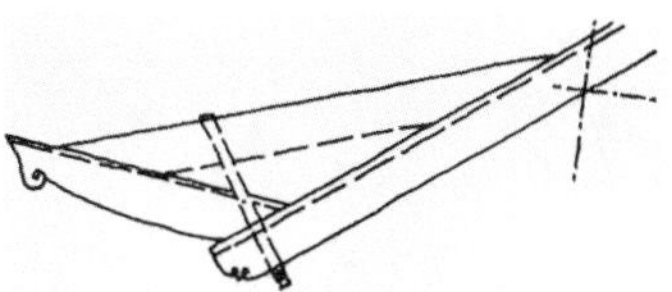

图32《营造法原》角梁构造

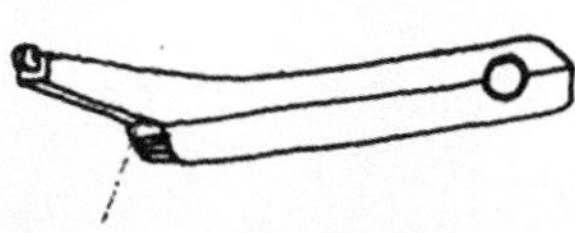

图33 清角梁构造之一

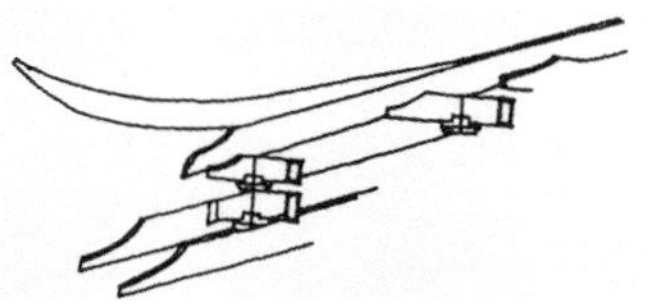

图34 佛山祖庙大殿前檐角梁

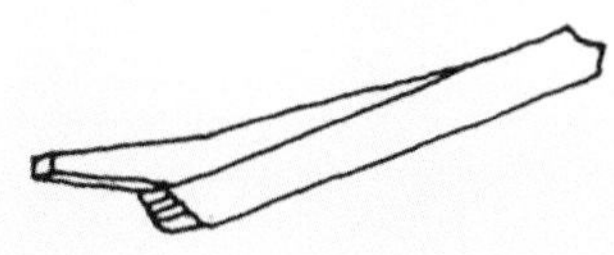

图35 清角梁构造之二

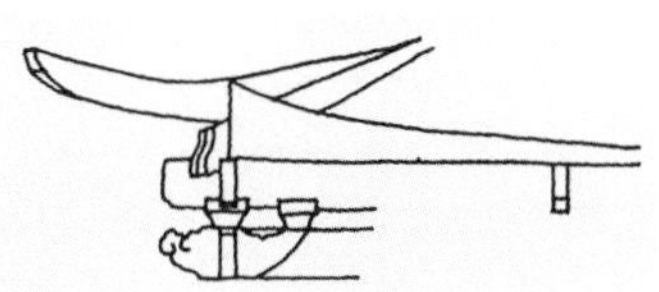

图36 佛山祖庙灵应祠牌坊角梁

图37 北方角椽撒网状（扇形）构造

图38 岭南角椽平行排列的构造

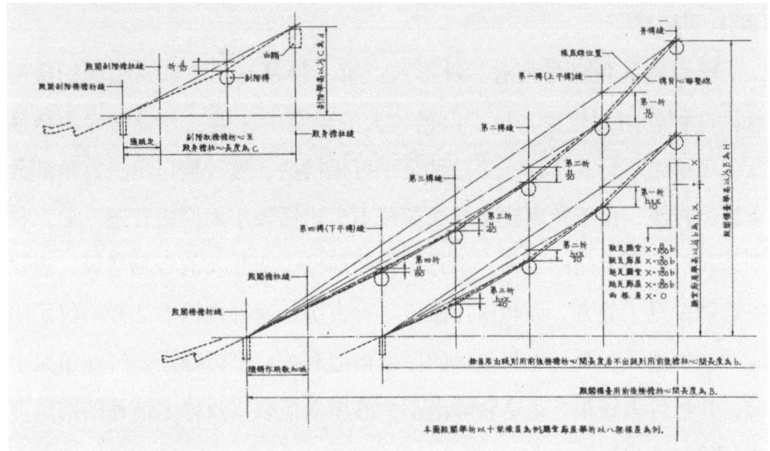

图39 宋《营造法式》大木作举折之制

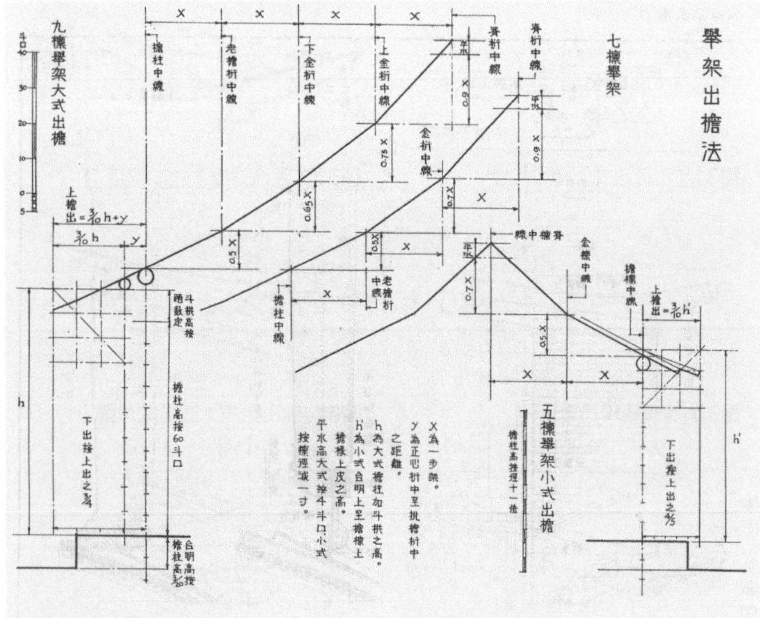

图40 清官式大木举架法

南海神庙大殿角梁取老角梁和鹰爪式仔角梁的地方做法，角部起翘高61厘米，角椽为平行式排列构造。

（五）举折

举折是确定屋面坡度曲线的方法，这在设计梁架剖面中是重要的一项内容，古代匠人称设计剖面为“定侧样”或“点草架”。[10]《营造法式》中宋代建筑举折是先定举后定折的，清官式建筑做法则是通过五举、六举、七举、九举等由檐椽到脊椽将举和折一次完成的，《营造法源》所用举折之法与清官式类似。

根据实测数据分析和访问木工匠师，得知岭南地区古建筑屋面举折与《法式》《法源》和清工部《工程做法则例》不同。其举折曲线定法是先定举后定折的，殿堂举高一般小于《法式》上举高为前后檐枋心距的1/3，统计数字在1/3.5左右波动，举高度数与《法源》差不多。一般厅堂举高闽南及两广明代以前之建筑在1/5左右，很是平缓，清代屋面坡度略为陡峻，屋架举高为前后檐枋心距的1/3.3。

其定折之法是定举之后，画出脊桁与挑檐桁或檐桁上皮中心直线，然后自上而下和自下而上同时于各金步桁位置中心垂直线与上述直线的交点处，以举高的百分数向下衰减，这样便得到了所需要的曲线。百分数的规律是两端小，向中间逐步加大，中间最大，也即两端凹曲较小，中间最大。其递增规律有三种：

（1）每架加大1%。中间桁条下凹最大，坡度平缓，次要建筑常用；

（2）两端为3%，中间每架递加1%。这样使得脊步陡峻，而檐步平缓；

（3）每架加大3%。坡度凹曲较大，多为殿堂所用。

总之，其凹曲线的中心形成一对称曲线，这不同于《法式》《法源》等举折所形成的近似抛物线的曲线。岭南地区有些厅堂建筑屋面曲线凹曲极小，接近于直线屋面。闽南系建筑由于正脊两端做一三角形假屋，从而使屋面呈现双曲面的形式（图39~图41）。

形成岭南这种凹曲不大的屋面的原因，从构造上说，该区屋顶是椽条直接承瓦，单面坡度常用一根或二根通常椽条跨几个步架铺定，由于一根椽条跨几个步架，屋面凹曲过大就会反弹而难以固定，且凹曲越大，椽条反弹力越大，固定就越不容易。从功能上说，屋面排水坡度越陡峻越好，但南方建筑较北方建筑进深大，屋面陡峻要多消耗材料，而且也不利于瓦的固定。此外，在东南沿海地区，防风也是房

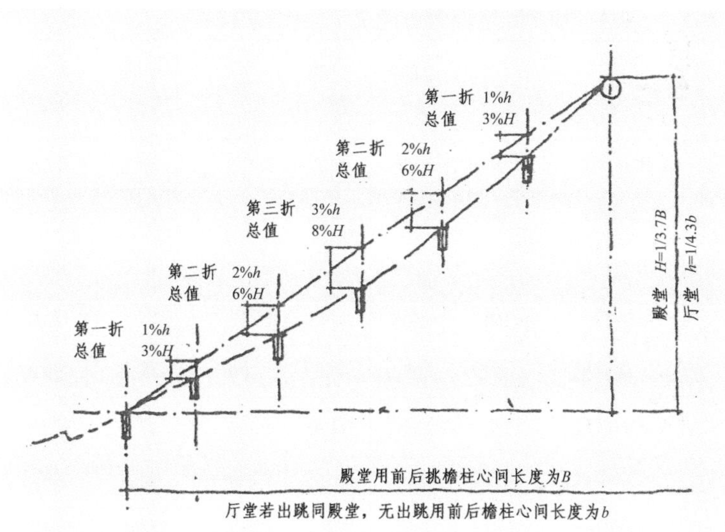

图41 岭南古建举折法

屋的基本要求之一，除了利用穿斗排架构架抗风之外，防风还要求房屋相对低矮，坡度平缓，但屋身低矮会影响正常使用和不利于通风散热，屋身降低受到限制，那么只好降低屋顶，如屋顶降低太大，排水就成了问题，要再凹曲过度，则会导致排水不畅而漏雨。在这些因素的相互制约下，该区这种特殊屋架举折方法及所形成的屋面曲线就定式了（表6，图42~图44）。

据进深尺寸和其他参考数据，南海神庙大殿举高取1/3.7前后挑檐枋心距计算，得举高为505厘米。其屋面曲线下折率如表6所示，由此，确定大殿总高为10.85厘米，金柱高8.25厘米（包括柱础）。

屋面举折数据　表6

建筑名称	间架	举高／前后檐距	檐桁降低（%）	金步桁降低（%）	脊步桁降低（%）	举高（米）	总高（米）
五仙观后殿殿身	通檐九架	1/3.7	8	11	8	2.12	8.54
五仙观中殿	通檐九架	1/3.4	6	5	4	1.88	5.90
佛山祖庙大殿	三间十五架	1/3.3	4	7 8 9 8 7	4	4.92	9.80
广州学府大殿	三间十三架	1/3.9	5	8 9 7 6	5	4.40	10.81
广州大佛寺大殿	五间十九架	1/3.75	4	7 8 11 12 11 8	5	7.40	14.4
莆田东岳殿	三间十五架	1/5	3	4 4	3	2.40	7.15
潮州天王殿	三间十七架	1/3.4	1	2.5 2.5 3 2.5 2.5	2	4.28	10.20
南海神庙仪门	三间十五架	1/5.2	2	3 4 3 2.5	2	2.32	6.60
南海神庙复廊	三间十五架	1/5.7	2	2 3 3 2	2	2.10	5.95
南海神庙大殿	三间十五架	1/3.7	5	8 10 11 10 8	5	5.05	10.85

（六）屋顶形式

南海神典祀属王制，祭祀用太牢，有的同志以此为依据提出重建时采用最高级的屋顶形式即用庑殿顶，笔者通过分析研究认为不妥，理由

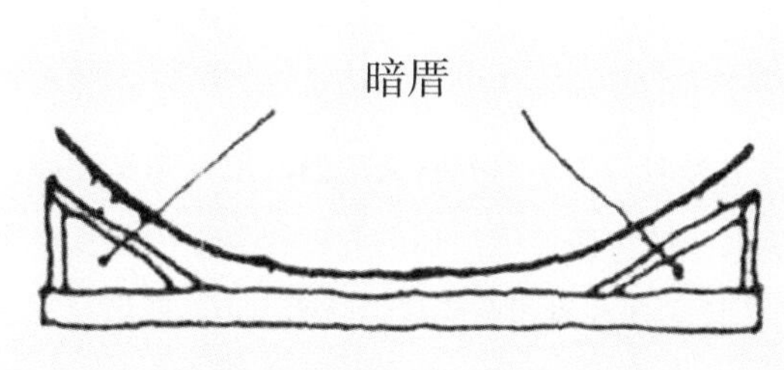

图42 闽南正脊曲线做法

图43 闽南系古建双曲屋面（泉州天后宫）

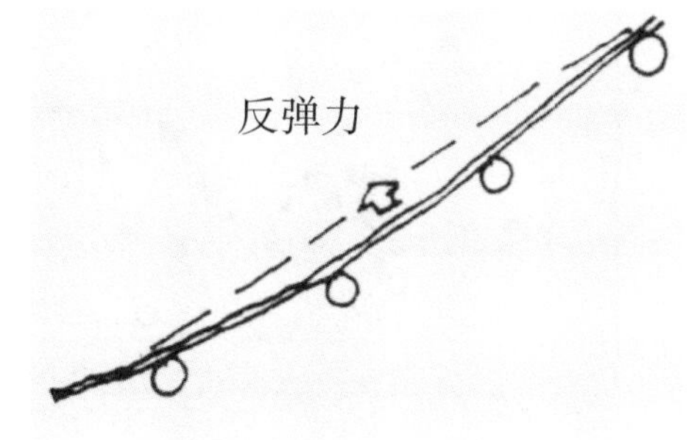

图44 椽条反弹示意

如下：

（1）大殿原来就是歇山顶，按修复原则，即应恢复原状的构架和歇山式屋顶。

（2）该殿总进深比总面阔为1∶1.41，平面近似方形，这种平面难以做成庑殿顶。北方建筑实例说明，平面比例深宽比为1∶2以上时才适合做庑殿顶，小于1∶2时做庑殿面正脊则嫌太短，必须加长脊榑，否则只能做歇山顶。但南方建筑由于不用踩步金梁架构架构造方式，因而难以加长脊榑。而且岭南古建筑平面比例受岭南地区湿热气候之影响，其平面阔深比是围绕1.2左右波动的，也即平面近于方形，所以岭南殿式屋顶形式绝大多数为歇山顶（表7），而不似北方多有庑殿顶出现（图45）。

（3）歇山顶符合礼制。王即王侯、诸侯，位天子之下。《新唐书·礼乐制三》："庙之制，三品以上九架，厦两旁。三庙者五间，中为三室，左右厦一间。"《明史·志第二十八·吉礼六》："今定官自三品以上立五庙，以下皆四庙。为五庙者，亦如唐制。五间九架，厦旁隔板为五室，中祔五世祖，旁四室，祔高曾祖祢。"现大殿面阔五间，厦两旁造（即歇山做法）正合礼制。

（4）歇山顶是南方建筑文化的产物。南方气候湿热，建筑山面需要通风散湿，庇荫防雨需要外加披檐，于是在干栏和穿斗构架的基础上产生了歇山顶的形式。从出土汉代陶屋陶仓的屋顶形式，可以窥视其产生发展的端倪（表8）。云南少数民族的干栏建筑大多为歇山顶，即使南方某些悬山和硬山顶建在构造上，也反映了有发展成歇山顶的

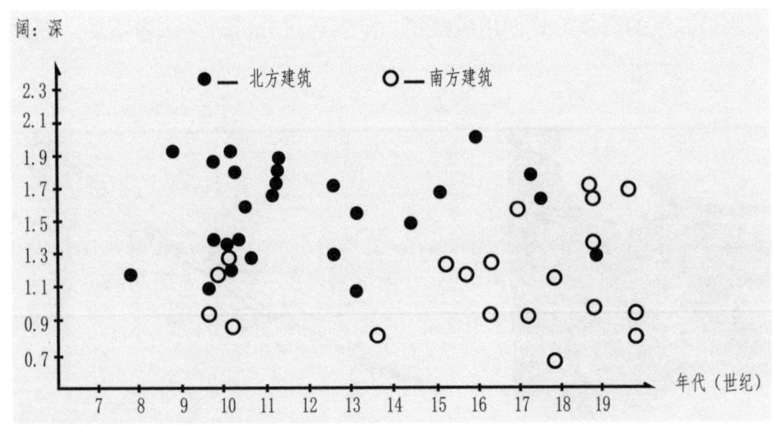

图45 南北建筑平面比例之对比（部分建筑）

华南地区部分古建筑平面比例　表7

建筑名称	年代	面阔（厘米）	进深（厘米）	阔深比	构架形式	屋顶形式
福州华林寺大殿	964	1256	1458	1.075 ∶ 1	殿堂	歇山
肇庆梅庵大殿	996	1378	1120	1.23 ∶ 1	殿堂	歇山
浙江保国寺大殿	1013	1191	1335	0892 ∶ 1	殿堂	歇山
莆田三清殿	1015	1505	1145	1.302 ∶ 1	殿堂	歇山
广州五仙观后殿	1537	1234	996	1.289 ∶ 1	殿堂	歇山
广西真武阁底层	1573	1380	1120	1.232 ∶ 1	殿堂	歇山
厦门南普陀大殿	康熙	1982	1971	1.005 ∶ 1	殿堂	歇山
厦门南普陀天王殿	康熙	1845	1415	1.304 ∶ 1	殿堂	歇山
莆田东岳殿	1798	1000	1451	0.689 ∶ 1	殿堂	歇山
广州学府大殿	清	2362	1478	1.598 ∶ 1	殿堂	歇山
王仙观钟楼	1788	1196	1006	1.189 ∶ 1	殿堂	歇山
南海神庙仪门	清	1334	1207	1.105 ∶ 1	厅堂	悬山
广州大佛寺大殿	清	3632	2536	1.432 ∶ 1	殿堂	歇山
广州三元宫大殿	清	1841	1696	1.085 ∶ 1	殿堂	歇山
广州豪泮街清真寺大殿	清	1880	1760	1.068 ∶ 1	殿堂	歇山
德庆龙母庙大殿	1896	1955	1405	1.391 ∶ 1	殿堂	歇山
广州何家祠中厅	清	1150	880	1.307 ∶ 1	厅堂	硬山
潮州韩公祠大殿	1984	1800	1055	1.706 ∶ 1	厅堂	硬山
泉州承天寺大殿	1986	2245	2675	0.839 ∶ 1	殿堂	歇山
泉州承天寺法堂	1986	1740	1824	0.954 ∶ 1	殿堂	歇山

注：经数据分析阔深比：算术平均值＝1.185，中位数＝1.21，众数＝1.20。

趋向，如莆田东岳殿在穿斗山架外加小披檐，形成带有小披檐的悬山顶，广州越秀山五重楼也类似，广州三元宫大殿的歇山顶则是在硬山顶的基础上四周加廊步形成的。南方歇山顶的收山构架不用踩步金梁架的构造做法更是一个佐证。现在贵州苗族就崇尚歇山顶，所谓"三间二磨角五柱丈八八"歇山式建筑为最尊贵的形式，这皆能说明上述问题（图46、图47）。

各地出土陶京仓　表8

出土地点	年代	平面形式	屋顶形式	备注
福建南平	汉	矩形	歇山	
广东广州	汉	矩形	悬山	底有四足
广东广州西村	汉	矩形	悬山	
广东增城金兰寺	西汉	矩形	悬山	
湖南耒阳	汉	椭圆	悬山	四足
江苏邳州市	汉	矩形	攒尖	
河北定县北庄	汉	矩形	悬山	四足
河北	汉	矩形	悬山	
山东东平王陵山	汉	矩形	悬山	四足
陕西咸阳底张	汉	矩形	庑殿	
陕西潼关吊桥	汉	矩形	庑殿	四伏兽足
陕西三原关吊桥	汉	矩形	硬山	有足
陕西源县双盛村	隋	矩形	硬山	
甘肃武威磨嘴子	汉	矩形	悬山	四足
青海大通县上孙寨	汉		庑殿	

由此，笔者认为，歇山顶是南方干栏文化的产物，北方的歇山顶形式可能是南方北传的，所以在中原华夏正统文化中产生的庑殿顶（由穴居发展而来）建筑成为最高级的建筑形式，而由南方夷地文化产生的歇山顶建筑（由巢居发展而来）则是第二位的，这种文化现象被展现在故宫三大殿中（图48、图49）。如此，可以说歇山顶在南方地区来说是第一位的，而就全国来说则是第二位的，这是个很有意思的话题，在现存岭南地区的建筑中几无庑殿顶的实例，南海神庙大殿用歇山顶是很微妙的。

（5）在建筑群体组合造型艺术上，南海神庙头门、仪门、礼亭、后殿等均为单檐硬山顶，而大殿采用单檐歇山顶与其他屋顶形式联系过渡较为自然得体，即突出了大殿的地位，又不致于造型上孤立唐突。

总之，大殿采用单檐歇山顶是最合适的形式。

（七）装饰

岭南古建筑装饰极富地方特色，装饰华丽、色彩鲜艳、精雕细刻、内容丰富，常融砖、石、木雕与陶、灰塑于一体。装饰题材与风格既有百越文化的根基又深受楚文化的影响，也反映着中原文化的因素。

南海神庙大殿正脊采用二龙戏珠、双凤相翔、两鳌相对及花草等琉璃脊饰，这是该地区等级最高而且反映地方特色的脊饰。垂戗脊端部用水浪式，戗脊端处清代所加坐狮不予恢复。山花板外饰以卷草藻文图案，梁架柱子等以黑色饰之，头门、复廊等均为黑色，是符合礼制的，《谷梁传·庄公二十三年》：“礼，天子诸侯黝垩，大夫仓，士黈。”[11]

室内装修陈设则恢复神台神龛、祭案、仪仗及神龛后的屏风墙，并按王制陈列仪仗祭器，重塑南海神像和附属神像。此外，东西稍间恢复所陈列大小铜鼓及原殿内悬挂之匾额题字、帐幔等。

（八）建筑材料

岭南古建筑使用杉木、樟木、楠木、紫荆木、铁力木外，还常用东京木、坤甸木等高级硬木，这些木材极坚硬，比重均大于1，极限抗

图46 广州海幢寺大殿

图47 广东佛山祖庙大殿

图48 福建南平出土汉代陶仓（歇山顶）

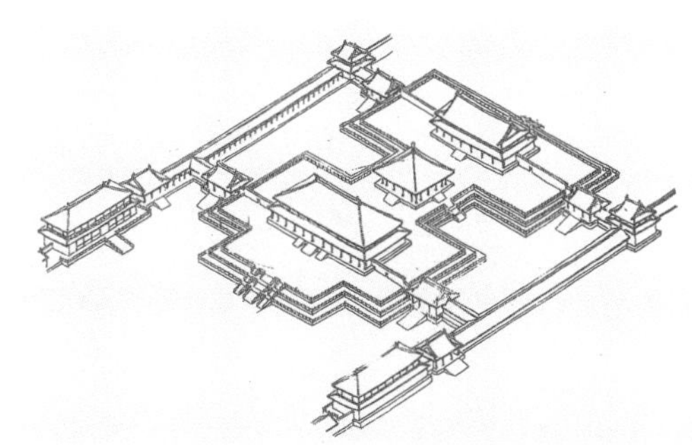

图49 故宫三大殿的屋顶形式反映了南北建筑文化的融合

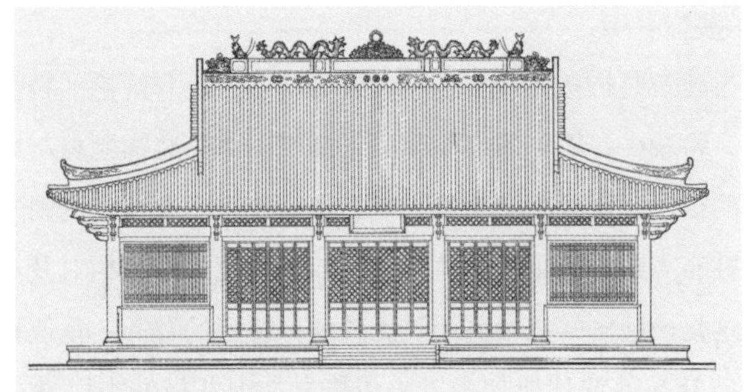

图50 南海神庙大殿复原正立面图

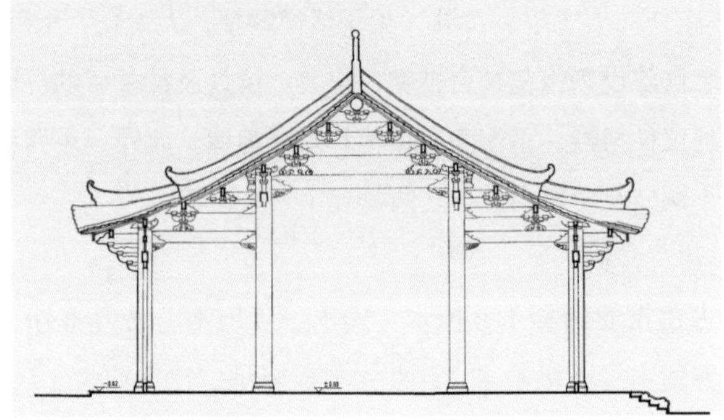

图51 大殿复原纵剖面图

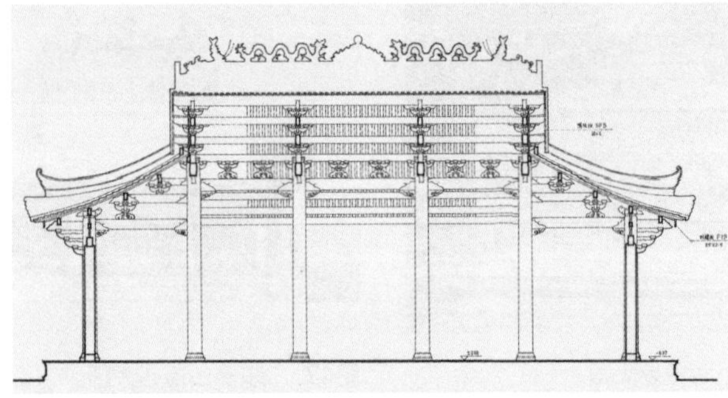

图52 大殿复原西立面图1

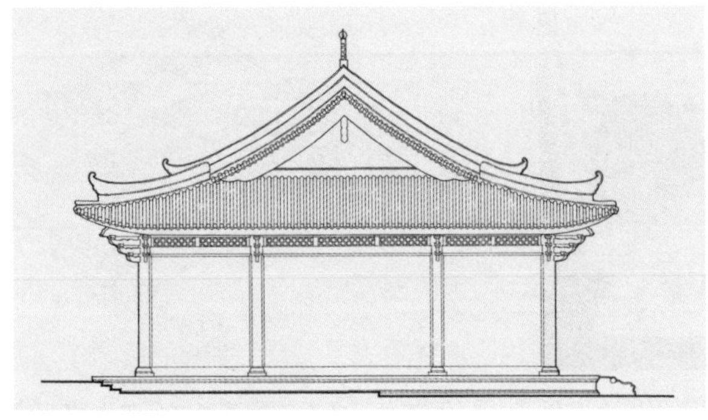

图53 大殿复原西立面图2

弯强度高达1500千克/平方厘米以上，不仅力学性能好，而且防潮、耐燃、防腐性能很好。屈大均《广东新语》记载："广多白蚁，以卑湿而生，凡物皆食。虽金、银至坚亦食，惟不能食铁力木与椂木耳。"[12]但其加工困难，价格昂贵。

笔者建议大殿梁架全部采用木构件，部分可借用旧料，梁架柱用东京木或坤甸木，椽条用杉木，装修用樟木，以提高防腐能力，保证其耐久性和今后修缮的可逆性。

（九）其他

正脊设置避雷针，导线沿墙导入地下，以防雷击。室内安设高温浓烟敏感警报器，室外设置消防栓，以防火灾。木材均做防腐处理，地面下设通风沟（**图50~图53，表9**）。

南海神庙修建史表　表9

序号	修建年代	公元纪年（年）	建筑主要内容	年间隔	备注
1	隋天皇十四年	594	立祠、祭海神灵		
2	唐天宝六年	747	溢广利王，故庙易新之	153	
3	唐天宝十年	751	封四海王，循公侯之礼，明宫之制，前殿、后殿，后廷续庑，重门，环堵、斋庐	4	
4	唐元和十四年	819	此庙广而大之，治其廷坛，改做东西两序斋庐之房称广王庙	68	
5	宋开宝六年	973	重崇葺之	154	
6	宋嘉佑七年	1062	请尝修之	89	
7	宋元祐年间	1086～1093	载新祠宇	24	
8	宋乾道三年	1167	大兴营缮，改序厢为堂廊庑山亭水榭，建浴日亭榭	81	
9	宋宝庆元年	1195	崇饰庙貌，彻而新之，环墙列楹、丹垩之饰，前列可卫，旁罗骑导	28	
10	元至元三十年	1293	重建此庙，大门三间，横二十二丈，翼以两庑，纵三十二丈，正殿巍然其中，又演两庑三十二丈至寝殿，大门，两庑，正寝殿，斋庖，宿馆凡125间	98	
11	元至正八年	1348	完葺	55	
12	明洪武二年	1369	命易，饰昏漫以丹黝，朱栋雕楹，兰庑桂殿，上侵云表而坛禅亭台	21	

续表

序号	修建年代	公元纪年（年）	建筑主要内容	年间隔	备注
13	明成化八年	1472	命新易之，易祠外木牌门为石牌门，易匾额，新大门，仪门，左右阶级，拜香亭，斋堂，斋房两楹	103	
14	明天启元年	1621	又修饰之	149	
15	清康熙四十四年	1705	重修庙宇	84	
16	清雍正三年	1725	复修殿宇，南立石表	20	
17	清道光二十九年	1849	又鼎新庙宇	124	
18	清宣统三年	1910	重修神庙、韩碑亭	61	
19		1925	重修礼亭、后殿	15	
20		1985	重修庙宇	60	

注：凡1400年，修20次，平均70年一次，间隔大者150年，小者20年。

注释

1 发表于《古建园林技术》1989年第2、3、4期，总第23、24、25期。

2 《隋书》卷七《礼仪志》《册府元龟》卷三三《帝王部·崇祭祀》。

3 （唐）韩愈《南海神广利王庙碑》、陈兰芝《南海庙志》页十二、崔弼《波罗外纪》碑牒卷（唐牒碑）。

4 （宋）《宋加封南海洪圣广利王敕中书门下牒》、陈兰之《南海庙志》页三~四、崔弼《波罗外纪》碑牒卷（宋碑）。

5 （元）陈思善《代祀南海神记》、嘉靖《广州志》卷三十五礼乐页十三、黄伟《南海神庙》。

6 程建军．古建筑的活化石——南海神庙头门、复廊的文物价值[J]．古建园林技术，1993，1.

7 祁英涛，柴泽俊．南禅寺大殿修复[J]．文物，1980，11.

8 （宋）《营造法式》称：“若副阶、廊舍，下檐柱虽长，不越间之广。”

9 《国语》卷一百七十四·居处部二。

10（宋）李诫《营造法式·举折》：“举折之制，先以尺为丈，以寸为尺，以分为寸，以厘为分，以毫为厘，侧画所建之屋於平正壁上，定其举之峻慢、折之圜和，然后可见屋内梁柱之高下，卯眼之远近。”自注：“今俗谓之定侧样，亦曰点草架。”

11《礼记》：“楹，天子丹，诸侯黝，大夫苍，士黄主。”

12（清）屈大均《广东新语·卷二十四·虫语·白蚁》。

图表来源

图1：文献[4]。

图2：文献[2]。

图3、图4、图6、图8~图12、图14~图26、图29、图31~图36、图41、图42、图44、图45、图50~图53：作者自绘。

图5、图7、图27、图28、图30、图37、图38、图43、图46、图48：作者自摄。

图13：文献[9]第102页。

图39：文献[8]第169页。

图40：文献[9]第107页。

图47：华南理工大学建筑学院测绘图。

图49：文献[6]第12页。

表格：作者自制。

参考文献

[1] 龙庆忠．南海神庙．广州文博通讯．1984.

[2]（明）郭棐．南海庙志．

[3]（清）崔弼．波罗外纪．

[4]（清）金光祖．广东通志．

[5]（清）仇池石．羊城古钞．

[6] 刘敦桢．中国古代建筑史[M]．北京：中国建筑工业出版社，1980.

[7] 陈明达．营造法式大木作研究[M]．北京：文物出版社，1981.

[8] 南京工学院主编．中国建筑史[M]．北京：中国建筑工业出版社，1982.

[9] 梁思成．清式营造则例[M]．北京：中国建筑工业出版社，1981.

[10] 杜仙洲．中国古建筑修缮技术[M]．北京：中国建筑工业出版社，1983.

[11] 华南理工大学建筑学院古建筑测绘资料。

[12] 李先逵．贵州的干栏式苗居[J]．建筑学报，1983，11：33.

广州光孝寺修复规划管窥[1]

广州光孝寺是岭南著名禅林古刹。寺自东晋开创以来，几经兴废，寺中原有部分建筑物已毁灭殆尽，文物古迹也多有残缺或散失。但鉴于光孝寺的历史文化价值和幸存部分文物价值，国务院于1961年3月4日将光孝寺列入第一批全国重点文物保护单位。中华人民共和国成立后，政府曾多次拨款修缮，终使大雄宝殿、六祖殿、瘗发塔、铁塔、大悲幢等几处重要文物古迹得以完好地保留至今。

1986年年初，广东省统战部及宗教事务局报请国务院并获批准，光孝寺重新归交广东省宗教事务局及省佛教协会管理。有关单位报请重修光孝寺并获省政府的批准。

这次修复规模较大，涉及面广，投资逾千万巨资。为从宏观上掌握修复事宜，确定一个正确的修复指导思想，制订一个较完善的修复规划，以指导其总体及至局部的修复工程设计，便成为首要之事。为将修复规划建立在科学的基础之上，使这一千年古刹重放异彩，笔者提出自己的浅见，就教方家。

一、修复规划的指导思想

（一）宗教文化的意义

光孝寺千百年来作为佛教圣地，是禅宗的发祥地和南派禅宗的主要道场之一，故修复光孝寺的意义自不待言。修复规划应体现宗教的社会性和国家的宗教政策，保持和恢复禅宗仪轨制度及进行宗教活动场所的完整性。

（二）光孝寺是广州市不可缺失的一部分

广州自古以来就是南方对外文化交流和贸易往来的主要门户，物产富庶，文物荟萃，是我国历史文化名城之一。“未有广州，先有光孝”，早成口碑，于此足见光孝寺在广州城的历史文化地位。

不仅如此，现代城市中，人们的工作和生活节奏加快，工作余暇，渴望到一些风景名胜或公园绿地休憩身心，陶冶情操。而且，人们还有诸多层次的历史文化知识的需求。位于市中心的光孝寺的修复与开放对于满足这种需求具有一定的现实意义。

光孝寺虽历经磨难，但仍留下众多的文物古迹和美好的传说。寺中稀世文物，珍贵经典等不仅吸引佛教徒、信众前往拜佛进香，而且有更多的群众到这一环境清净的名胜之地参观游览，了解和研究祖国悠久的历史及宝贵的文化艺术遗产。

从这个角度看，寺中名胜古迹吸引着众多国内外旅游者。光孝寺是广州市不可多得的一个游憩、学习的幽雅场所，是文化名城不可缺少的一部分。在修复规划中，应充分考虑这一因素，在功能分区中有对内和对外之分。对外开放部分应有相当的容量和较丰富的内容，既满足佛事活动的要求，又满足游人的心理需求。

（三）文物保护

光孝寺历史长达1600余年，现今占地面积仍有近3万平方米。其中文物荟萃，如大雄宝殿、伽蓝殿、六祖殿、天王殿、瘗发塔、东西铁塔以及大悲幢、洗钵泉、初祖达摩和六祖慧能像碑、六祖塑像、诃子树、菩提树等，均具有很高的历史、文物价值。大雄宝殿始建于东晋隆安元年（397年），现存大殿是清顺治十一年（1654年）改建的。大殿巍峨宏丽，造型古朴，大木构架、斗栱、柱子等构件和脊饰具有唐宋甚至汉晋的建筑形制和风格。保持这些文物的真实性和完整性应是修复规划的重要指导思想之一（图1）。

二、修复规划依据

（一）禅宗仪轨制度与宗派的发展

按照禅宗的清规和禅林制度，一般禅宗寺院在其主要中轴线上（一般情况下是南北中轴线），从前向后依次布置有山门、天王殿、佛殿、法堂、方丈等主要殿堂，伽蓝殿、祖师殿、药师殿、三圣殿等，则作为配殿建于正殿前后的两侧，如此形成寺院建筑主体部分。其他供讲经集会及修行用的禅堂、戒坛、功德堂、藏经楼、罗汉堂、念佛堂，还有供日常生活和接待用的斋堂、客堂、云水堂、茶堂、延寿堂等散布其间。为及时为患病僧人治疗和供养汤药，还设有如意寮，以及僧人圆寂后存放骨灰的普同塔等，这些都是十方丛林应具备的。

佛教宗派的组织和理论信仰也存在着继续与发展的问题。为了提高出家青年的修持和教理水平，培养佛教比丘的下一代，使将来弘扬佛法的人才不致中断并发扬光大佛教宗旨，在较大的寺院中常设有佛学院。

光孝寺作为岭南最大的佛教道场，历史悠久，名扬中外。此次修复规划应尽可能地按丛林制度与清规戒律设置建筑，以合佛教仪轨，使其恢复为名副其实的佛教圣地。

（二）建置历史

据明崇祯《光孝寺志》卷一记载：光孝寺原有十三殿六堂、三阁、二楼，及僧舍坛台等建筑物，号称“十房四院”，规模宏大，妙相庄严。清末以来因年久失修，多方侵占和其他原因，占地面积已大为缩减，现存建筑物和格局等现实情况已远远不能满足丛林正常的佛事活动之需求。

为此，修复规划应据现在寺址情况，详考《光孝寺志》和建筑遗址，拟能恢复一批历史上曾有的，为正常佛事活动所必备的殿堂僧舍

图1 光孝寺大雄宝殿

及重要的名胜古迹。前者如法堂、方丈、禅堂、藏经楼等，后者如风幡堂、笔授轩等名胜古迹。修复规划应注重历史依据（图2、图3）。

（三）建筑制度和建筑风格

《中华人民共和国文物保护法》第十四条规定：“核定为文物保护单位的革命遗址、纪念建筑物、古墓葬、古建筑、石窟寺、石刻等，在进行修缮、保养、迁移的时候，必须遵守不改变文物原状的原则。”光孝寺是全国重点文物保护单位，文物保护应是修复规划的重要依据。在修缮原有文物建筑时，坚持不改变文物原状的原则，主要是保持原建筑物的建筑制度、结构特征以及建筑风格等（现存文物建筑为宋代岭南建筑风格）。对于恢复重建的殿堂，均应作研究考证，并参考国内和日本相关的唐宋古建筑实例，还应注重地方建筑风格。对于新建建筑物则要在形式上保持与原有建筑风格的协调一致，使整个建筑群体既具有统一性，又做到主次分明。

（四）禅宗哲学

禅宗完全是中国独创的佛教流派，其实际上的创始人就是慧能。因其主张的教义与参禅方法的特殊，唐代以后禅宗在全国迅速传播。禅宗的世界观和方法论对一统天下的儒教产生了巨大影响，后来宋明理学、心学等新儒学的产生均与禅学的影响分不开。我国历史上许多著名的大儒家都曾学习禅理禅机，从中收益颇大，这种情况甚至一直延续到近代。所以，龙庆忠教授曾指出：在中国哲学上，禅宗的地位实际并不亚于儒教的影响，修复光孝寺应像修复曲阜孔庙那样重视。

为此，光孝寺的修复规划设计构思应建立在对禅宗深刻认识的基础上。禅宗强调“直指人心，见性成佛”的说教，故又称其为佛心宗或心宗。与北禅宗不同，南禅宗宣扬“顿悟”，心就是佛，佛就是众生，心、佛、众生三者并无差别。它是以排斥感觉和思维活动来认识事物的，因而强调“无相”“无念”“无住”的认识，强调精神的作用。这使其具有最彻底的主观唯心主义的本质特性，可以说禅宗主张的是一种主观唯心主义的本体论。正是在排除思维逻辑性和神秘主义、虚无主义等的基础上，禅宗形成了它在各佛教宗派中特有的一套思想方法和修养方法论，如“机锋”“棒喝”“不坐禅念佛”“不信累世修行”等特异作风。

为此，光孝寺修复规划应强调内容与形式的统一，建筑空间以通透空灵，形式以古朴典雅为要旨，并尽量直接反映结构的机理和材料的本色，以表现禅宗的禅骨禅风（图4）。可以参考国内尤其是岭南的禅宗寺

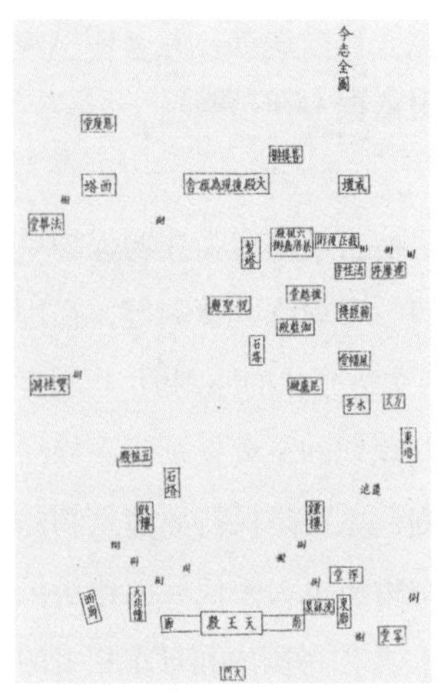

图2《光孝寺志》旧图

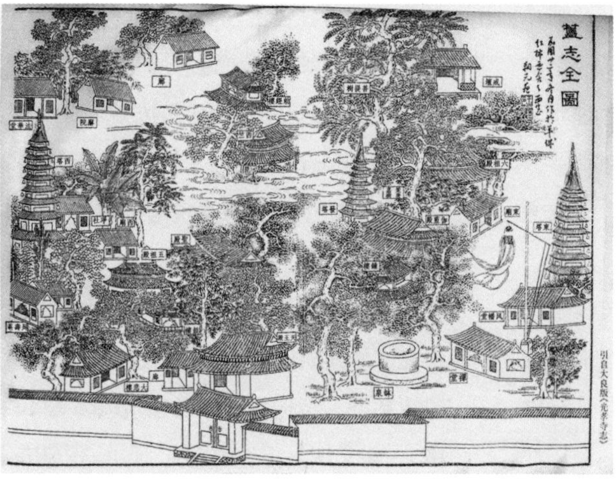

图3《光孝寺志》图

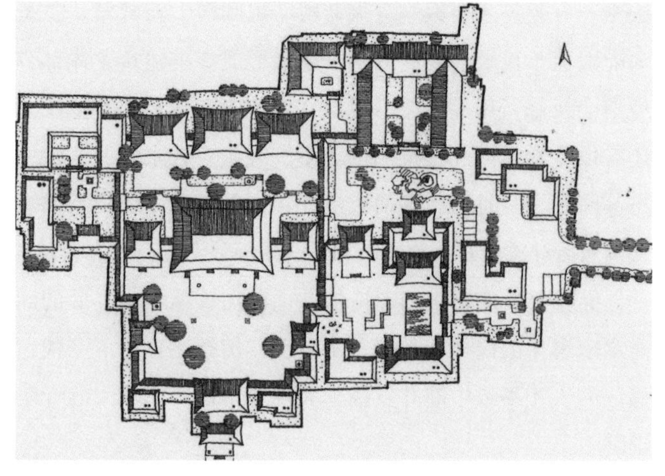

图4 光孝寺规划总平面方案

院建筑形式，以及日本镰仓时期（相当于中国宋代）以后形成的“大佛样”和“禅宗样”建筑形式，这两种佛寺建筑形式与我国东南沿海佛寺建筑形式关系十分密切，有一些共同的建筑特征。总之，尽量将禅宗的哲学精神融于修建规划和设计中，创造出一个充满浓郁禅味的建筑环境。

三、修复规划功能分区分析

（一）现状分析

光孝寺现址总平面极不规整，基本呈东西长，南北狭状。寺正门南对光孝路，东门外接海珠北路。寺庙可划分为中区、东区和西区三个区域。中区现存几座殿堂位于原寺的主体部分，位置稍偏西。主体以东的东区原寺内建筑大部毁没，现为部分机关建筑和民居占据，建筑陈旧破败，已无可资利用之价值，拟大部分拆除按规划重建。东区面积较大且有出入口，拟规划为次要佛事活动区，包括佛学苑和对外活动接待区。主体以西的西区占地面积较小，但环境安静，拟拆除部分旧建筑，新建或改建禅堂僧舍，该区内有近年新建招待所，现用作外宾寮，西区规划作为僧人安养区和对内招待处。总之，在认真分析各种因素的基础上对现址予以充分而合理的利用。

（二）规划功能分区分析

1. 主要佛事活动和朝圣区

该区是光孝寺的主体部分（中区），佛教徒于此区进行参拜、做课，举行讲经、念佛等仪式的主要佛事活动。按佛教仪轨、基址情况和历史设置，规划可沿南北中轴线布置山门、天王殿（现存）、大雄宝殿（现存）、法堂和藏经楼。按丛林制度，方丈室应设置于中轴线的最后，但因现状南北进深尺度不够，故方丈室另安排于主体的左后部。主体两侧前庭配以钟鼓楼、伽蓝殿、卧佛殿，后庭左右配有六祖殿（现存）和罗汉殿。这样形成前后三进院落，两侧建筑连以东西迴廊，起着分划和联系前后空间的作用。

迴廊设门旁通东西两院，透过迴廊格窗可使人们获得楼阁殿堂连属，主次空间渗透和空间开阔，以及院落幽深之感受。由此形成唐宋时多用的廊院式庭院和岭南古建筑之特色，并借此组织交通路线和划分空间，有利于通风遮阳避雨，适应岭南地区的湿热气候。该区同时也是光孝寺主要游览区，可向游人全部开放，所以应有较宽敞的庭院和空间的相对独立性。

该区原存天王殿因梁架朽烂，可按原貌落架修复。伽蓝殿个别柱子腐朽严重并且梁架歪斜，可用抬正和偷梁换柱的方法修缮，不宜落架大修。大雄宝殿和六祖殿基本完好，应保持现状或小修。

2. 次要佛事活动区

该区位于主体院落东面，东区的南部。此区可建报恩堂、药师殿、戒坛、风幡堂和少量僧舍。此区也是游人次要游览区，可规划为半封闭半开放状态。该区原有岭南画室及白莲池应修缮保留，不宜改动，于白连池北建药师殿和戒坛，形成一组有明显轴中线的半开敞院落，作为光孝寺的次要轴线，轴线后部利用现今人防工事的小丘组建一小巧花园，体现岭南寺观园林的特色。风幡堂可建于该轴线西侧，隔迴廊与主体院落的伽蓝殿相对，堂前设一小坛（月台），侧立幡杆，以资纪念禅宗六祖慧能论风幡一语道破禅机的公案。

3. 对外活动区和佛学苑

佛学苑为僧人学法深造机构，可安排于东区北部。其要有较安静的环境而远离佛事朝圣区，佛学苑成三合院布局，形成相对清静的封闭环境。建筑为二层，上层为僧舍，下层设讲堂、斋堂等。考虑到除弘法讲学外还要进行佛学研究和学术交流，苑内可辟研究室。

对外活动区以海会楼和素菜馆形成一个开敞空间。素菜馆对外开放，游人可在此品斋。海会楼为2层建筑，主要功能是接待来访佛教团体，展出馈赠礼物，举办小型展览，举行小型会议和佛教协会办公用。楼前规划一小广场，并设置小型停车场。

此外，西部修整现存碑廊，结合西铁塔的观瞻等形成一个幽静的小花园（图4）。

四、环境规划

（一）道路系统规划

光孝寺可规划出南、东两个出入口。外接光孝路的山门为主要人流出入口，一般僧人、游人均可由此出入。入寺后沿中轴线层层殿堂循序而进，也可沿迴廊循进或进入侧院。主体院落交通路线设以庭堂为主，迴廊为辅的两套系统。寺次要出入口在东区，外接海珠北路。作为主要车流入口和次要人流入口。客货车、救护及消防车等均可从此而进出。

总之，寺内道路可分主、次道路及廊道三种，通过道路将各院落及每幢建筑、名胜古迹密切结合起来，做到联系方便和使游人尽量避免游线的重复。

（二）绿化规划

寺内现存百年古树数十株，规划中应坚持全部予以保留的原则，特别是对于具有文物价值的诃子树、菩提树更应重点保护。原寺主体庭院部分绿化良好，但其为花园式，似有碍于前庭的空间艺术效果和主要殿堂的壮观，以及修复开放后大量人流的集散，规划可做修正。前庭中与道路相配合，于庭堂两侧设置大草坪或全部改铺石板地面（原树木均保留）。其他院落可选择清秀高雅的树木花草点缀其间，因地制宜，间以单株、花池、绿化带等，形成一个点、线、面相结合的绿化系统。

（三）防火规划

光孝寺文物名胜众多，现存殿堂均为木构架建筑，防火规划应十分重视。主要考虑防火区划、道路、隔墙、消防设备及避雷措施等。

主要防火道路宽度应不小于3.5米，由东入口可通达六祖殿和伽蓝殿东侧。迴廊应设隔火间或用耐火材料建造。沿寺外围墙建筑均应留防火间距，并与日照、通风等卫生条件一并考虑。各组建筑及主要殿堂应配备消防设备。建设应优选耐火性较高的材料，考虑耐火和抗震等级要求。

主要殿堂和高大建筑应设避雷针，幡杆可兼作避雷器，白莲池兼消防水池。

注释

1　发表于《南方建筑》1992年第3期。

图表来源

图1：作者自摄。

图2、图3：民国二十二年《光孝寺志》。

图4：作者自绘。

参考文献

[1]《光孝寺志》。

古代社会建筑修建的理论与实践——古建筑修建理论研究之一[1]

一、古人对建筑修建的认识

在古代由于土木这两种材料随处可取，易加工、省时和经济，中国形成了以土木结构为主的建筑体系，所以古人称建筑工程为“土木之功”。进行规模较大的建筑工程便呼之日“大兴土木”。大兴土木主要是统治阶层进行的宫殿苑圃、坛庙陵寝、衙署府第等工程（也包括一些军事防御工程和水利工程）。这些建筑等级高，规模大，装饰堂皇富丽，工程质量标准要求高，因而建设费用大，时间长、占用大量人力物力。譬如始皇陵就动用了70万徒役修筑，占当时全国人口的4.67%。如果再加上始皇咸阳宫殿，长城驰道，全国忙于这类建筑工程的人口投入的财力难以计算。明十三陵定陵施工6年，共用6500万工，占当时全国每户平均6.5工，每日用30000工，建筑耗费白银总数800万两，相当于当时两年的全国财粮收入。大量的建筑工程给人民带来了繁重的徭役和赋税，致使部分土地荒芜，民不聊生。所以历代的有识之士与劳动人民均把“大兴土木”视同“黄祸”。

中国人民具有艰苦奋斗的本色，节俭是中国人民的传统美德。早在春秋战国时期的墨家创始人墨翟就崇尚节俭，墨翟指出，节用“兴利”，“国家去其无用之费”，能使国家的各种有用产品成倍地增加。[2]封建社会的仁人志士也从历史教训中认识到节俭的重要，清《渊鉴类函》宫殿制造一节中认为：“大修、大营、大治、大起宫殿是罪过。”[3]俭节则昌，淫佚则亡，所以几乎历代帝王大兴土木时，总有志士冒死上谏。当然，当权者在财不敷出的情况下，也采取一些修建的办法满足建筑的需要。

建筑寿命是有年限的，随着时间的推移，其将受到不同程度的毁坏，修缮是常有的事。人们在房屋修建的实践中认识到，当房屋损坏时，及时有效和花费较少的修建，可以达到一种事半功倍的效益。所以在《法苑珠林》中古人总结出这样一个道理：“造新不如修故，作福不如避祸。”[4]建筑的修建在古代就受到了人们的重视。

二、古代社会建筑修建的特点

从大量史料来看，古代社会建筑修建具有以下两个特点：

（一）因循制度

中国在政治制度方面，是一个以“礼”治国的国家。礼制成为古代中国的根本大法，衣食住行无不以礼为本。帝王将相的宫殿府第、坟墓、祠堂、寺庙道观、桥梁，甚至百姓日常生活起居的民居，都成了礼制制度的最有力、最实用的表征物体，建筑被重重地打上了礼制的烙印。我国古代的城邑、宫阙、府第、佛寺、道观、陵墓等建筑的内容、形制、标准都是以“礼”这个国家的基本制度而制定出来的。记述建筑制度的《考工记》就被看作是建筑礼制而列入《周礼》之中的。建筑常常作为礼制的制度而明确地列入各朝代的《仪礼》《典礼》之中，有城市制度、宗庙制度、门阿制度、堂阶制度、屋舍制度、丧葬制度等。在礼制之下，各种不同类型的建筑又有各自的制度，如宫廷制度、佛寺制度、道观制度、会馆制度、书院制度等。对于具体的建筑形制和材料结构及装修等建筑技术和艺术方面，则又有用材制度、彩画制度、用瓦制度等。在古代，建筑的鼎建与修缮对建筑制度是非常重视的。

古人在重建或修建建筑时，每每必考旧建筑制度如何，然后“循其旧”“即其旧而新”，保持建筑原来的制度与建筑形式，以达到“存列古事”“悠扬古风”之目的。就这一点来讲，其与我们今天保护和修缮文物建筑“不改变原状”的原则是一致的。但就现状来说，今之修缮多注重建筑的结构与形式，对建筑制度等文化内涵往往研究不够。而后者对后人了解古代社会历史文化则是特别重要的。在修缮重建古建筑时，建筑形式和建筑制度两者不可偏废其一，即物质文化和精神文化都要考虑。

（二）即时修建

古人在建筑修建时，具有随坏随修这一特点。这主要是出于保持建筑使用功能的完整性和经济性方面考虑的，并本着先急后缓的修缮原则进行。

《左传》："……国家之修造，有待时而修者，有不待时而修者。盖居室宴游之所可以有可以无，而有他所以暂代者，必须农隙之时，无事之日然后修之可也。若夫门户以开阖，道桥以往来，城郭以卫民，墙堑以御寇，不可一日无焉者也。苟以待时而为之，岂不至于有所损失而误事乎。"[5]这里强调修建先急后缓，先重点后一般的原则。重视与民生密切相关的工程应及时修缮，而游憩安乐之类则可缓行。

宋太祖开宝二年（969年）诏曰："一曰必葺。昔贤之能事如闻诸道，藩镇郡邑公字及仓库，凡有坠坏，弗即缮修，因循步时，以至颓毁，及僝工充役，则倍增劳费。自今节度观察防循团练使刺史知州通制等罢任，其治所廨舍有无坠坏，及所增修，著以为藉，选相符授，幕职州县官受代，则对书于考课之历，损坏不全者殿一选，修葺建置而不烦民者加一选。"[6]苏轼也说；"宫室盖有所以受而传之无穷，非独以自养也，今日不治，后日之费必倍，而比年以来所在务为险陋，尤讳土木营造之功，攲侧腐坏，转以相付，不敢擅易一椽，此何义也。"[7]这里又强调建筑要及时修缮的原则，否则时间一长，待到损坏较严重时，修缮费用必将倍增，损失更大。以至皇帝为修建之事而下诏书，并以赏罚升降官职的政令敦促各级地方官员郑重其事，可见古人对修建重视之一斑。

此外，修建与新建一样，均要在适当的时候进行，一般是在秋后冬闲之时动工。战国《吕氏春秋》："孟秋……是月也，农乃升谷，天子尝新，先荐寝庙。命百官始收敛，完堤防，谨壅塞，以备水潦；修宫室，坿墙坦，补城廓。""仲秋……是月也，可以筑城郭，建都邑，穿窦窌，修囷仓。乃命有司趣民收敛，务蓄菜，多积聚。""季秋……是月也，霜始降，则百工休，乃命有司日：'寒气总至，民力不堪，其皆入室。'上了，入学习吹。"[8]初秋农事未全部完工，此时仅可抽调部分劳役和时间从事修宫室、补城郭等较轻的修缮一类劳役。仲秋则为农闲之时，此时可征用大量工匠徒役进行建筑的新建工作了。深秋时天气已渐寒冷，民不胜寒，可遣使匠徒回家过冬了。当然，这只是社会早期或较理想的情况，实际上封建帝王的宫室陵寝的修建是一年四季均有的。特别是在封建社会中期以后，有了建筑专业化队伍，建筑工作便少受季节农事的影响。但某些重大工程和广大民间仍受季节农事因素的制约。

三、古代社会修建的实践与制度

（一）修建实践

建筑是有寿命的，有建筑就有修建。由于我国建筑历史悠久，加之木结构材料本身又非耐久性材料等原因，建筑的修建类工程在我国也有着悠久的历史。庙宇中一排排重修庙宇之碑碣忠实地记录了各个时期修建的情况，更有许多修缮之事记录于古籍中，其中不乏理论和方法以及大量的具体修缮之事。这些都成为我们今天研究修建古建筑的宝贵财富。中国传统的木构架建筑体系，在建筑技术方面来说是一种预制装配式建筑，连接点多为榫卯节点，可装可拆，具有可逆性。一栋建筑因严重损坏或废弃不用，其中的某些木构件及砖瓦仍可作他用，这也形成了我国建筑修建的一大特色。从记载和实物考察来看，除了大量一般的正常修缮外，还有一些较大的和颇具特色的改建和迁建。

1. 改建

一类改建是将原有建筑改为他用，即功能转换。唐武元年（701年）十月十八日以武功旧宅为武功宫，六年十二月九日改为庆善宫。《册府元龟》："显庆元年敕司农少卿田纪注，因事东都旧殿余址修乾元殿高一百二十尺，东西三百四十五尺，南北一百七十六尺，六月改东宫弘教殿为崇教殿。又记开元二十七年九月（739年）于明堂旧址造乾元殿，十月毁东都明堂之上层，改下层为乾元殿。"[9]《古今图书集成·考工典》："唐同光三年（925年）修广寿殿，四月壬寅武德使上言，重修嘉庆殿，请丹漆金碧以营之。帝曰：此殿为火所废，不可不修，但务宏壮，何烦华侈，导改为广寿殿。"[10]另一类改建是在原建筑基础上扩建，增大其规模与型制。据曲阜孔庙重修碑记记载：宋太平兴国八年（983年），"上乃鼎新规，革旧制；遣使呈而蒇事，募梓匠以僝功，经之营之，厥功靠就，……回廊复殿，一变维新……轮奂之制，振古莫俦，营缮之功，于今为盛。"金明昌二年（1191年）："有司承诏，度材用工，……三分其役，因旧以完葺者，才其其一，而增创者倍之，……罔有遗制焉。"明万历二十二年（1594年）："营于孔庙，乃新殿阁，乃饰廊，乃立重城皋门，以象朝阙，榍瓷甓甃之，有朽者易之，丹雘者漆之，有墁者图之。"福建莆田清嘉庆元年（1796年）《重修东岳殿碑》："修葺塌破者，尽为更新，至于三间基址，昔之规模狭小者，扩而大之，以壮观瞻，庶凡美轮美奂矣。”北京雍和宫就是由雍亲王府改建的。福华林寺大殿则是在原宋代三开间的基础上于清代扩建为七开间的。[11]这种“扩而大之”“崇其旧制”的修建实例多不胜数，因为在古代社会，人们尚不能完全认识到保持原构的历史文化价值的重要性。随着历史的发展，使用规模的扩大及等级的提升，或受其他因素左右，将原有的建筑规模扩大，把原单体建筑加宽加高，提高建筑的装饰等级。群体布局上则加建添建，以满足新的功能要求。当然这种“扩而大之”的修建也不是无原则地进行，它依然受到礼制制度和建筑制度的制约。据笔者调研，福建莆田玄妙观三清殿始建于宋大中祥符八年（1015年），原构面阔与进深各为三间的单檐歇山顶建筑，该部分梁架斗栱均为宋制。明代崇祯十三年（1640年）重修时扩大为面阔五间、进深四间的重檐歇山顶建筑，至清嘉庆修缮时又扩大为面阔七间、进深六间的大型木构架单体建筑。如此，一座宋代原构单体建筑经几百年变化，历几次扩大修建，最终形成了现今的规模，留下了几个朝代的建筑形制与风格。曲阜孔庙自周敬王四十二年（BC 478年）立庙以来，至民国二十四年（1935年）的2400多年间，仅见记载的修建就多达110余次，由立庙时的三间故宅发展为占地327亩，殿堂阁楼466间的宏廓规模。在古代，修建时的修缮、改建、扩建时常常是面貌一新，称为“美轮美奂”或“轮奂之制”，也是古代修建的一个特点，这是应加以注意的（图1～图3）。

2．迁建

按《吴志》吴主传云：注表传载“权诏曰：建业宫乃朕从京来所作将军府寺耳，材柱率细，皆以腐朽，常恐损坏，今来复，西可徙武昌宫材瓦更缮治之。有司奏曰：武昌宫已二十八岁，恐不堪用，宜下所在通更伐致。权曰：大禹以卑宫为美，今军事未巳，所在多赋，若更通伐，妨损农桑，徒武昌材瓦自可用也。”[12]王莽时都匠仇延及杜林等数十人将作，怀彻上林苑中建章等十馆，取其材瓦以起九庙。[13]从古建筑的勘查中，发现不少建筑物中许多构件是借彼用此的，另一类迁建是将一地的建筑完整的迁至另一地重建，也有不少仿建的例子。《古今图书集成·考工典》：宋“太祖建隆三年（960年）修东亦宫殿，命有司画洛阳宫殿，按图修之，皇居始壮丽矣。”[14]《西京杂记》曾记载了这样一件有趣的事：汉高祖定都长安后，太上皇徙居长安深富常思念故乡，凄怆不乐。于是高祖诏匠人胡宽建筑城市街里以象太上皇老家的丰地，故号新丰。建好之后将丰民移诸以居之，结果男女老幼各知其室，放犬羊鸡豕于通途亦识其家。移者皆悦其似而德之，故竟加赏赠，致累百金。[15]

清代中后期的宫苑园林，也是仿建了江南园林的许多著名景点，达到了引人入胜的境界。当年始皇帝灭六国建都咸阳，徙六国宫殿复建于北阪上，是大规模迁建的范例。此举虽不以保护建筑为目的，但这种迁建却客观上却保存了六国宫殿之迥异风格。在今日的古建筑保护中，将不得已而迁建方能保存下来的古建筑迁建保护，如永乐宫的迁建和某些民居迁建集中保护均不失为建筑修建保护可行方法之一。

（二）修建制度

土木兴工，经年不断，花费颇具，节俭与浪费问题很突出。宋代《营造法式》编纂的主要目的之一，便是关防工料，节约钱财。据《金史·世宗本纪》记载：“大定二十八年（1188年）冬二十月有司奏重修

图1 三清殿外观

图2 殿内中部的宋代木构架

图3 檐部的明清后加木构架

上京御容殿，上谓宰臣曰：宫殿制度当务华饰，必不坚固，今仁政殿辽时所建，全无华饰，但见他处岁岁修完，此殿如旧，以此见虚华无实者，不能经久也。今土木之工减裂尤甚，下则吏与工匠相结为奸，侵克工物，上则户工部富支钱度材，惟务苟办，至有工役才毕，随即敧漏者，奸弊苟且，劳民费财，莫甚于此，自令体究重抵以罪。”[16]可见由于关防无术和吏匠勾结，偷工减料，不仅吞食国家钱财而且建筑质量极差。因此，除了宋代下颁了每坏必修，否则治罪的诏书外，在明代洪武二十六年（1393年）还专门制定了“营造修理之制”。

《明会典》记载；“凡内府造作，洪武二十六年定，凡宫殿门舍墙垣，如奉旨成造及修理者，必先要委官督匠，度量材料，然后兴工，其工匠早晚出入，姓名数目务要点闸观察机密，所计物料并各色匠人明白，呈禀本部，行移支拨其合用竹木，隶抽分竹木局，砖瓦石灰隶聚宝山等，窑冶硃漆彩画隶营缮所，钉线等项隶宝源局。设若临期轮班人匠不敷，奏闻起取撮工。凡内府衙门及皇城门铺等处损坏，南京内守备并内官监等衙门，或奏行或揭贴到部，工部大者委官会同相计，修理物料于各局窑厂家库支用，不敷于屯田司支芦课抽分等限，今上元江宁二县铺行办，纳工食于贮库班匠银内幼支邦工军士外守备，差拨随操起住。若工程不多，本部自行修理。”[17]

这个制度规定了：

（1）凡修建要建立管理组织，督匠度材；

（2）严格管理，匠人工数如实点清，防止冒领工钱及工料；

（3）建筑材料分类属管理；

（4）修资来源定制；

（5）有修建报告；

（6）工程大小分类不同处理。

明万历朝重修坤宁、乾清两宫时就制定了一系列的条例。据《明神宗实录》记载：“万历二十四年（1596年）三月乙亥，是日戌刻火发坤宁宫廷及乾清宫，一时俱尽……。”同年四月丁西，工部题建二宫，议款十八则[18]：

（1）议征逋员　（2）协济

（3）开事例　（4）铸钱

（5）分工　（6）大木采办

（7）采石　（8）车户

（9）烧砖　（10）买杉木

（11）发见钱　（12）稽查夫匠

（13）明职掌　（14）加铺户

（15）会估　（16）兵马并小委官贤否

（17）木查　（18）停别工

在清代，凡较大的工程如工价超过50两，料价超过200两的，要报奏皇帝循批，工料银在一千两以上者，要请皇帝另简大臣督修。各项工程所用经费分“定款”“筹款”“借款”“摊款”四种。定款是指定动用的某种专用款项，筹款是动拨其他款项交商生息筹备应周的款项，借款是酌借某种款项，竣工后可分期归还，摊款则是民修工程，先由官垫经费，竣工后摊征归还。清代的大型工程也均有严格的管理组织机构和修建制度。[19]

四、古代匠师建筑修建巧技

古代匠师不乏才智过人者，他们在长期的建筑施工的实践经验中总结和发现了一些有“鬼斧神工”之誉的高超技艺，成为历史美谈，也为我们今日的古建筑修建技术研究提供了不少线索。

（一）抬正法

《古今图书集成·考工典》记载：宋代僧怀丙，真定人，巧思出天性。赵州洨河凿石为桥，熔铁其中，自唐以来相传数百年大水不能坏。步久乡民多盗凿铁，桥遂敧倒。计千夫不能正，怀丙不役众工，以术正之使俊。[20]据《唐国史补》记载：唐开元间，苏州重元寺阁一角忽坠，计其扶荐之功，当用钱数千贯。当时重元寺有长庆游僧曰：“不足劳人，请一夫斫木为楔可正也。”寺主从之，僧每食毕，辄持楔数十，执柯登阁敲极，未逾月，而阁柱悉正。[21]晋吕光时有工匠任射，有奇巧，太殿倾，远巧致思，土木俱正。[22]

以上所举之例皆为抬正之法，即当建筑局部或整体发产沉陷或倾斜时，充分利用木构架可变有限结构的特点，运用加固地基，加载、支撑或楔垫等简单的修缮方法将建筑物修复原貌，从而节省了落架修缮的大量钱财。这种将下沉建筑物或构件抬平的方法又称为“打牮”，在古代又叫作“扶荐”。其所用的工具为立牮杆、卧牮杆、垫木（卧牛）、抄手楔、木槌、铁锤等，工作原理主要是利用杠杆原理和尖劈原理进行工作。

（二）偷梁换柱

史载真定郡有木浮图十三级（今正定天宁寺木塔），久而中级大柱坏，欲西北倾，他匠莫能为。怀丙度短长别作柱，命众工维而上，而已却众工，闭户良久，易柱下，不闻斧凿声。[23]在山西永乐宫迁建工程中，也发现了古代匠人偷梁换柱的实例。从怀丙和永乐宫之例，推知偷梁换柱是利用木构架为榫卯结点的可逆原理，运用打牮支撑卸载和倾斜柱脚等技术，以巧妙的方法在不落架的情况下，抽换个别残毁腐朽梁柱等大型受力构件的修缮方法。

（三）拨正

史载清代工匠黄攀龙，湖南桂东县人，精于攻木。康熙初，武昌黄鹤楼势倾斜，攀龙曳而正之。[24]拨正即是当建筑物倾斜时，利用拉拽与支撑的方法将其重新归正的修缮方法。又称为“梁架歪闪的归整。”拨正方法往往是和打牮联系在一起的，所以常称为“打牮拨正”。方法是先用打牮的方法将局部荷载卸载，然后将原承重结构用工具调正。如是建筑物整体梁架倾斜歪闪，就需要用绞车绳索拉拽拨正。拉拽拨正还要推算“过枉矫正”的量，以避免拨正后的位移回弹失败。承德外八庙普宁寺大乘阁和雍和宫的楼阁均运用了拨正的拉拽法将歪闪的梁架修缮归位，达到了事半功倍的效果。

五、结语

综上所述，历史上有许多古建筑修建的理论经验、管理方法和修建技艺值得我们认真探究总结，其中那些化繁为简、化腐朽为神奇的高超技艺值得借鉴。只有在充分研究中国木构建筑技术体系特点的基础上，才能开拓出一条适合中国古建筑体系的修缮理论和方法的道路。

注释

1 发表于《古建园林技术》1993年第3期，总40期。
2 （东周）墨翟及其弟子. 墨子·节用.
3 （清）张英，王士祯，王惔等.《渊鉴类函》卷三百四十二《居处部·宫殿制造》.
4 （唐）道世.《法苑珠林》第三十八.
5 （东周）左丘明.《左传》卷八八《宫阙之居》.
6 （宋）洪迈.《容斋随笔》卷十二《当官营缮》.
7 （宋）苏轼.《滕县公堂记》.
8 （战国）吕不韦等.《吕氏春秋》孟秋纪第七、仲秋纪第八、季秋纪第九.
9 （宋）王溥.《唐会要》卷三十《大内·洛阳宫》.
10 （宋）王钦若等.《册府元龟》卷十四《帝王部·都邑第二》.
11 在近年的修缮中，将其恢复为原建时的三开间殿堂形式。
12 （晋）陈寿.《三国志》卷四十七《吴书二·吴主传第二》.
13 （汉）班固等.《汉书》卷九十九下《王莽传第六十九下》.
14 （清）王溥.《古今图书集成·考工典》第五册《宫殿部艺文》.
15 （晋）葛洪.《西京杂记》卷二·四一《作新丰移旧社》.
16 （元）脱脱等.《金史》卷八《本纪第八·世宗下》.
17 （明）申时行等.《明会典》卷百八十一.
18 （明）叶向高等.《明神宗显皇帝实录》卷二百九十五.
19 （清）《光绪会典》卷五十八.
20 （清）王溥.《古今图书集成·考工典》第五册《宫殿部艺文》.
21 （唐）李肇.《唐国史补》卷中.
22 （清）段龟龙. 凉州记.
23 （元）脱脱等. 宋史·方技传·僧怀丙.
24 （清）徐珂等. 清稗类钞·工艺类·黄攀龙精于攻木.

图表来源

图1～图3：作者自摄。

文物古建筑的概念与价值评定——古建筑修建理论研究之二[1]

一、问题的提出

随着我国经济迅速发展的步伐，文化事业也相应加快了发展节奏。文物古建筑保护修建的重要性越来越为各级部门和人民群众所重视。国内近年出现了保护修缮文物古建筑的热潮，这是令人欣慰的。然而，在这个热潮中，也出现了不少新的问题和矛盾，如古建筑保护与城市乡镇建设发展的矛盾；文物古建筑的评定标准和依据问题；文物古建筑修建的理论和技术原则问题；文物古建筑的概念与范畴问题，等等。这些均是亟待解决的理论问题，是现实发展提出来的新问题。以往遇到这类问题主要凭经验来解决，往往不够科学而留下遗憾。时代的发展要求我们不仅能使用经验的方法解决问题，还应转到科学的轨道上来。历史告诉我们，事物发展到一定阶段，必须要有理论来指导实践工作，即实践——理论——再实践，也就是毛泽东同志讲过的“实践、认识、再实践、再认识”的循环往复的发展过程。否则，我们的工作将会陷入混乱之中。举例来说，“古建筑”一词，古到什么时候才算是古建筑呢？是不是所有的古建筑都有保存的价值呢？价值标准如何制定呢？如果这些概念不清，我们将不能制订科学的保护修建政策和策略。所以要使我国的古建筑保护修建事业走上科学化道路，首先便是从基本概念、定义和理论上进行研究。

二、文物古建筑的概念

我们将主要讨论文物建筑、古建筑和易与上述概念发生混淆和意义相近的概念，并分析它们的主要内涵和区别所在。

（一）传统建筑

所谓传统，是由历史沿传而来的思想、道德、风俗、艺术、制度等具有特色的社会因素。传统含有中性意义，表明了传递（Transmission）之意，而且经常是口头上的将活动之模式、信仰、价值或品味世代相传。因而传统是不间断的，强调的是持续性（Continuity）与稳定性（Stability）之概念。由此推之，传统建筑的概念应是：以传统、历史沿传而来的建筑工艺技术，使用传统建筑体系和材料所建的具有传统形式的建筑物。而传统建筑形式则是，有满足传统生活方式的建筑功能平面，反映人们喜闻乐见的艺术立面形式和满足约定俗成的风俗习惯的装饰装修形式，并能在一定程度上体现出传统文化色彩，如伦理制度、哲学思想、宗教精神等。

传统建筑应该说是个范围极广的概念。它不仅包含古代建筑，而且也包括了近现代在某种程度上具有传统形式的建筑。对后者来说，主要是指立面外观运用传统建筑的形式或传统建筑材料。

（二）古典建筑

古典是指古代流传下来的在一定时期被认为正宗或典范的。古典建筑一般说来是严格按古代建筑法式建造的建筑，是某一历史时期或某一地区典型的建筑形式或再现，具有较典型的平面形式、结构构造法式和外观特征。在范畴上它与传统建筑相同，包括古代和近现代的古代建筑和仿古建筑，与传统建筑的区别在于它是某一时期或某一地区按法式而建的典范的建筑。对古代建筑而言，多指体系成熟的官式建筑；对近现代建筑而言，多指其在较大程度上再现某时期某地区的古典建筑的主要或明显特征的建筑。古典式建筑概念同古典建筑。

（三）仿古建筑

仿古建筑指在建筑形式上较忠实地模仿古建筑而建的新的传统建筑或古典建筑。它基本上反映出古建筑的主要特征，一般是近现代的建筑作品。

仿古建筑有两种情况：一种是在原有古代建筑的遗址上，严格地依据考古资料或其他确凿证据，以传统形式和材料复原重建的。另一种是为丰富人民的文化生活、发展旅游事业，仿传统形式表现的非考古式重建或新建建筑，属于近现代建筑或新建筑范畴。前者如西安青龙寺密宗殿堂，是在原建筑遗址的基础上，经过详细勘察与研究分析推论和设计，使用传统木构架、斗栱铺作、石阶基、陶瓦等方式和传统材料复原重建的例子；后者如武汉黄鹤楼，新建的黄鹤楼没有按清代3层的楼阁形式而建，并且使用了钢筋混凝土等现代建筑结构与材料，尽管如此，仍然采用了原来的平面形式和传统楼阁式构图以及黄色琉璃瓦顶和檐口，使其不乏古之韵味，是采用古建筑形态要素的建筑创作佳品。

（四）古建筑

“古建筑”这个概念关键是个“古”字。词典中讲古建筑是指历史上遗留下来的具有历史、艺术、科学价值的建筑。然而这个历史多久才够得上“古”，是要进行探讨的。“古”一般认为是百年以上，这大概是以人生寿命而言的概念，或传统木构架建筑的大修年限。由此出发，南亚有些国家因其人均寿命较短，气候湿热建筑易损，一般认为50年以上的建筑就是古建筑了。然而事实上影响建筑变化的主要因素是社会的变革。由于历史时代的变迁，或多或少都改变了社会体制、生活方式、工艺技术或价值观，而使实质的建设有明显的段落可寻。比如我国唐代建筑和宋代建筑就有明显不同的风格特征。所以比较合理的标准是以历史时代决定。

古建筑即是古代建筑。古代在历史学上通常指奴隶时代，一般也包括原始公社制时代。因历史发展不平衡性，在世界范围内无统一之时限。古埃及、古印度、两河流域和波斯等，约为公元前30世纪到公元初的几个世纪（各国情况不一）。古希腊和古罗马，约为公元前8世纪到公元5世纪（公元476年）。但在我国历史上，古代也包括了封建社会，即从公元前21世纪一直到1840年鸦片战争。自1840年鸦片战争至1912年“中华民国”建立，中国处于半封建、半殖民地时期，是中国近代历史期。1911年以后，清王朝被推翻，中国进入现代历史期。

尽管中国历史的古代下限是1840年，但封建社会最后一个王朝清王朝灭亡则是在1911年。按照公认的说法和标准，在建筑的历史划分上，以一个完整的历史王朝作为段落更为准确。特别是在民主主义革命之后，建筑体系（包括材料、结构方式和施工技术以及建筑形式）发生了较大的变化。所以中国古代建筑应是指清王朝以前的以传统方式建造的建筑。当然由于清末这段历史变化速度很快，建筑出现了错综交错的情况，有些还要具体情况具体分析方能定夺。

以这样一个标准划分，属于古建筑范畴的在我国有成千上万，多不胜数。所以也只能保护那些具有一定历史、科学和艺术价值的古建筑。所有古建筑都要保护，这是不现实的。如何确定有较高价值的古建筑，就要提出文物古建筑的概念。

（五）文物建筑

文物是指历史遗留下来的在文化发展史上有价值的物品，或遗存在社会上或埋藏在地下的历史文化遗物。文物建筑包括两个内容，一是与重大历史事件、革命运动和重要人物有关的，具有纪念意义和历史价值的建筑物、遗址、纪念物等；二是具有历史、艺术、科学价值的古文化遗址、古墓葬、古建筑、石窟寺等。

文物建筑应是指历代遗留下来的在社会发展史上具有历史、科学、艺术文化价值的建筑，其中包括纪念建筑和有文物价值的古建筑。纪念建筑则是指与重大历史事件、革命运动和重大人物有关，具有纪念意义和历史价值的建筑。所以纪念建筑物又有革命纪念建筑和历史纪念建筑物之分。革命纪念建筑是指近代资产阶级民主革命，尤其是中国共产党成立以来发生的以反封建、反殖民主义、反帝国主义为目的，以及中华人民共和国成立以来建设国家的各种活动中，以资纪念的与重大事件和人物相关联的建筑。历史纪念建筑则是指中国历史上与重大事件和人物有关的，具有纪念意义和历史价值的建筑。从历史发展的角度审视，革命纪念建筑物应属历史纪念建筑物的范畴。就现阶段来说，把革命纪念建筑独立一项，对于进行爱国主义教育还是很有必要的。

清末以前具有重要历史史证价值、突出艺术价值或推动科学技术进步的佼佼者，三者具一即可列入文物古建筑的行列。与历史纪念建筑物概念相比较，文物古建筑的价值在于侧重普遍的史证价值和艺术、科学价值。而历史纪念建筑价值则是主要针对某一具体历史事件或人物的史证，可不强调艺术及科学价值。可见前者外延大，包含后者。

总之，文物建筑应是指在历史、艺术史和科学技术史三个方面具有较高价值的建筑物。依据其价值的大小，可分一、二、三级文物建筑。在我国分国家级、省级和市县级文物保护单位，对于不同级别的文物保护单位，采取不同的保护管理政策和措施。

文物建筑的概念示意框图如图1所示。

具有历史、艺术和科学价值的古建筑可称为文物古建筑。综合以上

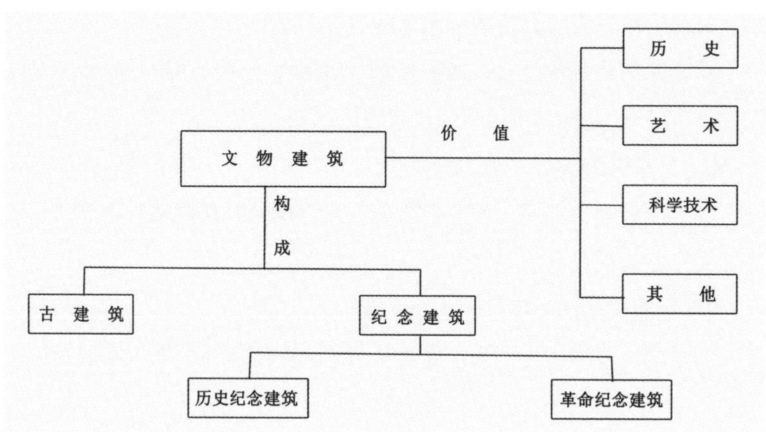

图1 文物建筑的概念示意框图

对传统建筑、古典建筑、古建筑、文物建筑等的定义分析，我们明确了文物古建筑的概念。这样分类可使我们有一个客观的评价标准的基础。不同的建筑对象有不同的价值标准，因而建筑及修缮保护原则和管理策略也不尽相同。这样就不至于笼统地一刀切，可更科学、更精致地按客观规律行事，避免走弯路。

三、文物建筑的价值评定

（一）文物建筑的价值标准

对文物建筑的价值评定，各国不一，均依据各自的具体情况制定标准和分类定级。在日本，新法令规定国家纪念品选择标准如下：

（1）艺术的拔萃；

（2）史证的价值；

（3）史迹的丰富。

韩国的选择标准与日本大致相同，都很强调文物的艺术性和珍奇性。中国台湾地区的《文化资产保存法》对文物选择的标准强调历史性。而中国大陆的《文物保护法》法定选择文物的标准是历史、科学和艺术价值，与保护文物建筑及历史地段的《威尼斯宪章》的提法相一致，比较全面。在《文物保护法》中，文物建筑分为六大类：革命遗址及革命纪念建筑物、石窟寺、古建筑及历史纪念建筑物、古遗址、古墓葬、石刻及其他。现以国务院审批公布的第二批以前全国重点文物保护单位242处进行列表分析（**表1**）。

各类文物建筑所占比例　表1

分类	革命遗址及纪念物	石窟寺	古建筑及纪念物	古遗址	古墓葬	石刻及其他	总计
数量	43	19	105	13	36	26	242
百分比（%）	17.8	7.8	43.4	5.4	14.9	10.7	100

由**表1**可以看出，古建筑及纪念建筑物占43.4%，在数量上列第一位。革命遗址及纪念建筑物占17.8%，为第二位。从中国悠久的历史发展过程中来看，应适当加大历史文化方面的所占比例。以上六种分类似有不够严谨之处。如历史纪念建筑物应包含革命遗址及纪念物，只不过应更加精选。石窟寺、古墓葬均属建筑类别，所以石窟寺、古墓葬应归于古建筑类。如此，文物建筑似分为历史纪念建筑物、古建筑、古遗址、石刻及其他四类更为合理。

（二）文物建筑的价值评定

根据文物建筑价值选择标准，国内242处全国重点文物保护单位的价值选择分布分析如**表2**所示。

全国重点文物保护单位价值分析　表2

价值分类	革命纪念	历史纪念	人物纪念	历史史证	科学	艺术	其他	总计
数量	35	3	17	128	20	30	9	242
百分比（%）	14.5	1.2	7.0	52.9	8.3	12.4	3.7	100

一处文物古迹可能包括史证纪念、艺术和科学三项价值，或包含两项价值，但为便于分析，**表2**中所列仅以其主要价值而言单项统计。从**表2**数据分析结果看，具有历史史证价值的单位占半数以上。从所列具体单位来看，历史价值类包括有古人类遗址、古城遗址、重要寺庙、皇家墓葬和重要历史碑纪、石阙、墓祠、窟址等；科学技术价值类包括桥梁、特殊结构的塔殿、铜铁塔幢、观象台、堤坝等；艺术价值类包括石窟寺、碑刻、壁画、经幢、园林及部分古建筑和墓祠刻石；纪念价值类则比较明确，即与重大历史事件、人物和革命事件及人物

有关的遗址和建筑物，如会议会址、故居、战役遗址、陵墓、权力机构遗址等。

对于文物建筑的选择标准和价值评定还需要进一步的科学分析。《文物保护法》第二条规定文物建筑价值评定标准和范围为：

（1）具有历史、艺术、科学价值的古文化遗址、古墓葬、古建筑、石窟寺和石刻；

（2）与重大历史事件、革命运动和著名人物有关的，具有重要纪念意义、教育意义和史料价值的建筑物、遗址、纪念物；

（3）反映历史上各时代、各民族社会制度、社会生产、社会生活的代表性实物。

据以上原则，参照我国文物藏品定级标准和考虑到文物建筑的特殊情况，可以认为评定为文物建筑的建筑物至少应有下列一项以上方面的价值。

1）具有重要历史史证价值者

如半坡遗址对研究和证明中国原始社会氏族聚落的社会形态、建筑技术及其他方面具有极重要的价值。再如佛光寺大殿，反映了我国唐代的木结构建筑的成就和唐代建筑的主要建筑特征，对研究唐代及唐以前建筑具有重要价值。

2）具有重要艺术价值者

如敦煌石窟壁画，反映了中国古代自魏晋至明朝（尤其是唐代）高超的绘画艺术和雕塑艺术成就，是世界著名的艺术宝库。又如苏州拙政园，反映了我国明代造园的艺术手法，是中国江南园林的代表作。

3）具有重要科学价值者

如赵县隋代安济桥，反映了早在隋代我国就掌握高超的大跨度石券拱桥技术，是世界上最早的敞肩式石拱桥。又如河南登封元代观星台，反映了我国天文建筑技术和天文测量技术的高度成就，其量天尺的测量结果与现代测量技术之结果误差极小。

4）具有独特优异建筑技术者

如山西应县木塔，是世界上现存历史最久、规模最大的木塔，历经十几次地震而不倒，具有优异的结构构造体系。再如广西容县真武阁巧夺天工的悬柱结构，体现了我国古代建筑的独特结构技术和工匠的聪明才智。

5）具有显著之流派或地方特色者

如西宁塔尔寺充分反映了藏传佛教（喇嘛教）的黄教寺庙特色。又如广州陈家祠是融木、石、砖雕和泥、陶塑为一体，所谓岭南传统建筑“三雕二塑”工艺的岭南清代民间建筑之佼佼者。

6）具有同种类型之优秀代表者

如北京故宫太和殿，代表了清代官式建筑的最高成就。再如北京妙应寺白塔则是元代汉地兴盛喇嘛塔中的杰出作品。

7）具有重要历史事件纪念意义者

如洛阳白马寺，相传为印度佛教东渐入中国所建的第一座佛寺。又如沈阳故宫为清王朝统治者入关前的皇宫。

8）具有重要历史人物纪念意义者

如曲阜孔庙、孔府、孔林为纪念我国儒家创始人、中国古文化集大成者孔丘而建并历代追封扩建而成。又如山西黄陵县为纪念传说的中国人之先祖皇帝而建的黄帝陵。

9）具有革命历史纪念及革命任务纪念意义者

如广州三元里抗英遗址，是纪念近代中国人民反对殖民主义的斗争历史事件的重要遗址。再如南京中山陵，是为纪念近代资产阶级民主革命的领袖孙中山而立之陵墓。

符合以上所列条件的均可列入文物建筑保护对象或单位。其中的优秀者，且文化历史意义深远者、建筑技术优异者、建筑艺术拔萃者，即可列为全国重点文物保护单位（以上所举各例均为全国重点文物保护单位）。除以上9项外，年代的早晚和建筑的规模也是文物建筑选择的参考因素。同类型的建筑，年代早的或规模大的价值就较高。

（三）文物建筑价值的等级鉴别

文物建筑依其自身价值的不同，是有等级之分的。在日本和韩国，文物古迹依其历史与艺术的重要，分为“国宝”“重要文化财”“文化财”三级，地方政府可自行再指定古迹保存。台湾地区依文化资产的重要性将其分为一级、二级、三级，在历史文化意义上有全区域重要性的，就列为第一级；属于具有历史性的重要纪念物，就列为第二级；属于地方性者就列为第三级。我国现依据文物建筑的重要性分为“国家重点文物保护单位”“省级文物保护单位”“市县级文物保护单位”，即国家级、省级和县级三级，分别由所属各级职管。

我国文物建筑的三级划分情况，试举广州市各级文物保护单位阐明之（**表3**）。

广州市文物保护单位级别、分类分析　表3

	革命遗址及纪念建筑物	古建筑及历史纪念建筑	古墓葬及遗址	总计	百分比（%）
国家级	9	2	0	11	16.7
省级	13	3	1	17	25.7
市级	19	13	6	38	57.6
总计	41	18	7	66	100
百分比（%）	62.1	27.3	10.6	100	—

广州是近现代革命的策源地之一，所以革命遗址及革命纪念建筑占文物保护单位比例较大。国家级、省级、市级三级文物保护单位分配比例从少到多，是符合优异者较少，良好者居中，一般者多的正态分布规律。

下面以广州市文物古建筑保护单位光孝寺、南海神庙、五仙观三处为例（**图2~图4**），进行文物价值的重要性分析比较（**表4**）。

广州市文物古建筑价值分级分析举例　表4

价值类别		历史价值	艺术价值	科学价值	年代	现存规模
国家	光孝寺	中印佛教文化交流见证、岭南禅宗道场、六祖慧能、羊城八景	岭南南宋、明殿堂风格	明清木构架、南汉铁塔	五代~清	四殿、二铁塔、占地3万平方米

续表

价值类别		历史价值	艺术价值	科学价值	年代	现存规模
省	南海神庙	中国海上丝绸之路起点之一、国家祀典神庙、南方碑林、羊城八景	厅堂风格、明清建筑	明清广府木构架	明~清	二门、复廊、一殿、占地3万平方米
市	五仙观	广州城古地理、城市格局、五羊城传说	明代殿堂风格	明代木构架、钟楼声学	明	二殿一楼占地1400平方米

以上三处的价值等级是依据实际情况由专家审议评选，由政府审批公布的。它的价值判定主要依靠专家系统，专家系统评定有相当大的成分是凭经验进行定性判断的，从而使其有一定的主观成分。现代科学的发展，使许多领域广泛应用了系统工程设计方法，如系统工程设计方法中的许多科学的评价与决策方法被应用到社会目标评价，使评价与决策更加科学而准确，从而取得了良好的经济效益和社会效益。为使文物建筑的价值评定纳入更加科学的轨道，笔者尝试用“评分法”来评价其价值。

评分法根据规定标准用分值作为衡量目标价值优劣的尺度，对目标进行定量评价。

今以5分制评分，价值极高取4分，无价值取0分。评分具体标准如**表5**所示。

图2 光孝寺

图3 南海神庙

图4 五仙观

文物古建筑价值评分标准（5分制） 表5

分数	0	1	2	3	4
价值标准	无价值	无价值	有价值	价值较高	价值很高

仍以表4的三个目标进行打分评价，结果如表6所示。

广州市文物古建筑价值评分举例 表6

	历史价值	艺术价值	科学价值	年代	现存规模	总分
光孝寺	4	3	3	4	4	18
南海神庙	4	2	2	2	4	14
五仙观	2	2	3	3	2	12

依据文物价值历史、艺术、科学的评定标准，加上其他诸如年代、现存规模等因素进行评分，结果三例中光孝寺得18分，综合价值较高，考虑到其他一些定性因素，可定为国家重点文物保护单位。同样南海神庙可定为省级，五仙观则定为市级。

价值分类和价值评分标准再细致些（如用10分制），对多个目标用加权系数法进行综合定量评价，可得到文物建筑较为全面、客观而准确的定量标准。

通过上面的分析，在真实性和完整性的基础上，对我国文物建筑等级评定就有了一个大致的概念：

1）国家重点文物保护单位

在世界或全国范围内有深远的历史影响，史证价值较高，年代较早，规模较大，科学性高，艺术性高，真实而相对完整的建筑或遗址。上述几项内容中仅有一项出类拔萃者即可达标，一般情况下，它会占有2～3项甚至3～4项。

2）省级文物保护单位

在全国和本地区范围内具有较大历史影响，较高的史证价值，年代较早，一般以上规模，具有较高的艺术性和科学性。

3）市县级文物保护单位

在本地区有较大的历史影响和史证价值，一般年代，具有一定的艺术价值和科学价值。

假如以5分制评分方法，国家级至少有一项内容达最高分，即达4分；省级至少有一项为3分；而县级应至少有一项是2分，否则可暂不列为文物建筑的保护单位，如民间的某些一般的祠堂、小型寺观、民居等。

当然，文物建筑价值的准确鉴定和等级的划分是个较严谨而复杂的问题，有许多问题要综合考虑，还要掌握全局和地域、类型的平衡问题。本书所提出的问题及试图从定性和定量两方面分析把握的方法仅供参考。只有科学认识文物古建筑的概念与价值，才能有正确的保护观念和方法。

注释

1 发表于《古建园林技术》1993年第4期，总第41期。

图表来源

图1：作者自绘。

图2～图4：作者自摄。

表格：作者自制。

参考文献

[1] 汉宝德. 古迹的维护[M]. 中国台北：中国台湾行政院文化建设委员会，1989.

[2] 国家文物事业管理局. 新中国文物法规选编[M]. 北京：文物出版社，1987.

文物古建筑修建的概念与原则——古建筑修建理论研究之三[1]

一、古建筑修缮的概念

古代史料中和现代建筑保护中涉及建筑修缮的名词概念很多，如不搞清楚其精确的涵义，则难以准确地研究史料并为今天的修缮工程做科学的指导，所以有必要对这些概念进行一番详细分析。

1．修缮

修缮的“缮”，古文写作“[illegible]”，初意为手执械的火烙疗法，后由熨病之意引申为精心修治。“缮”意为修补、整治之意，修缮就是指精心修或修理。与该义相应的英文是“Mend，Patch up，Repair”。修缮与修葺、修理、修整概念相同。

2．修补

指修理破损的东西使之完整，多用于建筑局部或构件的修葺。

3．修正

指修改使之正确，有恢复原状、原貌的意思，含意同“Repair，Restore”。

4．修饰

指修整装饰使之整齐美观，有装饰一新的意思。多用于建筑的内外装饰与装修方面。

5．修建

含有修缮创建或建造的意思，与修造、修筑同意。等同于“Build，Construct，Event”。

6．营缮

营有经营之意，指修缮和修建的意思。

7．复原

复指再来一次、重现，原指事物的开始、起源。复原指将历史曾有但现已不存的建筑重新修建恢复到创建或某一历史时期营建的状态，也指将现存建筑复原至创建或某一历史时期重建的状态。与恢复意义相同，强调准确的形式。

8．重建

指将已毁或残破的建筑重新再建起来，可以包括创建、某一时期及残破前现状的任何一种建筑形式，但对建筑形式的要求较复原为低。其与重修同意。如武汉黄鹤楼、南昌滕王阁的新建可称为重建，但不能称其为复原，因为新建的这两个建筑虽以古代的建筑为蓝本，但并没有严格地按照某个原状一丝不苟地重建。

9．鼎建

指创建。

10．鼎新

除有与重建、重修相同的意义外，还含有新建和扩建的意思。与易新、载新同义。

11．轮奂

奂有盛多、华丽之义。指原有建筑物的易新及扩大规模的增建和修饰一新之义，如“美轮美奂”等。

二、建筑修建状态概念

1．原状

原状是一个非常重要的概念，在古建筑的修复中常常提及恢复原状的问题，因此，弄清原状的科学涵义很有必要。

一般说来，狭义的原状是指建筑始建时的面貌，即建筑最早年代的状态。一处古建筑的原状，包括它的规模、布局、结构、材料、形式、工艺、艺术风格。广义的原状还包括室内陈设和建设的环境风貌。建筑原状的主要特征为内部结构、外观形式和内外装饰风格的一致，或者为建筑形式的内外统一。就建筑本身价值来讲，只有它原来的面貌才能真实地反映当时的历史情况和科学技术水平。如果说恢复原状，应该明确地指出是恢复建筑的初建状态，以免与后来的修建状态相混淆。

2. 历史修建状

一座建筑物经过一个时期，原来的始建物出于各种自然或人为的原因，会遭到不同程度的破坏，甚至损毁殆尽。正常情况下损毁的建筑物会得到修缮或重建。修缮后的建筑状态与原状会有程度不同的变化，这可视情况分为小修、中修、大修的修缮程度，以主要梁架及整体风格有无大的变动作为依据，来判定建筑是属于原状或历史修建状态。重建状态有可能是按原状而新建或改建，或者较原状发生大的变化。这种重建物往往也在整体上反映了重建年代的历史情况和科学技术水平。这类情况在中国古代建筑体系中是很多的，历史修建状既非原状，也非现状，而是一座建筑历史发展过程中曾存在过的某种状态，可简称修缮状态或修建状。这是个很重要的概念，可使古建筑修缮方案制订获得更明确的概念，并更重视建筑的发展过程研究。如武汉黄鹤楼始建于三国吴黄武二年（公元223年），至今已有1000多年的历史，其间屡毁屡建，不绝于世。黄鹤楼的形制各期有所不同，据文献史料可知，唐、宋、明、清各代的黄鹤楼的形制均有较大的差异。

3. 现状

指建筑物目前存在的状态，是原状或修建状的延续。对传统木构架建筑而言，现状应是建筑本身的健康面貌，而不是局部严重破坏的病态面貌。中国传统木构架建筑经过一个时期后，建筑结构和材料会发生破坏和腐朽，修缮以后建筑的一些方面或部位已经改变了原来的面貌，经多次修缮的建筑，往往会保留下历次修缮的痕迹（文化叠压层）。如福建莆田元妙观三清殿，据现状分析，唐代始建时为面阔进深各三间的建筑，至宋代扩建为面阔进深各五间的建筑，到明清时又在宋代的基础上在左右和前面三个方向扩建，最终成为面阔七间进深六间的现状，并包括了唐、宋、清三代不同的原构构件和建筑风格。

在许多情况下，现状比原状更多地反映了历史变化的信息，形象地记录了建筑历史的变迁情况和建筑技术的发展。因此，建筑的现状价值并不比原状小，甚至更大，对现状的保护应予特别重视。

从以上讨论的概念等问题看来，如果把恢复原状或某时代的重建时状态看作修缮木构建筑的最高要求，把保存现状作为最低要求是不够严谨的，甚至现状更为重要。在古建筑的修建中，是恢复原状、恢复历史修建状还是保持现状，要视建筑价值所在和具体情况考据论证而定（图1）。

三、建筑修缮工程类别

修缮工程依据建筑毁坏程度的不同和经济技术条件等，可分为以下七类：

1. 一般保养工程

指经常性的定期检查和维修，内容主要包括局部易腐朽或损坏构件的拆换，如檐口出檐、屋顶覆盖材料的更换，围廊门窗及栏杆、柱脚的维护，油饰彩画的保护，墙体、台基的局部补砌等。其特征是不改动古建筑的结构、色彩等状态而进行的小型修理，其特点是工程量小、用料少、工种少、经常性。

该类工程起着防微杜渐的作用，可及时避免破坏状况的加剧，以延长建筑物的寿命。实践证明，只有采取经常性的保养工程方能更好地保护古建筑，所以在古建筑保护中应强调保养工程的重要性，明确以保养为主、以修缮为辅的古建筑工程保护方针，把隐患消灭在萌芽状态（图2）。

2. 抢救性临时加固工程

古建筑因保护不善年久失修，或突遭大风、地震、洪水、火灾及战争的破坏，致使建筑物结构体系、围护体系或局部出现有随时倾斜或倒塌的危险时，如梁架严重歪闪，梁柱断折和墙体严重倾斜等，而当时又由于技术、经济或物资等条件的限制，不能及时进行彻底修理，应立即采取临时性的加固措施，防止事态的进一步扩大而造成不可挽回的损失。

抢救性临时加固工程的特点一是临时性，二是安全性，三是可逆性。安全性是指应绝对保证结构体系的安全。可逆性是指临时加固措施应方便拆除，以便各项条件具备后的彻底修缮，如对墙体的加固就不能使用钢筋混凝土材料，对木构件的加固也不宜滥用环氧树脂等现

图1 光孝寺伽蓝殿后加构件

图2 潮阳文光塔彩画修复

代高分子化学材料。

现存文物古建筑中，有不少古代抢救性加固工程例子，如应县木塔暗层的部分斜撑，独乐寺观音阁为支撑檐角下陷而支顶的戗柱等。加固措施也要适当考虑艺术性，尤其是在建筑的观瞻部位。“临时”一词在实际情况中也许是几年、十几年，甚至上百年，也有可能成为永久性的加固物，如上举两例即是如此，加固措施实际成了建筑物不可分割的一部分。所以临时加固工程措施要充分考虑有长期性和观赏性的要求。如一旦条件成熟，修缮中可将临时性加固工程拆除，但对重要建筑物和历史久远的加固措施是否拆除还要慎重研究（图3、图4）。

3. 修缮工程

即使日常维护工作相当完善，也会因材料和结构的耐久性或其他原因，建筑会产生不同程度的损毁，或早或迟地需要相应的修缮。根据建筑物破坏程度的不同，修缮工作可分为小修、中修和大修三个层次。

（1）小修：修缮内容主要是揭瓦换椽，更换屋顶葺材，木构件抽换补坏及漆饰等。在日本小修还包括建筑正立面的建筑部分复原。其主要标志为屋面揭顶，修缮周期为20年左右。

（2）中修：虽然建筑物损坏较为严重，但主要梁柱保存尚好，没有必要解体修理的修缮称为中修。中修以更换屋面，更换部分梁架为主要内容，主梁以上梁架基本解体，所以又可称其为半落架大修。即主要梁柱仍于原位不动，以解体到檐口部分为主要标志。在日本建筑物正面进深1.8米（相当于前廊）的维修复原也列入中修范围。中修工程的周期一般为100年左右。

（3）大修：当建筑物的主要梁柱结构破坏较严重时，需要全落架大修。大修以修补或更换大部分构件或主要梁架为主要内容。大修以全落架解体为其主要标志，周期约为300年左右。在日本，建筑周遭进深1.8米的复原维修也视为大修。

木构架建筑的不断保护是要付出代价的，那就是不可避免地逐步更换原始构件。文物古建筑不同于其他形式的文物，它是以建筑构架所形成的空间为特征，以使用功能为目的的实用性较强的特殊文物，保证其自身形式的不变和结构安全性是最重要的。从这个意义上说，材料本身新旧的价值并不是最重要的，原始的材料随着时间的推移会逐步地损坏殆尽，而各构件的新陈代谢是难以避免的。通过落架维修，将构件、构架、平面的形式，结构方式、工艺做法和建筑风格保存下来，这种建筑完整性的保护是以牺牲部分真实性为代价的。当然对于那些可以再使用的构件应尽量加固再用，以尽可能地保存建筑的真实性。但如构件毁坏过度，难不敷使用，就应忍痛割爱，否则勉强修补使用会对整体结构不利，也达不到大修使建筑在相当长的时间内不必再次大修的目的（图5、图6）。

实际上，建筑修缮工程视具体损毁情况尽量在保护真实性和完整性之间取得统一。

4. 复原工程

指依据建筑物的现状，历史文献资料和其他确凿资料，把建筑物结构及形式恢复到始建或历史修建的状态。其中包括依据残毁结构的复原和把历代修理中被改造、变形、增添或去除的部分予以复原，复原后的建筑物应该是一幢结构及形式内外整体统一的建筑物。如山西五台南禅寺的修缮中，通过严谨的考据，去除了清代的拱券形门窗和梁架的斗栱蜀柱，复原了唐代的门窗和叉手结构原状。福州华林寺大殿的原构为宋代梁架。其保存较为完整，但清代又在其周围新加了风格与质量相去甚远的外廊，有关部门经过认真研究，在华林寺大殿的修缮中亦拆除了清代加建得外围构架，复原了宋代的建筑形式，呈现了原构的真实原貌。

图3 蓟县独乐寺观音阁

图4 观音阁角部支撑

图5 雷州府学大成殿落架大修

图6 光孝寺六祖殿半落架大修

复原工程应慎重从事，应选那些年代较早、文物价值较高且现状保存不佳的建筑物为对象。如果考据不足，不宜进行复原工程。

5. 重建工程

对那些因人为和自然原因遭到毁灭性破坏或早在历史上湮没了的，但史载人文价值或技艺价值较高建筑会考虑重建。重建工程可分两种情况：一种是从文物角度出发，再现某一历史时期的建筑形式，这将是一丝不苟的工作，属复原性重建；另一种是出于历史纪念或旅游景观的考虑，可在原状的基础上进行一些创造性的设计，属创新性建筑。前者如西安青龙寺大殿，是完全依据唐代的木结构建筑形式重建的；后者如武汉黄鹤楼在清代3层楼阁的基础上，重建为楼高5层，气势更加雄伟的新一代黄鹤楼。

重建工程同样应选择价值较高的建筑遗址为对象，且应适当考虑现代的一些环境及技术具体情况。至于重建两种情况应采用哪一种为妥，应视具体情况而定。笔者认为，其选择依据应视其价值的内涵而定，如价值主要在于建筑形制和技术本身，当以复原性重建为好；如价值主要在于历史文化方面，则可采用创新性重建的方法（图7）。

6. 迁建工程

指因某种原因需易地重建的古建筑工程。迁建物需要全部拆除易地重新组合，是保存现状或恢复原状应早有定论，借机而成。易地选址应慎重考虑，至少应保证百年之内不会再迁。如条件许可，新址离旧址要尽可能的接近，而且新址环境也应尽可能与原环境有相似之处，并作明确说明。

迁建工程非万不得已不要做，因为各类文物建筑的形式及其发展是与它产生和发展的历史条件和地理环境密切相关的，包括产生和发展的历史事件人物，以及自然环境和与其他建筑或城镇的空间环境机理关系等（图8）。

7. 保护围护工程

指在文物古建筑的周围设置围护体，免使之遭受各种破坏的保护工程。将一座小型建筑、一个模型或建筑物的某个部分保存并陈列在博物馆里是很普遍的做法，围护工程主要指将建筑物就地保护起来，即用一个新建的维护体将其护罩起来，这是一种很有效的保护措施。山东嘉祥县武梁祠、河南登封中岳庙的石阙均是用新建建筑将其围护了起来。日本岩平县中尊寺的金堂原是用一个木结构的围护体罩了起来，但因其太小，使人无法了解透视关系，后来重修时又新建了钢筋混凝土的大空间的围护体，而且还配备了完善的空调设施（图9）。

保护围护工程的围护体应足够大，而且应有充足的光线和满足相应的建筑物理条件，以利于保护和便不影响对其的研究和观瞻。除此之外，围护体的建筑形式应考虑可识别性。

四、建筑修缮的技术原则

1. 保护修缮的定量研究

文物古建筑的保护修建的理论研究，除了进行定性的探讨外，还需要进行定量分析研究，也要有技术原则以供遵循（图10~图12）。

1）破坏原因分析

建筑破坏原因不外自然和人为两种，自然破坏因素又分自然风化和突发灾害两类，人为破坏主要是战争和火灾。

自然灾害如地震、大风、洪水等均会对建筑造成破坏。经科学统计，烈度七度以上地震对古建筑将有较大破坏，九度以上将导致建筑的倒塌。木材属易燃材料，木构建筑火灾威胁最大。木材的燃点为240~270℃。

木材燃烧速度：轻且干时0.8毫米/分，重且湿时0.4毫米/分。

据实验：起火20分钟后，各种木材燃料深度如下：

杉木34毫米	松木20毫米	桧木19毫米
1.7毫米/分	1毫米/分	0.95毫米/分

一般可用1毫米/分来估算燃料深度，梁燃烧深至1/3便失去承载能力，如梁高50厘米，燃烧2小时便会塌坏。木构建筑物的防火设施应具备能在1.5小时内将火扑灭的能力。

就木结构建筑的自然风化而言，湿度大于70%。温度低于10℃或高于30℃均是不利的。木材的含水率在30%~60%。温度在15~25℃较有利。

图7 光孝寺卧佛殿重建

图8 广州锦纶会馆平移迁建

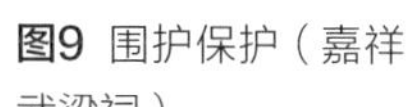

图9 围护保护（嘉祥武梁祠）

图10 原加工工艺

图11 原材料木构件

图12 尽量保留原有构件

2）建筑寿命分析

建筑的寿命即使用年限，是指从建筑物的新建落成到主体结构毁坏的时间，又称耐久年限。调查情况统计，是有“过去的耐用年限”和“未来耐用年限”的区别。实际上对古建筑而言，耐用年限这个概念是现在建筑物经过的年数与残存耐用年限的合计。古建筑依结构材料的不同，有木结构耐用年限、砖石结构耐用年限。

经科学统计与试验，古建筑用材的耐用年限如下：

（1）木材的腐朽速度与耐用年限

$$x=A（L-120）/L-S$$

x——耐用年限；

A——测定时建筑的经过年数；

L——柱的最大压强平均值（千克/平方厘米）；

S——柱的压强平均值。

（2）砖材的风化速度的耐用年限

$$t=yx^2$$

x——砖中性化层的厚度；

y——经验系数。

（3）石材的风化速度的耐用年限

$$t=yx^2$$

x——石中性层的厚度；

y——经验系数。

古建筑的耐用年限的计算实际是较复杂的，如梁直径的大小，每平方米造价的多少，材料技术质量的差异，结构体系等均会影响到计算结果，其还需要作进一步的探索。

2. 修建技术原则

1）古建筑需要修缮的契机

（1）屋顶葺材剥落，屋顶漏雨严重；

（2）表面漆饰或彩绘严重剥落；

（3）木材部分出现蚁害、损伤、腐朽，梁枋槽朽断面面积大于1/8构件断面面积；

（4）地基下陷，地面不均匀沉降，地面开裂严重；

（5）墙面开裂；

（6）梁柱倾斜扭曲变形，脱榫严重，梁挠度f>1/100跨度。

当出现以上征兆时，应立即着手修缮工作。

2）技术原则

（1）保持原有平面、结构和外观形式不变；

（2）采用与原构材料相同或相近的材料；

（3）使用传统工艺技术和方法；

（4）使用可逆性构造措施和技术；

（5）尽可能地使用当地有经验之工匠；

（6）非有必要不得重建复原或落架解体大修；

（7）应有完备的修缮施工图纸和说明书。

注释

1　发表于《古建园林技术》1994年第1期，总42期。

图表来源

图1～图12：作者自摄。

澳门卢家花园“后羿求药”灰塑的揭取[1]

卢家花园现称为卢廉若公园，位于中国澳门罗利老马路与荷兰园交界处，为澳门清末民初著名的娱园。该地原为澳门龙田村的农田菜地，后被富商卢华绍（号卢九）购得，由其长子卢廉若大兴土木，构筑花园，故又称其为卢九花园。20世纪初娱园曾搭盖戏棚，上演粤剧，因而名噪一时，后卢家凋败，名园亦分段易手，现今的公园仅为当年娱园的一部分。70年代初期，花园为澳门政府购得，经过修葺，卢廉若公园于1974年9月开放，成为大众游憩的好去处。

卢廉若公园是港澳唯一具有苏州园林风韵兼岭南特色的古典园林。园内亭台楼阁、曲径回廊、小桥飞瀑、塘漪夏荷等景色巧布，引人入胜。

除此之外，园内还有几处精美的灰塑图案，其中较为有名的是一幅大型名为“后羿求药”的灰塑。该灰塑造型生动，人物传神，塑造技艺高超，可列入岭南地区古代灰塑佳作，具有较高的文物和艺术价值，在澳门地区也仅得一二，弥足珍贵。但由于所在灰塑墙体的背后紧邻的多层住宅漏水不断渗入灰塑墙体，加上年久风化，致使灰塑中下部大面积起鼓、开裂，并有部分脱落损毁。就现存状况来看，如不及时采取果断的保护措施，后果将不堪设想。为此，澳门市政厅决定采取迁移保护法，将整幅灰塑揭取加固后存放于博物馆作永久保护并展出（**图1**）。

整个灰塑面积约为10平方米，镶嵌在一座高5米、宽5.6米的牌楼式砖砌墙体的中部，下有一个石景喷水池。灰塑为画卷景框式的构图，主要画面于一宽厚的书卷画框内，四周围绕藤蔓花卉。除画框内图案较为整齐外，四周图案则较为分散。与一般的平面壁画不同，南方灰塑的画面是一种浮塑，视表现内容的不同厚薄不一，薄者仅1厘米左右，厚者则可达20厘米，厚者内有固定和造型用的木、铁钉及麻丝。该灰塑的厚薄情况是：图框厚7厘米，厚浮塑厚5厘米，中浮塑厚3.5~4厘米，薄浮塑厚1.5~2厘米，灰塑与墙体之间为厚1.5~2厘米的黏土灰底层。框外灰塑局部后期修补中用了水泥砂浆打底，给是次揭取带来了相当大的难度。灰塑材料一般是由石灰、糯米粉或贝灰等组成，较为脆硬。而揭取灰塑最困难的就是其厚薄不均的情况，揭取灰塑的用力和承托力稍不均衡，就会导致其沿厚薄交接处开裂分离，这也是灰塑揭取技术的关键所在。

查阅大量有关资料，对所掌握的对象资料进行详尽分析，在此基础上制订了初步揭取方案。为了慎重起见和确保工程的成功，在广州某地找到了一块废弃的类似墙体，于其上做了一些简单的浮塑，并按初步揭取方案进行试验。根据试验的成败总结经验，拟定了修正方案，除技术方面外，还包括人选、时间的安排、特殊工具的制作等准备工作。

一切准备就绪后，我们一行5人于1996年2月7日前往澳门卢家花园现场。5人的技术结构组成有古建筑专家、结构工程师、施工技术员、木工和泥水工。经现场的进一步勘察，对方案又作了调整。由于准备工作较为充分，我们即时投入工作。操作工序与技术如下：

（一）分划揭取画面和确定揭取次序

因灰塑面积大且情况复杂，整面揭取绝无成功之可能，遂采用分块揭取的方案，据具体情况以尽少的破坏画面为原则，分区线定在画面较少且易切割的地方，绝对不得通过主要画面。这样整个画面分划为8个小画面，大的约1.5平方米，小的不足1平方米。为保证灰塑不受损坏和易于揭取，采取自下而上的揭取顺序（**图2**）。

（二）搭揭取架和制作木框

灰塑图案最高处距地面为4米，据图案分划水平线设3层平台，位置较分划线低15厘米。为操作的方便和节约材料，平台板仅搭1层，由6块厚1.8厘米的大心板搭成，并作临时固定，这样当下层揭取完毕后，即可将平台板抽取到上一层平台，而且当操作需要较大空间时，可将平台板前后左右推移。工程中证明这种灵活的工作平台切实好用。平台立柱为2寸×3寸枋，横斜支撑为1寸×3寸板枋。揭取木框依图案大小每边大出2~3厘米用1寸×3寸板枋制作，底边宽12厘米，其余3边宽7厘米。

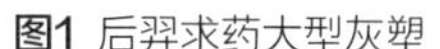
图1 后羿求药大型灰塑

图2 灰塑细部

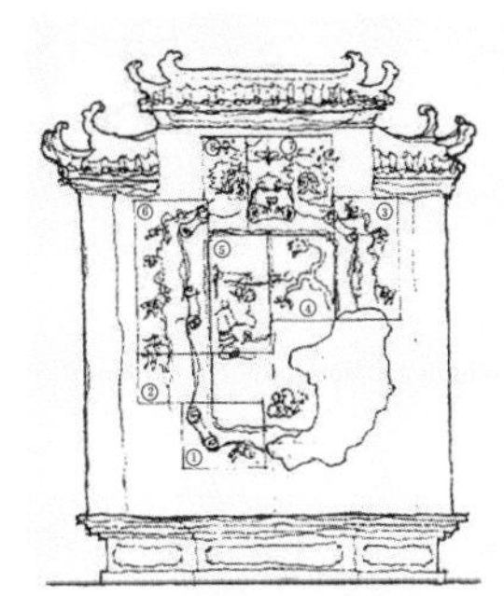

图3 灰塑揭取分区及次序

图4 灰塑揭取施工

（三）加固灰塑表面及开裂处

经现场勘察，灰塑上部的高浮塑有些风化相当严重，有的表面看来完好，但面层以下的几厘米已为棉絮状，为此对灰塑先进行了清扫加固。所用胶结加固材料主要是环氧树脂和一种美国进口的袋鼠牌防漏透明胶膜（Kangaroo Waterproof Coating），表面风化加固用手动喷雾器，内部和裂缝加固用针注法。

（四）画面分块锯切和部分剥离

按所划分区线用小型电动切割机切开灰塑层和底层，个别较厚处再辅以钢锯条以手工锯切。切开两侧和上面之前，画幅的底部和画幅内的某些部位需用铁钉、木钉和石膏（有时用于切开后的侧面）进行临时加固，以防止因灰塑自重过大或受震动而自行滑落毁坏。切开后，用特制工具在无画面墙壁的一或两侧作小部分剥离工作，为安装木框后的剥离作好准备（**图3、图4**）。

（五）安装木框和设隔离层

在图幅下3～5厘米处用膨胀螺栓固定一条略长于木框的枋木于墙壁上，用金属合页将木框连结于固定枋木上，木框的上部两侧用铁丝拉结于独立的膨胀螺栓上，使木框不得位移。清除临时的加固，再在扫除灰尘的画面上用糨糊点状粘结两层拷贝纸，于纸后铺两层纱布，纱布四周固定于木框的四周，这样就做好了隔离层。

（六）灌浆剥离揭取

隔离层做好之后，于木框后面的下部1/3部分用夹板封固，据灰塑的厚薄不同填入泡沫塑料板和海绵垫，灌入稀薄的石膏灰浆，边灌边封固木框后背，直至灌满整个木框。1～1.5小时石膏凝固并具有一定强度后，使用特制的工具和一般锯条，在可能面开始灰塑图幅的底灰掏除，使其与砖墙大部脱离。此时，将木框上部固定铁丝放长或解脱，使木框向外略倾一个角度，再使画面与墙体完全脱离，然后迅速将木框下旋平放。

（七）灰塑背面加固

然后用草筋石膏浆加固抹平，待凝固后由斜梯滑落地面，最后进行编号和保护存放。至此，该灰塑的揭取便全部完成，用时7日。由于准备工作充分，计划周详，方案切合实际，所以工程得以按计划顺利完成。接下来的工作尚有摘框分离、拼合复原和修补工序，因目前尚未确定展出地点，留待将来进行。总结这次成功的经验除了以上述及的之外，先进的工具和施工方法至关重要。

注释

1　发表于《古建园林技术》1997年第3期。

图表来源

图1、图2、图4：作者自摄。

图3：作者自绘。

建筑文化遗产保护中"真实性"内涵的演绎[1]

对于保护建筑文化遗产来说，东方和西方文化背景下的目的日趋一致——保护建筑文化遗产的真实性。但是建筑文化遗产真实性的内涵由于所处文化背景的差异，各国也有着不同的理解，所以有必要在这里尝试一些探讨，以利于对保护修缮工作的正确理解。

一、真实性的定义

真实性（Authenticity）曾译为原真性，具有原生性、真实性、事实性、可靠性、诚恳性、原本性、权威性的含义，真实性事物应该是符合上述的意义。作为一个十分重要的概念，它被用来判定文化遗产意义的信息是否真实，成为文化遗产定义、评估、监控基本要素之一。但真实性的内涵却随着人们对事物认识的不断提升，其内容不断修正、充实和补充完善。

在2005年版的《世界遗产操作指引》（*World Heritage Operational Guideline*）中对"真实性"的概念作了定义与说明：只要通过以下多样属性"真诚"和"事实"地表达文化价值，就可理解为符合"真实性"的条件：

（1）形态与设计；

（2）物料与实质；

（3）用途与功能；

（4）传统、技术及管理系统；

（5）地点及环境；

（6）语言及其他非物质传统；

（7）精神及情感；

（8）其他内在和外在因素。

这个概念与条件在强调文化遗产的物质性之外，还特别关注文化遗产非物质的社会性和文化传统可持续性，这个提法较早前的概念更为全面。实际上，人们对文化遗产保护和真实性概念的认识经历了一个漫长的过程，作为国际公约的文件，需要涵盖不同国家的文化传统及其可持续性的问题。

二、文物建筑保护中真实性的概念的发展

科学的文化遗产保护和历史建筑保护缘起于英国和欧洲，17世纪流行的文艺启蒙运动和洛可可艺术，到18世纪中叶—19世纪上半叶发展为浪漫主义艺术运动，其中在建筑、艺术界兴起了一股古典风格的潮流。为此，引发了对古希腊、古罗马建筑艺术的考古热潮，而当时意大利庞贝古城的发现、埃及法老墓发现和楔形文字释读等考古成就则起到了推波助澜的作用。

19世纪中叶，随着对建筑考古和建筑古典风格的热情高涨，法国、英国、意大利等国家对历史建筑的研究和保护修复活动流行开来。在法国，古建筑鉴定专家梅里美（1803—1870年）于1840年主持了法国文物普查，随后国家成立了历史管理局，颁布了历史性建筑法案，公布了一批文物建筑保护名单。

法国建筑理论家维奥莱-勒-杜克（Viollet-le-Duc，1814—1879年）主持修复了许多古建筑，但他提出"修复并非保存，或维修，或重建，而是重塑其完整性，纵使历史上从未出现过"。当时社会流行着一种改变现有建筑风格，按照一种理想的建筑风格形式追求完整状态的"风格复原"做法，但这种修复使历史建筑遭到了建设性破坏。

在当时的欧洲，由于尚未建立起科学的保护理论和技术，管理也不够规范，流行的"风格复原理论"和风格复原手法有蔓延的趋势，对一些古建筑未经考古论证，仅凭设计师或主持者的喜好，在古建筑的修复中大量掺加哥特式建筑风格元素，当时称为"哥特手法复兴"。这种做法无疑是非科学的，鉴于这种情况，英国作家、艺术评论家拉斯金

（John Ruskin，1819—1900年）认为建筑师的这种“热情”是对历史建筑的无情破坏，认为“修复是一种最恶劣的破坏方式”，提出遏制当时流行的“风格复原”，发起了反修复运动，提倡应该保护古建筑的现状。

在英国，由诗人、美术和工艺设计家莫里斯（1834—1896年）的提倡下，于1877年成立了古建筑保护协会的民间组织，英国政府于1882年颁布《古迹保护法》，并公布了21处需保护的古迹。

英国随后于1890年通过了《古迹保护法》修正案，旨在扩大保护目标，针对古建筑的修缮，1913年又通过了“古建筑加固和修缮法”。在此基础上，1953年，又颁布了“古建筑及古迹法”，将保护历史性建筑纳入现代科学的范畴中。在理论上提倡用“保护”（Protection）代替“恢复”（Restoration）。

风格复原无疑是有损于文化遗产的真实性，但不做修缮仅维持现状也不利于对文化遗产的长久保护，于是在近代西方文化遗产保护中提出“任何必要的修缮和修复决不可以使历史失真”“必须明白无误的表明是现代的”，以保持物质的真实性。这些奠定了近代古建筑修复理论的基础。

19世纪后半叶—20世纪初，文化遗产保护达到了一个新的高度，其标志是“意大利学派”的形成。历史悠久的古罗马留下了丰富的文化遗产，所以在意大利也面对文化遗产保护的诸多问题。意大利学者波依多对古建筑的保护做了系统研究，出版了《修复者》（1884年）和《艺术实践问题》（1893年）两本著作，提出了强调文物建筑具有多方面的价值；保护文物的现状；修缮工作主要是对建筑物进行加固；保护文物建筑在历史过程中获得的一切变化和添加的内容等主要观点。另一位学者贝尔特拉密总结了以往历史建筑保护的经验，于1892年出版了《过去20年历史性建筑的保护》一书，强调保护工作应建立在考古研究的基础上。学者乔瓦诺尼若撰写了《文物建筑的修复》《近代结构方法在古迹修复中的应用》两部重要著作，其主要观点后来成为《雅典宪章》的基础。而布朗迪的《修复理论》一书总结了法国、英国、欧洲的文化遗产保护的理论和实践经验，特别是在意大利的保护实践及众多学者的保护理论观念的基础上，从理论上进行了系统总结，由此产生了对近现代文化遗产保护影响深远的“意大利学派”。

“意大利学派”的五个主要观点如下：

（1）文物建筑具有多方面的价值；

（2）尊重文物建筑存在过程中的一切信息，以保持现状为主；

（3）强调调查、研究、考古学证据、反对主观臆测；

（4）必要加固与修缮时，使后加内容与原迹有别；

（5）保护文物建筑环境。

意大利学派的文化遗产保护理论，为现代文化遗产保护理论奠定了一定的基础，后来著名的《威尼斯宪章》就是在此基础上进一步完善的，所以文化遗产保护的理论和核心概念真实性及其内涵是19世纪中叶后逐步认识完善起来的，法国、英国、意大利等成为近现代文化遗产科学保护的先驱和中心。

三、国际性文物建筑保护和修复理论形成与发展

到了20世纪初，文化遗产的价值为世界各国所重视，特别是第一次世界大战后，西方一些国家的历史建筑遭到重创，对文化遗产的保护日益迫切，文化遗产保护演绎成为世界各国的运动。在欧洲，法国于1930年制定了《遗址法》，以保护文化遗产遗址，随即又于1934年制定了《历史古迹法》，规范了对历史性建筑的认定，登录的历史性建筑不得拆毁，并计划出资保护和修复，同时加强对历史性建筑环境的保护，提出应控制历史性建筑周围500米内的环境面貌。

在亚洲，日本是较早对文化遗产进行科学保护的国家，早在1897年就制定了《古神社寺庙保存法》，1919年又颁布了《古迹名胜天然纪念物保存法》，使众多古迹名胜得以保存。此后，《国宝保护法》（1929年）《文物保护法》（1952年）等相继出台，文化遗产的理念和管理措施不断推进，今天我们可以深切感受到日本在文化遗产保护方面不懈努力的良好结果。

在美洲，建国历史仅200余年的美国，也于1960年颁布了《文物保护法》，加强文化遗产的保护工作。

为了统一认识，制定相关的国际宪章成为必要。第一个《修复历史性文物建筑的国际宪章》——《雅典宪章》（*Athens Charter*），于1931年在希腊雅典诞生。宪章中明确了“放弃修复”“保护遗址”“现代材料与技术的应用”以及“历史建筑使用”等议题。关于真实性的问题，《雅典宪章》在保护技术的部分强调：历史建筑的分析重建或原物修缮的片段复位，为此目的而使用的新材料必须可以识别。这是意大利学派观点在国际宪章的延续。

第二次世界大战后，如何对待古迹和历史街区成为重大国际议题。联合国成立的“国际文物工作者理事会”（International Council of Museums –ICOM）认为：有必要建立保护和修复古建筑的国际公认准则，各国有义务根据自己的文化传统运用这些准则。这催生了《威尼斯宪章》的诞生。

1964年5月，国际文物工作者理事会在意大利威尼斯召开了国际会议，公布了《威尼斯宪章》（*Venice Charter*）——《国际古迹保护与修复宪章》（*International Charter for the Conservation and Restoration of Monuments and Sites*）。

《威尼斯宪章》有六个方面的主要观念：

（1）扩展文化遗产的概念——见证历史的城市与乡村环境，具有文化意义的比较不重要的作品，也应考虑列入保护对象。

（2）保护建筑环境和建筑附属品——为使文化遗产永久流传，强调建筑不能从环境中脱离出来，应该保护历史环境；建筑附属品是文物建筑的一部分，应一并保护。

（3）建筑修复应保持真实性——修复的目的不是追求风格的统一；禁止重建、修复、增添和补缺；必要的加固修复可利用一切科学技术；尊重建筑物历代叠加作品，对历史添加部分的处理应慎重。

（4）提出保护历史地段和保护历史地段的完整性——应保护历史地段存在环境。

（5）强调发掘的科学性，并对发掘遗址进行科学而有效的保护。

（6）发掘、保护、修复应有详尽的记录、分析报告、图纸和照片，并汇总归纳出版。

《威尼斯宪章》是在总结一、二百年各国文化遗产保护理论与实践的基础上，经广泛讨论制定的，是国际上关于文化遗产保护的权威性文件，对统一认识和各流派做法提供了理论依据，并指导各国在该领域的实践。

《威尼斯宪章》在涉及真实性问题有着一定论述，在第9条论述“修复”时明确指出：“任何不可避免的添加部分都必须与原来该建筑的构成有明显的区别”；第12条中进一步强调和阐释：“缺失部分的修补必须与整体保持和谐，但同时必须使修补的部分和原来的部分有明显的区别，防止修补的部分使原有的艺术和历史见证失去真实性”。

进入20世纪80年代，人们的眼光从文化遗产的保护扩展到应爱护人类环境方面，应注重自然遗产的保护。1972年11月在巴黎召开的国际人类环境会议上达成了《保护世界文化和自然遗产公约》，成为缔约国组织所遵循的国际性文件。1976年联合国成立了“世界遗产委员会”，旨在加强世界文化和自然遗产的保护。世界文化遗产包括文物、建筑群和文化遗址，世界自然遗产包括具有突出普遍价值的自然面貌、生态区和自然区域。并为此制定了详细的标准条件，达到条件者可列入世界遗产名录。

1977年11月26日，联合国教科文组织在内罗毕召开会议，通过了《关于历史地区的保护及其当代作用的建议》——《内罗毕建议》。该建议强调“保护文化遗产并使他们成为现代生活的一部分，适应现代化生活的需要”。提出文化遗产和现代生活紧密相连。

与此同时，建筑师和城市规划师国际会议在秘鲁古城遗址召开，通过了《马丘比丘宪章》，宪章提出应重视“文化传统的继承问题”。

1983颁布的《阿普尔顿宪章》，在文化遗产保护实践中专门论述到修缮的真实性问题：“新的工作在仔细观察时或在训练有素的专家眼中必须是可以分辨的，但不应该破坏建筑或环境的美学整体性或一致性”，这里既强调修复中的可区别性，又强调了建筑或环境的和谐性，比早期只强调“可识别性”向前迈进了一步。

1987年12月，国际古迹遗址理事会在华盛顿召开大会，通过了《华盛顿宪章》（*Washington Charter*）——《历史城镇与城区保护宪章》（*Charter for the Conservation of Historic Towns and Urban Areas*）。鉴于城市经济和建设迅速扩张，城市历史地段社区价值观逐渐消失，宪章强调：

（1）序言和定义——历史地段是体现传统文化价值的重要部分。

（2）原则和对象——居民参与保护计划的重要性，保护应兼顾历史、建筑、社会和经济。

（3）方法和措施——保护是发展不可分割的一部分，新的建设应尊重原有空间格局。

历史地段可以插入使社区功能更完善，使社区更丰富与和谐的现代元素。

在东亚地区，历史上广泛使用木构架体系作为建筑构成的主体，木材的易腐、易燃等不耐久的特点决定了历史建筑物需要不断地修缮，而很少有建筑可以像西方石结构体系那样达到千年以上不损坏的程度，同时，由于历史文化、生活方式、审美观念和风俗习惯等价值观的差异，对文化遗产的保护的观念理解和技术均有其特殊性，以欧洲文化遗产为参照物制定的国际宪章和公约中一些条款并不适合东亚地区。其他非欧洲国家也面临着同样的问题，对温乎遗产中“真实性”的正确定义产生困惑或怀疑，并忧虑因本身建筑曾经的改变而丧失申请世界文化遗产的资格。

于是1994年许多国家的有关专家齐聚奈良，研究“真实性”这个行之已久的原则的存废或修改之需要，会议通过了《奈良文件》（*Nara Document*）——《关于真实性的奈良文件》（*Nara Document on Authenticity*），其主要阐明的观点如下：

（1）重申联合国保障文化多样性的约章，承认尊重各民族各国家对自身传统的演绎，尊重文化传统价值观为依归。

（2）保护自身的文化遗产，就是为了各国家各民族能相互了解和尊重对方的价值观，而价值观应该以“可信”和“真诚”方式表达出来。因此，“真实性”亦应重新定义为“可信性”和“真诚性”。

（3）“真实性”的概念取决于文物之许多方面的考虑，包括形态、设计、物质、功能、传统、技术、地点、环境、精神及感情等。

这样，国际宪章中的“真实性”——不应该理解为文化遗产的价值本身，真实性的原则性——文化遗产的价值的理解取决于有关信息来源是否确凿有效，真实性包括“真诚性”和“事实性”。在个别文化中，必须在传统价值的特殊性质中肯定和承认其“真诚性”及“事实性”。对真实性的新的诠释，从“物质遗产”的枷锁中解脱出来，使其更接近事物原本的真实，包括物质和精神的。它更有力于亚洲和其他非欧洲传统的地区和发展中国家的文化遗产的保护，当然也有利于土木建筑遗产保护。

1996年，美国内政部为了配合美国国情，颁布了《美国文化景观处理指引》（*Guidelines for Treatment of Cultural Landscape*），制定了美国保护历史文物的规则。该指引将所有值得保护的自然或人为地域统称为“文化景观”，包括历史地点、设计景观、民居景观（包括城乡风貌）和民族景观（泛指天然或人为因素构成的任何地域）四类。指引提出以“完整性”代替“真实性”；以保护“决定特质之特征”为要，而不是单纯追求保存物质；同时强调表达文化景观中的历史延续过程，而不是需维持某特定时代或特定风格。

2006年，负责保护政策及建筑遗产评级的英国传统组织制定了一套适合英国的原则——《英国传统组织对可持续管理历史环境的保护原则》（*Conservation Principles for the Sustainable Management of the Historic Environment by English Heritage*），以作为文化遗产保护的公众咨询。该原则以地物（Places）泛指所有建筑地貌或特征，并以传统价值观为归依，归纳为六条原则：

（1）历史环境是公众资源；

（2）每一个人都有权参与维护历史环境；

（3）了解地物的传统价值是作出决定的先决条件；

（4）重要地物必须适当管理使其价值得以持续；

（5）改动的决策应该合理、透明；

（6）记录决策及从中学习是必须的。

这个保护原则更适合一个现代化的发展中国家的实际情况。

四、我国的文化遗产保护历程与概念

1840年鸦片战争爆发，随之西方列强入侵中国，促使中国走上自立强国的探求之路，同时也认识到西方文明的先进性，于是自清末开始向西方派遣留学生，学习西方现代文明，以达科学救国之目的。

在文化领域也更新重建，出现了新文化运动——“五四运动”，“科学”“自由”成了最时髦的口号。新文化运动既在反封建、反压迫、提倡科学、争取自由等方面取得了巨大胜利，同时又对中国的传统文化形成巨大冲击。

辛亥革命成功后，民国政府开始关注传统，提倡发扬国粹，在这样的背景下，1919年由朱启钤先生发起成立了“中国营造学社”，聘请梁思成先生任法式部主任，刘敦桢先生为文献部主任，开始对中国古建筑进行系统研究，后由于抗日战争爆发而中断，在短短的几十年时间，营造学社调查研究了独乐寺、应县木塔等206组、273处古建筑，出版了学社汇刊，发表了大量历史建筑学术论文，为我国的历史建筑保护奠定了坚实的基础。

1931年，民国政府成立了“中央古物保管委员会”，颁布了我国第一部《古物保护法》，在1931—1937年，对一些古建筑进行了研究和修缮。

1949年中华人民共和国成立后，百废待兴，很多古建筑在战争的动乱年代遭到破坏，为了加强古建筑的保护，文化部于1951年颁布了《关于保护地方文物名胜古迹的管理办法》，10年后的1961年又颁布了《文物保护管理暂行条例》，公布第一批全国重点文物保护单位180处。条例针对当时的具体情况，提出了“普遍保养，重点维修”文物建筑保护方针，针对古建筑的修缮则明确提出了“恢复原状，保存现状”的原则。

“恢复原状，保存现状”中“原状”指建筑初建或重建后的相对风格完整统一的状况，“现状”指建筑物当下的健康现存状况。当时把“保存现状”作为修缮的最低要求，把“恢复原状”作为修缮的理想要求。当时也流行着“修旧如旧”“修旧如故”的概念和做法。显然，当时对文物概念的认识和保护的真实性的理解相对于今天来说有一定的差距。

1982年，一部完善的《中华人民共和国文物保护法》颁布实行，将文物、文物建筑纳入国家法律保护之下。该保护法进一步明确了：

（1）文物的概念——具有历史、艺术和科学价值的实物，而建筑文物则包括各类建筑、遗址、石窟寺等。

（2）历史文化保护区概念——文物古迹比较集中，或能完整的体现某历史时期的传统风貌的街区、建筑群、小镇、村落等历史地段。

（3）历史文化名城——“文物特别丰富，具有重大历史价值和革命意义的城市”。同年国务院公布了第一批24个“历史文化名城”。

（4）从点到面，从实体到环境，从以文物为中心的单一保护体系上升到双层次、多层次保护体系。

（5）提出文物建筑修缮应遵循“不改变文物原状”的原则（第十四条）。

为了贯彻《文物保护法》“不改变文物原状”的原则，使文物建筑保护具有可操作性，对相关保护工程设立了“四保存”的规定，并将其列为国家技术规范来推广实施。[2]

四个保存的内容如下：

（1）保存原来的建筑形制（平面布局、造型、法式特征、艺术风格）；

（2）保存原来的建筑结构；

（3）保存原来的建筑材料；

（4）保存原来的工艺技术。

1992年公布了《中华人民共和国文物保护法细则》，2000年又对《中华人民共和国文物保护法》进行了修正。

为了更符合本国的实际情况和与相关国际宪章与现代文化遗产保护理论接轨，2002年中国国家文物局颁布了《中国文物古迹保护准则》（*Principles for the Conservation of Heritage Sites in China*）——《中国准则》（*China Principles*）。

（1）本准则的宗旨是对文物古迹实行有效的保护。保护是指为保存文物古迹实物遗存及其历史环境进行的全部活动。保护的目的是真实、全面地保存并延续其历史信息及全部价值。保护的任务是通过技术的和管理的措施修缮自然力和人为造成的损伤，制止新的破坏。所有保护措施都必须遵守不改变文物原状的原则（第二条）。

（2）保护现存实物原状与历史信息。修复应当以现存的有价值的实物为主要依据，并必须保存重要事件和重要人物遗留的痕迹。一切技术措施应当不妨碍再次对原物进行保护处理；经过处理的部分要和原物或前一次处理的部分既相协调，又可识别（第二十一条）。

《准则》强调了“保护的目的是真实、全面地保存并延续其历史信息及全部价值”，“真实”“全面”的概念与近年来国际宪章与国际社会广泛使用的“真实性”和“完整性”具有相同的涵义。强调“保护现存实物原状与历史信息。修复应当以现存的有价值的实物为主要依据”“所有保护措施都必须遵守不改变文物原状的原则”。重视文化遗产的实物原状与历史信息，保护修缮要遵守“不改变文物原状的原则”。这里的“原状”应该是反映实物真实性的状态，指文化遗产的存在的一种包含文化叠压层的“历史状况”，其定义为各时代重要遗迹的总和。亦即中国理解的物质文化遗产的“真实性”。这里的“历史信息”既包括物质层面的历史环境、功能、附属品等，也包括非物质层面的事件及人物关联、风俗习惯和传统精神等。所以在《中国准则》中的“原状”和“历史信息”的定义总和等同于文化遗产的“真实性”和“完整性”的概念。这个定义是符合中国国情的，也符合现代国际文化遗产保护的趋势，对指导本国的文化遗产保护将会起着重要作用。

五、建筑文化遗产保护概念再认识

尽管我们对文化遗产的真实性概念有了历史发展和内涵的讨论，但笔者认为还远不够全面和细致，真实性涵义的还必须深化和拓展。下面试从几个方面做进一步探讨。

（1）文化的真实性——一个国家、一个区域、一个民族、一个文化体系载体在一段历史中，在空间和时间上的有关制度、宗教、传统、情感、风俗、故事、传承（非物质）等因素影响建筑文化遗产变化的文化意义上的真实性。

（2）空间的真实性——应该清晰地认识到，建筑是建筑文化遗产的载体，建筑空间是建筑最重要的价值，因而建筑空间是建筑文化遗产的重要载体，保护建筑空间的重要性不亚于对一砖一瓦的保护，甚至更重要。它包括：

①空间的意义——性质；

②空间的使用——功能；

③空间的可持续——利用。

（3）结构的真实性——应该明了建筑文化遗产的结构力学意义，首先是因为建筑的形式和空间都是由结构来完成，以及作为建筑安全的保障，结构的受力方式是一个整体；其次应该认识到不同的结构方式、不同材料的力学特性是建筑文化遗产的一个重要组成部分；再次结构及构造方式通常还反映了精神的价值。所以当建筑的某个受力构件残损严重难以承受荷载时，不主张用现代材料或隐蔽结构替代原构件的受力条件，因为这会改变建筑结构的真实性，也有损于建筑文化遗产的真实性和完整性，对于木构架建筑来说尤其如此。

除了真实性内容的深化，对建筑文化遗产的保护的概念和理论也需要逐步研究探索。笔者认为对保护的文化性、地域性、协调性、可持续性、对象的差异性、生态性、社会性等都需要细化和深化。

同时我们需要关注文化遗产保护的未来，应该以更广阔的视角前瞻这个问题，历史文化遗产的保护将会是更新策略的一个基本要素，保护的重点将会落在传承文化的延续方面，区域的保护与更新的有机交融将会成为未来发展的可持续平衡的活动，文化遗产的保护将会更加融入城乡的整体环境保护与文化的可持续发展中，用“保育”（Conservation）代替“保护”（Protection）。

注释

1 收录于：程建军. 广州光孝寺建筑研究与保护工程报告[M]. 北京：中国建筑工业出版社，2010.

2 《古建筑木结构维护与加固技术规范》GB 50165—1992，第2.0.2条。

3 岭南地域建筑研究

岭南古建筑脊饰探源[1]

在地理上，岭南指五岭以南地区，包括两广南部。广义的岭南还应包括闽南及台湾岛，大致与华南地区相同。本书所讨论的范围即广义的岭南。从古建筑的角度分析，岭南古建筑有两大体系，即粤江流域系和闽南系，其中粤东潮汕地区及台湾受闽南影响较大，均属闽南系。两系虽有差异，但在古代属于同一个文化圈，同受海洋文化的影响，又具有共性。

与北方古建筑相比，首先是脊饰的巨大差异。岭南古建筑中最突出的即是脊饰，其装饰题材与风格，流露出显著的地方特色：基调豪放、内容丰富、精雕细刻、装饰华丽、色彩鲜艳，使砖雕、石雕、嵌瓷与陶塑、灰塑熔于一炉，成为南方古建筑的一道亮丽的风景，为世人所称道，有“可代天工”之誉。历史告诉我们，任何事物都非无源而出，岭南古建筑脊饰的发展也有其深远的历史渊源。

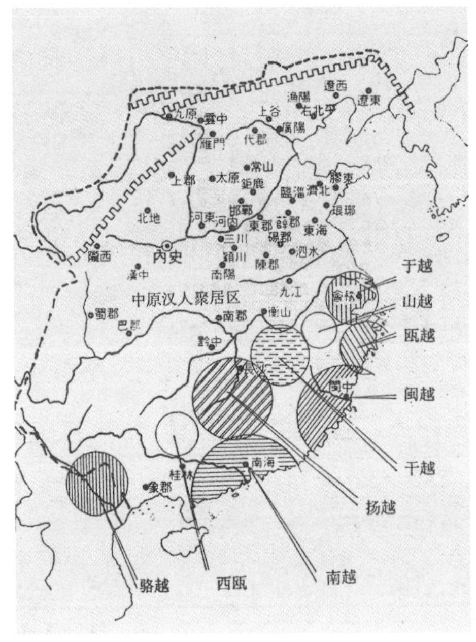

图1 百越分布图

图2 伏羲女娲（人首蛇身）手执规矩图（临摹汉武梁祠石刻）

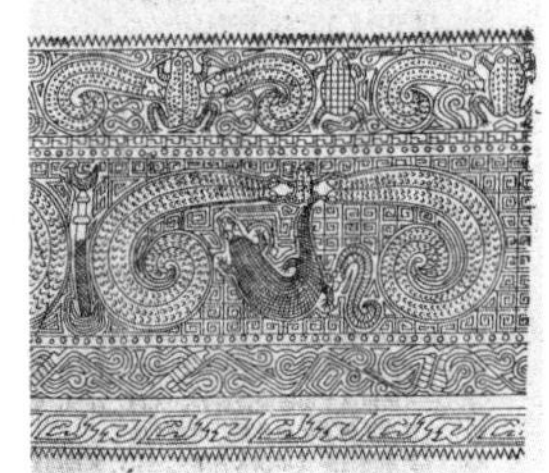
图3 广西青铜文化铜尊纹饰展开示意

一、影响脊饰内容的文化因素

（一）图腾崇拜

1. 龙

岭南地区古为百越之地，《汉书·地理志》臣瓒曰：“自交趾至会稽，七八千里，百粤杂处。”[2]粤即越，战国时浙东为瓯越，福建为闽越，广东居南越，广西南部居骆越。越为古三苗之一部，中原人后称其“南蛮”。《山海经·海内经》称苗民“人首蛇身”。[3]许慎《说文解字》：“南蛮，蛇种，从虫”，又“闽东南越，蛇种，从虫门声。”[4]家中养蟒蛇为人所用，闽越人崇拜蛇，以蛇为图腾，后来便作为部落的名称。汉代画像石有众多人首蛇身题材，1971年广西恭城出土一件与同期中原纹饰迥然不同的春秋时期青铜器，纹饰作双蛇斗蛙的连续图案，两蛇之间还卧有一鳄鱼，表现出浓厚的地方色彩（图1~图3）。古人常将图腾作为崇拜对象，并以艺术的形象表现展示，借以庇护本部落或民族的利益。蛇本为龙的本体，因此，岭南古建筑装饰几乎处处充斥着龙的形象。闽南系古建筑正脊的升龙脊饰，由嵌瓷而饰的龙体婉转升腾，若即若离，五彩斑斓，在闽南系古建筑特有的大凹曲正脊的衬托下，更是富有动感，大有一触即飞之势，先声夺人。两广地区寺庙殿宇正脊多用行龙饰，常呈二龙戏珠之造型，整体行龙沿脊屈曲盘沿而行，形象浪漫生动。每每天气晴朗，金黄色的挂釉陶塑游龙在阳光的映照下，粼光点点，似行似止，具有极强的感染力，不难使人联想起古百越民族的自强精神。另赵晔《吴越春秋》载：“吴在辰，其位龙也，故小城（吴王阖闾城，今苏州）南门上反羽为两鲵鱙似象龙角。越在巳地，其位蛇也，故南大门上有木蛇，北向示越属于吴也。”[5]此据我国地理的十二辰分位与十二生肖搭配而作装饰，可见闽越以龙蛇为建筑之饰由来久矣。

众所周知，华夏族就是以龙为图腾的，其与百越图腾相同并不是偶然的。据考证，闽人乃夏人之一支，与夏禹同族。当夏人东迁于中原时，闽人也东迁至山东中部，到商灭夏时，闽人便从山东沿海南逃，经苏南、浙江而进入福建。然闽粤多虫蛇，使其原有图腾标志得以延续并强化。这说明百越民族是中华民族的一部分，中华民族是母系统，闽越是子系统。因古之天子常以“龙子”自居，故在故宫的宫殿中也常以龙为脊饰，但其仅以“龙吻”的形式出现，不似岭南之豪放（图4~图6）。

2. 鳌鱼

《初学记》：“东南之大者，巨鳌焉，以背负蓬莱山，周迴千里。”[6]唐一代诗人李白《猛虎行》有“巨鳌未斩海水动，鱼龙奔走安得宁”之句。鳌即传说中的大鳖或大龟。《博物志》有“南海有鳄鱼，状如鼍”[7]鳄鳌相类，鳌也可能指鳄鱼，为古人崇拜对象之一，今仍有“独占鳌头”的成语。两广古建筑正脊常饰以两相对硕大倒悬鳌鱼，其造型并与龟鳖无缘，而是脱胎于鱼和鳄鱼形，但其粗壮有力，栩栩如生，又胜似原形。高大有力的造型丰富了正脊的轮廓线。鳌鱼饰是与沿海沿河文化分不开的，古百越之地人们赖水而生，以渔为业，给他们带来巨大利益的鱼类和对其产生威胁的鳄鱼自然成为其崇拜对象，进而转化为图腾。早在仰韶文化出土彩陶多以鱼纹为饰，古越族铜器的花纹和船纹中均有鳄鱼，江浙一带建筑也有鱼形吻，鳌鱼饰和鱼形吻均为沿海沿河人们对“鱼图腾”崇拜的结果。武汉黄鹤楼戗脊端部以鳌鱼为饰，日本白鹭姬城楼也以鳌为饰，足见鳌鱼饰流布之广泛（图7、图8）。

3. 龙与鱼的崇拜

最终使其结合起来产生了一种龙头鱼尾的装饰形象——龙鱼或称鱼龙。龙鱼饰在岭南多有使用，通过这些，可以认识到这是早期龙图腾与鱼图腾部落融合的结果，是海洋文化与大陆文化融合的微妙产物（图9）。

4. 鸟

战国时期南方楚越等国曾使用鸟书。《山海经》：“大荒之中……有神九首，人首鸟身，名曰九凤。”[8]《诗经》：“天命玄鸟，降而生商。”[9]凤鸟是中国东方集团的符号，汉代建筑常用凤凰饰。瓯越人便是以海鸥为图腾的部落，而闽瓯人是自齐鲁之地南迁而来。广州出土汉代陶屋已有鸟禽脊饰，闽南系庙宇、官署及举人以上的官邸脊饰常以燕尾作脊饰，清以后大户也借用，近代更为普及。燕尾成为闽南古建筑脊饰的特征，飞扬飘起的燕尾使原就优美的建筑更加华丽而生动。与鸟图腾有

图4 台湾闽南系建筑脊饰

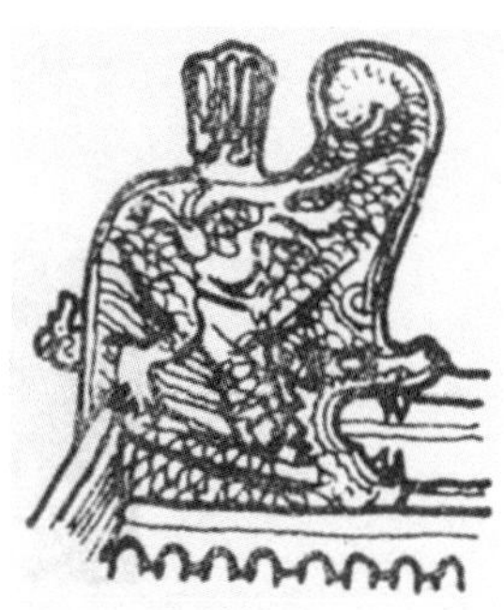

图6 故宫宫殿龙吻

图5 广州番禺学宫大殿陶塑行龙

关，两广则有凤凰脊饰。凤凰饰与龙、鳌相组合，形成了典型的二龙戏珠，两鳌对悬，双凤相翔脊饰。由正脊中心向外的次序是一龙二鳌三凤。但祠堂不得使用龙为脊饰（图10~图12）。

（二）生活方式与风俗

渔猎生活方式与北方农耕生产生活方式不同。古之岭南有沿海水田渔盐之利，他们“以海为田，以渔为利，以舟楫为生”[10]“陆事寡而水事众”（《淮南子》），《广东新语》也说：“广为水国，人多以舟楫为食。”[11]

沿海百越民族的长舟是其生活的寄托与希望，生产、生活工具——舟船成了崇拜对象而塑于脊上，使正脊形成两端翘如船形脊。正脊的凹曲线和屋面的凹曲均与船形有关，至今部分海南岛黎族与云南少数民族，还居住在船形屋中，从船的造型上看，古代福船与广船均是底有大龙骨，两端高尖翘起之形，而不同于长江口以北的平底沙船。闽南系古建筑多以“假屋”的构造形式，于屋栋两端形成一个三角形空间，使正脊如反弓舟体之状，造型很是优美。广州光孝寺大殿及伽蓝殿，六榕寺六榕亭正脊皆为舟船之造型，此盖为以“舟楫为生”

图7 光孝寺大殿鳌鱼饰

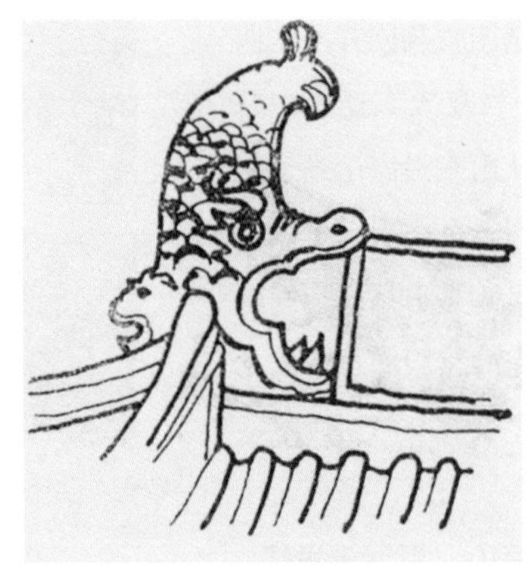

图8 浙江地区古建筑鱼形吻

图9 广州番禺学宫大殿水浪垂脊（侧有鱼龙浮塑）

图10 闽南建筑燕尾饰

图11 广州汉代陶屋鸟禽饰

图12 胥江祖庙凤凰饰

之影响。且岭南历来有赛龙舟之风俗，龙舟乃东南沿海之一文化特征（图13）。

此外，正脊、垂脊与戗脊端部又多饰以鱼尾、鱼翅和水浪，其应是“以海为田，以渔为利”之故，或多以水物以镇火祥的寓意。北方唐宋建筑多用鸱尾饰，《太平预览》：“汉柏梁殿灾后，越巫言海中有鱼虬，尾似鸱，激浪即降雨。遂作其像于屋上，以厌火祥。”[12]（图14）

文身习俗。《淮南子·天文训》记越人“文身以象鳞虫”。[13]《汉书·地理志》谓越人“文身断发，以避蛟龙之害。”[14]《太平广记·蛮夷》则更明确讲道：“越人习水，必锈其身，以避蛟龙之患，今南中有绣面僚子，盖雕题之遗俗也。”[15]鳞虫、蛟龙即为鳄鱼之一种，越人文身常以蛇纹、鳄纹为饰。身体如是，住房又何异？建筑乃人之衣被，文身也文建筑。据《澄海县志》：“望族喜营屋宇，池台竹树，必极工巧，大宗小宗，竞建祠堂，争夸壮丽。”[16]岭南古建筑多雕饰，与文身风俗关系密切，尤为清代祠堂为甚。如集大成者广州陈家祠，除内部梁架“雕梁画栋”外，其脊饰之繁华精巧、题材广泛、手法多样，堪称岭南一绝，国内罕见。只见长约数十米的屋脊上，岭南佳果藤蔓，峻岭瀑布，楼台阁道、金殿人物、间杂游龙走凤般的行书书法，令人目不暇接，流连忘返。而闽南系也同样以此叫人驻足，一睹为快（图15）。

（三）文化圈特征

1. 东南沿海文化圈

新石器时期的浙江余姚河姆渡和良渚文化、福建昙石山文化及广东石峡文化具有共同的文化特征。从考古资料及文献分析，岭南属吴越文化圈，这个文化圈南至南海，东南及于台湾，其虽受中原文化和楚文化的影响，但也自有本身的特色：几何印纹硬陶、有肩石斧、有段铜锛、敲击乐器钲、三足外撇的鼎、饰人头形的柱状青铜器、饰人形的匕首、靴形的钺等均为这一文化圈所特有的出土文物。出土青铜器即有与中原

图13 六榕寺补榕亭船形脊饰

图14 光孝寺伽蓝殿鱼尾饰

图15 广州陈家祠脊饰（俗称看脊）

不同的繁缛的浮雕状花纹及立雕状的附加装饰，已呈现了南方沿海文化圈的特征。岭南古建筑装饰精雕细刻、曲直繁缛、玲珑剔透、五彩缤纷的特征，是与其文化圈的特征分不开的，它具有悠久的历史传统。

2. 巫文化

楚灭越后，越接受了楚文化，今广州越秀山仍有“古之楚庭”石牌坊为证。楚文化有着狂放浪漫之特征，从文献中屈原之《离骚》到长沙马王堆汉墓出土的彩绘帛画，“它们共同属于那充满了幻想、神话，充满了奇禽异兽和神秘符号象征的浪漫世界”[17]。汉代王逸《楚辞章句》说：“昔楚国南郢之邑，沅湘之间，其俗信鬼而皃祠，其祠必作歌乐鼓舞以乐诸神。”[18]《汉书·郊祀志》：“粤人勇之乃言：粤人俗鬼，面其祠皆见鬼，数有效。昔东瓯王敬鬼，百六十岁。后世怠嫚，故衰耗。……粤巫立祀祠，安台天坛，亦祠天神帝百鬼，而以鸡卜。”[19]岭南古建筑脊饰浓郁的浪漫情调，是与该地受楚文化影响分不开的。笔者依据《古今图书集成·堪舆汇考》作堪舆名流分布图，证实古之阴阳堪舆家、方士自唐代以后多活跃于安徽、江西、浙江、福建、广东一带，可见荆楚吴越之地巫文化流行之一斑。

南北文化之交流。与北方官式程式化的脊饰纹构图相异，岭南古建筑在正脊、垂脊和戗脊侧面，以及博风处常有两种特别的图案。一种是卷草或称草尾、草龙的图案。其构图手法多变，与北方之卷草纹饰不同，是多以水草为母本，抽象变华丽而组合成的一种动人的装饰图案。这种多由曲线、圆叶、并且有圆形突起浮雕的饰纹，应为古之“藻文”。《论语》：“山节藻棁”[20]，藻即水草纹，“藻棁”即在短柱上饰以藻文。《西京赋》：“裛以藻绣，文以朱绿。”[21]可见藻文为古代中原常用的一种纹饰。其图案设色多以黑为底，以白作纹，成“黑白之黼”。有些则以红与白相配成“赤白之章”，《考工记》曰：“赤与白谓之章，白与黑谓之黼。”由此看出，岭南保留有若干中原古制，从建筑角度分析更有佐证，这里不再赘述（图16、图17）。

当然，这也与其沿海沿河文化有关。闽南系古建筑脊端常以卷草、草龙或螭虎为饰，别有一番风味，这几种纹饰图案在北方彩绘雕刻中是常见的，但少用于脊饰（图18）。与上述曲线构图卷草纺饰迥然不同，还盛行一种由几何直线纹组成的纹饰图案。其表现主题是抽象的几何线形龙图案，纹饰无一定格式，设色与上述卷草类似。其构图手法有主有次，由粗而细、疏密相间、布局均衡、色调明快，很有装饰效果，有些图案艺术性很强。因其造型酷似博古架，俗称其“博古”或“博古龙”。用于正脊端、垂脊端部的，多以立体镂空手法砌成，用于墙面的则为浅浮雕的形式。博古纹饰造型显然与北方之夔龙纹饰图案有内在的联系，东南沿海“几何印纹硬陶”文化特征，又使其具有自身的特色。岭南古建筑与传统民居中的“金木水火土”五式脊造型，除实用功能外，也是中原阴阳五行观念与该区巫文化融合有关联的（图19～图21）。

二、影响脊饰风格的地理经济因素

（一）气候湿热

岭南北有五岭为屏障，南濒南海，多山少地，河网纵横，南海宽阔，海产丰富。其地属亚热带气候，湿热多雨，使木构建筑多为露明造而少施顶棚藻井，以利通风散湿。过多的暴露面为雕饰提供了条件。多雨多风促使建筑重视外部的庇护层，并产生了以雕塑形式为主的装饰艺术手法和镂空的脊饰形式。气候的炎热带来更多的户外活动，也对人们欣赏建筑外装饰提出了要求。

（二）经济发达

秦朝统一中国时，两广及福建均纳入中国版图。随着中国政治、经济、文化中心的东迁南移，中原人口大量向岭南迁徙，岭南土地广为开发，隋唐以后经济得以提高。南宋时两文有大量米粮由海道经闽浙运销中原，号称“广米”。晋郭璞《迁城铭》云：“（福州）迁兵不谨，

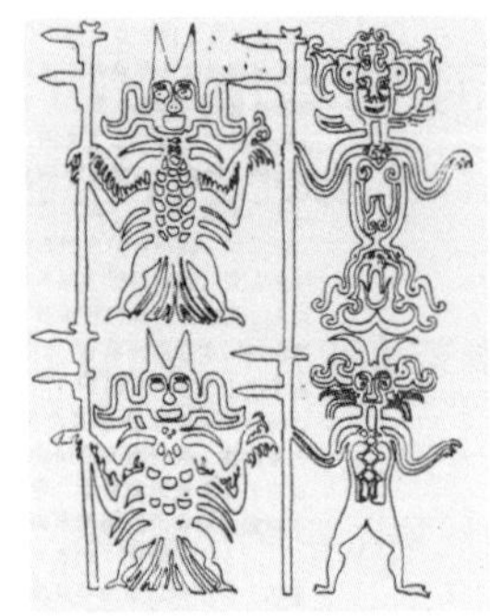

图16 楚文化艺术表现（随县擂鼓墩1号墓内棺神像）

图17 广州番禺学宫卷草灰塑

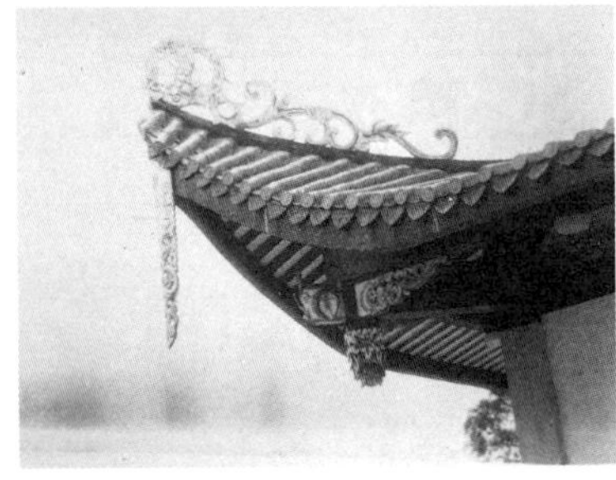

图18 福州西禅寺玉佛殿璃虎饰

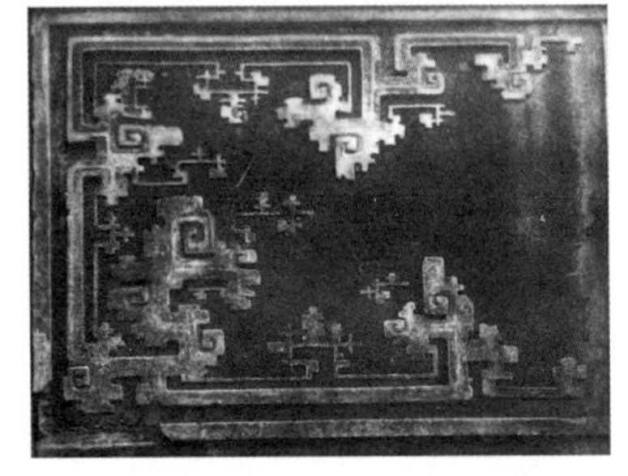

图19 粤西德庆悦城龙母庙大殿古饰

图20 广州陈家祠正脊博古饰

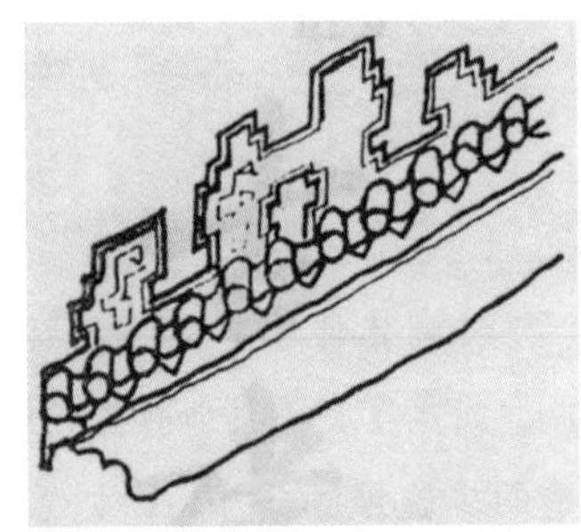

图21 广州何家祠垂脊古饰

遇荒不掠，遇灾不染。”[22]岭南经济富庶不仅建立在本地区富饶的特产方面，还得力于悠久的对外贸易和渔盐之利，泉州、广州均为对外贸易的重要港口，被誉为“海上丝绸之路”的起点。隋时广州已置市舶司，征收对外贸易税，占全国征收类税的9%。岭南富贾世商，竞相比富，使建筑装饰日趋华丽，极尽能事，所以其脊饰之华丽、工巧实与该区经济富庶有很大的关系。

（三）采集、渔猎生产方式

岭南古之生产方式以采集、渔猎为主，比之农耕生产方式更具危险性。出海捕鱼总有不测风云，深山探宝难料旦夕祸福。人们十分需要精神之寄托、心灵之安慰。运用热烈、奔狂、夸张、神秘的建筑装饰题材与造型，加之绚丽的色彩，配合种种拜神仪式，借助神灵造成一种忘我的气氛，给予需要勇气冒风浪之险的人们以鼓舞之力量，以取得心理上的平衡，确是十分重要的。

三、结语

岭南古建筑乃中国古建筑之组成部分，岭南古建筑脊饰乃中国古建筑脊饰母系中的一个子系，它们有共同的基因，却又有变异之处。澄清这种关系，使岭南古建筑修复及现代建筑装饰避免盲目抄袭北方官式建筑装饰图案造型而忽视地方特色，是本书的目的之一。同时，为了加强建筑的文脉性，也做一次追源寻根的探求。

注释

1 发表于《古建园林技术》1988年第4期，总21期。

2 （唐）颜师古.《汉书注》卷二十八下，地理志第八下.

3 《山海经》卷十八《海内经》.

4 （汉）许慎.《说文解字》卷十三.

5 （汉）赵煜.《吴越春秋》卷二.

6 （唐）徐坚等.《初学记》卷三十.

7 （晋）张华.《博物志》卷三.

8 《山海经》卷十七.

9 《诗经·商颂·玄鸟》.

10 康熙《台湾县志》卷一，《杂俗》.

11 （清）屈大均.《广东新语》卷十四《食语》.

12（宋）李昉.《太平预览》卷一百八十八.
13（汉）刘向.《淮南子》卷一《原道训》.
14《汉书》卷二十八下,《地理志第八下》.
15（宋）李昉.《太平广记》卷四百八十二.
16（清）李书吉等修．嘉庆《澄海县志》卷六,《风俗》.
17 李泽厚．美的历程[M]. 北京：文物出版社，1982.
18（汉）王逸.《楚辞章句》卷二.
19《汉书》卷二十五下,《郊祀志第五下》.
20《论语》公冶长篇第五.
21（梁）萧统编.《昭明文选》卷一,《西京赋》.
22（清）郝玉麟纂修．雍正《福建通志》卷九.

图表来源

图1：陈国强等．百越民族史[M]. 北京：中国社会科学出版社，1988.

图2：临摹汉武梁祠石刻。

图3：中国社会科学院考古研究所．新中国的考古发现和研究[M]. 北京：文物出版社，1984.

图4、图5、图7、图9、图10、图12、图14、图15、图17～图20：作者自摄。

图6、图8、图13、图21：作者自绘。

图11：潘谷西．中国建筑史[M]. 北京：中国建筑工业出版社．1988.

图16：李学勤．东周与秦代文明[M]. 北京：文物出版社，1984.

参考文献

[1] 袁珂．山海经校译[M]. 上海：上海古籍出版社．1985.
[2]（清）屈大均．广东新语[M]. 北京：中华书局．1983.
[3] 李泽厚．美的历程[M]. 北京：文物出版社．1982.

古建筑的"活化石"——南海神庙头门、仪门复廊的文物价值及修建研究[1]

在南海神庙修复研究过程中，龙庆忠教授指出头门、复廊具有重要的历史价值，嘱我认真研究。其后，笔者在头门与仪门复廊的修复设计中，依照师嘱认真勘测，收集资料，对其进行了细致修复设计和历史价值研究，现将研究成果介绍如下。

一、头门

头门是南海神庙之庙门，现存头门为清道光二十九年（1849年）鼎新庙宇时的重建物，门南向偏东约7°。修缮前，其瓦面滑落漏雨，斗栱、板门等缺残，墙面污损，地面铺砖碎裂，脊饰灰塑等毁坏殆尽，尤为严重的是被工厂改建为仓库时加建的前后围墙破坏了原貌。使人较欣慰的是梁架结构基本保持完好（图1、图2）。

通过现场勘察测绘、研究，修缮后头门为面阔三间，进深二间；结构为分心槽前后用三柱，山面砖墙承重，前后开敞的硬山顶门堂式建筑，其心间左右两缝梁架是以抬梁结构形式为主，兼有穿斗构造特色的构架形式，中柱前后梁内外有别，前高后低，上下梁间距较小，中柱以南上下梁之间以矩形柁墩承托，并有鳌鱼形木雕托脚联系顶托上下檩条，前檐柱为八角形石柱，中柱以北上下梁之间则以二铺作斗栱承托。后檐柱为圆形石柱，前后挑檐檩均以插栱出挑。梁头、柁墩、托脚等均有雕刻，可谓名副其实的"雕梁"做法。整个梁架形式显然是广府地区清代古建筑门堂构架的形制（表1）。

头门重要之处乃在于其门阙之形式。头门心间设板门，门楣之上设有走马栏栅，门下设高达90厘米的闸式门限，次间地坪较心间高出85厘米，上原有神像，两边高台，中有阙道，疑为古之门阙、门堂之形制（图3~图6）。

今先考头门宽深比值1.26。《周礼・考工记》："夏后氏世室，堂修二七，广四修一，……门堂三之二，室三之一。"[2]世室是夏代的明堂建筑，其面阔十七步半，进深为十四步。"门堂三之二"的意思是说门堂面积比例取数于明堂，是明堂面积的三分之二。夏同周制每步为六尺，得夏门堂东西瞬十一步四尺，南北深九步二尺，算得门堂宽深比为：

$$\frac{11\times 6+4}{9\times 6+2}=\frac{70}{56}=1.25$$

头门平面尺寸　表1

尺度	面阔			进深			宽深比
	心间	次间	总计	心间	次间	总计	
厘米	560	462	1484	585	585	1170	1.26
清营造尺	17.5	14.5	46.5	18	18	36	
广州木工尺	20	16.5	53	21	21	42	

《考工记》又说："周人明堂，度九尺之筵，东西九筵，南北七筵，堂崇一筵。"[3]周承夏商之制，门堂宽深比为9/7＝1.28。清藏震《考工记图》说："于'顾命'见天子路寝之制，于'觐札'见天子宗庙之制，降而诸侯，下及大夫、士，广狭有等差，而制则一。"[4]可知，南海神庙头门平面尺寸比例是依据周宗庙之门堂比例而设计的（图4）。

次考周代门堂形制。《尔雅・释宫》："门侧之堂谓之塾。"[5]周寝庙之门两旁设塾，亦称门堂，塾以门左右分东西塾。《尚书・顾命》："先辂在左塾之前，次辂在右塾之前。"[6]辂是绑在车辕上用来牵引车子的横木，这里指车。意为先进门堂的车子停放于门后左塾之前，后入门堂的车子放于右塾之前，堂本是台基的意思，门堂就是门左右两侧高起的台基，后引申为该类建筑的专称。门堂建筑中间为有门户的阙道，可以通行车马。

《仪礼・士冠礼》："筮与席所卦者具馔于西塾，摈者玄端负东塾。"[7]郑玄注曰："西塾，门外西堂也；东塾，门内东堂。"[8]《释宫》："门之内外，其东西皆有塾，一门而四塾，其外塾南向。"[9]《朝庙宫室

图1 南海神庙修复前之头门

图2 头门修复后外观

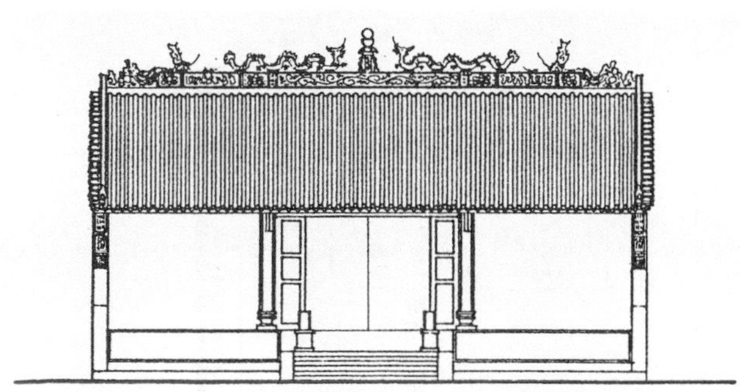

图3 头门立面图

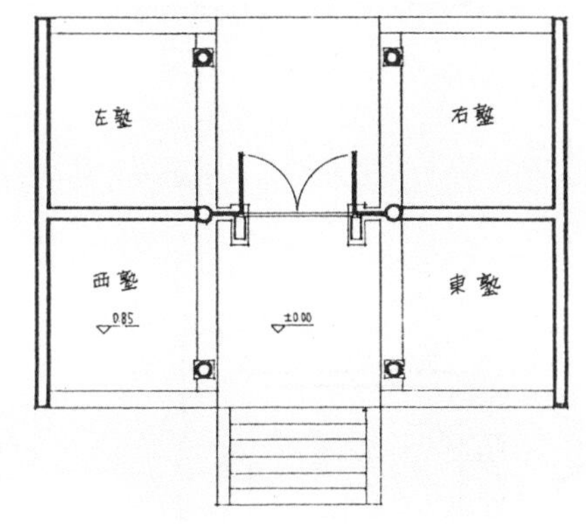

图4 头门平面图

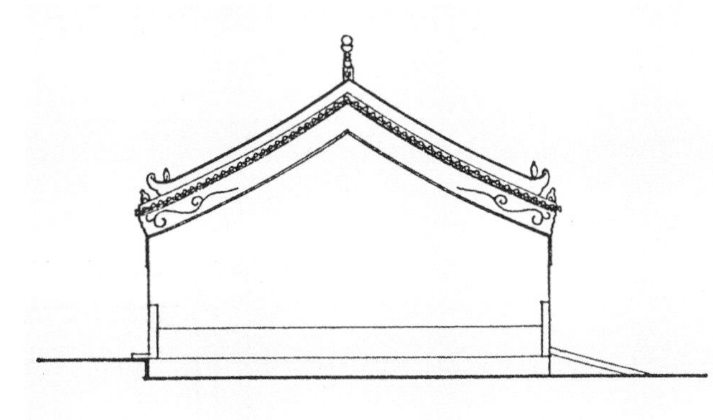

图5 头门剖面图

图6 头门梁架

考》："内为内塾，外为外塾，中以墉别之。"[10]墉即墙，这是说东西塾又以门及分心墙为界线前后分为内外塾，门堂于是一门有四塾：外塾南向，东塾为左塾，西塾为右塾；内塾北向，东塾为右塾，西塾为左塾（**图7**）。《说文》："塾，门侧堂也"，"垛，堂塾也""埒，卑垣也"。[11]《群经宫室图》："垛，堂塾也，盖塾为筑土成埒之名，路门车路所出入，不可为阶，两塾筑土高于中央，故谓之塾。"[12]可见堂即塾。即门侧高起的台基。《群经宫室图》又说："两塾高，谓之堂，中央平，谓之基，往塾视之，至门间而告也。学记云，古之教者，家有塾。"[13]后来的"私塾"大概就源自于此。（**图8**）

南海神庙头门即是一门四塾形制，与文献所述吻合，且板门下有可装拆活动式门限，具有一定官爵品位的人才能乘车而入（届时可将门限拿开）。《仪礼·释宫》："中间屋为门，……门限，谓之阈。"注曰："谓门下横木，为内外之限也。"[14]头门门式构造也与文献记载无异。

再考古门堂型制的实例，陕西岐山凤雏村西周建筑遗址中，入口大门中有阙道为门为"基"，门侧有东西两塾，门外有"树"屏。从中可以看到早周门堂之制的形式。1981年始发掘的陕西凤翔马家庄春秋晚期的秦国宗庙遗址，其宫门据遗址可复原为面闻三间。进深二间（塾外两夹室未计）的平面，心间为阙道，道中有门，前后塾又以厚达1米的土墉墙相隔，其全然为一门四塾的宗庙门堂形式。[15]20世纪50年代发掘了汉长安城南郊的"明堂辟雍"礼制建筑遗址。据发掘报告附东宫门遗址图来看，中间有门道"隧"，隧两边各有塾，左右塾内部有厚100厘米的版筑墙（即墉）将塾分为内塾和外塾（**图9**、**图10**）。[16]

两内塾长宽为7.65米×5.5米，外塾为7.65米×5.45米，左右塾两山墙为厚90厘米的版筑承重墙，墙内靠外侧设有壁柱，其余三面为方木柱支承，并由20厘米厚的土坯墙围护，这样一门四塾也形成了面阔三间，进深二间的平面形式，其为古门堂之制的又一实物例证。宋代名画"文姬归汉图"（又名"胡笳十八拍"）中所描绘的士大夫府第的大门，即面阔三间，进深两间，心间无阶而平为通道，次间设堂塾，观

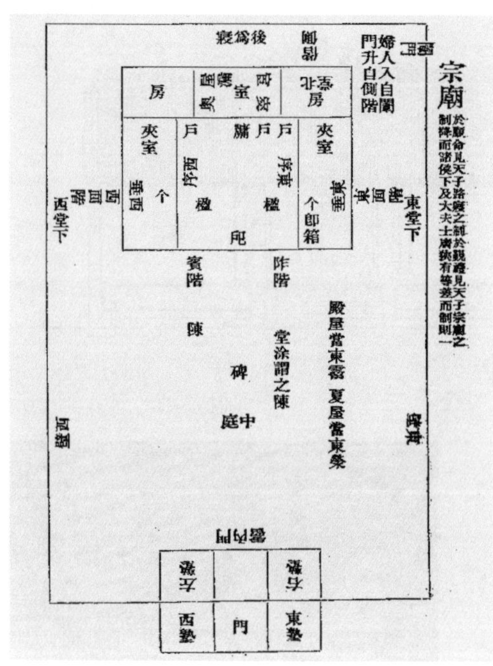

图7 周宗庙之制

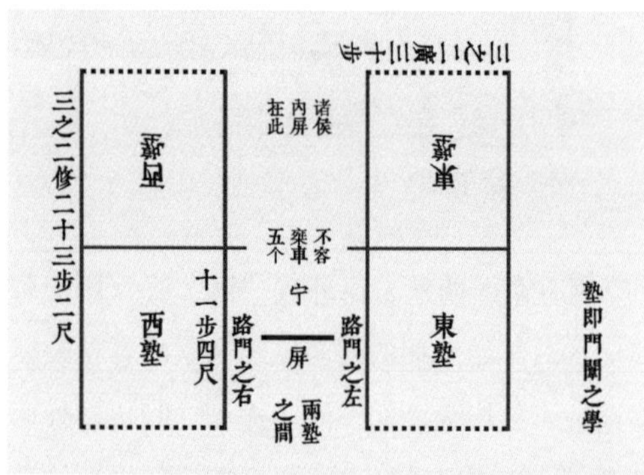

图8 周宗庙门堂之制

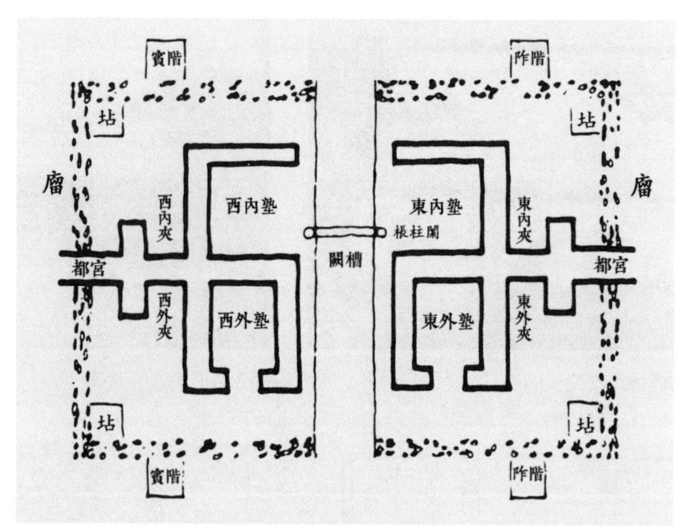

图9 陕西凤翔马家庄宗庙遗址复原平面

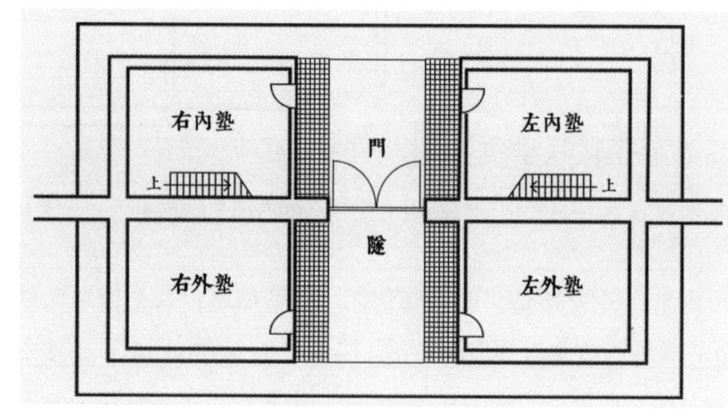

图10 汉长安明堂东宫门复原平面图

其结构形式为分心槽式，所以也是一门四塾。画中门内有屏，按周礼天子外屏，诸侯内屏，是合古制，其与古寝庙门制相同，是为旁证。

汉代城市已有里坊制度，《汉书·食货志》："五家为邻，五邻为里。"[17]"里"是皇亲贵族居住的里坊，一里中住二十五家。《汉书·食货志》又说："里胥平旦坐于左塾，邻长坐于右塾。"[18]里胥即里长，里长官高于邻长，古人以左为上，故里长位左，邻长位右，而里门之塾就是里胥和邻长日常办公的场所。里门的形式与门堂形式相同，汉晋隋唐里坊门制显然保留了周宗庙门塾之制。牌坊本是由里坊门演化而来，而成为具有旌表及交通功能的单体建筑。在岭南地区牌坊形式还保存着古门堂形式的遗制。如佛山祖庙之灵应牌坊，广州五仙观牌坊等，为面阔三间，进深二间，心间为阙道，次间为高起的堂塾，结构也是分心槽的形式等，这当是由里坊之门制转变为牌坊门的过渡形式。再者，山东曲阜县号称"三孔"（孔庙、孔府、孔林）之一的孔林中，其大林门为进入孔林的第一道门，门面阔三间，进深两间，中有可通车马的阙道，次间为堂，高约1.3米。内列神像，前围栅栏，也为一门四堂的古门堂形制。门前又有一座四柱三楼的"至圣林"木牌坊。这里门堂作林户，牌坊以旌表，有门有坊，坊门相联，是古里坊门的一种分化形式。

还有，岭南地区的某些寺庙及祠堂中（尤以祠堂居多），其大门形式多有一门两塾古门堂之形式。祠堂乃本族人祭祀祖宗之庙堂，建筑形式多循古宗庙制度。《群经宫室图》：“正义云：周礼百里之内二十五家为闾（所以里坊又称闾里），同共一巷，巷首有门，门边有塾，谓民在家之时，朝夕出入，恒就教于塾。”[19]岭南古祠堂多设本族人之学校（又称学堂），其门塾形式可能与“恒就教于塾”有关。

又据礼制，天子路门即寝庙之门，《考工记》：“门阿之制，以为都城之制，宫隅之制，以为诸侯之城制。”[20]南海神封广利王，其庙制循诸侯王制，因而庙门之制同寝庙之门制，一门有四塾，是合礼制。再来看其间架数如何。《唐书·舆服志》：“三品以上，门屋不得过三间五架；六七品以下，门屋不得过一间两架。”[21]《明会典·礼部》：“公侯，门屋三间五架；一二品，门屋三间五架；三品至五品，正门三间三架；六品至九品，正门一间三架。”[22]《清律例》：“一二品，正门三间五架；三至五品，正门三间三架；六至九品，正门一间三架。”[23]南海神庙头门为三间十三架（因结构具有岭南干栏结构遗制故数较多），可见亦符合古之礼制。

除此之外，头门梁架遍漆黑色，应是《礼记》“天子丹，诸侯黝，大夫苍，士黈”[24]之遗风。山墙博风处有黑地白纹的灰塑藻文图案，当为汉代“黑色谓之黻”的色配古制及汉代建筑彩绘常用纹饰。头门飞椽头做雕刻状，疑为《国语·晋语》所载：“天子之室斫其椽而砻之，加密石焉；诸侯砻之；大夫斫之。”[25]的早期建筑斫椽刻桷之制的遗风（桷是椽的古称，今岭南地区仍把椽称为桷），其制在岭南留存甚多，说明秦汉以前建筑斫椽刻桷之制是可信的。至此，南海神庙头门为周宗庙门堂之制昭然矣，其历史价值不言自明。

二、仪门复廊

南海神庙第二重门是仪门，仪门左右两翼便是复廊，复廊东西两端北接东西廊庑。南海神乃国家祀典的自然神，等级很高，所以建筑礼制特别讲究，仪门之称就可能来自“礼门仪路”的礼制，过了仪门便可沿仪路通道进入礼亭向大殿南海神像进行朝拜了。

仪门面阔三间，进深四间，结构似为明代遗构，各间均设板门，门上有栏栅，门下有门限。其开间尺寸和头门、大殿开间尺寸有一定关系（**表2**），脊栋高6.6米。

仪门尺度　表2

尺度	进深				开间			脊栋高
	外次间	外中间	内中间	内次间	次间	心间	次间	
厘米	255	332	340	280	420	540	420	660
清营造尺	8	10.4	10.6	8.8	13	17	13	20.6

现存复廊为清代构筑物，复廊以仪门中左右对称设置，每侧六开间，进深四间同仪门。廊中间以实砖分隔内外廊（砖墙每间设镂空砖雕高窗以通风），复廊东西两山为硬山砖墙承重。木构梁架为抬梁式结构（有穿斗干栏结构遗风）。屋面坡度甚为平缓，梁架举高仅为前后檐檩心间的1/5.7。金柱为圆形木柱，下有石质鼓形高柱础，石础分两段打制，上段疑为由礩演变而来（广州许多古建筑木柱下仍使用木礩，木礩下用石础）。前檐柱为圆形石柱，后檐柱则为小八角石柱，廊檐前高后低，前檐高4.35米，后檐高4.20米，复廊脊栋高5.90米，较仪门低0.7米。前后檐柱外均设置石栏板，地面铺砌方砖。内外廊原立有碑碣若干方（今部分复立），外廊东稍间左右缝梁架下砌砖墙隔离成堂，是达奚司空的塑像处，修复前，复廊与头门一样同遭厄运，被工厂改建为宿舍、办公室，长长开敞的通廊被逐间砌砖墙肢解，破坏十分严重，以致面目全非。通过勘测研究，今已设计复原（**图9～图13**）其复原平面尺寸如**表3**所示。

复廊复原平面尺寸　表3

尺度	西复廊						东复廊						脊栋高
	尽间	稍间	中间	中间	稍间	尽间	尽间	稍间	中间	中间	稍间	尽间	
厘米	480	415	380	380	380	380	380	380	380	380	415	480	590
清营造尺	15	13	12	12	12	12	12	12	12	12	13	15	18.5

据南海神庙庙志即明《南海庙志》和清《波罗外纪》：唐天宝十年（751年）封四海王，循公侯之礼，明宫之制，有綊庑名称；唐元和十四年（819年）有东西两序之称；宋乾道三年（1167年）。大兴营缮，改序厢为堂廊庑；元至元三十年（1293年）重建此庙，翼以两庑；明洪武二年（1369年）有兰庑桂殿之记载；明成化八年（1472年）有东西廊庑、大门、仪门之称，庙志所载与今之廊庑布局大致相符，说明其为沿袭旧制（图11～图14）。

现考古代廊庑、门庑之制。《韩非子·十过》："平公恐惧，伏于廊室之间。"[26]《史记·李斯列传》："居大庑之下。"[27]《西京赋》："长廊广庑，途阁云蔓。"[28]《汉书·窦婴传》："所赐陈廊庑下。"师古注曰："廊，堂下周屋；庑，门屋也。"[29]《后汉书·梁鸿传》："遂至吴，依大家皋伯通，居庑下，为人赁舂。"[30]《玉篇》："廊庑，下也；厦，门之庑也。"[31]《诗·陈风·衡门》："衡门之下，可以栖迟。"由上可知，古之廊庑至少有以下两个特点：一是门庑相连，二是广卑可居，周宗庙之门堂有堂有室，堂室可居。上述这种可居的大进深廊庑可能与周之门堂之制有关，南海神庙仪门复廊相联的形式当与古门庑形制有承继关系。

复廊是如何产生和使用的呢？先秦时，王侯将相等贵族阶层为保持和发展自己的政治地位和经济势力，聘请许多谋士，有养士习俗，养客多者达数千人之众。春秋战国时期，诸子百家争鸣，学术论辩异常活跃，养士之风也尤以此时为盛。士人有文化，多韬略，他们四处游说，宣扬其主张（孔子就为恢复周礼而游说列国），并为所欣赏之主人所收留，士便为主人出谋划策，寄食于主人家，故称其为"食客"。然而食客众多时，便难以人居有室，于是就居于门堂或廊庑之下（食客多为单身出游，不带家眷）。人们所说的"门人""门下""门客""寄人门下""寄人篱下"等词即产生于这样一个事实。《吕氏春秋》就是秦相吕不韦集其门人养士群力而成的。

在等级翻度森严的封建社会，食客也有贵贱之分。有居门堂者，有居廊庑者；有居内廊者，有居外廊者。这与复廊的产生及发展有密切的关系。

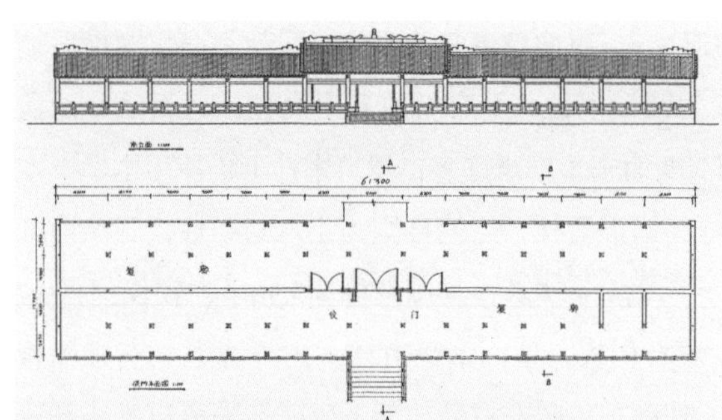

图11 仪门与复廊平面、立面图

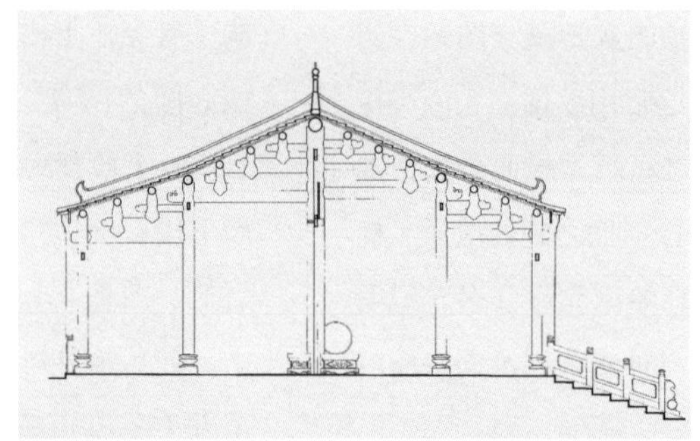

图12 仪门剖面

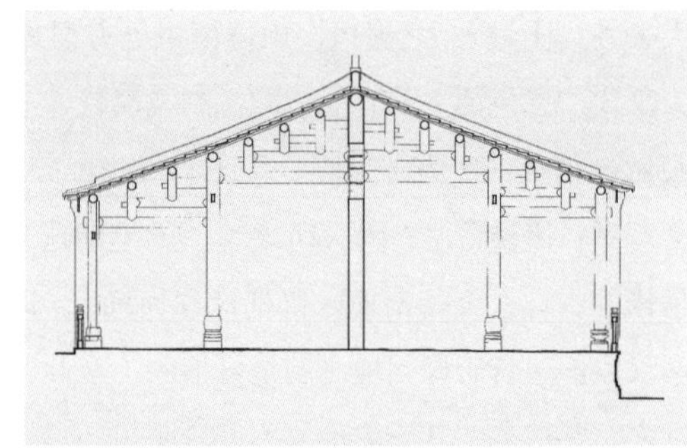

图13 复廊剖面

图14 复廊

图15 江苏睢宁双沟汉画像石的门庑图

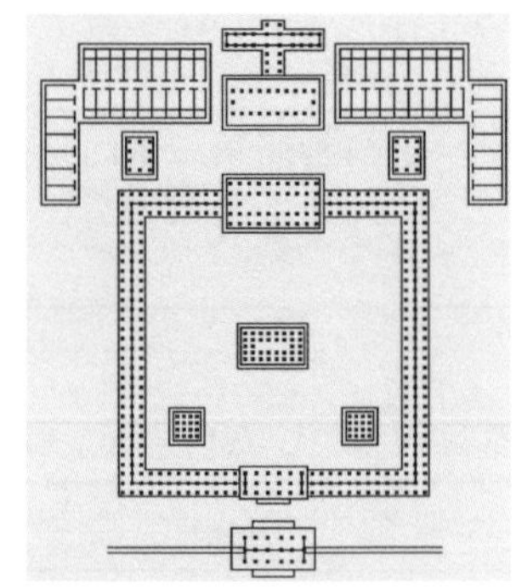

图16 日本药师寺复廊

《唐两京城坊考·亲仁坊》:“尚父汾阳郡王郭子仪宅,谭宾禄曰:宅居其地四之一,通永巷,家人三千,相出入者不知其居。”[32]亲仁坊是唐长安城大明富丹凤门正南第七坊。据考古资料,该部位的坊东西长约1100米,南北宽约510米,总面积约为56万平方米。除去坊墙和东西南北主干道所占面积,郭子仪宅占地1/4,不过约12.8万平方米。唐时建筑群体多为廊院式庭院组合,而居住建筑面积最多不过占地面积的1/8,家人三千,人均居住面积约5.4平方米。但主人、仆人、食客是不能均分的,于是仆人与养客也就仅有一席之地了。又“安禄山宅,堂皇院宇,窃窕周匝,帐惟慢幕,充物其中。”[33]古之中原气候较现代温和,廊庑设挂帐缦遮挡视线,是可以造成一定居住条件的。敦煌217窟唐代建筑壁画中,楼阁廊庑檐柱颤枋下均悬挂帷幔。而且这种例子于唐代石窟壁画中为数不少,说明这种建筑帐幔分隔围护空间的形式的确存在过,帐幔晚上放下,白天卷起。

再来考察一下复廊建筑实例。河南偃师二里头商代初期一号宫殿遗址,主体建筑周围环绕一周廊庑,形成一个廊院。需要注意的是其南、东、北三面之廊庑都是复廊形式,而且南复廊和南大门是相连的。其内外廊檐柱柱距约6.5米,居中设土墙。此复廊可能是作为居住和防卫之用,是迄今发现最早的实例。二里头商初二号宫殿遗址,是由围墙、大门、殿堂等组成的一个庭院建筑,中心殿堂位于庭院中央偏北,两侧翼以单廊,南边为复廊和大门。复廊内外廊各深3米左右,南大门为三开间门堂式建筑,中间有阙道,两边有塾,推测门堂建筑高度应高于两侧复廊,这是典型的门庑式建筑了,南海神庙仪门复廊与其十分相似。

江苏睢宁双沟汉画像石的门庑图,中间为门,一人作掩门状,门上有楼,楼中坐三人,可能为贵族,门两侧各有三间廊庑,廊前台基上设有直棂栏杆,廊庑每间坐有两人,其可能就是食客。类似的汉画像石很多,说明汉代这种中间高两侧稍低的门庑式建筑十分流行,今天在闽南系古建筑中还不乏这种建筑的实例。在汉代画像石中,也有回廊周匝的廊院形式。

南北朝、隋唐时佛教盛行,僧侣众多,其也多居廊庑中,所以隋唐时期的佛寺多为廊院式。唐时,中日文化交往频繁,廊院制传至日本,至今日本唐代古寺庙中还保留有廊院的形式,特别是在药师寺、川原寺、东大寺等还可以看到唐代复廊实物。其复廊地面架空,上铺木板可居,一般不作交通用,而且其建筑平面模数是以“席”为单位的,宋画《明皇避暑图》中的宫殿也是廊院式,山西大同善化寺还有回廊的遗址。这种回廊式的庭院大概保持到宋代,其兴衰过程还有待进一步研究,综上,南海神庙仪门复廊的形式是古制无疑,据龙庆忠教授说,该复廊是国内仅存实例(图15、图16)。

与中原文化相比较,历史上岭南地区地理位置偏安,文化较落后,随着南北文化圈之间的交往,中原先进文化逐步传入岭南,且往往奉其为至宝,又因毁坏性战事相对较少,使古制得以长存。另外,自晋永嘉之乱始,经唐安史之乱和金人南侵等历史事件,促使中原人士大批南迁,他们身居异地,更注重保持古制,以团结族人。这些均是岭南地区至今保存很多文化古制的原因之一(不仅建筑,语言领域等亦一样)。相比之下,中原地区文化发达,社会动荡起伏大,事物更新快,故建筑古制少有保存。

南海神庙头门、仪门复廊等建筑,对于研究中国古代的建筑形制和礼制制度,特别是对于考证和研究唐代以前的建筑形式和建筑制度等具有重要的历史文化价值,这应引起历史、建筑史和考古史学界的关注。头门、仪门复廊今已修复完毕,成为古建筑的“活化石”。目前,它们正以其历史的本来面目迎接学者和与日俱增的游人。[34]

注释

1 发表于《古建园林技术》1993年第1期,总38期。
2 (东周)《周礼·考工记》第六《磬氏·车人》.
3 (东周)《周礼·考工记》第六《磬氏·车人》.
4 (清)戴震.《考工记图》.
5 (东周)《尔雅·释宫第五》.
6 (东周)《尚书·周书·顾命》.
7 (东周)《仪礼·士冠礼》.
8 (汉)郑玄.《仪礼注·士冠礼》.
9 (宋)李如圭.《释宫》.
10(清)任启运.《朝庙宫室考》·《塾类》.
11(汉)许慎.《说文解字》·《土部》.
12(清)焦循.《群经宫室图》上卷《门类》.
13(清)焦循.《群经宫室图》上卷《门类》.
14(宋)李如圭.《释宫》.
15 韩伟. 马家庄秦宗庙建筑制度研究[J]. 文物,1985,2.

16 黄展岳、张建民．汉长安城南郊礼制建筑遗址学发掘简报[J]．考古，1960，7．

17（汉）班固．《汉书·食货志》上篇．

18（汉）班固．《汉书·食货志》上篇．

19（清）焦循．《群经宫室图》上卷《门类》．

20（东周）《周礼·考工记》第六《磬氏·车人》．

21（宋）王溥．《唐会要》卷三十一《舆服上·杂录》．

22（明）申时行等．《明会典》卷之四十二《礼部》．

23（清）《大清律例》·《礼律仪制》·《服舍违式》175.03．

24（汉）戴圣．《礼记》；（东周）谷梁赤．《谷梁传》·《庄公二十三年》．

25（东周）左丘明．《国语》卷十四《晋语八》．

26（东周）韩非子．《十过第十》．

27（汉）司马迁．《史记》·《李斯列传第二十七》．

28（汉）张衡．《西京赋》第六《磬氏·车人》．

29（汉）班固．《汉书》（（唐）颜师古注）卷五二《窦婴传》．

30（南朝宋）范晔．《后汉书》卷八十三《逸民列传第七十三》．

31（南朝梁）顾野王．《玉篇》．

32（清）徐松．《唐两京城坊考》卷三《亲仁坊》．

33（清）徐松．《唐两京城坊考》卷三《亲仁坊》．

34 本文得到龙庆忠教授指正，谢少明同志参加了仪门部分设计工作，谢伯利、黄佩贤同志参加了仪门测量工作，笔者于此一并致谢。

图表来源

图1、图2、图6、图14：作者自摄。

图3～图5、图10～图13、图16：作者自绘。

图7：戴震《考工记图》。

图8：文献[3]。

图9：陕西凤翔马家庄宗庙遗址复原平面，考古学报。

图15：刘敦桢．中国古代建筑史[M]．北京：中国建筑工业出版社，1984．

表格：作者自制。

参考文献

[1] 龙庆忠等．南海神庙．广州文博通讯增刊[M]．广州市文化局，1984．

[2]（清）任启运．朝庙宫室考．

[3]（清）焦循．群经宫室图．

[4] 韩伟．马家庄秦宗庙建筑制度研究[J]．文物，1985，2．

[5]（清）徐松．唐两京城坊考．

略论封开古建筑在岭南的地位[1]

封开县古属汉广信县，地处秦汉南北交通要津——湘桂水道的枢纽。在唐开大庾岭之前，中原先进的文化和建筑技术的南传主要是通过此处进一步在岭南扩展。在封开县境内保存着许多古建筑，有城址、庙观、祠堂、民居等，它们像一部凝固的史书向人们无声地诉说着那一段段真实的历史，成为考证史实的有力证据，对我们研究封开的历史具有重要的作用。

一、封开古建筑的体系

（一）考查对象特征

在封开，我们调查了分布于西江两岸的几处有代表性的古建筑：平凤镇的大造宫、泰新桥、北帝庙、渔涝镇的大梁宫。调查大概情况如表1，图1~图4所示。

（二）几点推论

由上表可知，四处古建筑有着共同的建筑特征，如均为单檐歇山顶，平面宽深比趋近方形（泰兴桥除外），均有抬梁式厅堂梁架、月梁等，建筑风格较为统一。据此我们得出几点推论如下：

（1）封开现存重要木构古建筑以明代建筑风格为主。据史料记载，封开江川镇人吴廷举在明嘉靖三年（1524年）升任工部尚书，明时封开的建筑振兴与此人可能有关系。

（2）构架、构造做法相似，有成熟的建筑技术力量和构架体系。

（3）建筑均采用歇山顶的形式，建筑规模不大但等级较高。

（4）就构架方式分析，其较早地接受了中原唐宋厅堂建筑构架技术和风格，几座建筑的厅堂梁架构架较岭南其他地区集中、完整而成熟。

封开部分古建筑概括　表1

建筑名称	年代	外观	面宽进深	构架方式	主梁形式
大梁宫大殿	明代（1477年）（唐始建）	单檐歇山顶	各五间	七架四柱	月梁
大造宫大殿	明代（唐始建）	单檐硬山顶 （原可能为歇山顶）	各三间	七架四柱	月梁
泰新桥桥亭	清代（1811年）（明始建1533年）	单檐歇山顶	各三间	五架四柱	月梁
北帝庙	明代	单檐歇山顶	各三间	七架四柱	月梁

图1 大造宫

图2 大造宫梁架

图3 泰新桥

图4 泰新桥梁架

二、个案研究——大梁宫大殿

大梁宫位于封开渔涝镇扶学村，坐北朝南，面对五旗山。是祭祀民间神梁太尉的场所。原应为一建筑组群，现仅存的大殿是一座保存较完好的木构架建筑。据《封开县文物志》和道光十五年（1835年）《重建大梁宫碑记》记载，宫始建于唐代，明成化和清道光年间均有重建。建筑面宽进深各五间，通面宽15.43米，通进深14.39米。单檐歇山布瓦屋顶，七架椽屋前后乳袱用五柱构架。[2]为讨论封开古建筑与岭南古建筑关系的一些问题，有必要对大梁宫的建筑年代和建筑特征作一深入探讨（图5、图6）。

图5 大梁宫大殿

图6 大梁宫梁架

（一）现存建筑年代问题

现存大殿建筑年代有两处可考，一是其梁架脊栋的随栋梁下有阴刻题字“时大明成化十三年（1477年）岁次丁丑酉季冬十二月十二日乙卯吉日……重建”，栋梁上的刻字是十分可靠的建筑断代的依据，该梁的材料、加工工艺和其他梁架相同，其与整体构架的关系也一致。二是根据清道光十五年（1835年）《重建大梁宫碑记》记载：“庙创立于李唐之际，大中年间（847—860年），年所几历，修建频更”。[3]就其记载来看，宫自唐始建来，已多次修建。道光十五年的这次“重建”，其主要内容是增修或重建了廊庑、亭、东西厅、燕集之堂、庖厨、馆舍等，对大殿主体并没有变动（图7、图8）。从现状分析，大殿四周的砖砌围墙是清代所为，瓦顶及脊饰也是清代风格。由此可见断定大殿主体构架为明代原构，距今已有520年的历史。明代的建筑原构应是面宽进深各三间（前檐心间有异变）。

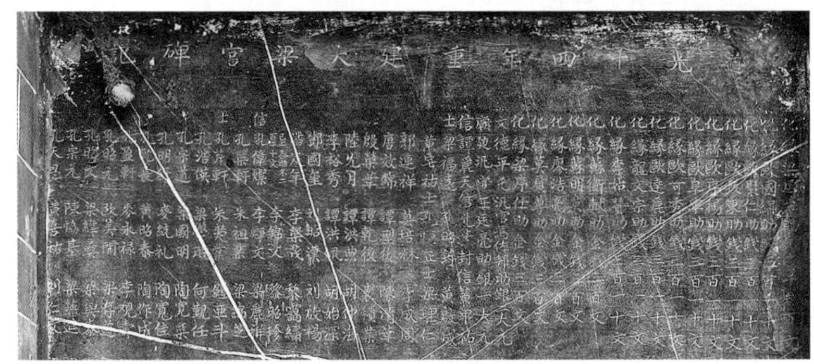

图7 道光十四年重建大梁宫碑记

图8 大梁宫脊栋明成化十三年重建题字

（二）大梁宫是否唐代始建问题

根据以往建筑勘察的经验，建筑到后期改变时，平面变动是较少的，因而往往会保存始建的平面。大梁宫的大殿平面经测绘数据分析如表2所示，平面设计是循唐代建筑设计尺度制度，用唐营造尺（1尺＝31.5厘米）设计的。

大梁宫的大殿平面尺度分析　表2

尺度	通面宽	心间	次间	通进深	心间	次间
厘米	1327	697	315	1257	637	315
营造尺	42	22	10	40	20	10

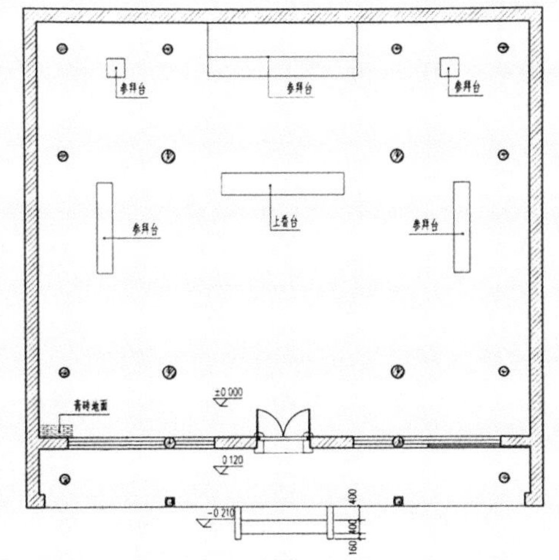

图9 大殿平面

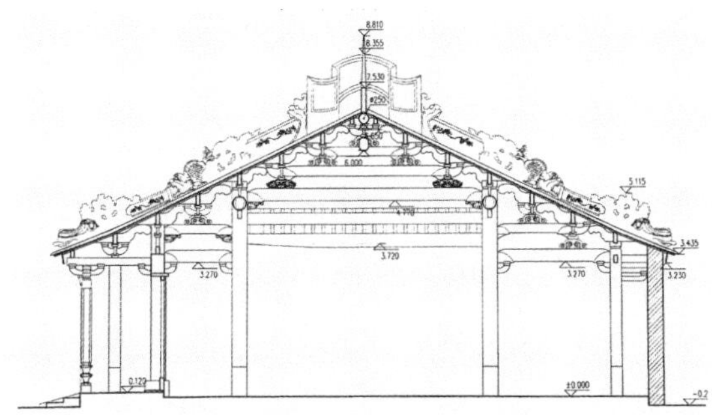

图10 大殿心间剖面

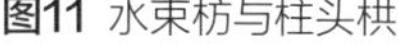

图11 水束枋与柱头栱

图12 瓜楞乳栿

除平面之外，立面屋顶收山大，前后橑檐枋水平距离为14.47厘米，举高3.44米，举高比为1：4.2，屋顶坡度十分平缓，近于唐风（唐佛光寺大殿举高比为1：4.77），宋代建筑的举高比为1：3～1：4，北方明清建筑的举高比则更大，岭南地区类似建筑的举高比一般也在1：3.5左右。从建筑构架来看，其保存了较多中原唐宋时期的厅堂建筑形式，现存的莲花覆盆柱础亦为唐代建筑常用的形式。由此，我们认为大梁宫大殿是唐代始建的（图9、图10）。

（三）大梁宫大殿的文物价值

大梁宫大殿是岭南地区年代较早且保存完整的厅堂梁架构架建筑，其平面柱网用加柱造，较为罕见。心间面宽尺度达6.97米，为岭南殿堂、厅堂建筑之冠，反映了岭南古建筑的高超技术。它还具有一些特殊的构造，如一栋两枋栋檩形式、瓜楞前乳栿、具有构架作用的随梁栋、造型特别的心间檐柱头和水束枋。于此还可找到岭南古建筑某些构造做法的源头。所以大梁宫大殿具有较高的文物价值，为岭南古建筑瑰宝之一（图11、图12）。

三、结束语

从岭南古建筑的整体体系进行宏观分析的话，封开县的古建筑属于西江流域和广府子体系，这个体系的流布范围东至惠州，南到阳江，是岭南古建筑的主流。区内几处年代较早的古建筑大部坐落于西江沿岸，如建于宋代的肇庆梅庵大雄宝殿、建于元代的德庆学宫大成殿等。与中原文化的早期南传相一致，中原建筑形制、技术与风格在宋代以前的传播也主要是通过湘桂、湘贺水道，经由古广信沿西江而广播岭南的。所以封开县的古建筑在岭南建筑发展史上占有极重要的地位。

注释

1 发表于《岭南文史》1996年第4期，总第40期。本书仅将封开的几座重要木构古建筑作为讨论对象，未涉及民居等建筑类型。

2 邓正奎．封开县文物志[M]. 封开县文物管理委员会，1995.

3 邓正奎．封开县文物志[M]. 封开县文物管理委员会，1995.

图表来源

图1～图8、图11、图12：作者自摄。

图9、图10：作者自绘。

参考文献

[1] 邓正奎．封开县文物志[M]．封开县文物管理委员会，1995.

广州光孝寺大雄宝殿大木构架研究[1]

一、光孝寺简介

光孝寺位于广州西门光孝路北端，是广州古代五大丛林中历史最为悠久、规模最大的寺院，“未有羊城，先有光孝”早成口碑。据《光孝寺志》记载，寺址初为西汉第五代南越王赵建德故宅。三国吴大帝年间（222—252年），吴国骑都尉虞翻因得罪孙权谪徙广州，居此聚徒讲学，辟为苑舍。园中多植苹婆、柯子成林，时人称为“虞苑”“柯林”。虞翻去世后，家人舍宅为寺，名“制止寺”。[2]

晋安帝隆安元年（397年）最早到广州的罽宾国（今克什米尔）僧人昙摩耶舍在广州传教，于此建大殿等主体建筑，改名“王苑朝延寺”，又称“王园寺”。南朝时，宋武帝永初元年（420年）寺中创建戒坛，称“制止道场”。梁武帝天监元年（502年）佛寺规制渐全。昙摩耶舍来寺说法，对中国佛教及中外文化交流颇有影响。东土禅宗初祖菩提达摩沿交广水道于广州西来初地登陆后，曾把禅宗的衣钵带到这里开讲传教。至唐代禅宗五祖弘忍传衣钵时，出身贫微的碓米僧慧能以著名的“菩提本无树，明镜亦非台，本来无一物，何处惹尘埃”四句偈语，深悟禅机胜过大师兄神秀，因而成为东土禅宗六祖。唐仪凤元年（676年），慧能至广州法性寺（今光孝寺）混在人群中听和尚讲经，恰巧风吹幡动，坐中一僧说是“幡动”，另一僧争辩说是“风动”，各持其说，争议不下。慧能插话：“风幡非动，动自心耳！”一语妙演禅机，震惊满堂，连正在讲经的印宗法师都为之折服。此后，寺中住持法才亲自为他在菩提树下削发。后人募资建六祖瘗发塔和风幡堂以兹纪念。

慧能以后，南禅宗成为我国佛教主流，禅风远播至日本、朝鲜及东南亚各国。光孝寺内弘教佛理，禅净密律，迭相敷扬。译经讲学，伦常艺苑，兼收并蓄，顿成禅律二宗祖庭，禅门嫡柱。唐贞观十九年（645年）改为“乾明寺”“法性寺”。入宋，为“乾明禅院（962年），再改“崇宁万寿禅寺”（1103年）、“天宁万寿禅寺”（1111年）。南宋绍光七年（1137年），宋高宗发布诏令改寺名为“报恩广孝禅寺”，绍兴二十一年（1151年）易“广”为“光”，改定为“光孝禅寺”，寺名沿用至今，世人俗称光孝寺。

据《光孝寺志》记载，寺内原有十三殿、六堂、三阁、二楼及僧舍坛台等，号称“十房四院”。占地广骛，规模宏大，妙相壮严，居岭南佛教丛林之冠，古有“光孝和尚，跑马烧香”之说。清代截其前后以驻军，寺庙范围逐渐缩小，建筑大部分废毁。现存光孝寺占地31000平方米，坐北向南，沿中轴线布置有山门、天王殿、大雄宝殿、六祖殿，东侧有伽蓝殿、佛睡阁、钟楼、洗砚池、莲花池、东铁塔、洗钵泉；西侧有鼓楼、大悲幢、西铁塔等，回廊围绕着主体建筑。还有唐石签筒、宋刻石像、元刻石像等菩提树、柯子树等文物。寺内空间恢宏，殿宇栉比，古木婆娑，环境幽雅，不愧为出家人禅定静修之宝地。

本书仅对其主体建筑大雄宝殿的大木构架展开讨论。

二、大雄宝殿大木构架分析

大雄宝殿始建于东晋隆安元年至五年（397—401年），为昙摩耶舍始建，历代均有修葺。殿面阔七间，进深五间，重檐歇山顶，高13.5米。原殿面阔五间，清顺治十一年（1654年）扩至七间，现存大殿便为是次遗构。南宋绍兴年间曾大修，故大殿现仍为宋代建筑风格（图1）。

（一）平面

大殿东西阔七间，南北深六间。柱网整齐，分内外两周，为典型的“金箱斗底槽”平面形式。外檐柱20根，内檐柱10根，金柱8根。内槽三间后金柱前有石雕佛座，上立释迦牟尼佛和文殊、普贤菩萨，释迦佛两边立阿难、伽叶二弟子，佛像屏风墙后，原有地藏十王像座，现改为观音山和立千手千眼观音像。在东西两梢间稍前靠东西檐柱，有罗汉座，原立有十八罗汉像。佛台均为石砌，中间佛座前为石板地

图1 大雄宝殿

面，两侧则为黏土白泥阶砖地面。心间及次间前后开门，东西山墙为砖砌实墙，余墙开窗，入前门三间石地板面中分别铺有三块黑色拜石，大者为233厘米×118厘米，小者为141厘米×107厘米。大殿平面宽深比＝35470/24590＝113/80＝1.44（1.41）接近$\sqrt{2}$的比例（**图2**）。

从**表1**可知心间略大于次间，次间大于梢间5尺，梢间又大于尽间2尺，心间20尺是为整尺数，余则有半尺尾数，此为古制（按营造尺为唐大尺＝31.45厘米计）。金柱前后跨距达800厘米，计26尺，使内槽空间显得十分宏大。心间、次间尺度仅差半尺，似乎保存着唐时面阔等间的制度。

大殿平面尺寸（唐大尺，营造尺1尺＝31.45厘米） 表1

单位	面阔					进深			
	心间	次间	梢间	尽间	总面阔	心间	次间	梢间	总进深
厘米	629	612	455	383	3547	400	455	383	2459
营造尺	20	19.5	14.5	12.5	113	133	14.5	12.5	80

（二）举折

大殿殿身前后挑檐枋心水平距长1912厘米，挑檐枋上皮至脊栋上皮垂直举高为524厘米，举高比为524/1912＝1/3.64介于宋《营造法式》规定厅堂举折为1/4和殿堂举折为1/3之间，即比宋殿堂建筑规定的举折要小，屋顶坡度较为平缓。其副阶内檐柱至挑檐枋水平长度为572厘米，举高为190厘米。举高比为190/572×2＝1/6，坡度更为平缓，具唐风之势。屋顶水平椽长最小值为130厘米，最大值为154厘米，椽间垂直高度值最小38厘米，最大106厘米。

从艺术角度分析，副阶屋面坡度一般较殿身屋面坡度平缓，起着烘托主体的效果。

（三）立面

大殿立面外观为重檐歇山顶殿堂建筑形式，高13.5米，从立面看檐柱较低矮（高仅310厘米），下檐斗栱雄大，出檐深远（檐出达252厘米）。上檐不用斗栱铺作出跳，仅在内檐柱用一跳插栱出挑，出檐较小，上檐与副阶起脊处垂直距离较小，使上下屋顶距离较为接近。加之屋顶坡度平缓，下以平阔低矮月台承托，使大殿予人以造型庄严稳固之感。在广庭古榕的衬托下，更显其雄阔壮观及于佛寺中地位之尊。正立面在槽柱间全部开门窗，斗栱间无栱壁板，使其稳重造型之中不乏岭南古建筑空间通透之特色。但从历史照片资料看，大殿斗栱有的栱壁板，疑为竹编抹灰的做法。屋脊线从中间向两端缓缓升起，配上优美屋顶和翼角槽口曲线及屋脊上的各种脊饰，又给大殿平添几分活泼优雅的气氛。使外观整体风格既有北方官式殿堂建筑之稳重，又不失江南殿堂建筑之轻盈，形成了岭南特有殿堂建筑风格（**图3、图4**）。

（四）斗栱

大殿用斗栱制度为心间、次间各两朵补间铺作，梢间与尽间各一朵补间铺作与宋《营造法式》用斗栱制度基本吻合，保持了宋代的用栱制度。[3]大殿所用斗栱共有三种，即柱头铺作、补间铺作和转角铺作。

檐柱头铺作斗栱为单杪双下昂六铺作斗栱，属宋式斗栱形式的第三等级斗栱。材断面高20.5厘米，厚12厘米，梁高7.5厘米，相当于宋《营造法式》八等材中的第五等材（5.6寸×4寸，17.6厘米×12.58厘米）。材高宽比为1.7：1（3.4：2），大于宋材断面3：2的比值。这是由于岭南古建筑用干栏式构架的遗风和岭南屋顶较北方轻薄，斗栱承受荷载较小，因而用材较高且薄。斗栱总高120厘米，柱高340厘米，栱高与檐柱高比为1：2.83，较唐代斗栱与檐柱之比1：3还小，颇有汉晋之风。斗栱出跳达142厘米，出跳与檐高之比为142/455＝1：3.2，与唐宋建筑之出跳与檐高比1：3相近。

柱头铺作的栌斗施于柱头普柏枋上，普柏枋宽40厘米、厚10厘米，自栌斗外出一跳华栱，二跳下昂，三层出跳均施以令栱，外跳为计心造，华栱跳头之上令栱上又横出慢栱，栱枋与三步梁头相交，梁头刻为耍头状。外檐斗栱里跳，为偷心造，以3层华栱出跳，第三层华栱斗承托三步梁底。外跳每跳长47厘米，合1.5尺，里跳从一层至三层出跳依次

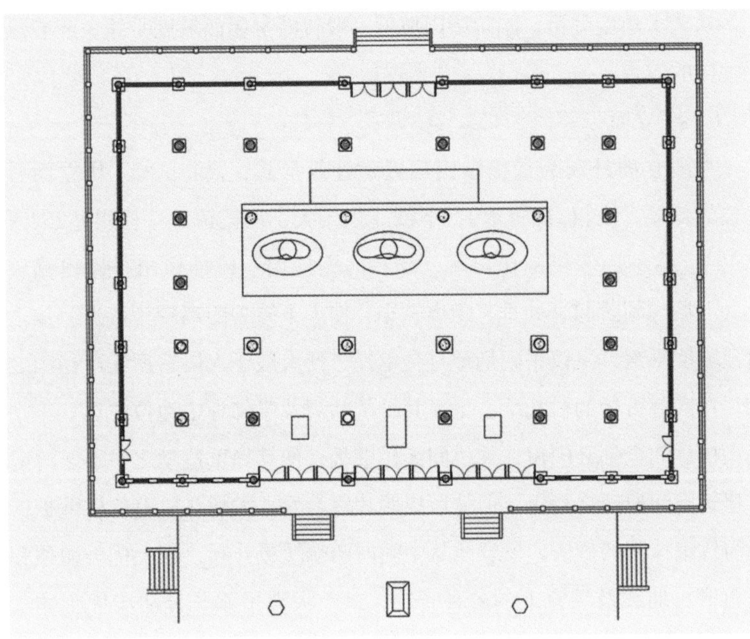
图2 光孝寺大雄宝殿平面

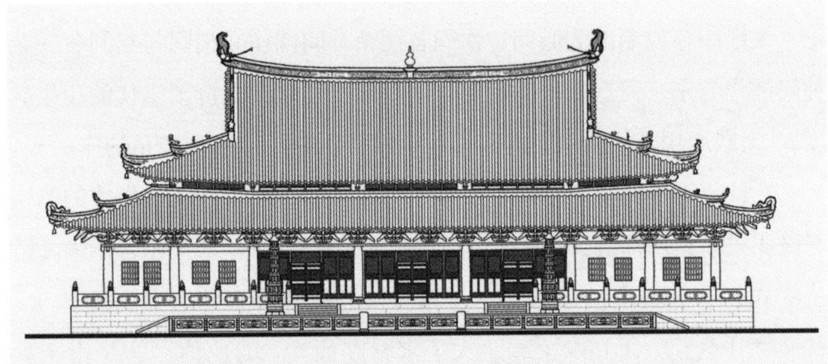
图3 光孝寺大雄宝殿立面

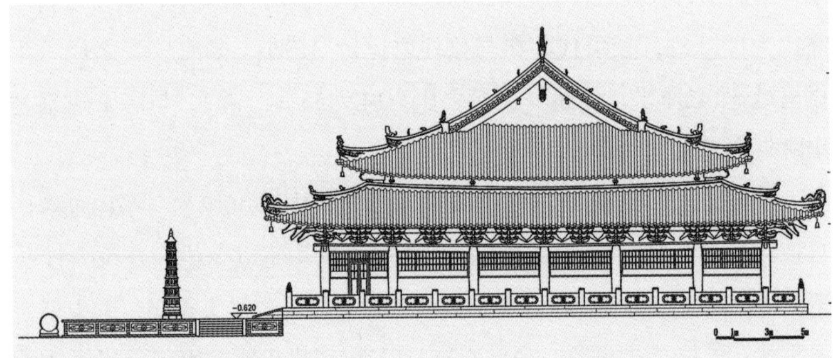
图4 光孝寺大雄宝殿侧立面

递减为42厘米、28.5厘米和28.5厘米。其比为1.48：1.05：1。外跳令栱之上的三个散斗直托挑檐桁（23厘米×13厘米）。华栱长110厘米，合92分；令栱长85厘米，合73分；慢栱长152厘米，合127分；泥道栱长102厘米，合85分；瓜子栱长127厘米，合106分；正心慢栱长153.5厘米，合128分。除令栱长分数与《营造法式》相符外，余栱分数皆较《法式》分数长，此也说明该殿斗栱用材较薄。瓜子栱与正心慢栱十八斗上有柱头枋（20.5厘米×12厘米）穿过，最上为压槽枋（18.2厘米×11厘米），压槽枋与正心慢栱上柱头枋（18厘米×11厘米）中间以散斗相接，形成共同受力的襻间上下枋构架。栌斗方42厘米，斗底宽32厘米，斗高16厘米，其中斗欹高7.5厘米，斗身8.5厘米，斗平为10厘米，斗耳为7.5厘米。斗耳、斗平、斗欹高比为4.7：1：4.7，较宋之比例2：1：1斗耳与斗欹均要大得多。

然该殿外檐柱头斗栱之组合有两个特殊之处，其一是正心慢栱拱头不到正常的位置，却于头部出一下昂。这种沿柱头枋方向出昂的形式目前在国内仅发现三处，另外两处分别是广东佛山祖庙大殿和陕西韩城司马迁祠寝殿。前者为明代建筑，是仿光孝寺六祖殿而成，而司马迁祠创建于西晋永嘉三年（309年），与光孝寺大殿创建约略同时。北宋年间曾数次重修，大木构架手法古朴，似为宋代遗制，至于其与光孝寺之建筑斗栱有何联系目前尚未找到答案。该种昂式亦无记载，暂定名“侧昂”，其昂样式与下昂相同，仅尺寸略小。造型与下昂差异之处在于琴面为平面，不起脊顱。这种侧昂在受力上与瓜栱相同，无特别意义，但却使斗栱造型有了变化，加强了斗栱和建筑立面的艺术性，并使铺作净间距变小，栱间空间轮廓更为丰富。

其二是特别构造使用假昂，其在《营造法式》中称为插昂。插昂仅在栱枋头上出跳，与栱成斜交状，无昂尾。此种做法的原因有二：一是岭南屋顶单位面积重量轻，出跳虽远但无需强有力的真昂承托屋檐重量，一般用栱即可胜任；二是由于屋檐较低，不宜用真昂再降低檐口高度。虽然《营造法式》中有插昂的用法记载，但北方建筑栱中用插昂的仅有几座[4]，而在岭南却是相当普遍。同时用昂长度大大超过《法式》所规定的长不过一跳的制度。

该斗栱昂的形式为琴面昂，唯琴头不同于宋元的琴面昂之向内收，而是向外斜出，予人以檐牙高啄之感。因用假昂，昂下无华头子，无真昂的挑杆作用。

十八斗和散斗尺寸为23厘米×23厘米×14厘米，斗底高6厘米，斗平高2厘米，斗耳高6厘米，其比为3：1：3，与宋式2：1：2略高，但斗底与斗耳同高则是相同的。柱铺作与梁的联接方式是正心桁与双步梁延长部分相交，三步梁与正心慢栱和挑檐桁相互拉结，梁头出为耍头式。六铺作里曳枋与铺作栱相交，栱尾承托双步梁底。

补间斗栱铺作、转角斗栱铺作及上檐斗栱限于篇幅从略（图5、图6）。

（五）柱及柱础

光孝寺大殿之柱柱式为梭柱形式，其形式和名称均是仿织布梭而来，是一种柱径两端小中间大的柱式。其与《营造法式》所记载的柱仅上部1/3卷杀为梭柱者不同。该殿梭柱上下都有缓和卷杀，造型丰满优美，尤以角柱和金柱造型为甚，疑为魏晋之遗制。这种梭柱的形象在河北定兴县北齐石柱顶上的三开间石雕小房的柱式上可以看到。在江苏宝应县径河出土的南唐木屋中，也有梭形的柱子。在岭南潮汕地区的古建筑中大量使用梭柱，但造型与比例与光孝寺的不尽相同。现存金柱在1957年修缮时全部换为钢筋混凝土柱，但其梭柱形式却保留下来。

外檐柱无侧脚，平柱高299厘米，中部最大直径51.9厘米，细高比51.9/299＝1：5.76，柱顶直径40厘米，柱底直径44.5厘米，最大直径51.9厘米在柱高150厘米处，恰好位于柱子的中部。

柱的下收分率Y＝（$D_{大}$-$D_{底}$）/$D_{大}$＝（51.9-45.5）/51.9×100%＝14%

柱的上收分率Y＝（（51.9-40）/51.9）×100%＝23%

角柱高306.5厘米，上径48厘米，下径54厘米，中部最大直径为61.4厘米，细高比为61.4/306.5＝1：4.99，角柱升起306.5-299＝7.5厘米，约2.4寸，合5.5份。

柱的下收分率Y＝（（61.4-54.2）/61.4））×100%＝11.7%

柱的上收分率Y＝（（61.4-48）/61.4）×100%＝21.8%

由上，可见檐柱柱径粗大，平柱约2材2栔，角柱约为3材，符合《营造法式》“凡用柱之制，若殿阁，即径两材两一栔至三材”的规定。柱的细高比远大于唐宋1.7～9的比值，而颇具汉魏之风。

内檐柱平高663.5厘米（不包括柱础高），柱径70厘米，上下均有收分，下收分率较上收分率为大。内檐柱细高比为1：9.5，与唐宋细高比相符。金柱平高845厘米（不包括柱础高），柱径72厘米，上下均有收分，收分率上下大致相当，柱底径63厘米。金柱下收分率为12.5%，细高比为1：11.7。

柱础为本地产咸水石，又叫鸭屎石。外檐柱础一般高35厘米，宽75厘米，其不足《营造法式》规定为柱径之二倍，而仅比柱径大一材左右。其造型大致分为三个层次，下为方形，上收分成八角，再向上为圆形覆盆的形式，解决了方形础底（传力较好）向圆柱承托的过渡。其造型古朴、洗练，表面素平，无过多装饰。金柱柱础较高大，其高96厘米，宽80厘米，内檐柱础高76厘米，宽75厘米，高宽比近于1：1。该柱础因体形高大，一般分为两段打制，从方形础底，向上成八角形，再向上则为圆形古镜式，上承柱子。这样使柱础中部有一凹曲束腰，柱础虽高，但不显笨拙，与柱径柱高之比较，尚显其玲巧。岭南使用高柱础皆因地处亚热带气候区，空气中湿度大，用高柱础以避湿气，保持柱脚干爽不朽（图7、图8）。

（六）梁枋

阑额横贯柱头之间，高28厘米，宽26厘米，至角柱出头，断面呈腰鼓形，高宽比近于1：1，此为圆材加工易，不多浪费材料的结果，岭南梁棱断面多为此比例。阑额之上有普柏枋，宽40厘米，厚10厘米，其宽厚比为4：1，其制异于唐无普柏枋制。所有铺作即置于普柏枋之上。

殿内梁架用《营造法式》所谓“彻上明造”之制。一切梁枋椽栿皆露明，视而可见，不施天花藻井。盖因岭南气候之潮湿，不施天花以利通风散湿之故。从构架剖面上来说，是前后用6柱21架椽构架，其中殿身前后用4柱15架椽构架。平梁断面为39厘米×22厘米，高宽比为1.77：1，小于唐之2：1而大于宋之3：2的梁断面比例。四椽栿断面为43厘米×42厘米，近圆形，接近明清之5：4的比例。六椽栿为屋架大梁，跨距达800厘米，其梁是由断面57厘米×35.5厘米的大梁和32厘米×21.3厘米的缴背所组成的叠合梁，大梁高宽比为1.6：1，接近唐代之1.5：1的比例，具有较佳的抗弯矩断面。因该梁跨距较大，故再加上高32厘米的小梁共同受力。殿身外槽之劄牵断面高×宽为25厘米×30厘米，高度尺度小于宽度，就其断面比例来看，似乎受力不合理，但因其为劄牵，梁上不受力，没有弯矩作用，只起联系拉结作用，故无受力不良的问题。乳栿断面33.5厘米×30.5厘米，檐栿（四椽栿）断面50厘米×40.5厘米，其比例5：4与明清梁断面相符。副阶劄牵断面22.2厘米×23厘米，乳栿断面24.8厘米×26.5厘米，檐栿断面33.1厘米×33厘米。另有

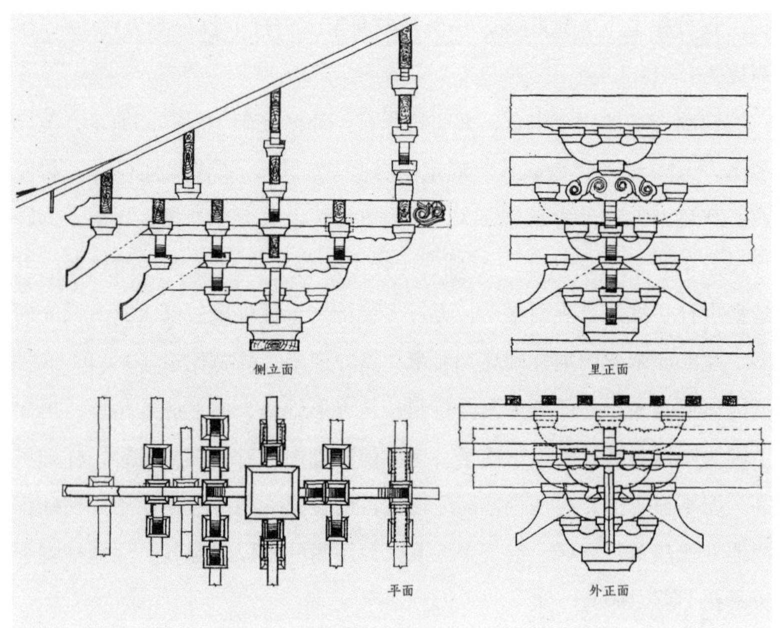

图5 补间铺作

图6 斗栱铺作

图7 付阶檐柱

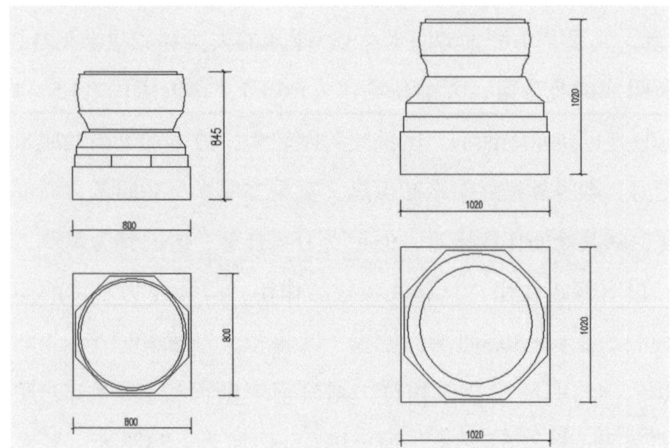

图8 柱础

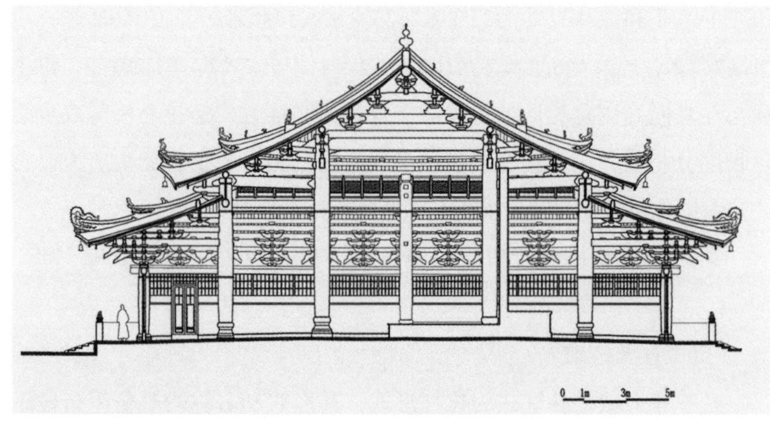

图9 大雄宝殿横剖面图

图10 大雄宝殿梁架

内檐额枋和金柱随桁枋作为梁架缝之间的纵向连结，随桁枋中部表面沿长度方向开有长条状的矩形凹槽，疑为唐宋木构的“七朱八白”之遗制。

上下梁间皆以隔架科斗栱支承传力。副阶檐栿与斗栱相接，置于柱头铺作之上，梁端伸出即为耍头，成铺作之一部分。梁头出跳部分于挑檐桁和外拽枋多重交结，使梁于铺作间之连结极坚实，梁与斗栱铺作，外檐柱与内檐柱遂成有机结合之整体。大殿之梁皆为直梁不用月梁，但梁端入柱处略作卷杀，梁之腹部亦凸出，刚柔相济，制式优美（图9、图10）。

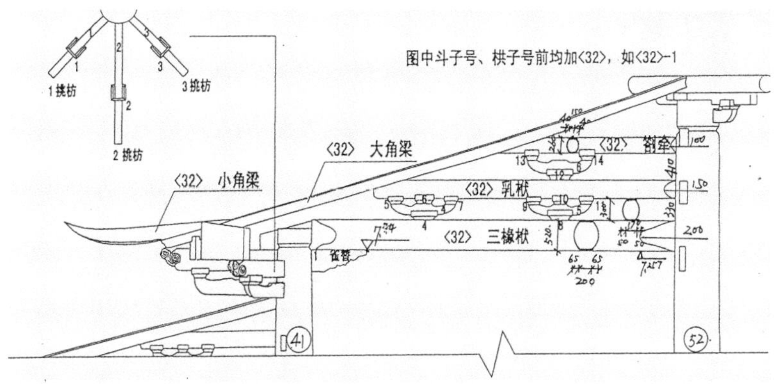

图11 大殿殿身角部梁架（编号32）

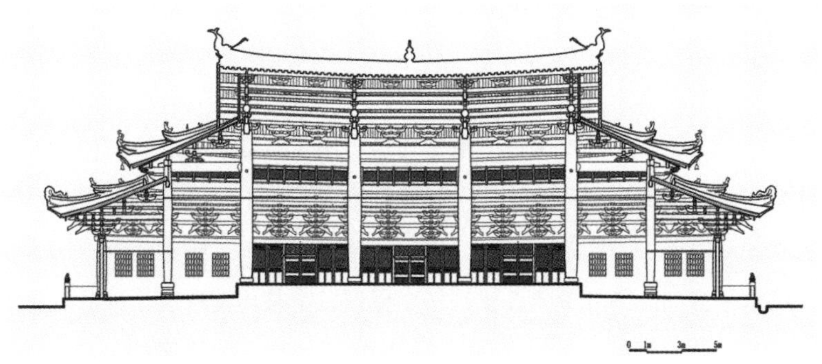

图12 大雄宝殿纵剖面

角梁部分亦有仔角梁、老角梁和递角梁之分。老角梁断面（16～20.5）厘米×20厘米，梁较长，跨两个步架以上。梁头卷杀成瓣状，出撩檐枋76厘米，梁头上前部置仔角梁，仔角梁端呈弧线上曲状，此为“鹰爪”梁式，底面起脊卷杀，类似于四川地区的建筑角梁作法。此种角梁构造方式不同于北方官式的仔角梁缓长略上折的方法，也不同于江南仔角梁几呈45º角斜插入老角梁的作法，因而形成的起翘高度曲线是介于北方和江南之间的，即高于北方官式，又低于江南的起翘高度，曲线柔和大度（**图11**、**图12**）。

承椽栿断面大多为30厘米×15厘米，即约高1尺，宽0.5尺，其枋则用以“材”为断面，即20. 5厘米×11厘米。[5]

三、结束语

光孝寺大雄宝殿大木构架既保存了许多中原建筑古制，又体现了不少地方特色，两者有机地结合为一体。该殿是岭南现存最重要的大木构架之一，其整体构架特征和构造节点做法，均表现出鲜明的地域特色。对深入研究岭南古建筑及进行南北建筑技术交流和传播具有重要意义。

注释

1 发表于《华南理工大学学报》自然科学版1997年第1期，第25卷。
2 （清）顾光.《光孝寺志》.
3 （宋）李诫.《营造法式》.
4 （宋）李诫.《营造法式》.
5 （宋）李诫.《营造法式》.

图表来源

图1、图6、图7、图10：作者自摄。
图2～图5、图8、图9、图11、图12：作者自绘。
表格：作者自制。

参考文献

[1] 广东省立编印局编. 光孝寺志[M]. 广州：广东省立编印局，1935.
[2] 广州市文物志编委会. 广州文物志[M]. 广州：岭南美术出版社，1990.
[3] 刘敦祯主编. 中国古代建筑史[M]. 北京：中国建筑工业出版社，1984.
[4] 黎忠义. 江苏宝应县泾河出土南唐木屋[J]. 文物，1965（8）：58.

广府式殿堂大木构架技术初步研究[1]

一、广府地域与广府建筑构架类型

（一）广府地域

本文所讨论的区域为广府地区。虽然早在秦朝统一全国的时候就在岭南设桂林、象、南海三郡，汉有广州之称，但广州府的设置则是始于明初，并一直沿用至清末。所辖范围为广州及周围的1州15县，俗称“广府”地区。在文化地理学上，广东属于岭南文化地理区。就广东地区来说，其文化地理又可细分为：1. 粤中广府文化区；2. 粤东福佬文化区；3. 粤东北客家文化区；4. 琼雷汉黎苗文化区。而粤中广府文化区是由文化地理相近的珠江三角洲广府文化核心区及西江高（州）阳（江）两个广府文化亚区所组成，亦即明朝设置的广州府、肇庆府和高州府三个地区。区内大部分为平原、丘陵，也有相当面积的山地，自然条件复杂多样。珠江、西江、贺江、绥江等河流贯流其间，交通比较方便，文化发生较早，原始文化遗址星罗棋布，是岭南原始文化的摇篮之一。

历史上早期中原汉人多取道湘桂走廊和贺江南下，定居于西江沿岸，成为中原文化进入岭南的第一站。西江也就成了中原文化和岭南开发由西向东空间推移的一条传播线，这种推移的最后一站和集中点便是番禺（广州）。广府地区以三江交汇的地理形势，博采多种文化养分，成为岭南最大的文化中心，同时以其结点，构筑起珠江三角洲文化核心区，形成对外辐射之势，影响整个岭南文化发展过程和空间分布格局。而粤西南若干独流入海的小河流，如漠阳江、鉴江等，通过低矮的分水岭，与西江和南、北流江相互沟通，接受中原文化，在与西江地区有共同文化渊源的基础上，形成具有广府文化特色的地方文化。

（二）广府式殿堂建筑

与珠江三角洲文化地理环境相适宜，这里的建筑文化风格多种多样，既保留着具有南越人“干栏”建筑遗风的沙田地区田寮、传统竹筒屋、三间两廊等一般民宅和大型民居，也有颇具岭南特色的广东四大名园以及众多宏伟的寺观庙宇等宗教建筑。该区的宗教建筑是广府建筑文化之集大成者，而其中的主体建筑——殿堂建筑则代表了广府建筑的最高建筑技术和艺术成就，它具有成熟的构架方式和显明的外观艺术特征，是中国古代建筑体系之南系中的一个子系，本文即以其作为研究对象（图1）。

殿堂建筑是相对厅堂建筑而言的，一般殿堂与厅堂区别的条件有二：一是，就使用性质来说，殿堂建筑多用于宫廷、礼制和宗教建筑等大型建筑群中的主要建筑；而厅堂建筑则多用于上述建筑群中的次要建筑和住宅府邸主要建筑。二是，以构架特点来区别，殿堂建筑构架的方式按水平方向分为柱额、斗栱铺作、屋顶三个整体构造层，自下而上逐层安装，叠垒而成；而厅堂构架以横向的垂直屋架为构架单元，每个屋架由若干长短不等的柱梁组合而成，用槫、襻间等构件可将两个屋架连成间。等级较高的厅堂外檐上使用较简单的斗栱铺作，等级低的规模小的厅堂不用斗栱铺作，成为“柱梁作”。即是说，殿堂建筑是水平构架构成，厅堂建筑是垂直构架构成。严格说来，以上分类方法是依据

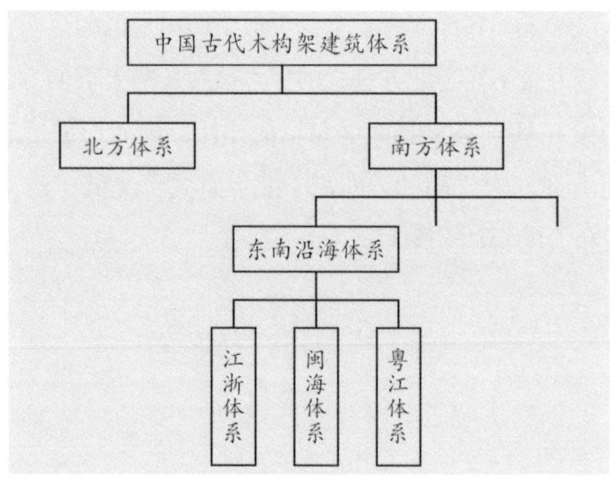

图1 中国古代木构架建筑体系示意

宋《营造法式》的规定和对宋及以前的建筑实物的分析而来，其结论也适用于宋朝前后的建筑。但到明清时，官式建筑构架方式发生了很大的变化，纯粹以水平构架构成的殿堂建筑已少见，殿堂构架仅存表面的外观形式，实际上均是带斗栱铺作的厅堂机构，明清成为“大木大式”构架，而“柱梁作”的厅堂构架则成为“大木小式”构架。

广府式殿堂的大木构架形式亦非宋代的殿堂构架，就整体构架而言，其更接近北方明清的大木大式厅堂构架，但因其具休的构架方式不同而又保留诸多唐宋建筑构架技术，其殿堂和厅堂式的分类标准与北方有所异同。建于广府地区的建筑构架方式，综合其屋顶形式、使用性质和建筑等级等因素，笔者认为有充分的依据将广府地区古建筑中的殿堂式构架和厅堂式构架以以下几项主要的形式要素区分开来（表1）。

广府式殿堂和厅堂构架的构架特征　表1

建筑构架	主要承重结构	梁式	承椽构件	挑檐构造	屋顶形式
殿堂构架	内外柱	月梁	承椽枋	斗栱、插栱	歇山
厅堂构架	柱、山墙	平梁	榑（檩）	无挑檐	硬山

二、广府式殿堂构架技术特征

本文就广府式殿堂建筑构架的几个主要方面作些讨论。

（一）建筑平面

由于岭南气候湿热多雨，为改善室内小气候，岭南古建筑采用大进深的平面形式。这样，一方面可减少热辐射，取得较为阴凉的效果；另一方面，加强了室内通风效果，使室内更为干爽。通过16座重要殿堂的数据统计，广府式殿堂建筑平面的平均阔深比值在1.3左右波动。平面阔深比值最小为0.970：1，近乎正方形；最大阔深比值为1.610：1，合黄金比率。其平均数为（20.023/16）1.251：1，近于5/4（1.25）的比率，这也是中国南系建筑共同的特征（表2）。取长江以北中原地区同类13座唐宋建筑平面尺度[2]，得其平均阔深比值为1.631，接近8/5（1.6）的比率，而北方明清建筑平面的阔深比值还要大些，可见其比广府式建筑的阔深比值大得多。

广府殿堂建筑平面尺度举例[3]　表2

建筑名称	年代	面阔（厘米）	进深（厘米）	阔深比
肇庆梅庵大殿	宋至道二年（996）	1378	1120	1.23 ：1
德庆学宫大成殿	元大德元年（1297）	1736	1753	0.990 ：1
广州南海神庙大殿	明洪武二年（1369）	2305	1620	1.423 ：1
佛山祖庙大殿	明洪武五年（1372）	1230	1268	0.970 ：1
封开大梁宫大殿	明成化十三年（1477）	1548	1480	1.046 ：1
广州光孝寺伽蓝殿	明弘治七年（1494）	1187	1206	0.984 ：1
广州五仙观大殿	明嘉靖十一年（1537）	1234	996	1.289 ：1
光孝寺大雄宝殿	清顺治十一年（1654）	3547	2460	1.442 ：1
广州大佛寺大殿	清康熙二年（1663）	3632	2536	1.432 ：1
广州海幢寺大殿	清康熙五年（1666）	2984	1954	1.527 ：1
广州海幢寺大王殿	清康熙十一年（1672）	2145	1788	1.200 ：1
广州海幢寺塔殿	清康熙十八年（1679）	2174	2171	1.000 ：1
广州光孝寺六祖殿	清康熙三十一年（1692）	1593	1392	1.144 ：1
广州府学大成殿	清	2362	1478	1.598 ：1
广州濠畔清真寺殿	清康熙四十五年（1706）	1880	1760	1.068 ：1
广州番禺学宫大殿	清光绪三十三岁年（1907）	2172	1350	1.610 ：1

广府式殿堂的平面构成仍保持着中国古代建筑平面规整、柱网整齐、建筑开间心间大而两边逐渐减小的中轴对称构成规律。开间排列规律如表3所示。

广府式殿堂建筑开间尺度构成规律　表3

	尽间	稍间	次间	心间	次间	稍间	尽间
三开间			B	A	B		
五开间		C	B	A	B	C	
七开间	D	C	B	A	B	C	D
	C	B	A	A	A	B	C
	C	B	B	A	B	B	C

开间尺寸心间从24尺到15尺，次间尺寸从19.5尺到7尺，稍间、尽间从19尺到7.5尺（一尺＝31.1～32厘米）。开间的数目至多到7开间，没有出现9开间或以上的建筑平面形式，应该主要是受礼制制度下建筑等级制度的限定所致（图2）。

（二）材契制度

据统计，广府式殿堂建筑斗栱材高最大为23厘米，最小为17厘米，平均为（233.5/11）21.2厘米，材厚最大为11厘米，最小为6厘米，平均为（85/11）7.73厘米，平均高厚比为2.18：1，其比值较《营造法式》的3：2要大得多，其断面形式介于板枋之间，这也反映出广府殿堂建筑的材梨比例一方面接受了北方建筑的做法，另一方面则继承了南方穿斗式建筑用穿枋高厚比较大的特点。梨高值最大为10厘米，最小为6厘米，平均值为7.8厘米，为材高的36.1%，与《营造法式》所规定的40%大致相符（表4）。至于材契制度作为建筑模数的问题尚需探讨。

广府式殿堂建筑斗栱材契举例　表4

建筑名称	材（高×厚）（厘米）	栔高（厘米）	材高厚比	相当于法式材等
肇庆梅庵大殿	18×9	8	2：1	6
德庆学宫大成殿	17.5×10	8	1.75：1	6
佛山祖庙大殿	20×11	7.5	1.82：1	5
广州光孝寺伽蓝殿	23×8	8	2.88：1	5
广州五仙观大殿	18×8	8	2.25：1	6
光孝寺大雄宝殿	20×11	10	1.82：1	5
广州大佛寺大殿	20×10	8	2：1	5
广州海幢寺大殿	20.5×7	6.5	2.93：1	6
广州光孝寺六祖殿	19.5×8	8	2.44：1	6
广州府学大成殿	20×10	7	2：1	5
广州番禺学宫大殿	17×7	6	2.43：1	7

（三）斗栱

同北方殿堂建筑定义相同，使用斗栱仍是其主要特征之一。广府殿堂建筑的斗栱造型雄大，保存着许多宋代乃至宋以前斗栱的特点，也不乏地方特色。从用栱制度看，凡用斗栱铺作之建筑，除柱头均用斗栱之外，三开间的皆为明间用两朵补间铺作，次间用一朵补间铺作。五开间的均为心间用两朵，次间和梢间用一朵，其与《营造法式》规定的"当心间用补间铺作两朵，次间及梢间各用一朵"完全相符。七开间的建筑有两种用栱方式，大佛寺大殿是除尽间用一朵补间铺作外，其他五间均用两朵补间铺作。而光孝寺大殿和海幢寺大殿则是当心三间用两朵补间斗栱，梢间尽间用一朵。其用法与建筑的平面开间形式有密切关系（图3）。补间用斗栱铺作朵数规律如表5所示。

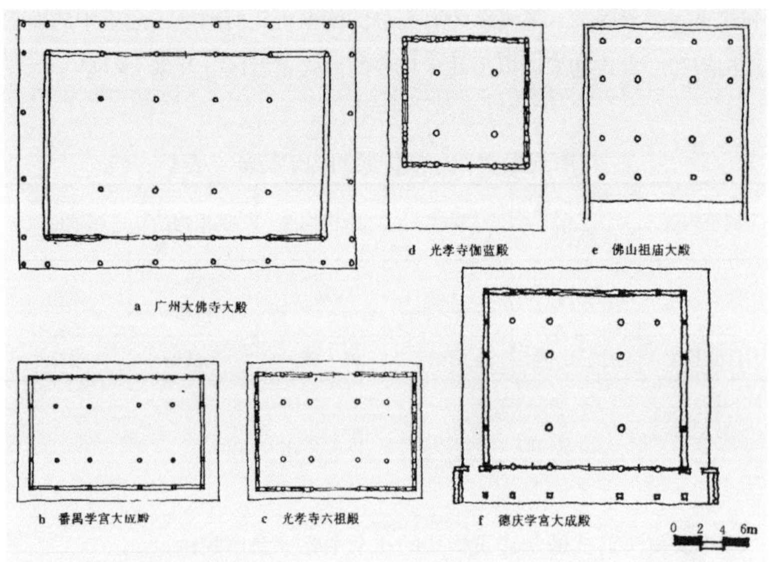

图2 广府殿堂建筑平面举例

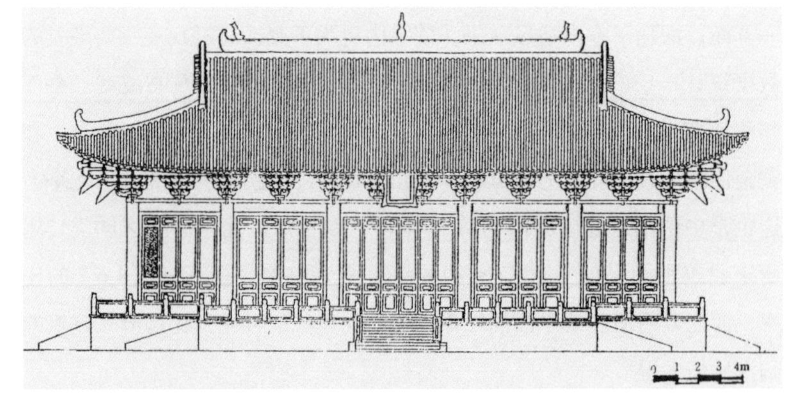

图3 广州府学大成殿立面

广府式殿堂建筑开间与斗栱朵数关系　表5

	尽间	稍间	次间	心间	次间	稍间	尽间
三开间			1	2	1		
五开间		1	1	2	1	1	
七开间	1	1	2	2	2	1	1
	1	1	2	2	2	1	1
	1	2	2	2	2	2	1

斗栱铺作的构架形式大多为三跳六铺作单杪双下昂斗栱和四跳七铺作，外挑用计心造，里跳用偷心造。所用昂有飞昂和插昂两种形式，用飞昂（真昂）的建筑仅有西江沿岸年代较早的肇庆梅庵大殿、德庆学宫大殿和佛山祖庙大殿，其余大都用插昂（假昂），昂面多为琴面式，造型柔和。《营造法式》虽然有关于插昂的用法，但北方建筑斗栱中用插昂的仅有几座[4]，广府式殿堂建筑斗栱中则多用插昂，而且用昂长度大大超过《营造法式》规定的长不过一跳的制度。从用昂技术来看，北方因其檐口厚重，屋面坡度较陡，用真昂起着受力的作用。而南方檐口轻薄，屋顶平缓，用插昂起装饰作用。又因建筑技术的传播路线主要是由西江而下，而早期的建筑形式受北方建筑影响较大，故年代较早的且沿西江两岸的广府式殿堂建筑使用了真昂，而后期和广州地区的建筑只用插昂。尤为特别的是祖庙大殿和光孝寺的几座殿堂使用了侧插昂或称侧昂（平行于殿立面的昂），形制奇特，国内少见（陕西韩城司马迁祠大殿斗栱也用了侧插昂，目前尚不知两者关系如何）。

该区斗栱栱枋的造型也别具特色，其基本保持了泥道栱、瓜子栱、慢栱、令栱和华栱的形制，但华栱不用足材。栱头的卷杀方式北方宋式是沿栱高上留6份，下面9份分四瓣卷杀；清式是沿栱高留0.4斗口，下面1斗口分四瓣卷杀，两者栱头都呈折线状。广府式斗栱栱头则是沿栱高分五瓣卷杀刨圆，栱头呈圆滑曲线状。再是栱眼用仿人胳臂肌肉凹凸的枭混曲线，其造型渊源可追溯到汉画像石，实物造型多见于四川渠县、雅安汉代石阙的斗栱，以及四川柿子湾、彭山汉墓的石刻和石柱斗栱。疑其为由四川传入广府地区，而真正大量系统的使用也仅在该地区。栱交接的榫卯形式也与北方不同，因其用材较薄，卯口不用子荫而直接相交。斗底用皿頔，保持唐宋做法。特别是梅庵大殿斗栱斗下用皿板，此为汉唐古制，北方也仅在山西大同云岗北魏石窟的建筑形象中见到。该区个别建筑用插栱出挑檐口（图4、图5）。

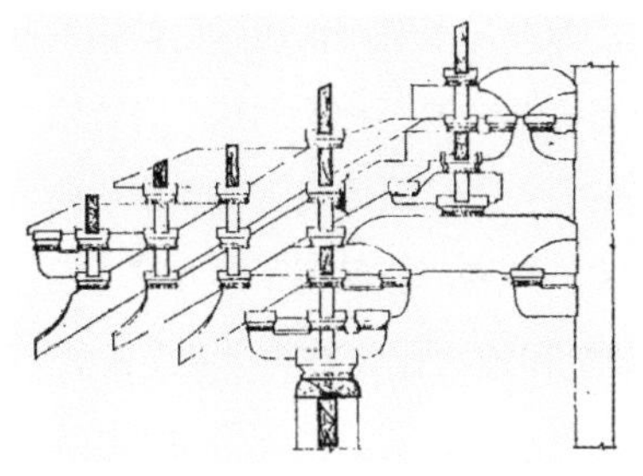

图4 梅庵大殿斗栱（斗底有皿板）

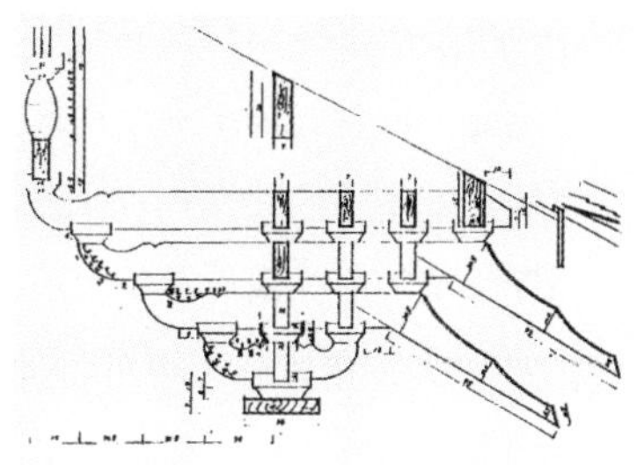

图5 番禺学宫大成殿补间斗栱铺作

（四）柱及柱础

柱有两种形式，一为直柱，一为梭柱。檐柱径约合两材，金柱径略大于两材两栔。檐柱高细比在7：1左右，金柱高细比在11：1左右。光孝寺大殿檐柱高细比为5.8：1，甚为古朴，内檐柱高细比为9.5：1，金柱高细比为11.7：1；梅庵大殿檐柱高细比为7.3：1，金柱高细比为11.2：1。晚期的殿堂高细比较大，柱径减小，如海幢寺大殿，檐柱径为41.1厘米，柱高523厘米，高细比为12.7：1；金柱径为49.3厘米，柱高为860厘米，高细比为17.4：1。该地区广泛使用梭柱[5]，梭柱收分较大，且为上下两端均作卷杀，不同于《营造法式》里所说仅在柱高1/3上部收分卷杀。如光孝寺大殿檐柱，柱上下两端均有明显的卷杀，上收分率为20%，下收分率为14%，金柱的收分率也高达12.5%，这种收分较大的缓和卷杀，使原本笨拙的柱子变得盈满优雅（图6）。这种收分的形式不见于同期的北方殿堂建筑，不过梭柱为古制，河北定州市北齐石柱顶之石屋建筑立面便为梭柱的形式。此外檐柱还保留有北方唐宋建筑侧脚和生起的做法。

柱础较为高大，如光孝寺大殿金柱柱础高达96厘米，一般高度也都在60厘米左右。有的柱础上还使用了柱櫍，柱櫍为古制，《营造法式》有造柱櫍之制。不过广府式柱櫍的造型与《营造法式》所规定的形制差异较大。

高柱础的使用和柱櫍的保留皆因岭南为湿热气候，对柱子防潮防蛀起着重要作用。

（五）梁架构架

从整体构架形式分析，广府式殿堂构架可分三种类型：1. 斗栱梁架式：前后檐柱用斗栱铺作，中为厅堂梁架。如梅庵大雄宝殿、光孝寺大殿、六祖殿、番禺学宫大成殿等。此式为较为成熟而使用广泛的构架形式，是北方殿堂式斗栱和厅堂式梁架有机结合的产物，此是广府式殿堂建筑构架的主要构架形式。2. 插栱梁架式：前后檐用乳栿和插栱出挑，中为厅堂梁架。如南海神庙大殿，此式前后檐部分保留了地方穿斗构架的构造方式，建筑施工中可将部分梁架在地面穿装好再吊装。3. 混合式：如佛山祖庙大殿，前檐用了斗栱铺作构架，而后檐却用插栱构架，中为厅堂梁架；再如德庆学宫大殿，前后檐虽然使用了较为系统的斗栱铺作，但中间的梁架则是由厅堂梁架和近于穿斗形式的梁架结合而成。此式为地方建筑构架形式和北方建筑构架形式结合过程中尚未成熟的构架形式，对于研究南北建筑构架的融合过程和方式具有重要意义（图7、图8）。

就具体构架构造形式来看，皆用抬梁式构架，前后用乳栿，中用六椽栿，个别用八椽栿。前后檐多用斗栱铺作出跳，而金柱则直通到顶，柱头做成栌斗状，承托承椽枋，其为地方干阑式构架柱直接承檩的构架方式的遗制与北方抬梁式构架融合后所形成的一种构架形式。而不似北方梁架中金柱上用斗栱承托梁架。梁栿的断面为腰鼓形，高宽比约为10：9。上部梁架中多用隔架科斗栱和劄牵。北方建筑因其屋架屋顶沉重，为防止槫的滚滑和加强梁架的刚性，北方建筑多用托脚；而南方建筑因屋顶轻薄，构件间更需相互拉结，所以该地梁架中多用劄牵。这种劄牵形式独特，为虾弓式，不见于北方，但在江浙、闽南系建筑中也有此式，其流传关系有待探讨。

在梁架构架纵向剖面上看，边缝梁架有生起，使正脊成一中低边高的缓和曲线，与唐宋风格相似。在形成歇山收山形式时少采用踩步金梁架，两侧屋顶一直举伸至边缝梁架外侧，并用一放在柱头外侧的平行于六椽栿或八椽栿的尺寸较大的承椽枋来承托椽条。所以，广府式殿堂建筑的收山很大（图9），接近一开间，较北方建筑的收山大得多，其在外观上形成了该系建筑的鲜明特征。这种构架方法应是来自当地干栏式歇山顶建筑的构架方法。如云南西双版纳傣族民居建筑的歇山顶构架方法就类似于此，云南勐海佛寺佛殿构架亦为此种方式。

（六）举折

广府式殿堂建筑屋架的举折较为平缓，统计数字表明举高/前后檩檐桁心距的平均比值为1：3.65（表6），较《营造法式》规定的1：3小得多，屋顶坡度较北方同期同类建筑平缓得多，造型古朴，几近古风。其原因推测有三：一是唐宋古风的传承；二是该地区多有台风屋顶平缓有利于抗风；三是从构造和施工技术上说，该区屋顶是用椽条直接承瓦，椽距与瓦配合要求严格，为保证瓦的通畅，在单面坡度上常用1根或2根通长椽条跨几个步架铺定。由于一根椽条跨几个步架，屋面凹曲过大椽条就会反弹而难以固定，凹曲愈大，椽条的反弹力愈大，固定就愈不容易，采用较为平缓的坡度易于施工。

笔者从主持若干项广府式殿堂建筑的测绘、设计和施工经验总结出其举架的规律，其屋面坡度的获得，可借鉴清代建筑的举架法而一次完成（表7）。

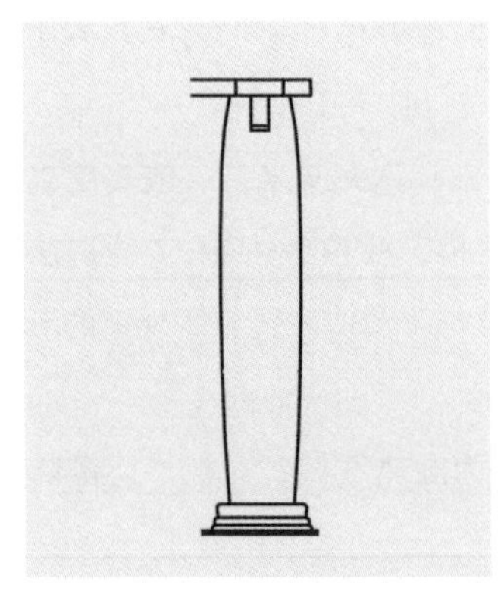

图6 广州光孝寺大雄宝殿梭形檐柱

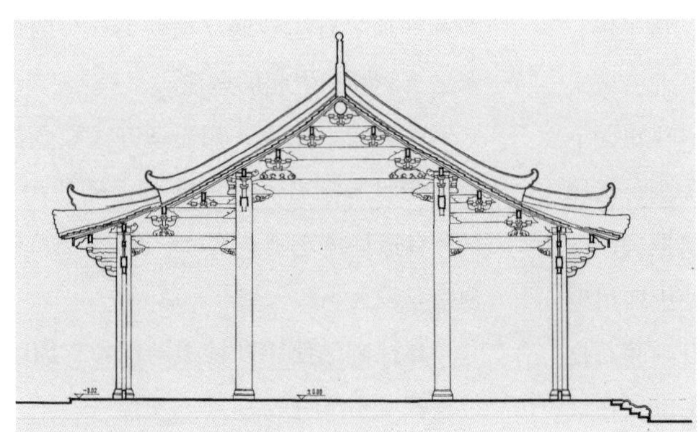

图7 南海神庙大殿横剖面图

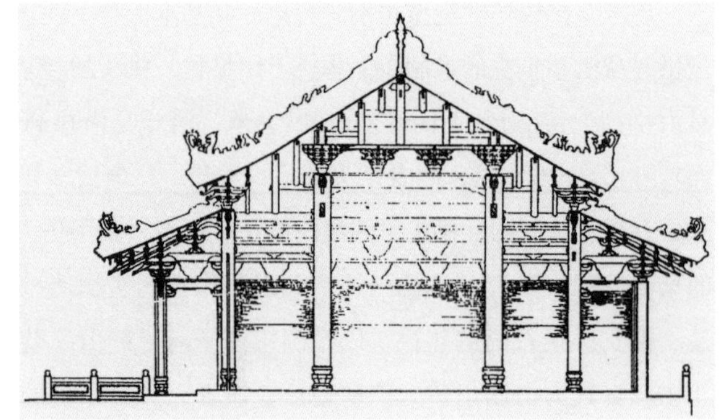

图8 德庆学宫大成殿横剖面

广府式殿堂屋面举折数据举例[6]　表6

建筑名称	间架	举高（厘米）	前后檩檐枋心距（厘米）	举高／前后檐距	总高（厘米）
德庆学宫大殿	五间十九架	350	1353	1/3.87	1051
佛山祖庙大殿	三间十五架	492	643	1/3.25	980
光孝寺伽蓝殿	三间十一架	368	1396	1/3.79	853
五仙观大殿	通檐九架	212	794	1/3.75	854
光孝寺大殿	三间十三架	524	1912	1/3.64	1264
广州大佛寺大殿	五间十九架	740	2776	1/3.75	1440
海幢寺大殿	三间十三架	432	1517	1/3.51	1246
光孝寺六祖殿	三间十三架	477	1682	1/3.52	1045
广州府学大殿	三间十三架	440	1741	1/3.96	1081
番禺学宫大殿	三间十三架	485	1570	1/3.42	1017

此非定制，据具体建筑对象可具体对待。设计完成后在施工前仍要放1：1大样进行适当的调整。

清代建筑的举架法　表7

步架次序	1（檐出）	2	3	4	5	6	7
举数	三五	四五	五	六	六五	七	七五

（七）翼角构造

翼角构造起翘的飘逸形象为广府式殿堂建筑增添了不少色彩。其构造不仅与北方建筑差异较大，且与江浙一带建筑也不相同。北方官式建筑的翼角是仔角梁平放在老角梁上，仅仔角梁端部呈折线状微翘，起翘较小。江浙地区建筑的翼角构造是“嫩戗发戗”，即仔角梁以较大的角度斜插入老角梁中，起翘很大，造型极为夸张。而广府式殿堂建筑的翼角构造是仔角梁的后半部平压在老角梁上，前半部则做成上翘的曲线状，俗称“鹰爪”式，形制与四川建筑类似。所以其翼角起翘的程度介于北方官式建筑和江浙建筑之间。其翼角和其他因素所形成的建筑风格既不失北方建筑的浑厚，又显现出南方建筑的柔媚。

在角椽的排列方式上，广府式建筑则多用平行椽构造，这与北方用撒网状椽构造有很大差异。该地区使用的椽是宽10～12厘米，厚4～6厘米的扁平条板，地方名叫“桷板”，而“桷”是椽的古称[7]，也是《营造法式》提及的一种椽的类型。平行椽构造早见于南北朝的石刻建筑，唐代以后则少见于北方，而岭南还保留着这种古制。这种构造方法并不仅是中原古风，而且也与该地区的屋面构造有关。角部的平行椽尾是钉在角梁上的，其悬挑力较小，较适合岭南不大的屋面荷载以及椽上直接铺瓦的构造方式（图10）。

三、广府式殿堂建筑的发展和价值

（一）起源与发展

从现存广府式殿堂的构架形式和空间分布的状况分析，几座年代较早和较重要的殿堂均分布在西江两岸。在该区文化中心广州，殿堂建筑较集中，年代较西江稍晚，而构架体系也已趋完善。由此可以推论北方建筑构架技术早期南传广府的主要路径是沿湘桂水道走廊，后期则有从越城岭道传入。主要构架技术的传入最早时期约在唐中叶前后，宋元、明初、清初则为几个传播交融的高潮期。广府式殿堂建筑的构架技术主要是接受了唐宋厅堂建筑的构架技术，更准确地说是唐宋厅堂建筑的梁架技术和殿堂建筑的斗栱技术，又融合了地方和周围地区的木构架技术而形成的一种颇具地域特色的木构架建筑体系。此种建筑构架主要流行于广府地区和桂东地区，但尤以广府地区建筑更为成熟。

（二）研究价值

广府式殿堂建筑流行于和影响着不小的区域，其体系也较为完整成熟，具有一定的科学性和艺术性，是该地建筑技术和艺术的代表者，也是中国古代建筑体系的一个组成部分。在它的构架形制和构造形式中保留着许多中原唐宋乃至更早的建筑古制，有些在中原地区早已不存在了，这对研究中国宋以前的建筑构架形制有很大的价值。同时对研究南北建筑文化和技术的交流与传播路径有着较大的学术价值。所以对广府式殿堂建筑的研究和保护具有重要学术意义。

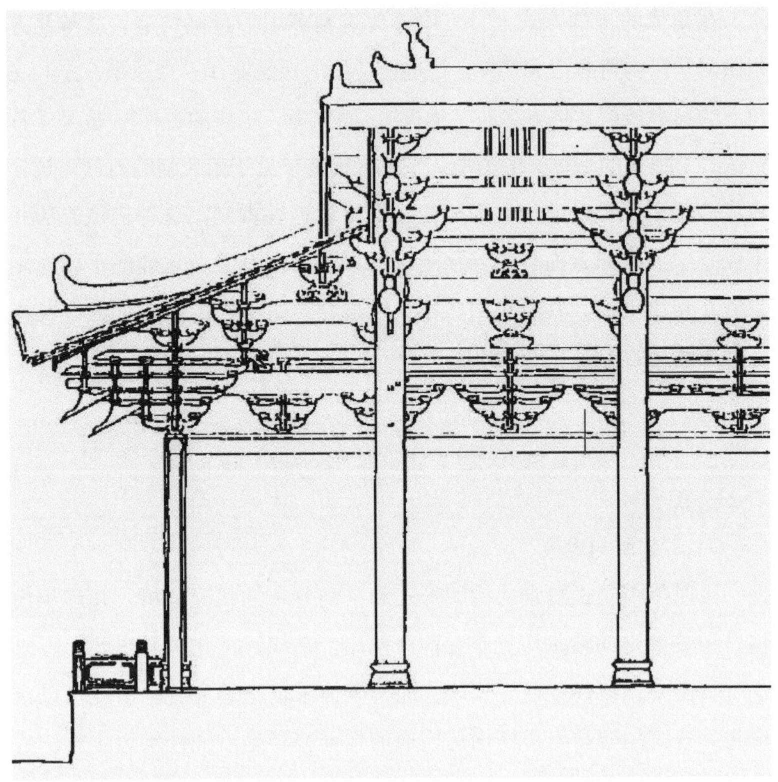

图9 广州府学大成殿纵剖面

图10 光孝寺六祖殿翼角构造仰视

注释

1　发表于《华中建筑》1997年第15卷第4期，总第57期。

2　计算数据取自：陈明达. 营造法式大木作研究[M]. 北京：文物出版社，1981.

3　表2所列建筑屋顶形式均为歇山顶，其中梅庵大殿后改为硬山顶。

4　如宋登封少林寺初祖庵大殿、金大同善化寺三圣殿斗栱中使用了插昂。

5　广东福佬文化区古建筑也广泛使用梭柱形式，尤以潮汕地区为甚。

6　重檐建筑取殿身计。

7 《易》："鸿渐于木，或得其桷。"《说文》："椽方曰桷。"

图表来源

图1：据司徒尚纪. 广东文化地理[M]. 广州：广东人民出版社，1993. 改绘。

图2、图3、图7、图8、图10：作者自绘。

图4、图6、图11：华南理工大学建筑学院测绘资料。

图5：吴庆洲. 肇庆梅庵[J]. 建筑史论文集·第八集[M]. 北京：清华大学出版社，1987.

图9：吴庆洲，谭永业. 粤西宋元木构建筑之瑰宝——德庆学宫大成殿[J]. 古建园林技术，1992（2）.

表格：作者自制。

参考文献

[1] 蒋祖缘，方志钦. 简明广东史[M]. 广州：广东人民出版社，1987.

[2] 司徒尚纪. 广东文化地理[M]. 广州：广东人民出版社，1993.

[3] 中国大百科全书·建筑卷[M]. 北京：中国大百科全书出版社，1988.

[4] 程建军. 中国古代建筑与周易哲学[M]. 长春：吉林教育出版社，1992.

[5] 梁思成．营造法式注释[M]. 北京：中国建筑工业出版社，1983.
[6] 吴庆洲．建筑史论文集·第八集[M]. 北京：清华大学出版社，1987.
[7] 程建军．南海神庙大殿复原研究[J]．古建园林技术，1989年第2、3、4期。
[8] 吴庆洲，谭永业．粤西宋元木构建筑之瑰宝——德庆学宫大成殿[J]. 古建园林技术，1992（2）.
[9] 刘敦桢．中国古代建筑史[M]. 北京：中国建筑工业出版社，1984.

广州仁威庙的建筑艺术特色[1]

一、历史沿革

广州仁威庙是一座道教神庙，坐落在西关龙津泮塘仁威庙前街，庙中所供奉的主神与佛山祖庙一样皆为真武帝。据清道光年间《续修南海县志》载，仁威庙始建于宋皇佑四年（1052年），元代、明代多次重修、重建，其中乾隆年间和同治年间都进行过规模较大的重修。[2]乾隆年间重修前只有中路和西序的前三进房舍，后两进建筑和东序是乾隆年间时增建的。现有主体格局和主要构架仍然是明清的遗存，不过宋风则是荡然无存了。仁威庙是广州市不可多得的明代建筑，1983年8月广州市政府公布仁威庙为广州市文物保护单位（图1、图2）。

仁威庙建筑历代修缮情况如下：

1. 宋皇佑四年（1052年）始建；
2. 元代重修；
3. 明代重修；
4. 清乾隆五十年（1785年）重修[3]；
5. 清同治六年（1867年）重修[4]；
6. 1994年、1996年重修；

1994年修缮仁威庙中路第一、二进，包括山门、中殿、两廊等，重塑北帝神像。1996年修缮修缮仁威庙中路第三进，包括大殿、两廊、拓宽庙前广场等。并正式对外开放，于第三进办荔湾民俗风情展。

7. 2000年重修。

拟对仁威庙东路、西路第一、二、三进，包括山门、中堂、后堂、两廊等进行全面修缮，修缮方案业已完成。

图1 仁威庙

图2 仁威庙匾额

二、环境与现状

仁威庙前为荔湾湖，后为泮堂小学和市四十三中学，东西两侧均为民居所在。修复前庙前街道狭窄，环境恶劣，在仁威庙第一期修复工程中将庙前4层高建筑物拆除，并开辟一广场，打开了与荔湾湖的视线，开拓了庙前街的宽度，整治了周边环境，恢复了部分历史风貌，使环境大为改善。推测原建筑环境与荔湾湖融为一体，应为市民、游人和善男信女的好去处。

仁威庙坐北朝南，略偏东南约10°。主体组群广三路，深五进，东面另有一侧路建筑。三路主体建筑东西阔40米，南北深54～60米，平面为规则的矩形，占地面积有2200多平方米。每路各宽三间，中路宽11.3米，东西两路各宽9.8米，中路与东西两路之间有宽1.5米的冷巷（青云巷）。沿着中轴线建有头门、拜香亭、正殿、中殿、后殿，最后为二层的花楼；左右为东西序，与中路格局相同。中路头门外有一对用花岗岩石雕刻的龙柱华表，表明其为道教圣地所在，华表是道观建筑的重要标志（图3）。

修复前，正殿与头门被用作街道工厂的车间，后两进为中学校舍所用。第一期修复工程包括山门、拜香亭、正殿和东西廊，第二期修复工程包括中殿、东西廊和环境整治等。中轴线建筑除了后殿和花楼外，已全部复原。东西两序原为工厂和学校占据，由于使用不当、通风不畅和年久失修等原因，建筑的墙体、梁架、屋顶等均遭到不同程度的破坏，尤其是西路后殿梁架和最后一进花楼已破坏殆尽，十分可惜。后殿和花楼部分现仍为学校地盘，全部修复困难重重。庙内尚保存有碑记20方，是研究该庙不可多得的文献资料（图4）。

图3 仁威庙头门与华表

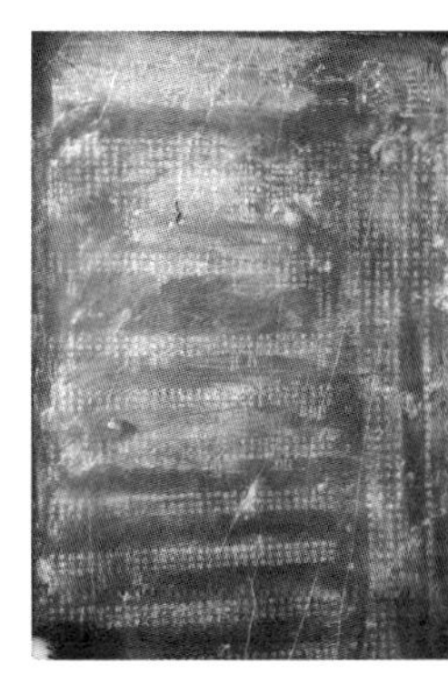

图4 重修碑记

三、建筑特色

1. 布局特色

从整体布局上分析，整个平面分为前后两个部分，前三路三进为典型的岭南民居布局特色，如入口的凹门斗、每进的天井、两侧的青云巷及左右的侧门等。所不同于民居的是其庙宇内部空间是开敞式整体设计的，以便供奉和拜祭神灵，并非像民居那样有厅堂与房的空间划分。后两进则是庙宇的布置格局，如三路并联九间的排列方式，以及后花楼的设置等。是一种典型的民间道观的建筑形式。从环境来分析，布局朝向则是背山面水的风水格局。

2. 空间特色

与大型的宫观不同，该建筑的空间形式也十分接近民居的方式，即建筑进深尺度大而庭院进深尺度小，建筑空间给人阴凉、神秘的感觉。山门高5米，大殿高5.5米，其空间的尺度也十分接近于人体的尺度。前三进以纵向空间为主，给人以深度感、连续感及神秘感，后两进则以横向空间展开，给人以开放感、密切感。后花楼高2层，是作为整个建筑组群空间的结束来处理的，也是建筑组群的靠背依托（图5）。

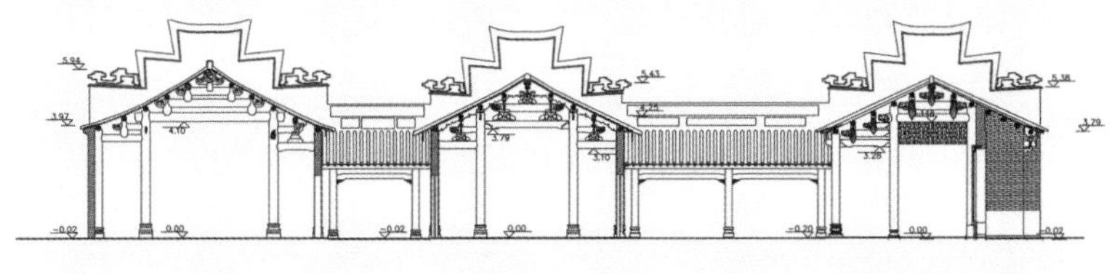

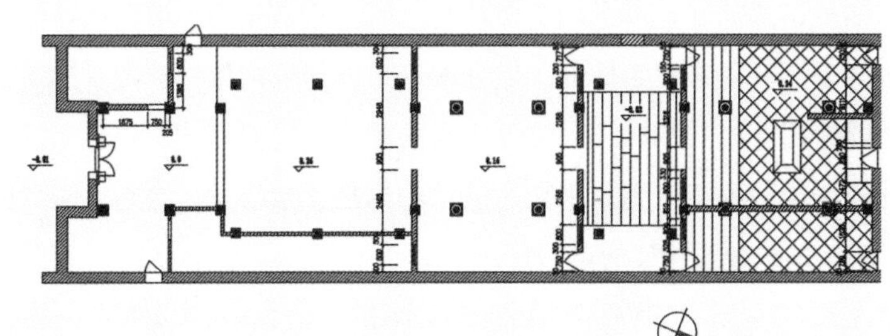

图5 仁威庙东路平面和横剖面

头门面阔三间，进深三间九架，抬梁式构架，硬山双坡顶（表1）。

广州仁威庙的头门平面尺度　表1

	开间			进深		
	次间	心间	次间	前次间	心间	后次间
毫米	2565	5235	2565	2350	2680	1740
营造尺	8	16.3	8	7.3	8.4	5.4
地方尺	8.5	17.5	8.5	7.8	9	5.8

正殿面阔三间，进深三间，九架用四柱，风火山墙顶。前接勾连搭形式的卷棚瓦顶拜亭，屋面平缓，梁架做法别具一格（表2）。

广州仁威庙的正殿平面尺度　表2

	开间			进深		
	次间	心间	次间	前次间	心间	后次间
毫米	2565	5235	2565	1650	3500	1800
营造尺	8	16.3	8	5.1	11	5.6
地方尺	8.5	17.5	8.5	5.5	11.6	6

显然，其平面尺度是以地方营造尺来设计的。开间是整尺带半尺的设计方法，进深似乎用压白尺法来设计。

第三、第四进的建筑及两序的房舍，建筑工艺较中路前三进建筑次一等，而建筑式样及风格则保持基本一致。

四、构架特色

本建筑构架为抬梁式构架，正殿为九架桁屋五步梁前后双步梁用四柱构架形式，前接六步桁屋通檐两柱卷棚，形成勾连搭的建筑形式和空间形态，这种建筑形式在岭南地区是不多见的。山门构架则是岭南常用形式，即不同于大型佛寺宫观的山门采用分心槽的形制，而是采用前后空间大小不等的处理，门外空间小，门里空间大，保持正脊在门内的内部空间，这应该是一个原则，即正脊不能暴露在门外空间，也由此山门的构架出现了前后不对称的形式，即进深方向前后间的尺度不一样，一般而言，前进深比后进深多一个步架。在该山门的构架形式上就是如此，其构架为十一架桁屋四架梁前三步梁后双步梁用四柱形式。即是前进用三个步架，后进用双步架，当然前后梁架的形式采用两种截然不同的手法和概念，即门外构架用类殿堂建筑形式，即使用斗栱、驼峰、水束等华丽的驼斗式构架方式，构件布满精美的雕刻，门内梁架则采用较为简洁的瓜柱梁架形式。这是岭南广府地区明清门式建筑构架的典型特征。

大殿梁架斗栱用材断面有三种规格：大材37×7.5厘米、中材22×6.5厘米、小材12.5×6.5厘米，枋断面为22×8.5厘米。大殿金柱柱径45厘米，为中材的两材厚。中殿和后殿则是较为简单的瓜柱形式梁架。较为不同是后殿的金柱柱础形式殊为特别，首先础身较高，高达1米，上下分为三段，最下是由方转为八角的石柱础，其上为高10厘米的木櫍，木櫍上是高61厘米的腰鼓形木质础身，最上是柱础与木柱之间连接过度的“皿板”。三路的后殿金柱均为此种形式，具有传承关系。

柱础造型各异，其形状有方形、八角形，也有复盆状；柱子有石柱、木柱；柱子的平面有方形、八角形、圆形，也有小抹角柱（图6、图7）。

图6 中路中堂梁架

图7 梁架局部

五、装饰特色

本庙的建筑装饰较有特色，主要表现在木雕和陶塑上。本建筑主要梁架构架和木雕艺术取得了和谐的统一，梁架做法别具一格，与祠堂和一般庙宇不同，雕刻构件多、分布广，题材丰富。如梁枋等均做了雕刻艺术处理，梁式多为月梁形式，梁侧面多有雕刻，如山门明间两金柱间的跨空枋雕有八仙等人物，所有梁枋的底部亦有雕工精细的花纹，即梁、枋、驼峰、斗栱、雀替、水束等均做成可受力的木雕工艺构件，其砍削卷杀的精细、别致；驼峰分别雕成梅雀、麒麟、龙门等吉祥纹样。构件装饰工艺与潮汕地区的艺术手法有相似之处。

与广州陈家祠不同，这里的木雕和陶塑有三大特色：一是木雕采用潮州金漆木雕工艺，遍施金彩，使整个梁架金碧辉煌，在幽暗的室内尤为突出；二是脊饰陶塑制作构图大方，设色沉稳，正脊是石湾文如壁造的陶塑人物瓦脊，上有“同治丁卯”（同治六年，即公元1867年）字样，但显现出明代陶塑的特色；三是由于本建筑的梁架高度较低，其精雕细刻的工艺和人物故事均可在中观和近观范围内，便于肉眼可识别鉴赏，使其工艺和精神价值观念得以实现，不似其他高大的建筑上的精雕细刻，难以仔细品味。

作为建筑立面的第一个层次，封檐板雕刻除用生动传神的精雕细刻的吉祥纹、戏曲人物的题材外，依然使用金彩，更加强调了第一立面，将人的视线第一时间吸引过来。山墙采用风火山墙式，形式得体，并成为建筑造型两侧有力的收束。这种屋脊形式在岭南广府地区并不多见，应该与奉祀的主神有关。屋顶瓦面为上盖碌灰筒，蓝琉璃剪边，表明其建筑的等级非同一般。屋顶正脊陶塑构图得体，疏朗有致，品位高雅（图8~图12）。

六、保护与修缮建议

综上所述，仁威庙无论在建筑历史、建筑布局还是在建筑艺术上来

图8 头门金漆木雕

图9 轩廊梁架木雕及油彩装饰

图10 檐口木雕

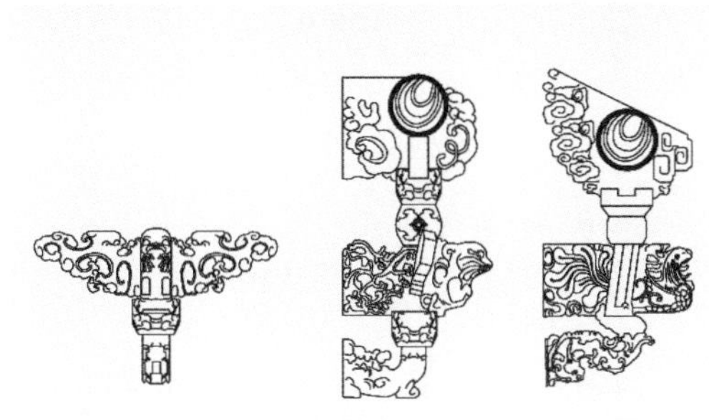

图11 仁威庙外檐木雕装饰

图12 屋脊陶艺

看，均具有较高的文物价值，是广州市不可多得的文物古建筑，所以保护其不受破坏和修复完善具有重要意义。对此本人建议如下：

1. 完全迁出所占用的部分，使其不受继续破坏；

2. 按《文物保护法》所规定的“不改变文物建筑原状”的原则，分期逐步修复，恢复原来的格局和建筑原貌；

3. 保护周边环境，控制周边建筑的高度与间距，加强与附近城市道路和荔湾公园的联系，方便游人出入；

4. 本着文物建筑要“加强保护，合理利用，加强管理”的方针，内部使用除了主轴线建筑和某些主要建筑恢复原使用功能外，经统一规划，可开辟道教文化、民俗文化展厅[5]；

5. 完善旅游服务设施等。

注释

1 完稿于2000年。

2 广州市文物志，199。

3 乾隆五十年“重修仁威古庙碑记”。

4 同治六年“重修仁威祖庙碑记”。

5 如广州市荔湾文化局主办的“荔湾民俗风情展”。

图表来源

图1～图4、图6～图10、图12：作者自摄。

图5、图11：作者自绘。

表格：作者自制。

参考文献

[1] 广州市文物志[M]. 广州：岭南美术出版社，1990.

粤东福佬系厅堂建筑大木构架分析[1]

一、粤东地区的历史文化与地理

粤东地区指潮汕地区，在文化属性上，属潮州方言区的福佬民系文化。潮汕地区在秦统一岭南前，一部分属闽越族，与福建南部民情风俗相同，语言十分相近。“福佬”之称谓是从“福建佬”转化而来的。两晋第一次移民高潮前，潮州地区居民基本上是闽越族人。以后福建人和中原汉族人不断移入，语言融汇而形成与闽南方言同一属系的潮州方言。粤东在地理上包括潮州市、汕头市、揭阳市、汕尾市。

本区在地理和历史上可分为两个小区，即潮汕核心区和汕尾亚区。潮汕平原由韩江、榕江和练江下游冲积平原组成，为广东第二大平原，地势平坦，河网交错，耕地连片，土地肥沃，是全省最宜农耕地区之一。潮汕面向海洋，海洋文化发达。在地理上与闽南平壤相接，无山川之险，风俗相近。汕尾地区东接潮汕平原，西邻东江下游，南邻大海，基本上为群山环抱的一个相对独立的地域单元。本地区地理环境复杂多样，沿海地区仰给于海洋，内陆台地、丘陵广布，水田面积狭小，稻作文化欠充，主产杂粮。

粤东福佬民系主要活动在韩江三角洲地区，其中心为潮州。潮州地区在原始社会与珠江三角洲南越族处于同等的社会发展水平。但由于僻处东部沿海，其与中原民族的交往迟于广府民系，在青铜时代后文化差距逐渐拉大。直至隋唐设潮州郡，潮州古文化才开始繁荣，至宋代兴盛，明清时达到鼎盛。清代成为岭南除广州外最重要的贸易商埠。乾隆年间成为粤东商业中心，“商贾辐辏，海船云集”“自省会外，潮郡为大”，潮州帮商人意识活跃，对外交流广泛，闻名全国。由于商业兴盛，该区手工业、工艺品十分发达，潮州瓷器、刺绣、木雕享誉最高，其也影响到建筑风格的精致。

本区明清以降保存了大量的古建筑，民居、寺庙、道观、园林、塔幢、桥梁等类型齐全，遍布全域。由于地域和文化的特殊性，形成了岭南地区较为成熟和独具特色的建筑体系，有着鲜明的建筑风格和工艺特征，也有着重要的文化遗产价值和学术研究价值。本文仅就该区域内的重要大木构架建筑的构架特征做一分析。

二、粤东系厅堂建筑大木构架分析

（一）潮州海阳学宫大成殿

海阳县学宫，位于潮州市区文星路口，始建于南宋绍兴年间，明洪武二年（1369年）重建，现存有棂星门、泮池、大成殿等建筑。学宫历代虽有修葺，但宫内大成殿仍为明代原构。大成殿面宽七间，进深五间，重檐歇山顶，抬梁式构架，颇有宋风。殿前有广大月台（图1）。

1. 平面

大殿殿身面宽五间，进深四间，副阶周匝，南槽中减去一排柱子，使前廊深达两间，建筑前部空间十分宽阔，平面类似山西太原晋祠圣母殿（表1）。该平面反映了中原宋代殿堂建筑的一种平面特征。该区气候湿热，内外柱均用石柱以防潮，内金柱和副阶前檐老檐柱用圆柱，墙内柱和外檐柱用方柱（图2）。

潮州海阳学宫大成殿平面尺寸　表1

单位	面宽					进深			
	心间	次间	稍间	尽间	总面宽	心间	次间	稍间	总进深
厘米	620	445	360	158	2546	前 659 后 372	581 240	147 162	2096
地方尺	21	15	12	5.5	86	22 12.5	19.5 8	5 5.5	70.5
官尺	19.5	14	11.3	5	80	20.5 11.5	18 7.5	4.5 5	65.5

注：地方营造尺 1 尺＝29.8 厘米，官尺即标准营造尺 1 尺＝32 厘米。

图1 海阳学宫大成殿

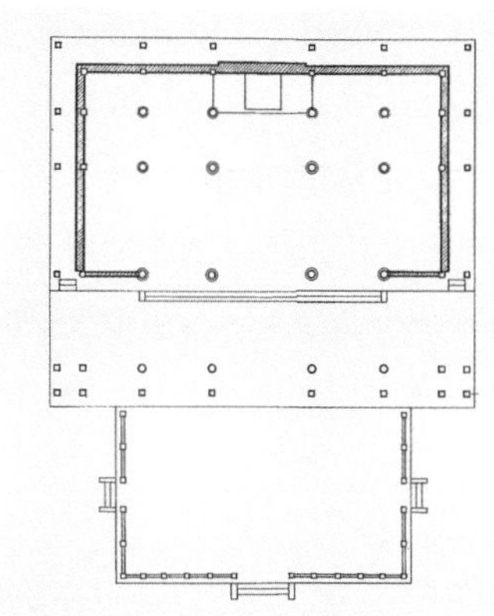
图2 海阳学宫大成殿平面

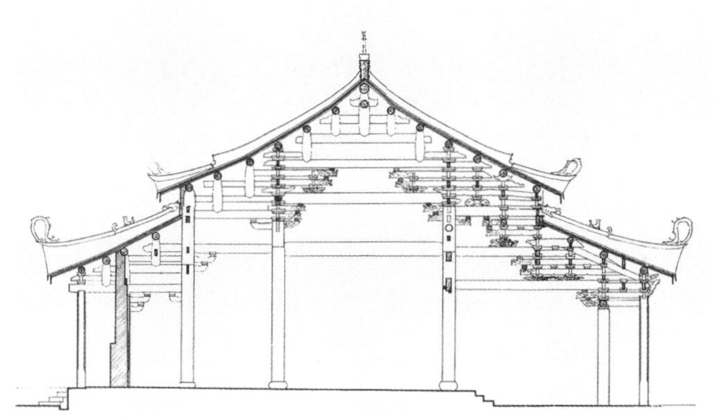
图3 潮州海阳学宫大成殿心间横剖面

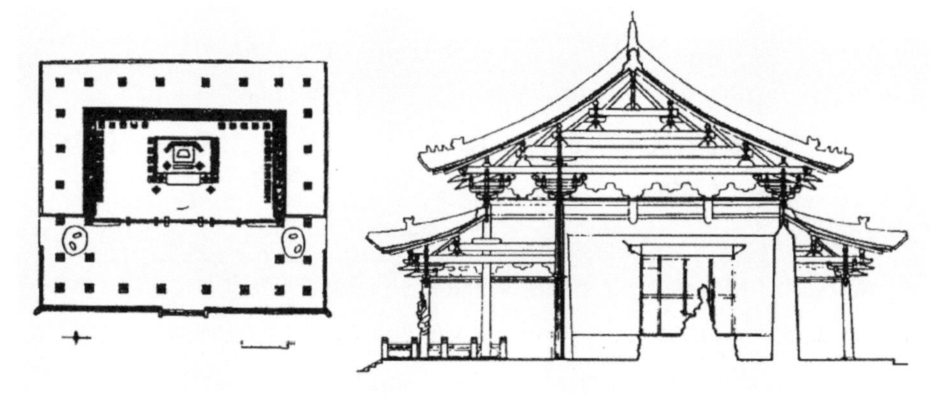

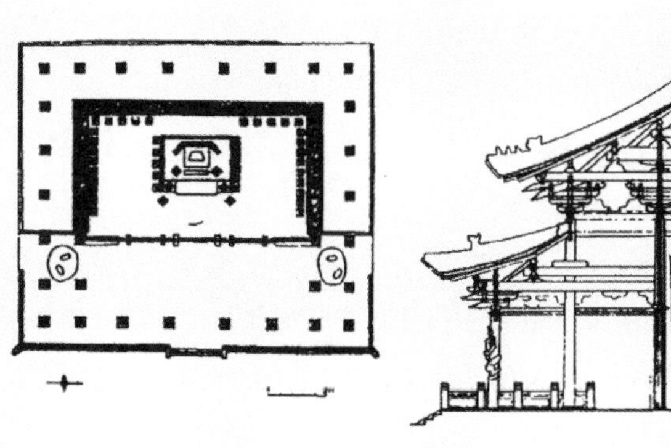
图4 山西太原晋祠圣母殿平面及剖面

大殿平面宽深比为2546/2096＝1.214，其比值与山西晋祠圣母殿的平面宽深比1.266十分接近。平面设计尺寸是按整尺和半尺为模数进行设计，其有一定规律可循。

2．梁架

殿身结构为十二架椽屋前后乳栿用四柱，但因前部殿身和副阶结构、空间连为一体，而将殿身檐柱外推形成宽大的前廊空间。该空间四椽栿以上梁架主要是以叠斗和栱枋层叠而上构成，类井（干）穿（斗）构造做法。前后金柱和后部则是以简单的瓜柱抬梁结构组成，主梁为六椽栿。瓜柱头直接承托平榑以及单步和双步枋穿过短柱，这些均是带有地方建筑的做法。金柱下部为石柱，上1/3部分接木柱，柱头栌斗以上则以七至九层叠斗延长柱身直至榑下。叠斗的使用和后檐柱之间用多条枋、额襻间连接，加强了构架的整体稳定性。脊榑下又用子孙桁连接脊瓜柱，加强了上部梁架的稳定性（**图3、图4**）。

梁断面多为鼓形断面，与宋制有异，为地方做法。

3．举折

大殿殿身前后檐榑上皮心水平距离长1303厘米，檐榑上皮至脊榑上皮为372厘米，举高比为372/1303＝1/3.5。《营造法式·卷第五·大木作制度二·举折》举折之制规定：“举屋之法：如殿阁楼台，先量前后撩檐枋心相去远近，分为三分，从撩檐枋背至脊背，举起一分；如筒瓦厅堂，即四分中举起一分。”但《法式·看详·举折》中又讲道：“近来举屋制度，以前后撩檐枋心相去远近，分为四分；自撩檐枋背上至榑背上，四分中举起一分。虽殿阁与厅堂及廊屋之类，略有增加，大抵皆以四分举一为祖。”两种说法有所差异，在一般对比研究中，常用殿堂举高1/3为法式标准。但以宋代前后的几座殿堂建筑的举折来看，举高比大致在1/3.8左右，较接近《法式·看详》的说法，如镇国寺大殿为1/3.78，华林寺大殿为1/4.11，奉国寺大殿为1/3.98，晋祠圣母殿殿身为1/3.6，独乐寺山门为1/3.89。可见该殿的举高比与宋制相比较为平缓，但与实际的宋代建筑屋顶坡度相近。屋顶水平椽距最小值为99厘米，最大值为124厘米。上下椽间垂直高度最小值为42厘米，最大值为81厘米。殿身步架举折最大为七五举，最小为四举。副阶最小为三三举[2]。

4. 立面

大殿立面外观为重檐歇山顶殿堂建筑形式，高11.6米。檐口高达4.7米，较为敞朗。因檐口没有撩檐榑和斗栱，仅靠椽桷出檐，出檐仅105厘米，较为短促。但由于檐口生起较大，加上上檐收山深达两间，整个建筑仍给人以稳重而又飘逸的感觉。此殿的收山做法与广府式相同，有别于中原做法。较为特殊的地方是檐口的生起做法，檐柱的做法皆为平柱，没有生起。而是用额枋和角部斜檐枋将檐口和翼角生起，而且生起的做法自次间即已开始，生起线绵长而流畅。正脊两端生起也较大，整体建筑颇有宋风（图5）。

5. 斗栱

该殿使用斗栱极不规范，前檐柱头仅用一斗三升和座斗加花栱的简单斗栱形式。副阶老檐柱则使用较为规范的斗栱铺作次序，心间两朵，次间一朵，合宋制[3]，稍间和尽间无斗栱。斗栱用材为21厘米×10厘米和23厘米×10厘米两种，相当于《营造法式》的四等和五等材[4]，栱头的卷杀由上段的直线和下段的弧线组成，仍显宋风，但栱眼的形状与宋风有异，是与栱端卷杀配合呈向上趋势的形式。座斗方33厘米，高14厘米，其中斗耳高40厘米，斗平高2厘米，斗欹高6厘米，皿板高2厘米，皿板以上比例为3∶1∶3，与宋制2∶1∶2之比有异。

心间铺作为两跳四铺作斗栱，华栱内雕为龙头，斗饰为莲花托，外跳长85厘米，合85份，较宋制华栱长72份大得多。但按宋制五等材高为14.08厘米，华栱长为72×14.08＝1013.76厘米，仍较宋制要大1/3左右。正心瓜栱长125厘米，和125份＝62×14.08＝87.3厘米多1/3。内外跳均为偷心造，较为特殊，似为真下昂的变异制式（图6）。

6. 柱及柱础

金柱皆用圆柱，下为石质，上为木质。檐柱皆为方形石柱，因为岭南为湿热气候，建筑材料的防潮、防虫尤为重要。梁架中的短柱，天花以上及后部用瓜柱，前部和两侧用筒柱，因穿插梁枋较多，杉木较易开裂，故筒柱多用藤条箍扎，成为粤东和闽南建筑的特色（图7）。因已用防潮好的石柱，所以柱础较矮，为鼓珠形，与江南建筑柱础形式相近。

7. 椽及翼角

椽为板状桷板，上下通长，出檐不用飞椽，故出檐较短，仅为100厘米，此种构造为粤东闽南常用做法。翼角用撒网椽非平行排列，为中原做法。

由上可见，该殿是粤东早期接受中原建筑结构形式初期而形成的构架方式，构架手法南北混杂，随机性强，但所创造的建筑空间和架构方式却是成功的。在建筑设计上，重视建筑前部经常观瞻到的部位，即前部用斗栱梁架，而后部仅用一般抬梁构架。这种整体梁架前后主次区分的做法是更为实际的，其有别于北方前后构架相对称构架方式，较为灵活，有规而无矩，体现了地方特色和建筑技术交流过程的阶段性。在构造特色上，短筒柱的等级显然要比一般瓜柱为高。

（二）揭阳学宫大成殿

现在的揭阳市，是秦汉代古揭阳的一部分。秦统一岭南后，揭阳属

图5 潮州海阳学宫大成殿立面

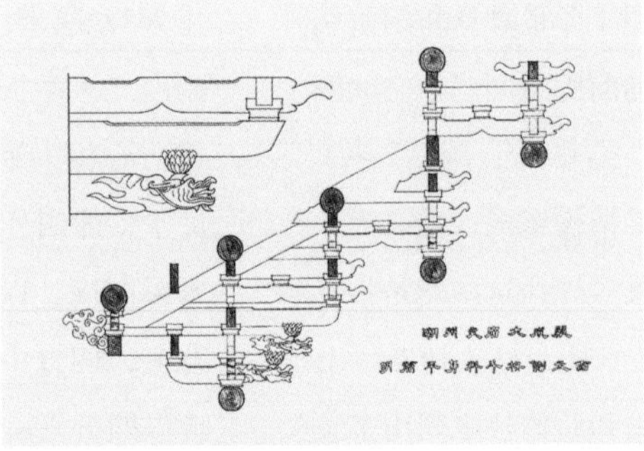

图6 海阳学宫大成殿心间斗栱

图7 海阳学宫大成殿瓜柱箍扎工艺

南海郡。汉武帝元鼎六年（公元前111年）建置揭阳县。晋属海阳县辖区，宋复置揭阳县，沿置至清。揭阳建置历史悠久，为粤东经济文化发展较早之县。

揭阳学宫始建于南宋绍兴十年（1140年），后经元、明、清多次修建，现存建筑系清光绪二年（1876年）改建时的格局。现存建筑有照壁、棂星门、泮池、大成门、大成殿、崇圣寺、东西斋、东西庑、明伦堂等。揭阳学宫为广东省现存较完整的文庙建筑群，总面积达5526平方米。学宫总平面中保存着周代左右阶的建筑制度，文物价值极高，其大成殿的构架和装修装饰也较有地域特色（图8、图9）。

1. 平面

大殿面宽五间，进深五间，副阶周匝，为满堂柱网，重檐歇山顶。平面开间自心间至稍间尺寸逐渐减小，内槽宽大。内金柱为圆柱，外檐柱和副阶柱为方柱。大殿平面宽深比为2114：2055＝1.029，其平面近于正方形。平面特色是在东、西、北三面稍间中间加一墙体，墙外即副阶，墙内即殿内。这是一种很灵活的空间分划方式，既保留了副阶又增加了室内空间。这种平面形式也带来了学术研究的新问题，即开间和进深如何计算的问题。就其构架形式来分析，梁柱构架为一完整的结构体系，墙体并无结构左右，仅起着划分室内外空间的左右。这种平面形式在广东有多例。这种情况，笔者认为应以承重结构的方式为原则来确定平面尺寸的划分，所以稍间仍按一开间计算（图10~图13）。

2. 梁架

殿身梁架为十五架桁屋前后五架梁用四柱，殿身外用周围廊（十五檩重檐歇山周围廊）。心间主槽内两榀梁架为粤东潮汕地区典型的“五脏内”梁架做法，“五脏内”梁架是清代潮汕地区一种常用的构架方式，即在进深心间构架中，用五个圆瓜柱和七架梁、五架梁、三架梁组成主体梁架。该殿于瓜柱七架梁下又复用一个七架梁，两梁间以叠斗连接，形成一个双七架梁叠梁构架，梁头均入金柱内，大大加强了梁架的横向稳定性和承载力。殿身前后梁架部分主梁用五步梁，梁头并出跳一架承托檐桁。五步梁下有随梁枋，梁枋间施以叠斗和连栱，也形成叠合梁构架。桁架间用叠斗和连栱、束水枋相交接形成整体构架，脊桁下使用子孙桁加强纵向连接。周围廊（副阶）使用不同的构架方式，前廊为三架梁叠斗弯枋式轩廊构架，左右及后廊则为一般的三架梁叠斗弯枋构架。廊中砌以墙体，墙顶直接周围廊屋顶椭板，将廊步分为室内外两部分。

次间梁架所用形式与心间不同，较为简略。殿身主槽用叠合七架梁，上承圆筒柱，又施双五架梁，梁间用襻间连接，五架梁上又立短圆筒柱，再接三架梁和立脊筒柱。各筒柱直接成桁，筒柱间以连栱（弯板）和束水枋拉结。周围廊梁架部分与心间相同。

从纵剖面上看，两榀梁架之间在金柱和檐柱间用多层梁枋连接，梁枋间施以襻间斗栱。次间梁架高于心间梁架，两者相差46厘米，使脊桁形成中间低两端高的折线状。山面梁架则是在周围廊三架梁上紧靠金柱外侧立一梁架，与出挑梁头共同承托山面屋顶。

该殿主梁的断面为对称的上弧下折的形状，上下面宽度相同，下部两侧向内侧直线收分，以便规矩的座斗的承托连接。上部则做成外张的弧线状，上承圆形瓜柱。与海阳学宫大成殿主梁断面不同，据调查，该断面比例是该系清代建筑的规范做法（图10~图13）。

3. 举折

大殿殿身前后挑檐桁心水平距长1639厘米，挑檐桁上皮至脊桁上皮垂直高度为327厘米，举高比为1：5.01，坡度甚为平缓，较中原明清的殿堂建筑的屋面坡度小得多。殿身步架最小举架为三举，最大者为六七举。

4. 立面

大殿外观立面为重檐歇山顶，高11.9米，周围廊檐高512厘米。上檐出130厘米，下檐出110厘米，较为短促。但由于周围廊檐柱高度自心间向两端大幅度生起，屋脊又呈弧线，收山较大，加上周围廊的空间通透，造型仍较轻盈。上下檐间距仍较近，这是岭南殿堂建筑的外观特征。屋顶坡度平缓，正脊分三段处理，中间是硬山顶的处理方式，正脊为龙舟式，两端接垂脊。东西两端则是用民居硬山形式的镬耳山墙，垂脊下接翼角，这种屋脊显然是受到了民居建筑山墙形式的影响（图14、图15）。

5. 斗栱

该殿使用斗栱大部分为襻间斗栱和叠斗的形式，仅起连接和局部承托作用，在本殿中无举足轻重的作用。不过斗栱有着较统一的尺度，栱断面为23厘米×9厘米，相当于《工程做法》中的九等斗口（以斗口宽度为比较标准），大座斗为八角形，小座斗为四角形，斗底均刻为皿板状。

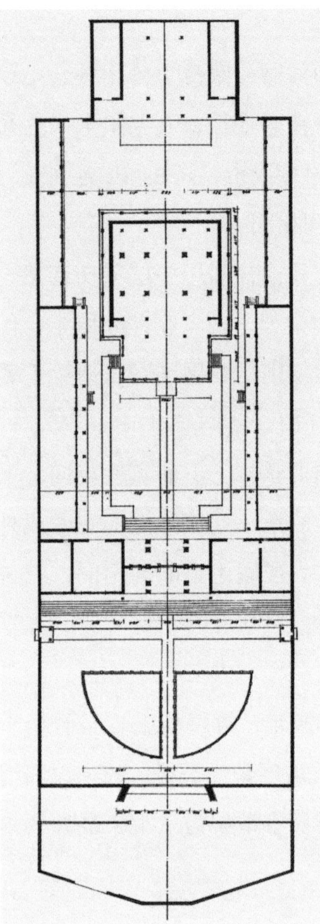

图8 揭阳学宫中路总平面

图9 揭阳学宫大成殿

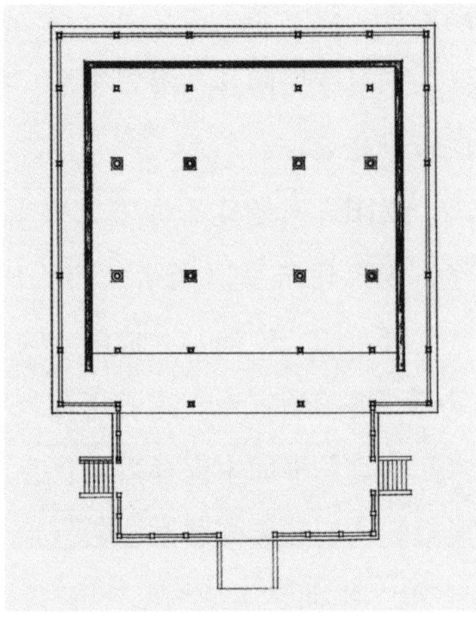

图10 揭阳学宫大成殿平面

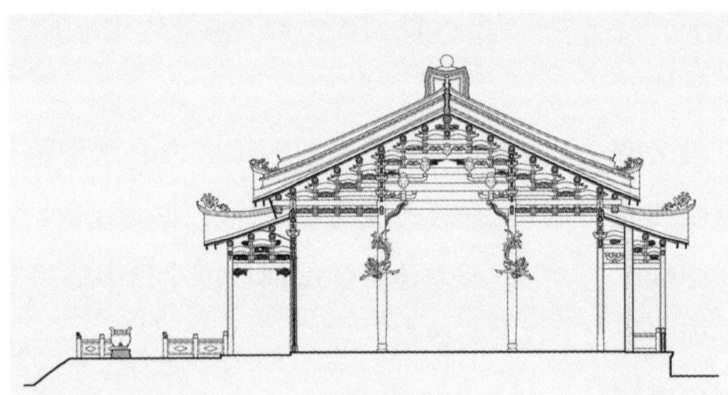

图11 揭阳学宫大成殿心间横剖面

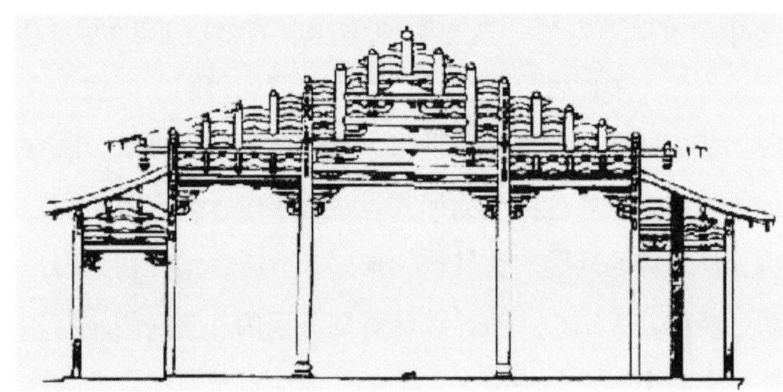

图12 揭阳学宫大成殿次间横剖面

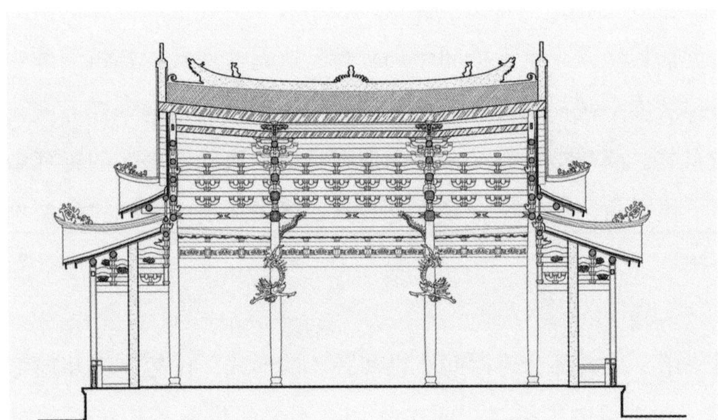

图13 揭阳学宫大成殿纵剖面

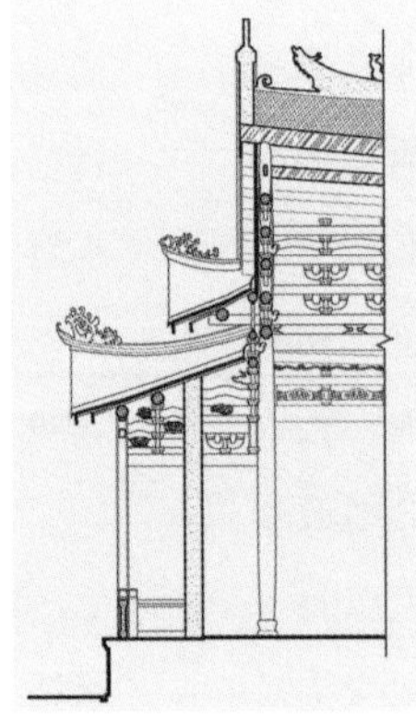

图14 揭阳学宫大成殿山面梁架构造

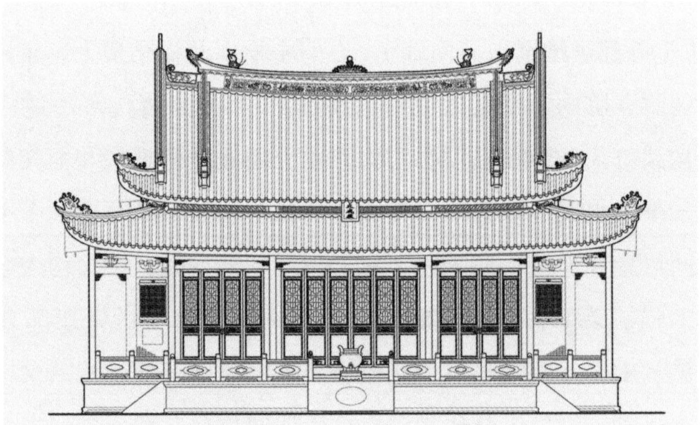

图15 揭阳学宫大成殿立面

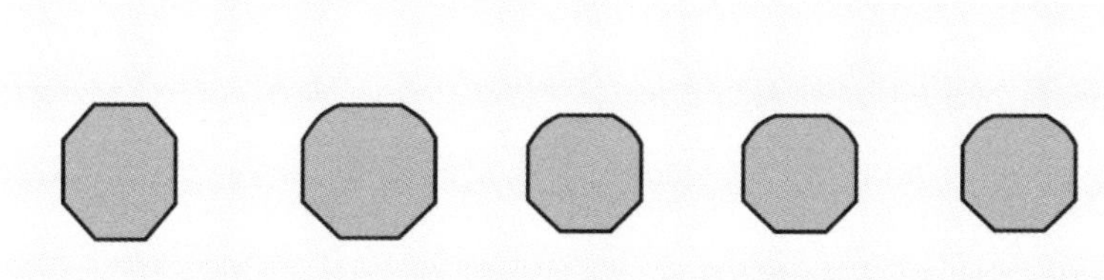

图16 揭阳学宫大成殿主梁断面形式

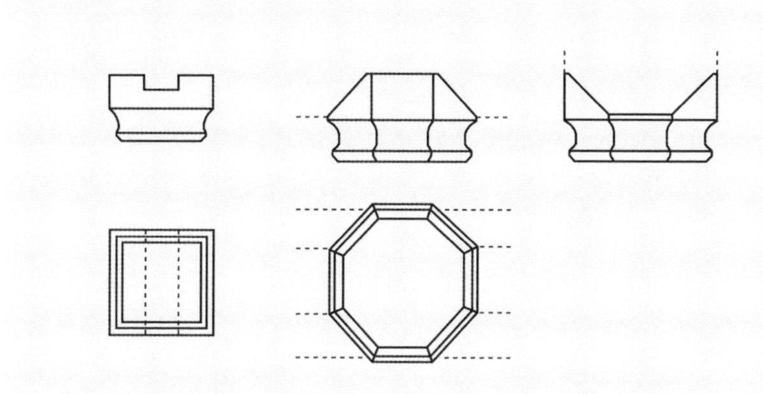

图17 揭阳学宫大成殿斗栱大样

6. 柱及柱础

金柱为圆梭形石柱，高658厘米，最大直径为42厘米，细高比为1：15.6，比例极为细长。檐柱为方形石柱，比例更为细长。且柱自心间至稍间有生起，幅度高达30厘米之多。金柱础较矮，为鼓形，当地称这种柱础为“浮珠”，下有古镜础石承托。檐柱无柱础，柱直接入地基。当地称这种做法为“生根”。在结构层面上是柱与地面连接的方式不同，“浮珠”为铰接，可以允许柱础的微小位移，利于吸收地震的能量和结构平衡性；而“生根”为刚接，不能位移，利于防风和结构稳定性。两者据整个建筑的构架情况而统筹布置运用。这两种柱础的形式是粤东系古建筑的常用方式。

7. 椽及翼角

椽为桷板式，上下通长，出檐使用飞椽，与海阳学宫大成殿的做法有异，角椽使用平行椽的做法，翼角起翘较大（图16、图17）。

综上所述，该殿是清代中期以后的地方做法。使用了技术和工艺成熟的五脏内梁架、连栱和水束枋构造做法，梁枋断面形式、各构件已有规范格式，表明了构架技术的成熟。周围廊前后使用不同的构架和空间处理方式，同样是较为灵活的手法。在构造上，使用等级较高的圆形瓜柱形式。殿堂内外柱圆形柱用于室内，方形柱用于室外。

注释

1 发表于《古建园林技术》2000年第4期，总69期。

2 为了比较的方便，在讨论步架举折时均以清制为准。

3 文献[4]卷第四，大木作制度，总铺作次序。

4 因为材为栱断面尺度，难以建立材等的比较标准，从力学角度和实际情况考虑，在南方斗栱用材厚度大大小于北方，笔者认为以材高作为比较的标准较为合适。但清式建筑以清制建筑设计的标准为依据，仍以斗口的宽度为比较标准。

图表来源

图1、图7、图9：作者自摄。

图2、图3、图5、图6、图8、图12：华南理工大学建筑学院测绘资料。

图4：中国建筑史[M]. 北京：中国建筑工业出版社，1982.

图10、图11、图13～图17：作者自绘。

表格：作者自制。

参考文献

[1] 李权时主编. 岭南文化. 广州：广东人民出版社，1993.

[2] 乾隆.《潮州府志》.

[3]（宋）李诫.《营造法式》.

澳门郑家大屋建筑研究[1]

一、郑观应与郑家大屋

坐落于澳门下环妈阁街龙头左巷10号的郑家大屋，是中国近代著名思想家郑观应在澳门的祖屋和故居，由其父大约筹建于清光绪七年（1881年），距今已百年之余，是澳门地区目前尚存规模最大的中国传统大型民居建筑群，列入澳门世界文化遗产名录。这组建筑具有丰富的历史文化背景，与郑氏家族发展关系密切，也与郑观应本人的思想和活动有着一定的联系。

郑观应，本名官应，字正翔，号陶斋，别号杞忧生、慕雍山人、待鹤山人等。于清道光二十二年农历六月十七日（1842年7月24日）出生于广东香山县雍陌乡（今属中山市）的一个封建士绅家庭。其父郑文瑞（1812—1893年），又名郑启华，出身寒微，但经奋斗而官至巡按，是澳门镜湖医院的倡建值理之一，热心社会公益事业，先后在家乡香山和澳门开设私塾。郑文瑞育有九子一女，郑观应为其第二子，是九子中成就最突出的一位（图1）。

咸丰八年（1858年），应童子试未中，16岁的郑观应放弃科举，奉父命赴上海习商。他常与外商往来，接触西方思想较多，后来又到日本、南洋考察，先后成功地进行了多种管理、资本投资、商贸等活动，从洋行买办转为颇有名望的民族资本家。郑观应得到以李鸿章为首的洋务派官僚的赏识，并委以多项官商职务，曾担任上海机器织布局总办、上海电报局总办、轮船招商局帮办及总办等职，成为中国第一代实业家。郑观应的洋务经历、对西方各国的考察以及突出的爱国政治热情，使他突破了洋务官僚“逐末而舍本”的局限，尝试用开放的视野和比较的方法研究探讨外国富强和祖国积弱的道理。然而命运多舛，1885年年初，郑观应受政治和经济的困扰，心力交瘁，于是退隐澳门郑家大屋近6年，寄情山水。他抱着忧时愤世之情怀，集中精力完善日渐深刻的维新思想，修订重写《易言》。光绪二十年（1894年），体现他成熟而完整的维新思想体系的《盛世危言》得以在郑家大屋著成。

图1 郑观应像

如《盛世危言·自序》所讲，“于是学西文，涉重洋，日与彼都人士交接，察其习尚，访其政教，考其风俗利病得失盛衰之由”，得出的结论是：“富强之本，不尽在船坚炮利，而在议院上下同心，兴学校，广书院，人尽其才”。[2]因此，主张效法西方的议会政治、重视教育和发展民族工商业，是郑观应变法救国思想的核心，《盛世危言》一书多方面地阐述了这一思想，是中国近代思想史上一部富有启蒙意义的变法著作。该书一出，朝野震动。对后来的维新变法运动产生了巨大影响。该书思想不仅影响了当时的思想界，而且惠及后世，如康有为、孙中山即颇受该书影响。光绪十七年（1891年）三月，郑观应蛰久思动，再次复出，先后出任开平煤矿粤局总办、招商局帮办、汉阳铁厂总办、粤汉铁路总董、吉林矿务公司驻沪总董、广州商务总会协理、广东商办粤汉铁路有限公司总办等职。清代灭亡前的几年至民国以后，郑观应倾主要精力办教育，并兼招商局公学住校董事、主任，上海商务中学名誉董事等职。他还时常回到澳门郑家大屋渡岁、料理双亲的后事，且笔耕著述，又断断续续增编了《盛世危言后编》。1922年病逝于上海提篮桥招商公学宿舍，享年80岁。

二、郑家大屋的兴建与环境

郑家大屋始建于1881年，由郑观应的父亲郑文瑞筹建，在澳葡时期又被称为文华大屋。当时郑观应《题澳门新居》中曾赋诗咏赞这座大宅：

群山环抱水朝宗，云影波光满目浓。楼阁新营临海镜，记曾梦里一相逢。

三面云山一面楼，帆樯出没绕青洲。农家正住莲花地，倒泻波光接牛斗。

诗中附注记录有大屋选址的一个典故："先荣禄公（郑观应的父亲）梦神人指一地曰'此处筑居室最吉'。后至龙头井，适符梦中所见，因构新居。"据梅士敏先生考据，郑家大屋坐落的龙头左巷，原是居澳葡人早期的居民点之一，相传为"龙头宝地"。大屋后面的"龙头井"又名亚婆井，在葡文中的名称是"泥流泉"，是早期澳门的主要水源，与居澳葡人有着深厚的情结。相传葡人初到澳门必要饮用此处井水，方可适应水土，逢凶化吉。大屋选在此址，与葡式建筑群毗邻，足以看出当时郑家的显赫。

百年前，下环都是低矮房舍，而大宅雄踞于高处，背山面江，前面视线无阻，内港及对岸香山县湾仔（今属珠海市）的濠江景色尽收眼底。主体建筑"通奉第"有对联曰"前迎镜海；后枕莲峰"，正是当年优越地理位置及优美景观的最好写照。

然而，时过境迁，沧海桑田，如今从阿婆井街、主教山仍可鸟瞰郑家大屋，但在其前面由于填海造田而又兴建的多层住宅已将海景完全遮挡。而郑家后人四散，大屋被分散出租，最多时达500人之多，住客包括各色人等，管理混乱，大屋长期无法进行适当的维护及整修，又历经数次火灾，加以风吹雨淋，白蚁肆虐，这次修缮前房屋已经破败不堪。

澳门特区政府与私人发展商经过年余的商谈，于2001年7月达成郑家大屋物业权转让协定，将郑家大屋移交给特区政府，政府随即封存这一古建筑群，并于当年迁移住户和完成了对大门的维修工程。郑家大屋，经过岁月的洗礼，更像一位饱经风霜的老人，注视着整个澳门百年来的变迁，如今成为列入《世界文化遗产名录》的澳门历史城区的一组传统古建筑（图2）。

三、郑家大屋建筑特色分析

（一）建筑规模与布局

据调查，原有的郑氏大屋规模宏大，建有九宅，为郑启华和其九子一女的住宅。后来家道衰落，逐渐被蚕食，现存有大门、二门、两座正屋、佛堂、三组附属用房和花园，以及建筑遗址一处，功能较为齐全。郑家大屋占地约为4000平方米，建筑面积约3000平方米，由于地形东西狭长，建筑沿山体等高线顺妈阁街方向纵深达120多米。建筑形式属岭南传统院落式大宅，主体建筑是由两座并列的四合院建筑组成。现存建筑的局部曾经改动，情况较复杂。由于年久失修，其中许多房间的详细使用功能已无从考究。

由于地形所限，大屋并非正南北向，虽为纵深布局，但并没有采用中轴对称布局方式，而是错置为三组，自主入口到二门为第一组，设置门楼、倒座门卫和仆人附属用房，并通过一狭长的巷道与二门衔接和组织空间。过了二门，进入主体空间，是第二组建筑即郑氏大屋的主要组成部分。南侧便是大宅的主体建筑"通奉第"，北侧是一片坡地。坡下曾为濠湾，现已填平，但还保持着原来的地势。两层高的主体建筑位于高处，从坡地下仰视，气势非凡。这组采用中轴对称的中国合院形式，布置有两座正房"通奉第"，由于地形限制，轴线不取纵长，而采用大面阔的布局方式。这组建筑包括后门更楼和厨房建筑。第三组建筑包括与二门紧密相连的佛堂和花园，位于整组建筑的东北隅，向北便是建筑遗址所在。整组建筑联系紧密，错落有致，主次分明，内外有别，建筑功能构成有趣，是有价值和情趣的一组历史建筑群。

大屋建筑形式为清末民初广府地区典型的民居样式，砖砌山墙承重，硬山坡屋顶，均以青砖为主要建筑材料，建筑外围高墙，外观较为封闭。建筑高度因建筑性质不同而有所分别，仆人用房一般为1层高，主体建筑并列两层高，局部设置三层，前低后高（图3、图4）。

（二）建筑功能与空间

传统建筑历来重视建筑入口的空间处理，作为门面要高大庄严，而风水要求则要避免煞气直冲或泄气。从龙头左巷的正门进去，正门是一座高达7米的两层两开间硬山顶建筑，为突出入口，采用传统的凹门斗式，上层开有窗户，下层为硬木趟栊大门，檐壁上有中式壁画，为典型传统中式风格。步入大门，内为门廊空间，右侧门神龛台有一副传统的吉祥祈福七言联："添福添禄还添寿；生财生子又生孙。"门廊内天花则是西式泥塑图案装饰，尚有花岗石梯级过渡至地坪稍低的面对照壁的前庭空间。往右转面对西向琉璃花窗，两旁有副灰塑竹节造型对联，上有七言联语："驻马客欣榕荫古；步蟾人赏桂香浓。"下联的"步蟾人"暗藏"蟾宫折桂"之典，喻书香门第。琉璃花窗之上，尚有横批"留月"二字，颇有画龙点睛之效。形成了入口前庭的一处景观，园林空间韵味甚浓。再左转入圆拱门进入笔直的巷道。巷道右侧是花园，中间隔墙上

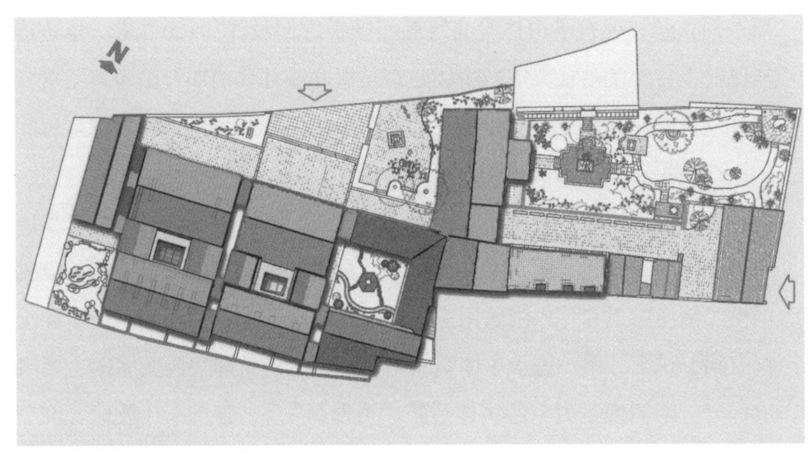

图2 郑家大屋总平面图

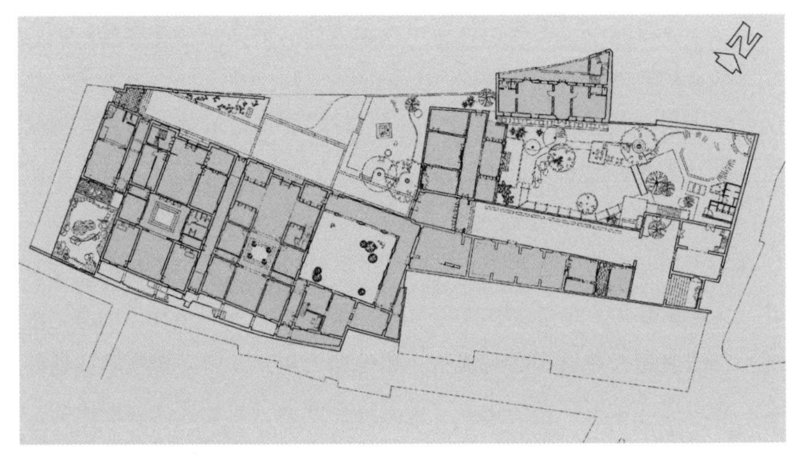

图3 郑家大屋首层平面图

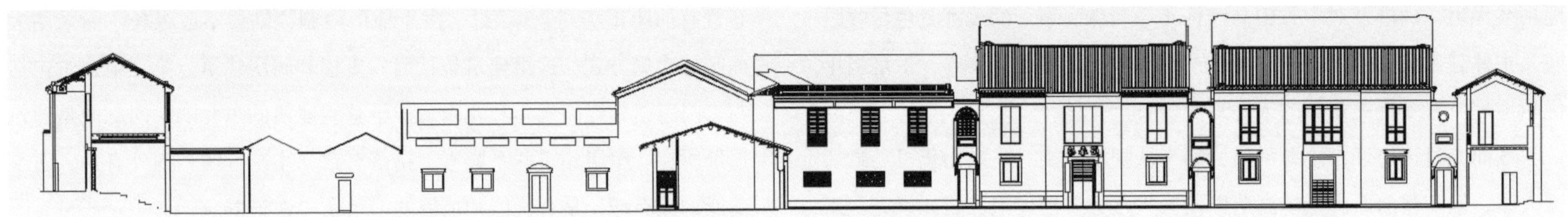

图4 郑家大屋北主体立面图

开琉璃透花窗，隐约可见园林里葱郁的植物。巷道左侧是一列一层高的附属建筑，为仆人和仓储之用。

前行至二门，二门是一座区分内外的单层单开间硬山顶门式建筑，外门是四扇格扇门，内门为实木板门，外门上额书“荣禄第”；进二门内，有曾国藩胞弟曾国荃题于1881年的“崇德厚施”牌匾。当年曾国荃任山西巡抚，在赈灾中得到郑观应及其父的大力捐助，故以此匾表彰郑家的慈善义举。这二门是个重要的建筑，除了划分主次空间外，还是一个交通枢纽，除沟通前后内外之外，其前檐下空间右通佛堂与花园，左通仆人附属用房，空间及交通组织非常巧妙与高效。

与二门北向相连有一组单层三开间建筑，坐西向东，心间采用勾连搭连接前厅。据史料记载，这里原属郑家大屋的佛堂部分，作为宗教修养活动的场所，面向园林，自成一体。穿过此处的圆形拱门，就可步入大屋的花园，拱门旁尚有一副六言联，字体虽已残破不堪，尚依稀可辨：“见阴阳而合□；借楼阁以撑天。”拱门之上有横批“祥光”二字。但上联末字已全部脱落，无迹可寻，按对联意义和对仗疑为“地”字。花园数树点缀，有古井一口，彰显园林氛围。花园的北侧余有一片夯土墙结构的建筑遗址，已经荒废多年，经过雨水侵蚀，残垣断壁，大屋百年沧桑可见一斑。

穿过二门前行进入主体建筑空间，第一组是以庭院组织的“U”字形建筑。前一部分用拱券敞廊围合庭院，二层廊子通开百叶窗扇，窗后布置有卧榻。后部为两层高的建筑，二层上开芭蕉叶形窗户，配上首层敞廊的葫芦形窗户以及月亮门，颇具园林建筑特色，推测该组建筑为一休闲场所。

再前便是两座坐南面北的合院建筑，建筑形式均为传统的晚清时期粤中城镇民居类型。平面以中间的一小天井作为组织和分划为前后两个部分，前后各三开间。前面类似广州西关大屋，为凹门斗式的一明两暗格局，高2层。但不同的是入门即为前堂，堂后有屏风作背景，屏风后即为天井。后面类似广府地区三间两廊式的平面，中轴为后堂，空间较前堂狭小，作为内堂使用，此部分高达3层。堂两侧和第三层的房间均是卧室、书房及附属房间。前三间主要是对外的厅堂空间，空间高敞。两座建筑外观类似，但东侧的“通奉第”则地位较高，其建筑门楣上悬挂有横匾，相传此为郑观应当年住所。门前还挂着两块木刻阴文四言联“前迎镜海；后枕莲峰”，由于地势高，加上建筑高大华丽，至今身临其境，仍可体味出当年的非凡气势。“通奉第”的一层前堂空间与两侧小厅为格扇门罩分划，打开时空间开阔，灵活可变。主要厅堂是设在通奉第二楼的“余庆”堂，与其他所有建筑西式梁架和吊顶棚的空间处理不同，这里采用了大屋唯一一处中式抬梁式梁架，梁架形式采用明清广府地区常见的瓜柱抬梁式，心间正中悬挂着一块硕大的“余庆”匾额，其三间贯通，一如祠堂正堂高大宽敞的空间。据说当年这个厅堂，挂满名人对联字画，并有郑观应及其夫人的大幅画像。澳门学者梅士敏曾考证其为居澳的英国名画家钱纳利的得意门生关乔昌的手笔，而对联中还有李鸿章手书的赠联：“黎云满地不见月；松涛半山疑有风。”墙体上部的内檐则绘满了壁画，很有传统空间的气韵，也是整组建筑中最考究、最隆重的空间。而二楼后堂则是放置牌位的祖堂。主要厅堂设在二楼，这是与一般中式传统建筑不一样的模式。中间的天井则起着自然通风采光和扩大空间的作用。

西侧两层的建筑是大屋的重要附属建筑，这个建筑一楼包含了大屋主人的厨房、餐厅、卫生间，还有加工粮食的米舂、灶台烟囱等遗迹尚存。餐厅设在二楼，厨房和卫生间的排污用的大缸之间有小门联系，方便利用厨房的炉灰掩盖污物，设计合理。正对二门的楼下为大屋的后门，其上则为更楼，窗侧有行书七言联尽道此大屋环境之幽雅：“四壁山环水绕；一帘月影花香。”横批为“日月光华”，成为大屋狭长空间的对景和收缩。

主体建筑之间皆以宽1.5米左右的冷巷分隔，建筑有侧门与巷道联系，作为出入及生活辅助之用，功能分区明确，内外界线严明，与天井共同作用且起着组织隔热与通风作用，突出了建筑“高屋、窄巷、小天井”的岭南传统空间特征。而建筑之间均有通道联系，使整组建筑成为一个有机的整体（图5~图10）。

图5 大门与二门间的巷道

图6 二门“荣禄第”

图7 大屋主体建筑

图8 大屋整体模型鸟瞰

图9“通奉第”入口匾额与对联

图10 后门与更楼

（三）建筑形式与结构

郑家大屋的主体建筑形式为清末民初广府地区典型的民居大屋样式，立面分上中下三段划分，下段是外墙墙脚，为三层花岗石板，使得建筑有稳固的观感和防水的作用；上段是简洁的传统碌筒瓦坡屋顶、博古脊饰和檐口灰塑、彩画等；中段则是外抹白灰的砖砌墙体，窗户有规律地镶嵌其间。体形为简洁的双坡硬山顶组合，正立面为三间对称式构图，心间为贯穿二层的凹门斗，并形成檐下空间，入口大门和二层的落地大窗比例和谐，而次间开窗较小，外观稍封闭，心、次间虚实对比明显，主次分明。侧立面前低后高，富有层次，墙面的窗扇和山墙的通风孔活跃了侧立面的呆板。

为了适应本地炎热多雨的气候，并满足私密性的要求，以高外墙避免太阳直射、减弱热辐射，以两边的青云巷加速自然通风，以天井、敞厅、通透的间隔解决密集型住宅的通风采光，室内空间流动通畅。

除却“通奉第”一进二层的抬梁式构架，以强调其重要性和中国根外，其他结构采用山墙承重的硬山搁檩式的砖木结构，房间的空间大小有一定的局限性。从整体外观看，由于每个房间都有对外的窗户，特别是二层开有落地大窗，较一般的传统大屋的封闭而言，其较为明快，墙面均灰白色抹灰，在檐下、门窗处有少量装饰，整体色彩较为素雅（图11~图14）。

（四）建筑装饰

主体建筑的外装饰主要使用灰塑、线脚等手段，装饰部位主要是入口、门窗与楣线、檐下灰塑等。主体建筑入口依然采用凹门斗样式，檐口有封檐板，檐下有彩画，山墙面上有山水、花卉、卷草纹灰塑。而墙壁门窗使用了拱券形和直线形的门楣、窗楣，以及宝瓶状栏杆和木质百叶，显示出西洋建筑文化对于中式传统建筑的影响。窗户多为中西合璧式，外包以石框，外窗扇为葡式百叶窗。落地窗分上下两部分，上层为可开启的外百叶窗内玻璃的双层窗，下层为固定式的蚝壳窗，既发挥采光和艺术作用，又可避免视线干扰，实用而精美。

建筑内部房间、庭院、天井比较开敞，大量采用的是通常的木花窗扇，重要厅堂则采用优美的格扇屏风和挂落。二层天井四围采用蚝壳格扇，成为雅致的采光、通风井。主体房间室内大部分房间采用了顶棚吊顶，除了少部分重要空间采用覆斗形吊顶外，大多数采用了西式的平面顶棚和线脚处理，室内配以彩画，字画、匾额、家具等陈设后形成一种既庄重典雅又明朗轻快的气氛。总之，建筑装饰在传统中国装饰的基础上融入了不少外来的装饰手法，既有粤中地区常见的灰塑、横披、挂落、满洲窗，又有葡国特色的百叶窗、落地窗及拱券与线脚等装饰，两种特色装饰共冶一炉，传统而新颖（图15~图20）。

四、几个问题的探讨

（一）建筑年代问题

一说建于1863年，一说为1881年所建，笔者认为应为后者，郑氏大屋是清末的建筑作品。理由有三，其一郑父经常往来香山与澳门，在澳

图11 大屋主体建筑“通奉第”的中式梁架

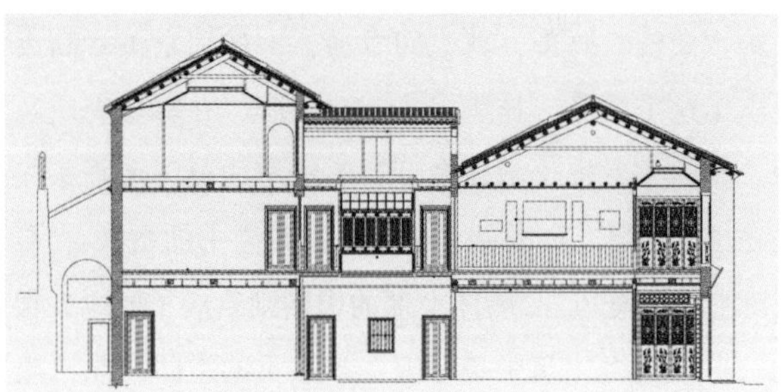

图12 大屋主体建筑的西式梁架

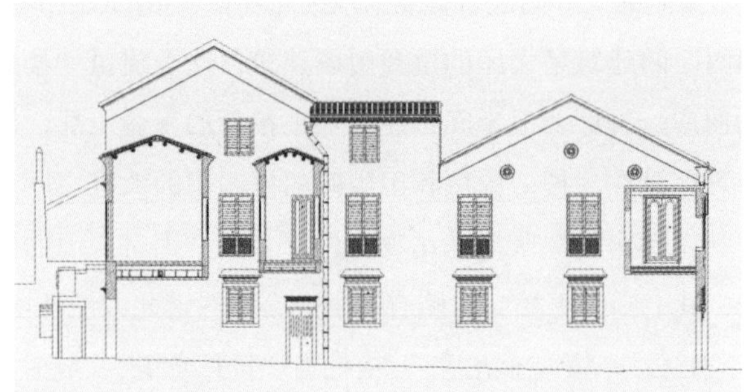

图13 主体建筑侧立面

图14 主体建筑正立面

图15 室内壁画

图16 木雕与灰塑

图17 “通奉第”的“余庆”堂

图18 二层天井蚝壳格扇

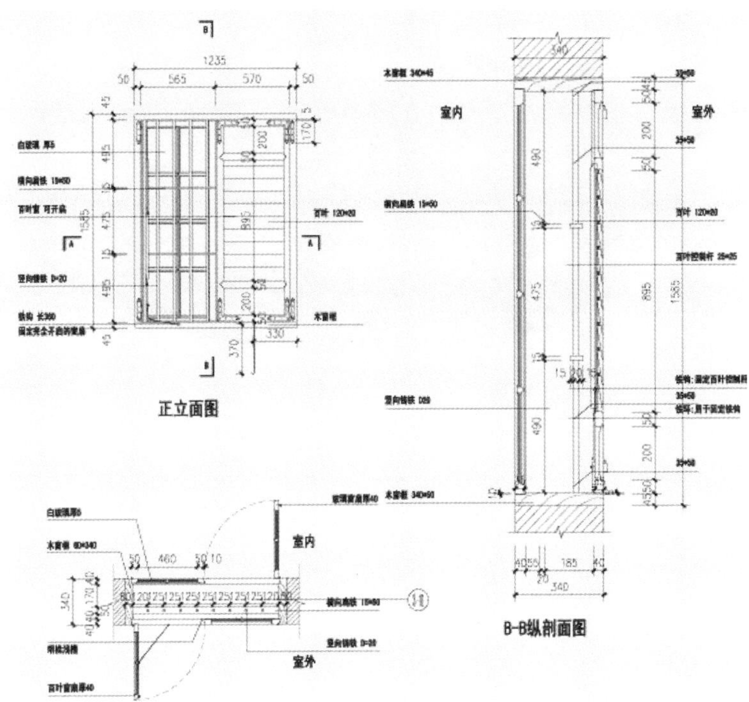

图19 双层窗构造

图20 厅堂室内

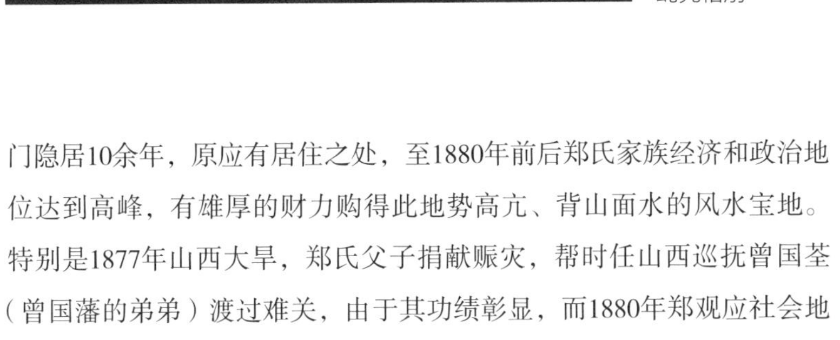

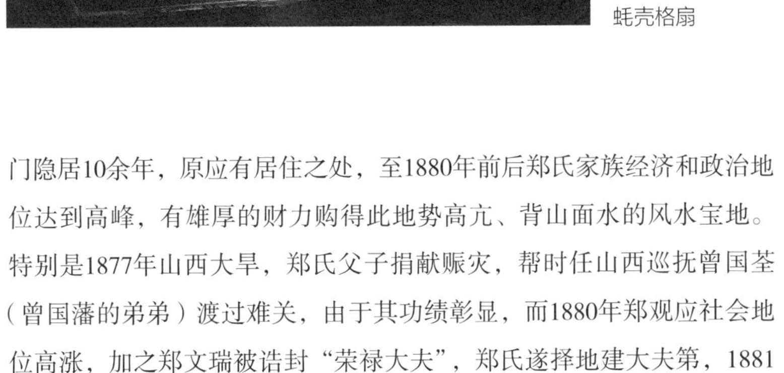

门隐居10余年，原应有居住之处，至1880年前后郑氏家族经济和政治地位达到高峰，有雄厚的财力购得此地势高亢、背山面水的风水宝地。特别是1877年山西大旱，郑氏父子捐献赈灾，帮时任山西巡抚曾国荃（曾国藩的弟弟）渡过难关，由于其功绩彰显，而1880年郑观应社会地位高涨，加之郑文瑞被诰封“荣禄大夫”，郑氏遂择地建大夫第，1881年曾国荃赠匾额“崇德厚施”予郑氏，此匾当是为新建大屋的贺礼，1882年大屋建成时正是郑文瑞的七十寿辰；二是据文献记载，郑父买地营宅时郑观应曾出资协助，而1863年郑观应才21岁，当奋斗之时，应无多财力以助之，郑观应成为成功的商人是在1870年以后的事；三是现存大屋的建筑风格、形式与清末类似的传统建筑十分接近，如建于19世

图21 北京天坛瘗坎

图22 大屋厨房“瘗坎”

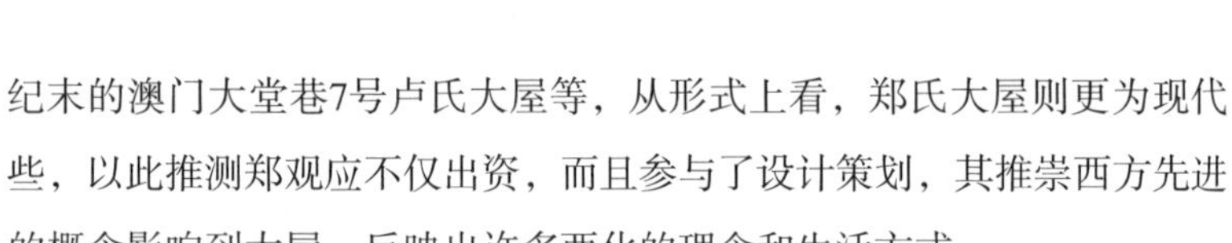

纪末的澳门大堂巷7号卢氏大屋等，从形式上看，郑氏大屋则更为现代些，以此推测郑观应不仅出资，而且参与了设计策划，其推崇西方先进的概念影响到大屋，反映出许多西化的理念和生活方式。

（二）佛堂的性质

与二门北向相连有一组单层三开间建筑，这里原属郑家大屋的佛堂部分，作为家庭宗教修养活动的场所，面向园林，自成一体。佛堂正门为一花罩，以一圆拱门与花园空间衔接。拱门旁有对联“见阴阳而合□，借楼阁以撑天”，拱门之上有横批“祥光”二字。穿过此处的圆形拱门，有一敞厅，两侧为天井，围以拱门。由敞厅就可步入花园了，花园数树点缀，有古井一口，彰显园林氛围。花园的北侧余有一片夯土墙结构的建筑遗址，已经荒废多年，经过雨水侵蚀，残垣断壁，大屋百年沧桑可见一斑，推测该遗址为大屋用地的遗存建筑，年代早于大屋，这可能是说大屋建于1865年的依据之一。

郑观应事业遭遇坎坷之时，隐居大屋前后有六年之久，在此修身养性，思考国策，撰写《盛世危言》一书。郑观应虽投身商界，然喜爱道学，他“丹财罔错，求缘访侣，入室同修”。自述“至晚年，幸遇至人，始明真汞、真铅、火候、法度、炼地、元须、真种诸妙旨。虽年届古稀，亦不禅心劳跋涉，觅侣求铅。人多目以为痴者”。故佛堂之处疑亦为道学之用，在佛堂心间左次间，是外观不能察觉的一个天井极小的净修空间，又似书室，加上外面的花园，原来家族拜佛的空间，可能为晚年的郑观应兼作修道之用，其功能具有两重性。特别是与郑观应所提倡的“先积阴功，后学神仙”[3]的儒释道三位一体的修身养性分不开的。他在《复吴剑华道友书》中说：“先哲有言‘凡有作为，顺听自然。事若未至，不生妄念；事若过去，释同冰化。务令此心常若无事，则心静矣’。心静则自定，独处静室，塞兑垂帘，回光返照，存其心若婴儿，如法内观行造自然而然方是其心真况。既造真况，方可与薏归元海。”这里提到的静室大概就是佛堂一侧的隐秘建筑空间了。郑观应在《盛世危言后编·序》中，将大屋称为“待鹤山房”，郑观应本人别号“待鹤山人”，也许被称为佛堂的建筑实际上就是主要修道的场所。

由此可以看出，郑家大屋在建筑思想上，将物质生活空间、精神修行空间与花园休闲空间融为一体，体现了中国传统建筑的养心、养身、养目的本色。

（三）类“瘗坎”设施推测

在大屋厨房首层，有一类似碓磨遗迹的地方，为呈圆环状的砖砌体，外径约为1.2米，内径约0.7米，高出地面约30厘米，内坑深约30厘米，中置沙土，外沿接外凸小平台。初始不知为何物，后联系到郑氏拜佛修道的言行，以及古代的祭祀习俗，笔者认为此乃杀牲用的设施，作用类似古代祭祀天地所用的“瘗坎”。“瘗”是埋的意思，“坎”为低洼之地，瘗坎是专门用于瘗埋“最高神位所供牺牲毛血”的地方，有谢神之意。杀牲时将毛血置于坎中，是对神的尊重，也是对牺牲的尊重。推测郑氏信佛习道，日常饮食杀生为求心理安定，需要简易仪式，所以这里的设施推测为类似古代“瘗坎”的作用，坎中置沙土便于清理（图21、图22）。

总之，郑家大屋具有较高的历史价值和文物价值，但政府收回前已是破败不堪，为此澳门文化局已制定详细的保护修缮和利用计划，目前建筑修缮工作已基本完成，室内装饰部分的修缮和陈设正在进行中，相信不久的将来，人们会看到郑家大屋的原本风貌。

（文中部分郑家大屋老照片由澳门文化局文化财产厅提供，在此谢忱。）

注释

1 完稿于2005年。

2 夏东元. 郑观应集·盛世危言（上）[M]. 北京：中华书局，2013.

3 郑观应，夏东元. 郑观应集（下）[M]. 上海：上海人民出版社，1988.

图表来源

图1：罗炳良. 郑观应盛世危言[M]. 北京：华夏出版社，2002.

图2～图4、图11～图14、图19：作者自绘。

图5～图10、图15～图18、图20、图22：作者自摄。

图21：徐志长. 天坛[M]. 北京：大象出版社，2004.

参考文献

[1] 刘先觉，陈泽成. 澳门建筑文化遗产[M]. 南京：东南大学出版社，2005.

[2] 陈树荣，王宁光. 澳门传统中式建筑[M]. 中国澳门：晨辉出版有限公司，2002.

[3] 梅士敏.《盛世危言》作者郑观应的澳门故居[J]. 纵横，1999，12：48-49.

[4] 易惠莉. 郑观应与他的家族[J]. 岭南文史，2002，3：68-74.

[5] 管林. 郑观应的道教思想及其养生之道[J]. 岭南文史，2002，4：5-8.

[6] 程建军. 澳门郑氏大屋保护修缮设计方案文本（未刊稿），华南理工大学建筑文化遗产保护设计研究所，2002.

岭南古建筑营造技术及源流研究[1]

一、本课题的研究意义

在中国五千年的文明历史中，以儒家文化为统治的大一统文化占据主流，但由于幅员辽阔、族群众多、历史变迁，大一统之外的多元化也成为中国文化的重要特征。与此相应，“多元性”则是中国古代建筑除“整体性”之外的另一个重要属性，这决定了对中国古代建筑史进行科学研究及整体把握的复杂和困难。自20世纪初开始对中国古代建筑史展开系统的科学研究以来，经历海内外数代学者的不断深入研究，学术成果积累至今已蔚然可观，冠以“中国古代建筑史”或类似题名的研究成果陆续产生。综观这些成果，学界对通史的研究仍在不断深化、完善之中，基础资料日益补充；在对象选择的角度上更为丰富、微观，呈现全面覆盖的趋势，区域谱系划分越来越细、地域尺度越来越小；在研究方法上视野更为开阔、宏观，对建筑现象理解的角度也更为多元。其中，加强对地域建筑、建筑体系的研究是发展趋势中的一个重要方向，而其中的关键问题是对技术、对文化的调查与理解。

事实上，早在20世纪30年代中国营造学社创办之初，朱启钤先生已经指明这一方向和工作方法。在1929年3月24日所发表的“营造学社缘起”和1930年2月16日所作的“营造学社开会词”中，他提出“因全部营造史之寻求，而益感于全部文化史之必须作一鸟瞰……研求营造学，非通全部文化史不可，而欲通文化史，非研求实质之营造不可”。[2]微观上需研究实物，宏观上与“全部文化史”结合。在此基础上，他又提出“纵剖”和“横断”两方面的工作方针，“纵剖”即“有史以来，关于营造之史迹是也”；“横断”则指地域间的横向联系和影响。最后他总结说：“有纵剖之法以究时代之升降，有横断之法以究地域之交通，综斯二者以观，而其全庶乎可窥矣。”我们现在应该发扬光大前辈的学术思想，探索实践，走出科学的、符合中国特点的学术研究之路。

作为区域古建筑营造技术及其流源的系统研究，我们试从以下四个方面阐述它的学术意义。

（一）作为学科基础的营造技术研究

营造技术研究是中国建筑史学的基础和古建筑最重要和最基本的内容。从20世纪30年代开始，梁思成、刘敦桢等前辈学者即致力于古建筑的营造研究，通过对古建筑的调查、勘测、比较和文献、法式研究，建立起古建筑营造学的基本知识和理论体系，以及演变规律。由于历史的原因，早期建筑营造技术研究主要集中在以北方中原地域和官式为代表的建筑体系，结合官方历史文献如宋《营造法式》和清《工部工程做法》等进行研究。这是中国建筑史学起步阶段之必然，并在此基础上建构了中国古代建筑的基本知识体系，为推动古建筑的深入研究奠定了坚实的基础。随着社会的发展和认识的深入，对民间和地方建筑表现出的文化丰富性、地域特征的密切关注和系统研究被逐步提上日程。

显然，只有在地方性古建筑研究的基础上，才能更好地开展地方性建筑文化、艺术等理论的研究工作，也会补充完善建筑史的系统研究。地方性的建筑营造技术研究将随着社会对传统文化的重视，文化遗产的保护的兴起，在全国各地更广泛和更深入地展开。以中国南方为主题的地方性建筑研究在21世纪前后引起一些学者的关注，成为建筑史学发展的一个方面。虽然这方面的研究并不都以“营造”为题，但对地方性营造技术、工艺等的关注实际上呈现了建筑历史和历史建筑研究的不同侧面。

（二）作为典型地域的岭南古建筑营造技术研究

岭南地处东亚大陆最南端，属亚热带气候，其背靠五岭，面朝大海，空间相对独立。中原汉人南下之前为古越人之地，历来远离中国古代大一统的中央政权中心，历代商贸发达，文化交流活跃。历史上土著越人、不同时期南下的汉人、海外贸易商人等众多族群，共同形成了渔猎文明、稻作文明、商贸文明等多元共存、特色鲜明的岭南地域文化。

“岭南地区”作为文化地理学的概念，指以五岭以南包括广东、广西东南部、福建西南部地区和中国香港、澳门地区，广义的岭南还包括海南岛。其中前三者在文化地理上超出了岭南空间地域，延伸至华南地区闽赣桂三省。岭南主要的文化地理分区是广府地区、客家地区、潮汕地区和雷琼半岛地区，其历史建筑在近10年中得到较多的关注和研究。

岭南地区由于其特殊的地理气候环境和历史文化边缘区位，在此背景下，岭南古建筑成为岭南地域文化的重要载体和表现形式，一直在中国古代建筑文化分区中占有重要地位。在建筑领域也自然形成了地域特征明显的岭南建筑文化区。

岭南建筑文化区内，历史文化资源十分丰富，仅广东省境内就包括广州、佛山、潮州、中山四处国家级历史文化名城，作为不可移动的文化遗产古建筑在本地区有大量保存，它们是岭南古建筑研究的基本对象，可以有计划推进完善“岭南”——“华南”——“亚热带”区域的历史建筑研究。虽然“营造技术”研究本身是岭南历史建筑的一个局部，但通过它来展开并逐步完善和确立“岭南”建筑谱系，比较“江南”，建构“华南”，开拓“亚热带”成为一个具有战略意义的基础环节。

具体展开来说，其一，可以深化、完善和补充对中国古代建筑史乃至东亚建筑的历史与发展的研究，在空间上阐释南方地区或亚热带地区以木构为主的建筑技术的体现形式与内涵；在时间上可追溯中原建筑沉淀于此的古制，以及各历史阶段的建筑文化的交融，作为历史信息和演化的相互佐证，借此可以深化中国建筑史中的区域研究与体系研究；其二，在中国古代建筑之多元、广阔、多样的背景下，在时间空间上构建岭南建筑的特点，有益于本地域现代建筑的发展借鉴；其三，对岭南建筑传统保存的系统性、完整性的研究，包括有形的建筑、无形的技艺及其他营造传统文化的系统研究，对于保护岭南文化，保护岭南建筑文化遗产，以及传承岭南文化具有重要的学术意义。

（三）研究创新方法取向

1. 以大木营造技术为中心整合相关营造技术体系。“营造技术”的概念并非仅指“大木作”“小木作”等几种技术，而是贯穿营造活动全过程的相关技术与理论，从选址、规划、设计到材料的加工应用，结构形式选择、节点处理手法等。以往的营造技术研究大多是比较单一的如大木作、砖作、瓦作等的分项独立研究，缺乏对建筑营造技术的整体及系统考量，对此，本项目以将以大木作营造技术为主导，整合样式谱系、各作营造技术配合结点、材料工艺、工匠法则和文献研究等不同的研究视角，建构地域性营造技术的建筑基础理论。

2. 以“民系”文化圈为基础的营造技术源流与交融。文化区内的研究会忽略了文化区之间的历史文化关联性和地域的共性，岭南地区历史上形成了以四大民系为基础的文化圈，每个文化圈都有相对稳定和成熟的建筑体系和营造技术，但文化圈相邻地区则在文化和建筑营造方面相互借鉴。研究以“民系”文化圈为基础，将民系中民间和官式建筑营造技术结合起来，同时关注研究各民系文化圈之间营造技术的交流融合，重视营造技术的源流发展，以更好地归纳总结地域性建筑的样式和技术特征。

3. 重视与开拓地方建筑基础理论与方法研究。地方建筑历史文化的不同，缺乏系统的文献资料，有经验的老工匠日益减少，后继乏人，地方建筑术语模糊不清等诸种原因，都对系统规范地研究地方建筑造成莫大困难。所以对其进行基础理论和规范研究具有普遍的学术价值，比如对地方建筑法式特征元素研究与规范方法的研究，对地方建筑断代依据与方法的研究，以及对地方建筑术语规范化的研究等。

4. 加强研究的科学性。注重岭南古建筑营造技术的科学性研究，一方面重视设计法则、法式特征研究，包括建筑设计与尺度之法则规律；另一方面也要重视包括结构力学特点、材料力学性能等定性定量的分析，并试图将两者关联起来思考问题。

（四）本研究应用价值

在应用层面上，岭南地区由于毗邻港澳，经济特区范围大、设定早，在地区经济快速发展、城市化进程加速的背景下，首先，大量历史建筑面临拆迁和改造，开展保护工作的紧迫性相当突出，本项目的研究有助于准确有效地开展调查评估和修缮工作；其次，新的规划和建筑设计在体现地域文化特色方面严重缺失，该项研究对认识地域建筑特色，承传地域文化也具有重要价值；再次，东南亚的一些地区（例如泰国、越南、马来西亚、新加坡等）在一定程度上也受到岭南地区传统建筑文化影响，使得本项目具有应用于国际研究的潜力。

二、本课题研究相关的研究现状

本课题相关的国内外研究成果及发展动向，大致集中在以下四个方面：

1）关于岭南建筑类型、技术、分区的研究；

2）关于南方地域性建筑及工艺技术的研究；

3）关于设计手法与理论的研究；

4）关于地域建筑技术源流的研究。

（一）基于地方性营造传统的中国南方古建筑研究

这一方向的研究集中体现在2000年以来东南大学学术队伍的系列研究课题上。东南大学张十庆教授主持的国家自然科学基金项目《中国南方建筑谱系与区划研究》（项目批准号：59978006；2002年完成）。主要成果有：张十庆“古代营建技术中的‘样’‘造’‘作’”（《建筑史论文集》15辑）等系列论文。[3]东南大学建筑学系朱光亚教授负责的教育部博士点基金项目（编号：2000028609）“南方发达地区传统建筑工艺抢救性研究”课题，以及2007年开始主持的国家自然科学基金项目《东南地区若干濒危和失传的传统建筑工艺研究》（项目批准号：50678034），成果包括了张玉瑜“福建传统大木匠师营造技艺研究”等系列博士、硕士学位论文（表1）。

《东南地区若干濒危和失传的传统建筑工艺研究》

国家自然科学基金项目部分学位论文　表1

年份	作者	申请学位	题目
2005	张玉瑜	博士学位	福建传统大木匠师营造技艺研究
2005	杨慧	硕士学位	苏南传统建筑屋面与筑脊及油漆工艺研究
2004	李新建	硕士学位	苏北传统建筑工艺研究
2005	石宏超	硕士学位	苏南浙南传统建筑小木作匠艺研究
2008	朱穗敏	硕士学位	徽州传统建筑彩绘工艺与保护技术研究
2008	徐伟	硕士学位	彩画信息资源库体系的探讨——以太湖流域明清彩画研究为基础

上述研究的特点有以下三点：

1）中国南方古建筑研究成为用“地方性”知识反思现有中国古代建筑基础知识体系的学科前沿领域；

2）重视地方性营造技术传统的研究，对南方建筑形式谱系、技术源流、工艺作法等技术性层面的强调，这成为对20世纪90年代偏重建筑文化理论探讨的反动，也是学科发展回归基础知识建构的有益表现。这对进一步建构地方性建筑的基础理论，深化研究成果并和现有中国古代建筑的基本知识体系（官式建筑的营造法式等）进行对话联系奠定了良好的基础；

3）“中国南方”在相关研究中主要限于传统的“江南”地区，这是南方古建筑资源最为集中的地区之一。同时可以注意到，作为“江南”与“岭南”过渡的福建地区也得到了关注，这意味着研究课题发展向“岭南”提出了要求。

（二）岭南地区古建筑研究

这一方向的研究集中体现在华南理工大学的研究成果上。主要包括：

1．以龙庆忠教授为主导的岭南古建筑研究

龙庆忠教授是岭南古建筑研究的开创者和奠基者，自1948年任教中山大学工学院（华南理工大学前身）建筑系教授以来，在教育思想上主张学生应该打好建筑历史的基础，以史为鉴，造福于民。所以长期以来致力于岭南地域的古建筑研究，自20世纪50年代便开始带领学生对广州、佛山、潮州、揭阳等地的重要古建筑进行测绘，收集岭南地区的古建筑资料，进而开展岭南古建筑的系统研究，其研究成果主要体现在《龙庆忠文集》[4]中，文集中收录的“古番禺发展史”“广州中山四路秦汉遗址研究”“广州南越王台遗址研究”“南海神庙”“瑰伟奇特、天南奇观的容县古经略台——真武阁”“广州怀圣寺”等论文可谓岭南古建筑研究的扛鼎之作。

前后培养出如陆元鼎、邓其生、吴庆洲、陶郅、肖大威、程建军、张春阳、郑力鹏等学者，并指导研究生完成了如吴庆洲《两广建筑避水灾之调查研究》等系列论文（表2）。龙庆忠教授的学术研究和培养建筑史学后人，不仅开创了岭南古建筑的科学研究先河，更为岭南古建筑的研究指明了方向和奠定了坚实的基础。

龙庆忠指导的研究生学位论文　表2

年份	作者	申请学位	题目
1982	吴庆洲	硕士	两广建筑避水灾之调查研究
1983	沈亚虹	硕士	潮州古城研究——论潮州古城的形成发展及其布局的科学性
1984	陶郅	硕士	中国古代建筑空间特征研究
1984	邹洪灿	硕士	中国古塔抗震研究
1985	蔡晓宝	硕士	广东地区中外建筑形式之结合的研究
1985	陈宁	硕士	南方传统山居总体结构研究
1985	刘业	硕士	滕王阁复原设计研究
1987	程建军	硕士	南海神庙修复研究——兼论古建筑修建原则与技术
1987	谢少明	硕士	广州建筑近代化过程研究
1988	郑力鹏	硕士	东南沿岸建筑防风传统经验与措施
1988	胡雨明	硕士	岭南风景寺院环境的探讨
1986	吴庆洲	博士	中国古代城市防洪研究
1987	沈亚虹	博士	潮州古城规划设计研究
1990	肖大威	博士	中国古代城市防火研究
1991	郑力鹏	博士	福州城市发展史研究
1992	张春阳	博士	肇庆古城研究

2．以陆元鼎教授为主导的传统民居系统研究

该系列研究持续时间长、影响大、成果多，在当代中国建筑学术史上占有重要的地位。陆元鼎教授指导的传统民居研究的硕士、博士学位论文，如潘安《客家聚居建筑研究》等系列论文（表3），初步形成了以中国东南系建筑区系以类型为基础的民居研究理论，为南方民居的研究提供了重要的资料和方法基础。他出版了《广东民居》《中国民居建筑》等重要专著，主持过国家自然科学基金项目《客家民居形态、村落体系及居住模式研究》。20多年来持续主持了15届传统民居学术研讨会和7届海峡两岸传统民居学术研讨会，有多部论文集出版。近年来，在相关的民居学术研讨会中加强了民居营造技术课题的关注。

陆元鼎教授指导的研究生学位论文　表3

年份	作者	申请学位	题目
2003	谭刚毅	博士	两宋时期中国民居与居住形态研究
2002	王健	博士	广府民系民居建筑与文化研究
2002	郭谦	博士	湘赣民系民居建筑与文化研究
2000	戴志坚	博士	闽海系居民建筑与文化研究
2000	刘定坤	博士	越海民系民居建筑与文化研究
1997	余英	博士	中国东南系建筑区系类型研究
1994	潘安	博士	客家聚居建筑研究
2000	廖志	硕士	粤北客家次区域民居与文化研究
1998	梁智强	硕士	粤北客家建筑型制与文化研究
1998	陆映春	硕士	粤中侨乡民居的文化研究
1997	谷凯	硕士	中国传统居住建筑空间与文化研究
1995	查秀萍	硕士	佛山传统民居及其保护与改建
1995	钟周	硕士	梅州客家民居及其居住形态研究
1987	何建琪	硕士	潮汕民居设计思想与方法——论传统文化观对民居构成的影响

3．吴庆洲教授对岭南古建筑作了深入的研究

他的“肇庆梅庵”“粤西古建筑瑰宝——德庆学宫大成殿”等论文，对岭南重要古建筑的法式有着较深入的探讨，是研究华南宋元时代古建筑的重要文献。此外，在城市史的研究方面，吴庆洲教授指导博士生完成了系列相关硕士、博士论文。

4．程建军教授的岭南古建筑的法式与营造技术研究

所著《岭南古代大式殿堂建筑构架研究》[5]，对岭南古代大式殿堂建筑构架进行了系统研究，该研究基本上继承了营造法式的研究传统，对广东官式建筑或殿堂式建筑的形制、大木作技术和地域特征作了系统的研究，初步建立了岭南大式殿堂建筑构架样式谱系。并指导研究生完成了如李哲扬“潮州传统建筑大木构架”等系列论文（表4）。

程建军教授指导研究生学位论文　表4

年份	作者	申请学位	题目
2005	李哲扬	博士	潮州传统建筑大木构架研究
2012	郑红	博士	潮汕传统木构架建筑彩绘研究
2013	石拓	博士	中国南方干栏及其变迁研究
2000	刘琼琳	硕士	珠江口沿岸炮台建筑研究
2001	姜省	硕士	潮汕传统建筑的装饰工艺与装饰规律
2002	刘定涛	硕士	开平碉楼建筑研究
2009	崔俊	硕士	广州道教建筑研究
2009	李佳	硕士	广州伊斯兰教建筑研究
2002	陈楚	硕士	珠江三角洲明清时期祠堂建筑初步研究
2007	魏朝斌	硕士	泉州开元寺建筑研究
2008	林小峰	硕士	泉州伊斯兰教建筑研究
2006	石拓	硕士	明清东莞广府系民居建筑研究
2003	潘建非	硕士	澳门中式建筑初步研究
2007	赖传青	硕士	广府明清风水塔研究
2000	谢轩	硕士	岭南传统木构建筑防潮、防腐、防白蚁技术研究
2006	陈小瑾	硕士	潮汕地区传统建筑典型墙体营造技术
2005	周海星	硕士	岭南广府地区灰塑装饰艺术研究
2008	王平	硕士	明清东莞广府系祠堂建筑构架研究
2008	刘娟	硕士	潮汕古代建筑柱式研究
2010	黄如琅	硕士	明清广府地区屋面瓦作初探
2006	刘溪	硕士	珠江三角洲传统窗式研究
2007	王丹	硕士	潮汕传统建筑名词研究

近年来，一批年轻学者如肖旻、李哲扬等，在岭南古建筑的营造技术、法式尺度等研究方面也取得了一定成果。综上所述，关于岭南地区的古建筑研究成果虽然在营造技术和法式、工艺等方面较为薄弱，但对于逐步全面开展本研究课题已奠定了良好的学术基础。

统计2000—2012年东南大学和华南理工大学关于东南沿海地区的古建筑研究学位论文和期刊论文总计144篇，其中建筑类型约占1/2，其次是建筑法式的研究约占1/3，而建筑工匠的研究最为薄弱仅占1.5%。两个高校相比较而言，东南大学在建筑法式的研究方面更为出色，而华南理工大学在建筑类型研究方面则更为关注。通过比较，在岭南地区亟待加强建筑工匠技艺和建筑法式的研究（表5）。

2000—2012年 江南—岭南东南沿海地区历史建筑研究论文成果一览[6]　表5

研究单位	论文性质	建筑形制	建筑类型	建筑工艺	建筑法式	建筑工匠
华南理工大学	硕博学位论文	2	45	8	7	
	期刊论文	1	5	1	6	1
东南大学	硕博学位论文	2	16	3	8	1
	期刊论文	4	4	5	25	
合计篇数	144	9	70	17	46	2
占总篇数（%）		6.25	48.6	11.8	32	1.4

三、项目的研究内容、研究目标

对于本项目而言，需要进一步发展为涵盖官式殿堂（学宫、寺院）、民间建筑（祠堂、书院民居）的营造技术的整体研究，包括建筑设计法则、各匠作技术（以大木作技术为主，包括砖作、瓦作、土作、雕作等装饰装修技艺），并以此为线索和基础，探讨岭南各文化地理区划或民系之间及与周边关联地区的营造技术源流传播和交融关系，初步建立岭南建筑地域特征的连续谱系。

（一）研究内容

1）谱系划定。岭南地区古建筑谱系的调查、划定及其演变的历史研究。特别关注岭南地区古建筑的大木构架类型谱系，研究不同构架类型的特征，相互之间的异同及其联系。以及几大方言文化族群（“民系”）的分布与岭南古建筑谱系与分谱系。

2）营造体系研究。岭南地区古建筑主要类型的营造体系（设计、工艺、材料、样式与尺度等）。主要特征类型包括官式殿堂（学宫、寺院）、民间公共建筑（祠堂、书院）、民间住宅等。以整体、系统的观念对地域建筑营造过程中各层次、各层面、各种的技术加以研究。

3）断代研究。包括岭南古建筑形制的分区、分期及断代特征与依据的研究，并尝试进行历史解释。按各子系分别归纳，细化到尺度、比例、形态、材料、工艺、观念等各层面；尝试建立树状表格示意框架（图1、图2）。

4）地域性技术研究。基于独特的地理环境、气候（亚热带）岭南古建筑营造技术的地域性研究，包括应对高温潮湿、台风、虫害的隔热、防潮、防风、防虫等防御性营造技术和上述内容相关相协调的建筑物理性（隔热、通风、防盗）营造技术及其关联研究；如何应对高温、多雨（暴雨阴雨）、潮湿、强日照、生物侵蚀、台风、地震等相关材料的利用与技术的应用，探讨本地域有益有效的低成本适应性技术、有效保护的技术等。

5）技术源流研究。岭南古建筑营造技术的技术源流研究，通过与相邻地域古建筑营造技术的比较研究，与北方官式建筑基本形制的比较研究，探索本地区建筑的原型和营造技术的源流关系。各区域的社会历史发展，汉越文化，不同时期南传的北方“正统”文化的相互作用，不同体系建筑文化基因的沉淀。更深入地认识岭南地区内部各系统建筑的现象与演变历史，在更广阔的研究视野下，在亚太地区的高度认识岭南区域内种种建筑现象与历史文化内涵，从而深化对中国建筑史的认识。

（二）研究目标

本课题的研究目标旨在建立广府地区古建筑的类型体系、术语体系、符号体系；初步提出形制鉴定的依据与断代特征；解释广府地区古建筑形制的演变问题，探索岭南古代建筑艺术与建筑科学技术的发展规律。

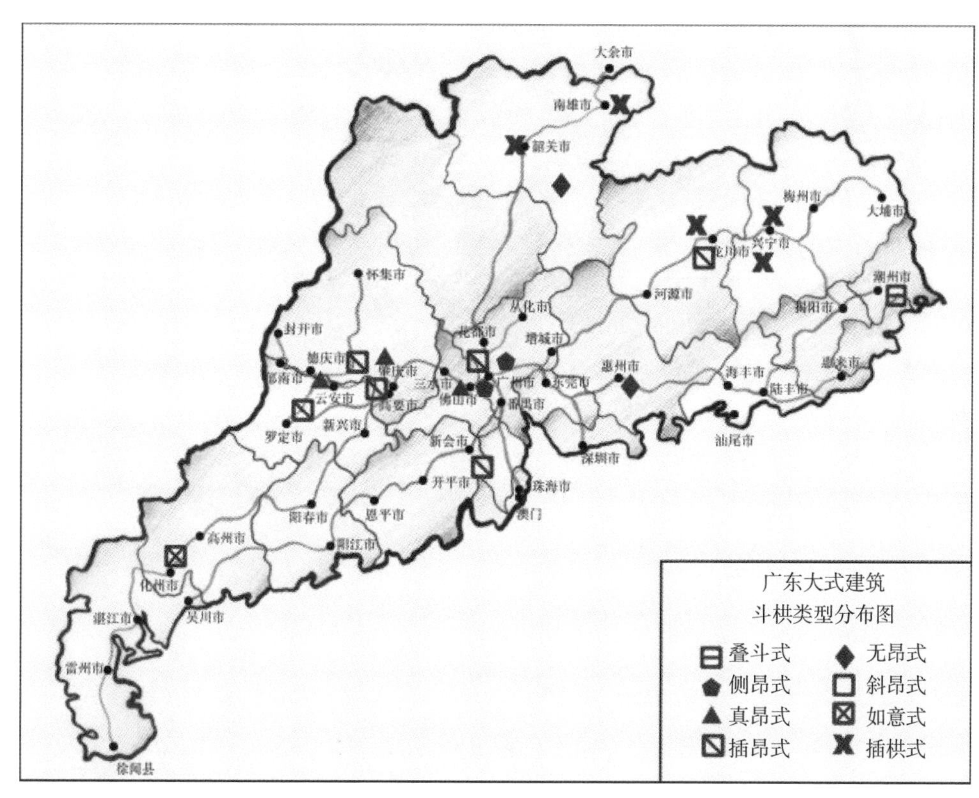

图1 广东殿堂大式建筑斗栱类型分布

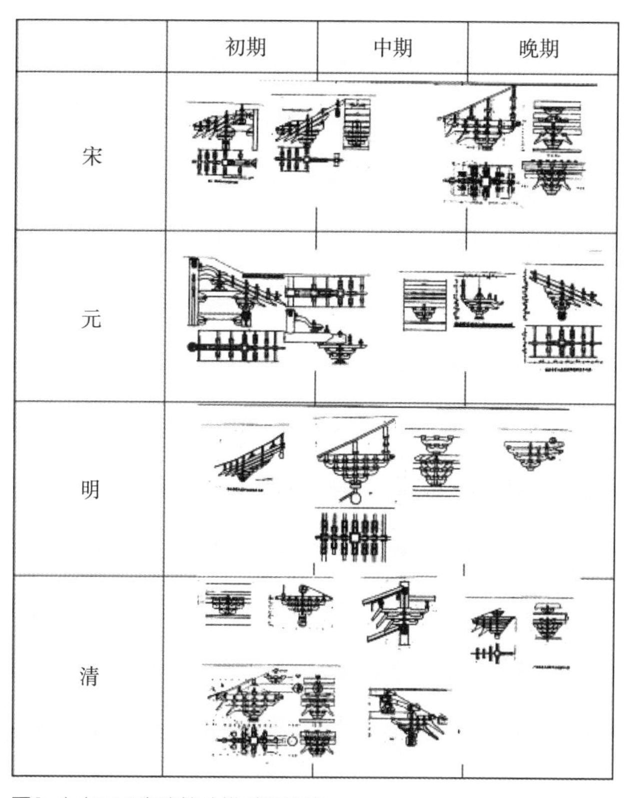

图2 广府系殿堂建筑斗栱时代特征

四、本课题拟解决的关键问题及其解决途径

（一）本土粤民原生建筑营造技术的调查研究

对这一点来说，主要是加强对西南少数民族地区甚至东南亚亚热带地区的建筑研究，特别是对曾经广泛流行于该地区的干栏式、穿斗式建筑的研究，以及通过考古资料和文献资料方面的研究来寻找线索、演变轨迹和建筑规律。

（二）对调查目标与量的科学筛选与控制

对于第二点来说，由于研究范围广，研究对象量大，其对象既包括有形的建筑本体，又涵盖无形的建筑工艺、匠师、观点、制度、文化等内容，则要通过科学的方法选取适当典型的区域和案例，分析总结建筑的法式特征与演变规律，同时将社会人类学、文化学、美学等学科，以及建筑的物质文化和非物质文化遗产相结合。对于传统建筑保存和传承较好的地区，比如潮州地区的历史建筑系统而富有规律，尚有各工种工匠的存在，有条件可资作为区域系统深入研究的案例。

注释

1 发表于《南方建筑》2013年第1期。本文受到亚热带建筑科学国家重点实验室课题（编号：2009ZC10、2012ZA02）、国家自然科学基金项目（编号：51278196）资助。

2 朱启钤“营造学社开会词”，原载《中国营造学社汇刊》一卷一期。

3 张十庆．古代营建技术中的“样”“造”“作”[C]．建筑史论文集（第15辑），北京：清华大学出版社．2001.

张十庆．中国江南禅宗寺院建筑[M]．武汉：湖北教育出版社，2002.

张十庆．宋元江南寺院建筑的尺度与规模[J]．华中建筑，2002，3：92-93；2002，4：89-92.

4 龙庆忠．龙庆忠文集[M]．北京：中国建筑工业出版社，2010.

5 程建军．岭南古代大式殿堂建筑构架研究[M]．北京：中国建筑工业出版社，2002.

6 仅以东南大学、华南理工大学为例，统计时间下限为2013年1月（统计或有缺漏）。

图表来源

图1、图2：作者自绘。

表格：作者自制。

参考文献

[1] 龙庆忠．龙庆忠文集[M]．北京：中国建筑工业出版社，2010.

[2] 陆元鼎，魏彦钧．广东民居[M]．北京：中国建筑工业出版社，1990.

[3] 程建军．岭南古代大式殿堂建筑构架研究[M]．北京：中国建筑工业出版社，2002.

[4] 李哲扬．潮州传统建筑大木构架[M]．广州：广东人民出版社，2009.

[5] 张十庆．古代营建技术中的“样”“造”“作”[C]．建筑史论文集（第15辑），北京：清华大学出版社．2001.

[6] 陆元鼎，潘安．中国传统民居营造与技术[M]．广州：华南理工大学出版社，2002.

[7] 陆元鼎．中国民居建筑[M]．广州：华南理工大学出版社，2003.

[8] 肖旻．唐宋古建筑尺度规律研究[M]．南京：东南大学出版社，2006.

[9] 程建军．岭南古建筑营造技术及源流研究．国家自然科学基金：51278196（2012）.

[10] 肖旻．广府地区古建筑形制研究导论[J]．南方建筑，2011，1：64-67.

佛山祖庙建筑艺术研究[1]

一、祠庙同构——祖庙建筑性质与形制

建筑形制涉及建筑性质、建筑类型、建筑规制和建筑形态。不同的建筑性质有着不同的建筑类型，而不同的建筑类型就有相应的建筑制度、功能配置和表达形式。比如宗教类性质的建筑，就有佛寺建筑、道观建筑、清真寺建筑和一些地方神祇的建筑类型，其建筑的形制依据其宗教理念和使用功能而各具特色。

古代中国是一个封建制度鲜明的国度，早在周代时衣食住行便纳入礼制的范畴，对建筑有着明确的礼有等差的规定。后世随着社会的发展，虽然建筑类型增多，但礼制的规范的影响却日益加深，各种建筑类型有着相应的格局和配置，即是有一定的形制规范，这一方面是由于建筑功能制度的要求；另一方面则是礼制制度的要求。如宫殿、寺庙、学宫、祠堂等，均有着不同的建筑格局和规范要求。这对我们研究古建筑提供了一个思路和条件，那就是建筑可以从类型与形制的角度进行研究。同时，建筑的类型是由建筑功能所决定的，也就是建筑的性质所在。

关于佛山祖庙的建筑性质，在以往的研究成果中有人说祖庙是佛山众人的祖堂[2]，有人说属于供奉真武帝的祖祠[3]，也有人认为亦祠亦庙。[4]那么，佛山祖庙到底是什么性质的建筑？属于什么建筑类型？又有着怎样的建筑形制？有怎样的建筑配置？它表达着怎样的精神内涵？又是如何通过建筑空间和建筑艺术完成和表述的？这是本文着重要讨论的问题。

（一）佛山祖庙的性质

据民国《佛山忠义乡志》记载："真武帝祠之始建不可考，或云宋元丰时，历元至明，皆称祖堂，又称祖庙，以历岁久远，且为诸庙首也。"[6]据此，学界认为祖庙为北宋元丰年间（1078—1085年）始建，供奉道教崇信的北方玄武大帝，俗称"北帝庙"。据记载宋时的建筑焚毁于元代末年，明洪武五年（1372年）重建，明代改称灵应祠；以后经过20多次重修、扩建，终于形成一座规模宏大、规制完备、工艺精湛、地方建筑特色鲜明的古建筑群（图1、图2）。

可见佛山祖庙，原称真武帝祠，后称祖庙，供奉的主神是北帝玄武或真武大帝，是属于道教建筑的范畴。该庙原始的建筑性质应为道观，基本上属于道教宗教建筑类型。就宗教建筑来说，判断建筑性质或类型是以所供奉的主神及宗教信仰为主。北帝庙是供奉北帝玄武（真武）的庙宇，其始于宋代，兴于明代，流传甚广。

那么文献中出现的"真武帝祠""祖堂""祖庙""灵应祠"称谓有什么不同吗？

祠是古老祭祀建筑的称谓，是为纪念伟人名士而修建的供舍（相当于纪念堂）。这点与庙有些相似，因此也常常把同族子孙祭祀祖先的处所叫"祠堂"。祠堂最早出现于汉代，据《汉书·循吏传》记载："文翁终于蜀，吏民为立祠堂。及时（指诞辰和忌日）祭礼不绝。"汉袁康《越绝书·德序外传记》："越王勾践 既得平吴，春祭三江，秋祭五湖，因以其时为之立祠，垂之来世，传之万载。"《汉书·宣帝纪》："修兴泰一、五帝、后土之祠，祈为百姓蒙祉福。"东汉末，社会上兴起建祠抬高家族门第之风，甚至活人也为自己修建"生祠"。由此，祠堂日渐增多，成为专门祭祀祖先的庙堂。现存汉代的祠堂有嘉祥武梁祠、肥城郭巨墓祠等。《毛传》："春曰祠，夏曰禴，秋曰尝，冬曰烝。"《尔雅·释天》："春祭曰祠。"这里的祠指春天的祭祀活动。而后世在祠堂祭祀祖先的仪式就往往在春日进行。

后世祭祀祖先的祠堂分宗祠、支祠与家庙三类。宗祠是一地域某姓氏家族供奉始祖及历代祖先的祠堂，由有共同血缘关系的家族供奉，支祠则是由某姓氏分支的某堂号的家族供奉本支祖先的祠堂。家庙应该是本家为祖先立的庙堂。但广义的家庙也是家族为祖先立的庙，庙中供奉祖先神位，依时祭祀。《礼记·王制》："天子七庙，诸侯五庙，大夫三

图1 祖庙鸟瞰[5]

图2 祖庙山门灵应祠匾额

庙，士一庙，庶人祭于寝。”《文献通考·宗庙十四》：“仁年因郊祀，赦听武官依旧式立家庙。”供奉神主的祠堂和家庙并无本质的区别，仅是大宗小宗的差异。

祖庙、宗祠、祠堂和家庙的区别和供奉的神主有莫大关系。狭义的祖先是家族的先人，相应的，狭义的祖庙就是本家或本族祭祀祖先的祠庙，是以血缘关系为纽带的祭祀空间和类型，这和宗祠、家庙没有本质的区别。而对一个民族来讲，民族的上代就是祖先。在中国由于泛神论的特点，祖先的观念扩展。在这里，天地是祖先，三皇五帝是祖先，周文王是祖先，孔子也是祖先。广义的祖先概念就是：先我们之前的有贡献的人、神祇甚至物体都是祖先。

那么，祭祀广义的先人，或是一个地域供认的神祇，或是一个民族供认的神祇或祖先的建筑就可以称谓祖庙、祖堂。“盖神于天神为最尊，而在佛山则不啻亲也，乡人曰灵应祠（祖庙）为祖堂，是值以神为大父母也。”[7]其已经脱离了家族血缘关系的范畴，扩展到地域共生和民族文化传承的层面。所以，祖庙成为中国传统宗教祭祀建筑一个类型的统称。

在中国民间祖庙多不胜数，供奉的神祇也十分丰富，比如北帝、关帝、妈祖、龙母等，这里的“祖”是对一些神祇和人祖的统称，庙当然是供奉他们的空间场所。当然在称谓上有“关帝庙”“北帝庙”“妈祖庙”等，但“祖庙”的称谓则更强调始祖的、共同的，更具地方凝聚力，也更具人情味，更民间化或世俗化。比如同样供奉北帝，可以称为北帝庙，也可以称为祖庙。前者较为官式，后者则较地方化，如佛山祖庙、胥江祖庙、福建湄州祖庙等。

与一般道观相同，早期佛山祖庙应该有道士和日常的道教活动，在配置上也应该有出家人的寮舍等生活设施。但由于不断社会化的原因，其已不同于一般道观的运作模式，而是由地方豪绅政权组织管理经营，甚至可以说是地方的自治官庙，成为地方自治权力机构用以团结民众和行使权力的信仰空间场所，成为佛山、佛山人的象征。所以祖庙除了中轴线祭祀功能的祖庙主体建筑以外，其东侧的大魁堂就是佛山地方自治的机构所在，其左侧还有地方教育机构崇正社学的设置。元至元二十三年（1286年）朝廷颁令：“凡各县所属村庄以五十家为一社，设社长一人，教劝农桑为务，并设学校一所，择通晓经书者为教师，农闲时令子弟入学。”元朝灭亡，社学也一时停办。明洪武七年（1374年）朝廷下令各地立社学，延请师儒以教民间子弟。[8]

因为宋元以后这里一直是佛山各宗祠公众议事的地方，成为联结各姓的纽带，为古佛山全镇二十七铺的祖庙，所以佛山人习称它为祖庙。所以庙联说：“廿七铺奉此为祖；亿万年唯我独尊。”这也表明随着佛山镇社会经济地位不断提高，原乡人和外乡人逐渐融合，共同参与着佛山的发展。祖庙由原来的仅为本地居民供奉祈福的场所，逐渐发展为在佛山的外乡人共同的供奉祈福场所，由狭义的地缘——血缘关系转化为成为一种以广义地缘关系为纽带的宗教场所，北帝庙于是成为佛山人的祖祠。

例如，乾隆二十二年（1757年）新任五斗口司巡检王棠发出“禁颁胙碑示”，碑记中盛赞外地商民“迄今梯山航海而来者，香烟血食，靡不望祖庙荐享而输诚。则谓庙为合镇之祖庙也可，即谓庙为天下商民之祖庙也，亦无不可”[9]。北帝其后亦为入佛山之籍者共同之神祇，这个共同的认可与佛山的社会、政治、经济发展有着密切的关系。

佛山祖庙的认同也和“庙议”制度有着一定关系。清代广州、佛山两地已普遍存在“庙议”制，以处理街区公共事务。在佛山，元代时祖庙在该地区的影响相当普遍，起着部分宗祠的作用，其“庙议”习俗可能已经形成；明代实行铺区制度，并形成了各铺推举乡绅在祖庙议事的制度，乡绅在祖庙灵应祠议事，俗称“庙议”，此时已成为习惯。其实“庙议”习俗是佛山“自治”传统的体现。[10]

至于称谓“灵应祠”，则是由于诏封明代景泰皇帝敕封祖庙真武帝为“真武为灵应佑圣真君”而来。明景泰元年（1450年），由于所谓镇压黄萧养起义北帝显灵之事，由耆民伦逸安上奏请求封典。经有司复勘属实后，由广东布政使揭稽上奏朝廷。景泰皇帝遂敕赐祖庙为灵应祠，并御赐了四个匾额、二副对联等敕物，表明佛山祖庙的神灵应验，保佑国家民众有功，是官民应祭祀的先人神祇，由此也大大提高了祖庙的社会地位（图3）。[11]

图3 祖庙鸟瞰

所以佛山祖庙是以北帝崇拜信仰为根基，融合地方自治权力机构和教育机构的区域管理和宗教中心，其已从单纯的道观分离出来，所以成为该地域的宗教、权力中心。既是先由纯祭祀功能的庙，后融合地方自治权力功能达到祠庙合一，因而使其具有亦祠亦庙，祠庙同构，教权合一的性质，成为佛山地域众人之祖庙。

（二）佛山祖庙的形制

如上所述，祖庙是中国传统建筑的一种泛类型，那么它有什么形制吗？其形制的原型是什么？其发展过程又如何？这些都需要做进一步探讨，下面列举一些现存比较有影响力的祖庙或类似祖庙的建筑，试从建筑构成上分析其形制和规制情况。规制是建筑的规范的配置或组成，而形制则是配置的模式，有原型或基本型，还有一些亚型等。

按年代的早晚排列情况看，早期的祖庙规制简单，规模较小，形制也基本相同，轴线上主体建筑大概是由山门、前殿、后殿（后楼）三个要素组成，这说明祖庙的轴线上要有最基本的配置，形制上基本是中轴对称的三间三进模式，应该说是祖庙建筑原型。而后期规模越来越大，配置越来越齐全。这里有建筑等级的原因，也有历史发展的原因。

通过祖庙规制的比较（表1），得出大致结论如下：

祖庙建筑形制比较　表1

建筑名称	牌楼	山门	戏台	钟鼓楼	前殿（香亭）	正殿	后楼（后殿）	藏经阁	始建年代
德庆龙母祖庙	√	√			√	√	√		秦汉—清
湄洲妈祖庙		√		√		√			987
广州仁威庙		√			√	√	√		1052
佛山祖庙	√	√	√	√	√	√	√		1078
蓬莱天后宫		√	√	√	√	√	√		1102
武当紫宵宫		√		√	√	√	√		1119
泉州天后宫		√	√	√		√	√		1196

续表

建筑名称	牌楼	山门	戏台	钟鼓楼	前殿（香亭）	正殿	后楼（后殿）	藏经阁	始建年代
胥江祖庙	√	√				√			1208
天津天后宫	√	√	√	√	√	√	√	√	1326
钦州北帝庙		√			√	√			明朝中叶
北流北帝庙		√			√	√			1727
香港湾仔北帝庙		√			√	√			1863
一般大型佛寺	√	√		√	√	√		√	
一般大型道观	√	√	√	√	√	√	√	√	

1. 祖庙一是指同类宗教建筑的历史最悠久者或发源地，又或规模及影响力最大者。后期往往也发展成规模较大的庙宇，如湄州妈祖庙。

2. 祖庙指一定地域范围内广大民众共同信仰供奉的庙宇，有着强烈的地域及地缘色彩，如佛山祖庙、胥江祖庙等。

3. 祖庙有等级和配置的规制。按等级规模大致分为两类：一类是民间小祠庙，大多为三开间二至三进的建筑，建筑等级不高，建筑风格比较朴实，脱胎于民居或祠堂建筑。分为山门、正殿或山门、正殿和后殿，或山门、香亭、正殿。另一类为较为规范的大型庙宇，配置比较齐全，进深往往达四五进，甚至更多，轴线上有牌楼、山门、戏台、前殿、正殿、后楼，以及两侧的钟鼓楼、廊庑、配殿等。有些庙宇建筑规模是随着历史的发展逐步完善或不断扩大规模形成的。

4. 从有一定等级和规模的祖庙与大型佛寺的规制比较来看，其格局主要是参考模仿宫殿、大型的寺庙道观的形制而来的。前有殿，后有楼，是前堂后寝的演化，钟鼓楼的设置应是源于佛寺道观的制度，但在日常活动中并不常用。

5. 佛山祖庙的建筑配置齐全，规制完善，等级较高。有着大型祖庙所必备的戏台、钟鼓楼、前殿和后楼，以及两侧的文魁阁和武安阁。

二、兴衰几何——建筑发展演进

（一）北帝崇拜

史料证明，中国的青龙、白虎、朱雀、玄武“四灵”崇拜在史前新石器时代已经产生，其源于古代自然崇拜和古代天文学，秦汉时得到普遍信仰，成为民间信仰的重要内容。汉晋以后，四灵中青龙、白虎被神格化，成为道教守护神。玄武神则吸收了汉代纬书中“北方黑帝，体为玄武”的说法，加以人格化，成为道教的大神。宋真宗时，为避尊祖赵玄朗之讳，将玄武改名为“真武”。《元始天尊说北方真武妙经》称，真武神君原为净乐国太子，长而勇猛，誓愿除尽天下妖魔，不统王位，并将太和山改名为武当山，意思是“非玄武不足以当之”。宋朝天禧（1017—1021年）中，宋真宗《加封玄岳碑文》云：“真武将军，宜加号曰镇天真武灵应佑圣真君。”北帝成为保佑皇帝的灵应神祇，元朝大德七年（1303年）又加封为“元圣仁威玄天上帝”，成为北方最高神。明初燕王朱棣发动“靖难之变”，夺取王位。据说在整个变革中真武曾经屡次显灵相助，因此，朱棣称帝后对真武神特别尊奉，特加封真武为“北极镇天真武玄天上帝”，并大规模修建武当山的宫观庙堂，在天柱峰顶修建“金殿”，奉祀真武神像。由于宋代和明代皇帝的推崇使其崇拜达到了空前的高潮，在民间影响深远。特别是明代的造神运动使玄武崇拜在该时期达到了登峰造极的地步。明代御用的监、局、司、厂、库等衙门中，都建有真武庙。真武庙不仅在京畿一带香火日盛，而且迅速遍及全国。现存较著名的真武庙大都建于明代或重修于明代。如湖北武当山真武宫观、陕西佳县白云山祖师庙、广东佛山祖庙等。[12]

在南粤大地，北帝庙众多，主要原因是玄武为北方之神，与五行的水相关联，真武便是司水之神。而南粤是水网地区，人们赖水以生，水的利与祸使人敬畏有加。所以屈大均《广东新语·卷六·神语》曰：“粤人祀赤帝并祀黑帝（真武），盖以黑帝位居北极而司命南溟，南溟之水生于北极，北极为源而南溟为委，祀赤帝者以其治水之委，祀黑帝者以其司水之源也。吾粤固水国也，民生于咸潮，长于淡汐，所不与黿鼍蛟蜃同变化，人知为赤帝之功不知为黑帝之德。”又说：“吾粤多真武宫，以南海县佛山镇之祠为大，称曰祖庙。”（图4）

佛山祖庙的兴建便是与水有关，在古代祖庙旁边便是古洛水（今

图4 三水胥江祖庙

祖庙路）。区瑞芝先生《佛山祖庙灵应祠专辑》中说："至北宋初期，佛山工商业日趋兴盛，户口倍增。但当时佛山地方的汾江河主流非常辽阔，它的内河支流（俗称溪、涌）水道也大而深，环绕于佛山南部和中部（当时尚有地方未成陆），而北部仍是泽国。当地居民外出别处，则非舟莫渡，工商业货物对于西、北江和广州的运输，也非用船艇不可。人们为免受水道风浪的危险，只有求神庇护，以保生命财物的安全。因此人们遂在中部支流洛水岸边（俗称佛山涌，现祖庙路），兴建一座"地方数楹"的北方真武玄天上帝庙宇，奉祀香火，求庇护出入、往来水道平安。"[13]

《重修灵应祠祀》中就有这种作用的记载："……其（祖庙）与佛山之民不啻如慈母之哺赤子，显赫之迹至不可殚述。若是者何也？岂以南方为火地，以帝为水德，于此固有相济之功耶？抑佛山以鼓铸为业，火之炎烈特甚而水德之发扬亦特甚耶？"[14]"玄武属水，水能胜火"，玄武神进而成为一个防火防灾之神。旧时佛山冶铁铸造业发达，火患时有发生，玄武水神的存在无疑在心理上极大地满足了人们的避灾渴望，这也是祖庙神祇地位在佛山大众心中不可动摇的原因之一。

明万历八年（1580年）刘效祖所撰的《重修真武庙碑记》载："缘内府乃造作上用钱粮之所，密迩宫禁之地，真武则神威显赫，祛邪卫正，善除水火之患，成祖靖难时，阴助之功居多，普天之下，率土之滨，莫不建庙而祀之……"这也说明当时北京祀真武庙之因中，消除水火之患也是重要原因之一。由上可知，保水上平安，防水火之灾是佛山祀真武的最初原因。

而庙议制度和佛山自治组织在祖庙的设立，使宗教崇拜和社会权益纠结在一起，更加巩固了祖庙在佛山地域的神圣而崇高的政治、文化和经济地位。

（二）佛山祖庙建筑演变

现存祖庙平面虽有明显的中轴线，但形状并不规则，而且建筑组群中建筑年代和风格也并不一致，由此可知祖庙创建后，是经过多次重建、修缮、扩建而成。据现存建筑勘察和文献研究，推测山门以后为宋代原有平面格局，山门至灵应牌楼则为明代扩建部分，牌楼前到万福楼戏台，以及后面的庆真楼则是清代加建的。

从历史文献及碑刻记载统计，祖庙其主要修建历程如下：

1. 佛山祖庙（灵应祠）始建于北宋元丰年间（1078—1085年）；

2. 元朝末年毁于兵燹；据宣德四年（1429年）唐壁撰《重建祖庙碑》云："元末龙潭贼寇本乡，舣舟汾水之岸，众于神，即烈日雷电，覆溺贼舟者过半。俄，贼用妖术，贿庙僧以秽物污庙，遂入境剽掠，焚毁庙宇，以泄凶忿。不数日，僧遭恶死，贼亦败亡，至是复建，乡人称之为祖庙。"[15]

3. 明洪武五年（1372年）由乡人赵仲修捐资重建[16]；明洪武五年（1372年）"乡人赵仲修复建北帝庙""不过数楹"。

4. 明宣德四年（1429年），乡之善士梁文慧出任主缘重修祖庙，用时一年。据唐壁所撰的《重建祖庙碑记》载："宣德四年己酉，士民梁文慧等，广其规模，好善者多乐助之，不终岁而毕，丹碧焜耀照炫。"同时在庙前置地约125步，并凿池植莲。[17]

5. 明景泰元年（1450年），由于所谓镇压黄萧养起义（1449年）北帝显灵之事，由耆民伦逸安上奏请求封典，经有司复勘属实后，由广东布政使揭稽上奏朝廷。景泰三年（1452年），景泰皇帝"诏以北帝庙为灵应祠，佛山堡为忠义乡，旌赏忠义士梁广等二十二人"。并御赐了四个匾额、二副对联等敕物。至此，祖庙列入官祀，地位大为提高。[18]

6. 明正德八年癸酉（1513年），霍时贵等会首，捐建祠前牌楼、扩建三门，新右侧建忠义流芳堂，左侧建崇正社学，增凿锦香池于灌花池右[19]；忠义流芳堂正是为了纪念镇压黄萧养起义的梁广等二十二人所建。

7. 明正德三十一年（1537年），道士苏澄辉募资建灵应祠前石照壁，石照壁上雕刻龙纹，后被拆毁。

8. 明万历三十二年（1604年），经历李好问和进士李待问捐修灵应祠门楼。

9. 明天启三年（1623年），灵应祠前池加筑拱桥。

10. 明崇祯二年（1629年），李待问倡议重修灵应祠鼓楼。

11. 明崇祯八年（1635年），修灵应祠，改塑神像，由署承李敬问捐修。

12. 明崇祯十四年（1641年），尚书李待问捐修灵应祠。这次大修恢复了前照壁，加建牌楼，修缮了殿堂，并为大殿题匾曰“紫霄宫”。明崇祯时（1640年），“祠断祀，尚书李忠定遂大新之，壮丽宏敞，祠前有加照壁，饰以鸱尾，益成钜观”（赵振武）。[20]

13. 清顺治十四年（1657年），修建灵应祠香亭。

14. 清顺治十五年戊戌（1658年）于灵应祠前建华封台。

15. 清康熙二十三年甲子（1684年）乡绅士庞子兑、李锡简等联合耆老发愿重修祖庙，“设簿广募，祠前民舍，高值贾置，牌楼、廊宇、株植、台池，一一森布，望者肃然，而几筵榱桷，丹艧一新，盖庙貌于是成大观”。[21]并改华封台为万福台。这次显然为一次规模较大的修缮。

16. 清康熙二十九年（1690年），缘首冼閫生等募化修缮祖庙，本着“首庙貌、次土田、次祭器”的顺序对祖庙进行了一次规范的整治，并刻图为凭，达到了“庙貌之剥蚀以新”“田土之湮没以归”“祭器之残缺以殇”的目的。这次维修距上次大修仅仅6年时间，所以推测庙貌主要是油饰装饰装修的内容，主要还是庙产和祭器的修饰整理。

17. 清康熙五十九年（1720年），发生童子毁牌楼事件，遂修缮灵应祠牌楼。

18. 清乾隆二十四年（1759年），佛山同知赵延宾“睹斯祠之将颓”，倡修祖庙，镇民雀跃响应，“合赀一万二千有奇”。这次重修中盐总商吴恒孚率领鸿运、升运等七子同立了灵应祠正殿中间的石柱。在陈炎宗《重修南海佛山灵应碑记》（1762年）有详细的记载：“驻防司马赵公，睹斯祠之将颓，慨然兴修举之志，爰谋诸乡人士，佥曰愿如公旨，各输其力，合资一万二千有奇，经始于己卯之秋，迄辛巳之腊月告成，懽趋乐事，殆神之感孚者深欤？其规度高广无增减，从青鸟家言也。材则易其新，良工必期于坚致，门庭堂寝，巍然焕然，非复问之朴略矣。门外有绰楔，则藻泽之。绰楔前为歌舞台，则恢拓之。左右垣旧连矮屋则尽毁而撤之，但筑浅廊以贮碑扁，由是截然方正，豁然舒广，与祠之壮丽相配。”[22]这次大修由地方官员主持，用时2年，是清代的一次大修，据上次大修约80年。

19. 清嘉庆元年（1796年）佛山同知杨楷捐资倡修灵应祠并鼎建灵宫。“金捐工费银两共九千七百有奇”，同时因“狃于故习”，在祖庙后鼎建灵宫，“崇祀帝亲，各自为尊，以正伦理。”[23]给北帝神的父母修建灵宫，完善了祖庙的规制。至此基本形成今天南北中轴线上的万福台、灵应牌楼、锦香池、钟鼓楼、三门、前殿、正殿、庆真楼等建筑。

20. 清咸丰元年（1851年），曾重修灵应祠。

21. 清咸丰四年（1854年），亦重修灵应祠。

22. 清光绪二十五年己亥（1899年），祖庙进行了较大规模的维修。现在的许多陶塑瓦脊和灰塑作品都是这次维修的产物。

23. 民国九年（1920年），修万福台。

24. 民国三十一年（1942年），灰塑修缮，留下了大量佛山著名灰塑世家布氏家族的灰塑作品。[24]

25. 1956年，修缮灰塑。

26. 1972年，祖庙全面修缮，重新对外开放。

27. 2007年，祖庙全面大修。

据史料记载重建后的祖庙历经20多次大小不一的修缮，大修不下于10次。自北宋元丰年间（1078—1085年）祖庙创建，至2007年大修的929年间，平均约每93年就大修或扩建一次。中国传统木构架建筑大致百年大修、扩建一次，祖庙也基本上符合这个规律。

综观祖庙发展历程，笔者认为可以大致分为以下7个发展阶段。

1. 创建初期

宋、元至明宣德四年（1429年）为建设初期，大致为山门、前殿和正殿的三间三进的格局，形成了祖庙的基本核心部分和轴线；曾称“龙翥祠”。[25]

2. 横向扩展时期

明正德八年（1513年）至清初为横向扩展阶段。轴线右侧增建了忠

图5 崇正社学考古发掘建筑遗址

义流芳堂，左侧建崇正社学，这是祖庙一次重要的横向扩展，由一路院落发展为三个建筑组群院落，并向前略有扩展，并在锦香池前建了牌坊。可惜这两组建筑现已毁，但部分遗址尚存（图5）。

祖庙山门原是进入祖庙殿堂的正门，也于明正德八年（1513年）扩建，由原来的三开间扩建为九开间的建筑。该建筑很有特色，一字排开，面阔九间，单檐硬山顶。山门以入口门扇分前后空间和梁架，前空间为通长的前廊，很有气势。有点像南海神庙仪门复廊的形制。不过从总平面布局和功能分析看，其实通往主体建筑的山门原来是5开间，用厚达1.22米的红砂岩砌筑，中间开三个栱券门，中间门高大，宽2米；次间门稍低，宽1.7米，主次分明。现存山门石砌部分为明代原构，而木构部分则是乾隆二十五年（1760年）大修之遗存。左右的两间和中部5间的尽间共享分别成为东侧文魁阁和西侧武安阁的入口，中间5间开间均等为3.65米，而文昌阁和武安阁的心间则为3.8米，设计者比较巧妙地将三者的入口共享在一起，形成总宽达31.7米宽的山门（图6）。

3. 空间南拓时期

清顺治十五年（1658年）于灵应祠前建华封台，完成了祖庙向南部的空间拓展，形成了祖庙组群以灵应牌坊为界的南北两大部分，在功能上则完善了祖庙的重要配置。

4. 庙宇群形成期

乾隆二十四年大修，乾隆《佛山忠义乡志》中的灵应祠图[26]表明，前殿两侧已有文魁阁和武安阁，祖庙北部主体建筑部已经完善。祖庙西侧有流芳祠、三元庵，东侧崇正社学前尚有一组建筑院落，但未表明名称。可以看出乾隆时建筑已从北帝庙的概念扩展开来，形成庙宇群的雏形（图7）。

5. 整体格局完善期

清中叶至清末为整体格局完善期。清嘉庆元年（1796年）佛山同知杨楷捐资倡修灵应祠并鼎建灵宫，为仿效孔庙的寝殿制度为北帝神的父母建灵宫，完善了祖庙的功能和群体空间艺术，即后来的庆真楼，其成为祖庙轴线的后部结束的高潮和视线制高点。在道光《佛山忠义乡志》灵应祠图中已有庆真楼的图示（图8）。[29]同时，在崇正社学和祖庙之间表明了大魁堂的位置，说明地方自治权利所在的大魁堂地位有所提升。另外，在该图上还有祖庙主体西侧的流芳祠、观音堂、社仓、三元禅院（前身为三元庵），以及前面的三元市的图示标注。而东侧在崇正社学前面则是圣乐宫，其规制与乾隆时期的图基本相同。这说明祖庙已形成以北帝崇拜为主，融合佛道儒三教合一的大型庙宇组群。同时表明祖庙同城市空间与市民生活发生着密切的联系。

光绪二十五年（1899年）进行的大修，使得祖庙建筑美轮美奂，祖庙屋顶的脊饰、建筑装修的木雕刻以及许多神案、器物、家私都是该时期的作品。

6. 衰微期

民国至中华人民共和国成立初年为祖庙的衰微期。民国《佛山忠义乡志》载有一张灵应祠平面图[30]，从该图上看，中轴线的建筑主体基本未变，只是在万福台东西两侧增建了戏楼。但主体之外与先前道光年的图差别很大，东侧的大魁堂和崇正社学尚在，但圣乐宫已荡然无存。西侧没有了社仓、三元禅院，但多了崇烈祠、福德祠，流芳祠、观音堂建筑基本未变，只是观音堂改为观音殿，等级似有所提升。建筑规模似有缩小及更加规整化。

大魁堂和祖庙有一青云巷相隔，但有横门方便联通。大魁堂为一开间四进院落，从前至后为门堂、大魁堂、客厅和厨房。其东侧比邻崇正社学，社学为三开间四进院落，有牌坊、文会堂、文昌宫和后厅及厨房，其后与大魁堂平齐，两者后面有共用的后园（图9、图10）。

民国末年由于战争及经济衰退之原因，其间虽有民国三十二年（1943年）的维修，但仍不免走向破败。中华人民共和国成立初期，由于政治及占用等原因，停止了祖庙的宗教活动，祖庙也没有得到很好的

图6 山门脊檩题字

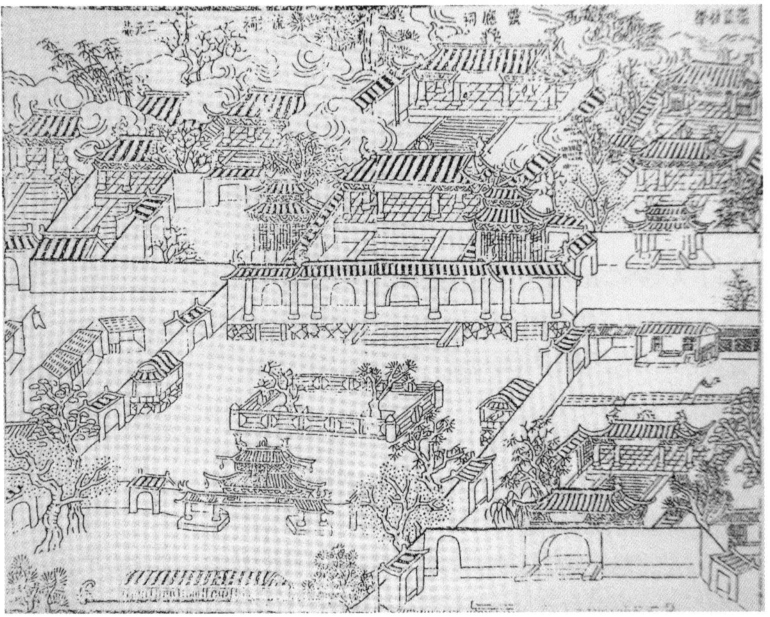
图7 乾隆《佛山忠义乡志》灵应祠图[27]

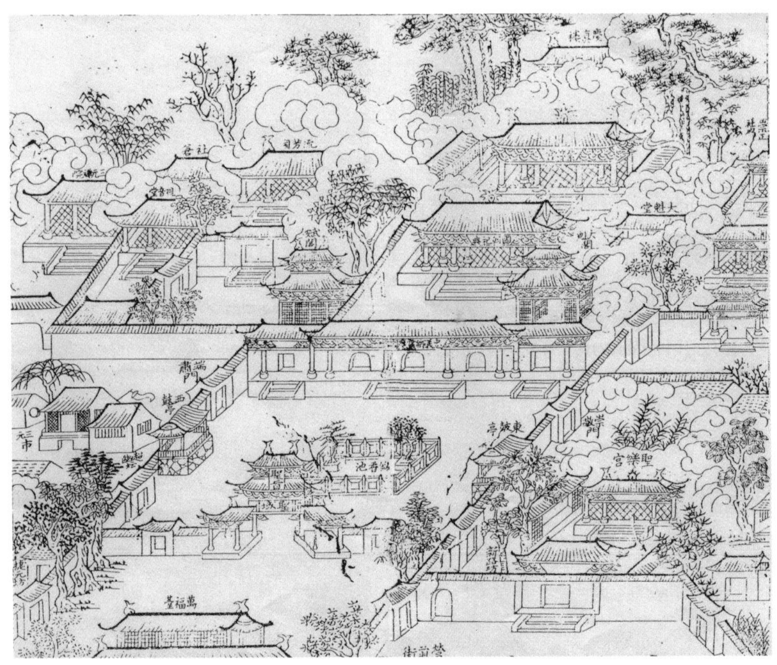
图8 道光《佛山忠义乡志》灵应祠图[28]

维护，原中轴线的主体格局与建筑虽得以保存下来，但两侧的建筑组群在民国末年至中华人民共和国成立初期逐渐毁坏无存。

7. 恢复振兴期

1958年祖庙由新成立的佛山市博物馆管理后至今为恢复振兴期。1962年祖庙被公布为广东省文物保护单位。1972年政府出资进行了全面修缮并向社会重新开放，各种历史文化活动也得以逐步恢复。1996年祖庙被公布为全国重点文物保护单位。2007年启动了百年以来的一次成功的大修，既有效地保护了祖庙文化遗产，又使祖庙的建筑艺术焕发了青春。

三、庭院深深——组群布局与空间艺术特色

祖庙坐北向南，建筑群体布局整齐，规模较大，占地面积约3500平方米。该组建筑平面南北狭长，长约150米，宽16～30米，为不规则矩形平面。从总体布局来看，它基本保持了传统道观一贯以南北中轴线排列主要殿堂，前低后高、左右对称的格局。自前而后为照壁、戏台、灵应牌坊、锦香池、山门、前殿、正殿、庆真楼；轴线两侧的主要建筑为戏楼、钟鼓楼、文魁阁、武安阁等。在形体处理上沿着中轴线纵深与建筑地位的重要性相呼应，采用地坪标高和建筑的高度逐步增加的手法，直至由二层的庆真楼作为轴线的高潮结尾（图11）。

祖庙在空间形式和氛围上富于变化，灵应牌楼前为唱戏娱乐的开敞空间。戏台前在轴线的最南端，戏台和灵应牌坊之间为观戏的广场，看戏的戏楼在广场左右两侧，为两层，上为楼座，既可形成戏剧的围合空间，又可遮阳避雨。在此二楼，由于视线较好，可设雅座。戏楼为均等6开间，底层高约2.3米，楼面比戏台台面略高，客坐其上，视线较好。每开间4.2米，刚好是中间置桌，客坐两侧饮茶看戏的尺度。戏楼左右有门楼，方便客人的出入与疏散。比较有意思的是广场两侧的戏楼并非平行于戏台设置，而是靠近戏台一侧较宽，远离戏台的部分收窄，使客人观戏在一定程度上减少视线遮挡，其视线角度更为合理，这在一般的传统观演建筑中是比较少见的，设计者的智慧可见一斑（图12）。

戏台和灵应牌坊之间的广场，空间较为开阔而热闹。灵应牌楼到山门的空间较前面的娱乐空间略小，但由于锦香池约占据了1/3的面积，人

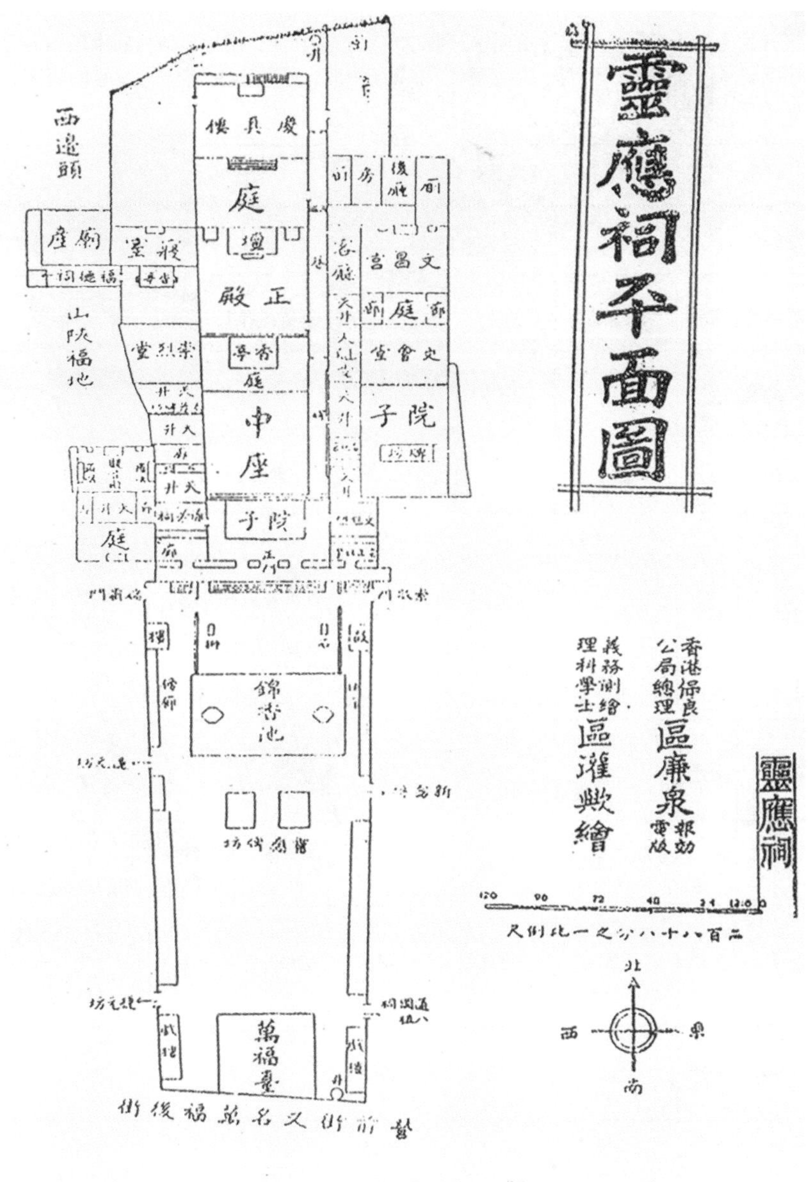

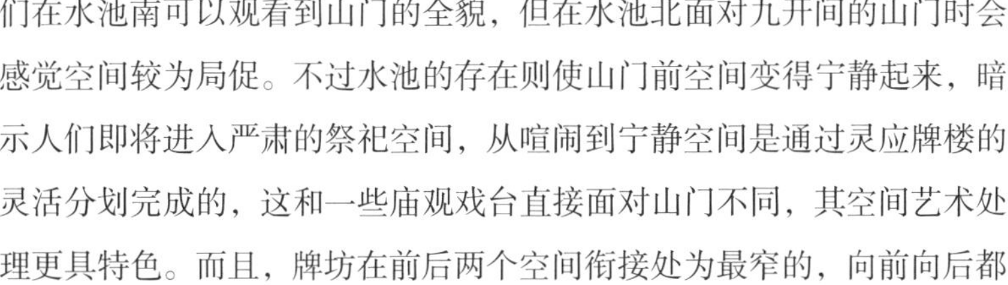

图9 民国《佛山忠义乡志》灵应祠图[31]

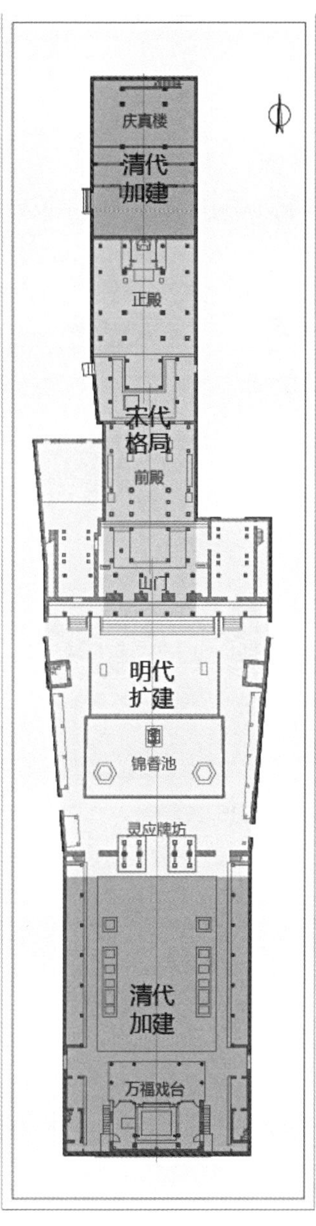

图10 祖庙建筑发展分析图

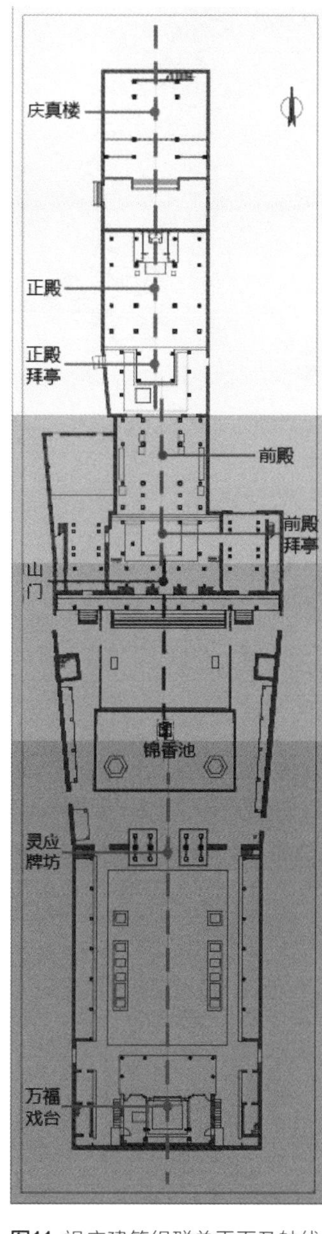

图11 祖庙建筑组群总平面及轴线变化图

们在水池南可以观看到山门的全貌，但在水池北面对九开间的山门时会感觉空间较为局促。不过水池的存在则使山门前空间变得宁静起来，暗示人们即将进入严肃的祭祀空间，从喧闹到宁静空间是通过灵应牌楼的灵活分划完成的，这和一些庙观戏台直接面对山门不同，其空间艺术处理更具特色。而且，牌坊在前后两个空间衔接处为最窄的，向前向后都是渐次加宽的梯形空间，尤其是山门前空间收放更为显著，使得山门到戏台的这部分空间分划得当，收放有致，建筑功能和空间艺术很巧妙地结合在一起（图13）。

锦香池的设置是符合大型庙宇之形制的，也是庙宇中十分重要的建筑元素，如孔庙前的泮池，佛寺中的放生池等，同时也相应了前水

图12 万福戏台及看台广场

图13 山门

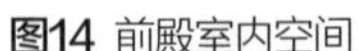

图14 前殿室内空间

图15 正殿室内空间

图16 庆真楼

后山，山环水抱之格局。

入山门之后，轴线空间骤然变得十分紧凑，连续两进的合院，中间为三开间的殿堂，殿前庭院中伫立香亭，两侧为回廊，空间显得紧凑而封闭。由于庭院进深不及殿堂进深的一半，加上香亭的存在，明亮宽敞的庭院空间远远小于室内和半室内的幽暗空间，在宗教建筑中幽暗是构成神秘与威严氛围的重要元素。殿堂低矮的檐口和侧廊看脊的繁复，都加强了空间的紧张和压抑感，加上室内身体前倾、面目狰狞、体态高大的配祀神像和左右的仪仗，营造出了庄重紧张、神秘威严的神圣空间（图14）。[32]

作为正殿前奏的前殿，心间没有供奉得主神，仅在两侧伫立配祀神像，其空间是通过式的，尽管左右围墙密闭，但前后是开敞式的，光线略明亮，而进入正殿空间则又有不同感受，穿过前殿进入正殿的庭院，首先映入眼帘的是正殿前檐的巨大而夸张的斗栱，不同于其他有斗栱的殿堂建筑檐口的高大，比例的适中，祖庙正殿由于檐口低矮，斗栱对于其他构件尺度的突出，给人以强烈暗示着该建筑至高的等级地位；其次，由于轴线连续空间到了终点，正殿前面开敞，其他三面围合，室内光线十分幽暗，加上两侧的仪仗和神像，以及牌匾对联、神台供器的衬托，空间格外紧张肃穆而又神秘异常，而在心间后进的高大神台上端坐着北帝铜铸鎏金塑像，借着幽暗光线的反光和灯光的照明，金身塑像在幽暗的空间里分外庄重威严，人们的崇拜感油然而生，达到了神庙所需要的氛围。此处空间的序列也是十分成功的设计（图15）。

庆真楼在祖庙轴线空间形态上作为最后、最高的建筑，成为整座建筑组群的有力靠背和视线收束点，使整组建筑在空间形态上得以完善，这种建筑组群最后以高大楼阁收尾的组群空间组合是中国建筑常用而成功的规划设计手法。但由于其与前面建筑内部庭院空间及流线的不连续，缺乏一气呵成的整体感，也有缺憾之处。当然这是由于庆真楼是后期增建造成的结果（图16）。

在古建筑组群规划设计中，体量和高度往往是强调主次、丰富层次的重要手法。从祖庙地坪标高看，锦香池最低，自锦香池广场地坪到庆真楼地面标高有1.9米的高差，山门地面较前广场地面高1.33米，山门、前殿、正殿地面渐次抬高，最后的庆真楼地面则比正殿地面高1.18米。可见当时地形自山门至正殿为较平缓的地形或略加整理，山门前地势稍低，正殿后则是背依高起的台地。

除了地坪高差，建筑也是逐渐升高设计，山门栋高5.41米，前殿栋高8.6米，正殿栋高为9.94米，庆真楼栋高则达到了12.43米，加上逐步抬高的地坪，造成组群建筑“步步高”的空间艺术效果（表2）。在建筑设计中体量与高度是与崇敬氛围相关的重要元素，这使得整座建筑空

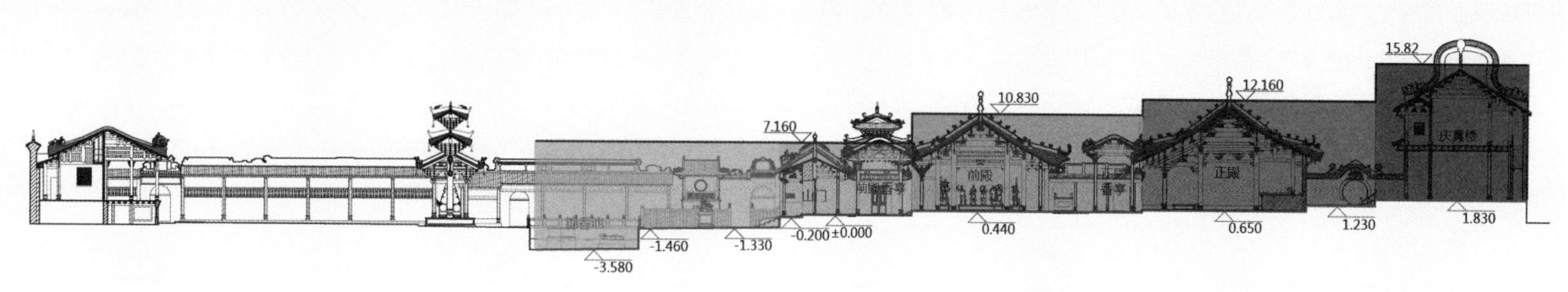

图17 祖庙建筑剖面高度分析图

间不仅庄严神圣，而且其形态也富有节奏和层次（图17）。

祖庙主体建筑高度比较　表2

单位：米

建筑	地坪（设为0.00）	栋高	逐级栋高差	脊高	逐级脊高差	地面至宝珠高	逐级宝珠高差
山门	0.00	5.41		6.96		7.92	
前殿	0.44	8.6	3.19	10.19	3.23	12.23	4.61
正殿	0.21	9.94	1.34	11.51	1.32	13.79	1.56
庆真楼	1.18	12.43	2.49	13.99	2.48	15.46	1.67

在建筑组群的规划中，祖庙也给我们留下了一些不解之谜，如整组建筑的南北轴线并非一条，而是戏台、灵应牌楼在一条轴线上，山门为一条轴线，前殿拜亭、前殿为一条轴线，较前轴线平行西移约63厘米，正殿拜亭和正殿、庆真楼又为一条轴线，较前殿轴线又平行西移82厘米（图11）。这是什么原因造成的呢？

从灵应牌楼到正殿之间的主体建筑应为同时所建，但却形成了三条轴线，从地形上看，其可以沿一条轴线建设。在传统的组群建筑中，前后建筑轴线不一致是常有的现象，但多数的情况是单体建筑的轴线方向不一，即轴线出现转折，成为轻微的折线状。比如南海神庙的头门、仪门与正殿，光孝寺的山门、天王殿与正殿等均不在一条笔直的轴线上。笔者认为，当建筑组群轴线比较长的时候，由于前后建筑所处位置的不同，而建筑又要与具体的环境发生关系，于是折线轴线便产生了。但建筑组群轴线方向一致、单体建筑轴线错开的布局方式案例也有，如大同上华严寺，但为数不多。

从祖庙的布局来看，山门、前殿、正殿的左侧的山墙是在一条直线上的，东侧过去有巷道，连接大魁堂以及崇正社学。正殿的面阔大于前殿，以左侧山墙为统一边缘向右侧布置，自然会形成轴线相错的结果。但是为什么要以左侧山墙为基准布局则是无充足的依据，或许是由于用地的原因也有可能，所以祖庙的这一轴线现象是一个待解开的谜。尽管如此，其并未影响祖庙整体规整、威严宏伟的组群建筑艺术效果。些微的变化并不影响整体的空间艺术效果，这大概是古建筑的一个规划设计原则。如果说这是设计者的意匠亦未可知，正如前殿使用了细密网状的如意斗栱，而后殿用了雄壮的法式铺作的变化一样，追求建筑空间的变化和艺术审美的趣味，甚至哲学文化上的意匠的玄奥，也是中国古建筑设计的一个文化特色，如广西容县真武阁的四个金柱不落地的做法，其意匠给后人留下多少的悬念与探索的乐趣！看似严谨呆板的布局却不经意地发现许多变化微妙之处，这也正是古建筑的引人入胜之处。

祖庙建筑自宋代创建以来，历经元明清的多次修缮、扩建，直至今日所保存得较为完整的形态，整体建筑空间艺术虽非一时完成，却通过历代的改进完善，使其达到了比较高的艺术水平，成为一组规制完善、建筑艺术精湛、建筑空间丰富的建筑作品。

四、法式盎然——建筑艺术特色

祖庙不仅组群建筑艺术成功，其单体建筑艺术亦引人入胜，如功能合理的戏台戏楼，造型优美的灵应牌楼，九开间的山门，施双杪三下昂五跳八铺作斗栱的正殿等均是岭南建筑艺术的代表作。而祖庙建筑脊饰的公仔陶艺更是令人赞叹的建筑装饰艺术之奇葩。限于篇幅，这里仅就灵应牌坊和正殿两座建筑作一深入分析。

（一）灵应形制，溯源塾堂

灵应牌楼始建于明景泰二年（1451年），是由于明正统十四年镇压黄萧养起义后，于景泰二年敕封灵应祠，为旌表祖庙北帝护佑国民之功而建。牌楼或牌坊在建筑组群中起着旌表及入口大门的空间限定作用，灵应牌楼同时也是明代祖庙的正入口，后成为从戏台院落空间进入祖庙和从祖庙山门前院落进入戏台组群的双向出入的主要通道并起着前后空间分划的作用。

现存牌楼为明正德八年（1513年）所重建，后经清康熙及民国三十二年（1943年）修缮。作为“敕封”灵应祠的标志，朝向山门的牌楼心间匾额上书“灵应”两个大字，而南面心间匾额则上书“祖庙”，显然为入口的提示。在石木构架灵应牌楼的两侧还有两个砖砌栱门牌楼，三个牌楼并列，以虚实和高低的关系，衬托出主牌楼的主导地位和重要性，也形成了祖庙入口壮丽而宏伟的整体形象。从做法上看两侧的砖牌楼建造时间比中间的大牌楼稍晚，由于后期的维修，这三个牌楼上的屋面脊饰构件的风格和年代则极为一致（图18）。

这座三间二进十二柱三楼重檐牌楼形制比较特别，即该牌楼除了一般的三间四柱单槽的建筑形式外，前后各加一进，成为三间二进的建筑平面，具有内部空间的立体式牌楼，表面上似为加固牌楼的前后斜戗柱的一种变化形式，实际上这种牌楼的形式是有着深刻的历史渊源，据考证这种形式的牌楼与古代的建筑的门堂制度与形式有着一定历史关系。在岭南地区，由于地域文化的滞后性，往往还保留着早期岭南开发移民南下所带来的中原文化及建筑形制。

牌坊的平面为三间两进的分心槽形式，心间为阙道，两侧次间有高台。这种形式与一些庙宇祠堂的大门类似。如广州南海神庙头门就是三间二进，平面为分心槽的形式。心间为阙道，设板门，门上有走马栏栅，门下设高达90厘米的门限。内外次间地坪均有较心间高出85厘米的塾台，其为一门四塾的建筑形式。两边高台，中有阙道，此即为古之门阀、门堂之形制（图19）。[33]

考周代门堂形制，《尔雅·释宫》：“门侧之堂谓之塾。”周寝庙之门两旁设塾，亦称门堂，塾以门左右分东西塾。《书·顾命》：“先辂在左塾之前，次辂在右塾之前。”门堂建筑中间为有门户的阙道，可以通行车马。即先到的车子通过大门的阙道后停放于门后左塾之前，后入门堂的车子放于右塾之前。堂本是台基的意思，门堂就是门左右两侧高起的台基，后引申为该类建筑的专称。

《仪礼·士冠礼》：“筮与席所卦者具于西塾，摈者玄端负东塾。”郑玄注曰：“西塾，门外西堂也；东塾，门内东堂。”《释宫》：“门之内外，其东西皆有塾，一门而四塾，其外正南向。”《朝庙宫室考》：“内为内塾，外为外塾，中以墉别之。”墉即墙，这是说东西塾又以门及分心墙为界线前后分为内外塾，门堂于是一门有四塾：外塾南向，东塾为左塾，西塾为右塾。内塾北向，东塾为右塾，西塾为左塾。《群经宫室图》：“垛，堂塾也，盖塾为筑土成锵之名，路门车路所出入，不可为阶，两塾筑土高于中央，故谓之塾。”可见堂即塾，即门侧高起的台基。《群经宫室图》又说：“两塾高，谓之堂，中央平，谓之基，往塾视之，至门间而告也。学记云，古之教者，家有塾。”后来的“私塾”一词大概就源自于此（图20）。

陕西岐山风雏村西周建筑遗址中，入口大门中有阙道为门为“塾”，门侧有东西两塾，门外有“树”屏。从中可以看到早周门堂之制的形式，1981年始发掘的陕西凤翔马家庄春秋晚期的秦国宗庙遗址，其宫门据遗址可复原为面阔三间，进深二间（塾外两夹室未计）的平面，心间为阙道，道中有门，两内塾又以厚达1米的土墉墙相隔，其全然为一门四塾的宗庙门堂形式。宋代名画《文姬归汉图》（又名《胡笳十八拍》）中所描绘的士大夫府第的大门，即面阔三间，进深两间，心间无阶而平为阙道，次间设堂塾。观其结构形式为分心槽式，所以也是一门四塾。画中门内有屏，按周礼天子外屏，诸侯内屏，是合古制的，其与古寝庙门制相同，是为旁证。

汉代城市已有里坊制度，《汉书·食货志》：“五家为邻，五邻为里。”“里”，是皇戚贵族居住的里坊。一里中住二十五家。《汉书·食货志》又说：“里胥平旦坐于左塾，邻长坐于右塾。”里胥即里长，里长官高于邻长，古人以左为上，故里长位左，邻长位右。而里门之塾就是里胥和邻长日常办公的场所，里门的形式与门堂形式相同。汉晋隋唐里坊门制显然保留了周宗庙门堂之制。

牌楼本似由里坊门演化而来，而成为其有旌表及交通功能的单体建筑。山东曲阜县号称“三孔”（孔庙、孔府、孔林）之一的孔林中，其大林门为进入孔林的第一道门，门面阔三间，进深两间，中有可通车马的阙道，次间为高约1.3米的堂塾，内列神像，前有栅栏，也为一门四堂的古门堂形制，其门前又有一座四柱三楼的“至圣林”木牌楼。这里门堂作林户，牌楼以旌表，有门有坊，坊门相联，是古里坊门的一种分化形式。

岭南地区的某些寺庙及祠堂中（尤以祠堂居多），其大门形式多有一门两塾古门堂之形式。祠堂乃本族人祭祀祖宗之庙堂，建筑形式多循古宗庙制度。《群经宫室图》：“正义云：周礼，百里之内二十五家为闾（所以里坊又称闾里），同共一巷，巷首有门，门边有塾，谓民在家之时，朝夕出入，恒就教于塾。”岭南古祠堂多设本族人之学校（又称学堂、书院），其门塾形式可能与“恒就教于塾”有关。在岭南地区牌楼形式也保存着古门堂形式的遗制，如佛山祖庙之灵应牌楼、广州五仙观牌楼、东莞茶山进士牌楼等，均为面阔三间，进深二间，心间为阙道，次间为高起的堂塾，结构也是分心槽的形式等。这当是由里坊之门制转变为牌楼门的过渡或演变形式（图21）。

灵应牌楼建筑尺度[34]　表3

开间尺度	总宽	心间	次间	总深	前进	后进	总高	次间栋高	心间下檐栋高
厘米	926	500	213	316	158	158	1150	595	778
营造尺 *a* 35 厘米	26.5	14	6	9	4.5	4.5	33	17	22
营造尺 *b* 31.25 厘米	29.5	16	7	10	5	5	37	19	25

从外观造型看，立面为三间三楼形式，两次间上覆歇山顶，心间的重楼为庑殿顶，上覆绿色琉璃瓦。三层屋檐逐层收进，造型稳定。建筑尺度比例大致如下：心间/次间＝2.38/1，总高/次间栋高＝1.93/1，总宽/总深＝2.93/1。也就是心间约占总宽的一半，总高约是次间栋高的2倍，总宽约是总深的3倍。推测营造尺为35/31.25厘米，心间面宽14/16尺，次间6/7尺，进深9/10尺，总高为33/37尺。明间高宽比为1∶1.1，成正方形的比例关系，次间高宽比为1∶2，比例狭长，起着烘托和辅助作用。其比例存在着一定关系，其造型优美大气（图22，表3）。

从结构来看，由于采用了三间二进十二柱的立体牌楼形式，整体结构比较稳定，分心槽构架采用木柱，柱下部前后置高大的抱鼓石，使木柱不致位移和倾斜。前后檐柱则是石柱，既耐久又防雨防潮，适合岭南的湿热气候。柱头均用额枋和平板枋拉结，平板上上立柱头科与平身科斗栱，分心槽柱直上到栋下，并出横枋与插栱，与分心槽柱的插栱联系为一个紧密的整体。心间两柱直达重楼下檐的栋底，其间用二层大额枋拉结，两额之间以板枋相连，上层额枋上立两小圆柱，成为重檐上檐屋顶的结构立柱，重檐部分均用插栱出跳檐口，形成强烈的干栏、穿斗建筑构架的特色，是原本地域建筑原型的痕迹。该牌坊既有柔性的抗震能力，又有刚性的抗台风功能，所以500余年来方可巍然屹立。

次间斗栱有转角、柱头和补间之分，转角铺作为三杪六铺作形式，心间斗栱多用插栱，外挑斗栱基本跳长为28厘米，合0.8尺，挑檐枋至封檐板的檐出为35厘米，恰好为1尺。材广15厘米，厚6厘米，契高8厘米。材广为材厚的2.5倍，这是岭南古建筑斗栱用材的常用比例之一。牌楼的建筑装饰则主要是以卷草、水浪状琉璃脊饰为主，加上正脊上的鳌鱼，体现出岭南风格的建筑装饰艺术特色。

灵应牌楼在一般四柱三间三楼的牌楼造型基础上，在心间顶部加建重楼，以旌展至高无上的“圣旨”之额，中部两翼则拥簇着“灵应”匾额。在造型上中间为阙，两侧用高0.8米的石砌塾台烘托，使牌楼感觉更加稳固高大，比例协调，优美庄重。灵应牌楼不仅具有较高的历史价值，也是牌楼建筑艺术之典范（图23）。

（二）紫宵斗栱，法式镇殿

入山门，通过前殿空间及祭祀氛围的铺垫，即来到重建于明洪武五年（1372年）的正殿，这是祖庙中现存年代最早、最重要的建筑，是祖庙祭祀活动的中心空间。所以无论在艺术造型、体量大小，还是所处位置、建筑等级上，正殿在祖庙整组建筑中都居于统帅的地位。

祖庙正殿和前殿的木构架结构均使用月梁、梭柱、斗栱，具有典型的明代建筑特征。尤其是正殿使用的双杪三下昂五跳八铺作斗栱成为岭南地区最复杂的斗栱之一，所采用的栱栓和侧昂等特殊构造，则分别参照了广州光孝寺和肇庆梅庵大雄宝殿的斗栱做法（图24）。

图18 灵应牌楼

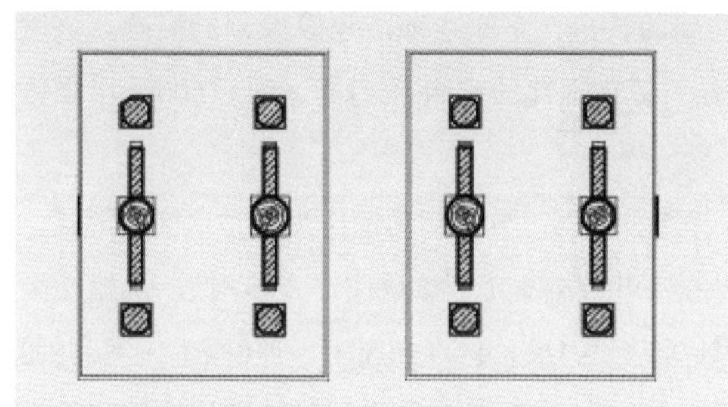

图19 灵应牌坊平面图

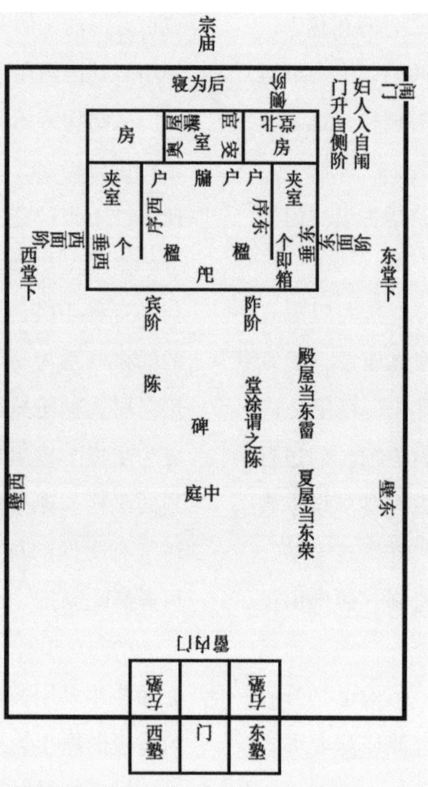

图20 戴震《考工记》宗庙之制图

图21 南海神庙头门（一门四塾制）

图22 灵应牌楼正立面

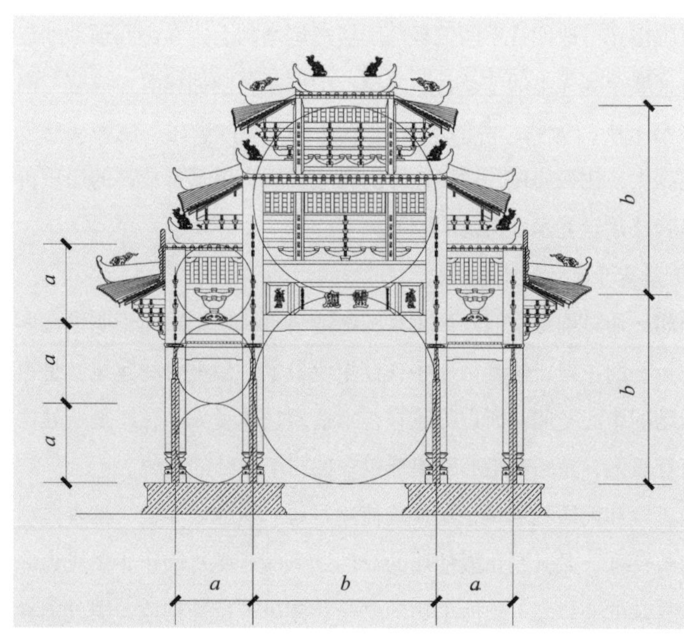

图23 灵应牌楼尺度分析

图24 正殿正立面

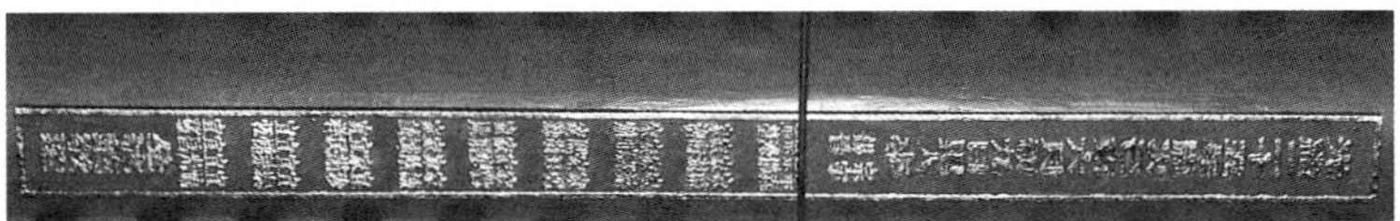

图25 正殿脊檩刻文

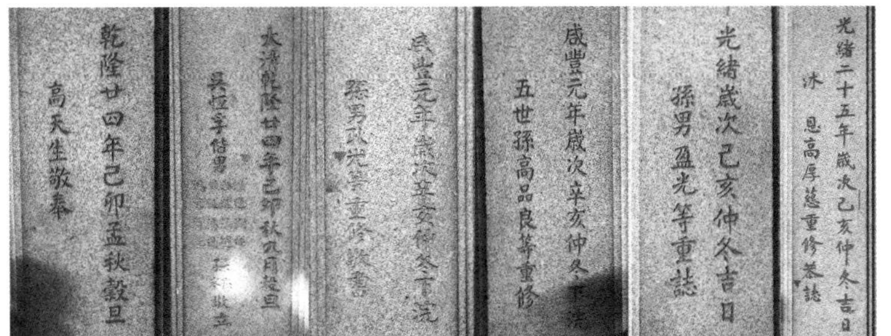

图26 正殿石柱铭文

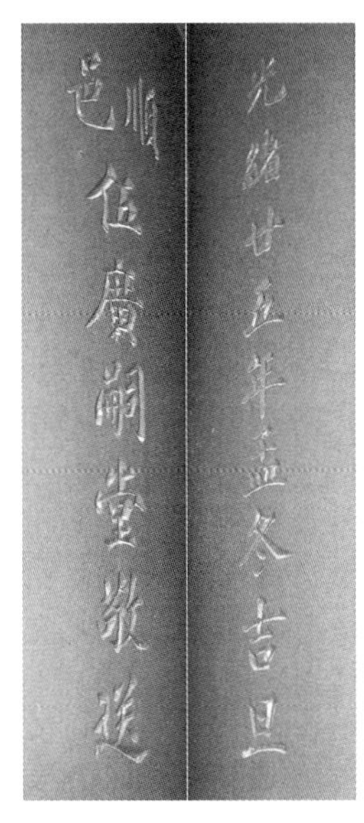

图27 正殿前金柱铭文

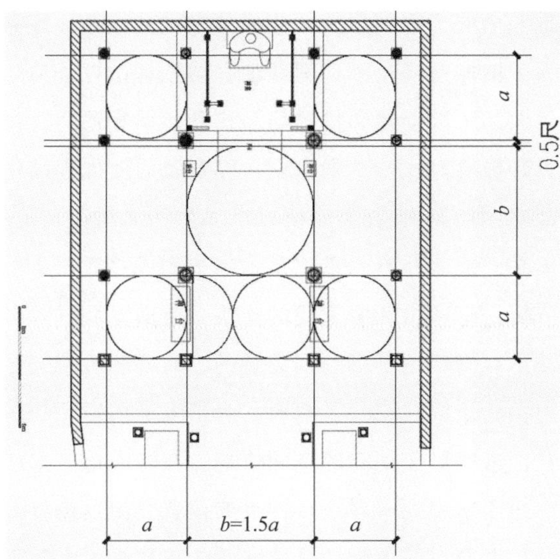

图28 正殿平面及尺度分析

从前面的文献记载看祖庙在明洪武、宣德、崇祯、清康熙、乾隆、咸丰、光绪年均有重建或大修，现存正殿脊栋刻字有“光绪二十五年……里人……同沐第敬送”，而前金柱也有“光绪二十五年孟冬谷旦”（左前金柱），“顺邑伍广嗣堂敬送”（右前金柱）字样，同时殿内匾额及石柱等多处刻有乾隆二十四年、嘉庆元年、咸丰元年、光绪二十五年重修字样。正殿内“紫宵殿”匾额上标明明崇祯、清康熙、乾隆、咸丰、光绪均有重修。据此推测，大殿曾多次大修，最近一次应该是在清光绪二十五年，这次大修金柱、脊檩都更换过，应该是一次落架大修。而现存构架中斗栱等级高、形制早，又显然是早期法式之物，或保存古制之结果。今就其法式特征作如下讨论（**图25~图27**）。

1. 建筑平面

正殿面阔三间12.35米，进深三间12.58米，平面近正方形，进深稍大于面阔23厘米，面宽/进深为1/1.1，这是岭南三开间殿堂常见的平面形式，如光孝寺伽蓝殿的比例1/1.08大致如是。正殿明间宽5.43米，约合宋尺（0.32米）17尺，地方尺（0.35厘米）15.5尺；次间3.46米，约合宋尺10.8尺，地方尺10尺。心间/次间为3/2的比例。进深前间为3.50米，合宋尺1.1丈，地方尺10尺，与开间次间面宽相同。进深心间5.58米，合宋尺17.4尺，地方尺16尺。比心间面宽大0.5尺。进深后间3.60米，合宋尺11.25尺，地方尺10.2尺。从尺度推测，该平面的设计大概是以地方尺来确定尺度的，这也是建筑地域化的一个特点（**图28，表4**）。

正殿平面尺度[35]　表4

开间尺度	总面宽	心间	次间	总进深	心间	次间
厘米	1235	543	346	1258	558	350/360
营造尺a（35厘米）	35.5	15.5	10	36	16	10/10.2
宋营造尺（32厘米）	38.6	17	10.8	39.65	17.4	11/11.25

很显然，面阔和进深的心间/次间均为3/2的比例，和前殿的开间比例雷同，这似乎是该类建筑的常用比例关系，也说明前殿、正殿是同一个时期的作品。

四根前檐柱为石柱，四根金柱和其他柱子为木柱。同前殿一样，正殿也是在左右两侧和后面用围墙围护起来，使建筑在正立面看来似乎是一个五开间的建筑，前面开敞，其他三面围蔽，室内光线暗淡。为了增加室内空间，围墙加在檐柱和山柱外侧，墙体直接接到屋面下面，所以墙体和挑檐与斗栱和挑梁相遇时，出跳的斗栱和木构架只好破墙而出。正殿在檐柱左右及后面加建墙体而扩大殿堂的这部分空间刚好用来摆放仪仗。显然，木构架部分是自成一体的构架体系，围墙并不承重，是木构架完成之后再砌的。所以配合梁架的分析，有理由怀疑宋代的建筑只是面宽和进深各三间的建筑物，即便是有围墙也是沿柱网设置的，与福州五代的华林寺正殿相似。推测祖庙正殿在明代重建时，为扩大室内空间，围墙外移到今天的位置，也就形成现有的空间格局。在岭南地区这也是一般殿堂为扩大空间而常用的手段。从神台的位置突出后檐柱看，现有围护砖墙是设计者原有的意图。总体来看，正殿平面大体保留了明代早期的平面形式。

再看看与岭南区域宋明时期的三开间殿堂平面比例对比分析（**表5、表6**）。福州华林寺大殿建于五代末吴越王钱俶十八年（964年），其平面尺度和空间高度较祖庙正殿为大。明弘治七年（1494年）重修的广州光孝寺伽蓝殿，同样为三开三进的平面形式，其平面尺度与祖庙正殿木构平面相近，但由于祖庙正殿有了木构架主体外围墙体的举措，使其实际的平面尺度、室内空间以及建筑高度都比前者要大。

福州华林寺大殿平面尺度[36]　表5

开间尺度	总面宽	心间	次间	总进深	心间	次间	宽深比
厘米	1587	651	468	1468	700	384	1.08/1
营造尺（32.55厘米）	48.8	20	14.4	45.1	21.5	11.8	

广州光孝寺伽蓝殿平面尺度　表6

开间尺度	总面宽	心间	次间	总进深	心间	次间	宽深比
厘米	1187	559	314	1206	578	314	1/1.01
营造尺（35厘米）	34	16	9	34.5	16.5	9	

2. 建筑构架

正殿的结构方式可以说十分独特。整体构架为抬梁式，进深心间用六椽栿，上叠四椽栿、二椽栿，上下各以驼峰搁架斗栱相互联系，并承托桁枋，二椽栿上以梁枕承托脊栋，为典型的驼斗式抬梁式构架形式，前后的水束构件体现了明显的地域构造特色。从横剖面看，前后两进构架方式不对称，而且差异很大。前后檐均有四个步架，但前檐用双杪三下昂八铺作斗栱出挑檐口，后檐则于四椽栿上立童柱支撑桁枋，又用后檐柱的穿枋和二跳插栱承托撩檐枋。从构架的特色看，前檐是宋代的构架构造形式，后檐以及山面出檐则是带有穿斗构架遗制的明清建筑构架形式。即除了前檐外，左右及后檐出檐方式相同，其内部的步架形式也基本一致。为了保证与前檐斗栱出檐高度的一致，其通过增加四椽栿高度的方式来解决，这与一般的前后步梁同高的做法是不一致的，充分体现了地方建筑构架的灵活性。山面构架则是在丁栿上设童柱，童柱头置桁枋和平板枋，上托桷板后尾，上砌山花墙，墙上开两个长条外凸的花窗，起着采光、通风的作用，同时又可防止雨水的侵入。椽桁外出际45厘米，外护博风板并置惹草纹饰（**图29~图31**）。

在构架尺度上，檐柱高3.53米，与进深前开间3.5米相等，即柱高取其进深的比例。

3. 屋面举折

屋面坡度正殿前后撩檐枋心距离为16.16米，举高4.85米，屋面坡度为1∶3.33，屋面较宋法式规定殿堂建筑屋面举折为1∶3稍缓，比辽构独乐寺山门（1∶3.9）则稍陡。根据统计，岭南大式殿堂建筑举高比常用数据在1∶3.5左右[37]，正殿采用这个屋面坡度接近岭南大式建筑的常用坡度，达到了古建筑屋顶适合防雨排水功能和崇高威严艺术形态的协调统一。

4. 立面

心间宽度为次间的1.5倍，主次分明，前檐柱无侧脚及生起，柱间用额枋相连，额枋断面呈腰鼓形，高宽比约3∶2，形态饱满，其上铺平板枋承托斗栱。屋顶为单檐歇山顶，收山很深几乎达次间之宽，这增加了建筑整体向上的气势。屋顶部分高度约占建筑高度的1/2，比例得当，造型稳定。只是由于外围墙的设置使本来较大的出檐显得略为局促，但前檐雄大的斗栱使其出檐甚为深远。同时建筑构架基本为暗红色涂饰，高贵而简练。立面与构架的简洁与脊饰的繁杂活跃互补，刚柔相

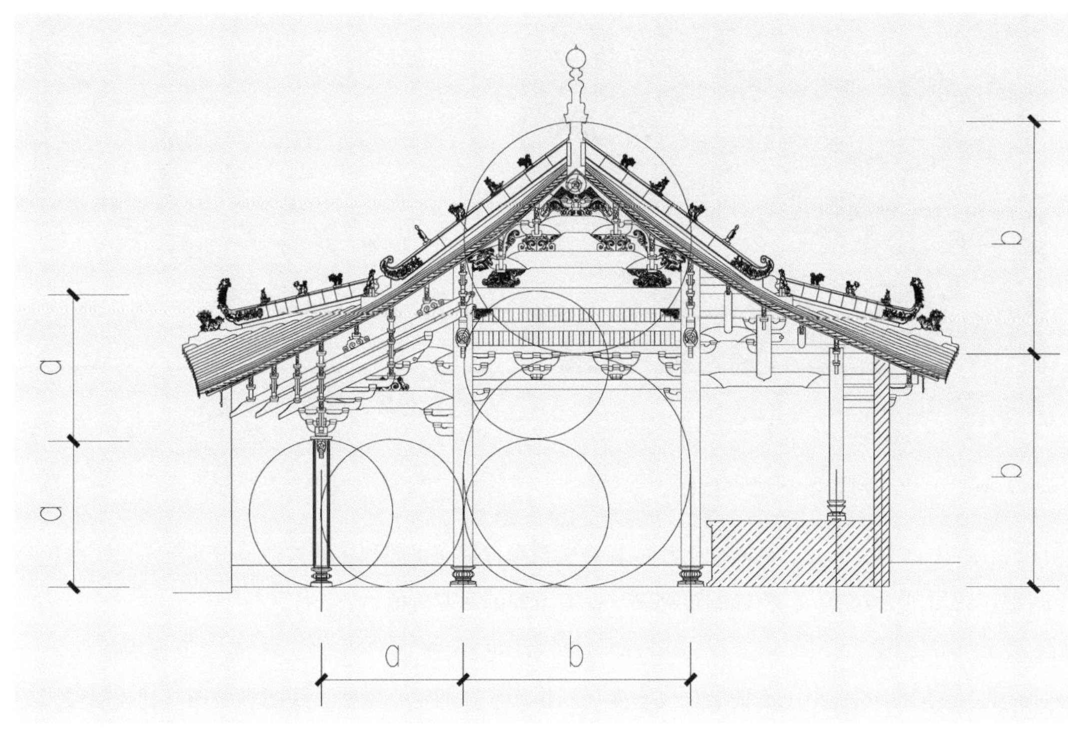

图29 正殿横剖面及尺度分析

图30 正殿心间梁架

图31 正殿次间木构架

济，成为一章（图32）。

5．斗栱

该建筑最突出的是前檐的双杪三下昂八铺作斗栱。为什么用这么复杂的斗栱形式呢？笔者分析认为：一是为了加大建筑体量。由于建筑仅为三开间，体量不大，设计上要靠出檐加大建筑体量，前檐斗栱出跳为1.72米，檐出为1.1米，合计挑檐出为2.82米，其他三面挑檐也达到了2.5米，这样依靠斗栱出檐的深远使屋面和体量大为改观；二是表明建筑等级的高低。斗栱是中国传统建筑特殊的构件，从唐宋建筑斗栱的结构、减震的作用，逐渐演化到明清时更强调其文化意义，但自宋至清其作为官式建筑设计的模数和等级观念却一直未变。中国传统斗栱用材的大小、斗栱出跳多寡以及斗栱组合的形式是与建筑的等级地位、体量规模紧密关联的。如宋《营造法式》所规定斗栱断面的“八等材”和清《工部做法》中规定的“十一等斗口”就都是依据建筑的等级与规模而选用的，建筑等级高、规模大，就要用高等级的材和斗口。正殿所采用的双杪三下昂八铺作斗栱的形式，更符合宋代的建筑制度与法式，这样高等级而复杂的斗栱是现存斗栱的孤例。虽然该建筑的等级、规模并非很高，但设计者为了强调其重要的地位，而采用了可以说是超标的斗栱形式，这组罕见的斗栱形式，历来成为业内人士关注之处（图33）。

佛山祖庙正殿斗栱铺作高2.285米，檐柱高3.53米。铺作高与柱高之比为1：1.55，即斗栱高超过柱高之半。这近1：1.55的比例，接近汉唐的建筑比例尺度。北宋至道二年（996年）所建的梅庵正殿斗栱与檐柱之比为1：2.5，辽代独乐寺山门1：2.5，唐佛光寺正殿1：2，可见祖庙的正殿斗栱相对之雄大，其比例足以与唐、辽、宋、金各建筑相比。[38]

正殿前檐斗栱铺作分有柱头铺作、补间铺作和转角铺作三种，补间铺作明间二朵，次间各一朵，与宋《营造法式》所载吻合，符合宋制。

柱头铺作为前出双杪三下昂，后转出华栱二跳偷心造，二跳栱斗承托四椽栿起䫜处，第一跳昂之昂尾压在乳栿梁头下方，第二跳昂尾、第三跳昂均长达四椽，昂尾分别交与六椽栿下的雀替后尾下方及六椽栿的榫头下方。中部又与隔架科斗栱衔接，其出挑檐口的重量和昂尾

图32 正殿侧立面

图33 正殿前檐斗栱

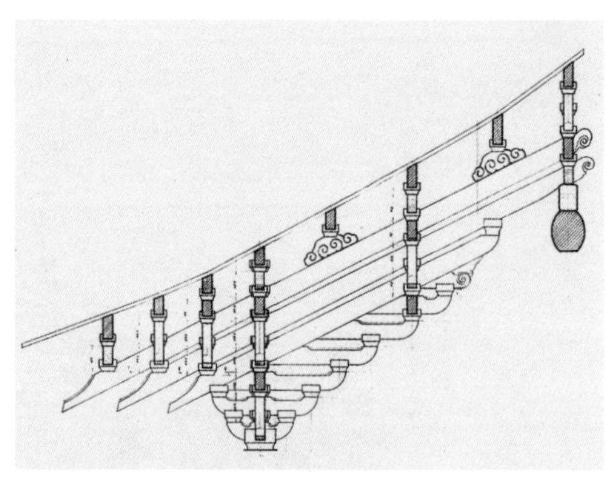

图34 正殿补间铺作斗栱侧面[39]

承托的屋面荷载的结构构造做法，达到类似杠杆原理的一种平衡和合理的交接关系。补间铺作前出与柱头铺作相同。心间铺作后出则为六跳华栱，除第五跳为计心造外皆为偷心造，第一跳昂长三椽，第二跳、第三跳昂长四椽，分别承挑着金柱间的隔架科，斗栱结构力学机能合理（**图34**）。

祖庙正殿斗栱足材高27厘米，用材广20厘米、厚10厘米，栔高7厘米，材高合为宋尺（1宋尺约为32厘米）6.25寸，宽合宋尺3.125寸，材高约在宋《营造法式》规定的五等材（6.6寸×4.4寸）和六等材（6寸×4寸）之间。宋《营造法式》规定五等材“殿小三间，厅堂大三间则用之”，故其用材正是三间小殿，大致与宋《营造法式》规定相符。材断面高宽比为2∶1，与宋《营造法式》3∶2不同，这与宋代肇庆梅庵大殿相同，为岭南殿堂建筑斗栱用材特色，应是穿斗建筑结构构造的遗制。

不仅如此，正殿斗栱还使用了昂栓和栱栓（或称串栱木、斗牵、托斗塞等）。在前出第一跳上用昂栓，上彻昂背，其昂栓用法与宋《营造法式》的规定完全相符。虽然宋《营造法式》中有用昂栓的规定，现存北方宋、辽、金的建筑多未见用昂栓。[40]除昂栓外，正殿斗栱还普遍使用了栱栓，以固定上、下栱子的位置，使之不至于歪闪、松榫等，但宋《营造法式》中未见有栱栓的规定。

目前发现的木构建筑斗栱用昂栓、栱栓的还有建于宋至道二年（996年）的肇庆梅庵大殿的斗栱。但其是在斗栱后部第一跳上用昂栓，与祖庙正殿前出第一跳上用昂栓有所不同。昂栓和栱栓的使用，使斗栱的加工和组装要求较高，祖庙正殿和梅庵大殿是古建筑斗栱用昂栓和栱栓的罕见例子，有重要的研究价值。

祖庙正殿的二层横栱的上一层各向侧边出一侧昂（或称琴面平昂），这种做法也不多见。祖庙斗栱的这一做法，陕西韩城司马迁祠寝殿当心间补间铺作令栱也有，在广东境内则见于广州南宋风格的光孝寺大雄宝殿、六祖殿和伽蓝殿。但光孝寺正殿的这一做法仅用于泥道慢栱，而祖庙正殿则除泥道慢栱外，还用于各个位置的慢栱上，显然更具特色。

正殿斗栱铺作即使用栱栓和昂栓，又采用了侧昂（琴面平昂），这是个很有意思的设计。在佛山祖庙西面的肇庆宋代梅庵大殿，其斗栱使用了栱栓，在祖庙东面的广州光孝寺大殿、六祖殿和伽蓝殿都使用了侧昂，显然明代祖庙重建时，设计者到周围地区进行了考察，参照梅庵正殿和光孝寺殿堂的做法设计了祖庙的前檐斗栱。但设计者并不是单纯的模仿，而是超越！不仅借鉴了梅庵正殿的栱栓、昂栓，也借用了光孝寺的侧昂，而且于各层慢栱都用了侧昂，在斗栱铺作的形制等级上，也都比前两个殿堂要高级。可见祖庙前檐斗栱在形制上不仅等级高，形式特别，在艺术上由于相对比例大，檐口低矮而具有震撼力，同时在结构上富有唐宋斗栱的合理力学作用，这的确是祖庙正殿的一个镇殿之宝。

在宋《营造法式》和清《工部做法》中，斗栱的用材和斗口大小作为一定模数都与建筑的尺度或构件尺度相关联，那么祖庙大殿的斗栱用材作为建筑模数与建筑尺度和构件有关联吗？我们列表比较分析如下（**表7、表8**）。

正殿平面尺度与用斗栱材关系分析　表7

开间尺度	总面宽	心间	次间	总进深	心间	次间
厘米	1230	538	346	1258	558	350/360
材广	61.5	26.9	17.3	62.9	27.9	17.5/18

柱径、梁径与斗栱用材关系　表8

构件	石檐柱	木山柱	木金柱	六椽栿	四椽栿	平梁
厘米	40	38	51	48×32	44×22	40×20
材广（20厘米）	2	1.9	2 材 1.5 契	2.4	2.2（2 材 0.5 契）	2
法式规定			2 材 2 契	4	2 材 2 契	2 材

根据以上数据对比分析，从建筑尺度上看，正殿斗栱用材和平面空间尺度没有必然联系。从主要建筑构件尺度分析，由表7可知，所列比较的四个构件仅金柱径和平梁高的尺度和宋《营造法式》用材的规定相吻合，其余构件尺度较法式规定偏小，由此推论：该殿堂的构件设计尺度并不受法式制约，而是因地制宜及地方做法的结果，斗栱的用材与建筑的尺度不存在模数之关系。

由于人们的流线和观赏角度基本是在正殿的前面，所以在正面进行了特别强调，而其他三面则低调了很多，也体现出中国建筑的灵活性，以及岭南文化的务实性、经济性。而从建筑的平面看，其他三面插栱出檐支撑自檐柱中的出檐距离和重量也有一定力学上的不足，所以其左右和后墙体应该是在正殿木结构完成的同时而建成，并起着些许承重墙的作用。宋时的正殿可能是三开间的殿堂式构架建筑，前檐斗栱或许是原有的遗制，明清两代重建时做了改变。

五、结语

佛山祖庙是由供奉真武帝的一般庙宇，逐步扩建完善成大型的庙宇，尤其是明景泰四年敕封成为官祀庙宇之后加速了其发展的步伐，建筑也参照官式建筑、大型庙观的形制与布局逐步加建、扩建，并完成了祖庙自身的规制。同时由于依托祖庙的嘉惠堂、大魁堂等佛山地方自治机构的存在，在功能及建筑扩展和影响力上有着庙祠合一、教政一体的性质，其已超出了一般道观的意义，成为明清全佛山地域的人们的精神及权力中心，从而发挥着更深刻的社会作用。

作为祖庙中心地位的正殿，其现存构架一般认为是明洪武五年的遗构。但其到底是哪个时代的遗存？这是个值得探讨的问题。如前所述，从木质金柱、脊桁、瓦脊均有光绪二十五年柱子更新的题记来分析，可以肯定的是清光绪二十五年进行了深度的落架大修。但现存的石质檐柱刻有乾隆二十四年（1759年）的题记，并标明为“敬立”“敬奉”，显然是该年重修之物。这次大修由地方官员主持，用时2年，是清代的一次大修，距上次大修约80年，距下次咸丰元年（1851年）大修约90年。所以笔者推测，现存建筑的主体应为清乾隆二十四年（1759年）的遗构，其后虽有大修，但依然保持有明代建筑的风格，局部如斗栱甚至保持了宋代的形式与风格。所以今天看到的祖庙正殿遗构是多元化、多时期沉淀的结果，其有几个年代的文化遗存保留，成为其极具地域特色的建筑。正殿的前檐斗栱的形制与风格，其用昂栓、栱栓之制，于慢栱两侧各出一琴面昂的做法等使其在中国建筑史上占有重要一席。

综上所述，祖庙自宋代创建以来，随着佛山社会的政治经济动荡，祖庙建筑几经兴衰，最终形成了今天庙体形制完备，规模宏大，中轴线建筑完善的建筑组群。其丰富多彩的建筑空间艺术，神圣空间氛围的成功塑造，法式上的特殊构造，以及琳琅满目的装饰建筑艺术都使这组建筑成为中国建筑史上的一枝奇葩。随着祖庙东侧大魁堂和崇正书院的考古发掘保护，以及周围历史环境的整治，祖庙必将持续发挥深远的历史文化影响和永恒的艺术魅力。

致谢：佛山祖庙博物馆为作者提供了大量祖庙相关研究文献及祖庙大修测绘图纸，笔者深表谢意。

注释

1　发表于：佛山市祖庙博物馆. 佛山祖庙修缮报告（上册）[M]. 北京：文物出版社，2018.

2　冼宝干. 民国佛山忠义乡志·卷八·祠祀。

3　吴庆洲. 瑰伟独绝. 另树一帜——佛山祖庙建筑研究·佛山祖庙研究

[M]. 北京：文物出版社，2005.
4 肖海明著，佛山市博物馆编. 中枢与象征——佛山祖庙的历史、艺术与社会[M]. 北京：文物出版社，2009.
5 程建军. 梓人绳墨：岭南历史建筑测绘图选集[M]. 广州：华南理工大学出版社. 2013.
6 冼宝干. 民国佛山忠义乡志·卷八·祠祀。
7 （清）陈炎宗. 乾隆佛山忠义乡志·卷六·乡俗志。
8 （清）陈炎宗. 乾隆佛山忠义乡志·卷十·艺文志. 四社学记。
9 广东社会科学院历史所等编. 明清佛山碑刻文献经济资料[M]. 广州：广东人民出版社，1987.
10 肖海明著，佛山市博物馆编. 中枢与象征——佛山祖庙的历史、艺术与社会[M]. 北京：文物出版社，2009.
11 肖海明. 佛山市博物馆编. 中枢与象征——佛山祖庙的历史、艺术与社会[M]. 北京：文物出版社，2009.
12 肖海明著，佛山市博物馆编. 中枢与象征——佛山祖庙的历史、艺术与社会[M]. 北京：文物出版社，2009.
13 区瑞芝. 佛山祖庙灵应祠专辑. 1992年交流赠阅本，第1页。
14 冼宝干. 民国佛山忠义乡志·卷八·祠祀。
15 宣德四年（1429年）唐壁撰《重建祖庙碑》，道光佛山忠义乡志·卷十二，金石上。
16 正统三年（1439年）《庆真堂重修记》。
17 宣德四年（1429年）唐壁撰《重建祖庙碑》，道光佛山忠义乡志·卷十二，金石上。
18（清）陈炎宗. 乾隆佛山忠义乡志·卷三，乡事志。
19 冼宝干. 民国佛山忠义乡志·卷八·祠祀。
20（清）陈炎宗. 乾隆佛山忠义乡志. 卷三，乡事志。
21（清）郎廷枢. 修灵应祠记，载广东省社会科学院历史研究所中国古代史研究室等编：明清佛山碑刻文献经济资料，第22页。
22（清）陈炎宗. 乾隆佛山忠义乡志. 卷三，乡事志。
23（清）吴荣光. 道光佛山忠义乡志. 卷十二，金石下。
24 肖海明，佛山市博物馆编. 中枢与象征——佛山祖庙的历史、艺术与社会[M]. 北京：文物出版社，2009.
25 民国佛山忠义乡志. 卷八，祠祀一，重修锦江池记。
26（清）陈炎宗. 乾隆佛山忠义乡志. 卷一，灵应祠图。
27 肖海明著，佛山市博物馆编. 中枢与象征——佛山祖庙的历史、艺术与社会[M]. 北京：文物出版社，2009.
28 肖海明著，佛山市博物馆编. 中枢与象征——佛山祖庙的历史、艺术与社会[M]. 北京：文物出版社，2009.
29（清）吴荣光. 道光佛山忠义乡志. 卷首，灵应祠图.
30 该图由香港礼顿山道52号冠兴印务局制版，香港理科学士区灌欤按照1：288的比例义务绘制，该图是祖庙第一张按现代科学制图方法制作的地图。
31 肖海明著，佛山市博物馆编. 中枢与象征——佛山祖庙的历史、艺术与社会[M]. 北京：文物出版社，2009.
32 赵振武. 广东省佛山镇祖庙调查初稿[J]. 岭南文史，2006，1.
33 程建军. 古建筑的“活化石”——南海神庙头门、仪门复廊的文物价值及修建研究[J]. 古建园林技术，1993，1：52.
34 营造尺$a=35$厘米，是调查地方营造尺的长度。营造尺$b=31.25$厘米，是营造尺a的9寸，地方工匠称其为一个“光度”，是地方建筑设计施工的一个常用单位。
35 以木构架计建筑平面的阔深。
36 杨秉纶，王贵祥，钟晓青. 福州华林寺大殿. 清华大学建筑系编. 建筑史论文集(第九辑)[M]. 北京：清华大学出版社，1988.
37 程建军. 岭南古代大式殿堂构架研究[M]. 北京：中国建筑工业出版社，2002.
38 吴庆洲. 瑰伟独绝·另树一帜——佛山祖庙建筑研究·佛山祖庙研究[M]. 北京：文物出版社，2005.
39 程建军. 梓人绳墨：岭南历史建筑测绘图选集[M]. 广州：华南理工大学出版社，2013.
40 宋《营造法式·大木作制度·飞昂》中规定：“凡昂栓广四分至五分，厚二分。若四铺作，即于第一跳上用之；五铺作作至八铺作，并于第二跳上用之。并上彻昂背（自一昂至三昂，只用一栓，彻上面昂之背）下入栱身之半或三分之一。”

图表来源

图1、图3、图22～图24、图34：华南理工大学建筑学院测绘资料。

图2、图4～图6、图12～图16、图18、图21、图25～图27、图30～图33：作者自摄。

图7：（清）陈炎宗. 乾隆佛山忠义乡志[M]. 乾隆十七年刻本.

图8：（清）吴荣光. 道光佛山忠义乡志[M]. 道光十年刻本.

图9：冼宝干. 民国佛山忠义乡志[M]. 民国十二年刻本.

图10、图11、图17、图19、图28、图29：作者自绘。

图20：戴震．考工记．

表格：作者自制。

参考文献

[1] 肖海明著，佛山市博物馆编．中枢与象征——佛山祖庙的历史、艺术与社会[M]. 北京：文物出版社，2009.

[2] 肖海明．佛山祖庙[M]. 北京：文物出版社，2005.

[3] 广东社会科学院历史所等．明清佛山碑刻文献经济资料[M]. 广州：广东人民出版社，1987.

[4]（清）郑梦玉，梁绍献．同治南海县志[M]. 中国台北：成文出版社，1967.

[5] 冼宝干．民国佛山忠义乡志[M]. 民国十二年刻本.

[6]（清）吴荣光．道光佛山忠义乡志[M]. 道光十年刻本.

[7]（清）陈炎宗．乾隆佛山忠义乡志[M]. 乾隆十七年刻本.

[8] 凌建．顺德祠堂文化初探[M]. 北京：中国科学技术出版社，2008.

[9]（清）屈大均．清代史料笔记：广东新语．[M]. 北京：中华书局，1997.

[10] 区瑞芝．佛山祖庙灵应祠专辑[M]. 1992年交流赠阅本.

[11] 罗一星．明清佛山经济发展与社会变迁[M]. 广州：广东人民出版社，1994.

[12] 陈智亮、陈志杰、李小青编．佛山市文物志[M]. 广州：广东科技出版社，1991.

[13] 陈忠烈．芦苞地区村落的形成和发展初探[J]. 三水文史，1995，20.

[14] 程建军主编：古建遗韵：岭南古建筑老照片选集．华南理工大学出版社．2013，第15页。

[15] 赵振武．广东省佛山镇祖庙调查初稿[J]. 岭南文史，2006，1.

乳源西京古道凉亭研究[1]

一、中国古驿道的建筑体系

驿道是中国古代重要的交通和通邮设施，其制度源自周代，发展于唐宋，元明清均有承继，至清末和近代随着近代公路与铁路交通网络的迅速建设而衰落。其曾在国家的政治、经济、军事发展和文化传播方面起着重大作用。在长长的交通线上，分布着大量服务于交通和邮驿功能的建筑，如驿站、公馆、递运所、急递铺（邮铺）[2]、驿亭（茶亭、凉亭）等，这些建筑古时候一直都是驿道的重要配套设施，其分别承担着不同层次功能之作用。其中，驿站是官方规模最大的交通传递建筑，而凉亭（驿亭）则是由民间集资而建的最普通、规模最小，但却是行人大众受益最多而又星罗棋布的建筑。

（一）驿站

驿站是由政府设置的邮传机构，它具有飞报军情、接待官员、传递征衣、押解犯人等功能，同时还配备有以“驿丞”为负责人的专门管理人员。目前国内规模较大、保存较完整的驿站有河北鸡鸣驿和江苏高邮的盂城驿。

鸡鸣驿始建于元代（1219年），成吉思汗率兵西征，在通入西域的大道上开辟驿路，设置“站赤”，即驿站。到明永乐十八年（1420年）鸡鸣驿成为京师北路的第一大站。鸡鸣驿在明成化八年（1472年）建土垣，隆庆四年（1570年）修城池，清乾隆三年（1738年）将城墙重新修缮。该城整体呈正方形，东西长约468米，南北宽达464米，全城周长2330米，是一个由驿站发展到城堡的例子。鸡鸣驿城除具有一般军驿、民驿的主要功能外，还包括公馆院、总兵府、校场、草料场、驿仓、驿学及与驿站崇拜有关的马神庙等，是现存功能最完整的古驿站。高邮盂城驿始建于明洪武八年（1375年）。文献记载盂城驿鼎盛时期拥有丁房200余间，驿马130匹，驿船18条，船手、马夫200多人。

广东省古代有驿道、古道多条，驿站遍布岭南各地。典型的如大埔三河驿和南海三水西南驿。唐宋以来，三河驿就是广州至潮州路上的一个驿站。元朝又开辟了潮州至江西隆兴新驿道，三河驿顿时成为两大驿道的交会点。据《大埔县志》载：“三河，西通两粤，北达两京，盖岭东水陆之冲也。嘉靖初年，于镇北二十里建大埔县治以辖之，四境宁谧，生齿日繁，商舶辐辏，遂称雄镇，与饶平黄冈齐名。”

西南驿亦地处广州至梧州、广州至韶州两大驿道的交会处，唐宋时期已是重要驿站。元代，西南并设水站、馆驿。宋代已成长为三水镇。明嘉靖五年（1526年）立三水县，西南驿迁三水县城南门外西偏，围绕着西南驿又形成了西南镇。三水县城是政治中心，西南镇是经济商业中心，这一格局保持到近现代。西南镇，“南濒大江，商贾辏集”，成为粤中重镇。[3]

（二）驿馆（公馆）

驿馆或称公馆，是专门接待官方公务人员旅途食宿的处所。宋代南雄城内的驿馆有好几处。“州城内有八使行衙、寄梅驿，市南有凌江馆、近水楼，距城之东有沙水、怀德二驿。”其中，八使行衙“距郡治百余步，规模壮伟，屋宇高敞，他州莫及”。[4]据清康熙二年（1663年）《乳源县志》记载，西京古道北段沿途公馆有5个，即龙溪公馆（在今南水水库原槲木桥），均丰公馆（在今大桥石角塘）、白牛坪公馆（在今大桥镇白牛坪原红云镇政府所在地）、梅花公馆（在今乐昌市梅花镇）、武阳公馆（在今乐昌市老坪石）。[5]

（三）急递铺

急递铺肇始于宋，元朝普遍推广，是快速传递公文的设施。铺舍规模远远小于驿站，大量方志中记载了铺舍的规模，一般都由三间正房、三间厢房、一座邮亭、一座门楼等组成。据方志史料的记载来看，全国铺舍的规制不尽相同，但在同一个州、县境内设置的铺舍规制可能是完全一致的。[6]

急递铺人员很少，最多达到10名，所需房舍也少。另外铺舍不但是铺兵们办公的场所，有的铺舍还担任了为过往旅客提供住宿的功能。由于铺司与铺兵日夜均在铺等候文公到来并及时传递公文，所以铺中既要有全铺人员的寝室，亦要有安置一切日常生活与差事所需的器具什物，如包袱、旗铃、桌椅、饮具、餐具等，而邮亭、厢房，又为处理公务及迎候上司巡查所必需。

明代韶州府6个县，设急递铺66个，曲江和英德最多，分别有26个和25个，乳源有4个，分别为县前铺、墟头铺、大塘铺和马都铺。[7]粤北现存急递铺已无完整的地面建筑，在梯云岭亭北面约1公里的古道边，有建筑遗址面积约400平方米，从遗址可见其规模之宽敞看，与急递铺的建筑的规制相近。[8]

（四）驿（凉）亭

驿亭也称凉亭、茶亭，大多是由当地民众募捐或热心人士捐建，专供过往行人客商临时休息充饥解渴的“中转站”，它的建筑设施一般比较简陋，也没有专人管理，是古驿道上规模最小、最普通的建筑。粤北古道上现存驿亭若干，规模均较小，一般约为40平方米，为石墙木屋架两坡顶瓦面建筑形式。

图1 乳源西京古道及凉亭分布示意图

二、西京古道（东线）与凉亭分布

西京古道在粤北地区，有东西两线，东线自英德浛洸经乳源至湖南宜章，西线自英德经阳山至湖南蓝山、临武，其北上均连接西京长安的道路。

东汉建武二年（公元26年），桂阳太守卫飒主持开凿了一条从英德浛洸经乳源至湖南宜章连接北上西京长安的道路，史称“西京古道”[9]，这便是西京古道的东线。历史文献和金石资料中均有不少西京古道和重修梯云岭的记载。[10]

康熙二年（1663年）《乳源县志》记载：“县西由大富桥上腊岭谓之西京路，由腊岭过风门关下至燕口，相传唐武德间（618—626年），岁久蓁芜，嘉靖十二年（1533年）义民刘浚等以石为砌坦；万历三十三年（1605年）知县吴邦俊益涧大之，斩其荆棘，锄其沙石，自腊岭直至宜章计二百余里许，楚粤之人往来称便。”清光绪二年（1876年）《韶州府志·卷十四·舆地略》也有西京路和梯云岭的记载：“梯云岭路，岭高百仞，盘曲险峻，康熙元年（1662年）知县裘秉钫捐资开凿，遂成坦途。”

乳源西京古道北段由县城西大富桥上腊岭过风门关，途经龙溪、大桥镇均丰、白牛坪、乐昌出水岩、梅花、老坪石等地，计程约160公里，从乳源翻山越岭到湖南宜章、临武。仰止亭碑记载：“上通三楚，下接百越”。古道路面或用石板铺筑，局部凿山石开成，路宽普遍在1米以上。乳源现保存完好的古道有：梯云岭段约3公里，猴子岭段约2.5公里。

西京古道开通以后，沿途修建有驿站、邮铺、公馆和凉亭。今沿途保存较完好的石拱桥有乳城镇腊岭脚下的大富桥、大桥镇的通济桥（俗称“大桥”）。古道上的驿站和邮亭现已不存，仅留遗址。[11]

古道修建了不少凉亭，约5里一座。今古道途中保存较好的凉亭有乐善亭、心韩亭、纳凉避雨亭、梯云岭亭、寿德亭、仰止亭、官止亭和续成亭等。其中梯云岭亭、心韩亭、纳凉避雨亭等还专门设有施茶会。这些凉亭集中分布在道路崎岖的西京古道北段（图1）。

三、西京古道凉亭建筑特色

（一）建筑名称

关于驿亭的名称，一般有驿亭、凉亭和茶亭的称谓。《说文》："亭者，停也。"是古人沿路途设置供路人歇息的建筑。秦制有五里一亭，设亭长，是当时的基层行政管理单位。后亭成为路途休憩之处，亦五里一亭，符合人体工学。再晚，成为古建筑中的一个类型，基本功能是休憩、观景所用，好亭亦成景。古道上设置的亭虽有一定的间距规矩，但视路途坎坷与村落人烟情况具体而定。在驿道上的亭一般可以称为驿亭，这是较为官式的称谓。

而古道上过去有专门供路人休憩饮茶的茶亭，是地方好善乐施之人建在古道边为过往行人无偿提供茶水之处。茶亭多设在凉亭的旁边，当路人在凉亭息肩小憩、避雨纳凉时，即可到茶亭饮用茶水。据今存猴子岭心韩亭的施茶碑记载，西京古道道途艰险，"昴店月斜，板桥霜重；长亭芳草，渺渺堪怜；古道骄阳，炎炎可畏"。由地方乡民自发设立施茶会，并捐款建立茶亭供行人解渴。梯云岭亭南面路边现存茶亭残墙断壁，建筑分三间，每间面宽4米，进深均6米，建筑面积约70平方米。[12] 可见茶亭与驿亭、凉亭不同。

那么凉亭何指？从现存亭中石碑的文字中可以找寻答案。乐善亭有清乾隆十四年（1749年）立"万古流芳碑"记载："窃惟建凉亭，将以避风雨，躲寒暑，而非沽名之事也。修道路实以步履免倾危，亦非干誉之为也。"

心韩亭有清乾隆十八年（1753年）立"猴子岭石亭叙"碑，称其亭为"石亭"。

纳凉避雨亭有清乾隆十九年（1754年）立"歇凉坳"碑，记载了建亭缘由与过程。

象兑亭清道光二十八年（1848年）立"鼎建凉亭碑序"。

从留存的古碑来看，有称"石亭"，当以建亭材料而言，而几处提到"凉亭""歇凉"，所以这种供百姓歇息、挡风避雨去暑的交通建筑称为"凉亭"较为合适，尤其是在岭南湿热气候条件下。

仰止亭内立于清同治十一年（1872年）的"建仰止亭碑"简洁记载了古道和凉亭的作用："尝谓亭者，停也。道路所舍，可以停骖而息驾也。昔卫太守凿山通路，列亭置邮，以利行人，由来旧矣。我乡白牛坪大路，上通两湖，下通百粤，来者来，往者往，熙攘交错，累如贯珠，多历年所。但自蓝关亭以至猴子岭，相去二十余里，沿途一带惟有崇山峻岭而无茂林修竹，每值暴雨狂风无躲避，炎天赤日没遮拦，亭之建也，不綦亟欤?""歇凉坳"碑："观路人之戴雨号暑，……来往行人息肩无地。"遂集资建亭，以助行人。梯云岭亭清乾隆二十一年（1755年）立"建亭碑记"："从前往楚抵粤，负者、车者、徒而行者，皆望山而乐，思甜之所室。"从功能上看，称为凉亭最为贴切。但有些凉亭也设赐茶处，民间俗称茶亭亦无不可。

（二）建筑概况

乳源西京古道中的8座凉亭，均由当地乡民捐建。从年代看，凉亭均建于清代。现存最早的建于清乾隆十八年（1753年），最晚的建于清光绪二十六年（1900年）。8座凉亭中有4座建于乾隆年间，2座为同治年间建，2座为光绪年间建（**表1**）。可见清乾隆是古道修缮建设的高潮，至清晚期又再次增加设施建设。就建筑风格来说，从乾隆到光绪差异并不大，传承性很强。

凉亭分为A、B两种类型：A型是拱券式，如梯云岭亭和乐善亭为拱券式结构，亭顶覆盖厚土，类似今天的隧道；B型是通道房屋式，这样说是因为其与建筑类型中一般的亭不同，它为矩形平面，四面围合，前后开拱门洞，古道从中穿过的一座单体建筑（**图2~图5**）。

房屋式各凉亭高约5米，面宽4~5米，进深约7.5米，面积在35~40平方米。古亭墙体用条石砌筑，木构梁架，灰瓦屋面，正立面为风火墙式，设拱券门。亭内用石板镶铺，四边摆放条石，供路人休憩。

图2 梯云岭亭（A）

图3 梯云岭亭（A）室内

图4 寿德亭（B）

图5 寿德亭（B）室内

乳源西京古道凉亭一览（乳源大桥镇） 表1

地点	亭名	年代	面阔（米）	进深（米）	屋脊高（米）	附属文物
鹿子丘	乐善亭	清乾隆十四年（1749）	5.4	7.8	3.8（内净高）	石碑1通
红云村猴子岭	心韩亭	清乾隆十八年（1753）	4.15	7.2	4.64	石碑3通
核桃山村歇凉坳	纳凉避雨亭	清乾隆十九年（1754）	4.7	7.8	4.7	石碑2通
石角塘村	梯云岭亭	清乾隆二十一年（1755）	5	7.5	4（内净高）	石碑2通
三元村大坳里	寿德亭	清同治九年（1870）	4.8	7	6	石碑1通
红云村	仰止亭	清同治十一年（1872）	5.45	7.85	6	石碑2通
乌鹑岭	官止亭	清光绪十三年（1887）	4.8	6.3	5	石碑2通
新谷楼龙井村	续成亭（歇凉亭）	清光绪二十六年（1900）重修	4.6	8.7	5.5	石碑2通

（三）建筑特色

西京古道凉亭建筑是个较为特殊的建筑类型与形式，它是一种通道式或过道式建筑，空间长度方向与道路前进方向重叠。凉亭为矩形平面，面阔小，进深大。在短边（面阔）的两端方向开门，长边（进深）为封闭的墙体。在建筑的形式上与一般建筑面阔大进深小不同，总体可简单描述为：面阔一间进深三间，石（墙体）木（梁架）结构，双坡顶瓦屋面，立面马头墙式建筑。

1. 平面特色

建筑平面短边为面阔或开间，长边方面即是进深方向。由于进深较大，通常中间用两榀梁架，形成进深三间。所以该建筑平面为面阔一间进深三间（一开三进）。而不能称为面阔三间进深一间（三开一进）。这与一般建筑进深平行于大梁的方向，开间是多少榀梁架决定不同。凉亭的梁架与进深方向垂直，这是最容易使人迷惑的地方。

建筑功能比较简单，平面中间为行人过道，沿墙内侧设置条石供路人坐息，中间过道和条石座凳之间约有1米宽的空间，可以放置路人的背囊和挑担物品，空间紧凑而实用。

2. 梁架特色

一般是用七架梁通左右檐墙。中间三架或五架梁之筒柱上用重檩造，重檩造为粤北客家民居建筑梁架特色，其做法与江西、湖南民居建筑做法有传承交融关系。这是由于其梁架使用长筒柱而为了结构稳定而增加的纵向联系构件，其源头可能是穿斗或干栏建筑的构架之遗制。每座凉亭实际上均用四榀梁架，即除了中间的两榀外，靠马头墙内侧置梁架（边贴梁架）以承檩，而不是用通常的硬山搁檩造，这是由于用木梁架承檩要比在石墙上开卯搁檩更为方便。屋架高/左右檐檩水平长为1：3，屋面坡度较为陡峭。

基本构架特征之外，应注意凉亭构架各自的特色，如官止亭脊檩下用了异形梁枕，造型类似官帽，似有与官止亭名呼应之意味；仰止亭三架梁上则用了弧形类叉手做法，其形式介于北方叉手构件和岭南虾弓梁或水束构件之间，耐人寻味（**图6**）。

3. 立面及屋面特色

从功能上来说建筑的正门所在面为正立面，所以开门洞、有门额、用马头墙为饰的面即为建筑的正立面。这有点类似西方建筑以山面为主立面的方式。正立面采用五山马头墙，顶置葫芦饰。门洞为石拱门，顶部和两侧有石雕饰图案或对联，构图对称。左右侧立面下部为丁字缝石砌块干砌墙体，上部为瓦屋面。两端马头墙突出屋面。立面构图虚实相间，简洁有力。沿面阔方向设双坡顶，用小青瓦阴阳瓦铺砌，檩上铺桷板承托瓦面，屋脊以竖向叠瓦而成，无脊饰，较为简朴。心韩亭用了石板挑檐（**图7**）。

4. 结构与材料特色

墙体用块石干砌，凉亭墙体建筑材料为长80～150厘米、宽30～35

心韩亭（1753年）　寿德亭（1870年）　仰止亭（1872年）

官止亭（1887年）　仰止亭虾弓形叉手（1872年）　官止亭官帽形梁枕（1887年）

图6 凉亭木构架形式

心韩亭（1753年）　仰止亭（1872年）　仰止亭门额（1872年）

仰止亭（1872年）　官止亭（1887年）　官止亭门额（1887年）

图7 凉亭立面形式

厘米、厚30～40厘米的长方形条石，使用干砌垒筑的建筑方法建造而成。拱门处用长条石门框和拱形石梁。心韩亭砌块墙体用了丁石，较为特别。屋架使用抬梁式木构梁架，所有木构件如梁、筒柱、檩条和桷板等均用杉木。屋顶瓦面为当地产土瓦。

清乾隆五年（1740年）的梯云岭云梯祠《重修梯云记碑》载："尝思老子之世，九月除道，十月成梁，故其时人乐康衢而□至意也。夫云梯者，上通荆楚，下接连阳，昔人创结，数百余载也。路途阶级不尽如旧，兼之做桁条者，请人出木，各有锱珠所致，任意肆丢。日积月累，石砖冲脱，崩坏不堪。葱□等发薄捐金修整，外结石墙，以杜后来肆丢之人，勒石为记"。据其记载，古道原有路面以碎石兼有土木为之，挡土亦不善，常有水土流失路面崩坏之虞，后人以石板材作为主要路面材料，以期永固。推测早期的凉亭可能也有土木或砖木结构，清初以后易以块石墙体木构架的石木结构，较为坚固耐久。

5. 装饰特色

总体来看，凉亭较为简朴，如心韩亭基本上无装饰，但门洞较其他亭为大。大部分亭也只在正立面，尤其是门额、门洞两侧重点装饰。门额亭名两侧通常用"天官赐福"或"加官晋爵"（寿德亭）图案，上部用浮雕双狮滚绣球，狮子尾上头下，狮身扭转，摇头摆尾，憨态可掬。拱门两侧有的以对联为饰（仰止亭），有的用吉祥图案作装饰，如寿德亭用了蝙蝠（福寿）、双鱼（年年有余）、鹿（爵禄）、麒麟（祥瑞）、花瓶（平安）、阴阳板（暗八仙）等图案为饰。亭内除石碑和条石坐凳外，基本无装饰。官止亭内墙镶嵌的石碑其碑头和碑座均作了图案装饰处理。

在工艺上，除了门额狮子为高浮雕外，其他均是压地隐起的浅浮雕及线刻工艺手法（图8）。

（四）建筑尺度与比例分析

凉亭建筑本身尺度与比例存在一定的规律性，今以心韩亭（1753年）为例分析之（表2）。复原营造尺1尺为32厘米，以此为准，建筑主要控制尺寸符合整尺和半尺的古建筑设计尺度方法规律。

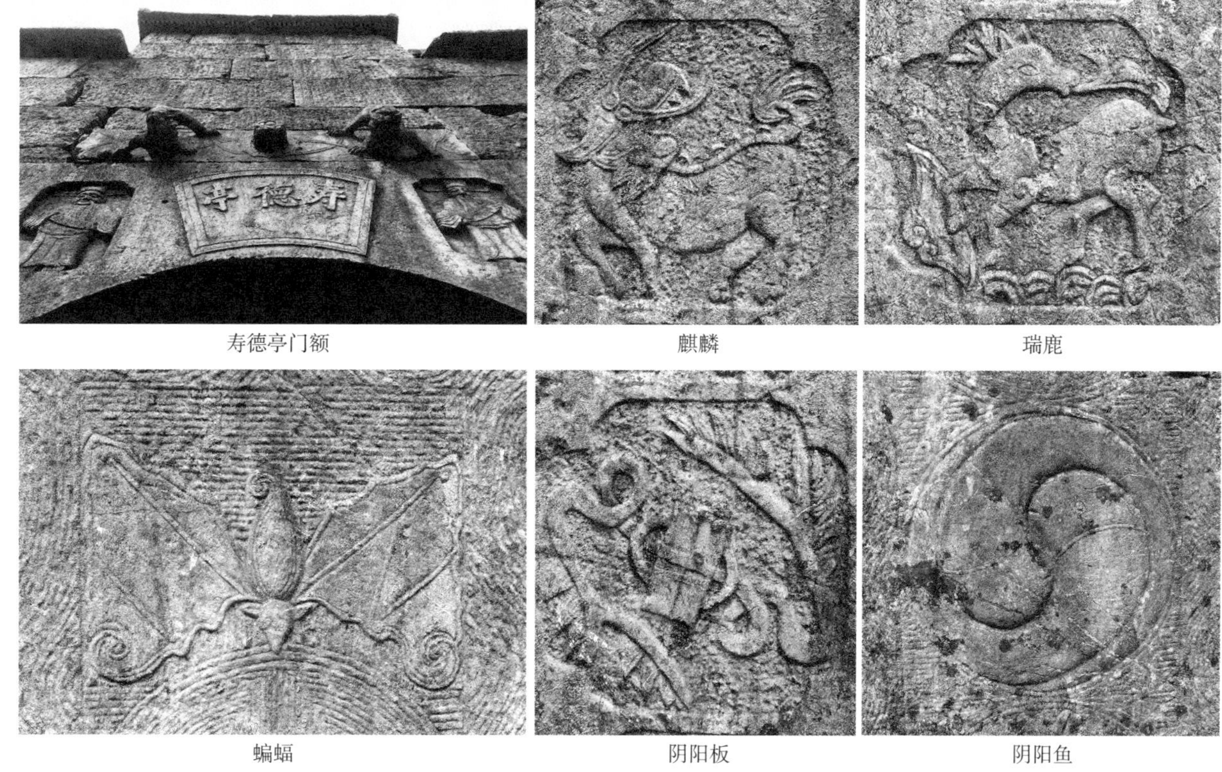

寿德亭门额　麒麟　瑞鹿

蝙蝠　阴阳板　阴阳鱼

图8 寿德亭（1870年）石雕装饰图案题材

心韩亭尺度分析　表2

尺度单位	通面阔	通进深	通高	脊檩高	门宽
厘米	415	720	518	434	127
复原营造尺	13	22.5	16	13.5	4

平面宽深比约为1/1.7，接近黄金比率，剖面侧墙高/脊檩高为2/3，正立面面阔/总高为0.8/1，侧立面总进深/脊高为1.5/1，门宽为面阔的1/3，门高为总高的1/2。其各部尺度比例看起来较为得体美观（图9）。

四、凉亭之建筑智慧

凉亭都有一个寓意深刻的名字，对联、雕饰图案含义也意味深长。各亭均有碑记，记录了建亭缘由，古道历史，凉亭作用，捐建者姓名及褒扬其行为等，内容十分丰富。由亭可观古人之智慧。

其一，乐身心双修。史载韩愈贬徙岭南，曾过乳源京西古道，“心韩亭”“官止亭”“仰止亭”等亭名皆与韩愈有关，行人过处，念前贤为镜，梯云岭上始建于康熙年间纪念韩愈的梯云祠至今犹存。梯云岭亭清乾隆四十七年（1782年）的《重修梯云碑记》载：“昔唐昌黎韩公，宦游岭南，道经此地，迨后地以人传，名贤经过之区，并其地而俱馨。至国朝康熙年间，有邑侯裘公，嘉此地之灵秀，寻名贤之芳迹，曾建祠于梯之巅。虽碑残碣断，殊难阅稽，而山石依然，韩迹可吊，此诚乳邑之胜景也。”祠、亭选址即考虑路途远近，又考量景观尚嘉；亭既是身体休憩遮阳避雨之所，又是心所寄托一路胜景之地；既得五里一亭之实，又承园林亭台之妙。正如仰止亭门联曰：“聊且停滲明月掩映怀始适；偶尔托足清风堪挹意恬然。”一路负荷劳顿，尤感轻松几许。

仰止亭碑记云：“夫仰者，何有可仰？而景仰也。止者，何知所止，而于止也。来往高士，或亦怡然安逸，适意宽问，而有把袂临风之快也乎！”竟有几分超然世外之士气。

其二，倡乐善好施。《重修梯云碑记》又载：“盛等近居善士倡募重修。一倡好善乐施，上下同心。邑侯县尉不恤捐俸施□之资，豪士仁人慨输寸金尺璧之费，爰命工鞭石，平其陡突崎岖，易其龟背仰瓦，举全梯重修之。经始于辛丑之秋，告竣于壬寅之夏，将见千层万级焕然改观，往来行人忘其崎岖，乐其坦易，无忧梭足而踯躅焉。路成桥亦与之俱成，不惟登山无峻险之叹，而且临流免褰裳之忧。”以捐建凉亭之举，倡好善乐施德行。寿德亭门额据立于亭内清同治九年（1870年）碑记其意为“大德获寿，福荫无穷”。此为“继前哲，种福田”之举。[13]故有乐善亭之设。

建亭如斯，施茶亦然。心韩亭光绪三十年（1904年）有“施茶碑”记：“热不息恶阴木，渴不喝盗泉水，志士之操也……。昴店月斜，板桥霜重；长亭芳草，渺渺堪怜；古道骄阳，炎炎可畏。饥者易为食，渴者易为饮，常人之情也。故古仁人之用心也，大之一济天下，……小之一济一邑一乡，……下及仁粟义浆皆是也。广狭虽不同，亦各尽其时力之所到而已。”于是张君、宰堂、子忠等梯云岭乡党人士慷慨解囊，办施茶会，“夫庇渴人于夏樾，会有良时；延台士于扶桑，偶逢胜日”。

其三，善鞭策行人。仰止亭石碑“仰前需赶急，止后莫延迟”。梯云岭亭北门两边行书阴刻碑联：“挑负宜息肩，何妨濡滞停步脚；来往

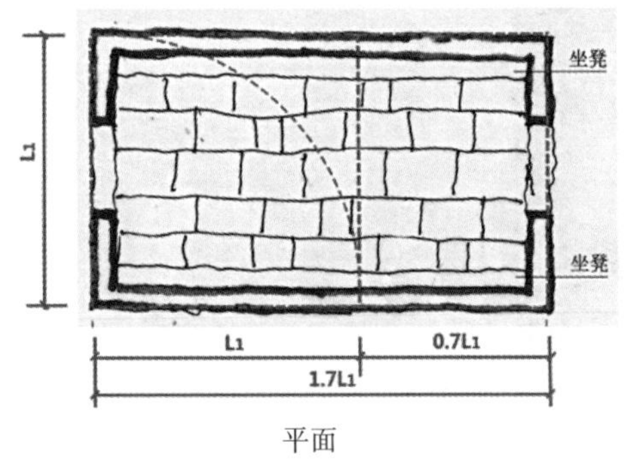

平面

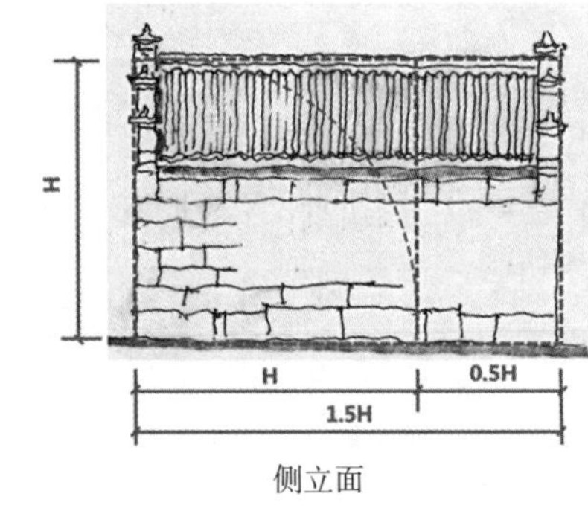

侧立面

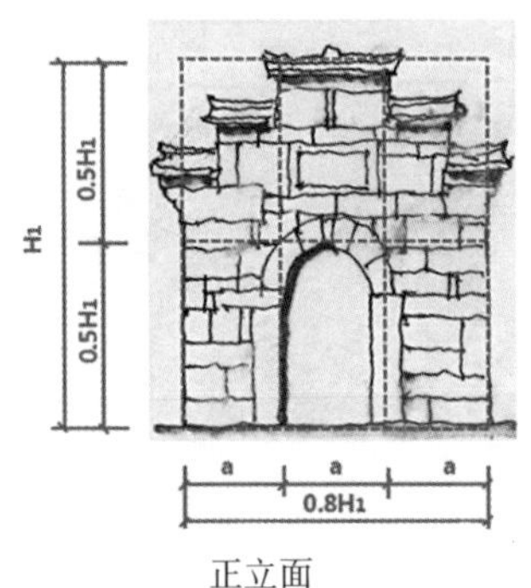

正立面

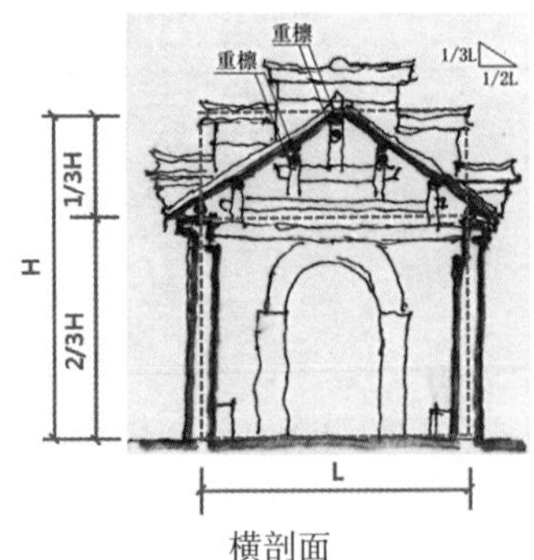

横剖面

图9 心韩亭比例分析

当思路，切莫蹉跎误前程”。以寓意深刻的警句鼓励前途未卜的行人，凉亭于身憩之外，乃为心灵之加油站。

以建筑教化育人，乃中国古代建筑之大智。

五、结语

古道凉亭因地制宜而建，就地取材而成。冬暖夏凉，适应岭南之气候。造型富地域之特色，结构朴实无华。亭虽至小而陋，但文物兼修，行人身心得憩，何乐而不停。驿道建筑是古代一个重要的建筑类型序列，具有丰富的建筑文化内涵和社会历史信息，宜深入研究，加强保护，合理利用。

注释

1 发表于《南方建筑》2017年第6期，作者程建军、陈琳。

2 递运所为明代设置运递官方物资及军需物资的机构，清初沿用。

3 颜广文．古代广东的驿道交通与市镇商业的发展[J]. 广东教育学报，1999，1：115.

4 （明）解缙等纂.《永乐大典》卷665《南雄府二》.

5 许化鹏．西京古道行[M]. 广州：广州出版社，2011.

6 陈焕修.《寿昌县志》卷四《建置》记载：“寿邑铺舍计三所，每所正屋三间，前门一座，环以周垣，最为严密。”江西《乾隆武宁县志》卷四《城池》记载：“正屋三间，东西厢房各三间，邮亭、外门各一座，余八铺制同。”福建《嘉靖邵武府志》卷三《制宇》记载：“府前总铺，中为邮亭，亭后为官厅，两廊为司兵寓宿之所，外为大门。各铺规制俱做此。”

7 贾卫娜．明代急递铺的研究[D]. 陕西师范大学，2008：66.

8 许化鹏．西京古道行[M]. 广州：广州出版社，2011.

9 （南宋）范晔.《后汉书》卷七十六，循吏列传有关桂阳太守卫飒凿山开道的记载：“先是含洸、浈阳、曲江三县，越之故地，武帝平之。内属桂阳，民居深山，滨溪谷，习其风土，不出田租。去郡远者，或且千里。吏事往来辄发民乘船，名曰‘传役’。每一吏出，徭及数家，百姓苦之。飒乃凿山通道五百余里，列亭传，置邮驿。于是役省劳息，奸吏杜绝。流民稍还，渐成聚邑，使输租赋，同之平民。”

10 清康熙二年（1663年）《乳源县志》卷四《建置志》有关西京古道和重修梯云岭的记载：“吴邦俊曰：西京路，旧传唐武德年间未必然也，唐太宗建京太原，岭南朝贡俱从大庾至，元宗时，张相国开梅岭。西京之名何取焉？意者元宗幸蜀南粤使臣或由此朝贡，肇此名耶。”

11 乳源县人民政府、乳源县文化广电新闻出版局、广东省文物考古研究所：《西京古道（梯云岭路段）保护规划》. 规划图纸08。梯云岭段历史上是否存在驿站，笔者认为待考。

12 许化鹏．西京古道行[M]. 广州：广州出版社，2011.

13 清同治十一年（1872年）“仰止亭碑记”。

图表来源

图1、图9：作者自绘；

图2～图8：作者自摄。

表格：作者自制。

参考文献

[1] 颜广文．古代广东的驿道交通与市镇商业的发展[J]. 广东教育学报，1999，1：111-116.

[2] 许化鹏．西京古道行[M]. 广州：广州出版社，2011.

[3] 贾卫娜．明代急递铺的研究[D]. 陕西师范大学，2008.

[4] 刘广生．中国古代邮驿史[M]. 北京：人民邮电出版社，1986.

[5] 赵效宣．宋代驿站制度[M]. 中国台北：台湾联经出版事业公司，1983.

[6] 陈鸿彝．中华交通史话[M]. 北京：中华书局，1992.

[7] 曹家齐．宋代的馆驿和递铺[J]. 华夏文化1999，3：28.

[8] 苏同炳．明代驿递制度[M]. 中国台北：台湾中华丛书编审委员会，1969.

[9] 任继愈．中国古代驿站与邮驿[M]. 北京：商务印书馆，1991.

基于东亚视角的越南乡亭建筑研究[1]

一、引子

越南国土狭长，以本土文化为母体，16世纪以前，阮朝始祖阮潢尚未迁至顺化时，北部主要受“汉文化圈”影响，中南部则属“印度文化圈”影响范畴；近世又受法国殖民文化的影响，所以越南建筑类型十分丰富，建筑风格多元融合。

越南地区传统建筑较深入的研究始于1990年前后，日本学者对越南中北部（会安以北地区）的历史建筑做了大量研究并指导完成若干修缮工程[2]，2010年日本早稻田大学林英昭博士对越南中部的传统木造建筑设计方法做了系统而深入的调查研究。2010年前后，我国广西民族大学、厦门大学、深圳大学和华南理工大学都有研究成果问世。越南国内的学者何云滨、陈林、潘顺安在20世纪末开始对越南村亭、顺化皇城和皇宫等传统建筑开展研究[3]，在考古学领域比较有代表性的成果有河内升龙城的考古发掘调查研究。[4]越南传统建筑研究较为系统和深度的研究成果当属中国台湾学者黄兰翔的《越南传统建筑聚落、宗教建筑与宫殿》一书。[5]这些成果对越南甚至东亚地区木构建筑的深入研究和对比研究提供了较好的基础，但对建筑特质、设计规律、建筑原型与源流等问题尚需进一步探索。[6]

本文以越南乡亭为研究对象，通过文献查阅、田野调查测绘，运用类型学和比较学等方法对乡亭的建筑形制、空间、构架、装饰特色作系统分析，同时将其置于东亚建筑文化圈中尝试探讨其原型及相互之影响。

二、越南乡亭的历史

越南乡亭，又称村亭、社亭，是乡村社区民众祭祀、聚会议事的场所[7]，是乡村社区的公屋或公所，兼具行政、信仰和文化的功能。乡亭建筑遍布越南全国城乡，尤以河内地区较为集中。乡亭里主要供奉城隍和地方神，每逢村庙会，村民在热闹的锣鼓声中举行迎轿仪式，再现城隍及地方英雄的传说和功勋，通过仪式团结社区群众。

乡亭祭祀、信仰功能突出。在越南，官祀神农、社稷之处称为坛；祭孔之庙称文庙，在地方乡镇则称文址；规模较为大的神庙称殿或府，一般称庙；佛教僧尼清修的佛寺称为寺或庵；村社或街坊的信仰中心便是乡亭。在“八月革命”之前，几乎每一个村社都会有一个村亭，用于举行村社的祭典仪式，是最能体现越南民间文化特色的一种建筑类型。

据黄兰翔研究，最早的乡亭建筑是由李英宗于1156年在御天行宫建的“赏花亭”，吴士连在《大越史记全书》（1479年）中记载：“辛卯七年，宋绍定四年（1231年）……上皇诏国中，凡有驿亭，皆塑佛像事之。”首次出现了“驿亭”的相关记载，可见在13世纪时，亭中置有佛像，成为兼具休憩功能性和宗教精神性的建筑。

从一些现存乡亭内的石碑记述和建筑构件的年代看，在16世纪越南乡亭建筑已经相当普遍了。越南现存乡亭建筑大部分是17—18世纪的遗产。最古的乡亭建筑是河内黎坡村的翠飘亭，为1531年的遗存，相当于中国明代中叶（**表1，图1~图6**）。

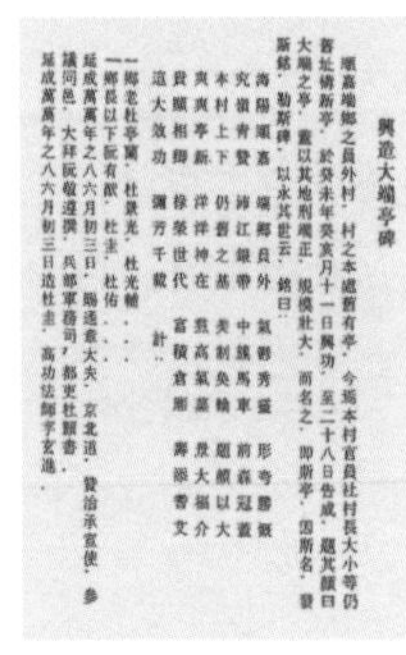

興造大端亭碑

順嘉端鄉之員外村，村之本總舊有亭，今揚本村官員社村長大小等仍舊址構新亭，於癸未年癸亥月十一日興功，至二十八日告成，題其額曰大端之亭，蓋以其地形端正，規模壯大，而名之，即斯亭，因斯名，發斯銘，勒斯碑，以永其世云，銘曰：

尚陽順嘉 端鄉員外 氣鬱秀盛 形勢勝概
究嶺青發 帶江綠帶 中鎮馬車 前森冠蓋
本村上下 仍舊之基 爰制奐輪 題額以大
爽爽亭新 洋洋神在 氣高氣盛 殷大福介
貴顯相卿 祿榮世代 富積倉廂 壽躋香艾
造大效功 彌芳千載 計：

一鄉老杜亭寓，杜景光，杜光輔……
一鄉長以下阮有猷，杜圭，杜佑……
延成萬萬年之八六月初三日，賜進士大夫，京北道，贊治承宣使，參議同邑，大拜阮敬遵撰，兵部軍務司，都吏杜顯書，
延成萬萬年之八六月初三日造杜圭，高功法師李玄進，

图1 大端亭碑文（越南村亭）

图2 河内黎坡村亭（越南村亭）

图3 河内黎坡村亭梁架（越南村亭）

图4 河内黎坡村亭木柱铭文（越南村亭）

图5 北江省鲁幸亭（越南村亭）

图6 乡亭集会（越南村亭）

越南早期乡亭与亭内石碑、构件年代举例[8]　表1

地点	乡亭名称	石碑、构件年代及所载内容
广宁省 Trung Bản 村	村亭	黎圣宗洪德二十六年（1495 年），村落土地开垦许可
河内清河村	清河灵祠（原清河村亭）	黎太祖顺天六年（1433 年，河内最早的石碑）
宁平省	乡亭	安谟碑，16 世纪初乡亭已存在
河内黎坡村	翠飘亭	柱子铭文：辛卯年（1531 年）十二月修
海阳省 làm Cau 村	Nghình Phûc 亭	兴治四年（1591 年），亭建于景历年间（1548—1553 年）
北江省	鲁幸亭	横额文字：岁次丙子孟春新造（莫崇康四年，即 1576 年）重修亭建筑
北宁省	大端亭	重建于黎世宗癸未年（1583 年）
北宁省	文盛亭	1585 年，端沛乡里组织修建

三、乡亭的形制与发展

乡亭的形制是逐渐发展变化的，从简单的矩形单体发展到后来的组群建筑。16世纪的乡亭建筑一般是简单的“日”字形平面单体，城隍供奉在心间靠后略高的台案上。17世纪一些乡亭在心间的后面增添了后殿，平面呈“丁”字形，加大了建筑的进深，如鲁幸亭等；或者完全分为前后两个建筑并列成“二”字形，如富老亭和高尚亭。18世纪乡亭平面和形体出现“工”字形的组合形式，也开始重视乡亭的建筑和装饰。19世纪时乡亭建筑组合日趋复杂化，主体建筑前有牌坊、庭院，两侧配厢房，营造出更多的空间和场所来满足祭礼需求，整体布局向着“国”字形的趋势发展，这既反映出民众对庙会祭礼活动的日益重视，乡亭与乡民文化活动的紧密性，也反映出乡亭对寺庙等其他建筑形式的借鉴（表2）。

乡亭的基本类型与形式　表2

名称	平面	建筑外观	空间构架
河内 朱绢亭 16 世纪	1	2	3
北江省 鲁幸亭 1576	4	5	6
河内 唐林 Thinh 亭 1916	7	8	9
河内 唐林村亭 18 世纪	10	11	12
北江省 土河亭 1692	13	14	15

四、乡亭的建筑特征

（一）选址

乡亭的选址大致分两种，一是位于村落中心，便于集会活动，成为村落公共活动和景观形象的中心；另一种是位于村头，设置在村头的高地上，便于祭祀和集会活动环境的清静，且入村门楼不远就可看到乡亭，成为外乡人走近村社的第一印象，是本地域的标志性建筑。唐林古村乡亭就坐落在村落的中心位置，入村门沿主路前行不远的距离即可到达。周眷村亭则设置于村头（图7、图8）。

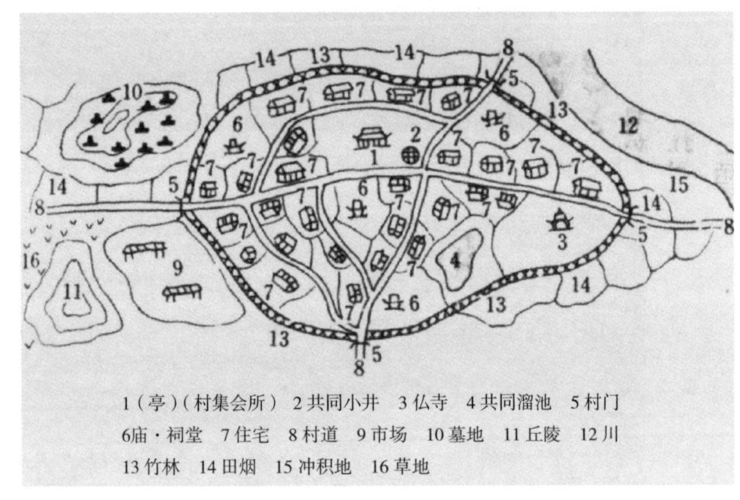

图7 越南一般传统聚落结构

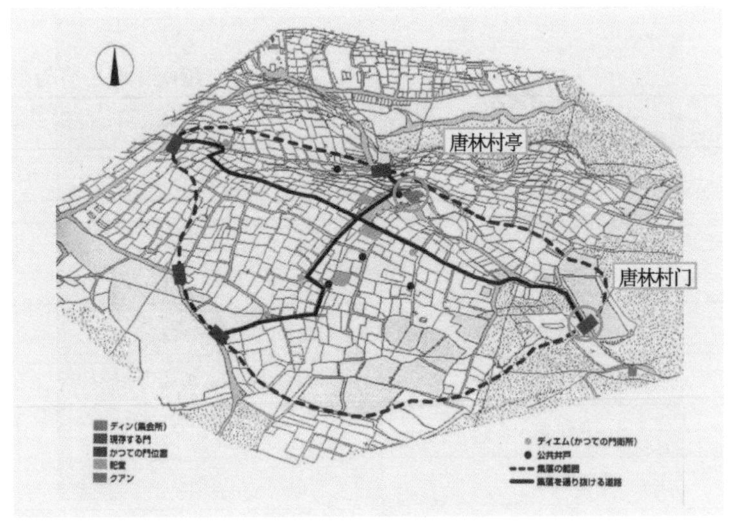

图8 唐林古村乡亭位置

（二）平面与空间组合形式

越南乡亭建筑使用功能以祭祀与集会为主，需要向心集中式的平面与空间。单栋乡亭建筑前面往往有广场和牌坊，限定出一个外部神域空间。建筑一般为奇数开间的矩形平面，开间多寡视乡亭规模而定。神龛位于心间进深的后部，以祭祀的神龛为中轴轴心，平面呈现出依中轴向两边延展的格局。平面地坪标高呈凹字形[9]，心间前部地坪与室外地坪标高略高一台级，便于接近神龛和游神活动的需要，其他则是架空高约70厘米的木楼板楼面，利于防潮，便于人们集会、祭祀时席地而坐，是一种干栏式做法，这种干栏式的乡亭在越南北方大量使用，有些乡亭四周檐柱围合木藤的栅栏或木隔扇门窗。

组合式的“丁”字形或“工”字形乡亭，前为主堂空间，后为后堂空间。祭祀中心依然在主堂建筑的心间后部，其他使用空间依中轴线向两边和后部延展，后堂空间或垂直或平行于主要空间。有附属建筑的组合式乡亭建筑，一般前有牌坊，左右为厢房，中有庭院，左右厢房建筑与主体建筑以院落组合沿着主体建筑的中轴线对称布置（图9）。

主堂建筑的主入口开设在中轴线上的心间，面对祭祀神龛，入口空间兼具祭祀空间功能。神龛置于高大的木台上方，内部轴线空间上将人的视线引向垂直方向上的神龛，以达到仰视崇敬的效果。祭祀道具间、服装间等附属空间则设在主堂空间后部的后堂空间中。

（三）构架形式

越南中部以北区域，木构建筑梁架以构架的方式和隔架受力特点归纳出主要四种类型：原生的斜梁式及亚型；抬梁式及亚型；抬梁与斜梁结合的混合形式及各种亚型；夔龙纹或博古纹花板式构架（图10，表3）。[10]

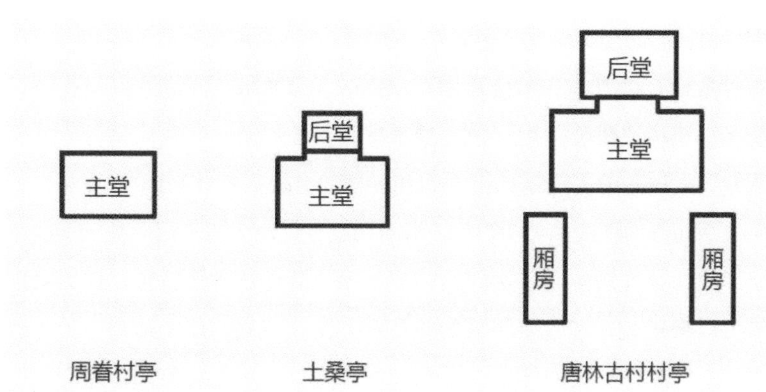

图9 乡亭平面与空间的基本形式

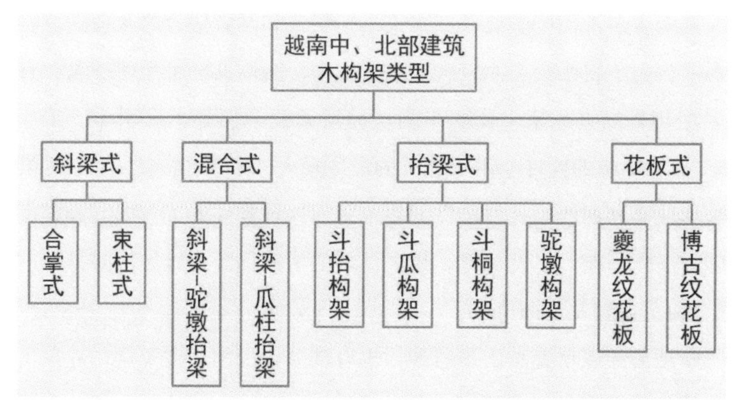

图10 越南北部传统木构架类型

越南北部木构架类型　表3

类型		
斜梁式	1 合掌斜梁式（唐林村公屋）	2 束柱斜梁式（普明寺后殿）
混合式	3 顺化皇宫	4 陈氏家庙
抬梁式	5 斗抬式（河内文庙大成门）	6 斗桐式（神光寺山门）
	7 斗瓜式（河内文庙前殿）	8 斗瓜式（神光上寺）
花板式	9 花板式（顺化皇宫太和殿）	10 博古式（顺化皇宫）

越南乡亭木构架主要有斜梁式、抬梁式和两者融合的混合式三种构架形式。由于斜梁会产生较大的水平推力，所以其柱子尺度较大，且檐柱采用侧脚的方式来平衡水平力。屋架梁间的隔架上多用斗、瓜、桐（童）柱等短粗的构件。由于柱梁的尺度较大，采用“梭柱”和“月梁”手法形成柔和曲线以化解构件的粗拙感，这种构件的工艺加工方式极有可能受汉化影响。尽管如此，粗大低矮的梁柱仍颇为雄壮古拙。

（四）造型及装饰特征

屋顶形式以单檐歇山顶居多，也有部分硬山顶。由于建筑进深尺度大，采用斜梁出檐，立面檐口低矮，屋面坡度陡直，致屋顶部分高度占据了整体建筑高度的2/3，大屋顶的造型使得建筑特征十分明显。由于采用架空平座和开敞空间，配合檐口缓缓升起的曲线和角部夸张的起翘，以及梁架的精美装饰、屋脊的轮廓线，大大缓解了建筑体量大、用料粗壮的拙笨感。

乡亭内部的装饰也富有特色，梁头、隔架精美的木雕刻工艺成为建筑中重要的组成部分。精致细腻的雕刻装饰调和了粗大梁柱的粗犷，可谓刚柔并济。雕刻图案的内容一般是村民的日常生活场景，如耕地、插秧、打猎、捕鱼、建房、弈棋、斗牛、赛舟、角力等，表现了人们健康活泼的生活理念。从建筑艺术角度看，越南乡亭在建筑造型、空间处理和装饰艺术等方面已发展为成熟的建筑艺术体系并彰显了地域特色（图11、图12）。

图11 周眷村亭梁架雕刻艺术

图12 安和亭梁架雕刻艺术（越南乡亭）

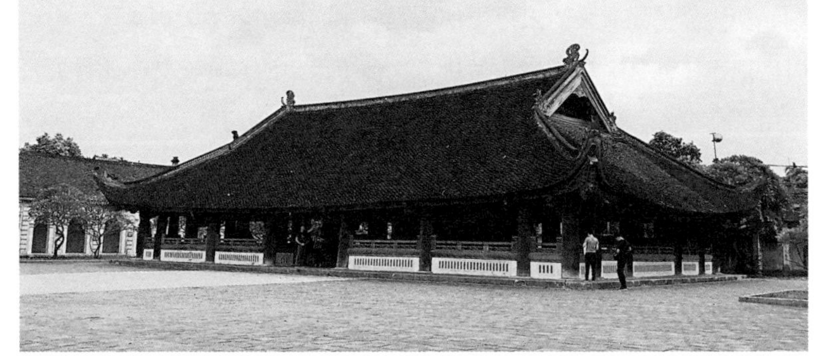
图13 周眷村亭

图14 周眷村亭构架

图15 周眷村亭斜梁

五、乡亭案例解读

（一）周眷村亭

周眷村亭俗称长亭，位于河内巴危县周眷村，建于17世纪末，是越南后黎朝民间木构建筑的典型。亭内祭祀雅郎[11]，为越南北部领袖万春国政权君主。

该亭是独立的单体建筑，矩形平面，单檐歇山顶，建筑体量高大。为减少体量感，采用小开间尽间，大收山和地板架空的做法。沿四周檐柱设低矮平座栏杆，建筑整体通透开敞（图13～图16）。

建筑主入口开设在心间，心间前部为凹低的地坪，心间后部为神龛和后室。凹地坪的做法较为特殊，其作为动态祭祀空间和兼做通向两侧架空楼地面的交通空间，此种做法也见于我国贵州、湘西少数民族地区干栏式民居建筑，称为“吞口”。神龛位于心间后部高架的阁台上，左右设木梯可以登临。木楼板面架空高60～75厘米，为静态的祭祀与民众静坐祈祷或集会使用，架空的木楼板并非一个标高，而是分为三个高差，金柱间的内槽最低，次间和外槽部分楼板各升高5～10厘米，形成一个向心的视线高差（图17）。横向构架金柱间内槽采用斗柱抬梁式构架，次间及外槽空间采用斜梁构架，保持着地域构架特色。柱梁尺度较大，采用收分和卷杀明显的梭柱和月梁，空间高敞、通透，给人以雄壮、神圣、空灵的体验。梁头和雀替大量使用龙头雕饰，屋脊饰以龙、凤和麒麟。皆以坚硬的铁力木为主要构架材料（图18）。

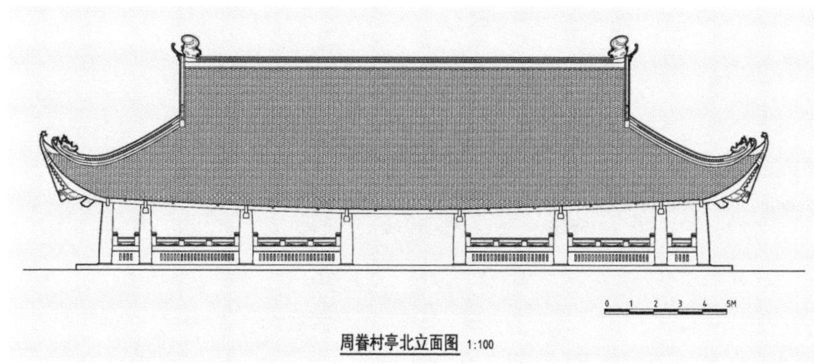

图16 周眷村亭立面

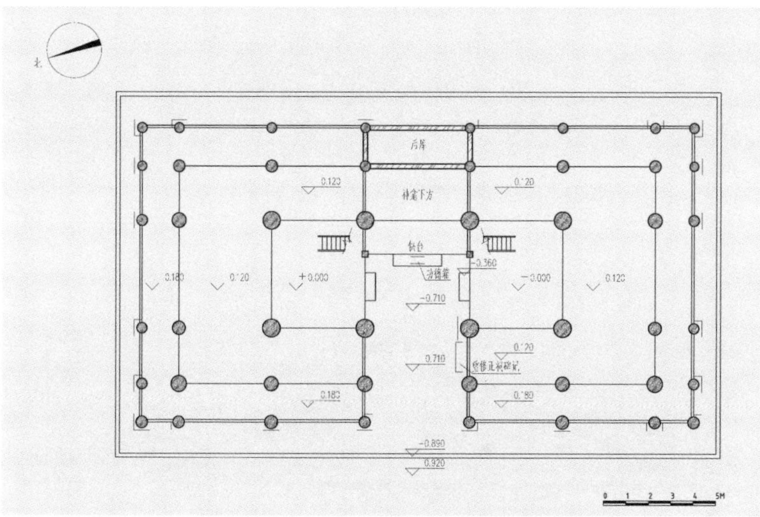

图17 周眷村亭平面

图18 周眷村亭梁头雕刻

建筑尺度方面，平面七开五进，心间尺度最大，次间稍间同宽，尽间最小，以内槽为主空间的左右中轴对称的空间分配原则，符合东亚木构建筑平面柱网建构的基本模式。经平面尺度推算营造尺1尺=28.9厘米，从尺度复原数据分析，平面尺度设计基本符合整尺设计方法（表4）。

周眷村亭平面尺度分析（复原营造尺1尺 = 28.9厘米）[12] 表4

间进	开间					进深			
阔深	心间	次间	稍间	尽间	通面阔	心间	次间	稍间	通进深
测绘数据（厘米）	460	410	410	170	2440	465	240	170	1285
推算尺值	15.917	14.187	14.187	5.882	84.429	16.090	8.304	5.882	43.945
复原非整尺值	15.9	14.2	14.2	5.9	84.4	16.1	8.3	5.9	43.9
复原整尺值	16	14	14	6	84	16	8	6	44
开间比	1	0.875	0.875	0.375	5.25	1	0.5	0.375	2.75

平面尺度规律大致如下（图19、图20）：

A——通面阔 B——通进深 C——次间面宽 D——心间面宽 E——进深次间面宽 F——尽间面宽

通面阔A：通进深$B\approx2:1$ $A\approx2B=6C$

心间面宽D：心间进深$D=1:1$（轴中空间是正方形平面）$D\approx2E=1.1C$

次间C：稍间$C=1:1$

次间$C=E+F$

竖向尺度规律大致如下（图21、图22）：

H——梁架总高（地坪至脊檩上皮） h_1——檐柱高（地坪至额枋下皮） h_2——檐柱高（地坪至额枋上皮） h_3——内柱高 h_4——金柱高（心间梁底高）

梁架总高H：内柱高$h_2=1:2$，梁架总高H：檐柱高$h_1=1:3$，

即$H=2h_3=3h_1$

金柱高（心间梁底高）h_4：檐柱高$h_2=1:2=1/2$进深B，

即$h_4=2h_2=1/2B$

内柱高h_3：面阔次间宽$C=1:1$，即$h_3=C=E+F$

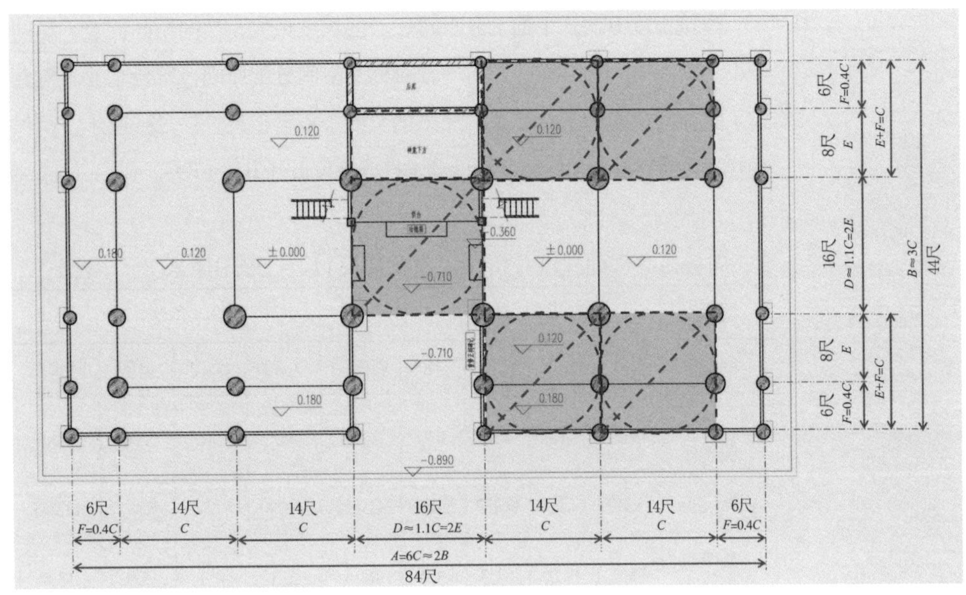

图19 周眷村亭平面尺度分析图

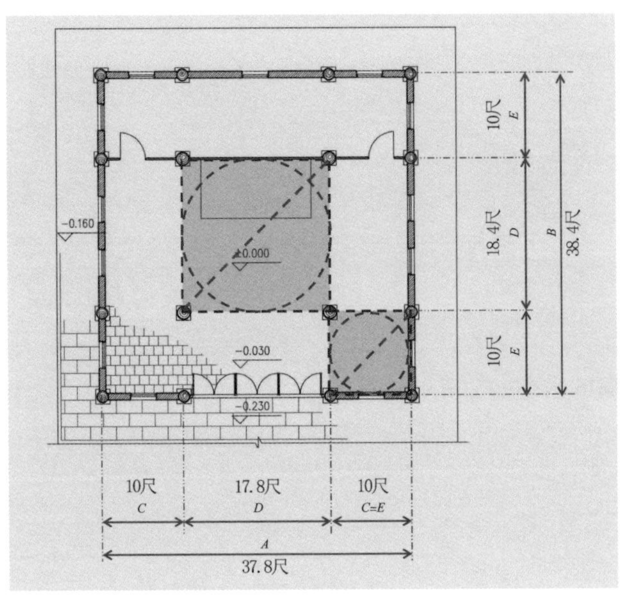

图20 广州光孝寺伽蓝殿平面尺度分析图

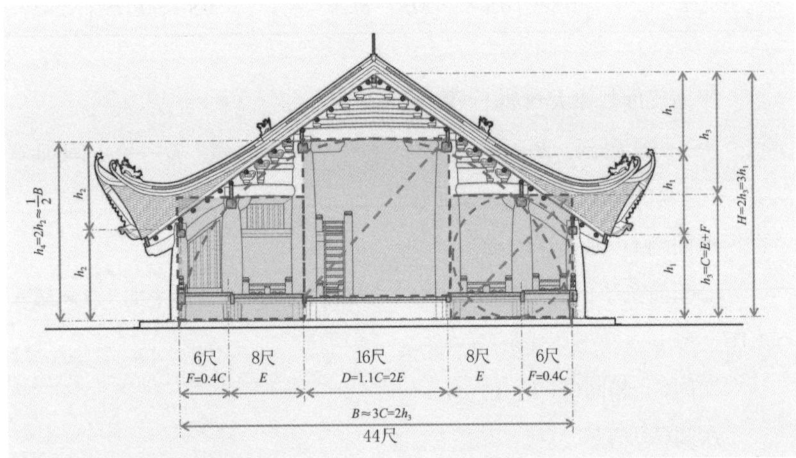

图21 周眷村亭竖向尺度分析图

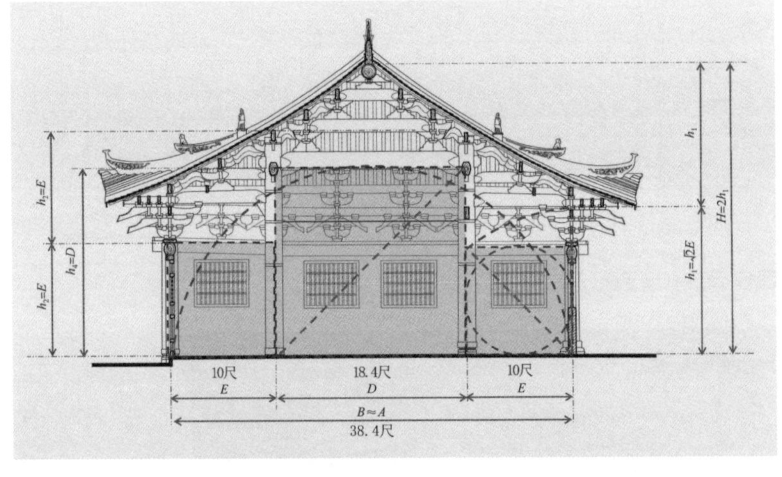

图22 广州光孝寺伽蓝殿剖面尺度分析图

通过乡亭平面柱网及竖向构架尺度分析可知，其建筑空间尺度比例很有规律性，符合整尺的设计方法，设计理念较为成熟，其和我国岭南明清建筑尺度规律和设计方法相类。[13]

（二）唐林村亭

唐林村亭又称蒙阜亭，位于河内山西市唐林村，建于1684年。该亭为合院式组群建筑布局，主体建筑为“工”字形平面，主堂面阔七间，进深五间，与后堂相连。前庭左右两侧对称布置厢房，庭院前面置四柱越式牌坊。横剖面内槽采用抬梁式构架，外槽依然用斜梁构架和出檐。建筑梁柱用料粗大，屋脊和檐口升起明显，曲线流畅，脊饰与周眷村亭类似。室内雕饰更加突出龙纹饰的主题，梁柱饰彩绘（饰彩绘的乡亭较少见）。室内木地板架空，檐柱间原有隔扇门窗（图23~图27）。

两侧的厢房面宽五开间，进深三间，单檐硬山顶。地板架空，中

图23 唐林古村亭

图24 唐林古村亭梁架

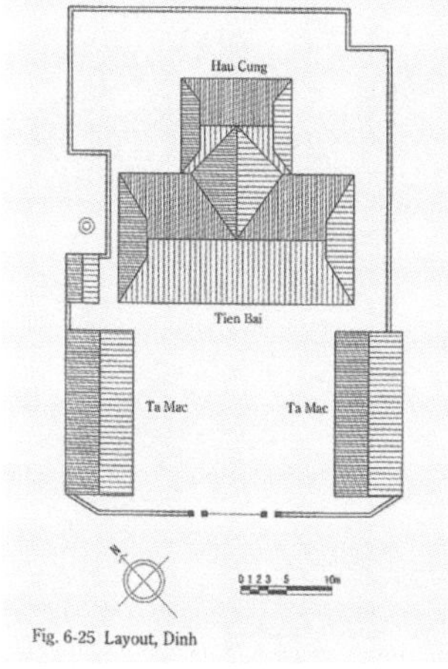

图25 唐林古村亭总平面

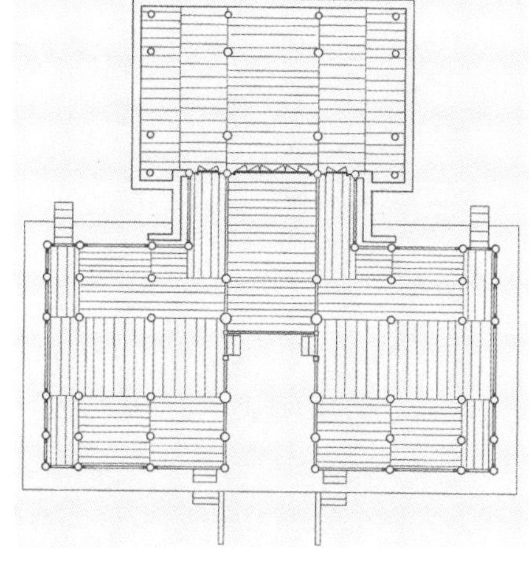

图26 唐林古村亭平面图

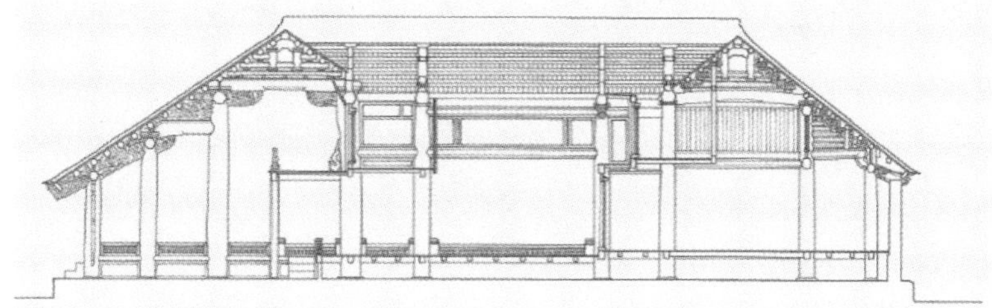

图27 唐林古村亭剖面图

图28 东南半岛的公屋（自越南村亭）

图29 越南新潮亭（1923年，自越南村亭）

部三间为与地坪同高的凹槽。内槽进深心间采用抬梁构架，外槽次间为斜梁构架。

六、越南乡亭与东亚建筑的关联

（一）信仰聚会公屋

在功能上，越南乡亭和我国广西、贵州、云南等地的鼓楼相类，具有村民聚会、议事、祭神的作用，但是越南亭采用围绕着所供奉的城隍神或地方神的向心空间布局，神祀活动是日常和典礼活动的主题；而后者神祀空间并不突出，以聚会议事活动为主。前者平面通常为矩形，以平面展开，类似殿堂式建筑；后者往往是方形向心式塔楼建筑，以高耸的空间和造型为标志，地面通常不架空。

我国西南地区的鼓楼为独立的楼阁或塔楼，但和周围民居的关系较为密切。可以看出，越南亭的性质多具神性，而鼓楼多具人性。这种乡村开敞的信仰聚会向心空间的公屋在东亚、东南半岛的热带、亚热带地区多见，应该是民族文化和社会组织的一种建筑文化现象（**图28~图30**）。

（二）干栏建筑形式原型及影响

乡亭建筑地板架离地面，四周有类似平座的栏杆，这和湿热气候下防潮通风的使用要求有关，架离地面的干栏建筑曾在我国的西南地区广泛分布，亦常见于东南亚各国。

越南乡亭建筑和我国岭南地区木构建筑相类，其大收山的建筑形态，多用披檐（庇）扩大建筑空间的手法，柱顶承檩，隔架使用落榫造和插梁造，梁头及插栱出檐的构造，以及在广西及越南北部大量使用斜梁、斜梁挑檐的构架方式等，这些特点我们认为是源于该地域干栏与穿斗构架原型。在此原型构架的基础上，抬梁与干栏、穿斗构架的结合形成该地域的建筑构架和建筑形态特征（**图31~图34**）。

图30 贵州侗族鼓楼（清）

从岭南地域上看，自西部桂西、桂中地区到东部的广府地区，不同地区的梁架呈现出不同的特色。这种分布上的差异反映了不同地区的梁架受到汉文化影响的不同程度。桂西地区保留了岭南原始斜梁、穿斗梁架的特征，反映了最

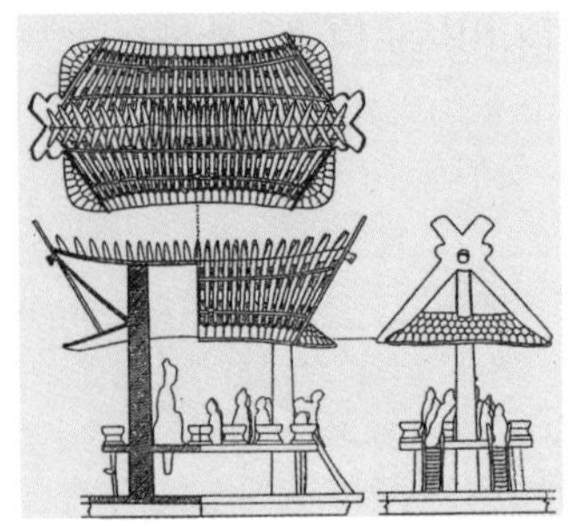

图31 云南晋宁出土的干栏式铜屋（安志敏）

图32 越南东山文化干栏建筑纹饰（杨昌鸣）

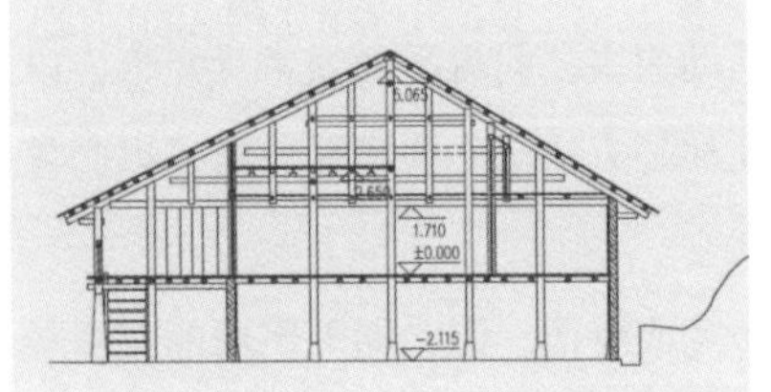

图33 桂西德保县达文屯20号宅（华南理工大学建筑文化遗产保护设计研究所）

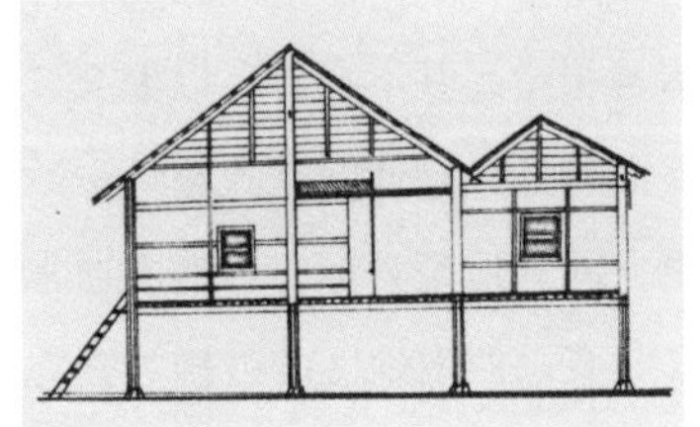

图34 东南亚干栏居（居所的图景——东南亚民居）

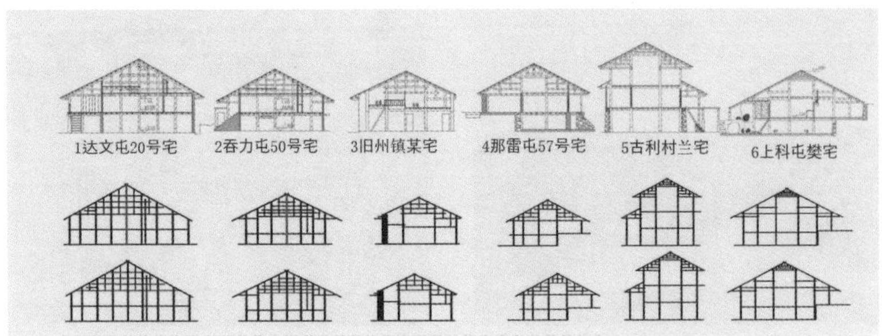

图35 岭南干栏构架自西向东的变化趋势（华南理工大学建筑文化遗产保护设计研究所）

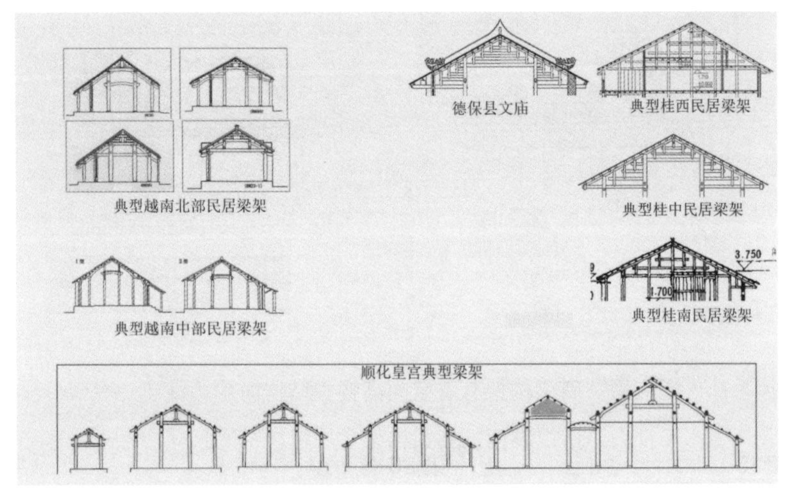

图36 越南北部与广西的斜梁构架（华南理工大学建筑文化遗产保护设计研究所、林英昭）

初的状态；桂中地区虽然保留了一些岭南原始梁架的特征，但已经受到广府瓜柱梁架的强烈影响，反映了转变中的状态；广府地区的瓜柱抬梁式梁架原型虽然来自北方，但形成了自己的风格并开始影响周边地区，体现了北方建筑文化对岭南建筑文化影响的结果。如图35所示，桂中南到广府，自西向东，穿斗梁架样式的变化趋势是：（1）中柱由长到短；（2）梁的位置逐渐向上移，梁的间距也逐渐变短。其反映了广府瓜柱梁架和桂中南穿斗梁架一定的变化关联。

（三）斜梁、水束（束木）与侧脚

斜梁在越南建筑中称为“桥”，是越南北部木构建筑的一个典型构件，在河内地区广泛使用，在越南中部的顺化、会安也有使用，斜梁及其演化形式甚至成为越南民族建筑的符号。

我国也大量使用斜梁。斜梁的构架方式大致有两个渊源，一是源于史前半穴居建筑的构架，地面建筑产生后墙体以上的屋顶构架演化为大叉手梁架，其在跨度不大的建筑中广泛应用，构造简单，易于建造。目前在山东、山西、江苏、浙江、湖南、广西等地民居中仍可见到。唐宋建筑中的叉手应该是斜梁的演化方式。二是来自干栏建筑的构架方式，干栏建筑采用竹、木材作为结构骨架，屋面材料为竹、草编或木板瓦等，柱梁构架上用斜梁的方式形成了直坡屋面。我们可以从我国广西桂西南、贵州、云南，以及越南、东南亚一些地区的干栏建筑中了解其基本的构架方式（图35、图36）。

从乡亭构架形式上看，横向内槽采用抬梁式构架，外槽用了当地传统的斜梁构架，总体构架为抬梁与斜梁结合的混合形式（可简称“抬-斜式”），也是规模较大的越南亭常用的构架形式。粗大的梭柱和大侧脚的檐柱也是乡亭建筑主要特征，周春村亭檐柱侧脚为135毫米，柱高为2450毫米，侧脚率为5.5%。由于乡亭檐柱较为低矮，一般乡亭的侧脚往往不小于3%，远大于宋《营造法式》的1%的数值。大的侧脚显然可有效地抵抗斜梁的水平推力，由此使人联想到中国古代建筑侧脚的运用也有可能产生于对水平推力的需求。在我国也大范围地使用过斜梁构架，当斜梁跨度较大时，柱子的侧脚就成为必然的做法。

图37 越南龙形斜梁及梁头

图38 越南斜梁木构架（林英昭）

图39 潮州龙头梁

虽然乡亭大梁为粗壮的月梁，大梁之上的隔架却为密檩、密梁的抬梁构架形式，保留着地域干栏密檩建筑的传统方式，使得梁架看起来下壮上弱，并不协调，这也有可能是其为汉化的抬梁构架和当地斜梁（干栏）构架融合的结果。

斜梁在越南经过长期的发展，已经形成了一个地域特征明显的构架体系被广泛应用。斜梁构架有着空间高畅、结构简单的优点。由于斜梁会产生水平推力，所以越南的斜梁构架常用粗大带侧脚的檐柱来平衡结构受力，从而形成了显著的构架特色。后期斜梁似乎被赋予龙的形态和寓意，更强调了地域民族精神。[14]斜梁由直线形状而变为多段屈曲衔接形状，犹如充满活力的虬龙。而在岭南地区驼峰斗栱构架中沿屋面使用联系上下梁柱隔架节点的鱼龙（鳌鱼）或虾弓、水束（束木）构件，似乎与斜梁的原型及龙的文化含义有某种关联（**图37~图39，表5**）。

早期建筑简单的大叉手、人字构架，唐宋的叉手、托脚，斗栱中的昂、挑斡，东南沿海闽粤桂越地区水束（束木）、弯板、虾弓梁，以及日本建筑的海老虹梁等是否有一定发展演变关系？日本建筑的桔秆与中国建筑的昂、挑斡在功能上都与斜梁有着同样作用，从这些构件的特征和作用看似乎都和斜梁有密切关系，刘致平先生在早年的研究中就敏锐地把越南的斜梁和我国建筑的斜梁、叉手、昂及日本的桔秆等构件联系起来认识。[15]通过木构架构件的对比分析，笔者也推测这些构件为建筑构架斜梁发展的产物，斜梁应该是这些构件的原型之一，斜梁构架可以认为是东亚木构建筑体系中的基本类型之一。

越南北部斜梁与岭南束水（虾弓梁）比较　表5

1 广东德庆学宫（元）	2 广东封开大梁宫（明）	3 五仙观后殿（明）	4 广西伏波庙（清）
5 越南北部民居	6 广东罗定学宫（清）	7 顺化皇宫崇恩殿前殿（18 世纪）	8 顺化皇宫表德殿前殿（18 世纪）

不过从功能上看，叉手和托脚是受压构件，昂、挑斡和桔秆是利用杠杆原理的一种悬臂受力构件，而水束（束木）、弯板、虾弓梁、海老虹梁是非受力构件，但起着构架的整体连接，尤其是沿屋面坡度高差不等的上下梁头间的拉结联系作用（**图40，表6**）。

越南弯曲的斜梁、我国的水束（束木）、虾弓梁和日本的海老虹梁在艺术造型上似有着共同的文化渊源，那便是龙、鳌鱼和龙鱼（鱼龙）的图腾崇拜，其和百越文化、水文化有着密切关系。

（1）龙图腾

我国东南沿海古为百越之地，《汉书・地理志》臣瓒曰："自交趾至会稽，七八千里，百粤杂处。"[16]粤即越，战国时浙东为瓯越，福建

东亚地区斜梁、水束（束木）、弯板、虾弓梁、秸秆等构件比较　表6

1 越南（自绘）	2 广府（自摄）	3 潮汕（华南理工大学）	4 闽南、中国台湾（李乾朗）
5 浙江（自摄）	6 韩国（尹张燮）	7 日本（自摄）	8 日本（鹑功）

为闽越，广东居南越，广西南部、越南北部居骆越（图41）。越为古三苗之一部，中原人后称其“南蛮”。许慎《说文解字》：“南蛮，蛇种，从虫。”又“闽东南越，蛇种，从虫门声。”[17]家中养蟒蛇为人所用，闽越人崇拜蛇，以蛇为图腾，后来便作为部落的名称。蛇本为龙的本体，东南沿海地区古建筑装饰几乎处处充斥着龙的形象。两广地区寺庙殿宇正脊多用行龙饰，形象浪漫生动。在百越文化圈的建筑木构架、瓦当中也常出现龙的造型与图案。

众所周知，华夏族就是以龙为图腾的，汉代画像石有众多人首蛇身题材，其与百越图腾相同并不是偶然的。据考证，闽人乃夏人之一支，与夏禹同族。闽粤多虫蛇，使其原有图腾标志得以延续并强化。[18]

（2）鳌鱼（龙鱼）图腾

《初学记》：“东南之大者，巨鳌焉，以背负蓬莱山，周迴千里。”[19]鳌即传说中的大鳖或大龟。《博物志》：“南海有鳄鱼，状如鼍。”[20]鳄鳌相类，鳌也可能指鳄鱼，为古人崇拜对象之一。我国南方和日本的古建筑上均有鳌鱼饰，如两广古建筑正脊便常饰以相对硕大的倒悬鳌鱼，其造型与龟鳖无缘，而是脱胎于鱼和鳄鱼形，与北方唐宋建筑的鸱尾有异曲同工之妙。

鳌鱼饰是与沿海沿河的水文化密不可分的，古百越人赖水而生，以渔为业，带来巨大利益的鱼类和产生威胁的鳄鱼自然成为其崇拜对象，进而转化为图腾。古越族铜器的花纹和船纹中均有鳄鱼形象，武汉黄鹤楼戗脊端部以鳌鱼为饰，日本白鹭姬城也以鳌为饰，足见鳌鱼

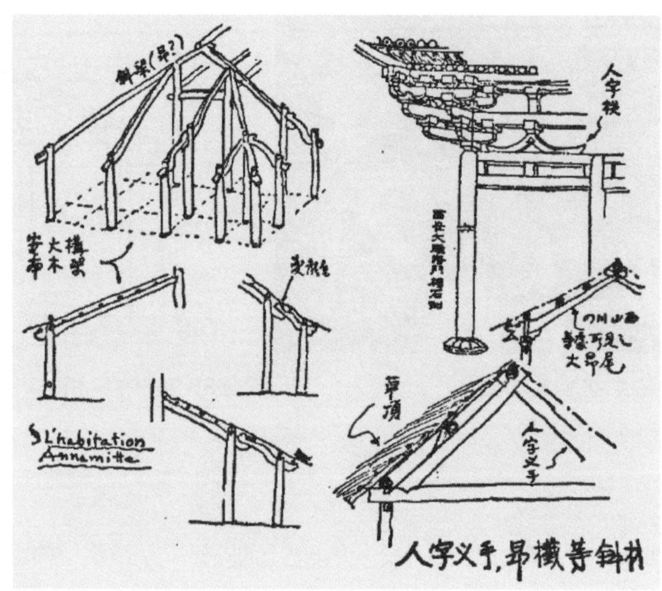

图40　越南建筑木构架草图（刘致平）

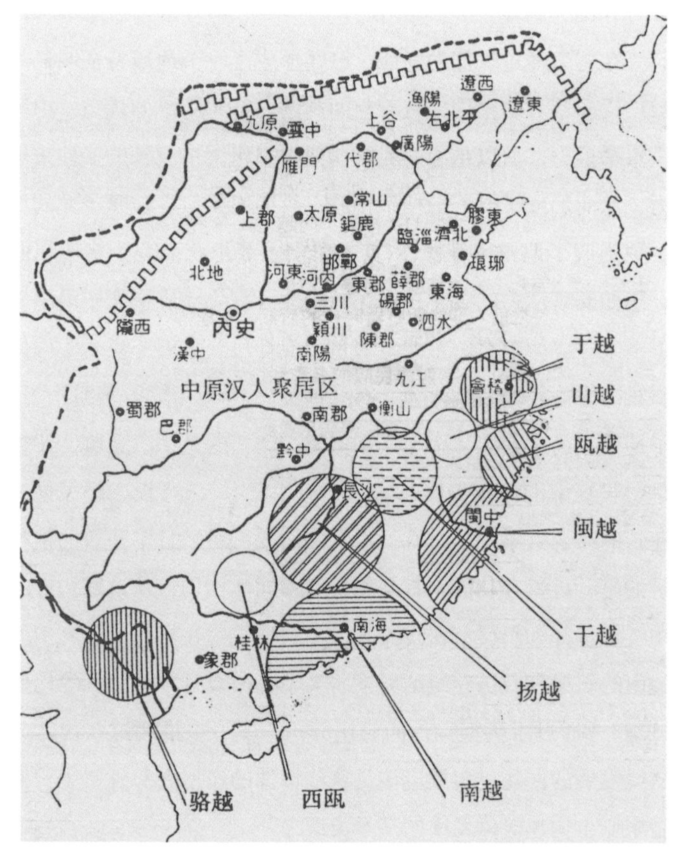

图41　百越分布图

饰流布之广泛，为沿海沿河民族对“鱼图腾”崇拜的结果。

大陆文化崇拜的龙蛇与水文化中的鳌鱼最终结合起来，人们创造出一种龙头鱼尾的装饰形象——龙鱼或称鱼龙（带翼的龙鱼，又称斐鱼）。龙鱼饰在我国东南地区的古建筑上多有使用，我们认为这或许是早期龙图腾与鱼图腾部落融合的结果，是海洋文化与大陆文化融合的微妙产物（表7）。

东亚水文化圈建筑中的鳌鱼饰　表7

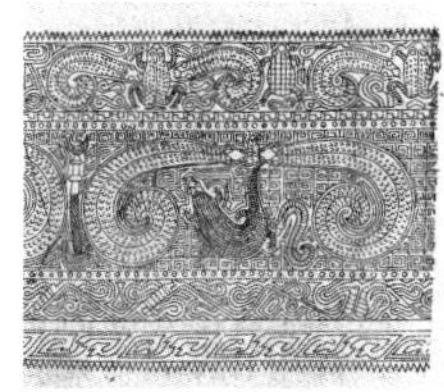 1 广西青铜文化铜尊纹饰展开示意（广西博物馆）	 2 河内升龙城龙纹脊饰（自摄）
 3 广州番禺学宫大成殿行龙脊饰（自摄）	 4 闽南系建筑升龙脊饰（自摄）
 5 越南顺化皇宫太和殿行龙脊饰（自摄）	 6 广州番禺学宫大成殿鳌鱼饰（自摄）
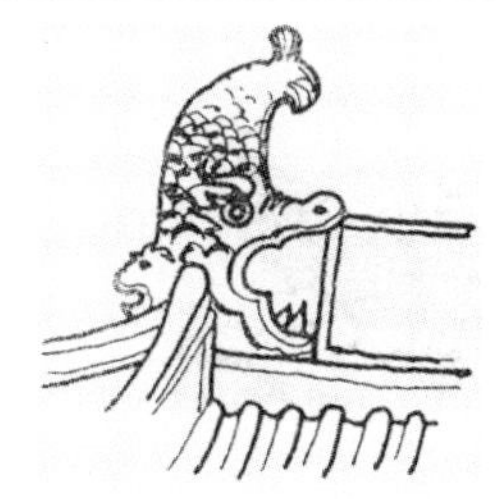 7 浙江地区古建筑鳌鱼饰（自绘）	 8 日本奈良法隆寺建筑鳌鱼饰（自摄）

七、结语

印度与中国两大文化圈皆对越南文化产生了巨大的冲击与深远的影响[21]，但其本土文化并没有消减，而是使这两大文化在越南发生了质的改变，进而发展出属于越南的建筑文化，乡亭建筑便是最典型的代表。乡亭建筑的基础平面与营建技法，以及围绕在乡亭的祭祀活动，都表现出建筑本身及聚落社会生活等在东亚建筑体系中所扮演的角色。

越南传统木构常用的斜梁构架类型，在我国也有着广泛的应用。刘致平先生敏锐地发现建筑的斜梁、叉手、昂等构件有着密切的关系。[22]通过木构架构件的对比分析，笔者也推测斜梁是叉手、昂、束水，以及日本的虹梁、桔秆等构件的重要原型，斜梁构架可以认为是东亚木构建筑体系中的基本类型之一。

通过对越南乡亭的分析，可知东亚沿海区域建筑文化有着深切的传播、交融关系，而本民族、本地域的特色亦在顽强地延续，在对外来建筑形式和技术的本土化过程中不断地完善自身，形成了鲜明的风土特色。

注释

1　作者程建军、陈丹、李子昂。发表于《古建园林技术》2023年第三期。

2　李贲（英宗），万春国的开国皇帝。

3　（越）何云滨，阮文凯．越南村亭[M]. 胡志明：胡志明市出版社．1998.

4　邓鸿山．越南北部11—14世纪的砖瓦与屋顶装饰材料[D]. 长春：吉林大学，2013.

5　黄兰翔．越南传统建筑聚落、宗教建筑与宫殿[M]. 台北：“中央研究院”人文社科研究中心．2008.

6　越南传统建筑部分成果见本文参考文献。

7　为叙述方便，乡亭、村亭、社亭类建筑在后文中通称为乡亭。

8　据[6]与[8]整理。

9　这种凹字形平面在我国桂西壮族民居和湘西苗族民居中均有类似的形式。

10　岭南地区广泛使用夔龙纹或博古纹花板式构架，其为岭南木构架类型之一。

11　即李佛子的儿子，越南6世纪的人物，李佛子则是李贲的部将。

12 数据来源：华南理工大学建筑文化遗产保护设计研究所。

13 何傲天. 广州光孝寺伽蓝殿建筑研究[D]. 广州：华南理工大学，2019.

14 越南京族认为他们是龙子，其民族崇拜龙文化，建筑有许多龙的符号。

15 刘致平. 中国建筑类型与结构[M]. 北京：中国建筑工业出版社，1987.

16（唐）颜师古.《汉书注》卷二十八下，地理志第八下。

17（汉）许慎.《说文解字》卷十三。

18 程建军. 岭南古建筑脊饰探源[J]. 古建园林技术，1988，4.

19（唐）徐坚等.《初学记》卷三十。

20（晋）张华.《博物志》卷三。

21 越南中部以南地区建筑形式与风格则受印度文化圈影响较大。

22 刘致平. 中国建筑类型与结构[M]. 北京：中国建筑工业出版社，1987.

图表来源

图1、图7：黄兰翔. 越南传统聚落、宗教建筑与官殿[D]. 中国台北："中央研究院"人文社会科学研究中心，2008.

图2～图6：[1]（越）何云滨，阮文凯. 越南村亭[M]. 胡志明：胡志明市出版社，1998.

图8、图25～图27：（日）奈良国家研究所，国家文化遗产研究所编. 唐琳古村调查报告[M]. 2009.

图9、图10、图17～图22、图33、图35、图36：作者自绘。

图11、图13～图16、图23、图24、图30、图37、图39：作者自摄。

图28、图29：（越）GS. Trân Lâm Bi én（陈林主编）. Dình Làng Việt（Châu Tho Bâc bộ）（越南村亭. 北越三角洲）[M]. Naà Xuât Bân Hong Dúc（宏德出版社），2017.

图31：尹张燮. 韩国的建筑[M]. 首尔：中央公论美术出版，2002.

图32：石拓. 中国南方干栏及其变迁[M]. 广州：华南理工大学出版社，2016.

图34：全峰梅. 居所的图景——东南亚民居[M]. 南京：东南大学出版社，2008.

图38：（日）林英昭. 越南中部的传统木造建筑设计方法的特质[D]. 东京：早稻田大学大学院理工学研究科，2010.

图40：刘致平. 中国建筑类型与结构[M]. 北京：中国建筑工业出版社，1987.

图41：陈国强等. 百越民族史[M]. 北京：中国社会科学出版社. 1988.

表1、表4：作者自制。

表2插图：1～9，13～15：（越）Hà Vân Tân-Nguyên Yân Kụ（何云滨，阮文凯）. Dình Việtnam（越南村亭）[M]. Nxb TP Chí Minh.（胡志明市出版社），1998.

表2插图：10～12：（日）奈良国家研究所，国家文化遗产研究所编. 唐琳古村调查报告[M]. 2009.

表3插图：作者自摄。

表5插图：作者自摄。

表6插图：1：作者自绘。

表6插图：2、5、7：作者自摄。

表6插图：3：华南理工大学建筑学院测绘资料。

表6插图：4：李乾朗. 台湾建筑史[M]. 北京：电子工业出版社，2012.

表6插图：6：（韩）尹张燮. 韩国的建筑[M]. 首尔：中央公论美术出版，2002.

表6插图：8：（日）鹑功. 图解寺社建筑・各部构造编[M]. 东京：理工学社，1994.

表7插图：1：中国社会科学研究院考古研究所. 新中国的考古发现与研究[M]. 北京：文物出版社，1984.

表7插图：2～6、8：作者自摄。

表7插图：7：作者自绘。

参考文献

[1]（越）何云滨，阮文凯. 越南村亭[M]. 胡志明：胡志明市出版社，1998.

[2] 杨昌鸣. 东南亚与中国西南少数民族建筑文化探析[M]. 天津：天津大学出版社，2004.

[3] 黄兰翔. 越南传统聚落、宗教建筑与官殿[D]. 中国台北："中央研究院"人文社会科学研究中心，2008.

[4]（日）奈良国家研究所，国家文化遗产研究所编. 唐琳古村调查报告[M].2009.

[5] 许文堂. 越南民间信仰——白马大王神话[J]. 南方华裔研究，第四卷，2010.

[6]（日）林英昭. 越南中部的传统木造建筑设计方法的特质[D]. 东京：早稻田大学大学院理工学研究科，2010.

[7]（法）Anne-Valèrie Schweyer. Viêt Nam Histoire Arts Archéologie（越南艺术及考古学史）[M]. Editions Olizane，2011.

[8]（越）潘顺安. 顺化皇城和官殿[M]. 大南出版社，2013.

[9] 杨健. 从古代建筑艺术中看越南传统文化的变迁[J]. 广西民族师范学院学报，2013，6.

[10] 高春成．越南古建筑遗产的保护理论与实践研究[D]. 北京：北京工业大学，2015.
[11] 石拓．中国南方干栏及其变迁[M]. 广州：广州华南理工大学出版社，2016.
[12]（越）陈林主编．越南村亭．北越三角洲[M]. 宏德出版社，2017.
[13] 王韡儒．汉文化影响下之越南传统民居的类型研究[J]. 台湾建筑学会会刊，2017.

4 建筑教育与防灾研究

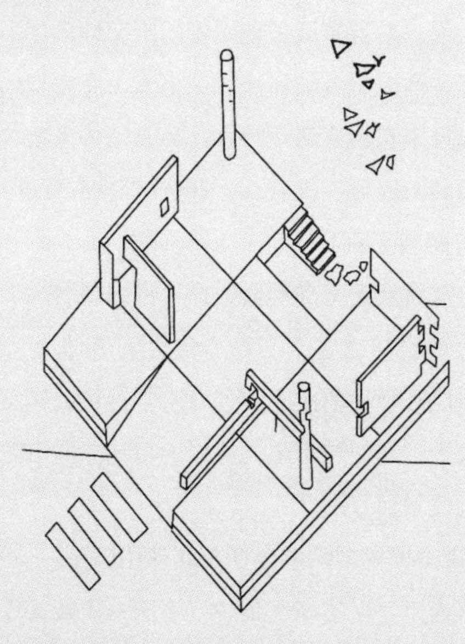

城市灾害防御规划初探[1]

天灾人祸对城市构成严重危害，会给城市各种功能和活动规律的正常运转带来一定程度的破坏作用。有预见性地进行灾害防御，并且当灾害一旦降临时，使所蒙受的损失能降至最低程度，是城市防灾工作的重要内容。笔者试就天灾的防御发表初步见解，冀望在城市规划工作中能给以足够的重视。

一、城市灾害防御的重要性

（一）城市与自然灾害

现代城市在国民经济发展中的作用越来越大，保障城市机能的正常运转需要一个良好的城市环境。良好的城市环境必然具备安全性、健康性、便利性与快适性[2]，而安全性则是其最基本的问题之一。

城市的不安全因素众多，有人为的，有自然的。前者如战争、环境污染、交通事故、城市犯罪等；后者如地震、洪水、大火、风暴等。就其破坏特性来说，前者多属长期缓慢的渐变性破坏，后者则是短期爆发的突变性破坏，因而后者破坏性往往更大。突发性的自然灾害往往具有毁灭性，一般说来它具有两个特点：一是来势迅猛，破坏力极大，可在瞬间或极短时间内摧毁一座城市，造成生命财产的巨大损失；二是出现频率较小，有的甚至百年不遇，出现频率不到1%，因而易为人们所忽视。但是历史上自然灾害确实曾毁掉了许多著名的大城市（**表1**）。

能量较大的自然灾害本身具有极大的破坏力，使城市遭受直接破坏，还往往造成破坏性的次生灾害，产生连锁破坏反应，如防范乏术，便一发不可收拾，终使城市陷入瘫痪的境地。城市防灾规划就是针对自然灾害的防御规划而言的。

（二）城市防灾规划的重要性及其地位

现代城市人口、财富高度集中，因而一次毁灭性的自然灾害瞬间可将积聚数十年乃至数百年的城市财富毁于一旦，并夺去成千上万人的生命。城市设施的严重破坏，使城市恢复困难重重，其损失之巨难以估量。因此城市灾害防御规划之重要性不言而喻。

20世纪以来因地震被毁灭的部分城市　表1

城市名称	所属国	毁灭时间	灾害损失
旧金山	美国	1906.4.18	8.3 级，火烧三日，死 6 万多人
墨西拿	意大利	1908.12.28	7.5 级，毁于海啸，共死 8.5 万人
阿拉木图	俄国	1911.1.4	本城历史上两次毁于地震
海原	中国	1920.12.16	8.5 级，加其他地区共死 20 万人
东京、横滨	日本	1923.9.1	8.3 级，震后大火、海啸，共死 14.2 万人
阿加迪尔	摩洛哥	1960.2.29	全城一半居民遇难，死 1.6 万人
蒙特港	智利	1960.5.22	9.5 级，世界记录到的最大地震
斯科普里	南斯拉夫	1963.7.26	8.2 级，死千余人
安科雷奇	美国	1964.3.28	8.5 级，城毁，死 117 人
马拉瓜	尼加拉瓜	1972.12.22	6.3 级，城毁，死万余人
唐山	中国	1976.7.28	7.8 级，京、津、唐共死 24.2 万人
塔斯巴	伊朗	1978.9.16	7.7 级，80% 居民遇难，死 1.1 万人
阿斯南	阿尔及利亚	1980.10.10	7.5 级，死 2 万多人

日本是个自然灾害较多的国家，对此他们有沉痛的教训和深刻的认识。早在1961年11月日本就制定了《灾害对策基本法》，以后逐步修正完善，形成了独具特色的防灾策略和理论（**图1**）。1985年墨西哥城大地震后，墨政府即着手制定城市抗震规划。目前，防灾正引起世界各国的重视。我国也是自然灾害较多的国家，各种灾害常使一些城市遭受巨大损失。著名建筑史学家龙庆忠教授卓有远识，早在20世纪40年代就对此做了大量考察和研究，许多专家都曾呼吁城市应重视对自然灾害的防御，但由于种种原因，这些研究长期以来没有受到应有的重视，直至去年[3]，才正式成立“中国灾害防御协会学术委员会”。由于城市防灾未受重视，所以若干年以来，我国城市规划中没有一个系统的防灾规划，有的也仅

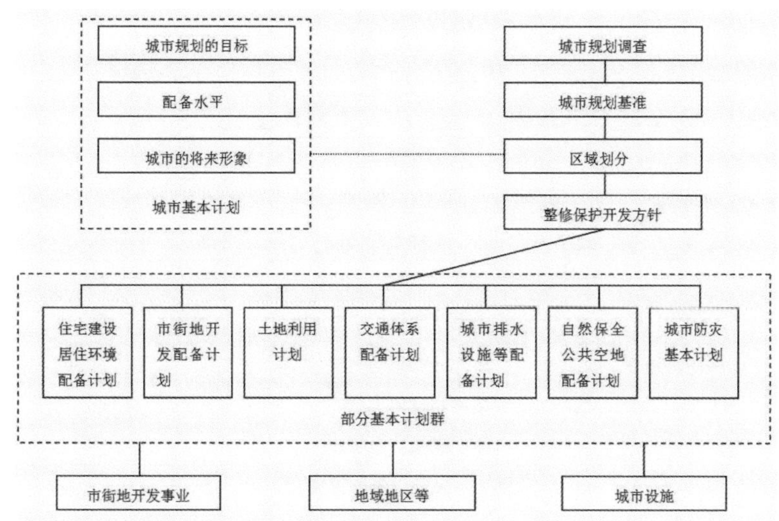

图1 日本城市规划体系中城市防灾规划的地位

是支离的单项防灾措施或临灾成立抗灾组织和临时制订抗灾计划，以至灾害袭来时，既无预防灾害规划，又无相应的救灾对策，造成一些不应有的损失。鉴于上述自然灾害的特点和目前的状况，制订一个长期的、系统的城市灾害防御规划，是一个具有重大现实意义的问题，每一个城市都应制订灾害防御规划，尤其是那些灾害隐患较多的城市。

城市防灾规划的重要性、长期性和系统性决定了应将其纳入城市的总体规划中，列为城市总体规划的主要任务之一。位于地震带或洪泛区等的城市或地区，还应有区域规划。总之，城市防灾规划的空间、时间跨度都很大，可以说是城市安全的百年大计。

二、城市防灾规划的内容

城市防灾规划，据灾害发生的前后情况可分为预防规划和救灾规划两部分，两者内容既密切相关又不尽相同，城市防灾规划，重点在防，以预防为主，以救治为辅。

（一）城市灾害预防规划

俗话说，“有备无患”。[4]有准备、有计划地预防灾害，可以大大减少城市灾害损失。其规划内容主要是依据灾害的类型而相应制定的，一般来说主要有以下几个方面：

城市防水灾规划：主要是城市的防洪与排涝等，我国每年均有许多城市不同程度地遭受水灾的严重威胁，因此城市防水灾规划意义重大。

城市防震灾规划：众多的经验教训说明现代城市的抗震能力很脆弱，将防震纳入城市总体规划是十分必要的。根据地震发生地点的重复性和地震原因的相似性原则，特别是曾发生过大地震以及受过严重震害的城市，应尤其重视抗震规划。

城市防火灾规划：城市火灾的起因主要有三种情况：一是人为事故（列入自然灾害考虑）；二是易燃物自然起火及雷电起火等；三是其他灾害的次生火灾（主要是地震引起）。城市火灾的发生频率很高，是城市安全的一大隐患。

城市防风灾规划：风灾主要是指由台风、飓风及龙卷风（旋风）等大风暴引起的灾害。1961年伯利兹的伯利兹城被飓风夷为平地，迫使迁都内地贝尔莫潘。我国东南沿海地区每年都遭受十数次台风的袭击，每每又伴有暴雨，引起水灾，造成一定破坏。

除了上述四种较大的自然灾害外，城市灾害尚有泥石流、火山爆发、风暴潮、海啸、沙尘暴、热浪、干旱以及它们的次生灾害等。总之城市可依据其特定的环境条件来制订有关灾害预防规划。

城市灾害预防规划程序与城市规划程序一致，也大致可分为总体规划和详细规划。各类灾害预防规划都应据其实际情况来制定。下面试举城市防水灾规划内容说明之（图2）。[5]

（二）城市救灾规划

城市救灾规划即在临灾或灾害发生时，以及灾后所采取的城市抗灾救灾的措施规划。它是城市灾害防御规划内容的一个十分重要的组成部分，因为对于某些大的自然灾害，即使有了预防规划，仍会造成严重的破坏后果，或多或少地给人民生命财产造成损失。如果有了救灾规划，届时就会有组织地、有系统地进行救灾抢险，及时控制混乱局面，进一步减少城市灾害损失。

城市救灾规划策略的基本要点是临灾要有充分准备，包括组织思想、技术与物质准备，灾害发生后要有灵活的反应策略、快速机动的应变能力、科学高效的组织指挥和实施救援工作。一般说来，城市救灾规划有以下三个方面的内容：

1. 救灾准备

·救灾计划；

·灾害预测。

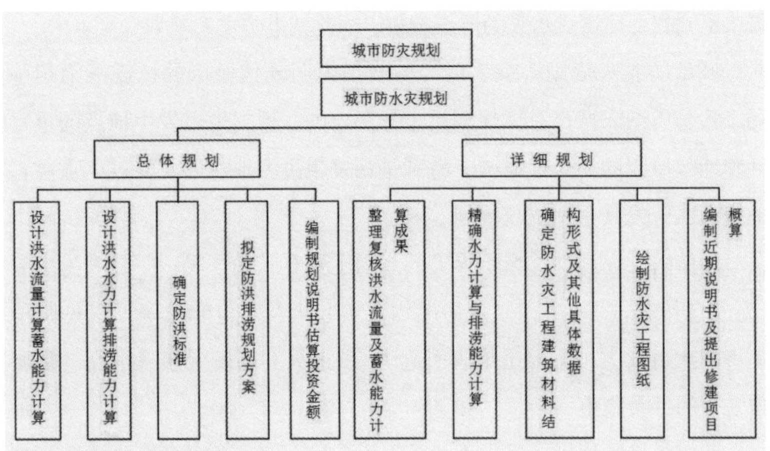

图2 城市防水灾规划主要内容

2. 救灾对策

·灾情估计与分类；

·编制灾害轻重分区图；

·迅速全面实施救灾计划；

·预防次生灾害发生及实施次生灾害对策。

3. 灾后对策

·灾害考察：对灾害的前因后果进行详细的资料收集考察工作以及灾害分析，为救灾和以后防灾规划制订提供科学依据；

·短期对策：抢修重要交通、通信、供电、煤气、热力、医疗、消防等城市生命线及设施，迅速恢复城市主要机能，保障人民生活安全；

·长期对策：控制赴灾区人员，减少灾区负担，做好善后工作，全面恢复生活生产设施，重建家园。

此外，经常对市民进行宣传普及防灾常识教育和组织进行防灾演习等亦是城市灾害防御规划的一项重要内容。

三、城市防灾规划的方法

（一）灾害调查分析

主要是选定调查地区，现场踏勘，调查访问，利用历史文献文物资料等考证历史灾害，寻找灾害的规律，利用现代科学成果与手段分析灾害的起因等，并进行调查资料整理分析和报告的编写（表2）。

日本灾害报告书样式之一[6]　表2

号码______　______年______月______日　灾害类别______

灾害原因______　调查者______

人的被害	死者		人
	负伤者		人
	行踪不明		人
建筑的被害	全坏		间
	半坏		间
	流失		间
	床面高度以上浸水		间
	床面高度以下浸水		间
公共土木设施以外的主要被害			
耕地被害	水田	流失埋没	亩　分
		灌水	亩　分
	旱田	流失埋没	亩　分
		灌水	亩　分
铁路轨道受损			公里
船舶受损			艘
遇难者概数			人
遇难家庭数			家

（二）城市灾害易损性分析

现代城市中，虽然单体建筑物等的抗灾设计水平有了一定的提高，然而许多城市就其整体或其基本设施而言抗御灾害的袭击能力依然是脆弱的。易损性分析是从城市整体构成的角度出发，找出其中的抗灾薄弱环节，以便有所侧重地采取防灾加固措施。城市易损性分析评估涉及以下12个方面：

1. 现有建筑物的类型和分类；
2. 室内外危险品；
3. 建筑的邻接；
4. 建筑物及工程设施的布设；
5. 重要的和应急的设施；
6. 生命线工程；
7. 桥梁和公路立交桥；
8. 通信系统；

9. 城市分区；

10. 街道及广场形态；

11. 水库与河坝；

12. 城市空间形态。

分析研究城市易损性的组成部分，采取相应的对策，可以有效地提高城市整体防灾能力。

（三）灾害破坏机理研究

科学地分析灾害破坏机理，使城市灾害防御规划做到“有的放矢”“对症下药”，可取得事半功倍的防灾效益。如地震的破坏机理分析如下（图3）。[7]

（四）综合分析论证

在以上调查分析的基础上，再做试验获取参数，进行数据处理及理论计算，并由专家综合分析论证，方能制定出科学的防灾规划。

数据处理中一个很重要的硬性指标是城市灾害防御标准的确定，灾害重现期越大，标准应越高。为准确合理地拟定防灾规划及防灾工程规模，可将灾害的频率和能量作为确定城市灾害防御规划和设计标准的主要依据。这是个非常重要的问题，如标准过高，平时发挥不了作用，反而会增加维护费用，使土地利用率过低等，造成浪费；但标准过低，则灾害来时，会造成工程失事，乃至生命财产的巨大损失。

当同时要防御若干不同类型的灾害时，防灾标准应综合考虑。可划分不同的防灾区域、防灾工程，据具体情况选用不同的标准（可以设最高、最低和推荐标准），分区、分类、分级设防，灵活使用防灾标准。

（五）城市灾害防御规划层次

层次是纵向的关系，某类或整体的城市灾害防御规划的建立和控制，应从宏观到微观形成一个纵向网络系统。一般说来，城市灾害防御规划可划分为四个层次，即区域灾害防御规划→城市防灾总体规划→城市防灾详细规划→重点工程防灾设计。

四、城市防灾规划的综合制定

（一）城市防灾综合规划

一种城市自然灾害往往会引起其他次生灾害的发生，以致灾害相继，破坏严重。一个城市又往往受多种自然灾害的威胁。假如各类灾

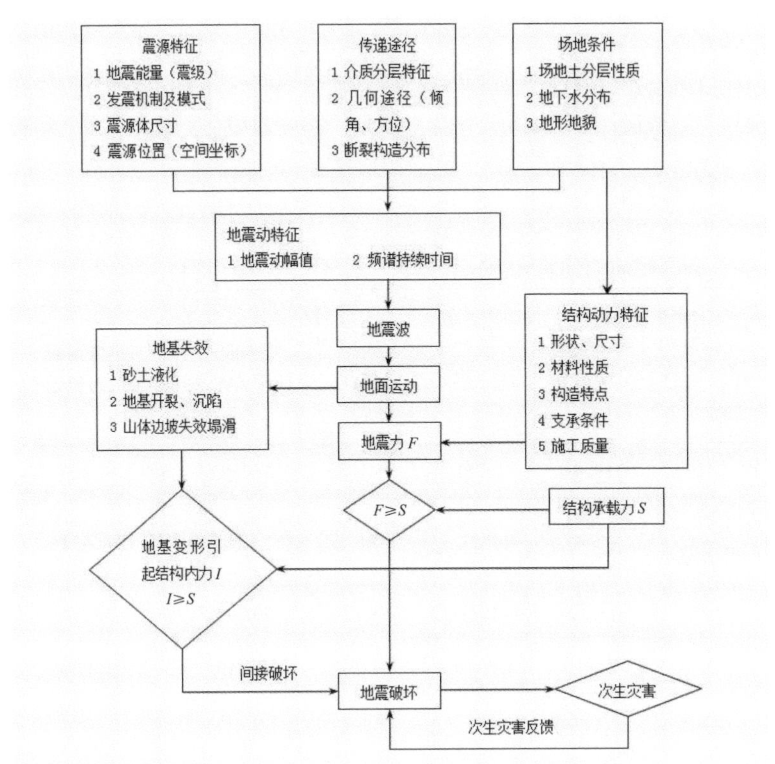

图3 地震破坏机理分析

害防御规划各行其事，条块分割，将会造成各种防灾规划之间的不协调甚至相互矛盾，并造成大量浪费。所以每一个城市均应据其具体情况制定一个综合的灾害防御规划，并设立实施这个规划的领导机构，形成横向的防灾网络系统。

（二）一般防灾工程与重点防灾工程相结合

城市灾害防御规划应有所侧重。对于城市有选择地重点规划、重点设防。例如城市火灾的防御，可统计出哪些地区或设施易发生火灾，以便科学地确定防火标准和设防措施等，而不是简单的防火标准和措施（如消防站）的覆盖。

由表3可知，居住建筑、工厂和仓库建筑火灾发生率很高，所以其区域应作重点防火规划。总之，城市空间整体的防灾规划应和个别防灾设施与设备技术防灾对策结合起来考虑。

（三）城市规划与灾害防御规划相结合

一个城市规划涉及因素很多，防灾仅是其中的一个组成部分。平时能满足正常的城市功能，而灾时又能发挥抗灾救灾功能，二者相互结合

十分必要。此外，现代城市环境中的人为灾害（公害），如空气污染、水体污染、噪声等已成为城市不可忽视的环境破坏因素，所以城市防灾规划要与城市规划和城市环境保护规划一并统筹编制，组成一个空间防灾网络系统。

不同用途的建筑物火灾和损害情况（日本统计资料）[8]　表3

损害状况 / 用途类别	失火件数			烧损面积（平方米）	损失金额（百万日元）
	1980年（件）	1979年（件）	增减率（%）		
居住	19241	18951	1.5	762882	45800
工厂、作业场	4700	4823	–2.6	501847	36657
仓库	3122	3229	–3.3	232880	14171
事务所	801	834	–4.0	33419	1995
饮食店	710	707	0.4	35835	3295
养畜舍	563	568	–0.9	76292	1449
学校	440	456	–3.5	39498	1330
旅馆	405	391	3.6	36227	2870
车库	227	217	4.6	7126	218
百货店、停车场	204	205	–0.5	24123	3402
神社、寺院	194	219	–11.4	12901	978
官公署	95	103	–7.8	4903	140
剧场	75	94	–20.2	3839	450
医院、诊所	61	64	–4.7	1816	125

注释

1　发表于《城市规划汇刊》1989年第3期，总60期。

2　（日）尾岛俊雄等. 新建筑学大系9都市环境[M]. 东京：彰国社. 1981.

3　发表于1989年8月29日，这里的“去年”指的是1988年。

4　“有备无患”出自先秦左丘明《左传·襄公十一年》，“《书》曰：‘居安思危。’思则有备，有备无患。”

5　文献[4].

6　文献[1].

7　文献[2].

8　文献[1]130.

图表来源

图1：（日）尾岛俊雄等. 新建筑学大系9都市环境[M]. 东京：彰国社，1981.

图2：邓瑞海，王波. 城市防洪工程规划[M]. 北京：中国建筑工业出版社，1983.

图3：郭增建，陈鑫连. 地震对策[M]. 北京：地震出版社，1986.

表1：作者自制。

表2、表3：（日）尾岛俊雄等. 新建筑学大系9都市环境[M]. 东京：彰国社，1981.

参考文献

[1]（日）尾岛俊雄等. 新建筑学大系9都市环境[M]. 东京：彰国社，1981.

[2] 郭增建，陈鑫连. 地震对策[M]. 北京：地震出版社. 1986.

[3]（日）中野尊正，沼田真. 城市生态学[M]. 孟德政，刘得新译. 北京：科学出版社，1986.

[4] 李芳英. 城镇防洪[M]. 北京：中国建筑工业出版社，1983.

[5] 赵士绮. 城市规划的任务与编制方法[M]. 北京：中国建筑工业出版社，1983.

[6] 邓瑞海，王波. 城市防洪工程规划[M]. 北京：中国建筑工业出版社，1983.

大风对应县木塔的作用[1]

一、应县木塔简介

应县木塔位于山西应县县城佛宫寺内，又名佛宫寺释迦塔，是国内外仅存的最古老最高大的多层木结构塔式建筑，为全国重点文物保护单位。佛宫寺位于旧应县县城的东北角，距北部和西部城墙仅170米左右。寺前有木牌坊，为佛宫寺的入口，由此向北107米即为佛宫寺主体建筑。山门现已无存，仅留有台基遗址。左右尚有东西便门，东便门现时成为游人出入的主要入门。门后左右列有钟鼓楼，下层面阔三间，外廊周匝；上层面阔一间，歇山顶，钟鼓楼北面原有配殿已毁无存。

释迦塔位于全寺的中部，保留了早期佛塔位于寺庙中心的佛刹布局。塔后为一座建在大砖台上的庭院，塔基与砖台有一通道相连。砖台南边有砖牌楼一座，清雍正四年（1726年）建，台上四周筑矮墙，如古之女儿墙。庭院正中为金大定四年（1164年）所立的石幢，靠北有大殿七间，东西朵殿各三间，大殿前东西配殿各三间。配殿之南，东西各有小方亭一座，台上建筑都是清代末期的建筑形式（图1）。

据明万历田蕙《重修应县志》记载：

> 佛宫寺初名宝宫寺，在州治西，辽清宁二年（1056年）田和尚奉敕募建，至金明昌四年（1193年）增修益完。塔曰释迦，道宗皇帝赐额。元延祐二年避御讳，敕改宝宫寺。顺帝时（1333～1368年）地大震七日，塔屹然不动。塔高三百六十尺，围半之，六层八角，上下皆巨木为之，层如楼阁，玲珑宏敞，宇内浮图足称第一。[2]

木塔创建于辽清宁二年（1056年），至今已有近千年的历史。塔平面八角形，底层直径30.27米，外观为五层六檐。全塔结构从下至上可分为三部分：最下是砖石垒砌的基座，高4.4米；第二部分是塔身，自基座至塔顶砖刹座下，全部用木结构，高51.35米，砖刹座高1.65米；最上是铁制塔刹，高9.91米。木塔总高67.31米，体型高大，结构复杂，轮廓优美，是一座典型的楼阁式木塔（图2）。

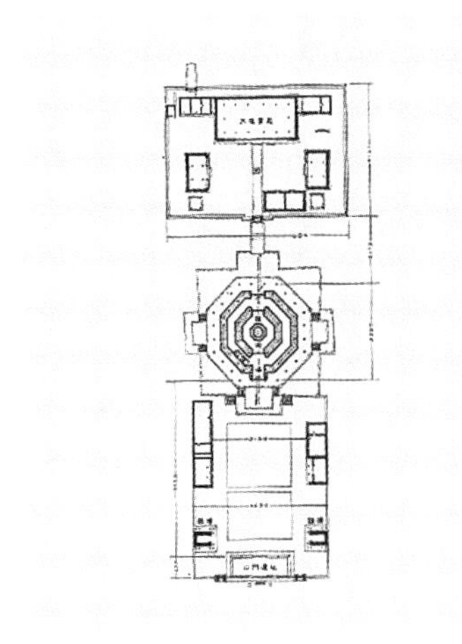

图1 佛宫寺平面

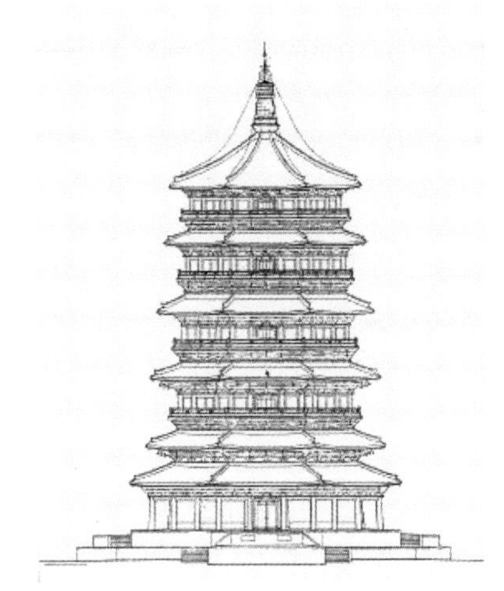

图2 山西应县佛宫寺释迦塔南面立面

二、塔的结构特征

塔的平面采用了传统的柱网形式，以内外两层环柱的对称布局方式，塔身形成一个木结构的框架结构。全塔结构实际上共9层，有5个明层和4个暗层。实际上是重叠9层，每层为各具梁柱、斗栱的完整构架，底层以上是平座暗层，再上为第二层明层，二层以上又是平座暗层，这样重复以至顶层为止。全部结构逐层分别制作安装，每层柱脚均用地栿，柱头用阑额，普拍枋。内外两环柱头之间复用枋木斗栱相互连接，在横向上是每一层结合成一个坚固的整体，具有很强的稳定性。使用双层筒式的平面和结构，等于把早期塔中心柱扩大为内环柱，不但扩大了空间，而且还大大增强了塔的建筑刚度，即采用了双环柱空间构架的结构形式，这样在竖向上又使整个塔身具有良好的结构稳定性。

木塔的结构最显著的特征应该说是其明层结构与暗层结构的不同。明层如同单层木构架一样，通过柱、斗栱、梁枋的连接形成一个柔性层，具有一定的变形能力，这种变形能力包括垂直方向的位移和水平方向的扭转。各暗层则在内柱之间及内外角柱之间加设不同方向的斜撑，这样平座暗层结构就形成了用斜撑和梁柱所组成的类似现代结构中空间桁架式的一道圈梁刚构层。这样一刚一柔，刚柔相济，水来土掩，兵来将挡，有效地抵御了风力和地震波的惯性推力，在结构力学上取得了很高的成就。因此在近千年漫长岁月中，经受住了多次大风侵袭和强烈的地震摇撼的考验，其优越的结构性能引起了国内外许多专家的注意。

有必要运用现代科学的方法研究分析塔的结构性能和自然力对塔的实际影响，为总结古建筑的成就和古为今用，以及保护好这一国宝提供科学依据。在此之前，已有学者对建筑形式、结构性能和地震对塔的影响等作了长期的观测和研究，并取得了若干成就。[3]本文仅就大家尚未注重的风暴对木塔的影响作些讨论。

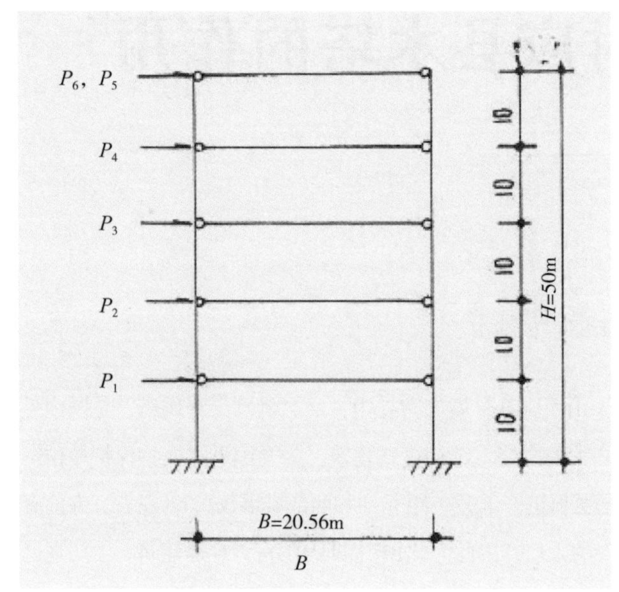

图3 应县木塔结构计算简化模型

三、木塔所处的地理环境、气候及地质情况

应县城池地处大同盆地中部，桑干河南岸。这一地区处于华北大块隆起区，地质构造属于祁吕系山字形体系，为华北地震带"晋中带"与"燕山带"的接壤区，是我国北方中部地震活动频繁的地带。

周围地势南为吕梁山脉的恒山支脉，东为太行山脉，北为阴山山脉，属于燕北同盆地。

气候区划属南温带亚干旱大区，年雷暴日数为44.8日，年大风（>8级）日数为48.1日，大风风向为西北向。

四、木塔结构计算简化模型

（一）空间结构模型

塔体本身是一个空间结构，空间结构计算是比较复杂的，为了简化计算，通过如下几个基本假设，可以把空间问题化为平面问题处理（**图3**）。

1. 假设塔体为一根固定于基础上的八角形空心悬臂柱；

2. 假设木楼面（可视为暗层空间结构）在其自身平面内的刚度极大；

3. 木楼板面可视为两端铰接的干性连杆。

结构高度H取到5层顶部：$H=50\text{m}$

结构宽度B取第三层明层平面内外柱心的水平距离：$B=20.56\text{m}$

根据结构力学：杆件的高宽比当$\frac{H}{B}>4$时，杆件具以弯曲变形为主。

当$4\geq\frac{H}{B}>1$时，杆件即有弯曲变形，又有剪切变形。

应县木塔的高宽比$\frac{H}{B}=\frac{50}{20.56}=2.43<4$

因此，结构属于弯曲剪切变形。这个结构计算模型可用于地震力变形计算，也可用于风荷载变形计算。

（二）悬臂梁结构模型

在风荷载的作用下，应县木塔可以看作为直立于地面的悬臂梁式悬臂柱，看作一个弹性体处理，其结构计算简图见**图4**。

水平反力：$R_B=-\sum P_i$

最大弯矩：$M_B=\sum M_i=\sum P_i\cdot b$

顶端位移：$f_A=\sum f_i=\sum\frac{P_i b^2}{6EI}(3a+2b)$

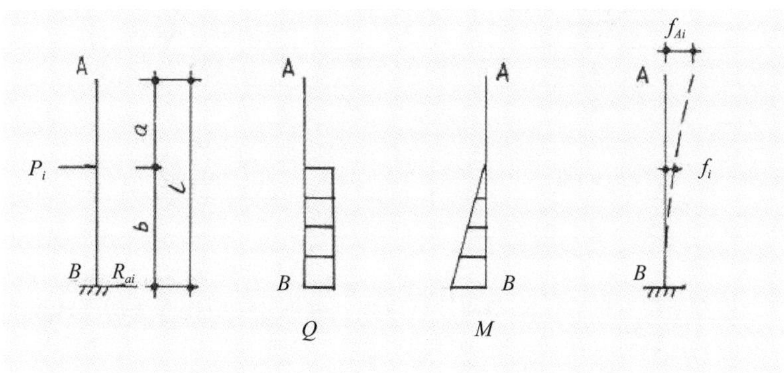

图4 应县木塔结构计算简图

五、风力对木塔的影响

（一）应县地区风气候状况及历史上的风灾

整个燕山盆地年大风（＞8级）日数为48.1日，风向主要是以西北风为主。1989年5月份笔者赴应县调查时，据文管部门说当地最大风力为8级。

关于风灾，历史上无详细记载。据近年统计，应县地区最大的风多为8级。但明田蕙《重修应州志》云："明弘治十四年四月应州黑风大作。"[4]这次大风特别见于记载，当不止8级。不过历史上也未见有大风拔树倾屋的记载，故该地区历史上的大风，可估计为10级以下。

（二）风荷载

风荷载按《建筑结构荷载规范》GBJ 9—1987（以下简称《规范》）计算。即：

$$风荷载 \quad W_K=\beta_Z \cdot \mu_S \cdot \mu_Z \cdot W_0$$

β_Z——Z高度处的风振系数；

μ_S——风荷载体型系数；

μ_Z——风压高度变化系数；

W_0——基本风压kN/m^2。

1．W_0——基本风压

按《规范》中"全国基本风压分布图"查得：

$$W_0=0.44\text{km/m}^2 \quad （应县地区）$$

考虑到应县木塔为高层建筑，按《规范》基本风压要乘以系数1.1后采用，所以应县木塔计算基本风压取值$W_0=0.4\times1.1=0.44\text{km/m}^2$

2．μ_Z——风压高度变化系数

应县木塔的上下楼高度差大致为10米，风荷载计算应分段取值，故将应县木塔高分为5段，每段10米。应县木塔位于应县县城西北角，四周建筑为单层平顶建筑，其所在的地面粗糙度为B类。据此，按《规范》表6.2.1查得：

$$\mu_{Z1}=1.00$$

$$\mu_{Z2}=1.25$$

$$\mu_{Z3}=1.42$$

$$\mu_{Z4}=1.56$$

$$\mu_{Z5}=1.67$$

3．μ_S——风荷载体型系数

为简化计算，忽略平座、檐口凹凸和门扇上部透风以及顶部坡屋顶（近于30°）的影响因素，将应县木塔假定为封闭式八边形建筑物考虑，按《规范》表6.3.1第37项查得封闭式八边形构筑物风荷载体型系数如下（**图5**）：

根据《钢筋混凝土高层建筑结构设计》，正多边形平面建筑的风荷载体型系数由下列公式计算：

$$\mu_S-0.8+1.2/\sqrt{N}$$

N——多边形的边数。

应县木塔的风荷载体型系数$\mu_S=0.8+1.2/\sqrt{8}=1.22$

4．β_Z——Z高度处的风振系数

按《规范》Z高度处的风振系数据β_Z按下式计算：

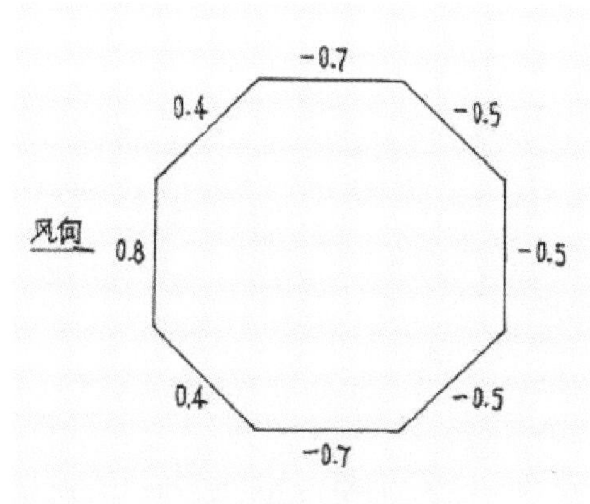

图5 封闭式八边形构筑物风荷载体型系数

$$\beta_z = 1 + \frac{\xi \cdot \gamma \cdot \phi_z}{\mu_z}$$

ξ——脉动增大系数；

γ——脉动影响系数；

ϕ_Z——振型系数；

μ_Z——风压高度变化系数。

1）γ——脉动影响系数

因为H/B=2.43，按《规范》表6.4.4-3查得：

$$\gamma = 0.53$$

2）ξ——脉动增大系数

按《规范》表6.4.3查得：$\xi = 1.30$

3）ϕ_Z——振型系数

据《规范》表6.4.5查得：

$$\phi_{Z1} = 0.26$$

$$\phi_{Z2} = 0.44$$

$$\phi_{Z3} = 0.61$$

$$\phi_{Z4} = 0.80$$

$$\phi_{Z5} = 0.10$$

由此，风振系数 $\beta_{Z1} = 1 + \frac{\xi \cdot \gamma \cdot \phi_{Z1}}{\mu_{Z1}} = 1 + \frac{1.3 \times 0.53 \times 0.26}{1.0} = 1.18$

同理，$\beta_{Z2} = 1.24$

$\beta_{Z3} = 1.30$

$\beta_{Z4} = 1.35$

$\beta_{Z5} = 1.41$

（三）风荷载计算

风荷载$W_k = \beta_Z \cdot \mu_S \cdot \mu_Z \cdot W_0$

风荷载$W_{ki} = \beta_{Zi} \cdot \mu_S \cdot \mu_{Zi} \cdot W_0$

$W_{ki} = \beta_{Zi} \cdot \mu_S \cdot \mu_{Zi} \cdot W = 1.18 \times 1.22 \times 1.0 \times 0.44 = 0.63\text{km/m}^2$

同理：$W_{k2} = 0.83$

$W_{k3} = 0.99$

$W_{k4} = 1.13$

$W_{k5} = 1.26$

经计算，应县木塔自1至5层的分段值的投影面积分别为

层数	投影面积S（m^2）
1	288.2
2	226.1
3	214.1
4	194.8
5	184.4

根据所建立的数学模型和计算原则，可将分段所得的线荷载转换为分段的集中荷载进行力学计算，所以有：

$P_i = W_{ki} \cdot S$

$P_1 = W_{ki} \cdot S = 0.63 \times 288.2 = 181.57\text{kN}$ 同理，

$P_2 = 0.83 \times 226.1 = 187.66\text{kN}$

$P_3 = 0.99 \times 214.1 = 211.96\text{kN}$

$P_4 = 1.13 \times 194.8 = 220.12\text{kN}$

$P_5 = 1.26 \times 184.4 = 232.34\text{kN}$

考虑到塔刹部分的力学影响，则有

$$P_6 = 1.24 \times 25 = 31\text{kN}$$

（四）风荷载对应县木塔结构作用的计算

1．水平反力R_B

$R_B = \sum P_i = 181.66 + 187.66 + 211.96 + 220.12 + 232.34 + 31 = 1064.65\text{kN}$

2．最大弯矩M_B

$M_B = \sum M_{Bi} = \sum P_i b_i$

$M_{Bi} = P_i b_i$

$M_{B1} = P_i \times 10 = 181.57 \times 10 = 1815.7\text{kN}\cdot\text{m}$　同理：

$M_{B2} = 187.66 \times 20 = 3753.2\text{kN}\cdot\text{m}$

$M_{B3} = 211.96 \times 30 = 6358.8\text{kN}\cdot\text{m}$

$M_{B4} = 220.12 \times 40 = 8804.8\text{kN}\cdot\text{m}$

$M_{B5} = 232.34 \times 50 = 11617.0\text{kN}\cdot\text{m}$

$M_{B6} = 31 \times 60 = 1860\text{kN}\cdot\text{m}$（假定$P_6$作用与$l$=60m处）

由此，$M_B = 34209.5\text{kN}\cdot\text{m}$

3．顶端位移

$$f_A = \frac{P \cdot b^2}{6EI}(3a + 2b) = \sum f_{Ai}$$

$$f_i=\frac{P\cdot b^2}{6EI}(3a+2b)$$

惯性矩$I=\frac{\pi}{4}(R^4-r^4)=\frac{\pi}{4}(20.56^4-12.5^4)=121165.5$

应县木塔使用的木材为红松，力学性能与红杉相近，查得红杉弹性模量E＝870000N/cm^2，故取红松弹性模量E＝800000N/cm^{2}则：

$$f=\frac{P\cdot b^2}{6EI}(3a+2b)=\frac{1815.7\times10^2}{6\times800000\times121165.5}(3\times40+2\times10)$$

＝0.00004m　　f_{A1}＝0.0002m

同理：f_2＝0.00033m　　f_{A2}＝0.0008m

f_3＝0.00118m　　f_{A3}＝0.0026m

f_4＝0.00310m　　f_{A4}＝0.0038m

f_5＝0.00533m　　f_{A5}＝0.0053m

f_6＝0.00085m　　f_{A6}＝0.0008 m（假定P_6作用于5层顶部）

根据相似三角形原理，最终求得5层顶端的总位移f_A＝$\sum f_{Ai}$＝0.0137m可见在常年风力的作用下，木塔顶端的位移（不包括塔刹）近1.4厘米。

六、结论

在常年风压下，应县木塔不会产生较大位移，其位移幅度仍在可恢复变形的能力以内。由此，可推测应县木塔结构可抵御短时间的10级以下阵风袭击，所以一般情况下，大风不会对木塔整体结构造成较大危害。木塔现存的脱榫、柱子倾斜及水平扭转等残余变形可能主要由地震力引起。所以，应县木塔的结构保护，应以抗震防震为主。由于本计算模型是建立在理想的状态下，且进行了与实际受力情况有差异的简化，所以本结论与实际情况有出入，仅作为一种推论供大家参考。

注释

1　成稿于1992年。

2　（明）田蕙．重修应县志．

3　李世温．应县木塔对地震的反应[J]. 自然科学史研究，1982，3.

4　（明）田蕙．重修应县志．

图表来源

图1、图2：陈明达．应县木塔[M]. 北京：文物出版社，1982.

图3～图5：作者自绘。

参考文献

[1] 李世温．应县木塔对地震的反应[J]. 自然科学史研究，1982，3.

[2] 姚志青，孟忠庆．应县木塔的形变观测及几项测定，1984（未刊稿）.

[3] 李世温．应县木塔的变形观测及几项测定，1984（未刊稿）.

[4] 陈明达．应县木塔[M]. 北京：文物出版社，1982.

[5] 工程建设标准规范汇编[M]. 北京：中国计划出版社，1991.

[6] 赵西安．钢筋混凝土高层建筑结构设计[M]. 北京：中国建筑工业出版社，1992.

中国建筑史课程教学的改良与发展[1]

在现代的建筑学专业教育中，建筑教学的内容和方法较以前有了改进和变化。建筑史教学如何适应形势的变化，如何与现代的建筑理论和设计相结合，与时俱进，是我们必须考虑的重要问题。一方面，由于学科发展迅速，不少新的课程不断加入到教学中来，使得建筑史的教学课时逐渐减少，10年间从128课时减至64课时，再减至48课时。课时减少了2/3，因此，必须对授课内容进行删减，以便在较短的教学时间内尽可能地使学生获得最大、最有效的知识收益。另一方面，由于建筑理论和建筑技术的发展，以及社会状况的发展，新的教学内容尽可能地提供历史的信息和发展脉络，以及历史的经验和启迪，为现代建筑设计理论提供理论依据，服务现代社会。以下就中国建筑史教学在以往、现在和将来三个方面进行分析总结和探讨。

一、以往的中国建筑史课程的教学大纲与要求

按国家教育部有关部门制定的教学大纲要求，中国建筑史课程的教学目的主要是通过系统学习，使学生掌握以下三个方面的内容：

（1）中国历史建筑的基本常识，比如建筑发展的基本脉络，各种建筑类型的形制与发展变化，建筑营造的基本法式等；

（2）掌握历史建筑的技术和艺术成就，对中国历史建筑的主要建筑技术如结构技术、营造技术、技术特色和形体比例、空间组合、装饰装修等有一定程度的了解；

（3）对历史建筑实例有一定的分析能力，学生能独立地对建筑实物做出正确和专业的分析。

这样的大纲要求对学生掌握中国建筑历史的基本知识卓有成效，但在建筑理论的学习以及与城市规划、建筑设计等主干课程的联系方面却相对薄弱。而现代城市规划、城市设计和建筑设计中，历史文脉和地方特色要素扮演着越来越重要的角色。这为建筑历史教学和历史建筑研究与现代城市建筑设计的结合带来了契机。

二、今年教学内容及方法改革的尝试

显然，以上教学内容与深度不能达到今天的教学需求和目的。为了改变落后的教学内容和方法，适应现代的需求和发展，近年来进行了一些相应的调整和改良，收到了一定的积极效果，主要的改革内容与措施有以下几点。

1. 调整教学内容

减少营造方式和技术方面的内容，加强建筑发展脉络及其历史文化背景的内容，使学生不仅知道是什么、怎么样，而且了解为什么。比如在讲授宗教建筑中的佛教建筑内容时，从过去仅涉及佛教建筑的类型、发展、形制，到现在增讲佛教信仰、寺庙组织机构、僧侣生活等与佛教建筑密切关联的背景知识，使学生了解寺庙布局的原因、建筑功能的内涵等，加深学生对佛教建筑的认识。

2. 增加新教学内容

为了提高对历史建筑理论方面的修养，同时加强本课程和城市规划、建筑设计等主干课的关联，教学中增加了与建筑设计方法与思想等有关内容。比如城市规划中的“田亩法”，建筑规划布局和设计中的“哲理法”“尺度法”；还有儒家、道家思想对中国古代建筑、古典园林的影响等，将历史建筑文化背景、空间特色、组织方式、规划与设计原理和方法等融入授课内容中。

3. 意向设计

在教学过程中增加了一个“历史建筑的意向设计”作业，这是为使学生思考消化所学建筑历史和历史建筑知识，达到学以致用而进行的一个以现代建筑手段表达传统文化建筑内容的设计创作尝试（一个星期一张图的设计），曾做过的选题有“中国建筑纪念物”“校园小

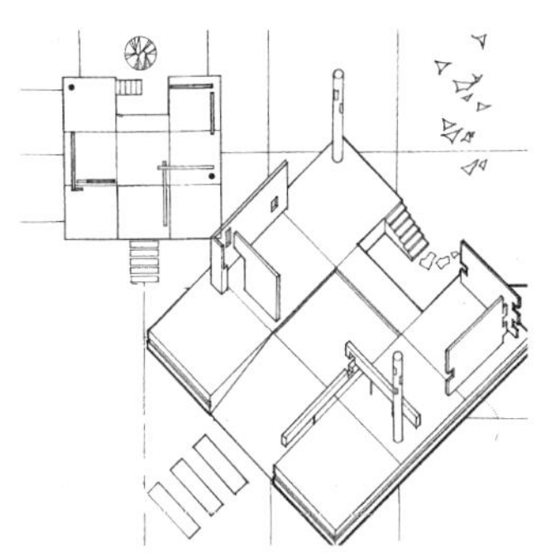

图1 亭1

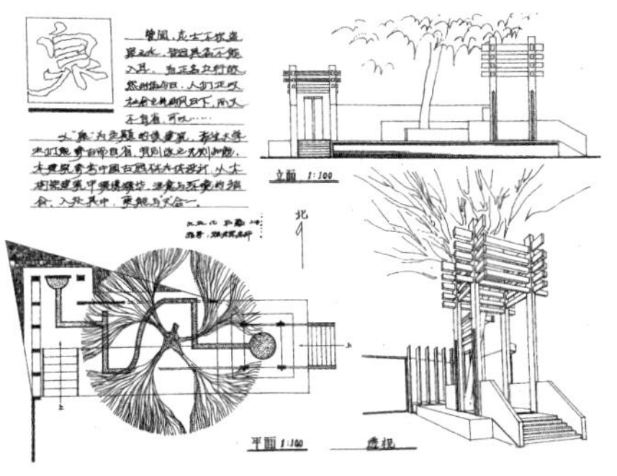

图2 亭2

品”“亭”“校庆标志物”等（图1、图2）。设计要求运用现代建筑材料与技术，以现代的建筑空间和形式尝试表现历史建筑的空间内涵及文化艺术精神。

4．教学方法的改善

在课堂上将部分课程与内容由传统的“一人堂”改变为“多人堂”，由灌输式教学尝试转变为参与式教学。备课时精心准备讨论题，引导大家在课堂进行讨论发言，使学生参与到教学中来，提高学生的学习兴趣。

通过以上的改良，在中国建筑史课的教学中取得了一定的积极效果，本门课也成为建筑学专业最受欢迎的课程之一，学生能从中学到更有益的东西。

三、中国建筑史课程的未来走向

考虑到未来建筑学教育的主旨与发展变化，除了保持上述成功的教学内容方法外，中国建筑史教学拟做如下调整，以充分提升中国建筑史课的作用和价值。

1．加强建筑历史理论的学习

适当加强历史建筑发展过程的分析和设计经验的总结，注重建筑设计理论、设计方法、空间观念和设计思想的讨论。在一定程度上引导学生总结历史建筑的优秀传统及其借鉴意义，认识建筑理论和方法的重要性，尝试学习以建筑历史的观念分析问题。

2．增加现代建筑史和地方建筑史

现代建筑经过近百年的发展，有许多值得学习总结的东西，应增加现代建筑史的讲授内容，使古代建筑、近代建筑与现代建筑的发展脉络更加清晰，找寻历史规律性的东西。还要增加地方建筑史的内容，增加华南地区及热带地区的历史建筑的发展过程与建筑经验的讲授内容，为华南及热带地区的建筑设计提供传统建筑基本知识概念。

3．中西方建筑史的比较

以往中外建筑史是分开授课的，今后可尝试将中国建筑史和西方建筑史两门课程的部分章节内容合并进行比较讨论，这样更能把握不同国家各自的传统特色和共通的理念，使学生以更高和更全面的眼光审视历史建筑的价值所在。

4．增加传统建筑方面的选修课程

由于国际化的影响，国家传统文化知识的教育愈来愈微弱，建筑历史教育就是建筑传统知识的教育，在未来的发展中，传统文化将会扮演很重要的角色。在未来的建筑教育中，这部分是应当加强而非削弱的，所以除了建筑史课程之外，建议多增加传统建筑方面的选修课程。

注释

1　发表于《华南高等工程教育研究》2003年第2期，总第30期。

图表来源

图1、图2：作者指导的中国建筑史课程学生作业。

参考文献

[1]（法）丹纳．艺术哲学[M]. 傅雷译．合肥：安徽人民出版社，1991.
[2] 汪正章．建筑美学 [M]. 北京：人民美术出版社，1991.
[3]（法）热尔曼·巴赞．艺术史[M]. 刘明毅译．上海：上海人民美术出版社，1989.
[4] 李德春．世界美术史（第五卷）[M]. 济南：山东美术出版社，1989.
[5] 罗小未，蔡琬英．外国建筑历史图说[M]. 上海：同济大学出版社，1986.

“义泰和”——龙庆忠教授建筑之道解读[1]

著名建筑史学家、教育学家龙庆忠教授1996年去世后，家人为了满足他为祖国人民服务的心愿，于1998年10月把他珍藏的1.5万余册藏书，捐赠给华南理工大学图书馆，正名为“建筑系建筑历史与理论博士点资料室”，副署为“义泰和”。

“义泰和”是龙先生家乡江西永新县陂下老居村忠义祠墙壁上的几个大字（图1），当年他父母作为农村小手工业者摆摊卖豆腐谋生时，全家就借住在这里。忠义祠和这几个大字影响了他的一生，也是他追求真理、坦然自若、为民服务、希冀安和的学术道路的写照。

我考上龙先生的研究生是在1984年，攻读古建筑修建、保护与保管研究方向。报考之前，对龙先生的为人和学术思想并不太了解，及至做了他的学生后，才逐步认识到他为人的正直、治学的严谨、境界的崇高和学问的渊博，庆幸能拜到先生门下学习。如果说本人在建筑历史与理论专业学习研究中还取得了一点成就的话，实受惠于龙先生的点化和教诲。每每重读龙先生的文章和回忆起他对一些建筑问题的看法，愈觉得他的观点正确和高瞻远瞩，实乃学术大家和教育大家。

图1 忠义祠墙壁上“义泰和”三个字

学习中我逐渐明白了建筑历史的价值与意义。历史的概念不仅是过去的时光，其实是面对现代、有益未来的学问，广义上还包括当代史和未来史。建筑历史与理论的研究价值，除了在保护建筑文化遗产，研究、考据历史文化史实等精神文明和物质文明方面的价值和需求外，在建筑学领域，其主要目的还是总结历史经验与规律，为现代和未来的建设提供可资借鉴的东西，延续文脉，少走弯路。举例来说，南京中山陵、广州中山纪念堂这些划时代的建筑设计作品，对环境的运用、对序列空间氛围的营造、对建筑意匠的表达，均是从传统建筑中汲取灵魂而创作的成功作品。中国古塔不仅有着深层的文化意义，其造型收分也是结构技术与艺术审美的有机结合。现代上海金茂大厦的设计造型，便是借鉴中国古塔的造型与收分的意匠而创作。现代主义建筑大师赖特也毫不隐讳地表明，现代建筑的框架空间构成就是受到中国建筑木构架柱网空间的启发。再如，中国建筑的柔构造是在与地震考验的博弈中产生出来的，成为古代成功抵御地震灾害的建筑结构体系。在当代，建筑结构的发展便是经历了弹（刚）性设计到弹塑（柔）性设计，又发展到塑性设计，与古建筑的柔构造有异曲同工之妙。而传统建筑风水对生态和景观的重视，园林（包括城市园林和私家园林）的作用和意匠，也对今天生态环境和建筑景观的追求做出了贡献。至于我们今天的城市的发展，更是不能脱离历史的沉淀而随意改造，这已经使人们吃尽了苦头。还有建筑思想、建筑理论、建筑意匠、建筑美学等更多有价值的宝藏亟待挖掘。如果问：历史有价值吗？建筑历史和历史建筑有价值吗？研究建筑历史与理论有用吗？答案无疑是肯定的，而从龙先生的学术思想中还会找到更深邃的答案。

在笔者的脑海里，龙先生的为人与学术贡献似乎可以用“义泰和”三个字来概括。这并非去套什么噱头，而是我多年来对龙先生建筑思想与理论的认知和解读。

一、“义”

义者，忠义、信义、道义、主义、仁义、正义。义是对社会的态度，是信仰的坚持，是理想的追求，也是做人的原则，所谓“仁义”也。龙先生一生的坚持和坎坷都与“义”离不开，坚守心中的仁义，坚持做人的正义。家乡的忠义祠给了他一身的正气和勇气。他说“不读书，毋宁死。朝闻道，夕死可矣”。[2]

1984年9月15日，龙先生给我们讲授中外建筑史的第一节课，主要就是谈如何学习中国建筑历史与理论。

如何学习呢？首先是学习的立场。他说“要做中国人，不能做假洋鬼子”。立足于中国的历史和现实，分析研究和解决中国的问题，为中国人民服务。中国历史、中国传统建筑中有许多有价值的、优秀的东西，比如对环境的协调、对人的关怀、建筑的意境、建筑的德行、建筑的技术、建筑的思想、建筑的道理等，都有自己独到的东西，不要妄自菲薄，要坚持“中学为体、西学为用”。[3]

于此，龙先生是榜样，他自诩“我是中国建筑派”。他怀着赤诚报国的心，对人民的热爱，执着地探索中国建筑的问题。看到自然灾害给人们的生命和家园带来的巨大破坏与苦难，他创立了建筑防灾学；为引导建筑的正确道路，不为各种时髦的主义所困惑，他总结出中国建筑千年不堕的道理。他以深厚的国学知识，来分析研究中国的问题，用中国建筑的道理来分析中国建筑的问题，并运用现代科学技术、现代建筑专业的知识来解答中国建筑的问题。比如，在1981年龙先生预测到社会发展尤其是城市发展对土地的大量需求，写了《中国历代田亩法》[4]一文，提醒人们处理好土地与城市发展的关系；推断到广州城市未来的大肆扩张和当代城市规划的弊端，1983年他写了《古番禺城的发展史》[5]，提醒人们在城市即将快速扩张时对历史文化的关注；在《中国建筑与中华民族》[6]一文中，他精辟地指出了中国建筑的民族特色和其生生不息的道理。再如，广州怀圣寺的始建年代有争议，有唐建说和宋建说，龙先生在《广州怀圣光塔寺》[7]一文中，除了考据文献资料外，更是从中国建筑自身的规律出发，用中国古建筑的整尺设计方法分析，以唐初与中唐营造尺的不同，得出了怀圣寺建于唐初的令人信服的结论。龙先生提出应立足于中国的实际研究问题，用历史的方法论探讨中国建筑历史和现实问题。他是理论家，又是实践者。

其次，是学习的世界观。建筑发展史是一种社会现象，是人道。学习建筑历史要有唯物的观念，就是历史唯物主义，历史是存在，不是虚无主义。社会有发展，建筑也有发展，发展就有规律，规律值得总结，为现代服务。历史是种子，种子有遗传，这是不以人的意志为转移的，历史会影响到现实和未来是不争的事实，看似死去的历史还会活在未来之中，这就是学习和研究历史的必然和所以，也是历史的现实价值，这就是龙先生常常提到《增广贤文》中“观今宜鉴古，无古不成今”[8]的道理。

唯物观念的第二层意思就是一切从实际出发，要独立自主地做学问，不要人云亦云。要注重调查研究，亲自调查研究，要有第一手资料，要言之有物、论之有据，总结经验教训，得出有益的结论。为此，80多岁高龄的龙先生还带我们研究生考察广州南海神庙、光孝寺、怀圣寺、番禺学宫等古建筑，现场进行讲解、示范（图2）。我在学习期间大凡去外地考察回来都要写考察调研报告交龙先生过目，这也养成了我受益终生的好习惯。

还有学习方法。学习应以自学为主，发挥主观能动性。学习不仅是学知识，更重要的是学方法，确立研究的立场、观点和方法。学问是通过自己的调查和思考获得的，只学别人的东西是无味道的，也不会有自己的东西和思想。所以深入实际，通过调查研究、测绘、实验，结合文献资料考据研究问题是建筑历史与理论专业的基本方法。

图2 笔者随龙庆忠教授在广州南海神庙大殿重建工地（1986年）

"知出于行"[9]，理论出于实践，学习要达到知行合一的境界。知行合一，还要讲求方法，那便是"文以道，行秉德"[10]，在获得知识和将其运用于实践中时，力求做到道理与德行的结合。

龙庆忠教授认为建筑学科是工程技术和建筑艺术的结合体，是以自然科学为主、社会科学为辅的学科，务必处理好两者的辩证关系。龙先生说，"建筑是用工学技术创作的艺术。建筑是我们日常生活、生产、活动所必需的人工建造物，既是物质文明，又是精神文明的体现场所，它是按照美的法则设计，构成完善的工程。要求我们在建筑上把技术和建筑艺术结合表达出来。要求教学建筑史等或教学建筑设计等应善于学习历史上成功的例子。另外，要求教学结构的选型须结合艺术处理来教学。教学建筑设计艺术处理也须结合结构技术来教学。这样做才能使设计建筑既是物质文明，又是精神文明的体现场所。"[11]

龙先生还善于运用现代专业科学知识结合传统经验分析和探讨建筑历史与理论的问题，并提倡用现代科学知识和技术解决建筑问题。他提出了建筑四个现代化：建筑标准化、工业化、施工机械化和构件标准化。为此他撰写了《论中国古建筑之系统及营造工程》[12]《营舍之法》[13]，总结了中国传统建筑的营造工程的系统性和系统方法，以启迪后人的建筑现代化、系统化的思维，并系统地、前瞻性地创立了中国建筑理论框架。

所以在龙先生的研究论文中经常可以看到一些数学公式，如在《开封之铁塔》[14]《论石券桥之设计思想》[15]《中国塔之数理设计手法及建筑理论》[16]等论文研究中，把许多设计尺度规律总结成数学公式，并用现代数学、力学原理进行研究，得出科学的结论。在《中国古建筑上"材分"的起源》[17]一文中不仅探讨了建筑营造材分的起源，提出材高源于柱高的结论，而且探讨了"材"的哲学含义，一等材为9寸×6寸，9为天数老阳，6为地数老阴，道生一（太极），一生二（阴阳），二生三（万物），3×3=9，2×3=6，正所谓"三天二地而倚数"[18]也。材高厚比3/2的断面是最佳抗弯矩的断面，符合力学原理，比例为1.5接近黄金分割的比例，又符合美学原理。所以像"材"这样符合自然规律的设计就是中国人发现的建筑之理，是中国建筑的理念。这里有国学、哲学、数学，龙先生将研究提高到哲学和数学的高度来认识，取得了前所未有的成果，令人眼前一亮。这是如何研究建筑历史与理论的体会。

二、"泰"

泰者，泰然、大度、泰然自若。

泰——既是人生的态度，又是中国建筑的态度，是中国建筑艺术的境界。

龙先生在1948年发表《中国建筑与中华民族》一文，在论证中华民族建筑的民族性时指出，"中国建筑常表现有伟大气魄之感"，有"巍然而立""泰然自若之概"；在《天道、地道、人道与建筑关系》[19]一文中又指出："西方建筑，总的说来是表现强有力的东西，刚性。东方的建筑显示甜美、柔和，有人情及美丽、端庄，符合道德。日本、朝鲜都学了我们中国的建筑。"

在建筑艺术方面，龙先生以"壮丽宜人"四个字来概括中国建筑的审美特征。龙先生引《论语》说"质之为壮，文之为丽"，质是指结构的自然纯正，空间的功能合理；文是指形态的变化，装饰的华丽。"质胜文则野，文胜质则史"。只有结构力学的满足，没有艺术的调和，则会流于粗野主义；反之，过于装饰堆砌，缺乏质的骨架，又会陷入装饰主义的藩篱，这并非中国人的审美习惯和喜好。中华民族的审美是文质并重，正是《论语》所谓"文质彬彬，然后君子"[20]，中国建筑是"君子"建筑，"中国建筑亦然，中华民族亦然"（龙先生语）。中国建筑的壮丽宜人、大壮适形，也是儒家提倡中庸的结果，不偏不倚，无过不及，不走极端，不寻刺激，荣辱不惊，泰然处之。平凡中现伟大，博厚中见精神，正是《易经》"大壮适形""否极泰来"之精神。

当然，这种泰然大度源于中国文化的根基，中国建筑文化的根基。在中国建筑基于农业经济为主的社会状况，建筑的变化虽然缓慢，但建筑技术与形式都在不断进化，在"智"上不断进取，宫殿的庄严、寺庙的虔诚、陵墓的肃穆、民居的温馨、园林的自由，各司其职，都通过一定的设计手法、结构和空间而获得。但在封建社会早期就形成的礼式布局，却守恒如一，"仁"的精神贯穿始终。仁义礼智信融入建筑之中，所以龙先生说中国建筑是"仁智兼具，意志坚定，善变有方"。[21]正所谓"勇者不惧，诚者有信，智者不惑，仁者无敌"是也，中国建筑千年不堕自有原因。与此同时，中国建筑文化并不孤芳自赏，在对外交流过程中，"独创亦兼收，自尊亦宽容"（龙先生语），不断吸收其他国家和民族的优秀成分，印度的佛教建筑、西亚的建筑装饰艺术都有一席之地，繁荣了中国的建筑文化。中国人民所创造的对自然气候和社会生活具有广泛适应性的建筑，具有泰然大度、性情善良、中和有致的品质，因而成为周边国家模仿学习的对象，影响到东亚多个国家和地区。

《周礼·考工记》说，“天有时、地有气、材有美、工有巧，合此四者，可以为良”。一句话道出了中国建筑的真善美，这里：真+善+美=良；天时+地气+材美+工巧=良。

“良”是美好的字眼，有深刻的内涵，有良相、良医、良师、良民、良匠、良心、良种，也有良的建筑。西方的美建立在“真”的基础上，东方的美建立在“善”的基础上，好的事物品质曰善，赞美曰“善哉”。良是优秀，善加良便是善良，善良是一个人的美德，也是建筑的美德。这是东方建筑的特色，中国的建筑是善良的建筑。它包容一切，适应不同地域的气候和环境，适应不同民族的习俗，它大隐于市、不事张扬，容纳百川的气度与胸怀使得其源远流长，光被四裔，造福深远。

比如中国建筑的曲面屋顶，利于防风、防水和采光，可以养身，这是事物的真；易与环境协调，表征柔美亲和，利于养目，是为善；所蕴含的君子风度，益于养心、养神，是为良。我理解这便是中国建筑的美，是大美，是“泰”美。

所以龙先生说：中国建筑“是一种赏心悦目的视觉艺术和清净环境，是古代养目、养心、养身、遂生的具体表现，是一种几何构成系统工程，又有模式表达和逻辑组成，是出乎今西方人意料之外的”[22]。

三、“和”

和者，合和、和谐、太和、中和、人和、仁和也。

中国文化的根基，是儒家学说，“和”便是其主要主张之一。龙先生认为中国建筑文化的根基，也是儒家学说，贯穿中国建筑的根本就是儒家的“仁”。仁是善良博爱，是万物和谐。“仁”通人，“仁者，人也”，“仁”的建筑，是为人的建筑，是以人为本的建筑。

正如龙灿珠在《宗师》一文中所说：“从龙庆忠提出‘建筑应与天地调和，承天伦，率人性，合万物之天然形式’到认为中国建筑体现的是‘仁’和‘礼’，到提倡人道应法天道、法地道，到提倡建筑师要有‘治国为相’之‘道’，到创立建筑防灾学，建立中国建筑理论框架，培养建筑历史与理论研究人才……龙庆忠整个生命的轨迹，无论学说或行为，都贯穿着以儒学的‘仁’体现出来的对人的关爱。”[23]

有礼怀仁的建筑，是对人的尊重，也是对环境的尊重，反过来，仁礼兼具的建筑也会促进使用者的德行。现代建筑出现了许多问题，基本上是源于“不仁”，人的不仁，导致建筑的不仁、城市的不仁。而不仁的、非道德的建筑会与环境发生冲突，会使大众怨声载道，也会使人失性丧和，最终结果是祸国殃民。所以有道德的人会指引国家施建筑的仁政，这就是“仁”的作用。

“怀仁”的人才能创作出充盈着“仁”的建筑，有道德的人才能设计出有道德的建筑，有道德的建筑是为人的建筑。建筑的道德是隐性的建筑文化，是中华建筑文化最伟大的美德，仁的博大胸怀使许多外来的建筑文化包含其中，被同化了。同样是古文明的印度，在受到希腊、西亚文明冲击时，建筑文化显然受到了较大影响，这与中国儒家建筑文化是不一样的。

道德建筑向人们展示的是礼节、秩序、融合、和谐。在几千年的建筑变迁中，建筑技术不断进步，建筑艺术层出不穷，唯有守一不变的是建筑的“仁”，因为它是产生于这块土地、扎根于民族文化的东西，也是人类在建筑领域追求的一种境界。反观今天现代建筑出现的种种问题，我们更能体会出“建筑仁”的价值与意义。

建筑的氛围应使人健康向上，而非令人萎靡不振；建筑的形态应与功能相结合，而不是过于偏颇；建筑形式应符合结构原理，而不是违反结构与材料的本性；建筑应与环境相协调，而不是唯我独尊；建筑应与自然气候相呼应，而不是隔绝自然——这便是建筑的“德”、建筑的“仁”的学问。

“仁”在建筑方面的展现是“和”，即和谐，与自然的和谐，与人、社会的和谐。自然条件可分为天地，天有天道即“天有时”，地有地道即“地有气”，材有材道即“材有美”，这里的“时”“气”“美”都是自然天地之规律，符合自然规律的建筑才符合道德。人有人道即“工有巧”，巧是人类社会之智慧与经验，符合人类社会一般经验的建筑才是达至“仁”的建筑。

老子《道德经》云，“人法地，地法天，天法道，道法自然”；《易经》曰，“天行健，君子以自强不息”。龙先生认为人道是循天道、地道、自然来做事的，其中必有和谐的原理。儒家学说的中心思想是“仁”，道的核心就是“仁”。这是东方建筑的核心，“没有儒家，就没有东方特点”。西欧文艺复兴运动，强调人道，即人文主义；中国则很强调“仁”道，即人本主义。中国的古建筑常以天、地、人的观念进行规划布局和设计，中国的建筑围绕“仁”，是为人的建筑，这里的“仁”包括了人的行为与道德，这里的“人”涵盖了个体与集体。中国的建筑是“仁人”的建筑，追求人的身心的健康和人类社会的和谐发展。

仁的目的是和，是天道、地道、人道的和谐，建筑应该是三者的和谐手段，为此龙先生创立了中国建筑防灾学、建筑修建保护学，以及建筑、园林、城镇规划学构成的一整套建筑学科体系。他在“天道、地道、人道与建筑的关系”[24]一文中首先提出了建筑之道的观点，并进而本着人格上和建筑理论上的儒学道德观，建立起中国建筑学理论体系框架（图3）。

对于此框架，龙先生没有过多解释，仅在“中国塔之数理设计手法及建筑理论”一文中写道：“天道有变时，地道亦有变时。天地骤变（各种灾害），人为之变，于是有建筑防灾。天地渐变（风雪雨露），人亦为之变，于是有建筑修缮、保管。天道、地道、人道、建筑道因此处于既矛盾又谐调之统一体中。”[25]

为此，他开设了3个大的研究领域和10个小的研究方向，招收了10余名研究生，开展建筑理论有机的全方位的系统研究，这也许就是其“建筑道”的具体研究方向和内容：

（1）建筑防灾法——防洪、防火、防震、防风、防沙。

（2）建筑修建保护法——修建、保护、保管。

（3）建筑规划设计法——城镇、园林、建筑。

做研究生时龙先生叫我们读柳宗元的《梓人传》，起初并不知其意，后来才明白他的良苦用心。他说：“梓人还是有道的，这道类于相道。宰相之道有：政、理、仁。梓人之道亦有政、理、仁。政——为政治服务。壮宫室可以威天下，而不顾国力民命大兴土木也可亡国，可见建筑可以兴国亦可以亡国。理——建筑要遵循各种典章制度、等级、法式、则例、法原等。仁——调和建筑之各方面及其与天、地、人之关系，使之谐和。”[26]

天道、地道、人道是即相道也，是治国之道、为国之道、为人之道。其不同者只是应用对象不同而已。一是宰相之道，一是梓人之道。

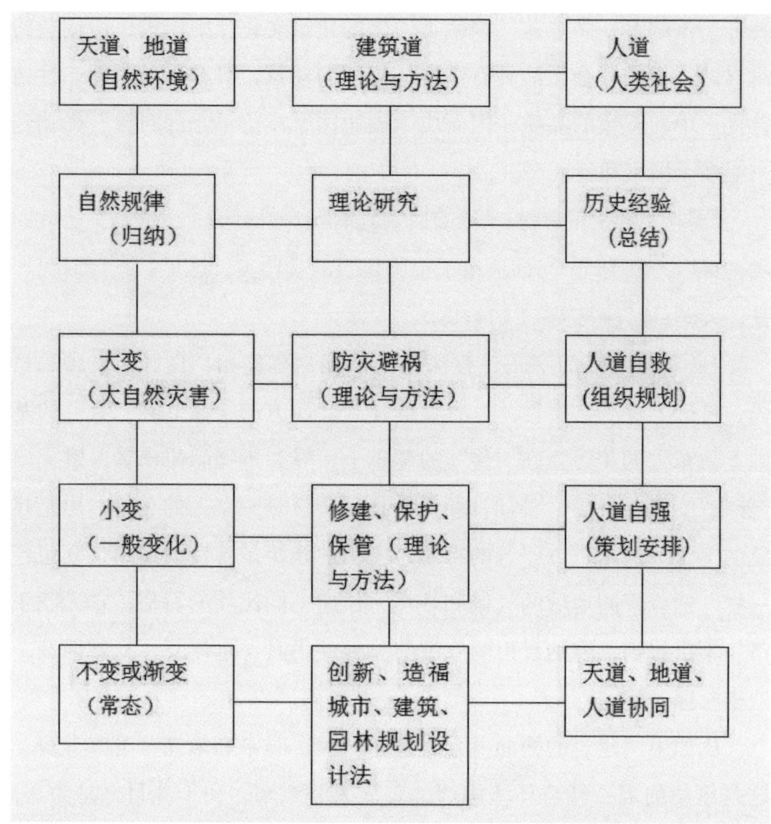

图3 龙庆忠中国建筑学理论体系框架示意（1985年）（笔者稍加诠释）

这里的道就是理。符合天道、符合人道的建筑就是“非上上智”的建筑，而“非上上智”的建筑需“无了了心”的人才能完成，这就是龙先生的教书育人之道。[27]

这里，借鉴龙先生的中国建筑学理论体系框架，笔者也尝试提出现代建筑教育、研究理论体系框架，供大家批评指正（图4）。

中国建筑是有思想、有理论、有方法的建筑，比如怀仁为人、和谐秩序的建筑思想，道法自然、共由之理的建筑理论，壮丽宜人、中庸适度的建筑艺术，服务社会、满足人性的建筑功能，融于自然、泰然大度的建筑形式，曲直有变、分划自由的建筑空间，体现本性、柔构平衡的建筑结构，保持生态、重视景观的建筑环境等，是值得我们认真研究的。

建筑可以兴国，建筑也可以亡国，道德建筑可以兴国，不仁的建筑将会亡国。龙庆忠教授的建筑之“道”，是建筑发展的规律与理论；“观今宜鉴古，无古不成今”“通古今之变”，容中西之真善，是兼容出

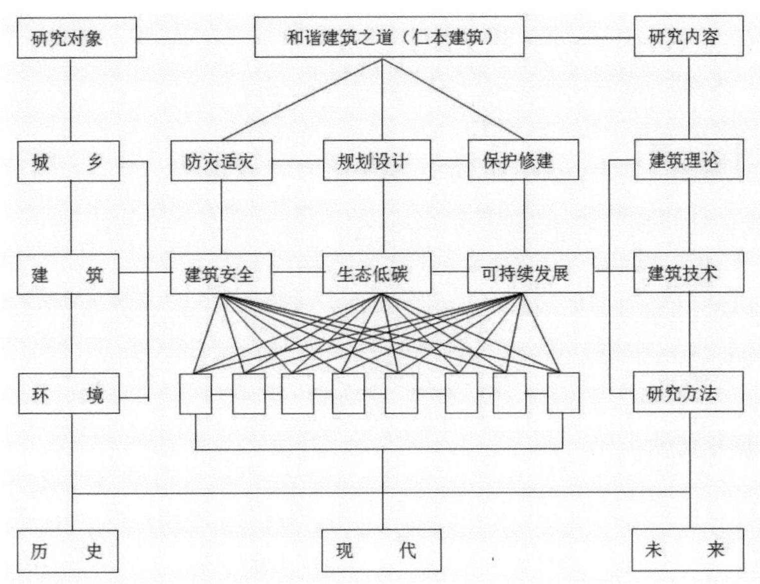

图4 现代建筑教育、研究理论体系框架

新、找寻适合中国国情的建筑道路，是建筑人的高尚道德。

这里再引《礼记·大戴记·盛德篇》："以之道则国治，以之德则国安，以之仁则国和，以之圣则国平，以之义则国成，以之礼则国定。"

我们怀念龙先生，希冀后来者坚持和光大中国建筑之道。

注释

1 发表于：龙庆忠文集[M]. 北京：中国建筑工业出版社，2010.

2 参见：龙灿珠、宗师的《龙庆忠传》未刊稿，2004.

3 "中学为体，西学为用"是19世纪60年代以后洋务派向西方学习的指导思想，1895年（光绪二十一年）4月，南溪赘叟在《万国公报》上发表"救时策"一文，首次对其进行了明确的概念表述。

4 "中国历代田亩法"发表于1981年在北京召开的中国科技史会议上，1990年收入龙庆忠著《中国建筑与中华民族》一书，2010年收入《龙庆忠文集》一书。

5 "古番禺城的发展史"发表于1983年扬州城市规划会议上，1990年收入龙庆忠著《中国建筑与中华民族》一书，2010年收入《龙庆忠文集》一书。

6 1990年收入龙庆忠著《中国建筑与中华民族》一书，2010年收入《龙庆忠文集》一书。

7 "广州怀圣光塔寺"发表于1984年北京科技史国际会议上，后收入广州伊斯兰古迹研究[M]. 银川：宁夏人民出版社，1989. 1990年收入龙庆忠著《中国建筑与中华民族》一书，2010年收入《龙庆忠文集》一书。

8 又名《增广贤文》《古今贤文》，是中国明代时期编写的道家儿童启蒙书目。

9 源于：（清）王夫之.《四书训义》卷十一"知者非真知也，力行而后知之真"。

10 "文行"是龙庆忠教授的字。见《龙庆忠文集》龙灿珠《宗师》一文：龙先生的私塾先生给他起名字说："《论语》述而第七这一章，有'子以四教：文、行、忠、信'。我给你起了个学名，取文行忠信的头两个字，文行。文，是道，道艺。子曰，行有余力，则以学文。道之显者，亦曰文。行，是德行。在心为德，施之为行。易曰，君子敬德修业。"

11 "怎样改革华工建筑系"，完稿于1979年，2010年收入《龙庆忠文集》一书。

12 "论中国古建筑之系统及营造工程"始作于1956年，完成于1986年，1990年收入龙庆忠著《中国建筑与中华民族》一书，后整理发表于《华中建筑》1995年第4期，2010年收入《龙庆忠文集》一书。

13 "营舍之法"1990年收入龙庆忠著《中国建筑与中华民族》一书，2010年收入《龙庆忠文集》一书。

14 "开封之铁塔"于1933年发表于《中国营造学社汇刊》第三卷第4期，1990年收入龙庆忠著《中国建筑与中华民族》一书，2010年收入《龙庆忠文集》一书。

15 "论石券桥之设计思想"一文是参照王壁文先生著"清官式石桥做法"（见《中国营造学社汇刊》第五卷第4期第62-114页）拟的。于1982年昆明科技史会议上发表，1990年收入龙庆忠著《中国建筑与中华民族》一书，2010年收入《龙庆忠文集》一书。

16 "中国塔之数理设计手法及建筑理论"一文是应邀为庆祝东南大学建筑系成立60周年暨纪念刘敦桢先生诞辰90周年而作，1987年6月整理于广州，1990年收入龙庆忠著《中国建筑与中华民族》一书，2010年收入《龙庆忠文集》一书。

17 "中国古建筑上'材分'的起源"始作于1956年，完成于1986年，1990年收入龙庆忠著《中国建筑与中华民族》一书，后在整理发表于《华中建筑》1995年第4期，2010年收入《龙庆忠文集》一书。

18 源于《易经·说卦传》第一章："昔者圣人之作易也，幽赞于神明而生蓍，三天两地而倚数，观变于阴阳而立卦，发挥于刚柔而生爻，和顺于道德而理于义，穷理尽性，以至于命。"

19 龙庆忠. 中国建筑与中华民族[M]. 广州：华南理工大学出版社，1990.

20 语出《论语·雍也篇第六》："子曰：'质胜文则野，文胜质则史，文质彬彬，然后君子'。"

21 龙庆忠. 中国建筑与中华民族[M]. 广州：华南理工大学出版社，1990.

22 出自龙非了先生所写的《华夏意匠·序》。李允鉌. 华夏意匠 中国古典建筑设计原理分析[M]. 天津：天津大学出版社，2005.

23 参见：龙灿珠，宗师//载龙庆忠著. 中国建筑与中华民族[M]. 广州：华南理工大学出版社，1990.

24 "天道、地道、人道与建筑的关系"一文于1990年收入龙庆忠著《中国建筑与中华民族》一书，2010年收入《龙庆忠文集》一书。

25 龙庆忠. 中国建筑与中华民族[M]. 广州：华南理工大学出版社，1990.

26 龙庆忠. 中国塔之数理设计手法及建筑理论//中国建筑与中华民族[M]. 广州：华南理工大学出版社，1990.

27 "非了"是龙庆忠教授的笔名，洪应明《菜根谭·闲适》："人解读有字书，不解读无字书；知弹有弦琴，不知弹无弦琴。以迹用不以神用，何以得琴书佳趣？山河大地已属微尘，而况尘中之尘！血肉身躯且归泡影，而况影外之影！非上上智，无了了心。"（意为除非拥有很高的智慧，否则就不能获得了解洞察一切的心）

图表来源

图1：龙庆忠. 中国建筑与中华民族[M]. 广州：华南理工大学出版社，1990.

图2：作者自摄。

图3、图4：作者自绘。

参考文献

[1] 龙庆忠. 中国建筑与中华民族[M]. 广州：华南理工大学出版社，1990.

[2] 龙灿珠，宗师//龙庆忠：中国建筑与中华民族[M]. 广州：华南理工大学出版社，1990.

智者不惑——龙庆忠教授教育与学术思想试析[1]

1984年，笔者追随龙庆忠教授求学时，他提到三个特点：一是，搞土木，重技术，所以有人说“龙非了是搞土木的”。这里的“土木”，他指的是建筑技术。他强调建筑规划、设计都要懂技术，都要重视技术，并善于运用技术；当然，建筑的创作中建筑的比例、构成等建筑美学也重要，但以建筑技术为主，不能本末倒置。要取得技术与艺术的统一，正如中国文化中的美和德是结合在一起的一样。二是，重视建筑的防灾，防洪、防火、防风、防震“四防”是建筑防灾的重点。提出要建立建筑防灾体系，以及相互补充、自救重生自组织系统。古代的许多城市、建筑在防灾方面很出色，有许多值得借鉴的经验。三是，理论联系实际，不尚空谈。认为事实是最可靠的东西，可以反映很多内在的关系，建筑和水利工程、矿冶建设同样是关系到国民生计的大问题，研究一定要联系实际情况来分析，找寻解决问题的办法与途径，不能主观决定解决问题的方式。[2]

这三个特点，是在他数十年学习、研究和实践的过程中逐渐形成的，也是他的教育和学术思想的突出特色。

一、知识与智慧

龙庆忠教授在从政遇到挫折后[3]，选择了教育作为他的终身事业。几十年来，他以自身受教育和教书育人的体会探索中国高等教育的道路，在建筑教育领域提出了他的现代教育思想和教育方法。

龙庆忠教授孩童时接受传统的私塾教育，少年时得到近代中学教育，青年时赴日本留学，获得现代教育。在进入大学任教前，在高中毕业后曾做过小学教师，归国后还曾有在师范学校教书的经历。这些学习和教书的初步经验使他获得了对教育事业的初步认识。

1939年他进入大学教书，任重庆大学教授，同时在同济大学兼教。1948年应同学之邀到位于广州的中山大学工学院任教，他再也没有离开过教育部门，莘莘耕耘了一辈子，培养出了一批学者。

他对建筑进行了系统研究，发表了大量具有重要学术价值的论文，出版了《中华民族与中国建筑》论文集[3]，建立起他的建筑防灾法、建筑修建法和建筑规划设计法三位一体的教育和科学研究的框架，提出了“建筑道”的概念和理论。

他关注教育，通过一些事情发现了教育缺失的后果。比如1974年发掘出广州中山四路木构遗址，对该遗址的性质的认识学术界发生了重大分歧。龙先生通过历史文献、城市史、建筑史、建筑法则及出土建筑构件及其设计尺度规律的分析研究，认为其是南越佗宫的建筑遗址，后续的发掘证实了这里的确是南越国的宫殿建筑遗址。但是大部分人，包括部分专家、学者坚持认为是造船遗址，使得这一遗址性质判定问题一错再错，造成了学术的混乱与误导。[4]类似的问题一而再、再而三地重复，龙庆忠教授认为这显然是教育的缺失。有鉴于此，他对该遗址进行了长达近30年的跟踪研究，从不同角度，用不同方法展示研究过程与结论，其中目的之一就是告诉人们专业知识的重要性和事物规律的重要性。他感叹“专家、学者太少，培养人才很重要，国家建设需要人才”。

1984年笔者考取了龙教授的研究生，那年他刚好80岁。虽至耄耋之年，但他身板硬朗，精神矍铄，思维敏捷，记忆力尚好。我们学生在其家中上课，记得当时贴在墙上的课程表排得满满的，有硕士研究生课程，有博士研究生课程，其中还分不同年级的课程等。1986年，龙教授授课期间感叹地说：“一个人要做些于国家民族有益的事情，我现在年老了，但要做的事情还没有做完，自己的许多东西没有（时间）整理发表，最重要的是培养人才，希望后人继续搞下去。”我们后来才明白，龙先生人生的后20年把全部精力都奉献给后续研究人才梯队的培养上（图1、图2），而自己的许多论文却没有时间整理完成发表（图3）。

图1 龙庆忠教授工作中（1990年前后）

图2 龙教授为55届2年级学生讲建筑史课（1952年）

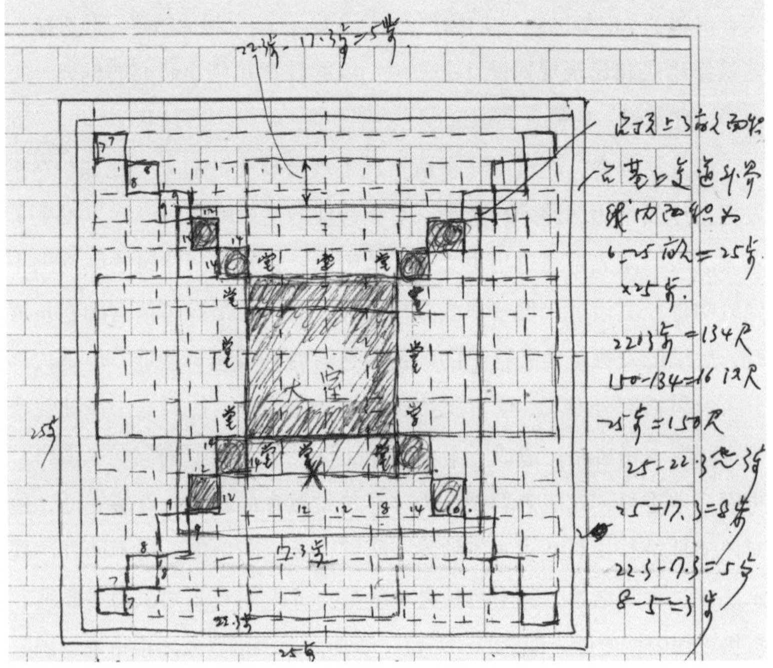

图3 南越王台平面复原（龙教授手图）

龙先生认为，工科高等学校的教育除了教授培养一般工程技术人才的知识，应对解决社会上一般技术问题外，还要引导学生学会举一反三的思维方法，具备创造性解决问题的能力。而在研究生阶段还要培养高级学者、专家，培养能够在更深广的领域中具有思辨、探索、解决新问题能力和创新能力的高级人才，所以他在1979年写的建筑学教育的文章和后续的研究生研究计划就是富有针对性的教育大纲。

教育的本质有两个，一是知识教育，一是智慧教育。知识是一种可重复学习的东西，是教育要实现的最基本的目标，而智慧则是知识的积累和升华，智慧教育是思维和方法的教育，是教育追求的高层次目标。拥有智慧才能举一反三，改革创新，推动事物的前进，而教育则应包含知识与智慧两者，教育的层次越高，对学者和教育者智慧的要求越高。现行的教育的思想与方法多是以教授知识为主，少有对智慧的启迪，这是多年来高校难以培养出创造性思维的人才的症结所在。所以我们应该注重学习方法和思维方法的培养，加强知识可持续发展与开拓创新的基础能力培养，使受教育者具备自我超越的能力。

二、客观与主观

如何学习与研究，这涉及学习方法问题。一般来说人们的知识来源于两个方面：一是观察研究的客观对象；二是前人研究的成果，比如各种文献等。关于第一点，龙先生说："大自然是个实验室，应该多向自然学习。"总结自然的规律，通过仔细地观察分析，自然会告诉我们很多书本里没有的东西，同时通过体验才有亲身的体会，大量的一手资料会加深对事物的理解，对问题的看法会更深刻，研究也许更深入，解决问题的方法也更切中要害。我们通过龙先生的论文可以深入地了解到，他的大多数论文都在寻求研究对象的内在规律。如古塔的设计收分变化规律、宋代《营造法式》材分的规律、清代营造工程的各子系统和大系统规律等，都是在探寻建筑物设计内部和建筑物间的有机联系，以此获得建筑自组织系统的规律，并希冀可以促进现代建筑的发展，为此，他提出了建筑的四个现代化——建筑标准化、建筑工业化、建筑机械施工化和建筑构件标准化。[5]

关于知识来源的第二点，知识主要是通过读书获得。书籍文献会给我们一门系统的知识，学术论文会给我们某个问题的不同论点。问题的论点多少都会由于各种原因而不同，但孰是孰非难以定论，所以，学一门学问要看各种流派的书，看不同观点的论文。在此基础上作出自己的判断，就是说不能人云亦云，要有自己的看法或观点。例如研究《营造法式》，研究要基于法式，但又必须跳出来，既不能受《营造法式》的影响，也不能受以往研究《营造法式》的影响，要从不同的切入点发现新的问题，推动研究的进展，也就是说研究问题不要掉到别人的藩篱中去。龙先生说，1931年开始成立的营造学社主要研究了传统建筑，取得了不少成就，是令人欣慰的，但是在建筑理论方面则缺乏研究。营造学社主要研究建筑法式、结构，没有找到什么美学规律，所以称营造学社，而不称建筑学社是自然的。例如，关于《营造法式》的研究，龙先生的确另辟蹊径，展开了他的系统研究，撰写了“中国古建筑之系统及营造工程”“中国古建筑上材分的起源”“营舍之法”[6]等论文，提出了独到的学术观点，为中国古建筑的法式研究打开一个新的维度。

研究要善于提出问题，多问几个“为什么”，比如就城市来说，为什么产生了大城市？如何产生的？城市的主要问题的背景如何？政治、经济、军事、生产、生产力是如何结合的？对城市产生了哪些影响？等等。就建筑来说，为什么产生了宫殿？为什么有了寺庙道观？龙先生说：“要知道事物的来源，不仅知其然，还要知其所以然。”

总之，不论是通过实际调查分析，还是通过文献归纳研究问题，关键是研究者自己头脑里不能主观性太强，不能以唯心的观念入手，而首先应本于唯物的观念观察分析事物，就是说研究不能脱离物质的现象，不能脱离事物的规律。为此，龙先生强调：“研究不能脱离实际，做学问最怕主观主义。”

三、历史与现代

研究要有历史的观点，要汲取前人的成果，观察问题用历史的观点分析，从历史发展的历程，可以分析事物发展变化的轨迹，对较好地把握今天的方向和判断未来的趋势有重要的参考价值。所谓“观今宜鉴古，无古不成今”，就是历史的作用和价值。这也是龙先生提倡要重视建筑历史与理论的问题，并提出建筑学应该围绕着建筑历史与理论建立起来的依据。龙先生说：“借鉴历史经验，再发现新问题，是好的方法。只讲新，不要古之精华是很愚蠢的观念”“比如传统城市的上下水道、护城河，就与农业生产的河沟灌溉系统有着密切的关系。在弄清楚历史文化、地理的基础上分析，论据才充分，结论才正确”。鉴于建筑学专业不断削减建筑史课时，他提出：建筑历史与理论专业很重要，还要继续保留。

以西方的理论研究中国的东西是一种方法，掌握新的知识，用新的方法分析古代的东西，用现代化的语言、用现代符号、用阿拉伯数字研究，学习西方先进科学技术是必要的。重视从科学技术、工程技术去研究，这样既科学又实用，可以服务现代社会。研究历史要探寻精华，用现代科学技术进行比较研究，提出对今天的借鉴价值，古为今用是最重要的。

为此，要提倡古今结合、中外融合，使优秀的传统同现代科学技术相结合，提倡事物的统一、协同、调和。中国是一个地域广阔的多民族国家，中国建筑就是多个民族融合、多元文化交汇、不同风俗融合的结果，这就是中国建筑文化的伟大之处，也是中国文化的伟大之处。研究要创造、创新，就要研究事物的结合、形成的作用过程，如中国南、北方建筑是如何结合的？又怎样达到对立统一的？不同的东西结合的好就会协同，结合得不好就会形成对立的状态。事物结合过程中的损益不是简单的加减过程，而是事物的转变、适应过程。

西方强调分析法，逻辑性、整体性不够；中国则强调整体性，分析法欠缺。在建筑的创作中，将外国好的东西同化进来，发展中国的文化，这是个重要问题。事物在求同的基础上，就会有相互结合的条件，在此平台上进行创作，创新就成为可能。比如，建筑尺度规律中有中西之别，但都是共同建立在人体尺度的基础之上的，求同存异事情就通了。建筑的创造、创新，一个重要的途径就是要研究事物的结合与协调。

在龙先生的研究论文中，如“开封之铁塔”“论石券桥之设计思想”“中国塔之数理设计手法及建筑理论”[7]等，在研究古建筑的比例、设计方法、营造方法、建筑防灾中使用了大量的现代数学公式进行归纳、演算，同时又结合中国建筑文化内涵获得一些建筑设计、结构力学和美学规律等本质性的东西，论文中可以看出龙先生注重现代与古代知识的结合，严谨中展现着创新的睿智。

四、系统与和谐

建筑是个大系统，建筑学是系统学，有它的整体性和个体性。在建筑大系统中，城市、建筑、园林都是子系统，要研究其中的问题，就要以系统整体的观念来对待。建筑教育也要有系统观念，建筑课程要改革，以便建立真正的建筑工程教育系统。

传统建筑就是一个系统，柱梁排列是系统，尺寸序列也是系统，《营造法式》中的“八等材”就是一个系统，它有规范序列的尺寸，有合理的比例，这就是一个系统，几个看似简单的数字却展现出神奇的

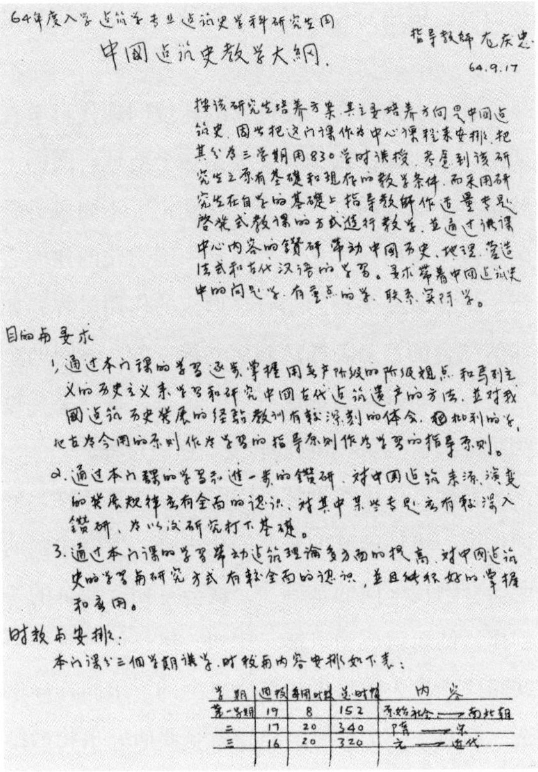
64年度入学建筑学专业建筑史学科研究生用

中国建筑史教学大纲。

指导教师 龙庆忠

64.9.17

按该研究生培养方案，其主要培养方向是中国建筑史，因此把这门课作为中心课程来安排，把其分为三学期用830学时讲授。考虑到该研究生之原有基础和现在的教学条件，而采用研究生在自学的基础上指导教师作适量专题启发式教课的方式进行教学，并通过该课中心内容的钻研带动中国历史、地理、营造法式和古代汉语的学习。要求带着中国建筑史中的问题学、有重点的学、联系实际学。

目的与要求

1、通过本门课的学习逐步掌握用无产阶级的阶级观点和马列主义的历史主义来学习和研究中国古代建筑遗产的方法，并对我国建筑历史发展的经验教训有较深刻的体会，批判的学，把古为今用的原则作为学习的指导原则作为学习的指导原则。

2、通过本门课的学习和进一步的钻研，对中国建筑来源、演变的发展规律要有全面的认识，对其中某些专题要有较深入钻研，为以后研究打下基础。

3、通过本门课的学习带动建筑理论多方面的提高，对中国建筑史的学习与研究方式有较全面的认识，并且能较好的掌握和应用。

时数与安排：

本门课分三个学期讲授，时数与内容安排如下表：

学期	周数	每周时数	总时数	内容
第一学期	19	8	152	原始社会——南北朝
二	17	20	340	隋——宋
三	16	20	320	元——近代

图4 龙庆忠教授拟订的建筑学专业建筑学科研究生中国建筑史教学大纲（1964年）

作用。《营造法式》的研究虽然取得了一定成果，但还没有解决大的问题，没有看到其科学性、理论性、现代性、时代性。《营造法式》具有一定的建筑理论性，也是一个系统学（**图4**）。

天地人就是一个系统，天体是一个系统，地理是一个系统，水系、山系、人类社会都是一个个系统。建筑与天地人之关系也是一个系统，没有系统就没有高度文明的国家。

老子《道德经》云“人法地，地法天，天法道，道法自然”[8]，《易经》曰“天行健，君子以自强不息”。[9]龙先生认为人道是循天道、地道自然规律来发展的，其中必有和谐的原理。儒家学说的中心思想是“仁”，道的核心就是“仁”，这是东方建筑的核心，“没有儒家，就没有东方特点”。西欧文艺复兴运动，强调人道，即人文主义；中国则很强调“仁”道，即人本主义。中国的古建筑常以天、地、人和谐相处的系统观念进行规划布局和设计，中国的建筑围绕“仁”，是为人的建筑。

仁的目的是和，是天道、地道、人道的和谐，建筑应该是三者和谐的容器，为此龙先生创立了中国建筑防灾学、建筑修建保护学以及建筑、园林、城镇规划学构成的一整套建筑学科体系，在“天道、地道、人道与建筑的关系”[10]一文中首先提出了建筑之道的观点。本着他人格上和建筑理论上的儒学道德观，从而建立起中国建筑学理论体系框架。龙先生“中国塔之数理设计手法及建筑理论”一文中说道：“天道有变时，地道亦有变时。天地骤变（各种灾害），人为之变，于是有建筑防灾。天地渐变（风雪雨露），人亦为之变，于是有建筑保护、保管。天道、地道、人道、建筑道因此处于既矛盾又谐调之统一体中。”[11]

为此，他开设了三个大的研究领域，并分解为10个研究方向：（一）建筑防灾法——防洪、防火、防震、防风；（二）建筑修建保护法——保护、修建、保管；（三）建筑规划设计法——城镇、园林、建筑规划设计。这也许就是其“建筑道”的具体研究方向和内容。他招收了近20名研究生，展开了建筑理论的全方位系统研究。

做研究生时龙先生安排我们读柳宗元的《梓人传》，起初并不知其意，后来才明白他的良苦用心。他说：“梓人还是有道的，这道类于相道。宰相之道有政、理、仁。梓人之道亦有政、理、仁。政——为政治服务。壮宫室可以威天下，而不顾国计民生大兴土木也可以亡国，可见建筑可以兴国亦可以亡国。理——建筑要遵循各种典章制度、等级、法式、则例、法原等（应有规范和制度）。仁——调和建筑之各方面及其与天、地、人之关系，使之谐和。”[12]

天道、地道、人道即相道也，是治国之道、为国之道、为人之道。一是宰相之道，一是梓人之道，其不同者只是应用对象不同而已，这里的道就是理。符合天道、符合人道的建筑就是“上上智”的建筑，而“上上智”的建筑需“了了心”的人才能完成，这就是龙先生的教书育人之道。

五、造福与防灾

华夏地区四季气候的冷暖变化，黄河、长江的洪水泛滥、西北干旱地区沙漠风暴、东南沿海的台风和朔北的蒙古大风，使生长在这里的人们在与自然斗争的过程中，产生了中华文化中的一个突出特色——防灾与安全。如中国古代文献有许多灾异的记录，地方志中一般都有灾异志，治河更是中国千年不变的历史命题。古代工部大臣的重要任务之一就是防灾，工部是在亚细亚生产方式下的产物，其职责是必须面对生产方式所带来的相关问题，诸多问题中首先要考虑的就是防灾，其次才是生产，这在东亚、中亚等一些国家类似。

如上所述，中国是个多灾害的国家，防灾文化是中国文化的重要特征和组成部分，这种文化的形成与环境密切相关，有其自身的特点和规律，也有自己解决问题的办法。这些特点就是自己的传统，传统是人们经验的结晶，传统是在一定环境中产生、积累的，传统是难以创造的，是非常宝贵的文化遗产，值得认真研究总结。

历史文献中关于建筑灾害、怪异的事情的记载也很多。在这种环境下，中国建筑有很奇特的一面，那就是防灾地位很突出，建筑上有许多防灾举措和方法。比如，故宫太和殿的高台基主要就是防水、防潮的需要，建筑本体不与其他建筑毗连，目的也是为了防火。故宫宫城中设了护城河、金水河、排水渠等很多水河沟渠也主要是为了防火、防涝，故宫的规划设计是具有防灾意识和防灾技术的规划设计，不仅仅基于建筑使用功能和景观美学的考量。再如，中国的建筑结构很巧妙——刚柔相济，既可以抗震，又可以防风。建筑首先考虑结构力学，建筑组织首先有好的力学结构系统，保障建筑的安全。中国建筑之美产生于力学，不是首先考虑美学的因素。

对于我们这样一个多自然灾害的国度，防灾对国家、对人民生命财产安全是至关重要的，大风、洪水、地震等均要有所应对，而且非要解决这些问题不可。但如何解决呢？这就要总结历史经验，创建建筑的自组织，在建筑整体中来解决问题，设立三法（城市、建筑、园林规划设计法）、三保（建筑保护、保修、保管）、四防（防洪、防震、防火、防风），使建筑系统纳入一个良性循环的自组织系统中，以便整体控制和协调各种矛盾，使人居环境达到平衡统一的状态。

《法苑珠林》曰“创新不如修故，造福不如避祸”，早就提醒人们关注事物的另一面，事物的正反双方是相辅相成的，不可偏废。未雨绸缪，早作系统防灾预案，要避免创新造福积累起来的巨量财富毁于灾害的一旦爆发。建筑防灾的意识和技术应贯穿在建筑教育、建筑规划、建筑设计、建筑施工的整个过程中。

六、技术与艺术

龙先生曾对建筑作了如下定义：

> 建筑是用工学技术来创作的艺术。建筑是我们日常生活、生产、活动所必需的人工建造物，既是物质文明，又是精神文明的体现场所，它是按美的法则来设计，构成完善的工程。[13]

如果说建筑是艺术，它是基于工程技术来实现的；如果说建筑是工程，它又要符合美学的法则，建筑是物质文明和精神文明的统一体。龙先生的建筑教育思想，就是围绕上述定义展开的。他在“怎样改革华工建筑系”一文中进一步阐释道：“建筑物是用工学技术所创造的艺术，又是按美的法则设计构成、实施、完善的过程。这就要求我们在建筑上把技术和建筑艺术结合表达出来，要求教学建筑史或教学建筑设计等，应善于学习历史上成功的例子。另外，要求教学结构的选型须结合艺术处理，教学建筑设计艺术处理也须结合结构技术。这样做才能使设计的建筑既是物质文明，又是精神文明的体现场所。而且为着满足精神境界的需要，建筑学专业必须学好人文科学、社会科学和自然科学，深入探讨诸如政治伦理、心理、哲学、经济、法律、社会统计、艺术、音乐、数学、天文、地质、气候、生态、医学、系统工程、外语、体育等学科。古代中国和古罗马的建筑学就涉及人文学科、社会学科、自然科学诸多方面的知识，这是建筑学形成过程中的必然规律。”[14]

为了达到上述建筑教育培养之目的，龙先生引用了日本的建筑教育课程内容，与中华人民共和国成立后建筑系教育变革进行了对比，以便统一思想，求索中国建筑高等教育的变革出路。在总结华南工学院建筑系的教育时，他谈到了陈伯齐的爬图本论、建筑设计中心论，夏昌世的设计方法论，龙庆忠的重视建筑历史论。当年这三位华工建筑系的教学骨干分别从不同的角度强调建筑教育主体应该重视的三个方面：龙先生强调的是掌握宽厚扎实的基础，要从历史的角度观察问题，借鉴历史的规律，尊重客观的规律；夏昌世强调的是接受知识训练的过程，要掌握好的创作思维方法；陈伯齐先生强调的是应具备扎实的专业基础训练，以培养建筑工程设计人才为中心目标。现在看来，如果把三者综合成一个整体系统，既有历史的客观规律借鉴，又有扎实的专业知识基本功，加上好的创作思维方法，具有本系特色的建筑教育学就可以建立起来。

综观龙先生的教育和学术思想，给我们的启迪是：在纵轴上要有历史观，吸取传统精华，面对现代，展望未来；在横轴上要有科学观，掌握现代科学的技术，关注建筑科学发展的动态；还应具备方法论和认识论，把建筑体系纳入自然和社会的大系统（即天、地、人的大系统）中认识其内在联系规律，建立起适合国情的、适应现代的、具有前瞻性的建筑高等教育与研究体系。

注释

1 收录于《龙庆忠文集》，中国建筑工业出版社，2010年版。后发表于《南方建筑》2011年第4期，总144期。

2 所引龙庆忠教授所述主要学术观点引自笔者20世纪80年代研究生期间听龙先生授课之笔记。

3 龙灿珠：龙庆忠传//《龙庆忠文集》。

4 龙庆忠. 中国民族与中国建筑[M]. 广州：华南理工大学出版社，1990.

5 李昭醇，罗雨林. "广州秦代造船遗址"学术争鸣集[M]. 北京：中国建筑工业出版社，2002.

6 龙庆忠文集编委会. 龙庆忠，怎样改革华工建筑系//龙庆忠文集[M]. 北京：中国建筑工业出版社，2010.

7 龙庆忠文集编委会. 龙庆忠文集[M]. 北京：中国建筑工业出版社，2010.

8 龙庆忠文集编委会. 龙庆忠文集[M]. 北京：中国建筑工业出版社，2010.

9《道德经》第二十五章。

10《易经·乾》。

11 龙庆忠文集编委会. 龙庆忠，天道、地道、人道与建筑的关系//龙庆忠文集[M]. 北京：中国建筑工业出版社，2010.

12 龙庆忠文集编委会. 龙庆忠，中国塔之数理设计手法及建筑理论//龙庆忠文集[M]. 北京：中国建筑工业出版社，2010.

13 龙庆忠文集编委会. 龙庆忠，怎样改革华工建筑系//龙庆忠文集[M]. 北京：中国建筑工业出版社，2010.

14 龙庆忠文集编委会. 龙庆忠，怎样改革华工建筑系//龙庆忠文集[M]. 北京：中国建筑工业出版社，2010.

图表来源

图1、图2：龙庆忠. 中国建筑与中华民族[M]. 广州：华南理工大学出版社，1990.

图3：龙庆忠论文研究手稿。

图4：龙庆忠教学资料。

参考文献

[1] 龙庆忠. 中国建筑与中华民族[M]. 广州：华南理工大学出版社，1990.

[2] 龙灿珠，宗师. 中国建筑与中华民族[M]. 广州：华南理工大学出版社，1990.

后记

本书几经努力终于付梓，我的大部分研究生参与了整理文稿、图片工作，其中许多人也是设计作品的参与者，在设计作品集中均一一列出，对他们的付出表示感谢。在本书的后期排版和出版事宜过程中得到罗军、周栋良、李子昂、石拓等同志的大力协助，中国建筑工业出版社的刘颖超编辑付出了许多心血，本人对此深表谢意。

这套书基本反映了我多年对中国建筑史研究和传统建筑设计事业的追求，一路走来，得到许多人的关爱、支持、帮助的场景历历在目，感激之情难以言表，借此机会用我2018年教师节写的一篇短文对他们表达深深的谢意。

2023年7月

今天是个特别的日子——教师节。做了30年教师的我，不免心中念念。回头看看自己走过的路，想着人生成长中对自己影响至深的几位老师，他们有的已经作古，在世的也已过耄耋之年至九十大寿。

我的高中是在曲阜一中读的，教我语文的孔繁金（笔名孔范今）老师，也是我的班主任，毕业于山东大学中文系，1973年我读高中时，他在曲阜一中任语文老师（后在山东大学中文系任教师、系主任，及文学院院长、教授、博士生导师）。时至“文革”后期，许多课程都不能正常开课，要去工厂和农村学习，即“学工”“学农”。此时也无课本教材，孔老师是个有理想和情怀的人，他说，既然没教材，我就教你们些古诗词吧。于是，课堂上竟有了朗朗的读诗声，曹操抒怀励志的“老骥伏枥，志在千里”，韩愈怀才不遇、苍凉悲壮的“一封朝奏九重天，夕贬潮阳路八千”等，现在自己还能默背几首。

青涩的我们经常到老师家里打扰，老师总是热情地与我们恳谈引导，晚了，教我们英语课的苑师母总是默默地给我们准备了晚餐，虽不丰盛，但很香甜。孔老师父辈般的关爱，对事业的情怀、追求和人生观深深地影响着我，是我人生的启蒙老师。及至高中毕业我们几个学生不忍和老师分离，也不知如何表达此时的心情，老师看穿了我们的心思，带着我们去了新华书店，用他那微薄的工资给我们每人买了一本汉语词典和一支钢笔，我们如获至宝，心满意足。后来那支钢笔被研究生同学借去弄丢了，我心情过了很久才释怀，不知由来的同学还以为我很小气。

高中毕业适逢知识青年上山下乡，接受贫下中农再教育。我在农村劳动了两年多，又在工厂做了一年工人，1978年我考上了大学。接到录取通知书我第一时间飞报老师，老师也十分高兴，我们班上就两名同学考上大学，孔老师连连说“我也放了颗卫星”，喜悦之情难于言表。

我考上的是山东建筑工程学院（现为山东建筑大学），读工业与民用建筑专业。早期学校师资匮乏，教学设施很不完善，记得早餐是玉米粥和馒头就咸菜，没有餐桌，大家围成圈蹲在地下吃。入学时我们班39位同学年龄大的30岁（老三届），年龄小的15岁（神童级别），我那年21岁，在班里排行第7。由于一半的同学都不是应届生，大家都十分珍惜学习的机会，学习热情高涨，常常挑灯夜读。

尽管师资匮乏，但还是遇到不少好老师，对教我建筑制图和带我毕业设计的蔡景彤老师和教我建筑施工课的孙济生老师记忆尤深。

蔡老师1956年华南工学院建筑系毕业，师从龙庆忠教授和夏昌世教授，偶然的机缘分配到山东建筑工程学院任老师，给当年该校建筑专业的创始人伍子昂（1908—1987）先生做助手（伍先生是中国第一代接受西方现代建筑教育的建筑师，中国建筑教育的先驱者之一，山东建筑教育的开创者和奠基人），后成为我校建筑专业的主干教师。在建筑制图课上，我们常常惊叹于蔡老师徒手绘图板书，一个圆圈、一个方形信手拈来，甚至比制图工具还精致、准确，我们学习写仿宋字的摹本就是蔡老师的手迹。老师把枯燥难懂的制图课上的生动易解，我的建筑空间概念就是这个时期逐渐建立起来的，认真、严谨、专业、风趣是蔡老师带给我的财富（我考研时蔡老师向龙庆忠教授推荐了我，这是30年后我们师生再聚时我才知道的）。

孙济生老师才思敏捷，语言妙趣横生，用他自己的话说就是“喜怒哀乐形见于色”。他的建筑施工课可谓丰富多彩。凭着他多年在建筑行业和工地的滚爬摸打，将最新和实际的施工技术知识倾囊相授。带我们去施工现场实习，必身先士卒的爬上跳下，理论联系实际的仔细的讲解与示范，后来我带学生去测绘实习，学生惊叹我在屋脊上健步如飞，他们哪里知道我有师承啊。

孙老师和蔼可亲，关爱学生，特别是对家庭困难而积极向上的同学给予精神甚至经济上的帮助，每当校友聚会念及于此，同学们都十分感慨。如今过耄耋之年的孙老师身体硬朗，思维一如当年，还经常给我微信发些建筑信息和资料，鞭策后学努力，这真是做学生的福气啊。敬业、务实、自信、爱心，我又得到一笔财富。

1984年我考取了华南工学院（现华南理工大学）的研究生，师从建筑教育家、建筑史学家龙庆忠教授（1903—1996）。那年龙先生80岁，但依然身体健康，思路清晰。我们当时都是去他家里上课，中外建筑史、建筑保护、建筑设计法、甚至古汉语等课，门上的课程表排得满满的。晚年，他把自己有限的生命都付于培养学术后人。

龙先生是建筑学术大家，学贯中西，他的研究涉猎面广泛而又深入，许多学术观点超前而深具学术价值。他提出了建筑道：道路、道理、道德。道路——走中国建筑自己的道路；道理——研究适宜中国人的建筑理论；道德——建筑人和建筑要具优良道德。他提出的以天地（自然）人（人类社会）关系为基础的建筑防灾法、建筑保护法和城市、建筑、园林规划设计法三位一体的建筑系统理论框架和教育体系高瞻远瞩、意义重大（其部分学术成果和教育思想参见《龙庆忠文集》）。我们在整理他遗稿时被深深震撼，有个参与整理文稿的学生给我讲“我被龙先生吓到了”，我也是。

治学严谨、正直人格和爱国情怀，是龙老师给我的又一笔巨大的财富。

人生路上，有许多可亲可敬的老师，他们影响着我人生的价值观。从老师那里获得的财富我也想分享给后来者。

空青书屋　广州

2018年9月10日